완벽한 자율학습서

완자는 친절하고 자세한 설명, 효율적인 맞춤형 학습법으로
학생들에게 학습의 자신감을 향상시켜 미소 짓게 합니다.

ω는 완자(WJ)와 미소(ω̈)가 만든 완자의 새로운 얼굴입니다.

· 완벽한 자율학습서 ·

완자

Structure 구성과 특징

01 단원 시작하기

본 학습에 들어가기에 앞서
중등 과학이나 통합과학에서
배운 내용들을 간단히 복습한다.

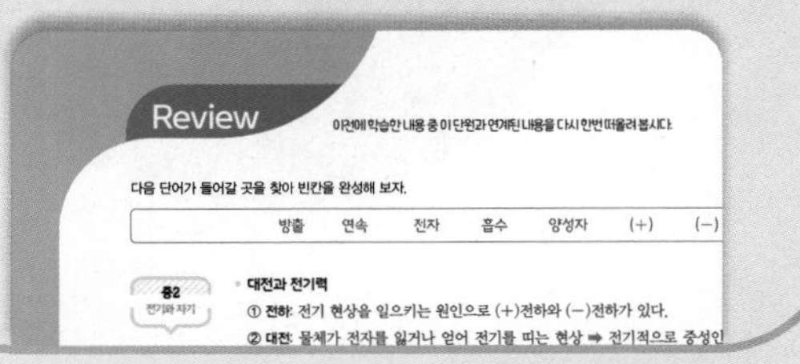

02 단원 핵심 내용 파악하기

이 단원에서 꼭 알아야 하는 핵심 포인트를 확인하고,
친절하게 설명된 개념 정리로 개념을 이해한다.

2 원자의 스펙트럼

A 스펙트럼

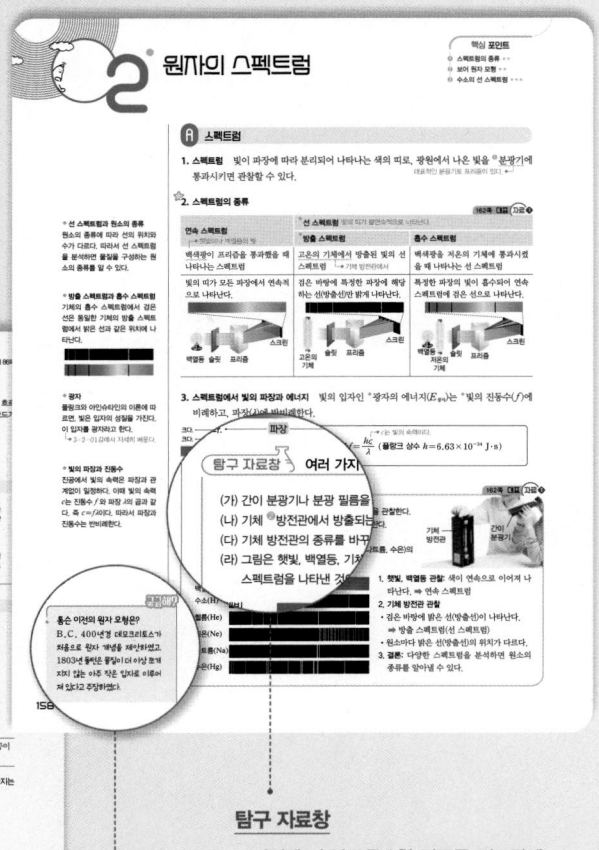

탐구 자료창

교과서에 나오는 중요한 탐구를 명료하게
정리했으니 관련된 문제에 대비할 수 있어.

암기해! 주의해! 궁금해?

암기해야 하는 내용이나 주의해야 하는
내용이 꼼꼼하게 제시되어 있어.

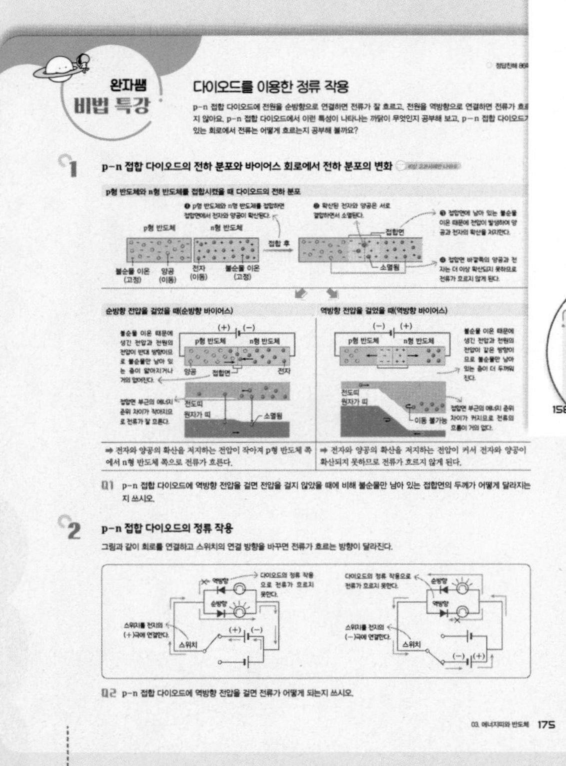

완자쌤 비법 특강

더 자세하게 알고 싶거나 반복 학습이 필요한
경우 활용할 수 있도록 비법 특강을 준비했어.

03 내신 문제 풀기

개념을 확인하고, 대표 자료를 철저하게 분석한다.
내신 기출을 반영한 내신 만점 문제로 기본을 다지고,
실력UP 문제에 도전하여 실력을 키운다.

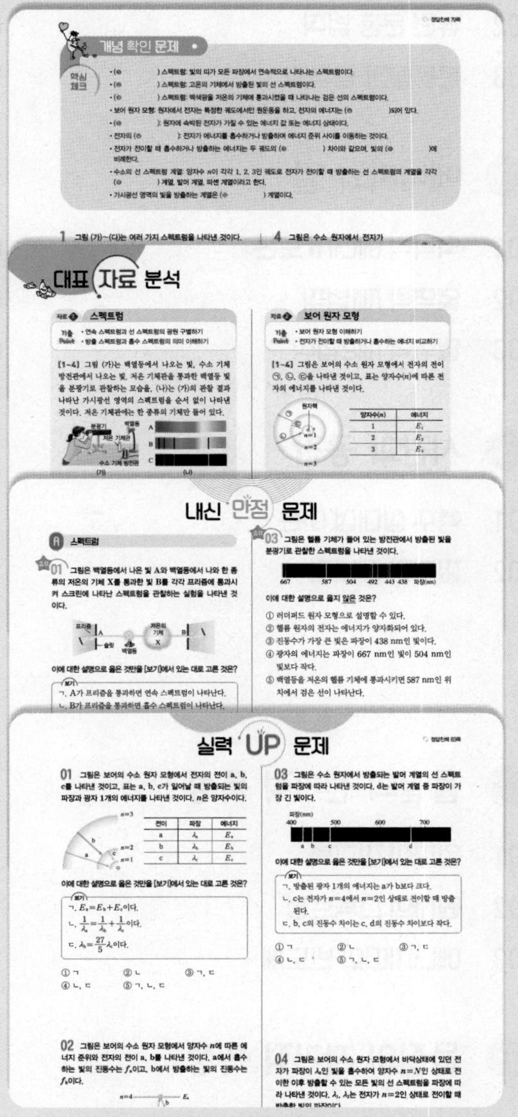

04 반복 학습으로 실력 다지기

중단원 핵심 정리와 중단원 마무리 문제로
단원 내용을 완벽하게 내 것으로 만든 후,
수능 실전 문제에도 도전한다.

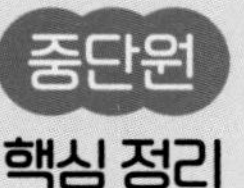

핵심 정리

마무리 문제

실전 문제

시험 전 핵심 자료로 정리하기

시험에 꼭 나오는 핵심 자료만 모아놓아
시험 전에 한 번에 정리할 수 있다.

완자쌤의
비밀노트

QR 코드를 찍으면
완자쌤의 비밀노트로
최종 복습할 수 있어.

Contents 차례

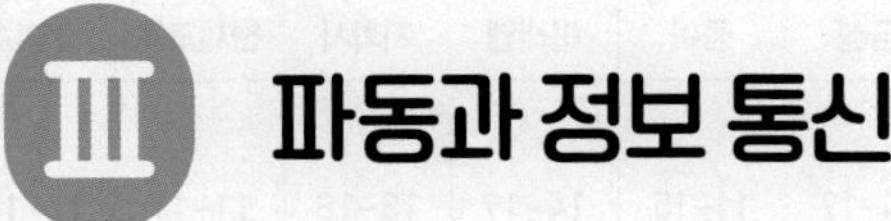

III 파동과 정보 통신

1 파동의 성질과 이용

2 빛과 물질의 이중성

완자와 내 교과서 비교하기

대단원	중단원	소단원	완자	비상교육	교학사	금성	동아	미래엔	지학사	천재교육	YBM
Ⅰ 역학과 에너지	1 힘과 운동	01 물체의 운동	10~25	12~17	13~21	14~19	11~15	14~19	13~18	11~17	12~18
		02 뉴턴 운동 법칙	26~41	18~28	22~38	20~27	16~27	20~30	19~30	18~30	19~30
		03 운동량과 충격량	42~55	29~39	43~53	30~37	28~38	32~45	31~42	32~41	31~42
	2 에너지와 열	01 역학적 에너지 보존	68~81	46~51	57~69	42~45	39~45	50~55	47~52	45~50	48~55
		02 열역학 제1법칙	82~91	52~57	71~75	46~52	51~55	56~62	53~59	51~58	56~61
		03 열역학 제2법칙	92~99	58~63	75~76	54~55	56~60	64~67	60~64	60~63	62~68
	3 시간과 공간	01 특수 상대성 이론	112~127	66~73	81~89	60~66	65~72	72~80	69~76	67~75	74~86
		02 질량과 에너지	128~135	74~77	90~93	68~70	73~76	82~85	77~80	76~79	87~90
Ⅱ 물질과 자기장	1 물질의 전기적 특성	01 원자와 전기력	148~157	88~91	103~105	84~89	87~90	98~101	93~97	91~92	104~108
		02 원자의 스펙트럼	158~167	92~97	107~112	90~95	91~96	102~107	98~105	93~99	109~114
		03 에너지띠와 반도체	168~183	98~107	115~123	96~104	98~109	108~120	106~117	110~112	115~125
	2 물질의 자기적 특성	01 전류에 의한 자기 작용	198~207	114~119	127~134	110~117	115~119	126~133	123~130	117~123	132~138
		02 물질의 자성	208~215	120~124	136~139	118~123	120~124	134~139	131~136	124~128	139~143
		03 전자기 유도	216~228	126~131	141~149	124~129	125~130	140~145	137~142	129~134	144~148

대단원	중단원	소단원	완자	비상교육	교학사	금성	동아	미래엔	지학사	천재교육	YBM
Ⅲ 파동과 정보 통신	1 파동의 성질과 이용	01 파동의 진행과 굴절	244~255	142~147	159~169	144~150	143~151	160~165	155~161	147~153	162~168
		02 전반사와 전자기파	256~269	148~156	179~191	152~155 168~171	152~163	166~177	162~172	154~163	169~178
		03 파동의 간섭	270~279	158~165	170~176	158~163	164~171	178~186	173~178	164~169	179~186
	2 빛과 물질의 이중성	01 빛의 이중성	294~303	170~175	195~200	173~179	177~183	192~198	183~188	173~177	192~198
		02 물질의 이중성	304~311	176~179	202~207	180~186	184~190	200~205	189~192	178~182	199~203

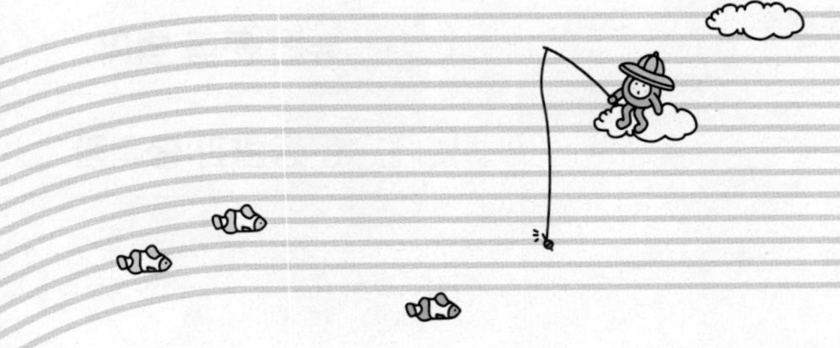

Ⅰ 역학과 에너지

1 힘과 운동

Review

이전에 학습한 내용 중 이 단원과 연계된 내용을 다시 한번 떠올려 봅시다.

다음 단어가 들어갈 곳을 찾아 빈칸을 완성해 보자.

N	m/s	거리	시간	일정	증가	질량	크기	운동량	운동 상태

중1 여러 가지 힘

- **힘**

① **과학에서의 힘:** 물체의 모양이나 ❶ ( ) 를 변화시키는 원인이 된다.

② **힘의 단위:** ❷ ( )

③ **힘의 표시:** 힘의 크기, 방향, 작용점을 화살표로 나타낸다.

힘의 방향
힘의 작용점
힘의 ❸ ( )

중3 운동과 에너지

- **속력**

① **속력:** 일정한 시간 동안 물체가 이동한 거리

$$속력 = \frac{이동\ 거리}{걸린\ 시간}$$

② **속력의 단위:** ❹ ( ), km/h 등

③ **평균 속력:** 물체의 속력이 일정하지 않을 때, 물체가 이동한 전체 ❺ ( ) 를 걸린 시간으로 나눈 속력

- **등속 운동과 자유 낙하 운동**

구분	등속 운동	자유 낙하 운동
정의	시간에 따라 속력이 ❻ ( ) 한 운동	정지해 있던 물체가 중력만 받으면서 아래로 떨어지는 운동
속력-시간 그래프	(그래프: 속력, O, 시간) ➡ 속력이 항상 일정하다.	(그래프: 속력, O, 시간) ➡ 속력이 1초에 9.8 m/s씩 ❼ ( ) 한다.

통합과학 역학적 시스템

- **운동량과 충격량**

① **운동량:** 운동 효과를 나타내는 양

$$운동량 = ❽ (\quad) \times 속도$$

처음 속도 v_1 / 힘이 시간 t 동안 작용 / 힘 F / 나중 속도 v_2

처음 운동량 (mv_1) + 충격량 (Ft) = 나중 운동량 (mv_2)

② **충격량:** 물체가 받은 충격의 정도를 나타내는 양

$$충격량 = 힘 \times ❾ (\quad)$$

③ **운동량과 충격량의 관계:** 물체가 받은 충격량은 ❿ ( ) 의 변화량과 같다.

답 ❶ 운동 상태 ❷ N ❸ 크기 ❹ m/s ❺ 거리 ❻ 일정 ❼ 증가 ❽ 질량 ❾ 시간 ❿ 운동량

1 물체의 운동

핵심 포인트

❶ 속력과 속도 ★★
❷ 가속도 ★★
❸ 등속 직선 운동 ★★
❹ 등가속도 직선 운동 ★★★

A 속력과 속도

물체의 운동을 설명하기 위해서는 먼저 운동을 정확히 표현할 수 있어야 합니다. 운동을 정확히 표현하기 위해서는 어떤 개념들이 필요한지 알아볼까요?

주의해!

이동 거리와 변위

- 이동한 경로가 달라도 출발점과 도착점이 같으면 변위는 같다.
- 물체가 출발했다가 제자리로 돌아온 경우 변위는 0이다.
- 직선 운동이 아닌 경우 변위의 크기는 이동 거리보다 항상 작다.

1. 이동 거리와 변위(變 변하다, 位 위치) 위치의 변화

(1) **이동 거리:** 물체가 실제로 움직인 총거리를 나타낸다.

(2) **변위:** 물체의 위치 변화량으로 처음 위치에서 나중 위치까지의 직선 거리와 ◆방향을 나타낸다.

(⟶: 이동 거리 ⟶: 변위)

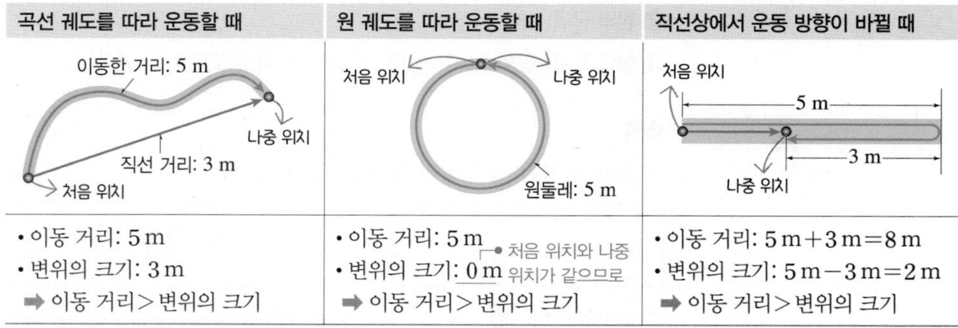

곡선 궤도를 따라 운동할 때	원 궤도를 따라 운동할 때	직선상에서 운동 방향이 바뀔 때
• 이동 거리: 5 m • 변위의 크기: 3 m ➡ 이동 거리 > 변위의 크기	• 이동 거리: 5 m • 변위의 크기: 0 m (처음 위치와 나중 위치가 같으므로) ➡ 이동 거리 > 변위의 크기	• 이동 거리: 5 m + 3 m = 8 m • 변위의 크기: 5 m − 3 m = 2 m ➡ 이동 거리 > 변위의 크기

◆ 직선상에서 변위의 방향
처음 위치에서 한쪽 방향을 (+) 방향으로 정하면 반대쪽 방향은 (−) 방향이 된다. 예를 들어 처음 위치에서 오른쪽 방향의 변위를 (+) 방향으로 나타내면, 왼쪽 방향의 변위는 (−) 방향이 된다.

2. ◆속력과 속도

(1) **속력:** 물체의 빠르기를 나타내는 물리량으로, 단위 시간(1초) 동안의 이동 거리로 나타낸다. (1초: 또는 1시간)

$$속력 = \frac{이동\ 거리}{걸린\ 시간}\ [단위: m/s,\ km/h]$$

($\frac{1\ km}{1\ h} = \frac{1000\ m}{60\times60\ s} = \frac{1000\ m}{3600\ s}$)

◆ 속력과 속도
물체의 운동 방향이 변하지 않을 때는 이동 거리와 변위의 크기가 같기 때문에 속력과 속도의 크기도 같다. 따라서 속력과 속도를 구별하지 않고 사용한다.

(2) **속도:** 물체의 ◆운동 방향과 빠르기를 함께 나타내는 물리량으로, 단위 시간(1초) 동안의 변위로 나타낸다.
(운동 방향: 속도의 방향이라고도 한다.) (변위: 변위의 방향이 속도의 방향이다.)

$$속도 = \frac{변위}{걸린\ 시간},\ v = \frac{s}{t}\ [단위: m/s,\ km/h]$$

◆ 직선상에서 운동하는 물체의 운동 방향
물체가 직선상에서 운동할 때 물체의 운동 방향은 변위의 방향처럼 부호로 나타낸다. 한쪽 방향을 (+)로 나타내면, 반대쪽 운동 방향은 (−)로 나타낸다.

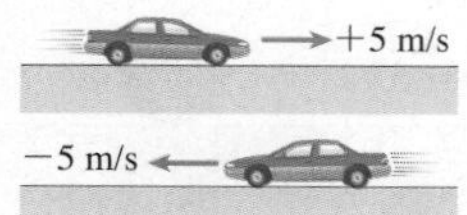

(3) ◆ **평균 속도와 순간 속도**

① 평균 속도: 어느 시간 동안의 평균적인 속도로, 전체 변위를 전체 걸린 시간으로 나누어 구한다. (운동하는 동안의 속도 변화는 고려하지 않는다.)

② 순간 속도: 어느 한 순간의 속도로, 아주 짧은 시간 동안의 평균 속도와 같다.

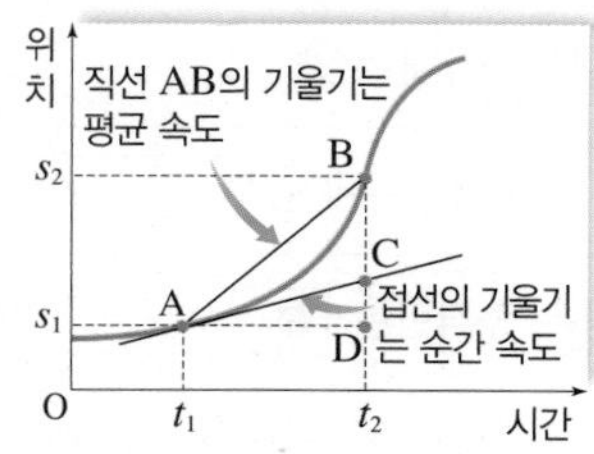

⊙ 평균 속도와 순간 속도

- $t_1 \sim t_2$ 동안의 평균 속도 v: A점과 B점을 잇는 직선의 기울기

$$v = \frac{s_2 - s_1}{t_2 - t_1} = \frac{\overline{BD}}{\overline{AD}}$$

- t_1일 때의 순간 속도 $v_{순간}$: A점에서 그은 접선의 기울기

$$v_{순간} = \frac{\overline{CD}}{\overline{AD}}$$

◆ 평균 속력과 순간 속력

- 평균 속력: 어느 시간 동안의 평균적인 속력으로 전체 이동 거리를 걸린 시간으로 나누어 구한다.
- 순간 속력: 어느 한 순간의 속력

두 물체 사이의 거리-시간 그래프

18쪽 대표 자료 1

A와 B가 같은 직선상에서 서로를 향해 운동하며 서로 가까워지다가 충돌 후 멀어지는 운동을 하고 있다. 이때 두 물체 사이의 거리를 시간에 따라 나타내면 다음과 같다.

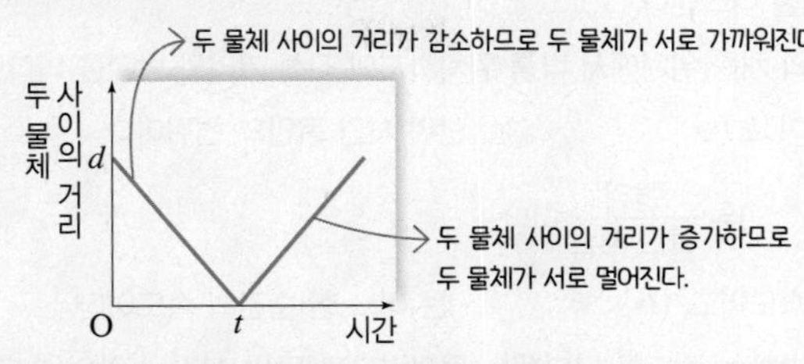

- $0 \sim t$ 동안 두 물체가 서로 가까워지면서 두 물체 사이의 거리가 d에서 0이 되었으므로 $0 \sim t$ 동안 두 물체의 이동 거리의 합은 d이다. ➡ A가 이동한 거리+B가 이동한 거리$=d$
- A에서 측정한 B의 속도=B의 속도−A의 속도이다. ➡ $v_{AB}=v_B-v_A$
- 그래프의 기울기의 크기는 A에서 측정한 B의 속력을 나타낸다. ➡ $\dfrac{\text{A와 B 사이의 거리}}{\text{걸린 시간}}=v_B-v_A$

B 가속도

1. 가속도[1] 물체의 속도가 시간에 따라 변하는 정도를 나타내는 물리량으로, 단위 시간 동안의 속도 변화량으로 나타낸다.

$$\text{가속도}=\frac{\text{속도 변화량}}{\text{걸린 시간}}=\frac{\text{나중 속도}-\text{처음 속도}}{\text{걸린 시간}},\ a=\frac{\Delta v}{t}=\frac{v-v_0}{t}\ [\text{단위: m/s}^2]$$

2. 평균 가속도와 순간 가속도

(1) **평균 가속도:** 어느 시간 동안의 평균적인 가속도로, 전체 속도 변화량을 걸린 시간으로 나누어 구한다.

(2) **순간 가속도:** 어느 한 순간의 가속도로, 아주 짧은 시간 동안의 평균 가속도와 같다.

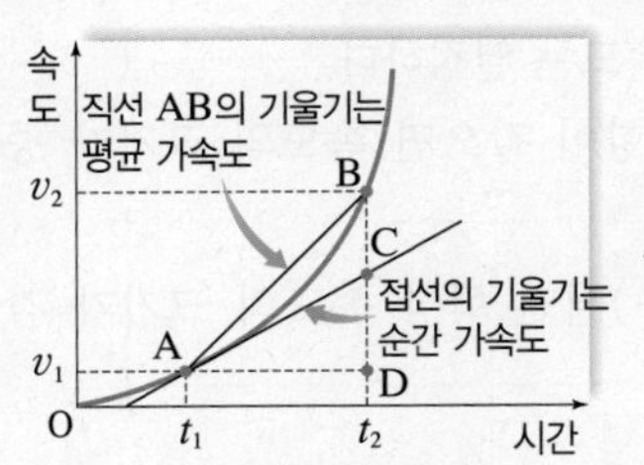

- $t_1 \sim t_2$ 동안의 평균 가속도 a: A점과 B점을 잇는 직선의 기울기
$$a=\frac{v_2-v_1}{t_2-t_1}=\frac{\overline{BD}}{\overline{AD}}$$
- t_1일 때의 순간 가속도 $a_{순간}$: A점에서 접선의 기울기
$$a_{순간}=\frac{\overline{CD}}{\overline{AD}}$$

⬆ 평균 가속도와 순간 가속도

3. 속도와 가속도의 방향 관계

(1) **속도와 가속도의 방향이 같을 때:** 속도의 크기(속력)가 증가한다.

(2) **속도와 가속도의 방향이 반대일 때:** 속도의 크기(속력)가 감소한다.

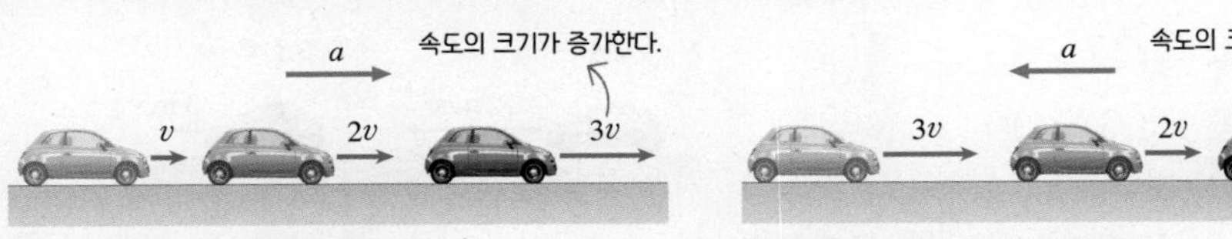

⬆ 속도와 가속도의 방향이 같을 때 ⬆ 속도와 가속도의 방향이 반대일 때

평균 속력과 평균 속도 구하기

그림은 3초 동안 동쪽으로 5 m를 이동한 후, 2초 동안 서쪽으로 3 m를 이동한 사람의 위치를 시간에 따라 나타낸 것이다.

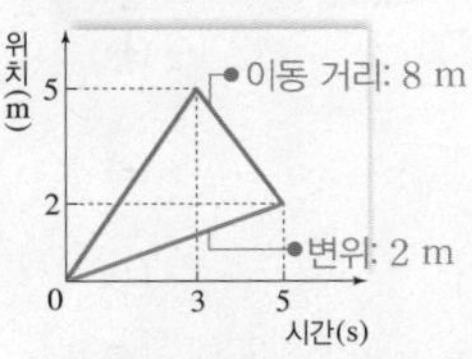

- 평균 속력: 5초 동안 이동한 거리가 5 m+3 m=8 m이므로 평균 속력$=\dfrac{\text{이동 거리}}{\text{걸린 시간}}=\dfrac{8\text{ m}}{5\text{ s}}=1.6$ m/s이다.
- 평균 속도: 5초 동안 변위의 크기가 2 m−0=2 m이므로 평균 속도의 크기$=\dfrac{\text{변위}}{\text{걸린 시간}}=\dfrac{2\text{ m}}{5\text{ s}}=0.4$ m/s이다.

가속도 운동

물체의 속력이나 운동 방향이 변하는 운동, 즉 속도가 변하는 운동을 가속도 운동이라고 한다.

예 가만히 떨어뜨린 공의 운동

가속도(a)와 속도(v)의 부호

- $a>0$일 때 $v>0$이면 속력이 증가한다.
- $a>0$일 때 $v<0$이면 속력이 감소한다.
- $a<0$일 때 $v>0$이면 속력이 감소한다.
- $a<0$일 때 $v<0$이면 속력이 증가한다.

용어

[1] 가속도(加 더하다, 速 빠르다, 度 법도) 한자 뜻 그대로는 속도가 증가하는 것을 말하지만, 과학에서는 단위 시간에 속도가 변화하는 비율을 의미한다.

개념 확인 문제

핵심 체크

- (❶): 물체가 실제로 움직인 총 거리를 나타낸다.
- (❷): 물체의 위치 변화량으로 물체의 처음 위치에서 나중 위치까지의 직선 거리와 방향을 나타낸다.
- (❸)은 단위 시간 동안의 이동 거리이고, (❹)는 단위 시간 동안의 변위이다.

  (❸)$=\frac{\text{이동 거리}}{\text{걸린 시간}}$이고, (❹)$=\frac{\text{변위}}{\text{걸린 시간}}$이다.
- (❺)는 어느 시간 동안의 평균적인 속도이고, (❻)는 어느 한 순간의 속도이다.
- (❼): 물체의 속도가 시간에 따라 변하는 정도를 나타내는 물리량으로 단위 시간 동안의 속도 변화량으로 나타낸다.
- 속도 – 시간 그래프의 기울기는 (❽)를 나타낸다.
- 속도와 가속도의 방향이 같으면 속도의 크기가 (❾)하고, 속도와 가속도의 방향이 반대이면 속도의 크기가 (❿)한다.

1 그림은 상호가 직선상에서 P점을 출발하여 동쪽으로 100 m를 이동한 후 서쪽으로 50 m를 이동하여 Q점에 도착한 것을 나타낸 것이다.

P점에서 Q점까지 상호의 이동 거리와 변위의 크기는 각각 몇 m인지 쓰시오.

2 그림과 같이 아영이가 P점과 Q점을 지나는 곡선 경로를 따라 운동하였다. 아영이의 평균 속력과 평균 속도의 크기를 비교하시오.

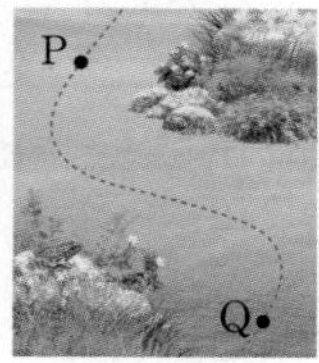

3 그림은 직선 운동하는 물체의 이동 거리를 시간에 따라 나타낸 것이다.
이에 대한 설명으로 옳은 것은 ○, 옳지 않은 것은 ×로 표시하시오.

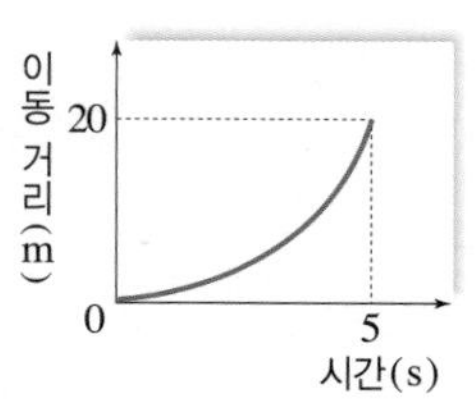

(1) 0~5초 동안의 평균 속력은 4 m/s이다. ( )

(2) 0~5초 동안 일정한 속력으로 운동한다. ( )

(3) 0~5초 동안 평균 속력과 순간 속력이 항상 같다. ( )

4 그림은 직선 도로 위에서 운동하는 어떤 물체의 위치를 시간에 따라 나타낸 것이다.

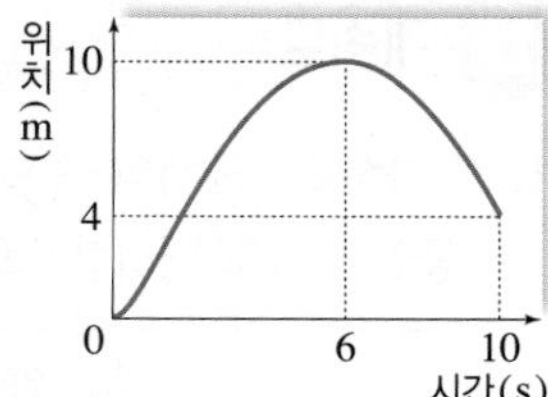

(1) 0~10초 동안 이동 거리는 몇 m인지 쓰시오.

(2) 0~10초 동안 평균 속도의 크기는 몇 m/s인지 쓰시오.

5 직선상에서 운동하는 물체의 속도와 가속도에 대한 설명으로 옳은 것은 ○, 옳지 않은 것은 ×로 표시하시오.

(1) 가속도가 일정하면 속도는 일정하다. ( )

(2) 속도와 가속도의 방향이 같으면 속도의 크기가 증가한다. ( )

(3) 가속도의 부호가 (−)이면 항상 속도의 크기가 감소한다. ( )

6 그림과 같이 직선상에서 오른쪽으로 12 m/s의 속도로 달리던 자동차의 속도가 3초 후 3 m/s가 되었다.

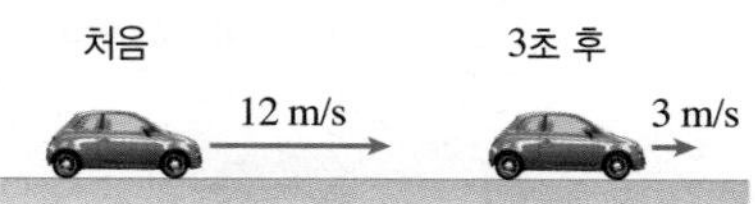

3초 동안 자동차의 평균 가속도의 방향과 크기를 각각 쓰시오.

C 여러 가지 운동

우리 주변의 물체들은 속력이 변하거나, 운동 방향이 변하거나, 속력과 운동 방향이 모두 변하는 등 다양한 운동을 하고 있습니다. 이러한 운동 중에서 몇 가지 운동의 특징을 알아볼까요?

1. 속력과 운동 방향이 모두 일정한 운동

(1) **◆등속 직선 운동:** 속도가 일정한 운동$\left(v=\frac{s}{t}=\text{일정}\right)$으로, 속력과 운동 방향이 모두 일정한 운동이다. ➡ 속도 변화량이 0이므로 가속도가 0이다.

(2) **등속 직선 운동의 예:** 에스컬레이터, 무빙워크, 컨베이어 벨트 등

(3) **등속 직선 운동의 식과 그래프**

이동 거리=속력×시간, $s=vt$ —● $v=\frac{s}{t}$이므로 $s=vt$이다.

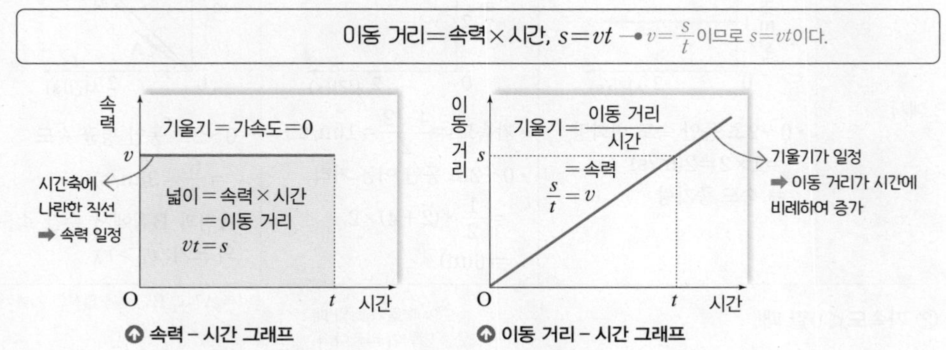

⊙ 속력 – 시간 그래프 ⊙ 이동 거리 – 시간 그래프

◆ **등속 직선 운동의 조건**
물체가 등속 직선 운동을 하기 위해서는 물체에 힘이 작용하지 않거나 물체에 작용하는 알짜힘이 0이어야 한다.
1-1-02강에서 자세히 배운다.

2. 속력만 변하는 운동

운동 방향이 일정하므로 직선 운동이고, 속력이 변하므로 가속도 운동이다. 18쪽 대표 자료❷

(1) **속력만 변하는 운동의 예:** 직선 트랙에서 속력이 변하며 달리는 육상 선수, 등가속도 직선 운동 등

(2) **등가속도 직선 운동:** 가속도가 일정한 직선 운동, 즉 속도가 일정하게 증가하거나 감소하는 직선 운동이다. 19쪽 대표 자료❸

① **등가속도 직선 운동의 예:** ◆자유 낙하 운동, ◆빗면을 미끄러져 내려오는 물체의 운동, 위로 던져 올라가는 물체의 운동 등 19쪽 대표 자료❹
 ● 공기 저항을 무시할 때 물체가 중력만 받아 낙하하는 운동

② **등가속도 직선 운동의 식과 그래프**

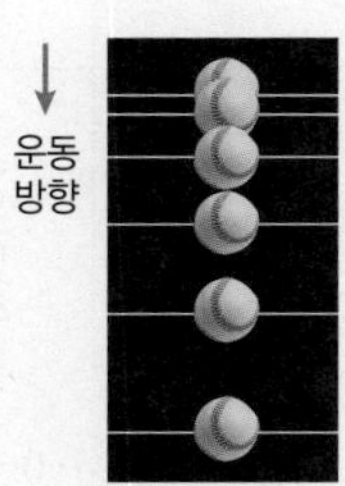

⊙ 자유 낙하 운동

$$\overset{①}{v=v_0+at},\ \overset{②}{s=v_0t+\frac{1}{2}at^2},\ \overset{③}{2as=v^2-v_0^2}$$

●①식과 ②식에서 시간 t를 소거하여 정리하면 ③식이 나온다.

(v: 나중 속도, v_0: 처음 속도, a: 가속도, t: 시간, s: 변위)

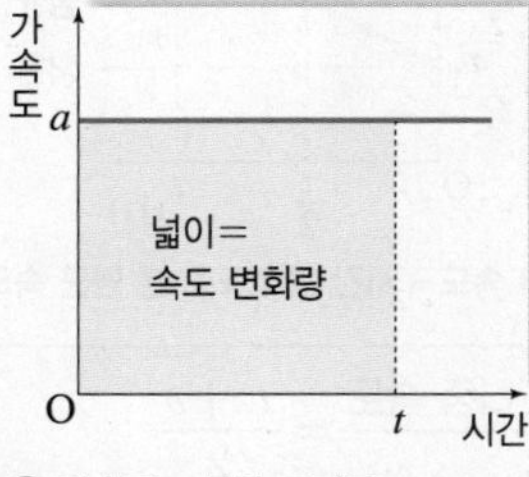

⊙ 가속도 – 시간 그래프

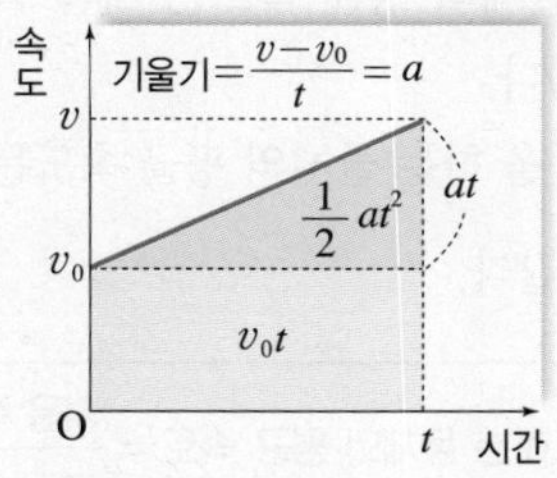

⊙ 속도 – 시간 그래프

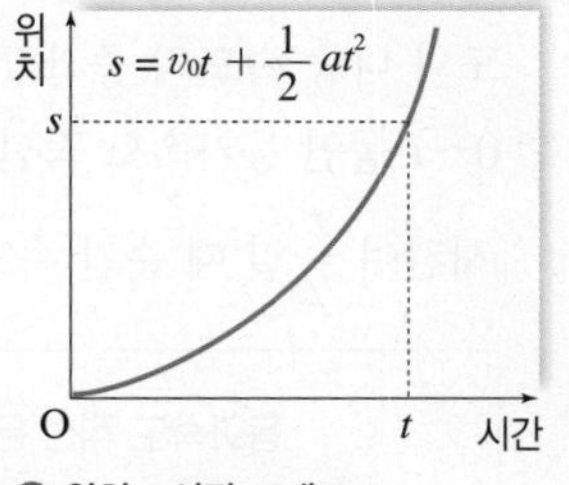

⊙ 위치 – 시간 그래프

◆ **자유 낙하 운동의 식**
처음 속도가 $0(v_0=0)$이고, 중력만을 받아 낙하하는 물체는 가속도가 중력 가속도 g로 일정한 등가속도 직선 운동을 한다. 따라서 다음 식이 성립한다.

$$v=gt,\ s=\frac{1}{2}gt^2,\ v^2=2gs$$

◆ **빗면에서 운동하는 물체의 가속도**

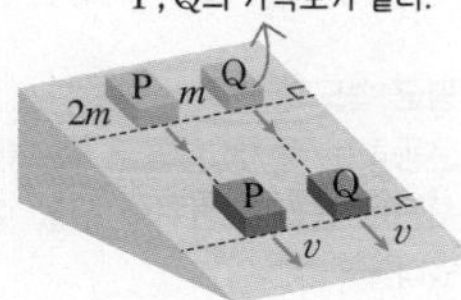

마찰이 없는 빗면에서 운동하는 물체의 가속도는 중력과 빗면에 의한 가속도이다. 따라서 같은 빗면에서 운동하는 물체는 물체의 질량이 달라도 같은 가속도를 가진다.
➡ 가속도가 같으므로 같은 높이일 때 P, Q의 속력이 같다.

(3) 등가속도 직선 운동의 그래프 분석 (완자쌤 비법 특강 17쪽)

① 가속도>0일 때

구분	가속도 - 시간 그래프	속도 - 시간 그래프	위치 - 시간 그래프
그래프 분석	가속도 a, O, t, 시간 넓이 =속도 변화량	속도 v, v_0, O, t, 시간 기울기=가속도 넓이=변위	위치 s, O, t, 시간 두 점을 이은 직선의 기울기 =평균 속도 접선의 기울기 =순간 속도 접선의 기울기가 점점 증가
예시	가속도(m/s²) 1, 0, 2 시간(s) • 0~2초 동안 속도 변화량 $=1\times2=2$(m/s) ➡ 속도 증가량	속도(m/s) 4, 2, 0, 2 시간(s) • 가속도$=\frac{4-2}{2}=1$(m/s²) • 0~2초 동안 이동 거리 $=\frac{1}{2}\times(2+4)\times2$ $=6$(m)	위치(m) 6, 0, 2 시간(s), A, B • 0~2초 동안 평균 속도 $=\frac{6}{2}=3$(m/s) • A점과 B점에서 순간 속도의 크기: $v_B>v_A$ =A점과 B점에서 접선의 기울기

② 가속도<0일 때

속도의 부호가 바뀔 때 운동 방향이 바뀐다.

구분	가속도 - 시간 그래프	속도 - 시간 그래프	위치 - 시간 그래프

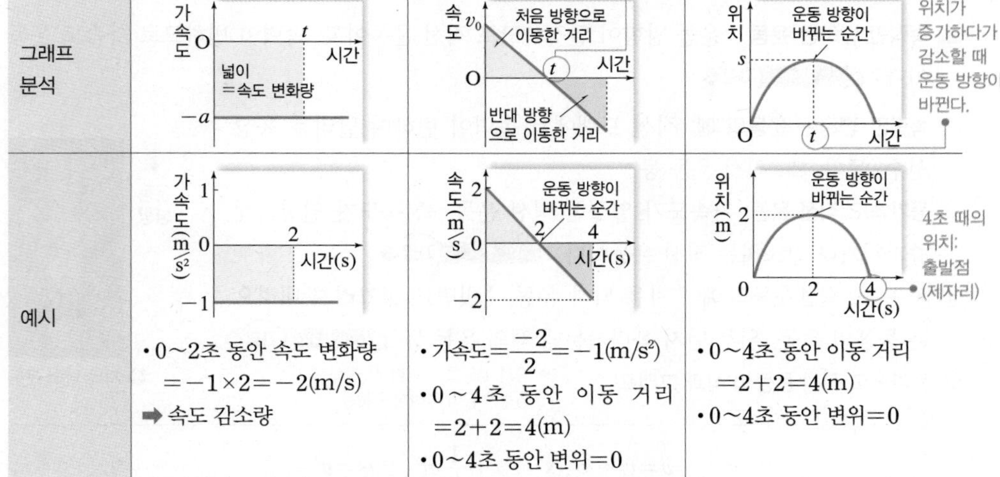

그래프 분석
가속도 O t 시간 $-a$
넓이 =속도 변화량
속도 v_0 O t 시간
처음 방향으로 이동한 거리
반대 방향으로 이동한 거리
위치 s O t 시간
운동 방향이 바뀌는 순간
위치가 증가하다가 감소할 때 운동 방향이 바뀐다.
예시
가속도(m/s²) 1 0 2 시간(s) −1
속도(m/s) 2 0 −2 2 4 시간(s)
운동 방향이 바뀌는 순간
위치(m) 2 0 2 4 시간(s)
운동 방향이 바뀌는 순간
4초 때의 위치: 출발점(제자리)
• 0~2초 동안 속도 변화량 =−1×2=−2(m/s)
➡ 속도 감소량
• 가속도=−2/2=−1(m/s²)
• 0~4초 동안 이동 거리 =2+2=4(m)
• 0~4초 동안 변위=0
• 0~4초 동안 이동 거리 =2+2=4(m)
• 0~4초 동안 변위=0

(4) 등가속도 직선 운동의 ◆평균 속도

① 등가속도 직선 운동을 하는 물체의 평균 속도는 처음 속도와 나중 속도의 중간값과 같다.

② 0~t 동안 등가속도 직선 운동을 하는 물체의 평균 속도는 시간이 $\frac{t}{2}$일 때 순간 속도와 같다.

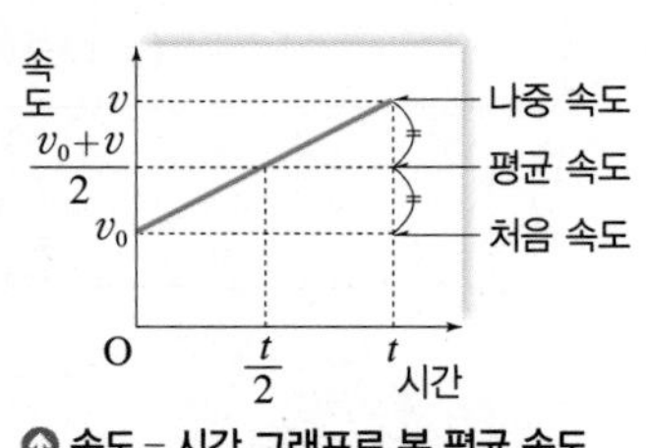

▲ 속도 - 시간 그래프로 본 평균 속도

$$\text{등가속도 직선 운동을 하는 물체의 평균 속도}=\frac{\text{처음 속도}+\text{나중 속도}}{2}=\frac{v_0+v}{2}$$

암기해!

그래프의 해석

가속도 - 시간 그래프
넓이 ↓↑ 기울기
속도 - 시간 그래프
넓이 ↓↑ 기울기
위치 - 시간 그래프

◆ **평균 속도와 변위**

• 운동하는 물체의 평균 속도에 시간을 곱하면 변위를 구할 수 있다.

• 등가속도 직선 운동의 평균 속도를 이용하여 등가속도 직선 운동의 식에서 변위를 구하는 식을 유도할 수 있다.

s=평균 속도×시간

$=\frac{v_0+v}{2}t=\frac{v_0+v_0+at}{2}t$

$=v_0t+\frac{1}{2}at^2$

3. 운동 방향만 변하는 운동 운동 방향이 변하므로 가속도 운동이다.

(1) 속력은 일정하고 운동 방향만 변하는 운동의 예: 굽은 도로를 일정한 속력으로 달리는 자동차, 등속 원운동 등

(2) 등속 원운동: 일정한 속력으로 원 궤도를 따라 도는 물체의 운동이다.

① 등속 원운동의 예: 대관람차, 회전 그네, 인공 위성 등

② 특징: 속력은 일정하고 운동 방향은 계속 변한다.

③ 운동 방향: 매 순간 원 궤도의 접선 방향이다.
└ 운동 방향이 매 순간 변한다.

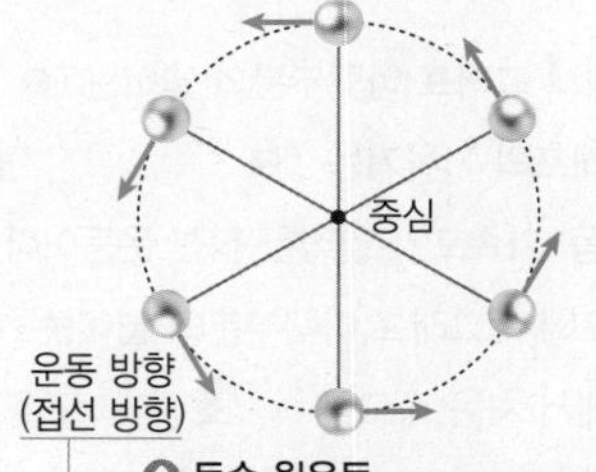

▲ 등속 원운동
└ 실에 공을 매달아 등속 원운동을 시킬 때 실이 끊어지면 그 순간 공은 원에 접하는 방향(접선 방향)으로 날아간다.

궁금해?

등속 원운동은 왜 가속도 운동일까?
등속 원운동을 하는 물체는 매 순간 원의 중심 방향으로 일정한 크기의 힘을 받아 운동 방향이 연속적으로 변하므로 속도가 변한다. 따라서 가속도 운동을 한다.

4. 속력과 운동 방향이 모두 변하는 운동 속력과 운동 방향이 모두 변하므로 가속도 운동이다.

(1) ◆❶**진자 운동**: 실에 매단 물체가 같은 경로를 왕복하는 운동이다.

① 진자 운동의 예: 놀이 공원의 바이킹, 그네 등

② 특징: 속력과 운동 방향이 계속 변한다. ➡ 진자가 내려갈 때는 속력이 빨라지고, 올라갈 때는 속력이 느려진다.

③ 운동 방향: 매 순간 진자가 그리는 원 궤도의 접선 방향이다.

(2) ◆❷**포물선 운동**: 포물선 궤도를 그리는 물체의 운동이다.

① 포물선 운동의 예: 비스듬히 던진 공, ◆수평으로 던진 물체 등

② 특징: 수평 방향 속력은 일정하고, 연직 방향 속력은 변한다.

③ 운동 방향: 매 순간 포물선 궤도의 접선 방향이다.

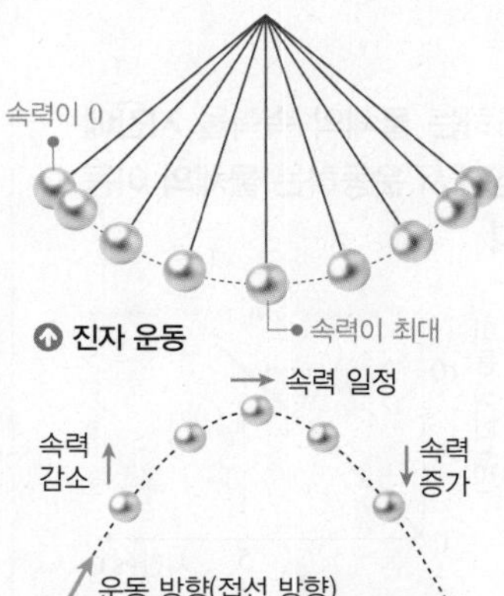

▲ 진자 운동

▲ 비스듬히 던져 올린 물체의 운동

◆ **진자 운동의 가속도**
진자는 실이 잡아당기는 힘과 중력의 합력에 의해 운동한다. 두 힘의 합력의 크기와 방향은 계속 변하므로 진자의 가속도도 크기와 방향이 계속 변한다.

◆ **포물선 운동의 가속도**
포물선 운동을 하는 물체는 일정한 크기의 중력을 받아 운동한다. 따라서 포물선 운동은 등가속도 운동이다. 물체가 운동 방향에 비스듬한 방향으로 중력을 받기 때문에 곡선 운동을 한다.

◆ **수평 방향으로 던진 물체의 운동**
수평 방향으로는 등속 직선 운동을 하고, 연직 방향으로는 자유 낙하 운동과 같은 등가속도 직선 운동을 한다.

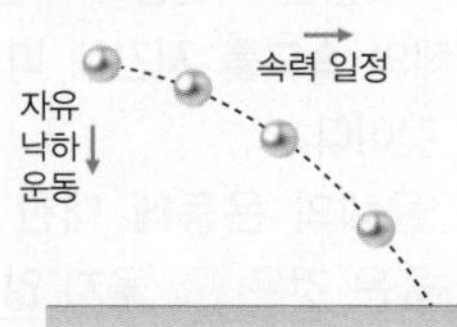

▲ 수평 방향으로 던진 물체의 운동

탐구 자료창 운동 분류하기

그림은 여러 가지 물체의 운동을 나타낸 것이다.

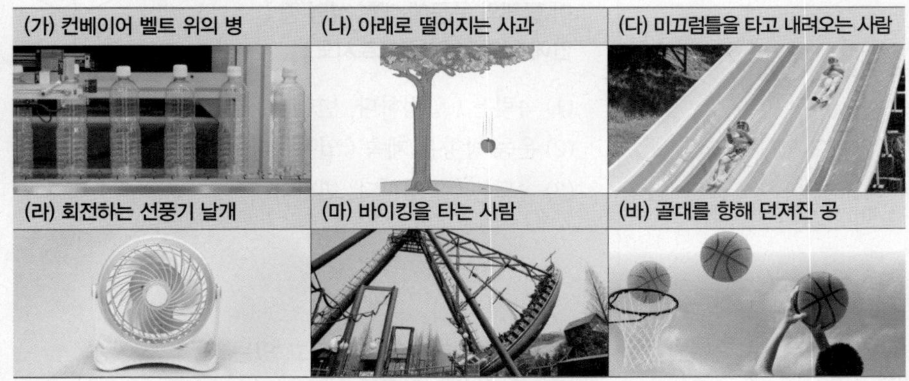

1. 운동의 분류

구분	속력 일정	속력 변함
운동 방향 일정	(가)	(나), (다)
운동 방향 변함	(라)	(마), (바)

2. **운동의 종류**: 등속 직선 운동을 하는 것은 (가), 등가속도 직선 운동을 하는 것은 (나), (다), 등속 원운동을 하는 것은 (라), 진자 운동을 하는 것은 (마), 포물선 운동을 하는 것은 (바)이다.

(용어)

❶ 진자(振 떨치다, 子 아들) 정해진 한 점 또는 한 축(軸)의 둘레에서 일정한 주기로 진동을 계속하는 물체

❷ 포물선(拋 던지다, 物 만물, 線 선) 물체를 비스듬히 던졌을 때 물체가 반원 모양을 그리며 날아가는 선

개념 확인 문제

핵심 체크

- 속력 – 시간 그래프에서 그래프 아랫부분의 넓이는 (❶)를 나타낸다.
- 이동 거리 – 시간 그래프의 기울기는 (❷)을 나타낸다.
- (❸) 운동: 가속도가 일정한 직선 운동이다.
- 가속도 – 시간 그래프에서 그래프 아랫부분의 넓이는 (❹)을 나타낸다.
- 등가속도 직선 운동에서 처음 속도를 v_0, t초 후 속도를 v, t초 때 변위를 s, 가속도를 a라고 하면 다음 식이 성립한다.
  $v=v_0+$(❺)　$s=v_0t+$(❻)　(❼)$=v^2-v_0^2$
- 등속 원운동은 속력은 일정하고 (❽)이 변하는 운동이다.
- 진자 운동과 (❾) 운동은 (❿)과 운동 방향이 모두 변하는 운동이다.

1 그림 (가)는 직선상에서 운동하는 물체의 속력을 시간에 따라 나타낸 것이고, (나)는 직선상에서 운동하는 물체의 이동 거리를 시간에 따라 나타낸 것이다.

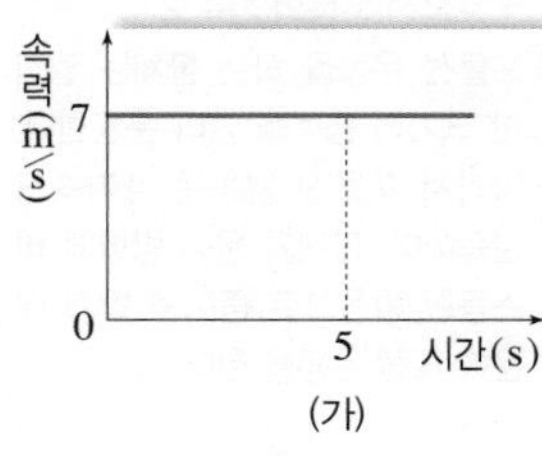

(가)

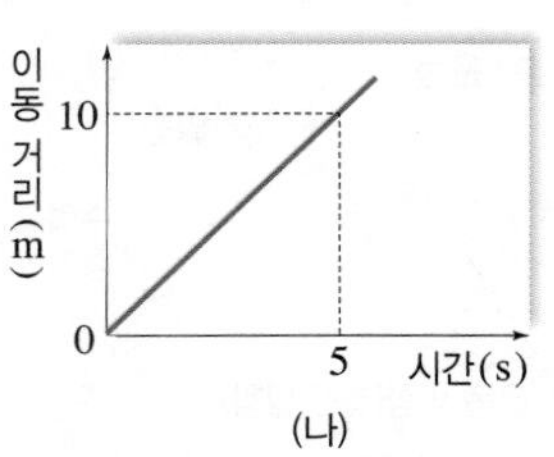

(나)

(1) (가)에서 0~5초 동안 이동 거리는 몇 m인지 쓰시오.
(2) (나)에서 0~5초 동안 물체의 속력은 몇 m/s인지 쓰시오.

2 그림은 직선상에서 운동하는 물체의 속도를 시간에 따라 나타낸 것이다.
이 물체의 운동에 대한 설명으로 옳은 것은 ○, 옳지 않은 것은 ×로 표시하시오.

속도(m/s) 40, 0, −40 / 시간(s) 5, 10

(1) 물체는 등가속도 직선 운동을 한다. ( )
(2) 물체의 가속도는 $-8\ m/s^2$이다. ( )
(3) 5초일 때 물체는 처음 위치에 있다. ( )

3 처음 속도가 10 m/s인 자동차가 4 m/s^2의 가속도로 등가속도 직선 운동을 하여 속도가 30 m/s가 될 때까지 이동하였다.

(1) 자동차가 이동하는 데 걸린 시간은 몇 초인지 쓰시오.
(2) 자동차가 이동한 거리는 몇 m인지 쓰시오.

4 직선 도로를 30 m/s의 속도로 달리던 자동차가 브레이크를 밟아 정지하였다. 자동차가 정지하는 동안 속도는 일정하게 감소하였고, 90 m를 이동하였다.

(1) 자동차가 정지하는 동안 자동차의 평균 속도는 몇 m/s인지 쓰시오.
(2) 자동차가 정지하는 데 걸린 시간은 몇 초인지 쓰시오.
(3) 자동차의 가속도의 크기는 몇 m/s^2인지 쓰시오.

5 그림과 같이 물체가 실에 매달려 등속 원운동을 하고 있다.
이 물체의 운동에 대한 설명 중 ( ) 안에 알맞은 말을 고르시오.

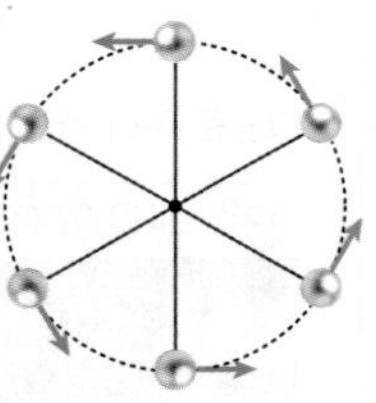

(1) 속력은 (일정하다, 변한다).
(2) 운동 방향은 계속 (일정하다, 변한다).
(3) 속도는 (일정하다, 변한다).

6 그림은 좌우로 진동하고 있는 진자의 위치를 일정한 시간 간격으로 나타낸 것이다.
진자의 운동에 대한 설명으로 옳은 것은 ○, 옳지 않은 것은 ×로 표시하시오.

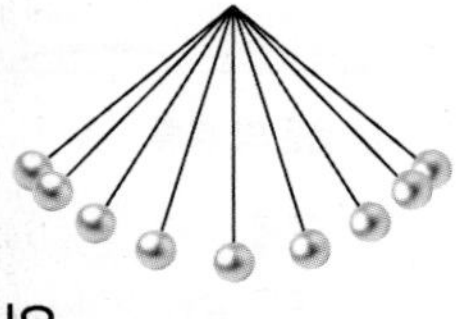

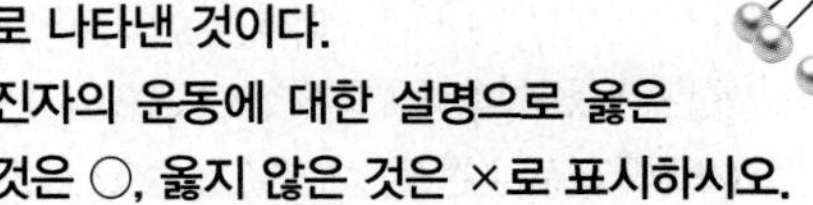

(1) 속력이 일정하다. ( )
(2) 운동 방향이 계속 변한다. ( )
(3) 진자가 아래로 내려갈 때는 속력이 느려진다. ( )

완자쌤 **비법 특강**

직선상에서 운동하는 물체의 그래프 분석 및 전환

물체의 운동을 나타내는 그래프에는 위치(이동 거리) – 시간 그래프, 속도(속력) – 시간 그래프, 가속도 – 시간 그래프 등이 있어요. 이러한 그래프는 물체의 운동 상태에 따라 다양한 형태로 나타낼 수 있지요. 지금까지 배운 그래프는 그 형태가 비교적 단순했지만 이제 좀 더 복잡한 형태의 그래프를 공부해 볼까요?

1 위치 – 시간 그래프, 속도 – 시간 그래프, 가속도 – 시간 그래프의 분석

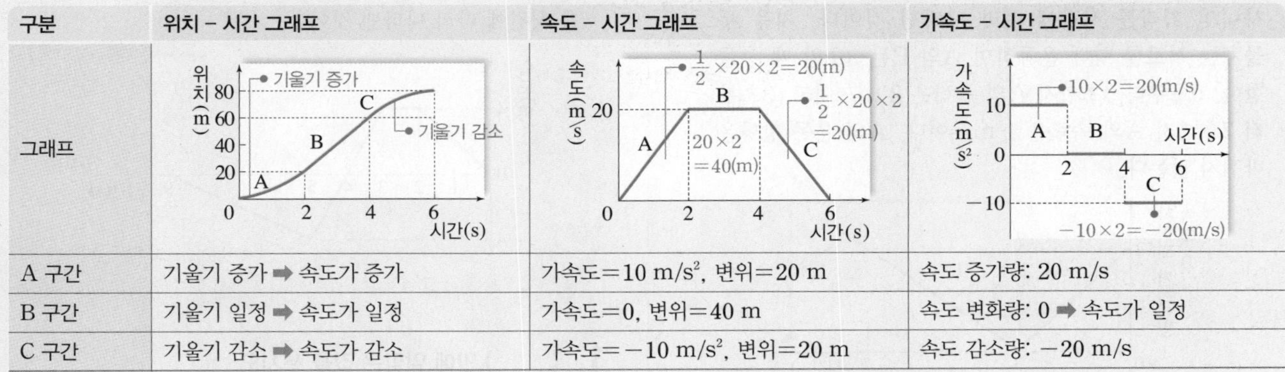

구분	위치 – 시간 그래프	속도 – 시간 그래프	가속도 – 시간 그래프
그래프			
A 구간	기울기 증가 ➡ 속도가 증가	가속도=10 m/s², 변위=20 m	속도 증가량: 20 m/s
B 구간	기울기 일정 ➡ 속도가 일정	가속도=0, 변위=40 m	속도 변화량: 0 ➡ 속도가 일정
C 구간	기울기 감소 ➡ 속도가 감소	가속도=−10 m/s², 변위=20 m	속도 감소량: −20 m/s

Q1 속도와 가속도의 부호가 같은 구간을 쓰고, 속도의 크기가 어떻게 변하는지 쓰시오.

2 그래프의 전환: 가속도 – 시간 그래프 ⇄(❶/❹) 속도 – 시간 그래프 ⇄(❷/❸) 위치 – 시간 그래프

전환	구간	특징
가속도 ❶↓ 속도	A	가속도가 일정 ➡ 기울기 일정 2초 때 속도=20 m/s
	B	가속도가 0 ➡ 속도가 20 m/s로 일정
	C	가속도가 (−) ➡ 속도가 감소 6초 때 속도=v_4−20 m/s=0 (4초 때 속도)
	D	가속도가 (−) ➡ (−) 방향으로 속도 증가 8초 때 속도=−20 m/s

전환	구간	특징
속도 ❷↓ 위치	A	속도가 증가 ➡ 기울기 증가 2초 때 위치=20 m
	B	속도 일정 ➡ 기울기 일정 4초 때 위치=(20+40) m=60 m
	C	속도가 감소 ➡ 기울기 감소 6초 때 위치=(60+20) m=80 m
	D	속도가 (−)이고 속도의 절댓값 증가 (위치 감소, 기울기 절댓값 증가)

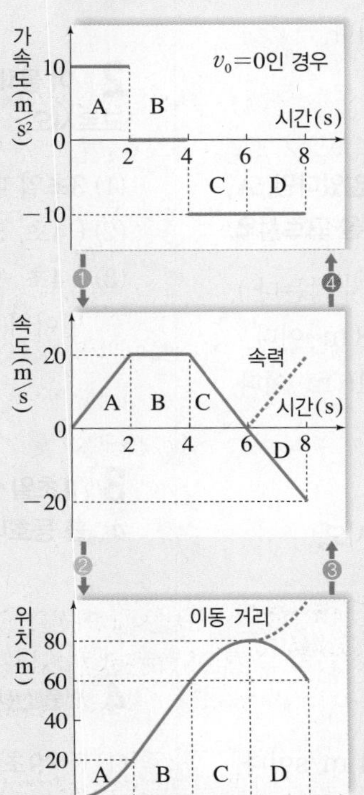

전환	구간	특징
가속도 ❹↑ 속도	A	기울기가 10 m/s²으로 일정 ➡ 가속도가 10 m/s²으로 일정
	B	기울기=0 ➡ 가속도=0
	C, D	기울기가 −10 m/s²으로 일정 ➡ 가속도가 −10 m/s²으로 일정

전환	구간	특징
속도 ❸↑ 위치	A	기울기가 (+)이며 증가 ➡ 속도가 (+)이며 증가
	B	기울기가 20 m/s로 일정 ➡ 속도가 20 m/s로 일정
	C	기울기가 (+)이며 감소 ➡ 속도가 (+)이며 감소
	D	기울기가 (−)이며 기울기의 절댓값은 증가 ➡ 속도가 (−)이며 속도의 절댓값은 증가

Q2 속도의 크기가 증가할 때 위치 – 시간 그래프의 기울기는 어떻게 변하는지 쓰시오.

대표 자료 분석

자료 ① 두 물체 사이의 거리 그래프 분석

기출 Point
- 두 물체의 이동 거리와 속력의 관계 이해하기
- 두 물체 사이의 거리로부터 각 물체의 운동 이해하기

[1~4] 그림은 같은 직선상에서 운동하는 물체 A와 B 사이의 거리를 시간에 따라 나타낸 것이다. 처음 두 물체는 서로를 향해 운동하며 A와 B는 3초일 때 충돌한다. 0초부터 3초까지 A의 속력은 2 m/s이고, 3초부터 7초까지 A의 속력은 1 m/s이다. A의 운동 방향은 바뀌지 않는다.

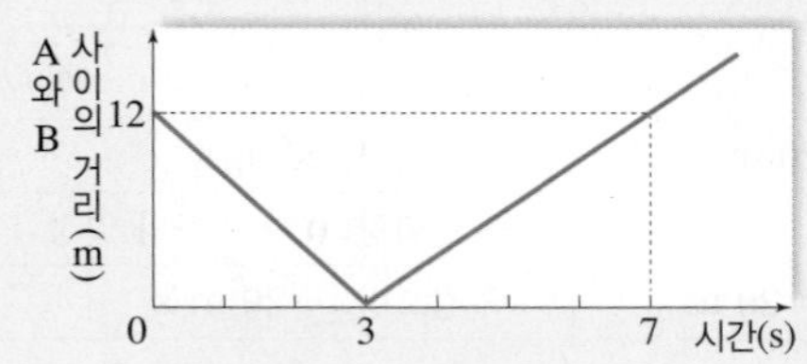

1 (　　) 안에 알맞은 값을 쓰시오.

(1) 0~3초 동안 A의 이동 거리는 (　　　) m이다.
(2) 0~3초 동안 B의 이동 거리는 (　　　) m이다.
(3) 0~3초 동안 B의 속력은 (　　　) m/s이다.

2 **0초부터 7초까지 A의 운동 방향이 바뀌지 않았다면, A, B의 운동에 대한 설명 중 (　　) 안에 알맞은 말을 고르시오.**

(1) 3초일 때 B의 운동 방향은 (바뀐다, 바뀌지 않는다).
(2) 3초~7초 동안 A의 이동 거리는 (4 m, 8 m)이다.
(3) 3초~7초 동안 B의 이동 거리는 (8 m, 16 m)이다.

3 **3초~7초 동안 B의 속력은 몇 m/s인지 쓰시오.**

4 빈출 선택지로 완벽 정리!

(1) 0~3초 동안 A에서 측정한 B의 속력은 4 m/s이다. (○ / ×)
(2) 3초~7초 동안 B에서 측정한 A의 속력은 5 m/s이다. (○ / ×)

자료 ② 속도 – 시간 그래프 분석

기출 Point
- 그래프를 통해 물체의 운동 이해하기
- 그래프를 통해 가속도의 개념 이해하기

[1~4] 그림은 직선상에서 운동하는 어떤 물체의 속도를 시간에 따라 나타낸 것이다.

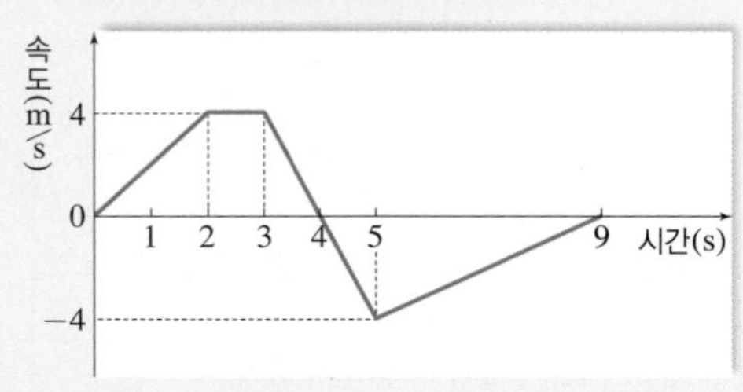

1 (　　) 안에 알맞은 값을 쓰시오.

(1) 0~9초 동안 이동한 거리는 (　　　) m이다.
(2) 0~9초 동안 변위의 크기는 (　　　) m이다.
(3) 0~9초 동안 평균 속도의 크기는 (　　　) m/s이다.

2 **이 물체의 운동에 대한 설명 중 (　　) 안에 알맞은 말을 고르시오.**

(1) 3초일 때와 5초일 때 운동 방향은 (같다, 반대이다).
(2) (4초, 5초)일 때 가속도의 방향이 바뀐다.
(3) (4초, 9초)일 때 물체는 출발점으로부터 가장 멀리 떨어져 있다.

3 **1초일 때 가속도의 크기 $a_{(가)}$와 6초일 때 가속도의 크기 $a_{(나)}$를 등호나 부등호로 비교하시오.**

4 빈출 선택지로 완벽 정리!

(1) 0~9초 동안 물체의 운동 방향은 두 번 바뀐다. (○ / ×)
(2) 2초~3초 동안 물체는 정지해 있다. (○ / ×)
(3) 4초일 때 운동 방향이 바뀐다. (○ / ×)

정답친해 3쪽

자료 3 등가속도 직선 운동을 하는 두 물체

기출 Point
• 등가속도 직선 운동을 하는 물체의 운동 상황 이해하기
• 등가속도 직선 운동의 식 적용하기

[1~4] 그림과 같이 등가속도 직선 운동을 하는 자동차 B가 기준선 Q를 $2v$의 속력으로 통과하는 순간 기준선 P에 정지해 있던 자동차 A가 출발하여 등가속도 직선 운동을 한다. A, B는 각각 Q, P를 같은 속력 v로 지난다. P에서 Q까지의 거리는 L이다.

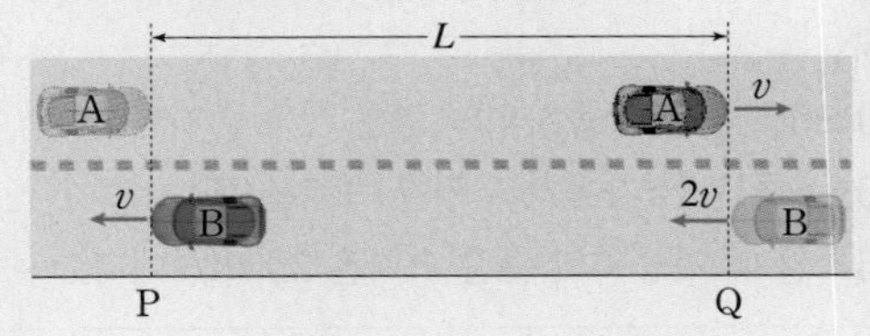

1 (　　) 안에 알맞은 말을 쓰시오.

(1) A가 이동하는 동안 평균 속도의 크기는 (　　　)이다.
(2) B가 이동하는 동안 평균 속도의 크기는 (　　　)이다.
(3) B가 이동하는 데 걸린 시간은 (　　　)이다.

2 A와 B의 운동에 대한 설명 중 (　　) 안에 알맞은 말을 고르시오.

(1) A와 B의 속도 변화량의 크기는 (같다, 다르다).
(2) 운동하는 데 걸린 시간은 A가 B의 (3배, $\frac{1}{3}$배)이다.
(3) 가속도의 크기는 A가 B의 (3배, $\frac{1}{3}$배)이다.

3 B의 가속도의 크기는 얼마인지 구하시오.

4 빈출 선택지로 완벽 정리!

(1) A가 P에서 Q까지 이동하는 데 걸린 시간은 $\frac{L}{v}$이다. (○ / ×)
(2) B의 속도와 가속도의 방향은 서로 반대이다. (○ / ×)
(3) B가 Q에서 P까지 이동하는 동안 A가 이동한 거리는 $\frac{1}{3}L$이다. (○ / ×)

자료 4 빗면에서 운동하는 물체

기출 Point
• 빗면에서 운동하는 물체의 운동 이해하기
• 등가속도 직선 운동의 식 적용하기

[1~4] 그림은 질량이 m인 물체 A와 질량이 $2m$인 물체 B가 마찰이 없는 빗면 위에서 운동하는 모습을 나타낸 것이다. A는 기준선 p에 가만히 놓았고, B는 A가 기준선 q를 지나는 순간 기준선 q에서 속력 v_1로 운동하기 시작하였다. A, B는 각각 12 m/s, v_2의 속력으로 기준선 r를 동시에 통과하였고 p와 q 사이의 거리는 3 m, q와 r 사이의 거리는 9 m이다. (단, 공기 저항은 무시한다.)

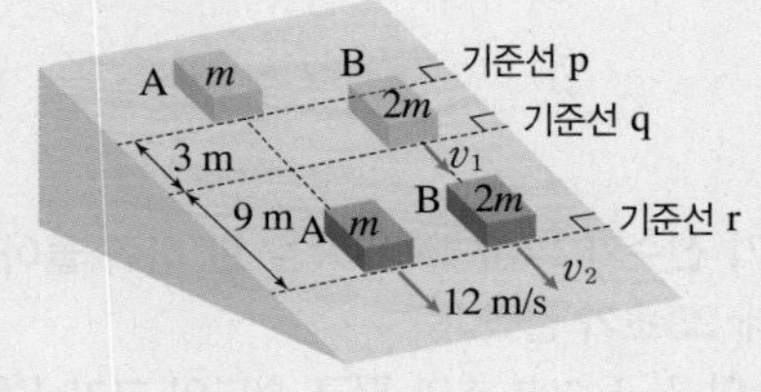

1 (　　) 안에 알맞은 값을 쓰시오.

(1) A의 가속도의 크기는 (　　　) m/s²이다.
(2) A가 p에서 출발하여 r까지 운동하는 동안 평균 속력은 (　　　) m/s이다.
(3) A가 p에서 출발하여 r까지 운동하는 데 걸린 시간은 (　　　)초이다.

2 A와 B의 운동에 대한 설명 중 (　　) 안에 알맞은 말을 고르시오.

(1) A와 B의 가속도의 크기는 서로 (같다, 다르다).
(2) A가 p에서 q까지 운동하는 데 (0.5초, 1초)가 걸린다.
(3) B가 q에서 r까지 운동하는 데 (1초, 2초)가 걸린다.

3 B가 q에서 r까지 운동하는 동안 평균 속력은 몇 m/s 인지 쓰시오.

4 빈출 선택지로 완벽 정리!

(1) A가 q를 통과할 때의 속력은 3 m/s이다. (○ / ×)
(2) v_1=6 m/s이고, v_2=12 m/s이다. (○ / ×)

내신 만점 문제

A 속력과 속도

중요 **01** 그림은 P점에서 Q점까지 이동하는 두 경로 A, B를 나타낸 것이다.

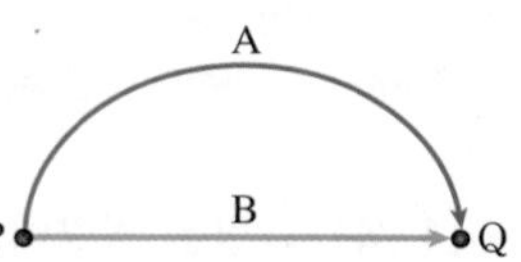

이동 거리와 변위에 대한 설명으로 옳은 것만을 [보기]에서 있는 대로 고른 것은?

> 보기
> ㄱ. A와 B의 변위는 같다.
> ㄴ. 이동 거리는 A가 B보다 크다.
> ㄷ. B는 이동 거리와 변위의 크기가 같다.

① ㄱ ② ㄷ ③ ㄱ, ㄴ
④ ㄴ, ㄷ ⑤ ㄱ, ㄴ, ㄷ

02 달리기 선수가 200 m 트랙을 한 바퀴 돌아서 제자리까지 오는 데 25초가 걸렸다.
달리기 선수의 평균 속력 A와 평균 속도의 크기 B를 옳게 짝지은 것은?

	A	B		A	B
①	0	8 m/s	②	4 m/s	0
③	4 m/s	4 m/s	④	8 m/s	0
⑤	8 m/s	8 m/s			

03 그림과 같이 A와 B가 각각 직선상의 P점과 Q점에서 동시에 출발하여 일정한 속력으로 이동한다. B는 5초일 때 R점에서 방향을 바꾸고, A와 B는 10초일 때 Q점에서 만난다.

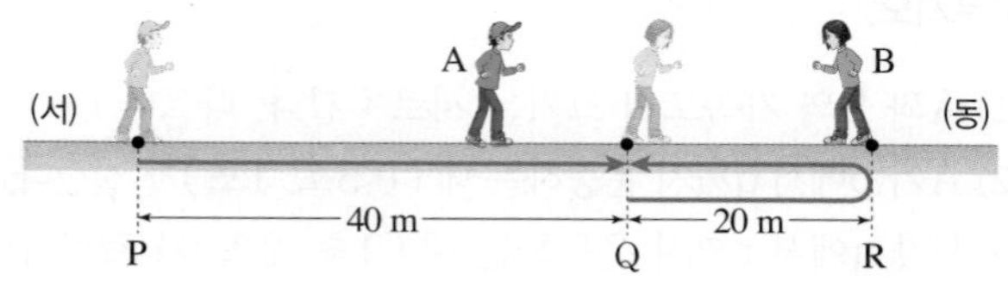

이에 대한 설명으로 옳은 것만을 [보기]에서 있는 대로 고른 것은?

> 보기
> ㄱ. 0~5초 동안 A, B 사이의 거리는 일정하다.
> ㄴ. 0~10초 동안 A, B의 평균 속력은 같다.
> ㄷ. 0~10초 동안 A, B의 평균 속도의 크기는 같다.

① ㄱ ② ㄷ ③ ㄱ, ㄴ
④ ㄴ, ㄷ ⑤ ㄱ, ㄴ, ㄷ

04 그림은 직선 도로 위를 달리는 어떤 자동차의 이동 거리를 시간에 따라 나타낸 것이다.

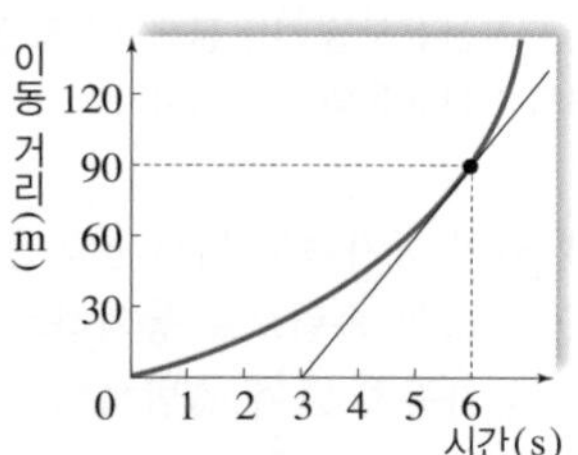

이에 대한 설명으로 옳은 것만을 [보기]에서 있는 대로 고른 것은?

> 보기
> ㄱ. 0~6초 동안 자동차의 속력은 계속 증가한다.
> ㄴ. 0~6초 동안 자동차의 평균 속력은 15 m/s이다.
> ㄷ. 6초일 때 자동차의 순간 속력은 30 m/s이다.

① ㄴ ② ㄷ ③ ㄱ, ㄴ
④ ㄱ, ㄷ ⑤ ㄱ, ㄴ, ㄷ

중요 **05** 그림은 직선상에서 운동하는 두 물체 A, B의 위치를 시간에 따라 나타낸 것이다.

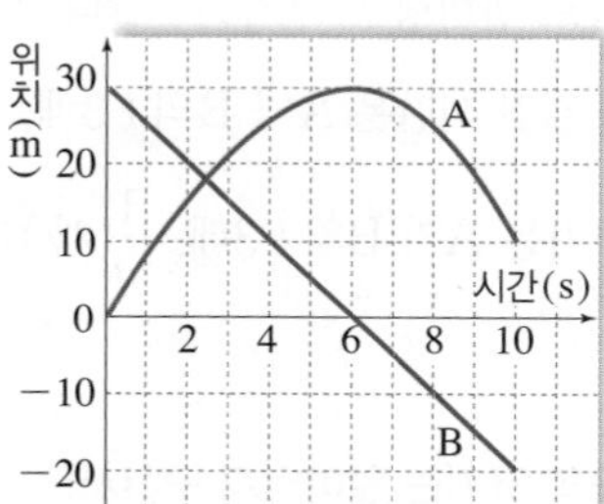

두 물체의 운동에 대한 설명으로 옳은 것만을 [보기]에서 있는 대로 고른 것은?

> 보기
> ㄱ. 0~6초 동안 A와 B의 평균 속도는 같다.
> ㄴ. 6초 이후 A와 B는 같은 방향으로 운동한다.
> ㄷ. 0~10초 동안 A와 B의 평균 속력은 같다.

① ㄱ ② ㄴ ③ ㄱ, ㄴ
④ ㄱ, ㄷ ⑤ ㄴ, ㄷ

06 그림은 같은 직선상에서 서로를 향해 등속 직선 운동을 하는 두 물체 A와 B 사이의 거리를 시간에 따라 나타낸 것이다. A, B의 속력은 각각 2 m/s, v이다.

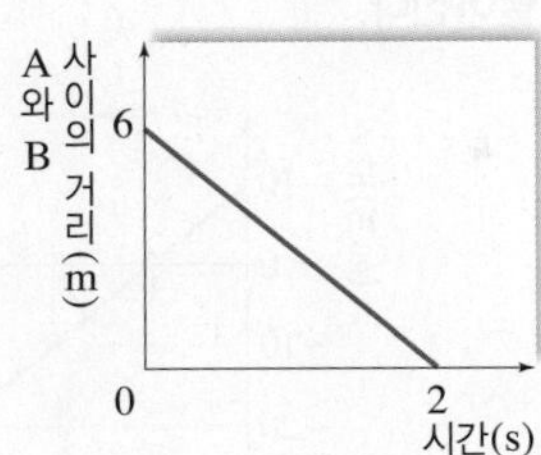

이에 대한 설명으로 옳은 것만을 [보기]에서 있는 대로 고른 것은?

보기
ㄱ. 충돌 전까지 A와 B는 1초에 3 m씩 가까워진다.
ㄴ. A에서 측정한 B의 속력은 1 m/s이다.
ㄷ. v=1 m/s이다.

① ㄴ ② ㄷ ③ ㄱ, ㄴ
④ ㄱ, ㄷ ⑤ ㄱ, ㄴ, ㄷ

B 가속도

07 그림은 직선상에서 운동하는 물체의 위치를 시간에 따라 나타낸 것이다.

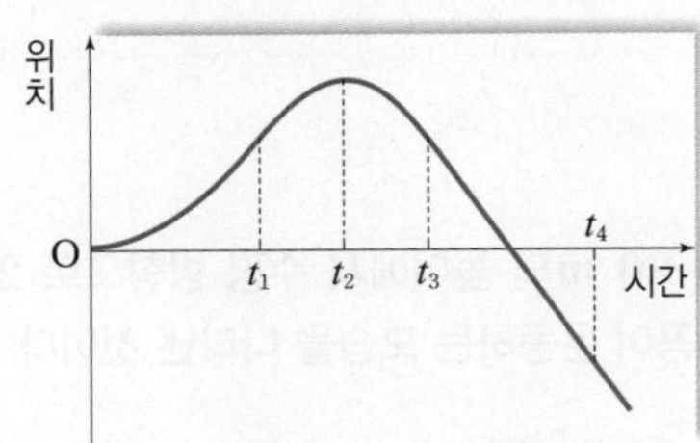

이 물체의 운동에 대한 설명으로 옳은 것만을 [보기]에서 있는 대로 고른 것은?

보기
ㄱ. 0~t_1 동안 물체의 속도와 가속도의 방향은 서로 같다.
ㄴ. t_2일 때 가속도는 0이다.
ㄷ. t_3일 때와 t_4일 때 물체의 운동 방향은 서로 반대이다.

① ㄱ ② ㄴ ③ ㄱ, ㄴ
④ ㄱ, ㄷ ⑤ ㄴ, ㄷ

중요 **08** 그림은 직선 도로를 달리는 두 오토바이 A, B의 위치를 시간에 따라 나타낸 것이다. 이에 대한 설명으로 옳은 것만을 [보기]에서 있는 대로 고른 것은?

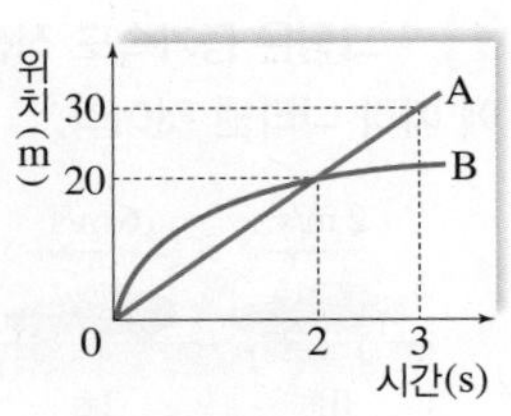

보기
ㄱ. 0~2초 동안 B의 가속도 방향은 운동 방향과 반대이다.
ㄴ. 0~2초 동안 A, B의 평균 속력은 같다.
ㄷ. 2초일 때 순간 속력은 A가 B보다 크다.

① ㄱ ② ㄴ ③ ㄱ, ㄷ
④ ㄴ, ㄷ ⑤ ㄱ, ㄴ, ㄷ

C 여러 가지 운동

09 그림과 같이 두 자동차가 서로 반대 방향으로 10 m/s, 20 m/s의 속도로 등속 직선 운동을 하고 있다.

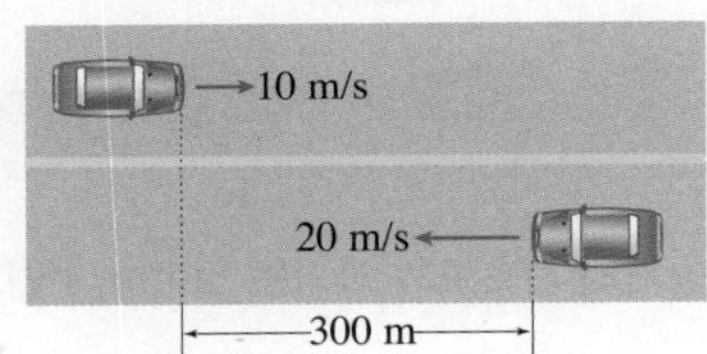

두 자동차 사이의 직선 거리가 300 m일 때, 두 자동차가 만나는 데 걸리는 시간은 몇 초인지 쓰시오.

10 그림은 직선상에서 같은 위치에서 출발한 두 물체 A, B의 속도를 시간에 따라 나타낸 것이다. 두 물체의 운동에 대한 설명으로 옳은 것은?

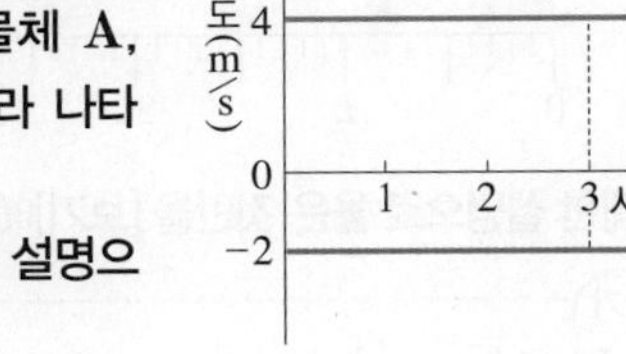

① A와 B의 운동 방향은 같다.
② 0~3초 동안 A가 이동한 거리는 12 m이다.
③ B의 이동 거리는 감소한다.
④ B의 속력은 −2 m/s이다.
⑤ 3초일 때 A와 B 사이의 거리는 6 m이다.

중요 **11** 그림은 등가속도 직선 운동을 하는 자동차의 속력을 시간에 따라 나타낸 것이다.

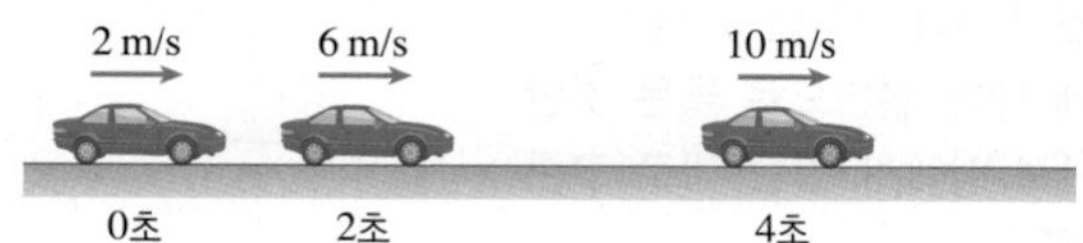

자동차의 운동에 대한 설명으로 옳은 것만을 [보기]에서 있는 대로 고른 것은? (단, 자동차의 크기는 무시한다.)

보기
ㄱ. 가속도의 크기는 $2\ m/s^2$이다.
ㄴ. 3초일 때의 속력은 8 m/s이다.
ㄷ. 2초~4초 동안의 이동 거리는 0~2초 동안의 4배이다.

① ㄱ ② ㄷ ③ ㄱ, ㄴ
④ ㄴ, ㄷ ⑤ ㄱ, ㄴ, ㄷ

12 그림은 등가속도 직선 운동을 하는 장난감 자동차의 구간 거리를 0.4초 간격으로 나타낸 것이다.

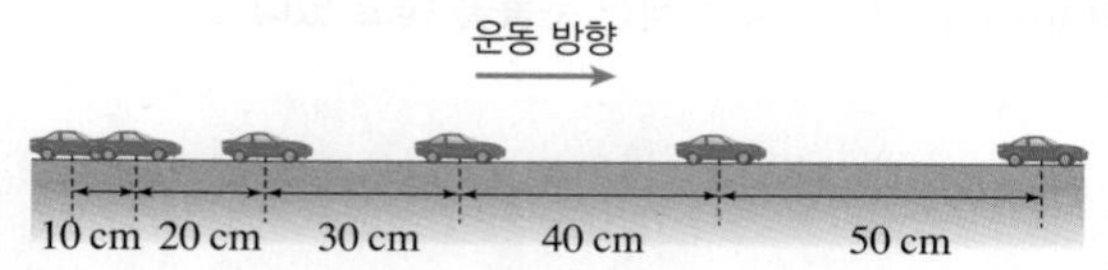

이 장난감 자동차의 가속도의 크기는 몇 cm/s^2인지 쓰시오.

13 그림은 등가속도 직선 운동을 하는 공의 위치를 0.1초 간격으로 나타낸 것이다. 0~0.5초 동안 공의 평균 속력은 0.7 m/s이다.

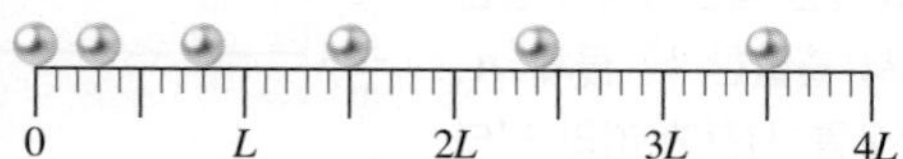

이에 대한 설명으로 옳은 것만을 [보기]에서 있는 대로 고른 것은?

보기
ㄱ. $L=10$ cm이다.
ㄴ. 가속도의 크기는 $0.2\ m/s^2$이다.
ㄷ. 0.15초일 때 물체의 속력은 0.5 m/s이다.

① ㄱ ② ㄴ ③ ㄱ, ㄷ
④ ㄴ, ㄷ ⑤ ㄱ, ㄴ, ㄷ

14 그림 (가)는 지면으로부터 높이가 h인 곳에서 물체를 연직 위로 10 m/s의 속력으로 쏘아 올린 모습을 나타낸 것이고, (나)는 물체의 속도를 시간에 따라 나타낸 것이다. 물체는 3초일 때 지면에 떨어진다.

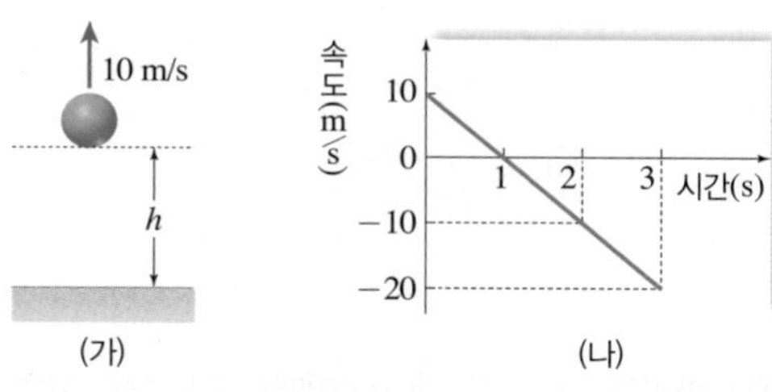

(가) (나)

이에 대한 설명으로 옳은 것만을 [보기]에서 있는 대로 고른 것은?

보기
ㄱ. 1초일 때 가속도의 방향이 바뀐다.
ㄴ. 2초일 때 물체는 최고점에 도달한다.
ㄷ. $h=15$ m이다.

① ㄱ ② ㄷ ③ ㄱ, ㄴ
④ ㄴ, ㄷ ⑤ ㄱ, ㄴ, ㄷ

서술형 **15** 지면으로부터 높이가 h인 위치에서 물체를 연직 위로 5 m/s의 속력으로 쏘아 올렸더니 2초만에 지면으로 떨어졌다. 물체가 지면에 떨어질 때의 속력과 물체의 처음 높이 h를 각각 풀이 과정과 함께 구하시오. (단, 물체의 크기와 공기 저항은 무시하고, 중력 가속도는 $10\ m/s^2$이다.)

16 그림은 20 m의 높이에서 수평 방향으로 2 m/s의 속도로 던져진 공이 운동하는 모습을 나타낸 것이다.

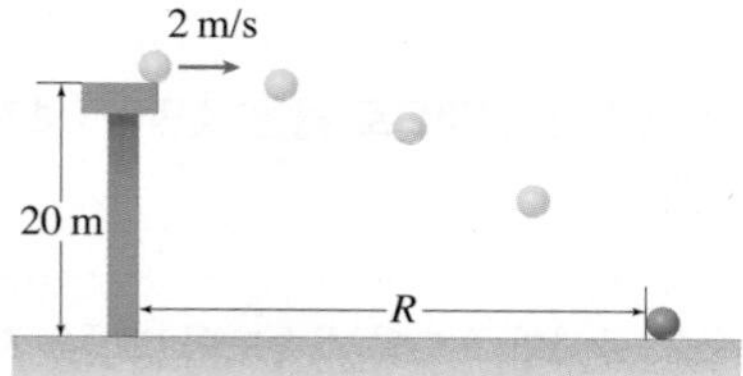

공이 바닥에 도달할 때까지 이동한 수평 거리 R는? (단, 공기 저항은 무시하고, 중력 가속도는 $10\ m/s^2$이다.)

① 1 m ② 2 m ③ 4 m
④ 8 m ⑤ 16 m

17 그림과 같이 마찰이 없는 빗면 위에서 물체 A는 빗면 아래로, 물체 B는 빗면 위로 운동하였다. A, B는 p점, q점을 각각 1 m/s의 속력으로 동시에 지나며, B의 속력이 0이 되기 전에 충돌한다. p점과 q점 사이의 거리는 4 m이다.

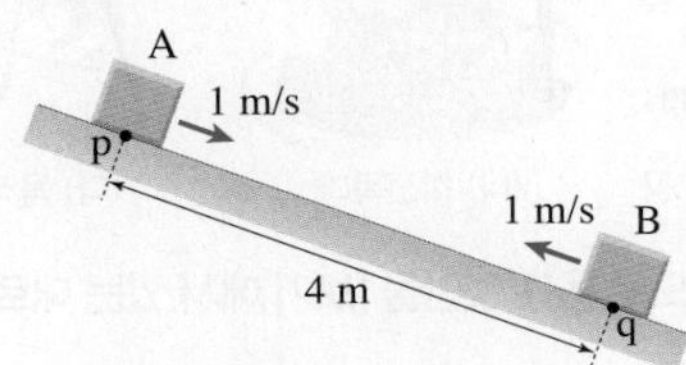

A와 B의 운동에 대한 설명으로 옳은 것만을 [보기]에서 있는 대로 고른 것은? (단, 물체의 크기와 공기 저항은 무시한다.)

보기
ㄱ. A와 B의 가속도는 같다.
ㄴ. A와 B가 충돌할 때까지 걸린 시간은 2초이다.
ㄷ. A와 B가 충돌할 때까지 이동한 거리는 A가 B보다 크다.

① ㄱ ② ㄷ ③ ㄱ, ㄴ
④ ㄴ, ㄷ ⑤ ㄱ, ㄴ, ㄷ

18 그림과 같이 속력이 $4v$인 물체가 수평면 위의 구간 A를 일정한 속도로 통과한 후 빗면 위의 구간 B를 등가속도 직선 운동을 하여 통과하였다. 구간 A와 구간 B의 길이는 L로 같고, 구간 B에서 물체의 평균 속력은 $3v$이다.

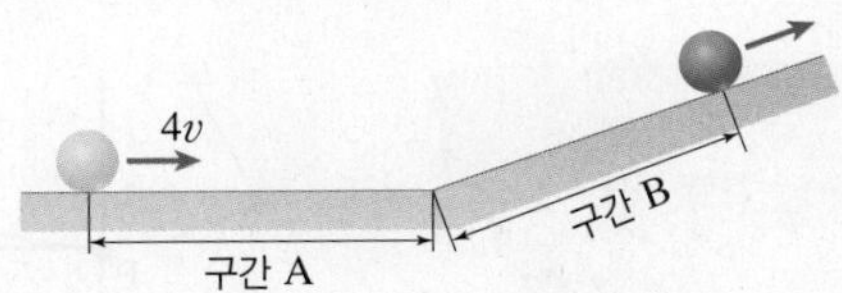

이에 대한 설명으로 옳은 것만을 [보기]에서 있는 대로 고른 것은? (단, 물체의 크기, 모든 마찰과 공기 저항은 무시한다.)

보기
ㄱ. 구간 A를 통과하는 데 걸린 시간은 구간 B를 통과하는 데 걸린 시간보다 작다.
ㄴ. 구간 B를 빠져나오는 순간 물체의 속력은 $3v$이다.
ㄷ. 구간 B에서 물체의 가속도의 크기는 $\frac{6v^2}{L}$이다.

① ㄱ ② ㄴ ③ ㄱ, ㄷ
④ ㄴ, ㄷ ⑤ ㄱ, ㄴ, ㄷ

19 그림은 직선상에서 운동하는 물체의 속도를 시간에 따라 나타낸 것이다.
이 물체의 운동에 대한 설명으로 옳은 것만을 [보기]에서 있는 대로 고른 것은?

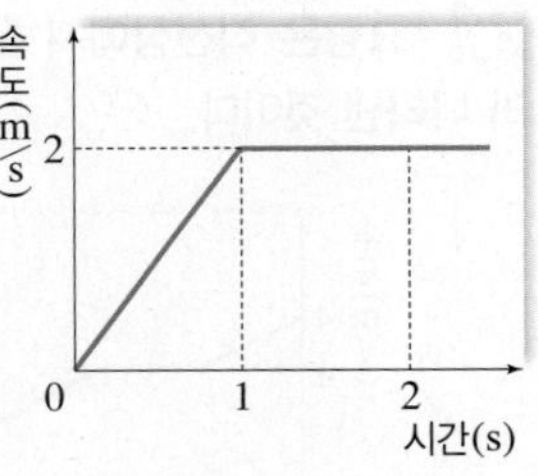

보기
ㄱ. 0～1초 동안 평균 속도의 크기는 2 m/s이다.
ㄴ. 1초～2초 동안 등속 직선 운동을 한다.
ㄷ. 0～2초 동안 이동한 거리는 변위의 크기와 같은 3 m이다.

① ㄱ ② ㄴ ③ ㄷ
④ ㄱ, ㄷ ⑤ ㄴ, ㄷ

서술형
20 어떤 물체가 직선상에서 처음 2초 동안은 2 m/s의 일정한 속도로 운동하다가 다음 2초 동안은 -2 m/s^{2}의 일정한 가속도로 운동하였다.
0～4초 동안 이 물체의 운동을 속도 – 시간 그래프로 나타내시오. 이때 각 좌표축을 나타내는 물리량과 단위를 표시하고, 구체적인 값을 표시하시오. (단, 처음 속도의 부호는 (+)이다.)

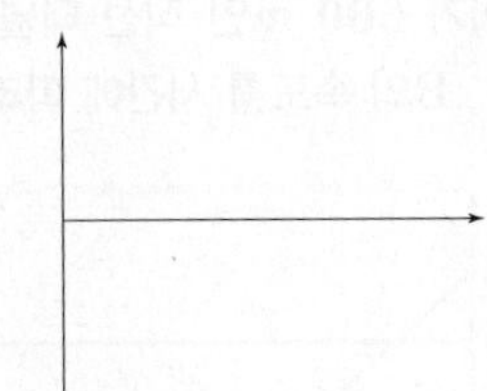

21 그림은 정지 상태에서 출발하여 직선상에서 운동하는 어떤 물체의 가속도를 시간에 따라 나타낸 것이다.
이 물체의 운동에 대한 설명으로 옳지 않은 것은?

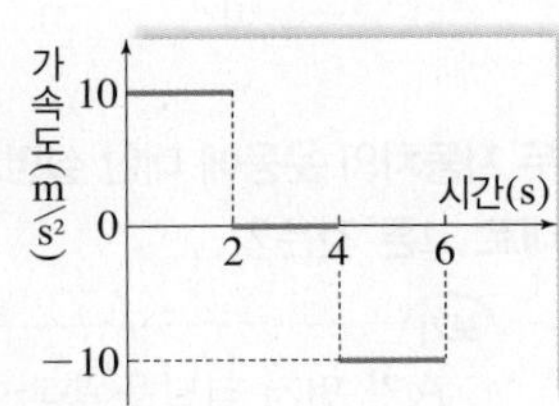

① 4초일 때 물체의 속도는 20 m/s이다.
② 0～4초 동안 물체의 평균 가속도는 10 m/s^{2}이다.
③ 0～6초 동안 물체의 이동 거리는 80 m이다.
④ 0～2초 동안과 4초～6초 동안 속도의 부호는 같다.
⑤ 0～2초 동안과 4초～6초 동안 물체의 운동 방향은 같다.

중요 **22** 그림은 직선상에서 운동하는 물체의 속도를 시간에 따라 나타낸 것이다.

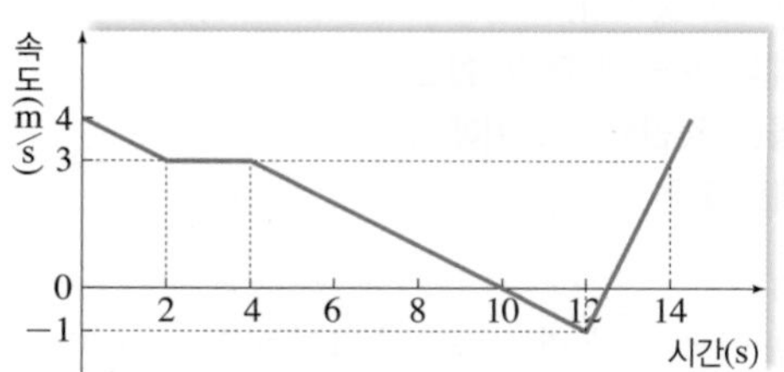

이 물체의 운동에 대한 설명으로 옳지 않은 것은?

① 등속 직선 운동을 할 때 이동한 거리는 6 m이다.
② 1초일 때와 6초일 때 가속도는 같다.
③ 4초~10초 동안 물체의 운동 방향과 가속도의 방향은 서로 반대이다.
④ 4초~12초 동안과 12초~14초 동안 평균 속도는 같다.
⑤ 0~14초 동안 운동 방향이 한 번 바뀐다.

23 그림은 길이가 600 m인 직선 터널 안으로 동시에 들어선 두 자동차 A, B의 속도를 시간에 따라 나타낸 것이다.

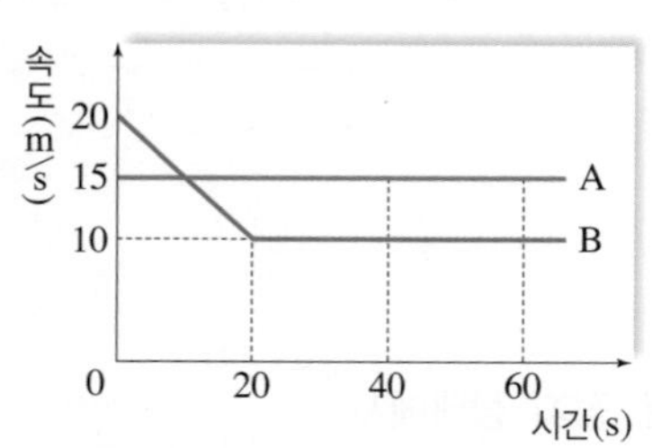

두 자동차의 운동에 대한 설명으로 옳은 것만을 [보기]에서 있는 대로 고른 것은?

보기
ㄱ. A가 먼저 터널을 통과한다.
ㄴ. B가 터널을 통과하는 동안의 평균 속력은 12 m/s 이다.
ㄷ. 20초 이후부터 A와 B 사이의 거리는 일정하다.

① ㄱ ② ㄴ ③ ㄷ
④ ㄱ, ㄴ ⑤ ㄱ, ㄷ

중요 **24** 그림 (가)~(다)는 여러 가지 물체의 운동을 나타낸 것이다.

(가) 가만히 놓은 공

(나) 회전목마

(다) 움직이는 그네

이에 대한 설명으로 옳은 것만을 [보기]에서 있는 대로 고른 것은?

보기
ㄱ. (가)는 운동 방향은 일정하고 속력이 변하는 운동이다.
ㄴ. (나)는 속도가 변하지 않는 운동이다.
ㄷ. (다)는 빠르기와 운동 방향이 모두 변하는 운동이다.

① ㄱ ② ㄴ ③ ㄱ, ㄷ
④ ㄴ, ㄷ ⑤ ㄱ, ㄴ, ㄷ

25 그림 (가)는 수평면과 나란한 책상 위에 길이가 일정한 실을 고정시킨 후 물체를 매달아 등속 원운동을 시키는 모습을, (나)는 P점에서 물체의 운동을 책상 위에서 내려다본 모습을 나타낸 것이다. 물체는 시계 반대 방향으로 운동한다.

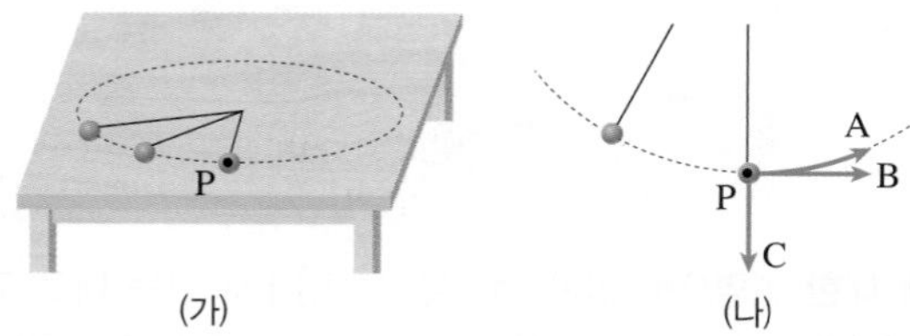

(가) (나)

이에 대한 설명으로 옳은 것만을 [보기]에서 있는 대로 고른 것은?

보기
ㄱ. 원운동을 하는 동안 물체의 속도는 일정하다.
ㄴ. 물체가 한 바퀴를 도는 동안 평균 속도는 0이다.
ㄷ. 물체가 P점을 지나는 순간 실이 끊어지면 물체는 B 방향으로 운동한다.

① ㄱ ② ㄷ ③ ㄱ, ㄴ
④ ㄴ, ㄷ ⑤ ㄱ, ㄴ, ㄷ

정답친해 9쪽

실력 UP 문제

01 그림은 직선 도로에서 $t=0$일 때 자동차가 기준선 P를 20 m/s의 속력으로 통과한 후 $t=2$초일 때 기준선 Q를 25 m/s의 속력으로, $t=T$일 때 기준선 R를 v의 속력으로 통과한 모습을 나타낸 것이다. P와 Q 사이의 거리는 45 m이고, Q와 R 사이의 거리는 195 m이다. 자동차는 P와 Q, Q와 R 사이에서 각각 등가속도 직선 운동을 하며, P에서 R까지 평균 속력은 20 m/s이다.

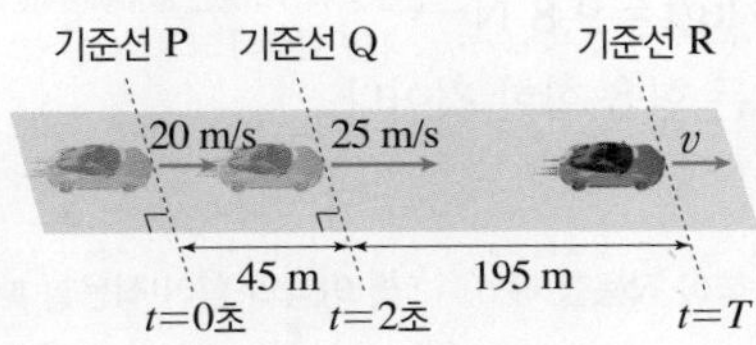

이에 대한 설명으로 옳은 것만을 [보기]에서 있는 대로 고른 것은?

보기
ㄱ. $T=10$초이다.
ㄴ. $v=15$ m/s이다.
ㄷ. P와 Q 사이에서 가속도의 크기는 Q와 R 사이에서 가속도의 크기보다 크다.

① ㄱ ② ㄷ ③ ㄱ, ㄴ
④ ㄴ, ㄷ ⑤ ㄱ, ㄴ, ㄷ

02 그림 (가)는 직선상에서 운동하는 두 물체 A와 B의 모습을 나타낸 것이고, (나)는 A와 B 사이의 거리를 시간에 따라 나타낸 것이다. 0초부터 4초까지 A는 일정한 속도 1 m/s로 운동하고 있다.

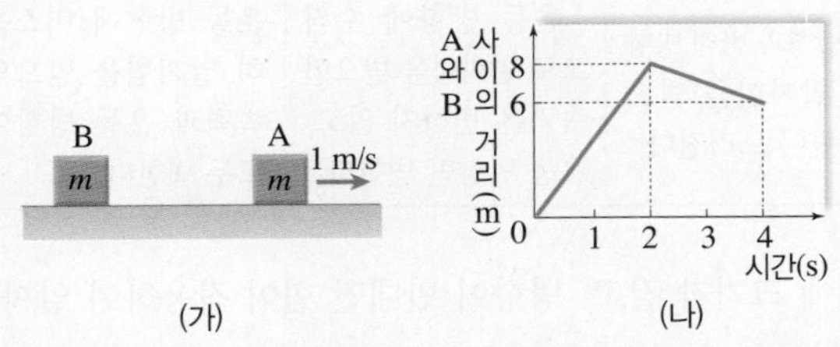

(가) (나)

이에 대한 설명으로 옳은 것만을 [보기]에서 있는 대로 고른 것은?

보기
ㄱ. 0초부터 2초까지 A와 B의 운동 방향은 서로 반대이다.
ㄴ. 2초일 때 B의 운동 방향이 반대로 바뀐다.
ㄷ. 3초일 때 B의 속력은 A의 속력보다 크다.

① ㄱ ② ㄴ ③ ㄱ, ㄷ
④ ㄴ, ㄷ ⑤ ㄱ, ㄴ, ㄷ

03 그림과 같이 물체가 빗면 위의 p점에서 출발한 후 5초가 되었을 때 빗면 꼭대기인 q점을 지나고, 8초가 되었을 때 반대편 빗면의 r점을 통과하였다. p점에서 물체의 속력은 4 m/s이고, q점에서 속력은 0이며 r점에서는 6 m/s이다. p점과 q점 사이의 거리는 L_1이고, q점과 r점 사이의 거리는 L_2이다.

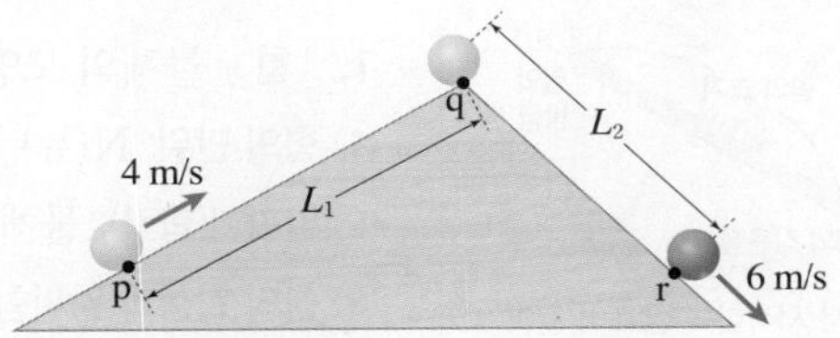

이에 대한 설명으로 옳은 것만을 [보기]에서 있는 대로 고른 것은? (단, 물체의 크기와 모든 마찰, 공기 저항은 무시한다.)

보기
ㄱ. $L_1 : L_2 = 10 : 9$이다.
ㄴ. 0~5초 동안 물체의 가속도의 크기는 0.8 m/s^2이다.
ㄷ. 0~8초 동안 물체의 평균 속력은 2.5 m/s이다.

① ㄱ ② ㄷ ③ ㄱ, ㄴ
④ ㄴ, ㄷ ⑤ ㄱ, ㄴ, ㄷ

04 그림과 같이 직선 도로에서 자동차 A, B가 기준선 O를 속력 $4v$로 동시에 지난 후, 기준선 R에 동시에 도달한다. O에서 기준선 P까지 거리는 $4L$이고, 기준선 Q에서 R까지 거리는 $3L$이다. A는 등속 직선 운동을 하며, B는 O에서 Q까지와 Q에서 R까지 각각 다른 가속도로 등가속도 직선 운동을 한다. A가 P를 지날 때 B는 Q를 $6v$의 속력으로 지난다.

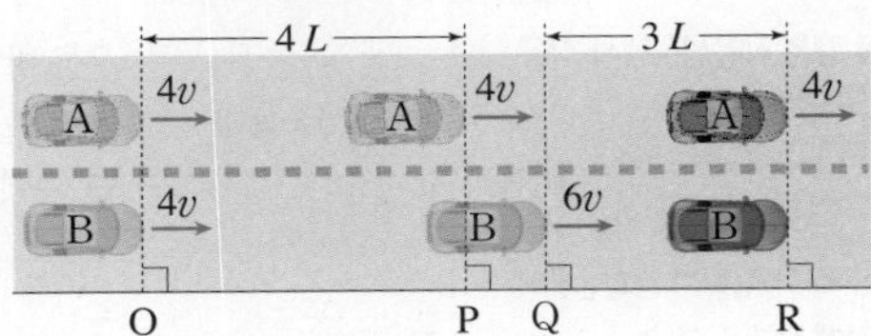

이에 대한 설명으로 옳은 것만을 [보기]에서 있는 대로 고른 것은?

보기
ㄱ. P에서 Q까지 거리는 L이다.
ㄴ. B가 R에 도달할 때 속력은 0이다.
ㄷ. B의 가속도의 크기는 O와 Q 사이에서가 Q와 R 사이에서보다 크다.

① ㄱ ② ㄷ ③ ㄱ, ㄴ
④ ㄴ, ㄷ ⑤ ㄱ, ㄴ, ㄷ

02 뉴턴 운동 법칙

핵심 포인트

1. 알짜힘 ★★
2. 관성에 의한 현상 ★★
3. 운동 방정식 ★★★
4. 작용 반작용 ★★

A 힘

뉴턴 운동 법칙을 이용하면 물체의 운동을 예측할 수 있어요. 뉴턴 운동 법칙에서 중요하게 다뤄지는 힘에 대해서 먼저 배워 볼까요?

1. *힘 물체의 모양이나 운동 상태를 변화시키는 원인이다.

(1) **힘의 단위:** N(뉴턴), *kgf(킬로그램힘) ➡ 1 kgf ≒ 9.8 N → 질량이 1 kg인 물체에 작용하는 지구 중력의 크기

(2) **알짜힘(합력):** 물체에 여러 힘이 작용할 때 모든 힘을 합한 것이다.

(3) **힘의 합성과 알짜힘**

같은 방향으로 두 힘이 작용할 때	반대 방향으로 두 힘이 작용할 때	셋 이상의 힘이 작용할 때
F_1 F_2 알짜힘 F	F_2 F_1 알짜힘 F	F_2 F_1 F_3 알짜힘 F
• 알짜힘의 크기: 두 힘의 합 • 알짜힘의 방향: 두 힘의 방향	• 알짜힘의 크기: 두 힘의 차 • 알짜힘의 방향: 큰 힘의 방향	두 힘의 합성을 반복하여 알짜힘을 구한다.
$F=F_1+F_2$	$F=F_1-F_2(F_1>F_2)$	$F=(F_1-F_2)+F_3$

예제 그림과 같이 한 물체에 6 N과 3 N의 힘이 반대 방향으로 작용할 때 알짜힘의 크기와 방향을 각각 쓰시오.

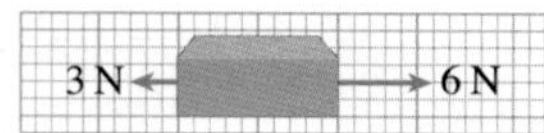

해설 두 힘이 반대 방향으로 작용하므로 알짜힘의 크기는 6 N−3 N=3 N이고, 알짜힘의 방향은 크기가 큰 힘의 방향인 오른쪽이다.

답 3 N, 오른쪽

2. 알짜힘과 운동 상태의 관계 물체에 작용하는 알짜힘에 의해 물체의 운동 상태가 변한다. (운동 상태: 물체의 속력이나 운동 방향을 말한다.)

알짜힘의 방향과 운동 방향의 관계	알짜힘 → 운동 방향 →	← 알짜힘 운동 방향 →	알짜힘 ↓ 운동 방향 →	운동 방향 → ↗ 알짜힘
운동 상태	운동 방향과 같은 방향으로 알짜힘을 받으면 속력이 빨라진다.	운동 방향과 반대 방향으로 알짜힘을 받으면 속력이 느려진다.	*운동 방향에 수직으로 알짜힘을 받으면 속력은 변하지 않고, 운동 방향만 변한다.	운동 방향에 비스듬히 알짜힘을 받으면 속력과 운동 방향이 모두 변한다.

3. 힘의 ❶평형 일직선상에서 한 물체에 크기가 같고, 방향이 반대인 힘이 작용하여 알짜힘이 0일 때 힘의 평형을 이룬다고 한다.

(1) **두 힘이 평형을 이루는 조건**

① 두 힘의 크기가 같고, 방향이 반대 방향으로 작용해야 한다.

② 두 힘의 작용점이 한 물체에 있어야 한다.

③ 두 힘이 같은 작용선상에서 작용해야 한다.

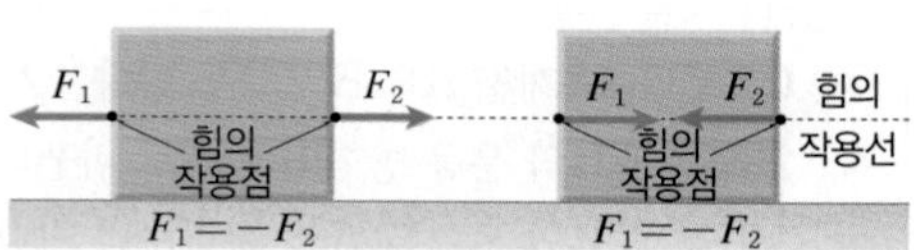

두 힘의 평형

(2) **힘의 평형과 알짜힘:** 물체에 작용하는 두 힘이 평형을 이루면 물체에 작용하는 알짜힘이 0이다. ➡ 물체의 운동 상태가 변하지 않는다.

◆ 힘의 표시
힘은 힘의 3요소(힘의 크기, 힘의 방향, 힘의 작용점)로 나타낸다.

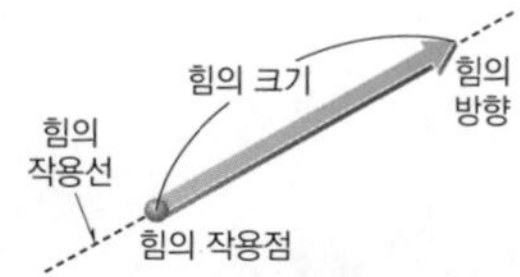

작용점에서 시작한 화살표의 길이가 길수록 힘의 크기가 크고, 화살표의 방향이 힘의 방향이다.

◆ 힘의 단위 kgf(킬로그램힘)
1 kgf은 질량이 1 kg인 물체에 작용하는 지구 중력의 크기를 나타낸다. 지표면 근처에서 1 kgf는 대략 9.8 N이다.

◆ 등속 원운동과 알짜힘
등속 원운동을 하는 물체는 매 순간 원의 중심 방향으로 알짜힘을 받는다. 원의 중심 방향은 매 순간 운동 방향에 수직한 방향이다.

궁금해?
두 힘이 같은 작용선상에서 작용하지 않으면?
크기가 같고 방향이 반대인 두 힘이 한 물체에 작용할 때 두 힘이 같은 작용선상에서 작용하지 않으면 물체는 회전하게 된다.

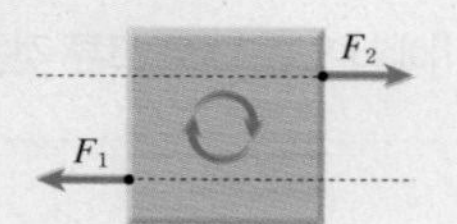

용어
❶ **평형(平 평평하다, 衡 저울대)** 어떤 물체에 두 힘이 동시에 작용해서, 그 효과가 서로 상쇄되어 있는 상태

B 뉴턴 운동 제1법칙

물체에 힘이 작용하지 않거나 물체에 작용하는 알짜힘이 0이면 물체의 운동 상태는 어떻게 되는지 배워 볼까요?

1. ❶관성 물체가 원래의 운동 상태를 그대로 유지하려는 성질이다.

(1) 관성에 의한 현상 34쪽 대표 자료❶

① ◆정지 관성: 정지 상태인 물체는 계속 정지해 있으려고 한다.

▭ : 관성을 나타내는 물체

현상			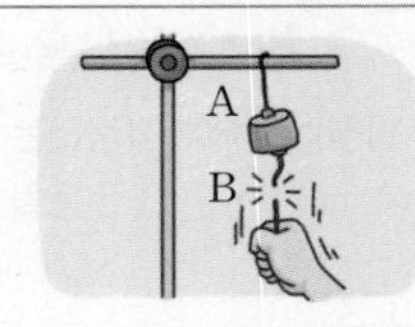
	버스가 갑자기 출발하면 승객이 뒤로 넘어진다.	종이를 튕기면 종이만 튕겨나가고 동전은 아래로 떨어진다.	◆갑자기 실을 당기면 추의 아래쪽 실(B)이 끊어진다.
설명	버스는 이동하는데 승객은 관성에 의해 제자리에 계속 정지해 있으려 하기 때문에	동전은 관성에 의해 미처 종이와 같이 움직이지 못하고 제자리에 있기 때문에	관성에 의해 추는 제자리에 정지해 있고 아래쪽 실에 당기는 힘이 걸리기 때문에

② 운동 관성: 운동하는 물체는 운동 상태를 계속 유지하려고 한다.

▭ : 관성을 나타내는 물체

현상			
	◆달리던 버스가 갑자기 정지하면 승객이 앞으로 넘어진다.	달리던 사람이 돌부리에 걸려 넘어진다.	깔개를 털면 먼지가 깔개에서 분리된다.
설명	버스는 정지하는데 승객은 나아가던 방향으로 계속 움직이려고 하기 때문에	발은 정지하는데 사람의 몸은 운동 방향으로 계속 움직이려 하기 때문에	깔개는 운동 방향이 변하는데 먼지는 운동하던 방향으로 계속 움직이려 하기 때문에

(2) 관성의 크기: 질량이 클수록 관성이 크다.

예 질량이 큰 기차는 자동차보다 정지시키거나 출발시키는 데 더 큰 힘이 든다.

2. 뉴턴 운동 제1법칙(관성 법칙) 물체에 작용하는 알짜힘이 0이면 정지해 있는 물체는 계속 정지해 있고, 운동 중인 물체는 등속 직선 운동을 계속한다.

탐구 자료창 갈릴레이의 사고 실험

천재, YBM 교과서에만 나와요.

갈릴레이는 그림과 같은 ❷사고 실험으로 운동하는 물체의 관성을 유추하였다.

1. **가정:** 마찰이나 공기 저항이 없다.
2. **사고 실험 과정**

❶ O점에서 가만히 놓은 구슬은 곡면을 운동하여 같은 높이인 A점까지 올라갈 것이다.

❷ 오른쪽 곡면의 기울기를 더 완만하게 한 후 구슬을 O점에서 놓아도 같은 높이인 B점까지 올라갈 것이다. 이때 구슬은 더 먼 거리를 운동한다.

❸ 오른쪽 곡면을 수평면으로 바꾸면 구슬은 같은 높이에 도달할 때까지 등속 직선 운동을 계속할 것이다.

3. **결론:** 운동하는 물체에 힘이 작용하지 않으면 물체는 등속 직선 운동을 계속할 것이다.

◆ **정지해 있는 물체의 관성**

정지해 있는 물체도 질량이 있으면 관성이 있다. 따라서 정지해 있는 물체는 정지해 있는 운동 상태를 계속 유지하려고 한다.

◆ **천천히 실을 당길 때 나타나는 현상**

천천히 실을 당기면 당기는 힘에 추의 무게가 더해져서 추의 위쪽 실(A)이 끊어진다.

◆ **관성과 안전띠를 매는 까닭**

승용차가 급제동하면 차는 정지하지만 운전자는 관성에 의해 계속 운동하려 하므로 이를 막기 위해 승용차 운전자가 몸에 안전띠를 맨다.

암기해!

물체에 작용하는 알짜힘이 0이면
- 정지해 있던 물체는 계속 정지
- 운동하던 물체는 계속 등속 직선 운동

(용어)

❶ **관성(慣 버릇, 性 성질)** 물체가 외부의 작용을 받지 않는 한 정지 또는 운동 상태를 계속 유지하려고 하는 성질

❷ **사고 실험(思 생각하다, 考 상고하다, 實 열매, 驗 증험)** 논리적인 생각에 의해 결론을 도출하는 과정

개념 확인 문제

핵심 체크

- (❶): 물체에 여러 힘이 작용할 때 모든 힘을 합한 것이다.
- 일직선상에서 한 물체에 크기가 같고, 방향이 반대인 힘이 작용하여 알짜힘이 0일 때 (❷)을 이룬다고 한다.
- (❸): 물체가 원래의 운동 상태를 그대로 유지하려는 성질이다.
- 관성에 의해서 정지해 있던 버스가 갑자기 출발하면 버스 안에 서 있던 승객이 (❹) 넘어지고, 달리던 버스가 갑자기 브레이크를 밟아 정지하면 승객이 (❺) 넘어진다.
- 관성의 크기는 물체의 (❻)이 클수록 크다.
- 뉴턴 운동 제1법칙(관성 법칙): 물체에 작용하는 알짜힘이 0이면 정지해 있던 물체는 계속 (❼) 상태를 유지하고, 운동하던 물체는 (❽) 운동을 계속한다.

1 힘과 운동에 대한 설명으로 옳은 것은 ○, 옳지 않은 것은 ×로 표시하시오.

(1) 힘의 단위는 kg이다. ( )
(2) 한 물체에 작용하는 모든 힘의 합력을 알짜힘이라고 한다. ( )
(3) 물체의 운동 상태는 알짜힘과 관계없다. ( )
(4) 물체의 운동 방향과 반대 방향으로 힘을 받으면 물체의 속력이 느려진다. ( )
(5) 물체의 운동 방향에 수직으로 힘을 받으면 속력과 운동 방향이 모두 변한다. ( )

2 그림 (가), (나)는 한 물체에 두 힘이 작용하는 모습을 나타낸 것이다.

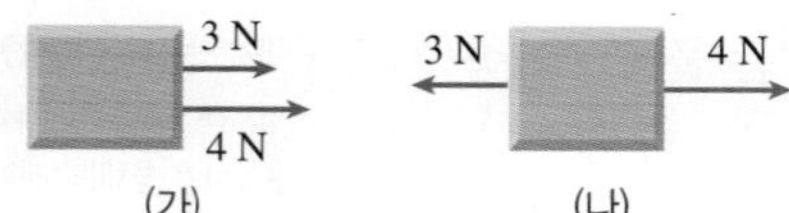

물체에 작용하는 알짜힘의 크기와 방향을 쓰시오.

3 그림은 한 물체에 작용하는 두 힘이 힘의 평형을 이루고 있는 모습을 나타낸 것이다.

물체에 왼쪽 방향으로 작용하는 힘 F의 크기를 쓰시오.

4 관성에 대한 설명 중 ( ) 안에 알맞은 말을 고르시오.

> 물체가 원래의 운동 상태를 계속 ㉠(유지하려는, 바꾸려는) 성질을 관성이라고 하고, 관성의 크기는 물체의 질량이 클수록 ㉡(크다, 작다).

5 그림과 같이 헐거워진 망치 자루의 손잡이를 바닥에 부딪치면 망치 머리가 자루에 단단히 박힌다. 이에 대한 설명으로 옳은 것은 ○, 옳지 않은 것은 ×로 표시하시오.

(1) 망치 자루가 바닥에 부딪치는 순간 망치 자루는 갑자기 멈춘다. ( )
(2) 망치 머리가 계속 운동하려는 관성 때문에 일어나는 현상이다. ( )
(3) 망치 머리의 질량이 작을수록 더 단단히 박힌다. ( )

6 뉴턴 운동 제1법칙(관성 법칙)으로 설명할 수 있는 현상만을 [보기]에서 있는 대로 고르시오.

> 보기
> ㄱ. 운동하던 물체에 작용하는 알짜힘이 0이면 물체는 등속 직선 운동을 계속한다.
> ㄴ. 전진하던 버스가 급정거하면 승객이 앞으로 넘어진다.
> ㄷ. 배에서 노를 저으면 물이 뒤로 밀려나고 배가 앞으로 나아간다.

C 뉴턴 운동 제2법칙

앞에서 물체에 작용하는 알짜힘이 0이면 물체는 처음 운동 상태를 그대로 유지한다는 것을 배웠습니다. 그러면 힘이 작용할 때 물체는 어떻게 운동할까요? 여기서는 물체의 속도 변화가 힘의 크기 및 물체의 질량과 어떤 관계가 있는지 자세히 알아볼까요?

1. 가속도, 알짜힘, 질량의 관계

(1) ◆**가속도, 알짜힘의 관계:** 물체의 질량이 일정할 때 물체에 작용하는 힘이 달라지면, 물체의 가속도는 물체에 작용하는 알짜힘에 비례한다.

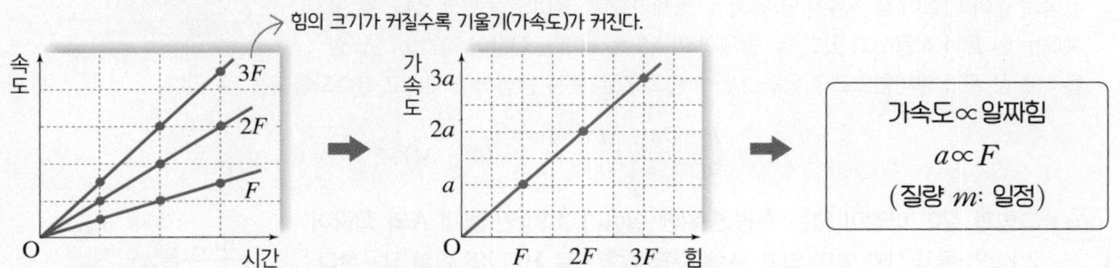

(2) ◆**가속도, 질량의 관계:** 물체에 일정한 알짜힘이 작용할 때 물체의 질량이 달라지면, 물체의 가속도는 물체의 질량에 반비례한다.

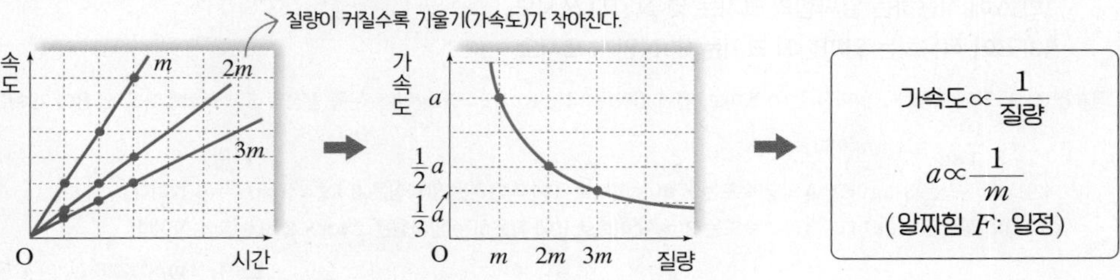

◆ **알짜힘이 0일 때 가속도**
물체에 작용하는 알짜힘이 0이면 물체의 가속도는 0이다. ➡ 물체에 작용하는 알짜힘이 0이면 정지해 있는 물체는 계속 정지해 있고, 운동 중인 물체는 등속 직선 운동을 계속한다.(관성 법칙)

◆ **질량과 관성, 가속도의 관계**
질량이 클수록 관성이 크므로 물체의 운동 상태를 유지하려는 성질이 크다. 따라서 가속도는 작아진다. ➡ 가속도는 질량에 반비례한다.

탐구 자료창 가속도, 힘, 질량의 관계

(가) 책상 위에 역학 수레를 올려놓고 줄자를 접착테이프로 책상 위에 고정한 다음, 동영상 촬영을 준비한다.

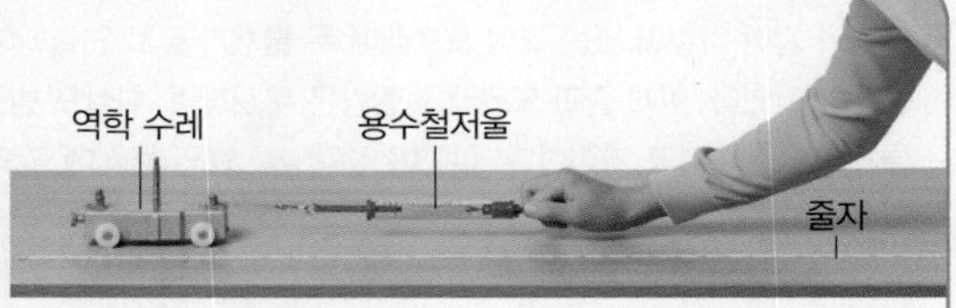

(나) 역학 수레에 용수철저울을 걸고 눈금이 일정한 값을 가리키도록 당기면서 동영상을 촬영한다.

(다) 용수철저울의 눈금을 2배, 3배로 증가시키면서 과정 (나)를 반복한다. ─● 질량이 일정한 경우

(라) 역학 수레에 추를 올려 질량을 변화시키면서 과정 (나)를 반복한다. 이때 용수철저울의 눈금은 일정하게 유지한다. ─● 힘의 크기가 일정한 경우

(마) 촬영한 동영상을 편집 프로그램으로 재생하여 0.1초 간격으로 역학 수레의 위치를 측정하고, 각각 속력 변화와 가속도를 구한다.

1. 결과

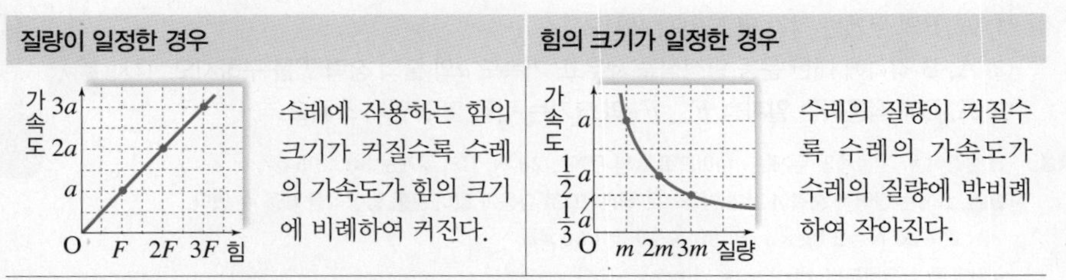

질량이 일정한 경우	힘의 크기가 일정한 경우
수레에 작용하는 힘의 크기가 커질수록 수레의 가속도가 힘의 크기에 비례하여 커진다.	수레의 질량이 커질수록 수레의 가속도가 수레의 질량에 반비례하여 작아진다.

2. **결론:** 가속도는 작용한 힘의 크기에 비례하고, 질량에 반비례한다.

◆ 힘의 단위 N(뉴턴)
$F=ma$에서 질량 m의 단위는 kg, 가속도 a의 단위는 m/s^2이므로 힘 F의 단위는 $kg \cdot m/s^2$이다. 이것을 N(뉴턴)으로 이름지었다. $1\ N=1\ kg \cdot m/s^2$으로 질량이 1 kg인 물체에 $1\ m/s^2$의 가속도가 생기게 하는 힘이다.

2. 뉴턴 운동 제2법칙(가속도 법칙) 물체의 가속도 $a(m/s^2)$는 물체에 작용한 알짜힘 F(◆N)에 비례하고, 물체의 질량 m(kg)에 반비례한다. 완자쌤 비법 특강 33쪽 34, 35쪽 대표 자료❷, ❸

$$가속도=\frac{알짜힘}{질량},\ a=\frac{F}{m} \Rightarrow F=ma$$
← 운동 방정식이라고도 한다.

암기해!
물체의 가속도를 구하는 방법
① 물체에 작용하는 알짜힘을 구한다.
② 운동 방정식 $F=ma$에 알짜힘과 질량을 대입하여 가속도를 구한다.

두 물체가 수평면 위에 함께 놓여 힘을 받고 있을 때 운동 방정식

그림과 같이 마찰이 없는 수평면 위에 두 물체가 함께 놓여 운동하고 있다. 두 물체에는 힘 F가 작용하고 있고, 두 물체의 가속도는 a이다. 질량이 각각 m, M인 물체에 힘 F가 알짜힘으로 작용하므로, 다음과 같은 운동 방정식을 세우고 가속도를 구할 수 있다.

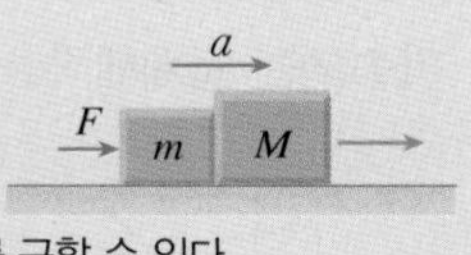

$$F=(m+M)a \Rightarrow a=\frac{F}{(m+M)}$$
질량이 $(m+M)$인 한 물체처럼 생각한다.

예제 그림과 같이 마찰이 없는 수평면 위에 질량이 3 kg인 물체 A와 질량이 2 kg인 물체 B가 놓여 있고, A에 수평 방향으로 10 N의 힘이 작용한다. (단, 공기 저항은 무시한다.)

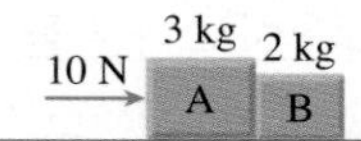

(1) A, B의 가속도의 크기는 몇 m/s^2인지 쓰시오.
(2) A에 작용하는 알짜힘의 크기는 몇 N인지 쓰시오.
(3) B에 작용하는 알짜힘의 크기는 몇 N인지 쓰시오.

해설 (1) A, B에 작용하는 알짜힘은 10 N이고, 전체 질량은 3 kg+2 kg=5 kg이다. 운동 방정식 $F=ma$에 따라 A, B의 가속도 $a=\frac{10\ N}{5\ kg}=2\ m/s^2$이다.
(2) A의 질량은 3 kg이고, A의 가속도는 $2\ m/s^2$이므로 A에 작용하는 알짜힘은 $3\ kg \times 2\ m/s^2=6$ N이다.
(3) B의 질량은 2 kg이고, B의 가속도는 $2\ m/s^2$이므로 B에 작용하는 알짜힘은 $2\ kg \times 2\ m/s^2=4$ N이다.

답 (1) $2\ m/s^2$ (2) 6 N (3) 4 N

B가 A를 미는 힘의 크기를 물어볼 수도 있어요. 이때 B가 A를 미는 힘의 크기는 다음과 같이 구할 수 있어요.
[풀이] A에는 수평 방향으로 작용하는 힘 10 N과 B가 A를 미는 힘 F가 작용한다. A에 작용하는 알짜힘이 6 N이므로 $10\ N-F=6$ N에서 B가 A를 미는 힘 F는 4 N이다.

두 물체가 도르래에 매달려 있을 때 운동 방정식

그림과 같이 마찰이 없는 고정 도르래에 두 물체가 줄로 연결되어 함께 운동하고 있다. 이때 줄과 도르래의 질량은 무시하며, 화살표 방향으로 물체가 움직인다고 가정한다. 질량이 각각 m, M인 물체에 줄의 장력과 중력이 반대 방향으로 작용하므로, 다음과 같은 운동 방정식을 세우고 가속도를 구할 수 있다.
줄을 통해 서로 끌어당기는 힘

$$T-mg=ma,\ Mg-T=Ma \Rightarrow a=\frac{M-m}{M+m}g$$
← 두 운동 방정식을 연립하여 줄의 장력 T를 구할 수 있다. $T=\frac{2Mm}{M+m}g$

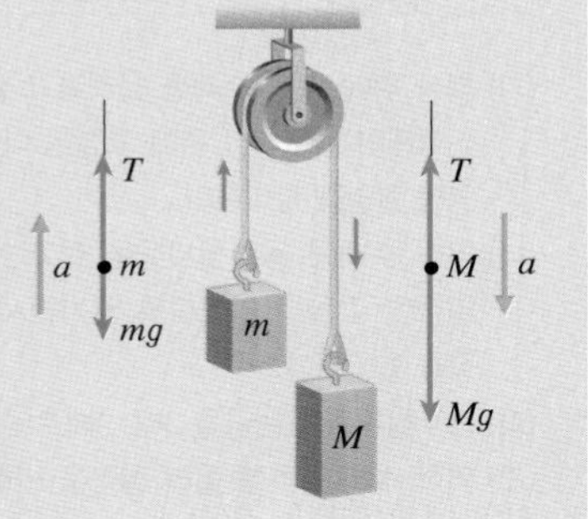

예제 질량이 2 kg, 3 kg인 두 물체 A, B가 그림과 같이 줄로 연결되어 함께 운동하고 있다. (단, 중력 가속도는 $10\ m/s^2$이고, 줄의 무게 및 모든 마찰과 공기 저항은 무시한다.)

(1) A, B의 무게는 각각 몇 N인지 쓰시오.
(2) A, B 각각에 대한 운동 방정식을 세우고, 가속도 a와 줄의 장력 T를 구하시오.
(3) A, B에 작용하는 알짜힘 F_A, F_B의 크기는 각각 몇 N인지 쓰시오.

해설 (1) 질량이 m인 물체의 무게는 mg이므로 A의 무게는 20 N, B의 무게는 30 N이다.
(2) A, B에는 장력과 중력이 반대 방향으로 작용하므로 다음과 같이 운동 방정식을 세울 수 있다.
A: $T-20\ N=2\ kg \times a$, B: $30\ N-T=3\ kg \times a$
위의 두 식으로부터 $a=2\ m/s^2$, $T=24$ N이다.
(3) $F_A=ma=2\ kg \times 2\ m/s^2=4\ N$, $F_B=ma=3\ kg \times 2\ m/s^2=6$ N이다.

답 (1) A : 20 N, B : 30 N (2) 해설 참조 (3) $F_A=4$ N, $F_B=6$ N

두 물체가 같은 크기의 가속도로 등가속도 직선 운동을 하므로 전체적인 알짜힘과 전체 질량으로 가속도를 구할 수 있어요.
[풀이] 두 물체를 한 덩어리로 생각하면 2 kg+3 kg=5 kg인 물체에 30 N−20 N=10 N의 힘이 작용한 경우이다. 이 힘에 의해 두 물체가 가속도 운동을 하므로 가속도 a는 다음과 같다.
$$a=\frac{F}{m}=\frac{10\ N}{2\ kg+3\ kg}=2\ m/s^2$$

D 뉴턴 운동 제3법칙

1. 상호 작용 하는 힘 힘은 두 물체 사이의 상호 작용이므로 항상 쌍으로 작용한다. 이때 하나의 힘을 작용이라고 하면, 동시에 작용하는 다른 힘을 반작용이라고 한다.

- 상호 작용 하는 두 물체 A, B 사이에서 A가 B에 가한 힘이 작용이라면 반작용은 B가 A에 가한 힘이므로 작용이 반작용이 될 수 있고, 반작용이 작용이 될 수 있다.

2. 뉴턴 운동 제3법칙(작용 반작용 법칙) 한 물체가 다른 물체에 힘을 가하면 힘을 받은 물체도 힘을 가한 물체에 크기가 같고 방향이 반대인 힘을 동시에 가한다.

A가 B에 가한 힘 / B가 A에 가한 힘

A F_{AB} F_{BA} B

(−)부호는 두 힘의 방향이 서로 반대임을 나타낸다.

$$F_{AB} = -F_{BA}$$

(1) **작용 반작용 관계에 있는 두 힘:** 작용 반작용은 크기가 같고 방향이 반대이며, 같은 작용선상에서 서로 다른 물체에 작용한다.
- 이 법칙은 모든 힘에 대해 성립하며, 어떤 운동 상태에서도 성립한다.

(2) **힘의 상호 작용 예**

로켓이 가스를 내뿜는 힘의 반작용으로 가스가 로켓을 밀어준다.	발이 공에 가하는 힘의 반작용으로 공도 발에 힘을 가한다.	발로 벽을 차면 벽도 발을 밀어주므로 선수가 앞으로 나아간다.
걸을 때 발이 땅을 미는 힘의 반작용으로 땅도 발을 밀어준다.	노로 물을 뒤로 밀면 그 반작용으로 물이 노를 밀어 배가 나아간다.	지구가 달을 당기는 힘의 반작용으로 달도 지구를 당긴다.

암기해!
작용과 반작용은 주어와 목적어를 서로 바꾼 것
예 지구가(주어) 사과를(목적어) 당기는 힘 ↔ 사과가(주어) 지구를(목적어) 당기는 힘

3. 작용 반작용과 가속도 두 물체가 서로 힘을 작용하여 작용과 반작용에 의해서만 운동할 때 두 힘의 크기가 같으므로 두 물체의 가속도의 크기는 각 물체의 질량에 반비례한다.

- $F_1 = m_1a_1$, $F_2 = m_2a_2$이므로 $m_1a_1 = m_2a_2$에서 $a_1 : a_2 = \frac{1}{m_1} : \frac{1}{m_2} = m_2 : m_1$

4. 작용 반작용과 두 힘의 평형 35쪽 대표 자료❹

구분	작용 반작용	두 힘의 평형
공통점	두 힘의 크기가 같고 방향이 반대이며, 같은 작용선상에 있다.	
차이점	두 물체 사이에 작용하는 힘으로, 작용점이 상대방 물체에 있다. 작용점 작용 / 작용점 반작용	한 물체에 작용하는 두 힘으로, 두 힘의 작용점이 한 물체에 있다. 작용점 작용점 / 힘 힘
예	F_4, F_1, F_2, F_3 F_1: 지구가 책을 잡아당기는 힘 F_2: 책이 지구를 잡아당기는 힘 F_3: 책이 책상면을 누르는 힘 F_4: 책상면이 책을 떠받치는 힘 • 작용 반작용 관계인 두 힘: F_1과 F_2, F_3과 F_4 • 힘의 평형 관계인 두 힘: F_1과 F_4	

주의해!
두 힘의 합성
- 작용 반작용은 서로 다른 두 물체에 작용하는 두 힘이므로 합성할 수 없다.
- 평형이 되는 두 힘은 한 물체에 작용하는 두 힘이므로 합성할 수 있으며, 합성한 힘의 크기는 0이다.

정답친해 11쪽

개념 확인 문제

핵심 체크

- 물체의 질량이 일정할 때, 물체의 가속도는 물체에 작용하는 (❶)의 크기에 비례한다.
- 물체에 작용하는 알짜힘의 크기가 일정할 때, 물체의 가속도는 물체의 (❷)에 반비례한다.
- 뉴턴 운동 제2법칙(가속도 법칙): 물체의 가속도는 작용하는 알짜힘의 크기에 (❸)하고, 물체의 질량에 (❹)한다.
- 뉴턴 운동 제3법칙(작용 반작용 법칙): 한 물체가 다른 물체에 힘을 가하면 동시에 힘을 받은 물체도 힘을 가한 물체에 크기가 (❺) 방향이 (❻)인 힘을 가한다.
- (❼) 관계인 두 힘은 크기가 같고 방향이 반대이다. 이때 두 힘은 서로 다른 물체에 작용하므로 합성할 수 없다.

1 그림은 두 물체 A, B의 속도를 시간에 따라 나타낸 것이다.

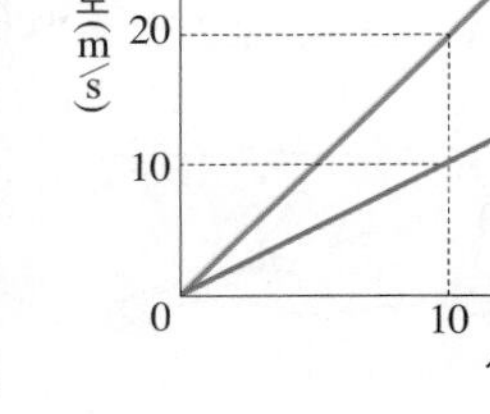

(1) 두 물체에 작용한 힘의 크기가 같을 때, 두 물체의 질량의 비 $m_A : m_B$를 쓰시오.

(2) 두 물체의 질량이 같을 때, 두 물체에 작용하는 힘의 크기의 비 $F_A : F_B$를 쓰시오.

2 수평면 위에 정지해 있는 질량이 2 kg인 물체에 수평 방향으로 4 N의 알짜힘이 2초 동안 작용하였다.

(1) 2초 동안 물체의 가속도는 몇 m/s^2인지 쓰시오.

(2) 2초인 순간 이 물체의 속도는 몇 m/s인지 쓰시오.

3 그림은 질량이 m, $2m$, $3m$인 세 물체 A, B, C에 수평 방향으로 각각 F, $3F$, F의 알짜힘을 작용하는 모습을 나타낸 것이다.

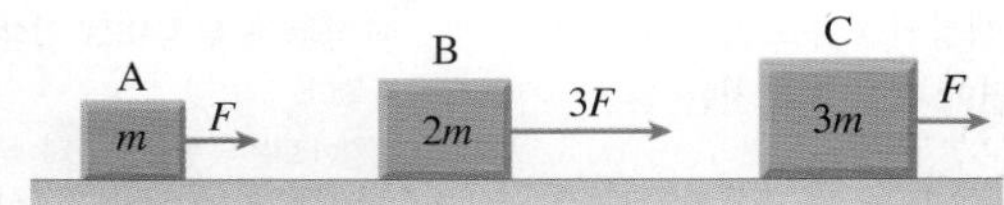

가속도의 크기를 등호나 부등호로 비교하시오.

4 그림과 같이 수평면 위에 질량이 2 kg, 3 kg인 두 물체 A, B가 실로 연결되어 있고, B를 10 N의 힘으로 오른쪽으로 당기고 있다. (단, 모든 마찰과 공기 저항은 무시한다.)

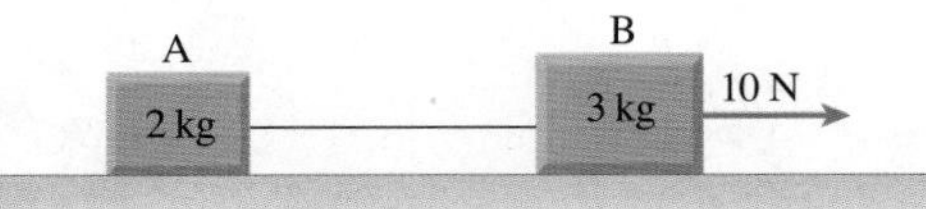

(1) 두 물체의 가속도의 크기와 방향을 쓰시오.

(2) A에 작용하는 알짜힘의 크기는 몇 N인지 쓰시오.

5 힘의 상호 작용에 대한 설명으로 옳은 것은 ○, 옳지 않은 것은 ×로 표시하시오.

(1) 작용 반작용 관계인 두 힘의 크기는 같고, 방향은 반대이다. ( )

(2) 작용 반작용 관계인 두 힘의 합력은 0이다. ( )

(3) 사람이 벽에 힘을 가하면 벽도 동시에 같은 크기의 힘을 사람에 작용한다. ( )

(4) 태양이 지구를 당기는 힘과 지구가 태양을 당기는 힘은 동시에 작용한다. ( )

6 그림은 지면에 정지해 있는 물체에 작용하는 중력을 나타낸 것이다. ( ) 안에 알맞은 말을 쓰시오.

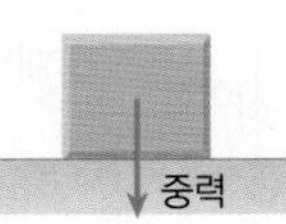

물체에 작용하는 중력과 물체가 지구를 당기는 힘은 서로 ㉠( ) 관계이고, 물체에 작용하는 중력과 지면이 물체를 받치는 힘은 서로 ㉡( ) 관계이다.

완자쌤 비법 특강

두 물체를 실로 연결했을 때의 운동과 운동 방정식

앞에서 우리는 운동 방정식 $F=ma$에 대하여 배웠어요. 이때 F는 물체에 작용하는 알짜힘을 의미해요. 여기서는 질량이 다른 두 물체를 실로 연결했을 때 운동 방정식을 세워 물체의 가속도, 각각의 물체에 작용하는 힘의 크기 등을 구해 봅시다.

두 물체를 연결했을 때 운동 방정식 세우기

❶ 두 물체에 작용하는 알짜힘을 구한다. → ❷ 전체 질량을 구한다. → ❸ $F=ma$ 식에 대입하여 가속도를 구한다. → ❹ 각 물체에 작용하는 알짜힘을 구한다. → ❺ 두 물체 사이에 작용하는 힘을 구한다.

- 가속도: 두 물체는 함께 움직이므로 두 물체의 가속도는 같다.

1 두 물체가 실로 연결되어 수평면 위에 놓여 있을 때

그림과 같이 질량이 2 kg, 3 kg인 두 물체 A, B가 가벼운 실로 연결되어 있고, B를 15 N의 힘으로 오른쪽으로 당기고 있다. (단, 모든 마찰과 공기 저항은 무시한다.)

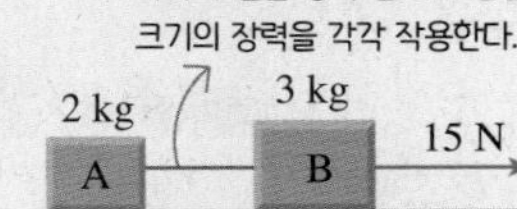

❶ 두 물체에 작용하는 알짜힘: 15 N → ❷ 두 물체의 질량: 2 kg+3 kg=5 kg → ❸ $F=ma$ 식에 대입: 15 N=5 kg×a에서 a=3 m/s²

❹ A에 작용하는 알짜힘:
A의 질량×가속도=2 kg×3 m/s²=6 N
❹ B에 작용하는 알짜힘:
B의 질량×가속도=3 kg×3 m/s²=9 N
A에 작용하는 알짜힘+B에 작용하는 알짜힘=두 물체에 작용하는 알짜힘이다. 6 N+9 N=15 N

→

❺ B가 A를 당기는 힘: A에 작용하는 알짜힘=6 N — 실의 장력
❺ A가 B를 당기는 힘:
B에 15 N의 힘이 작용할 때 B에 작용하는 알짜힘은 9 N이므로 A가 B를 당기는 힘은 15 N−9 N=6 N이다. — 실의 장력

Q1 물체 A, B가 실에 연결되어 있을 때 A가 B를 당기는 힘과 B가 A를 당기는 힘의 크기를 비교하시오.

2 두 물체가 도르래에 걸쳐 연결되어 있을 때

그림과 같이 질량이 4 kg인 물체 A와 질량이 1 kg인 물체 B를 가벼운 실로 연결하여 도르래에 걸친 후 정지 상태에서 손을 놓았다. (단, 중력 가속도는 10 m/s²이고, 모든 마찰과 공기저항은 무시한다.)

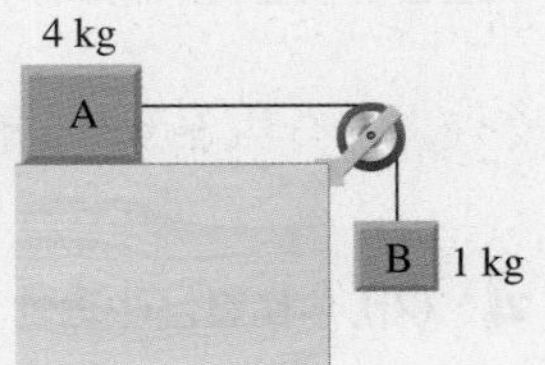

❶ 두 물체에 작용하는 알짜힘: B에 작용하는 중력=1 kg×10 m/s²=10 N → ❷ 두 물체의 질량: 4 kg+1 kg=5 kg → ❸ $F=ma$ 식에 대입: 10 N=5 kg×a에서 a=2 m/s² →

❹ A에 작용하는 알짜힘:
A의 질량×가속도=4 kg×2 m/s²=8 N
❹ B에 작용하는 알짜힘:
B의 질량×가속도=1 kg×2 m/s²=2 N
A에 작용하는 알짜힘+B에 작용하는 알짜힘=두 물체에 작용하는 알짜힘이다. 8 N+2 N=10 N

→

❺ B가 A를 당기는 힘: A에 작용하는 알짜힘=8 N — 실의 장력
❺ A가 B를 당기는 힘:
B에 10 N의 중력이 작용할 때 B에 작용하는 알짜힘이 2 N이므로 A가 B를 당기는 힘은 10 N−2 N=8 N이다. — 실의 장력

Q2 두 물체가 한 도르래의 양쪽에 걸쳐 있을 때 도르래 양쪽에 걸쳐진 실의 장력의 크기를 비교하시오.

대표 자료 분석

자료 ❶ 관성에 의한 현상

기출 Point
- 관성에 의한 현상 이해하기
- 관성 법칙 이해하기

[1~5] 그림 (가)는 컵 위에 동전이 놓인 종이를 올려놓은 모습을, (나)는 무거운 추의 위쪽과 아래쪽에 실을 연결해서 스탠드에 매달아 놓은 모습을 나타낸 것이다.

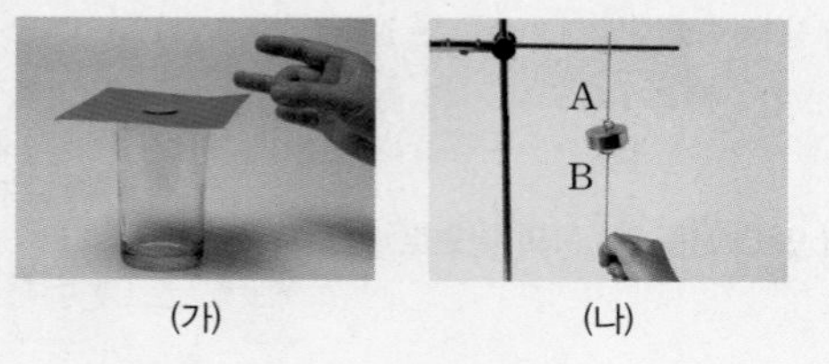

(가) (나)

1 (가)에서 손가락으로 종이를 튕기면 동전은 어떻게 되는지 쓰시오.

2 (나)에서 실을 천천히 잡아당기면 A, B 중 어느 쪽 실이 끊어지는지 쓰시오.

3 (나)에서 실을 빠르게 잡아당기면 실 B가 끊어진다. 그 까닭은 무엇인지 쓰시오.

4 (가), (나) 현상과 관련 있는 물체의 성질을 쓰시오.

5 빈출 선택지로 완벽 정리!

(1) (가)에서 관성을 나타내는 물체는 동전이다. (○ / ×)

(2) (나)에서 관성을 나타내는 물체는 실 B이다. (○ / ×)

(3) 물체가 힘을 받지 않으면 운동 상태가 변하지 않는다. (○ / ×)

자료 ❷ 접촉하여 함께 운동하는 두 물체

기출 Point
- 함께 운동하는 두 물체의 가속도 구하기
- 각 물체에 작용하는 알짜힘 구하기

[1~5] 그림과 같이 질량이 2 kg, 3 kg인 두 나무 도막 A, B를 서로 접촉시켜 놓고 나무 도막 A에 수평 방향으로 15 N의 일정한 힘을 작용하였더니 A, B가 접촉한 상태로 함께 운동하였다. (단, 모든 마찰과 공기 저항은 무시한다.)

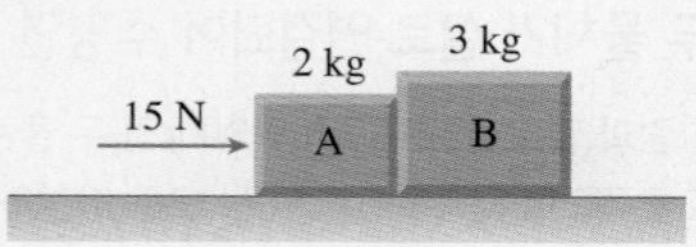

1 나무 도막 A, B의 가속도의 크기는 몇 m/s^2인지 쓰시오.

2 나무 도막 A, B에 작용하는 알짜힘의 크기는 몇 N인지 각각 쓰시오.

(1) A에 작용하는 알짜힘:

(2) B에 작용하는 알짜힘:

3 나무 도막 B가 A에 작용하는 힘의 크기는 몇 N인지 쓰시오.

4 나무 도막 A가 B에 작용하는 힘의 크기는 몇 N인지 쓰시오.

5 빈출 선택지로 완벽 정리!

(1) 두 물체의 가속도가 같은 경우 각 물체에 작용하는 알짜힘의 크기는 질량에 반비례한다. (○ / ×)

(2) 힘은 두 물체 사이의 상호 작용으로 항상 쌍으로 작용한다. (○ / ×)

(3) A가 B를 미는 힘의 반작용으로 B도 A에 같은 크기의 힘을 같은 방향으로 작용한다. (○ / ×)

자료 ③ 실로 연결된 두 물체

기출 Point
- 가속도 법칙을 적용하여 가속도 구하기
- 각 물체에 작용하는 알짜힘과 실의 장력 구하기

[1~5] 그림과 같이 질량이 1 kg인 물체 A, B와 질량이 3 kg인 물체 C가 실에 묶여 도르래에 걸쳐 있다. (가)에서는 두 물체가 정지해 있고, (나), (다)에서는 두 물체가 함께 운동하고 있다. (단, 중력 가속도는 10 m/s^{2}이고, 실의 질량 및 모든 마찰과 공기 저항은 무시한다.)

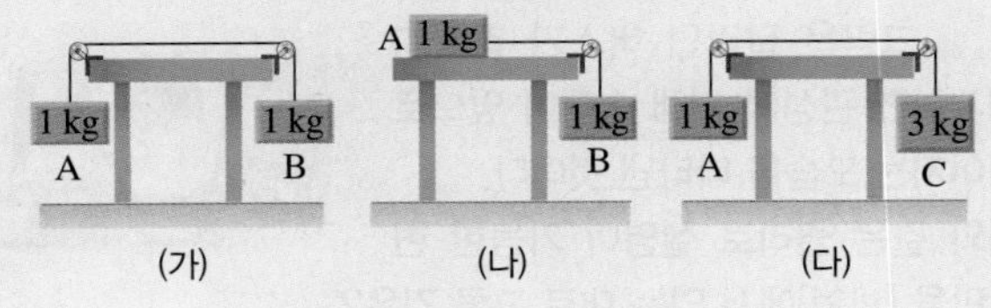

1 (가)에서 실이 A를 당기는 힘의 크기는 몇 N인지 쓰시오.

2 (나)에서 B의 가속도의 크기는 몇 m/s^{2}인지 쓰시오.

3 (다)에서 A의 가속도의 크기는 몇 m/s^{2}인지 쓰시오.

4 (다)에서 C에 작용하는 알짜힘의 크기는 몇 N인지 쓰시오.

5 빈출 선택지로 완벽 정리!

(1) (나)에서 B에 작용하는 알짜힘의 크기는 5 N이다. (○ / ×)

(2) (다)에서 실이 C를 당기는 힘의 크기는 5 N이다. (○ / ×)

(3) 가속도 운동하는 물체에는 가속도 방향으로 알짜힘이 작용한다. (○ / ×)

자료 ④ 작용 반작용 법칙

기출 Point
- 작용 반작용 법칙 이해하기
- 작용 반작용 관계인 두 힘과 힘의 평형 관계인 두 힘 구분하기

[1~5] 그림과 같이 질량이 m인 물체가 책상 위에 가만히 놓여 있다. (단, 중력 가속도는 g이다.)

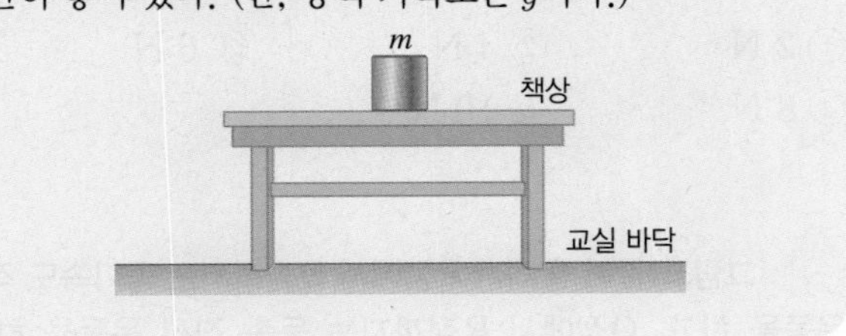

1 물체에 작용하는 중력의 크기는 얼마인지 쓰시오.

2 물체에 작용하는 중력의 반작용을 쓰고, 그 크기를 쓰시오.

3 물체에 작용하는 알짜힘의 크기는 몇 N인지 쓰시오.

4 책상이 물체를 떠받치는 힘의 크기는 얼마인지 쓰시오.

5 빈출 선택지로 완벽 정리!

(1) 지구가 물체를 당기는 힘의 크기는 물체가 지구를 당기는 힘의 크기와 같다. (○ / ×)

(2) 물체에 작용하는 중력과 책상이 물체를 떠받치는 힘은 평형 관계이다. (○ / ×)

(3) 물체가 책상을 누르는 힘의 반작용은 책상이 물체를 위로 떠받치는 힘이다. (○ / ×)

(4) 교실 바닥이 책상을 떠받치는 힘의 크기는 책상의 무게와 같다. (○ / ×)

내신 만점 문제

A 힘

중요 **01** 그림과 같이 어떤 물체에 세 힘이 동시에 작용하고 있다. 이 물체에 작용하는 알짜힘의 크기는?

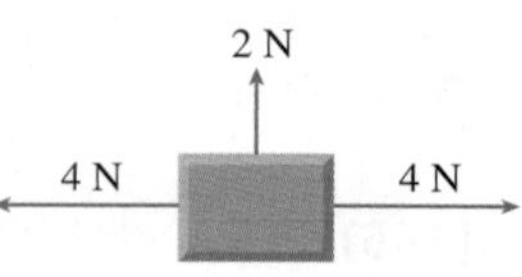

① 2 N ② 4 N ③ 6 N
④ 8 N ⑤ 10 N

02 그림과 같이 물체가 P점에서 Q점까지는 등가속도 직선 운동을 하고, Q점에서 R점까지는 등속 직선 운동을 하고, R점을 지나서는 중력만을 받으며 포물선 운동을 하였다.

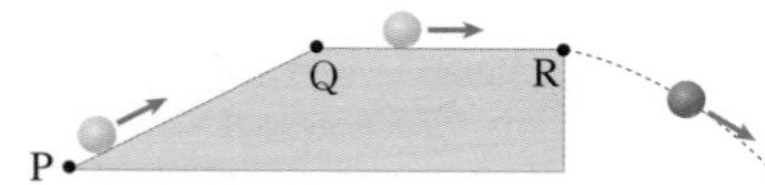

이에 대한 설명으로 옳은 것만을 [보기]에서 있는 대로 고른 것은?

보기
ㄱ. P점에서 Q점까지 물체에 작용하는 알짜힘은 0이다.
ㄴ. Q점에서 R점까지 물체에는 운동 방향과 같은 방향으로 알짜힘이 작용한다.
ㄷ. R점을 지나 포물선 운동을 할 때 물체에는 운동 방향에 비스듬한 방향으로 알짜힘이 작용한다.

① ㄱ ② ㄷ ③ ㄱ, ㄴ
④ ㄴ, ㄷ ⑤ ㄱ, ㄴ, ㄷ

B 뉴턴 운동 제1법칙

03 운동하고 있는 물체에 작용하는 알짜힘이 0일 때 물체의 운동 상태로 옳은 것만을 [보기]에서 있는 대로 고른 것은?

보기
ㄱ. 갑자기 멈춘다.
ㄴ. 등속 직선 운동을 한다.
ㄷ. 속력이 일정한 원운동을 한다.
ㄹ. 물체의 속도의 크기가 점점 감소한다.

① ㄴ ② ㄱ, ㄴ ③ ㄱ, ㄴ, ㄷ
④ ㄱ, ㄷ, ㄹ ⑤ ㄴ, ㄷ, ㄹ

중요 **04** 관성에 대한 설명으로 옳지 않은 것은?

① 질량이 클수록 관성이 크다.
② 관성이 큰 물체는 가속시키기 어렵다.
③ 물체가 정지해 있을 때는 관성이 없다.
④ 관성은 물체가 원래의 운동 상태를 계속 유지하려는 성질이다.
⑤ 버스가 갑자기 출발할 때 승객들이 뒤로 넘어지는 것은 관성 때문이다.

05 그림은 달리던 버스가 갑자기 정지하면 관성에 의해 승객이 앞으로 넘어지는 모습을 나타낸 것이다. 이와 같은 원리로 설명이 가능한 현상만을 [보기]에서 있는 대로 고른 것은?

보기
ㄱ.

망치 자루를 바닥에 부딪치면 망치 머리가 망치 자루에 단단히 박힌다.

ㄴ.
젖은 칫솔을 휘둘러 물을 털어낸다.

ㄷ.

우주선은 가스를 분출하면서 우주 공간에서 운동 방향을 바꿀 수 있다.

① ㄱ ② ㄷ ③ ㄱ, ㄴ
④ ㄴ, ㄷ ⑤ ㄱ, ㄴ, ㄷ

06 그림은 스탠드에 실 A, B로 추를 매달고 실 B를 손으로 잡아당긴 상태로 추가 정지해 있는 모습을 나타낸 것이다. 이에 대한 설명으로 옳은 것만을 [보기]에서 있는 대로 고른 것은? (단, 실 A, B는 같은 종류이다.)

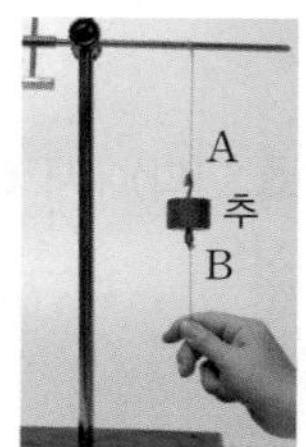

보기
ㄱ. 추에 작용하는 알짜힘은 0이다.
ㄴ. 실 A에 걸리는 힘과 실 B에 걸리는 힘의 크기는 같다.
ㄷ. 실 B를 갑자기 큰 힘으로 잡아당기면 실 A보다 실 B에 더 큰 힘이 걸린다.

① ㄱ ② ㄴ ③ ㄱ, ㄷ
④ ㄴ, ㄷ ⑤ ㄱ, ㄴ, ㄷ

정답친해 13쪽

C 뉴턴 운동 제2법칙

07 다음은 뉴턴 운동 제2법칙에 대한 실험이다.

[실험 과정]

(가) 그림과 같이 마찰이 없는 수평면에 수레를 놓고 4 N의 힘으로 잡아당기면서 수레의 속력을 측정한다.

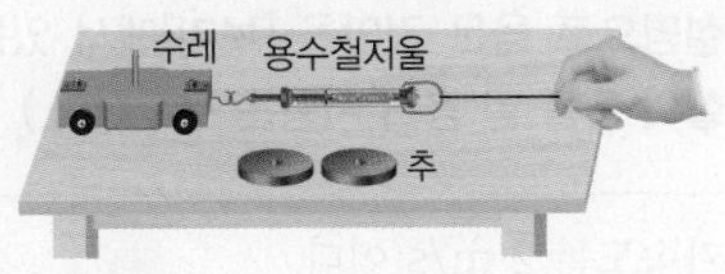

(나) 수레에 올려놓은 추의 개수를 증가시키며 (가)를 반복한다.

[실험 결과]

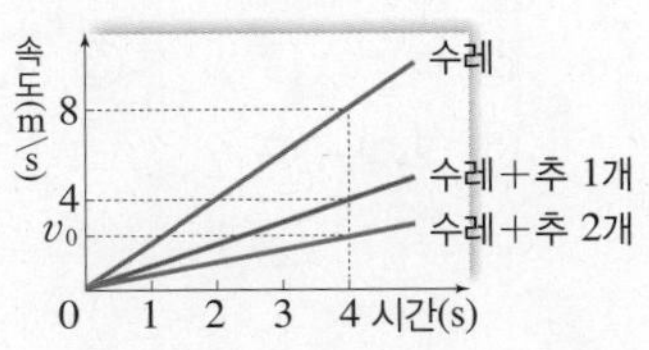

이에 대한 설명으로 옳은 것만을 [보기]에서 있는 대로 고른 것은? (단, 모든 마찰과 공기 저항은 무시한다.)

보기
ㄱ. 수레의 질량은 2 kg이다.
ㄴ. 수레의 질량과 추 1개의 질량은 같다.
ㄷ. v_0=2 m/s이다.

① ㄱ ② ㄴ ③ ㄷ
④ ㄱ, ㄴ ⑤ ㄴ, ㄷ

08 그림은 질량이 200 kg인 물체가 직선상에서 운동할 때 물체의 속도를 시간에 따라 나타낸 것이다.
이 물체의 운동에 대한 설명으로 옳지 않은 것은?

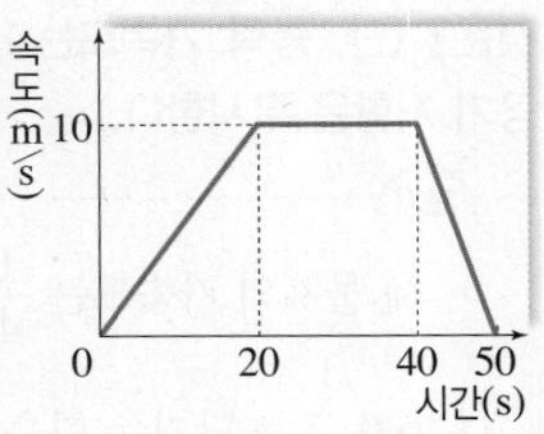

① 0~20초 동안 운동 방향과 가속도의 방향은 같다.
② 20초~40초 동안 등속 직선 운동을 한다.
③ 40초~50초 동안 작용한 알짜힘의 크기는 200 N이다.
④ 40초~50초 동안 운동 방향은 처음 방향과 반대이다.
⑤ 0~50초 동안 이동한 거리는 350 m이다.

09 그림은 질량이 2 kg인 물체를 실에 매달아 연직 위로 40 N의 힘으로 잡아당기는 모습을 나타낸 것이다.
이에 대한 설명으로 옳은 것만을 [보기]에서 있는 대로 고른 것은? (단, 중력 가속도는 10 m/s²이고, 실의 질량 및 공기 저항은 무시한다.)

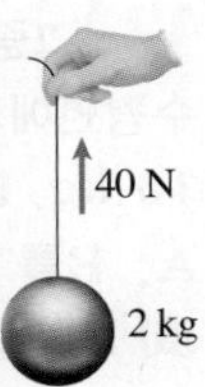

보기
ㄱ. 물체의 무게는 20 N이다.
ㄴ. 물체에 작용하는 알짜힘의 크기는 40 N이다.
ㄷ. 물체의 가속도의 크기는 10 m/s²이다.

① ㄱ ② ㄴ ③ ㄱ, ㄷ
④ ㄴ, ㄷ ⑤ ㄱ, ㄴ, ㄷ

중요 **10** 그림과 같이 수평면 위에 질량이 각각 3 kg, 2 kg인 두 물체 A, B를 붙여 놓고, B에 수평 방향으로 20 N의 힘을 작용하였다.
이에 대한 설명으로 옳지 않은 것은? (단, 모든 마찰과 공기 저항은 무시한다.)

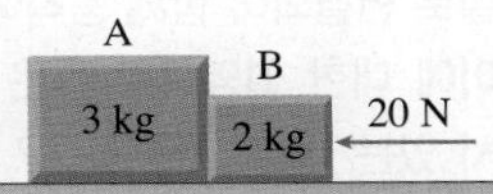

① A, B의 가속도의 크기는 4 m/s²이다.
② A에 작용하는 알짜힘의 크기는 12 N이다.
③ A가 B를 미는 힘의 크기는 8 N이다.
④ B가 A를 미는 힘의 크기는 12 N이다.
⑤ A와 B에 작용하는 알짜힘의 크기의 비는 3 : 2이다.

서술형 **11** 그림은 수평면 위에 놓인 물체 A, B, C가 서로 접촉한 상태에서 A에 수평 방향으로 28 N의 힘이 작용하여 A, B, C가 함께 등가속도 직선 운동을 하는 모습을 나타낸 것이다. A, B, C의 질량은 각각 4 kg, 2 kg, 1 kg이다.
세 물체의 가속도와 C가 B를 미는 힘의 크기를 각각 풀이 과정과 함께 구하시오. (단, 모든 마찰과 공기 저항은 무시한다.)

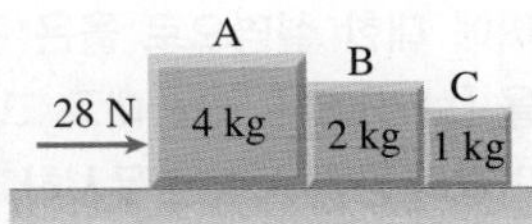

중요 **12** 그림은 마찰이 없는 수평면에서 질량이 각각 **10 kg, 5 kg**인 두 물체 **A, B**를 실로 연결하여 **30 N**의 힘으로 끌고 있는 모습을 나타낸 것이다.

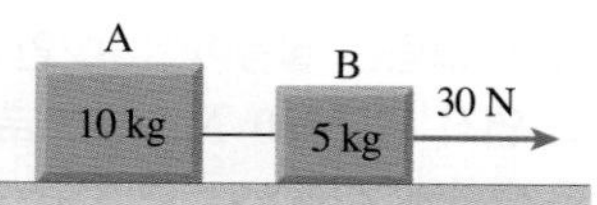

이에 대한 설명으로 옳은 것만을 [보기]에서 있는 대로 고른 것은? (단, 실의 질량 및 공기 저항은 무시한다.)

보기
ㄱ. A의 가속도의 크기는 2 m/s^{2}이다.
ㄴ. 물체에 작용하는 알짜힘의 크기는 A가 B의 2배이다.
ㄷ. 실이 B를 당기는 힘의 크기는 10 N이다.

① ㄱ ② ㄷ ③ ㄱ, ㄴ ④ ㄴ, ㄷ ⑤ ㄱ, ㄴ, ㄷ

중요 **13** 그림과 같이 마찰이 없는 도르래에 질량이 각각 **1 kg, 3 kg**인 두 물체 **A, B**가 실로 연결되어 함께 움직이고 있다.

이에 대한 설명으로 옳은 것만을 [보기]에서 있는 대로 고른 것은? (단, 중력 가속도는 **10 m/s^2**이고, 실의 질량 및 공기 저항은 무시한다.)

보기
ㄱ. 두 물체의 가속도의 크기는 5 m/s^{2}이다.
ㄴ. B에 작용하는 알짜힘의 크기는 15 N이다.
ㄷ. 실이 B를 당기는 힘의 크기는 20 N이다.

① ㄱ ② ㄴ ③ ㄷ ④ ㄱ, ㄴ ⑤ ㄴ, ㄷ

중요 **14** 그림과 같이 질량이 각각 **2 kg, 3 kg**인 두 물체 **A, B**를 실로 연결하여 도르래에 걸친 후 정지 상태에서 손을 놓았다.

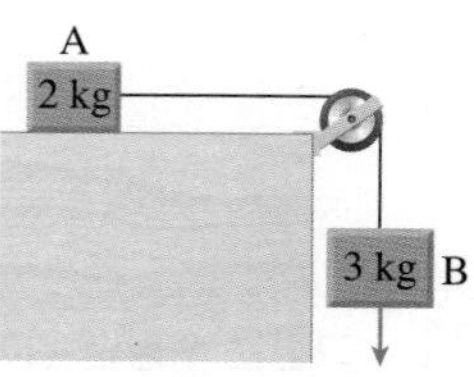

이에 대한 설명으로 옳은 것만을 [보기]에서 있는 대로 고른 것은? (단, 실의 질량 및 모든 마찰과 공기 저항은 무시하고, 중력 가속도는 **10 m/s^2**이다.)

보기
ㄱ. A의 가속도의 크기는 6 m/s^{2}이다.
ㄴ. 실의 장력의 크기는 12 N이다.
ㄷ. B가 0.75 m 내려왔을 때, A의 속력은 6 m/s이다.

① ㄱ ② ㄴ ③ ㄷ ④ ㄱ, ㄴ ⑤ ㄱ, ㄷ

15 그림과 같이 마찰이 없는 수평면 위에 질량이 각각 **2 kg, 3 kg, 4 kg**인 세 물체 **A, B, C**를 실 **p**와 실 **q**로 연결하고 물체 **A**에 수평 방향으로 **18 N**의 힘을 작용하여 끌어당겼다.

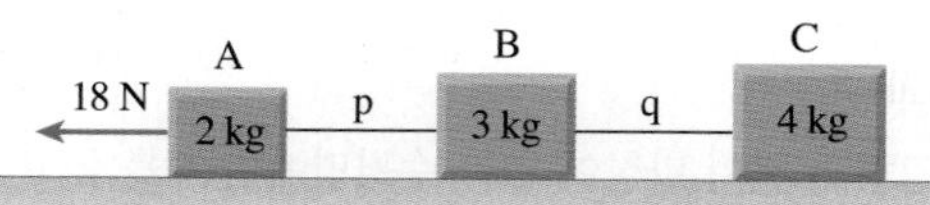

이에 대한 설명으로 옳은 것만을 [보기]에서 있는 대로 고른 것은? (단, 실의 질량 및 공기 저항은 무시한다.)

보기
ㄱ. A의 가속도는 2 m/s^{2}이다.
ㄴ. B에 작용하는 알짜힘의 크기는 6 N이다.
ㄷ. 실 p와 q에 걸리는 장력의 비는 3 : 4이다.

① ㄱ ② ㄷ ③ ㄱ, ㄴ
④ ㄴ, ㄷ ⑤ ㄱ, ㄴ, ㄷ

16 그림은 질량이 각각 m, m, $2m$인 세 물체 **A, B, C**가 실 **p, q**에 연결되어 등가속도 직선 운동을 하는 모습을 나타낸 것이다.

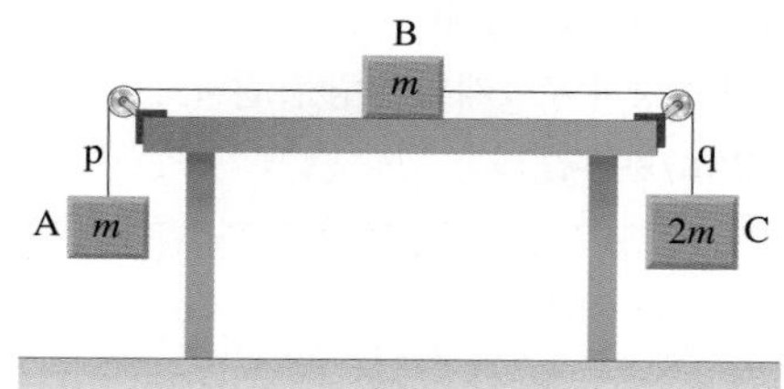

이에 대한 설명으로 옳은 것만을 [보기]에서 있는 대로 고른 것은? (단, 중력 가속도는 g이고, 실의 질량 및 모든 마찰과 공기 저항은 무시한다.)

보기
ㄱ. 세 물체의 가속도는 $\frac{1}{4}g$이다.
ㄴ. p가 A를 당기는 힘은 $\frac{3}{4}mg$이다.
ㄷ. p가 B를 당기는 힘과 q가 B를 당기는 힘의 크기는 같다.

① ㄱ ② ㄴ ③ ㄷ
④ ㄱ, ㄴ ⑤ ㄴ, ㄷ

17 그림 (가)는 직선상에서 운동하는 물체가 구간 A, B를 차례로 지나는 모습을 나타낸 것이고, (나)는 물체의 속력을 시간에 따라 나타낸 것이다. 구간 A에서 물체에 작용하는 알짜힘의 크기는 F_A로 일정하고, 구간 B에서 물체에 작용하는 알짜힘의 크기는 F_B로 일정하다. 물체는 $3t$일 때 구간 B를 벗어난다.

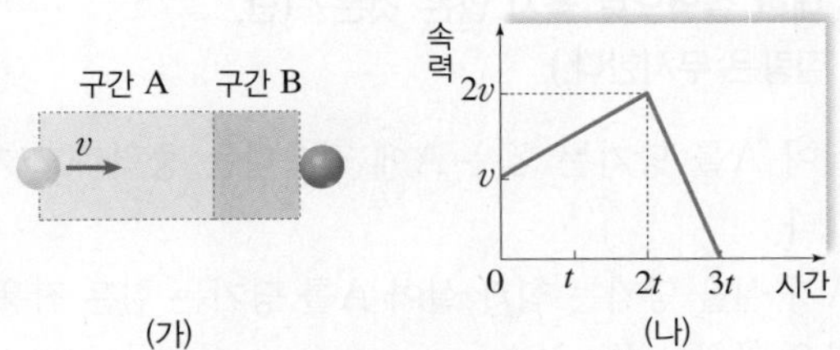

(가) (나)

이에 대한 설명으로 옳은 것만을 [보기]에서 있는 대로 고른 것은?

보기

ㄱ. 구간 A에서 이동한 거리가 구간 B에서 이동한 거리의 3배이다.

ㄴ. 물체에 작용하는 알짜힘의 방향은 구간 A에서와 구간 B에서가 서로 반대이다.

ㄷ. $F_A : F_B = 1 : 2$이다.

① ㄱ ② ㄴ ③ ㄷ ④ ㄱ, ㄴ ⑤ ㄴ, ㄷ

18 그림 (가)는 연직 방향으로 운동하는 엘리베이터 안에 저울을 놓고 사람이 올라가 있는 모습을 나타낸 것이고, (나)는 저울에서 측정된 힘을 시간에 따라 나타낸 것이다. 사람의 질량은 50 kg이고, 0초일 때 엘리베이터는 정지해 있다.

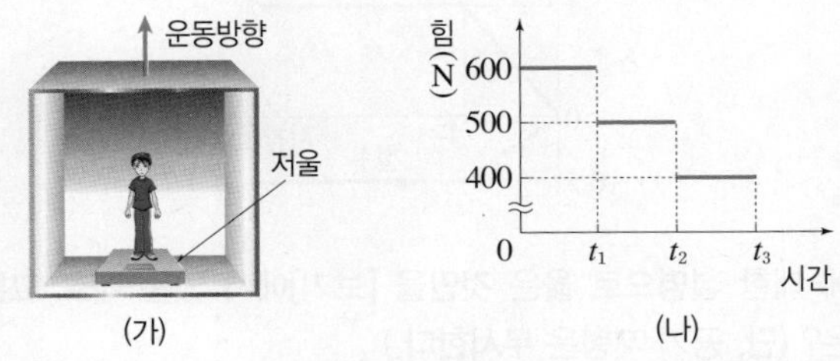

(가) (나)

사람의 운동에 대한 설명으로 옳은 것만을 [보기]에서 있는 대로 고른 것은? (단, 중력 가속도는 10 m/s²이다.)

보기

ㄱ. $0 \sim t_1$ 동안 사람의 가속도의 크기는 12 m/s²이다.

ㄴ. $t_1 \sim t_2$ 동안 사람은 등속 직선 운동을 한다.

ㄷ. t_2일 때 운동 방향이 바뀐다.

① ㄱ ② ㄴ ③ ㄱ, ㄴ ④ ㄱ, ㄷ ⑤ ㄴ, ㄷ

19 그림 (가)와 같이 실로 연결된 물체 A, B가 같은 속력으로 함께 운동하고 있다. 그림 (나)는 A, B의 속력을 시간에 따라 나타낸 것이다. A, B의 질량은 각각 1 kg, 2 kg이고, B에는 힘 F가 작용한다.

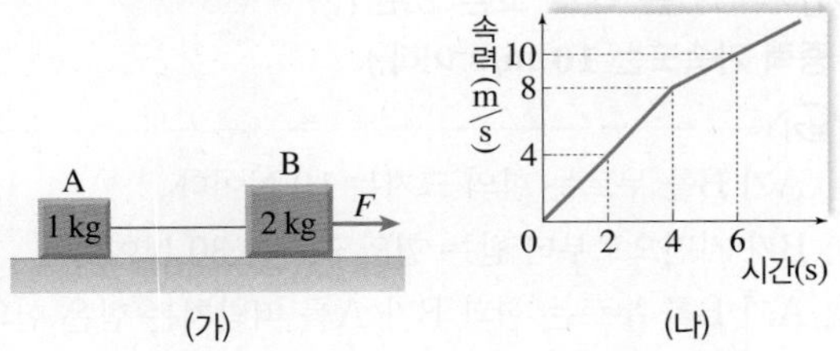

(가) (나)

이에 대한 설명으로 옳은 것만을 [보기]에서 있는 대로 고른 것은? (단, 실의 질량 및 모든 마찰과 공기 저항은 무시한다.)

보기

ㄱ. 2초일 때 $F=4$ N이다.

ㄴ. 6초일 때 A에 작용하는 알짜힘의 크기는 1 N이다.

ㄷ. 실이 B를 당기는 힘의 크기는 2초일 때가 6초일 때의 2배이다.

① ㄱ ② ㄴ ③ ㄱ, ㄷ

④ ㄴ, ㄷ ⑤ ㄱ, ㄴ, ㄷ

D 뉴턴 운동 제3법칙

20 그림은 물체, 책상, 지구 사이에 상호 작용 하는 힘을 나타낸 것이다.

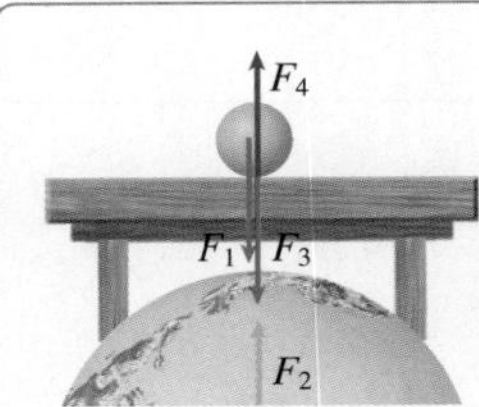

- F_1: 물체의 무게
- F_2: 물체가 지구를 당기는 힘
- F_3: 물체가 책상면을 누르는 힘
- F_4: 책상면이 물체를 떠받치는 힘

작용 반작용의 관계인 두 힘과 힘의 평형 관계인 두 힘을 옳게 짝 지은 것은?

	작용 반작용	힘의 평형
①	F_1, F_2	F_1, F_4
②	F_1, F_2	F_3, F_4
③	F_2, F_4	F_1, F_2
④	F_2, F_4	F_1, F_4
⑤	F_3, F_4	F_1, F_2

중요 **21** 그림과 같이 지면 위에 질량이 각각 1 kg, 3 kg인 두 물체 A, B가 놓여 있다.
이에 대한 설명으로 옳은 것만을 [보기]에서 있는 대로 고른 것은? (단, 중력 가속도는 10 m/s^2이다.)

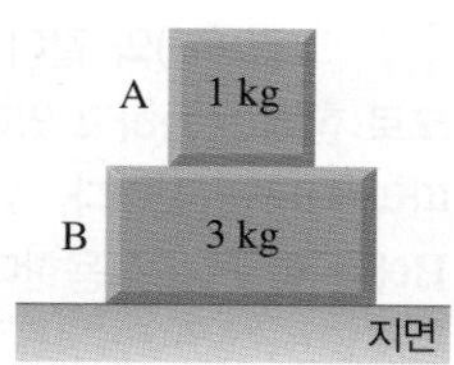

보기
ㄱ. A가 B를 누르는 힘의 크기는 10 N이다.
ㄴ. B가 지면으로부터 받는 힘의 크기는 30 N이다.
ㄷ. A가 B를 누르는 힘과 B가 A를 떠받치는 힘은 힘의 평형 관계이다.

① ㄱ ② ㄴ ③ ㄱ, ㄴ ④ ㄱ, ㄷ ⑤ ㄴ, ㄷ

중요 **22** 그림은 지면과 벽에 맞닿아 있는 물체에 힘 F를 작용하였을 때 물체가 정지해 있는 모습을 나타낸 것이다.
이에 대한 설명으로 옳은 것만을 [보기]에서 있는 대로 고른 것은? (단, 모든 마찰은 무시한다.)

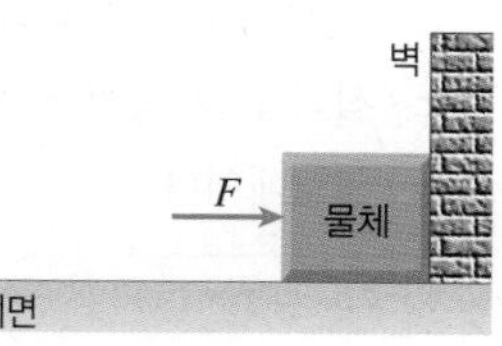

보기
ㄱ. 물체에 작용하는 중력과 지면이 물체를 떠받치는 힘은 크기가 같다.
ㄴ. 물체를 미는 힘 F와 벽이 물체를 미는 힘은 작용 반작용 관계이다.
ㄷ. 물체에 작용하는 중력과 물체가 벽을 미는 힘은 평형을 이루고 있다.

① ㄱ ② ㄷ ③ ㄱ, ㄴ ④ ㄱ, ㄷ ⑤ ㄴ, ㄷ

23 그림은 공중에 떠 있는 지구본의 무게를 저울로 측정하는 모습을 나타낸 것이다. 지구모형과 스탠드에 자석이 있어 지구모형은 자기력에 의해 공중에 뜬 상태로 정지해 있고, 지구모형과 스탠드의 무게는 각각 W_1, W_2이다. 저울에서 측정한 무게는?

① 0 ② W_1 ③ W_2
④ W_1-W_2 ⑤ W_1+W_2

24 그림과 같이 자석 A는 실에 매달아 두고, 자석 B는 지면에 놓여 있다. 두 자석의 N극은 마주 보며 같은 연직선상에 놓여 있고, A, B는 정지해 있다. A, B의 질량은 같고, 실은 연직 방향으로 팽팽하게 당겨진 상태이다.
이에 대한 설명으로 옳지 않은 것은? (단, 실의 질량은 무시한다.)

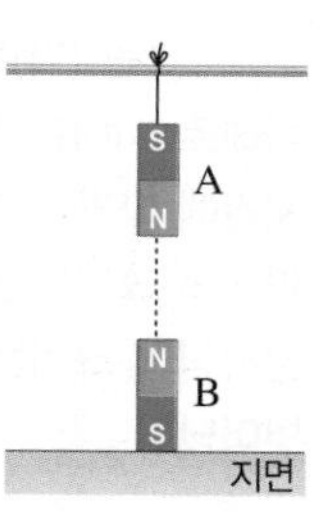

① 실이 A를 당기는 힘은 A에 작용하는 중력과 크기가 같다.
② A가 실을 당기는 힘과 실이 A를 당기는 힘은 작용 반작용 관계이다.
③ B에 작용하는 알짜힘은 0이다.
④ B가 지면을 누르는 힘의 크기는 B에 작용하는 중력의 크기보다 크다.
⑤ A, B 사이에 작용하는 자기력의 크기는 A에 작용하는 중력의 크기보다 작다.

25 그림은 마찰이 없는 얼음판 위에서 영희와 철수가 마주 보고 서 있다가 서로 밀었을 때, 두 사람의 속도를 시간에 따라 나타낸 것이다.

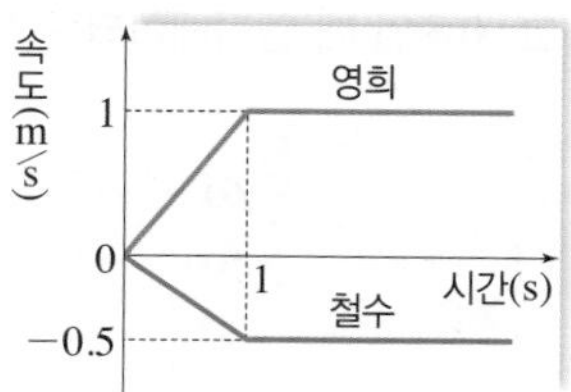

이에 대한 설명으로 옳은 것만을 [보기]에서 있는 대로 고른 것은? (단, 공기 저항은 무시한다.)

보기
ㄱ. 0~1초 동안 두 사람에게 작용한 힘의 크기는 같다.
ㄴ. 영희의 질량은 철수의 2배이다.
ㄷ. 1초 이후에는 두 사람에게 일정한 크기의 알짜힘이 작용한다.

① ㄱ ② ㄴ ③ ㄷ
④ ㄱ, ㄴ ⑤ ㄴ, ㄷ

실력 UP 문제

정답친해 17쪽

01 그림 (가)는 질량이 각각 2 kg, m인 물체 A, B가 실로 연결되어 있는 모습을 나타낸 것이다. A에는 연직 위 방향으로 크기가 F인 일정한 힘이 작용하고 있다. 그림 (나)는 연직 위 방향을 (+)로 하여 A의 속도를 시간에 따라 나타낸 것이다. 1초일 때 A, B를 연결하는 실이 끊어졌다.

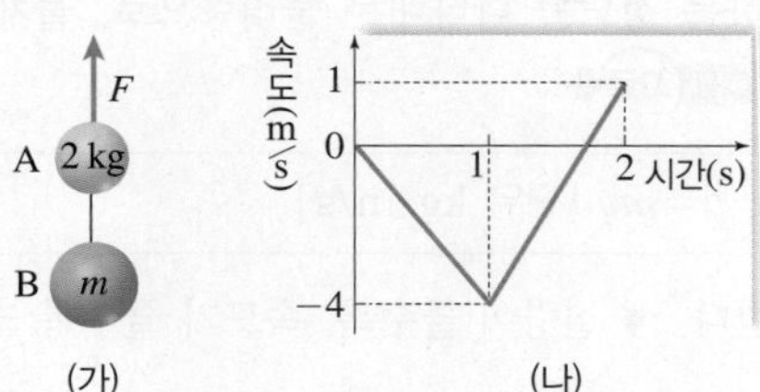

이에 대한 설명으로 옳은 것만을 [보기]에서 있는 대로 고른 것은? (단, 중력 가속도는 10 m/s^{2}이고, 실의 질량 및 공기 저항은 무시한다.)

보기

ㄱ. $F=30$ N이다.
ㄴ. $m=3$ kg이다.
ㄷ. 0~1초 동안 실이 B를 당기는 힘의 크기는 12 N이다.

① ㄱ ② ㄴ ③ ㄷ
④ ㄱ, ㄴ ⑤ ㄴ, ㄷ

02 그림 (가)는 질량이 각각 m_1, m_2인 물체 A, B를 실로 연결하여 수평면과 도르래에 걸쳐 놓은 모습을, (나)는 (가)에서 A, B의 위치를 서로 바꾸어 놓은 모습을 나타낸 것이다. 중력 가속도는 g이고, (가)에서 A의 가속도는 $0.4g$이다.

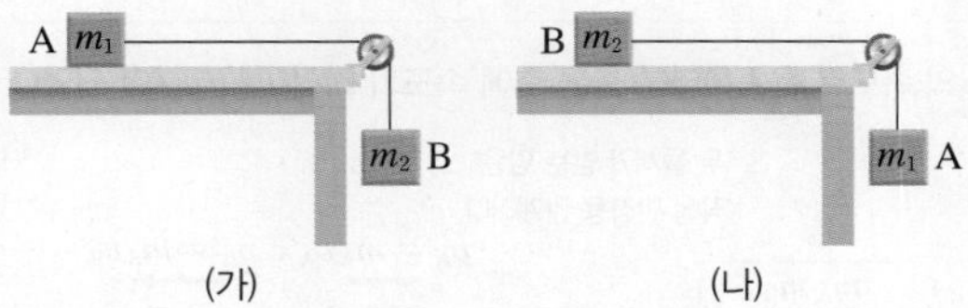

이에 대한 설명으로 옳은 것만을 [보기]에서 있는 대로 고른 것은? (단, 실의 질량 및 모든 마찰과 공기 저항은 무시한다.)

보기

ㄱ. $2m_1=3m_2$이다.
ㄴ. (가)에서 A를 질량이 $2m_1$인 물체로 바꾸면 A의 가속도는 $0.2g$가 된다.
ㄷ. (나)에서 B의 가속도는 $0.6g$이다.

① ㄱ ② ㄴ ③ ㄱ, ㄷ
④ ㄴ, ㄷ ⑤ ㄱ, ㄴ, ㄷ

03 그림 (가)는 물체 A와 B가 실로 연결되어 정지해 있는 모습을 나타낸 것이다. (가)에서 B는 늘어난 상태로 지면에 고정된 용수철저울에 연결되어 있고, 용수철저울에 나타난 힘의 크기는 10 N이다. 그림 (나)는 (가)에서 B와 연결된 용수철저울이 제거되어 A, B가 등가속도 직선 운동을 하는 모습이다.

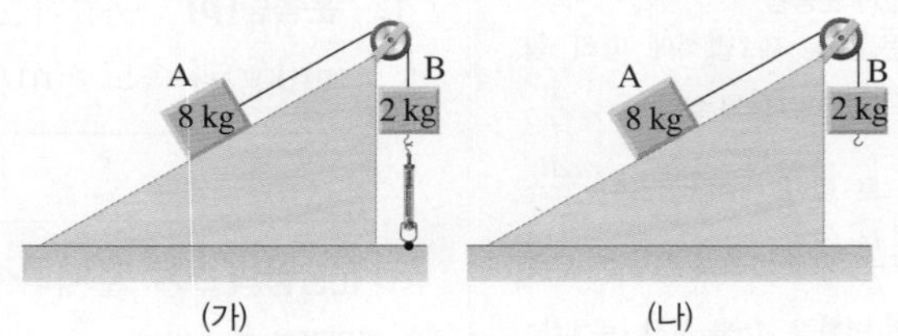

이에 대한 설명으로 옳은 것만을 [보기]에서 있는 대로 고른 것은? (단, 중력 가속도는 10 m/s^{2}이고, 실의 질량 및 모든 마찰과 공기 저항은 무시한다.)

보기

ㄱ. (가)에서 실이 B를 당기는 힘의 크기는 10 N이다.
ㄴ. (나)에서 A, B의 가속도 크기는 1 m/s^{2}이다.
ㄷ. (나)에서 실이 A를 당기는 힘의 크기는 20 N이다.

① ㄱ ② ㄴ ③ ㄱ, ㄷ
④ ㄴ, ㄷ ⑤ ㄱ, ㄴ, ㄷ

04 그림은 실로 연결되어 정지한 두 물체 A, B를 나타낸 것이다. A는 늘어난 상태로 지면에 고정되어 있는 용수철과 연결되어 있으며, B는 지면에 놓여 있다. A, B의 무게는 각각 W_A, W_B이다.

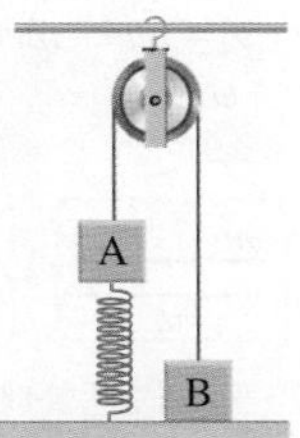

이에 대한 설명으로 옳은 것만을 [보기]에서 있는 대로 고른 것은?

보기

ㄱ. 용수철이 A를 당기는 힘의 크기와 실이 A를 당기는 힘의 크기는 서로 같다.
ㄴ. $W_A < W_B$이다.
ㄷ. B에 작용하는 중력과 지면이 B를 떠받치는 힘은 작용 반작용 관계이다.

① ㄱ ② ㄴ ③ ㄱ, ㄷ
④ ㄴ, ㄷ ⑤ ㄱ, ㄴ, ㄷ

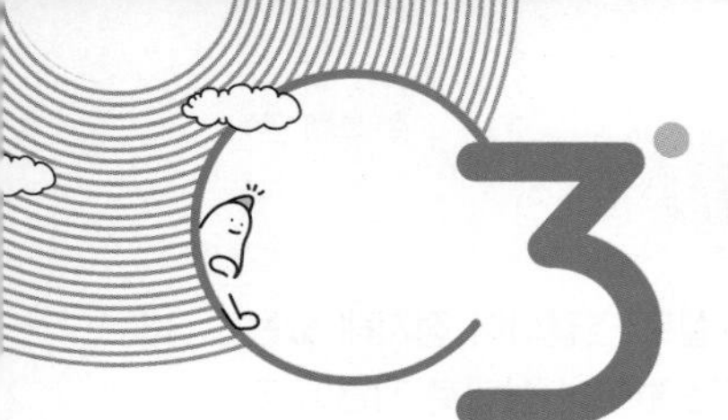

3 운동량과 충격량

핵심 포인트
❶ 운동량 보존 법칙 ★★★
❷ 운동량과 충격량의 관계 ★★
❸ 충격력과 충돌 시간의 관계 ★★★
❹ 충격 완화 ★★

◆ 힘과 운동량
뉴턴 운동 제2법칙에 따라 힘 $F=ma$에서 가속도 $a=\frac{\Delta v}{t}$이므로 힘 $F=m\frac{\Delta v}{t}=\frac{m\Delta v}{t}=\frac{\Delta p}{t}$이다. 따라서 힘 F는 운동량의 변화량 Δp를 시간 t로 나눈 값이다.

◆운동량－시간 그래프

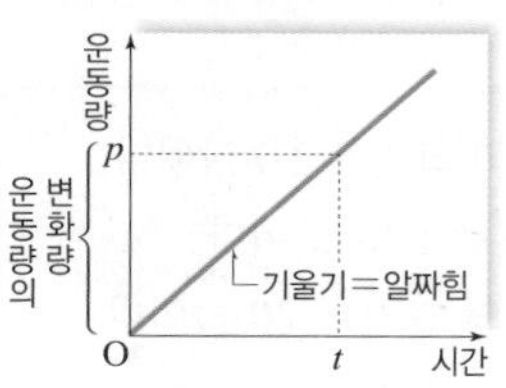

운동량－시간 그래프의 기울기는 물체가 받은 알짜힘을 나타낸다.
기울기$=\frac{\text{운동량의 변화량}}{\text{걸린 시간}}=\frac{\Delta p}{t}=\frac{m\Delta v}{t}=ma=F$

◆ 운동량의 변화량 구하기
- 물체가 운동할 때 운동량이 증가하면 운동량의 변화량 Δp의 크기는 $mv'-mv$이다.

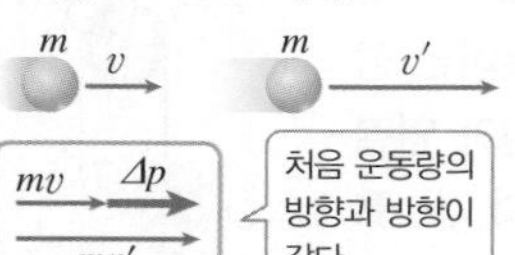

- 물체가 운동할 때 운동량이 감소하면 운동량의 변화량 Δp의 크기는 $mv-mv'$이다.

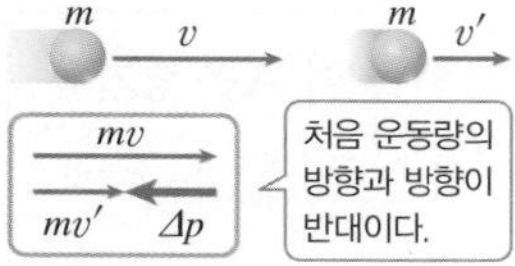

(용어)
❶ 보존(保 보전하다, 存 있다) 어떤 물질이 가지고 있는 물리량이 변하지 않고 일정하게 유지되는 것

A 운동량

1. ◆운동량(p) 운동하는 물체가 가진 운동하는 정도를 나타내는 물리량으로, 물체의 질량 m(kg)과 속도 v(m/s)의 곱이다. 49쪽 대표 자료❶

> 운동량＝질량×속도, $p=mv$ [단위: kg·m/s]

(1) **운동량의 크기:** 물체의 질량과 속도에 비례한다. ➡ 질량이 클수록, 속도가 클수록 크다.

| 운동량의 크기 비교 |
그림과 같이 세 자동차 A, B, C가 각각 운동하고 있다. 이때 $m<M$이고, $v<V$이다.

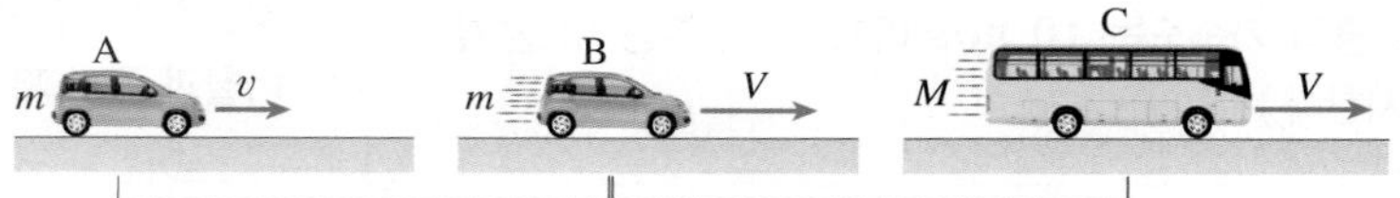

질량이 같을 때 속도가 클수록 운동량이 크다.　속도가 같을 때 질량이 클수록 운동량이 크다.

(2) **운동량의 방향:** 속도의 방향과 같다. ➡ 직선상에서 어느 한쪽 방향의 운동량을 (＋)로 나타내면, 반대 방향의 운동량은 (－)로 나타낸다. — 운동량은 질량과 속도의 곱인데, 속도만 방향을 가지므로 운동량의 방향은 속도의 방향과 같다.

(3) **◆운동량의 변화량:** 질량이 m인 물체의 속도가 v에서 v'으로 변할 때, 운동량의 변화량은 다음과 같다.

> 운동량의 변화량＝나중 운동량－처음 운동량, $\Delta p=mv'-mv$

$m(v'-v)=m\Delta v$이므로 운동량의 변화량＝질량×속도 변화량이다.

2. 운동량 ❶보존

(1) **운동량 보존 법칙:** 두 물체가 충돌할 때 외부에서 알짜힘이 작용하지 않으면 충돌 전과 충돌 후의 운동량의 총합은 일정하게 보존된다.

| 물체의 충돌과 운동량 보존 |
질량이 m_A, m_B인 두 물체 A, B가 각각 v_A, v_B의 속도로 운동하다가 충돌 후에 속도가 각각 v_A', v_B'이 되었다.

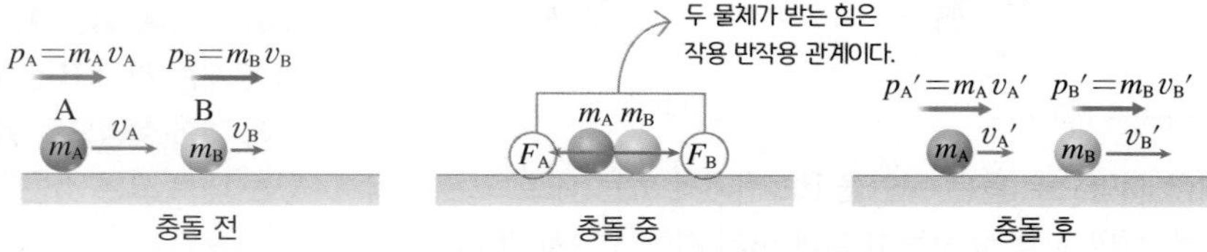

작용 반작용 법칙에 따라 충돌 과정에서 두 물체는 같은 크기의 힘을 서로 반대 방향으로 받는다.

따라서 $-F_A=F_B$의 관계가 성립하고, 가속도 법칙에 따라 $F=ma=m\frac{\Delta v}{t}$를 대입하면

$-m_A\frac{v_A'-v_A}{t}=m_B\frac{v_B'-v_B}{t}$이다. 이를 정리하면 $m_Av_A+m_Bv_B=m_Av_A'+m_Bv_B'$이 된다.

따라서 충돌 전 운동량의 합＝충돌 후 운동량의 합이 된다.

> 충돌 전 운동량의 총합＝충돌 후 운동량의 총합
> $m_Av_A+m_Bv_B=m_Av_A'+m_Bv_B'$

탐구 자료창 역학 수레를 이용한 운동량 보존 실험

(가) 그림과 같이 실험대 위에 줄자를 고정한 후 역학 수레를 놓고, 수레 A를 밀어 수레 B와 충돌시킨다.
(나) 충돌 과정을 동영상 촬영 장치로 촬영하여 충돌 전과 후 A, B의 속도를 구한다.
(다) 역학 수레의 질량을 변화시키거나 A의 속도를 변화시켜 과정 (가)~(나)를 반복한다.

1. 결과

충돌 전 운동량의 합(단위: kg·m/s) / 충돌 후 운동량의 합 (단위: kg·m/s)

A의 질량 (m_A)	B의 질량 (m_B)	충돌 전 A의 속도(v_A)	충돌 후 A의 속도(v_A')	충돌 후 B의 속도(v_B')	m_Av_A	$m_Av_A'+m_Bv_B'$
0.5 kg	0.5 kg	0.6 m/s	0.15 m/s	0.45 m/s	0.3	0.3
0.5 kg	0.5 kg	1.0 m/s	0.25 m/s	0.75 m/s	0.5	0.5
◆1.0 kg	0.5 kg	0.6 m/s	0.3 m/s	0.6 m/s	0.6	0.6

2. 결론: 두 물체의 충돌에서 충돌 전과 후의 운동량의 총합이 같다. ➡ 운동량의 총합이 보존된다.

(2) ◆**운동량 보존 법칙의 성립:** 운동량 보존 법칙은 한 물체가 두 물체로 분리되는 경우나, 두 물체가 한 물체로 합쳐지는 경우에도 성립한다.

① 한 물체가 두 물체로 분리되는 경우: 직선상에서 질량이 m_A, m_B인 두 사람이 정지 상태에서 서로 밀어내어 각각 v_A, v_B의 속도로 운동하였다. 운동량 보존 법칙에 따라 분리 전 두 사람의 운동량의 합은 0이므로 분리 후 두 사람의 운동량의 합도 0이다.

서로 미는 순간

밀고 난 후

$0=m_Av_A+m_Bv_B$이므로 $m_Av_A=-m_Bv_B$이다.

② 두 물체가 한 물체로 합쳐지는 경우: 직선상에서 질량이 m_1, m_2인 물체가 각각 속도 v_1, v_2로 운동하다가 충돌한 후 하나로 합쳐져서 속도 v로 운동하였다. 충돌 후 두 물체의 질량은 m_1+m_2이고, 운동량 보존 법칙에 따라 $m_1v_1+m_2v_2=(m_1+m_2)v$이다.

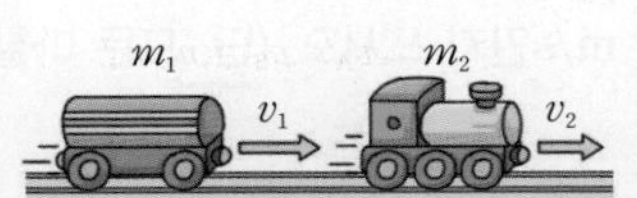

충돌하기 전

충돌한 후

$m_1v_1+m_2v_2=(m_1+m_2)v$이므로 $v=\dfrac{m_1v_1+m_2v_2}{m_1+m_2}$이다.

◆**충돌의 종류**

비상, 미래엔 교과서에만 나와요.

1. **탄성 충돌:** 운동량과 ◆운동 에너지가 보존되는 충돌이다. 탄성 충돌하는 두 물체의 질량이 같으면 충돌 전과 후에 속도가 교환된다.

2. **완전 비탄성 충돌:** 충돌 후 두 물체가 붙어서 함께 운동하는 경우로, 운동량은 보존되고, 운동 에너지는 보존되지 않는다.

3. **비탄성 충돌:** 운동량은 보존되고, 운동 에너지는 보존되지 않는 일반적인 충돌이다.

속도 측정기를 사용하여 충돌 전과 후의 속도를 직접 측정할 수도 있어요.

◆ **질량의 비와 속도 변화량의 비**
두 물체가 충돌하여 운동량이 보존될 때 두 물체의 운동량의 변화량은 크기가 같다. 물체의 운동량은 질량×속도이므로 물체의 질량의 비가 2 : 1이라면 속도 변화량의 크기의 비는 1 : 2이다.

◆ **운동량 보존 법칙의 성립**
운동량 보존 법칙은 자연의 기본 법칙으로 작은 원자끼리의 충돌에서부터 거대한 은하끼리의 충돌까지 모두 성립한다.

◆ **충돌의 예시**
- 탄성 충돌: 당구공의 충돌 등
- 완전 비탄성 충돌: 총알이 박힌 물체의 운동 등
- 비탄성 충돌: 일상적인 대부분의 충돌

◆ **운동 에너지**
운동하는 물체가 가지는 에너지로 질량이 m인 물체가 v의 속력으로 운동할 때 운동 에너지 E는 다음과 같다.

$$E=\frac{1}{2}mv^2$$

정답친해 18쪽

핵심 체크

- (❶): 운동하는 물체가 가진 운동하는 정도를 나타내는 물리량으로 물체의 (❷)과 속도의 곱이다.

  운동량 = (❷) × 속도
- 물체가 운동하고 있을 때, 운동량의 방향은 (❸)의 방향과 같다.
- 운동량의 변화량은 (❹) 운동량 − (❺) 운동량이다.
- (❻): 두 물체가 상호 작용(충돌, 분열 등) 할 때 외부에서 힘이 작용하지 않으면 충돌 전과 충돌 후의 운동량의 총합은 일정하게 보존된다.

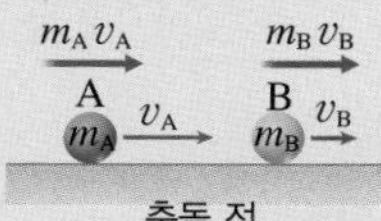

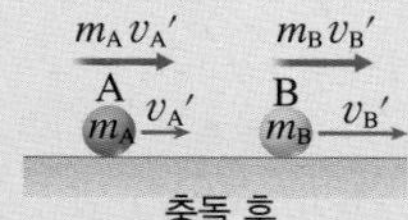

➡ $m_A v_A + m_B v_B =$ (❼) $+ m_B v_B'$

1 운동량에 대한 설명으로 옳은 것은 ○, 옳지 않은 것은 ×로 표시하시오.

(1) 운동량은 크기만 있는 물리량이다. ( )

(2) 물체의 질량이 같을 때 속도가 클수록 운동량의 크기가 크다. ( )

(3) 물체의 질량과 운동량의 크기는 관련이 없다. ( )

2 질량이 500 g인 물체가 10 m/s의 속도로 운동하고 있다. 운동량의 크기는 몇 kg·m/s인지 쓰시오.

3 그림은 직선상에서 운동하는 질량이 2 kg인 물체의 운동량을 시간에 따라 나타낸 것이다. 이에 대한 설명으로 옳은 것은 ○, 옳지 않은 것은 ×로 표시하시오.

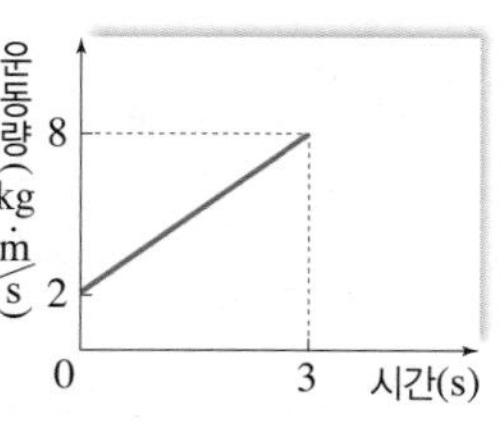

(1) 3초일 때 물체의 속력은 8 m/s이다. ( )

(2) 그래프의 기울기는 물체가 받은 알짜힘을 나타낸다. ( )

(3) 0∼3초 동안 물체가 받은 알짜힘의 크기는 2 N으로 일정하다. ( )

(4) 0∼3초 동안 물체의 가속도는 2 m/s²이다. ( )

4 그림과 같이 직선상에서 v_1의 속도로 운동하는 A가 v_2의 속도로 운동하는 B와 충돌하였다. (단, 모든 마찰과 공기 저항은 무시한다.)

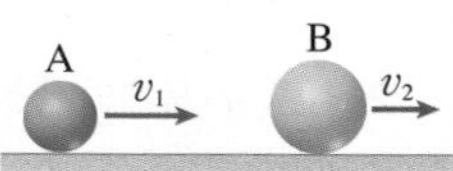

(1) 충돌 과정에서 A가 받은 힘의 방향을 쓰시오.

(2) 충돌 후 A와 B의 운동량의 크기는 각각 어떻게 되는지 쓰시오.

(3) 충돌 전 운동량의 총합과 충돌 후 운동량의 총합은 어떠한지 쓰시오.

5 그림은 직선상에서 운동하는 두 물체 A, B가 운동하다가 충돌하는 모습을 나타낸 것이다.

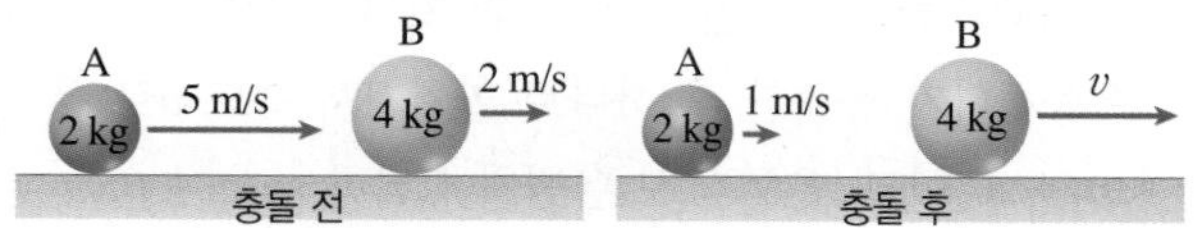

충돌 후 B의 속력 v는 몇 m/s인지 쓰시오. (단, 모든 마찰은 무시한다.)

6 그림과 같이 질량이 2 kg인 물체 A가 3 m/s의 속력으로 운동하여 정지해 있는 질량이 1 kg인 물체 B와 충돌한 후 두 물체가 한 덩어리가 되어 운동하였다.

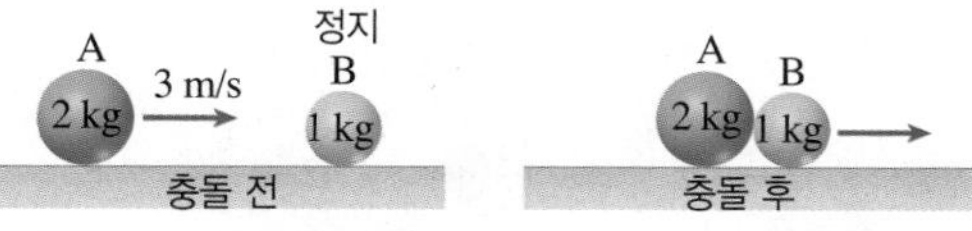

한 덩어리가 된 두 물체의 속력은 몇 m/s인지 쓰시오. (단, 모든 마찰은 무시한다.)

B 충격량과 운동량의 관계

1. ◆충격량(I) 물체가 받은 충격의 정도를 나타내는 물리량으로, 물체에 작용하는 힘 F(N)와 힘이 작용하는 시간 Δt(s)의 곱이다. ─● 크기와 방향을 가진 물리량이다.

> 충격량=힘×시간, $I=F\Delta t$ [◆단위: N·s, kg·m/s]

(1) **충격량의 크기:** 충돌하는 동안 물체에 작용하는 힘의 크기와 힘이 작용하는 시간에 비례한다. ➡ 물체에 작용하는 힘이 클수록 힘이 작용하는 시간이 길수록 크다.

(2) **충격량의 방향:** 물체에 작용하는 힘의 방향과 같다. ─● 충격량은 힘과 시간의 곱인데, 힘만 방향을 가지므로 충격량의 방향은 힘의 방향과 같다.

(3) **힘-시간 그래프와 충격량:** 그래프 아랫부분의 넓이는 충격량을 나타낸다. 49쪽 대표 자료❷

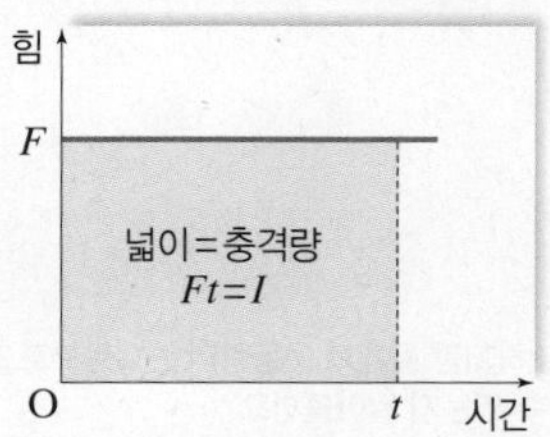

⊙ 힘이 일정할 때 힘-시간 그래프

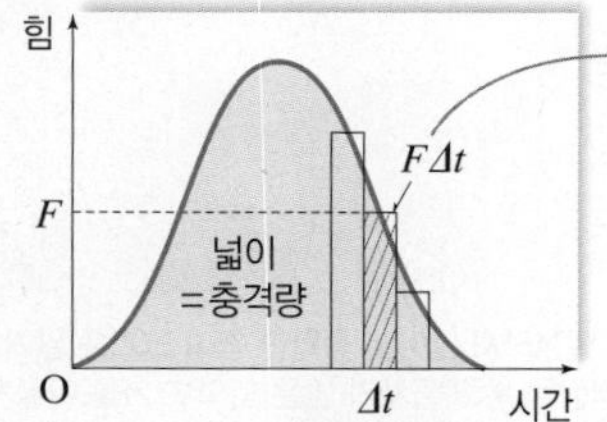

⊙ 힘이 일정하지 않을 때 힘-시간 그래프

매우 짧은 시간 동안 작용하는 힘은 일정하다고 가정하고, 짧은 시간 간격의 충격량들을 모두 더하여 전체 충격량을 구한다.

2. 운동량과 충격량의 관계 50쪽 대표 자료❸

(1) **◆운동량과 충격량의 관계:** 물체가 받은 충격량은 물체의 운동량의 변화량과 같다.

> 충격량=운동량의 변화량=나중 운동량-처음 운동량

| 운동량과 충격량의 관계 |

질량이 m인 물체가 속도 v_1로 운동하고 있을 때 일정한 크기의 힘 F가 운동 방향으로 시간 Δt 동안 작용하여 물체의 속도가 v_2로 변하였다.

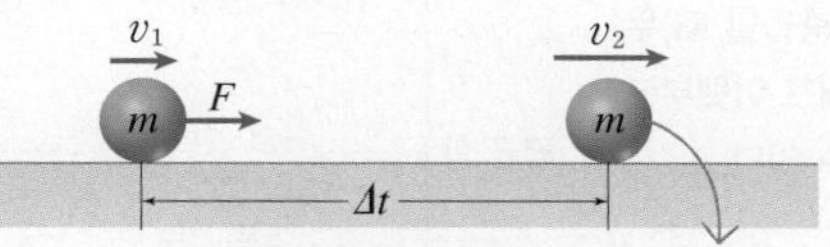

$F\Delta t=mv_2-mv_1$이므로 $mv_2=mv_1+F\Delta t$이다.
즉 물체의 나중 운동량은 처음 운동량+충격량이다.

물체에 작용하는 힘 $F=ma=m\dfrac{v_2-v_1}{\Delta t}$이므로,
충격량 $I=F\Delta t=mv_2-mv_1=\Delta p$이다.
➡ 충격량=운동량의 변화량이다.

탐구 자료창 빨대로 공 날리기

(가) 종이를 공 모양으로 뭉쳐서 빨대 끝에 넣고 빨대 끝에서 입으로 불어 날린다.
(나) 같은 빨대로 빨대를 부는 힘의 크기를 다르게 하여 과정 (가)를 반복하고 종이가 날아간 거리를 비교한다.
(다) 빨대의 길이를 다르게 하여 과정 (가)를 반복하고 종이가 날아간 거리를 비교한다. 이때 부는 힘의 크기를 일정하게 하고, 바람을 한 번만 훅 불지 않고 공이 날아갈 때까지 계속 불어야 한다.

1. 빨대를 부는 힘이 셀수록 공이 멀리 날아간다. ➡ 빨대를 부는 힘이 셀수록 공이 받은 충격량이 커서 빨대를 벗어날 때 공의 운동량이 크다.
2. 빨대의 길이가 길수록 공이 멀리 날아간다. ➡ 빨대의 길이가 길수록 공이 힘을 받는 시간이 길어지므로 공이 받는 충격량이 크다. 따라서 공이 빨대를 벗어날 때 운동량이 크다.

◆ **작용 반작용 법칙과 충격량**
두 물체가 충돌할 때 작용 반작용 법칙에 따라 두 물체가 주고받는 힘의 크기와 힘이 작용하는 시간이 서로 같다. 따라서 두 물체가 받는 충격량의 크기는 서로 같다.

◆ **충격량과 운동량의 단위**
힘=질량×가속도이므로 힘을 단위로 나타내면 kg·m/s²이고, 시간의 단위는 s이므로 충격량의 단위는 (kg·m/s²)·s=kg·m/s이다. 따라서 충격량의 단위는 운동량의 단위와 같다.

◆ **운동량-시간 그래프와 충격량**

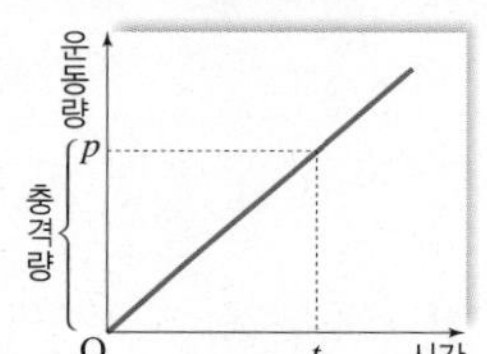

물체가 받은 충격량은 운동량의 변화량과 같으므로 운동량-시간 그래프에서 운동량의 변화량은 충격량을 나타낸다.

암기해!

- 운동량의 변화량을 크게 하는 방법
➡ 충격량을 크게 한다.
충격량을 크게 하는 방법
➡ 힘을 크게, 힘이 작용하는 시간을 길게 한다.

(2) **운동량의 변화량(충격량)을 크게 하는 방법:** 물체에 작용하는 힘의 크기를 크게 하거나, 물체에 힘이 작용하는 시간을 길게 하여 충격량을 크게 한다.

대포의 포신이 길수록 포탄에 힘이 작용하는 시간이 길어져 충격량이 커지므로 포탄이 멀리 날아간다.	야구 방망이를 끝까지 휘두르면 공에 힘이 작용하는 시간이 길어져 충격량이 커지므로 야구공이 더 멀리 날아간다.	공을 뒤로 뺀 후 팔을 충분히 휘둘러 공에 힘이 작용하는 시간을 길게 하면 공을 빠르게 보낼 수 있다.	골프채를 빠르고 크게 휘두르면 공에 작용하는 힘이 커지고 힘이 작용하는 시간도 길어져 골프공이 멀리 날아간다.

C 충돌과 충격 완화

물체가 충돌할 때 물체에 작용하는 힘은 일정하지 않아서 정확한 힘의 크기를 알기 어려워요. 하지만 물체의 운동량의 변화량으로 충격량은 정확하게 알 수 있어요. 물체의 충격량을 통해 물체가 받은 힘의 크기를 어떻게 이해할 수 있는지 알아볼까요?

1. 충격력 물체가 충돌할 때 받는 평균 힘으로, 충돌하는 물체가 받은 충격량 I를 충돌 시간 Δt로 나누어 구한다.

$$충격력=\frac{충격량}{충돌 시간}=\frac{운동량의 변화량}{충돌 시간},\ F=\frac{I}{\Delta t}=\frac{\Delta p}{\Delta t}$$

(1) **충격력의 크기:** 충돌하는 물체가 받은 충격량에 비례하고, 충돌 시간에 반비례한다.

 **힘-시간 그래프와 충격력(평균 힘)**

그림은 두 물체가 충돌할 때 두 물체 사이에 작용하는 힘의 크기를 힘-시간 그래프로 나타낸 것이다. 일반적으로 두 물체가 충돌할 때 두 물체 사이에 작용하는 힘은 일정하지 않으므로 충격량(그래프 아랫부분의 넓이)을 힘이 작용한 시간으로 나누어 평균 힘을 구할 수 있다.

$$평균 힘=\frac{충격량}{충돌 시간}=\frac{그래프의 넓이}{충돌 시간}$$

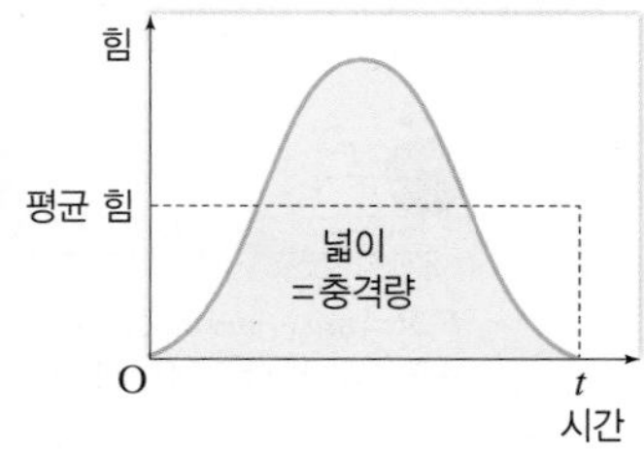

(2) **충격력과 충돌 시간의 관계**

① 짧은 시간 동안 운동량의 변화가 이루어질 때: 운동량의 변화량(충격량)이 같을 때, 충돌 시간이 짧으면 충격력이 커진다.

② 긴 시간 동안 운동량의 변화가 이루어질 때: 운동량의 변화량(충격량)이 같을 때, 충돌 시간이 길면 충격력이 작아진다.

주의해!

- 충격량과 충격력의 구분
'충격량=힘(충격력)×시간'이므로 충격량과 충격력을 정확히 구분하여 헷갈리지 않도록 해야 한다.
  - 충격력이 같을 때는 충돌 시간이 길수록 충격량이 커진다.
  - 충격량이 같을 때는 충돌 시간이 길수록 충격력이 작아진다.

짧은 시간 동안 운동량의 변화가 이루어질 때

긴 시간 동안 운동량의 변화가 이루어질 때

| **충격력과 충돌 시간의 관계** | 50쪽 대표 자료❹

동일한 두 컵을 각각 단단한 바닥(A)과 푹신한 방석 위(B)에 가만히 놓아 떨어뜨릴 경우 단단한 바닥에 떨어진 컵은 깨지고, 푹신한 방석 위에 떨어진 컵은 깨지지 않는다.

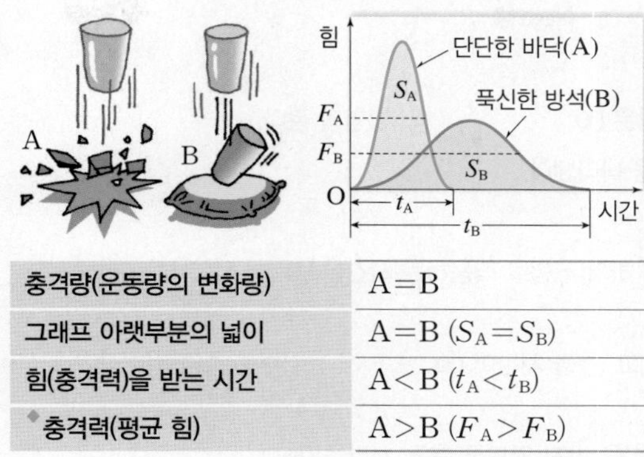

충격량(운동량의 변화량)	A=B
그래프 아랫부분의 넓이	A=B ($S_A=S_B$)
힘(충격력)을 받는 시간	A<B ($t_A<t_B$)
◆충격력(평균 힘)	A>B ($F_A>F_B$)

- 충돌 전후 두 컵의 충격량: 충돌 직전 두 컵의 질량과 속도가 같으므로 두 컵의 운동량은 같고, 충돌 후 두 컵의 속도가 0이므로 두 컵의 운동량은 0으로 같다. 따라서 두 컵의 충격량(운동량의 변화량)이 같다.
- 단단한 바닥에서는 충돌 시간이 짧으므로 컵이 받는 충격력이 크다.
- 푹신한 방석 위에서는 충돌 시간이 길어지므로 컵이 받는 충격력이 작다.

➡ 충격량이 같을 때 충돌 시간이 길어지면 컵이 받는 힘(충격력)의 크기는 작아진다.

◆ **충돌 시간과 물체가 받는 힘의 최댓값**

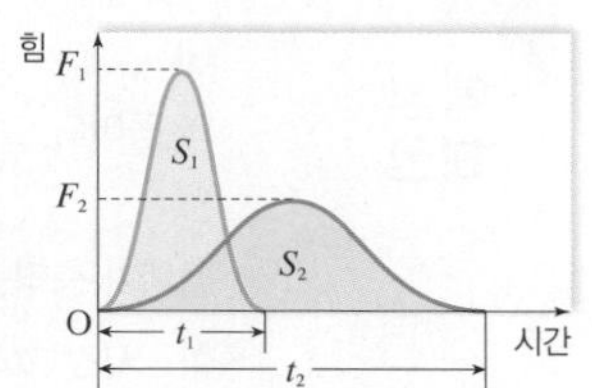

충격량이 같을 때 충돌 시간이 짧을수록 물체가 받는 힘의 최댓값이 커진다.
➡ $t_1<t_2$이면 $F_1>F_2$이다.

◆ **물 풍선 터지지 않게 받기**
두 사람이 마주 선 다음, 한 사람은 물 풍선을 던지고 다른 사람은 물 풍선이 터지지 않도록 받으려면 두 손을 펼쳐 넓은 면적으로 받든지, 손을 뒤로 빼면서 천천히 받는다.
힘을 분산시킨다.
충돌 시간을 길게 한다.

2. 충격 완화

(1) **충격력을 줄이는 원리:** 사람의 안전과 물체의 온전한 보전을 위해서 힘을 받는 시간을 길게 하여 충격력이 작아지게 한다.

(2) ◆**충격을 줄이는 장치나 방법**

태권도 경기장의 매트는 바닥으로부터 충격을 받을 때 힘을 받는 시간을 길게 하여 충격을 줄여 준다.

멀리뛰기 선수가 착지할 때 무릎을 구부리면 몸이 힘을 받는 시간을 길게 하여 충격을 줄일 수 있다. — 계단에서 뛰어내릴 때도 적용된다.

포수가 공을 받을 때 손을 뒤로 빼면서 받으면 손이 힘을 받는 시간을 길게 하여 충격을 줄일 수 있다.

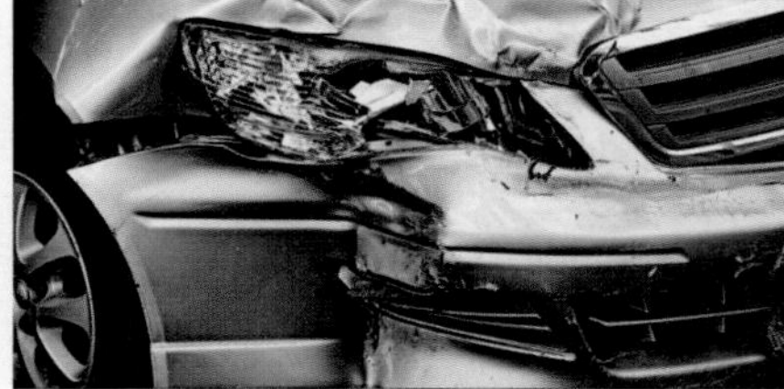
자동차의 범퍼는 자동차가 충돌할 때 충돌 시간을 길게 하여 자동차가 받는 충격을 줄여 준다.

에어 매트를 설치하면 떨어지는 몸이 정지할 때까지 충돌 시간을 길게 하여 충격을 줄여 준다.

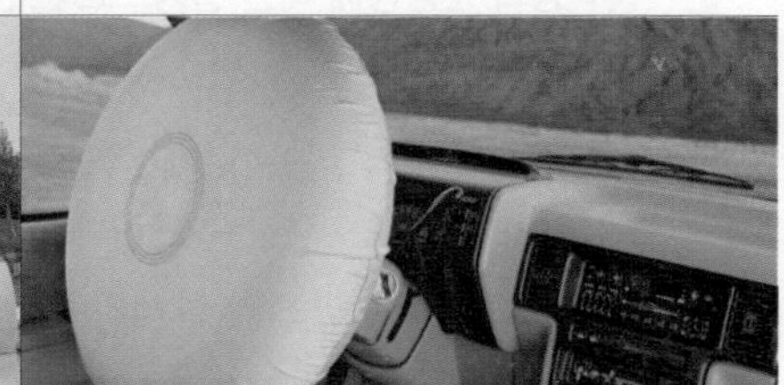
에어백은 탑승자가 자동차 내부에 충돌할 때 힘을 받는 시간을 길게 하여 탑승자가 받는 충격을 줄여 준다.

고무로 만든 줄은 탄성이 있어 힘이 작용하는 시간을 길게 하여 사람이 받는 충격을 줄여 준다.

헬멧 안쪽의 스펀지는 머리가 충돌할 때 충돌 시간을 길게 하여 충격을 줄여 준다.

공기가 충전된 포장재는 상품이 충돌에 의해 힘을 받는 시간을 길게 하여 충격을 줄여 준다.

개념 확인 문제

핵심 체크

- (❶): 물체가 받은 충격의 정도를 나타내는 물리량으로 물체에 작용하는 힘과 힘이 작용하는 (❷) 의 곱이다.

충격량＝힘×(❷)

- 물체가 충격량을 받았을 때 물체가 받은 충격량의 방향은 물체가 받은 (❸)의 방향과 같다.
- 힘－시간 그래프에서 그래프 아랫부분의 넓이는 (❹)을 나타낸다.
- 물체가 받은 충격량은 물체의 (❺)의 변화량과 같다.
- 물체의 운동량의 변화량을 크게 하려면 물체에 작용하는 힘을 크게 하거나 힘을 작용하는 시간을 (❻)게 해야 한다.
- 충격량이 같을 때 충돌 시간이 (❼)수록 충격력이 커지고, 충돌 시간이 (❽)수록 충격력이 작아진다.
- 사람의 안전과 물체의 온전한 보전을 위해서 사람이나 물체가 큰 힘을 받지 않도록 충돌 시간을 (❾) 하는 장치가 필요하다.

1 그림은 정지해 있는 물체에 작용하는 힘을 시간에 따라 나타낸 것이다.

3초 동안 물체가 받은 충격량의 크기는 몇 N·s인지 쓰시오.

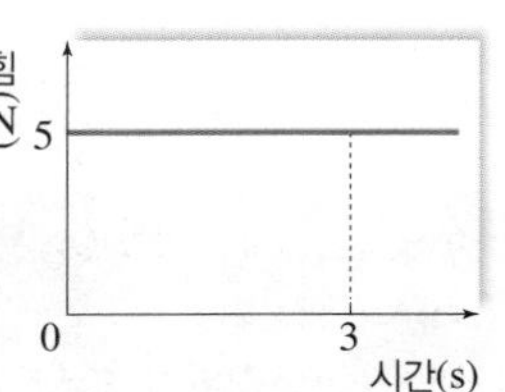

2 충격량과 운동량에 대한 설명으로 옳은 것은 ○, 옳지 않은 것은 ×로 표시하시오.

(1) 충격량은 물체가 받은 힘에 힘을 받은 시간을 곱한 물리량이다. ( )

(2) 물체가 충격량을 받으면 물체의 운동량이 변한다. ( )

(3) 힘의 크기가 같을 때 힘을 받는 시간이 길수록 충격량이 크다. ( )

(4) 충격량과 운동량의 단위는 다르다. ( )

3 어떤 물체가 10 N·s의 충격량을 받았다면, 그 물체의 운동량의 변화량은 몇 kg·m/s인지 쓰시오.

4 가만히 쥐고 있던 질량이 0.5 kg인 공에 0.1초 동안 힘을 작용하였더니 공이 20 m/s의 속력으로 날아갔다. 이때 공에 작용한 평균 힘의 크기는 몇 N인지 쓰시오.

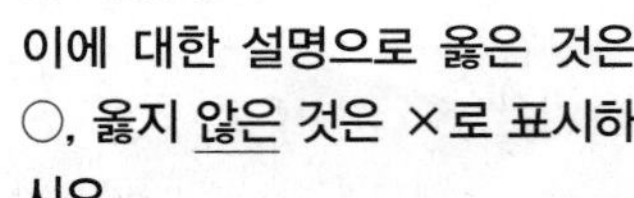

5 그림과 같이 마룻바닥과 방석 위에 동일한 유리컵을 같은 높이에서 가만히 놓아 떨어뜨렸더니 마룻바닥에 떨어진 유리컵만 깨졌다.

이에 대한 설명으로 옳은 것은 ○, 옳지 않은 것은 ×로 표시하시오.

(1) 두 유리컵이 받은 충격량은 같다. ( )

(2) 두 유리컵이 받은 평균 힘의 크기는 같다. ( )

(3) 두 유리컵이 받은 최대 힘의 크기는 같다. ( )

(4) 두 유리컵이 힘을 받은 시간은 마룻바닥보다 방석 위에서 더 길다. ( )

6 충돌 시간을 길게 하여 충돌할 때 받는 힘의 크기를 줄이는 장치만을 [보기]에서 있는 대로 고르시오.

보기		
ㄱ. 헬멧	ㄴ. 방음벽	ㄷ. 에어백
ㄹ. 자동차 범퍼	ㅁ. 안전 매트리스	

정답친해 19쪽

대표 자료 분석

자료 1 운동량 – 시간 그래프 분석

기출 Point
- 운동량의 개념 이해하기
- 운동량과 충격량의 관계 이해하기

[1~4] 그림은 직선상에서 운동하는 물체의 운동량을 시간에 따라 나타낸 것이다.

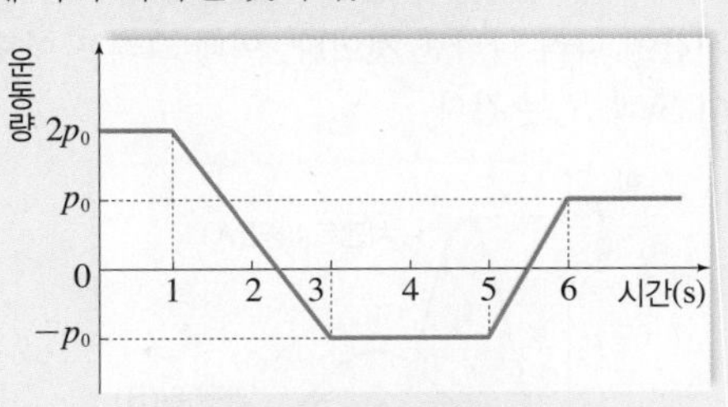

1 (　　) 안에 알맞은 말을 쓰시오.

운동량은 속도와 마찬가지로 크기와 ㉠(　　　)을/를 가진 물리량이다. 운동량은 ㉡(　　　)와/과 속도의 곱인데, ㉢(　　　)만 방향을 가지고 있으므로 운동량의 방향은 ㉢(　　　)의 방향과 같다. 운동량의 변화량을 구할 때는 크기와 ㉠(　　　)을/를 같이 고려해주어야 한다.

2 0.5초일 때 물체의 속력은 4초일 때 속력의 몇 배인지 쓰시오.

3 5초~6초 동안 물체가 받은 충격량의 크기를 쓰시오.

4 빈출 선택지로 완벽 정리!

(1) 0~6초 동안 물체의 운동 방향은 두 번 바뀐다. (○ / ×)

(2) 1초~3초 동안 물체가 받은 충격량의 크기는 $3p_0$이다. (○ / ×)

(3) 1초~3초 동안 물체가 받은 알짜힘은 5초~6초 동안 물체가 받은 알짜힘보다 크기가 크다. (○ / ×)

자료 2 힘 – 시간 그래프 분석

기출 Point
- 힘 – 시간 그래프 분석하기
- 운동량과 충격량의 관계 이해하기

[1~4] 그림은 마찰이 없는 수평면 위에 정지해 있는 질량이 2 kg인 물체에 작용하는 알짜힘을 시간에 따라 나타낸 것이다.

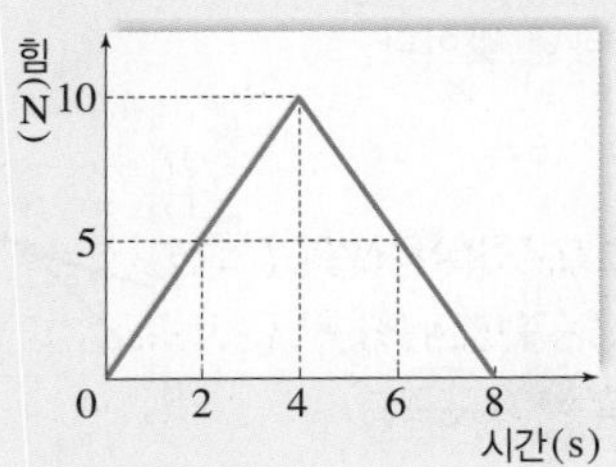

1 8초일 때 물체의 운동량의 크기는 몇 kg·m/s인지 쓰시오.

2 4초일 때 물체의 속도의 크기는 몇 m/s인지 쓰시오.

3 질량이 5 kg인 물체가 3 m/s의 속도로 운동하고 있다. 이 물체에 그림과 같은 힘이 운동 방향으로 8초 동안 작용했을 때, 8초 후 물체의 운동량의 크기는 몇 kg·m/s인지 쓰시오.

4 빈출 선택지로 완벽 정리!

(1) 0~8초 동안 물체가 받은 충격량은 40 N·s이다. (○ / ×)

(2) 물체가 받은 충격량은 물체의 운동량과 항상 같다. (○ / ×)

(3) 4초 이후부터 물체의 속도는 감소한다. (○ / ×)

자료 ❸ 위치 – 시간 그래프와 충돌 상황

기출 Point
- 위치 – 시간 그래프로 충돌 상황 이해하기
- 위치 – 시간 그래프로 운동량과 충격량 구하기

[1~4] 그림 (가)는 질량이 각각 1 kg, m인 물체 A, B가 마찰이 없는 수평면 위의 동일 직선상에서 운동하고 있는 모습을 나타낸 것이고, (나)는 A, B의 위치를 시간에 따라 나타낸 것이다.

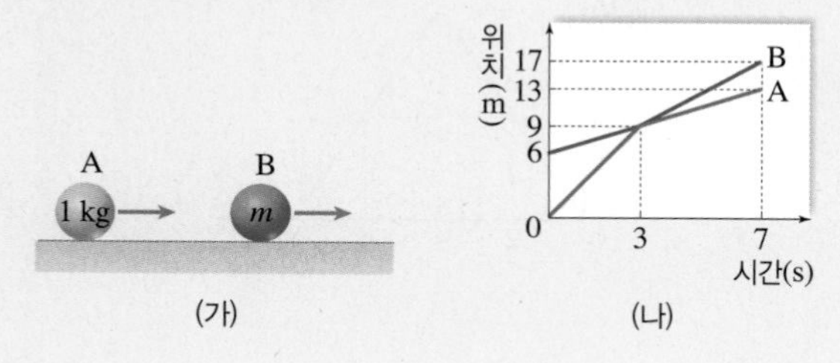

(가) (나)

1 A, B가 충돌하는 동안 속도 변화량의 크기는 A가 B의 몇 배인지 쓰시오.

2 B의 질량은 몇 kg인지 쓰시오.

3 충돌하는 동안 B가 받은 충격량의 크기는 몇 N·s인지 쓰시오.

4 빈출 선택지로 완벽 정리!

(1) 충돌 전과 후에 A의 운동 방향은 서로 반대 방향이다. (○ / ×)

(2) 충돌하는 동안 A가 받은 충격량의 크기는 B가 받은 충격량의 크기보다 크다. (○ / ×)

(3) 충돌하는 동안 A가 받은 충격량의 방향과 B가 받은 충격량의 방향은 서로 반대이다. (○ / ×)

자료 ❹ 충격력과 충돌 시간의 관계

기출 Point
- 충격력과 충돌 시간의 관계 이해하기
- 충격력과 충돌 시간의 관계를 그래프로 이해하기

[1~3] 그림은 동일한 유리컵을 같은 높이에서 시멘트 바닥(A)과 카펫 위(B)에 떨어뜨렸을 때 유리컵이 받는 힘을 시간에 따라 나타낸 것이다. 이때 그래프 아랫부분의 넓이 S_1과 S_2는 같다.

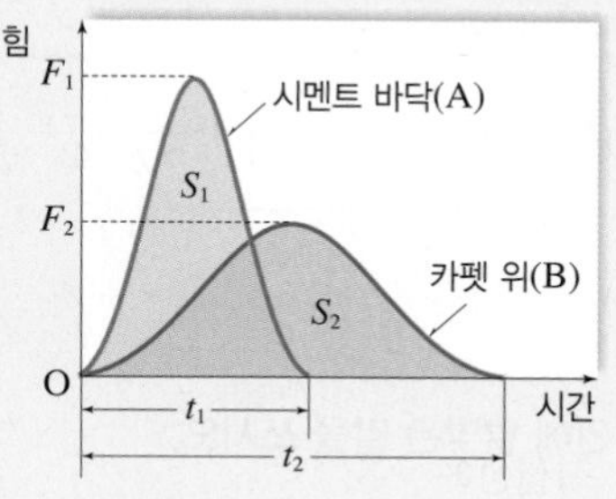

1 관련 있는 물리량의 크기를 등호나 부등호로 비교하시오.

(1) 유리컵이 받은 충격량: A (   ) B

(2) 유리컵의 운동량의 변화량: A (   ) B

(3) 유리컵이 힘을 받은 시간: A (   ) B

2 (   ) 안에 알맞은 말을 고르시오.

> 카펫 위에 떨어진 유리컵은 시멘트 바닥에 떨어진 유리컵보다 힘을 받은 시간이 ㉠(짧으므로, 길므로) 평균 힘을 ㉡(크게, 작게) 받아서 깨지지 않는다.

3 빈출 선택지로 완벽 정리!

(1) 유리컵이 받은 평균 힘의 크기는 A와 B가 같다. (○ / ×)

(2) 충격량이 같을 때 충돌 시간이 짧을수록 물체가 받는 평균 힘이 더 크다. (○ / ×)

(3) 사람이나 물체의 안전을 위해서는 충돌 시간을 길게 하여 사람이나 물체가 받는 평균 힘을 줄이는 노력이 필요하다. (○ / ×)

내신 만점 문제

정답친해 21쪽

A 운동량

01 운동량에 대한 설명으로 옳은 것만을 [보기]에서 있는 대로 고른 것은?

보기
ㄱ. 운동량은 크기와 방향이 있는 물리량이다.
ㄴ. 질량이 클수록, 속도가 클수록 운동량이 크다.
ㄷ. 물체에 작용하는 알짜힘이 0이면 물체의 운동량은 변하지 않는다.

① ㄱ ② ㄴ ③ ㄱ, ㄷ
④ ㄴ, ㄷ ⑤ ㄱ, ㄴ, ㄷ

02 그림은 직선상에서 운동하는 질량이 4 kg인 물체의 운동량을 시간에 따라 나타낸 것이다.
이 물체의 운동에 대한 설명으로 옳은 것은?

① 0~2초 사이에 물체에 작용한 알짜힘은 증가하였다.
② 0~2초 사이에 물체의 이동 거리는 10 m이다.
③ 2초~4초 사이에 물체에 작용하는 알짜힘은 0이다.
④ 0~6초 동안 물체의 운동량의 변화량은 40 kg·m/s이다.
⑤ 0~2초 사이와 4초~6초 사이에 물체가 받은 알짜힘의 방향은 서로 같다.

중요 **03** 그림과 같이 마찰이 없는 직선상에서 질량이 4 kg인 물체 A가 4 m/s의 속도로 운동하다 앞서 가던 질량이 2 kg이고, 속도가 2 m/s인 물체 B에 충돌하였다.

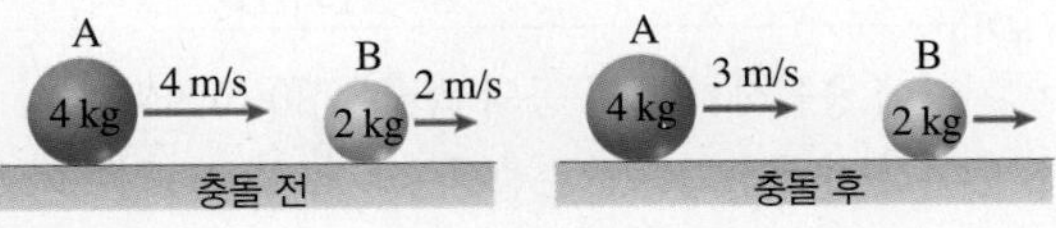

충돌 후 A의 속도가 3 m/s가 되었다면 충돌 후 B의 속도는?

① 1 m/s ② 2 m/s ③ 3 m/s
④ 4 m/s ⑤ 5 m/s

중요 **04** 그림은 마찰이 없는 직선상에서 $3v$의 속도로 운동하던 물체 A가 정지해 있던 물체 B와 충돌한 후, 한 덩어리가 되어 v의 속도로 함께 운동하는 모습을 나타낸 것이다. A와 B의 질량은 각각 m, $2m$이다.

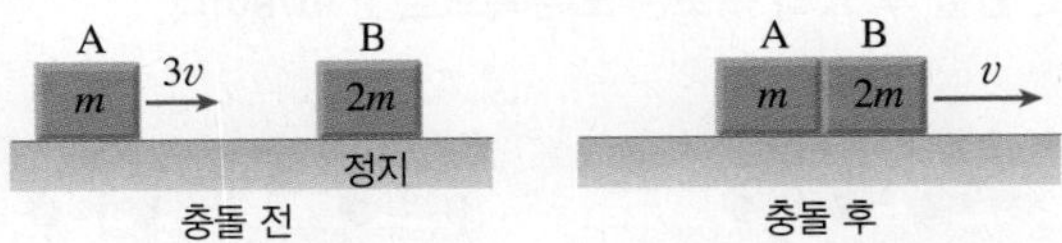

이에 대한 설명으로 옳은 것만을 [보기]에서 있는 대로 고른 것은?

보기
ㄱ. 충돌 후 A의 운동량은 감소하였다.
ㄴ. 충돌 전과 후에 운동량의 총합이 보존되었다.
ㄷ. 충돌 과정에서 A와 B의 운동량의 변화량의 크기는 다르다.

① ㄱ ② ㄷ ③ ㄱ, ㄴ
④ ㄴ, ㄷ ⑤ ㄱ, ㄴ, ㄷ

05 그림 (가)는 마찰이 없는 수평면 위에서 질량이 같은 물체 A, B가 각각 등속 직선 운동을 하는 모습을 나타낸 것이고, (나)는 기준선으로부터 A의 위치를 시간에 따라 나타낸 것이다. A가 기준선을 통과하는 순간 A와 B 사이의 거리는 2 m이고, 운동 중 A와 B는 한 번 정면으로 충돌하였다.

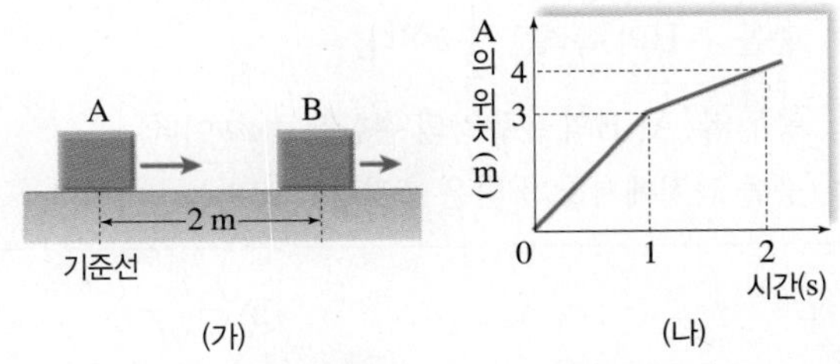

이에 대한 설명으로 옳은 것만을 [보기]에서 있는 대로 고른 것은? (단, 물체의 크기는 무시한다.)

보기
ㄱ. 충돌 전 A의 속력은 3 m/s이다.
ㄴ. 충돌 후 A의 속력은 1 m/s이다.
ㄷ. 충돌 후 B의 속력은 3 m/s이다.

① ㄱ ② ㄷ ③ ㄱ, ㄴ
④ ㄴ, ㄷ ⑤ ㄱ, ㄴ, ㄷ

06 그림은 마찰이 없는 수평면 위에서 압축된 용수철로 연결된 수레 A, B가 3 m/s의 속력으로 등속 직선 운동을 하다가 용수철의 압축이 풀리면서 A, B가 서로 반발하여 튕겨나가는 모습을 나타낸 것이다. A, B의 질량은 각각 1 kg, 2 kg이고, 반발 후 A의 속도는 오른쪽으로 1 m/s이다.

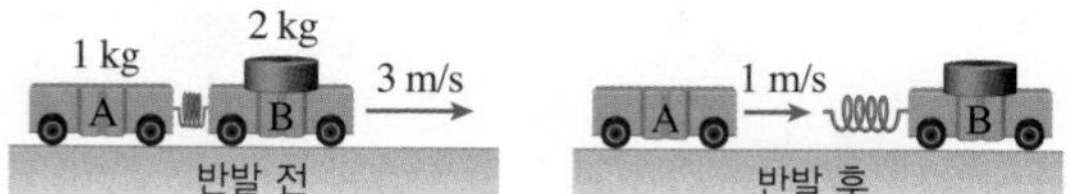

반발 후 B의 속도는? (단, 용수철의 질량과 공기 저항은 무시하고, 오른쪽을 (+)방향으로 한다.)

① −5 m/s ② −1 m/s ③ 0
④ 4 m/s ⑤ 5 m/s

B 충격량과 운동량의 관계

07 그림은 마찰이 없는 직선상에서 운동하는 두 물체 A, B가 충돌하기 전과 후의 모습을 나타낸 것이다. A, B의 질량은 각각 m, $2m$이며, 충돌 전 속력은 각각 $2v$, v이다. 충돌 후 A의 속력은 v이다.

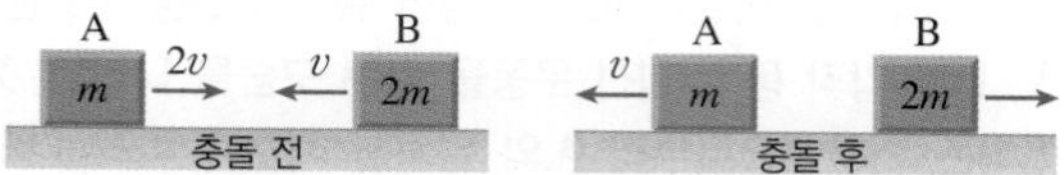

이에 대한 설명으로 옳은 것만을 [보기]에서 있는 대로 고른 것은?

보기
ㄱ. 충돌 후 B의 속력은 $\frac{1}{2}v$이다.
ㄴ. 충돌 후 A, B의 운동량의 총합은 $4mv$이다.
ㄷ. 충돌 과정에서 B가 받은 충격량의 크기는 mv이다.

① ㄱ ② ㄴ ③ ㄱ, ㄷ
④ ㄴ, ㄷ ⑤ ㄱ, ㄴ, ㄷ

서술형
08 그림은 마찰이 없는 수평면 위에 정지해 있던 질량이 2 kg인 물체가 수평 방향으로 받은 알짜 힘을 시간에 따라 나타낸 것이다. 10초일 때 물체의 속력을 풀이 과정과 함께 구하시오.

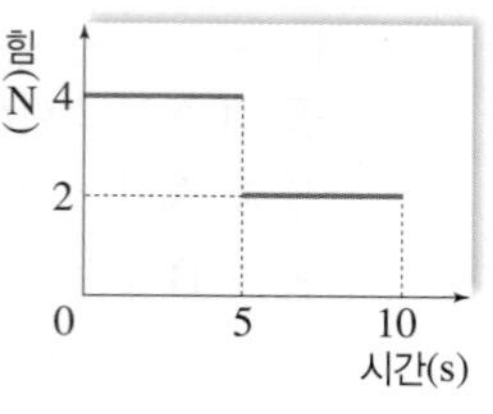

중요
09 그림은 무중력 상태의 우주 공간에서 두 우주인 A, B가 서로 손을 맞대고 미는 모습을 나타낸 것이다. 이때 질량은 A가 B보다 크다.

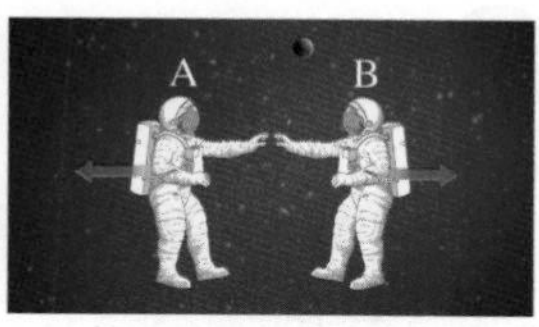

이에 대한 설명으로 옳은 것만을 [보기]에서 있는 대로 고른 것은?

보기
ㄱ. A와 B가 받은 충격량의 크기는 서로 같다.
ㄴ. A와 B의 운동량의 변화량의 합은 0이다.
ㄷ. 손을 뗀 후 속도의 크기는 A가 B보다 작다.

① ㄴ ② ㄷ ③ ㄱ, ㄴ ④ ㄱ, ㄷ ⑤ ㄱ, ㄴ, ㄷ

중요
10 그림은 질량이 m인 공이 벽에 수직으로 v의 속력으로 충돌한 후, 정반대 방향으로 $0.5v$의 속력으로 튀어나오는 모습을 나타낸 것이다.

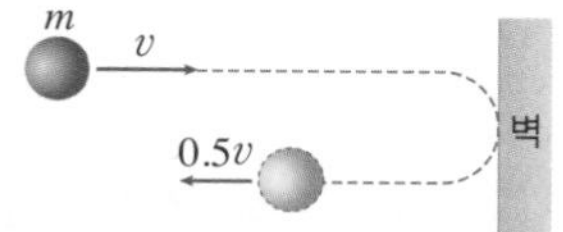

이에 대한 설명으로 옳은 것만을 [보기]에서 있는 대로 고른 것은?

보기
ㄱ. 공의 운동량의 크기는 벽과 충돌한 후 증가하였다.
ㄴ. 벽과 충돌 전후 공의 운동량의 변화량 크기는 $0.5mv$이다.
ㄷ. 충돌하는 과정에서 공이 벽으로부터 받은 충격량의 크기는 $1.5mv$이다.

① ㄱ ② ㄴ ③ ㄷ ④ ㄱ, ㄷ ⑤ ㄴ, ㄷ

11 그림과 같이 질량이 1 kg인 공을 20 m 높이에서 가만히 놓아 지면으로 떨어뜨렸더니 지면에 충돌한 후 10 m/s의 속력으로 다시 튀어 올랐다.

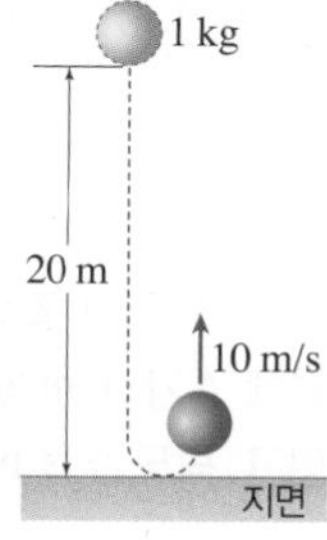

이에 대한 설명으로 옳은 것만을 [보기]에서 있는 대로 고른 것은? (단, 중력 가속도는 10 m/s²이고, 공기 저항은 무시한다.)

보기
ㄱ. 지면에 충돌하기 직전 공의 속력은 20 m/s이다.
ㄴ. 충돌하는 동안 공이 받은 충격량의 크기는 30 N·s이다.
ㄷ. 공이 지면으로부터 받은 충격량의 방향은 공에 작용하는 중력의 방향과 같은 방향이다.

① ㄱ ② ㄴ ③ ㄷ ④ ㄱ, ㄴ ⑤ ㄴ, ㄷ

12 그림 (가)는 직선상에서 정지해 있는 물체 B를 향해 물체 A가 5 m/s의 속력으로 등속 직선 운동을 하는 모습을 나타낸 것이고, (나)는 A와 B 사이의 거리를 시간에 따라 나타낸 것이다. A, B의 질량은 각각 2 kg, 3 kg이고, 0초일 때 A와 B 사이의 거리는 d이다.

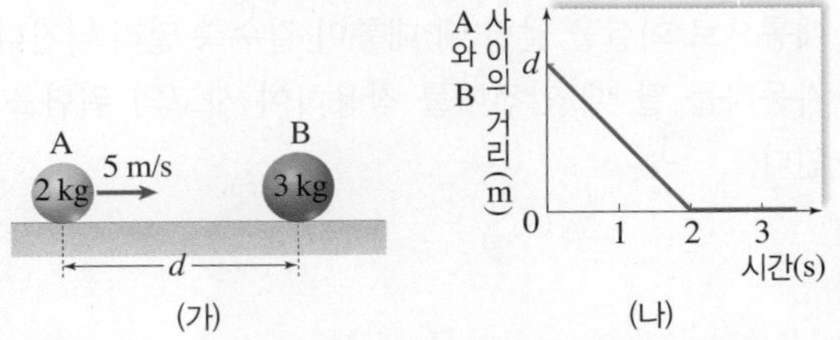

(가) (나)

이에 대한 설명으로 옳은 것만을 [보기]에서 있는 대로 고른 것은? (단, 물체의 크기 및 모든 마찰과 공기 저항은 무시한다.)

보기
ㄱ. $d=10$ m이다.
ㄴ. 3초일 때 B의 속력은 2 m/s이다.
ㄷ. B가 A로부터 받은 충격량의 크기는 10 N·s이다.

① ㄱ ② ㄴ ③ ㄷ
④ ㄱ, ㄴ ⑤ ㄴ, ㄷ

C 충돌과 충격 완화

13 그림과 같이 속력 V로 달리는 트럭에 탁구공이 속력 v_1로 날아와 부딪힌 후 반대 방향으로 속력 v_2로 튕겨나갔다.

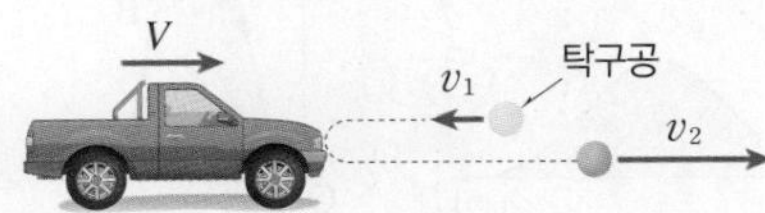

이에 대한 설명으로 옳은 것만을 [보기]에서 있는 대로 고른 것은? (단, 트럭과 탁구공의 상호 작용 이외의 힘은 무시한다.)

보기
ㄱ. 충돌 전후 속도 변화량은 탁구공이 트럭보다 크다.
ㄴ. 충돌할 때 받은 충격량의 크기는 탁구공이 트럭보다 크다.
ㄷ. 충돌하는 동안 받은 평균 힘의 크기는 탁구공이 트럭보다 크다.

① ㄱ ② ㄴ ③ ㄷ
④ ㄱ, ㄴ ⑤ ㄴ, ㄷ

중요 **14** 그림 (가), (나)는 마찰이 없는 수평면에서 질량이 m인 두 공 A, B가 벽에 수직으로 충돌한 후 각각 반대 방향으로 튀어 나오는 모습을 나타낸 것이다. 벽과 충돌 전 A, B의 속력은 각각 $4v$, $2v$이고, 충돌 후 속력은 각각 $2v$, v이다. 벽과 충돌 시간은 A가 B의 2배이다.

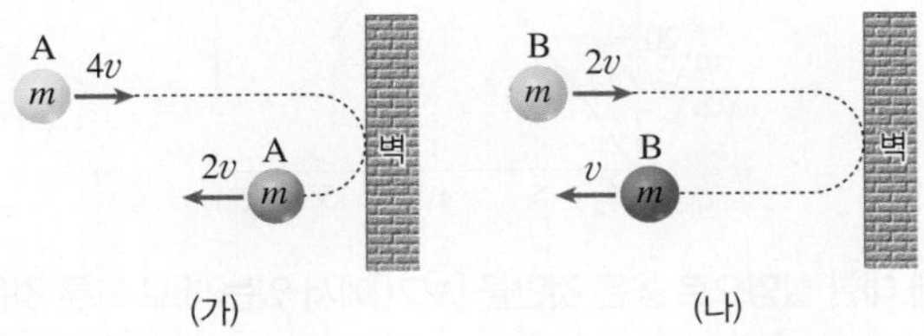

(가) (나)

이에 대한 설명으로 옳은 것만을 [보기]에서 있는 대로 고른 것은? (단, 공기 저항은 무시한다.)

보기
ㄱ. 충돌 전후 A의 운동량의 변화량의 크기는 $2mv$이다.
ㄴ. 충돌하는 동안 벽이 공으로부터 받은 충격량의 크기는 (가)에서가 (나)에서보다 크다.
ㄷ. 충돌하는 동안 벽으로부터 받은 평균 힘의 크기는 B가 A보다 크다.

① ㄴ ② ㄷ ③ ㄱ, ㄴ ④ ㄱ, ㄷ ⑤ ㄱ, ㄴ, ㄷ

15 그림 (가)는 수평면 위에서 질량이 50 kg인 컬링선수가 질량이 10 kg인 스톤과 함께 1 m/s의 속력으로 등속 직선 운동을 하는 모습을, (나)는 (가)에서 선수가 스톤을 운동 방향으로 1초간 밀었더니 선수는 0.2 m/s의 속력으로, 스톤은 v의 속력으로 등속 직선 운동을 하는 모습을 나타낸 것이다.

(가) (나)

이에 대한 설명으로 옳은 것만을 [보기]에서 있는 대로 고른 것은? (단, 스톤의 크기, 모든 마찰과 공기 저항은 무시한다.)

보기
ㄱ. $v=5$ m/s이다.
ㄴ. 스톤이 받은 충격량의 크기는 50 N·s이다.
ㄷ. 스톤을 미는 동안 컬링선수가 스톤으로부터 받은 평균 힘의 크기는 40 N이다.

① ㄱ ② ㄴ ③ ㄱ, ㄷ ④ ㄴ, ㄷ ⑤ ㄱ, ㄴ, ㄷ

16 그림은 직선상에서 운동하는 물체의 운동량을 시간에 따라 나타낸 것이다. 0~5초 동안에 물체에는 크기가 일정한 알짜힘 F가 작용한다.

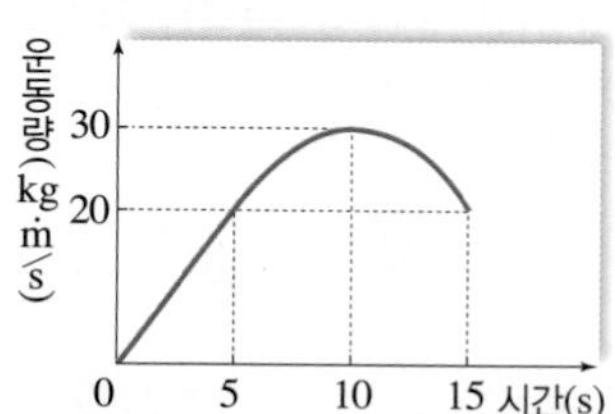

이에 대한 설명으로 옳은 것만을 [보기]에서 있는 대로 고른 것은?

보기
ㄱ. $F=4$ N이다.
ㄴ. 0~10초 동안 물체가 받은 충격량의 크기는 30 N·s 이다.
ㄷ. 5초~15초 동안 물체에 작용하는 평균 힘의 크기는 2.5 N이다.

① ㄱ ② ㄷ ③ ㄱ, ㄴ
④ ㄱ, ㄷ ⑤ ㄴ, ㄷ

17 그림은 직선상에서 운동하는 물체 A, B의 속도를 시간에 따라 나타낸 것이다. A, B는 질량이 각각 2 kg, 5 kg이고, 운동하는 동안 벽에 충돌하여 운동 방향이 반대로 바뀐다.

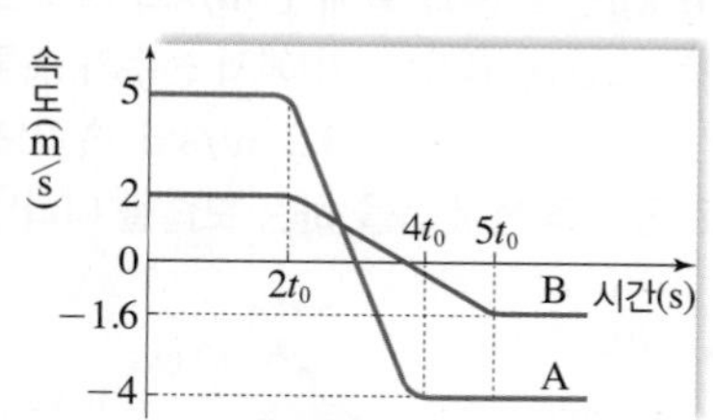

이에 대한 설명으로 옳은 것만을 [보기]에서 있는 대로 고른 것은?

보기
ㄱ. $5t_0$일 때 A의 운동량의 크기는 8 kg·m/s이다.
ㄴ. $2t_0$~$5t_0$ 동안 B가 받은 충격량의 크기는 3.6 N·s 이다.
ㄷ. 벽에 충돌하는 동안 물체가 받은 평균 힘의 크기는 B가 A의 $\frac{2}{3}$배이다.

① ㄱ ② ㄴ ③ ㄱ, ㄷ
④ ㄴ, ㄷ ⑤ ㄱ, ㄴ, ㄷ

중요 **18** 힘이 작용하는 시간을 길게 하여 물체가 받는 충격력을 줄이는 방법에 해당하는 것은?

① 대포의 포신이 길수록 포탄이 멀리 나간다.
② 야구공을 받을 때 손을 뒤로 빼면서 받는다.
③ 야구 방망이를 끝까지 휘둘러 야구공을 친다.
④ 대롱으로 화살을 날릴 때 대롱이 길수록 멀리 나간다.
⑤ 자동차를 탈 때 안전띠를 착용하여 사고의 위험을 줄인다.

서술형 **19** 같은 높이에서 떨어진 접시가 콘크리트 바닥에서는 깨지는데 솜 위에서는 깨지지 않는 현상과 같은 원리로 설명할 수 있는 현상을 세 가지만 서술하시오.

20 그림 (가), (나)는 자동차 충돌 실험에서 질량과 속도가 같은 자동차 A, B를 벽에 충돌시켰을 때 자동차가 정지할 때까지 자동차에 작용하는 힘을 시간에 따라 나타낸 것이다.

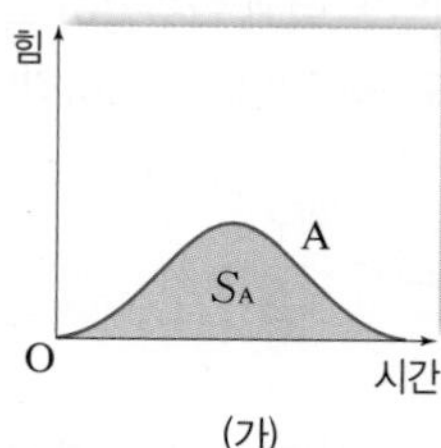

(가)

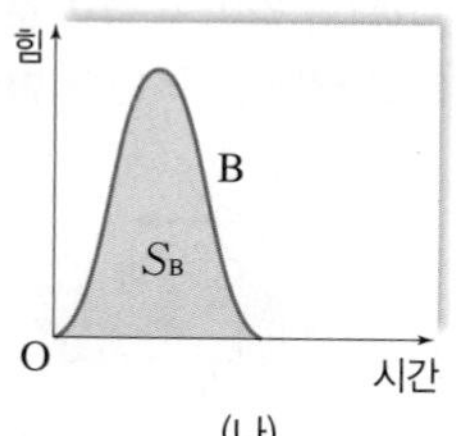

(나)

이에 대한 설명으로 옳은 것만을 [보기]에서 있는 대로 고른 것은? (단, 두 그래프의 가로축과 세로축의 눈금은 같다.)

보기
ㄱ. 두 그래프 아랫부분의 넓이 S_A와 S_B는 같다.
ㄴ. 충돌하여 정지할 때까지 두 자동차가 받은 평균 힘은 같다.
ㄷ. 두 자동차 중 충돌 사고에서 더 안전한 자동차는 B이다.

① ㄱ ② ㄴ ③ ㄱ, ㄷ
④ ㄴ, ㄷ ⑤ ㄱ, ㄴ, ㄷ

실력 UP 문제

정답친해 24쪽

01 표는 물체 A, B가 마찰이 없고, 수평인 직선 레일 위에서 서로 충돌할 때 충돌 전후에 A, B의 속력을 나타낸 것이다. A, B의 질량은 각각 3 kg, 1 kg이다.

물체	충돌 전 속력	충돌 후 속력
A	2 m/s	1 m/s
B	1 m/s	2 m/s

이에 대한 설명으로 옳은 것만을 [보기]에서 있는 대로 고른 것은?

보기
ㄱ. 충돌 전 A와 B의 운동 방향은 서로 반대이다.
ㄴ. 충돌 후 A와 B의 운동 방향은 서로 반대이다.
ㄷ. 충돌 전후에 A가 받은 충격량의 크기는 9 N·s이다.

① ㄱ ② ㄴ ③ ㄷ
④ ㄱ, ㄴ ⑤ ㄴ, ㄷ

02 그림 (가)는 수평면에 정지해 있는 물체 B를 향해 물체 A가 $4v$의 속력으로 등속 직선 운동을 하는 모습을 나타낸 것이고, (나)는 A와 B가 충돌한 이후부터 B의 위치를 시간에 따라 나타낸 것이다. A와 B의 질량은 m으로 같다. A와 B는 충돌한 후 붙어서 함께 운동하며, $2t$일 때 벽과 충돌 후 반대 방향으로 운동한다.

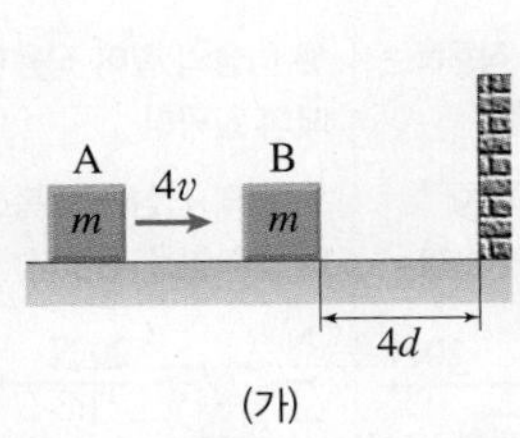

(가)

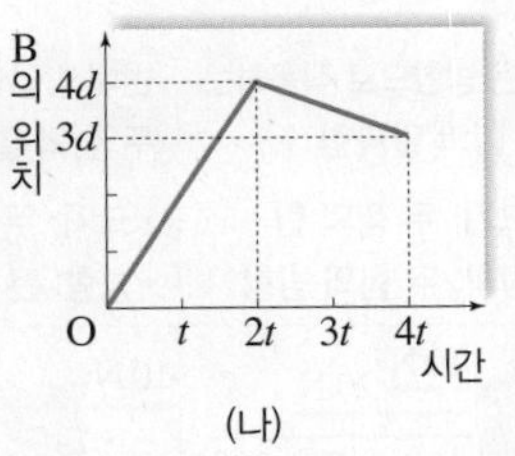

(나)

이에 대한 설명으로 옳은 것만을 [보기]에서 있는 대로 고른 것은? (단, 물체의 크기 및 모든 마찰과 공기 저항은 무시한다.)

보기
ㄱ. $v=\dfrac{d}{t}$이다.
ㄴ. A, B가 벽으로부터 받은 충격량의 크기는 mv이다.
ㄷ. 벽과 충돌하기 전과 후에 A, B의 운동량의 합은 보존된다.

① ㄱ ② ㄷ ③ ㄱ, ㄴ
④ ㄴ, ㄷ ⑤ ㄱ, ㄴ, ㄷ

03 그림은 직선상에서 운동하는 질량이 2 kg인 물체의 운동량을 시간에 따라 나타낸 것이다.

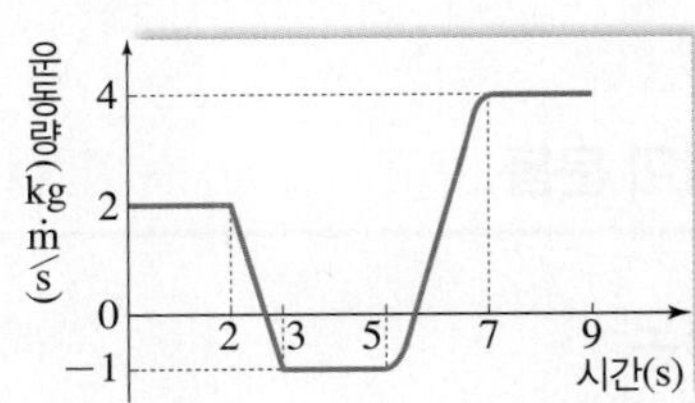

이에 대한 설명으로 옳은 것만을 [보기]에서 있는 대로 고른 것은?

보기
ㄱ. 0~3초 동안 물체의 변위는 $\dfrac{9}{4}$ m이다.
ㄴ. 물체가 받은 충격량의 크기는 2초~3초 동안이 5초~7초 동안보다 크다.
ㄷ. 물체가 받은 평균 힘의 크기는 2초~3초 동안이 5초~7초 동안보다 크다.

① ㄱ ② ㄴ ③ ㄱ, ㄷ ④ ㄴ, ㄷ ⑤ ㄱ, ㄴ, ㄷ

04 그림 (가)는 직선상에서 $10v$의 속력으로 운동하는 물체 A가 정지해 있는 물체 B, C와 각각 충돌하는 모습을 나타낸 것이다. A, B, C는 질량이 각각 m, $4m$, $9m$이며, 충돌한 후에는 함께 붙어서 운동한다. 그림 (나)는 충돌할 때 B, C가 받은 힘을 시간에 따라 나타낸 것이다. S_1, S_2는 그래프 아랫부분의 넓이이다.

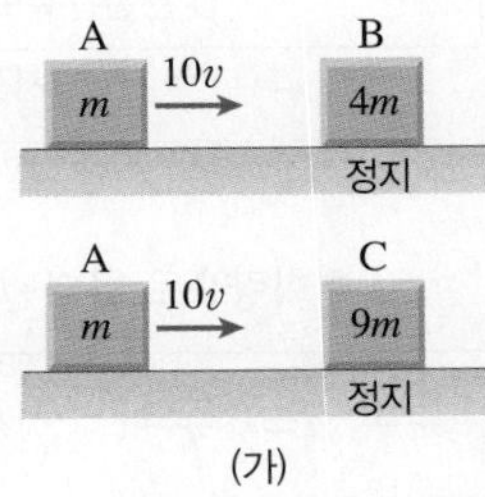

(가)

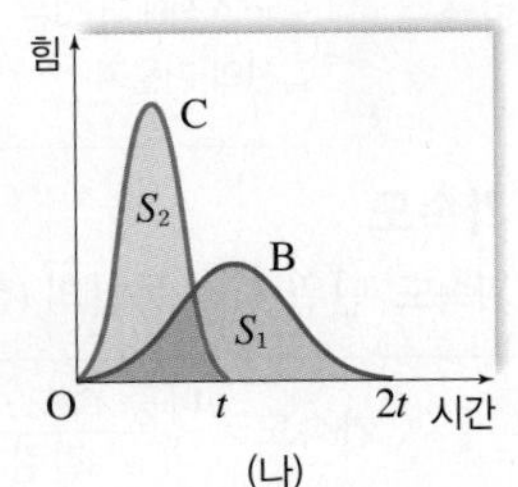

(나)

이에 대한 설명으로 옳은 것만을 [보기]에서 있는 대로 고른 것은? (단, 모든 마찰과 공기 저항은 무시한다.)

보기
ㄱ. 충돌 후 속력은 B가 C보다 크다.
ㄴ. $S_1 < S_2$이다.
ㄷ. 충돌하는 동안 받은 평균 힘의 크기는 B가 C보다 작다.

① ㄱ ② ㄴ ③ ㄱ, ㄷ ④ ㄴ, ㄷ ⑤ ㄱ, ㄴ, ㄷ

 물체의 운동

1. 속력과 속도

(1) 이동 거리와 변위

이동 거리	물체가 실제로 움직인 총거리	이동 거리: 5 m 변위: 3 m A, B
(❶)	처음 위치에서 나중 위치까지의 직선 거리와 방향	

(2) 속력과 속도

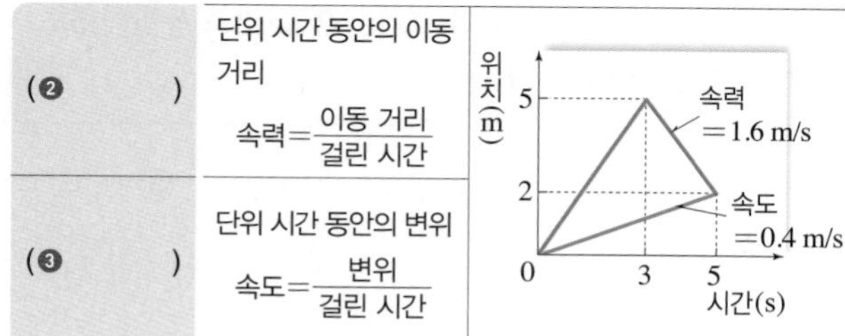

(❷)	단위 시간 동안의 이동 거리 $속력=\frac{이동\ 거리}{걸린\ 시간}$	위치(m), 시간(s) 속력 =1.6 m/s 속도 =0.4 m/s
(❸)	단위 시간 동안의 변위 $속도=\frac{변위}{걸린\ 시간}$	

(3) 평균 속도와 순간 속도

평균 속도	t_1~t_2 사이의 평균 속도＝A점, B점을 잇는 직선의 기울기	직선 AB의 기울기는 평균 속도 접선의 기울기는 순간 속도
순간 속도	t_1일 때의 순간 속도＝A점에서 그은 접선의 기울기	

2. 가속도

(1) 가속도: 단위 시간 동안의 (❹) 변화량으로 나타낸다.

$$가속도=\frac{나중\ 속도-처음\ 속도}{걸린\ 시간},\ a=\frac{v-v_0}{t}$$

(2) 속도와 가속도의 방향 관계: 속도와 가속도의 방향이 같으면 속도의 크기가 증가하고, 속도와 가속도의 방향이 반대이면 속도의 크기가 감소한다.

3. 여러 가지 운동

(1) 등속 직선 운동: 속력과 운동 방향이 모두 일정한 운동이다.

$$v=\frac{s}{t}=일정 ➡ (❺ \quad)=속력\times 시간,\ s=vt$$

(2) 속력만 변하는 운동: 직선 트랙에서 속력이 변하면서 달리는 육상 선수의 운동, 자유 낙하 운동, 빗면을 미끄러져 내려오는 물체의 운동 등

• (❻) 직선 운동: 직선상에서 속도가 일정하게 증가하거나 감소하는 운동이다.

$$v=v_0+at,\ s=v_0t+\frac{1}{2}at^2,\ 2as=v^2-v_0{}^2$$

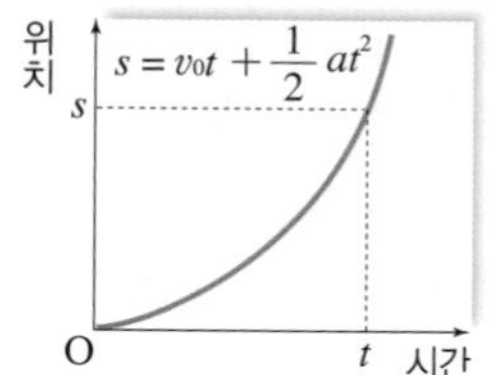

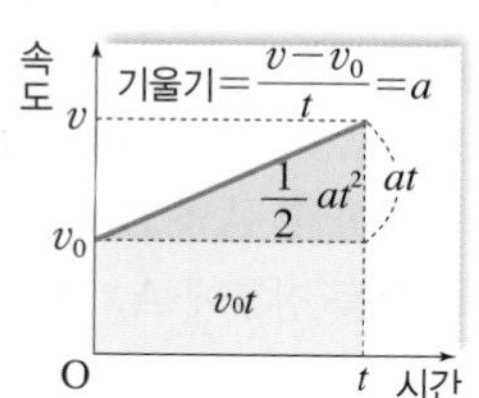

(3) 운동 방향만 변하는 운동: 굽은 도로를 일정한 속력으로 달리는 자동차의 운동, 등속 원운동 등

(4) 속력과 운동 방향이 모두 변하는 운동: 진자 운동, 포물선 운동 등

2 뉴턴 운동 법칙

1. 힘: 물체의 모양이나 운동 상태를 변화시키는 원인이다.

(1) 힘의 단위: N(뉴턴), kgf(1 kgf≒9.8 N)

(2) (❼): 한 물체에 작용하는 모든 힘을 합한 것이다.

(3) 힘의 합성과 알짜힘

같은 방향으로 작용하는 두 힘의 알짜힘	반대 방향으로 작용하는 두 힘의 알짜힘	셋 이상의 힘이 작용할 때의 알짜힘
• 크기: 두 힘의 합 • 방향: 두 힘의 방향	• 크기: 두 힘의 차 • 방향: 큰 힘의 방향	두 힘의 합성을 반복하여 알짜힘을 구한다.
10 N, 20 N 알짜힘 30 N	10 N, 20 N 알짜힘 10 N	5 N, 20 N, 5 N 알짜힘 10 N

(4) 힘의 평형: 한 물체에 크기가 같고, 방향이 반대인 힘이 작용하여 알짜힘이 (❽)인 상태이다.

2. 뉴턴 운동 제1법칙(관성 법칙): 물체에 작용하는 알짜힘이 0이면 정지해 있는 물체는 계속 정지해 있고, 운동 중인 물체는 (❾) 운동을 계속한다.

(1) (❿): 물체가 원래의 운동 상태를 그대로 유지하려는 성질로 질량이 클수록 크다.

(2) 관성에 의한 현상: 버스가 갑자기 출발하면 승객이 뒤로 넘어지고, 버스가 갑자기 정지하면 승객이 앞으로 넘어진다.

3. 뉴턴 운동 제2법칙(가속도 법칙): 물체의 가속도는 알짜힘에 (⓫)하고, 질량에 (⓬)한다.

$$가속도=\frac{알짜힘}{질량},\ a=\frac{F}{m} \Rightarrow F=ma$$

4. 뉴턴 운동 제3법칙(작용 반작용 법칙)

(1) **상호 작용 하는 힘:** 힘은 두 물체 사이의 상호 작용이므로 항상 쌍으로 작용한다.

(2) **뉴턴 운동 제3법칙:** 한 물체가 다른 물체에 힘을 가하면 힘을 받은 물체도 힘을 가한 물체에 크기가 (⓭)고 방향이 (⓮)인 힘을 동시에 가한다.

(3) **힘의 상호 작용 예**

① 로켓이 가스를 뒤로 내뿜는 힘의 반작용으로 가스가 로켓을 민다.

② 발이 공에 가하는 힘의 반작용으로 공도 발에 힘을 가한다.

(4) **작용 반작용과 두 힘의 평형**

구분	작용 반작용	두 힘의 평형
공통점	두 힘의 크기가 같고 방향이 반대이며, 같은 작용선상에 있다.	
차이점	두 물체 사이에 상호 작용 하는 힘으로, 작용점이 상대방 물체에 있다.	한 물체에 작용하는 두 힘으로, 두 힘의 작용점이 한 물체에 있다.

운동량과 충격량

1. 운동량

(1) **운동량(p):** 운동하는 물체가 가진 운동하는 정도를 나타내는 물리량으로 물체의 질량과 속도의 곱이다.

운동량=(⓯)×속도, $p=mv$ [단위: kg·m/s]

(2) **운동량의 방향:** 속도의 방향과 같다.

(3) **운동량의 변화량:** 나중 운동량−처음 운동량이다.

2. (⓰) 법칙: 두 물체가 충돌할 때 외부에서 알짜힘이 작용하지 않으면 충돌 전과 충돌 후 운동량의 총합은 일정하게 보존된다.

(1) **직선상에서 두 물체가 충돌할 때의 운동량 보존**

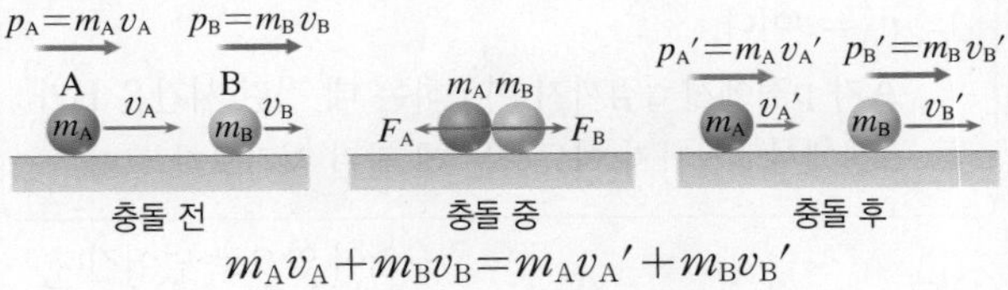

$$m_Av_A+m_Bv_B=m_Av_A'+m_Bv_B'$$

(2) **두 물체가 분리될 때의 운동량 보존**

$$0=m_Av_A+m_Bv_B \Rightarrow m_Av_A=-m_Bv_B$$

3. 충격량

(1) **충격량(I):** 물체가 받은 충격의 정도를 나타내는 물리량으로 물체에 작용한 힘과 힘이 작용한 시간의 곱이다.

충격량=힘×시간, $I=F\Delta t$ [단위: N·s]

(2) **충격량의 방향:** 물체에 작용하는 (⓱)의 방향과 같다.

(3) **힘 - 시간 그래프:** 그래프 아랫부분의 넓이는 (⓲)을 나타낸다.

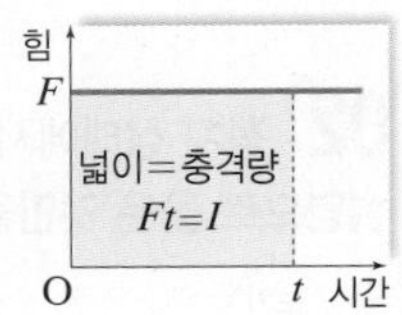

4. 충격량과 운동량의 관계

(1) 물체가 받은 충격량은 물체의 운동량의 변화량과 같다.

충격량=운동량의 변화량=나중 운동량−처음 운동량

(2) 운동량의 변화량을 크게 하려면 물체가 받은 (⓳)을 크게 한다.

5. 충돌과 충격 완화

(1) **충격력:** 물체가 충돌할 때 받은 평균 힘이다.

(2) **충격량이 같을 때 충격력과 충돌 시간의 관계:** 충격량이 같을 때 충격력은 (⓴)에 반비례한다.

예 질량이 같은 유리컵을 같은 높이에서 떨어뜨릴 때

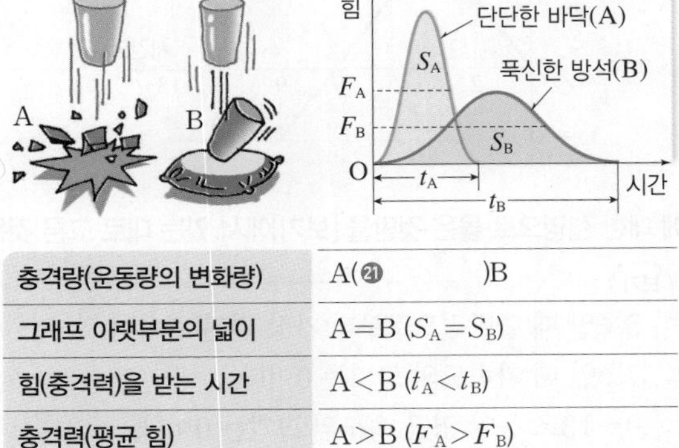

충격량(운동량의 변화량)	A(㉑)B
그래프 아랫부분의 넓이	A=B ($S_A=S_B$)
힘(충격력)을 받는 시간	A<B ($t_A<t_B$)
충격력(평균 힘)	A>B ($F_A>F_B$)

(3) **충격 완화:** 충돌 시간을 (㉒) 하여 충격력(평균 힘)을 줄인다. 예 자동차의 에어백, 자동차의 범퍼 등

중단원 마무리 문제

하 중 상

01 그림은 직선상에서 운동하는 물체의 위치를 시간에 따라 나타낸 것이다.

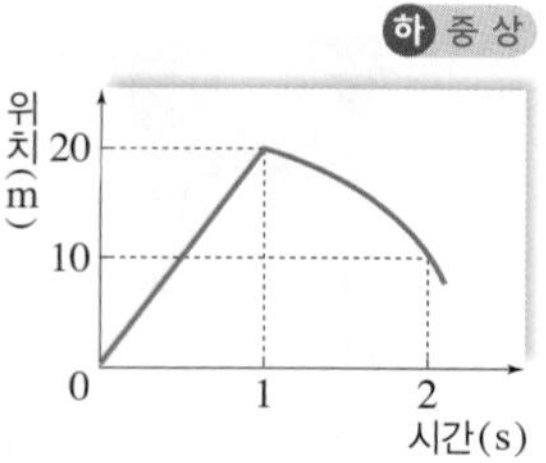

0초부터 2초까지 물체의 평균 속력과 평균 속도의 크기를 순서대로 옳게 나열한 것은?

① 5 m/s, 10 m/s ② 10 m/s, 5 m/s
③ 10 m/s, 10 m/s ④ 15 m/s, 5 m/s
⑤ 15 m/s, 10 m/s

하 중 상

02 정지 상태에서 등가속도 직선 운동을 하는 물체에 대한 설명으로 옳은 것만을 [보기]에서 있는 대로 고른 것은?

보기

ㄱ. 매초당 속도 변화량이 일정하다.
ㄴ. 속도의 크기는 시간에 비례하여 증가한다.
ㄷ. 변위의 크기는 시간에 비례하여 증가한다.

① ㄱ ② ㄴ ③ ㄷ
④ ㄱ, ㄴ ⑤ ㄱ, ㄷ

하 중 상

03 그림은 직선 경로를 운동하는 어떤 물체의 속도를 시간에 따라 나타낸 것이다.

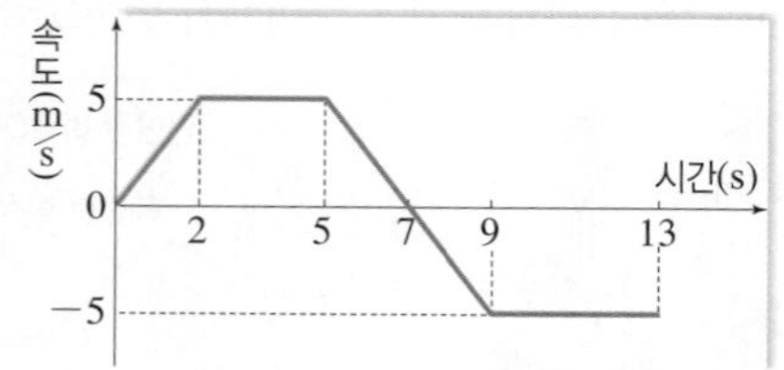

이에 대한 설명으로 옳은 것만을 [보기]에서 있는 대로 고른 것은?

보기

ㄱ. 5초일 때 출발점으로부터 가장 멀리 떨어져 있다.
ㄴ. 7초일 때 가속도의 크기는 0이다.
ㄷ. 0~13초 동안 평균 속도의 크기는 0이다.

① ㄱ ② ㄴ ③ ㄷ
④ ㄱ, ㄴ ⑤ ㄴ, ㄷ

하 중 상

04 그림은 수평한 직선 도로의 출발선에 정지해 있던 자동차가 등가속도 직선 운동을 하여 다리 끝을 통과하는 모습을 나타낸 것이다. 출발선에서 다리 입구까지의 거리는 **200 m**이고, 다리 입구를 지날 때 자동차의 속력은 **10 m/s**이고, 다리 끝을 지날 때 자동차의 속력은 **20 m/s**이다.

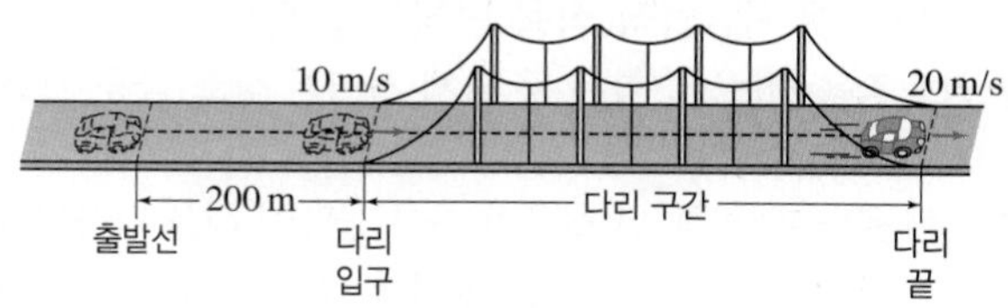

이에 대한 설명으로 옳은 것만을 [보기]에서 있는 대로 고른 것은?

보기

ㄱ. 자동차의 가속도의 크기는 0.25 m/s^2이다.
ㄴ. 다리 구간의 길이는 650 m이다.
ㄷ. 자동차가 출발해서 다리 입구를 지날 때까지 걸린 시간은 20초이다.

① ㄱ ② ㄴ ③ ㄷ ④ ㄱ, ㄷ ⑤ ㄴ, ㄷ

하 중 상

05 그림 (가)는 질량이 m인 물체 A가 빗면 위 p점을 속력 v로 지나며 등가속도 직선 운동을 하는 모습을, (나)는 (가)와 같은 빗면의 q점에 질량이 $2m$인 물체 B를 가만히 놓았더니 p점을 속력 v_B로 지나는 모습을 나타낸 것이다. A는 q점에서 운동 방향이 바뀌고 p점을 다시 속력 v_A로 지난다.

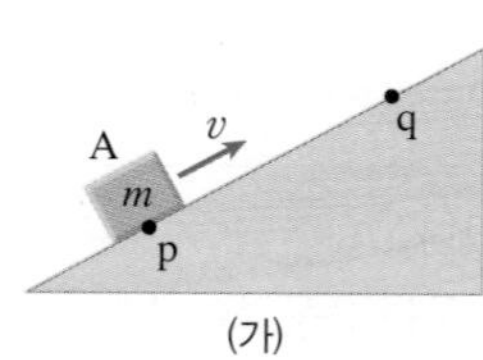

(가)

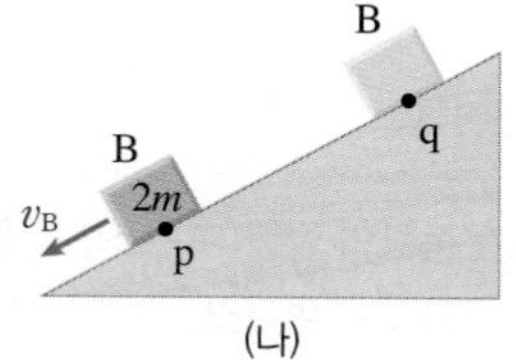

(나)

이에 대한 설명으로 옳은 것만을 [보기]에서 있는 대로 고른 것은? (단, 물체의 크기 및 모든 마찰과 공기 저항은 무시한다.)

보기

ㄱ. $v_A < v_B$이다.
ㄴ. $v_A = v$이다.
ㄷ. A가 p점에서 q점까지 이동하는 데 걸린 시간은 B가 q점에서 p점까지 이동하는 데 걸린 시간보다 크다.

① ㄱ ② ㄴ ③ ㄷ ④ ㄱ, ㄴ ⑤ ㄴ, ㄷ

정답친해 25쪽

하 중 상

06 그림은 물체를 실에 매달아 A점에서 가만히 놓았더니 물체가 최저점 B점을 지나 A점과 C점 사이를 왕복하며 진자 운동을 하는 모습을 나타낸 것이다.

이에 대한 설명으로 옳은 것만을 [보기]에서 있는 대로 고른 것은? (단, 공기 저항은 무시한다.)

보기

ㄱ. 물체는 가속도 운동을 한다.

ㄴ. 물체가 A점에서 C점까지 운동할 때 평균 속도의 크기는 평균 속력과 같다.

ㄷ. 물체가 A점에서 C점까지 운동할 때 평균 속도의 방향은 B점을 지날 때 순간 속도의 방향과 같다.

① ㄱ ② ㄴ ③ ㄱ, ㄷ
④ ㄴ, ㄷ ⑤ ㄱ, ㄴ, ㄷ

07 물체의 관성에 대한 설명으로 옳은 것은?

① 물체의 질량이 클수록 관성도 크다.
② 정지하고 있는 물체의 관성은 0이다.
③ 물체에 큰 힘을 주면 그 물체의 관성은 작아진다.
④ 물체에 작용하는 알짜힘이 0이면, 관성도 0이다.
⑤ 수평면에서 운동하던 물체가 속력이 감소하여 정지하는 것은 관성 때문이다.

08 그림 (가)는 실로 연결된 두 물체 A, B를 마찰이 없는 수평면에 놓고 크기가 F인 힘을 B에 작용하는 모습을, (나)는 크기가 F인 힘을 A에 작용하는 모습을 나타낸 것이다. A, B의 질량은 각각 4 kg, 5 kg이고, (가)에서 실이 A를 당기는 힘의 크기는 16 N이다.

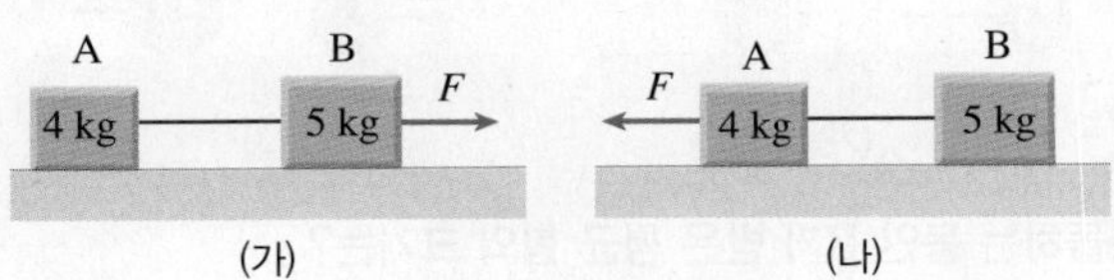

(가) (나)

F와 (나)에서 A에 작용하는 알짜힘의 크기 F_A는 각각 몇 N인지 쓰시오. (단, 실의 질량 및 공기 저항은 무시한다.)

하 중 상

09 그림 (가)는 물체 A, B를 실로 연결하여 A를 빗면 위에 올려 두었더니 A, B가 정지해 있는 모습을, (나)는 (가)에서 A, B의 위치를 서로 바꾸었더니 A, B가 등가속도 직선 운동을 하는 모습을 나타낸 것이다.

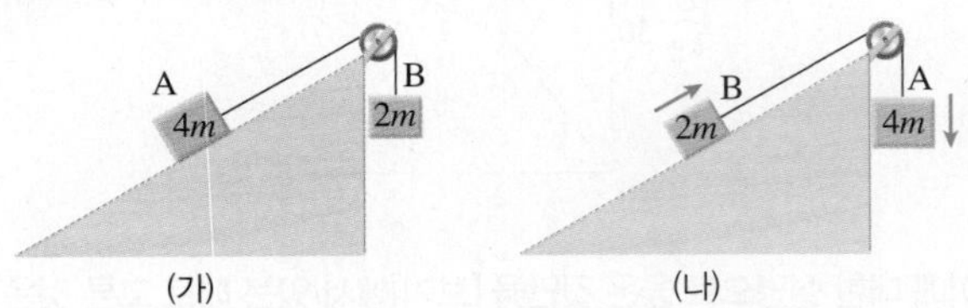

(가) (나)

이에 대한 설명으로 옳은 것만을 [보기]에서 있는 대로 고른 것은? (단, 중력 가속도는 g이고, 실의 질량 및 모든 마찰과 공기 저항은 무시한다.)

보기

ㄱ. (가)에서 실이 A를 당기는 힘의 크기는 $2mg$이다.

ㄴ. (나)에서 B의 가속도의 크기는 $\frac{1}{2}g$이다.

ㄷ. (나)에서 실이 B를 당기는 힘의 크기는 $4mg$이다.

① ㄱ ② ㄷ ③ ㄱ, ㄴ
④ ㄴ, ㄷ ⑤ ㄱ, ㄴ, ㄷ

하 중 상

10 그림은 지면 위에 질량이 3 kg, 2 kg, 5 kg인 물체 A, B, C를 쌓아 놓은 모습을 나타낸 것이다.

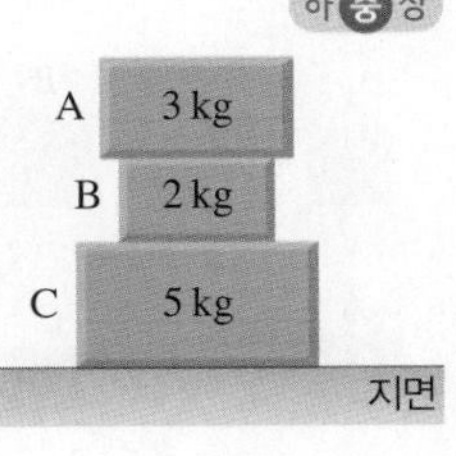

이에 대한 설명으로 옳은 것만을 [보기]에서 있는 대로 고른 것은? (단, 중력 가속도는 $10\ m/s^2$이다.)

보기

ㄱ. 세 물체에 각각 작용하는 알짜힘은 모두 0이다.

ㄴ. 지면이 C를 떠받치는 힘의 크기는 100 N이다.

ㄷ. C가 B를 떠받치는 힘과 B에 작용하는 중력은 힘의 평형 관계이다.

① ㄱ ② ㄷ ③ ㄱ, ㄴ
④ ㄱ, ㄷ ⑤ ㄴ, ㄷ

하 중 상

11 그림은 질량이 3 kg인 물체의 운동량을 시간에 따라 나타낸 것이다.

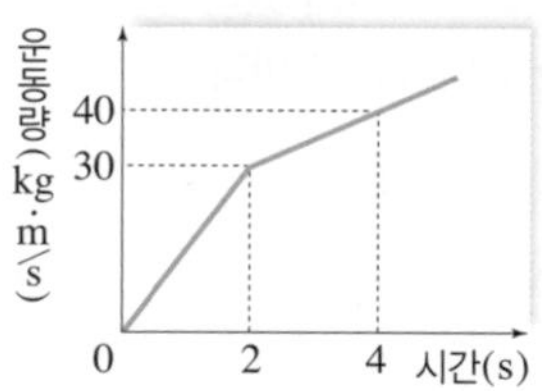

이에 대한 설명으로 옳은 것만을 [보기]에서 있는 대로 고른 것은?

보기

ㄱ. 1초일 때 물체가 받은 알짜힘의 크기는 15 N이다.
ㄴ. 1초일 때 물체의 가속도의 크기는 3 m/s²이다.
ㄷ. 2초부터 4초까지 물체가 운동하는 동안 받은 충격량의 크기는 10 N·s이다.

① ㄴ ② ㄷ ③ ㄱ, ㄴ
④ ㄱ, ㄷ ⑤ ㄱ, ㄴ, ㄷ

하 중 상

12 그림은 질량이 2 kg인 물체 A가 정지해 있는 물체 B와 물체 C를 향해 각각 3 m/s의 속도로 운동하는 모습을 나타낸 것이다. 표는 충돌 후 A의 속도를 나타낸 것이다. 충돌 전 A의 운동 방향은 (+)이고, B, C의 질량은 각각 4 kg, 1 kg이다.

	B와 충돌한 후	C와 충돌한 후
A의 속도	−1 m/s	1 m/s

이에 대한 설명으로 옳은 것만을 [보기]에서 있는 대로 고른 것은? (단, 모든 마찰과 공기 저항은 무시한다.)

보기

ㄱ. 충돌 후 B의 속력은 2 m/s이다.
ㄴ. C와 충돌할 때 A가 받은 충격량의 크기는 4 N·s이다.
ㄷ. 충돌하는 동안 받은 충격량의 크기는 B가 C보다 작다.

① ㄱ ② ㄷ ③ ㄱ, ㄴ
④ ㄴ, ㄷ ⑤ ㄱ, ㄴ, ㄷ

하 중 상

13 그림 (가)는 스카이다이빙을 하는 사람이 비행기에서 뛰어내려 낙하산을 펴기 전후의 모습을 나타낸 것이다. 공기 저항에 의해 연직 위로 사람과 낙하산에 작용하는 힘의 크기는 F_A이고, 사람과 낙하산에 작용하는 중력의 크기는 F_B이다. 그림 (나)는 F_A와 F_B를 시간에 따라 나타낸 것이다. 사람의 질량은 60 kg이고, 15초 이후에는 $F_A = F_B$이다.

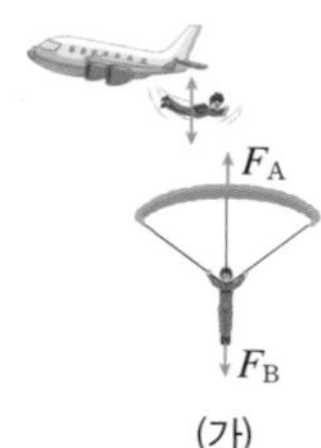

(가)

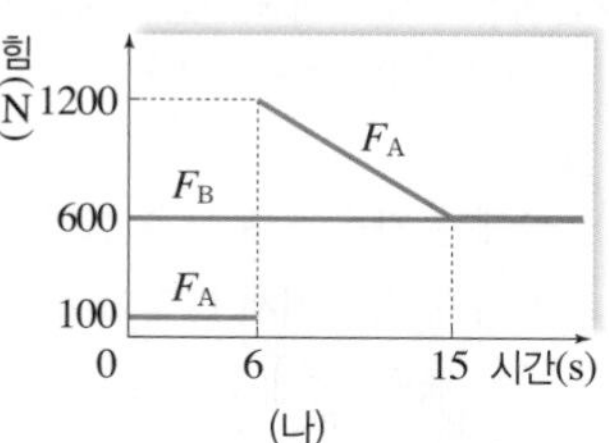

(나)

0초일 때 사람이 정지해 있었다면, 15초일 때 사람의 속력은? (단, 수평 방향으로의 운동과 낙하산의 질량은 무시한다.)

① 2 m/s ② 3 m/s ③ 5 m/s
④ 6 m/s ⑤ 10 m/s

하 중 상

14 그림 (가)는 물체 A가 정지해 있는 물체 B를 향해 3 m/s의 속력으로 운동하는 모습을, (나)는 B와 충돌한 A가 반대 방향으로 1 m/s의 속력으로 운동하는 모습을 나타낸 것이다. A, B의 질량은 각각 1 kg, 2 kg이고, 두 물체의 충돌 시간은 0.2초이다.

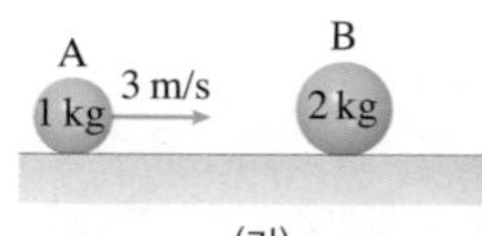

(가)

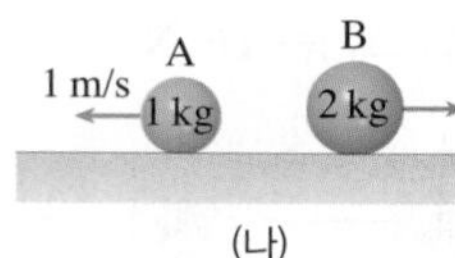

(나)

충돌하는 동안 B가 받은 평균 힘의 크기는?

① 5 N ② 10 N ③ 15 N
④ 20 N ⑤ 25 N

하 중 상

15 물체가 충돌할 때 충돌 시간을 길게 하여 충격력을 줄이는 예로 적절한 것만을 [보기]에서 있는 대로 고르시오.

보기

ㄱ.

야구 방망이를 끝까지 휘두른다.

ㄴ.

포수가 공을 받을 때 손을 뒤로 빼면서 받는다.

ㄷ.

푹신한 곳에 떨어진 컵은 잘 깨지지 않는다.

ㄹ.

자동차의 에어백이 사람을 보호해 준다.

ㅁ.

포신이 길수록 포탄이 멀리 나간다.

ㅂ.

인명 구조를 위해 푹신한 에어매트를 준비한다.

하 중 상

16 그림은 질량이 같고 종류가 다른 자동차 A, B를 같은 속도로 벽에 충돌시킨 경우 정지할 때까지 자동차가 받는 힘을 시간에 따라 나타낸 것이다.

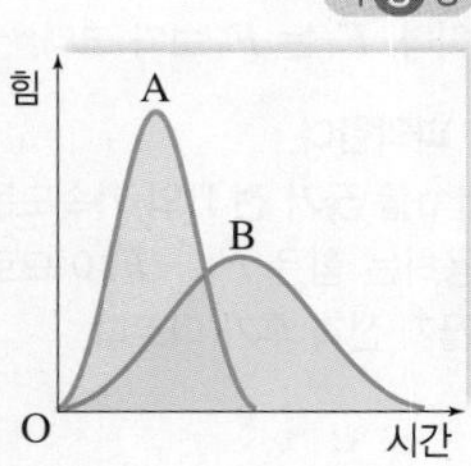

두 자동차에 대한 설명으로 옳은 것만을 [보기]에서 있는 대로 고른 것은?

보기

ㄱ. 충돌 전후 두 자동차의 운동량의 변화량은 같다.
ㄴ. A가 받은 충격량은 B가 받은 충격량보다 크다.
ㄷ. A가 B보다 안전한 자동차이다.

① ㄱ　② ㄴ　③ ㄱ, ㄷ
④ ㄴ, ㄷ　⑤ ㄱ, ㄴ, ㄷ

서술형 문제

하 중 상

17 40 m/s의 일정한 속도로 달리고 있는 자동차가 정지해 있던 순찰차를 지나는 순간 순찰차는 5 m/s²의 가속도로 자동차를 뒤쫓기 시작하였다. 순찰차가 자동차를 만날 때까지 걸린 시간은 몇 초인지 풀이 과정과 함께 구하시오.

하 중 상

18 그림과 같이 벽돌을 실로 묶고 실의 한쪽 끝을 나무 막대에 매달아 들어 올리고 있다. 나무 막대를 천천히 들어 올릴 때는 실이 끊어지지 않지만 빠르게 들어 올리면 실이 끊어진다.

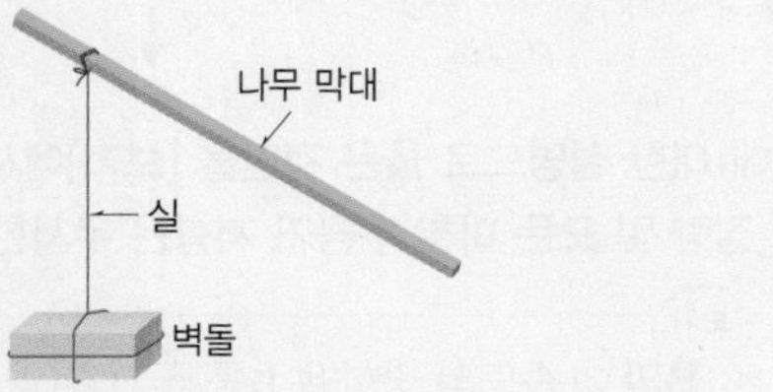

벽돌을 빠르게 들어 올릴 때 실이 끊어지는 까닭을 관성을 이용하여 서술하시오.

하 중 상

19 그림과 같이 마찰이 없는 수평면 위에 질량이 각각 m, $2m$, m인 물체 A, B, C가 서로 접촉하여 놓여 있다.

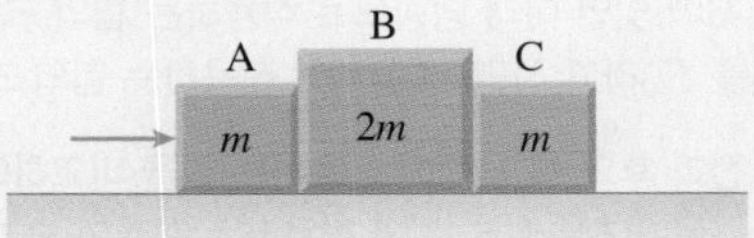

물체 A에 오른쪽으로 힘을 작용하여 밀 때 각 물체에 작용하는 알짜힘의 비 $F_A : F_B : F_C$를 풀이 과정과 함께 구하시오.

하 중 상

20 달걀을 같은 높이에서 떨어뜨렸을 때, 시멘트 바닥 위에 떨어진 달걀은 깨졌지만 솜이불 위에 떨어진 달걀은 깨지지 않았다. 그 까닭을 서술하시오.

수능 실전 문제

• 수능 출제 경향

이 단원에서는 물체의 운동을 표현하는 속도와 가속도의 개념을 묻는 그래프 해석 문제, 속도와 가속도의 관계를 이용하거나 뉴턴 운동 법칙을 적용하여 물체의 운동을 해석하는 문제, 운동량 보존 법칙, 운동량과 충격량의 관계를 적용한 문제, 충격을 완화하는 원리를 이해하고 있는지를 묻는 문제 등이 자주 출제되고 있다.

수능 이렇게 나온다!

그림은 물체 A, B, C를 실 p, q로 연결하여 C를 잡아 정지시킨 모습을 나타낸 것이다. C를 가만히 놓으면 B는 가속도의 크기 a로 등가속도 운동을 한다. 이후 p를 끊으면 B는 가속도의 크기 a로 등가속도 운동을 한다. A, B, C의 질량은 각각 $3m$, m, $2m$이다.

❸ p를 끊기 전 A, B, C는 한 물체처럼 운동하고, p를 끊은 후 B, C는 한 물체처럼 운동한다.

❷ q가 C를 당기는 힘과 q가 B를 당기는 힘은 크기가 같다.

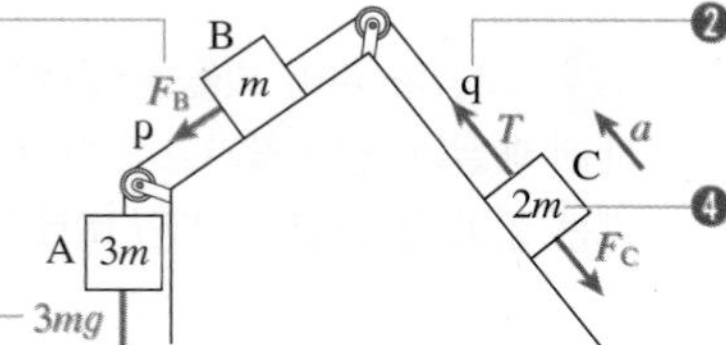

❶ 세 물체에 작용하는 힘의 크기는 $3mg+F_B-F_C$이다.

❹ F_C는 C에 작용하는 중력 $2mg$보다 작다. ➡ p를 끊기 전 C의 가속도의 방향은 빗면 위 방향이다.

이에 대한 설명으로 옳은 것만을 [보기]에서 있는 대로 고른 것은? (단, 중력 가속도는 g이고, 실의 질량 및 모든 마찰과 공기 저항은 무시한다.)

보기

ㄱ. B의 가속도의 방향은 p를 끊기 전과 후가 다르다.

ㄴ. $a=\frac{1}{3}g$이다.

ㄷ. q가 B를 당기는 힘의 크기는 p를 끊기 전이 p를 끊은 후보다 크다.

① ㄱ ② ㄷ ③ ㄱ, ㄴ ④ ㄴ, ㄷ ⑤ ㄱ, ㄴ, ㄷ

출제개념

알짜힘, 가속도 법칙, 작용 반작용 법칙

▶ 본문 26쪽~31쪽

출제의도

여러 가지 힘이 작용하고 있을 때 알짜힘을 이해하고 있는지, 뉴턴 제2법칙(가속도 법칙)을 적용할 수 있는지, 실의 장력이 양쪽의 두 물체를 각각 당기는 두 힘의 크기가 서로 같음을 이해하고 있는지를 확인하는 문제이다.

전략적 풀이

❶ 각 물체에 작용하는 힘을 파악한다.

A에는 (   )의 중력이 작용하고, B, C에도 (   )에 의해 빗면 아래 방향으로 잡아당기는 힘이 각각 작용한다. B에 빗면 아래 방향으로 작용하는 힘의 크기를 F_B라고 하고, C에 빗면 아래 방향으로 작용하는 힘의 크기를 F_C라고 하면 세 물체에 작용하는 힘의 크기는 $3mg+F_B-F_C$이다. F_C는 F_B보다 크다.

• 빗면 아래 방향으로 작용하는 힘은 물체에 작용하는 중력이 클수록, 빗면의 각도가 클수록 크다.

❷ p를 끊기 전과 후의 세 물체에 작용하는 힘을 비교하여 B의 가속도의 방향을 파악한다.

ㄱ. F_C는 $2mg$보다 작으므로 A에 작용하는 중력의 크기보다 (   ). 따라서 p를 끊기 전 B의 가속도는 빗면 (   ) 방향이다. p를 끊은 후 B의 가속도의 크기는 같고, B, C에 작용하는 힘은 F_B-F_C이므로 B의 가속도의 방향은 반대 방향으로 바뀐다. 따라서 B의 가속도의 방향은 p를 끊기 전과 후가 다르다.

❸ 운동 방정식을 연립하여 가속도의 크기를 구한다.

ㄴ. p를 끊기 전 세 물체를 질량이 $6m$인 한 물체로 생각하면 운동 방정식은 $3mg+F_B-F_C=$(   )이다. p를 끊은 후 B, C를 질량이 $3m$인 한 물체로 생각하면 B, C의 가속도는 $-a$이므로 B, C에 대한 운동 방정식은 $F_B-F_C=$(   )이다. 두 운동 방정식을 연립하면 $3mg=9ma$이므로 $a=\frac{1}{3}g$이다.

❹ C에 대한 운동 방정식을 적용하여 q가 당기는 힘의 크기를 비교한다.

ㄷ. p를 끊기 전후 q가 C를 당기는 힘의 크기를 T_1, T_2라고 하면 p를 끊기 전 C에 대한 운동 방정식은 $T_1-F_C=2ma$이고, p를 끊은 후 C에 대한 운동 방정식은 $T_2-F_C=-2ma$이다. 운동 방정식을 정리하면 $T_1=F_C+2ma$이고, $T_2=F_C-2ma$이므로 T_1은 T_2보다 (   ). q가 C를 당기는 힘은 q가 B를 당기는 힘의 크기와 같으므로 q가 B를 당기는 힘의 크기는 p를 끊기 전이 p를 끊은 후보다 크다.

답 ⑤

❶ $3mg$, 중력 ❷ 작다, 아래 ❸ $6ma$, $-3ma$ ❹ 크다

01 그림은 동일 직선상에서 운동하는 A, B의 속도를 시간에 따라 나타낸 것이다. 0~2초 동안 A와 B의 변위는 같다.

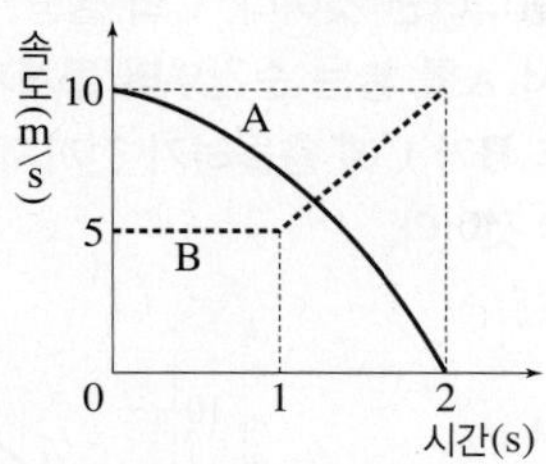

이에 대한 설명으로 옳은 것만을 [보기]에서 있는 대로 고른 것은?

보기
ㄱ. 1초일 때 A의 운동 방향과 A의 가속도의 방향은 반대이다.
ㄴ. 0~2초 동안 A의 변위의 크기는 15 m이다.
ㄷ. 1초~2초 동안 B의 가속도의 크기는 4 m/s²이다.

① ㄱ ② ㄴ ③ ㄱ, ㄴ
④ ㄱ, ㄷ ⑤ ㄴ, ㄷ

02 그림과 같이 직선 도로에서 자동차 A가 기준선을 속력 10 m/s로 통과하는 순간 기준선에 정지해 있던 자동차 B가 출발하였다. 두 자동차는 도로와 나란하게 운동하였으며, A, B의 속력이 v로 같은 순간 A는 B보다 20 m 앞서 있다. A, B는 속력이 증가하는 등가속도 직선 운동을 하고, A, B의 가속도의 크기는 각각 a, $2a$이다.

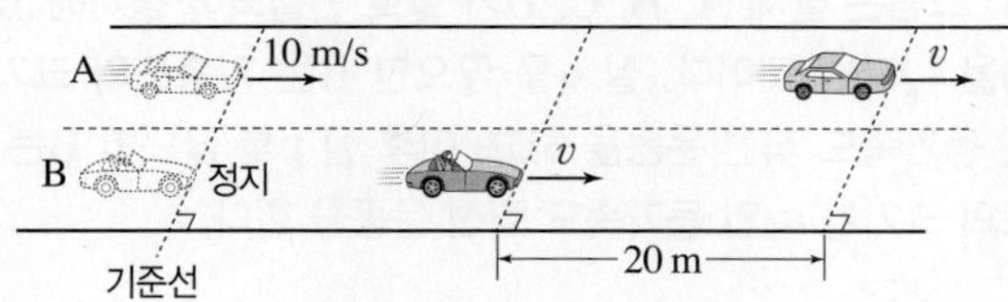

이에 대한 설명으로 옳은 것만을 [보기]에서 있는 대로 고른 것은?

보기
ㄱ. a의 크기는 2 m/s²이다.
ㄴ. v의 크기는 30 m/s이다.
ㄷ. 두 자동차가 기준선을 통과한 순간부터 속력이 v로 같아질 때까지 걸린 시간은 4초이다.

① ㄱ ② ㄷ ③ ㄱ, ㄴ
④ ㄱ, ㄷ ⑤ ㄴ, ㄷ

03 그림 (가)는 물체 A를 지면에서 연직 위로 $2v$의 속력으로 쏘아올린 모습을, (나)는 A가 높이 h만큼 올라가 속력이 v가 되었을 때 A를 쏘아올린 위치에서 B를 연직 위로 $2v$의 속력으로 쏘아올린 모습을 나타낸 것이다.

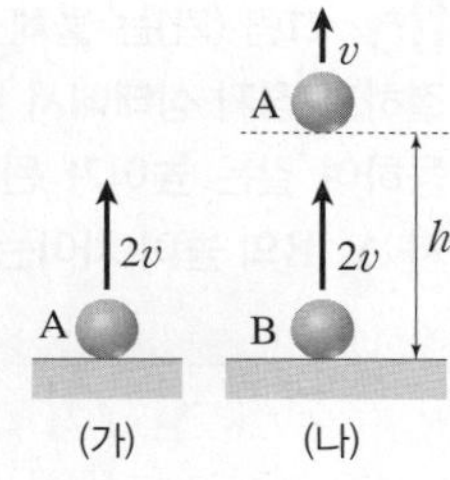

이에 대한 설명으로 옳은 것만을 [보기]에서 있는 대로 고른 것은? (단, 물체의 크기 및 공기 저항은 무시한다.)

보기
ㄱ. A가 최고점에 도달했을 때 높이는 $2h$이다.
ㄴ. B가 높이 h만큼 올라가면 A는 최고점에 도달한다.
ㄷ. A, B가 충돌할 때까지 B가 이동한 거리는 $\frac{5}{4}h$이다.

① ㄱ ② ㄷ ③ ㄱ, ㄴ
④ ㄴ, ㄷ ⑤ ㄱ, ㄴ, ㄷ

04 다음은 질량이 $3m$인 수레와 질량이 m인 추를 이용하여 뉴턴 운동 제2법칙을 알아보기 위한 실험이다.

[실험 과정]
(가) 수레를 수평면에 놓고 추 1개를 도르래를 통해 실로 연결한 후, 추를 가만히 놓고 수레의 속력을 측정한다.
(나) 실에 매달린 추의 수를 2개, 3개로 바꾸어 가며 과정 (가)를 반복한다.

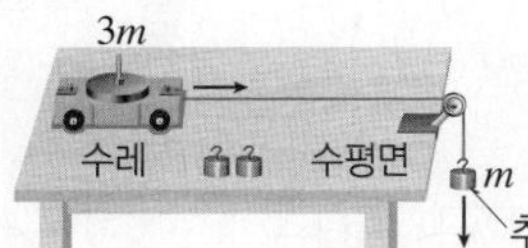

[실험 결과]

실에 매달린 추의 수	1	2	3
수레의 가속도	2.5 m/s²	㉠	㉡

실험 결과 ㉠, ㉡으로 옳은 것은? (단, 실의 질량 및 모든 마찰과 공기 저항은 무시한다.)

	㉠	㉡		㉠	㉡
①	2 m/s²	1.5 m/s²	②	2 m/s²	5 m/s²
③	4 m/s²	3 m/s²	④	4 m/s²	5 m/s²
⑤	5 m/s²	7.5 m/s²			

05 그림 (가)는 물체 A를 물체 B와 도르래를 통해 실로 연결하고 정지 상태에서 손을 놓은 모습을, (나)는 두 물체가 운동하여 같은 높이가 된 순간의 모습을 나타낸 것이다. (가)에서 A, B의 높이 차이는 1 m이다.

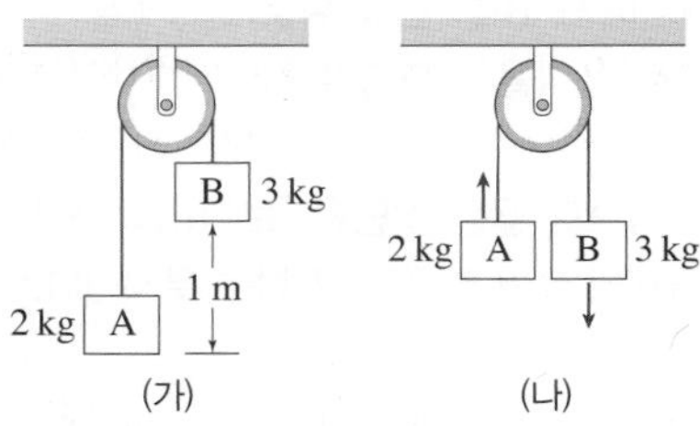

(가) (나)

이에 대한 설명으로 옳은 것만을 [보기]에서 있는 대로 고른 것은? (단, 중력 가속도는 $10\ m/s^2$이고, 실의 질량 및 모든 마찰과 공기 저항은 무시한다.)

보기

ㄱ. A의 가속도의 크기는 $1\ m/s^2$이다.
ㄴ. (나)의 순간에 두 물체의 속력은 $\sqrt{2}$ m/s이다.
ㄷ. (나)에서 실의 장력의 크기는 24 N이다.

① ㄱ ② ㄷ ③ ㄱ, ㄴ ④ ㄱ, ㄷ ⑤ ㄴ, ㄷ

06 그림 (가)와 같이 마찰이 없는 수평면에서 물체 A, B를 실로 연결하고, B를 수평 방향으로 일정한 힘 F_0으로 잡아당겼더니 A, B가 함께 운동하다가 2초가 지난 후 실이 끊어졌다. 그림 (나)는 A, B의 속도를 시간에 따라 나타낸 것이다. A의 질량은 2 kg이다.

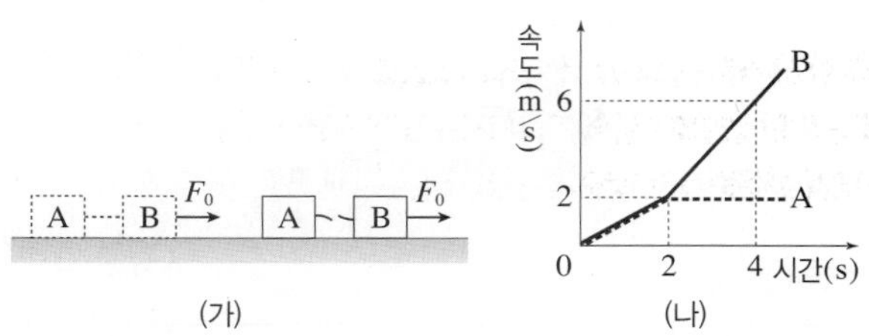

(가) (나)

이에 대한 설명으로 옳은 것만을 [보기]에서 있는 대로 고른 것은? (단, 공기 저항은 무시한다.)

보기

ㄱ. B의 질량은 2 kg이다.
ㄴ. F_0은 4 N이다.
ㄷ. A와 B 사이의 거리는 4초일 때가 2초일 때보다 6 m 더 크다.

① ㄱ ② ㄷ ③ ㄱ, ㄴ ④ ㄱ, ㄷ ⑤ ㄴ, ㄷ

07 그림 (가)는 물체 A, B, C를 실 p, q로 연결한 후, A에 연직 아래 방향으로 일정한 힘 F를 작용하여 A, B, C가 정지해 있는 모습을 나타낸 것이다. C의 질량은 2 kg이다. 그림 (나)는 (가)에서 A를 놓는 순간부터 물체가 운동하여 C가 지면에 닿고 이후 B가 C에 충돌하기 전까지 A의 속력을 시간에 따라 나타낸 것이다.

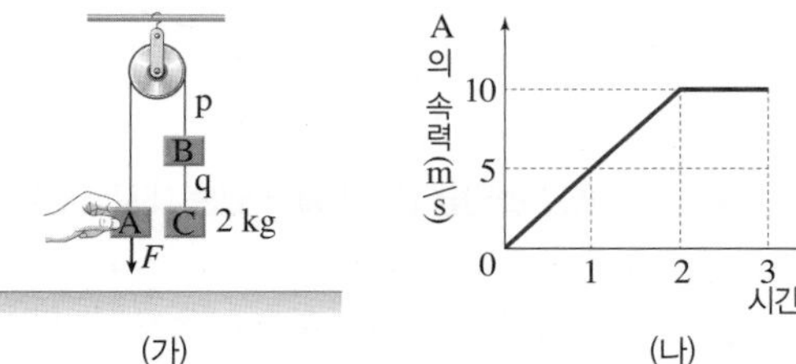

(가) (나)

이에 대한 설명으로 옳은 것만을 [보기]에서 있는 대로 고른 것은? (단, 중력 가속도는 $10\ m/s^2$이고, 모든 마찰과 공기 저항은 무시한다.)

보기

ㄱ. A, B의 질량의 합은 2 kg이다.
ㄴ. F의 크기는 20 N이다.
ㄷ. 1초일 때, p가 B를 당기는 힘의 크기는 q가 B를 당기는 힘의 크기와 같다.

① ㄱ ② ㄷ ③ ㄱ, ㄴ
④ ㄱ, ㄷ ⑤ ㄴ, ㄷ

08 그림은 물체 A, B, C, D가 실로 연결되어 정지해 있는 모습을 나타낸 것이다. 실 q를 끊으면 B는 가속도의 크기가 a_1인 등가속도 직선 운동을 하고, 이후 실 p를 끊으면 B는 가속도의 크기가 a_2인 등가속도 직선 운동을 한다.

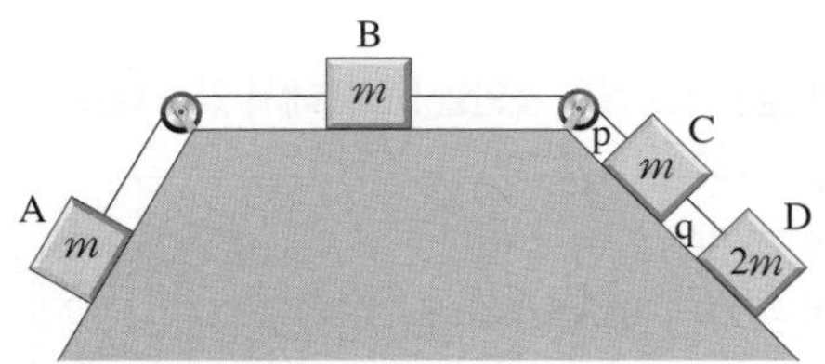

$a_1 : a_2$는? (단, 실의 질량 및 모든 마찰과 공기 저항은 무시한다.)

① 1 : 2 ② 1 : 3 ③ 2 : 3
④ 3 : 5 ⑤ 4 : 9

09 그림은 마찰이 없는 수평면 위의 직선상에서 물체 A가 오른쪽으로 $2v$의 일정한 속력으로 운동하고, 물체 B, C가 왼쪽으로 v의 일정한 속력으로 운동하고 있는 모습을 나타낸 것이다. A, B, C의 질량은 각각 m, m, $2m$이고, A, C는 B로부터 각각 L만큼 떨어져 있다. 각 충돌에서 충돌한 물체들은 한 덩어리가 된다.

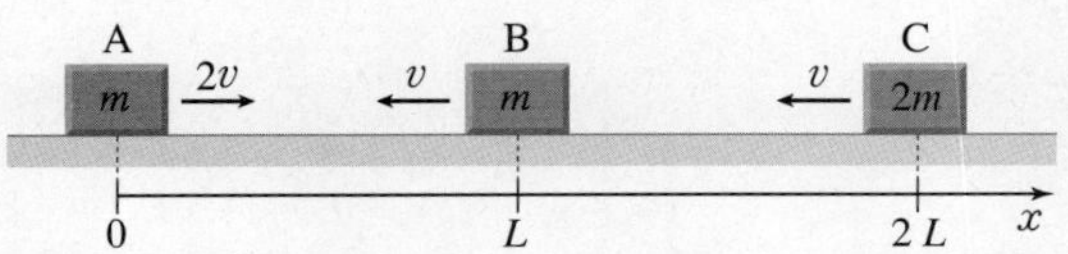

이에 대한 설명으로 옳은 것만을 [보기]에서 있는 대로 고른 것은? (단, 물체의 크기 및 공기 저항은 무시한다.)

보기

ㄱ. A, B의 충돌 직후 A의 속력은 v이다.
ㄴ. A, B가 한 덩어리가 된 물체는 C와 충돌 직후 정지한다.
ㄷ. A, B가 한 덩어리가 된 물체는 C와 $x=L$ 위치에서 충돌한다.

① ㄱ ② ㄷ ③ ㄱ, ㄴ ④ ㄱ, ㄷ ⑤ ㄴ, ㄷ

10 그림 (가)와 같이 수평면에서 질량이 각각 $3m$, $2m$인 물체 A, B가 서로를 향해 $4v$의 속력으로 등속 직선 운동을 한다. 그림 (나)는 (가)에서 A와 B 사이의 거리를 시간에 따라 나타낸 것이다. $2t$ 이후에 A와 B 사이의 거리는 일정하다.

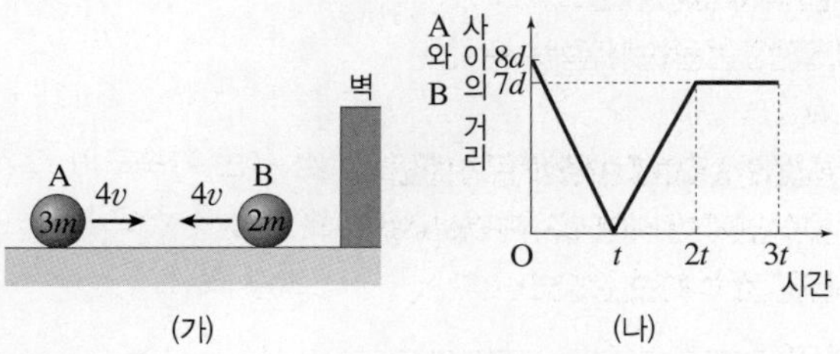

(가) (나)

이에 대한 설명으로 옳은 것만을 [보기]에서 있는 대로 고른 것은? (단, 물체의 크기 및 모든 마찰과 공기 저항은 무시한다.)

보기

ㄱ. t부터 $2t$까지 A의 속력은 $3v$이다.
ㄴ. B가 벽과 충돌할 때 받은 충격량의 크기는 $6mv$이다.
ㄷ. $2t$부터 $3t$까지 A와 B의 운동량의 총합의 크기는 $10mv$이다.

① ㄱ ② ㄷ ③ ㄱ, ㄴ ④ ㄴ, ㄷ ⑤ ㄱ, ㄴ, ㄷ

11 그림 (가)는 수평면에서 물체 A, B가 정지해 있는 물체 C를 향해 각각 $4v$, $2v$의 속력으로 운동하는 모습을 나타낸 것이고, (나)는 A, B가 처음 충돌할 때 B가 받은 힘의 크기를 시간에 따라 나타낸 것이다. A, B, C의 질량은 각각 $2m$, m, $3m$이고, (나)에서 그래프 아랫부분의 넓이는 $2mv$이다. 세 물체는 동일 직선상에서 운동하고, A와 B가 충돌한 후에 B와 C가 충돌한다. B와 C는 충돌 후 붙어서 함께 운동한다.

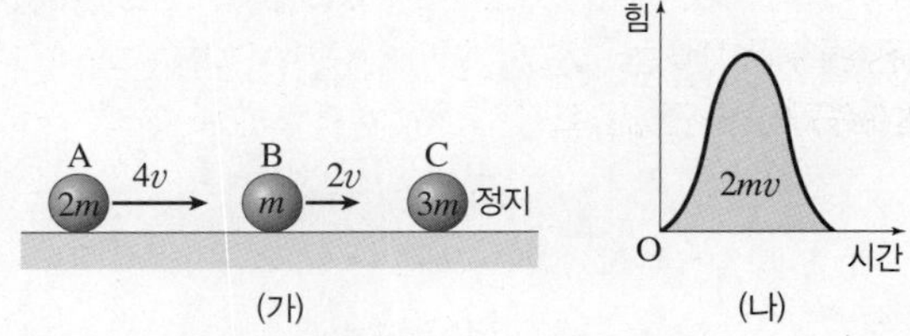

(가) (나)

이에 대한 설명으로 옳은 것만을 [보기]에서 있는 대로 고른 것은? (단, 모든 마찰과 공기 저항은 무시한다.)

보기

ㄱ. B와 처음 충돌한 후 A의 운동량의 크기는 $6mv$이다.
ㄴ. B와 C가 충돌한 후 A와 B는 다시 충돌한다.
ㄷ. 모든 충돌이 끝난 후 A, B, C의 운동량의 총합은 $10mv$이다.

① ㄱ ② ㄷ ③ ㄱ, ㄴ
④ ㄴ, ㄷ ⑤ ㄱ, ㄴ, ㄷ

12 그림은 정지해 있던 질량 m인 물체가 외부로부터 두 번의 충격을 받았을 때 물체의 속도를 시간에 따라 나타낸 것이다. 첫 번째 충격과 두 번째 충격에서 물체가 힘을 받은 시간은 각각 t_0, $3t_0$이었다.

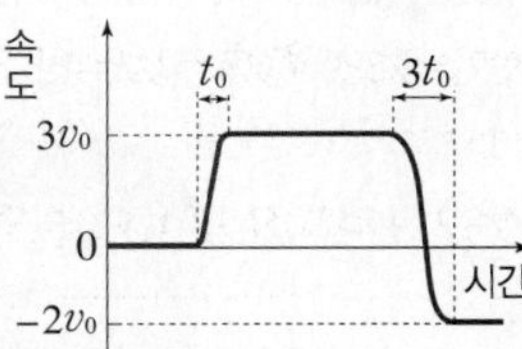

이에 대한 설명으로 옳은 것만을 [보기]에서 있는 대로 고른 것은?

보기

ㄱ. 첫 번째 충격에서 물체가 받은 충격량의 크기는 $3mv_0$이다.
ㄴ. 물체가 받은 충격량의 크기는 첫 번째 충격보다 두 번째 충격에서 더 크다.
ㄷ. 물체가 받은 평균 힘은 첫 번째 충격보다 두 번째 충격에서 더 크다.

① ㄱ ② ㄷ ③ ㄱ, ㄴ
④ ㄱ, ㄷ ⑤ ㄴ, ㄷ

I 역학과 에너지

2 에너지와 열

Review

이전에 학습한 내용 중 이 단원과 연계된 내용을 다시 한번 떠올려 봅시다.

다음 단어가 들어갈 곳을 찾아 빈칸을 완성해 보자.

빨라	커	일	운동	위치	비례	반비례	전환	보존

중1 기체의 성질

• 분자 운동

① **기체의 압력:** 분자가 용기 벽에 많이 충돌할수록 기체의 압력이 ❶ ( ) 진다.

② **기체의 부피**

압력과 기체의 부피	온도와 기체의 부피

보일 법칙에 따라 같은 온도에서 일정량의 기체의 부피는 압력에 ❷ ( ) 한다.	샤를 법칙에 따라 같은 압력에서 일정량의 기체의 부피는 온도에 ❸ ( ) 한다.

중3 운동과 에너지

• 일과 에너지

① **과학에서 일:** 물체에 힘이 작용하고 그 물체가 힘의 방향으로 이동하였을 때 힘이 ❹ ( ) 을 하였다고 한다.

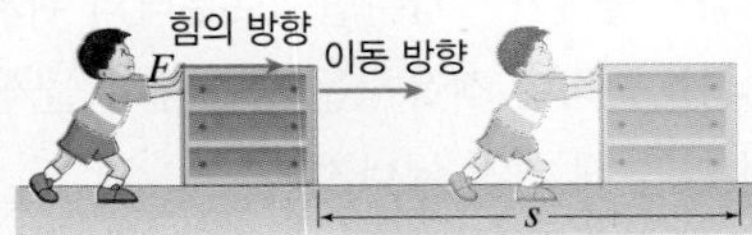

일의 양 = 힘의 크기 × 이동 거리

$W = Fs$

② ❺ ( ) **에너지:** 운동하는 물체가 가지는 에너지

③ ❻ ( ) **에너지:** 어떤 위치에 있는 물체가 가지는 에너지

중3 에너지 전환과 보존

• 역학적 에너지 전환과 보존

① **역학적 에너지:** 운동 에너지와 위치 에너지의 합

② **역학적 에너지 전환:** 물체가 운동할 때 위치 에너지와 운동 에너지는 서로 ❼ ( ) 된다.

- 위로 던져 올린 물체의 운동: 물체의 높이는 높아지고 속력은 느려진다.
- 자유 낙하 하는 물체의 운동: 물체의 높이는 낮아지고 속력은 ❽ ( ) 진다.

③ **역학적 에너지 보존:** 물체가 운동할 때 공기 저항이나 마찰이 없으면 물체의 위치 에너지와 운동 에너지의 합은 ❾ ( ) 된다.

답 ❶ 커 ❷ 반비례 ❸ 비례 ❹ 일 ❺ 운동 ❻ 위치 ❼ 전환 ❽ 빨라 ❾ 보존

1 역학적 에너지 보존

핵심 포인트
- ❶ 운동 에너지 ★★
- ❷ 중력 퍼텐셜 에너지 ★★
- ❸ 탄성 퍼텐셜 에너지 ★★
- ❹ 역학적 에너지 보존 ★★★

A 일과 에너지

◆ **일**
힘이 한 일 W는 힘의 크기 F와 힘의 방향으로 이동한 거리 s의 곱으로 나타낸다.

힘의 방향 이동 방향 F s

일=힘×이동 거리, $W=Fs$

1. 운동 에너지(E_k) 운동하는 물체가 가진 에너지

(1) **운동 에너지의 크기:** 질량이 m(kg)인 물체가 v(m/s)의 속력으로 운동할 때 운동 에너지 E_k(J)는 다음과 같다.

$$E_k=\frac{1}{2}mv^2 \text{ [단위: J]}$$

(2) **일·운동 에너지 정리:** 물체에 작용한 알짜힘이 한 ◆일(W)은 운동 에너지 변화량(ΔE_k)과 같다.

$$W=\Delta E_k=\frac{1}{2}mv^2-\frac{1}{2}mv_0^2 \text{ [단위: J]}$$

일과 운동 에너지 74쪽 대표 자료❶

수평면에서 속도 v_0으로 운동하는 질량 m인 수레에 운동 방향으로 알짜힘 F를 작용하여 거리 s만큼 이동시켰을 때 수레의 속도가 v가 되었다.

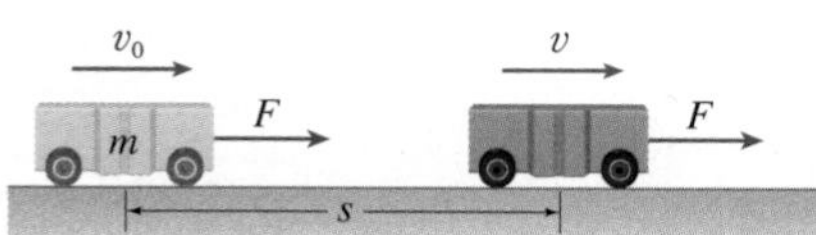

- 수레의 가속도: $a=\frac{F}{m}$
- 등가속도 직선 운동 식: $2as=v^2-v_0^2$ ➡ $as=\frac{1}{2}(v^2-v_0^2)$

따라서 알짜힘 F가 한 일은 $W=Fs=mas=\frac{m}{2}(v^2-v_0^2)=\frac{1}{2}mv^2-\frac{1}{2}mv_0^2$이다.

◆ **일의 부호와 운동 에너지**

일	물체의 운동 에너지 변화
$W>0$	증가
$W<0$	감소
$W=0$	일정

2. 퍼텐셜 에너지(E_p) 물체가 ❶기준면으로부터의 위치에 따라 가진 잠재적인 에너지

(1) **중력 퍼텐셜 에너지:** 중력이 작용하는 공간에서 물체가 기준면으로부터 다른 위치에 있을 때 가진 에너지

① 중력 퍼텐셜 에너지의 크기: 질량이 m(kg)인 물체가 기준면으로부터 높이 h(m)에서 갖는 퍼텐셜 에너지 E_p는 다음과 같다.

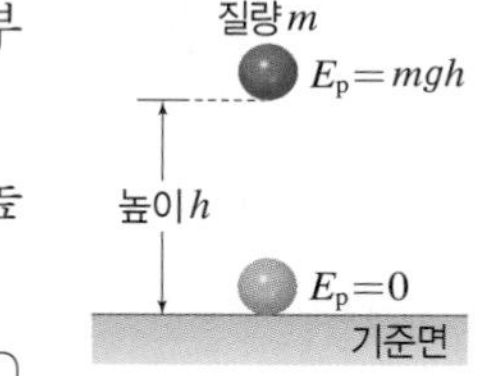

$$E_p=mgh \text{ [단위: J]}$$

(물체에 작용하는 힘(중력): mg, 중력 가속도: g, [단위: J] 일의 단위와 같다.)

② 일과 중력 퍼텐셜 에너지: 물체를 일정한 속도로 위로 들어 올리면 물체를 들어 올리는 힘이 물체에 해 준 일만큼 중력 퍼텐셜 에너지가 증가한다.

◆ **힘이 한 일**
힘 - 이동 거리 그래프에서 그래프 아랫부분의 넓이는 힘이 한 일을 나타낸다.

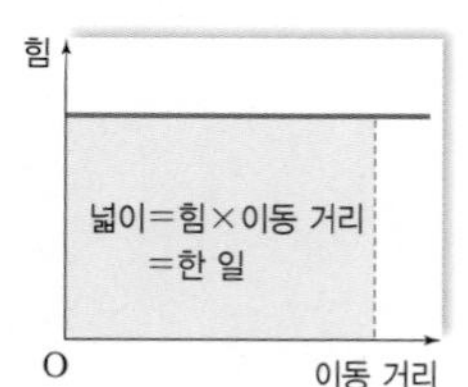

일과 중력 퍼텐셜 에너지

1. **높이 증가** ➡ 중력 퍼텐셜 에너지 증가
물체를 들어 올리는 힘(mg)이 물체에 해 준 일만큼 중력 퍼텐셜 에너지가 증가한다.
- 힘이 물체에 한 일: 힘×이동 거리$=mgh$

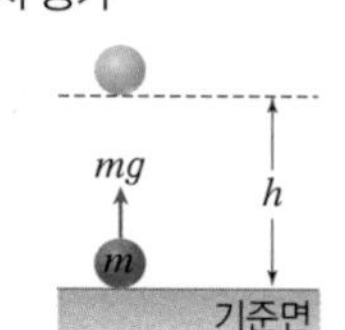

2. **높이 감소** ➡ 중력 퍼텐셜 에너지 감소
낙하하는 물체에 작용하는 힘(mg)이 한 일만큼 중력 퍼텐셜 에너지가 감소한다.
- 힘이 물체에 한 일: 힘×이동 거리$=mgh$

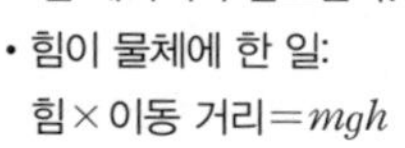

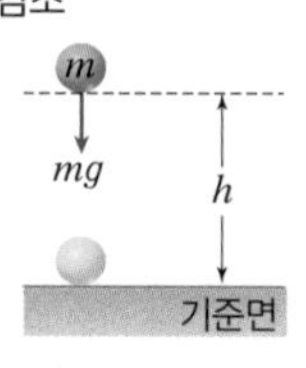

용어
❶ **기준면**(基 터, 準 준하다, 面 낯) 물체의 높이를 측정하는 기준이 되는 면이다. 일반적으로 지면을 기준면으로 한다.

탄성력에 의해 일을 할 수 있는 능력

(2) **탄성 퍼텐셜 에너지:** 늘어나거나 압축된 용수철과 같이 변형된 물체가 가진 에너지

① 탄성 퍼텐셜 에너지의 크기: 용수철 상수가 k(N/m)인 용수철이 길이 x(m)만큼 변형되었을 때 갖는 퍼텐셜 에너지 E_p(J)는 다음과 같다.

$$E_p = \frac{1}{2}kx^2 \text{ [단위: J]}$$

| 일과 탄성 퍼텐셜 에너지 |

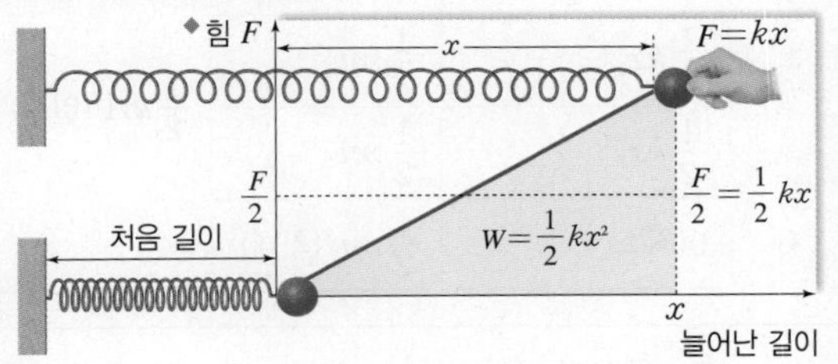

- 힘 – 늘어난 길이 그래프의 기울기 = 용수철 상수(k)
- 힘 – 늘어난 길이 그래프 아랫부분의 넓이 = 용수철을 x만큼 변형시키는 데 한 일 W = ◆탄성 퍼텐셜 에너지 E_p $= Fs = \frac{1}{2}kx \cdot x = \frac{1}{2}kx^2$

◆ **탄성력**
용수철을 변형시킬 때 탄성력의 크기는 용수철의 변형된 길이 x(m)에 비례한다.
➡ $F = -kx$ (k: 용수철 상수)

◆ **탄성 퍼텐셜 에너지 그래프**

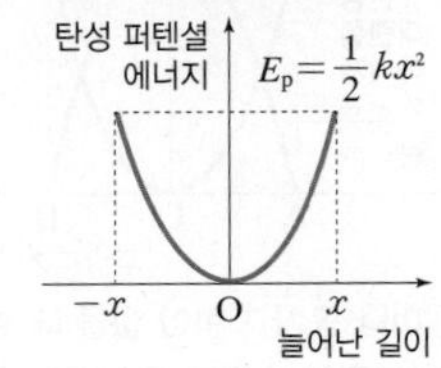

B 역학적 에너지 보존

1. 역학적 에너지 물체의 운동 에너지와 퍼텐셜 에너지의 합

2. ◆중력에 의한 역학적 에너지 보존 물체가 낙하하는 동안 중력이 한 일만큼 물체의 운동 에너지가 증가하여 역학적 에너지가 보존된다.

74쪽 대표 자료❷

(1) ◆**낙하하는 물체의 역학적 에너지 보존**

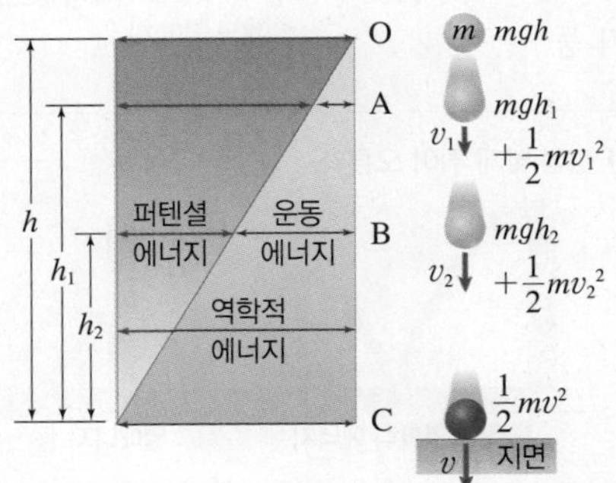

위치	중력 퍼텐셜 에너지	운동 에너지	역학적 에너지
O	mgh(최대)	0(최소)	mgh (일정)
A	mgh_1	$\frac{1}{2}mv_1^2 = mg(h-h_1)$	
B	mgh_2	$\frac{1}{2}mv_2^2 = mg(h-h_2)$	
C	0(최소)	$\frac{1}{2}mv^2$(최대)$= mgh$	

(2) **롤러코스터에서의 역학적 에너지 보존**

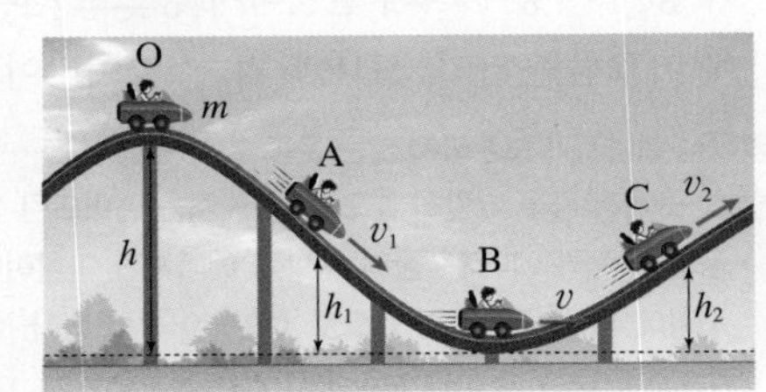

최고점(O)에서의 퍼텐셜 에너지 = 각 점(A,C)에서의 역학적 에너지 = 최저점(B)에서의 운동 에너지

위치	중력 퍼텐셜 에너지	운동 에너지	역학적 에너지
O	mgh(최대)	0(최소)	mgh (일정)
A	mgh_1	$\frac{1}{2}mv_1^2 = mg(h-h_1)$	
B	0(최소)	$\frac{1}{2}mv^2$(최대)$= mgh$	
C	mgh_2	$\frac{1}{2}mv_2^2 = mg(h-h_2)$	

$$mgh = mgh_1 + \frac{1}{2}mv_1^2 = mgh_2 + \frac{1}{2}mv_2^2 = \frac{1}{2}mv^2 = \text{일정}$$

◆ **중력에 의한 역학적 에너지 보존**
물체의 운동 에너지 변화량과 물체의 중력 퍼텐셜 에너지의 변화량의 합은 0이다. 즉, 물체의 운동 에너지가 증가하면 그만큼 물체의 중력 퍼텐셜 에너지는 감소한다.

◆ **낙하하는 물체의 역학적 에너지 보존**
- 높이가 h_1, h_2인 지점을 통과할 때 중력 퍼텐셜 에너지 감소량: $W = Fs = mg(h_1 - h_2)$
- 일·운동 에너지 정리에 따라 중력이 한 일만큼 물체의 운동 에너지가 증가한다.
  $mgh_1 - mgh_2 = \frac{1}{2}mv_2^2 - \frac{1}{2}mv_1^2$
  위의 식을 정리하면
  $\frac{1}{2}mv_1^2 + mgh_1 = \frac{1}{2}mv_2^2 + mgh_2$
  이다. 따라서 물체가 낙하할 때 운동 에너지와 중력 퍼텐셜 에너지의 합(역학적 에너지)이 보존된다.

암기해!
역학적 에너지 전환
- 물체가 내려갈 때: 감소한 중력 퍼텐셜 에너지 = 증가한 운동 에너지
- 물체가 올라갈 때: 감소한 운동 에너지 = 증가한 중력 퍼텐셜 에너지

◆ 수평면에서 운동하는 용수철 진자의 역학적 에너지 보존

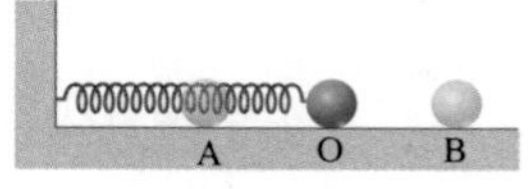

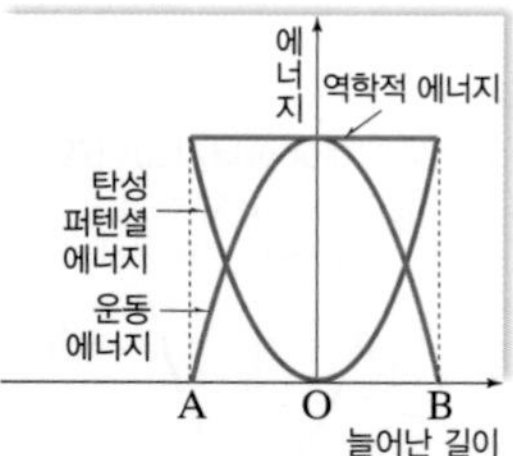

마찰이나 공기 저항이 없을 때 한쪽이 고정된 수평면 위의 용수철에 물체를 매달아 잡아당겼다 놓으면 물체는 일정한 진폭으로 계속 왕복 운동을 하게 된다.

3. ◆탄성력에 의한 역학적 에너지 보존 용수철에 질량이 m인 물체를 매달아 평형점 O에서 A만큼 잡아당겼다가 놓았다. 가만히 놓은 물체의 위치가 x_1에서 x_2로 변하는 동안 속력이 v_1에서 v_2로 변하였다면 탄성력이 한 일만큼 운동 에너지가 증가하여 역학적 에너지는 보존된다. 75쪽 대표 자료❸

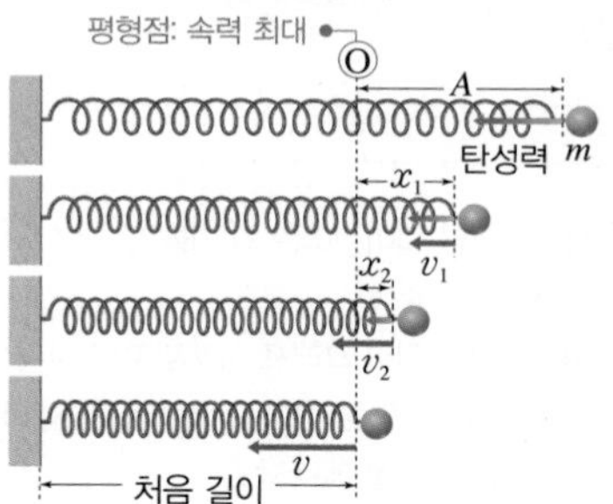

◆위치	탄성 퍼텐셜 에너지	운동 에너지	역학적 에너지
A	$\frac{1}{2}kA^2$(최대)	0(최소)	$\frac{1}{2}kA^2$(일정)
x_1	$\frac{1}{2}kx_1^2$	$\frac{1}{2}mv_1^2$	
x_2	$\frac{1}{2}kx_2^2$	$\frac{1}{2}mv_2^2$	
O	0(최소)	$\frac{1}{2}mv^2$(최대)	

$$\frac{1}{2}kA^2=\frac{1}{2}kx_1^2+\frac{1}{2}mv_1^2=\frac{1}{2}kx_2^2+\frac{1}{2}mv_2^2=\frac{1}{2}mv^2=\text{일정}$$

◆ 연직면에서 진동하는 물체의 역학적 에너지 보존(O: 평형점)

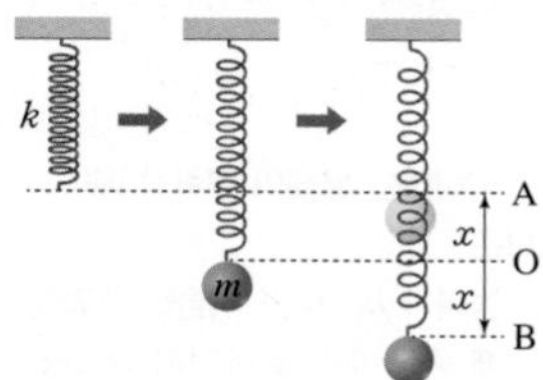

중력 가속도를 g, O에서 물체의 속력을 v, B에서 중력 퍼텐셜 에너지를 0이라고 하면 역학적 에너지 보존 법칙에 따라 A, O, B에서 역학적 에너지는 같다.

위치	역학적 에너지
A	$mg(2x)$
O	$mgx+\frac{1}{2}mv^2+\frac{1}{2}kx^2$
B	$\frac{1}{2}k(2x)^2$

4. 역학적 에너지 보존 법칙 마찰이나 공기 저항을 받지 않으면 물체의 퍼텐셜 에너지와 운동 에너지의 합인 역학적 에너지는 일정하게 보존된다. ← 물체의 역학적 에너지 감소량=역학적 에너지 증가량

5. 역학적 에너지가 보존되지 않는 운동 물체가 중력이나 탄성력 이외에 마찰이나 공기 저항을 함께 받으며 운동하는 경우 역학적 에너지가 보존되지 않는다. ➡ 역학적 에너지가 마찰이나 공기 저항에 의해 열에너지 등으로 전환된다. 75쪽 대표 자료❹

예 미끄럼틀 타기, 그네 타기, 스카이다이빙 하기 등

물체가 마찰이 있는 구간을 지날 때 역학적 에너지 감소량=외부의 힘이 한 일

역학적 에너지가 보존되지 않는 운동

높은 곳에서 공을 가만히 놓으면 공은 처음 떨어뜨린 높이보다 점점 낮게 튀어 오른다.

- **공의 역학적 에너지:** 공의 역학적 에너지가 마찰이나 공기 저항에 의해 열에너지 등으로 전환되어 감소한다. ➡ 역학적 에너지는 감소하여 보존되지 않는다.
- **전체 에너지:** 역학적 에너지와 열에너지 등을 합한 전체 에너지는 일정하게 보존된다.

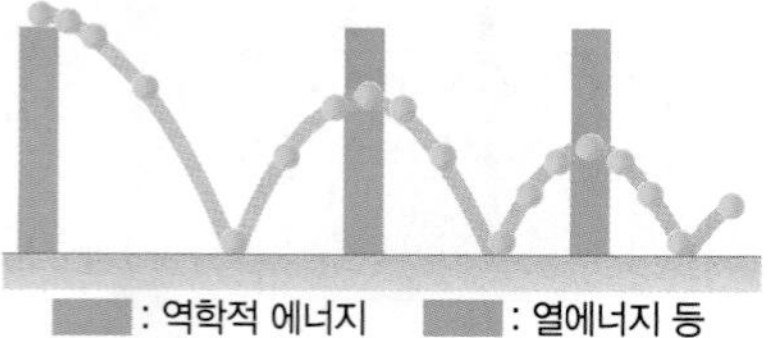

◆ 용수철 진자의 역학적 에너지 보존

- 빗면에서 운동하는 용수철 진자: 중력 퍼텐셜 에너지+탄성 퍼텐셜 에너지+운동 에너지=일정
- 수평면에서 운동하는 용수철 진자: 탄성 퍼텐셜 에너지+운동 에너지=일정

탐구 자료창 마찰면에 따른 ◆용수철 진자의 역학적 에너지

(가) 그림과 같이 나무판으로 빗면을 만들어 나무 도막을 매단 용수철을 못에 건다.
(나) 나무 도막을 잡아 당겼다가 가만히 놓은 후 운동 모습을 관찰한다.
(다) 나무판 위에 유리판, 종이 등을 올려놓고 (가), (나)를 반복한다.

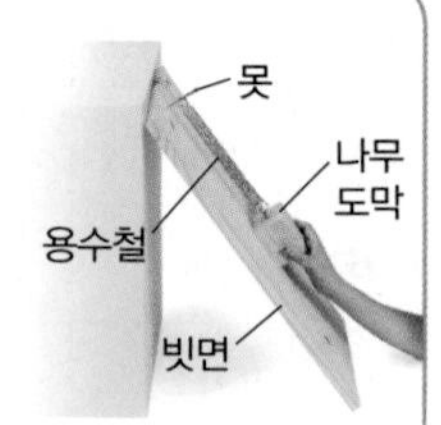

1. **나무 도막의 운동:** 나무 도막이 진동하는 폭이 줄어들다가 멈춘다.
2. **에너지 전환:** 역학적 에너지의 일부가 마찰에 의해 열에너지로 전환된다.
3. **역학적 에너지:** 마찰이 있는 면에서 역학적 에너지는 보존되지 않는다. 이때 마찰면이 거칠수록 역학적 에너지가 감소하는 정도가 크다. ➡ 역학적 에너지 감소량은 나무판>종이>유리판 순이다.

정답친해 35쪽

핵심 체크

- (❶) 에너지: 운동하고 있는 물체가 가진 에너지

$$E_k = \frac{1}{2} \times (❷ \qquad) \text{[J]}$$

- 일·운동 에너지 정리: 알짜힘이 한 일은 물체의 (❸)과 같다.
- 퍼텐셜 에너지: 물체가 기준면으로부터의 위치에 따라 가진 잠재적인 에너지
  - (❹) 퍼텐셜 에너지: 중력이 작용하는 공간에서 물체가 기준면으로부터 다른 위치에 있을 때 가지게 되는 에너지 ➡ $E_p = mgh$
  - (❺) 퍼텐셜 에너지: 늘어나거나 압축된 용수철과 같이 변형된 물체가 탄성력에 의해 가지게 되는 에너지 ➡ $E_p = \frac{1}{2}kx^2$
- (❻): 물체의 퍼텐셜 에너지와 운동 에너지의 합
  - 역학적 에너지가 보존되는 경우: 물체가 중력만을 받아 낙하하는 경우 감소한 (❼) 에너지는 증가한 (❽) 에너지와 같다.
  - 역학적 에너지가 보존되지 않는 경우: 마찰이나 공기 저항이 있을 때 역학적 에너지의 일부가 (❾)에너지로 전환되어 감소한다.

1 질량이 2 kg인 물체가 5 m/s의 속력으로 운동하고 있을 때, 운동 에너지는 몇 J인지 쓰시오.

2 그림과 같이 마찰이 없는 수평면 위에서 3 m/s의 속력으로 운동하던 질량이 4 kg인 수레가 일정한 크기의 힘 F를 받아 4 m만큼 이동하여 속력이 5 m/s가 되었다. F의 크기는 몇 N인지 쓰시오.

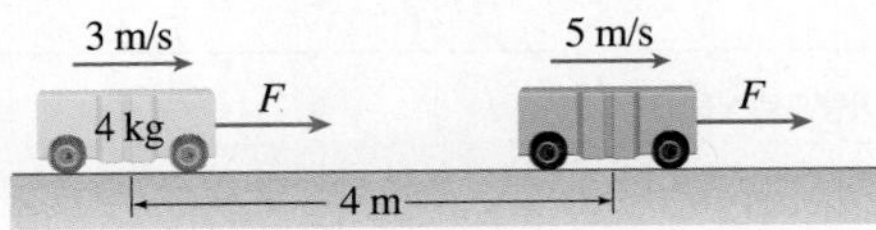

3 질량이 2 kg인 물체를 지면으로부터 10 m 높이로 이동시켰을 때, 중력 퍼텐셜 에너지의 증가량은 몇 J인지 쓰시오. (단, 중력 가속도는 10 m/s²이고, 공기 저항은 무시한다.)

4 용수철 상수가 400 N/m인 용수철을 10 cm만큼 늘였을 때, 용수철의 탄성 퍼텐셜 에너지는 몇 J인지 쓰시오.

5 역학적 에너지에 대한 설명 중 ( ) 안에 알맞은 말을 쓰시오.

> 역학적 에너지는 물체의 ㉠( ) 에너지와 운동 에너지의 합으로, 마찰이나 공기 저항이 없으면 중력이나 탄성력을 받아 운동하는 물체의 역학적 에너지는 일정하게 ㉡( )된다.

6 그림과 같이 지면으로부터 20 m 높이에서 질량이 1 kg인 물체를 가만히 놓아 낙하시켰다. (단, 중력 가속도는 10 m/s²이고, 공기 저항은 무시한다.)

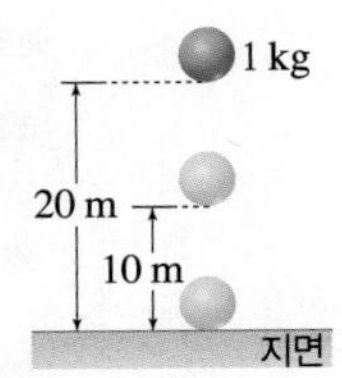

(1) 낙하하기 시작하는 순간 물체의 역학적 에너지는 몇 J인지 쓰시오.

(2) 지면으로부터 10 m 높이에 도달했을 때 물체의 운동 에너지는 몇 J인지 쓰시오.

(3) 지면에 도달하는 순간 물체의 속력은 몇 m/s인지 쓰시오.

완자쌤 비법 특강

물체의 운동과 역학적 에너지

운동하는 물체에 뉴턴 운동 법칙을 적용하여 다양한 물체의 운동을 이해할 수 있지만, 역학적 에너지를 이용하여 물체의 운동을 이해할 수도 있어요. 앞에서 배웠던 일·운동 에너지 정리나 역학적 에너지 보존 법칙을 적용하여 물체의 운동을 분석해 볼까요?

1 도르래 양쪽에 매단 물체의 운동 분석하기

그림과 같이 실로 연결된 물체 A, B가 도르래에 걸쳐져 정지해 있는 상태에서 등가속도 운동을 한다. A, B의 질량은 각각 m, $3m$이다. A, B가 처음 위치에서 높이 h만큼 운동하였을 때 속력 v를 구하시오. (단, 실의 질량, 모든 마찰과 공기 저항은 무시한다.)

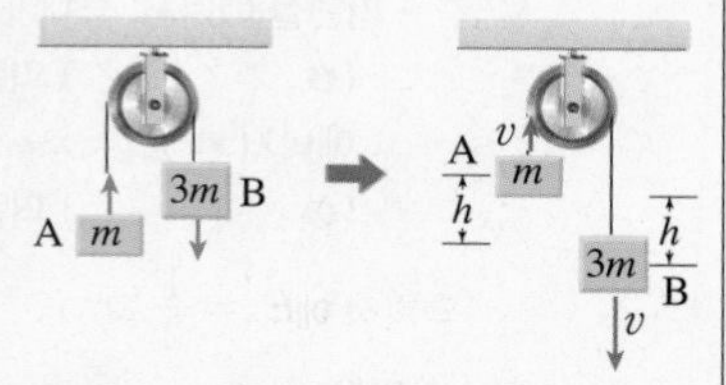

문제 분석하기 A, B가 같은 속력으로 운동하므로 두 물체를 한 덩어리로 생각하고 식을 세웁니다.

일·운동 에너지 정리 적용하기

1단계 물체에 작용하는 알짜힘을 구한다.

➡ A, B에 작용하는 알짜힘은 $3mg-mg=2mg$이다.

2단계 물체에 작용하는 알짜힘이 한 일만큼 운동 에너지가 증가한다.

➡ 알짜힘이 두 물체에 한 일은 $2mg\times h$이고, 두 물체의 운동 에너지는 $\frac{1}{2}(m+3m)v^2$이다.

3단계 일·운동 에너지 정리로부터 물체의 속력을 구한다.

➡ $2mg\times h=\frac{1}{2}(4m)v^2$에서 A, B의 속력 $v=\sqrt{gh}$이다.

역학적 에너지 보존 법칙에 따라 'B의 중력 퍼텐셜 에너지 감소량=A의 운동 에너지 증가량+A의 중력 퍼텐셜 에너지 증가량+B의 운동 에너지 증가량'이에요.

Q1 A와 B의 운동 에너지 변화량과 중력 퍼텐셜 에너지 변화량을 모두 더하면 얼마인지 쓰시오.

2 수평면상의 물체와 도르래에 매단 물체의 운동 분석하기

그림과 같이 물체 A, B를 실로 연결하여 도르래에 걸친 후 p점에서 가만히 놓았더니 A가 p점에서 q점까지 거리 s만큼 운동하였다. A, B의 질량은 각각 $3m$, m이다. A가 s만큼 이동하였을 때 속력 v를 구하시오. (단, 실의 질량, 모든 마찰과 공기 저항은 무시한다.)

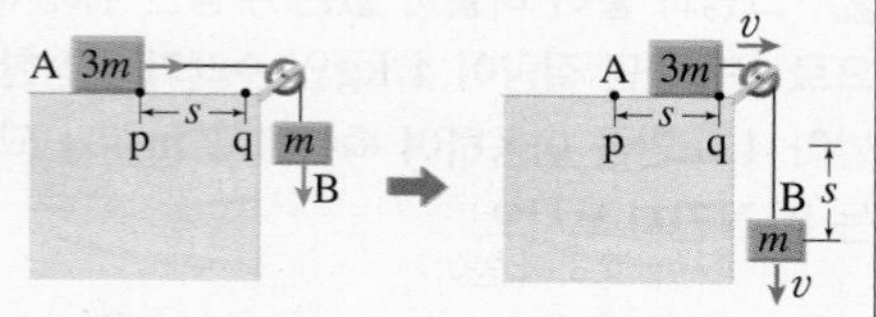

문제 분석하기 역학적 에너지가 보존되므로 '역학적 에너지 감소량=역학적 에너지 증가량'으로 식을 세웁니다.

역학적 에너지 보존 적용하기

1단계 각 물체의 운동 에너지와 중력 퍼텐셜 에너지의 변화를 생각한다.

➡ A와 B의 운동 에너지는 증가하고, A의 중력 퍼텐셜 에너지는 일정하며, B의 중력 퍼텐셜 에너지는 감소한다.

(A는 수평면에서 운동하여 높이가 일정하므로)

2단계 전체 중력 퍼텐셜 에너지가 감소한 만큼 전체 운동 에너지가 증가한다.

➡ 역학적 에너지 감소량=역학적 에너지 증가량

3단계 B의 중력 퍼텐셜 에너지 감소량=A의 운동 에너지 증가량+B의 운동 에너지 증가량에서 물체의 속력을 구한다.

$mgs=\frac{3}{2}mv^2+\frac{1}{2}mv^2=2mv^2$에서 A, B의 속력 $v=\sqrt{\frac{gs}{2}}$이다.

일·운동 에너지 정리에 따라 물체에 작용하는 알짜힘이 한 일만큼 A, B의 운동 에너지가 증가한다는 것을 이용해도 속력을 구할 수 있어요.

Q2 A가 p점에서 q점까지 거리 s만큼 운동하였을 때 A와 B의 운동 에너지를 각각 구하시오.

정답친해 35쪽

3 용수철에서 운동하는 물체의 운동 분석하기

그림 (나)는 (가)의 용수철 상수가 k인 용수철을 d만큼 압축시키고 질량이 m인 물체를 올려놓았더니 물체가 정지해 있는 모습을, (다)는 용수철을 $2d$만큼 더 압축시켰다가 가만히 놓는 순간의 모습을, (라)는 (다)의 물체가 용수철과 분리된 후 거리 x만큼 올라가서 정지한 모습을 나타낸 것이다. x를 구하시오. (단, 중력 가속도는 g이고, 물체의 크기, 용수철의 질량, 공기 저항은 무시한다.)

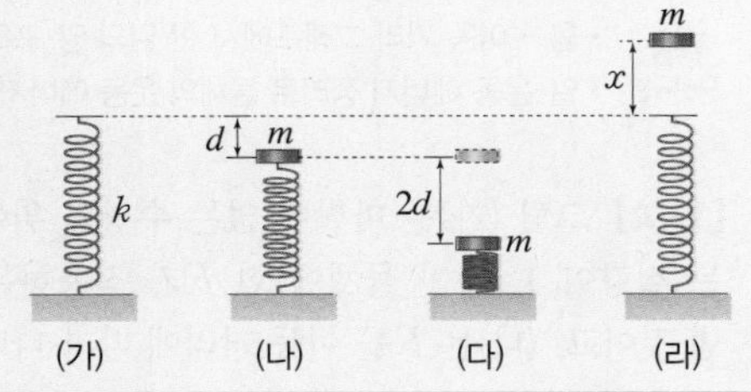

문제 분석하기

역학적 에너지 분석하기

1단계 힘의 평형 상태를 이용하여 용수철 상수 k를 구한다.

➡ (나)에서 물체에 작용하는 중력과 용수철의 탄성력이 힘의 평형 상태이므로 $mg=kd$이다. 따라서 용수철 상수 $k=\frac{mg}{d}$이다.

2단계 용수철이 압축되었을 때 용수철에 의한 탄성 퍼텐셜 에너지를 구한다.

➡ 용수철에 의한 탄성 퍼텐셜 에너지는 $\frac{1}{2}k(3d)^2=\frac{9}{2}kd^2=\frac{9}{2}\left(\frac{mg}{d}\right)d^2=\frac{9}{2}mgd$이다.

└● (다)에서 용수철의 길이가 $d+2d=3d$만큼 압축되었으므로

3단계 감소한 탄성 퍼텐셜 에너지만큼 중력 퍼텐셜 에너지가 증가한다.

➡ (라)에서 물체의 높이는 (다)에 비해 $2d+d+x=(3d+x)$만큼 증가하였으므로 (라)에서 (다)에 비해 증가한 중력 퍼텐셜 에너지는 $mg(3d+x)$이다. 감소한 탄성 퍼텐셜 에너지=증가한 중력 퍼텐셜 에너지이므로 $\frac{9}{2}mgd=mg(3d+x)$에서 $x=\frac{3}{2}d$이다.

Q3 (다)에서 물체에 작용하는 합력의 크기를 쓰시오.

4 마찰이 있는 빗면에서 운동하는 물체의 운동 분석하기

그림과 같이 마찰이 있는 빗면에서 질량이 m인 물체를 가만히 놓았더니 물체가 빗면을 내려와 마찰이 없는 지면에서 운동하였다. 이때 빗면으로부터 물체가 받은 마찰력의 크기는 F이며, 지면에서 물체의 속력은 v이다. 물체는 거리 L만큼 빗면에서 운동하여 높이가 h만큼 감소하였다. 물체의 속력 v를 쓰시오.

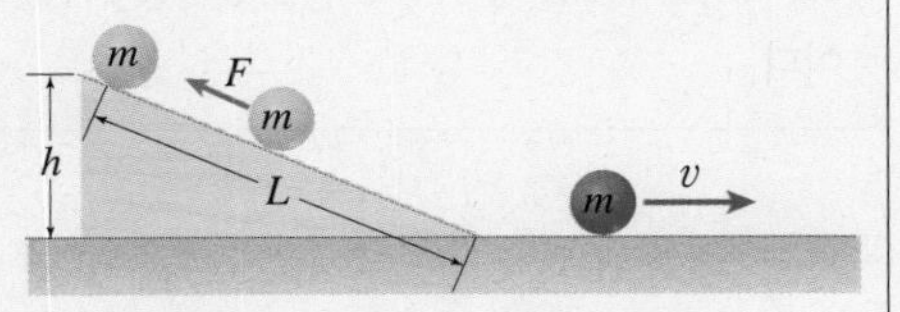

문제 분석하기

역학적 에너지 분석하기

1단계 물체의 처음 역학적 에너지를 구한다.

➡ 물체의 역학적 에너지=운동 에너지+중력 퍼텐셜 에너지$=0+mgh=mgh$이다.

2단계 마찰력이 물체에 해 준 일을 구한다.

➡ 마찰력이 물체에 해 준 일$=F\times L$이다.

3단계 마찰력이 물체에 해 준 일만큼 물체의 역학적 에너지가 감소한다.

➡ $FL=mgh-\frac{1}{2}mv^2$에서 $v=\sqrt{2gh-\frac{2FL}{m}}$이다.

Q4 물체가 L만큼 이동하는 동안 역학적 에너지 감소량을 구하시오.

대표 자료 분석

자료 ❶ 일과 에너지

기출 Point
• 힘 - 이동 거리 그래프에서 한 일의 양 구하기
• 일·운동 에너지 정리로 물체의 운동 에너지와 속력 구하기

[1~4] 그림 (가)는 마찰이 없는 수평면 위에 정지해 있는 질량이 1 kg인 물체에 힘 F가 작용하는 것을 나타낸 것이고, (나)는 F를 이동 거리에 따라 나타낸 것이다.

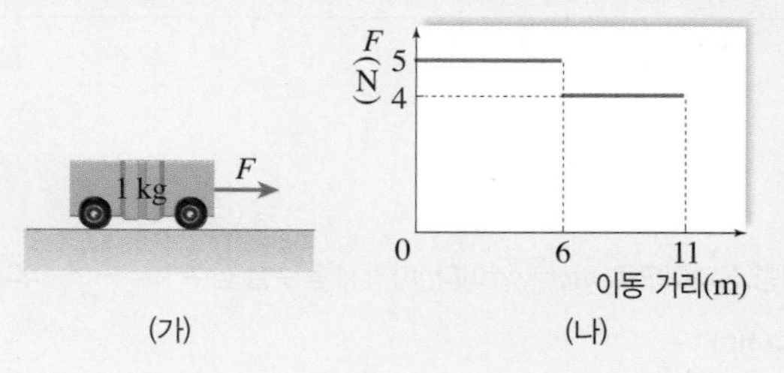

1 물체를 힘의 방향으로 11 m 이동시키는 동안 물체에 작용한 힘이 한 일은 몇 J 인지 쓰시오.

2 물체의 운동 에너지를 구하는 과정에 대한 설명 중 (　　) 안에 알맞은 말을 쓰시오.

> 일·운동 에너지 정리에 따라 물체에 해 준 일만큼 물체의 운동 에너지가 ㉠(　　　)한다. 따라서 물체가 11 m를 이동하는 동안 물체에 한 일이 ㉡(　　　) J이므로 11 m를 이동한 후 물체의 운동 에너지는 ㉢(　　　) J이다.

3 11 m를 이동한 후 물체의 속력은 몇 m/s인지 쓰시오.

4 빈출 선택지로 완벽 정리!

(1) 물체에 작용하는 알짜힘이 물체에 한 일만큼 물체의 운동 에너지가 변한다. (○ / ×)
(2) 물체가 6 m 이동했을 때, 운동 에너지는 30 J이다. (○ / ×)
(3) 물체가 6 m 이동했을 때, 알짜힘이 한 일은 50 J이다. (○ / ×)

자료 ❷ 중력에 의한 역학적 에너지 보존

기출 Point
• 중력에 의한 역학적 에너지 보존 이해하기
• 역학적 에너지가 보존될 때 물체의 운동 분석하기

[1~3] 그림은 A점에 가만히 놓은 공이 곡면을 따라 운동하는 것을 나타낸 것이다. B, D점은 같은 높이이다. (단, 모든 마찰과 공기 저항은 무시한다.)

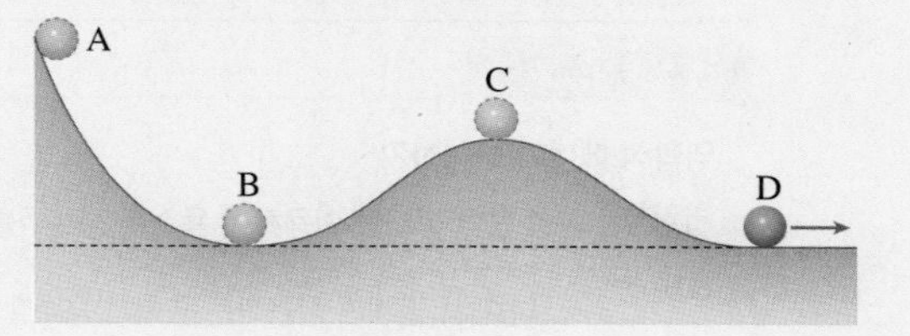

1 운동 에너지가 퍼텐셜 에너지로 전환되는 구간을 [보기]에서 있는 대로 고르시오.

> **보기**
> ㄱ. A → B 구간　ㄴ. B → C 구간　ㄷ. C → D 구간

2 공의 운동에 대한 설명 중 (　　) 안에 알맞은 말을 쓰시오.

> 공이 아래로 내려오는 동안 퍼텐셜 에너지는 ㉠(　　　)하고, 운동 에너지는 ㉡(　　　)한다. 또한 공이 위로 올라가는 동안 퍼텐셜 에너지는 ㉢(　　　)하고, 운동 에너지는 ㉣(　　　)한다.

3 빈출 선택지로 완벽 정리!

(1) A점에서 퍼텐셜 에너지가 최대이다. (○ / ×)
(2) B점에서 운동 에너지는 C점에서보다 작다. (○ / ×)
(3) B, D점에서 공의 속력은 같다. (○ / ×)
(4) A, B, C, D점에서 역학적 에너지는 모두 같다. (○ / ×)

자료 ❸ 탄성력에 의한 역학적 에너지 보존

기출 Point
- 탄성력에 의한 역학적 에너지 보존 이해하기
- 탄성 퍼텐셜 에너지와 운동 에너지의 전환 이해하기

[1~3] 그림과 같이 한쪽을 고정한 용수철을 마찰이 없는 수평면 위에 놓고 추를 매달아 평형점 O점에서 B점까지 당겼다 놓으면 추는 O점을 중심으로 A점과 B점 사이를 왕복 운동한다. (단, 공기 저항과 용수철의 질량은 무시한다.)

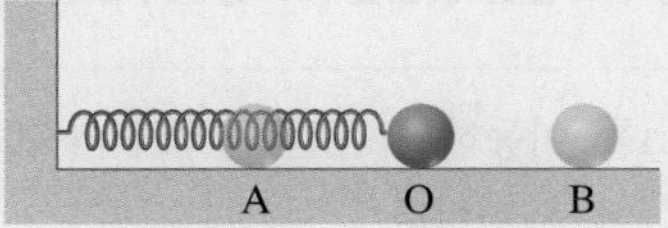

1 추의 운동에 대한 설명 중 (　　) 안에 알맞은 말을 쓰시오.

> 추가 O점을 지나 B점을 향해 운동할 때, 탄성 퍼텐셜 에너지는 ㉠(　　　)하고, B점에서 추의 운동 에너지는 ㉡(　　　)이다.

2 점 A, O, B에서 추의 탄성 퍼텐셜 에너지, 역학적 에너지를 등호나 부등호를 이용하여 비교하고 운동 에너지가 최대인 곳을 고르시오.

(1) 탄성 퍼텐셜 에너지의 비교
(2) 운동 에너지가 최대인 곳
(3) 역학적 에너지의 비교

3 빈출 선택지로 완벽 정리!

(1) 추가 어느 지점에 있든지 역학적 에너지는 일정하다. (○ / ×)
(2) 추가 O점을 지나 A점을 향할 때 추의 운동 에너지는 감소한다. (○ / ×)
(3) A, B점에서 추의 탄성 퍼텐셜 에너지는 0이다. (○ / ×)
(4) O점에서 추의 운동 에너지는 최대이다. (○ / ×)
(5) O점에서 추의 탄성 퍼텐셜 에너지는 0이다. (○ / ×)

자료 ❹ 역학적 에너지가 보존되지 않는 경우

기출 Point
- 역학적 에너지가 보존되지 않는 경우 이해하기
- 역학적 에너지가 열에너지로 전환되는 것 이해하기

[1~3] 그림과 같은 빗면에서 구슬을 가만히 놓았더니 구슬이 빗면을 내려와 바닥에서 운동하다가 정지하였다. 이때 빗면인 A 구간에는 마찰이 없으며, B 구간에는 일정한 마찰력이 작용하고 있다. (단, 공기 저항은 무시한다.)

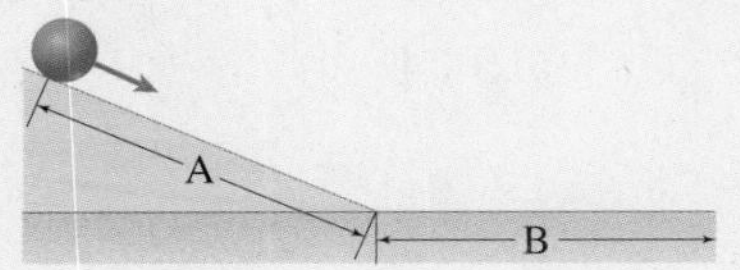

1 A 구간에서 구슬의 운동에 대한 설명 중 (　　) 안에 알맞은 말을 쓰시오.

> A 구간에서 구슬의 중력 퍼텐셜 에너지는 ㉠(　　　) 에너지로 전환되므로 구슬의 속력은 ㉡(　　　)한다.

2 B 구간에서 구슬의 운동에 대한 설명 중 (　　) 안에 알맞은 말을 고르시오.

> B 구간에는 마찰력이 작용하므로, 구슬의 운동 에너지 중 일부가 ㉠(열, 퍼텐셜)에너지로 전환된다. 따라서 역학적 에너지가 ㉡(보존된다, 보존되지 않는다).

3 빈출 선택지로 완벽 정리!

(1) A 구간에서 구슬의 역학적 에너지는 어느 지점이든 일정하게 보존된다. (○ / ×)
(2) A 구간에서 구슬의 처음 중력 퍼텐셜 에너지는 빗면 바로 아래에서 모두 운동 에너지로 전환된다. (○ / ×)
(3) B 구간에서 구슬의 속력은 점점 감소한다. (○ / ×)
(4) B 구간에서 구슬의 역학적 에너지는 증가한다. (○ / ×)

내신 만점 문제

A 일과 에너지

01 그림은 질량이 5 kg인 물체 A와 질량이 2 kg인 물체 B가 각각 수평면에서 운동하고 있는 것을 나타낸 것이다.

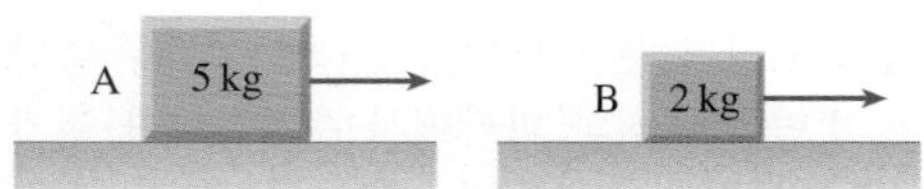

A, B의 운동량이 같을 때 A, B의 운동 에너지의 비는?

① 1 : 1　② 2 : 5　③ 4 : 5
④ 5 : 2　⑤ 5 : 4

02 그림 (가)는 수평면에서 질량이 각각 2 kg, 3 kg인 물체 A, B 사이에 용수철을 넣어 압축시킨 것을, (나)는 (가)에서 잡고 있는 손을 놓은 후 A, B가 용수철에서 분리되어 등속 직선 운동을 하는 것을 나타낸 것이다.

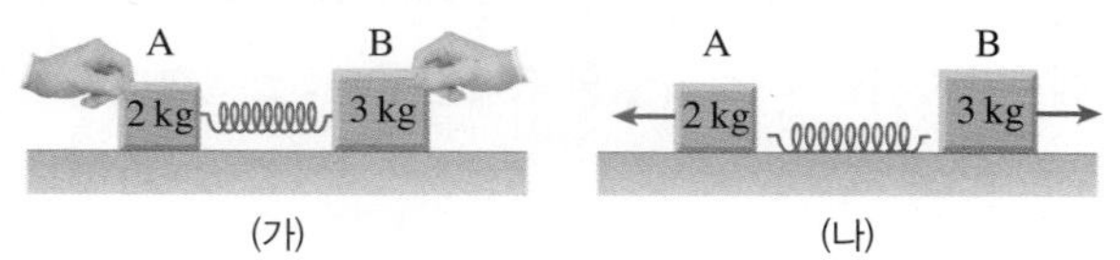

(가)　(나)

(나)에서 A, B의 운동에 대한 설명으로 옳은 것만을 [보기]에서 있는 대로 고른 것은? (단, 용수철의 질량 및 모든 마찰과 공기 저항은 무시한다.)

보기
ㄱ. A, B의 운동량의 합은 0이다.
ㄴ. A와 B의 운동 에너지의 비는 3 : 2이다.
ㄷ. A와 B의 속력의 비는 2 : 3이다.

① ㄱ　② ㄷ　③ ㄱ, ㄴ
④ ㄴ, ㄷ　⑤ ㄱ, ㄴ, ㄷ

중요 **03** 수평면에서 질량이 2 kg인 물체가 10 m/s의 속력으로 운동하고 있다.
이 물체의 속력이 20 m/s가 되게 하려면 물체에 몇 J의 일을 해 주어야 하는가?

① 100 J　② 200 J　③ 300 J
④ 400 J　⑤ 500 J

04 그림은 마찰이 없는 수평면 위에 정지해 있는 질량이 4 kg인 물체에 수평 방향으로 작용하는 힘의 크기를 이동 거리에 따라 나타낸 것이다.

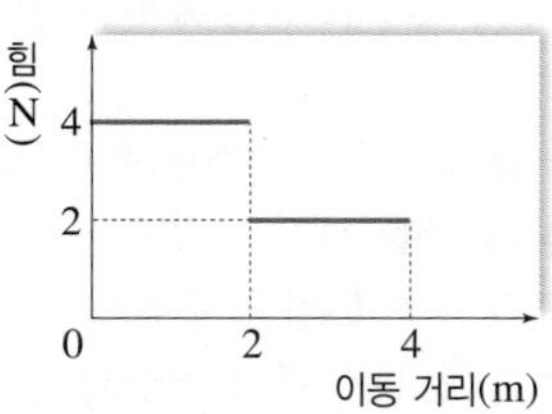

이에 대한 설명으로 옳은 것만을 [보기]에서 있는 대로 고른 것은?

보기
ㄱ. 0~2 m를 이동하는 동안 물체의 가속도의 크기는 $1\ m/s^2$으로 일정하다.
ㄴ. 2 m를 통과하는 순간 물체의 속력은 2 m/s이다.
ㄷ. 0~4 m를 이동하는 동안 힘이 물체에 한 일은 12 J이다.

① ㄱ　② ㄷ　③ ㄱ, ㄴ
④ ㄴ, ㄷ　⑤ ㄱ, ㄴ, ㄷ

중요 **05** 그림 (가)는 마찰이 없는 수평면에서 질량이 1 kg인 물체에 일정한 힘 F를 수평 방향으로 작용하는 것을 나타낸 것이고, (나)는 이 물체의 속도를 시간에 따라 나타낸 것이다.

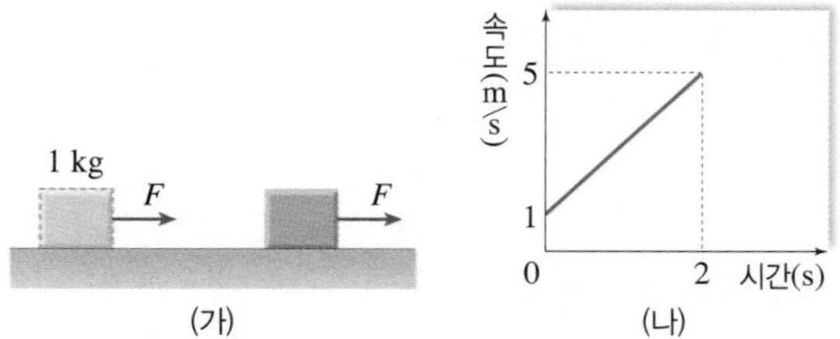

(가)　(나)

이에 대한 설명으로 옳은 것만을 [보기]에서 있는 대로 고른 것은?

보기
ㄱ. F의 크기는 2 N이다.
ㄴ. 0~2초 동안 F가 한 일은 12 J이다.
ㄷ. 0~2초 동안 물체의 운동 에너지 변화량은 12 J이다.

① ㄱ　② ㄴ　③ ㄱ, ㄷ
④ ㄴ, ㄷ　⑤ ㄱ, ㄴ, ㄷ

06 그림은 방망이로 정지해 있는 공 A, B를 칠 때 A, B가 받은 힘을 시간에 따라 나타낸 것이다. A와 B의 그래프 아랫부분의 넓이는 S로 같고, 질량은 A가 B보다 크다.

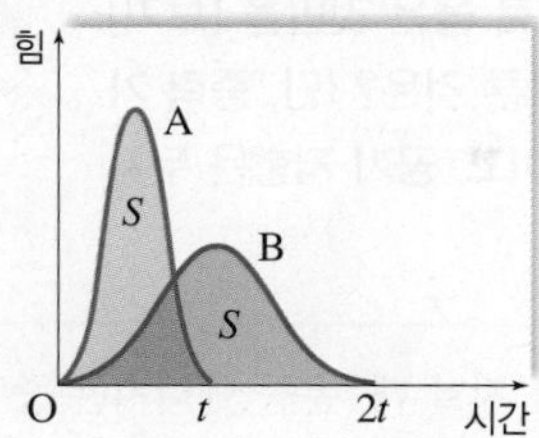

방망이로 공을 치는 동안, 공의 운동에 대한 설명으로 옳은 것만을 [보기]에서 있는 대로 고른 것은?

보기
ㄱ. 공이 받은 평균 힘의 크기는 A가 B보다 크다.
ㄴ. 공이 받은 충격량의 크기는 A가 B보다 크다.
ㄷ. 공에 작용한 알짜힘이 한 일은 A가 B보다 크다.

① ㄱ ② ㄴ ③ ㄱ, ㄷ
④ ㄴ, ㄷ ⑤ ㄱ, ㄴ, ㄷ

중요 **07** 그림과 같이 실에 매달린 질량 1 kg인 물체를 일정한 속력으로 당겨 지면으로부터 2 m 높이인 기준선 p까지 끌어올렸다. 이에 대한 설명으로 옳은 것만을 [보기]에서 있는 대로 고른 것은? (단, 중력 가속도는 10 m/s²이고, 모든 마찰은 무시한다.)

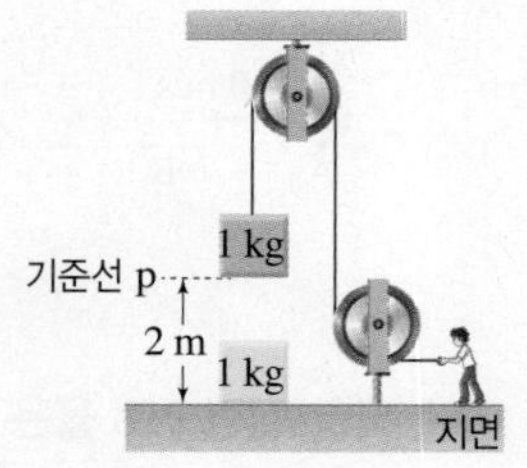

보기
ㄱ. 물체의 중력 퍼텐셜 에너지는 20 J만큼 증가하였다.
ㄴ. 물체에 해 준 일은 20 J이다.
ㄷ. p를 기준면으로 하면 p까지 끌어올리는 동안 물체의 중력 퍼텐셜 에너지의 증가량은 0이다.

① ㄱ ② ㄴ ③ ㄷ
④ ㄱ, ㄴ ⑤ ㄴ, ㄷ

08 그림은 질량이 5 kg인 물체에 힘 F를 작용하여 빗면을 따라 일정한 속력으로 2 m만큼 끌어올리는 것을 나타낸 것이다. 빗면의 높이는 1 m이다.

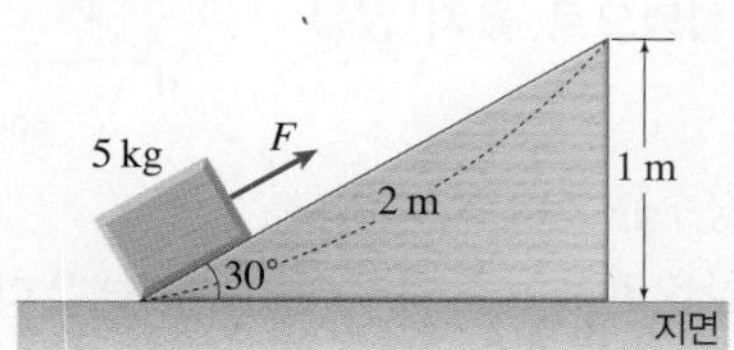

이에 대한 설명으로 옳은 것만을 [보기]에서 있는 대로 고른 것은? (단, 물체의 크기 및 모든 마찰과 공기 저항은 무시하고, 중력 가속도는 10 m/s²이며, 기준면은 지면이다.)

보기
ㄱ. 1 m 높이에서 물체의 중력 퍼텐셜 에너지는 50 J이다.
ㄴ. F의 크기는 25 N이다.
ㄷ. 빗면을 사용하여 일을 하면 물체를 직접 들어 올릴 때보다 힘의 크기와 한 일이 모두 줄어든다.

① ㄴ ② ㄱ, ㄴ ③ ㄱ, ㄷ
④ ㄴ, ㄷ ⑤ ㄱ, ㄴ, ㄷ

09 그림과 같이 사람이 질량이 m인 물체에 연직 위 방향으로 힘 F를 작용하여 물체를 지면으로부터 높이 h인 기준선 p까지 일정한 속력으로 들어 올렸다.

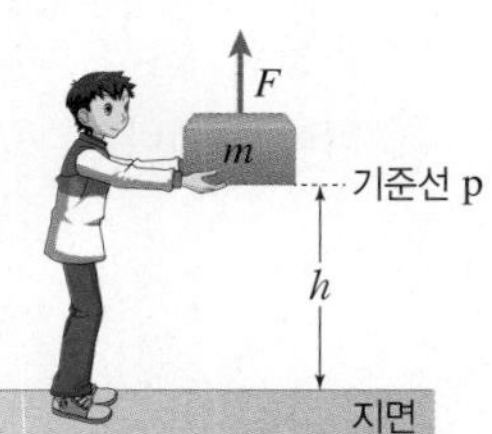

이에 대한 설명으로 옳지 않은 것은? (단, 중력 가속도는 g이고, 공기 저항은 무시한다.)

① 물체의 중력 퍼텐셜 에너지는 mgh만큼 증가하였다.
② 물체의 운동 에너지는 일정하다.
③ $F=mg$이다.
④ 사람이 물체에 작용하는 힘이 한 일은 mgh이다.
⑤ 물체에 작용하는 알짜힘이 한 일은 mgh이다.

중요 **10** 그림은 용수철에 작용한 힘과 용수철이 늘어난 길이의 관계를 나타낸 것이다.
이에 대한 설명으로 옳지 않은 것은?

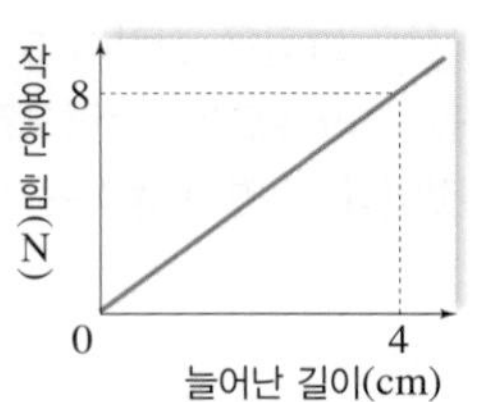

① 용수철 상수는 200 N/m이다.
② 4 N의 힘을 작용했을 때 늘어난 길이는 2 cm이다.
③ 용수철이 4 cm 늘어날 때까지 힘이 한 일은 0.16 J이다.
④ 용수철이 4 cm 늘어났을 때 용수철에 저장된 탄성 퍼텐셜 에너지는 0.16 J이다.
⑤ 용수철을 4 cm에서 8 cm로 늘어나게 하려면 0.32 J의 일을 해 주어야 한다.

B 역학적 에너지 보존

11 그림은 레일 위에서 롤러코스터가 A, B, C점을 통과하여 운동하는 것을 나타낸 것이다.

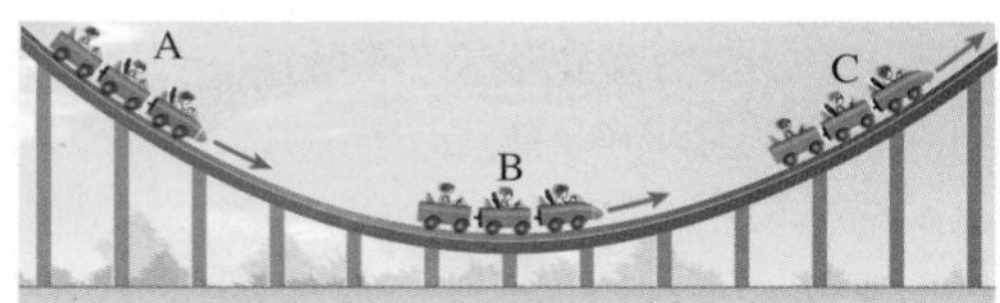

롤러코스터의 물리량 중 A, B, C점에서 크기가 같은 것은? (단, 모든 마찰과 공기 저항은 무시한다.)

① 속력 ② 운동량 ③ 운동 에너지
④ 퍼텐셜 에너지 ⑤ 역학적 에너지

서술형 **12** 그림은 마찰이 없는 빗면에서 물체가 거리 s만큼 내려간 것을 나타낸 것이다.
물체가 내려가는 동안 중력 퍼텐셜 에너지, 운동 에너지, 역학적 에너지가 어떻게 변하는지 까닭과 함께 서술하시오. (단, 공기 저항은 무시한다.)

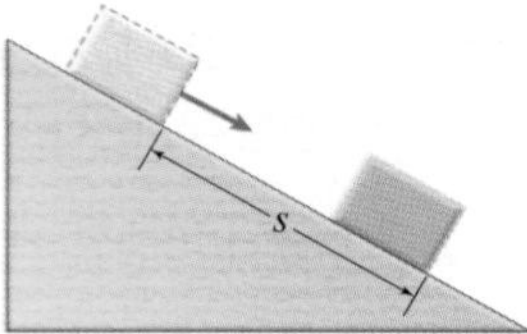

중요 **13** 그림과 같이 지면으로부터 12 m 높이에서 질량이 2 kg인 공을 가만히 놓았다.
이에 대한 설명으로 옳은 것만을 [보기]에서 있는 대로 고른 것은? (단, 중력 가속도는 10 m/s²이고, 공기 저항은 무시한다.)

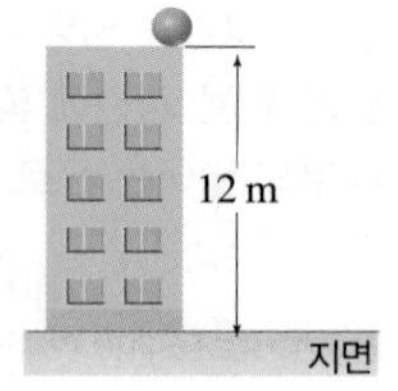

보기
ㄱ. 3 m 높이를 지날 때, 운동 에너지는 중력 퍼텐셜 에너지의 4배이다.
ㄴ. 지면에 도달할 때까지 감소한 중력 퍼텐셜 에너지는 240 J이다.
ㄷ. 지면에 도달한 순간 운동 에너지는 240 J이다.

① ㄴ ② ㄷ ③ ㄱ, ㄴ
④ ㄱ, ㄷ ⑤ ㄴ, ㄷ

14 그림은 질량이 2 kg인 물체가 10 m/s의 속력으로 A점을 통과하여 궤도를 따라 D점까지 운동하는 것을 나타낸 것이다. 궤도의 AB 구간은 수평이며, 지면으로부터 5 m 높이에 있다.

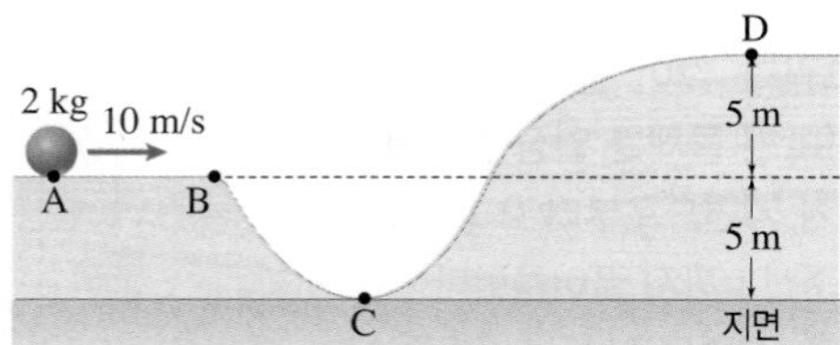

이에 대한 설명으로 옳은 것만을 [보기]에서 있는 대로 고른 것은? (단, 중력 가속도는 10 m/s²이고, 모든 마찰과 공기 저항은 무시한다.)

보기
ㄱ. 지면을 기준면으로 할 때 A점에서 물체의 역학적 에너지는 200 J이다.
ㄴ. C점에서 물체의 운동 에너지는 100 J이다.
ㄷ. 물체는 D점에 도달하지 못한다.

① ㄱ ② ㄴ ③ ㄷ
④ ㄱ, ㄴ ⑤ ㄴ, ㄷ

중요 **15** 그림과 같이 수평인 실험대 위에 놓인 질량이 3 kg인 수레 A에 가벼운 실로 질량이 2 kg인 물체 B를 매달아 도르래에 걸쳐 놓았더니 A, B가 함께 운동하였다.

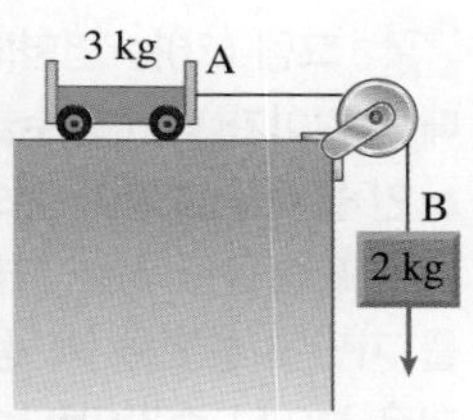

이에 대한 설명으로 옳은 것만을 [보기]에서 있는 대로 고른 것은? (단, 중력 가속도는 $10\ m/s^2$이고, 실의 질량 및 모든 마찰과 공기 저항은 무시한다.)

보기
ㄱ. A의 가속도의 크기는 $4\ m/s^2$이다.
ㄴ. 중력이 B에 한 일의 양은 B의 운동 에너지 증가량과 같다.
ㄷ. B가 1 m 낙하했을 때, A와 B의 운동 에너지의 합은 20 J이다.

① ㄱ ② ㄴ ③ ㄱ, ㄴ
④ ㄱ, ㄷ ⑤ ㄴ, ㄷ

중요 **16** 그림 (가)는 실로 연결되어 도르래에 매달린 물체 A, B가 지면으로부터 높이 1 m인 곳에 정지해 있도록 손으로 받치고 있는 모습을 나타낸 것이다. 그림 (나)는 (가)에서 손을 놓아 B가 지면에 도달한 순간 실이 끊어진 모습을 나타낸 것이다. A, B의 질량은 각각 1 kg, 2 kg이다.

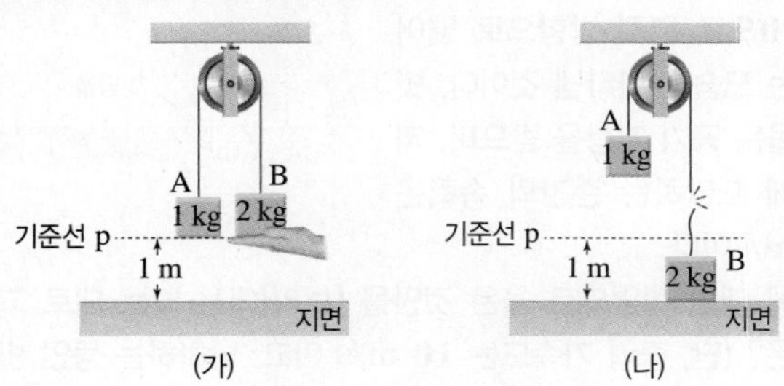

(나)에서 물체의 운동에 대한 설명으로 옳은 것만을 [보기]에서 있는 대로 고른 것은? (단, 중력 가속도는 $10\ m/s^2$이고, 실의 질량, 공기 저항 및 모든 마찰은 무시한다.)

보기
ㄱ. B가 지면에 도달한 순간의 속력은 $2\sqrt{15}$ m/s이다.
ㄴ. 실이 끊어진 순간 A의 운동 방향이 반대로 바뀐다.
ㄷ. A가 지면에 도달한 순간의 속력은 $2\sqrt{\frac{35}{3}}$ m/s이다.

① ㄴ ② ㄷ ③ ㄱ, ㄴ
④ ㄱ, ㄷ ⑤ ㄴ, ㄷ

17 그림과 같이 두 물체 A, B를 기준선 p에서 가만히 놓아 A는 빗면을 따라 내려가게 하고, B는 자유 낙하 시켰다. A, B의 질량은 m으로 같다.

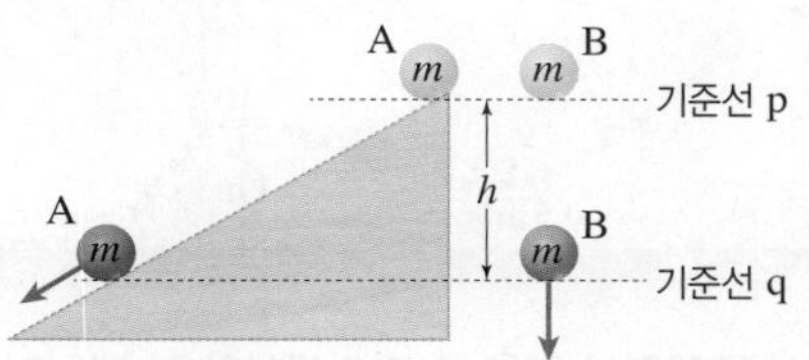

A, B가 기준선 p에서 기준선 q까지 운동하는 동안 [보기]의 물리량 중에서 값이 서로 같은 것을 있는 대로 고르시오. (단, 모든 마찰과 공기 저항은 무시한다.)

보기
ㄱ. 지면에 도달할 때까지 걸린 시간
ㄴ. 물체가 받은 충격량의 크기
ㄷ. 물체에 작용한 평균 힘의 크기
ㄹ. 물체에 작용한 알짜힘이 한 일

18 그림 (가), (나)는 실에 매달린 추의 왕복 운동을 나타낸 것이다. (가), (나)에서 추의 질량과 왕복하는 실의 각도는 각각 m과 θ로 서로 같고, 실의 길이는 (나)에서가 (가)에서보다 길다. P점, Q점은 최저점으로, 중력 퍼텐셜 에너지는 0이다.

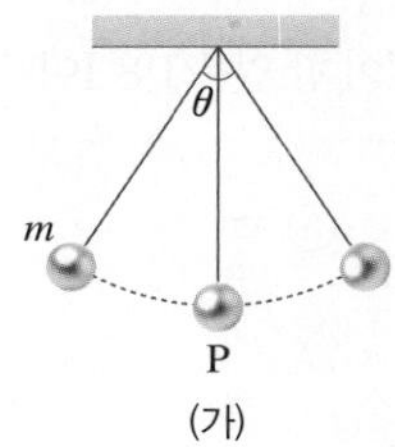

(가)

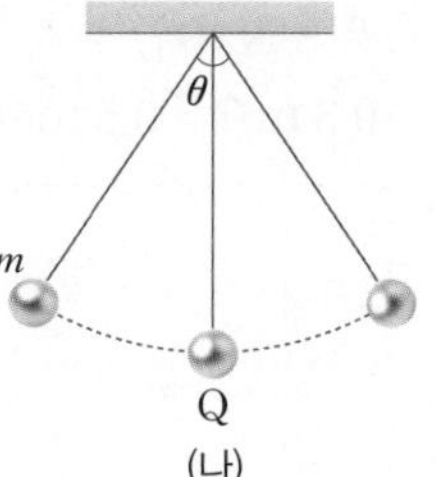

(나)

이에 대한 설명으로 옳은 것만을 [보기]에서 있는 대로 고른 것은? (단, 실의 질량, 공기 저항 및 모든 마찰은 무시한다.)

보기
ㄱ. 왕복 운동을 하는 동안 추의 운동 에너지는 일정하다.
ㄴ. 추의 역학적 에너지는 (가)에서가 (나)에서보다 작다.
ㄷ. 추의 속력은 P점에서가 Q점에서보다 작다.

① ㄱ ② ㄴ ③ ㄷ
④ ㄱ, ㄴ ⑤ ㄴ, ㄷ

서술형

19 그림과 같이 마찰이 없는 레일 위에서 물체를 가만히 놓았다.

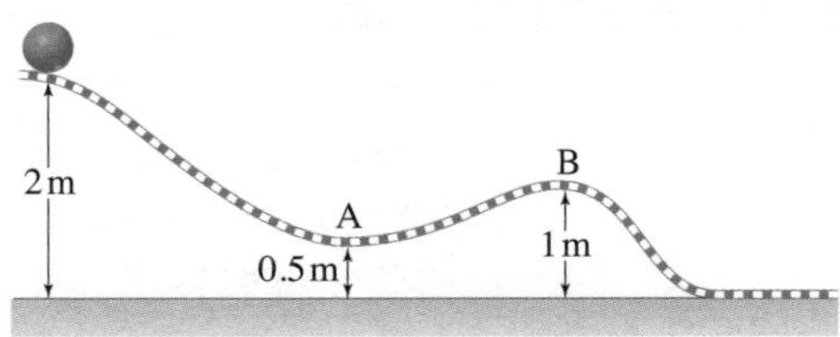

A 지점에서 물체의 속력은 B 지점에서의 몇 배인지 풀이 과정과 함께 구하시오. (단, 공기 저항은 무시한다.)

중요

20 그림과 같이 마찰이 없는 수평면에 질량이 2 kg인 물체가 용수철 상수가 40 N/m인 용수철에 연결되어 있다.

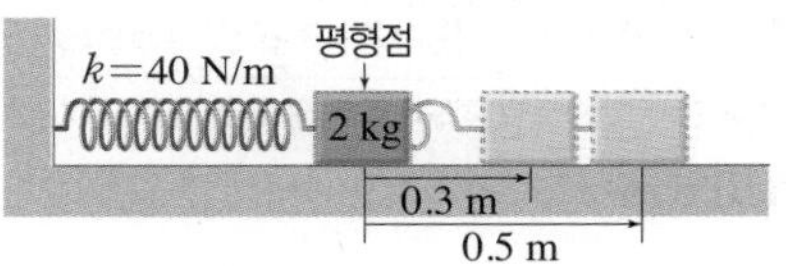

물체를 평형 상태에서 수평 방향으로 0.3 m 늘어난 위치로 옮겼다가 더 당겨서 0.5 m 늘어난 위치로 옮겼을 때, 이에 대한 설명으로 옳은 것만을 [보기]에서 있는 대로 고른 것은?

보기
ㄱ. 0.3 m까지 늘였을 때 탄성 퍼텐셜 에너지는 1.8 J이다.
ㄴ. 0.3 m에서 0.5 m까지 늘일 때, 힘의 크기의 증가량은 8 N이다.
ㄷ. 0.3 m에서 0.5 m까지 늘일 때 힘이 한 일은 1.8 J이다.

① ㄱ ② ㄴ ③ ㄷ
④ ㄱ, ㄴ ⑤ ㄴ, ㄷ

서술형

21 그림과 같이 수평면에서 용수철 상수가 k인 용수철의 끝에 질량이 m인 구슬을 대고 길이 x만큼 압축시켰다가 놓았다.

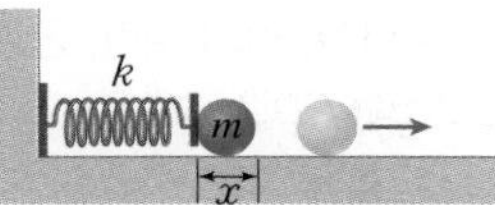

구슬이 용수철과 분리되는 순간 구슬의 속도의 크기를 풀이 과정과 함께 구하시오. (단, 용수철의 질량 및 모든 마찰과 공기 저항은 무시한다.)

22 그림 (가)는 변형되지 않았을 때의 길이가 L인 용수철에 질량이 m인 물체를 매달아 손으로 받치고 있는 모습을, (나)는 (가)에서 물체를 가만히 놓았을 때 용수철이 최대로 늘어난 순간의 모습을 나타낸 것이다.

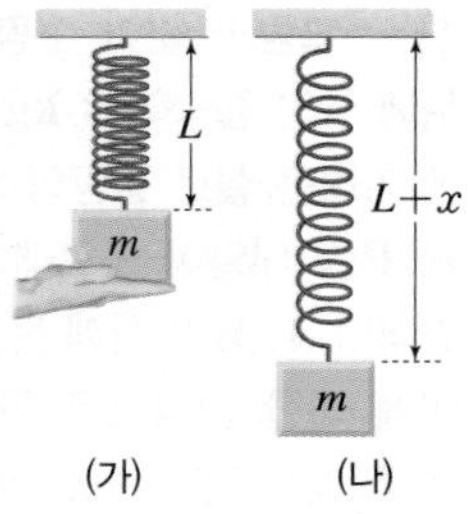

이에 대한 설명으로 옳은 것만을 [보기]에서 있는 대로 고른 것은? (단, 중력 가속도는 g이고, 용수철의 질량과 공기 저항은 무시한다.)

보기
ㄱ. (나)에서 물체의 운동 에너지는 0이다.
ㄴ. (나)에서 탄성 퍼텐셜 에너지는 mgx이다.
ㄷ. 용수철의 늘어난 길이가 $\frac{1}{2}x$일 때 물체의 속력이 최대이다.

① ㄱ ② ㄴ ③ ㄱ, ㄷ
④ ㄴ, ㄷ ⑤ ㄱ, ㄴ, ㄷ

23 그림은 지면으로부터 2000 m 높이에 있는 구름에서 만들어진 빗방울이 처음 속력 0으로 연직 방향으로 떨어지는 모습을 나타낸 것이다. 빗방울은 공기 저항을 받으며, 지면에 도달하는 순간의 속력은 2 m/s이다.

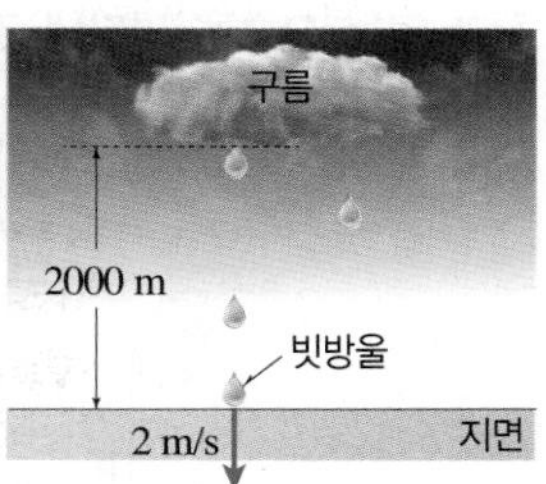

이에 대한 설명으로 옳은 것만을 [보기]에서 있는 대로 고른 것은? (단, 중력 가속도는 10 m/s^{2}이고, 낙하하는 동안 빗방울의 질량은 변하지 않는다.)

보기
ㄱ. 빗방울의 중력 퍼텐셜 에너지가 모두 운동 에너지로 전환된다.
ㄴ. 공기 저항이 없다면 빗방울이 지면에 도달하는 순간의 속력은 200 m/s이다.
ㄷ. 빗방울이 떨어지는 동안 빗방울의 역학적 에너지는 감소한다.

① ㄱ ② ㄴ ③ ㄷ
④ ㄱ, ㄴ ⑤ ㄴ, ㄷ

실력 UP 문제

정답친해 40쪽

01 그림 (가)는 수평면에 정지해 있는 물체 B를 향해 물체 A가 속력 2 m/s로 운동하다가 충돌하여 한 덩어리가 된 모습을 나타낸 것이다. 그림 (나)는 수평면 위의 같은 직선상에서 운동하는 두 물체 C, D가 서로 충돌하여 한 덩어리가 된 모습을 나타낸 것이다. 충돌 전 C, D의 속력은 각각 2 m/s, 1 m/s이다. A, B, C, D의 질량은 모두 1 kg으로 같다.

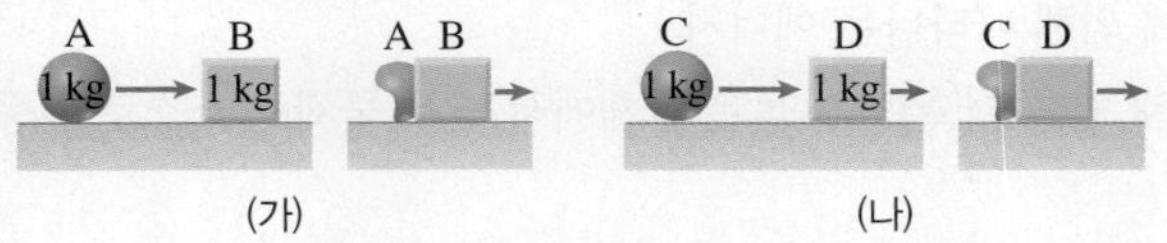

이에 대한 설명으로 옳은 것만을 [보기]에서 있는 대로 고른 것은? (단, 모든 마찰과 공기 저항은 무시한다.)

보기
ㄱ. (가)에서 충돌 후 B의 속력은 1 m/s이다.
ㄴ. 운동 에너지의 감소량은 A가 C보다 크다.
ㄷ. 운동 에너지의 증가량은 B가 D보다 크다.

① ㄱ ② ㄴ ③ ㄱ, ㄴ ④ ㄱ, ㄷ ⑤ ㄴ, ㄷ

02 그림과 같이 물체 A, B가 빗면 위에 실로 연결되어 있다. A가 p점에 있을 때 가만히 놓았더니 빗면을 따라 이동하여 q점을 통과하였다. A가 p점에서 q점까지 이동하는 동안 A의 높이는 h만큼 낮아졌으며, 중력 퍼텐셜 에너지의 변화량은 A가 B의 $\frac{3}{2}$배이다. A, B의 질량은 각각 $3m$, m이다.

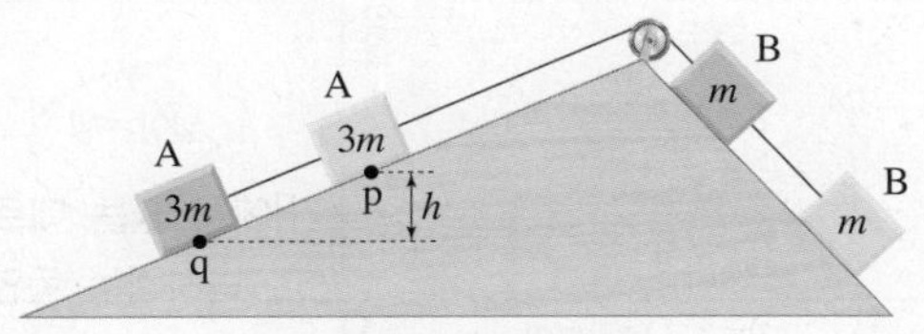

A가 q점을 지날 때 물체의 운동에 대한 설명으로 옳은 것만을 [보기]에서 있는 대로 고른 것은? (단, 실의 질량, 모든 마찰과 공기 저항은 무시한다.)

보기
ㄱ. 운동 에너지는 A가 B의 3배이다.
ㄴ. B의 운동 에너지는 $\frac{3}{4}mgh$이다.
ㄷ. A의 중력 퍼텐셜 에너지 감소량은 A와 B의 운동 에너지 증가량과 같다.

① ㄱ ② ㄴ ③ ㄷ ④ ㄱ, ㄷ ⑤ ㄴ, ㄷ

03 그림과 같이 수평면 위의 점 A를 속력 v로 통과한 질량이 m인 물체가 수평면으로부터 높이 $3h$인 점 B를 통과한 후 높이 $2h$인 점 C를 속력 V로 통과한다. 물체는 마찰이 있는 p 구간의 끝에서 정지하였다.

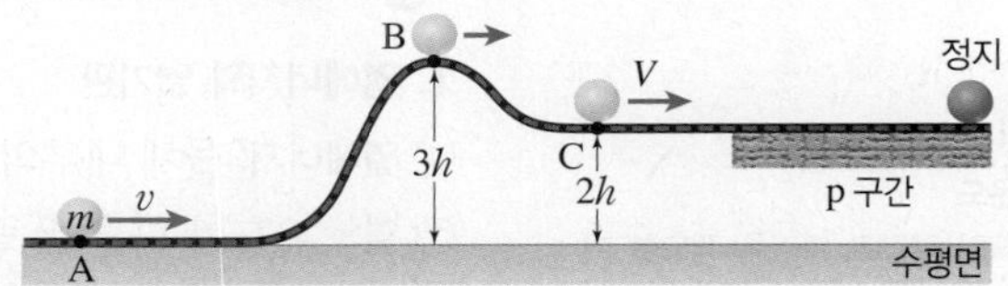

이에 대한 설명으로 옳은 것만을 [보기]에서 있는 대로 고른 것은? (단, 중력 가속도는 g이고, p 구간 이외에서 마찰과 공기 저항은 무시한다.)

보기
ㄱ. $V > \sqrt{2gh}$이다.
ㄴ. 물체가 p 구간을 통과하는 동안 감소한 역학적 에너지는 $\frac{1}{2}mv^2$이다.
ㄷ. 물체가 B를 지날 때의 속력이 $\frac{1}{2}v$이면 운동 에너지는 A에서가 C에서의 3배이다.

① ㄱ ② ㄷ ③ ㄱ, ㄴ ④ ㄱ, ㄷ ⑤ ㄴ, ㄷ

04 그림과 같이 지면에 용수철을 연직 방향으로 고정해 놓고, 용수철 바로 위 0.8 m 높이만큼 떨어진 위치에서 질량이 1 kg인 물체를 가만히 놓았다. 용수철 상수는 500 N/m이다.

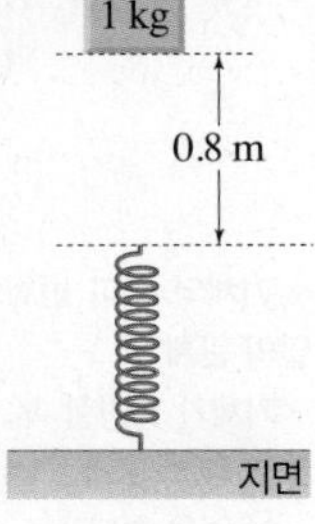

이에 대한 설명으로 옳은 것만을 [보기]에서 있는 대로 고른 것은? (단, 중력 가속도는 10 m/s²이고, 용수철의 질량, 모든 마찰과 공기 저항은 무시한다.)

보기
ㄱ. 물체의 속력의 최댓값은 4 m/s이다.
ㄴ. 용수철이 최대로 압축된 길이는 20 cm이다.
ㄷ. 용수철이 최대로 압축되었을 때 용수철이 물체에 작용하는 탄성력의 크기는 10 N이다.

① ㄱ ② ㄴ ③ ㄱ, ㄴ ④ ㄱ, ㄷ ⑤ ㄴ, ㄷ

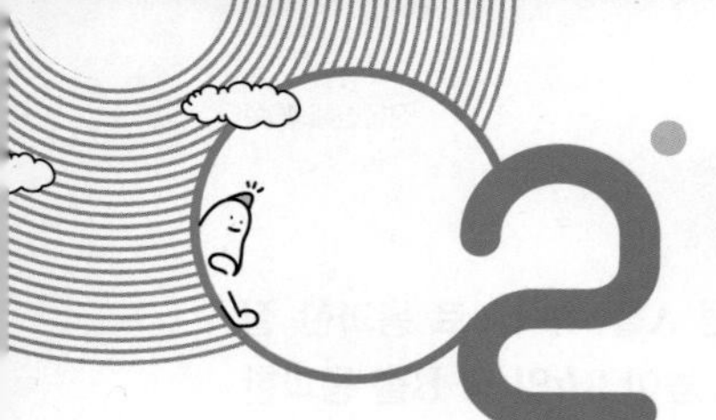

열역학 제1법칙

핵심 포인트
1. 기체가 하는 일 ★★
2. 기체의 내부 에너지 ★★
3. 열역학 제1법칙 ★★★
4. 열역학 과정 ★★★

A 기체가 하는 일과 내부 에너지

1. 열에너지와 열기관

(1) **열에너지:** 물체 내부의 분자 운동에 의해 나타나는 에너지

① 열: ◆온도가 다른 두 물체가 접촉해 있을 때 온도가 높은 물체에서 낮은 물체로 스스로 이동하는 에너지

② 열평형 상태: 온도가 다른 두 물체가 접촉해 있을 때 두 물체의 온도가 같아진 상태

(2) ◆**열기관:** 열을 일로 바꾸는 장치로, 열을 이용하여 피스톤을 움직여 동력을 얻는다.

◆ **온도**
물체의 차갑고 뜨거운 정도를 기준을 정해 수치로 나타낸 것으로, 분자 하나의 평균 운동 에너지와 관계가 있다. 온도가 높을수록 분자의 운동 에너지가 커서, 분자들이 활발하게 운동한다.

◆ **열기관의 종류**
- 내연 기관: 기관의 내부에서 연료를 연소시켜 일을 하는 기관
  예 가솔린 기관, 디젤 기관 등
- 외연 기관: 기관의 외부에서 열에너지를 얻어 일을 하는 기관
  예 증기 기관 등

2. 기체가 하는 일

(1) **기체가 하는 일:** 기체가 일정한 ◆압력 P를 유지하면서 팽창할 때, 기체가 외부에 한 일 W는 압력 P와 부피 변화량 ΔV의 곱과 같다.

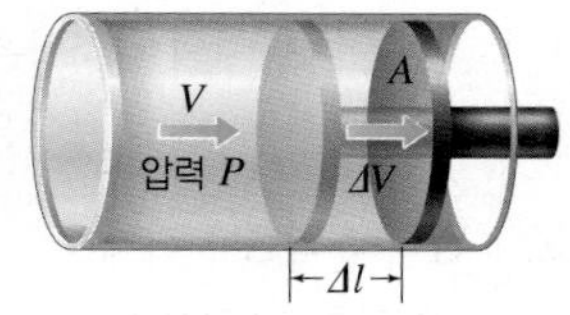

$$W=P\Delta V \text{ [단위: J(줄)]}$$

기체가 하는 일

기체가 일정한 압력 P를 유지하면서 팽창할 때, 단면적 A인 피스톤이 Δl만큼 이동하여 부피가 $\Delta V=A\Delta l$만큼 변한다. (단, 피스톤에 작용하는 마찰은 무시한다.)

❶ **기체가 피스톤에 작용하는 힘:** 압력$=\dfrac{\text{힘}}{\text{넓이}}$이므로 $F=PA$이다.

❷ **기체가 하는 일:** 일=힘×이동 거리이므로, $W=F\Delta l=PA\Delta l=P\Delta V$이다.

(2) **압력과 부피의 관계 그래프와 일:** 기체가 한 일은 압력-부피 그래프 아랫부분의 넓이와 같다.

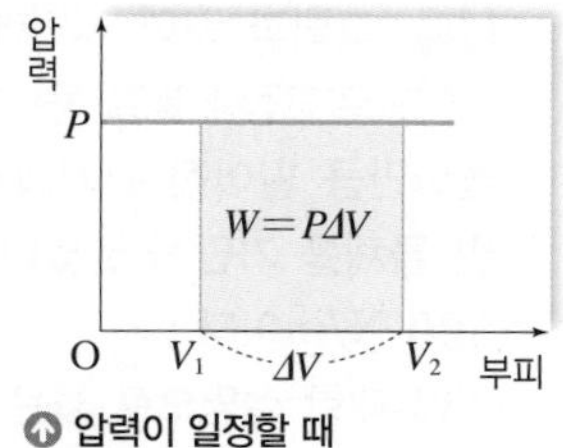

⊙ 압력이 일정할 때

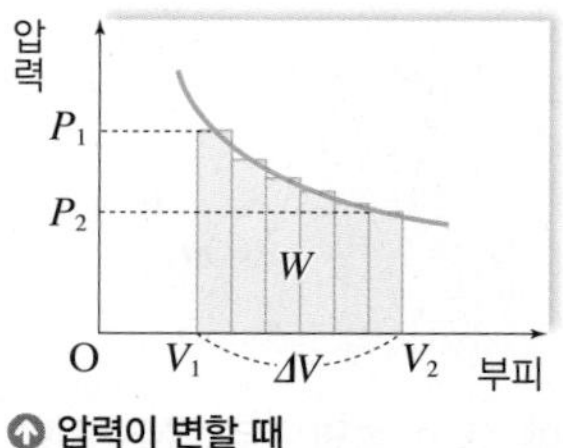

⊙ 압력이 변할 때

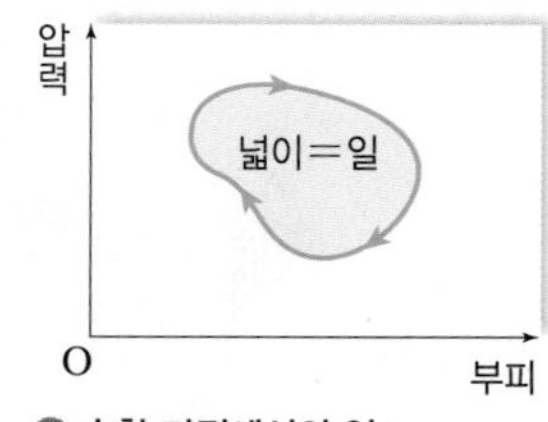

⊙ 순환 과정에서의 일

◆ **압력(P)**
단위넓이에 작용하는 힘의 크기로, 단면적의 넓이가 A인 물체에 크기가 F인 힘이 수직으로 작용할 때, 압력 P는 다음과 같다.
$$P=\frac{F}{A} \text{ [단위: N/m}^2\text{, Pa]}$$
파스칼

◆ **기체의 부피 변화와 외부에 한 일의 관계**
- 기체가 팽창할 때: $\Delta V>0$이므로 $W>0$이다. ➡ 기체가 외부에 일을 한다.
- 기체가 수축할 때: $\Delta V<0$이므로 $W<0$이다. ➡ 기체가 외부에서 일을 받는다.

3. 기체의 내부 에너지

(1) **내부 에너지:** 기체 분자들이 지니고 있는 퍼텐셜 에너지와 운동 에너지의 총합

(2) **이상 기체:** 분자 사이의 인력을 무시할 수 있는 이상적인 기체로 퍼텐셜 에너지는 0이다.

(3) **이상 기체의 내부 에너지:** 이상 기체의 경우 내부 에너지는 기체 분자들의 운동 에너지의 총합이므로 기체 분자수 N과 절대 온도 T에 비례한다.

운동 에너지의 평균값 $\overline{E}_k\propto T$

$$U\propto N\overline{E}_k \Rightarrow U\propto NT$$
(U: 이상 기체의 내부 에너지, N: 기체 분자의 수)

암기해!
기체의 부피 변화와 한 일의 관계
- 부피 증가 ➡ 일을 한다.
- 부피 감소 ➡ 일을 받는다.

B 열역학 제1법칙

1. 열역학 제1법칙 외부에서 가해 준 열 Q는 기체의 내부 에너지 변화량 ΔU와 기체가 외부에 한 일 W의 합과 같다.

$$Q=\Delta U+W=\Delta U+P\Delta V$$

(1) 기체가 열을 얻었을 때 ◆$Q>0$이며, 기체가 열을 잃었을 때 $Q<0$이다.

(2) **열역학 제1법칙의 의미:** 열에너지와 역학적 에너지를 포함한 에너지 보존 법칙이다.
기체뿐만 아니라 고체와 액체 등 외부와 에너지를 주고받는 모든 계에서 성립한다.

| 풍선에 전달된 열의 효과 |

풍선에 열을 가하면 풍선 속 기체의 온도가 올라가고 내부 에너지가 증가하며 부피가 팽창하면서 외부에 일을 한다.
➡ 기체에 가해 준 열은 내부 에너지 증가와 외부에 일을 하는 데 쓰인다.

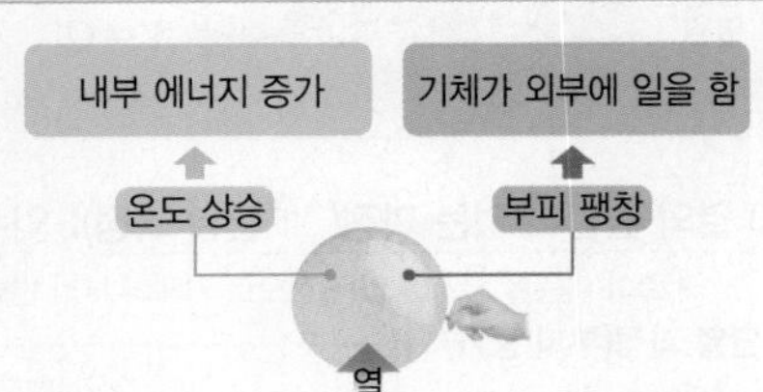

2. ❶열역학 과정 기체가 외부와 상호 작용을 하면서 한 상태에서 다른 상태로 바뀌는 과정
➡ 열역학 과정에서 열역학 제1법칙이 적용된다.

(1) **부피가 일정한 과정(◆등적 과정):** 기체의 부피가 일정하게 유지되면서 상태가 변하는 과정
└● 부피를 고정시킨 상태에서 열을 가할 때 나타난다.

86쪽 대표 자료❷

| 등적 과정(압력 증가) |

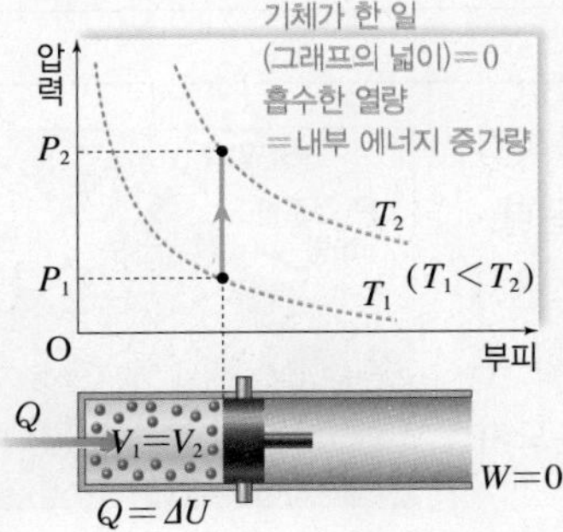

피스톤을 고정하여 움직이지 않도록 하면 부피는 변하지 않는다. 여기에 열을 가하면 내부 온도가 올라가므로 압력은 증가한다.
- $\Delta V=0$이므로 기체가 외부에 한 일 $W=0$이다.
- $\Delta T>0$이므로 $\Delta U>0$이다.

➡ 열역학 제1법칙에 의해 기체가 받은 열 Q는 내부 에너지 변화량 ΔU와 같다.

$$Q=\Delta U+W=\Delta U+0 \Rightarrow Q=\Delta U$$

(2) **압력이 일정한 과정(등압 과정):** 기체의 압력이 일정하게 유지되면서 상태가 변하는 과정
└● 열을 가해 피스톤이 천천히 움직이면서 기체의 압력이 외부의 압력과 같게 유지될 때 나타난다.

86쪽 대표 자료❶, ❷

| 등압 과정(부피 증가) |

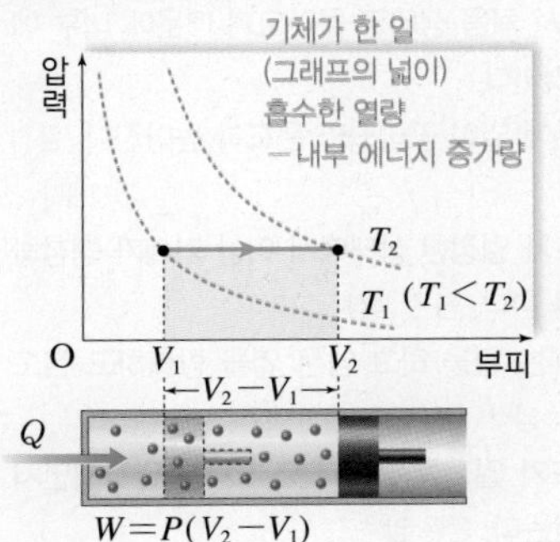

열을 천천히 가하여 피스톤이 일정한 속력으로 움직이면 내부의 압력이 일정하므로 ◆기체의 온도가 높아지면 부피가 커진다.
- $\Delta V>0$이므로 $W>0$이다.
- $\Delta T>0$이므로 $\Delta U>0$이다.

➡ 열역학 제1법칙에 의해 기체가 받은 열 Q는 기체의 내부 에너지 변화량 ΔU와 기체가 외부에 한 일 W의 합과 같다.

$$Q=\Delta U+W=\Delta U+P\Delta V$$

◆ **물리량의 부호와 의미**

구분	>0	<0
Q	열을 흡수	열을 방출
ΔU	내부 에너지 증가	내부 에너지 감소
W	외부에 일을 함	외부로부터 일을 받음

◆ **등적 과정의 예**
압력 밥솥은 밀폐되어 설정된 값까지 압력이 커져도 부피가 변하지 않는다. 따라서 받은 열이 모두 내부 에너지 증가에 사용되어 온도와 압력을 높인다. 압력이 높아지면 높은 온도에서 물이 끓기 때문에 밥이 빨리 익는다.

◆ **부피와 온도의 관계**
압력이 일정할 때 부피(V)는 절대 온도(T)에 비례한다. 이를 샤를 법칙이라고 한다.

$$V\propto T,\ \frac{V}{T}=\text{일정}$$

용어

❶ **열역학(熱 덥다, 力 힘, 學 배우다)** 열과 일의 관계를 다루는 학문의 분야

◆ 부피와 압력의 관계
온도가 일정할 때 부피는 압력에 반비례한다. 이를 보일 법칙이라고 한다.
$V \propto \frac{1}{P}$, PV = 일정

◆ 이상 기체 상태 방정식
이상 기체는 절대 온도 T, 압력 P, 부피 V 사이에 다음과 같은 관계식이 성립한다.
$PV = nRT$(R: 기체 상수)

◆ 단열 과정의 예
- 단열 팽창: 탄산 음료의 뚜껑을 처음 열 때 내부에 있던 높은 압력의 기체가 단열 팽창하여 주변의 온도가 급격히 낮아진다. 이때 수증기가 응결하여 김이 생긴다.
- 단열 압축: 자전거의 튜브에 공기를 넣을 때 튜브 안의 기체가 단열 압축하여 온도가 높아지므로 튜브가 뜨거워진다.

◆ 스털링 엔진
연료가 연소하지 않고 고온부와 저온부의 온도 차이로 작동하는 엔진으로, 열효율이 높고 소음과 진동이 적다.

(용어)
❶ 단열(斷 끊다, 熱 열) 물체와 물체 사이에 열이 서로 통하지 않도록 막음

(3) 온도가 일정한 과정(등온 과정): 기체의 온도가 일정하게 유지되면서 상태가 변하는 과정

└● 온도가 일정하게 유지되는 열원에 기체를 접촉시켜 열원과 열평형 상태를 유지시킬 때 나타난다.

| 등온 과정(부피 증가) |

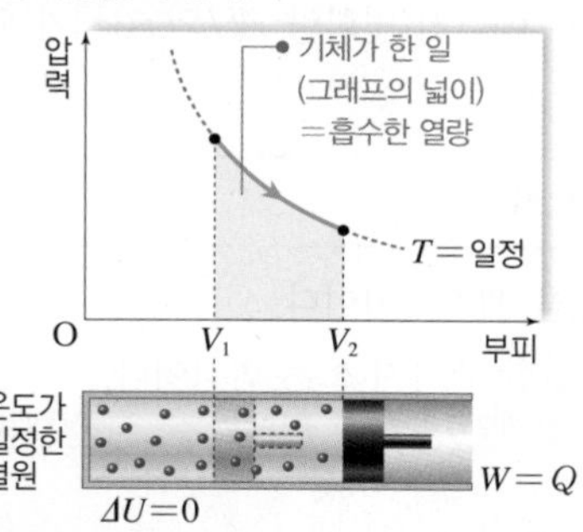

온도가 일정할 때 ◆부피가 증가하면 기체의 압력은 감소한다.
- $\Delta V > 0$이므로 $W > 0$이다.
- $\Delta T = 0$이므로 $\Delta U = 0$이다.

➡ 열역학 제1법칙에 의해 기체가 받은 열 Q는 외부에 한 일 W와 같다.

$$Q = \Delta U + W = 0 + W \Rightarrow Q = W$$

(4) 열의 출입이 없는 과정(◆❶단열 과정): 외부와의 열의 출입이 없이 기체의 상태가 변하는 과정

└● 열이 이동할 시간이 없을 정도로 기체의 부피 변화가 빨리 일어날 때 나타난다.

| 단열 과정(부피 증가) |

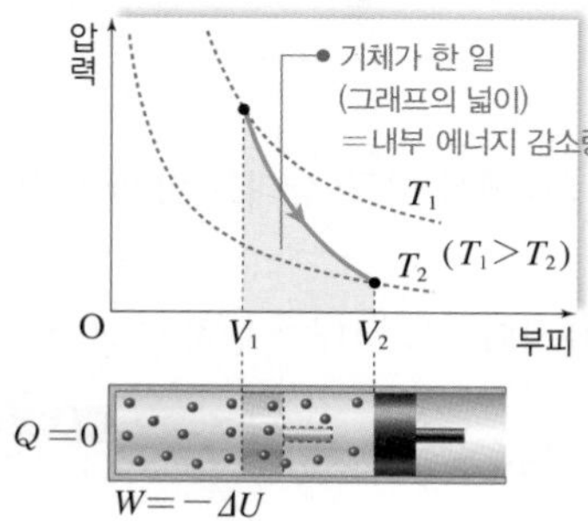

기체가 흡수 또는 방출하는 열이 0이다. 기체의 온도가 낮아질 때 기체의 부피가 증가한다.
- $\Delta V > 0$이므로 $W > 0$이다.
- $\Delta T < 0$이므로 $\Delta U < 0$이다.

➡ 열역학 제1법칙에 의해 기체가 외부에 한 일 W는 내부 에너지 감소량 $-\Delta U$와 같다.

$$Q = 0 = \Delta U + W \Rightarrow W = -\Delta U$$

① 구름의 생성: 공기가 상승하면서 단열 팽창하여 주변의 온도가 급격히 낮아진다. 이때 수증기가 응결하여 구름이 생성된다.

② 높새바람: 동해에서 온 공기 덩어리가 태백산맥을 넘으면서 단열 팽창하여 구름이 되었다가 동쪽 사면에 비를 뿌린 후 서쪽 사면을 따라 내려온다. 이때 단열 압축에 의해 온도가 높아져 고온 건조한 높새바람이 분다.

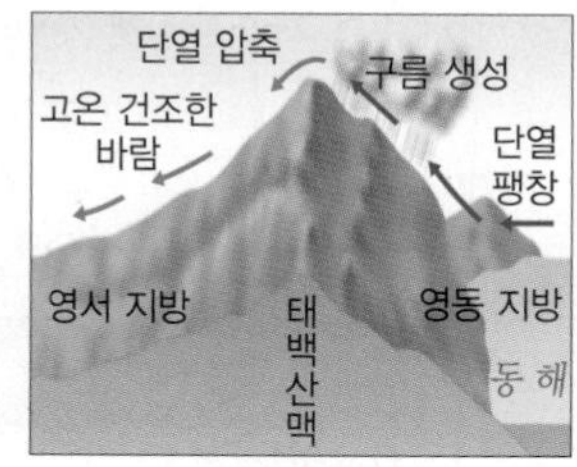

심화 + 열기관의 원리

◆스털링 엔진과 같은 열기관은 열을 가해 팽창한 공기로 바퀴를 돌리는 일을 하고, 남은 열을 방출한다. 이 순환 과정에서 엔진이 공급받은 열로 일을 하고, 남은 열은 방출하여 다시 처음 상태로 돌아오기 때문에 내부 에너지 변화는 없다. 그림은 한 순환 과정에서 열기관의 원리를 나타낸 것이다.

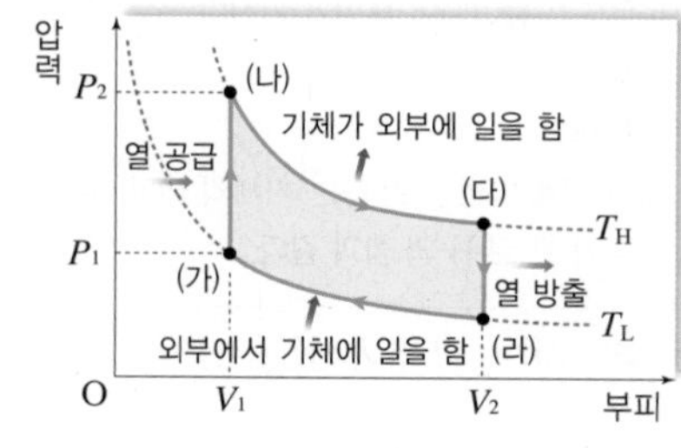

- (가) → (나): 기체에 열이 공급되면 온도가 높아진다. 등적 가열
- (나) → (다): 온도가 일정한 상태에서 이상 기체가 팽창하면서 외부에 일을 한다. 등온 팽창
- (다) → (라): 기체는 일을 하고 남은 열을 방출하고 온도가 낮아진다. 등적 냉각
- (라) → (가): 온도가 일정한 상태에서 기체가 압축되면서 외부에서 일을 받는다. 등온 압축

정답친해 42쪽

개념 확인 문제

핵심 체크

- (❶): 물체 내부의 분자 운동에 의해 나타나는 에너지
- (❷): 접촉하고 있는 두 물체의 온도가 같아진 상태
- 기체가 하는 일: 기체가 일정한 압력을 유지하면서 팽창할 때, 기체가 외부에 한 일은 압력과 (❸)을 곱한 값과 같다.
- 이상 기체의 내부 에너지: 이상 기체의 경우 내부 에너지는 분자들의 (❹) 에너지의 총합이므로 기체 분자 수와 (❺)에 비례한다.
- 열역학 제1법칙: 기체에 가해 준 열(Q)은 (❻) 변화량(ΔU)과 외부에 한 (❼)(W)의 합과 같다.
- 열역학 과정

등적 과정	기체의 (❽)가 일정($W=0$)하게 유지되면서 기체의 상태가 변하는 과정 ➡ $Q=\Delta U$
(❾) 과정	기체의 압력이 일정하게 유지되면서 기체의 상태가 변하는 과정 ➡ $Q=\Delta U+W$
등온 과정	기체의 온도가 일정($\Delta U=0$)하게 유지되면서 기체의 상태가 변하는 과정 ➡ $Q=$(❿)
(⓫) 과정	외부와의 열의 출입이 없이 기체의 상태가 변하는 과정 ➡ $W=-\Delta U$

1 그림과 같이 기체가 일정한 압력 P를 유지하면서 부피가 ΔV만큼 팽창하는 과정에서 기체가 한 일 W를 쓰시오.

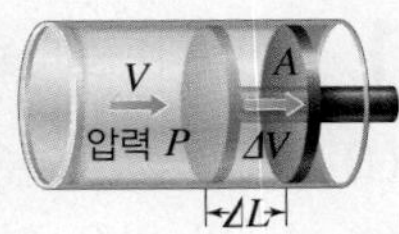

2 내부 에너지에 대한 설명으로 옳은 것은 ○, 옳지 않은 것은 ×로 표시하시오.

(1) 이상 기체의 내부 에너지는 기체 분자들의 운동 에너지의 총합이다. ( )

(2) 온도가 같을 경우, 이상 기체의 내부 에너지는 기체 분자의 수가 적을수록 크다. ( )

(3) 이상 기체의 내부 에너지는 절대 온도에 비례한다. ( )

3 열역학 제1법칙을 나타낸 것이다. ( ) 안에 알맞은 말을 쓰시오.

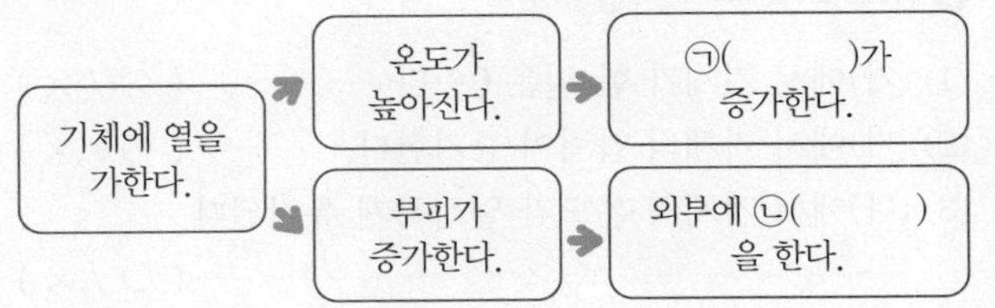

4 이상 기체에 5000 J의 열을 가하였더니 기체가 팽창하면서 외부에 2000 J의 일을 하였다. 이때 기체의 내부 에너지 증가량은 몇 J인지 쓰시오.

5 다음 현상과 관련된 열역학 과정을 쓰시오.

(1) 구름이 생성되는 현상 ( )

(2) 압력 밥솥을 사용하여 밥을 하는 일 ( )

(3) 자전거의 튜브에 공기를 넣을 때 튜브가 뜨거워지는 현상 ( )

6 열역학 과정에 해당하는 그래프를 [보기]에서 각각 고르시오.

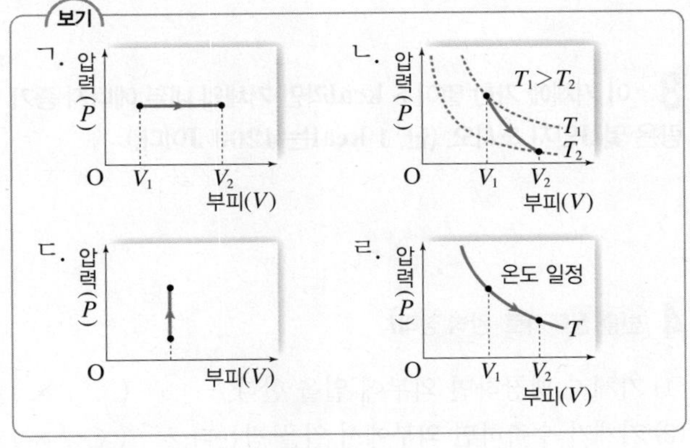

(1) 등온 과정 ( ) (2) 단열 과정 ( )

(3) 등압 과정 ( ) (4) 등적 과정 ( )

대표 자료 분석

정답친해 42쪽

자료 1 기체가 하는 일과 열역학 제1법칙

기출 Point
- 기체가 팽창할 때 기체가 한 일과 내부 에너지 구하기
- 열역학 제1법칙 이해하기

[1~4] 그림 (가)는 실린더 안의 이상 기체에 서서히 Q의 열을 가했더니 기체의 부피가 팽창하는 모습을 나타낸 것이다. 이때 외부의 압력은 일정하였다. 그림 (나)는 기체의 압력과 부피 변화를 나타낸 것이다. (단, 피스톤과 실린더 사이의 마찰은 무시한다.)

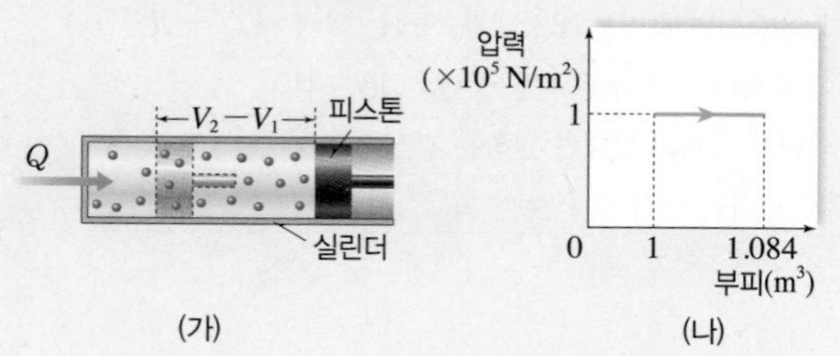

1 이에 대한 설명으로 옳은 것은 ○, 옳지 않은 것은 ×로 표시하시오.

(1) 실린더 안 기체의 압력은 일정하다. ( )
(2) 기체의 온도가 일정하게 유지된다. ( )
(3) 기체의 평균 운동 에너지가 증가한다. ( )

2 이 기체가 외부에 한 일은 몇 J인지 쓰시오.

3 이 기체에 가한 열이 5 kcal라면 기체의 내부 에너지 증가량은 몇 J인지 쓰시오. (단, 1 kcal는 4200 J이다.)

4 빈출 선택지로 완벽 정리!

(1) 기체가 팽창하면 외부에 일을 한다. (○ / ×)
(2) 기체가 수축하면 외부에서 일을 받는다. (○ / ×)
(3) 이 기체의 내부 에너지 변화량은 외부로부터 받은 열의 양과 같다. (○ / ×)

자료 2 열역학 과정

기출 Point
- 부피, 압력이 일정한 기체의 변화 알아보기
- 열역학 과정에 적용되는 열역학 제1법칙 이해하기

[1~3] 그림 (가), (나)는 실린더에 들어 있는 같은 양의 이상 기체를 각각 부피와 압력을 일정하게 유지하면서 열을 가하는 모습을 나타낸 것이다. (단, 외부로 손실되는 열은 없고, 피스톤과 실린더 사이의 마찰은 무시한다.)

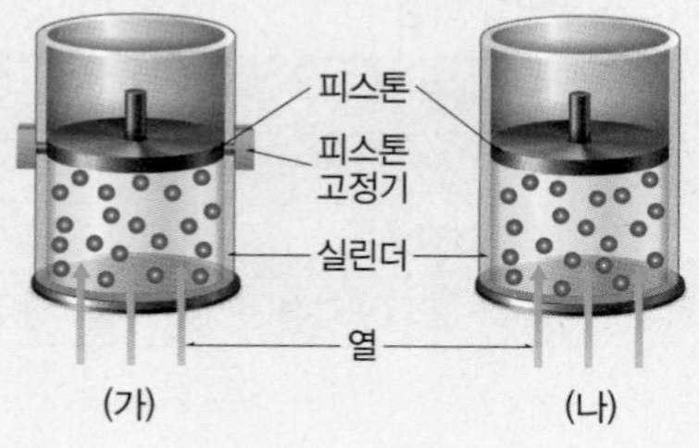

1 (가), (나) 중 다음에 해당하는 것을 쓰시오.

(1) 기체가 받은 열은 모두 내부 에너지 증가에 사용된다.
(2) 기체가 받은 열은 내부 에너지 증가량과 외부에 한 일의 합과 같다.

2 (가), (나)에 같은 열을 가했을 때, 물리량이 (가)에서가 (나)에서보다 큰 것만을 [보기]에서 있는 대로 고르시오.

보기
ㄱ. 기체의 압력
ㄴ. 기체의 온도
ㄷ. 기체의 내부 에너지
ㄹ. 기체가 피스톤에 한 일

3 빈출 선택지로 완벽 정리!

(1) (가)에서 기체가 한 일은 0이다. (○ / ×)
(2) (가)에서 기체의 압력이 증가한다. (○ / ×)
(3) (나)에서 기체의 온도가 일정하게 유지된다. (○ / ×)

내신 만점 문제

정답친해 43쪽

A 기체가 하는 일과 내부 에너지

01 열과 온도에 대한 설명으로 옳은 것만을 [보기]에서 있는 대로 고른 것은?

보기
ㄱ. 온도 차이에 의해 이동하는 에너지를 열이라고 한다.
ㄴ. 열에너지는 물체 내부의 분자 운동에 의해 나타나는 에너지이다.
ㄷ. 온도가 높을수록 분자들이 활발하게 움직인다.

① ㄱ ② ㄷ ③ ㄱ, ㄴ
④ ㄴ, ㄷ ⑤ ㄱ, ㄴ, ㄷ

02 그림은 일정량의 이상 기체의 상태가 A → B → C → D → A를 따라 변할 때 압력과 부피의 관계를 나타낸 것이다. 기체가 외부에 한 일은?

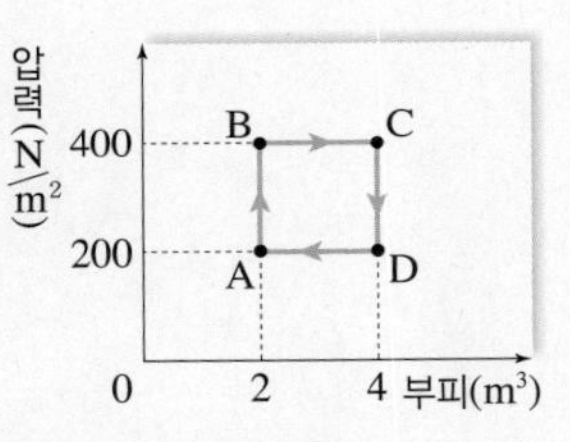

① 100 J ② 200 J ③ 400 J
④ 600 J ⑤ 800 J

B 열역학 제1법칙

03 열역학 제1법칙에 관련된 설명으로 옳은 것만을 [보기]에서 있는 대로 고른 것은?

보기
ㄱ. 기체에 가해 준 열량은 기체의 내부 에너지 변화량과 기체가 외부에 한 일의 합과 같다.
ㄴ. 열에너지와 역학적 에너지를 포함한 에너지 보존 법칙이다.
ㄷ. 등적 과정에서 기체는 외부에 일을 한다.

① ㄱ ② ㄴ ③ ㄱ, ㄴ
④ ㄱ, ㄷ ⑤ ㄴ, ㄷ

04 어떤 이상 기체의 압력을 3.0×10^5 N/m²으로 일정하게 유지하면서 1.5×10^4 J의 열을 가했더니, 기체의 부피가 0.01 m³에서 0.03 m³로 증가하였다. 이 과정에서 내부 에너지 증가량은?

① 1.5×10^3 J ② 4.5×10^3 J
③ 6×10^3 J ④ 9×10^3 J
⑤ 9.5×10^3 J

중요 **05** 그림은 실린더에 담긴 어떤 이상 기체의 상태가 변할 때 압력과 부피의 관계를 나타낸 것이다. 이 기체가 상태 1에서 상태 2로 변하는 과정에 대한 설명으로 옳은 것만을 [보기]에서 있는 대로 고른 것은?

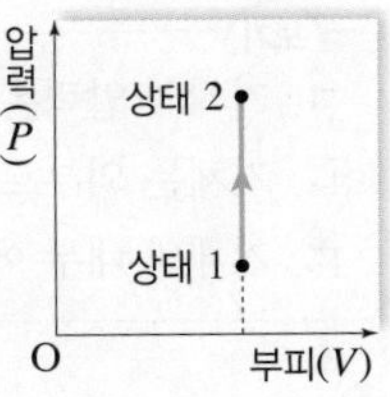

보기
ㄱ. 기체는 외부에 일을 한다.
ㄴ. 기체의 온도는 일정하게 유지된다.
ㄷ. 기체는 외부로부터 열을 얻는다.

① ㄱ ② ㄷ ③ ㄱ, ㄴ
④ ㄱ, ㄷ ⑤ ㄴ, ㄷ

중요 **06** 그림과 같이 기체가 들어 있는 실린더에 열을 가하였더니, 기체의 압력이 일정하게 유지되면서 부피가 증가하였다. 기체가 팽창하는 동안 일어나는 변화에 대한 설명으로 옳은 것만을 [보기]에서 있는 대로 고른 것은? (단, 외부로 손실되는 열은 없고, 피스톤과 실린더 사이의 마찰은 무시한다.)

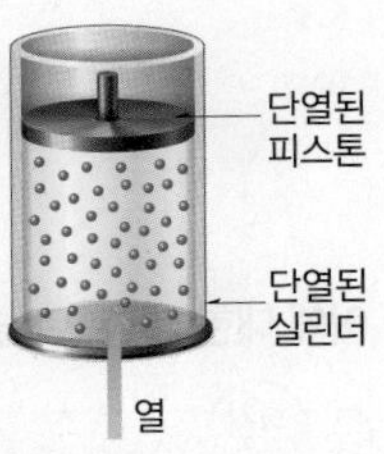

보기
ㄱ. 기체 분자의 평균 속력은 증가한다.
ㄴ. 기체의 온도는 높아진다.
ㄷ. 기체가 흡수한 열은 기체가 외부에 한 일과 같다.

① ㄴ ② ㄷ ③ ㄱ, ㄴ
④ ㄱ, ㄷ ⑤ ㄱ, ㄴ, ㄷ

07 그림 (가)는 이상 기체가 들어 있는 단열된 실린더가 외부와 평형을 이룬 모습을, (나)는 단열된 피스톤 위에 추를 올려 두었더니 피스톤이 서서히 내려가는 모습을 나타낸 것이다.

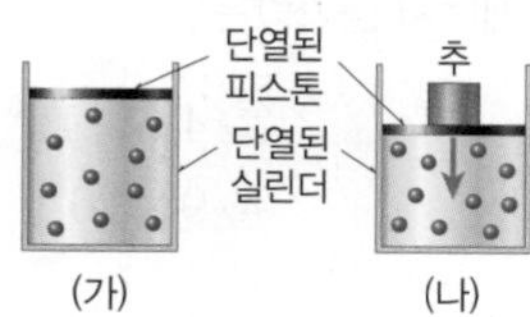

(나)에서 피스톤이 내려가는 동안 기체의 변화에 대한 설명으로 옳은 것만을 [보기]에서 있는 대로 고른 것은? (단, 피스톤과 실린더 사이의 마찰은 무시한다.)

ㄱ. 기체의 압력은 증가한다.
ㄴ. 기체는 외부로부터 일을 받는다.
ㄷ. 기체의 내부 에너지는 증가한다.

① ㄱ　② ㄴ　③ ㄱ, ㄷ　④ ㄴ, ㄷ　⑤ ㄱ, ㄴ, ㄷ

중요 **08** 그림은 일정량의 이상 기체의 상태가 변하는 동안 기체의 부피와 절대 온도를 나타낸 것이다. B → C 과정에서 기체의 압력은 일정하다.

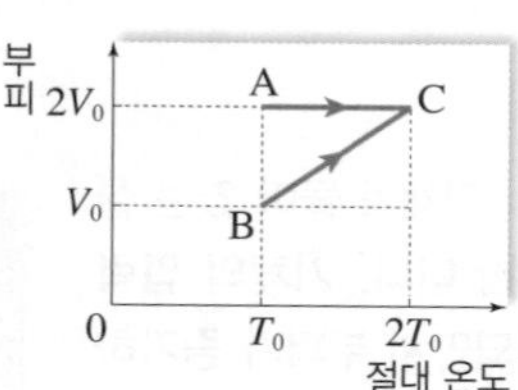

이에 대한 설명으로 옳은 것만을 [보기]에서 있는 대로 고른 것은?

보기
ㄱ. 기체의 내부 에너지 증가량은 A → C 과정과 B → C 과정이 서로 같다.
ㄴ. 기체가 외부에 한 일은 A → C 과정이 B → C 과정보다 크다.
ㄷ. 열에너지의 흡수량은 A → C 과정이 B → C 과정보다 크다.

① ㄱ　② ㄴ　③ ㄱ, ㄴ　④ ㄱ, ㄷ　⑤ ㄴ, ㄷ

서술형 **09** 그림 (가)는 피스톤을 고정시켜 기체의 부피를 일정하게 유지하면서 열을 가하는 모습을, (나)는 피스톤을 자유롭게 움직이도록 하여 기체의 압력을 일정하게 유지하면서 (가)와 같은 양의 열을 가하는 모습을 나타낸 것이다.

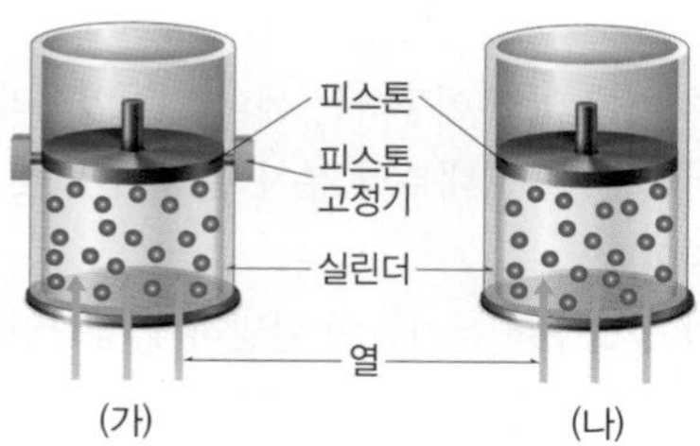

(가), (나) 중 기체의 내부 에너지 증가량이 더 큰 경우를 고르고, 그 까닭을 열역학 법칙을 이용하여 서술하시오. (단, 외부로 손실되는 열은 없고, 피스톤과 실린더 사이의 마찰은 무시한다.)

10 그림과 같이 실린더의 한쪽 벽을 온도가 일정하게 유지되는 열원에 접촉하여 기체의 온도를 일정하게 유지하였더니, 기체의 부피가 증가하였다.

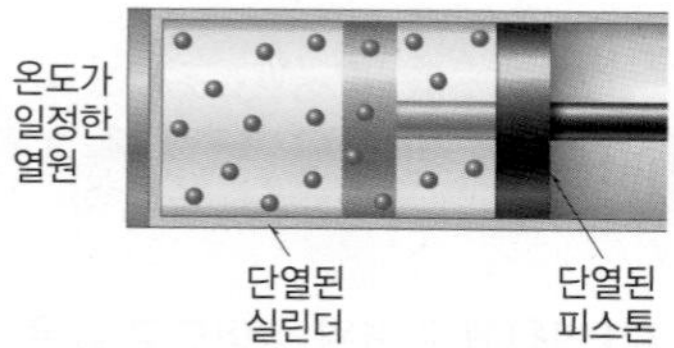

이 과정에서 기체의 변화에 대한 설명으로 옳은 것만을 [보기]에서 있는 대로 고른 것은? (단, 외부로 손실되는 열은 없고, 피스톤과 실린더 사이의 마찰은 무시한다.)

보기
ㄱ. 기체의 내부 에너지는 증가한다.
ㄴ. 기체의 압력은 부피에 반비례한다.
ㄷ. 기체가 흡수한 열은 기체가 외부에 한 일과 같다.

① ㄴ　② ㄷ　③ ㄱ, ㄴ　④ ㄱ, ㄷ　⑤ ㄴ, ㄷ

11 단열 압축 과정의 특징으로 옳은 것만을 [보기]에서 있는 대로 고른 것은?

> 보기
> ㄱ. 기체가 외부에 일을 한다.
> ㄴ. 기체의 내부 에너지가 증가한다.
> ㄷ. 기체의 압력은 증가한다.

① ㄱ ② ㄴ ③ ㄱ, ㄴ
④ ㄱ, ㄷ ⑤ ㄴ, ㄷ

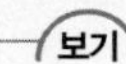

12 그림은 이상 기체가 들어 있는 실린더를 나타낸 것이다.

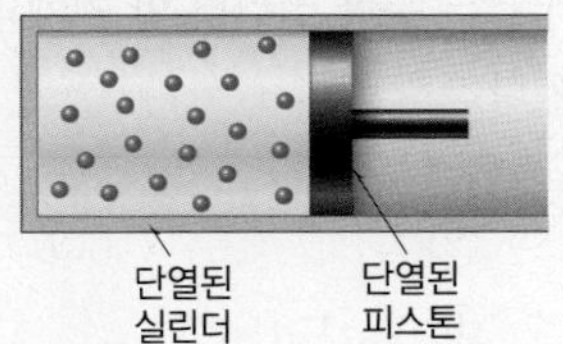

실린더와 외부 사이의 열 출입이 없이 피스톤을 잡아당겼을 때, 이 이상 기체에 대한 설명으로 옳은 것만을 [보기]에서 있는 대로 고른 것은?

> 보기
> ㄱ. 기체의 내부 에너지는 감소한다.
> ㄴ. 기체의 압력은 증가한다.
> ㄷ. 기체 분자의 평균 속력은 증가한다.

① ㄱ ② ㄴ ③ ㄱ, ㄷ
④ ㄴ, ㄷ ⑤ ㄱ, ㄴ, ㄷ

13 그림은 일정량의 이상 기체의 상태가 변하는 동안 기체의 절대 온도와 압력을 나타낸 것이다. B → C 과정에서 기체의 부피는 일정하다.

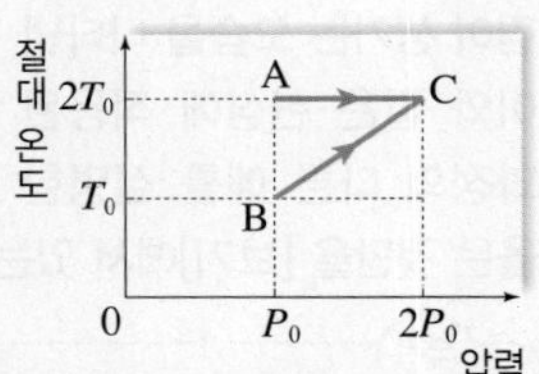

이에 대한 설명으로 옳은 것만을 [보기]에서 있는 대로 고른 것은?

> 보기
> ㄱ. A → C 과정은 단열 과정이다.
> ㄴ. B → C 과정에서 기체는 열을 흡수한다.
> ㄷ. B → C 과정에서 기체의 내부 에너지는 증가한다.

① ㄱ ② ㄴ ③ ㄱ, ㄷ
④ ㄴ, ㄷ ⑤ ㄱ, ㄴ, ㄷ

중요

14 그림 (가)는 피스톤으로 나누어진 단열된 실린더 안의 두 구역에 압력이 같은 동일한 이상 기체 A, B를 동시에 넣은 모습을 나타낸 것이다. 피스톤은 고정 핀으로 고정되어 있으며, 피스톤을 통해 열의 이동이 가능하다. (나)는 (가)에서 충분한 시간이 지난 뒤 고정 핀을 제거한 순간 피스톤이 B쪽으로 움직이는 모습을 나타낸 것이다.

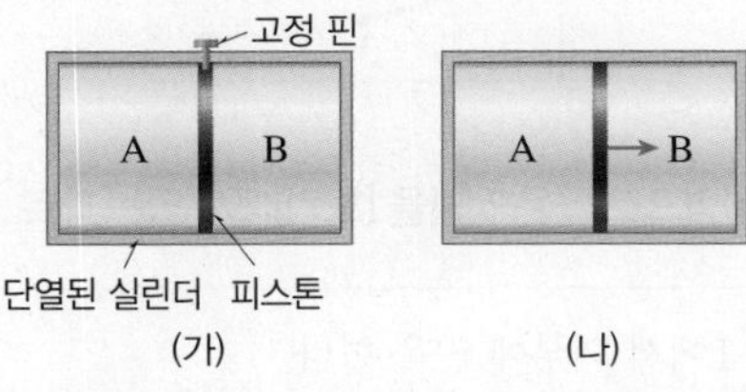

이에 대한 설명으로 옳은 것만을 [보기]에서 있는 대로 고른 것은? (단, 피스톤과 실린더 사이의 마찰은 무시한다.)

> 보기
> ㄱ. (가)에서 기체의 온도는 A가 B보다 높다.
> ㄴ. (가)에서 열은 A에서 B로 이동한다.
> ㄷ. (나)에서 고정 핀을 제거한 순간 기체의 압력은 A가 B보다 크다.

① ㄱ ② ㄷ ③ ㄱ, ㄴ
④ ㄴ, ㄷ ⑤ ㄱ, ㄴ, ㄷ

15 그림은 일정량의 이상 기체의 상태가 A → C → D 경로인 (가) 과정과 A → B → D 경로인 (나) 과정을 따라 각각 변할 때, 압력과 부피를 나타낸 것이다.

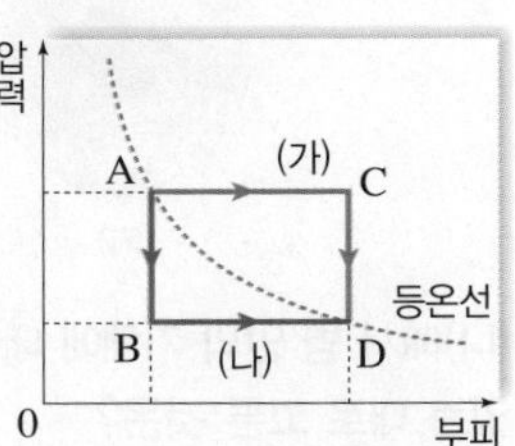

이에 대한 설명으로 옳은 것만을 [보기]에서 있는 대로 고른 것은?

> 보기
> ㄱ. (가)에서 기체의 내부 에너지는 증가했다가 감소한다.
> ㄴ. (가)와 (나)에서 기체가 한 일은 서로 같다.
> ㄷ. (가)와 (나)에서 기체가 흡수한 열에너지는 서로 같다.

① ㄱ ② ㄴ ③ ㄱ, ㄷ
④ ㄴ, ㄷ ⑤ ㄱ, ㄴ, ㄷ

중요 **16** 그림은 열기관에서 기체의 압력과 부피의 관계를 나타낸 것이다. 과정 1과 과정 3의 곡선은 등온 곡선이다.

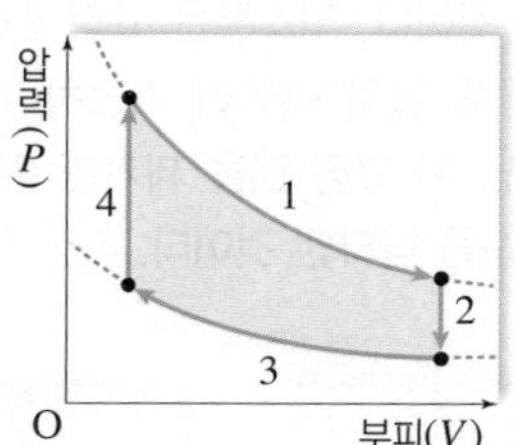

이에 대한 설명으로 옳은 것만을 [보기]에서 있는 대로 고른 것은?

보기
ㄱ. 과정 1에서 외부에 일을 한다.
ㄴ. 과정 2에서 온도가 낮아진다.
ㄷ. 과정 1, 3에서 기체 분자의 평균 속력이 감소한다.

① ㄱ ② ㄷ ③ ㄱ, ㄴ
④ ㄴ, ㄷ ⑤ ㄱ, ㄴ, ㄷ

17 그림 (가)와 같이 알루미늄 병의 뚜껑을 열고 병 안의 기체를 서서히 가열한 후 뚜껑을 닫은 후에, (나)와 같이 병을 얼음물 속에 넣었더니 병이 찌그러졌다.

(가)

(나)

(나)에서 병 안의 기체에 대한 설명으로 옳은 것만을 [보기]에서 있는 대로 고른 것은?

보기
ㄱ. 기체는 외부로부터 일을 받았다.
ㄴ. 기체의 내부 에너지는 감소한다.
ㄷ. 기체가 잃은 열에너지는 기체의 내부 에너지 감소량과 같다.

① ㄱ ② ㄴ ③ ㄱ, ㄴ
④ ㄱ, ㄷ ⑤ ㄴ, ㄷ

18 그림은 단열 압축 실험 장치이다. 실린더 안에 솜을 넣고 손잡이를 눌러 실린더 안의 기체를 순간적으로 압축시키면 솜에 불이 붙는다.

이에 대한 설명으로 옳은 것만을 [보기]에서 있는 대로 고른 것은? (단, 실린더와 피스톤은 단열되어 있으며, 피스톤과 실린더 사이의 마찰은 무시한다.)

보기
ㄱ. 손잡이를 누르면 실린더 안 기체 분자의 속력이 커진다.
ㄴ. 기체에 해 준 일이 모두 기체의 내부 에너지로 전환된다.
ㄷ. 손잡이를 누르는 동안 실린더 안 기체의 압력은 일정하게 유지된다.

① ㄱ ② ㄷ ③ ㄱ, ㄴ
④ ㄱ, ㄷ ⑤ ㄴ, ㄷ

중요 **19** 그림은 탄산 음료 병을 처음 열 때 수증기가 응결하여 뿌옇게 김이 생기는 모습을 나타낸 것이다. 이와 같은 현상에 적용된 열역학 과정의 다른 예를 설명한 것으로 옳은 것만을 [보기]에서 있는 대로 고른 것은?

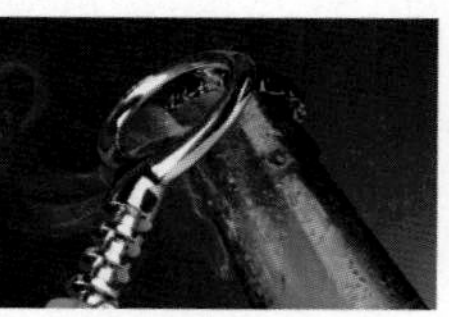

보기
ㄱ. 압력 밥솥을 사용하여 밥을 하면 빠른 시간에 밥을 할 수 있다.
ㄴ. 태양열에 의해 지표면이 가열되어 공기가 상승하면서 구름이 생긴다.
ㄷ. 고온 건조한 높새바람이 분다.

① ㄱ ② ㄷ ③ ㄱ, ㄴ
④ ㄱ, ㄷ ⑤ ㄴ, ㄷ

실력 UP 문제

정답친해 46쪽

01 그림과 같이 단열된 실린더와 단열된 피스톤 p, q에 의해 분리되어 있는 일정량의 이상 기체 A, B가 있다. A, B는 부피, 압력, 온도가 각각 같다.

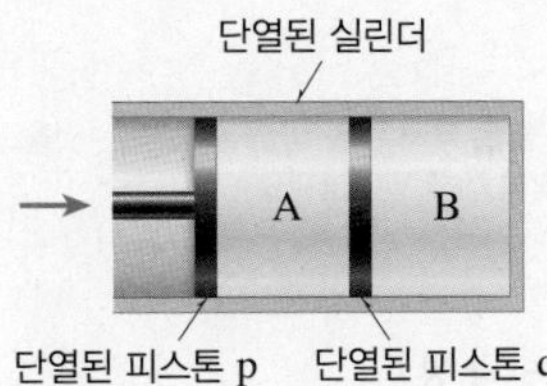

p를 서서히 밀어 기체를 압축시켰을 때, A, B의 상태에 대한 설명으로 옳은 것만을 [보기]에서 있는 대로 고른 것은? (단, 피스톤과 실린더 사이의 마찰은 무시한다.)

보기
ㄱ. B의 온도는 증가한다.
ㄴ. p의 이동 거리와 q의 이동 거리는 같다.
ㄷ. p가 A에 한 일은 모두 A의 내부 에너지로 전환된다.

① ㄱ ② ㄴ ③ ㄱ, ㄷ
④ ㄴ, ㄷ ⑤ ㄱ, ㄴ, ㄷ

02 그림 (가)는 단열된 실린더와 단열된 피스톤에 의해 분리되어 있는 같은 양의 이상 기체 A, B를 나타낸 것이다. A와 B의 부피와 온도는 같으며 피스톤은 정지해 있다. 그림 (나)는 (가)의 B에서 열량 Q를 방출한 모습을 나타낸 것이다.

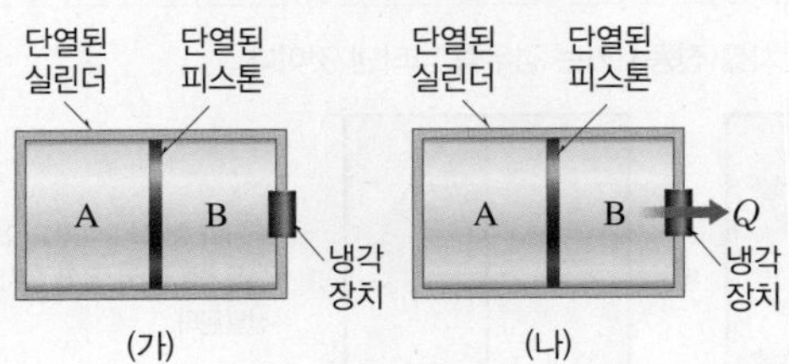

(나)에서 충분한 시간이 지난 뒤, 기체의 상태에 대한 설명으로 옳은 것만을 [보기]에서 있는 대로 고른 것은? (단, 피스톤과 실린더 사이의 마찰은 무시한다.)

보기
ㄱ. A의 부피는 (가)에서보다 크다.
ㄴ. B의 압력은 (가)에서보다 작다.
ㄷ. 내부 에너지는 B가 A보다 크다.

① ㄱ ② ㄴ ③ ㄷ
④ ㄱ, ㄴ ⑤ ㄴ, ㄷ

03 그림은 일정량의 이상 기체의 상태가 변하는 동안 기체의 압력과 부피를 나타낸 것이다. A → B 과정은 단열 과정이다.

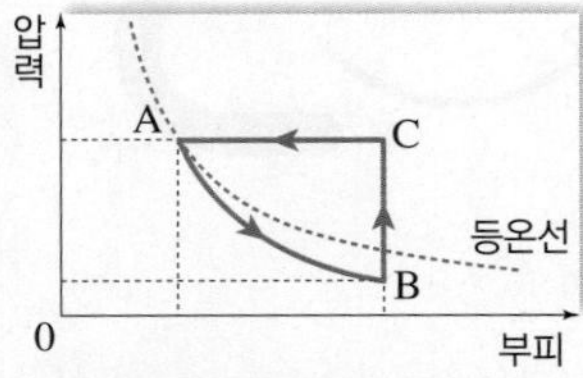

이에 대한 설명으로 옳은 것만을 [보기]에서 있는 대로 고른 것은?

보기
ㄱ. 한 번 순환하는 동안 기체는 외부에 일을 한다.
ㄴ. A → B 과정에서 기체의 내부 에너지는 일정하다.
ㄷ. C → A 과정에서 기체는 열을 방출한다.

① ㄱ ② ㄷ ③ ㄱ, ㄴ
④ ㄴ, ㄷ ⑤ ㄱ, ㄴ, ㄷ

04 그림 (가)와 (나)는 일정량의 이상 기체의 처음 상태와 최종 상태가 같은 두 열역학 과정을 나타낸 것이다. 처음 상태일 때 기체의 온도, 압력, 부피는 각각 T_1, P_1, V_1이고, 최종 상태일 때 기체의 온도, 압력, 부피는 각각 T_2, P_1, V_2이다.

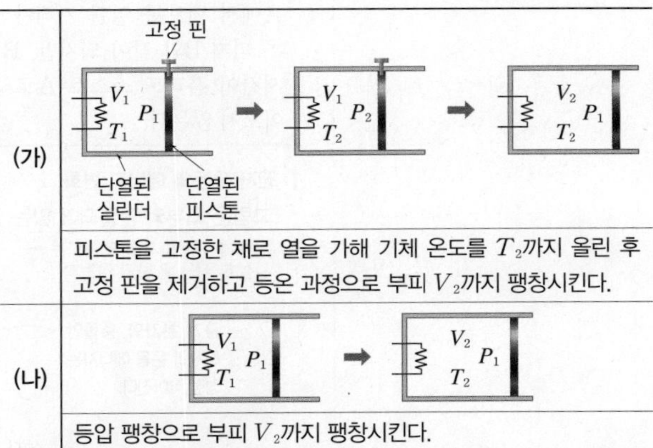

고정 핀
V_1 P_1 T_1
V_1 P_2 T_2
V_2 P_1 T_2
(가)
단열된 실린더
단열된 피스톤
피스톤을 고정한 채로 열을 가해 기체 온도를 T_2까지 올린 후 고정 핀을 제거하고 등온 과정으로 부피 V_2까지 팽창시킨다.
(나)
V_1 P_1 T_1
V_2 P_1 T_2
등압 팽창으로 부피 V_2까지 팽창시킨다.

이에 대한 설명으로 옳은 것만을 [보기]에서 있는 대로 고른 것은? (단, 피스톤과 실린더 사이의 마찰은 무시한다.)

보기
ㄱ. $P_1 < P_2$이다.
ㄴ. 기체가 한 일은 (가)에서가 (나)에서보다 크다.
ㄷ. 기체가 흡수한 열량은 (가)에서가 (나)에서보다 크다.

① ㄱ ② ㄷ ③ ㄱ, ㄴ
④ ㄴ, ㄷ ⑤ ㄱ, ㄴ, ㄷ

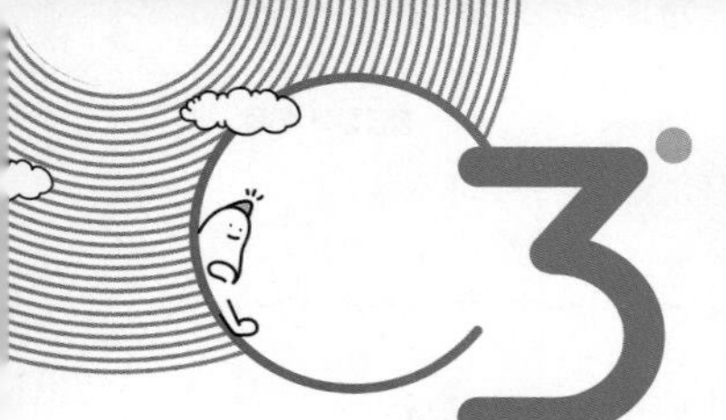

3. 열역학 제2법칙

핵심 포인트

1. 열역학 제2법칙 ★★
2. 엔트로피와 열역학 제2법칙 ★★
3. 열효율과 열역학 제2법칙 ★★★
4. 카르노 기관 ★★

A 열역학 제2법칙

돌이킬 수 없는 일이나 사건을 흔히 '엎지른 물'이라고 표현합니다. 엎지른 물은 다시 주워 담을 수 없다는 것을 비유한 것이지요. 물리학에서도 돌이킬 수 없는 현상을 표현한 법칙이 있답니다. 지금부터 이 법칙에 대해 알아볼까요?

1. [1]가역 과정과 비가역 과정

(1) **가역 과정:** 처음의 상태로 완전히 되돌아갈 수 있는 과정

예 ◆공기 저항이 없는 상태에서 진동하는 진자

(2) **비가역 과정:** 한쪽 방향으로만 일어나 스스로 처음 상태로 되돌아갈 수 없는 과정 ➡ 자연계에서 일어나는 대부분의 현상은 비가역 과정이다.

(3) **비가역 과정의 예**

기체의 확산	공기 중에서 진자의 운동	열의 이동
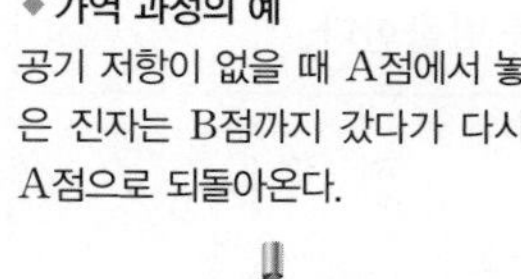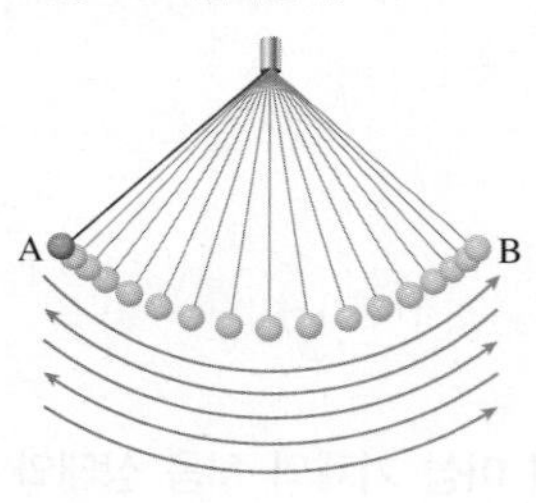		
A에서 밸브를 열면 기체가 골고루 퍼져 B와 같이 되지만, B에서 시간이 흘러도 스스로 A로 되돌아오지 않는다.	진자가 공기 저항에 의해 멈추게 되지만, 시간이 흘러도 멈춘 진자가 스스로 다시 움직이는 현상은 일어나지 않는다.	찬물과 더운물을 섞으면 미지근한 물이 되지만, 미지근한 물이 더운물과 찬물로 스스로 분리되는 현상은 일어나지 않는다.

◆ **가역 과정의 예**
공기 저항이 없을 때 A점에서 놓은 진자는 B점까지 갔다가 다시 A점으로 되돌아온다.

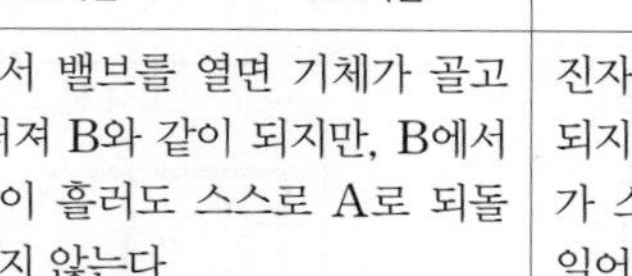

| 진자 운동의 에너지 변화 |

그림은 외부와 단열되어 있는 밀폐된 상자 안의 진자를 진동시키는 경우를 나타낸 것이다.

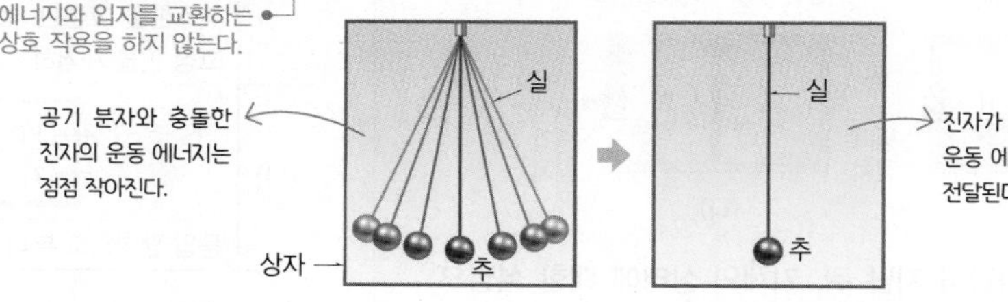

1. **운동 에너지:** 진자와 충돌한 공기 분자의 평균 운동 에너지는 증가하고 반대로 진자의 운동 에너지는 점점 감소한다.
2. **진자의 운동:** 충분한 시간이 지난 후 진자가 멈춘다. ➡ 진자가 멈추면 진자가 처음에 가지고 있던 역학적 에너지는 모두 공기 분자, 추, 실의 열에너지로 전환된다.

2. 열역학 제2법칙

자연 현상에서 일어나는 변화의 비가역적인 방향성(한쪽 방향으로만 일어나는 것)을 제시하는 법칙

➡ 자연 현상에서 일어나는 변화가 처음의 상태로 되돌아가는 것은 열역학 제1법칙(에너지 보존 법칙)에 위배되지 않더라도, 결코 스스로 일어나지 않는다는 것을 의미한다.

(용어)

[1] **가역(可 옳다, 逆 거스르다)** 물질의 상태가 바뀐 다음 다시 본디 상태로 돌아갈 수 있는 것

(1) **열의 이동과 열역학 제2법칙:** ◆열은 고온의 물체에서 저온의 물체로 이동하여 열평형 상태에 도달하며, 외부의 도움 없이 스스로 저온의 물체에서 고온의 물체로 이동하지 않는다.

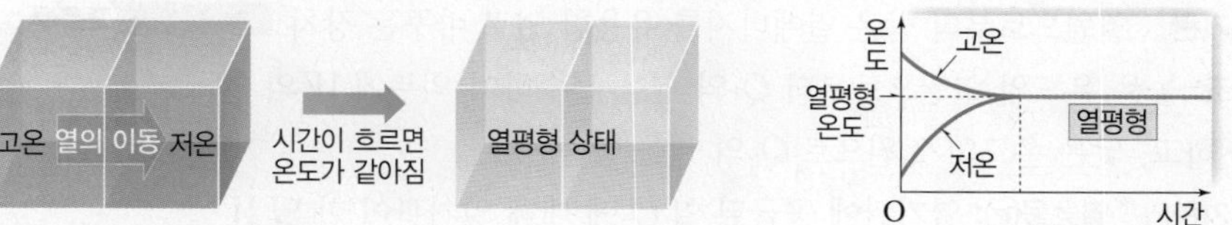

(2) ❶**엔트로피와 열역학 제2법칙**

① 엔트로피: 분자 배열의 무질서도

② 한 방향으로만 일어나는 변화는 분자들이 질서 있는 배열에서 점점 무질서한 배열을 이루는 방향으로 진행한다. ➡ 자연 현상은 엔트로피가 증가하는 방향으로 진행한다.

└● 열역학 제2법칙을 엔트로피 법칙이라고 한다.

잉크의 확산과 엔트로피 96쪽 대표 자료❶

물에 잉크 방울을 떨어뜨렸을 때 물속에 잉크 방울이 골고루 퍼지는 현상은 일어나지만, 퍼졌던 잉크가 다시 한 곳에 스스로 모이는 현상은 일어나지 않는다.

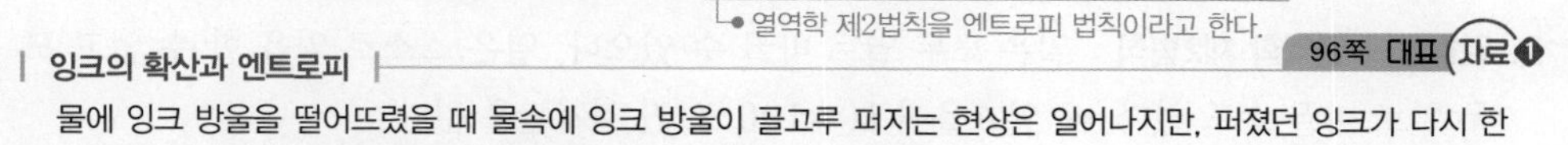

➡ 물과 잉크를 구분할 수 있는 상태는 질서 있는 상태이며, 잉크 방울이 퍼져 물과 잉크를 구분할 수 없는 상태는 무질서한 상태이다. 따라서 자연 현상은 무질서도(엔트로피)가 증가하는 방향으로 일어남을 알 수 있다.

③ 엔트로피란 거시적으로 같은 상태에 해당하는 다양한 미시적 상태의 경우의 수를 의미하며, 자연 현상은 이 경우의 수가 커지는 방향, 즉 ◆확률이 높은 방향으로 진행한다.

(3) **열역학 제2법칙의 다양한 표현**

① 자발적으로 일어나는 비가역 현상에는 방향성이 있다.

② 열은 항상 고온에서 저온으로 이동한다.

③ ❷고립계에서 자발적으로 일어나는 자연 현상은 항상 확률이 높은 방향으로 진행한다.

④ 고립계에서 자발적으로 일어나는 자연 현상은 항상 엔트로피가 증가하는 방향으로 진행한다.

⑤ 열효율이 100 %인 열기관은 만들 수 없다.

비가역 과정에서 열역학 법칙

그림과 같이 물체가 빗면에서 미끄러져 내려와 수평면에 멈춘다.

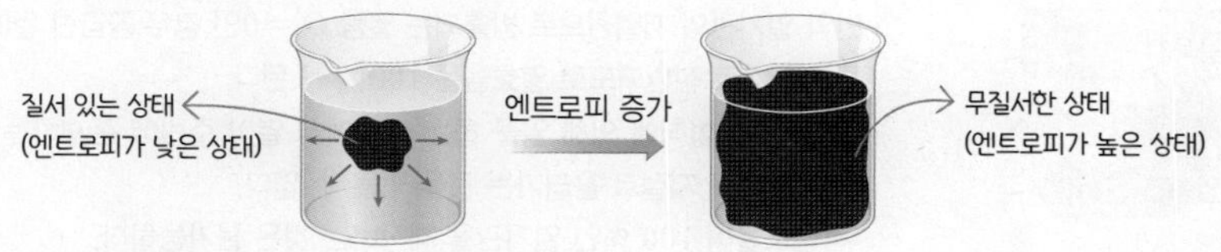

- **물체가 빗면에서 내려와 수평면에서 멈추는 과정:** 역학적 에너지가 마찰에 의해 모두 열에너지로 전환되어 사방으로 흩어진다. ➡ 열역학 제1법칙 성립
- **수평면에 정지해 있던 물체가 다시 빗면으로 올라가는 현상:** 수평면에 흩어졌던 열에너지가 다시 모여 역학적 에너지로 전환되어야 한다. ➡ 열역학 제1법칙에 위배되지 않으나, 자연 현상이 한쪽 방향으로만 일어남을 제시하는 열역학 제2법칙에 위배되므로 스스로 일어나지 않는다.

◆ **열이 저온에서 고온으로 이동하는 냉동기**

냉동기는 저열원에서 고열원으로 열을 옮기는 장치이지만, 스스로 이동하는 것이 아니고 외부에서 냉동기에 일을 해 주어야 한다.

비상 교과서에만 나와요.

◆ **확률과 열역학 제2법칙**

A에 기체 분자 N개를 채우고, 칸막이에 구멍을 내면 기체가 A, B에 고르게 분포하게 되고 한쪽 방에만 분포하는 현상은 일어나지 않는다.

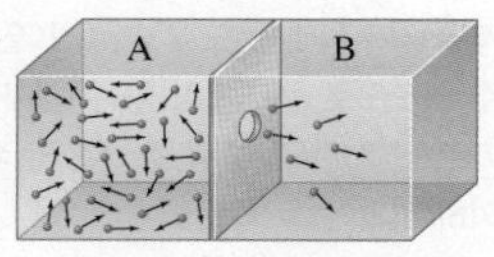

- 각 분자가 한쪽 방에 존재할 확률이 $\frac{1}{2}$이므로, N개의 분자 모두 한쪽 방에만 존재할 확률은 $\left(\frac{1}{2}\right)^N$이다.
- N이 매우 크면 확률이 0에 가까워지므로 N개의 기체 분자들이 한쪽 방에만 존재할 일은 거의 일어나지 않는다.

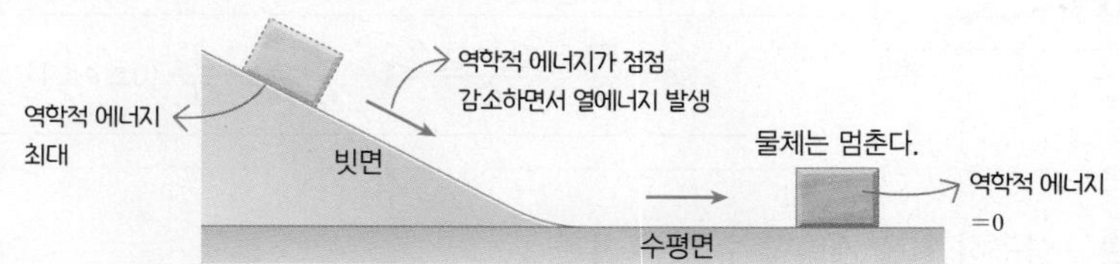

용어

❶ **엔트로피(entropy)** 열량과 온도에 관한 물질계의 상태를 나타내는 열역학적인 용어로, 무질서한 정도를 나타낸다.

❷ **고립계(孤 외롭다, 立 서다, 系 잇다)** 외부와 열적, 역학적 상호 작용을 하지 않는 입자들의 모임

B 열기관과 열효율

1. 열기관 열원으로부터 받은 열에너지를 유용한 일로 바꾸는 장치 96쪽 대표 자료❷

(1) **구조:** 높은 온도의 열원(고열원)으로부터 Q_1의 열을 흡수하여 외부에 W의 일을 하고, 낮은 온도의 열원(저열원)으로 Q_2의 열을 방출한다.

(2) **열기관의 ◆열효율(e):** 열기관에 공급된 열 Q_1에 대해 열기관이 한 일 W의 비율

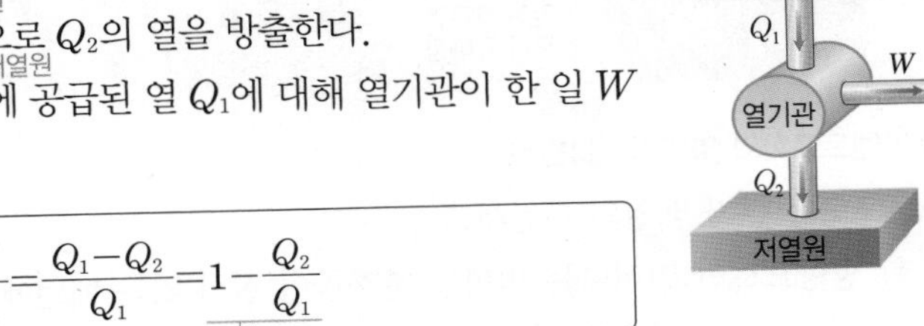

$$e=\frac{W}{Q_1}=\frac{Q_1-Q_2}{Q_1}=1-\frac{Q_2}{Q_1}$$

└ $Q_2>0$이므로 열효율은 항상 1보다 작다.

◆ **실생활에서 열효율의 표시**
실생활에서는 열효율에 100을 곱하여 퍼센트(%)로 나타낸다.

$$e(\%)=\frac{W}{Q_1}\times 100$$

2. 열효율과 열역학 제2법칙 일은 모두 열로 바꿀 수 있으나, 열은 스스로 일을 할 수 없고 모두 일로 바꿀 수도 없다. ➡ 열효율이 1(=100 %)인 열기관은 없다.

이상적인 열효율과 열역학 법칙

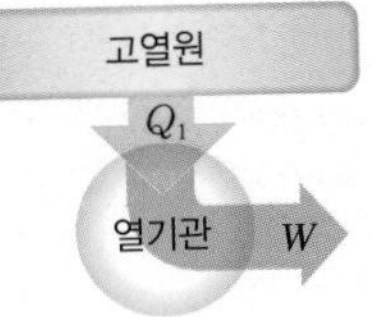

◀ 이상적인 열기관의 에너지 흐름

- 만약 열기관의 저열원으로 방출되는 열량 $Q_2=0$인 경우 공급한 열(Q_1)이 모두 일(W)로 전환되므로 열효율은 100 %가 된다.
- 열역학 제2법칙에 의해 일을 하는 과정에서 열이 주변에 존재하는 더 낮은 온도의 계로 저절로 흘러가는 것을 막을 수 없다.
  ➡ 열효율이 100 %인 열기관을 제작하는 것은 불가능하다.

3. 카르노 기관 열효율이 가장 높은 이상적인 열기관으로, 고열원의 절대 온도 T_1과 저열원의 절대 온도 T_2로 ◆열효율 $e_{카}$를 구할 수 있다.

$$e_{카}=1-\frac{T_2}{T_1}$$

◆ **카르노 기관의 열효율**
저열원의 절대 온도 T_2가 0 K일 수 없으므로 $e_{카}$도 1이 될 수 없다. 카르노 기관의 실제 효율은 0.4 이하이다.

96쪽 대표 자료❷

카르노 기관의 순환 과정

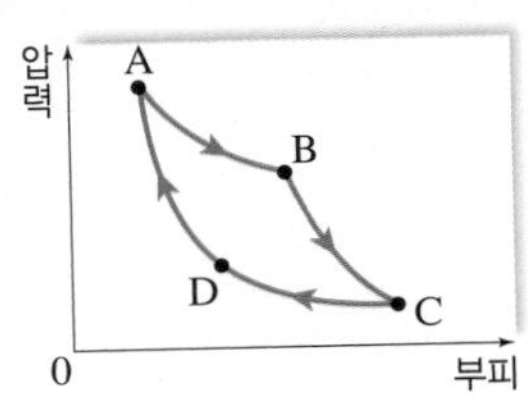

- ◆순환 과정: 등온 팽창(A → B) → 단열 팽창(B → C) → 등온 압축(C → D) → 단열 압축(D → A) 과정을 거친다.
- 열효율: 고열원에서 흡수하는 열량 Q_1과 저열원으로 방출하는 열량 Q_2가 각각 고온부의 절대 온도 T_1과 저온부의 절대 온도 T_2에 비례한다. 따라서 카르노 기관의 열효율(e)은 다음과 같다.

$$e=\frac{W}{Q_1}=\frac{Q_1-Q_2}{Q_1}=1-\frac{Q_2}{Q_1}=1-\frac{T_2}{T_1}\ (0\le e<1)$$

◆ **순환 과정과 내부 에너지**

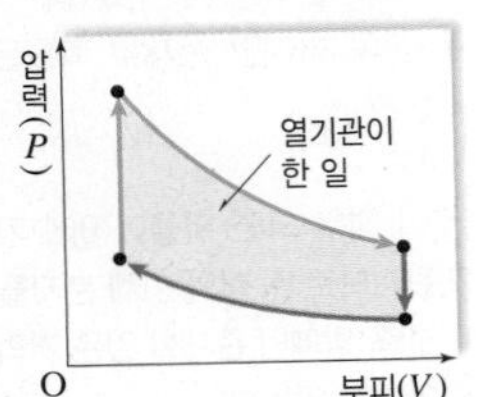

열역학 과정을 거친 후 다시 처음 상태로 되돌아오는 과정을 순환 과정이라고 하며, 한 번의 순환 과정 동안 열기관의 내부 에너지 변화는 없다. ($\Delta U=0$)

4. 영구 기관 영구히 일을 계속할 수 있는 기관

(1) **제1종 영구 기관:** 외부에서 에너지를 공급받지 않아도 계속 작동하는 기관 ➡ 열역학 제1법칙에 위배되어 제작할 수 없다.

(2) ◆**제2종 영구 기관:** 열기관이 작동하며 방출한 낮은 온도의 열을 다시 높은 온도로 보내 사용할 수 있는 열효율이 100 %인 열기관 ➡ 열역학 제2법칙에 위배되어 제작할 수 없다.

└ 열을 모두 일로 전환할 수 있는 열기관

개념 확인 문제

핵심 체크

- (❶) 과정: 처음의 상태로 완전히 되돌아갈 수 있는 과정
- (❷) 과정: 한쪽 방향으로만 변화가 진행되므로 스스로 처음의 상태로 되돌아갈 수 없는 과정
- 열역학 제(❸)법칙: 자연 현상에서 일어나는 변화의 비가역적인 방향성을 설명하는 법칙
- (❹): 분자 배열의 무질서한 정도를 나타낸다.
- 열역학 제2법칙에 따라 자연 현상은 엔트로피가 (❺)하는 방향, 즉 확률이 (❻) 방향으로 진행한다.
- 열에너지를 유용한 일로 바꾸는 장치를 (❼)이라 하고, 열기관에 공급된 열(Q_1) 중에서 유용한 일(W)로 전환된 비율을 (❽)이라고 한다.
- (❾) 기관: 열효율이 가장 높은 이상적인 열기관

1 그림 A와 같이 한쪽에 1기압의 기체가 들어 있는 상태에서 밸브를 열면 그림 B와 같이 기체가 골고루 퍼진다. 이에 대한 설명으로 옳은 것은 ○, 옳지 않은 것은 ×로 표시하시오.

A: 1기압 / 진공
B: 0.5기압 / 0.5기압

(1) 가역 과정이다. ( )
(2) B의 상태에서 저절로 A의 상태로 되돌아오지 않는다. ( )
(3) 외부에서 에너지를 공급하여도 B의 상태에서 A의 상태로 되돌아오게 할 수 없다. ( )

2 비가역 과정만을 [보기]에서 있는 대로 고르시오.

보기
ㄱ. 열의 이동　ㄴ. 기체의 확산
ㄷ. 잉크의 확산　ㄹ. 공기 저항이 없을 때 진자의 운동

3 열역학 법칙에 대한 설명 중 ( ) 안에 알맞은 말을 쓰시오.

고온의 물체와 저온의 물체를 접촉시켰을 때 열이 저온의 물체에서 고온의 물체로 이동하여 저온의 물체가 더 차가워지고, 고온의 물체가 더 뜨거워지는 현상은 에너지 보존 법칙인 열역학 제㉠( )법칙에는 위배되지 않지만, 열역학 제㉡( )법칙에 위배되므로 일어나지 않는다.

4 그림과 같이 고온의 물체와 저온의 물체가 접촉하고 있다. 이에 대한 설명으로 옳은 것은 ○, 옳지 않은 것은 ×로 표시하시오.

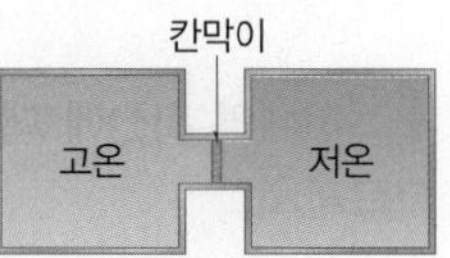

(1) 저온의 물체에서 고온의 물체로 열이 이동한다. ( )
(2) 두 물체의 온도가 같아지면 두 물체의 온도가 변하지 않는 열평형 상태가 된다. ( )
(3) 열평형 상태에서 두 물체가 다시 고온과 저온으로 나누어지는 일은 저절로 일어나지 않는다. ( )

5 어떤 열기관이 고열원에서 1000 J의 열을 흡수하여 일을 하고 600 J의 열을 저열원으로 방출하였다. 이때 고열원에서 나온 열은 저열원으로 흘러나간 열을 제외하고 모두 일로 사용되었다. 이 열기관의 열효율은 얼마인지 쓰시오.

6 열역학 제2법칙에 대한 설명으로 옳은 것은 ○, 옳지 않은 것은 ×로 표시하시오.

(1) 열은 저온의 물체에서 고온의 물체로 스스로 이동하지 않는다. ( )
(2) 열효율이 1(=100 %)인 열기관은 존재하지 않는다. ( )
(3) 열은 모두 일로 바꿀 수 있다. ( )
(4) 자발적으로 일어나는 자연 현상은 엔트로피가 증가하는 방향으로 진행한다. ( )

대표 자료 분석

정답친해 47쪽

자료 ❶ 열역학 제2법칙

기출 Point
- 비가역 과정과 열역학 제2법칙 이해하기
- 엔트로피의 의미 이해하기

[1~3] 그림과 같이 단열된 상자 내부에 칸막이를 설치하여 A에는 이상 기체를 채우고, B는 진공 상태로 한 후, 칸막이에 구멍을 내면 A에 있던 기체가 B로 확산된다.

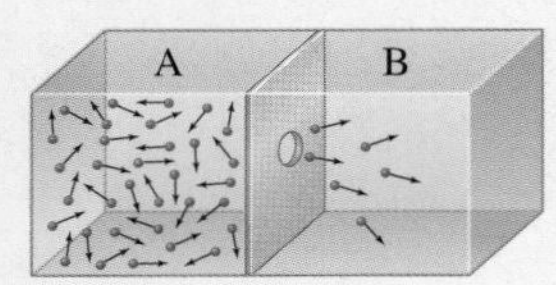

1 기체의 확산에 대한 설명 중 ( ) 안에 알맞은 말을 고르시오.

> 기체가 확산된 후 다시 한 곳으로 모이는 현상은 스스로 일어나지 않는다. 자연 현상은 열역학 제 ㉠(1, 2)법칙에 의해 엔트로피가 낮아지는 방향으로는 일어날 확률이 매우 ㉡(높기, 낮기) 때문이다.

2 기체의 확산을 설명할 수 있는 법칙과 관련된 현상만을 [보기]에서 있는 대로 고르시오.

보기
ㄱ. 기체를 단열 압축하면 온도가 올라간다.
ㄴ. 열효율이 100 %인 열기관은 만들 수 없다.
ㄷ. 열은 온도가 높은 곳에서 낮은 곳으로 이동한다.
ㄹ. 방 안의 공기가 저절로 한 구석으로 모이지 않는다.

3 빈출 선택지로 완벽 정리!

(1) 기체의 확산은 비가역 과정이다. (○ / ×)
(2) 시간이 지나면 기체 분자는 A와 B에 골고루 퍼진다. (○ / ×)
(3) 기체가 팽창하면서 외부에 일을 한다. (○ / ×)
(4) 자발적으로 일어나는 자연 현상은 엔트로피가 감소하는 방향으로 진행한다. (○ / ×)

자료 ❷ 열기관과 열효율

기출 Point
- 열기관의 원리와 열효율 이해하기
- 열효율과 열역학 제2법칙의 관계 이해하기

[1~3] 그림 (가)는 고열원(T_1)으로부터 Q_1의 열을 흡수하여 W의 일을 하고, 저열원(T_2)으로 Q_2의 열을 방출하는 열기관을 모식적으로 나타낸 것이고, (나)는 (가)의 열기관에 있는 일정량의 이상 기체의 상태가 A → B → C → D → A를 따라 변할 때 압력과 부피의 관계를 나타낸 것이다.

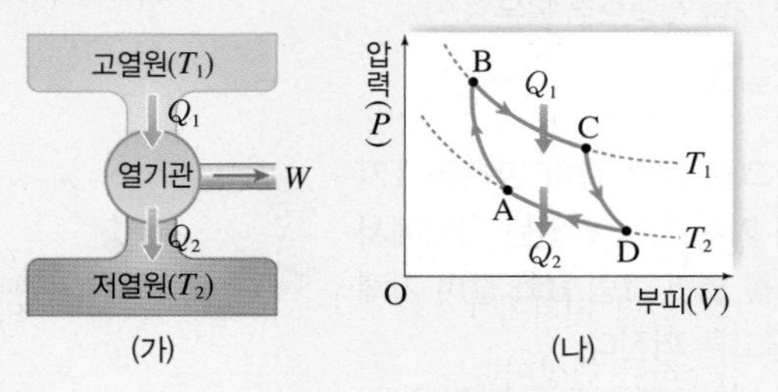

1 (가)에서 열기관의 열효율을 Q_1과 W를 이용하여 쓰시오.

2 (나)에서 기체의 내부 에너지가 증가하는 과정만을 [보기]에서 있는 대로 고르시오.

보기
ㄱ. A → B 과정
ㄴ. B → C 과정
ㄷ. C → D 과정
ㄹ. D → A 과정

3 빈출 선택지로 완벽 정리!

(1) $Q_1=W$인 열기관을 만들 수 없다. (○ / ×)
(2) B → C 과정에서 기체가 외부로부터 흡수한 열은 Q_2이다. (○ / ×)
(3) C → D 과정에서 기체가 외부에 한 일만큼 내부 에너지가 감소한다. (○ / ×)
(4) D → A 과정에서 기체가 방출한 열은 Q_2이다. (○ / ×)

내신 만점 문제

정답친해 48쪽

A 열역학 제2법칙

중요 **01** 그림과 같이 공기 중에서 움직이던 진자가 공기와의 마찰에 의해 결국 멈추게 되지만, 멈추었던 진자가 주변의 열을 흡수하여 저절로 다시 움직이는 현상은 일어나지 않는다.

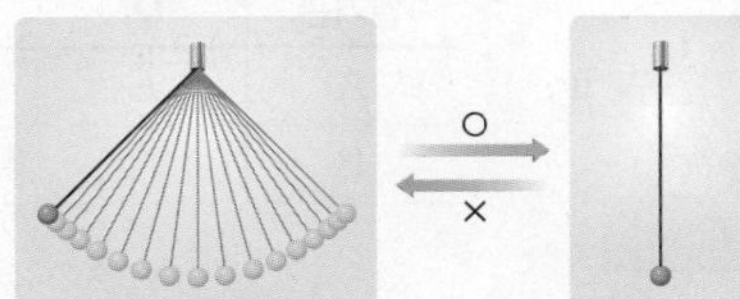

이에 대한 설명으로 옳은 것만을 [보기]에서 있는 대로 고른 것은?

보기
ㄱ. 비가역 과정이다.
ㄴ. 진자가 처음 가지고 있던 역학적 에너지가 모두 열에너지로 전환되면 진자가 멈춘다.
ㄷ. 멈추었던 진자가 다시 움직이는 현상은 무질서도가 감소하는 현상이다.

① ㄱ ② ㄴ ③ ㄱ, ㄷ
④ ㄴ, ㄷ ⑤ ㄱ, ㄴ, ㄷ

02 그림 (가)는 모양, 크기, 무게가 같고 색깔만 다른 공이 칸막이에 의해 반으로 나누어져 있는 모습을, (나)는 이 공이 골고루 섞여 있는 모습을 나타낸 것이다.

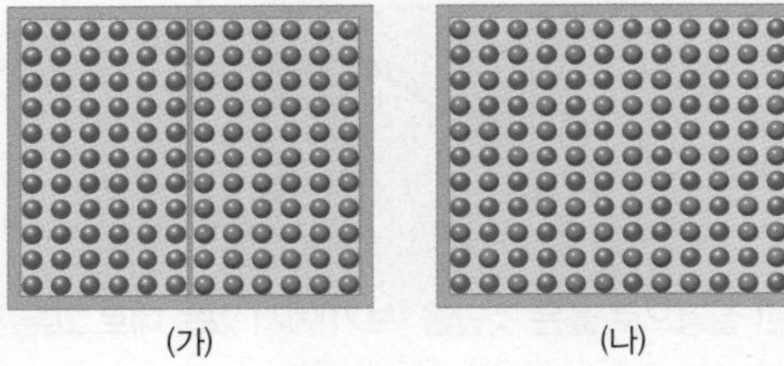

이에 대한 설명으로 옳은 것만을 [보기]에서 있는 대로 고른 것은?

보기
ㄱ. (가), (나)의 무질서도는 같다.
ㄴ. (나)의 엔트로피가 (가)의 엔트로피보다 크다.
ㄷ. 자연에서는 (나)에서 (가)로 스스로 변한다.

① ㄱ ② ㄴ ③ ㄷ
④ ㄱ, ㄷ ⑤ ㄴ, ㄷ

중요 **03** 그림과 같이 물에 잉크를 떨어뜨리면 잉크 분자가 확산되어 물이 잉크색으로 변하며, 색이 변한 물이 다시 잉크와 물로 나누어지는 경우는 일어나지 않는다.

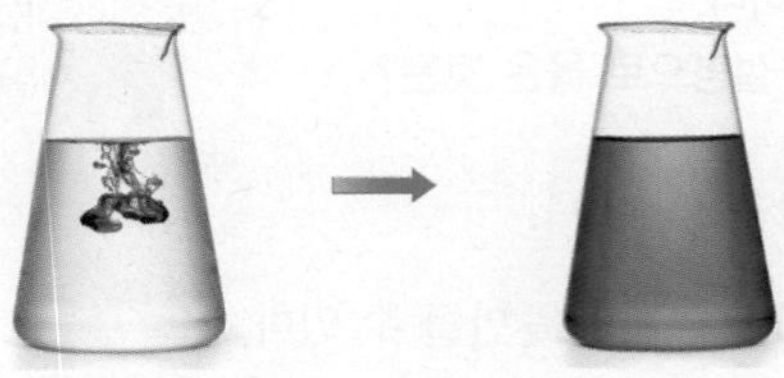

이와 같은 원리로 설명할 수 있는 현상만을 [보기]에서 있는 대로 고른 것은?

보기
ㄱ. 찬물과 더운물을 섞으면 미지근한 물이 된다.
ㄴ. 외부에서 흡수한 열을 전부 일로 바꾸는 열기관을 만들 수 없다.
ㄷ. 외부에서 에너지를 공급받지 않고 계속 일을 할 수 있는 열기관을 만들 수 있다.

① ㄱ ② ㄷ ③ ㄱ, ㄴ
④ ㄴ, ㄷ ⑤ ㄱ, ㄴ, ㄷ

04 열역학 제2법칙을 나타내는 표현으로 옳지 않은 것은?

① 열은 높은 온도의 물체에서 낮은 온도의 물체로 저절로 이동하지만 그 반대로는 저절로 이동하지 않는다.
② 마찰이 있는 빗면에서 미끄러져 내려와 정지한 물체가 저절로 다시 빗면을 따라 위로 올라갈 수 없다.
③ 열효율이 100 %인 열기관은 만들 수 없다.
④ 열역학 과정에서 전체 엔트로피는 감소하지 않는다.
⑤ 고립계에서 자발적으로 일어나는 자연 현상은 무질서도가 감소하는 쪽으로만 진행한다.

B 열기관과 열효율

서술형 **05** 열효율이 100 %인 열기관이 존재하지 않는 까닭을 열역학 법칙을 이용하여 서술하시오.

06 그림은 고열원에서 Q_1의 열을 흡수하여 W의 일을 하고 저열원으로 Q_2의 열을 배출하는 열기관을 모식적으로 나타낸 것이다.
이에 대한 설명으로 옳은 것은?

① 열효율은 $\frac{Q_2}{Q_1}$이다.
② $Q_2=0$인 열기관을 만들 수 있다.
③ 열기관에서는 에너지 보존 법칙이 성립한다.
④ 열효율이 클수록 저열원으로 많은 열이 배출된다.
⑤ 열기관은 일을 열로 바꾼다.

중요 **07** 그림은 고열원에서 2500 J의 열을 흡수하고 한 번의 순환 과정을 거쳐 외부에 1000 J의 일을 하는 이상적인 열기관을 나타낸 것이다.
이에 대한 설명으로 옳은 것만을 [보기]에서 있는 대로 고른 것은?

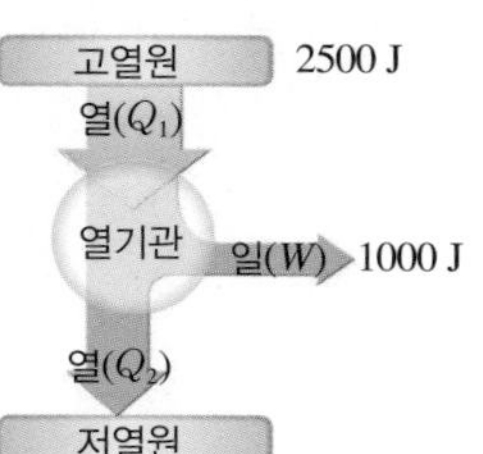

보기
ㄱ. 한 번의 순환 과정을 거치는 동안 열기관 내부 기체의 내부 에너지는 변하지 않는다.
ㄴ. 이 열기관이 고열원에서 흡수한 열과 저열원으로 방출한 열은 같다.
ㄷ. 이 열기관의 열효율은 0.6이다.

① ㄱ ② ㄷ ③ ㄱ, ㄴ
④ ㄴ, ㄷ ⑤ ㄱ, ㄴ, ㄷ

08 400 K의 고열원과 300 K의 저열원 사이에 작동하는 열기관의 최대 효율은?

① 10 % ② 21 % ③ 25 %
④ 50 % ⑤ 79 %

중요 **09** 그림은 고열원에서 Q_1의 열을 흡수하여 W의 일을 하고 저열원으로 Q_2의 열을 배출하는 열기관을 모식적으로 나타낸 것이다. 표는 열기관 A, B가 흡수한 열 Q_1과 한 일 W를 나타낸 것이다. 열효율은 A가 B의 1.2배이다.

열기관	Q_1	W
A	E	$0.3E$
B	㉠	$0.3E$

이에 대한 설명으로 옳은 것만을 [보기]에서 있는 대로 고른 것은?

보기
ㄱ. A가 저열원으로 방출한 열은 $0.7E$이다.
ㄴ. ㉠은 E보다 크다.
ㄷ. A와 B가 같은 열을 흡수한다면 한 일은 A가 B보다 크다.

① ㄱ ② ㄷ ③ ㄱ, ㄴ
④ ㄴ, ㄷ ⑤ ㄱ, ㄴ, ㄷ

10 그림은 열기관에서 일정량의 이상 기체가 A → B → C → A를 따라 순환하는 동안 기체의 압력과 부피를 나타낸 것이다. 기체가 한 번 순환하는 동안 흡수한 열은 Q_1이고, 방출한 열은 Q_2이다.

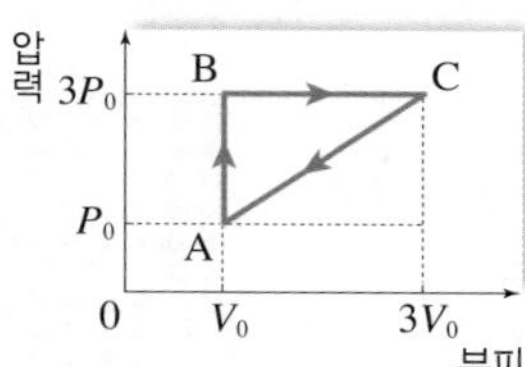

이에 대한 설명으로 옳은 것만을 [보기]에서 있는 대로 고른 것은?

보기
ㄱ. C → A 과정에서 기체가 방출한 열은 Q_2이다.
ㄴ. A → B → C 과정에서 기체의 내부 에너지 증가량은 Q_1이다.
ㄷ. 열기관의 열효율은 $\frac{2P_0V_0}{Q_1}$이다.

① ㄱ ② ㄴ ③ ㄱ, ㄴ
④ ㄱ, ㄷ ⑤ ㄴ, ㄷ

실력 UP 문제

정답친해 50쪽

중요 **11** 그림은 한 순환 과정마다 고열원에서 1000 kcal의 열을 받아 W의 일을 하고, 저열원으로 600 kcal의 열을 방출하는 열기관 내의 이상 기체의 상태가 A → B → C → D → A로 변할 때 압력과 부피의 관계를 나타낸 것이다. A → B, C → D는 등온 과정, B → C, D → A는 단열 과정이다.

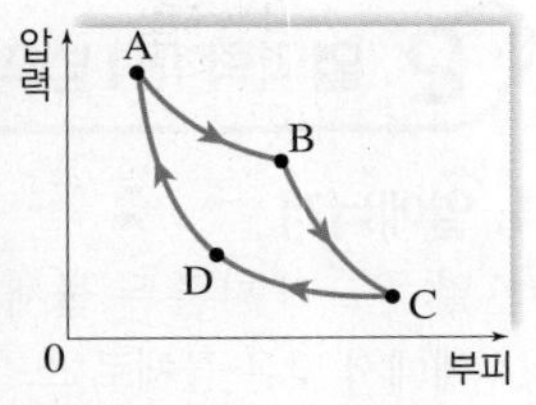

이에 대한 설명으로 옳은 것만을 [보기]에서 있는 대로 고른 것은?

보기
ㄱ. A → B 과정에서 기체는 1000 kcal의 열을 흡수한다.
ㄴ. C → D 과정에서 기체는 600 kcal의 열을 방출한다.
ㄷ. A → B → C 과정에서 기체가 외부에 한 일은 W이다.
ㄹ. 열기관의 열효율은 40 %이다.

① ㄱ, ㄴ ② ㄱ, ㄷ ③ ㄷ, ㄹ
④ ㄱ, ㄴ, ㄹ ⑤ ㄴ, ㄷ, ㄹ

12 그림은 수조에서 떨어지는 물을 이용해 수력 발전기에서 전기를 생산하는 영구 기관을 나타낸 것이다. 이 장치는 생산된 전기로 전구에 불을 켜고, 동시에 펌프를 작동시켜 물을 다시 수조로 끌어올려 무한히 전기 에너지를 생산한다.

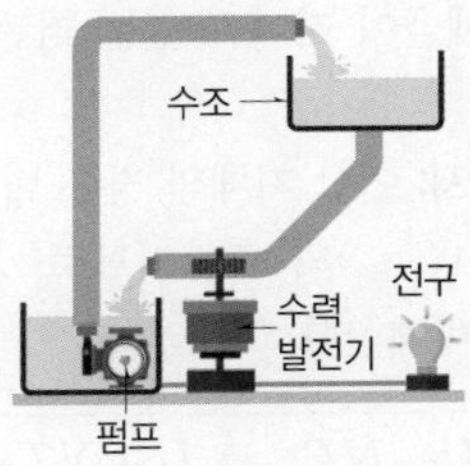

이에 대한 설명으로 옳은 것만을 [보기]에서 있는 대로 고른 것은?

보기
ㄱ. 수조에서 나온 물이 낮은 곳으로 흐르는 것은 비가역 과정이다.
ㄴ. 제1종 영구 기관에 해당한다.
ㄷ. 열역학 제1법칙을 만족한다.

① ㄱ ② ㄴ ③ ㄱ, ㄴ
④ ㄱ, ㄷ ⑤ ㄴ, ㄷ

01 그림은 열효율이 0.25인 열기관에서 일정량의 이상 기체의 상태가 A → B → C → D → A를 따라 순환하는 동안 압력과 부피를 나타낸 것이다. A → B 과정에서 증가한 내부 에너지는 150 J이고, 한 번의 순환 과정 동안 기체가 한 일은 200 J이다.

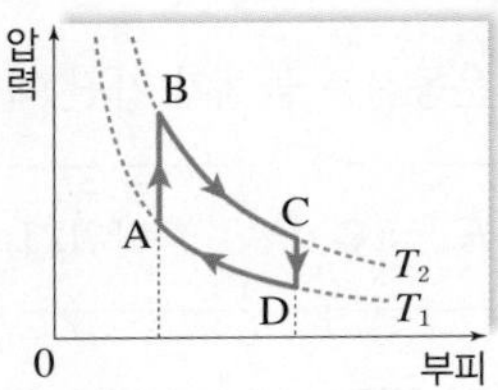

이에 대한 설명으로 옳은 것만을 [보기]에서 있는 대로 고른 것은?

보기
ㄱ. B → C 과정에서 흡수한 열은 800 J이다.
ㄴ. C → D 과정에서 감소한 내부 에너지는 50 J이다.
ㄷ. D → A 과정에서 기체가 받은 일과 방출한 열은 같다.

① ㄱ ② ㄴ ③ ㄷ
④ ㄱ, ㄴ ⑤ ㄴ, ㄷ

02 그림은 열기관에서 일정량의 이상 기체의 상태가 A → B → C → D → A를 따라 순환하는 동안 압력과 부피를 나타낸 것이다. B → C 과정과 D → A 과정은 단열 과정이다. 기체의 내부 에너지는 A → B 과정에서 $8E$만큼 증가하였고, C → D 과정에서 $6E$만큼 감소하였다.

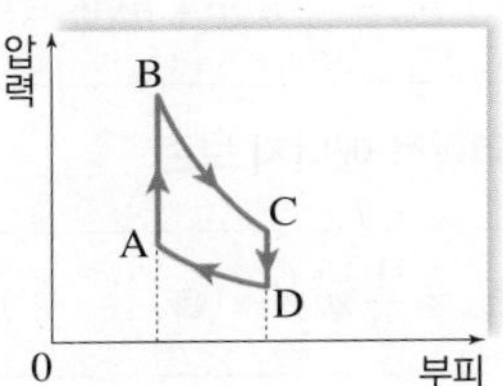

이에 대한 설명으로 옳은 것만을 [보기]에서 있는 대로 고른 것은?

보기
ㄱ. 한 번의 순환 과정 동안 기체가 한 일은 $2E$이다.
ㄴ. 열기관의 열효율은 0.25이다.
ㄷ. B → C 과정에서 기체의 내부 에너지는 일정하다.

① ㄱ ② ㄴ ③ ㄷ
④ ㄱ, ㄴ ⑤ ㄴ, ㄷ

1 역학적 에너지 보존

1. 운동 에너지 운동하는 물체가 가진 에너지

E_k=(❶) (단위: J)

2. 일·운동 에너지 정리 물체에 작용한 알짜힘이 한 일은 물체의 (❷)과 같다.

$$W=\Delta E_k=\frac{1}{2}mv^2-\frac{1}{2}mv_0^2$$

3. 퍼텐셜 에너지

중력 퍼텐셜 에너지	중력이 작용하는 공간에서 물체가 기준면으로부터 다른 위치에 있을 때 가진 에너지 ➡ E_p=(❸)
탄성 퍼텐셜 에너지	늘어나거나 압축된 용수철과 같이 변형된 물체가 가진 에너지 ➡ $E_p=\frac{1}{2}kx^2$

4. 역학적 에너지 보존 법칙

(1) **(❹) 에너지:** 물체의 운동 에너지와 퍼텐셜 에너지의 합

(2) **중력에 의한 역학적 에너지 보존**

$$E_k+E_p=\frac{1}{2}mv^2+mgh=\text{일정}$$

(3) **탄성력에 의한 역학적 에너지 보존**

$E_k+E_p=\frac{1}{2}mv^2$+(❺)=일정

(4) **역학적 에너지 보존 법칙:** 마찰이 없으면 물체의 역학적 에너지는 항상 일정하게 보존된다. ➡ 물체의 퍼텐셜 에너지가 증가하면 운동 에너지가 (❻)하고, 퍼텐셜 에너지가 감소하면 운동 에너지가 (❼)한다.

(5) **역학적 에너지가 보존되지 않는 경우:** 물체가 마찰이나 공기 저항을 받으며 운동하는 경우 역학적 에너지는 보존되지 않는다. ➡ 역학적 에너지가 마찰에 의한 (❽) 등으로 전환된다.

2 열역학 제1법칙

1. 열에너지

(1) **열:** 온도가 다른 두 물체가 접촉해 있을 때 온도가 높은 물체에서 낮은 물체로 스스로 이동하는 에너지

(2) **열평형 상태:** 접촉해 있는 두 물체의 온도가 같아진 상태

2. 기체가 하는 일 기체가 일정한 압력 P를 유지하면서 팽창할 때 기체가 외부에 한 일 W는 압력과 부피 변화량 ΔV의 곱과 같다.

$$W=P\Delta V \text{ (단위: J)}$$

(1) **기체의 부피 변화와 외부에 한 일의 관계:** 기체가 팽창하면 외부에 일을 하고, 기체가 수축하면 외부로부터 일을 받는다.

(2) **압력과 부피의 관계 그래프:** 그래프 아랫부분의 넓이는 기체가 (❾)과 같다.

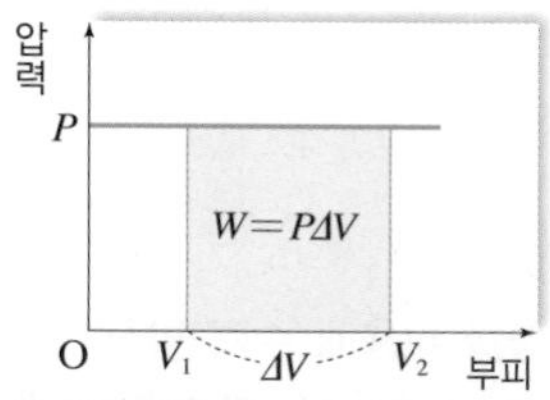

⬆ 압력이 일정할 때

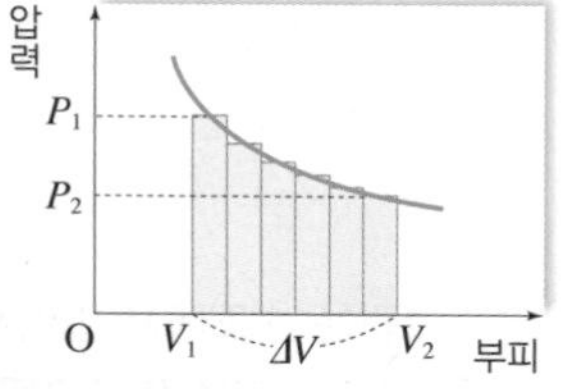

⬆ 압력이 변할 때

3. 기체의 내부 에너지

(1) **내부 에너지:** 기체들이 지니고 있는 퍼텐셜 에너지와 운동 에너지의 총합

(2) **기체의 내부 에너지:** 이상 기체의 경우 내부 에너지 U는 기체 분자의 (❿)의 총합이므로, 기체 분자수 N과 절대 온도 T에 비례한다.

$$U\propto N\overline{E}_k \Rightarrow U\propto NT$$

4. 열역학 제1법칙

(1) **열역학 제1법칙:** 외부에서 가한 열은 기체의 (⓫) 변화량과 기체가 외부에 한 일의 합과 같다.

$$Q=\Delta U+W=\Delta U+P\Delta V$$

(2) **열역학 제1법칙의 의미:** 열에너지와 역학적 에너지를 포함한 에너지 보존 법칙이다.

5. 열역학 과정

(1) (⑫) **과정:** 기체의 부피가 일정하게 유지되면서 상태가 변하는 과정 ➡ $W=0$이므로 $Q=\Delta U$이다.

(2) (⑬) **과정:** 기체의 압력이 일정하게 유지되면서 상태가 변하는 과정 ➡ $Q=\Delta U+W$이다.

(3) (⑭) **과정:** 기체의 온도가 일정하게 유지되면서 상태가 변하는 과정 ➡ $\Delta U=0$이므로 $Q=W$이다.

(4) (⑮) **과정:** 외부와의 열 출입 없이 기체의 상태가 변하는 과정 ➡ $Q=0$이므로 $W=-\Delta U$이다.

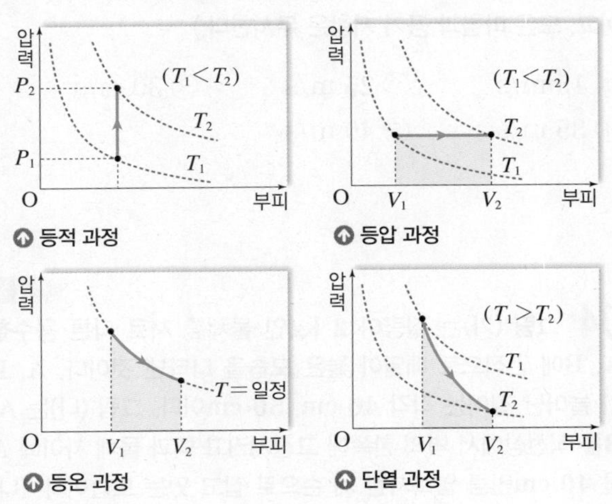

등적 과정 / 등압 과정 / 등온 과정 / 단열 과정

열역학 제2법칙

1. 가역 과정과 비가역 과정

(⑯) 과정	(⑰) 과정
처음의 상태로 완전히 되돌아갈 수 있는 과정 예 공기 저항이 없을 때 진자의 운동	한쪽 방향으로만 일어나 스스로 처음 상태로 되돌아갈 수 없는 과정 예 기체의 확산, 공기 중에서 진자의 운동

2. 열역학 제2법칙

(1) **열역학 제2법칙:** 자연에서 일어나는 변화의 비가역적인 방향성을 제시하는 법칙 ➡ 자연에서 일어나는 변화가 처음의 상태로 되돌아가는 것은 열역학 제1법칙에 위배되지 않더라도 결코 저절로 일어나지 않는다.

(2) **열의 이동과 열역학 제2법칙:** 열은 고온의 물체에서 저온의 물체로 이동하며, 외부의 도움 없이 스스로 저온의 물체에서 고온의 물체로 이동하지 않는다.

(3) **엔트로피:** 분자 배열의 무질서도

(4) **엔트로피와 열역학 제2법칙:** 자발적으로 일어나는 자연 현상은 항상 엔트로피가 (⑱)하는 방향으로 진행한다.

(5) **열역학 제2법칙의 다양한 표현**

① 자발적으로 일어나는 비가역 현상에는 방향성이 있다.

② 열은 항상 고온에서 저온으로 이동한다.

③ 고립계에서 자발적으로 일어나는 자연 현상은 항상 확률이 높은 방향으로 진행된다.

④ 고립계에서 자발적으로 일어나는 자연 현상은 항상 엔트로피가 증가하는 방향으로 진행한다.

⑤ 열효율이 1(=100 %)인 열기관은 만들 수 없다.

(6) **열역학 제2법칙에 의한 현상**

① 더운물과 찬물을 섞으면 미지근한 물이 되지만, 미지근한 물이 저절로 더운물과 찬물로 분리되는 현상은 일어나지 않는다.

② 잉크를 물에 떨어뜨리면 확산되어 퍼져 나가지만, 퍼져 나간 잉크가 저절로 원래 상태로 다시 모이는 현상은 일어나지 않는다.

3. 열기관과 열효율

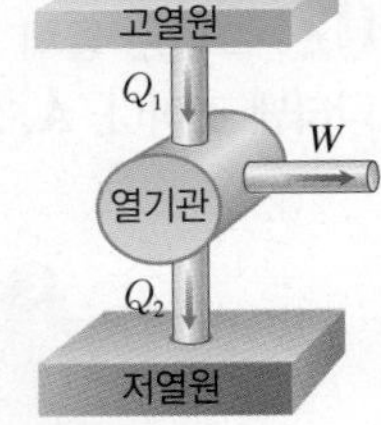

(1) **열기관:** 열에너지를 유용한 일로 바꾸는 장치

(2) **열기관의 열효율(e):** 열기관에 공급된 열 Q_1에 대해 한 일 W의 비율

$$e=\frac{W}{Q_1}=\frac{Q_1-Q_2}{Q_1}=1-\frac{Q_2}{Q_1}$$

(3) **열효율과 열역학 제2법칙:** 일은 모두 열로 바꿀 수 있으나 열은 스스로 일을 할 수 없고 모두 일로 바꿀 수도 없다. ➡ 열효율이 1(=100 %)인 열기관은 존재하지 않는다.

(4) **카르노 기관:** 열효율이 가장 높은 이상적인 열기관 ➡ 고열원의 절대 온도 T_1과 저열원의 절대 온도 T_2로 열효율 $e_{카}$를 구할 수 있다.

$$e_{카}=1-\frac{T_2}{T_1}$$

(5) **영구 기관:** 영구히 계속 일을 할 수 있는 기관

① **제(⑲)종 영구 기관:** 외부 에너지 공급 없이 작동하는 기관 ➡ 열역학 제1법칙에 위배되어 제작할 수 없다.

② **제(⑳)종 영구 기관:** 열이 모두 일로 전환되어 열효율이 100 %인 열기관 ➡ 열역학 제2법칙에 위배되어 제작할 수 없다.

중단원 마무리 문제

하 중 상

01 수평면 위에 정지해 있던 질량이 4 kg인 물체에 그림과 같은 힘이 수평 방향으로 작용하여 물체가 10 m 이동하였다. 이에 대한 설명으로 옳은 것만을 [보기]에서 있는 대로 고른 것은? (단, 모든 마찰과 공기 저항은 무시한다.)

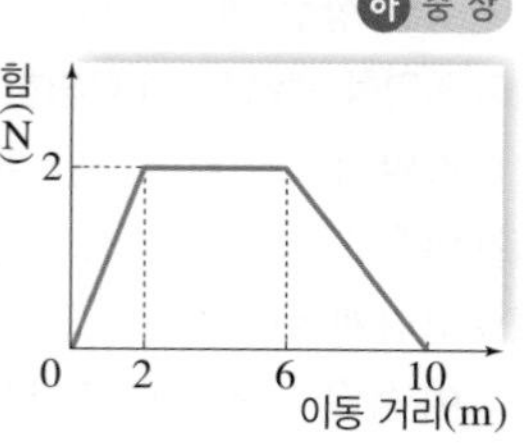

보기
ㄱ. 2 m~6 m 동안 물체는 등가속도 운동을 한다.
ㄴ. 전 구간에서 물체가 받은 일은 14 J이다.
ㄷ. 10 m를 이동한 후 물체의 속력은 7 m/s이다.

① ㄱ ② ㄴ ③ ㄷ
④ ㄱ, ㄴ ⑤ ㄴ, ㄷ

하 중 상

02 그림은 물체 A, B가 줄로 연결되어 정지해 있는 것을 나타낸 것이다. A, B의 질량은 각각 $2m$, m이다.

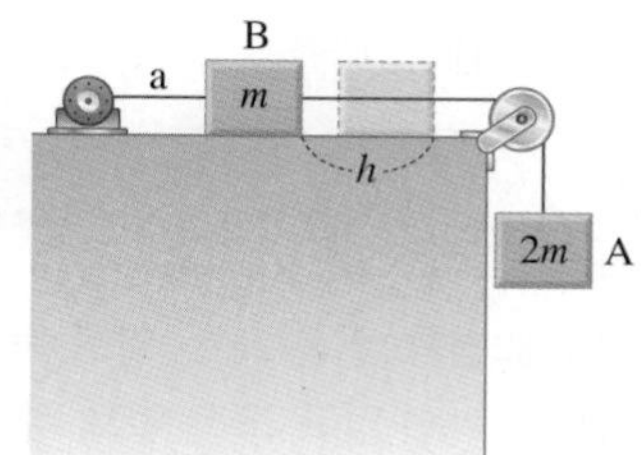

줄 a 부분을 끊어 B가 h만큼 이동하였을 때 A, B의 에너지에 대한 설명으로 옳은 것만을 [보기]에서 있는 대로 고른 것은? (단, 중력 가속도는 g이고, 줄의 질량 및 모든 마찰과 공기 저항은 무시한다.)

보기
ㄱ. A의 중력 퍼텐셜 에너지가 감소한 만큼 B의 운동 에너지가 증가한다.
ㄴ. B의 운동 에너지 증가량은 $\frac{2}{3}mgh$이다.
ㄷ. A의 역학적 에너지 감소량은 $2mgh$이다.

① ㄱ ② ㄴ ③ ㄷ
④ ㄱ, ㄴ ⑤ ㄱ, ㄴ, ㄷ

하 중 상

03 그림과 같은 궤도를 따라 질량이 2 kg인 물체가 운동하고 있다. 물체가 지면으로부터 높이가 25 m인 A점을 통과할 때의 속력은 15 m/s이다.

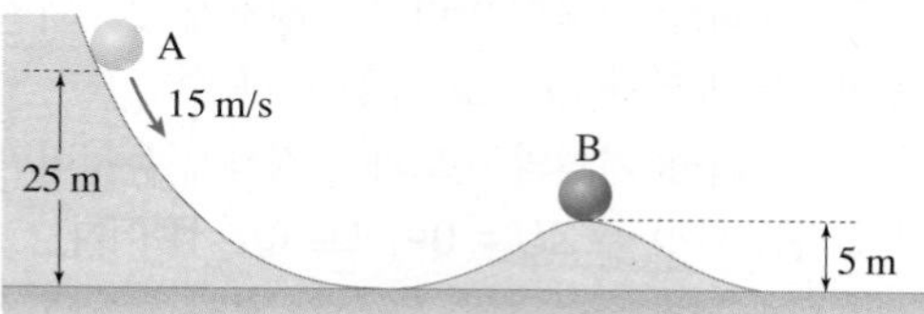

물체가 B점을 통과할 때의 속력은? (단, 중력 가속도는 10 m/s^{2}이고, 모든 마찰과 공기 저항은 무시한다.)

① 15 m/s ② 25 m/s ③ 30 m/s
④ 35 m/s ⑤ 40 m/s

하 중 상

04 그림 (가)는 질량이 2 kg인 물체를 서로 다른 용수철 A, B에 연직으로 매달아 놓은 모습을 나타낸 것이다. A, B가 늘어난 길이는 각각 40 cm, 50 cm이다. 그림 (나)는 A, B를 직선상에서 벽의 한쪽에 고정시키고 벽과 물체 사이에 A를 40 cm만큼 압축시킨 채 손으로 잡고 있는 모습이다. (나)에서 잡고 있던 손을 놓으면 물체는 수평면을 따라 운동하다가 벽에 고정된 B를 압축시킨다.

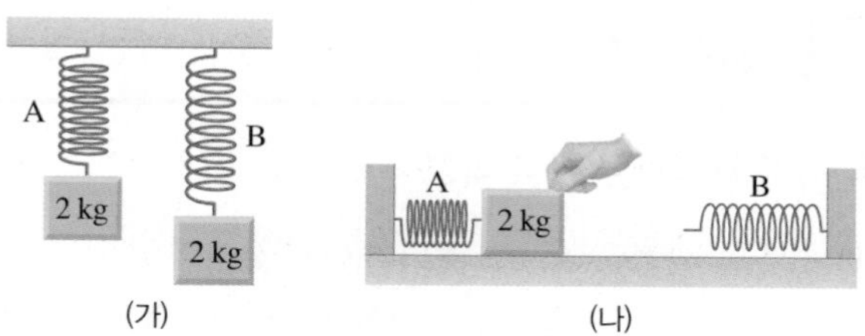

이에 대한 설명으로 옳은 것만을 [보기]에서 있는 대로 고른 것은? (단, 중력 가속도는 10 m/s^{2}이고, 용수철의 질량 및 모든 마찰과 공기 저항은 무시한다.)

보기
ㄱ. A의 탄성 퍼텐셜 에너지는 (가)에서와 (나)에서가 서로 같다.
ㄴ. (나)에서 물체의 속력의 최댓값은 2 m/s이다.
ㄷ. (나)에서 B가 최대로 압축되었을 때 압축된 길이는 40 cm보다 짧다.

① ㄱ ② ㄷ ③ ㄱ, ㄴ
④ ㄴ, ㄷ ⑤ ㄱ, ㄴ, ㄷ

하중상

05 그림은 빗면 위의 p점에서 가만히 놓은 물체가 수평면 위의 마찰이 있는 면을 지나 반대편 빗면을 따라 올라가는 모습을 나타낸 것이다. 물체가 마찰이 있는 면을 지날 때는 일정한 크기의 힘 F가 운동 방향에 반대 방향으로 작용한다. 수평면으로부터 p점, q점까지의 높이는 h로 같다.

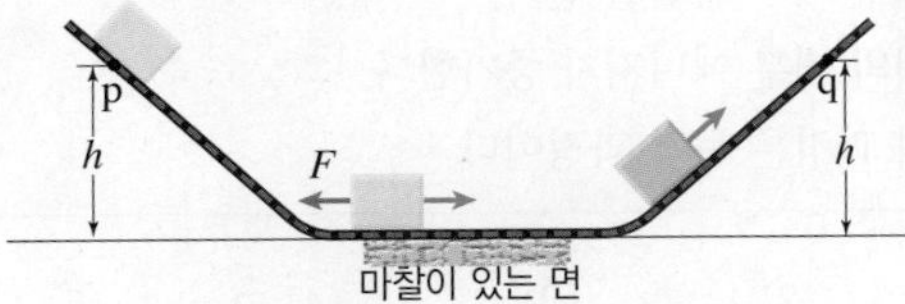

물체의 운동에 대한 설명으로 옳은 것만을 [보기]에서 있는 대로 고른 것은? (단, 공기 저항과 마찰이 있는 면을 제외한 곳에서의 모든 마찰은 무시한다.)

보기
ㄱ. 물체는 q점에 도달할 수 있다.
ㄴ. 빗면을 내려오는 동안 역학적 에너지가 보존된다.
ㄷ. h가 클수록 마찰이 있는 면에서의 역학적 에너지 감소량이 커진다.

① ㄱ ② ㄴ ③ ㄱ, ㄷ
④ ㄴ, ㄷ ⑤ ㄱ, ㄴ, ㄷ

하중상

06 그림 (가)는 단열 용기에 일정량의 이상 기체 A, B를 넣고 마개로 막아 밀폐시킨 모습을 나타낸 것이다. 그림 (나)는 (가)에서 두 단열 용기의 마개 부분을 서로 맞닿게 한 후 충분한 시간이 지난 상태를 나타낸 것이다. (가)에서 기체 온도는 A가 B보다 높고, 마개를 통해서만 열이 이동할 수 있다.

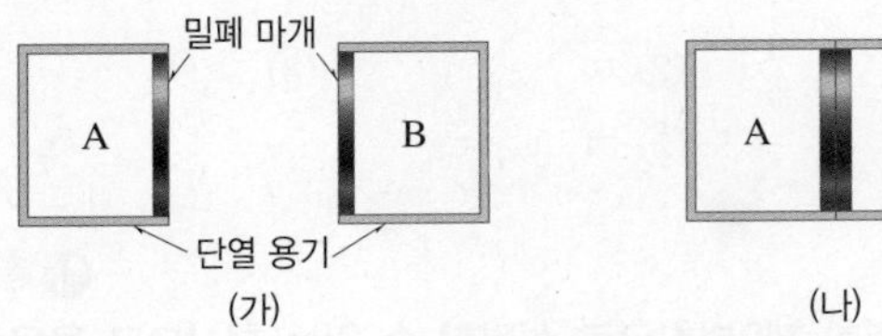

이에 대한 설명으로 옳은 것만을 [보기]에서 있는 대로 고른 것은?

보기
ㄱ. A의 내부 에너지는 (가)에서가 (나)에서보다 크다.
ㄴ. B의 압력은 (가)에서가 (나)에서보다 크다.
ㄷ. (나)에서 기체 분자의 평균 운동 에너지는 A가 B보다 작다.

① ㄱ ② ㄴ ③ ㄱ, ㄷ
④ ㄴ, ㄷ ⑤ ㄱ, ㄴ, ㄷ

하중상

07 그림은 A 상태에 있던 일정량의 이상 기체를 A → B, A → C, A → D 과정으로 각각 변화시켰을 때 부피와 온도의 관계를 나타낸 것이다.

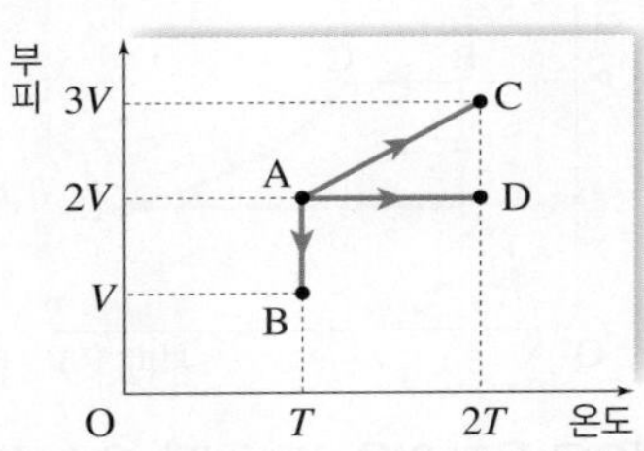

각 과정에서 기체의 상태에 대한 설명으로 옳은 것만을 [보기]에서 있는 대로 고른 것은?

보기
ㄱ. A → B 과정에서 내부 에너지가 감소한다.
ㄴ. A → C 과정에서 내부 에너지는 증가한다.
ㄷ. A → D 과정에서 흡수한 열은 모두 일을 하는 데 사용된다.

① ㄱ ② ㄴ ③ ㄷ
④ ㄱ, ㄴ ⑤ ㄴ, ㄷ

하중상

08 그림 (가)와 같이 이상 기체가 들어 있는 밀폐된 실린더에 마찰이 없이 자유롭게 이동할 수 있는 피스톤을 놓아 평형이 되게 하였다. 이 실린더를 (나)와 같이 어느 물체에 올려놓았더니 피스톤이 서서히 위로 올라가 정지하였다.

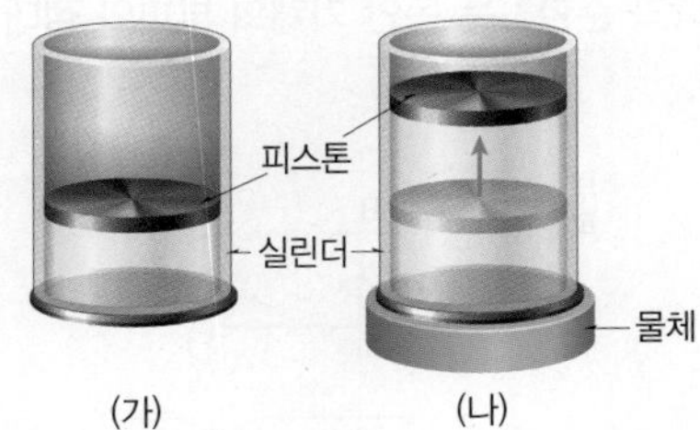

이에 대한 설명으로 옳은 것만을 [보기]에서 있는 대로 고른 것은? (단, 실린더 외부의 압력은 일정하다.)

보기
ㄱ. 기체의 압력은 (가), (나)에서 같다.
ㄴ. 기체의 온도는 (나)에서가 (가)에서보다 높다.
ㄷ. 기체의 분자의 평균 속력은 (가), (나)에서 같다.

① ㄱ ② ㄴ ③ ㄷ
④ ㄱ, ㄴ ⑤ ㄴ, ㄷ

하 중 상

09 그림은 일정량의 이상 기체의 상태가 A → B → C → D → A로 변할 때 압력과 부피의 관계를 나타낸 것이다.

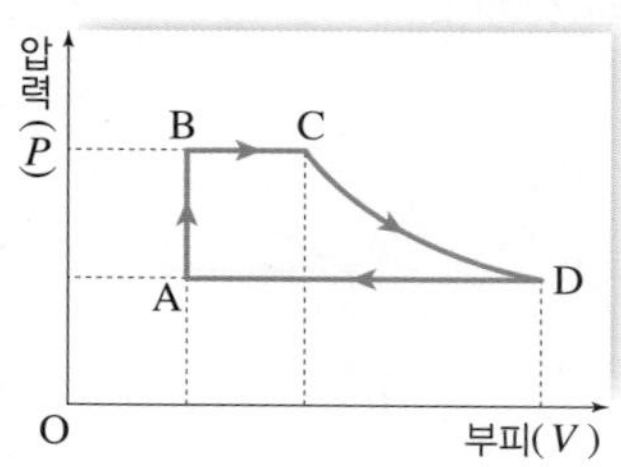

이에 대한 설명으로 옳지 않은 것은? (단, C → D 과정은 등온 과정이다.)

① A → B 과정에서 기체는 일을 하지 않는다.
② B → C 과정에서 기체가 흡수한 열은 기체가 한 일보다 작다.
③ C → D 과정에서 기체가 흡수한 열은 기체가 한 일과 같다.
④ D → A 과정에서 기체는 외부로 열을 방출한다.
⑤ A → B → C → D → A 과정에서 기체는 외부로부터 열을 흡수한다.

하 중 상

10 그림은 일정량의 이상 기체의 상태가 A → B → C → D → A를 따라 순환하는 동안 기체의 부피와 절대 온도를 나타낸 것이다.

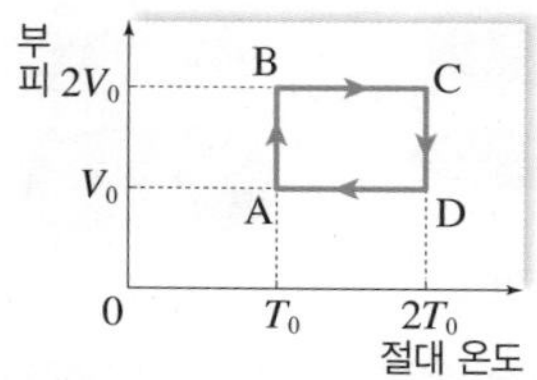

이에 대한 설명으로 옳은 것만을 [보기]에서 있는 대로 고른 것은?

보기
ㄱ. B → C 과정에서 기체는 외부에 일을 한다.
ㄴ. 한 번 순환하는 동안 기체는 외부로부터 일을 받는다.
ㄷ. C → D → A 과정에서 기체는 열을 흡수한다.

① ㄱ ② ㄴ ③ ㄷ
④ ㄱ, ㄴ ⑤ ㄴ, ㄷ

하 중 상

11 압력솥을 가열하는 동안 압력솥 내부의 기체로 이루어진 계에 대한 설명으로 옳은 것만을 [보기]에서 있는 대로 고른 것은? (단, 압력솥 내부와 외부 사이에 물질 출입은 없고, 압력솥이 흡수하는 열량은 무시한다.)

보기
ㄱ. 계가 외부에 일을 한다.
ㄴ. 계의 내부 에너지가 증가한다.
ㄷ. 이 과정은 등적 과정이다.

① ㄱ ② ㄴ ③ ㄷ ④ ㄱ, ㄴ ⑤ ㄴ, ㄷ

하 중 상

12 그림 (가)와 같이 이상 기체가 들어 있는 단열 실린더가 단열 피스톤에 의해 A, B로 나누어져 있다. 그림 (나)는 (가)에서 A의 기체에 열 Q를 가했더니 피스톤이 천천히 이동하여 정지한 모습을 나타낸 것이다.

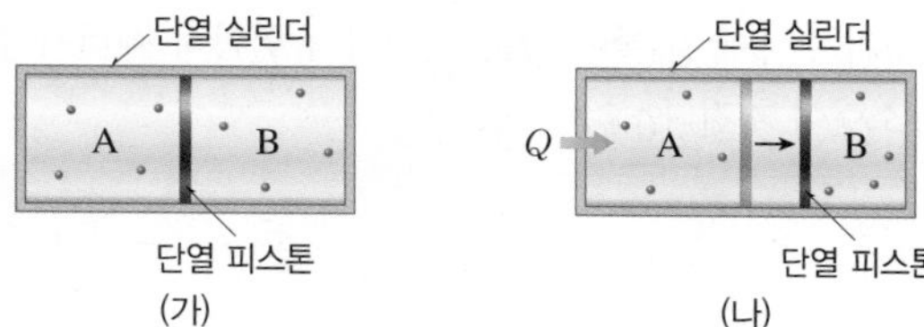

이에 대한 설명으로 옳은 것만을 [보기]에서 있는 대로 고른 것은? (단, 실린더와 피스톤 사이의 마찰은 무시한다.)

보기
ㄱ. A, B 기체의 내부 에너지 변화량의 합은 Q이다.
ㄴ. B의 기체가 받은 일은 Q보다 작다.
ㄷ. B의 기체는 온도가 높아졌다.

① ㄱ ② ㄷ ③ ㄱ, ㄴ
④ ㄴ, ㄷ ⑤ ㄱ, ㄴ, ㄷ

하 중 상

13 열역학 제2법칙으로 설명할 수 있는 현상으로 옳은 것만을 [보기]에서 있는 대로 고른 것은?

보기
ㄱ. 물감을 물에 떨어뜨리면 물감이 골고루 퍼져 나간다.
ㄴ. 고립된 계에서 자연 현상은 엔트로피가 증가하는 방향으로 진행한다.
ㄷ. 고립된 계에서 자연 현상은 확률이 감소하는 방향으로 진행한다.

① ㄱ ② ㄷ ③ ㄱ, ㄴ ④ ㄱ, ㄷ ⑤ ㄴ, ㄷ

하 중 상

14 그림은 서로 다른 열기관 A, B를 모식적으로 나타낸 것이다. A와 B는 고열원에서 각각 ㉠, ㉡의 열을 흡수하여 똑같이 W의 일을 한다. 열효율은 A가 B의 2배이다.

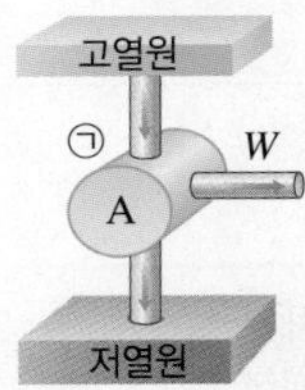

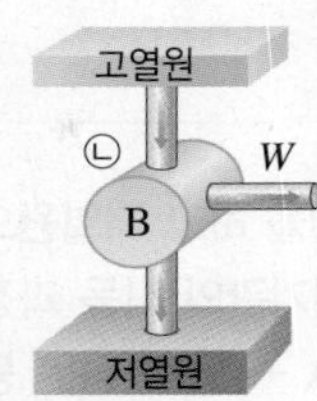

이에 대한 설명으로 옳은 것만을 [보기]에서 있는 대로 고른 것은?

ㄱ. ㉡은 ㉠의 2배이다.
ㄴ. 저열원으로 방출하는 열에너지는 A가 B보다 작다.
ㄷ. A는 고열원에서 흡수하는 열이 많아져도 하는 일은 일정하다.

① ㄱ ② ㄴ ③ ㄷ
④ ㄱ, ㄴ ⑤ ㄴ, ㄷ

하 중 상

15 카르노 기관은 고열원에서 흡수한 열의 일부로 외부에 일을 하고 나머지 열을 저열원으로 방출한다. 그림은 한 순환 과정을 나타낸 것이다. A → B 과정과 C → D 과정은 등온 과정, B → C 과정과 D → A 과정은 단열 과정이다.

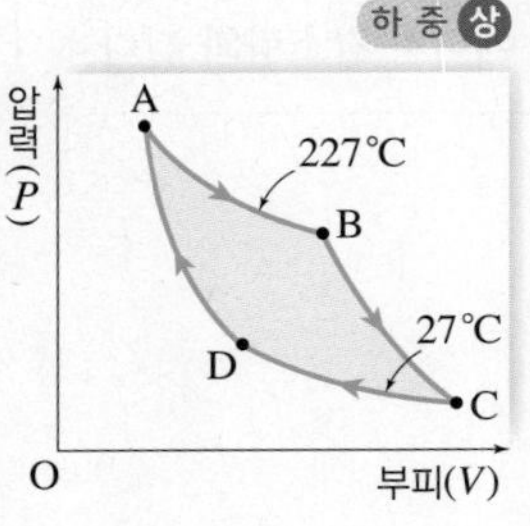

이에 대한 설명으로 옳은 것만을 [보기]에서 있는 대로 고른 것은?

보기

ㄱ. 기체는 A → B 과정, B → C 과정에서 외부에 일을 한다.
ㄴ. C → D 과정에서 기체는 외부로부터 일을 받아 부피가 감소하였다.
ㄷ. 한 순환 과정에서 기체가 외부에 한 일은 색칠한 부분의 넓이와 같다.

① ㄱ ② ㄴ ③ ㄱ, ㄷ
④ ㄴ, ㄷ ⑤ ㄱ, ㄴ, ㄷ

하 중 상

16 그림과 같이 지면으로부터 높이 30 m인 곳에서 물체를 가만히 놓았다. 물체가 높이 10 m인 곳을 지날 때의 속력을 풀이 과정과 함께 구하시오. (단, 중력 가속도는 10 m/s^{2}이고, 공기 저항은 무시한다.)

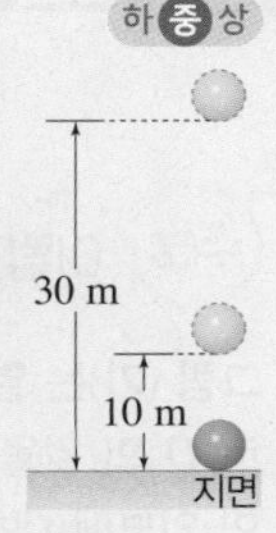

하 중 상

17 지면에서 30 m/s의 속력으로 연직 위로 던져 올린 돌이 올라가는 최고 높이를 역학적 에너지 보존 법칙을 적용하여 풀이 과정과 함께 구하시오. (단, 중력 가속도는 10 m/s^{2}이고, 공기 저항은 무시한다.)

하 중 상

18 일정량의 이상 기체에 열을 가하였더니 기체가 압력을 일정하게 유지하면서 팽창하였다. 이때 기체의 내부 에너지, 기체의 온도, 기체가 하는 일의 변화를 열역학 제1법칙으로 서술하시오.

하 중 상

19 열역학 제1법칙을 확장하면 모든 종류의 에너지를 포함하는 에너지 보존 법칙이 성립한다. 그런데도 우리가 에너지를 절약해야 하는 까닭을 적절한 사례를 들어 열역학 법칙의 관점에서 서술하시오.

수능
실전 문제

• 수능 출제 경향

이 단원에서는 역학적 에너지 보존 법칙을 적용하여 물체의 운동 변화를 해석하는 문제, 열역학 제1법칙을 적용하여 열역학 과정을 해석하는 문제, 열역학 제2법칙의 개념을 묻는 문제, 열기관의 원리와 열효율을 이해하고 있는지를 묻는 문제가 자주 출제되고 있다.

수능 이렇게 나온다!

그림 (가)는 열효율이 **0.2**인 열기관이 고열원에서 Q_1의 열을 흡수하여 W의 일을 하고 저열원으로 Q_2의 열을 방출하는 것을 모식적으로 나타낸 것이다. 그림 (나)는 (가)의 열기관의 작동 과정의 일부에 대한 기체의 상태 변화를 압력과 부피의 그래프로 나타낸 것이다. **A → B** 과정은 등적 과정이고, **B → C** 과정은 단열 과정이다.

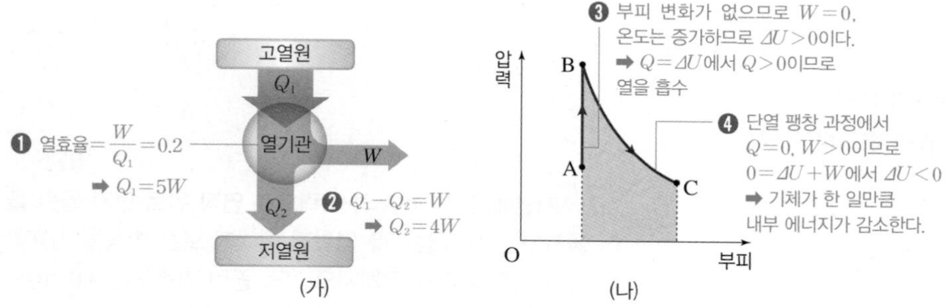
고열원
Q_1
열기관
W
Q_2
저열원
❶ 열효율$=\frac{W}{Q_1}=0.2$
➡ $Q_1=5W$
❷ $Q_1-Q_2=W$
➡ $Q_2=4W$
압력
B
A
C
O
부피
❸ 부피 변화가 없으므로 $W=0$,
온도는 증가하므로 $\Delta U>0$이다.
➡ $Q=\Delta U$에서 $Q>0$이므로
열을 흡수
❹ 단열 팽창 과정에서
$Q=0$, $W>0$이므로
$0=\Delta U+W$에서 $\Delta U<0$
➡ 기체가 한 일만큼
내부 에너지가 감소한다.
(가) (나)

이에 대한 설명으로 옳은 것만을 [보기]에서 있는 대로 고른 것은?

보기

ㄱ. $Q_2=4W$이다.

ㄴ. A → B 과정에서 기체는 열을 흡수한다.

ㄷ. B → C 과정에서 기체가 한 일은 B → C 과정에서 기체의 내부 에너지 감소량과 같다.

① ㄴ ② ㄷ ③ ㄱ, ㄴ ④ ㄱ, ㄷ ⑤ ㄱ, ㄴ, ㄷ

출제개념

열역학 제1법칙
열역학 과정
▶ 본문 83쪽~84쪽

출제의도

열기관의 원리와 열효율 개념을 이해하고 있는지, 등적 과정과 단열 과정에 열역학 제1법칙을 적용하여 해석할 수 있는지를 확인하는 문제이다.

전략적 풀이

❶ 열효율을 이해하고 Q_1을 구한다.

열효율은 열기관이 흡수한 열량 Q_1에 대해 (　　　)의 비율이므로 $\frac{W}{Q_1}=0.2$로 나타낼 수 있다. 따라서 $Q_1=5W$이다.

❷ 에너지 보존 법칙으로부터 Q_2를 구한다.

ㄱ. 에너지 보존 법칙을 만족해야 하므로 열기관이 흡수한 열은 열기관이 한 일과 저열원으로 (　　　)의 합과 같다. 따라서 $Q_1=W+Q_2$에서 Q_2=(　　　)이다.

❸ 열역학 제1법칙을 적용하여 등적 과정에서 일어나는 변화를 파악한다.

ㄴ. A → B 과정에서 부피 변화가 없으므로 기체가 한 일은 (　　　)이고, 온도가 (　　　)하므로 내부 에너지도 (　　　)한다. 따라서 $Q=\Delta U+W$에서 $W=0$, $\Delta U>0$이므로 $Q>0$이고, 기체는 열을 (　　　)한다.

❹ 열역학 제1법칙을 적용하여 단열 팽창 과정에서 일어나는 변화를 파악한다.

ㄷ. B → C 과정에서 $Q=0$, $W>0$이므로 $Q=\Delta U+W$에서 내부 에너지는 기체가 한 일만큼 (　　　)한다는 것을 알 수 있다.

답 ⑤

❶ 한 일
❷ 방출한 열, $4W$
❸ 0, 증가, 증가, 흡수
❹ 감소

01 그림은 a점에서 가만히 놓은 질량 1 kg인 물체가 낙하하는 모습을 나타낸 것이다. 중력 퍼텐셜 에너지 차는 a점과 c점 사이에서는 40 J, b점과 d점 사이에서는 50 J이다. c점에서의 속력은 b점에서의 2배이다.

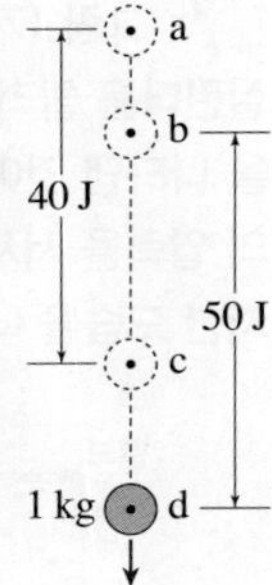

이에 대한 설명으로 옳은 것만을 [보기]에서 있는 대로 고른 것은? (단, 중력 가속도는 10 m/s^{2}이고, 공기 저항은 무시한다.)

보기
ㄱ. a점과 b점 사이의 거리는 1.5 m이다.
ㄴ. c점과 d점 사이에서 중력이 물체에 한 일은 18 J이다.
ㄷ. d점에서 물체의 속력은 $2\sqrt{30}$ m/s이다.

① ㄴ ② ㄷ ③ ㄱ, ㄴ
④ ㄱ, ㄷ ⑤ ㄴ, ㄷ

02 그림은 질량 1 kg인 물체가 마찰이 없는 빗면의 a점을 지나 최고점 b점에 도달한 후, 빗면을 내려오면서 c점을 지나는 순간을 나타낸 것이다. 물체가 a점에서 b점을 거쳐 c점에 도달하는 데 걸린 시간은 3초이고, a점에서 물체의 속력은 10 m/s이다. a점에서 중력 퍼텐셜 에너지는 0이며, c점에서 중력 퍼텐셜 에너지는 운동 에너지의 3배이다.

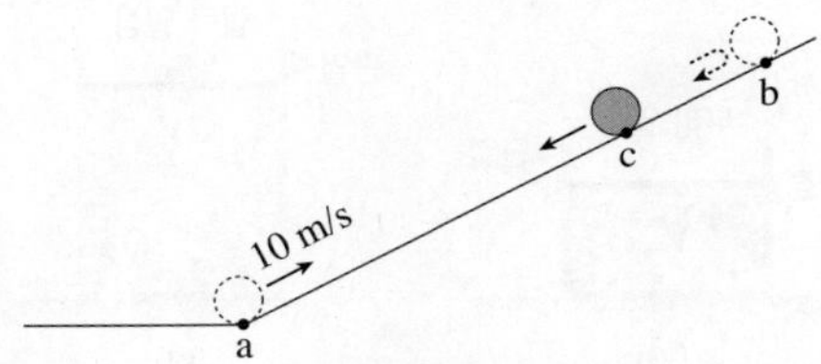

이에 대한 설명으로 옳은 것만을 [보기]에서 있는 대로 고른 것은? (단, 공기 저항과 물체의 크기는 무시한다.)

보기
ㄱ. c점에서 물체의 속력은 5 m/s이다.
ㄴ. b점에서 물체의 가속도의 크기는 5 m/s^{2}이다.
ㄷ. a점과 c점 사이의 거리는 7 m이다.

① ㄱ ② ㄷ ③ ㄱ, ㄴ
④ ㄴ, ㄷ ⑤ ㄱ, ㄴ, ㄷ

03 그림과 같이 도르래에 연결된 질량이 각각 M, m인 두 물체를 정지 상태로 잡고 있다가 놓았더니 두 물체가 가속되어 거리 d만큼 움직였다. $M>m$이다.

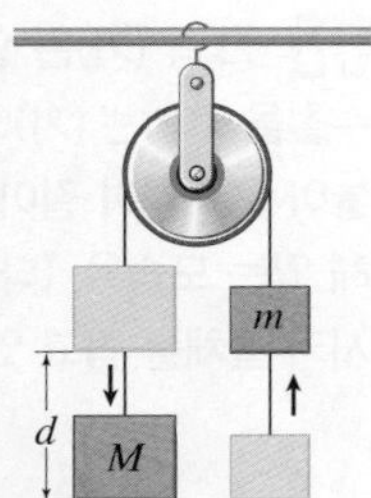

거리 d만큼 움직이는 동안에 대한 설명으로 옳은 것만을 [보기]에서 있는 대로 고른 것은? (단, 중력 가속도는 g이고, 모든 마찰과 공기 저항은 무시한다.)

보기
ㄱ. 두 물체의 역학적 에너지는 보존된다.
ㄴ. 질량 M인 물체의 중력 퍼텐셜 에너지 감소량은 질량 m인 물체의 운동 에너지 증가량과 같다.
ㄷ. 거리 d만큼 움직이는 순간 두 물체의 운동 에너지는 $(M-m)gd$이다.

① ㄴ ② ㄷ ③ ㄱ, ㄷ
④ ㄴ, ㄷ ⑤ ㄱ, ㄴ, ㄷ

04 그림 (가)는 0초일 때 정지해 있던 물체 A, B, C가 실로 연결된 채 화살표 방향으로 등가속도 운동을 하다가 2초일 때 A, B를 연결하고 있던 실이 끊어진 것을, 그림 (나)는 B의 속력을 시간에 따라 나타낸 것이다. B의 질량은 m이다.

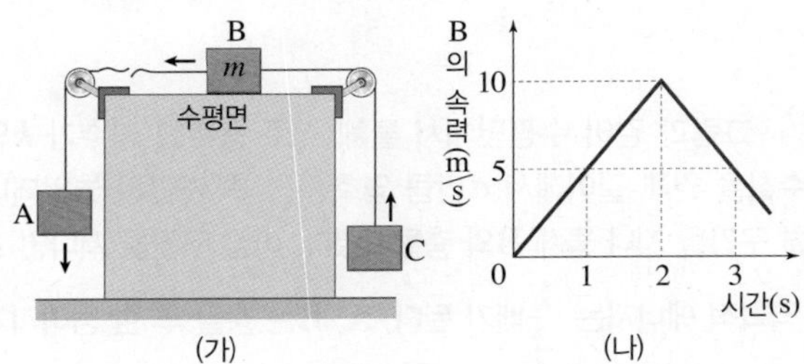

이에 대한 설명으로 옳은 것만을 [보기]에서 있는 대로 고른 것은? (단, 중력 가속도는 10 m/s^{2}이고, 모든 마찰과 공기 저항은 무시한다.)

보기
ㄱ. C의 질량은 m이다.
ㄴ. A의 질량은 B의 4배이다.
ㄷ. 2초 이후 C의 역학적 에너지는 일정하다.

① ㄱ ② ㄴ ③ ㄷ
④ ㄱ, ㄴ ⑤ ㄴ, ㄷ

05 그림 (가)는 연직 방향으로 지면에 고정된 길이 h인 용수철을, (나)는 (가)에서 용수철 위에 질량이 m인 물체를 올려놓아 용수철이 길이 x만큼 압축되어 힘의 평형을 이루며 정지해 있는 모습을, (다)는 (나)에서 용수철을 길이 x만큼 더 압축시켜 물체를 잡고 있는 모습을 나타낸 것이다.

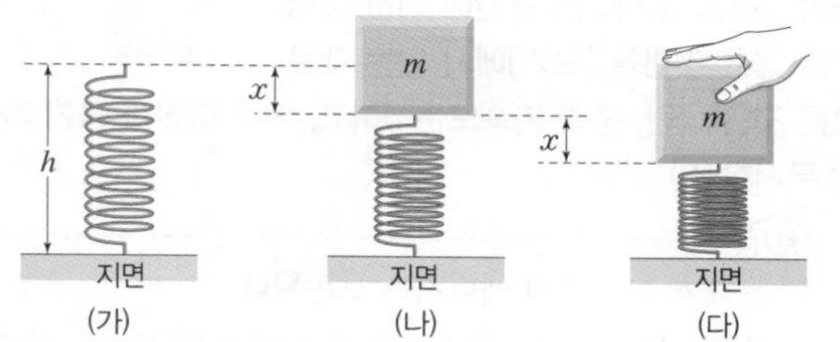

이에 대한 설명으로 옳은 것만을 [보기]에서 있는 대로 고른 것은? (단, 중력 가속도는 g이고, 용수철의 질량과 공기 저항은 무시한다.)

보기
ㄱ. 용수철 상수는 $\frac{mg}{x}$이다.
ㄴ. 용수철의 탄성 퍼텐셜 에너지는 (다)에서가 (나)에서의 2배이다.
ㄷ. (다)에서 물체를 가만히 놓았다면 물체의 높이가 h일 때 운동 에너지가 최대이다.

① ㄱ ② ㄷ ③ ㄱ, ㄴ
④ ㄱ, ㄷ ⑤ ㄴ, ㄷ

06 그림과 같이 수평면에서 물체 A로 용수철 상수가 k인 용수철을 원래 길이에서 d만큼 압축시킨 후 가만히 놓았더니 마찰 구간을 지나 물체 B와 충돌하였다. 마찰 구간을 지나면 A의 역학적 에너지는 $\frac{1}{2}$배가 된다. A, B는 충돌 후 한 덩어리가 되어 빗면을 따라 올라가 높이 h인 지점에서 속력이 0이 된다.

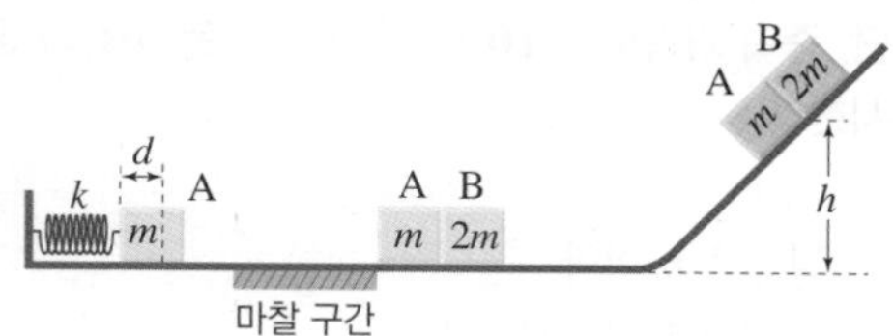

h는? (단, 중력 가속도는 g이고, 용수철의 질량, 물체의 크기, 공기 저항, 마찰 구간 외의 모든 마찰은 무시한다.)

① $\frac{kd^2}{2mg}$ ② $\frac{kd^2}{4mg}$ ③ $\frac{kd^2}{6mg}$ ④ $\frac{kd^2}{12mg}$ ⑤ $\frac{kd^2}{36mg}$

07 그림 (가)는 이상 기체 A, B가 각각 단열된 실린더와 실린더를 둘러싼 용기에 담겨 있고, 피스톤이 정지해 있는 것을 나타낸 것이다. 그림 (나)는 (가)에서 용기의 밸브를 열어 B의 압력을 서서히 감소시켰더니 피스톤이 천천히 이동하여 정지한 모습을 나타낸 것이다.

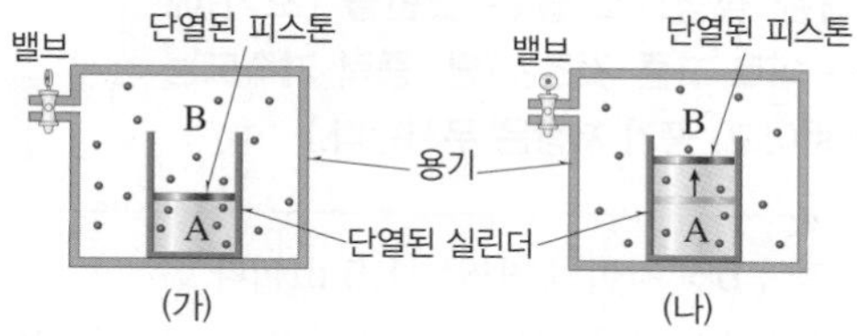

(가)에서 (나)로 변하는 동안, A에 대한 설명으로 옳은 것만을 [보기]에서 있는 대로 고른 것은? (단, 피스톤과 실린더 사이의 마찰, 피스톤의 질량은 무시한다.)

보기
ㄱ. 등압 과정에 해당한다.
ㄴ. 외부에 일을 한다.
ㄷ. 내부 에너지가 증가한다.

① ㄴ ② ㄷ ③ ㄱ, ㄴ ④ ㄱ, ㄷ ⑤ ㄱ, ㄴ, ㄷ

08 그림 (가), (나)는 단열된 실린더에 들어 있는 같은 양의 동일한 이상 기체에 (가)에서는 부피를, (나)에서는 압력을 일정하게 유지하면서 열 Q를 공급한 모습을 나타낸 것이다. 가열 전 (가), (나)에서 기체의 압력과 부피는 각각 P, V로 같고, 가열 후 (나)에서 기체의 부피는 $2V$이다.

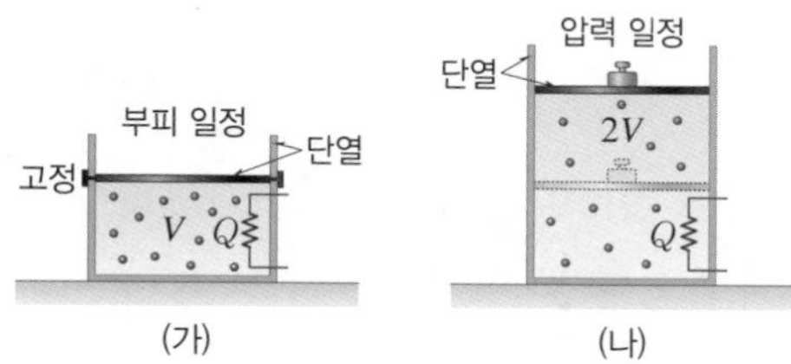

가열 후 기체의 상태에 대한 설명으로 옳은 것만을 [보기]에서 있는 대로 고른 것은? (단, 피스톤과 실린더 사이의 마찰은 무시한다.)

보기
ㄱ. 기체의 압력은 (가)>(나)이다.
ㄴ. 기체의 내부 에너지는 (가)>(나)이다.
ㄷ. (가)에서 기체의 내부 에너지 증가량은 PV이다.

① ㄱ ② ㄷ ③ ㄱ, ㄴ ④ ㄴ, ㄷ ⑤ ㄱ, ㄴ, ㄷ

09 그림 (가)는 단열된 실린더에 일정량의 이상 기체가 들어 있고, 모래가 올려진 단열된 피스톤이 정지해 있는 모습을 나타낸 것이다. 그림 (나)는 (가)에서 피스톤 위의 모래의 양을 조절하거나 기체에 열을 가하여 기체의 상태를 A → B → C를 따라 변화시킬 때, 압력과 부피 변화를 나타낸 것이다. A → B는 단열 과정, B → C는 등압 과정이다.

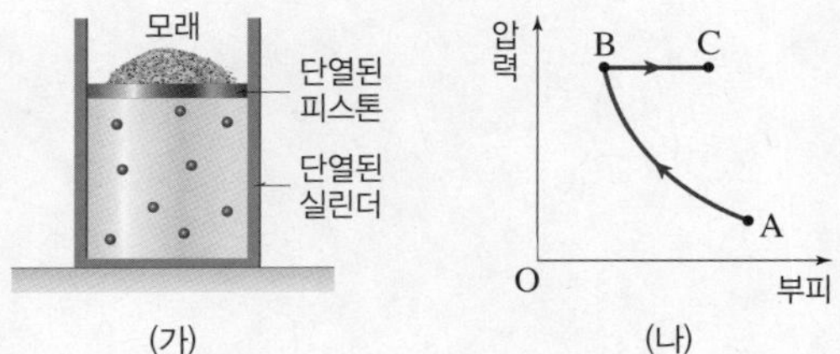

(가) (나)

이에 대한 설명으로 옳은 것만을 [보기]에서 있는 대로 고른 것은? (단, 대기압은 일정하고, 피스톤과 실린더 사이의 마찰은 무시한다.)

보기

ㄱ. A → B 과정에서 모래의 양을 감소시켰다.

ㄴ. A → B 과정에서 기체의 내부 에너지는 증가한다.

ㄷ. B → C 과정에서 흡수한 열은 내부 에너지 증가량과 같다.

① ㄴ ② ㄷ ③ ㄱ, ㄷ ④ ㄴ, ㄷ ⑤ ㄱ, ㄴ, ㄷ

10 그림 (가)는 단열된 용기의 한쪽에는 이상 기체가 들어 있고 다른 쪽은 진공으로 되어 있는 것을, 그림 (나)는 (가)의 칸막이를 제거한 후 이상 기체가 용기 전체에 균일하게 퍼져 있는 것을 나타낸 것이다.

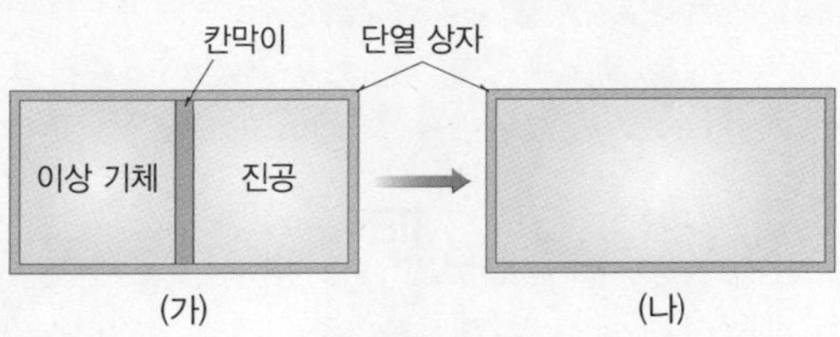

(가) (나)

이에 대한 설명으로 옳은 것만을 [보기]에서 있는 대로 고른 것은?

보기

ㄱ. 기체의 내부 에너지는 (가)에서와 (나)에서가 같다.

ㄴ. (가)에서 (나)로의 변화는 비가역 과정이다.

ㄷ. (가)에서 (나)로 변하는 동안 기체는 일을 하지 않는다.

① ㄴ ② ㄷ ③ ㄱ, ㄷ ④ ㄴ, ㄷ ⑤ ㄱ, ㄴ, ㄷ

11 그림 (가)와 같이 용기 내부의 피스톤으로 구분된 세 영역에 일정량의 이상 기체 A, B, C가 들어 있다. 용기와 피스톤은 단열되어 있으며, 피스톤은 정지해 있다. 그림 (나)는 (가)의 B에 Q만큼의 열을 가하였더니 B가 팽창하며 피스톤이 양쪽으로 움직였다가 다시 정지한 모습을 나타낸 것이다. (가)에서 (나)로 변하는 동안 A, B, C의 내부 에너지 증가량은 각각 ΔU_A, ΔU_B, ΔU_C이다.

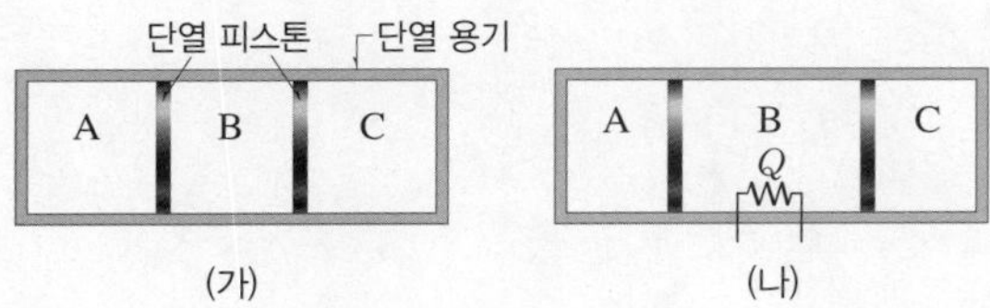

(가) (나)

이에 대한 설명으로 옳은 것만을 [보기]에서 있는 대로 고른 것은? (단, 용기와 피스톤 사이의 마찰은 무시한다.)

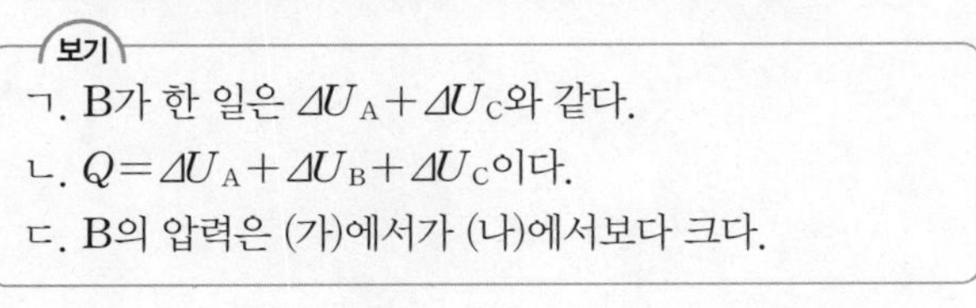

보기

ㄱ. B가 한 일은 $\Delta U_A + \Delta U_C$와 같다.

ㄴ. $Q = \Delta U_A + \Delta U_B + \Delta U_C$이다.

ㄷ. B의 압력은 (가)에서가 (나)에서보다 크다.

① ㄱ ② ㄴ ③ ㄷ
④ ㄱ, ㄴ ⑤ ㄴ, ㄷ

12 그림은 열기관에서 일정량의 이상 기체의 상태가 A → B → C → A를 따라 순환하는 동안 기체의 절대 온도와 압력을, 표는 각 과정에서 기체가 흡수 또는 방출하는 열을 나타낸 것이다. C → A 과정에서 기체는 부피가 일정하다.

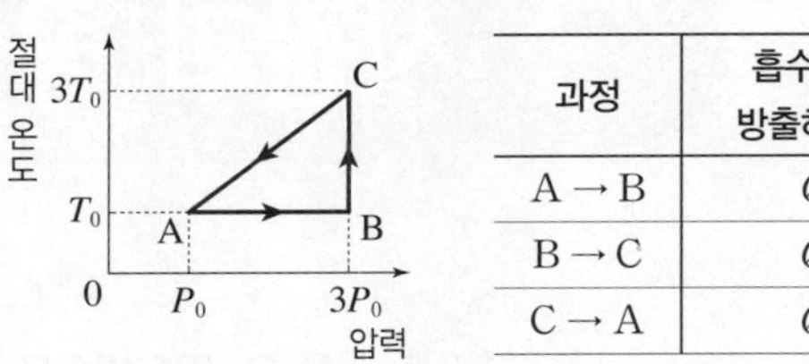

과정	흡수 또는 방출하는 열
A → B	Q_1
B → C	Q_2
C → A	Q_3

이에 대한 설명으로 옳은 것만을 [보기]에서 있는 대로 고른 것은?

보기

ㄱ. A → B 과정에서 기체는 외부에 일을 한다.

ㄴ. 열기관의 열효율은 $\dfrac{Q_3}{Q_1+Q_2}$이다.

ㄷ. C → A 과정에서 감소한 내부 에너지는 Q_3과 같다.

① ㄱ ② ㄷ ③ ㄱ, ㄴ
④ ㄴ, ㄷ ⑤ ㄱ, ㄴ, ㄷ

Ⅰ 역학과 에너지

3 시간과 공간

Preview

아인슈타인의 특수 상대성 이론은 무엇인가요?

- 아인슈타인이 등장하기 전까지는 뉴턴의 운동 법칙으로 물체의 운동을 잘 설명할 수 있었죠. 그런데 1905년에 아인슈타인이 발표한 특수 상대성 이론으로 시간과 공간의 개념이 바뀌었답니다.

- 그 시작은 1887년 마이컬슨과 몰리가 빛의 속력을 비교해서 에테르의 존재를 밝히려고 한 실험부터입니다. 그러나 오히려 빛의 속력은 일정한 것으로 밝혀졌습니다.

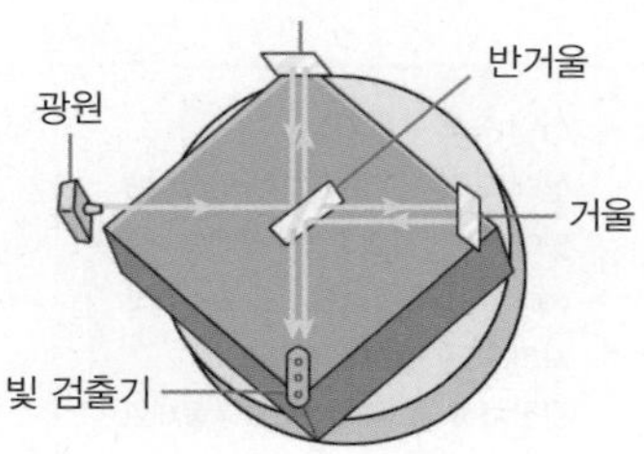

- 아인슈타인은 마이컬슨·몰리 실험을 통해 에테르가 없는 것으로 해석하여 상대성 원리와 광속 불변 원리라는 두 가지 가정을 세웠습니다.

- 뉴턴은 시간이 모든 사람에게 똑같이 흐르고, 공간 또한 변하지 않는다고 생각했죠. 하지만 아인슈타인은 빛의 속력이 항상 일정하므로 시간과 공간이 변해야 한다고 주장했어요. 그래서 운동 상태에 따라 시간이 다르게 흐르고, 공간이 변할 수 있다고 주장했죠.

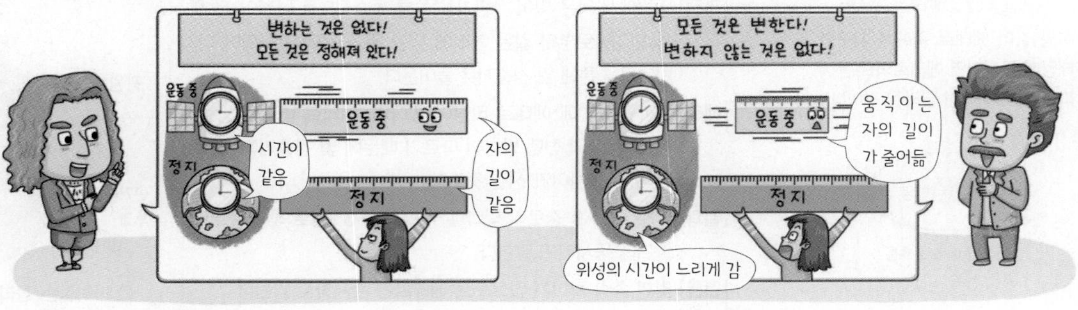

- 대기권에서 생성된 뮤온이 지표면에서 관측된 현상은 특수 상대성 이론을 뒷받침하는 명백한 증거이죠. 아인슈타인은 특수 상대성 이론을 발표하고 10년쯤 후 속도가 변하는 물체의 운동까지 설명할 수 있는 일반 상대성 이론을 발표하였답니다.

1 특수 상대성 이론

핵심 포인트
- ❶ 광속 불변 원리 ★★
- ❷ 동시성의 상대성 ★★
- ❸ 시간 지연 ★★★
- ❹ 길이 수축 ★★★

A 특수 상대성 이론의 배경

달리는 버스 안에서 주변을 바라보면 나무와 건물들이 버스와는 반대 방향으로 움직이는 것처럼 보입니다. 아인슈타인은 물체의 속력이 매우 빨라지면 물체의 운동을 다르게 설명해야 한다고 생각하고 특수 상대성 이론을 주장하였습니다. 지금부터 그의 생각을 따라가 볼까요?

암기해!

상대 속도 구하기
상대 속도는 관찰자 자신이 정지해 있다고 생각하고 측정한 물체의 속도이다. 따라서 물체의 속도에서 관찰자의 속도를 뺀다.
관찰자가 본 물체의 속도 = 물체의 속도 − 관찰자의 속도

1. 상대 속도

(1) **상대 속도:** 운동하고 있는 관찰자가 본 물체의 속도

A가 본 B의 상대 속도 = B의 속도 − A의 속도, $v_{AB} = v_B - v_A$

└ = A에 대한 B의 상대 속도

(2) **직선상에서 운동하는 물체의 상대 속도 구하기** — 오른쪽으로 운동하는 물체의 속도를 (+)로 나타내면 왼쪽으로 운동하는 물체의 속도는 (−)로 나타내어 구한다.

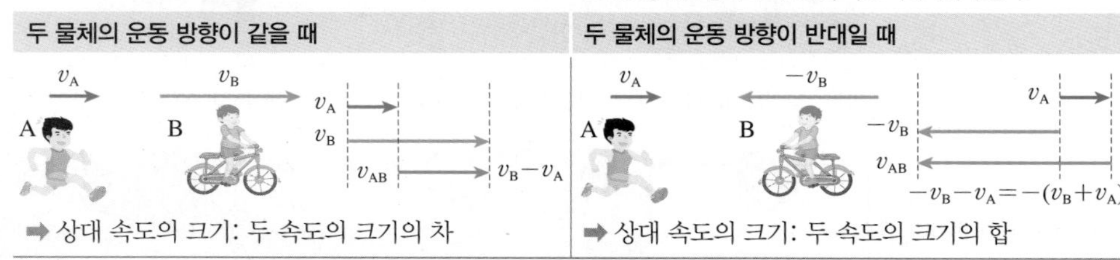

두 물체의 운동 방향이 같을 때	두 물체의 운동 방향이 반대일 때
➡ 상대 속도의 크기: 두 속도의 크기의 차	➡ 상대 속도의 크기: 두 속도의 크기의 합

◆ **에테르 흐름과 빛의 속력**
흐르는 강물을 따라 배가 내려가는 경우와 거슬러 올라가는 경우에 배의 속력이 달라진다.

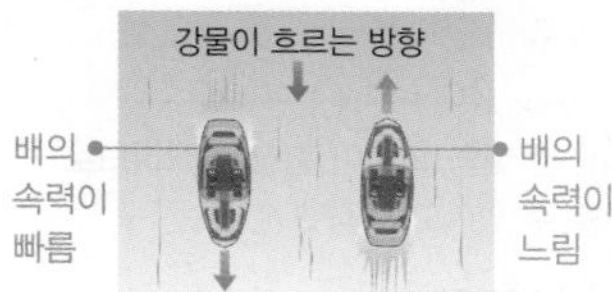

이와 같이 에테르 속에서 지구와 태양이 움직이면 에테르의 흐름에 따라 빛의 속력이 달라질 것이다.

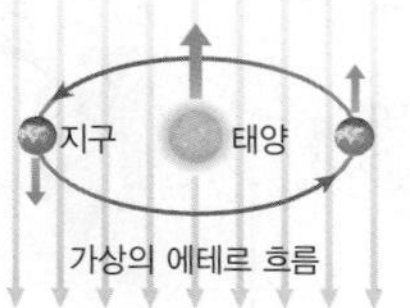

2. 마이컬슨·몰리 실험

(1) **에테르:** 빛을 전파시키는 가상의 매질, 19세기 과학자들은 파동이 매질을 통해 전달되므로 파동의 일종인 빛도 '에테르'라는 가상의 매질을 통해 전달될 것이라고 생각하였다.

(2) **마이컬슨·몰리 실험:** 에테르를 통해 전달되는 빛의 속력 차이로부터 에테르의 존재를 확인하기 위해 실행한 실험 ➡ 실험 결과 에테르가 존재하지 않는다는 것이 밝혀졌다.

마이컬슨·몰리 실험 장치

[과정] 광원에서 나온 빛이 ❶반거울을 통해 수직으로 나뉘어 진행한 후 반거울로부터 같은 거리에 있는 두 거울에 반사되어 다시 반거울을 통해 빛 검출기로 들어온다.

[예측] ◆지구 표면에 에테르 바람이 있다면, 에테르 바람의 방향에 대한 두 빛의 진행 방향이 다르기 때문에 빛 검출기에 도달하는 시간에 차이가 생길 것이다.

[결과] 1 → 2 → 3 경로의 빛과 1′ → 2′ → 3′ 경로의 빛이 빛 검출기에 동시에 도달한다.

[결론] 빛의 속력 차이가 없으므로 에테르는 존재하지 않는다.

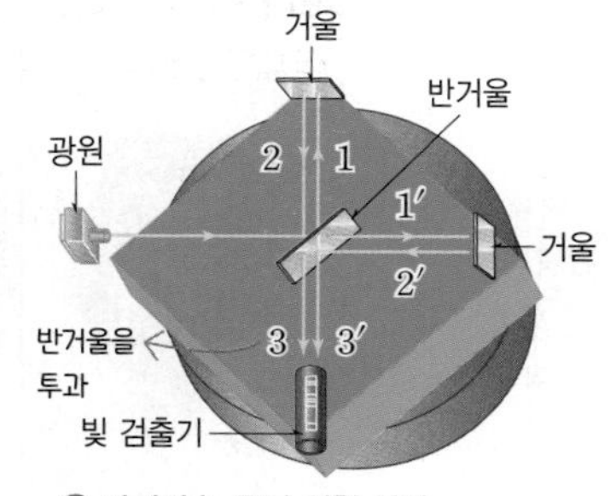

▲ 마이컬슨·몰리 실험 장치

3. 관성계(관성 ❷좌표계)

정지 또는 등속도로 움직이는 관찰자를 기준으로 한 좌표계, 한 관성계에 대해 일정한 속도로 움직이는 좌표계는 모두 관성계이다.

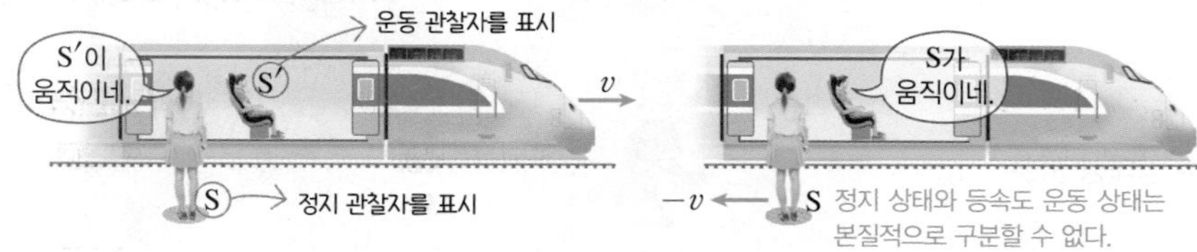

용어
❶ **반(half)거울** 빛의 일부는 반사시키고 일부는 투과시키는 거울
❷ **좌표계(座 자리, 標 나타내다, 系 체계)** 기준점(원점)을 정하고 방향과 거리를 설명하는 방법을 정해둔 것, 어떤 점을 기준으로 대상의 상대적 위치를 명확하게 나타내기 위해 사용된다.

B 특수 상대성 이론의 기본 원리

1905년에 아인슈타인은 상대적으로 운동하는 두 관찰자가 측정하는 물리량의 관계에 대한 특수 상대성 이론을 발표했습니다. 특수 상대성 이론의 바탕이 되는 두 가지 가정부터 알아볼까요?

1. 특수 상대성 이론의 두 가정 아인슈타인은 마이컬슨·몰리 실험 결과를 통해 에테르가 없다는 것으로 해석하여 상대성 원리와 광속 불변 원리라는 두 가정을 세웠다.

(1) ❶ **상대성 원리**

> 모든 관성계에서 물리 법칙은 동일하게 성립한다.

① ◆관성계에서는 관성 법칙이 성립한다.

② 관성계에서 관찰되는 물리량은 다를 수 있지만, 그 물리량 사이의 관계식은 동일하게 성립한다. ➡ 서로 다른 관성계에서 본 물체의 속도는 다르게 측정되지만 물체의 가속도는 같으므로 운동 법칙($F=ma$)은 똑같이 성립한다.

서로 다른 관성계에서 본 공의 운동

일정한 속력으로 운동하는 트럭 위에서 공을 연직 위로 던져 올린 경우 공의 운동을 두 관찰자가 볼 때, 공의 운동 경로는 다르지만, 운동을 모두 식 $F=ma$로 설명할 수 있다.
→ 공의 질량 m이 같고, 가속도가 중력 가속도 g로 같기 때문에

❶ **트럭 위의 관찰자**: 공이 똑바로 올라갔다 내려오는 것으로 보인다.

❷ **지면에 있는 관찰자**: 공이 포물선 운동을 하는 것으로 보인다.

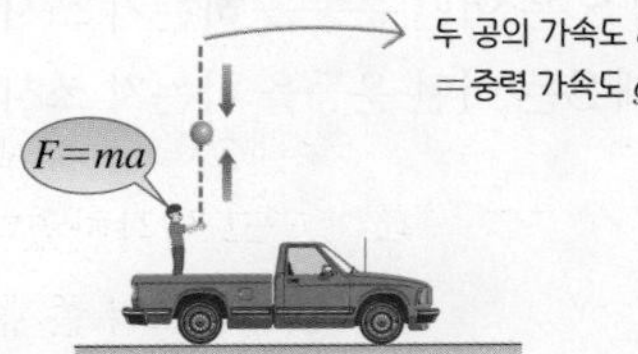

두 공의 가속도 a
=중력 가속도 g

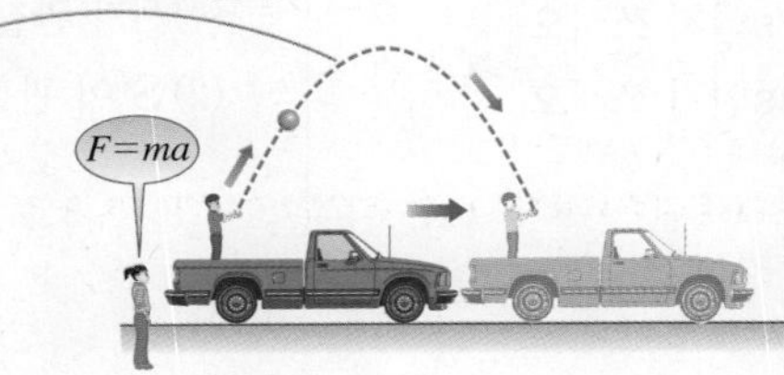

(2) **광속 불변 원리(빛의 속력 일정 법칙)** → 빛의 속력=30만 km/s=3×10^8 m/s

> 진공 중에서 진행하는 빛의 속력은 관찰자나 광원의 속도에 관계없이 일정하다.

서로 다른 관성계에서 본 빛의 속력

❶ **기차 안에서 화살을 쏠 때**: V의 속도로 달리는 기차 안에 있는 사람이 v의 속도로 쏜 화살을 기차 밖에서 관찰하는 경우

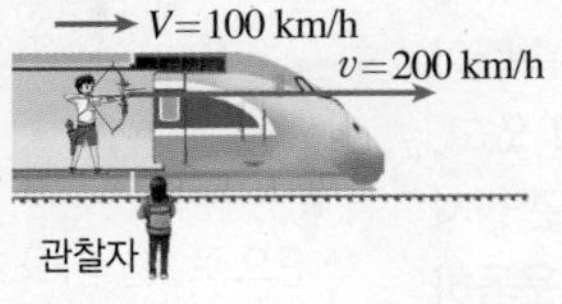

➡ 관찰자가 측정한 화살의 속도
=기차의 속도+화살의 속도=$V+v$=300 km/h

❷ **기차 안에서 레이저 빛을 비출 때**: V의 속도로 달리는 기차 안에 있는 사람이 속력이 c인 레이저 빛을 비출 때

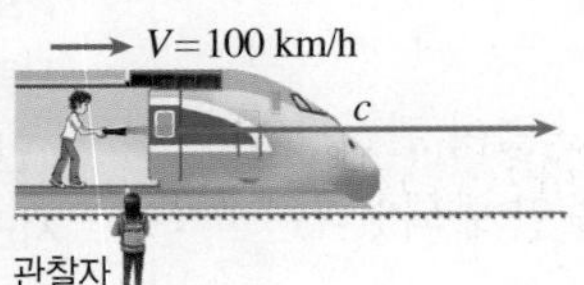

➡ 관찰자가 측정한 레이저 빛의 속력=c
$V+c$가 아닌 c로 관측됨

2. 특수 상대성 이론 상대성 원리와 광속 불변 원리를 바탕으로 하여 관성계에서 관찰자의 상대 속도에 따라 시간, 길이, 질량 등의 물리량이 어떻게 달라지는지를 설명하는 이론이다.

◆ **비관성계(가속 좌표계)**
관성계가 아닌 좌표계로, 가속도 운동하는 좌표계를 뜻한다. 가속 좌표계에서 일어나는 현상을 다루는 내용은 일반 상대성 이론이다.

주의해!
특수 상대성 이론의 성립
특수 상대성 이론은 관성계 사이에서 성립하는 이론이다.

암기해!
특수 상대성 이론의 두 가정
상대성 원리, 광속 불변 원리

용어
❶ **상대성(相 서로, 對 대답하다 性 성질)** 모든 사물이 각각 따로 떨어져 있는 것이 아니고, 부분과 전체, 부분과 부분이 서로 의존적인 관계를 가지고 있는 성질

정답친해 59쪽

개념 확인 문제

핵심 체크

- (❶): 운동하는 관찰자를 기준으로 한 물체의 속도
  상대 속도=물체의 속도−(❷)의 속도
- 마이컬슨·몰리 실험에서 (❸)가 존재하지 않는다는 것이 밝혀졌다.
- (❹) 원리: 모든 관성계에서 물리 법칙은 동일하게 성립한다.
- (❺): 모든 관성계에서 보았을 때, 진공 중에서 진행하는 빛의 속력은 광원이나 관찰자의 속도에 관계없이 항상 일정하다.
- (❻): 상대성 원리와 광속 불변 원리를 바탕으로 하여 관성계 사이에서 관찰자의 상대 속도에 따라 시간, 길이, 질량 등의 물리량이 어떻게 달라지는지를 설명하는 이론이다.

1 그림과 같이 A는 동쪽으로 10 m/s의 속력으로, B는 서쪽으로 7 m/s의 속력으로 달리고 있다.

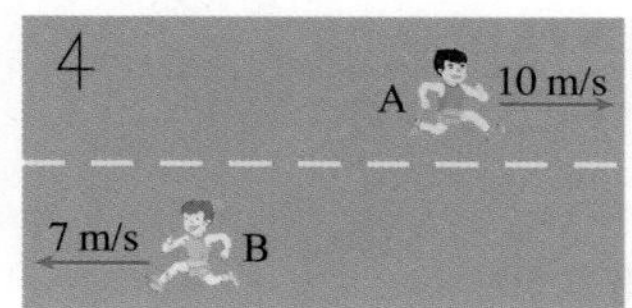

(1) A에 대한 B의 상대 속도는 몇 m/s인지 쓰시오.
(2) B에 대한 A의 상대 속도는 몇 m/s인지 쓰시오.

2 마이컬슨·몰리 실험에 대한 설명으로 옳은 것은 ○, 옳지 않은 것은 ×로 표시하시오.

(1) 빛을 전달하는 매질이 에테르이면 에테르 바람에 대한 빛의 진행 방향에 따라 빛의 속력이 다를 것이라고 생각하였다. ( )
(2) 실험 결과 에테르의 존재가 확인되었다. ( )
(3) 실험 결과에 의해 아인슈타인은 빛이 매질 없이 진공에서 전파될 수 있다고 생각하였다. ( )
(4) 실험 결과에 의해 아인슈타인은 빛의 속력이 관찰자의 속도에 관계없이 항상 일정하다는 것을 알게 되었다. ( )

3 정지 또는 등속도로 움직이는 관찰자를 기준으로 한 좌표계를 무엇이라고 하는지 쓰시오.

4 그림은 지면에 서 있는 관찰자 S와 일정한 속도 v로 운동하는 기차 안에 탄 사람 S′을 나타낸 것이다.

(1) S가 관찰할 때 S′은 어떤 운동을 하는지 쓰시오.
(2) S′이 관찰할 때 S는 어떤 운동을 하는지 쓰시오.

5 아인슈타인이 주장한 특수 상대성 이론의 두 가지 가정을 쓰시오.

6 그림과 같이 일정한 속도 V로 운동하는 기차 안에 있는 사람이 진행 방향으로 속력이 c인 레이저 빛을 비추고 있고, 지면에는 정지해 있는 관찰자 S_1과 일정한 속도 v로 운동하는 관찰자 S_2가 있다. $V>v$이다.

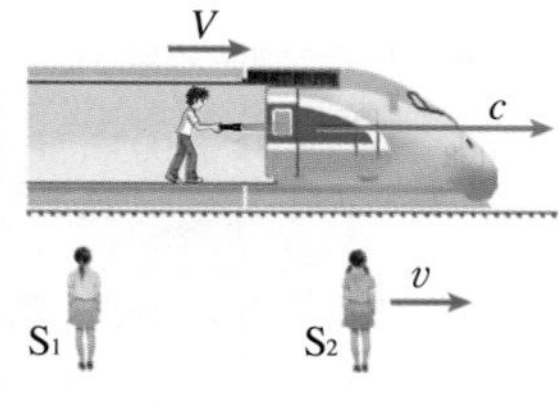

(1) 관찰자 S_1이 측정한 레이저 빛의 속력은 얼마인지 쓰시오.
(2) 관찰자 S_2가 측정한 레이저 빛의 속력은 얼마인지 쓰시오.

C 특수 상대성 이론에 의한 현상

특수 상대성 이론에 의하면 기존의 뉴턴 운동 법칙과는 여러 가지 면에서 다른 현상이 나타나요. 느리게 움직이는 물체에서는 큰 차이가 없지만 빛의 속력에 가깝게 매우 빠르게 움직이는 물체에서는 아주 특이한 현상이 나타나지요. 어떤 현상이 나타나는지 알아볼까요?

1. 동시성의 상대성 한 관성계에서 동시에 일어난 두 사건은 다른 관성계에서 볼 때 동시에 일어난 것이 아닐 수 있다. 120쪽 대표 자료❶

(1) 광속에 가깝게 날아가는 우주선의 가운데에 위치한 전구에서 빛이 깜박여 빛이 전구로부터 같은 거리에 있는 두 검출기에 도달하는 두 ◆사건 A, B가 발생할 때 관찰자 S, S′은 다음과 같이 측정한다.(이때 빛의 속력은 일정하다.)

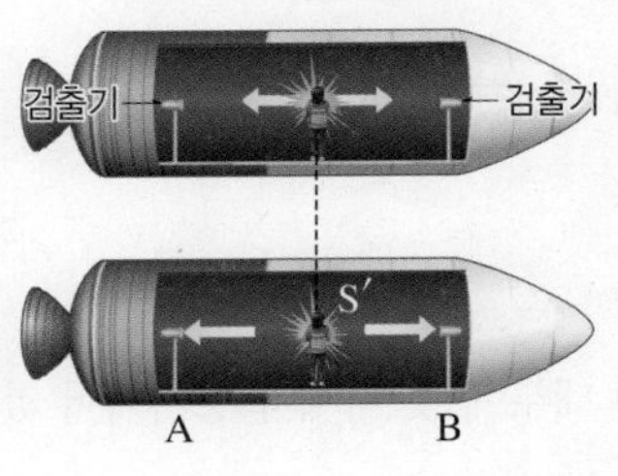

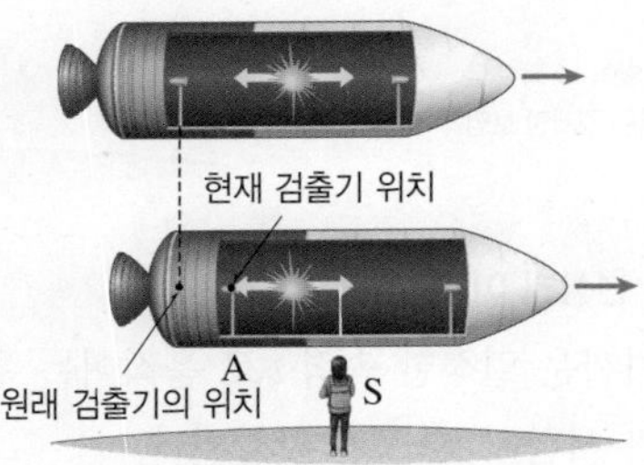

우주선 안에 있는 S′의 경우	우주선 밖의 정지한 행성에 있는 S의 경우
• 어느 방향으로나 빛의 속력이 같고, 전구에서 두 검출기까지의 거리가 같다. • 두 검출기에 빛이 동시에 도달한다. ➡ 두 사건 A, B는 동시에 일어난다.	• 우주선 밖의 S에게도 빛의 속력은 같은데, 빛이 이동하는 동안 우주선도 이동한다. • 왼쪽 검출기에 빛이 먼저 도달한다. ➡ 사건 A가 먼저 일어난다.

(2) **결론**: 두 사건이 발생한 시간은 관찰자에 따라, 즉 좌표계에 따라 다르게 측정된다.

동시성에 대한 사고 실험 금성, 미래엔, YBM 교과서에만 나와요.

관찰자 S에 대해 별 A, B가 같은 거리만큼 떨어져 정지해 있다. 관찰자 S′이 탄 우주선이 $0.9c$의 속력으로 A에서 B를 향해 일정한 속력으로 운동하고 있다. 우주선이 S를 스쳐 지나는 순간 A, B가 동시에 빛을 내며 폭발한다.

S의 관성계에서 별 A, B가 동시에 폭발한 경우

- S의 관성계에서는 두 별에서 나온 빛이 S에 동시에 도달한다.
- S′의 관성계에서는 S′은 정지해 있고 S는 뒤쪽으로 운동하고 있다.

➡ S′의 관성계에서도 두 별에서 나온 빛이 S에 동시에 도달하려면 앞쪽 B가 먼저 폭발하고 뒤쪽 A는 나중에 폭발해야 한다.

S′의 관성계에서 별 A, B가 동시에 폭발한 경우

- S′의 관성계에서는 두 별에서 나온 빛이 S′에 동시에 도달한다.
- S의 관성계에서는 S는 정지해 있고 S′은 앞쪽으로 운동하고 있다.

➡ S의 관성계에서도 두 별에서 나온 빛이 S′에 동시에 도달하려면 뒤쪽 A가 먼저 폭발하고 앞쪽 B는 나중에 폭발해야 한다.

[결론] 한 관성계에 있는 관찰자가 두 사건이 동시에 일어났다고 관측해도 다른 관성계에 있는 관찰자는 두 사건이 동시에 일어나지 않았다고 관측할 수 있다.

◆ **사건**
특정한 시각에 어떤 위치에서 일어나는 일로, 빛이 검출기에 도달하는 사건이나 빛이 광원에서 발생하는 사건 등을 말한다.

주의해!
동시성의 상대성
동시성의 상대성은 빛의 속력이 모든 관성계에서 일정하기 때문에 나타난다.

2. 시간 지연(시간 팽창) 정지한 관찰자가 빠르게 운동하는 관찰자를 보면 상대편의 시간이 느리게 가는 것으로 관찰된다. ➡ 시간의 상대성

(1) ◆**고유 시간:** 관찰자가 보았을 때 같은 위치에서 일어난 두 사건 사이의 시간 간격 ➡ ◆빛 시계와 같은 관성계에 있는 관찰자(S′)에게는 빛이 바닥면에서 출발하여 다시 같은 위치인 바닥면에 도달하므로 빛의 출발과 도착이 같은 위치에서 일어난 두 사건이다. 따라서 빛 시계와 같은 관성계에 있는 관찰자가 측정한 시간이 고유 시간이다. 120쪽 대표 자료❷

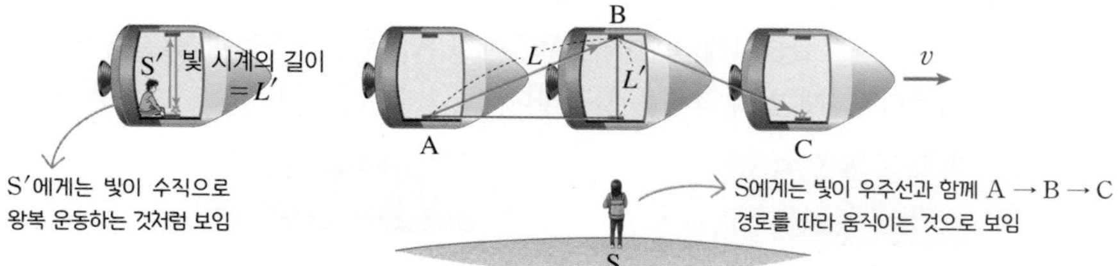

◆ **고유 물리량**
좌표계 내에서 물체와 함께 운동하는 관찰자가 측정한 길이, 시간, 질량을 고유 길이, 고유 시간, 고유 질량이라고 한다.

◆ **빛 시계**
양쪽에 설치된 거울에 빛이 반사되어 왕복하도록 만든 시계로, 빛이 한 번 왕복하는 데 걸린 시간을 단위로 하여 시간을 측정한다.

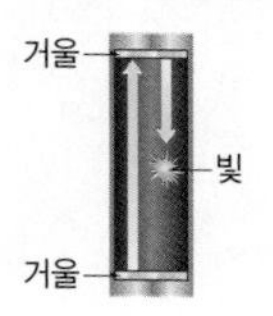

(2) 시간 지연 현상의 이해

① 광속에 가까운 일정한 속력 v로 움직이는 우주선 내부에 빛 시계가 장치되어 있을 때 관찰자에 따라 시간이 다르게 관찰된다.

구분	우주선 안에 있는 S′이 빛 시계를 보았을 때	우주선 밖에 정지해 있는 S가 빛 시계를 보았을 때
빛의 속력	c	c
빛의 이동 거리	수직으로 $2L'$만큼 운동한다.	비스듬한 방향으로 $2L$만큼 운동한다.
빛의 주기	빛이 두 거울 사이를 왕복하는 주기($T'_{고유}$ =고유 시간)는 $T'_{고유}=\frac{2L'}{c}$이다.	빛이 두 거울 사이를 왕복하는 주기(T)는 $T=\frac{2L}{c}$이다.
결론	$L>L'$이므로 $T>T'_{고유}$이다.	

② 시간 지연: 우주선 내부의 관찰자 S′의 시간이 T'(고유 시간)만큼 흘렀을 때, 우주선 밖에 정지해 있는 S가 측정한 시간 T는 T'보다 길게 관찰된다. ➡ S가 본 S′의 시간은 느리게 가는 것으로 관측된다. S′이 S의 시간을 관찰하여도 느리게 가는 것으로 관측된다.

◆ **빛의 속력에 대비한 시간 지연**
물체의 속도 v가 빛의 속력 c에 가까워질수록 시간 지연 정도가 커진다.

$$t=\frac{t_{고유}}{\sqrt{1-\left(\frac{v}{c}\right)^2}}$$

시간 지연 – 한 장면으로 보기 121쪽 대표 자료❸

3. ◆**길이 수축** 한 관성계의 관찰자가 상대적으로 운동하는 물체를 보면 운동 방향으로 그 길이가 수축되는 것으로 관찰된다. ➡ 길이의 상대성 완자쌤 비법 특강 119쪽

(1) **고유 길이:** 관찰자가 측정했을 때 정지 상태에 있는 물체의 길이 또는 한 관성계에 대해 고정된 두 지점 사이의 길이이다.

(2) **길이 수축 현상의 이해** 121쪽 대표 자료❹

① 우주선 안의 S′이 광속에 가까운 일정한 속력 v로 움직이는 우주선을 타고 지구에서 목성까지 가고 있다. 이를 지구와 목성에 대하여 상대적으로 정지한 달에 있는 S가 관찰하고 있다.

구분	우주선 안에 있는 S′이 보았을 때	우주선 밖에 정지해 있는 S가 보았을 때
시간	고유 시간이다. ➡ $T'_{고유}$ 우주선 내부에 있는 시계로 측정하므로	고유 시간이 아니다. ➡ T S′과 다른 좌표계에 있는 S가 측정하므로
지구와 목성 사이의 거리	지구와 목성은 우주선에 대하여 상대적으로 움직이므로 고유 길이가 아니다. ➡ $L'=vT'_{고유}$	S에 대하여 상대적으로 정지해 있는 지구와 목성 사이의 거리이므로 고유 길이이다. ➡ $L_{고유}=vT$
결론	$T>T'_{고유}$이므로 $L'<L_{고유}$이다.	

② 길이 수축: 지구와 목성에 대하여 상대적으로 운동하는 S′이 측정한 거리 L'은 지구와 목성에 대하여 상대적으로 정지해 있는 S가 측정한 거리 $L_{고유}$보다 작다.
S가 보았을 때 움직이고 있는 우주선의 길이가 수축되어 보인다.

③ 길이 수축은 물체의 속력이 빠를수록 크게 일어나는데, 운동 방향으로만 일어난다.
운동 방향에 수직인 방향으로는 일어나지 않는다.

4. **특수 상대성 이론의 증거** ❶뮤온이 지표면에서 관측된다.

| 뮤온 입자가 지표면에서 발견되는 까닭 |

[예측] 뮤온은 고유 수명이 짧아 지표면까지 도달할 수 없다.

[결과] 실제로는 많은 뮤온이 지표면에서 발견된다.

[까닭]

❶ 지상의 관찰자가 볼 때
뮤온의 시간이 천천히 흘러서 수명이 길어지므로 뮤온은 지표면에 도달할 수 있다.
➡ 시간 지연

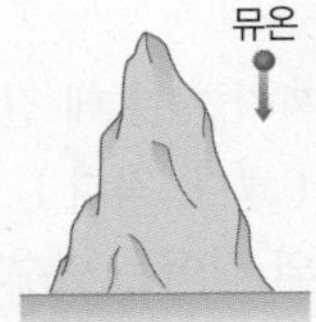

❷ 뮤온과 함께 움직이는 좌표계에서 볼 때
뮤온과 지표면 사이의 거리가 수축되어 짧은 고유 수명 동안 뮤온이 지표면에 도달할 수 있다.
➡ 길이 수축

◆ **길이 수축 – 한 장면으로 보기**

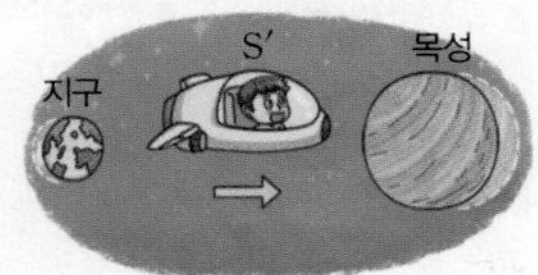

우주선에 탄 S′이 볼 때 지구와 목성이 움직이므로 지구와 목성 사이의 거리가 수축되어 보인다.

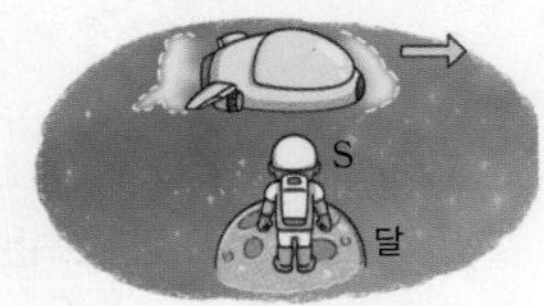

달에 있는 S가 볼 때 우주선이 움직이므로 우주선의 길이가 수축되어 보인다.

◆ **빛의 속력에 대비한 길이 수축**
물체의 속도 v가 빛의 속력 c에 가까워질수록 길이 수축 정도가 커진다.

$$L=L_{고유}\sqrt{1-\left(\frac{v}{c}\right)^2}$$

(용어)

❶ **뮤온(muon)** 우주에서 온 입자가 대기권의 공기와 충돌하여 만들어지며, 전자와 성질이 유사하다.

정답친해 59쪽

개념 확인 문제

핵심 체크

- (❶): 한 관성계에서 동시에 일어난 두 사건은 다른 관성계에서 관측할 때 동시에 일어난 것이 아닐 수 있다.
- (❷): 관찰자가 보았을 때 동일한 위치에서 일어난 두 사건 사이의 시간 간격
- (❸): 관찰자가 상대적으로 운동하는 좌표계의 시계를 보면 시간이 느리게 가는 것으로 관측되는 현상
- 상대 속도가 있는 두 관성계가 있을 때 서로 상대방 좌표계의 시간이 (❹) 가는 것으로 관측된다.
- (❺): 관찰자가 측정했을 때 정지 상태에 있는 물체의 길이 또는 한 관성계에 대해 고정된 두 지점 사이의 길이
- (❻): 관찰자가 상대적으로 운동하는 좌표계의 물체를 보면 (❼) 방향으로 길이가 짧아진 것으로 관측되는 현상

1 그림은 광속에 가깝게 날아가는 우주선의 가운데에 위치한 전구에서 빛이 깜박여 빛이 전구로부터 같은 거리에 있는 두 검출기에 도달하는 두 사건 A, B가 발생하는 것을 나타낸 것이다. ( ) 안에 알맞은 말을 쓰시오.

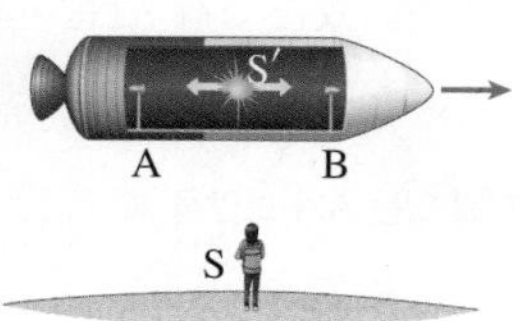

(1) 우주선 안에 있는 S′의 경우: 어느 방향으로나 빛의 속력이 같고, 전구에서 두 검출기까지의 거리가 같으므로 두 사건은 ( ) 일어난다.

(2) 우주선 밖의 정지한 행성에 있는 S의 경우: 우주선 밖에 있는 관찰자에게도 빛의 속력은 어느 방향으로나 같고, 빛이 이동하는 동안 우주선도 이동한다. 따라서 사건 ( )가 먼저 일어난다.

2 서로 다른 두 관성계 A, B가 있고, 각 관성계에는 똑같은 빛 시계와 똑같은 물체가 놓여 있다.
이에 대한 설명으로 옳은 것은 ○, 옳지 않은 것은 ×로 표시하시오.

(1) A에서 자신의 시계로 측정한 시간은 고유 시간이다. ( )

(2) B에서 자신이 가지고 있는 물체를 측정한 길이가 물체의 고유 길이이다. ( )

(3) A에서 B의 물체의 길이를 측정하면 고유 길이보다 길다. ( )

3 상대 속도가 v인 두 관성계 A, B에 대한 설명으로 옳은 것은 ○, 옳지 않은 것은 ×로 표시하시오.

(1) A에서 동시에 일어난 두 사건은 B에서 관측하여도 항상 동시에 일어난다. ( )

(2) A에서 관측하면 자신의 시간보다 B의 시간이 천천히 간다. ( )

(3) v의 크기가 클수록 상대방에 있는 물체의 길이가 더욱 짧게 관측된다. ( )

4 그림은 상대 속도가 0인 지구와 목성 사이의 고유 길이가 $L_{고유}$이고, 지구에서 출발한 우주선이 목성을 향해 일정한 속력 v로 등속도 운동을 하고 있는 것을 나타낸 것이다. 우주선 안의 민수가 지구에서 목성까지 가는 데 걸린 시간을 측정하였더니 $T_{고유}$이었다.

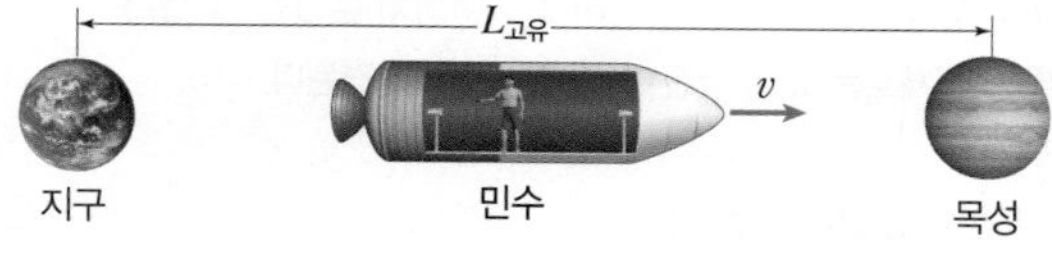

( ) 안에 알맞은 말을 고르시오.

(1) 민수가 측정한 지구에서 목성까지의 거리는 $L_{고유}$보다 (길다, 짧다).

(2) 우주선이 지구에서 목성까지 가는 데 걸린 시간을 지구에서 관찰하면 $T_{고유}$보다 (크다, 작다).

(3) 지구에서 측정한 우주선의 길이는 민수가 측정한 길이보다 (길다, 짧다).

정답친해 59쪽

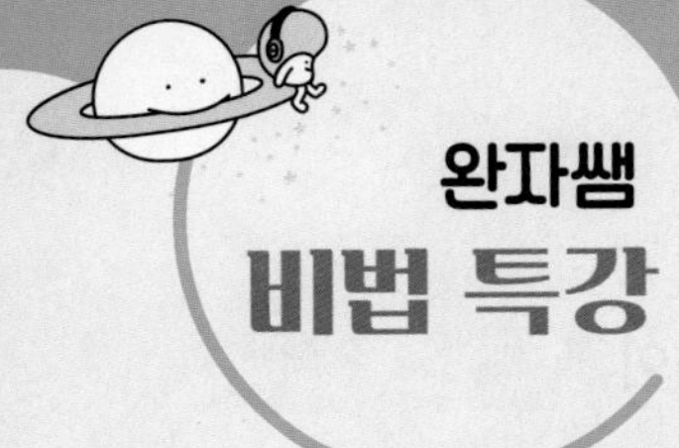

길이 수축 효과의 해석

빛의 속력에 가깝게 움직이는 물체의 길이는 왜 줄어든 것으로 보일까요? 특수 상대성 이론에 의한 현상 중 하나인 길이 수축 효과를 이해하려면 고유 시간과 고유 길이 개념을 잘 구분할 수 있어야 합니다. 그럼 몇 가지 예를 통해 길이 수축 효과에 대해 공부해 볼까요?

1 상황 1 (동아 교과서에만 나와요.)

S를 기준으로 일정한 속력 v로 움직이는 우주선의 길이를 S와 우주선에 탄 S′이 각각 잰다고 하자.

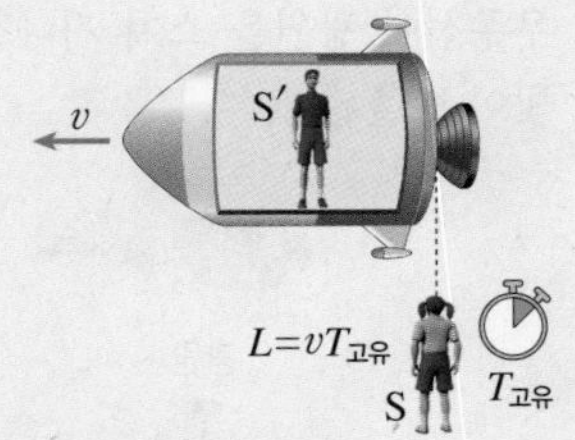

⬆ 우주선 밖의 S가 볼 때

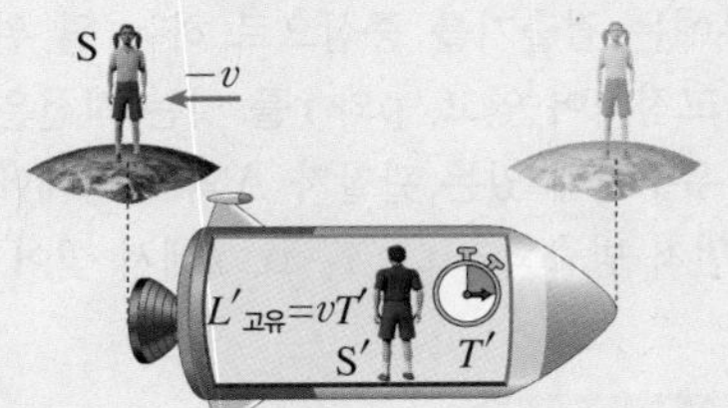

⬆ 우주선 안의 S′이 볼 때

S의 관찰과 해석	S′의 관찰과 해석
S는 자신은 정지해 있고 우주선의 앞과 뒤가 지나가는 것처럼 보인다. • S의 시계는 고유 시간이다. ➡ $T_{고유}$ • S가 측정한 우주선의 길이는 L이다. ➡ $L=vT_{고유}$	S′에게는 우주선은 정지해 있고 S가 지나가는 것처럼 보인다. • S가 우주선의 앞과 뒤에 위치할 때의 시간 간격은 T'이다. • 우주선의 길이는 정지해 있는 것처럼 보이므로 S′이 측정한 우주선의 길이는 고유 길이 $L'_{고유}$이다. ➡ $L'_{고유}=vT'$
$T'>T_{고유}$이므로 $L'_{고유}>L$ ➡ S에게는 움직이는 우주선의 길이가 고유 길이보다 수축되어 보인다.	

Q1 관찰자를 기준으로 정지한 물체는 관찰자가 보았을 때 길이 수축이 일어나지 않는데, 이때의 길이를 무엇이라고 하는지 쓰시오.

2 상황 2 (비상 교과서에만 나와요.)

S와 S를 기준으로 일정한 속력 v로 움직이는 기차에 탄 S′이 지면에 정지해 있는 막대의 길이를 각각 잰다고 하자.

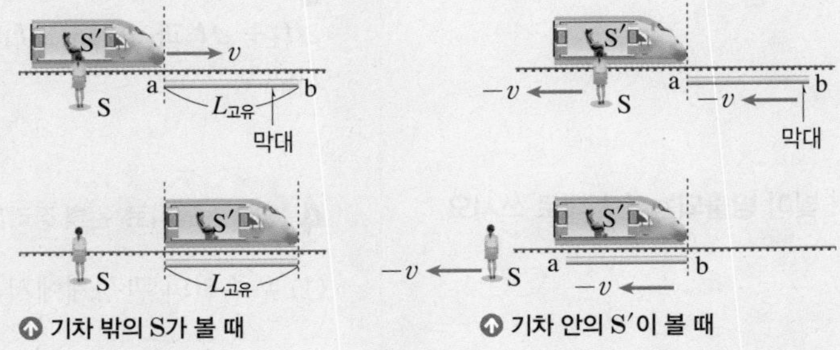

⬆ 기차 밖의 S가 볼 때 ⬆ 기차 안의 S′이 볼 때

S의 관찰과 해석	S′의 관찰과 해석
S는 자신은 정지해 있고 기차가 v의 속력으로 막대의 a, b를 지나가는 것처럼 보인다. • S가 측정한 막대의 길이는 고유 길이 $L_{고유}$이다. • 기차가 막대를 통과하는 데 걸리는 시간은 T이다. ➡ $T=\frac{L_{고유}}{v}$	S′에게는 막대와 S가 뒤(왼쪽)로 지나가는 것처럼 보인다. • S′이 측정한 막대의 길이는 L'이다. • 막대가 기차의 앞부분을 통과하는 데 걸리는 시간은 고유 시간 $T'_{고유}$이다. ➡ $T'_{고유}=\frac{L'}{v}$
$T>T'_{고유}$이므로 $L_{고유}>L'$ ➡ S′에게는 움직이는 막대의 길이가 고유 길이보다 수축되어 보인다.	

Q2 기차 밖의 S가 움직이는 기차를 볼 때 기차의 길이, 높이 중 어떤 것이 줄어드는지 쓰시오.

대표 자료 분석

자료 1 동시성의 상대성

기출 Point
- 사건 이해하기
- 동시에 일어난 두 사건 이해하기

[1~4] 그림과 같이 관찰자 B에 대해 우주선이 광속에 가까운 속력으로 $+x$ 방향으로 등속도 운동을 하고 있다. 우주선 내부에는 검출기를 중심으로 하는 원 위에 광원 p, q, r가 고정되어 있고, p와 r를 잇는 직선은 x축과 나란하다. 우주선에 있는 관찰자 A의 관성계에서는 q에서 빛이 먼저 방출되고 그 후, p, r에서 빛이 동시에 방출되었다.

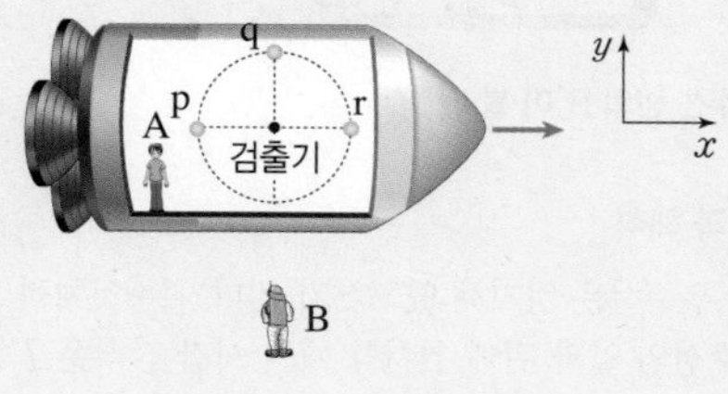

1 A의 관성계에서 검출기에 가장 먼저 도달하는 빛은 어느 광원에서 방출된 빛인지 쓰시오.

2 B의 관성계에서 p, r에서 방출된 빛이 검출기에 도달하는 순서를 쓰시오.

3 B가 관찰할 때, p, r에서 빛이 방출되는 순서대로 쓰시오.

4 빈출 선택지로 완벽 정리!

(1) A의 관성계에서는 p, r에서 방출된 빛이 검출기에 동시에 도달한다. (○ / ×)

(2) A의 관성계에서는 p, r에서 방출된 빛의 속력이 같다. (○ / ×)

(3) B의 관성계에서는 p와 검출기 사이의 거리가 r와 검출기 사이의 거리보다 짧다. (○ / ×)

자료 2 고유 시간, 고유 길이

기출 Point
- 사건이 일어난 위치와 시각 이해하기
- 고유 시간, 고유 길이 이해하기

[1~4] 그림과 같이 지면에 대해 우주선이 광속에 가까운 속력으로 $+x$ 방향으로 등속도 운동을 하고 있다. 우주선이 광원을 스쳐 지나갈 때 광원에서 거울을 향해 빛이 방출된다.

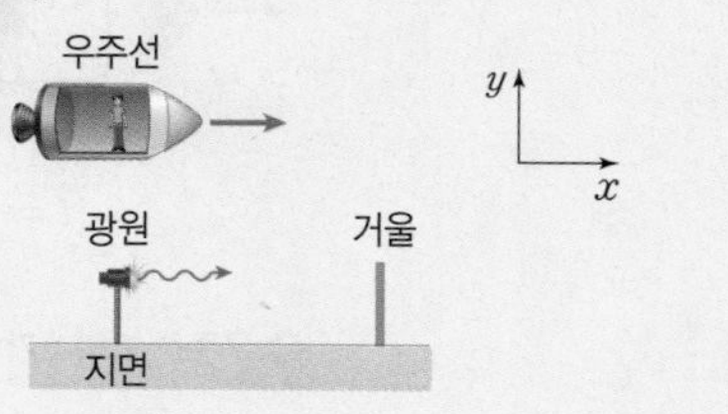

1 지면과 우주선의 관성계에서 빛이 거울에 도달하기까지의 시간을 측정한 값은 각각 Δt_1, Δt_2이다. Δt_1과 Δt_2의 크기를 등호나 부등호로 비교하시오.

2 지면과 우주선의 관성계에서 빛이 거울에 반사한 시점부터 다시 광원에 도달하기까지의 시간을 측정한 값은 각각 Δt_3, Δt_4이다. Δt_3과 Δt_4의 크기를 등호나 부등호로 비교하시오.

3 $\Delta t_1+\Delta t_3$과 $\Delta t_2+\Delta t_4$ 중 고유 시간은 무엇인지 쓰고, $\Delta t_1+\Delta t_3$과 $\Delta t_2+\Delta t_4$의 크기를 등호나 부등호로 비교하시오.

4 빈출 선택지로 완벽 정리!

(1) 우주선의 관성계에서 거울은 빛을 향해 운동한다. (○ / ×)

(2) 우주선의 관성계에서 광원과 거울 사이의 거리를 측정한 것은 고유 길이이다. (○ / ×)

(3) 지면의 관성계에서 빛이 광원에서 거울까지 진행하는데 걸린 시간을 측정한 값은 고유 시간이다. (○ / ×)

(4) 지면의 관성계에서 빛이 광원에서 방출되어 다시 광원으로 돌아올 때까지의 시간 간격은 고유 시간이다. (○ / ×)

정답친해 60쪽

자료 ③ 시간 지연

기출 Point
- 서로 다른 관성계에서 관찰되는 시간 지연 이해하기
- 상대 속도가 클수록 시간 지연의 정도가 큼을 이해하기

[1~4] 그림은 정지해 있는 지면에 대해 광속에 가까운 일정한 속력 v로 움직이는 우주선을 나타낸 것이다. 우주선 안에 길이 l'인 빛 시계가 있고 지면에도 똑같은 빛 시계가 있다. 빛은 거울 사이를 한 번 왕복한다.

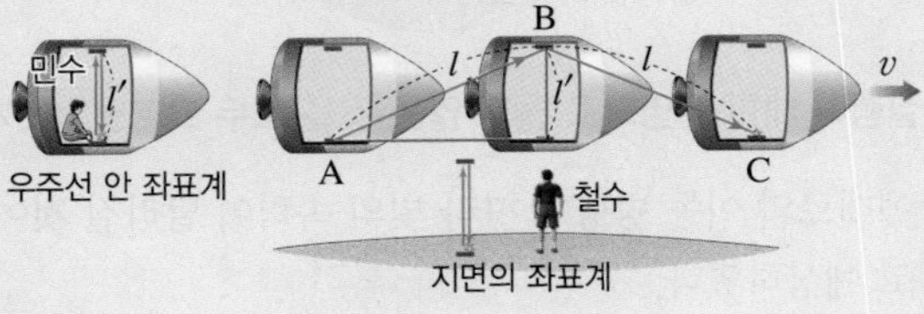

1 우주선 안에 있는 빛 시계의 빛을 관찰할 때 민수가 관찰한 빛의 속력과 철수가 관찰한 빛의 속력은 각각 얼마인지 쓰시오.

2 철수가 관찰할 때 지면에 있는 빛 시계와 우주선 안에 있는 빛 시계 중 어느 시계가 더 천천히 가는지 쓰시오.

3 우주선의 속력이 빠를수록 민수와 철수가 측정한 시간의 차이는 어떻게 되는지 쓰시오.

4 빈출 선택지로 완벽 정리!

(1) 민수와 철수의 좌표계는 서로 다른 관성계이다. (○ / ×)

(2) 민수가 우주선 안의 빛 시계로 측정한 시간과 철수가 지면에 있는 빛 시계로 측정한 시간은 모두 고유 시간이다. (○ / ×)

(3) 민수가 관찰하면 우주선 안의 빛 시계보다 지면에 있는 빛 시계가 더 빠르게 간다. (○ / ×)

자료 ④ 길이 수축

기출 Point
- 서로 다른 관성계에서 관찰되는 길이 수축 이해하기
- 고유 시간, 고유 길이 이해하기

[1~4] 그림과 같이 광속에 가까운 속력 v로 움직이는 우주선을 타고 철수가 지구에서 목성까지 여행한다고 하자. 달에 있는 영희가 측정한 지구와 목성 사이의 거리가 $L_{고유}$이다. (단, 지구, 목성, 달은 상대적으로 정지해 있으므로 같은 관성계이다.)

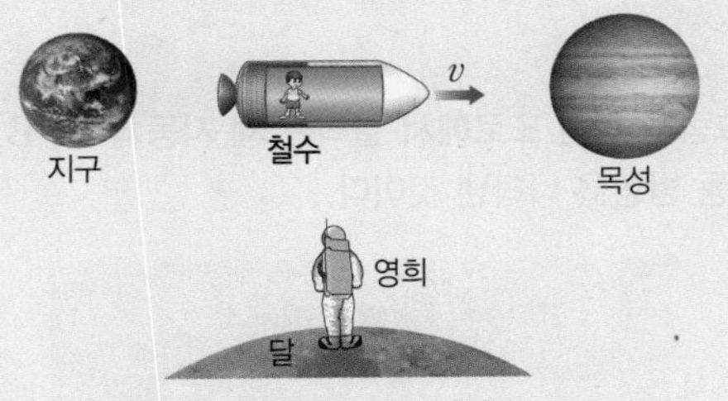

1 철수가 자신의 시계로 측정하였을 때 지구에서 목성까지 여행하는 데 걸린 시간이 $\Delta t_{고유}$일 때, 철수가 계산한 지구에서 목성까지의 거리 L을 쓰시오.

2 우주선이 지구에서 목성까지 가는 데 걸린 시간을 영희가 관측하였을 때 Δt이었다면, 영희가 계산한 지구에서 목성까지 거리 $L_{고유}$를 쓰시오.

3 Δt, $\Delta t_{고유}$와 L, $L_{고유}$의 크기를 각각 등호나 부등호로 비교하시오.

4 빈출 선택지로 완벽 정리!

(1) 철수가 측정한 우주선의 길이는 영희가 측정한 우주선의 길이보다 짧다. (○ / ×)

(2) 철수가 측정한 지구에서 목성까지 거리는 우주선의 속력이 빠를수록 길어진다. (○ / ×)

(3) 영희가 측정한 우주선의 길이는 우주선의 속력이 빠를수록 짧아진다. (○ / ×)

(4) 영희가 우주선을 관찰하면 우주선의 길이뿐만 아니라 우주선의 높이도 줄어든다. (○ / ×)

내신 만점 문제

A 특수 상대성 이론의 배경

01 직선 도로 위에서 자동차 A, B가 같은 방향으로 각각 10 m/s, 25 m/s의 속도로 달리고 있다.
자동차 A에서 본 자동차 B의 상대 속도의 크기는?

① 10 m/s ② 15 m/s ③ 20 m/s
④ 25 m/s ⑤ 35 m/s

02 그림은 직선 도로에서 달리는 세 자동차 A, B, C의 속력과 운동 방향을 나타낸 것이다.

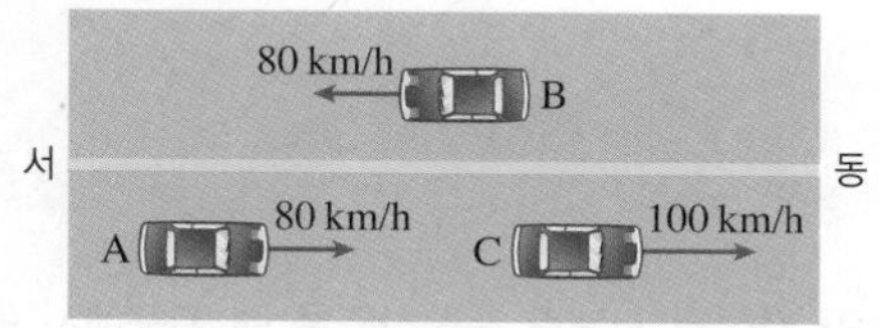

세 자동차의 운동에 대한 설명으로 옳은 것만을 [보기]에서 있는 대로 고른 것은? (단, 세 자동차의 속도는 일정하다.)

보기
ㄱ. A에 대한 B의 상대 속도는 서쪽으로 160 km/h이다.
ㄴ. A에 대한 C의 상대 속도는 동쪽으로 180 km/h이다.
ㄷ. A와 C 사이의 거리는 점점 가까워진다.

① ㄱ ② ㄴ ③ ㄱ, ㄷ
④ ㄴ, ㄷ ⑤ ㄱ, ㄴ, ㄷ

03 그림과 같이 강물이 3 m/s의 속력으로 흐를 때, 정지해 있는 물 위에서 7 m/s의 속력으로 달릴 수 있는 배를 이용하여 강물 위의 두 지점 A, B 사이를 왕복하려고 한다.

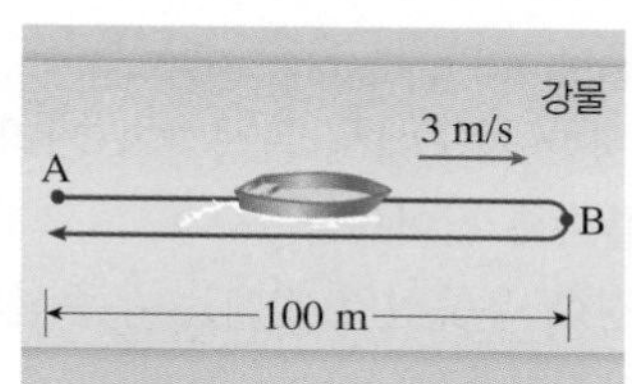

두 지점 A, B 사이의 거리가 100 m일 때, 왕복하는 데 걸리는 시간은 몇 초인지 쓰시오.

중요 **04** 마이컬슨과 몰리는 그림과 같은 실험 장치를 이용하여 에테르의 존재를 밝히기 위한 실험을 하였다.

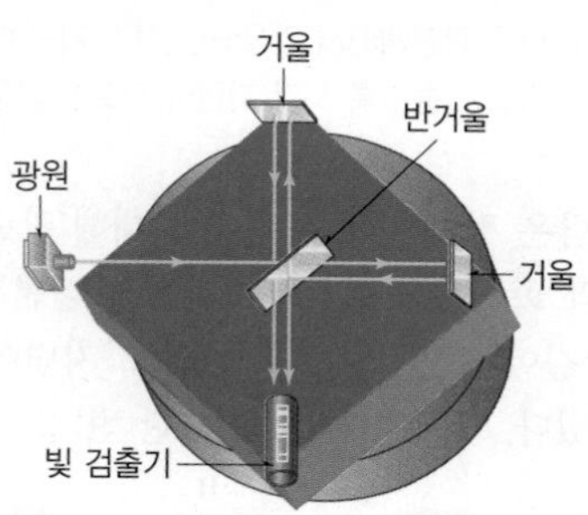

이 실험에 대한 설명으로 옳지 않은 것을 모두 고르면? (2개)

① 에테르의 이동 방향에 따라 빛의 속력이 달라질 것이라고 예상하였다.
② 빛 검출기에 빛은 동시에 도착한다.
③ 실험 결과 빛의 속력이 방향에 따라 다르다.
④ 진공 중에서 빛의 속력은 일정하다.
⑤ 에테르는 존재한다는 것을 밝혔다.

B 특수 상대성 이론의 기본 원리

중요 **05** 그림은 내부를 들여다볼 수 있는 엘리베이터가 지표면 근처에서 등속도 운동을 할 때, 엘리베이터 안의 학생 A가 물체를 가만히 놓는 모습을 지면의 정지한 관찰자 B가 보는 모습을 나타낸 것이다.
이에 대한 설명으로 옳은 것만을 [보기]에서 있는 대로 고른 것은?

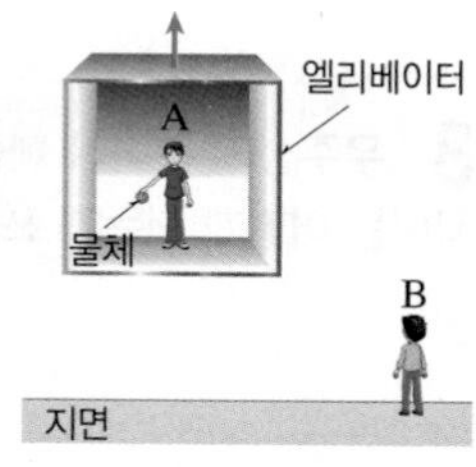

보기
ㄱ. A의 좌표계는 관성계이다.
ㄴ. A는 물체가 자유 낙하 운동을 하는 것으로 관찰한다.
ㄷ. B가 관찰할 때 물체의 운동은 뉴턴 운동 법칙이 적용되지 않는다.

① ㄱ ② ㄷ ③ ㄱ, ㄴ
④ ㄴ, ㄷ ⑤ ㄱ, ㄴ, ㄷ

06 그림과 같이 지면에 서 있는 철수가 다가오는 기차를 향해 레이저 빛을 쏘았다. 철수가 보았을 때 빛의 속력은 30만 km/s로 일정하고, 기차의 속력은 지면에 대해 15만 km/s로 일정하다.

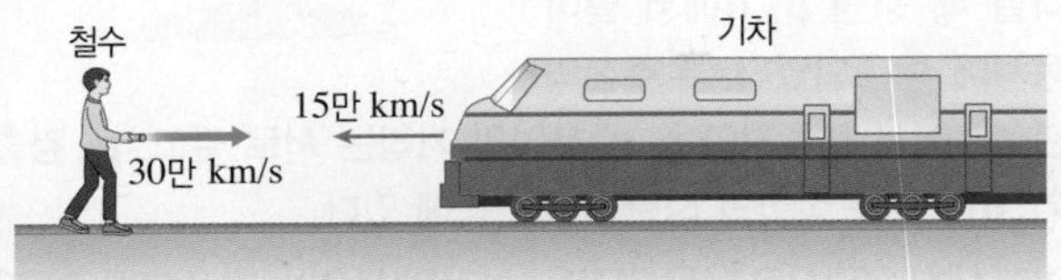

이때 기차에 탄 사람이 측정한 철수가 쏜 레이저 빛의 속력은?

① 5만 km/s ② 15만 km/s ③ 20만 km/s
④ 30만 km/s ⑤ 45만 km/s

서술형

07 아인슈타인이 특수 상대성 이론을 이끌어낼 수 있었던 두 가지 가정에 대해 자세히 서술하시오.

08 다음은 특수 상대성 이론에 대해 학생 A, B, C가 대화하는 내용이다.

> 학생 A: 진공에서 빛의 속력은 관찰자에 따라 변하지 않아.
> 학생 B: 관성계의 상대 속도에 따라 시간과 공간의 변화를 설명해.
> 학생 C: 한 좌표계에서 일어난 사건은 다른 좌표계에서 일어나지 않을 수도 있어.

옳게 말한 사람만을 있는 대로 고른 것은?

① A ② C ③ A, B
④ B, C ⑤ A, B, C

중요

09 그림 (가)는 일정한 속도로 운동하는 트럭 위에서 연직 위로 공을 던져 올렸다가 받는 경우를 나타낸 것이고, (나)는 (가)의 모습을 지면에 정지해 있는 사람이 관찰하는 경우를 나타낸 것이다.

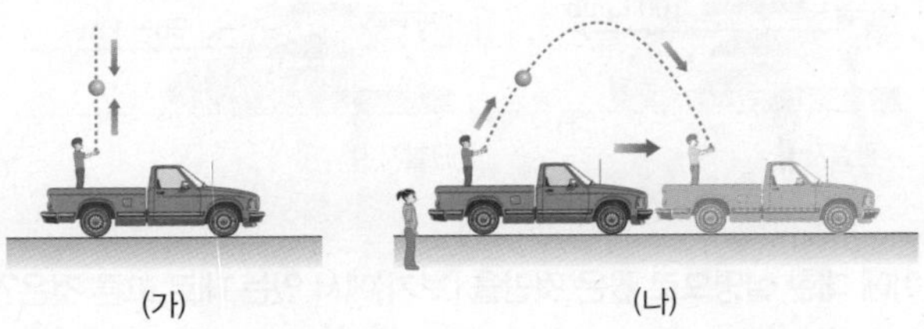

이에 대한 설명으로 옳은 것만을 [보기]에서 있는 대로 고른 것은? (단, 공기 저항은 무시한다.)

> 보기
> ㄱ. (가)와 (나) 모두 관성계이다.
> ㄴ. 최고점에서 공의 속력은 (가)와 (나)에서 다르게 측정된다.
> ㄷ. (가)와 (나)에서 공의 운동을 같은 물리 법칙으로 설명할 수 없다.

① ㄱ ② ㄷ ③ ㄱ, ㄴ
④ ㄴ, ㄷ ⑤ ㄱ, ㄴ, ㄷ

중요

10 그림은 정지해 있는 영희의 좌표계에 대해 우주선 A, B가 각각 $0.8c$, $0.9c$의 일정한 속력으로 운동하는 모습을 나타낸 것이다.

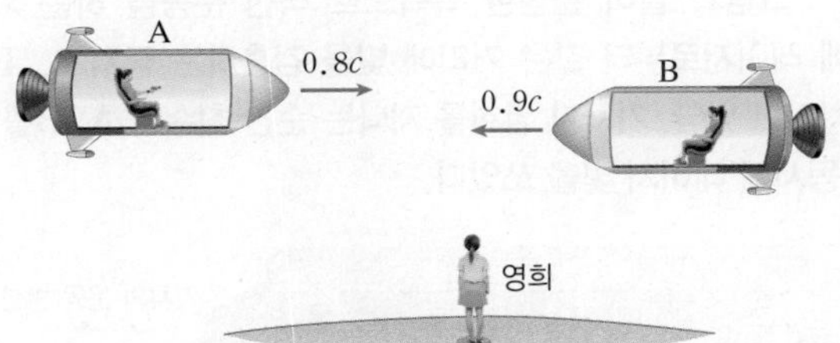

A가 B를 향해 레이저 광선을 쏘고 있을 때, 이에 대한 설명으로 옳은 것만을 [보기]에서 있는 대로 고른 것은? (단, c는 빛의 속력이다.)

> 보기
> ㄱ. A가 측정한 레이저 광선의 속력은 c이다.
> ㄴ. B가 측정한 레이저 광선의 속력은 c이다.
> ㄷ. 영희가 측정한 레이저 광선의 속력은 c이다.
> ㄹ. A가 측정한 B의 속력은 빛의 속력보다 빠르다.

① ㄱ, ㄴ ② ㄱ, ㄹ ③ ㄴ, ㄷ
④ ㄷ, ㄹ ⑤ ㄱ, ㄴ, ㄷ

11 그림 (가)는 $100\ km/h$로 달리는 기차에서 속도가 $100\ km/h$인 화살을 쏘는 모습을, (나)는 같은 기차에서 속도가 30만 km/s인 빛을 비추는 모습을 나타낸 것이다.

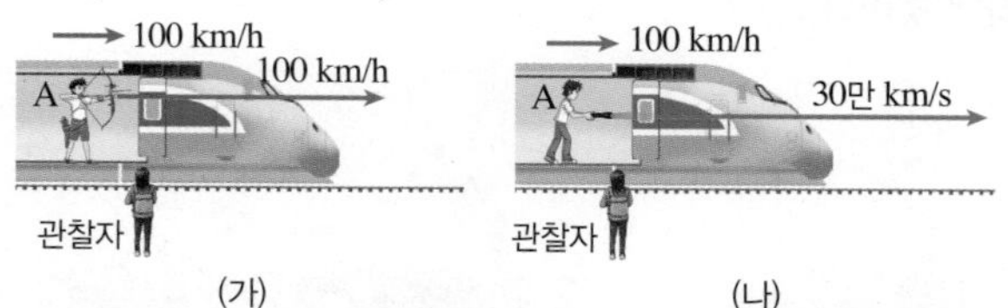

이에 대한 설명으로 옳은 것만을 [보기]에서 있는 대로 고른 것은?

보기
ㄱ. (가)에서 관찰자가 본 화살의 속도는 200 km/h이다.
ㄴ. (나)에서 관찰자가 본 빛의 속력은 30만 km/s보다 빠르다.
ㄷ. 빛의 속력은 광원이나 관찰자의 속도와 관계없이 일정하다.

① ㄱ ② ㄴ ③ ㄱ, ㄷ
④ ㄴ, ㄷ ⑤ ㄱ, ㄴ, ㄷ

C 특수 상대성 이론에 의한 현상

중요 **12** 그림과 같이 일정한 속력으로 직선 운동을 하는 기차 안에 레이저로부터 같은 거리에 빛을 검출하는 장치 A, B가 설치되어 있다. 기차가 영희를 지나는 순간 철수가 A, B를 향해 동시에 레이저 빛을 쏘았다.

기차 안의 철수와 기차 밖에 정지해 있는 영희가 측정했을 때 A, B 중 빛이 먼저 도착하는 곳을 옳게 짝 지은 것은?

	철수	영희
①	A	B
②	B	A
③	동시	A
④	B	동시
⑤	동시	동시

13 그림과 같이 광속에 가깝게 등속도 운동을 하는 우주선의 관성계에서 검출기가 정지한 행성의 관찰자를 스쳐 지나갈 때 광원 p, q에서 빛이 동시에 방출되었다. 우주선의 관성계에서 검출기와 p, q 사이의 거리는 서로 같고, p, 검출기, q는 운동 방향과 나란한 직선상에 있다.

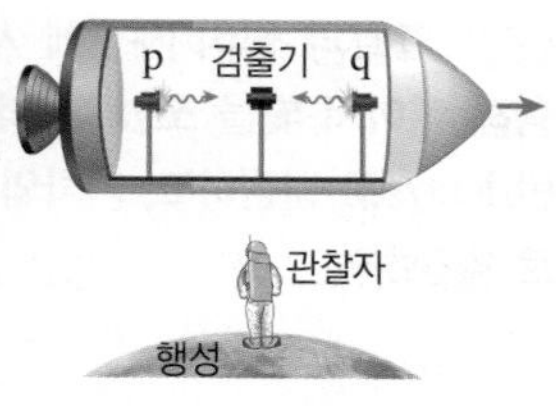

이에 대한 설명으로 옳은 것만을 [보기]에서 있는 대로 고른 것은?

보기
ㄱ. 우주선의 관성계에서 p, q에서 방출된 빛은 동시에 검출기에 도달한다.
ㄴ. 관찰자의 관성계에서 p, q에서 방출된 빛은 검출기에 동시에 도달하지 않는다.
ㄷ. 관찰자의 관성계에서 검출기와 p, q 사이의 거리는 서로 같지 않다.

① ㄱ ② ㄷ ③ ㄱ, ㄴ ④ ㄱ, ㄷ ⑤ ㄴ, ㄷ

14 그림 (가)와 같이 $+x$ 방향으로 광속에 가까운 속력으로 등속도 운동을 하는 우주선의 광원에서 거울을 향해 $+y$ 방향으로 빛이 방출되었다. 그림 (나)와 (다)는 빛이 각각 거울과 광원에 도달한 모습을 나타낸 것이다. A는 우주선 안의 관찰자, B는 정지한 행성 위의 관찰자이다.

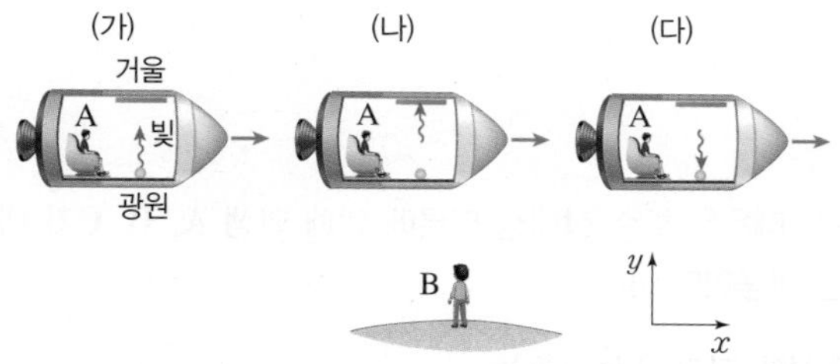

이에 대한 설명으로 옳은 것만을 [보기]에서 있는 대로 고른 것은?

보기
ㄱ. A의 관성계에서 광원과 거울 사이의 거리는 고유 길이이다.
ㄴ. A의 관성계에서 빛이 광원에서 거울까지 가는 데 걸린 시간은 고유 시간이다.
ㄷ. B의 관성계에서 광원과 거울 사이의 거리는 고유 길이보다 짧게 측정된다.

① ㄱ ② ㄷ ③ ㄱ, ㄴ ④ ㄱ, ㄷ ⑤ ㄴ, ㄷ

15 그림은 철수가 타고 있는 우주선이 $0.9c$의 일정한 속력으로 천체 A를 출발하여 B를 향해 운동하는 것을 나타낸 것이다. 영희는 천체 A, B에 대해 정지해 있는 지구에서 우주선을 관찰하고 있다. c는 빛의 속력이다.

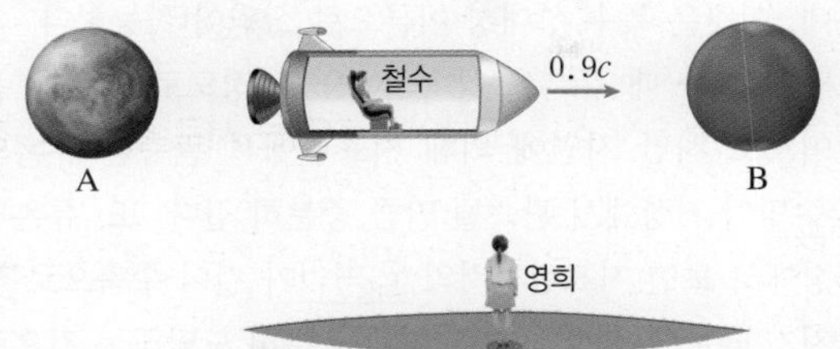

이에 대한 설명으로 옳은 것만을 [보기]에서 있는 대로 고른 것은?

보기
ㄱ. 철수가 측정한 A, B 사이의 길이는 고유 길이이다.
ㄴ. 영희가 우주선이 A에서 B까지 가는 데 걸린 시간을 측정한 값은 고유 시간이다.
ㄷ. 우주선의 고유 길이는 철수가 측정한 값이다.

① ㄱ ② ㄴ ③ ㄷ ④ ㄱ, ㄴ ⑤ ㄴ, ㄷ

중요 **16** 그림 (가)와 같이 지표면에 정지해 있는 우주선 내부에서 광원을 중심으로 하는 원 위에 광센서 A, B, C, D가 고정되어 있다. 그림 (나)는 이 우주선이 지표면에 대해 $0.6c$의 일정한 속력으로 운동하는 모습을 나타낸 것이다. 우주선의 운동 방향은 빛이 광원에서 C로 진행하는 방향과 같다.

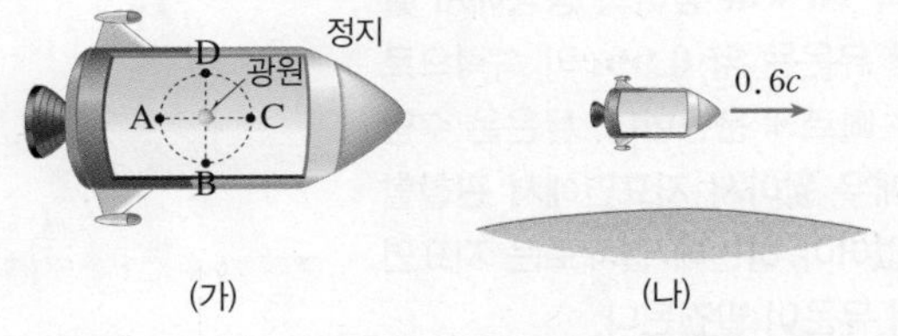

우주선에 타고 있는 사람이 관찰한 사실에 대한 설명으로 옳은 것만을 [보기]에서 있는 대로 고른 것은? (단, c는 빛의 속력이다.)

보기
ㄱ. 광원에서 A로 진행하는 빛과 C로 진행하는 빛의 속력은 같다.
ㄴ. 광원에서 동시에 방출된 빛은 A, C에 동시에 도달한다.
ㄷ. A, C 사이의 거리는 B, D 사이의 거리와 같다.

① ㄱ ② ㄴ ③ ㄱ, ㄷ ④ ㄴ, ㄷ ⑤ ㄱ, ㄴ, ㄷ

중요 **17** 그림은 철수가 탄 우주선에서 빛이 바닥과 천장 사이를 왕복하는 모습을 우주선 밖에 정지해 있는 민수가 관찰한 것을 나타낸 것이다. 우주선은 민수에 대해 광속에 가까운 일정한 속도로 운동한다.

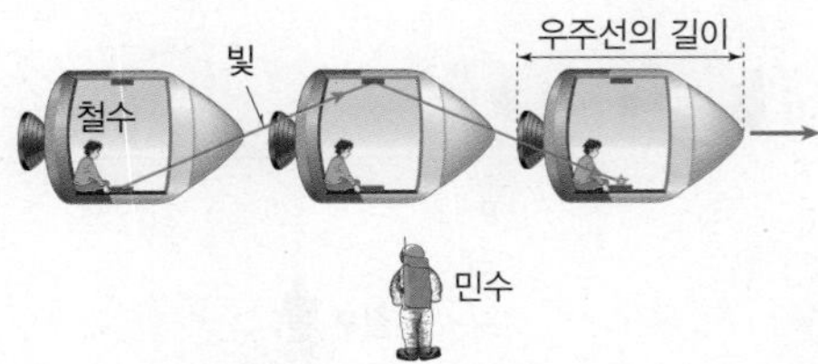

민수가 측정한 물리량이 철수가 측정한 물리량보다 큰 것만을 [보기]에서 있는 대로 고른 것은?

보기
ㄱ. 빛의 속력
ㄴ. 우주선의 길이
ㄷ. 빛의 왕복 시간

① ㄱ ② ㄴ ③ ㄷ
④ ㄱ, ㄴ ⑤ ㄴ, ㄷ

18 그림과 같이 우주 공간에 고정된 영역 P에 대해 A는 $+x$ 방향으로 속력 $0.8c$로, B는 $-y$ 방향으로 속력 $0.9c$로 등속도 운동을 한다. P는 한 변이 x축 위에 있고, 다른 한 변은 y축 위에 있으며 A가 관찰할 때 P는 한 변의 길이가 L인 정사각형이다.

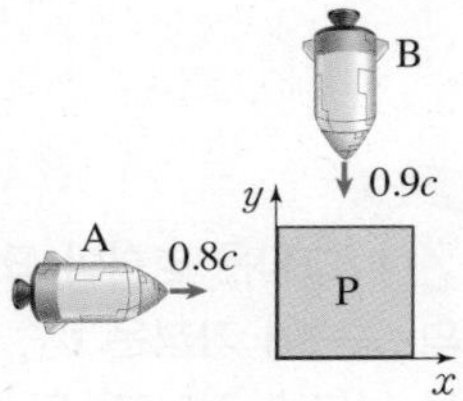

이에 대한 설명으로 옳은 것만을 [보기]에서 있는 대로 고른 것은? (단, c는 빛의 속력이고, A, B, P는 모두 xy 평면에 있다.)

보기
ㄱ. P의 관성계에서 P는 정사각형이 아니다.
ㄴ. B의 관성계에서 P는 정사각형이 아니다.
ㄷ. P의 관성계에서 우주선의 앞쪽 끝부분이 P를 통과하는 데 걸린 시간은 A가 B보다 크다.

① ㄱ ② ㄴ ③ ㄱ, ㄷ
④ ㄴ, ㄷ ⑤ ㄱ, ㄴ, ㄷ

중요 **19** 그림은 지면에 정지해 있는 철수에 대해 $0.8c$의 일정한 속력으로 운동하는 우주선과 우주선 안의 영희를 나타낸 것이다. 빛은 우주선과 반대 방향으로 진행하고 있다. 표는 철수와 영희가 측정한 물리량을 나타낸 것이다.

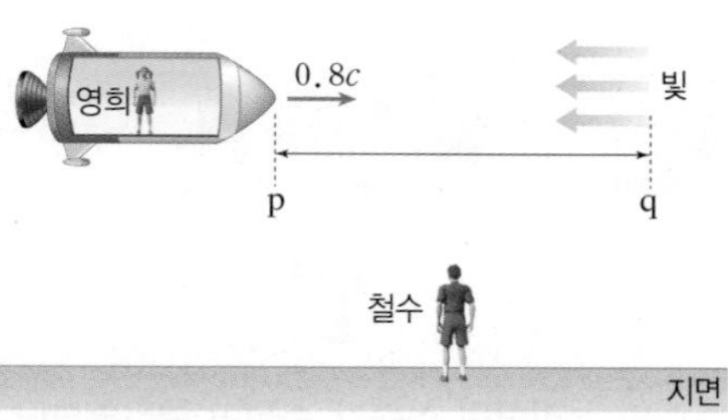

물리량	철수의 측정값	영희의 측정값
빛의 속력	c_1	c_2
p점에서 q점까지의 거리	L_1	L_2
우주선이 p점에서 q점까지 가는 데 걸리는 시간	T_1	T_2

측정값의 크기를 옳게 비교한 것만을 [보기]에서 있는 대로 고른 것은? (단, c는 빛의 속력이고, p점과 q점은 철수와 같은 좌표계의 점이며, 우주선의 크기는 무시한다.)

보기
ㄱ. $c_1=c_2$ ㄴ. $L_1<L_2$ ㄷ. $T_1>T_2$

① ㄱ ② ㄴ ③ ㄱ, ㄷ
④ ㄴ, ㄷ ⑤ ㄱ, ㄴ, ㄷ

서술형 **20** 그림은 영희의 좌표계에 대해 우주선 A, B가 각각 빛의 속력에 가까운 v_A, v_B의 일정한 속력으로 운동하는 것을 나타낸 것이다. 두 우주선의 고유 길이는 L_0으로 같고, $v_A>v_B$이다.

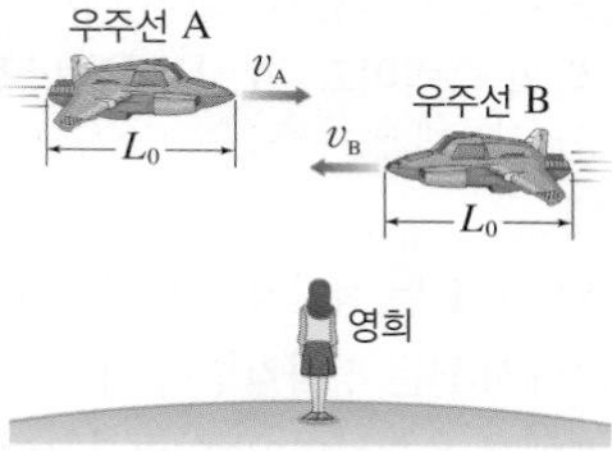

영희의 좌표계에서 관측한 A, B의 길이를 L_A, L_B라고 할 때 L_0, L_A, L_B의 크기를 등호나 부등호로 비교하고, 그 까닭을 서술하시오.

21 다음 글은 지표면에서 발견되는 뮤온에 대한 설명이다.

> 뮤온은 ㉠수명이 매우 짧아서 지상에 도달하기 전에 소멸한다. 그러나 실제로는 많은 뮤온이 지표면에서 발견되는데, 이것은 특수 상대성 이론으로 설명이 가능하다. 지표면에서 볼 때 뮤온은 광속의 99 % 정도로 빠르게 움직이므로 시간 지연에 의해 지표면에서 관측한 뮤온의 ㉡수명이 지상에서 관측될 만큼 충분히 길다. 또, 뮤온의 입장에서 보면 지표면까지의 ㉢거리가 길이 수축으로 짧아지기 때문에 자신의 수명 내에 충분히 도달하는 것으로 해석할 수 있다.

이에 대한 설명으로 옳은 것만을 [보기]에서 있는 대로 고른 것은?

보기
ㄱ. ㉡은 ㉠보다 짧다.
ㄴ. ㉠은 고유 시간이다.
ㄷ. 지표면의 관찰자가 볼 때 뮤온이 발생한 위치와 지표면 사이의 거리는 ㉢보다 짧다.

① ㄱ ② ㄴ ③ ㄱ, ㄴ ④ ㄱ, ㄷ ⑤ ㄴ, ㄷ

중요 **22** 그림과 같이 지표면으로부터 약 10 km 높이의 상공에서 발생한 뮤온은 약 $0.99c$의 속력으로 매우 빠르게 운동한다. 뮤온은 수명이 매우 짧아서 지표면에서 관찰할 수 없어야 하는데 실제로는 지표면에서 뮤온이 발견된다.

이와 같이 뮤온이 지표면에 도달할 수 있는 까닭에 대한 설명으로 옳은 것만을 [보기]에서 있는 대로 고른 것은?

보기
ㄱ. 뮤온의 입장에서 보았을 때 시간이 천천히 흘러갔기 때문이다.
ㄴ. 뮤온의 입장에서 보았을 때 지표면까지의 거리가 짧아졌기 때문이다.
ㄷ. 지표면에서 보았을 때 뮤온의 시간이 천천히 흘러갔기 때문이다.

① ㄴ ② ㄷ ③ ㄱ, ㄴ ④ ㄱ, ㄷ ⑤ ㄴ, ㄷ

실력 UP 문제

정답친해 64쪽

01 그림과 같이 지면에 대해 관찰자 A가 탄 우주선이 광속에 가까운 속력으로 $+x$ 방향으로 등속도 운동을 하고 있다. 지면의 좌표계에서 빛은 광원에서 $+x$ 방향으로 방출되어 거울에서 반사한 후 다시 광원으로 되돌아온다. 표는 지면의 좌표계에서 경로에 따라 빛이 진행하는 데 걸린 시간을 나타낸 것이다.

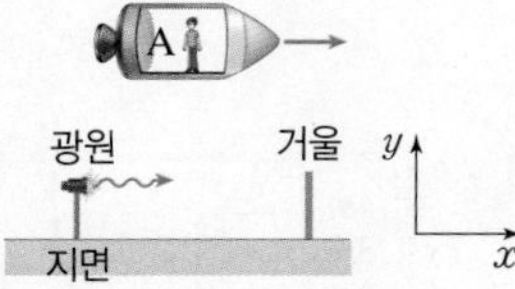

빛의 경로	걸린 시간
광원 → 거울	t_1
거울 → 광원	t_2

이에 대한 설명으로 옳은 것만을 [보기]에서 있는 대로 고른 것은?

보기
ㄱ. 지면의 관성계에서 광원에서 거울까지 빛이 진행하는 데 걸린 시간은 고유 시간이다.
ㄴ. A의 관성계에서 빛이 광원 → 거울 경로로 진행하는 데 걸린 시간은 t_1보다 크다.
ㄷ. A의 관성계에서 빛이 광원 → 거울 → 광원 경로로 진행하는 데 걸린 시간은 t_1+t_2보다 크다.

① ㄱ ② ㄴ ③ ㄷ ④ ㄱ, ㄷ ⑤ ㄴ, ㄷ

02 그림과 같이 관찰자 A에 대해 관찰자 B가 탄 우주선이 $+x$ 방향으로 광속에 가까운 속력으로 등속도 운동을 한다. B의 관성계에서 빛은 광원으로부터 거울 p, q를 향해 방출된 후, 거울에서 반사되어 다시 광원으로 되돌아온다. B의 관성계에서 광원과 p, q 사이의 거리는 서로 같다. 표는 A, B의 관성계에서 각각의 경로에 따라 빛이 진행하는 데 걸린 시간을 나타낸 것이다.

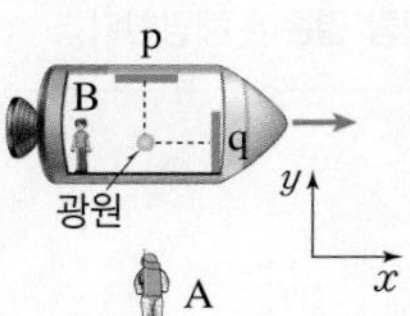

빛의 경로	걸린 시간	
	A의 관성계	B의 관성계
광원 → p → 광원	t_1	t_3
광원 → q → 광원	t_2	t_4

이에 대한 설명으로 옳은 것만을 [보기]에서 있는 대로 고른 것은?

보기
ㄱ. $t_3=t_4$이다.
ㄴ. $t_1>t_2$이다.
ㄷ. A의 관성계에서 빛이 t_1 동안 진행한 경로의 길이는 t_2 동안 진행한 경로의 길이보다 길다.

① ㄱ ② ㄴ ③ ㄱ, ㄷ ④ ㄴ, ㄷ ⑤ ㄱ, ㄴ, ㄷ

03 그림과 같이 관찰자가 탄 우주선이 행성 사이의 고유 길이가 L인 행성 A, B 사이를 $0.8c$의 속력으로 등속도 운동을 하고 있다. 우주선이 A를 출발한 순간 B를 향해 빛을 방출하였다.

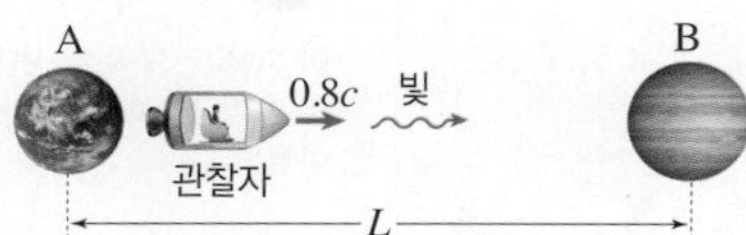

이에 대한 설명으로 옳은 것만을 [보기]에서 있는 대로 고른 것은? (단, c는 빛의 속력이고, 행성과 우주선의 크기는 무시한다.)

보기
ㄱ. A의 관성계에서 B에 빛과 우주선이 각각 도착한 두 사건 사이의 시간 간격은 $\frac{L}{4c}$이다.
ㄴ. 관찰자의 관성계에서 빛이 B에 도달한 시간과 B가 우주선에 도달한 시간 간격은 $\frac{L}{4c}$보다 크다.
ㄷ. 관찰자의 관성계에서 A와 B 사이의 거리는 L보다 작다.

① ㄱ ② ㄴ ③ ㄱ, ㄷ
④ ㄴ, ㄷ ⑤ ㄱ, ㄴ, ㄷ

04 그림은 점 P에서 생성된 뮤온이 P에 대해 $+x$ 방향으로 광속에 가까운 속력 v로 등속도 운동을 하는 동안, 우주선이 뮤온과 같은 속도로 운동하는 모습을 나타낸 것이다. 우주선에서 측정할 때 뮤온은 P에서 생성된 뒤 시간 T만에 Q에서 소멸하였다. P와 Q는 같은 관성계에 있다.

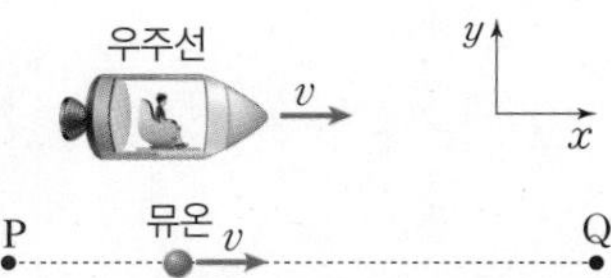

이에 대한 설명으로 옳은 것만을 [보기]에서 있는 대로 고른 것은?

보기
ㄱ. P와 Q 사이의 고유 길이는 vT이다.
ㄴ. 뮤온의 고유 수명은 T이다.
ㄷ. P에 정지해 있는 관성계에서 뮤온이 P에서 Q까지 이동하는 데 걸린 시간은 T보다 크다.

① ㄱ ② ㄴ ③ ㄱ, ㄷ
④ ㄴ, ㄷ ⑤ ㄱ, ㄴ, ㄷ

2 질량과 에너지

핵심 포인트
- ❶ 질량 에너지 동등성 ★★
- ❷ 질량 결손 ★★★
- ❸ 핵분열 ★★
- ❹ 핵융합 ★★

A 질량의 에너지 변환

아인슈타인의 특수 상대성 이론에 따르면 시간이나 길이뿐만 아니라 질량이나 에너지에 대한 개념도 이전과 달라집니다. 이 이론에 따르면 질량을 에너지로 생각할 수도 있으며, 반대로 에너지를 질량으로 생각할 수도 있다고 합니다. 질량과 에너지의 변환에 대하여 알아볼까요?

1. 질량 에너지 동등성

(1) **질량 증가:** 정지해 있을 때 질량(정지 질량)이 m_0인 물체가 움직일 때의 ◆질량 m은 속도가 빠를수록 커진다.
물체의 속력이 빛의 속력에 가까워지면 질량이 급격하게 증가한다.

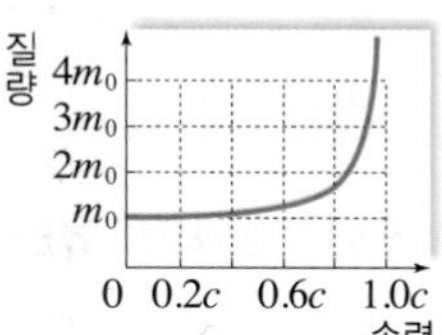

⬆ 상대론적 질량-속력 그래프

(2) ◆**질량 에너지 동등성:** 질량(m)과 에너지(E)는 서로 전환될 수 있으며 질량 m에 해당하는 에너지 E는 다음과 같다.

$$E=mc^2 \ (c\text{: 빛의 속력})$$

(3) **정지 에너지:** 물체가 정지해 있을 때의 질량이 m_0일 때, 정지 질량이 갖는 에너지
➡ $E=m_0c^2$

2. ❶질량 결손 핵반응 후 핵반응 전보다 줄어든 질량의 합을 말하며, 핵반응 과정에서 에너지를 방출하기 때문에 질량 결손이 생긴다.

헬륨 원자핵의 질량 결손 계산하기

그림 (가)는 따로 떨어져 정지해 있는 ❷양성자 2개와 중성자 2개를 나타낸 것이고, (나)는 헬륨 원자핵을 나타낸 것이다. 표는 양성자, 중성자, 헬륨 원자핵 1개의 질량을 나타낸 것이다.

양성자 중성자 (가) 헬륨 원자핵 (나)

입자	질량(u)
양성자	1.0073
중성자	1.0087
헬륨 원자핵	4.0015

원자 질량 단위 1 u: 1.66×10^{-27} kg

(가)의 총질량: $(1.0073\text{ u}+1.0087\text{ u})\times2=4.0320$ u, (나)의 질량: 4.0015 u
➡ 양성자와 중성자가 결합하여 원자핵을 이룰 때 질량이 줄어든다. 이때 줄어든 질량이 질량 결손에 해당한다.

◆ **상대론적 질량**
한 관성계에 대하여 v의 속도로 운동하고 있는 물체의 상대론적 질량 m은 다음과 같다.

$$m=\frac{m_0}{\sqrt{1-\frac{v^2}{c^2}}}$$

(m_0: 정지 질량, c: 광속)

◆ **질량 에너지 동등성의 예**
- 핵반응: 핵분열 반응이나 핵융합 반응에서 질량 결손에 의해 감소한 질량이 열에너지로 방출된다.(질량 → 에너지)
- 양전자 방출 단층 촬영(PET): 양전자와 전자가 만나면 함께 소멸하여 감마(γ)선을 생성한다.(질량 → 에너지)
- 쌍생성 현상: 에너지가 큰 빛이 전자와 양전자를 생성한다.(에너지 → 질량)

B 핵분열과 핵융합

1. 핵반응

(1) **핵반응:** 원자핵이 분열하거나(핵분열) 서로 합쳐지는(핵융합) 반응

(2) **질량 결손과 에너지:** 핵반응 과정에서 생기는 질량 결손 Δm이 아인슈타인의 질량 에너지 동등성에 따라 에너지 E로 전환된다.

$$E=\Delta mc^2 \ (c\text{: 빛의 속력})$$

용어
❶ 질량 결손(缺 모자라다, 損 줄다) 질량이 줄어드는 것
❷ 양성자(陽 양지, 性 성품, 子 아들) 양(+)의 성질을 띤 알갱이

2. [1]**핵분열** 무거운 원자핵이 원래 원자핵보다 가벼운 2개 이상의 다른 원자핵으로 나누어지는 반응으로, 질량 결손에 의해 많은 양의 에너지가 방출된다.

(1) **우라늄의 핵분열:** 우라늄 ◆235($^{235}_{92}U$)가 속도가 느린 중성자(저속 중성자) 1개를 흡수하면, 2개의 원자핵으로 분열하면서 2개~3개의 속도가 빠른 중성자(고속 중성자)를 방출한다.

우라늄 235가 핵분열하는 예 131쪽 대표 자료❶

핵분열 후에 생성된 입자들의 총질량은 핵분열하기 전 입자들의 총질량보다 작다. 이것은 핵분열이 일어날 때 질량 결손에 해당하는 만큼의 에너지가 열로 방출되기 때문이다.

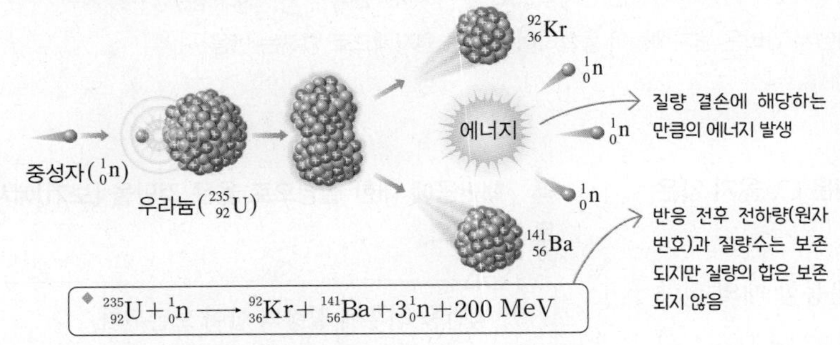

◆ $^{235}_{92}U + ^1_0n \longrightarrow ^{92}_{36}Kr + ^{141}_{56}Ba + 3^1_0n + 200\ MeV$

(2) ◆**연쇄 반응:** 우라늄 235가 핵분열할 때 방출되는 2개~3개의 중성자가 다른 우라늄 235에 계속 흡수되어 핵분열이 연쇄적으로 기하급수적으로 일어나는 반응

- 흡수되어: 중성자가 우라늄 235에 잘 흡수되도록 물, 흑연과 같은 감속재를 사용하여 저속 중성자가 되도록 한다.

3. [2]**핵융합** 초고온 상태에서 가벼운 원자핵들이 융합하여 무거운 원자핵으로 변하는 반응으로, 질량 결손에 의해 많은 에너지가 방출된다. ← 핵자당 방출되는 에너지의 양은 핵융합이 핵분열보다 많다.

(1) **태양에서의 핵융합:** 태양 중심부에서는 수소 원자핵과 수소 원자핵이 융합하여 중수소 원자핵이 되고, 중수소 원자핵과 중수소 원자핵이 핵융합하여 헬륨 원자핵으로 변한다.

(2) **핵융합로에서의 핵융합:** 수십 억 도의 초고온 상태에서 중수소 원자핵과 삼중수소 원자핵을 충돌시키면 핵융합하여 헬륨 원자핵이 생성되는 반응이 가능하다.

우리나라를 포함한 주요 선진국이 국제 핵융합 실험로(ITER)를 공동으로 건설 운영하고 있고, 이와 별도로 우리나라는 한국형 초전도 핵융합 연구 장치(KSTAR)를 독자적으로 개발하고 있다.

핵융합 반응 131쪽 대표 자료❷

[태양에서의 핵융합]

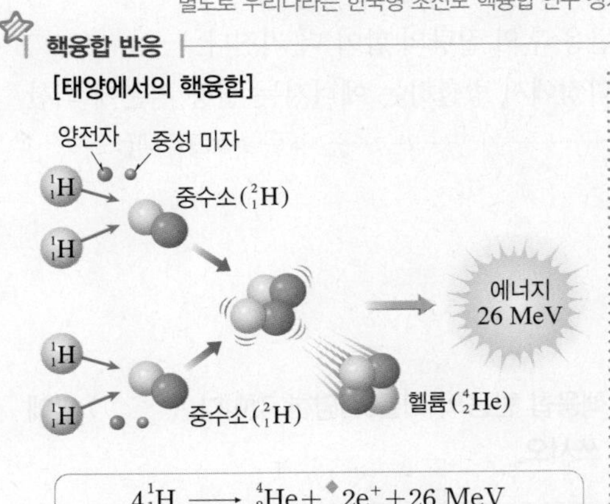

$4^1_1H \longrightarrow ^4_2He +$ ◆$2e^+ + 26\ MeV$

❶ 수소 원자핵(^1_1H)과 수소 원자핵이 핵융합하여 중수소 원자핵(^2_1H)이 된다.

❷ 중수소 원자핵(^2_1H)과 중수소 원자핵이 핵융합하여 헬륨 원자핵(^4_2He)이 된다.

[핵융합로에서의 핵융합]

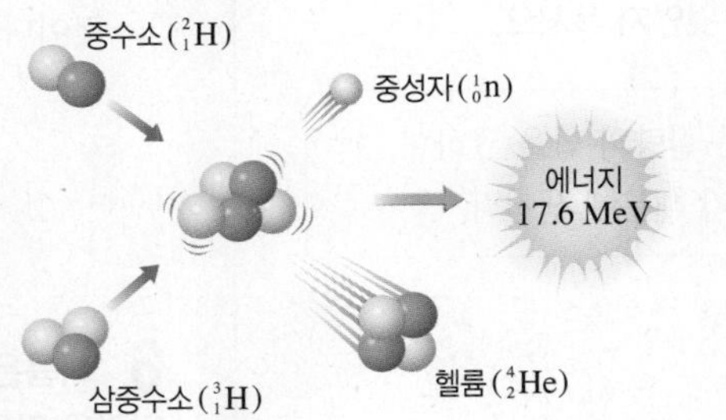

$^2_1H + ^3_1H \longrightarrow ^4_2He + ^1_0n + 17.6\ MeV$

중수소 원자핵(^2_1H)과 삼중수소 원자핵(^3_1H)이 핵융합하여 헬륨 원자핵(^4_2He)과 중성자(^1_0n)가 된다.

초고온, 초고압 상태에서 반응이 일어나므로 용기 역할을 하는 핵융합 장치가 필요하다.

◆ **원자핵의 표기법**

원자 번호(양성자수)가 Z이고, 질량수(양성자수+중성자수)가 A인 원자핵을 표시할 때는 다음과 같이 나타낸다.

^A_ZX (X는 원소 기호)

◆ **여러 가지 입자의 표기**

입자	표기
전자	$^0_{-1}e$
중성자	^1_0n
양성자	^1_1p 또는 ^1_1H
수소	^1_1H
중수소	^2_1H
삼중수소	^3_1H

- 전자, 중성자, 양성자: 원자핵은 아니지만 원자핵의 표기를 따른다.

◆ **핵반응식**

핵반응을 하는 동안 반응 전후 전하량과 질량수는 보존된다.

$^a_wA + ^b_xB \longrightarrow ^c_yC + ^d_zD +$ 에너지

- 전하량 보존: $w+x=y+z$
- 질량수 보존: $a+b=c+d$

◆ **연쇄 반응 조절**

핵발전 과정에서는 핵분열의 연쇄 반응 속도를 조절하여 전기 에너지를 생산한다.

◆ **양전자(e^+)**

전자(e^-)와 전하량의 크기가 같고 양(+)전하를 띤 입자이다.

용어

❶ **핵분열(核 씨, 分 나누다, 裂 찢다)** 무거운 원자핵이 쪼개져 가벼운 원자핵으로 변하는 핵반응

❷ **핵융합(核 씨, 融 화합하다, 合 합하다)** 가벼운 몇 개의 원자핵이 합쳐져 무거운 원자핵으로 변하는 핵반응

정답친해 65쪽

개념 확인 문제

핵심 체크

- (❶): 질량과 에너지는 서로 전환될 수 있다.
- (❷) 에너지: 정지한 물체가 가지는 에너지 ➡ $E=m_0c^2$
- 정지 질량이 m_0인 물체가 v의 속도로 운동할 때 질량이 m이라면 $m>m_0$이다. 이때 v가 클수록 m이 (❸).
- (❹): 핵반응 후 핵반응 전보다 줄어든 질량의 합
- 핵반응에서 생기는 질량 결손이 Δm일 경우 $E=$(❺)의 에너지가 방출된다.
- (❻): 무거운 원자핵이 2개 이상의 가벼운 원자핵으로 나누어지는 반응
- (❼): 초고온 상태에서 가벼운 원자핵들이 융합하여 무거운 원자핵으로 변하는 반응

1 질량과 에너지에 대한 설명으로 옳은 것은 ○, 옳지 않은 것은 ×로 표시하시오.

(1) 똑같은 물체라도 정지해 있을 때보다 운동할 때의 질량이 더 크다. ( )
(2) 질량이 에너지로 전환될 수 있다. ( )
(3) 에너지는 질량으로 전환될 수 없다. ( )
(4) 핵분열 반응에서 질량 결손이 발생하고, 이때 감소한 질량이 에너지로 방출된다. ( )
(5) 핵융합 반응에서는 질량 결손이 발생하지 않는다. ( )

2 다음 글에서 설명하는 것은 무엇인지 쓰시오.

> 핵반응 후 핵반응 전보다 줄어든 질량의 합을 말하며, 핵반응 과정에서 에너지를 방출하기 때문에 생긴다.

3 핵반응 과정에서 생기는 질량 결손이 Δm일 때 방출되는 에너지 E는 어떻게 표현하는지 쓰시오.

4 핵반응에 대한 설명으로 옳은 것만을 [보기]에서 있는 대로 고르시오.

> 보기
> ㄱ. 핵반응 전후에 질량의 합이 보존된다.
> ㄴ. 핵반응 전후에 전하량이 보존된다.
> ㄷ. 핵반응 전후에 질량수가 보존된다.

5 우라늄의 핵분열에 대한 설명으로 옳은 것은 ○, 옳지 않은 것은 ×로 표시하시오.

(1) ${}^{235}_{92}\mathrm{U}$가 양성자를 흡수한 후 가벼운 원자핵으로 분열한다. ( )
(2) 핵분열 반응 후의 질량의 합이 더 커진다. ( )
(3) 핵반응 과정에서 방출하는 에너지는 질량 결손에 의한 것이다. ( )

6 다음은 핵융합 반응의 예를 설명한 것이다. ( ) 안에 알맞은 말을 쓰시오.

> • 태양에서의 핵융합 : 태양 중심부에서는 ㉠( ) 원자핵들이 융합하여 ㉡( ) 원자핵으로 변한다.
> • 핵융합로에서의 핵융합 : 중수소 원자핵과 ㉢( ) 원자핵을 충돌시켜 헬륨 원자핵으로 융합한다.

대표 자료 분석

자료 ❶ 핵분열 과정

기출 Point
- 핵분열 과정에서의 질량 결손과 에너지 발생 관계 알기
- 핵분열 과정 이해하기

[1~3] 그림은 우라늄 235가 핵분열하는 과정과 핵반응식을 나타낸 것이다.

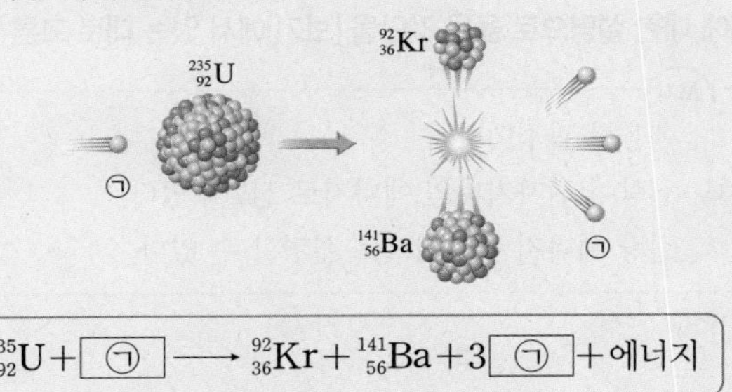

$^{235}_{92}U+$ ㉠ $\longrightarrow {}^{92}_{36}Kr+{}^{141}_{56}Ba+3$ ㉠ $+$에너지

1 이에 대한 설명으로 옳은 것은 ○, 옳지 않은 것은 ×로 표시하시오.

(1) $^{235}_{92}U$는 핵분열을 한 후 저속 중성자를 방출한다. ( )

(2) 중성자는 또 다른 우라늄 원자핵과 연쇄 반응을 하면서 계속 핵분열을 일으킨다. ( )

(3) 핵분열을 한 후 방출되는 에너지는 질량 결손에 의한 것이다. ( )

2 핵반응식에서 ㉠에 들어갈 입자를 쓰시오.

3 빈출 선택지로 완벽 정리!

(1) 핵분열 반응에서 질량 결손이 발생한다. (○ / ×)

(2) 핵반응에서 발생한 질량 결손은 그대로 사라지는 것이다. (○ / ×)

(3) $^{235}_{92}U$는 저속의 중성자를 흡수하여 핵분열을 일으킨다. (○ / ×)

(4) 핵반응 후에 질량수는 보존되지만 질량의 합은 보존되지 않는다. (○ / ×)

자료 ❷ 핵융합 과정

기출 Point
- 핵융합 과정에서의 질량 결손과 에너지 발생 관계 알기
- 핵융합 과정 이해하기

[1~3] 그림은 중수소 원자핵(^2_1H)과 삼중수소 원자핵(^3_1H)이 충돌하여 일어나는 핵반응 과정과 핵반응식을 나타낸 것이다.

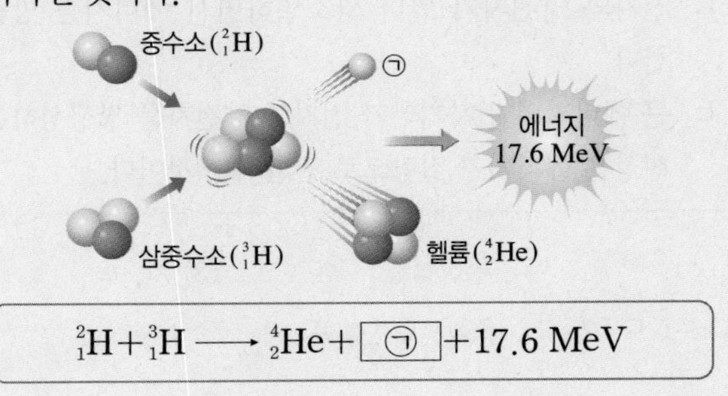

$^2_1H+{}^3_1H \longrightarrow {}^4_2He+$ ㉠ $+17.6$ MeV

1 핵반응에서 방출되는 에너지 17.6 MeV의 근원은 무엇인지 쓰시오.

2 이에 대한 설명으로 옳은 것은 ○, 옳지 않은 것은 ×로 표시하시오.

(1) 핵융합 반응이다. ( )

(2) ㉠에 해당하는 입자는 양성자이다. ( )

(3) 핵반응 전 질량의 합과 핵반응 후 질량의 합은 서로 같다. ( )

3 빈출 선택지로 완벽 정리!

(1) 핵융합 반응은 무거운 원자핵들이 반응하여 가벼운 원자핵으로 변하는 반응이다. (○ / ×)

(2) 태양에서는 수소 원자핵들이 융합하여 여러 단계를 거친 후 최종적으로 헬륨 원자핵이 생성된다. (○ / ×)

(3) 태양 에너지의 근원은 핵융합 반응에서 발생하는 질량 결손에 의한 것이다. (○ / ×)

내신 만점 문제

A 질량의 에너지 변환

01 특수 상대성 이론에 따른 질량 에너지 동등성에 대한 설명으로 옳은 것만을 [보기]에서 있는 대로 고른 것은?

보기
ㄱ. 핵융합 과정에서 감소한 질량의 합이 에너지로 전환된다.
ㄴ. 전자와 양전자가 만나 쌍소멸하면서 에너지를 방출한다.
ㄷ. 큰 에너지의 전자기파가 전자와 양전자를 쌍생성하는 현상은 에너지가 질량으로 전환되는 것이다.

① ㄱ ② ㄷ ③ ㄱ, ㄴ
④ ㄴ, ㄷ ⑤ ㄱ, ㄴ, ㄷ

중요 **02** 그림과 같이 관찰자 A에 대해 광속에 가까운 속력으로 등속도 운동을 하는 우주선 안에 관찰자 B가 있다.

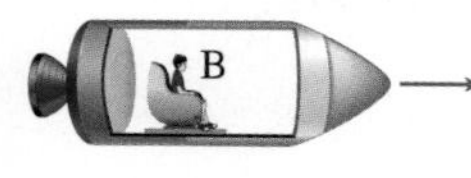

A가 측정한 값이 B가 측정한 값보다 큰 것만을 [보기]에서 있는 대로 고른 것은?

보기
ㄱ. B의 맥박이 뛰는 시간 간격
ㄴ. 우주선의 길이
ㄷ. 우주선의 질량

① ㄱ ② ㄴ ③ ㄱ, ㄷ
④ ㄴ, ㄷ ⑤ ㄱ, ㄴ, ㄷ

03 핵반응 전후의 질량 결손이 m일 때 방출되는 에너지 E는? (단, c는 빛의 속력이다.)

① $E=mc$ ② $E=mc^2$
③ $E=\frac{1}{2}mc^2$ ④ $E=m^2c^2$
⑤ $E=\frac{c^2}{m}$

04 그림은 양전자와 전자가 만나 쌍소멸하면서 큰 에너지의 전자기파가 발생하는 모습을 나타낸 것이다.

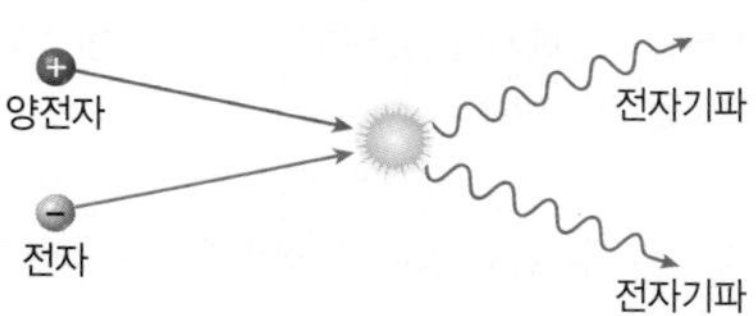

이에 대한 설명으로 옳은 것만을 [보기]에서 있는 대로 고른 것은?

보기
ㄱ. 핵융합 과정이다.
ㄴ. 질량이 전자기파의 에너지로 전환되었다.
ㄷ. 질량 에너지 동등성으로 설명할 수 있다.

① ㄱ ② ㄷ ③ ㄱ, ㄴ
④ ㄴ, ㄷ ⑤ ㄱ, ㄴ, ㄷ

중요 **05** 그림은 어떤 물체의 속력에 따른 상대론적 질량을 나타낸 것이다.

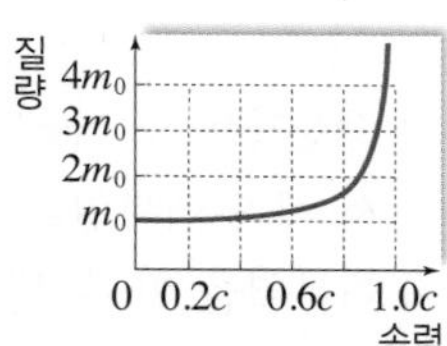

이에 대한 설명으로 옳은 것만을 [보기]에서 있는 대로 고른 것은? (단, c는 빛의 속력이다.)

보기
ㄱ. 정지해 있는 물체의 에너지는 0이다.
ㄴ. 물체의 속력이 $0.6c$일 때 에너지는 $0.6m_0c^2$이다.
ㄷ. 물체의 속력이 빛의 속력에 가까워지면 상대론적 질량이 무한대에 접근한다.

① ㄱ ② ㄴ ③ ㄷ
④ ㄱ, ㄴ ⑤ ㄱ, ㄴ, ㄷ

서술형 **06** 어떤 핵반응에서 2.58×10^{-29} kg만큼의 질량 결손이 발생할 때, 질량 결손에 의해 방출되는 에너지는 몇 J인지 풀이 과정과 함께 구하시오. (단, 빛의 속력은 3×10^8 m/s이다.)

B 핵분열과 핵융합

07 그림은 어떤 핵반응 과정을 나타낸 것이다.

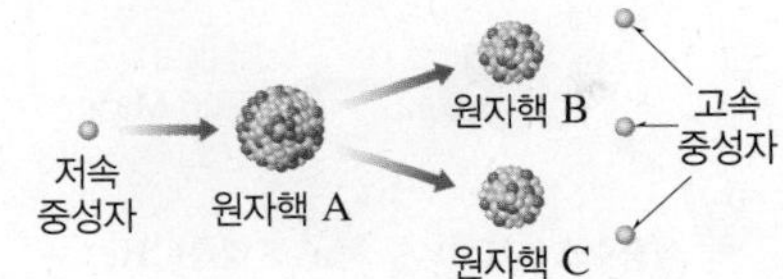

이에 대한 설명으로 옳은 것만을 [보기]에서 있는 대로 고른 것은?

보기
ㄱ. 핵융합 과정이다.
ㄴ. 핵반응 과정에서 감소한 질량의 합이 에너지로 전환된다.
ㄷ. 중성자의 속력을 조절하여 연쇄 반응을 일으킬 수 있다.

① ㄱ ② ㄴ ③ ㄱ, ㄷ
④ ㄴ, ㄷ ⑤ ㄱ, ㄴ, ㄷ

중요 **08** 그림은 우라늄($^{235}_{92}U$)의 핵분열 과정을 간단히 나타낸 것이다.

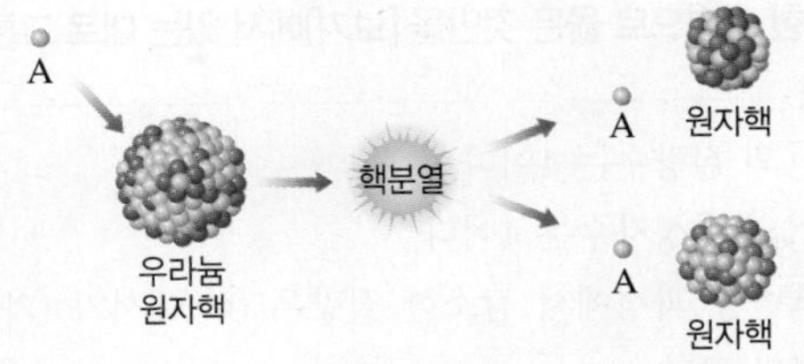

이에 대한 설명으로 옳은 것만을 [보기]에서 있는 대로 고른 것은?

보기
ㄱ. 원자핵과 충돌하는 A는 중성자이다.
ㄴ. 태양 중심부나 수십 억 도의 초고온 상태에서 일어나는 현상이다.
ㄷ. 핵분열을 하기 전 질량의 합은 핵분열 후 질량의 합보다 크다.

① ㄱ ② ㄴ ③ ㄱ, ㄷ
④ ㄴ, ㄷ ⑤ ㄱ, ㄴ, ㄷ

09 다음은 우라늄 235($^{235}_{92}U$)의 핵반응식을 나타낸 것이다.

$$^{235}_{92}U + ^{1}_{0}n \longrightarrow ^{141}_{56}Ba + ^{92}_{36}Kr + 3^{1}_{0}n + \text{에너지}$$

이에 대한 설명으로 옳은 것만을 [보기]에서 있는 대로 고른 것은?

보기
ㄱ. 핵반응 후 질량의 합이 반응 전보다 줄어든다.
ㄴ. 핵반응 후 생겨나는 원자핵은 핵반응 전 원자핵보다 가볍다.
ㄷ. 핵반응 과정에서 방출되는 에너지는 질량 결손에 의한 것이다.

① ㄱ ② ㄴ ③ ㄱ, ㄷ
④ ㄴ, ㄷ ⑤ ㄱ, ㄴ, ㄷ

중요 **10** 그림 (가), (나)는 핵융합과 핵분열 과정을 순서 없이 나타낸 것이다.

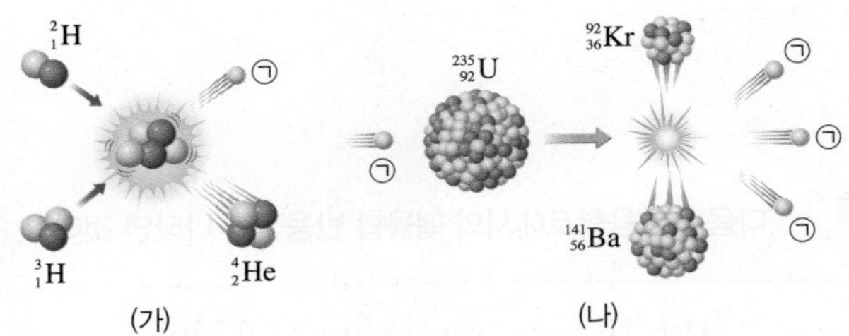

이에 대한 설명으로 옳은 것만을 [보기]에서 있는 대로 고른 것은?

보기
ㄱ. (가)는 핵분열 반응을 나타낸 것이다.
ㄴ. ㉠에 해당하는 입자는 중성자이다.
ㄷ. 두 핵반응에서 방출된 에너지는 질량 결손에 의한 것이다.

① ㄱ ② ㄴ ③ ㄷ
④ ㄱ, ㄴ ⑤ ㄴ, ㄷ

중요 **11** **다음은 태양 에너지의 발생 과정을 간단하게 나타낸 것이다.**

태양 중심부에서는 수소 원자핵과 수소 원자핵이 융합하여 중수소 원자핵이 되고, 중수소 원자핵과 중수소 원자핵이 융합하여 헬륨 원자핵으로 변한다.

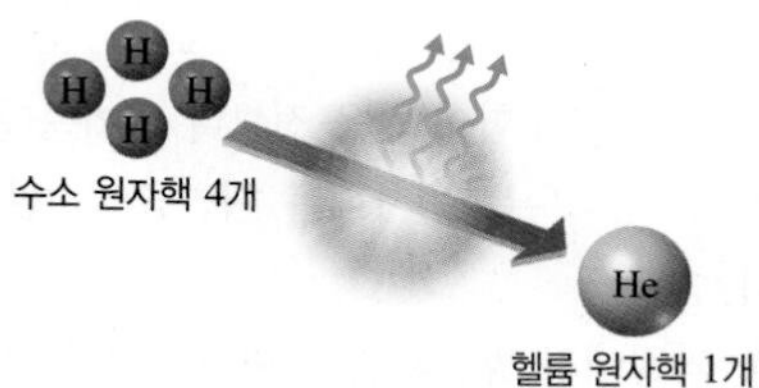

이에 대한 설명으로 옳은 것만을 [보기]에서 있는 대로 고른 것은?

보기
ㄱ. 실온에서 일어난다.
ㄴ. 태양에서 발생하는 에너지는 질량 결손에 따른 것이다.
ㄷ. 수소 원자핵 4개의 질량의 합은 헬륨 원자핵 1개의 질량과 같다.

① ㄱ ② ㄴ ③ ㄷ
④ ㄱ, ㄷ ⑤ ㄴ, ㄷ

12 **다음은 핵융합로에서의 핵융합 반응식을 나타낸 것이다.**

$$^{2}_{1}H + ^{3}_{1}H \longrightarrow \boxed{㉠} + ^{1}_{0}n + 17.6\ MeV$$

이에 대한 설명으로 옳은 것만을 [보기]에서 있는 대로 고른 것은?

보기
ㄱ. ㉠에 들어갈 원자핵은 우라늄($^{235}_{92}U$)이다.
ㄴ. 초고온의 플라스마 상태에서 일어나는 반응이다.
ㄷ. 질량 결손에 의해 많은 양의 에너지를 얻게 된다.

① ㄱ ② ㄴ ③ ㄱ, ㄷ
④ ㄴ, ㄷ ⑤ ㄱ, ㄴ, ㄷ

중요 **13** **그림은 중수소($^{2}_{1}H$)와 삼중수소($^{3}_{1}H$)가 충돌하여 일어나는 핵반응을 나타낸 것이다.**

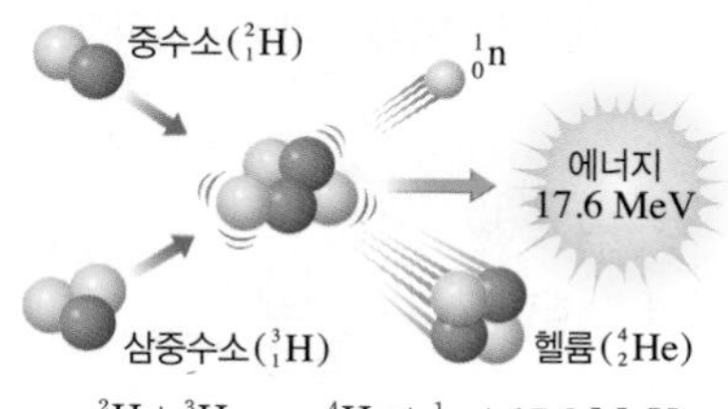

$$^{2}_{1}H + ^{3}_{1}H \longrightarrow ^{4}_{2}He + ^{1}_{0}n + 17.6\ MeV$$

이에 대한 설명으로 옳은 것만을 [보기]에서 있는 대로 고른 것은?

보기
ㄱ. 핵융합 반응이다.
ㄴ. 17.6 MeV의 에너지는 질량 결손에 의한 것이다.
ㄷ. 핵반응 전의 질량의 합과 핵반응 후의 질량의 합은 같다.

① ㄱ ② ㄷ ③ ㄱ, ㄴ
④ ㄴ, ㄷ ⑤ ㄱ, ㄴ, ㄷ

14 **다음은 두 가지 핵반응식을 나타낸 것이다.**

(가) $^{1}_{1}H + ^{15}_{7}N \longrightarrow \boxed{㉠} + ^{12}_{6}C + 4.96\ MeV$
(나) $4^{1}_{1}H \longrightarrow \boxed{㉠} + 2e^{+} + 26\ MeV$

이에 대한 설명으로 옳은 것만을 [보기]에서 있는 대로 고른 것은?

보기
ㄱ. ㉠의 질량수는 4이다.
ㄴ. ㉠의 양성자수는 4이다.
ㄷ. 핵반응 과정에서 감소한 질량은 (나)에서가 (가)에서보다 크다.

① ㄱ ② ㄴ ③ ㄱ, ㄷ
④ ㄴ, ㄷ ⑤ ㄱ, ㄴ, ㄷ

서술형 **15** **핵융합이나 핵분열 반응에서 반응 전과 후의 질량의 합에 어떤 차이가 있는지, 또 질량의 합의 차이가 무엇으로 전환되는지 서술하시오.**

실력 UP 문제

정답친해 67쪽

16 다음은 인공 핵융합에 관한 자료의 일부분을 나타낸 것이다.

- 핵융합 반응이 일어나려면 두 원자핵을 고속으로 충돌시켜야 한다.
- 그림과 아래의 핵반응식은 중수소($^{2}_{1}H$)와 삼중수소($^{3}_{1}H$)를 핵융합시키는 과정을 나타낸 것이다.

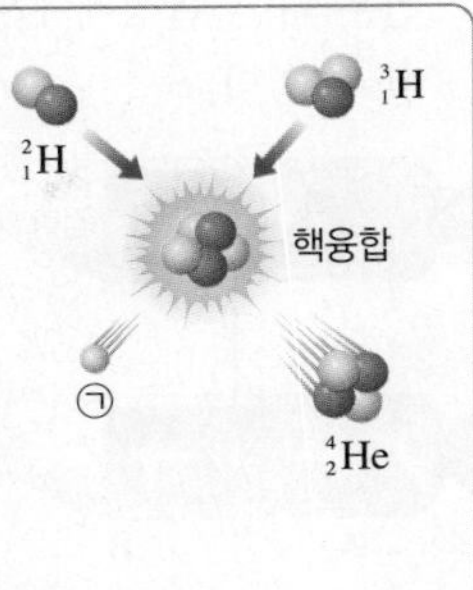

$$^{2}_{1}H + ^{3}_{1}H \longrightarrow ^{4}_{2}He + \boxed{㉠} + 17.6\ MeV$$

이에 대한 설명으로 옳은 것만을 [보기]에서 있는 대로 고른 것은?

보기
ㄱ. ㉠은 중성자($^{1}_{0}n$)이다.
ㄴ. 질량 결손에 의해 에너지가 발생한다.
ㄷ. 반응 전의 질량수의 합은 반응 후의 질량수의 합과 같다.

① ㄱ ② ㄴ ③ ㄱ, ㄷ
④ ㄴ, ㄷ ⑤ ㄱ, ㄴ, ㄷ

중요 **17** (가)는 우라늄 원자핵의 핵분열 반응, (나)는 중수소 원자핵과 삼중수소 원자핵의 핵융합 반응의 핵반응식을 나타낸 것이다.

(가) $^{235}_{92}U + ^{1}_{0}n \longrightarrow ^{141}_{56}Ba + ^{92}_{36}Kr + 3X + 200\ MeV$
(나) $^{2}_{1}H + ^{3}_{1}H \longrightarrow Y + X + 17.6\ MeV$

이에 대한 설명으로 옳은 것만을 [보기]에서 있는 대로 고른 것은?

보기
ㄱ. X는 중성자이다.
ㄴ. Y는 헬륨 원자핵($^{4}_{2}He$)이다.
ㄷ. (나)에서 입자들의 질량의 합은 반응 후가 반응 전보다 크다.

① ㄱ ② ㄷ ③ ㄱ, ㄴ
④ ㄴ, ㄷ ⑤ ㄱ, ㄴ, ㄷ

01 그림 (가)는 따로 떨어져 정지해 있는 양성자 2개와 중성자 2개를 나타낸 것이고, (나)는 정지해 있는 헬륨 원자핵을 나타낸 것이다. 표는 양성자($^{1}_{1}H$), 중성자($^{1}_{0}n$), 헬륨 원자핵($^{4}_{2}He$) 1개의 정지 질량을 나타낸 것이다.

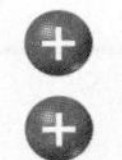

양성자 중성자 (가) 헬륨 원자핵 (나)

입자	정지 질량
$^{1}_{1}H$	m_1
$^{1}_{0}n$	m_2
$^{4}_{2}He$	m_3

이에 대한 설명으로 옳은 것만을 [보기]에서 있는 대로 고른 것은?

보기
ㄱ. $2m_1 + 2m_2 = m_3$이다.
ㄴ. 양성자와 중성자의 질량수는 서로 같다.
ㄷ. (가)의 입자들이 결합하여 (나)의 입자를 만들 때 에너지를 흡수한다.

① ㄱ ② ㄴ ③ ㄷ
④ ㄱ, ㄴ ⑤ ㄴ, ㄷ

02 다음은 두 가지 핵반응식을 나타낸 것이다.

(가) $^{3}_{1}H + \boxed{㉠} \longrightarrow ^{4}_{2}He + 2^{1}_{0}n + 11.3\ MeV$
(나) $^{3}_{2}He + \boxed{㉡} \longrightarrow ^{4}_{2}He + 2^{1}_{1}H + 12.9\ MeV$

이에 대한 설명으로 옳은 것만을 [보기]에서 있는 대로 고른 것은?

보기
ㄱ. ㉠과 ㉡의 질량수는 서로 같다.
ㄴ. ㉠은 중수소이다.
ㄷ. 질량 결손은 (나)에서가 (가)에서보다 크다.

① ㄱ ② ㄴ ③ ㄱ, ㄷ
④ ㄴ, ㄷ ⑤ ㄱ, ㄴ, ㄷ

01 특수 상대성 이론

1. 특수 상대성 이론의 배경

(1) 상대 속도

① (❶) **속도:** 운동하고 있는 관찰자가 본 물체의 속도

> A가 본 B의 상대 속도=B의 속도−A의 속도
> $v_{AB}=v_B-v_A$

② **직선상에서 운동하는 물체의 상대 속도 구하기:** 오른쪽으로 운동하는 물체의 속도를 (+)로 나타내면 왼쪽으로 운동하는 물체의 속도는 (−)로 나타내어 구한다.

(2) 마이컬슨·몰리 실험: 에테르를 통해 전달되는 빛의 속력 차이로부터 에테르의 존재를 확인하기 위해 수행한 실험이었으나 빛의 속력 차이가 없었다.

➡ (❷)가 존재하지 않는다는 것이 밝혀졌다.

(3) 관성계: (❸) 또는 등속도로 움직이는 관찰자를 기준으로 한 좌표계

2. 특수 상대성 이론의 기본 원리

(1) 특수 상대성 이론의 두 가정: 아인슈타인은 상대성 원리와 광속 불변 원리라는 두 가정을 세웠다.

① (❹) **원리:** 모든 관성계에서 물리 법칙은 동일하게 성립한다. ➡ 서로 다른 관성계에서 관찰되는 물리량은 다를 수 있지만, 그 물리량 사이의 관계식은 동일하게 성립한다.

◆ **트럭 위의 관찰자:** 공이 똑바로 올라갔다 내려오는 것으로 보인다.

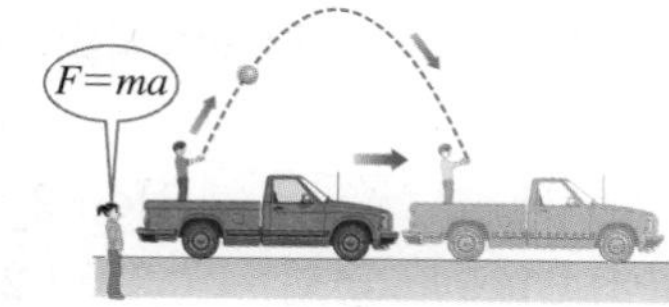

◆ **지면에 있는 관찰자:** 공이 포물선 운동을 하는 것으로 보인다.

② **광속 불변 원리(빛의 속력 일정 법칙):** 모든 관성계에서 보았을 때 진공 중에서 빛의 속력은 관찰자나 광원의 속도에 관계없이 (❺)하다.

(2) 특수 상대성 이론: 상대성 원리와 광속 불변 원리를 바탕으로 하여 관성계에서 관찰자의 상대 속도에 따라 시간, 길이, 질량 등의 물리량이 어떻게 달라지는지를 설명하는 이론이다.

3. 특수 상대성 이론에 의한 현상

(1) (❻)의 상대성: 한 관성계에서 동시에 일어난 두 사건은 다른 관성계에서 관찰할 때 동시에 일어난 것이 아닐 수 있다.

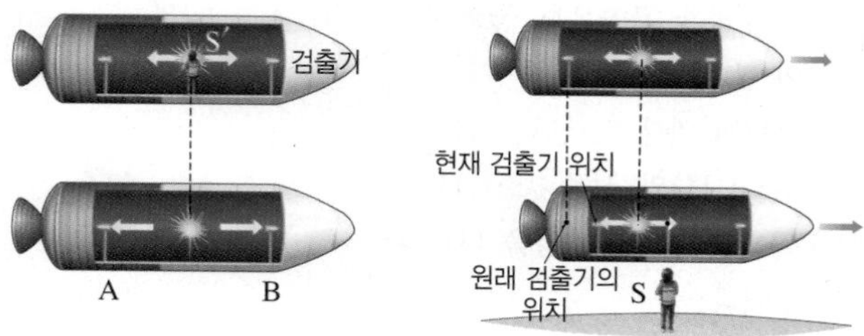

우주선 안에 있는 관찰자(S′)의 경우	우주선 밖의 정지한 행성에 있는 관찰자(S)의 경우
• 어느 방향으로나 빛의 속력이 같고, 전구에서 두 검출기까지의 거리가 같다. • 두 검출기에 빛이 동시에 도달한다. ➡ 두 사건 A, B는 동시에 일어난다.	• 우주선 밖의 관찰자에게도 빛의 속력은 같은데, 빛이 이동하는 동안 우주선도 이동한다. • 왼쪽 검출기에 빛이 먼저 도달한다. ➡ 사건 (❼)가 먼저 일어난다.

➡ 두 사건이 발생한 시간은 관찰자에 따라, 즉 좌표계에 따라 다르게 측정된다.

(2) 시간 지연(시간 팽창): 정지한 관찰자가 빠르게 운동하는 관찰자를 보면 상대편의 시간이 (❽) 가는 것으로 관찰된다. ➡ 시간의 상대성

① **고유 시간:** 관찰자가 보았을 때 동일한 위치에서 일어난 두 사건 사이의 시간 간격

② **시간 지연 현상의 이해**

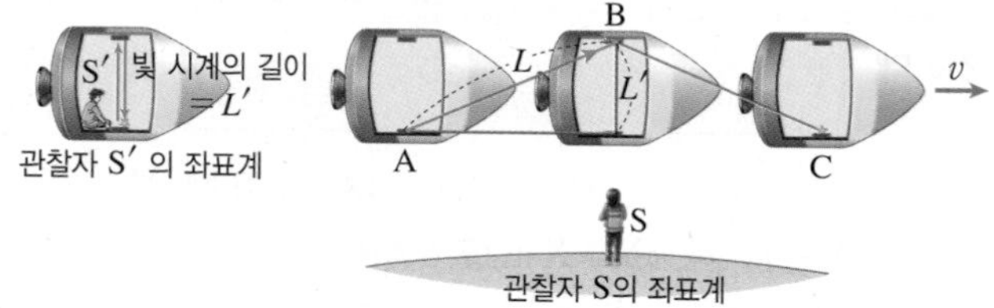

구분	우주선 안의 관찰자(S′)가 빛 시계를 보았을 때	우주선 밖에 정지해 있는 관찰자(S)가 빛 시계를 보았을 때
빛의 속력	c	(❾)
빛의 이동 거리	빛이 수직으로 $2L'$만큼의 거리를 운동한다.	빛은 비스듬한 방향으로 $2L$ 만큼의 거리를 운동한다.
빛의 주기	$T'_{고유}=\frac{2L'}{c}$	$T=\frac{2L}{c}$
결론	$L>L'$이므로 T(❿)$T'_{고유}$이다.	

정답친해 68쪽

(3) **길이 수축:** 한 관성계의 관찰자가 상대적으로 운동하는 물체를 보면 그 길이가 (⑪)되는 것으로 관찰된다.
➡ 길이의 상대성

① (⑫): 관찰자가 측정했을 때 정지 상태에 있는 물체의 길이 또는 한 관성계에 대해 고정된 두 지점 사이의 길이

② **길이 수축 현상의 이해**

구분	S'이 보았을 때	S가 보았을 때
시간	우주선 내부의 시계로 측정하므로 고유 시간이다. ➡ $T'_{고유}$	S'과 다른 좌표계에서 측정하므로 고유 시간이 아니다. ➡ T
지구와 목성 사이의 거리	우주선은 지구와 목성에 대하여 상대적으로 움직이므로 고유 길이가 아니다. ➡ $L'=vT'_{고유}$	S에 대하여 상대적으로 정지해 있는 지구와 목성 사이의 거리이므로 고유 길이이다. ➡ $L_{고유}=vT$
결론	$T>T'_{고유}$이므로 L'(⑬)$L_{고유}$이다.	

(4) **지표면에서 뮤온을 발견할 수 있는 까닭**

① **지상의 관찰자의 입장:** 뮤온의 시간이 천천히 흐른다.
➡ 시간 지연

② **뮤온과 함께 움직이는 관찰자의 입장:** 뮤온과 지표면 사이의 거리가 (⑭)된다. ➡ 길이 수축

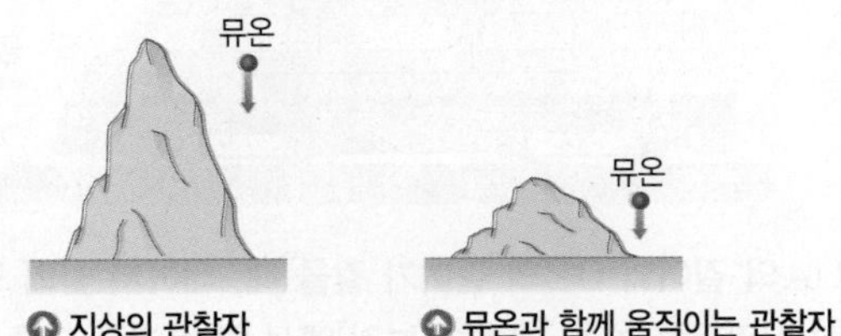

▲ 지상의 관찰자 ▲ 뮤온과 함께 움직이는 관찰자

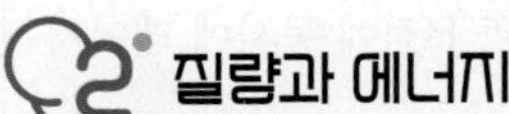

2 질량과 에너지

1. 질량 에너지 동등성

(1) **질량 증가:** 정지해 있을 때 질량(정지 질량)이 m_0인 물체가 움직일 때의 질량 m은 속도가 빠를수록 커진다.

(2) (⑮): 질량(m)과 에너지(E)는 서로 전환될 수 있으며 질량 m에 해당하는 에너지 E는 다음과 같다.

$$E=mc^2 \ (c: \text{빛의 속력})$$

① **정지 에너지:** 정지한 물체가 갖는 에너지 ➡ $E=m_0c^2$

② (⑯): 핵반응 후 줄어든 질량의 합을 말하며, 핵반응 과정에서 에너지를 방출하기 때문에 질량 결손이 생긴다.

(3) **질량 에너지 동등성의 예:** 핵반응, 양전자 방출 단층 촬영(PET), 쌍생성 현상

2. 핵분열과 핵융합

(1) **핵반응:** 원자핵이 분열하거나(핵분열) 서로 합쳐지는(핵융합) 반응

(2) **질량 결손과 에너지:** 핵반응 과정에서 생기는 질량 결손 Δm이 아인슈타인의 질량 에너지 동등성에 따라 (⑰) (E)로 전환된다.

$$E=\Delta mc^2 \ (c: \text{빛의 속력})$$

(3) **핵분열:** 무거운 원자핵이 원래 원자핵보다 가벼운 2개 이상의 다른 원자핵으로 나누어지는 반응으로, 질량 결손에 의해 많은 양의 (⑱)가 방출된다.

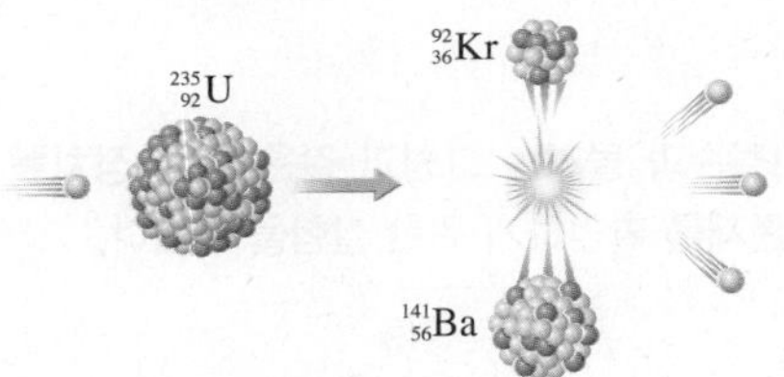

(4) **핵융합:** 초고온 상태에서 가벼운 원자핵들이 융합하여 무거운 원자핵으로 변하는 반응으로, 질량 결손에 의해 많은 에너지가 방출된다.

① (⑲)**에서의 핵융합:** 태양 중심부에서는 수소 원자핵과 수소 원자핵이 융합하여 중수소 원자핵이 되고, 중수소 원자핵과 중수소 원자핵이 융합하여 헬륨 원자핵으로 변한다.

② **핵융합로에서의 핵융합:** 수십 억 도의 초고온 상태에서 중수소 원자핵과 삼중수소 원자핵을 충돌시키면 핵융합하여 (⑳) 원자핵이 생성되는 반응이 가능하다.

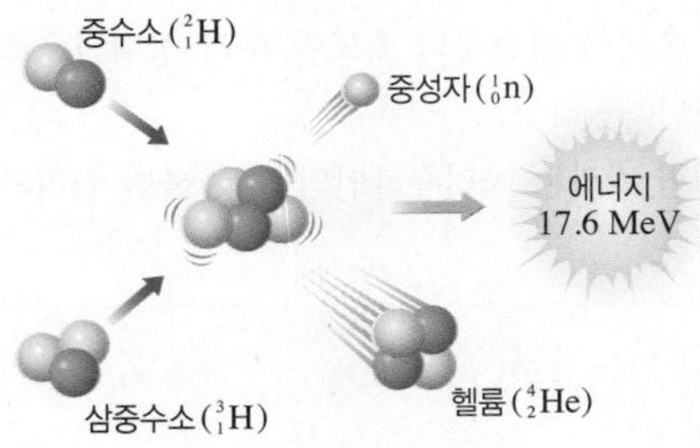

중단원 마무리 문제

하 중 상

01 그림과 같이 동쪽으로 60 km/h의 속력으로 달리고 있는 기차를 타고 있던 태희가 맞은편 도로의 자동차를 보았더니 자동차가 서쪽으로 140 km/h의 속력으로 달리는 것처럼 보였다.

이 자동차의 지면에 대한 상대 속도는?

① 동쪽으로 80 km/h
② 동쪽으로 200 km/h
③ 서쪽으로 80 km/h
④ 서쪽으로 200 km/h
⑤ 북쪽으로 200 km/h

하 중 상

02 마이컬슨과 몰리는 그림과 같은 실험 장치를 사용하여 에테르의 존재를 확인하기 위한 실험을 하였다.

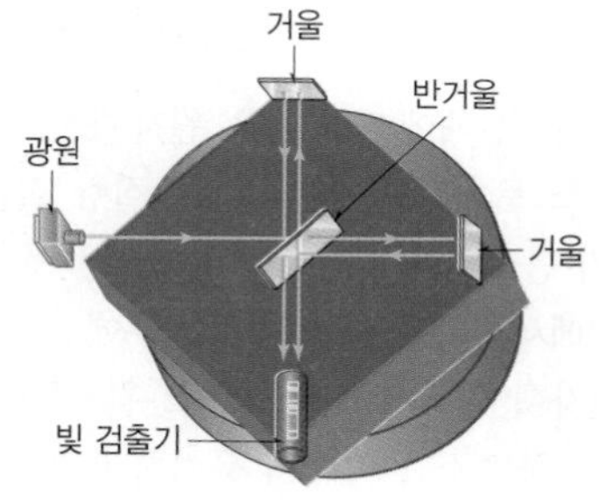

이에 대한 설명으로 옳은 것만을 [보기]에서 있는 대로 고른 것은?

보기

ㄱ. 실험 결과 에테르가 존재하지 않는다는 것을 확인할 수 있었다.

ㄴ. 빛의 속력이 관찰자의 속도에 따라 상대적으로 다름을 확인하였다.

ㄷ. 이 실험 결과는 아인슈타인의 광속 불변 원리와 관련이 있다.

① ㄱ ② ㄴ ③ ㄱ, ㄷ
④ ㄴ, ㄷ ⑤ ㄱ, ㄴ, ㄷ

하 중 상

03 빛의 속력에 대한 설명으로 옳은 것만을 [보기]에서 있는 대로 고른 것은? (단, 정지한 사람이 정지한 광원에서 나온 빛을 관찰하였을 때, 빛의 속력 c는 30만 km/s이다.)

보기

ㄱ. 등속도 운동을 하는 버스 안에서 레이저 빛을 쏘았을 때 버스 안의 사람이 본 레이저 빛의 속력은 30만 km/s이다.

ㄴ. 등속도 운동을 하는 버스 안에서 레이저 빛을 쏘았을 때 버스 밖의 사람이 본 레이저 빛의 속력은 30만 km/s이다.

ㄷ. $0.99c$로 등속도 운동을 하는 버스 안에서 레이저 빛을 쏘았을 때 버스 안의 사람이 본 레이저 빛의 속력은 30만 km/s보다 느리다.

① ㄱ ② ㄴ ③ ㄷ
④ ㄱ, ㄴ ⑤ ㄴ, ㄷ

하 중 상

04 그림은 등속도로 움직이는 기차 안의 O점에서 두 점 A, B를 향해 동시에 레이저 빛을 발사하는 모습을 나타낸 것이다.

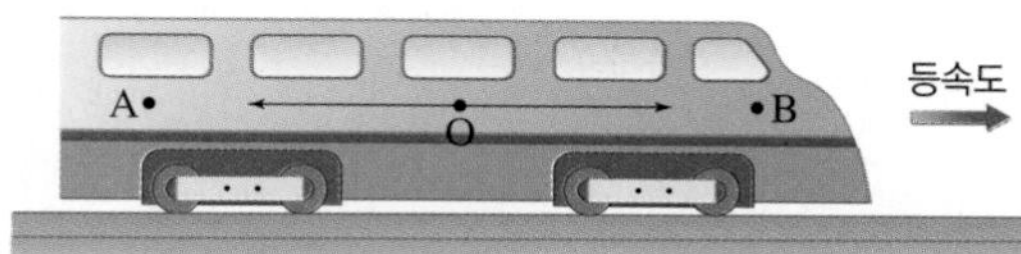

OA의 길이와 OB의 길이가 같을 때, 레이저 빛의 진행에 대한 설명으로 옳은 것만을 [보기]에서 있는 대로 고른 것은?

보기

ㄱ. 기차 안에서 보았을 때, A점과 B점에 동시에 레이저 빛이 도착한다.

ㄴ. 기차 밖에 정지해 있는 사람이 보았을 때, A점과 B점에 동시에 레이저 빛이 도착한다.

ㄷ. 기차 밖에 정지해 있는 사람이 보았을 때, A 방향으로 진행하는 레이저 빛이 B 방향으로 진행하는 레이저 빛보다 느리다.

① ㄱ ② ㄴ ③ ㄷ
④ ㄱ, ㄴ ⑤ ㄴ, ㄷ

정답친해 68쪽

하 중 상

05 특수 상대성 이론의 가정으로 옳은 것만을 [보기]에서 있는 대로 고른 것은?

보기

ㄱ. 모든 관찰자에게 시간은 똑같이 흐른다.
ㄴ. 모든 관성계에서 물리 법칙은 동일하게 성립한다.
ㄷ. 진공에서 빛의 속력은 모든 관성계에서 광원이나 관찰자의 속도에 관계없이 일정하다.

① ㄱ ② ㄴ ③ ㄱ, ㄷ
④ ㄴ, ㄷ ⑤ ㄱ, ㄴ, ㄷ

하 중 상

06 그림과 같이 철수가 탄 우주선이 정지한 민수에 대해 일정한 속력 $0.5c$로 지구에서 목성을 향해 운동하고 있다. 철수가 측정한 지구와 목성 사이의 거리는 L이고, 철수가 측정한 지구에서 목성까지 이동하는 데 걸린 시간은 T이다. 지구와 목성은 민수에 대해 정지해 있다.

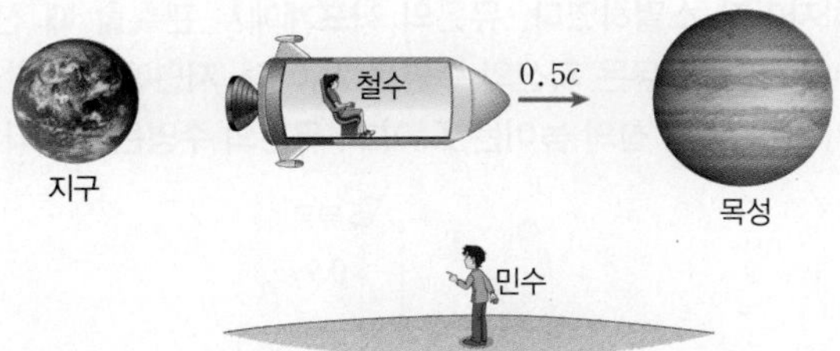

이에 대한 설명으로 옳은 것만을 [보기]에서 있는 대로 고른 것은? (단, c는 빛의 속력이다.)

보기

ㄱ. 철수가 관측했을 때 지구는 $0.5c$의 속력으로 멀어진다.
ㄴ. 민수가 측정한 지구와 목성 사이의 거리는 L보다 크다.
ㄷ. 우주선이 지구에서 목성까지 가는 데 걸린 시간을 민수가 측정하면 T보다 짧다.

① ㄱ ② ㄴ ③ ㄱ, ㄴ
④ ㄱ, ㄷ ⑤ ㄴ, ㄷ

하 중 상

07 그림과 같이 영희는 정지한 열차 안에 있고, 철수는 영희에 대해 광속에 가까운 속력 v로 운동하는 열차 안에 있다. 영희의 좌표계에서는 광원에서 발생한 빛이 광원에서 같은 거리에 있는 빛 검출기 A, B에 동시에 도달한다.

이에 대한 설명으로 옳은 것만을 [보기]에서 있는 대로 고른 것은?

보기

ㄱ. 철수가 관찰했을 때 영희는 속력 v로 운동한다.
ㄴ. 철수가 관측한 빛의 속력은 영희가 관측한 빛의 속력보다 빠르다.
ㄷ. 철수의 좌표계에서는 광원에서 발생한 빛이 B보다 A에 먼저 도달하는 것으로 관측된다.

① ㄱ ② ㄴ ③ ㄱ, ㄴ
④ ㄱ, ㄷ ⑤ ㄴ, ㄷ

하 중 상

08 그림은 관찰자에 대해 각각 $0.8c$, $0.9c$의 속력으로 $+x$ 방향으로 등속도 운동을 하는 우주선 A, B를 나타낸 것이다. 관찰자가 측정한 A, B의 길이는 서로 같다.

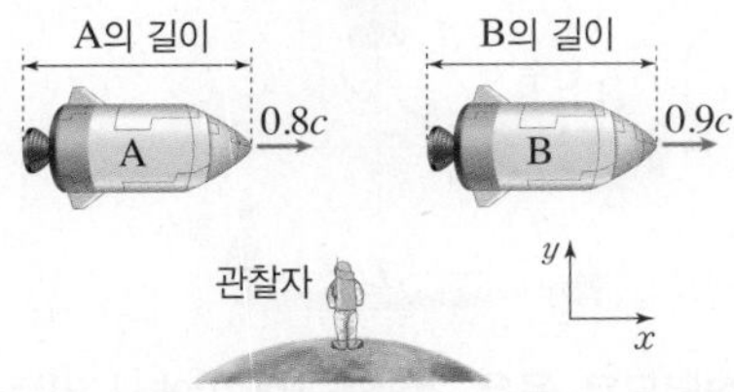

이에 대한 설명으로 옳은 것만을 [보기]에서 있는 대로 고른 것은?

보기

ㄱ. 고유 길이는 A가 B보다 크다.
ㄴ. A의 관성계에서 A와 B 사이의 거리는 점점 멀어진다.
ㄷ. B의 길이는 관찰자의 관성계에서가 A의 관성계에서보다 길다.

① ㄱ ② ㄴ ③ ㄷ
④ ㄱ, ㄴ ⑤ ㄴ, ㄷ

하 중 상

09 그림은 영희가 행성 A에 있고, 철수가 $0.8c$의 속력으로 운동하는 우주선을 타고 행성 A에서 B까지 여행하고 있는 모습을 나타낸 것이다. 영희가 상대적으로 정지해 있는 행성 A에서 B까지의 거리를 측정하였더니 4광년이었다.

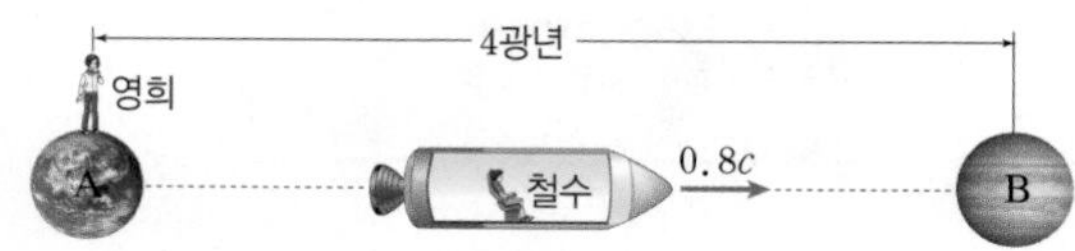

철수가 측정할 때 영희보다 작게 측정되는 것만을 [보기]에서 있는 대로 고른 것은? (단, c는 빛의 속력이다.)

보기
ㄱ. A에서 B까지의 거리
ㄴ. 우주선의 길이
ㄷ. A에서 B까지 이동하는 데 걸리는 시간

① ㄱ ② ㄴ ③ ㄱ, ㄴ
④ ㄱ, ㄷ ⑤ ㄴ, ㄷ

하 중 상

10 그림과 같이 영희와 민수가 탄 우주선이 철수에 대하여 각각 $0.9c$, $0.6c$의 일정한 속력으로 운동한다. 철수에 대해 정지해 있는 물체의 고유 길이는 L이다.

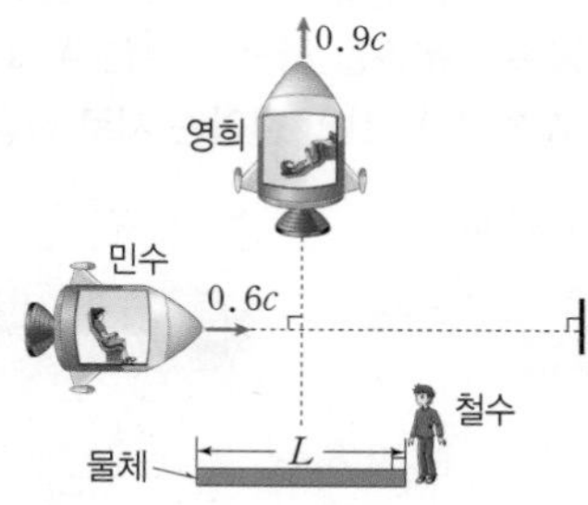

이에 대한 설명으로 옳은 것만을 [보기]에서 있는 대로 고른 것은? (단, 진공에서 빛의 속력은 c이다.)

보기
ㄱ. 영희가 측정한 물체의 길이는 L이다.
ㄴ. 민수가 측정한 물체의 길이는 L보다 길다.
ㄷ. 철수가 측정할 때 영희의 시간이 민수의 시간보다 느리게 간다.

① ㄱ ② ㄴ ③ ㄱ, ㄴ
④ ㄱ, ㄷ ⑤ ㄴ, ㄷ

하 중 상

11 그림은 지면에 정지한 광원과 검출기 사이에서 빛이 진행하는 모습을 나타낸 것이다. 광원에서는 검출기를 향해 일정한 시간 간격으로 빛이 방출된다.

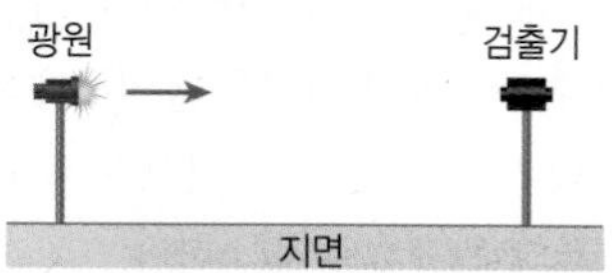

지면의 관성계에서 측정한 물리량에 대한 학생 A, B, C의 대화 중 옳게 말한 학생만을 있는 대로 고른 것은?

학생 A: 빛이 광원에서 검출기까지 이동하는 데 걸린 시간은 고유 시간이야.
학생 B: 검출기에 빛이 도달하는 시간 간격은 고유 시간이야.
학생 C: 광원과 검출기 사이의 거리는 고유 길이야.

① A ② B ③ C
④ A, B ⑤ B, C

하 중 상

12 그림과 같이 높은 산 꼭대기 부근에서 생성된 뮤온이 지면을 향하여 $0.99c$의 일정한 속력으로 운동하여 지면에 도달하자마자 소멸하였다. 뮤온의 좌표계에서 관측할 때 산의 높이는 L이고 뮤온 자신의 수명은 T_0이다. 지면에 정지한 영희가 관측할 때 산의 높이는 L_0이고, 뮤온의 수명은 T이다.

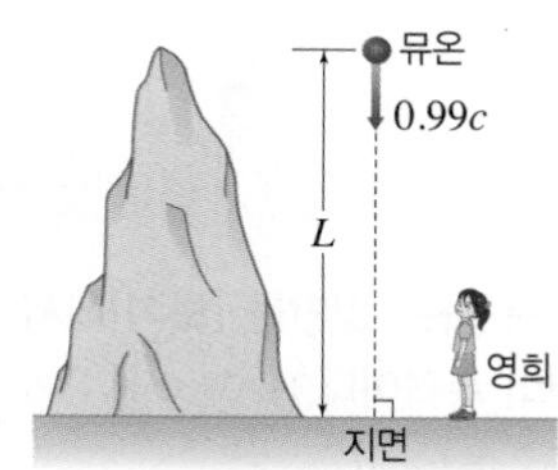

이에 대한 설명으로 옳은 것만을 [보기]에서 있는 대로 고른 것은? (단, c는 빛의 속력이다.)

보기
ㄱ. $T>T_0$이다.
ㄴ. $L>L_0$이다.
ㄷ. $0.99c\times T_0=L_0$이다.

① ㄱ ② ㄴ ③ ㄷ
④ ㄱ, ㄷ ⑤ ㄴ, ㄷ

하 중 상

13 그림은 정지 질량이 m_0, 고유 길이가 L_0인 두 우주선 A, B가 우주 공간에 정지해 있는 우주 정거장에 대해 각각 $0.6c$, $0.8c$의 속도로 등속도 운동을 하는 모습을 나타낸 것이다.

이에 대한 설명으로 옳은 것만을 [보기]에서 있는 대로 고른 것은? (단, c는 빛의 속력이다.)

보기
ㄱ. 우주선 A에서 관측한 B의 길이는 L_0보다 길다.
ㄴ. 우주 정거장에서 관측한 우주선 A의 길이는 L_0보다 짧다.
ㄷ. 우주 정거장에서 관측한 B의 질량은 A의 질량보다 크다.

① ㄱ　② ㄴ　③ ㄱ, ㄴ　④ ㄱ, ㄷ　⑤ ㄴ, ㄷ

하 중 상

14 다음은 중수소와 삼중수소의 핵융합에 대한 핵반응식을 나타낸 것이다.

$${}^{2}_{1}H + {}^{3}_{1}H \longrightarrow {}^{4}_{2}He + \boxed{㉠} + 에너지$$

이에 대한 설명으로 옳은 것만을 [보기]에서 있는 대로 고른 것은?

보기
ㄱ. ㉠의 입자는 전하를 띠지 않는다.
ㄴ. 발생하는 에너지는 질량 결손에 의한 것이다.
ㄷ. 원자로 안에서 일어나는 핵발전과 관련이 있는 핵반응식이다.

① ㄱ　② ㄷ　③ ㄱ, ㄴ　④ ㄱ, ㄷ　⑤ ㄴ, ㄷ

서술형 문제

하 중 상

15 특수 상대성 이론에 의한 현상인 시간 지연과 길이 수축에 대해 간단하게 서술하시오.

하 중 상

16 그림과 같이 영희가 탄 우주선이 철수에 대하여 $0.9c$의 일정한 속력으로 운동을 하며 철수와 철수에 대해 정지해 있는 물체를 관측한다. 철수에 대해 정지해 있는 물체의 고유 길이는 L_0이다.

영희가 측정한 물체의 길이와 철수가 측정할 때 영희의 시간에 대하여 서술하시오. (단, c는 빛의 속력이다.)

하 중 상

17 그림은 에베레스트산 정상 부근에서 발생한 뮤온의 운동을 (가) 뮤온과 함께 움직이는 좌표계와 (나) 지표면의 정지 좌표계에서 보았을 때로 구분하여 나타낸 것이다.

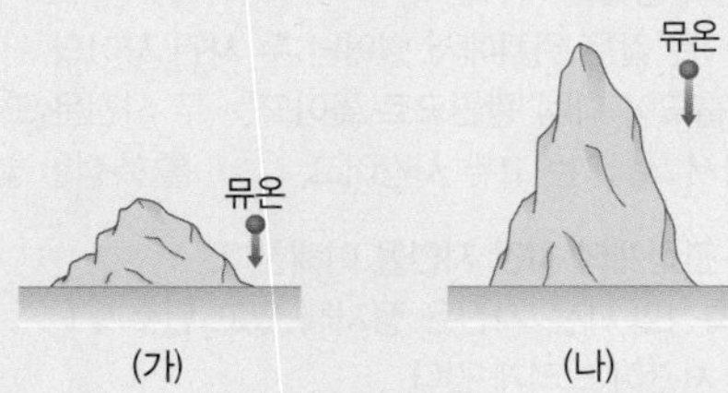

(가), (나) 두 좌표계에서 볼 때 뮤온이 지표면에 도달하는 것을 설명하는 방법이 어떻게 다른지 각각 서술하시오.

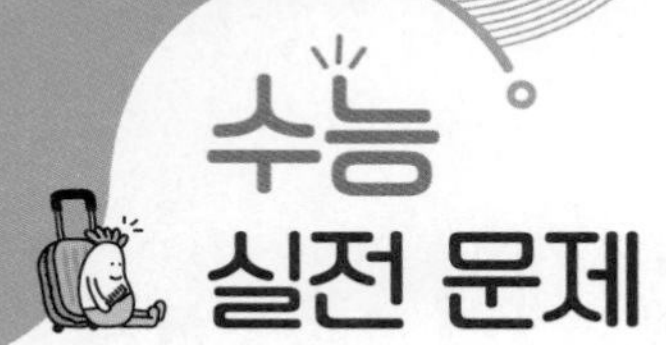
수능
실전 문제

• 수능 출제 경향

이 단원에서는 관성계 사이의 상대성 원리와 광속 불변 원리를 이해하고, 특수 상대성 이론에서 나타나는 여러 가지 현상을 정성적으로 이해하고 있는지를 묻는 문제, 질량 에너지 동등성에 의한 핵반응에서의 에너지 발생을 이해하고 있는지를 묻는 문제가 자주 출제되고 있다.

수능 이렇게 나온다!

그림과 같이 영희가 탄 우주선 B가 민수가 탄 우주선 A에 대해 일정한 속도 $0.5c$로 운동하고 있다. 민수와 영희가 각각 우주선 바닥에 있는 광원에서 동일한 높이의 거울을 향해 운동 방향과 수직으로 빛을 쏘았다. 민수가 측정할 때 A의 광원에서 빛을 쏘아 거울에 반사되어 되돌아오는 데 걸린 시간은 t_A이고, 영희가 측정할 때 B의 광원에서 빛을 쏘아 거울에 반사되어 되돌아오는 데 걸린 시간은 t_B이다. 확대한 그림은 각각의 우주선 안에서 볼 때의 빛의 진행 경로를 나타낸 것이다.

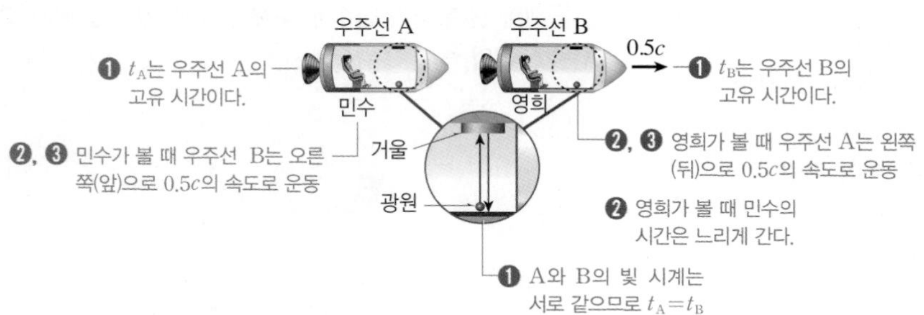
우주선 A
우주선 B
0.5c
❶ tA는 우주선 A의 고유 시간이다.
❶ tB는 우주선 B의 고유 시간이다.
민수
영희
❷, ❸ 민수가 볼 때 우주선 B는 오른쪽(앞)으로 0.5c의 속도로 운동
❷, ❸ 영희가 볼 때 우주선 A는 왼쪽(뒤)으로 0.5c의 속도로 운동
거울
광원
❷ 영희가 볼 때 민수의 시간은 느리게 간다.
❶ A와 B의 빛 시계는 서로 같으므로 tA=tB

이에 대한 설명으로 옳은 것만을 [보기]에서 있는 대로 고른 것은? (단, c는 빛의 속력이다.)

보기

ㄱ. $t_A=t_B$이다.

ㄴ. 영희가 측정할 때, 민수의 시간은 영희의 시간보다 느리게 간다.

ㄷ. 민수가 측정할 때 t_A 동안 멀어진 A와 B 사이의 거리는 영희가 측정할 때 t_B 동안 멀어진 A와 B 사이의 거리보다 짧다.

① ㄱ　② ㄴ　③ ㄷ
④ ㄱ, ㄴ　⑤ ㄱ, ㄷ

출제개념

고유 시간
시간 지연
▶ 본문 116쪽

출제의도

관성계에서 고유 시간 개념과 관성계 사이의 상대적인 시간 지연을 이해하고 있는지, 또한 관성계 사이의 상대 속도를 이해하고 있는지를 확인하는 문제이다.

전략적 풀이

❶ 고유 시간의 정의를 파악한다.

ㄱ. (　　　)은 같은 위치에서 일어난 두 사건 사이의 시간 간격이다. 민수와 영희 각각의 관성계에서 빛이 광원에서 방출되어 다시 광원으로 돌아오는 두 사건은 모두 광원에서 일어나므로 같은 위치에서 일어난 사건이다. 따라서 t_A, t_B는 고유 시간이고, t_A, t_B를 측정한 빛 시계는 서로 동일하므로 $t_A=t_B$이다.

❷ 운동하는 관성계의 시간 지연을 이해한다.

ㄴ. 영희가 측정할 때는 자신은 정지해 있고 민수가 (　　　)의 속력으로 운동하고 있으므로 시간 지연에 의해 민수의 시간이 느리게 간다.

❸ 두 관성계 사이의 상대 속도를 이해한다.

ㄷ. 관찰자는 자신이 정지해 있고 상대방이 운동하고 있는 것으로 관찰한다. 따라서 A가 관찰할 때 B가 오른쪽으로 $0.5c$로 운동한다면 B가 관찰할 때 A는 (　　　)으로 $0.5c$로 운동한다. t_A, t_B는 고유 시간이고 $t_A=t_B$이므로 각 고유 시간 동안 상대방의 우주선이 멀어진 거리는 같게 측정된다.

답 ④

❶ 고유 시간
❷ $0.5c$
❸ 왼쪽

01 그림은 철수가 동쪽으로 1 m/s의 속도로 걸어가고, 자동차가 동쪽으로 10 m/s의 속도로, 자전거가 서쪽으로 4 m/s의 속도로 이동하는 모습을 나타낸 것이다.

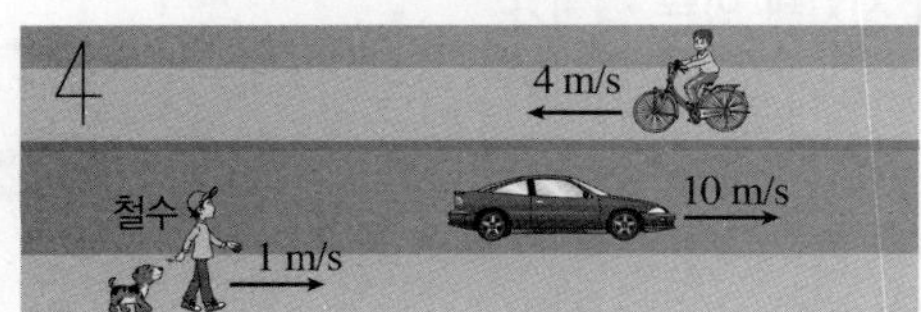

이에 대한 설명으로 옳은 것만을 [보기]에서 있는 대로 고른 것은?

ㄱ. 철수가 본 자동차의 속도는 동쪽으로 9 m/s이다.
ㄴ. 자전거에서 본 자동차의 속도는 동쪽으로 6 m/s이다.
ㄷ. 자동차에서 보면 걸어가는 철수가 자전거보다 빠르게 보인다.

① ㄱ ② ㄷ ③ ㄱ, ㄴ
④ ㄴ, ㄷ ⑤ ㄱ, ㄴ, ㄷ

02 그림은 지면에 정지한 관찰자 B에 대해 광속에 가까운 속력으로 등속도 운동을 하는 우주선 안의 관찰자 A를 나타낸 것이다. 지면에서 B는 두 물체 P, Q가 서로 마주보며 운동하다가 충돌하는 실험을 하고 있다.

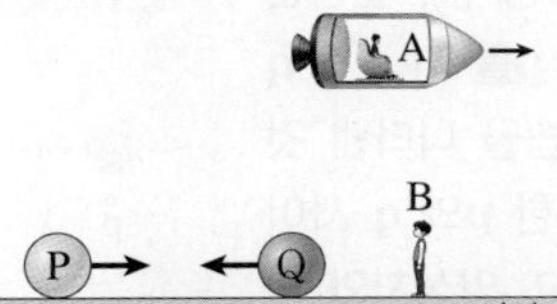

이에 대한 설명으로 옳은 것만을 [보기]에서 있는 대로 고른 것은? (단, 모든 마찰과 공기 저항은 무시한다.)

ㄱ. 충돌 전 Q의 질량은 A의 관성계에서가 B의 관성계에서보다 크다.
ㄴ. A의 관성계에서 충돌 전후 두 물체의 운동량의 합이 보존된다.
ㄷ. 두 물체의 운동량의 합은 A의 관성계에서 측정한 값과 B의 관성계에서 측정한 값이 서로 같다.

① ㄱ ② ㄴ ③ ㄷ
④ ㄱ, ㄴ ⑤ ㄴ, ㄷ

03 그림과 같이 영희가 탄 우주선이 철수에 대하여 $0.9c$의 일정한 속력으로 운동한다. 우주선의 고유 길이는 L_0이다.
이에 대한 설명으로 옳은 것만을 [보기]에서 있는 대로 고른 것은? (단, c는 빛의 속력이다.)

보기

ㄱ. 철수가 관측한 영희가 탄 우주선의 길이는 L_0보다 짧다.
ㄴ. 철수는 영희의 시간이 자신의 시간보다 빠르게 가는 것으로 관측한다.
ㄷ. 영희가 우주선의 운동 방향으로 보낸 빛의 속력을 철수가 관측하면 c보다 빠르다.

① ㄱ ② ㄴ ③ ㄱ, ㄷ
④ ㄴ, ㄷ ⑤ ㄱ, ㄴ, ㄷ

04 그림은 철수가 탄 우주선이 정지해 있는 영희에 대해 구간 A에서 v_A의 속력으로 등속도 운동을 한 후, 속력이 변하여 구간 B에서 v_B의 속력으로 등속도 운동을 하는 모습을 나타낸 것이다. 영희가 측정할 때, 철수의 시간은 A에서가 B에서보다 느리게 가고 우주선의 길이는 각각 L_A, L_B이다.

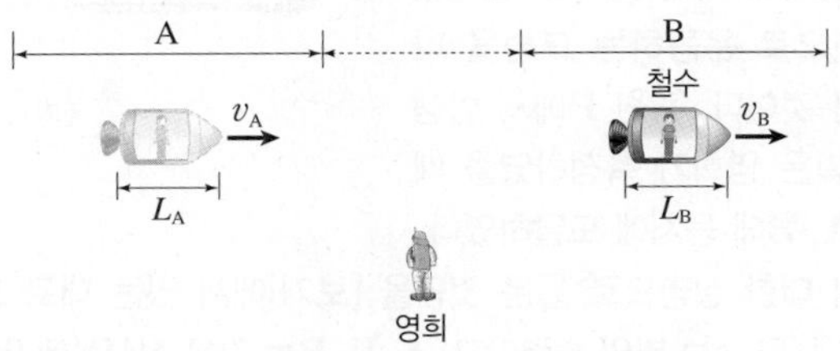

이에 대한 설명으로 옳은 것만을 [보기]에서 있는 대로 고른 것은?

보기

ㄱ. $v_A > v_B$이다.
ㄴ. $L_A < L_B$이다.
ㄷ. 철수가 측정할 때, 영희의 시간은 A에서 측정할 때가 B에서 측정할 때보다 느리게 간다.

① ㄱ ② ㄴ ③ ㄱ, ㄷ
④ ㄴ, ㄷ ⑤ ㄱ, ㄴ, ㄷ

05 그림은 정지해 있는 철수에 대해 영희와 민수가 탄 우주선이 각각 일정한 속력으로 같은 직선상에서 운동하고 있는 모습을 나타낸 것이다. 영희는 민수를 향해 레이저 광선을 쏘고 있다. 철수가 측정한 민수의 속력은 $0.9c$이고, 민수가 볼 때 영희는 점점 자신에게 가까워지고 있다. 두 우주선의 고유 길이는 같으며, 철수가 측정할 때 영희와 민수의 우주선의 길이는 각각 L_1, L_2이다.

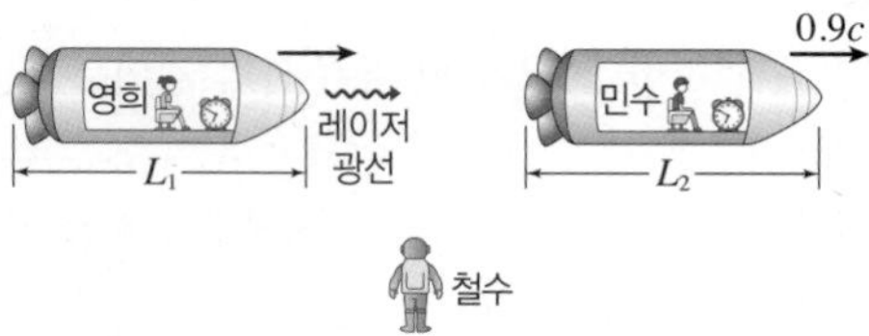

이에 대한 설명으로 옳은 것만을 [보기]에서 있는 대로 고른 것은? (단, c는 빛의 속력이다.)

보기

ㄱ. 민수가 측정한 레이저 광선의 속력은 영희가 측정한 레이저 광선의 속력보다 빠르다.
ㄴ. 철수가 측정할 때 $L_1=L_2$이다.
ㄷ. 철수가 측정할 때 영희의 시간이 민수의 시간보다 느리게 간다.

① ㄴ ② ㄷ ③ ㄱ, ㄴ ④ ㄱ, ㄷ ⑤ ㄴ, ㄷ

06 그림은 철수가 탄 우주선이 영희에 대해 $0.8c$의 일정한 속력으로 운동하는 모습을 나타낸 것이다. 광원 P에서 발생한 빛은 영희가 측정하였을 때 점 A, B에 동시에 도달하였다.

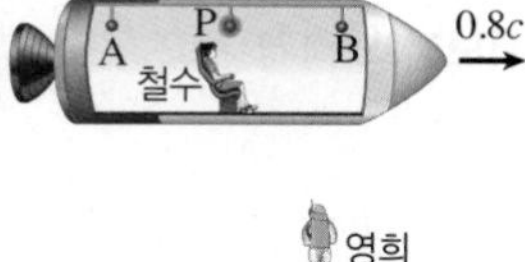

이에 대한 설명으로 옳은 것만을 [보기]에서 있는 대로 고른 것은? (단, c는 빛의 속력이고, A, P, B는 같은 직선상에 있다.)

보기

ㄱ. 영희가 측정할 때, 철수의 시간은 영희의 시간보다 느리게 간다.
ㄴ. 철수가 측정할 때 P에서 발생한 빛은 A보다 B에 먼저 도달한다.
ㄷ. 영희가 측정할 때, P에서 A까지의 거리는 P에서 B까지의 거리와 같다.

① ㄱ ② ㄷ ③ ㄱ, ㄴ ④ ㄴ, ㄷ ⑤ ㄱ, ㄴ, ㄷ

07 그림과 같이 점 O에는 광원이, 점 P, Q, R에는 거울이 놓여 있다. 광원과 거울에 대해 정지해 있는 영희가 측정한 O에서 각 거울까지의 거리는 L로 같다. 철수는 영희에 대해 일정한 속력 $0.9c$로 P, O, R를 잇는 직선과 나란하게 운동하는 우주선에 타고 있다.

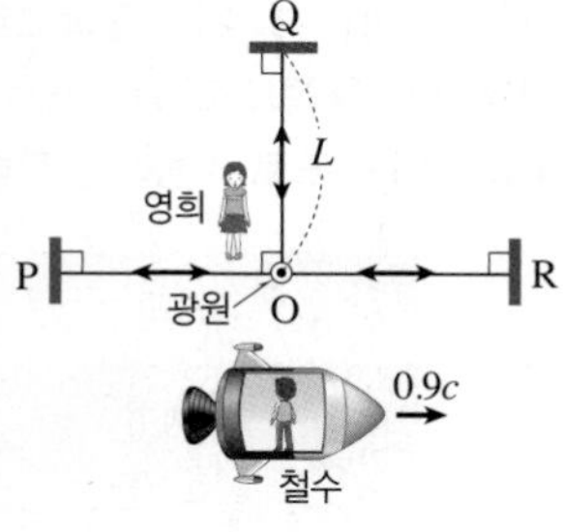

철수가 측정할 때, 이에 대한 설명으로 옳은 것만을 [보기]에서 있는 대로 고른 것은? (단, c는 빛의 속력이다.)

보기

ㄱ. P와 R 사이의 거리는 $2L$보다 짧다.
ㄴ. O에서 P와 R를 향해 동시에 출발한 빛은 R보다 P에 먼저 도달한다.
ㄷ. 빛이 O와 Q 사이를 한 번 왕복하는 데 걸린 시간은 $\frac{2L}{c}$이다.

① ㄱ ② ㄴ ③ ㄱ, ㄴ ④ ㄱ, ㄷ ⑤ ㄴ, ㄷ

08 그림은 정지해 있는 관찰자 A에 대해 양성자가 일정한 속력 $0.9c$로 점 p를 지나 점 q를 통과하는 모습을 나타낸 것이다. A가 측정한 p와 q 사이의 거리는 L이고, 양성자와 같은 속도로 움직이는 우주선에 탄 관찰자 B가 측정한 p에서 q까지 이동하는 데 걸린 시간은 T이다.

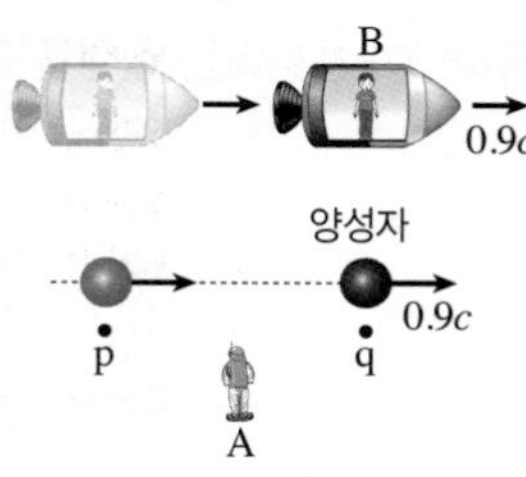

이에 대한 설명으로 옳은 것만을 [보기]에서 있는 대로 고른 것은? (단, c는 빛의 속력이다.)

보기

ㄱ. $L=0.9cT$이다.
ㄴ. A가 측정한 p에서 q까지 양성자가 이동하는 데 걸린 시간은 T보다 크다.
ㄷ. B가 측정한 양성자의 에너지는 A가 측정한 양성자의 에너지보다 작다.

① ㄱ ② ㄴ ③ ㄱ, ㄷ ④ ㄴ, ㄷ ⑤ ㄱ, ㄴ, ㄷ

09 그림은 광원, 점 P, Q에 대해 정지해 있는 관측자 C가 보았을 때, 광원으로 접근하는 우주선 Ⅰ과 Ⅱ가 서로 수직인 방향으로 각각 등속도 운동을 하며 P, Q를 지나고 있는 모습을 나타낸 것이다. C가 측정할 때, 광원과 P 사이의 거리는 L이고, 광원과 Q 사이의 거리는 $0.8L$이다. Ⅰ, Ⅱ에는 각각 관측자 A, B가 타고 있다. A가 측정한 광원과 P 사이의 거리와 B가 측정한 광원과 Q 사이의 거리는 같다.

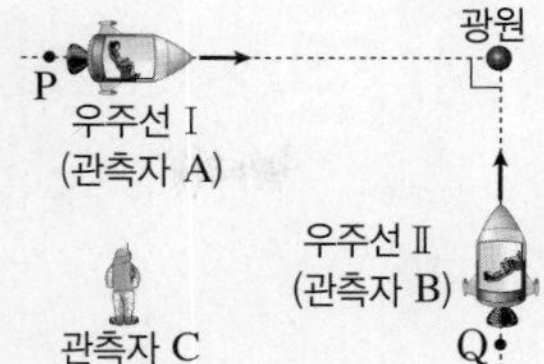

이에 대한 설명으로 옳은 것만을 [보기]에서 있는 대로 고른 것은?

보기

ㄱ. 광원에서 나온 빛의 속력은 세 관측자 A, B, C에게 똑같이 측정된다.
ㄴ. A가 측정할 때, 광원과 P 사이의 거리는 L보다 짧다.
ㄷ. C가 측정할 때, A의 시간은 B의 시간보다 빠르게 간다.

① ㄱ ② ㄷ ③ ㄱ, ㄴ
④ ㄴ, ㄷ ⑤ ㄱ, ㄴ, ㄷ

10 다음은 원자로에서 일어나는 핵분열 반응식을 나타낸 것이다.

$$^{235}_{92}\mathrm{U} + \underset{ⓐ}{\underline{^{1}_{0}\mathrm{n}}} \longrightarrow {}^{141}_{56}\mathrm{Ba} + {}^{92}_{36}\mathrm{Kr} + 3\underset{ⓑ}{\underline{^{1}_{0}\mathrm{n}}} + 200\ \mathrm{MeV}$$

이에 대한 설명으로 옳은 것만을 [보기]에서 있는 대로 고른 것은?

보기

ㄱ. 우라늄($^{235}_{92}\mathrm{U}$) 원자핵의 질량만큼에 해당하는 에너지가 발생한다.
ㄴ. ⓐ의 속도는 ⓑ의 속도보다 빠르다.
ㄷ. 핵분열 후 입자들의 질량의 합은 핵분열 전보다 줄어든다.

① ㄱ ② ㄴ ③ ㄷ
④ ㄱ, ㄴ ⑤ ㄴ, ㄷ

11 다음의 A와 B는 태양과 원자력 발전소에서 일어나는 핵반응을 순서없이 나타낸 것이다.

A: $^{1}_{1}\mathrm{H} + {}^{2}_{1}\mathrm{H} \longrightarrow {}^{3}_{2}\mathrm{He} + \gamma +$ 약 5.5 MeV
B: $^{235}_{92}\mathrm{U} +$ [㉠]
$\longrightarrow {}^{141}_{56}\mathrm{Ba} + {}^{92}_{36}\mathrm{Kr} + 3$[㉠] + 약 200 MeV

이에 대한 설명으로 옳은 것만을 [보기]에서 있는 대로 고른 것은?

보기

ㄱ. A에서는 질량 결손이 일어나지 않는다.
ㄴ. B는 원자력 발전소에서 일어나는 반응이다.
ㄷ. ㉠에 해당하는 입자는 헬륨($^{4}_{2}\mathrm{He}$)이다.

① ㄴ ② ㄷ ③ ㄱ, ㄴ
④ ㄱ, ㄷ ⑤ ㄴ, ㄷ

12 다음은 두 가지 핵반응식을 나타낸 것이다.

(가) $^{17}_{8}\mathrm{O} + {}^{1}_{1}\mathrm{H} \longrightarrow$ [㉠] $+ {}^{4}_{2}\mathrm{He} + 1.19\ \mathrm{MeV}$
(나) $^{18}_{8}\mathrm{O} + {}^{1}_{1}\mathrm{H} \longrightarrow$ [㉡] $+ {}^{4}_{2}\mathrm{He} + 3.98\ \mathrm{MeV}$

이에 대한 설명으로 옳은 것만을 [보기]에서 있는 대로 고른 것은?

보기

ㄱ. 질량수는 ㉠이 ㉡보다 크다.
ㄴ. ㉠과 ㉡의 중성자수는 서로 같다.
ㄷ. 질량 결손은 (가)에서가 (나)에서보다 작다.

① ㄱ ② ㄷ ③ ㄱ, ㄴ
④ ㄴ, ㄷ ⑤ ㄱ, ㄴ, ㄷ

Ⅲ 물질과 전자기장

1 물질의 전기적 특성

Review

이전에 학습한 내용 중 이 단원과 연계된 내용을 다시 한번 떠올려 봅시다.

다음 단어가 들어갈 곳을 찾아 빈칸을 완성해 보자.

방출	연속	전자	흡수	양성자	(+)	(−)

중2 전기와 자기

- **대전과 전기력**

① **전하:** 전기 현상을 일으키는 원인으로 (+)전하와 (−)전하가 있다.

② **대전:** 물체가 전자를 잃거나 얻어 전기를 띠는 현상 ➡ 전기적으로 중성인 물체가 전자를 얻으면 ❶ ______ 전하를 띠고, 전자를 잃으면 ❷ ______ 전하를 띤다.

③ **전기력:** 전하를 띤 물체 사이에 작용하는 힘 ➡ 같은 종류의 전하 사이에는 서로 미는 전기력이 작용하고, 다른 종류의 전하 사이에는 서로 당기는 전기력이 작용한다.

통합과학 물질의 규칙성과 결합

- **물질을 구성하는 입자와 전하**

물질 원자 원자핵 전자 양성자 중성자 쿼크

① **원자:** 원자는 원자핵과 ❸ ______ 로 구성되어 있다.

② **원자핵:** 원자핵은 ❹ ______ 와 중성자로 구성되어 있다.

③ **양성자:** ❺ ______ 전하를 띤다.

④ **중성자:** 전하를 띠지 않는다.

⑤ **전자:** ❻ ______ 전하를 띤다.

- **스펙트럼**

① ❼ ______ **스펙트럼:** 빛의 색이 연속적인 파장 분포로 나타나는 스펙트럼

② **선 스펙트럼:** 빛의 색이 불연속적으로 띄엄띄엄한 파장 분포로 나타나는 스펙트럼

- ❽ ______ **스펙트럼:** 특정한 파장의 빛만 나타나는 스펙트럼

- ❾ ______ **스펙트럼:** 특정한 파장의 빛만 나타나지 않는 스펙트럼

답 ❶ (−) ❷ (+) ❸ 전자 ❹ 양성자 ❺ (+) ❻ (−) ❼ 연속 ❽ 방출 ❾ 흡수

1 원자와 전기력

핵심 포인트
- ❶ 원자 모형 ★★
- ❷ 원자의 구성 입자 ★★★
- ❸ 쿨롱 법칙 ★★★
- ❹ 원자에 속박된 전자 ★★

A 원자의 구성 입자

궁금해?

톰슨 이전의 원자 모형은?
B.C. 400년경 데모크리토스가 처음으로 원자 개념을 제안하였고, 1803년 돌턴은 물질이 더 이상 쪼개지지 않는 아주 작은 입자로 이루어져 있다고 주장하였다.

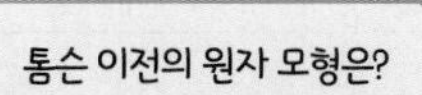

1. 원자 모형의 발전 원자 모형은 원자의 존재를 안 이후부터 계속 변천되어 왔다.

151쪽 대표 자료❶

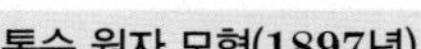

톰슨 원자 모형(1897년)

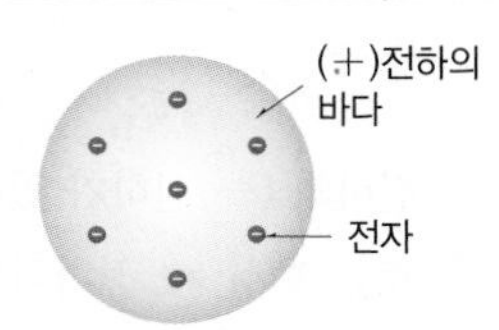

(+)전하를 띤 원자의 바다에 전자가 균일하게 분포한다.
전자끼리 서로 밀어내기 때문

러더퍼드 원자 모형(1911년)

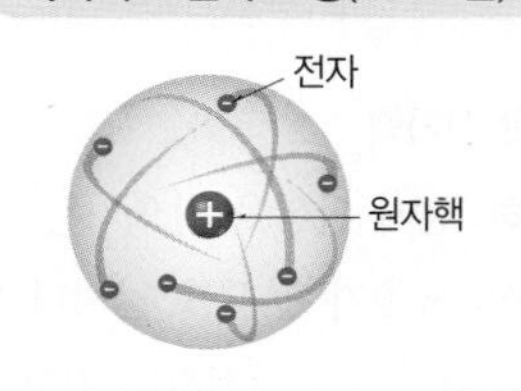

전자가 원자핵을 중심으로 임의의 궤도에서 원운동을 한다.

보어 원자 모형(1913년)

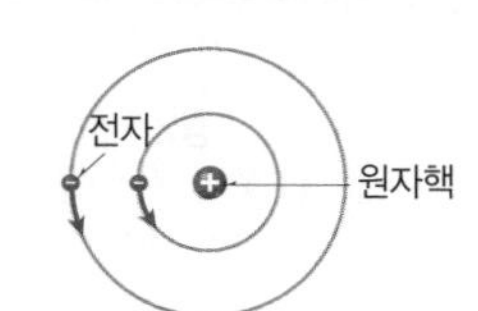

전자가 원자핵을 중심으로 특정한 궤도에서 원운동을 한다.

◆ **원자의 구성 입자와 전기적 특성**
원자는 원자핵과 전자로 이루어져 있고, 원자핵은 양성자와 중성자로 이루어져 있다. 원자에서 양성자는 (+)전하를 띠고, 전자는 (−)전하를 띠며, 원자는 (+)전하의 전하량과 (−)전하의 전하량이 동일하여 전기적으로 중성이다.
원자의 양성자 수와 전자의 수가 같다.

2. 원자의 구성 입자 발견 ◆원자는 전자와 원자핵으로 이루어져 있다.

(1) **전자의 발견:** 톰슨은 음극선이 전기장과 자기장에 의해 휘어지는 현상으로부터 음극선이 (−)전하를 띤 입자의 흐름이라는 것을 알아내었다. 이 입자를 전자라고 한다.

• 전자의 전하량: e로 나타내며 $e=1.6\times10^{-19}$ C(쿨롬)이다. ➡ 기본 전하량이라고 한다.
C(쿨롬): 전하량의 단위 / 기본 전하량: 전자 한 개의 전하량

톰슨의 음극선 실험 결과

[음극선에 전기장을 걸어준 경우]

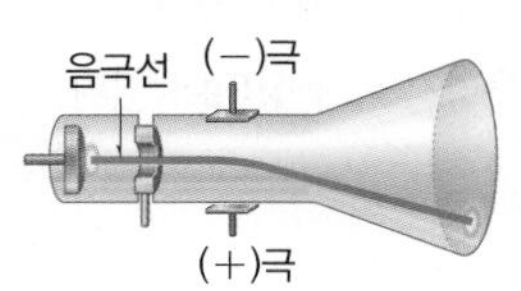

음극선에 전기장을 걸어주면 전기장에 의해 음극선이 (+)극 쪽으로 휘어진다.
전기력을 받기 때문

[음극선에 자기장을 걸어준 경우]

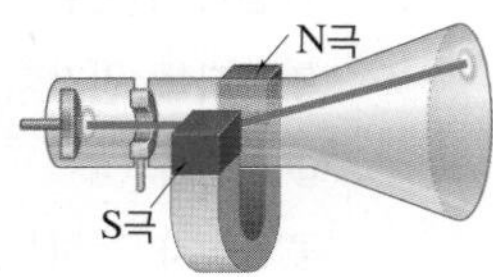

음극선에 자기장을 걸어주면 자기장에 의해 음극선이 위쪽으로 휘어진다.
자기력을 받기 때문

기체 방전관에서 나오는 음극선은 전기력과 자기력의 영향을 모두 받는다. ➡ 음극선이 휘어지는 방향을 보면 음극선은 (−)전하를 띤다.

궁금해?

음극선이 입자의 흐름이라는 증거는?
음극선이 지나는 길에 바람개비를 두면 음극선 입자들이 바람개비에 충돌하여 바람개비가 돌아간다.

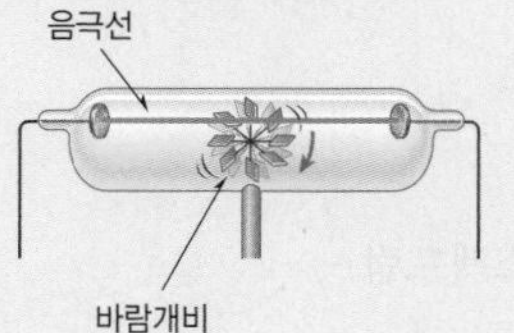

(2) **원자핵의 발견:** 러더퍼드가 ◆알파(α) 입자 ❶산란 실험을 해석하여 원자의 중심에 원자핵이 존재하며, 원자는 원자핵을 제외하면 거의 비어 있다는 것을 알아내었다.

① 원자핵의 전하량: (+)전하를 띠며, 기본 전하량의 양의 정수배이다. ─ 원자 번호가 Z일 때 전하량은 Ze이다.

② 원자핵의 질량: 전자의 질량에 비해 매우 크다. ➡ 원자의 질량 대부분은 원자핵의 질량이다.

러더퍼드의 알파 입자 산란 실험 결과

그림은 금박에 입사된 알파(α) 입자가 산란되는 모습을 나타낸 것이다.

소수의 알파(α) 입자가 큰 각도로 휘어지거나 입사 방향의 거의 정반대 방향으로 되돌아 나왔다.
(+)전하를 띤 입자가 원자의 중심 좁은 공간에 존재하기 때문

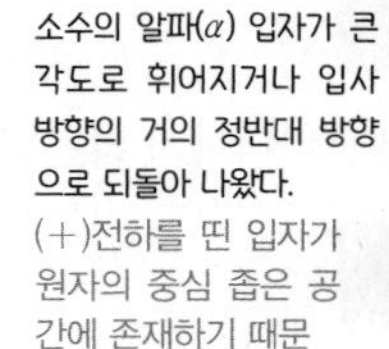

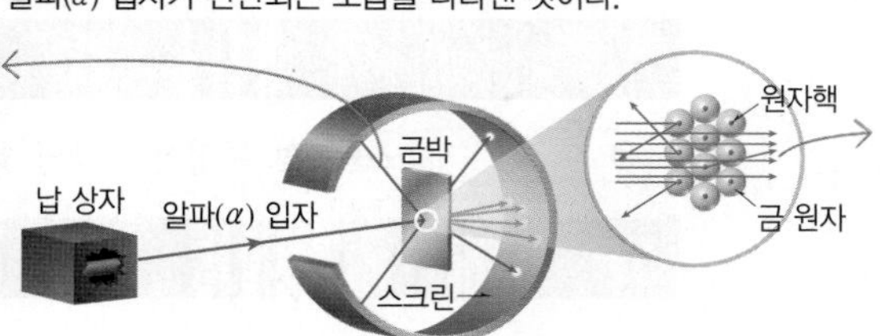

대부분의 알파(α) 입자는 금박을 통과하여 직진한다.
원자 내부가 거의 빈 공간이기 때문

➡ 원자핵은 원자의 중심에 위치하며, 원자는 원자핵을 제외하면 거의 비어 있다.

◆ **알파(α) 입자**
헬륨 원자핵으로, (+)전하를 띠고 있다. 전자보다 약 7300배 무거워서 전자와 충돌하더라도 진행 경로에 영향을 받지 않는다.

용어
❶ 산란(散 흩어지다, 亂 어지럽다) 한 입자가 다른 입자와 충돌하여 여러 방향으로 흩어지는 현상

B 전기력

1. 전기력 두 전하 사이에 작용하는 힘 151, 152쪽 대표 자료 ❷, ❸

(1) **종류:** 다른 종류의 전하 사이에는 서로 당기는 전기력(인력)이 작용하고, 같은 종류의 전하 사이에는 서로 미는 전기력(척력)이 작용한다.

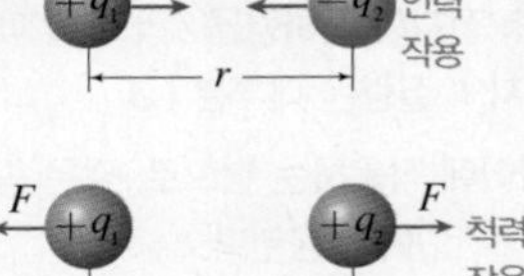

(2) ◆**쿨롱 법칙:** 두 전하 사이에 작용하는 전기력의 크기(F)는 두 전하량(q_1, q_2)의 곱에 비례하고, 두 전하 사이의 거리(r)의 제곱에 반비례한다.

$$F=k\frac{q_1q_2}{r^2}\ \text{(진공에서의 쿨롱 상수 } k=9.0\times10^9\ \text{N}\cdot\text{m}^2/\text{C}^2)$$

| 세 개의 전하 사이에 작용하는 전기력 |

그림과 같이 일직선상에 세 개의 점전하 A, B, C가 같은 거리 r만큼 떨어져 고정되어 있다. 오른쪽 방향을 (+)라고 하면, A에 작용하는 전기력의 크기를 구하는 방법은 다음과 같다.

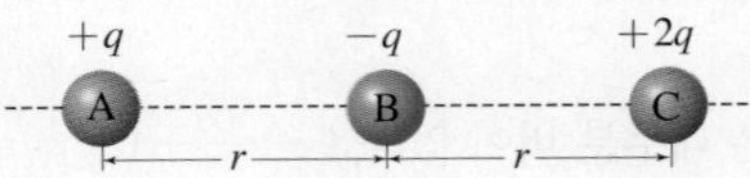

❶ 다른 전하로부터 받는 전기력의 방향을 고려한다.
❷ 쿨롱 법칙에 따라 각각의 전기력의 크기를 모두 구한다.
❸ 다른 전하로부터 받는 전기력을 모두 더한 합력을 구한다.

➡ A가 B로부터 받는 전기력은 $+k\frac{q^2}{r^2}$이고, A가 C로부터 받는 전기력은 $-k\frac{2q^2}{(2r)^2}=-k\frac{q^2}{2r^2}$이다.

따라서 A에 작용하는 전기력은 $+k\frac{q^2}{r^2}-k\frac{q^2}{2r^2}=+k\frac{q^2}{2r^2}$이다.

2. 원자에 ❶속박된 전자 152쪽 대표 자료 ❹

(1) **전자와 원자핵 사이에 작용하는 전기력:** 전자((−)전하)와 원자핵((+)전하) 사이에는 서로 당기는 전기력(인력)이 작용한다.

① 러더퍼드는 전자가 전기력에 의해 원자핵 주위를 빠르게 원운동을 하기 때문에 원자의 구조가 유지된다고 설명하였다.
└● 전자가 빠르게 돌지 않으면 전기력에 의해 원자핵에 붙어 버린다.

② 전자와 원자핵 사이에는 ◆중력도 작용하지만 중력은 전기력에 비해 매우 작아서 무시할 수 있다.

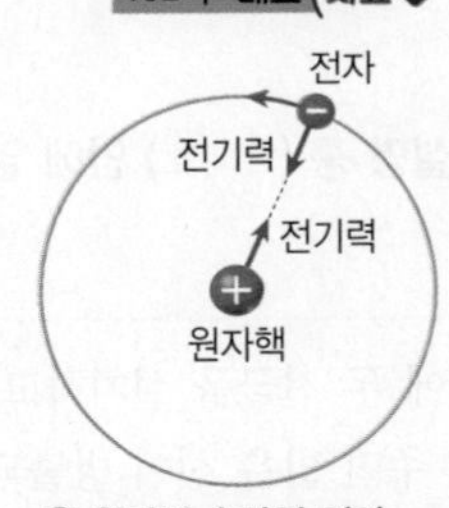

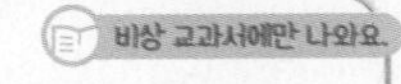

⬆ 원자에 속박된 전자

(2) **전기력에 의한 전자의 속박:** 전자와 원자핵 사이에 작용하는 강한 전기적 인력은 전자를 원자 내에 묶어 두는 역할을 한다. —● 행성이 중력에 의해 태양계에 속박되어 있는 것과 같다.

원자에 속박된 전자의 에너지 (비상 교과서에만 나와요.)

원자에 속박되어 있지 않은 전자는 전기력을 극복할 수 있을 만큼 운동 에너지가 큰 전자이거나 원자핵으로부터 무한히 먼 곳에 있는 전자이다. 원자에 속박되어 원운동을 하는 전자는 그림과 같이 원자핵을 중심으로 하는 깊은 깔때기에 갇혀서 원운동을 하는 것으로 비유할 수 있다.
└● 원자핵에 가까울수록 빠져나오기 어렵다.

(그림: 전자, 원자핵, 에너지)

1. 원자핵으로부터 멀어질수록 전자의 역학적 에너지가 크다.
2. 원자핵으로부터 무한히 먼 곳에 정지해 있는 전자의 역학적 에너지를 0으로 하면, 원자에 속박되어 있는 전자의 역학적 에너지는 0보다 작다.

➡ 전자가 외부로부터 일을 받아 역학적 에너지가 0보다 커지면 전자는 원자의 전기력에 의한 속박에서 벗어나 자유롭게 운동하게 된다.

암기해!

쿨롱 법칙
전기력의 크기는 두 전하량의 곱에 비례하고 거리의 제곱에 반비례한다.

◆ **쿨롱의 실험**
쿨롱은 두 전하 사이에 작용하는 전기력의 크기를 측정하기 위해 비틀림 저울을 이용하였다.

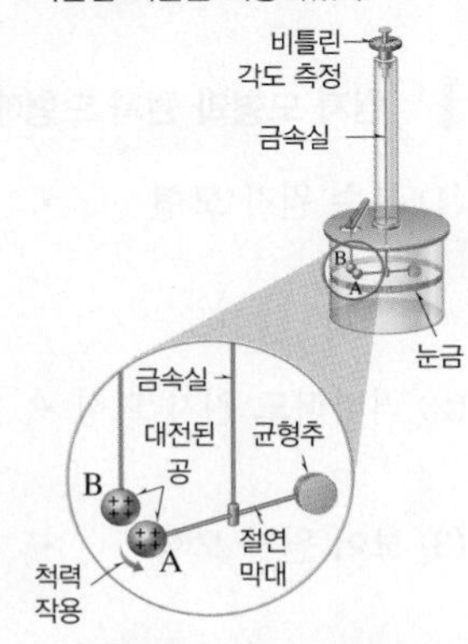

공 A에 같은 종류의 전하로 대전된 공 B를 가까이 하면 공 A는 척력을 받아 축이 비틀리며 회전한다. 이때 비틀린 각도를 측정하면 A와 B 사이에 작용하는 전기력의 크기를 알 수 있다.

◆ **전자와 원자핵 사이에 작용하는 중력의 크기**
전자와 원자핵 사이의 거리를 a, 전자와 원자핵의 질량을 $m_{전자}$, $m_{원자핵}$이라고 할 때 중력 $F_{중력}$은 다음과 같다.

$$F_{중력}=G\frac{m_{전자}m_{원자핵}}{a^2}$$

이것을 계산해 보면 중력의 크기는 전기력의 크기에 비해 $\frac{1}{10^{39}}$배 정도로 작다.

(용어)
❶ 속박(束 묶다, 縛 묶다) 자유롭지 못하도록 얽어매거나 제한하는 것

개념 확인 문제

핵심 체크

- (❶): 톰슨이 음극선 실험을 통해 발견한 입자로, (−)전하를 띤다.
- 원자핵 : 원자의 구성 입자로, 러더퍼드가 (❷) 산란 실험을 통해 알아내었으며 (❸)전하를 띤다.
  - 원자핵의 전하량: 전자의 전하량을 e라고 할 때 원자 번호가 Z인 원자핵의 전하량은 (❹)이다.
  - 원자의 질량: 원자의 질량은 대부분 (❺)의 질량이다.
- 전기력: 두 전하 사이에 작용하는 힘으로, 같은 종류의 전하 사이에는 (❻)이 작용하고, 다른 종류의 전하 사이에는 (❼)이 작용한다.
- 쿨롱 법칙: 두 전하 사이에 작용하는 전기력의 크기는 두 전하의 전하량의 곱에 (❽)하고, 두 전하 사이의 거리의 제곱에 (❾)한다.
- 전자와 원자핵 사이에 작용하는 전기력: 원자 내에서 전자와 원자핵 사이에는 전기적인 (❿)이 작용한다.

1 원자 모형과 원자 모형에 대한 설명을 옳게 연결하시오.

(1) 톰슨 원자 모형 •　　• ㉠ (+)전하를 띤 원자의 바다에 전자가 균일하게 분포한다.

(2) 러더퍼드 원자 모형 •　　• ㉡ 전자가 원자핵 주위 특정한 궤도에서 원운동을 한다.

(3) 보어 원자 모형 •　　• ㉢ 전자가 원자핵 주위 임의의 궤도에서 원운동을 한다.

2 톰슨의 음극선 실험에 대한 설명 중 ( ) 안에 알맞은 말을 쓰시오.

> 진공 상태에 가까운 유리관 안에 두 전극을 설치하고 두 전극 사이에 높은 전압을 걸어 주면 밝은 선이 방출되는데 이 선을 음극선이라고 한다. 톰슨의 실험을 통해 음극선은 ㉠( )전하를 띤 입자의 흐름이라는 것이 밝혀졌다. 이 입자를 ㉡( )라고 한다.

3 그림은 러더퍼드의 알파(α) 입자 산란 실험을 나타낸 것이다.

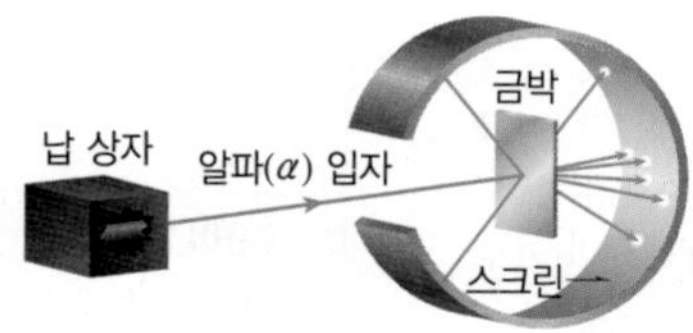

이 실험을 통해 발견된 원자의 구성 입자를 쓰시오.

4 원자에 대한 설명으로 옳은 것은 ○, 옳지 않은 것은 ×로 표시하시오.

(1) 원자 내부 공간은 대부분 비어 있다. ( )

(2) 원자 질량의 대부분은 전자의 질량이다. ( )

(3) 알파 입자가 원자핵 가까이에 접근하면 알파 입자와 원자핵 사이에는 전기적인 인력이 작용한다. ( )

5 그림 (가)와 같이 전하량이 $+Q$로 동일한 두 전하 A, B가 거리 r만큼 떨어져 있을 때, 두 전하 사이에 작용하는 전기력의 크기가 F이다.

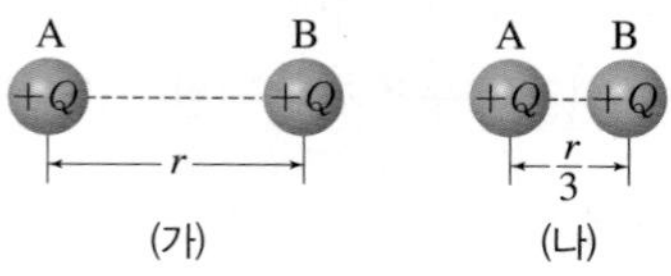

그림 (나)와 같이 A, B 사이의 거리가 $\frac{r}{3}$가 되었을 때, 두 전하 사이에 작용하는 전기력의 크기를 쓰시오.

6 그림은 전자가 원자핵에 속박된 상태로 원운동을 하는 모습을 나타낸 것이다. 이에 대한 설명으로 옳은 것은 ○, 옳지 않은 것은 ×로 표시하시오.

(1) 원자핵과 전자 사이에는 인력이 작용한다. ( )

(2) 전자는 중력에 의해서 원자에 속박되어 있다. ( )

(3) 전자는 원자핵에 가까울수록 에너지가 크다. ( )

대표 자료 분석

정답친해 74쪽

자료 ❶ 원자 모형

기출 Point
- 원자 모형 이해하기
- 원자를 구성하는 입자의 종류와 성질 이해하기

[1~3] 그림 (가), (나)는 각각 톰슨 원자 모형과 러더퍼드 원자 모형을 순서 없이 나타낸 것이다.

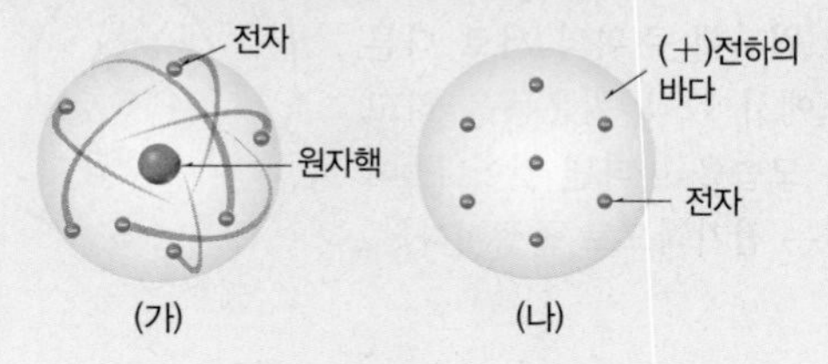

1 ( ) 안에 알맞은 말을 고르시오.

(1) (가)는 (톰슨, 러더퍼드) 원자 모형이다.
(2) (가)의 원자핵은 ((+), (−))전하를 띤다.
(3) (나)에서 전자들끼리는 전기적인 (인력, 척력)이 작용한다.

2 (가)의 원자 모형에서 원자핵의 존재를 알아내는 실험에 사용된 입자는 무엇인지 쓰시오.

3 빈출 선택지로 완벽 정리!

(1) (가)에서 전자는 임의의 궤도에서 원운동을 한다. (○ / ×)
(2) (가)에서 원자 대부분의 공간은 비어 있다. (○ / ×)
(3) (가)에서 원자핵과 전자의 질량은 거의 비슷하다. (○ / ×)
(4) (나)에서 전자는 음극선 실험을 통해 알아내었다. (○ / ×)
(5) (나)에서 원자 내부는 대부분의 공간이 비어 있다. (○ / ×)

자료 ❷ 세 개의 전하 사이에 작용하는 전기력

기출 Point
- 전기력의 크기와 방향 이해하기
- 여러 전하에 의한 전기력 합성하기

[1~4] 그림은 전하량이 각각 $+Q$, $+2Q$, $-Q$이고 크기가 동일한 세 금속구 A, B, C가 x축상에 고정되어 있는 모습을 나타낸 것이다. A와 B, B와 C 사이의 거리는 같다.

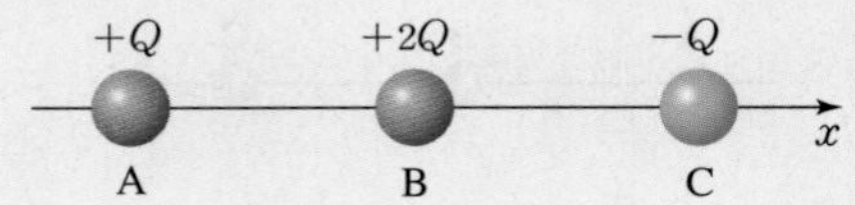

1 ( ) 안에 알맞은 말을 고르시오.

(1) B가 A에 작용하는 전기력의 방향은 ($+x$, $-x$) 방향이다.
(2) C가 A에 작용하는 전기력의 방향은 ($+x$, $-x$) 방향이다.
(3) A에 작용하는 전기력의 방향은 ($+x$, $-x$) 방향이다.

2 C가 A에 작용하는 전기력의 크기를 F라고 할 때, A에 작용하는 전기력의 크기를 쓰시오.

3 B, C에 작용하는 전기력의 크기를 각각 F_B, F_C라고 할 때, $F_B : F_C$를 쓰시오.

4 빈출 선택지로 완벽 정리!

(1) B와 C에 작용하는 전기력의 방향은 서로 반대이다. (○ / ×)
(2) A가 B에 작용하는 전기력의 크기는 A가 C에 작용하는 전기력의 크기의 4배이다. (○ / ×)
(3) A에 작용하는 전기력의 크기는 C에 작용하는 전기력의 크기보다 작다. (○ / ×)
(4) A와 C의 위치를 서로 바꾸면 B에 작용하는 전기력의 방향은 반대가 된다. (○ / ×)

자료 ❸ 전하량을 모르는 전하 사이의 전기력

기출 Point
- 전기력의 방향으로 전하의 종류 이해하기
- 전기력으로 전하량 비교하기

[1~3] 그림과 같이 x축상에 점전하 A, B, C가 같은 거리만큼 떨어져 고정되어 있다. (+)전하인 A에 작용하는 전기력은 0이고, B에 작용하는 전기력의 방향은 $-x$ 방향이다.

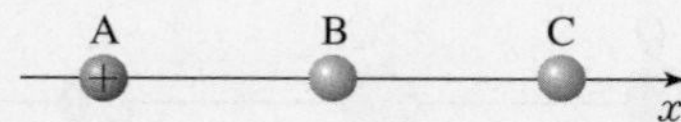

1 (　　) 안에 알맞은 말을 고르시오.

(1) 전하의 종류는 B와 C가 서로 (같다, 다르다).
(2) 전하량의 크기는 C가 B보다 (크다, 작다).
(3) B의 전하는 ((+), (−))전하이다.
(4) A와 B 사이에는 서로 (당기는, 미는) 전기력이 작용한다.

2 A와 C 사이에 작용하는 전기력의 크기를 F_{AC}라고 하고 B와 C 사이에 작용하는 전기력의 크기를 F_{BC}라고 할 때, F_{AC}와 F_{BC}의 크기를 등호나 부등호로 비교하시오.

3 빈출 선택지로 완벽 정리!

(1) A와 C 사이에는 서로 미는 전기력이 작용한다. (○ / ×)
(2) B와 C 사이에는 서로 당기는 전기력이 작용한다. (○ / ×)
(3) 전하량의 크기는 C가 A보다 크다. (○ / ×)
(4) C에 작용하는 전기력의 방향은 $+x$ 방향이다. (○ / ×)

자료 ❹ 원자핵과 전자 사이의 전기력

기출 Point
- 원자핵과 전자 사이에 작용하는 전기력 이해하기
- 전기력에 의한 전자의 운동 이해하기

[1~3] 그림은 3개의 전자를 가진 어떤 원자에서 전자 A, B, C가 원자핵 주위의 서로 다른 궤도에서 각각 원운동을 하고 있는 모습을 나타낸 것이다. 이 원자는 전기적으로 중성이다.

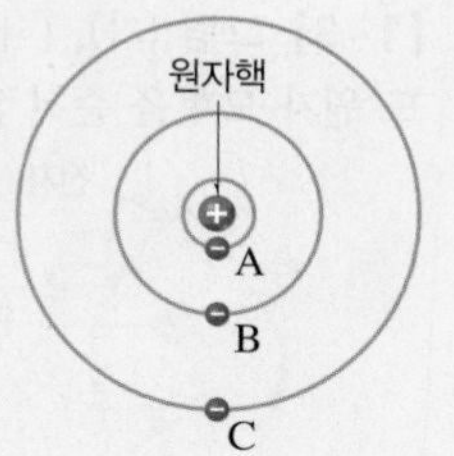

1 이 원자에 대한 설명 중 (　　) 안에 알맞은 말을 쓰시오.

> 원자핵 주위에서 각각 원운동을 하고 있는 전자 A, B, C는 원자핵으로부터 ㉠(　　　)을 받는다. 따라서 전자 A, B, C는 원자에 ㉡(　　　)되어 있다. 원자핵에는 양성자가 ㉢(　　　)개 들어 있다.

2 A, B, C가 원자핵으로부터 받는 전기력의 크기를 각각 F_A, F_B, F_C라고 할 때, F_A, F_B, F_C의 크기를 등호나 부등호로 비교하시오.

3 빈출 선택지로 완벽 정리!

(1) 전자는 등가속도 운동을 한다. (○ / ×)
(2) 원자핵의 전하량은 A의 3배이다. (○ / ×)
(3) 전자의 역학적 에너지는 A가 B보다 크다. (○ / ×)
(4) A, B, C에 작용하는 전기력의 크기의 합은 A에 작용하는 전기력의 크기의 3배이다. (○ / ×)
(5) 원자핵으로부터 무한히 먼 곳에 있는 전자의 역학적 에너지를 0이라고 하면 A, B, C의 역학적 에너지는 0보다 작다. (○ / ×)

내신 만점 문제

정답친해 76쪽

A 원자의 구성 입자

[01~02] 다음은 세 가지 원자 모형과 그 내용을 나타낸 것이다.

(가)

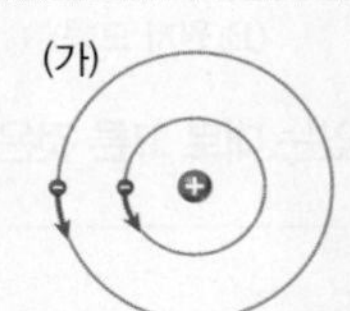

전자가 원자핵을 중심으로 특정한 궤도에서 원운동을 한다.

(나)

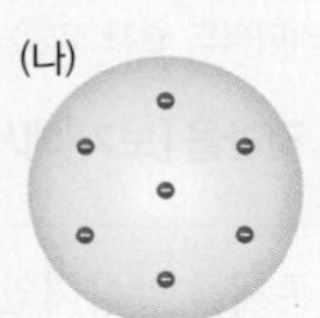

(+)전하를 띤 원자의 바다에 전자가 균일하게 분포한다.

(다)

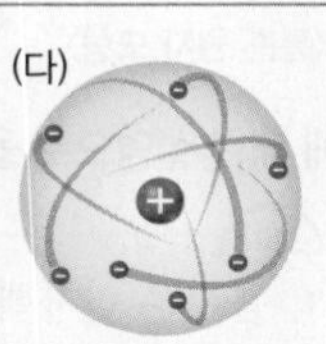

전자가 원자핵을 중심으로 임의의 궤도에서 원운동을 한다.

01 원자 모형을 제안된 순서대로 옳게 나열한 것은?

① (가) → (나) → (다)　② (가) → (다) → (나)
③ (나) → (가) → (다)　④ (나) → (다) → (가)
⑤ (다) → (가) → (나)

02 (가)~(다)의 공통점으로 옳은 것만을 [보기]에서 있는 대로 고른 것은?

보기
ㄱ. 전자는 (−)전하를 띤다.
ㄴ. 원자 중심에는 원자핵이 존재한다.
ㄷ. 원자는 전기적으로 중성이다.

① ㄱ　② ㄴ　③ ㄱ, ㄷ
④ ㄴ, ㄷ　⑤ ㄱ, ㄴ, ㄷ

03 전자에 대한 설명으로 옳지 않은 것은?

① 톰슨이 발견하였다.
② 질량은 원자핵보다 작다.
③ 원자핵 속에도 들어 있다.
④ 원자를 구성하는 입자이다.
⑤ 전하를 띠는 다른 입자에 의해 전기력을 받는다.

중요 **04** 그림은 음극선 실험 장치를 나타낸 것이다. 진공인 유리관 내부에 설치된 두 전극에 고전압을 걸면 유리관 속의 음극에서 밝은 선이 방출되며, 이 음극선은 또 다른 두 전극 사이를 진행할 때 (+)극 쪽으로 휘어진다.

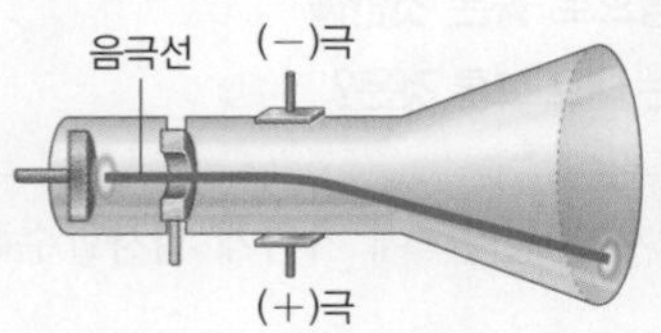

이에 대한 설명으로 옳은 것만을 [보기]에서 있는 대로 고른 것은?

보기
ㄱ. 음극선은 전자기파의 일종이다.
ㄴ. 음극선은 전기력을 받는다.
ㄷ. 음극선은 (+)전하를 띤다.

① ㄱ　② ㄴ　③ ㄱ, ㄴ
④ ㄱ, ㄷ　⑤ ㄴ, ㄷ

중요 **05** 그림은 알파(α) 입자를 얇은 금박에 투과시켰을 때 알파(α) 입자의 진행 경로의 변화를 알아보는 실험을 나타낸 것이다.

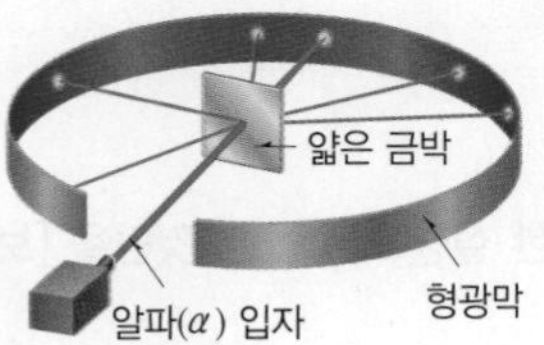

이 실험을 통해 알아낸 사실로 옳지 않은 것은?

① 원자핵은 (+)전하를 띤다.
② 원자의 중심에 원자핵이 존재한다.
③ 원자 내부 공간은 대부분 비어 있다.
④ 원자의 질량은 대부분 원자핵의 질량이다.
⑤ 원자핵의 전하량은 전자의 전하량과 같다.

06 그림은 알파(α) 입자 산란 실험에서 금 원자핵에 가깝게 입사된 알파(α) 입자의 진행 경로를 나타낸 것이다.
이에 대한 설명으로 옳은 것만을 [보기]에서 있는 대로 고른 것은?

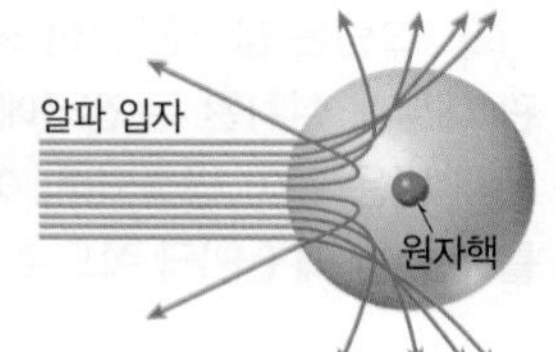

보기
ㄱ. 알파 입자가 원자핵에 가깝게 입사할수록 산란각이 커진다.
ㄴ. 알파 입자와 원자핵은 전하의 종류가 다르다.
ㄷ. 알파 입자의 질량은 금 원자핵의 질량보다 크다.

① ㄱ ② ㄷ ③ ㄱ, ㄴ ④ ㄱ, ㄷ ⑤ ㄴ, ㄷ

서술형
07 그림 (가)는 알파(α) 입자 산란 실험을 했을 때 톰슨 원자 모형에 따라 예측된 결과이고, (나)는 실제 실험 결과와 이에 따른 원자의 구조를 나타낸 것이다.

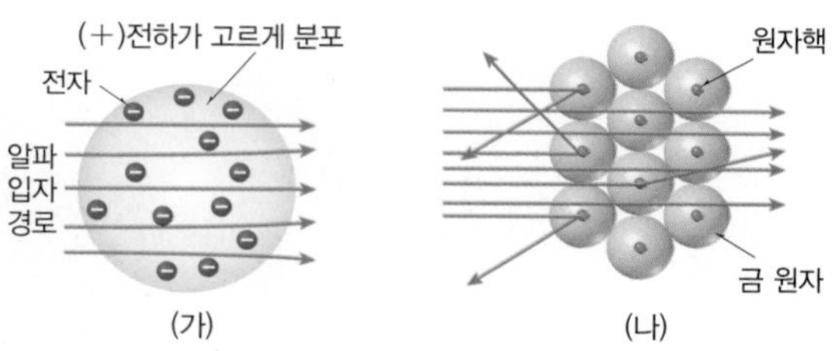

(1) (가)에서 모든 알파 입자가 직진하는 까닭을 서술하시오.

(2) (나)에서 대부분의 알파 입자가 직진하는 까닭을 서술하시오.

08 원자에 대한 설명으로 옳은 것만을 [보기]에서 있는 대로 고른 것은?

보기
ㄱ. 원자핵과 전자로 이루어져 있다.
ㄴ. 전기적으로 중성인 원자는 양성자와 전자의 수가 같다.
ㄷ. 원자핵과 전자 사이에 작용하는 전기력에 의해 원자의 구조가 유지된다.

① ㄱ ② ㄴ ③ ㄱ, ㄷ ④ ㄴ, ㄷ ⑤ ㄱ, ㄴ, ㄷ

09 다음은 원자 모형의 변천 과정을 나타낸 것이다.

이에 대한 설명으로 옳은 것만을 [보기]에서 있는 대로 고른 것은?

보기
ㄱ. 톰슨은 원자핵의 존재를 알아내었다.
ㄴ. A는 음극선 실험이다.
ㄷ. B는 보어이다.

① ㄱ ② ㄷ ③ ㄱ, ㄴ
④ ㄴ, ㄷ ⑤ ㄱ, ㄴ, ㄷ

B 전기력

중요
10 그림은 전하량이 각각 $+Q$, $-2Q$인 두 물체 A, B가 일직선상에 고정되어 있는 모습을 나타낸 것이다.

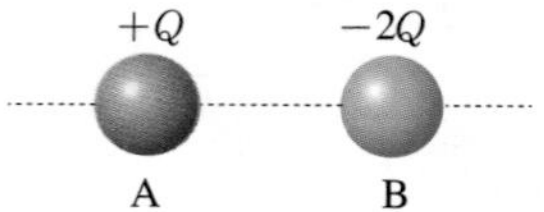

A, B 사이에 작용하는 전기력에 대한 설명으로 옳은 것만을 [보기]에서 있는 대로 고른 것은?

보기
ㄱ. A, B는 서로 당기는 전기력을 받는다.
ㄴ. A가 받는 전기력의 크기는 B가 받는 전기력의 크기보다 크다.
ㄷ. A, B 사이의 거리가 멀어지면 전기력의 크기는 작아진다.

① ㄱ ② ㄴ ③ ㄱ, ㄷ
④ ㄴ, ㄷ ⑤ ㄱ, ㄴ, ㄷ

서술형

11 전하량이 각각 $+3Q$, $-Q$이고 크기가 같은 두 도체구 A, B가 거리 r만큼 떨어져 있을 때 두 도체구 사이에 작용하는 전기력의 크기가 F이다.
두 도체구를 접촉시켰다가 뗀 다음 거리가 $2r$가 되도록 하였을 때, A, B의 전하량을 각각 쓰고, A, B 사이에 작용하는 전기력의 크기를 구하시오.

---

12 그림은 전하량이 각각 $-Q$, $+2Q$, $+Q$인 세 점전하 A, B, C가 일직선상에 동일한 간격으로 고정되어 있는 모습을 나타낸 것이다.

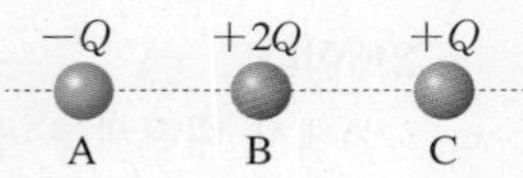

A, B, C가 받는 전기력의 크기를 각각 F_A, F_B, F_C라고 할 때, 이들의 대소 관계로 옳은 것은?

① $F_A > F_B > F_C$　② $F_A > F_C > F_B$
③ $F_B > F_A > F_C$　④ $F_B > F_C > F_A$
⑤ $F_C > F_B > F_A$

중요

13 그림과 같이 점전하 A, B, C가 x축상의 $x=0$, $x=d$, $x=2d$인 지점에 고정되어 있다. B와 C 모두 (+)전하이고, B와 C의 전하량은 서로 같다. B, C가 받는 전기력은 모두 $+x$ 방향이고 크기는 각각 $2F$, F이다.

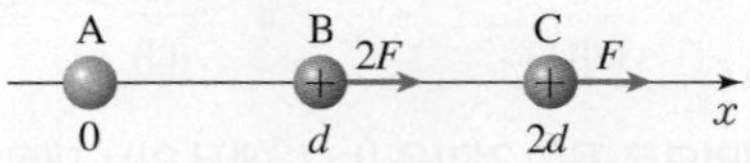

이에 대한 설명으로 옳은 것만을 [보기]에서 있는 대로 고른 것은?

보기
ㄱ. A는 (−)전하이다.
ㄴ. A의 전하량은 B의 6배이다.
ㄷ. A가 받는 전기력의 크기는 $3F$이다.

① ㄱ　② ㄴ　③ ㄱ, ㄷ
④ ㄴ, ㄷ　⑤ ㄱ, ㄴ, ㄷ

14 그림은 x축상의 원점에 (+)전하로 대전된 점전하 A를 고정하고 점전하 B를 x축상에서 A로부터 d만큼 떨어진 지점에 놓았더니 B가 $+x$ 방향으로 움직이는 모습을 나타낸 것이다. p점, q점은 A로부터 각각 $2d$, $3d$만큼 떨어진 x축상의 점이다.

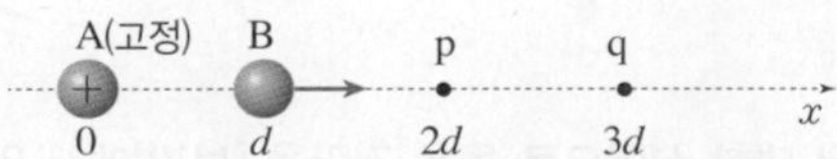

이에 대한 설명으로 옳은 것만을 [보기]에서 있는 대로 고른 것은?

보기
ㄱ. B는 (+)전하를 띤다.
ㄴ. B는 등가속도 운동을 한다.
ㄷ. B가 받는 전기력의 크기는 p점에서가 q점에서의 $\frac{3}{2}$배이다.

① ㄱ　② ㄷ　③ ㄱ, ㄴ
④ ㄱ, ㄷ　⑤ ㄴ, ㄷ

15 그림 (가)는 금속구 A가 (−)전하로 대전된 비틀림 저울의 눈금이 0을 가리키고 있는 모습을, (나)는 A와 같은 전하량으로 대전된 금속구 B를 A에 1 cm만큼 접근시켰더니 비틀림 저울의 눈금이 16을 가리키는 모습을 나타낸 것이다.

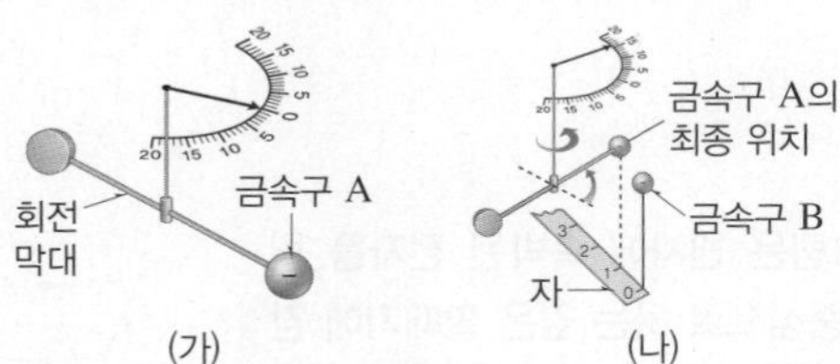

이에 대한 설명으로 옳은 것만을 [보기]에서 있는 대로 고른 것은?

보기
ㄱ. B는 (−)전하를 띤다.
ㄴ. B의 전하량을 2배로 하면 저울의 눈금이 16을 가리킨다.
ㄷ. A, B 사이의 거리를 2 cm로 하면 저울의 눈금이 4를 가리킨다.

① ㄴ　② ㄷ　③ ㄱ, ㄴ
④ ㄱ, ㄷ　⑤ ㄴ, ㄷ

[16~17] 그림은 전기적으로 중성인 어떤 원자의 구조를 나타낸 것이다. 전자 A, B는 각각 원자핵을 중심으로 서로 다른 두 궤도에서 원운동을 하고 있다.

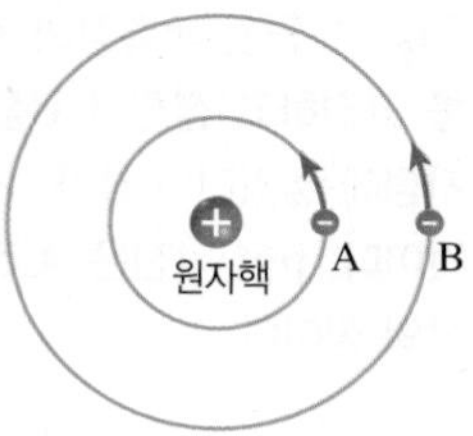

중요 **16** 이에 대한 설명으로 옳은 것만을 [보기]에서 있는 대로 고른 것은?

보기
ㄱ. 원자핵 내부에는 양성자가 2개 들어 있다.
ㄴ. A, B는 원자핵으로부터 전기적인 인력을 받는다.
ㄷ. 원자핵으로부터 받는 전기력의 크기는 A가 B보다 크다.

① ㄱ ② ㄷ ③ ㄱ, ㄴ
④ ㄴ, ㄷ ⑤ ㄱ, ㄴ, ㄷ

서술형 **17** 원자핵과 전자 사이에는 중력도 작용하지만 전자의 운동을 설명할 때는 전기력만 고려한다. 그 까닭을 서술하시오.

18 그림은 원자에 속박된 전자를 원자핵을 중심으로 하는 깊은 깔때기에 갇혀 원운동을 하는 것에 비유하여 나타낸 것이다.
원자핵으로부터 멀어질수록 커지는 물리량만을 [보기]에서 있는 대로 고른 것은?

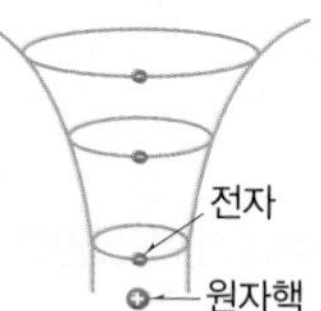

보기
ㄱ. 전자의 전하량
ㄴ. 전기력의 크기
ㄷ. 전자의 역학적 에너지

① ㄱ ② ㄷ ③ ㄱ, ㄴ
④ ㄴ, ㄷ ⑤ ㄱ, ㄴ, ㄷ

19 그림 (가), (나)는 전하량이 각각 $+Q$, $+2Q$인 대전체 주위에서 전자가 원운동을 하고 있는 모습을 나타낸 것이다. (가), (나)에서 대전체로부터 전자까지의 거리는 같다.

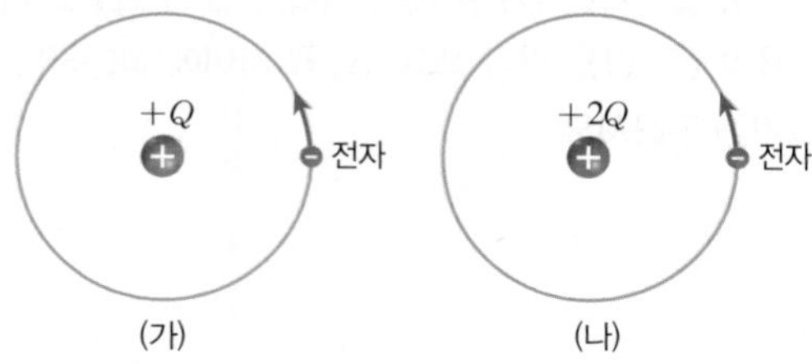

이에 대한 설명으로 옳은 것만을 [보기]에서 있는 대로 고른 것은?

보기
ㄱ. 전자가 받는 전기력의 크기는 (나)에서가 (가)에서의 2배이다.
ㄴ. (가)에서 대전체를 제거하면 전자는 원운동을 계속한다.
ㄷ. 전자를 대전체로부터 분리시키는 데 필요한 에너지는 (가)에서가 (나)에서보다 크다.

① ㄱ ② ㄷ ③ ㄱ, ㄴ
④ ㄱ, ㄷ ⑤ ㄴ, ㄷ

20 그림 (가)는 전자가 원자핵으로부터 힘 A를 받아 원운동을 하는 모습을, (나)는 행성이 태양으로부터 힘 B를 받아 원운동을 하는 모습을 나타낸 것이다.

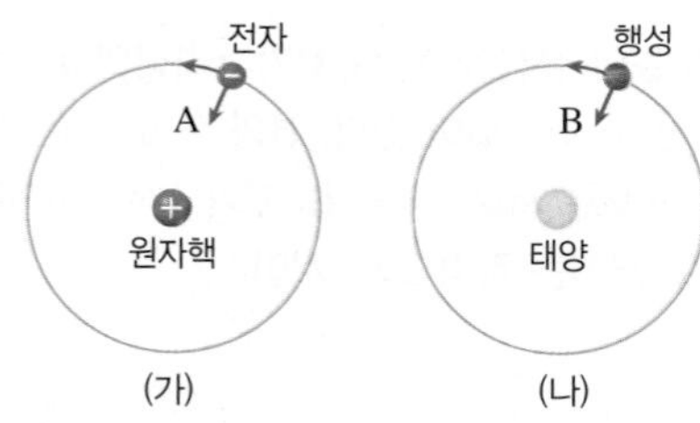

이에 대한 설명으로 옳은 것만을 [보기]에서 있는 대로 고른 것은?

보기
ㄱ. 원자핵의 질량은 전자의 질량보다 크다.
ㄴ. A, B 모두 힘의 크기가 거리의 제곱에 반비례한다.
ㄷ. (가)에서 전자가 원자핵을 당기는 전기력의 크기는 A의 크기와 같다.

① ㄱ ② ㄴ ③ ㄱ, ㄷ
④ ㄴ, ㄷ ⑤ ㄱ, ㄴ, ㄷ

실력 UP 문제

정답친해 78쪽

01 그림 (가)는 기체 방전관에서 나오는 음극선이 고전압이 걸린 두 전극 a와 b 사이에서 휘어지는 모습을, (나)는 음극선이 자석의 N극과 S극 사이에서 휘어지는 모습을 나타낸 것이다.

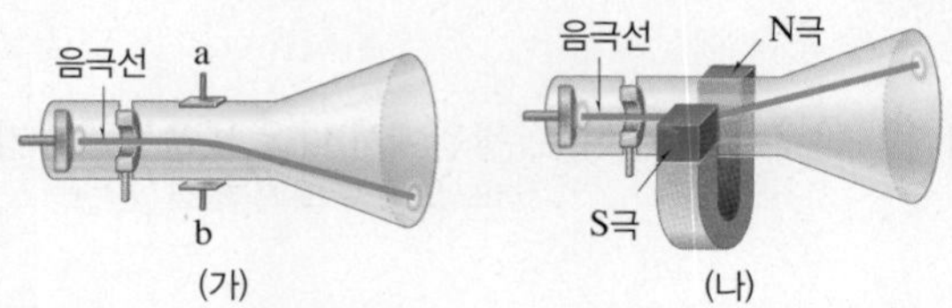

이에 대한 설명으로 옳은 것만을 [보기]에서 있는 대로 고른 것은?

보기

ㄱ. a는 (+)극이다.
ㄴ. 음극선은 자기력을 받는다.
ㄷ. 음극선은 원자를 구성하는 입자의 흐름이다.

① ㄱ ② ㄷ ③ ㄱ, ㄴ
④ ㄴ, ㄷ ⑤ ㄱ, ㄴ, ㄷ

02 그림은 러더퍼드의 알파(α) 입자 산란 실험을 나타낸 것이다. A, B, C는 알파(α) 입자가 도달한 형광막의 세 지점으로 알파(α) 입자의 산란각은 A가 C보다 크고, B는 산란각이 0°인 곳이다.

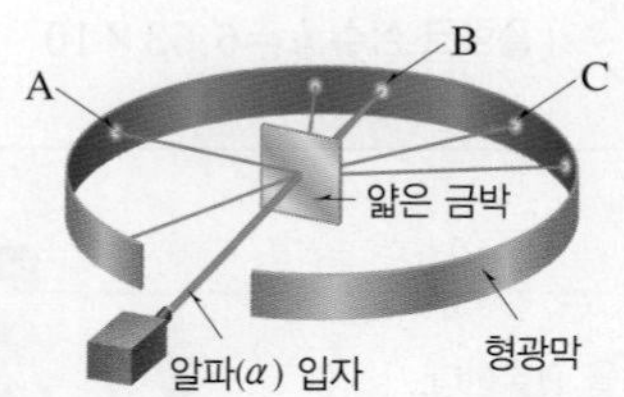

이에 대한 설명으로 옳은 것만을 [보기]에서 있는 대로 고른 것은?

ㄱ. A~C 중 알파(α) 입자가 가장 많이 도달하는 곳은 B이다.
ㄴ. 알파(α) 입자와 원자핵 사이에는 전기적인 인력이 작용한다.
ㄷ. 알파(α) 입자가 산란되는 까닭은 알파(α) 입자와 전자 사이에 작용하는 전기력 때문이다.

① ㄱ ② ㄷ ③ ㄱ, ㄴ
④ ㄱ, ㄷ ⑤ ㄴ, ㄷ

03 그림 (가)는 x축상에 점전하 A, B, C를 같은 간격으로 고정시킨 모습을, (나)는 (가)에서 C를 점전하 D로 바꾸어 같은 지점에 고정시킨 모습을 나타낸 것이다. (가)에서 B가 받는 전기력의 방향은 $+x$ 방향이고, B는 $(-)$전하를 띤다. (가)에서 C가 받는 전기력과 (나)에서 A가 받는 전기력은 0이다.

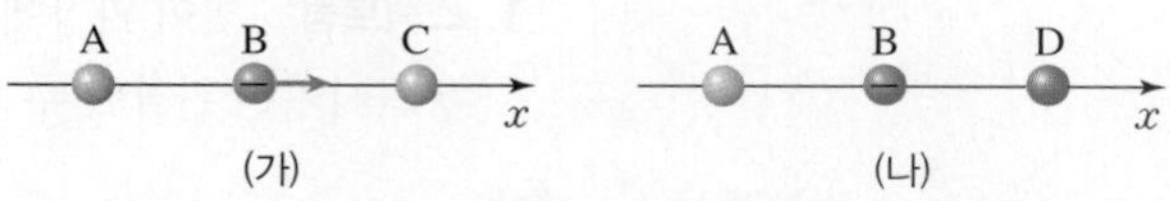

이에 대한 설명으로 옳은 것만을 [보기]에서 있는 대로 고른 것은?

보기

ㄱ. C와 D는 서로 다른 종류의 전하를 띤다.
ㄴ. 전하량의 크기는 C가 A보다 크다.
ㄷ. (나)에서 B가 받는 전기력의 방향은 $+x$ 방향이다.

① ㄱ ② ㄴ ③ ㄱ, ㄷ
④ ㄴ, ㄷ ⑤ ㄱ, ㄴ, ㄷ

04 그림 (가)는 x축상의 $x=0$, $x=3d$인 지점에 점전하 A, B를 고정시키고 $x=d$인 지점에 점전하 X를 가만히 놓았더니 X가 정지해 있는 모습을, (나)는 (가)에서 X를 고정시키고 $x=2d$인 지점에 $(+)$전하를 띠는 점전하 Y를 가만히 놓았더니 Y가 정지해 있는 모습을 나타낸 것이다.

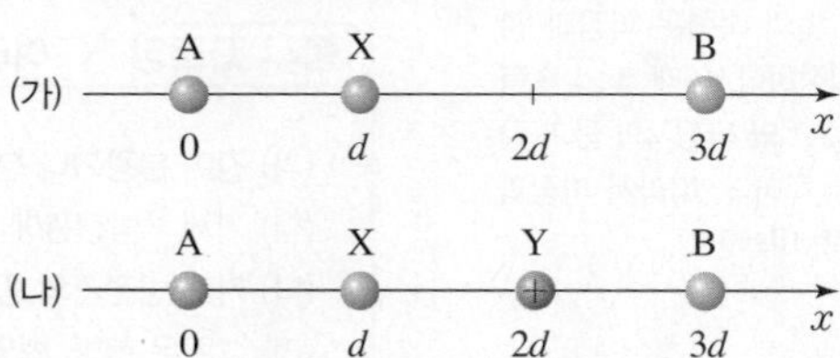

이에 대한 설명으로 옳은 것만을 [보기]에서 있는 대로 고른 것은?

보기

ㄱ. 전하량은 B가 A의 4배이다.
ㄴ. A와 X는 서로 같은 종류의 전하이다.
ㄷ. 전하량은 X가 A의 $\frac{15}{2}$배이다.

① ㄱ ② ㄷ ③ ㄱ, ㄴ
④ ㄴ, ㄷ ⑤ ㄱ, ㄴ, ㄷ

02 원자의 스펙트럼

핵심 포인트
1. 스펙트럼의 종류 ★★
2. 보어 원자 모형 ★★
3. 수소의 선 스펙트럼 ★★★

A 스펙트럼

1. 스펙트럼 빛이 파장에 따라 분리되어 나타나는 색의 띠로, 광원에서 나온 빛을 [1]분광기에 통과시키면 관찰할 수 있다.
(분광기: 대표적인 분광기로 프리즘이 있다.)

2. 스펙트럼의 종류

162쪽 대표 자료 1

연속 스펙트럼	◆선 스펙트럼 빛의 띠가 불연속적으로 나타난다.	
	◆방출 스펙트럼	흡수 스펙트럼
백색광이 프리즘을 통과했을 때 나타나는 스펙트럼 (백색광: 햇빛이나 백열등의 빛)	고온의 기체에서 방출된 빛의 선 스펙트럼 (고온의 기체에서: 기체 방전관에서)	백색광을 저온의 기체에 통과시켰을 때 나타나는 선 스펙트럼
빛의 띠가 모든 파장에서 연속적으로 나타난다.	검은 바탕에 특정한 파장에 해당하는 선(방출선)만 밝게 나타난다.	특정한 파장의 빛이 흡수되어 연속 스펙트럼에 검은 선으로 나타난다.
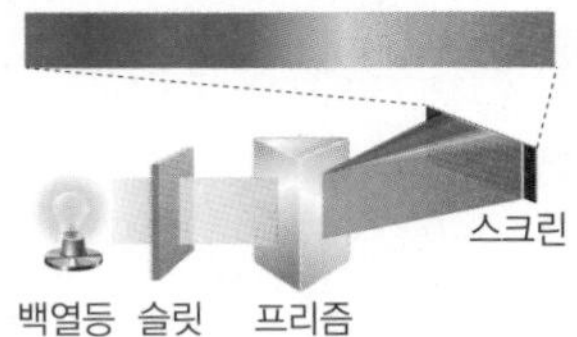	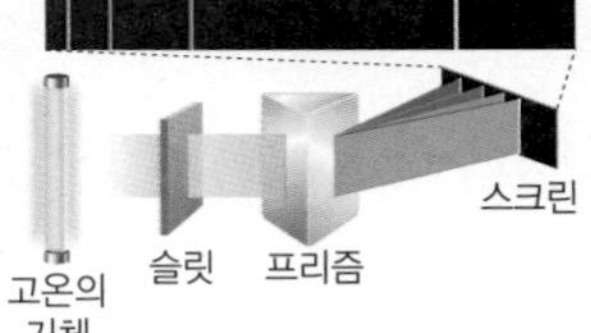	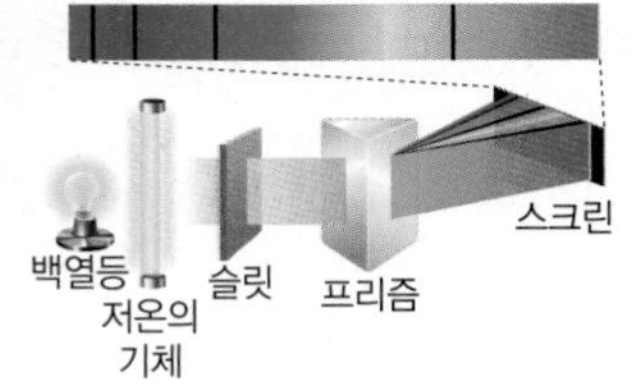

3. 스펙트럼에서 빛의 파장과 에너지 빛의 입자인 ◆광자의 에너지($E_{광자}$)는 ◆빛의 진동수(f)에 비례하고, 파장(λ)에 반비례한다.

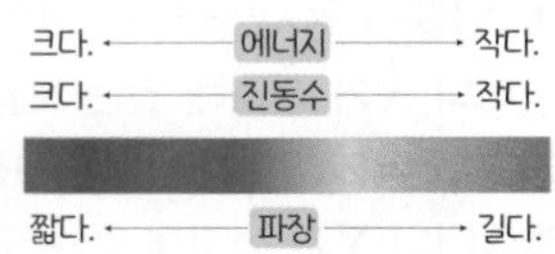

$$E_{광자}=hf=\frac{hc}{\lambda}\ \text{(플랑크 상수 } h=6.63\times10^{-34}\ \text{J·s)}$$

(c는 빛의 속력이다.)

탐구 자료창 여러 가지 스펙트럼 관찰

162쪽 대표 자료 1

(가) 간이 분광기나 분광 필름을 이용하여 햇빛이나 백열등을 관찰한다.
(나) 기체 [2]방전관에서 방출되는 빛을 간이 분광기로 관찰한다.
(다) 기체 방전관의 종류를 바꾸어 관찰한다.
(라) 그림은 햇빛, 백열등, 기체 방전관(수소, 헬륨, 네온, 나트륨, 수은)의 스펙트럼을 나타낸 것이다.

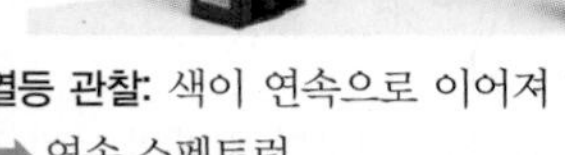

기체 방전관 / 간이 분광기

1. **햇빛, 백열등 관찰:** 색이 연속으로 이어져 나타난다. ➡ 연속 스펙트럼
2. **기체 방전관 관찰**
   - 검은 바탕에 밝은 선(방출선)이 나타난다. ➡ 방출 스펙트럼(선 스펙트럼)
   - 원소마다 밝은 선(방출선)의 위치가 다르다.
3. **결론:** 다양한 스펙트럼을 분석하면 원소의 종류를 알아낼 수 있다.

◆ **선 스펙트럼과 원소의 종류**
원소의 종류에 따라 선의 위치와 수가 다르다. 따라서 선 스펙트럼을 분석하면 물질을 구성하는 원소의 종류를 알 수 있다.

◆ **방출 스펙트럼과 흡수 스펙트럼**
기체의 흡수 스펙트럼에서 검은 선은 동일한 기체의 방출 스펙트럼에서 밝은 선과 같은 위치에 나타난다.

◆ **광자**
플랑크와 아인슈타인의 이론에 따르면, 빛은 입자의 성질을 가진다. 이 입자를 광자라고 한다.
3-2-01강에서 자세히 배운다.

◆ **빛의 파장과 진동수**
진공에서 빛의 속력은 파장과 관계없이 일정하다. 이때 빛의 속력 c는 진동수 f와 파장 λ의 곱과 같다. 즉 $c=f\lambda$이다. 따라서 파장과 진동수는 반비례한다.

용어
[1] **분광기(分 나누다, 光 빛, 器 그릇)** 빛을 파장에 따라 분리시키는 장치
[2] **방전관(放 놓다, 電 번개, 管 대롱)** 두 전극 사이에 낮은 기압의 기체를 주입하여 밀폐시킨 관으로, 전극 사이에 높은 전압을 걸면 전류가 흐른다.

B 보어 원자 모형과 에너지 준위

앞에서 음극선 실험을 통해 제안된 톰슨 원자 모형과 알파(α) 입자 산란 실험을 해석하여 제안된 러더퍼드 원자 모형을 배웠어요. 이번에는 보어 원자 모형을 알아볼까요?

1. 러더퍼드 원자 모형의 문제점 전자가 원자핵 주위를 임의의 궤도에서 돌고 있다는 러더퍼드 원자 모형은 알파(α) 입자 산란 실험의 결과를 설명할 수 있지만, ◆원자의 안정성과 불연속적인 기체의 선 스펙트럼을 설명할 수 없다.

162쪽 대표 자료❷

2. 보어 원자 모형 전자가 원자핵을 중심으로 특정한 궤도에서만 원운동을 한다는 원자 모형이다.

(1) **안정한 상태:** 전자가 특정한 궤도에서만 원운동을 할 때 빛을 방출하지 않고 안정한 상태로 존재한다. → 러더퍼드 원자 모형의 문제점 해결

(2) **전자의 궤도:** 원자핵에서 가장 가까운 궤도부터 $n=1$, $n=2$, $n=3$, …인 궤도라고 하며, n을 양자수라고 한다.

⬆ 보어 원자 모형

(3) **에너지의 양자화:** 전자는 특정한 궤도에서만 원운동을 하며, 양자수와 관련된 특정한 에너지 값만 갖는다.

(4) **에너지 ❶준위:** 원자에 속박된 전자가 가질 수 있는 에너지 값 또는 에너지 상태이다. ➡ 양자수 n에 따라 불연속적인 값을 가지며, n이 커질수록 에너지 준위도 커진다.

① 바닥상태: 전자가 가장 낮은 에너지 준위에 놓여 있어 가장 안정적인 상태이다.

② 들뜬상태: 바닥상태의 전자가 에너지를 흡수하여 높은 에너지 준위로 이동한 상태이다.

수소 원자의 에너지 준위

163쪽 대표 자료❸

그림은 수소 원자의 에너지 준위를 나타낸 것이다. 에너지 준위의 간격은 양자수가 커질수록 좁아진다.

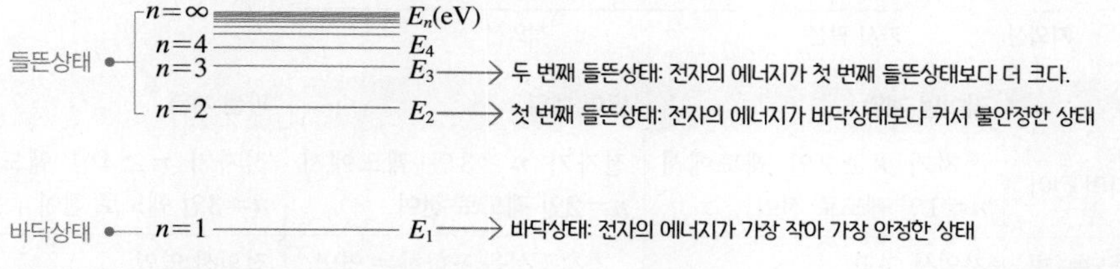

3. 전자의 전이 전자가 한 에너지 준위에서 다른 에너지 준위로 이동하는 것이다.

(1) **전자의 이동:** 전자는 에너지(빛에너지 또는 광자)를 흡수하거나 방출하며 에너지 준위 사이를 이동한다.

전자가 에너지를 흡수할 때	전자가 에너지를 방출할 때
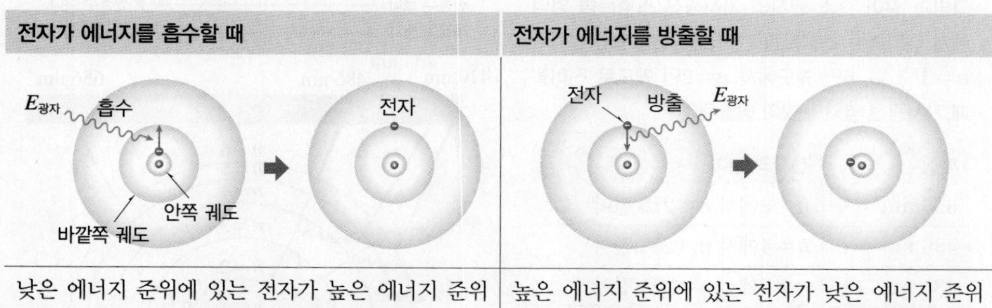	
낮은 에너지 준위에 있는 전자가 높은 에너지 준위로 전이한다. ➡ 전자가 바깥쪽 궤도로 전이할 때 에너지를 흡수한다.	높은 에너지 준위에 있는 전자가 낮은 에너지 준위로 전이한다. ➡ 전자가 안쪽 궤도로 전이할 때 에너지를 방출한다.

◆ **러더퍼드 원자 모형의 문제점**

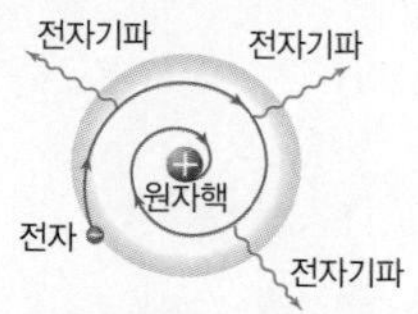

- 임의의 궤도에서 원운동을 하는 전자는 전자기파를 방출하면서 에너지가 감소하여 궤도가 점점 작아지므로 원자의 안정성을 설명할 수 없다.
- 전자의 회전 반지름이 감소하면서 연속적인 파장의 빛을 방출하므로, 실제 기체가 방출하는 빛의 불연속적인 선 스펙트럼을 설명하지 못한다.

궁금해?

양자화란?

물리량이 연속적이지 않고 띄엄띄엄 불연속적으로 존재하는 것을 양자화되어 있다고 말한다. 물체가 계단에 있을 때, 물체는 어느 높이의 계단에서든 머물러 있을 수 있지만, 계단과 계단 사이의 높이에서는 머물 수 없는 것과 같다.

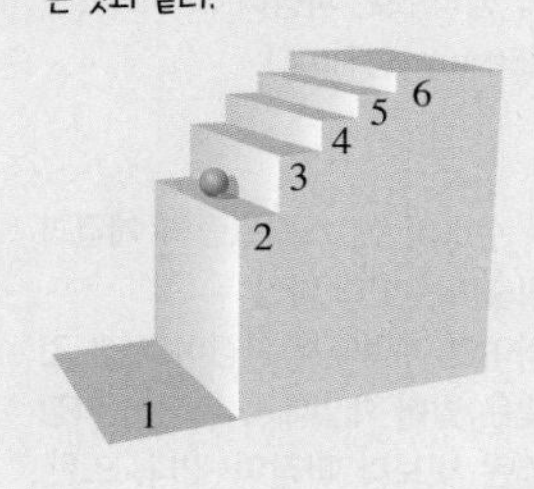

암기해!

에너지의 방출과 흡수

- 에너지 준위가 높 → 낮: 에너지 방출
- 에너지 준위가 낮 → 높: 에너지 흡수

(용어)

❶ **준위(準 기준, 位 자리)** 어떤 물리량을 주어진 양의 상대적인 양으로 표시한 값

(2) **전자의 전이와 광자의 에너지:** 전자가 전이할 때 방출하거나 흡수하는 빛, 즉 광자 1개의 에너지 $E_{광자}$는 두 궤도의 에너지 준위의 차이와 같다. → 기체의 선 스펙트럼이 불연속적인 이유를 설명할 수 있다.

$$E_{광자}=hf=\frac{hc}{\lambda}=|E_n-E_m| \text{ (플랑크 상수 } h=6.63\times10^{-34}\text{ J·s)}$$

4. 수소 원자의 에너지 준위와 선 스펙트럼

(1) **수소 원자의 에너지 준위:** 수소 원자에서 전자의 에너지 준위는 불연속적이며 다음과 같다.

$$E_n=-\frac{13.6}{n^2}\text{eV } (n=1,\ 2,\ 3\ \cdots)$$

→ '−' 부호는 전자가 원자핵에 속박되어 있음을 의미한다.

(2) **수소의 선 스펙트럼의 계열:** 전자가 들뜬상태에서 보다 안정한 상태로 전이할 때 방출 스펙트럼이 나타나며 라이먼 계열, 발머 계열, 파셴 계열 등으로 구분한다. 163쪽 대표 자료 4

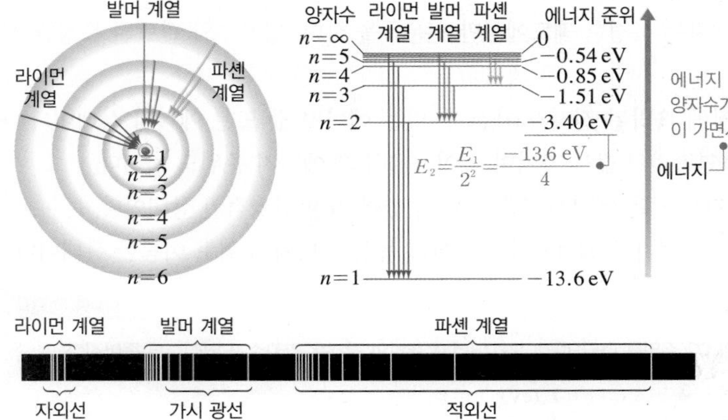

구분	라이먼 계열	발머 계열	파셴 계열
전자의 전이	전자가 $n\geq2$인 궤도에서 $n=1$인 궤도로 전이	전자가 $n\geq3$인 궤도에서 $n=2$인 궤도로 전이	전자가 $n\geq4$인 궤도에서 $n=3$인 궤도로 전이
방출되는 빛	자외선 영역	가시광선을 포함하는 영역	적외선 영역
물리량 비교	• 방출되는 광자의 에너지: 라이먼 계열 > 발머 계열 > 파셴 계열 • 방출되는 빛의 파장: 라이먼 계열 < 발머 계열 < 파셴 계열		

방출되는 빛의 진동수: 라이먼 계열 > 발머 계열 > 파셴 계열

수소의 가시광선 영역 스펙트럼 해석

그림과 같이 수소 원자의 가시광선 스펙트럼 영역에서 나타나는 스펙트럼의 파장은 4개이다. 전자가 $n=3,\ 4,\ 5,\ 6$인 궤도에서 $n=2$인 궤도로 전이할 때 가시광선 영역의 빛이 방출된다.

파장	전자의 전이
656 nm	$n=3$에서 $n=2$로 전이
486 nm	$n=4$에서 $n=2$로 전이
434 nm	$n=5$에서 $n=2$로 전이
410 nm	$n=6$에서 $n=2$로 전이

→ 전자가 $n\geq7$에서 $n=2$로 전이할 때는 자외선이 방출된다.

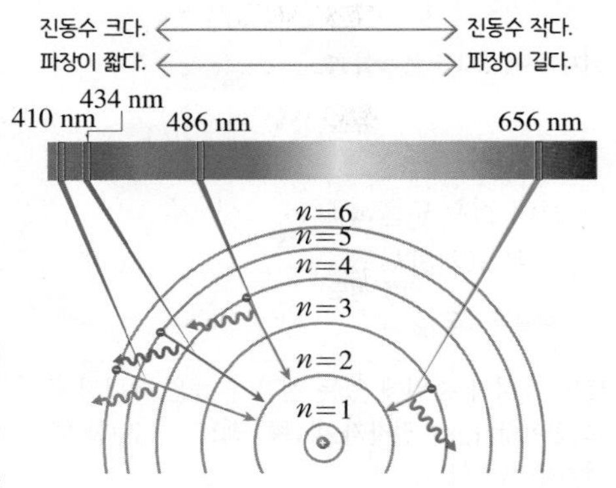

◆ **양자수와 에너지 준위 간격**
수소 원자에서 전자의 에너지 준위는 양자수의 제곱에 반비례하므로 에너지 준위의 간격은 양자수가 커질수록 좁아진다.

◆ **eV(전자볼트)**
에너지의 단위로, 정지한 전자 1개를 1 V의 전압으로 가속시켰을 때 전자가 얻는 운동 에너지를 1 eV라고 한다. 전자의 기본 전하량 $e=1.6\times10^{-19}$ C이므로 1 eV $=1.6\times10^{-19}$ J이다.

◆ **가시광선**
사람 눈으로 볼 수 있는 전자기파 영역으로, 파장이 380 nm~750 nm 범위이다.

◆ **수소의 선 스펙트럼의 계열과 방출되는 빛의 파장**
라이먼 계열에서 파장이 가장 긴 빛은 발머 계열에서 파장이 가장 짧은 빛보다 파장이 짧다. 또한, 발머 계열에서 파장이 가장 긴 빛은 파셴 계열에서 파장이 가장 짧은 빛보다 파장이 짧다.

심화 +

전자가 전이할 때 방출하는 빛의 파장

광자의 에너지에 대한 식을 이용하면 전자가 n번째 궤도에서 m번째 궤도로 전이할 때 방출하는 빛의 파장 λ를 구하는 다음 식을 유도할 수 있다.

$$\frac{1}{\lambda}=R\left(\frac{1}{m^2}-\frac{1}{n^2}\right)$$

여기서 R는 뤼드베리 상수라고 하며, $R=1.097\times10^7\ \text{m}^{-1}$이다.

정답친해 79쪽

개념 확인 문제

핵심 체크

- (❶) 스펙트럼: 빛의 띠가 모든 파장에서 연속적으로 나타나는 스펙트럼이다.
- (❷) 스펙트럼: 고온의 기체에서 방출된 빛의 선 스펙트럼이다.
- (❸) 스펙트럼: 백색광을 저온의 기체에 통과시켰을 때 나타나는 검은 선의 스펙트럼이다.
- 보어 원자 모형: 원자에서 전자는 특정한 궤도에서만 원운동을 하고, 전자의 에너지는 (❹)되어 있다.
- (❺): 원자에 속박된 전자가 가질 수 있는 에너지 값 또는 에너지 상태이다.
- 전자의 (❻): 전자가 에너지를 흡수하거나 방출하며 에너지 준위 사이를 이동하는 것이다.
- 전자가 전이할 때 흡수하거나 방출하는 에너지는 두 궤도의 (❼) 차이와 같으며, 빛의 (❽)에 비례한다.
- 수소의 선 스펙트럼 계열: 양자수 n이 각각 1, 2, 3인 궤도로 전자가 전이할 때 방출하는 선 스펙트럼의 계열을 각각 (❾) 계열, 발머 계열, 파셴 계열이라고 한다.
- 가시광선 영역의 빛을 방출하는 계열은 (❿) 계열이다.

1 그림 (가)~(다)는 여러 가지 스펙트럼을 나타낸 것이다.

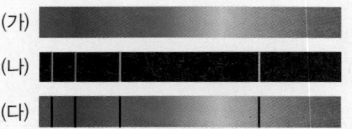

(가)~(다)에 알맞은 스펙트럼의 종류를 쓰시오.

2 러더퍼드 원자 모형의 문제점에 대한 설명 중 ( ) 안에 알맞은 말을 쓰시오.

> 러더퍼드 원자 모형에서 원운동을 하는 전자는 전자기파를 방출하면서 에너지가 감소하여 원자핵 쪽으로 나선을 그리며 끌려 들어간다. 따라서 원자의 ㉠( )을 설명하지 못한다. 또 전자의 운동 반지름이 감소하면서 연속적인 파장의 빛을 방출해야 하므로 기체의 ㉡( )을 설명하지 못한다.

3 보어 원자 모형에 대한 설명으로 옳은 것은 ○, 옳지 않은 것은 ×로 표시하시오.

(1) 전자의 에너지는 불연속적이다. ( )

(2) 양자수가 클수록 전자의 에너지가 크다. ( )

(3) 전자가 에너지를 얻으면 궤도와 궤도 사이에 존재할 수 있다. ( )

4 그림은 수소 원자에서 전자가 전이할 때 흡수하거나 방출하는 광자의 에너지 E_1, E_2, E_3을 나타낸 것이다.

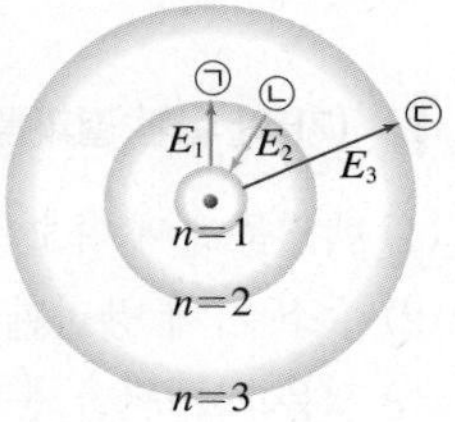

(1) 전자의 전이에 따른 에너지의 흡수와 방출 여부를 쓰시오.

㉠ ______, ㉡ ______, ㉢ ______

(2) 광자의 에너지 E_1, E_2, E_3의 크기를 등호나 부등호로 비교하시오.

5 보어의 수소 원자 모형에서 양자수가 1인 상태에 있는 전자의 에너지를 E_1이라고 할 때, 양자수가 2인 상태와 3인 상태에 있는 전자의 에너지를 각각 쓰시오.

6 그림은 수소의 선 스펙트럼 중 가시광선 영역에서 파장이 가장 긴 빨간색부터 차례대로 4개를 나타낸 것이다. ( ) 안에 알맞은 말을 쓰시오.

(1) 빨간색에서 보라색으로 갈수록 빛의 진동수는 점점 ( ).

(2) 빨간색은 양자수가 ㉠( )인 궤도에서 ㉡( )인 궤도로 전자가 전이할 때 방출된 것이다.

대표 자료 분석

자료 ❶ 스펙트럼

기출 Point
- 연속 스펙트럼과 선 스펙트럼의 광원 구별하기
- 방출 스펙트럼과 흡수 스펙트럼의 의미 이해하기

[1~4] 그림 (가)는 백열등에서 나오는 빛, 수소 기체 방전관에서 나오는 빛, 저온 기체관을 통과한 백열등 빛을 분광기로 관찰하는 모습을, (나)는 (가)의 관찰 결과 나타난 가시광선 영역의 스펙트럼을 순서 없이 나타낸 것이다. 저온 기체관에는 한 종류의 기체만 들어 있다.

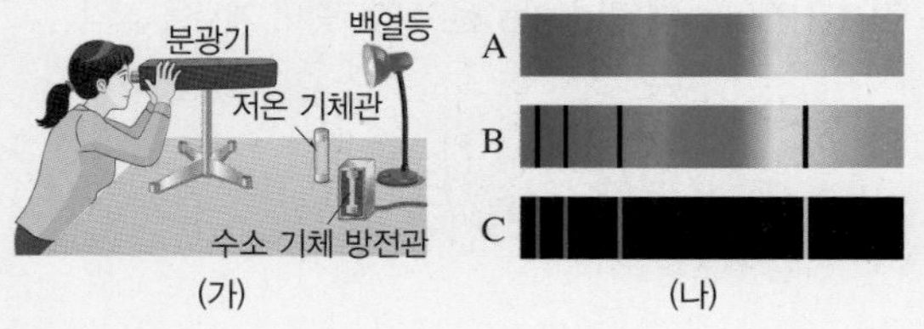

(가) (나)

1 (가)의 실험 결과를 (나)에서 골라 쓰시오.

(1) 백열등에서 나오는 빛의 스펙트럼
(2) 수소 기체 방전관에서 나오는 빛의 스펙트럼
(3) 저온 기체관을 통과한 백열등 빛의 스펙트럼

2 (　　) 안에 알맞은 말을 고르시오.

(1) B는 (방출, 흡수) 스펙트럼이다.
(2) 수소 원자의 에너지 준위는 (연속적이다, 불연속적이다).
(3) 햇빛의 스펙트럼은 (A, C)와 같다.

3 저온 기체관에 들어 있는 기체의 종류가 무엇인지 쓰시오.

4 빈출 선택지로 완벽 정리!

(1) A에서 오른쪽으로 갈수록 빛의 파장이 길다. (○ / ×)
(2) A에서 오른쪽으로 갈수록 빛의 진동수가 크다. (○ / ×)
(3) B를 이용하면 기체의 종류를 알 수 있다. (○ / ×)
(4) 기체 방전관에 사용한 기체의 종류가 달라도 C에 나타나는 선의 위치는 같다. (○ / ×)

자료 ❷ 보어 원자 모형

기출 Point
- 보어 원자 모형 이해하기
- 전자가 전이할 때 방출하거나 흡수하는 에너지 비교하기

[1~4] 그림은 보어의 수소 원자 모형에서 전자의 전이 ㉠, ㉡, ㉢을 나타낸 것이고, 표는 양자수(n)에 따른 전자의 에너지를 나타낸 것이다.

양자수(n)	에너지
1	E_1
2	E_2
3	E_3

1 전자의 에너지 E_1, E_2, E_3의 크기를 등호나 부등호로 비교하시오.

2 ㉠~㉢에서 전자가 방출하거나 흡수하는 광자의 에너지를 쓰시오.

㉠ ________, ㉡ ________, ㉢ ________

3 ㉠~㉢에서 전자가 방출하거나 흡수하는 빛의 진동수를 쓰시오. (단, 플랑크 상수는 h이다.)

㉠ ________, ㉡ ________, ㉢ ________

4 빈출 선택지로 완벽 정리!

(1) ㉠에서는 에너지를 흡수하고, ㉢에서는 에너지를 방출한다. (○ / ×)
(2) 전자가 $n=1$인 궤도에 있을 때 들뜬상태라고 한다. (○ / ×)
(3) 전자는 E_1과 E_2 사이의 에너지를 가질 수 있다. (○ / ×)
(4) ㉠에서 흡수하는 빛의 파장은 ㉡에서 방출하는 빛의 파장보다 길다. (○ / ×)
(5) 방출하는 빛의 진동수는 ㉡에서가 ㉢에서보다 작다. (○ / ×)

자료 ❸ 원자의 에너지 준위

기출 Point
• 원자의 에너지 준위 이해하기
• 전자가 전이할 때 방출하는 빛의 진동수 계산하기

[1~4] 그림은 보어의 수소 원자 모형에서 양자수에 따른 에너지 준위와 전자의 전이 A~D를 나타낸 것이다.

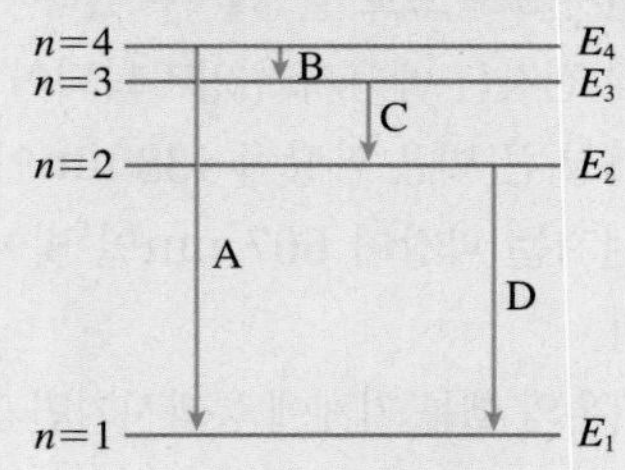

1 ( ) 안에 알맞은 말을 고르시오.

(1) 양자수가 (커질수록, 작아질수록) 에너지 준위의 간격은 좁아진다.
(2) 방출되는 광자의 에너지는 A에서 가장 (크다, 작다).
(3) B에서 방출되는 빛의 진동수는 C에서 방출되는 빛의 진동수보다 (크다, 작다).
(4) C에서 방출되는 빛의 파장은 D에서 방출되는 빛의 파장보다 (길다, 짧다).

2 그림에서 제시된 A~D 외에 전자가 전이하면서 광자를 방출할 수 있는 경우를 있는 대로 쓰시오.

3 B에서 방출하는 빛의 진동수와 C에서 방출하는 빛의 진동수의 합을 구하시오. (단, h는 플랑크 상수이다.)

4 빈출 선택지로 완벽 정리!

(1) 수소 원자의 에너지 준위는 불연속적이다. (○ / ×)
(2) $E_2=\frac{1}{2}E_1$이다. (○ / ×)
(3) A에서 방출되는 빛의 진동수는 B, C, D에서 방출되는 빛의 진동수의 합과 같다. (○ / ×)

자료 ❹ 수소의 선 스펙트럼

기출 Point
• 수소의 선 스펙트럼의 계열 구분하기
• 수소의 선 스펙트럼의 계열에 따른 진동수와 파장 비교하기

[1~4] 그림은 수소의 선 스펙트럼의 일부분을 파장에 따라 나타낸 것이다.

1 다음 빛의 영역이 주로 방출되는 계열을 쓰시오.

(1) 가시광선 영역
(2) 자외선 영역
(3) 적외선 영역

2 라이먼 계열 중 빛의 파장이 가장 긴 경우의 전자 전이를 양자수(n)를 이용하여 쓰시오.

3 발머 계열 중 빛의 진동수가 가장 작은 경우의 전자 전이를 양자수(n)를 이용하여 쓰시오.

4 빈출 선택지로 완벽 정리!

(1) 수소 원자는 전자를 무수히 많이 가지고 있다. (○ / ×)
(2) 빛의 진동수는 라이먼 계열이 발머 계열보다 크다. (○ / ×)
(3) 라이먼 계열 중 파장이 가장 긴 경우는 발머 계열 중 파장이 가장 짧은 경우보다 파장이 길다. (○ / ×)
(4) 파셴 계열 중 진동수가 가장 큰 경우는 발머 계열 중 진동수가 가장 작은 경우보다 진동수가 작다. (○ / ×)

내신 만점 문제

A 스펙트럼

중요 01 그림은 백열등에서 나온 빛 A와 백열등에서 나와 한 종류의 저온의 기체 X를 통과한 빛 B를 각각 프리즘에 통과시켜 스크린에 나타난 스펙트럼을 관찰하는 실험을 나타낸 것이다.

이에 대한 설명으로 옳은 것만을 [보기]에서 있는 대로 고른 것은?

보기
ㄱ. A가 프리즘을 통과하면 연속 스펙트럼이 나타난다.
ㄴ. B가 프리즘을 통과하면 흡수 스펙트럼이 나타난다.
ㄷ. X의 방출 스펙트럼과 흡수 스펙트럼의 선의 위치는 같다.

① ㄱ ② ㄴ ③ ㄱ, ㄷ
④ ㄴ, ㄷ ⑤ ㄱ, ㄴ, ㄷ

02 그림 (가), (나)는 두 광원에서 나온 빛을 간이 분광기로 각각 관찰한 결과를 나타낸 것이다.

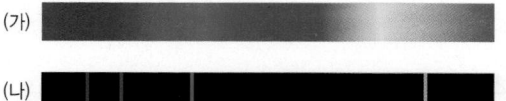

이에 대한 설명으로 옳은 것만을 [보기]에서 있는 대로 고른 것은?

보기
ㄱ. (가)에서 오른쪽으로 갈수록 빛의 파장이 짧다.
ㄴ. (나)는 흡수 스펙트럼이다.
ㄷ. (나)의 스펙트럼으로 광원의 구성 원소를 알 수 있다.

① ㄱ ② ㄷ ③ ㄱ, ㄴ
④ ㄴ, ㄷ ⑤ ㄱ, ㄴ, ㄷ

중요 03 그림은 헬륨 기체가 들어 있는 방전관에서 방출된 빛을 분광기로 관찰한 스펙트럼을 나타낸 것이다.

이에 대한 설명으로 옳지 않은 것은?

① 러더퍼드 원자 모형으로 설명할 수 있다.
② 헬륨 원자의 전자는 에너지가 양자화되어 있다.
③ 진동수가 가장 큰 빛은 파장이 438 nm인 빛이다.
④ 광자의 에너지는 파장이 667 nm인 빛이 504 nm인 빛보다 작다.
⑤ 백열등을 저온의 헬륨 기체에 통과시키면 587 nm인 위치에서 검은 선이 나타난다.

B 보어 원자 모형과 에너지 준위

04 다음은 러더퍼드 원자 모형의 문제점에 대해 설명한 것이다.

> 원자핵 주위의 임의의 궤도에서 원운동을 하는 전자는 [(가)]을(를) 계속 방출하면서 에너지가 감소한다. 따라서 전자의 궤도가 계속 감소하다가 전자가 원자핵과 붙게 되므로 원자의 [(나)]을 설명할 수 없고, 수소 원자의 [(다)]이 생기는 까닭을 설명할 수 없다.

(가)~(다)에 들어갈 말을 옳게 짝 지은 것은?

	(가)	(나)	(다)
①	음극선	안정성	선 스펙트럼
②	음극선	안정성	연속 스펙트럼
③	음극선	불안정성	선 스펙트럼
④	전자기파	안정성	선 스펙트럼
⑤	전자기파	불안정성	연속 스펙트럼

05 보어 원자 모형에 대한 설명으로 옳지 않은 것은?

① 전자는 원자핵을 중심으로 특정한 궤도에서만 원운동을 한다.
② 전자가 특정한 궤도에서 원운동을 할 때는 전자기파를 방출하지 않는다.
③ 원자핵을 중심으로 원운동을 하는 전자의 에너지는 양자화되어 있다.
④ 전자는 원자핵에 가까울수록 불안정하다.
⑤ 전자가 전이할 때 방출하거나 흡수하는 광자의 에너지는 불연속적이다.

[06~07] 그림은 보어의 수소 원자 모형을 나타낸 것이고, 표는 양자수 n에 따른 전자의 에너지를 나타낸 것이다.

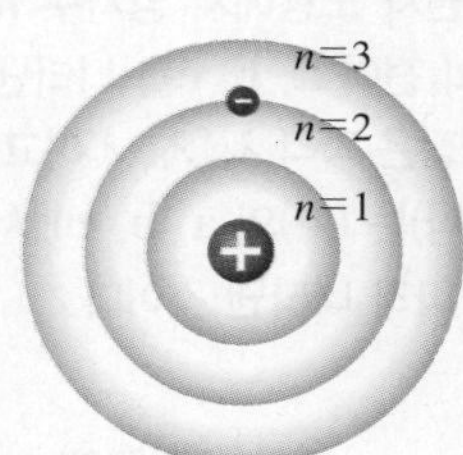

양자수(n)	에너지
1	E_1
2	E_2
3	E_3

중요 **06** 이에 대한 설명으로 옳은 것만을 [보기]에서 있는 대로 고른 것은?

보기
ㄱ. $E_1 < E_2 < E_3$이다.
ㄴ. 전자가 바닥상태에 있을 때 가장 안정하다.
ㄷ. $n=1$인 궤도에 있던 전자가 흡수한 광자의 에너지가 E_2-E_1이면 전자는 $n=2$인 궤도로 전이한다.

① ㄱ ② ㄷ ③ ㄱ, ㄴ
④ ㄴ, ㄷ ⑤ ㄱ, ㄴ, ㄷ

서술형 **07** 전자가 $n=3$인 궤도에서 $n=2$인 궤도로 전이할 때 방출하는 빛의 파장을 풀이 과정과 함께 구하시오. (단, 플랑크 상수는 h이고, 빛의 속력은 c이다.)

중요 **08** 그림 (가)는 광자의 에너지가 10.2 eV인 빛이 수소 원자에 입사하는 과정을 나타낸 것이고, (나)는 광자의 에너지가 5.6 eV인 빛이 수소 원자에 입사하는 과정을 나타낸 것이다. (가), (나)에서 전자는 양자수 $n=1$인 바닥상태에 있다.

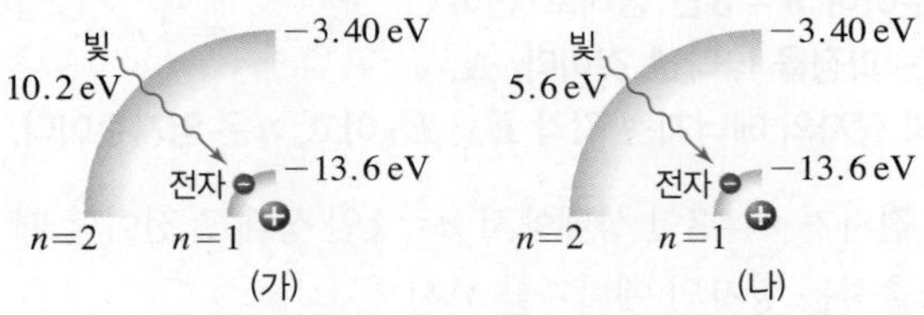

이에 대한 설명으로 옳은 것만을 [보기]에서 있는 대로 고른 것은?

보기
ㄱ. (가)에서 전자는 $n=2$인 상태로 전이한다.
ㄴ. (나)에서 전자는 에너지가 −8.0 eV인 궤도로 전이한다.
ㄷ. 입사한 빛의 진동수는 (가)에서가 (나)에서보다 작다.

① ㄱ ② ㄴ ③ ㄱ, ㄴ
④ ㄱ, ㄷ ⑤ ㄴ, ㄷ

09 그림은 바닥상태의 수소 원자가 진동수가 f_0인 빛을 흡수하여 전자가 양자수 $n=3$인 궤도로 전이한 후에 진동수가 f_1, f_2인 빛을 차례대로 방출하여 다시 바닥상태가 되는 과정을 나타낸 것이다.

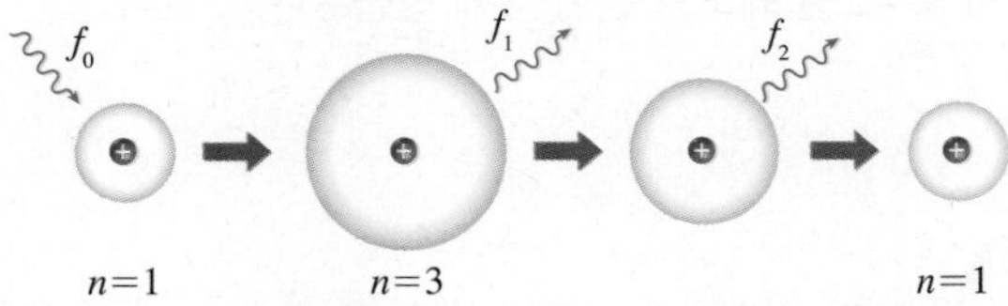

이에 대한 설명으로 옳은 것만을 [보기]에서 있는 대로 고른 것은?

보기
ㄱ. $f_1 > f_2$이다.
ㄴ. $f_0 = f_1 + f_2$이다.
ㄷ. 바닥상태에 있는 수소 원자는 진동수가 f_1인 빛을 흡수할 수 있다.

① ㄱ ② ㄴ ③ ㄱ, ㄴ
④ ㄱ, ㄷ ⑤ ㄴ, ㄷ

서술형

10 그림은 보어의 수소 원자 모형에서 $n=1$인 상태에 있던 전자가 빛 A를 흡수하여 $n=2$인 상태로 전이한 후, 빛 B를 흡수하여 $n=3$인 상태로 전이하는 과정을 나타낸 것이다. A, B의 광자의 에너지는 각각 E_A, E_B이고, n은 양자수이다.

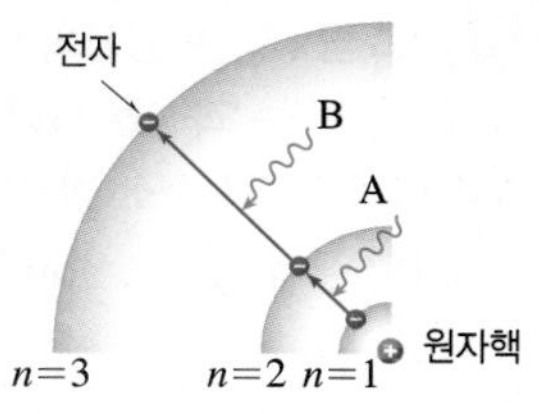

(1) 전자가 $n=3$인 상태에서 $n=1$인 상태로 전이할 때 방출하는 광자의 에너지를 쓰시오.

(2) $n=1$인 상태의 전자가 E_A보다 작은 에너지를 갖는 광자를 흡수했을 때 전자의 전이 여부를 서술하시오.

11 수소의 선 스펙트럼의 계열에 대한 설명으로 옳지 않은 것은? (단, n은 양자수이다.)

① 가시광선 영역의 빛은 발머 계열에서만 방출된다.
② 방출되는 빛의 파장은 라이먼 계열이 발머 계열보다 짧다.
③ 라이먼 계열은 전자가 들뜬상태에서 바닥상태로 전이할 때 방출된다.
④ 파셴 계열은 $n=4$ 이상인 궤도에서 $n=3$인 궤도로 전자가 전이할 때 방출된다.
⑤ 발머 계열에서 가장 짧은 파장의 빛은 전자가 $n=3$에서 $n=2$인 궤도로 전이할 때 방출된다.

서술형

12 그림은 보어의 수소 원자 모형에서 에너지 준위를 양자수 n에 따라 나타낸 것이다. 라이먼 계열에서 파장이 가장 긴 빛의 파장을 λ_1, 파장이 가장 짧은 빛의 파장을 λ_2라고 할 때 $\frac{\lambda_1}{\lambda_2}$을 풀이 과정과 함께 구하시오. (단, 플랑크 상수는 h이고, 빛의 속력은 c이다.)

E_n(eV)	$n=\infty$
E_4	$n=4$
E_3	$n=3$
E_2	$n=2$
E_1	$n=1$

중요

13 그림은 보어의 수소 원자 모형에서 $n=1$에서 $n=4$까지의 에너지 준위와 전자의 전이 A~C를 나타낸 것이다. n은 양자수이다. 이에 대한 설명으로 옳은 것만을 [보기]에서 있는 대로 고른 것은?

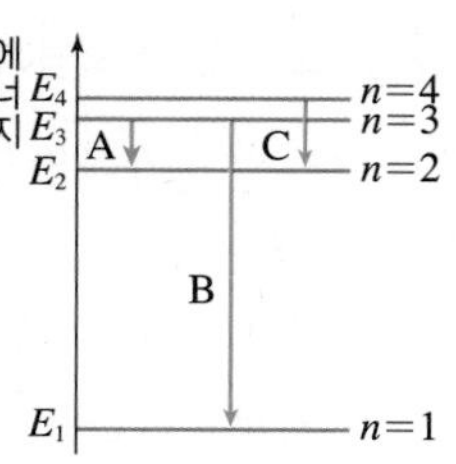

보기
ㄱ. A~C 중 파장이 가장 긴 빛이 방출되는 것은 A이다.
ㄴ. B에서는 자외선 영역의 빛이 방출된다.
ㄷ. A, C에서는 적외선 영역의 빛이 방출된다.

① ㄱ ② ㄷ ③ ㄱ, ㄴ
④ ㄴ, ㄷ ⑤ ㄱ, ㄴ, ㄷ

[14~15] 그림 (가)는 보어의 수소 원자 모형에서 양자수 n에 따른 에너지 준위의 일부와 전자의 전이 a, b, c를 나타낸 것이다. a, b, c에서 방출되는 빛의 파장은 각각 λ_a, λ_b, λ_c이고, 진동수는 각각 f_a, f_b, f_c이다. 그림 (나)는 (가)의 a, b, c에서 방출되는 빛의 선 스펙트럼을 파장에 따라 나타낸 것이다.

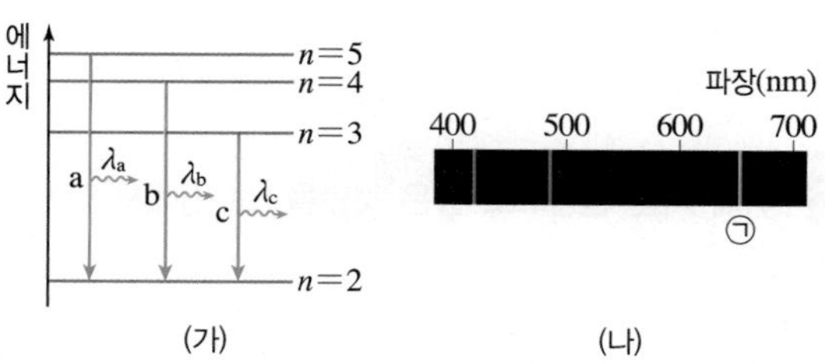

14 이에 대한 설명으로 옳은 것만을 [보기]에서 있는 대로 고른 것은?

보기
ㄱ. $\lambda_a > \lambda_b$이다.
ㄴ. $f_a = f_b + f_c$이다.
ㄷ. (나)의 ㉠은 c에서 방출된 빛이다.

① ㄱ ② ㄷ ③ ㄱ, ㄴ
④ ㄴ, ㄷ ⑤ ㄱ, ㄴ, ㄷ

15 b, c에서 방출되는 빛의 진동수의 비 $f_b : f_c$를 구하시오.

실력 UP 문제

정답친해 83쪽

01 그림은 보어의 수소 원자 모형에서 전자의 전이 a, b, c를 나타낸 것이고, 표는 a, b, c가 일어날 때 방출되는 빛의 파장과 광자 1개의 에너지를 나타낸 것이다. n은 양자수이다.

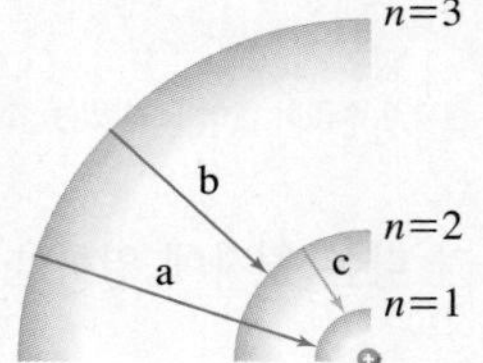

전이	파장	에너지
a	λ_a	E_a
b	λ_b	E_b
c	λ_c	E_c

이에 대한 설명으로 옳은 것만을 [보기]에서 있는 대로 고른 것은?

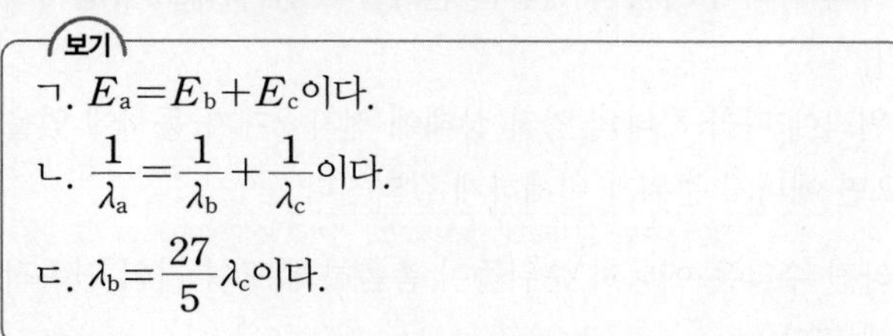

보기

ㄱ. $E_a = E_b + E_c$이다.

ㄴ. $\dfrac{1}{\lambda_a} = \dfrac{1}{\lambda_b} + \dfrac{1}{\lambda_c}$이다.

ㄷ. $\lambda_b = \dfrac{27}{5}\lambda_c$이다.

① ㄱ ② ㄴ ③ ㄱ, ㄷ
④ ㄴ, ㄷ ⑤ ㄱ, ㄴ, ㄷ

02 그림은 보어의 수소 원자 모형에서 양자수 n에 따른 에너지 준위와 전자의 전이 a, b를 나타낸 것이다. a에서 흡수하는 빛의 진동수는 f_a이고, b에서 방출하는 빛의 진동수는 f_b이다.

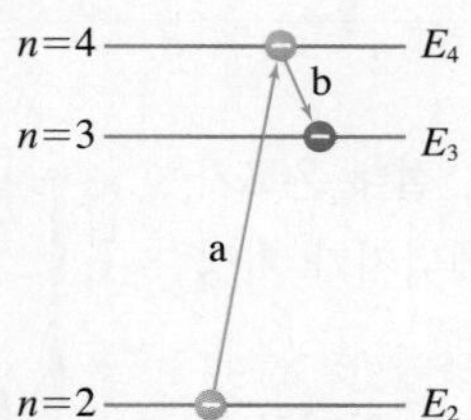

이에 대한 설명으로 옳은 것만을 [보기]에서 있는 대로 고른 것은?

보기

ㄱ. $n=2$인 상태에 있는 전자는 진동수가 f_b인 빛을 흡수할 수 있다.

ㄴ. b에서 방출하는 빛은 적외선 영역에 해당한다.

ㄷ. f_a는 $4f_b$보다 크다.

① ㄴ ② ㄷ ③ ㄱ, ㄴ
④ ㄱ, ㄷ ⑤ ㄱ, ㄴ, ㄷ

03 그림은 수소 원자에서 방출되는 발머 계열의 선 스펙트럼을 파장에 따라 나타낸 것이다. d는 발머 계열 중 파장이 가장 긴 빛이다.

이에 대한 설명으로 옳은 것만을 [보기]에서 있는 대로 고른 것은?

보기

ㄱ. 방출된 광자 1개의 에너지는 a가 b보다 크다.

ㄴ. c는 전자가 $n=4$에서 $n=2$인 상태로 전이할 때 방출된다.

ㄷ. b, c의 진동수 차이는 c, d의 진동수 차이보다 작다.

① ㄱ ② ㄴ ③ ㄱ, ㄷ
④ ㄴ, ㄷ ⑤ ㄱ, ㄴ, ㄷ

04 그림은 보어의 수소 원자 모형에서 바닥상태에 있던 전자가 파장이 λ_0인 빛을 흡수하여 양자수 $n=N$인 상태로 전이한 이후 방출할 수 있는 모든 빛의 선 스펙트럼을 파장에 따라 나타낸 것이다. λ_1, λ_2는 전자가 $n=2$인 상태로 전이할 때 방출한 빛의 파장이다.

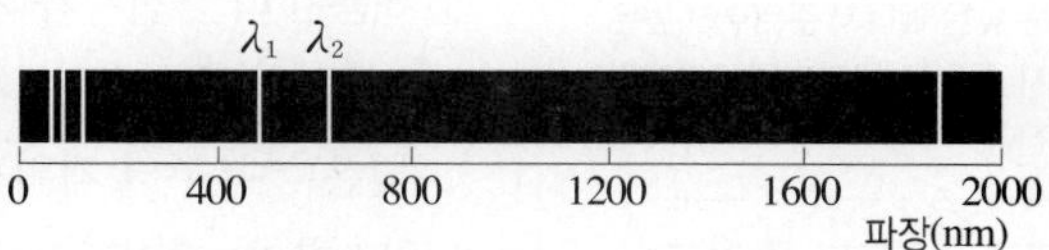

이에 대한 설명으로 옳은 것만을 [보기]에서 있는 대로 고른 것은?

보기

ㄱ. $N=4$이다.

ㄴ. $\lambda_0 < \lambda_1$이다.

ㄷ. λ_1은 전자가 $n=3$에서 $n=2$인 상태로 전이할 때 방출한 빛의 파장이다.

① ㄱ ② ㄷ ③ ㄱ, ㄴ
④ ㄴ, ㄷ ⑤ ㄱ, ㄴ, ㄷ

3 에너지띠와 반도체

핵심 포인트
1. 원자가 띠와 전도띠 ★★★
2. 고체의 전기 전도성 ★★
3. p형 반도체와 n형 반도체 ★★★
4. p－n 접합 다이오드 ★★

A 고체의 에너지띠

수소 원자는 전자를 하나만 가지고 있어서 에너지 준위를 간단히 나타낼 수 있어요. 그렇다면 똑같은 원자가 수없이 많이 모여 있는 고체는 에너지 준위가 어떻게 되어 있을까요?

1. 기체 원자의 에너지 준위 원자들이 서로 멀리 떨어져 있어 한 원자가 다른 원자에 영향을 주지 않으므로 같은 종류의 기체 원자에서는 에너지가 같다.

2. 고체 원자의 에너지 준위 원자 사이의 거리가 가까워 인접한 원자들의 전자 궤도가 겹치게 되므로 에너지 준위가 겹치게 된다.

(1) **에너지 준위의 변화:** ◆파울리 배타 원리에 따라 하나의 양자 상태에 전자 2개가 동시에 있을 수 없으므로 원자들이 가까이 있으면 에너지 준위가 미세하게 갈라진다.
└● 인접한 원자의 원자핵과 전자 사이의 전기력 때문이다.

(2) **에너지띠:** 원자가 매우 많을 때 갈라진 수많은 에너지 준위들이 촘촘하게 모여 거의 연속적인 띠 형태의 에너지 준위를 이루게 된다.

◆ **파울리 배타 원리**
원자에서 하나의 양자 상태에 전자가 두 개 이상 함께 존재할 수 없다. 즉, 전자들은 각각 다른 양자수 조합을 가져야 한다.

| 원자 개수와 에너지 준위 | 176쪽 대표 자료❶

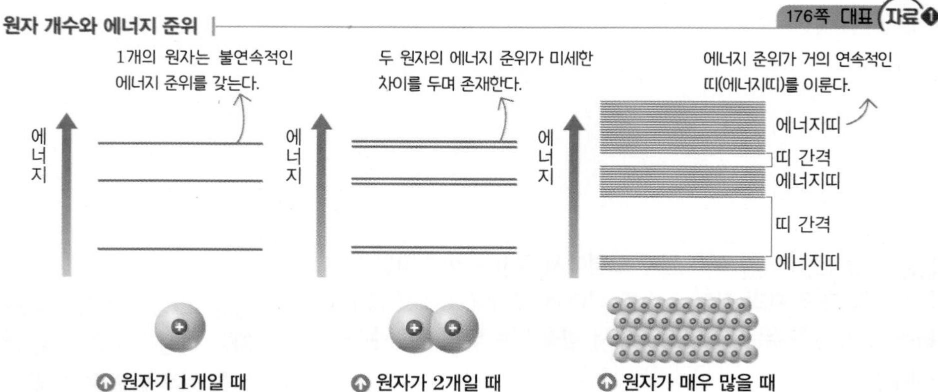

1개의 원자는 불연속적인 에너지 준위를 갖는다.
두 원자의 에너지 준위가 미세한 차이를 두며 존재한다.
에너지 준위가 거의 연속적인 띠(에너지띠)를 이룬다.
에너지
에너지띠
띠 간격
에너지띠
띠 간격
에너지띠

⊙ 원자가 1개일 때 ⊙ 원자가 2개일 때 ⊙ 원자가 매우 많을 때

미래엔, 금성 교과서에서는 에너지 준위를 다음과 같이 나타내요.

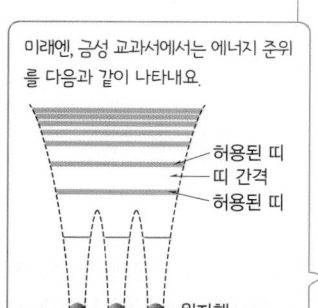

허용된 띠
띠 간격
허용된 띠
원자핵

⊙ 원자가 매우 많을 때

(3) **에너지띠의 구조**

① 허용된 띠: ◆전자가 가질 수 있는 에너지 영역으로, 절대 온도가 0 K일 때 고체 원자의 전자들은 허용된 띠의 에너지가 가장 낮은 부분부터 채워진다.

• 원자가 띠: ◆전자가 채워진 에너지띠 중 맨 위의 띠로, 완전히 채워진 원자가 띠 내의 전자는 자유롭게 움직이지 못한다.
┌● 에너지 준위가 가장 높은 띠 (맨 위의 띠)
└● 전자가 옮겨 갈 빈자리가 없기 때문이다.

• ❶전도띠: 원자가 띠 바로 위에 있는 에너지띠로, 전도띠 내의 전자는 자유롭게 움직일 수 있다.
전자가 채워져 있지 않기 때문이다. ●

에너지
전도띠 } 전자가 채워지지 않았다.
띠 간격
원자가 띠 } 전자가 채워져 있다.

⊙ 에너지띠의 구조

② 띠 간격(띠틈): 에너지띠 사이의 간격으로, 전자는 이 영역의 에너지 준위를 가질 수 없다.
└● 고체 물질의 전기가 통하는 정도를 결정하는 중요한 요인이다.

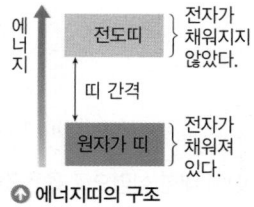

3. 고체 원자의 에너지띠와 전자의 이동 원자가 띠에 전자가 완전히 채워져 있으면 전자는 자유롭게 움직이지 못하지만, 원자가 띠에 있던 전자가 띠 간격 이상의 에너지를 흡수하여 전도띠로 전이하면 자유롭게 움직일 수 있다.

◆ **에너지 준위와 전자 배치**
전자는 낮은 에너지 준위부터 높은 에너지 준위로 올라가면서 2개씩 채워진다.

◆ **원자가 띠에 있는 전자들의 에너지**
원자가 띠 안에서 위로 올라갈수록 전자의 에너지 준위가 높다.

용어
❶ **전도(傳 전하다, 導 이끌다)** 열이나 전기가 한 부분에서 다른 곳으로 이동하는 현상

B 고체의 전기 전도성

고체에는 전류가 잘 흐르는 물질도 있고, 전류가 잘 흐르지 않는 물질도 있어요. 고체의 이러한 특성이 다르게 나타나는 까닭이 무엇인지 고체의 에너지띠와 관련지어 알아볼까요?

1. 전기 전도성

(1) **전기 전도성:** 물질에 전류가 얼마나 잘 흐르는지를 나타내는 성질이다. ➡ 전기 전도성이 좋으면 물질에 전류가 잘 흐르고, 전기 전도성이 좋지 않으면 물질에 전류가 잘 흐르지 않는다.

(2) ◆**자유 전자와 양공:** 자유 전자와 양공에 의해 전류가 흐른다.
└● 전하를 나르는 원인이 되므로 전하 나르개라고 한다.

① 자유 전자: 원자가 띠의 전자가 에너지를 얻어 전도띠로 전이된 전자로, 고체 내부를 자유롭게 움직일 수 있다. ➡ 자유 전자가 많으면 전류가 잘 흐른다.

② ❶양공: 전자의 전이로 인해 원자가 띠에 생기는 빈자리로, 이웃한 전자가 채워지면서 움직일 수 있기 때문에 (+)전하를 띤 입자와 같은 역할을 한다. —● 순수 반도체에서 자유 전자의 수와 양공의 수는 같다.

자유 전자 | 전도띠
전자가 전이함 | 띠 간격
전자 | 양공
원자가 띠

⬆ 자유 전자와 양공

(3) **전기 전도성과 전기 저항:** 물질의 전기 전도성이 좋으면 전류가 잘 흐르므로 전기 저항이 작고, 전기 전도성이 좋지 않으면 전류가 잘 흐르지 않으므로 전기 저항이 크다.

◆ 양공의 이동 방향
전자가 양공을 채우면 전자가 빠져나간 자리가 다시 양공이 된다. 따라서 양공의 이동 방향은 전자의 이동 방향과 반대이다.

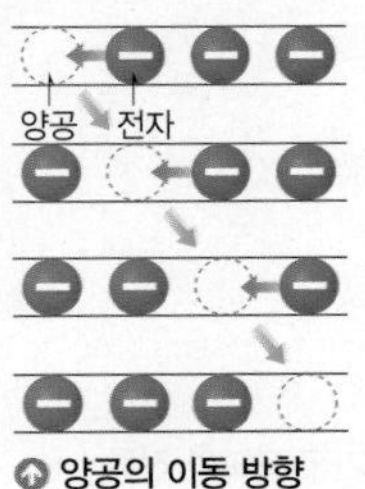

⬆ 양공의 이동 방향

2. 고체의 전기 전도성과 에너지띠의 구조

고체의 전기 전도성은 에너지띠의 구조에 따라 달라진다.

(1) **띠 간격과 전기 전도성:** 원자가 띠의 전자가 띠 간격보다 높은 에너지를 얻어 전도띠로 전이되어야 전류가 흐를 수 있다. ➡ 띠 간격이 좁을수록 전기 전도성이 좋다.

(2) **고체의 분류와 전기 전도성**

176쪽 대표 자료❷

구분	도체	❷절연체 부도체라고도 한다.	반도체 半(절반)
정의	전류가 잘 흐르는 물질	전류가 흐르기 어려운 물질	도체와 절연체의 중간 정도의 물질
에너지띠의 구조 (띠 간격에 따라 고체를 분류할 수 있다.)	전도띠, 원자가 띠, 비어 있는 에너지 준위, 쉽게 이동, 채워진 에너지 준위 원자가 띠가 일부만 차 있거나 원자가 띠와 전도띠가 서로 겹쳐져 있어서 띠 간격이 없다.	전도띠, 띠 간격, 원자가 띠, × 이동이 매우 어려움 원자가 띠가 완전히 채워져 있으며 띠 간격이 넓다.	전도띠, 띠 간격, 원자가 띠, 이동 가능 원자가 띠가 완전히 채워져 있으며 띠 간격이 좁다.
전자의 이동과 전류의 흐름	띠 간격이 없어서 약간의 에너지만 흡수해도 전자가 쉽게 전도띠로 이동하여 고체 안을 자유롭게 이동하므로 전류가 잘 흐른다.	띠 간격이 매우 넓어서 전자가 전도띠로 올라가기 어렵기 때문에 전류가 거의 흐르지 않는다.	띠 간격이 좁아서 전자가 일정량의 에너지를 흡수하면 전도띠로 이동하여 전류가 흐를 수 있다.
전기 전도성	전기 전도성이 매우 좋다. ➡ 전기 저항이 매우 작다.	전기 전도성이 좋지 않다. ➡ 전기 저항이 매우 크다.	전기 전도성이 도체보다는 좋지 않고 절연체보다는 좋다.
예	금, 은, 구리, 철, 알루미늄 등의 금속 물질	다이아몬드, 유리, 나무, 고무 등의 비금속 물질	규소(Si), 저마늄(Ge) 등

궁금해?
절연체와 반도체의 띠 간격은?
절연체의 띠 간격은 보통 5 eV~8 eV 정도이고, 반도체의 띠 간격은 1 eV 내외이다.

용어
❶ 양공(陽 양(+), 孔 구멍) (+)전하를 띤 구멍
❷ 절연체(絕 끊다, 緣 전선, 體 몸) 전기가 통하지 않는 물질, 부도체와 같은 의미이다.

3. 전기 전도도(σ) 물질의 전기 전도성을 정량적으로 나타낸 물리량으로, 외부 전압에 의해 고체에 전류가 잘 흐르는 정도를 나타낸다. → 전기 전도도가 클수록 전류가 잘 흐른다.

(1) **비저항(ρ):** 일정한 온도에서 물체의 저항 R는 물체의 길이 l에 비례하고 단면적 A에 반비례한다. 이때의 비례 상수 ρ를 비저항이라고 한다.

$$R=\rho\frac{l}{A}$$

(2) **전기 전도도(σ):** 전기 전도도는 비저항의 역수와 같다.

$$\sigma=\frac{1}{\rho}=\frac{l}{RA}\ [\text{단위: }\Omega^{-1}\cdot\text{m}^{-1}]$$

도체와 반도체의 온도와 전기 전도도

비저항은 물질의 온도에 따라 변하는 물질의 특성이고, 비저항이 증가하면 전기 전도도가 감소하고 비저항이 감소하면 전기 전도도가 증가한다.

- 금속과 같은 도체는 대체로 온도가 증가할수록 비저항이 증가한다.
- 반도체는 대체로 온도가 증가하면 비저항이 감소한다.

➡ 도체는 온도가 증가할수록 전기 전도도가 감소하고, 반도체는 온도가 증가할수록 전기 전도도가 증가한다.

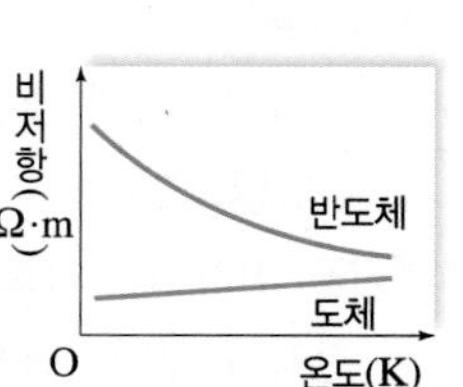

(3) **여러 가지 물질의 전기 전도도:** 원자의 종류, 결정 구조, 주변 온도, 불순물의 포함 정도에 따라 물질의 전기 전도도가 달라질 수 있다.

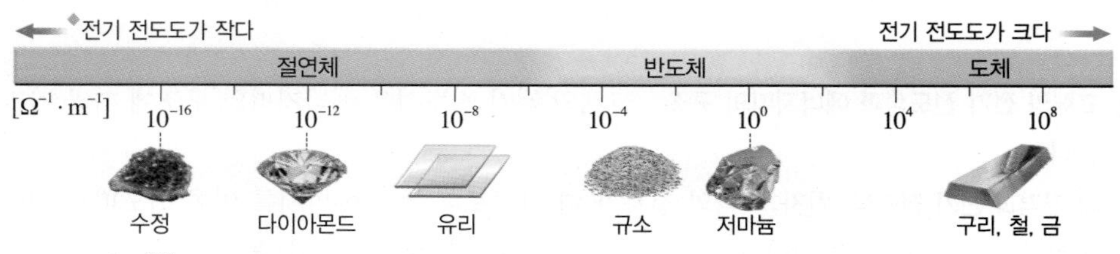

◆ **전기 전도도와 전류**
- 고체의 전기 전도도가 작으면 고체의 비저항이 크고, 전기 전도성이 좋지 않으므로 전류가 잘 흐르지 못한다.
- 고체의 전기 전도도가 크면 고체의 비저항이 작고, 전기 전도성이 좋으므로 전류가 잘 흐른다.

탐구 자료창 여러 가지 고체의 전기 전도도 측정

그림과 같이 연필심에 전지와 전류계, 전압계를 연결한 후 전류와 전압을 측정하였더니 결과가 다음과 같았다. 같은 방법으로 여러 가지 물질의 전기 전도도를 측정하고 비교해 보자.

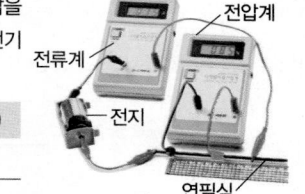

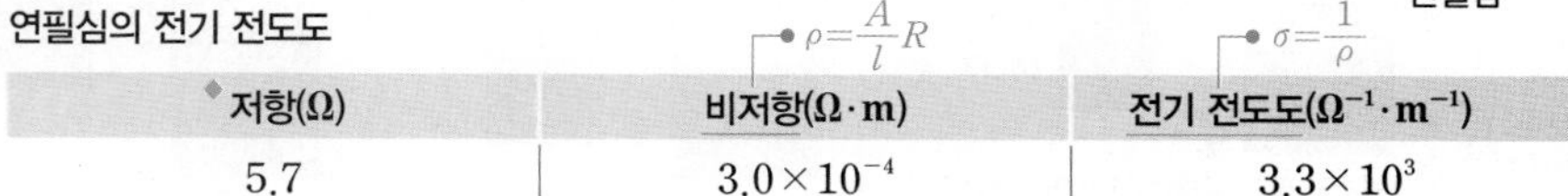

측정	전류(A)	전압(mV)	길이(mm)	지름(mm)
연필심	0.15	850	60.0	2.0

전압계 / 전류계 / 전지 / 연필심

1. **연필심의 전기 전도도**

저항(Ω)	비저항(Ω·m) ($\rho=\frac{A}{l}R$)	전기 전도도($\Omega^{-1}\cdot\text{m}^{-1}$) ($\sigma=\frac{1}{\rho}$)
5.7	3.0×10^{-4}	3.3×10^{3}

2. **여러 가지 물질의 전기 전도도(20 °C)**

물질	전기 전도도($\Omega^{-1}\cdot\text{m}^{-1}$)	물질	전기 전도도($\Omega^{-1}\cdot\text{m}^{-1}$)
은 (도체)	6.30×10^{7}	저마늄 (반도체)	2.17
구리	5.96×10^{7}	규소	1.56×10^{-3}
알루미늄	3.50×10^{7}	유리 (절연체)	$10^{-15}\sim10^{-11}$
철	1.00×10^{7}	고무	10^{-14}

3. **전기 전도도 비교:** 연필심과 비교할 때 도체(금속 물질)는 전기 전도도가 크고, 절연체나 반도체는 전기 전도도가 작다.

◆ **전류계와 전압계의 연결**
전류계는 저항체에 직렬로 연결하고, 전압계는 저항체에 병렬로 연결한다. 이때 물체에 과전류가 흐르는 것을 방지하기 위해 저항값이 큰 저항을 추가로 연결하는 것이 좋다.

◆ **옴의 법칙과 저항의 크기**
저항이 R인 물체에 전압 V를 걸었을 때 저항에 흐르는 전류의 세기를 I라고 하면, 옴의 법칙에 따라 $V=IR$의 관계가 성립한다. 따라서 저항의 크기 $R=\frac{V}{I}$이다.

◆ **절연체에 흐르는 전류**
유리나 고무와 같은 절연체는 전기 전도도가 매우 작아 제시된 실험 방법으로는 전류가 측정되지 않는다.

개념 확인 문제

핵심 체크

- 기체의 에너지 준위: 원자들이 서로 멀리 떨어져 있어 한 원자가 다른 원자에 영향을 주지 않으므로 같은 종류의 기체 원자에서는 에너지 준위가 (❶)。
- (❷): 수많은 에너지 준위들이 촘촘하게 모여 연속적인 띠 형태의 에너지 준위를 이루게 된 것이다.
- 원자가 띠: 전자가 채워진 에너지띠 중 에너지 준위가 가장 (❸) 띠이다.
- (❹): 원자가 띠 바로 위에 있는 에너지띠이다.
- (❺): 에너지띠 사이의 간격으로, 전자는 이 영역의 에너지 준위를 가질 수 (❻).
- (❼): 전자의 전이로 인해 원자가 띠에 생기는 빈 자리로, (❽)전하와 같은 역할을 한다.
- 반도체의 띠 간격은 도체보다 (❾) 절연체보다 (❿).
- (⓫): 물질 내에서 전류가 잘 흐르는 정도를 나타내는 물리량으로, (⓬)의 역수와 같다.

1 에너지띠에 대한 설명으로 옳은 것은 ○, 옳지 않은 것은 ×로 표시하시오.

(1) 에너지띠는 기체 원자에서 나타난다. ( )

(2) 전자는 띠 간격에 해당하는 에너지를 가질 수 없다. ( )

(3) 에너지띠 내에서는 에너지 준위가 거의 연속적이라고 할 수 있다. ( )

2 그림은 어떤 고체의 에너지띠를 나타낸 것으로 A는 전자가 채워져 있지 않은 에너지띠이고, C는 전자가 채워져 있는 에너지띠이다.

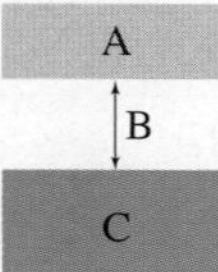

(1) A, B, C가 각각 무엇인지 쓰시오.

(2) B의 크기와 전기 전도성의 관계를 쓰시오.

3 자유 전자와 양공에 대한 설명 중 ( ) 안에 알맞은 말을 쓰시오.

> 원자가 띠에 있던 전자가 ㉠( ) 이상의 에너지를 흡수하여 ㉡( )로 전이하면 자유 전자가 되어 고체 내에서 움직일 수 있게 된다. 전자의 전이로 인해 생긴 양공은 이웃한 전자가 채워지면서 움직일 수 있으며 ㉢( )전하를 띤 입자와 같은 역할을 한다.

4 그림 (가)~(다)는 도체, 절연체, 반도체의 에너지띠 구조를 순서 없이 나타낸 것이다.

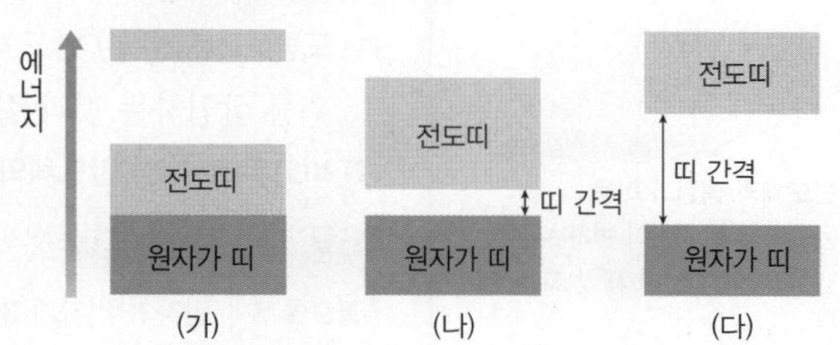

(가)~(다)에 해당하는 물질의 종류를 쓰시오. (단, 에너지띠의 파란색 부분은 전자가 채워져 있다.)

5 다음에 해당하는 고체의 종류를 [보기]에서 있는 대로 고르시오.

> 보기
> ㄱ. 도체　　ㄴ. 절연체　　ㄷ. 반도체

(1) 띠 간격이 없는 고체 ( )

(2) 원자가 띠가 완전히 채워진 고체 ( )

(3) 원자가 띠와 전도띠 사이의 띠 간격이 가장 큰 고체 ( )

6 물질의 전기 전도성과 전기 전도도에 대한 설명으로 옳은 것은 ○, 옳지 않은 것은 ×로 표시하시오.

(1) 전기 전도성이 좋으면 물질에 전류가 잘 흐르지 않는다. ( )

(2) 물질의 비저항이 클수록 전기 전도도가 크다. ( )

(3) 도체는 절연체보다 전기 전도도가 크다. ( )

C 반도체

1. 고유(순수) 반도체 불순물 없이 완벽한 결정 구조를 갖는 반도체이다.

(1) **원소의 종류:** ◆원자가 전자가 4개인 원소이다. 예 규소(Si), 저마늄(Ge)
└ 14족 원소

(2) **고유(순수) 반도체의 전기 전도성:** 낮은 온도에서 양공이나 자유 전자의 수가 매우 적어 전류가 잘 흐르지 않는다.

| 고유 반도체의 구조 |

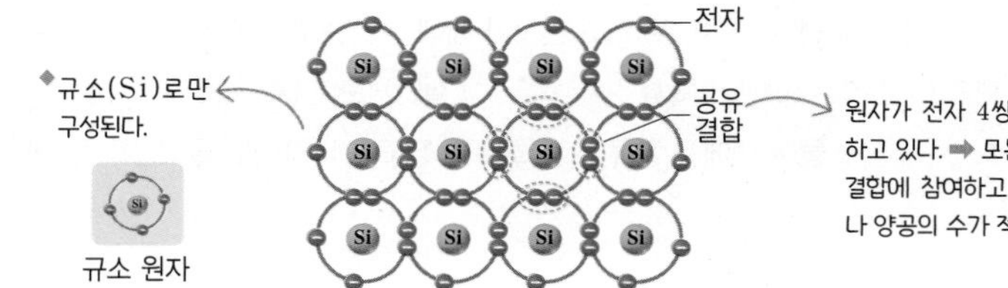
◆규소(Si)로만 구성된다.
규소 원자
전자
공유 결합
원자가 전자 4쌍이 ❶공유 결합을 하고 있다. ➡ 모든 원자가 전자가 결합에 참여하고 있어 자유 전자나 양공의 수가 적다.

2. 비고유(불순물) 반도체 고유 반도체에 불순물을 넣어 전기 전도성을 증가시킨 반도체이다.

(1) **도핑:** 고유(순수) 반도체에 특정한 불순물을 섞는 과정으로, 띠 간격 사이에 새로운 에너지 준위를 삽입하는 것과 같다.

177쪽 대표 자료❸

(2) **비고유(불순물) 반도체의 종류:** 불순물의 종류에 따라 p형 반도체와 n형 반도체로 구분한다. (p: positive, n: negative)

구분	p형 반도체	n형 반도체
불순물 종류	원자가 전자가 3개인 원소 → 13족 원소 예 붕소(B), 알루미늄(Al), 갈륨(Ga), 인듐(In) 등	원자가 전자가 5개인 원소 → 15족 원소 예 인(P), 질소(N), 비소(As), 안티모니(Sb) 등
구조	원자가 전자가 4개인 규소(Si)에 원자가 전자가 3개인 붕소(B)를 첨가하면 3개의 전자는 공유 결합을 하지만 전자 1개가 부족하여 빈자리인 양공이 생긴다.	원자가 전자가 4개인 규소(Si)에 원자가 전자가 5개인 인(P)을 첨가하면 4개의 전자가 공유 결합을 하고 전자 1개가 남는다.
전기 전도성의 원인	양공 / 규소 원자 / 붕소 원자 붕소는 인접한 규소 원자에서 전자를 얻으면 음이온이 된다. 인접한 원자의 전자가 양공을 채우면 전자가 빠져나간 자리에 새로운 양공이 생긴다. ➡ 주로 양공이 전하를 운반한다.	규소 원자 / 인 원자 인은 인접한 규소 원자에 전자를 주면 양이온이 된다. 남는 전자는 원자에 약하게 속박되어 자유롭게 이동할 수 있다. ➡ 주로 전자가 전하를 운반한다.
에너지 준위의 변화	전도띠 / 불순물 에너지 준위 / 전자 / 양공 / 원자가 띠 불순물에 의해 원자가 띠 바로 위에 새로운 에너지 준위가 만들어진다. → 원자가 띠의 전자가 새로운 에너지 준위로 쉽게 전이할 수 있다. → 원자가 띠에는 양공이 발생한다.	전도띠 / 전자 / 불순물 에너지 준위 / 원자가 띠 불순물에 의해 전도띠 바로 아래에 새로운 에너지 준위가 만들어진다. → 남는 전자가 새롭게 만들어진 에너지 준위에 채워진다. → 전자가 쉽게 전도띠로 전이할 수 있다.

◆ **원자가 전자**
원자의 에너지 준위를 전자껍질로 나타낼 때 가장 바깥쪽 전자껍질에 존재하여 화학 결합에 관여하는 전자

◆ **규소(Si) 원자**
순수한 규소는 양성자수와 전자 수가 같으므로(14개) 전기적으로 중성이며 원자가 전자는 4개이다.

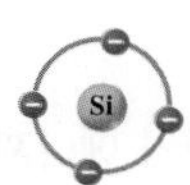

미래엔 교과서에만 나와요.

◆ **반도체의 성질과 이용**
- 온도에 따라 저항이 변하는 성질: 냉장고, 에어컨, 화재 방지 장치 등
- 빛의 밝기에 따라 저항이 변하는 성질: 자동 조명, 영상 표시 장치, 조도계 등
- 압력에 따라 저항이 변하는 성질: 방송, 전화 등

주의해!

주요 전하 나르개
- p형 반도체: 양공의 수가 자유 전자의 수보다 많으므로 주로 양공이 전하를 운반하여 전류를 흐르게 한다.
- n형 반도체: 자유 전자의 수가 양공의 수보다 많으므로 주로 자유 전자가 전하를 운반하여 전류를 흐르게 한다.

(용어)
❶ **공유(共 함께, 有 가지다) 결합** 원자의 가장 바깥쪽 전자껍질에 전자 8개가 배치되어 가장 안정한 상태가 되도록 원자들이 서로 원자가 전자를 내놓아 전자쌍을 만들고 이를 공유하면서 형성된 결합

D 다이오드

1. ◆p-n 접합 다이오드 p형 반도체와 n형 반도체를 접합하여 양 끝에 전극을 붙인 것이다.

(1) **p-n 접합 다이오드의 특성:** p형 반도체에서 n형 반도체 방향으로는 전류가 잘 흐르지만, 반대 방향으로는 전류가 거의 흐르지 않는 특성이 있다.

(2) **❶바이어스:** 다이오드에 흐르는 전류를 조절하기 위해 다이오드에 걸리는 전압의 방향과 크기를 바꾸는 것이다. ─• 다이오드에 거는 전압의 방향에 따라 순방향 바이어스, 역방향 바이어스라고 한다. (완자쌤 비법 특강 175쪽)

구분	순방향 바이어스(순방향 전압 연결)	역방향 바이어스(역방향 전압 연결)
전원의 연결	p형 반도체에 전원의 (+)극을, n형 반도체에 전원의 (−)극을 연결한다.	p형 반도체에 전원의 (−)극을, n형 반도체에 전원의 (+)극을 연결한다.
원리	전류가 흐른다. (+) (−) p형 반도체 n형 반도체 양공 ◆접합면 전자 전자가 접합면을 통과한다.	전류가 흐르지 않는다. (−) (+) p형 반도체 n형 반도체 양공이 (−)극 쪽으로 모인다. 양공과 전자가 접합면을 통과할 수 없다. 전자가 (+)극 쪽으로 모인다.
전류의 흐름	양공이 n형 반도체 쪽으로 이동하고, 전자는 p형 반도체 쪽으로 이동하여 접합면에서 결합한다. ➡ 양공과 전자가 접합면을 쉽게 통과하므로 전류가 흐른다.	양공은 (−)극 쪽으로 이동하고, 전자는 (+)극 쪽으로 이동한다. ➡ 양공과 전자가 접합면을 통해 이동할 수 없으므로 전류가 흐르지 않는다.

(3) **❷정류 작용:** p-n 접합 다이오드의 특성에 의해 전류를 한쪽 방향으로만 흐르게 하는 작용이다. ➡ 정류 작용을 이용하여 ◆교류를 직류로 변환시킨다. (완자쌤 비법 특강 175쪽)

| 정류 회로의 원리 | 177쪽 대표 자료❹

가정에는 교류 전류가 공급되는데 전기 기구 중에는 직류 전류가 흘러야 하는 것들이 많다. 이때 다이오드의 정류 작용을 이용하여 직류를 얻는다. 교류를 직류로 바꾸는 회로를 정류 회로라고 한다.

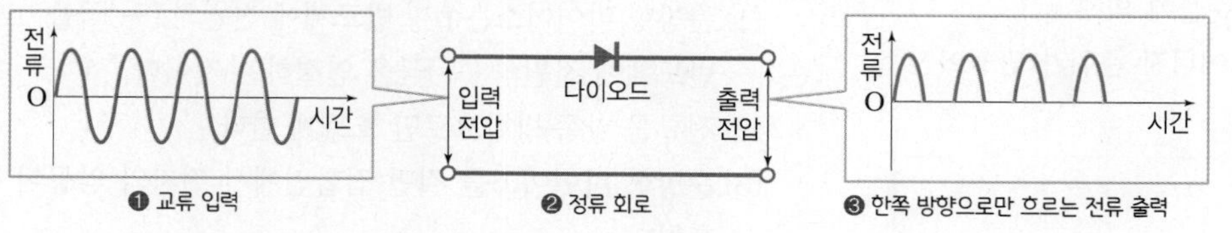

❶ 교류 입력 ❷ 정류 회로 ❸ 한쪽 방향으로만 흐르는 전류 출력

2. 다이오드의 이용

(1) **발광 다이오드(LED):** 전류가 흐를 때 빛을 방출하는 다이오드이다. (─• Light Emitting Diode)

① 원리: 다이오드의 접합면에서 전자와 양공이 결합하면 띠 간격에 해당하는 에너지를 갖는 광자를 방출한다.

② 특징: 반도체의 띠 간격에 따라 방출되는 빛의 색이 다르다.
└• 재료로 사용하는 화합물에 따라 띠 간격이 달라진다.

③ 이용: 신호등, 조명 장치, 전조등, 영상 표시 장치 등

(2) **광 다이오드:** 빛을 비추면 전류가 흐르는 다이오드로, 자동문, 리모컨 수신 장치 등에 이용된다.

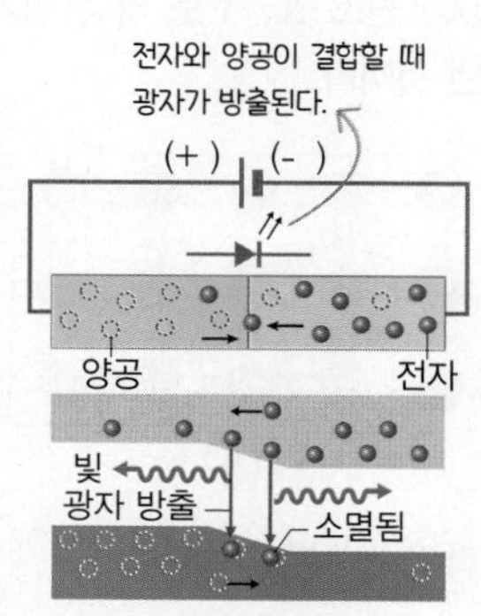

⊙ 발광 다이오드의 원리

◆p-n 접합 다이오드

• 다이오드의 모습

• 다이오드의 구조

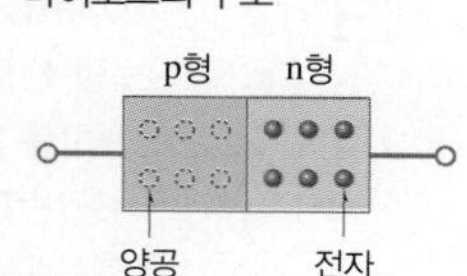

• 다이오드의 기호

◆다이오드의 접합면

다이오드에 연결된 전압이 순방향 전압일 때는 접합면의 폭이 얇아지고, 역방향 전압일 때는 접합면의 폭이 두꺼워진다.

암기해!

다이오드에서 전류의 흐름

• 순방향 전압: (+)극을 p형에, (−)극을 n형에 연결 → 전류가 흐름

• 역방향 전압: (−)극을 p형에, (+)극을 n형에 연결 → 전류가 흐르지 않음

◆교류와 직류

교류는 시간에 따라 전류의 세기와 방향이 주기적으로 바뀌는 전류이고, 직류는 한쪽 방향으로만 흐르는 전류이다.

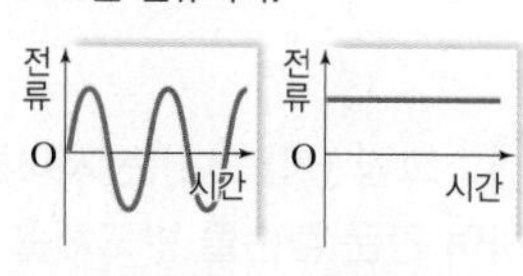

⊙ 교류 전류 ⊙ 직류 전류

(용어)

❶ **바이어스(bias)** 전기 소자를 적절한 동작 상태로 만들기 위해 가하는 직류 전압

❷ **정류(整 가지런하다, 流 흐르다)** 한쪽 방향으로만 전류를 흐르게 하는 것

정답친해 85쪽

개념 확인 문제

핵심 체크

- 고유(순수) 반도체: 불순물 없이 완벽한 결정 구조를 갖는 반도체로, 원자가 전자 4쌍이 (❶) 결합을 하고 있다.
- 비고유(불순물) 반도체: 고유 반도체에 불순물을 넣어 만든 반도체로, 불순물을 섞는 과정을 (❷)이라고 한다.
  - p형 반도체: 고유 반도체에 원자가 전자가 (❸)개인 원소를 도핑한 반도체로, 주로 (❹)이 전하를 운반한다.
  - n형 반도체: 고유 반도체에 원자가 전자가 (❺)개인 원소를 도핑한 반도체로, 주로 (❻)가 전하를 운반한다.
- 다이오드의 특성: 다이오드에 (❼)으로 전압을 걸면 전류가 흐르고, (❽)으로 전압을 걸면 전류가 흐르지 않는다.
- p－n 접합 다이오드의 바이어스: p형 반도체에 전원의 (＋)극을 연결하고, n형 반도체에 전원의 (－)극을 연결하는 것을 (❾) 바이어스라고 한다.
- (❿) 작용: 다이오드의 특성에 의해 전류를 한쪽 방향으로만 흐르게 하는 작용이다.
- (⓫) 다이오드(LED): 전류가 흐를 때 빛을 방출하는 다이오드이다.

1 고유 반도체에 대한 설명으로 옳은 것은 ○, 옳지 않은 것은 ×로 표시하시오.

(1) 원자가 전자는 4개이다. ( )

(2) 원자들이 서로 공유 결합을 한다. ( )

(3) 실온에서 전도띠에 전자가 전혀 없다. ( )

2 p형 반도체에 대한 설명 중 ( ) 안에 알맞은 말을 쓰시오.

> p형 반도체는 고유 반도체에 원자가 전자가 ㉠( )개인 원소를 도핑한 반도체로, 불순물에 의해 ㉡( ) 띠 바로 ㉢( )에 새로운 에너지 준위가 만들어진 것으로 볼 수 있다.

3 그림 (가), (나)는 저마늄(Ge)에 원소 X, Y를 각각 첨가하여 만든 불순물 반도체를 나타낸 것이다.

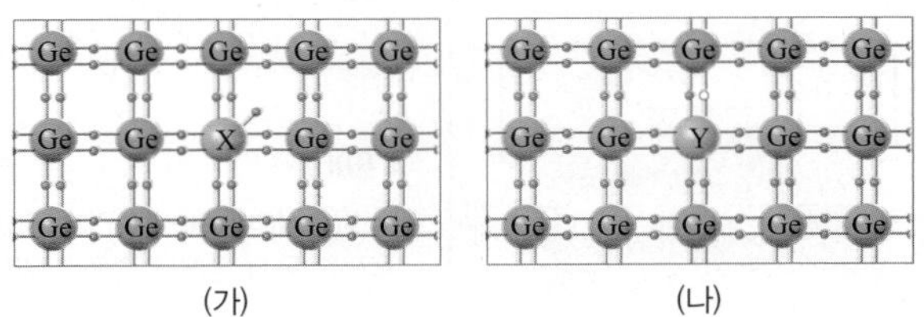

(1) (가), (나)의 반도체 종류를 각각 쓰시오.

(2) X, Y의 원자가 전자의 수는 각각 몇 개인지 쓰시오.

4 그림은 p－n 접합 다이오드와 저항 R를 연결한 회로를 나타낸 것이다.

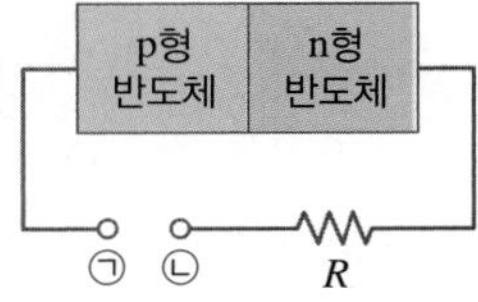

저항 R에 전류가 흐르도록 전원 장치를 연결하고자 할 때, ㉠과 ㉡에 전원 장치의 어느 극을 연결해야 하는지 각각 쓰시오.

5 p－n 접합 다이오드에 대한 설명으로 옳은 것은 ○, 옳지 않은 것은 ×로 표시하시오.

(1) 순방향 바이어스는 p형 반도체에 전원의 (－)극을, n형 반도체에 전원의 (＋)극을 연결하는 것이다. ( )

(2) 전류를 한쪽 방향으로만 흐르게 한다. ( )

(3) 순방향 바이어스를 걸면 접합면에서 전자와 양공이 결합한다. ( )

6 다이오드와 다이오드의 특성을 옳게 연결하시오.

(1) p－n 접합 다이오드 •   • ㉠ 전류가 흐르면 빛이 방출된다.

(2) 발광 다이오드 •   • ㉡ 빛을 비추면 전류가 흐른다.

(3) 광 다이오드 •   • ㉢ 정류 작용을 한다.

다이오드를 이용한 정류 작용

p-n 접합 다이오드에 전원을 순방향으로 연결하면 전류가 잘 흐르고, 전원을 역방향으로 연결하면 전류가 흐르지 않아요. p-n 접합 다이오드에서 이런 특성이 나타나는 까닭이 무엇인지 공부해 보고, p-n 접합 다이오드가 있는 회로에서 전류는 어떻게 흐르는지 공부해 볼까요?

1 p-n 접합 다이오드의 전하 분포와 바이어스 회로에서 전하 분포의 변화

비상 교과서에만 나와요.

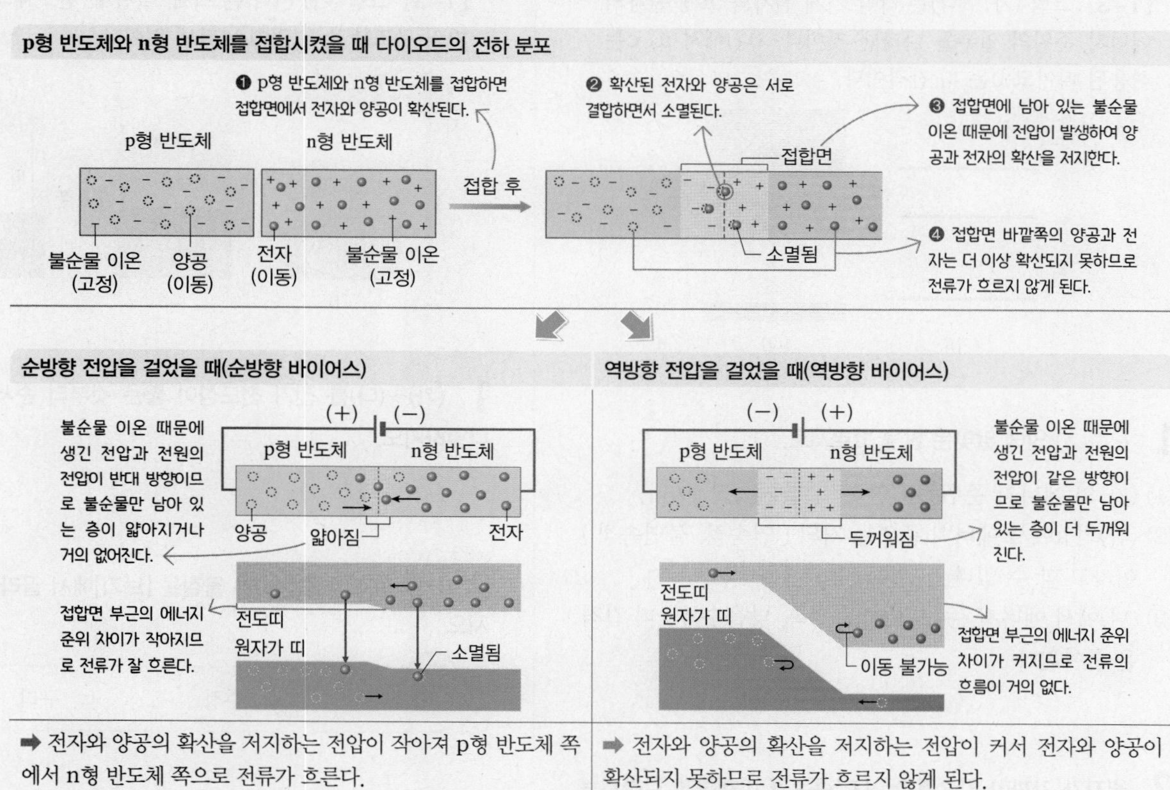

p형 반도체와 n형 반도체를 접합시켰을 때 다이오드의 전하 분포
❶ p형 반도체와 n형 반도체를 접합하면 접합면에서 전자와 양공이 확산된다.
❷ 확산된 전자와 양공은 서로 결합하면서 소멸된다.
❸ 접합면에 남아 있는 불순물 이온 때문에 전압이 발생하여 양공과 전자의 확산을 저지한다.
❹ 접합면 바깥쪽의 양공과 전자는 더 이상 확산되지 못하므로 전류가 흐르지 않게 된다.
p형 반도체
n형 반도체
접합 후
접합면
소멸됨
불순물 이온 (고정)
양공 (이동)
전자 (이동)
불순물 이온 (고정)
순방향 전압을 걸었을 때(순방향 바이어스)
역방향 전압을 걸었을 때(역방향 바이어스)
(+) (−)
p형 반도체
n형 반도체
불순물 이온 때문에 생긴 전압과 전원의 전압이 반대 방향이므로 불순물만 남아 있는 층이 얇아지거나 거의 없어진다.
양공
얇아짐
전자
접합면 부근의 에너지 준위 차이가 작아지므로 전류가 잘 흐른다.
전도띠
원자가 띠
소멸됨
(−) (+)
불순물 이온 때문에 생긴 전압과 전원의 전압이 같은 방향이므로 불순물만 남아 있는 층이 더 두꺼워진다.
두꺼워짐
전도띠
원자가 띠
이동 불가능
접합면 부근의 에너지 준위 차이가 커지므로 전류의 흐름이 거의 없다.

➡ 전자와 양공의 확산을 저지하는 전압이 작아져 p형 반도체 쪽에서 n형 반도체 쪽으로 전류가 흐른다.

➡ 전자와 양공의 확산을 저지하는 전압이 커서 전자와 양공이 확산되지 못하므로 전류가 흐르지 않게 된다.

Q1 p-n 접합 다이오드에 역방향 전압을 걸면 전압을 걸지 않았을 때에 비해 불순물만 남아 있는 접합면의 두께가 어떻게 달라지는지 쓰시오.

2 p-n 접합 다이오드의 정류 작용

그림과 같이 회로를 연결하고 스위치의 연결 방향을 바꾸면 전류가 흐르는 방향이 달라진다.

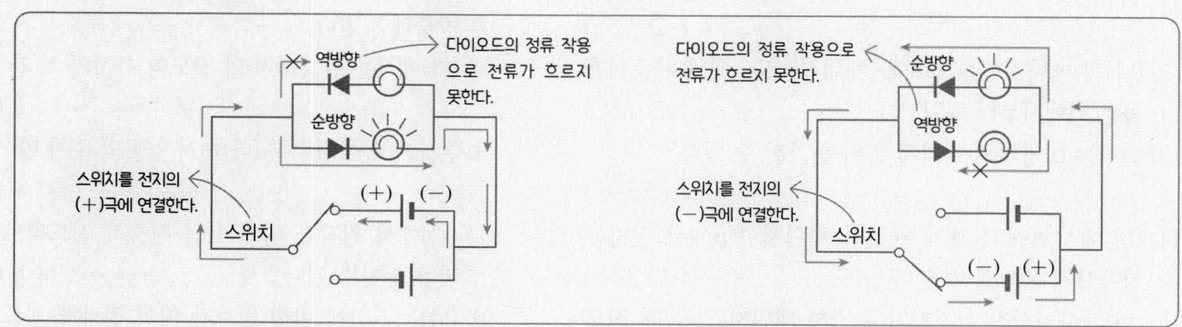

스위치를 전지의 (+)극에 연결한다.

스위치를 전지의 (−)극에 연결한다.

Q2 p-n 접합 다이오드에 역방향 전압을 걸면 전류가 어떻게 되는지 쓰시오.

대표 자료 분석

자료 1 에너지띠

기출 Point
• 기체와 고체의 에너지 준위의 차이점 이해하기
• 에너지띠 이해하기

[1~3] 그림 (가), (나)는 각각 기체 원자와 고체 원자의 에너지 준위의 일부를 나타낸 것이다. (나)에서 a, c는 허용된 띠이고 b는 띠 간격이다.

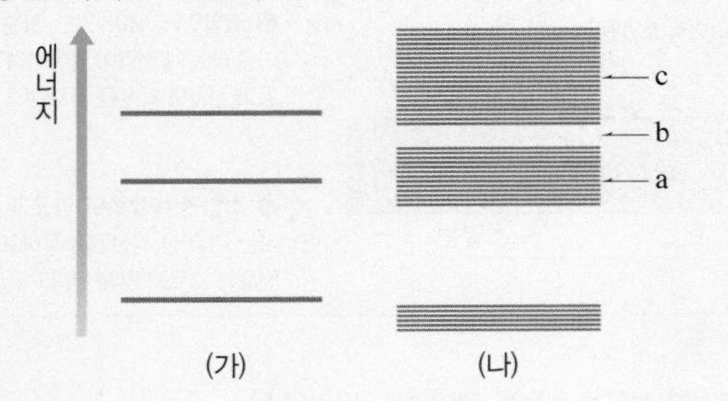

1 (　　) 안에 알맞은 말을 고르시오.

(1) (가)의 에너지 준위는 (연속적, 불연속적)이다.
(2) (나)의 a에서 에너지 준위는 거의 (연속적, 불연속적)이라고 할 수 있다.
(3) (나)에서 에너지 준위가 (높을수록, 낮을수록) 띠 간격은 좁아진다.

2 원자가 가까이 있으면 에너지 준위가 미세하게 갈라지는데 그 까닭을 설명하는 원리를 쓰시오.

3 빈출 선택지로 완벽 정리!

(1) (가)에서 전자의 에너지는 원자핵에서 멀수록 크다. (○ / ×)
(2) (나)의 에너지띠에 전자가 채워질 때는 에너지 준위가 높은 위에서부터 채워진다. (○ / ×)
(3) 전자는 b 영역의 에너지 준위를 가질 수 있다. (○ / ×)
(4) (나)에서 a에 전자가 완전히 채워지면 a에서 전자는 자유롭게 움직일 수 있다. (○ / ×)
(5) (나)에서 a까지만 전자가 완전히 채워져 있을 때 전도띠는 c이다. (○ / ×)

자료 2 고체의 분류와 전기 전도성

기출 Point
• 에너지띠의 구조와 전기 전도성의 관계 이해하기
• 도체, 절연체, 반도체의 에너지띠의 구조 비교하기

[1~3] 그림 (가)~(다)는 도체, 절연체, 반도체의 에너지띠의 구조를 순서 없이 나타낸 것이다.

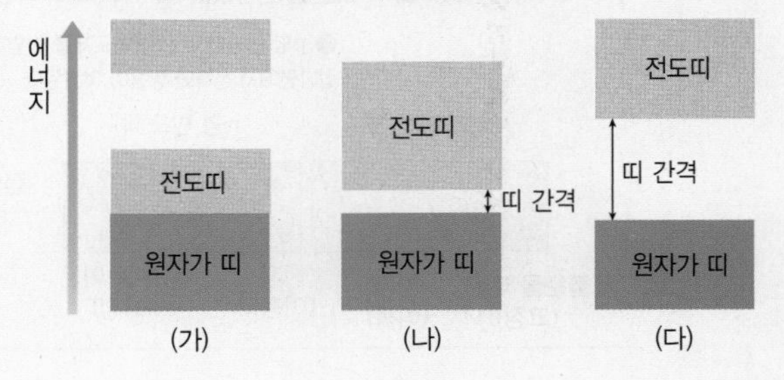

1 (가)~(다)를 전기 전도성이 좋은 것부터 순서대로 옳게 나열하시오.

2 (가)~(다)에 해당하는 물질을 [보기]에서 골라 기호를 쓰시오.

보기
ㄱ. 규소　　ㄴ. 수정　　ㄷ. 구리

3 빈출 선택지로 완벽 정리!

(1) 원자가 띠에 있는 전자들의 에너지는 모두 같다. (○ / ×)
(2) 원자가 띠의 전자가 전도띠로 전이하려면 에너지를 방출해야 한다. (○ / ×)
(3) (가)에서는 원자가 띠와 전도띠 사이의 띠 간격이 없다. (○ / ×)
(4) 온도가 높아질수록 (나)에서 양공의 수가 많아진다. (○ / ×)
(5) (나)에서 원자가 띠에 있던 전자가 전도띠로 전이하면 자유 전자가 된다. (○ / ×)
(6) (나)는 (다)에 비해 원자가 띠의 전자가 전도띠로 이동하기 어렵다. (○ / ×)

자료 ❸ p형 반도체와 n형 반도체

기출 Point
- p형 반도체와 n형 반도체를 만드는 원리 이해하기
- p형 반도체와 n형 반도체의 전하 나르개 구분하기

[1~4] 그림은 각각 순수한 저마늄(Ge) 반도체 X와 저마늄(Ge)에 붕소(B)를 도핑한 불순물 반도체 Y의 원자 주변의 전자 배열을 나타낸 것이다.

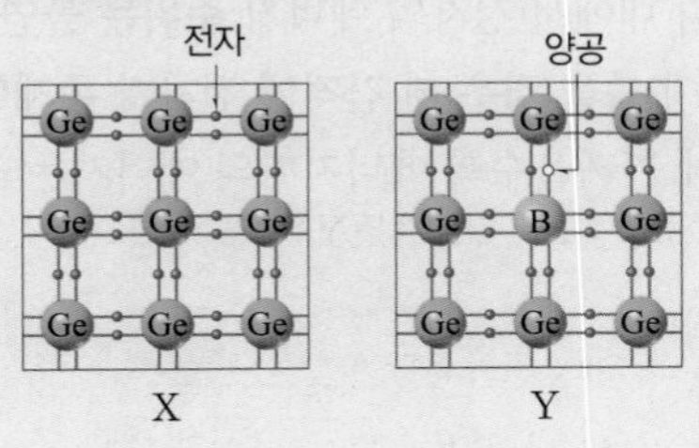

1 저마늄과 붕소의 원자가 전자는 각각 몇 개인지 쓰시오.

2 Y의 반도체 종류를 쓰시오.

3 X와 Y의 전기 전도성을 비교하시오.

4 빈출 선택지로 완벽 정리!

(1) 붕소는 13족 원소이다. (○ / ×)

(2) Y에는 자유 전자가 없다. (○ / ×)

(3) Y는 주로 양공이 전하 나르개 역할을 한다. (○ / ×)

(4) Y에서 붕소가 이웃한 원자로부터 전자를 얻으면 붕소는 음이온이 된다. (○ / ×)

(5) Y는 붕소에 의해 전도띠 바로 아래에 새로운 에너지 준위가 만들어진다. (○ / ×)

자료 ❹ 다이오드

기출 Point
- 순방향 바이어스와 역방향 바이어스 구분하기
- 다이오드에서 전자와 양공의 이동 이해하기

[1~4] 그림은 p－n 접합 다이오드와 전구, 스위치 S, 전지가 연결된 회로를 나타낸 것이다.

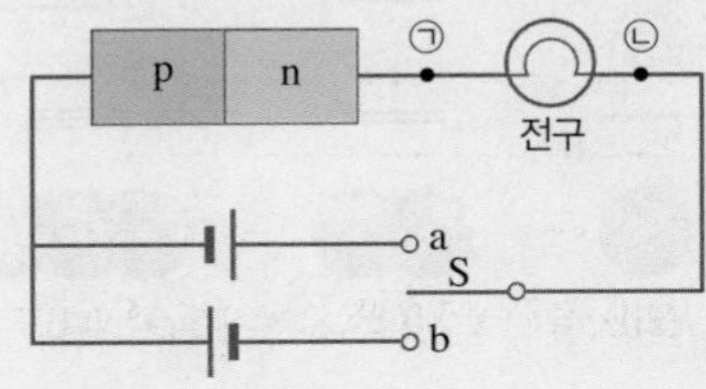

1 S를 a에 연결할 때 전구에 불이 켜지는지를 쓰시오.

2 S를 b에 연결할 때 전구에 흐르는 전류의 방향을 쓰시오.

3 다이오드에 순방향 전압이 걸릴 때는 전류가 흐르고, 역방향 전압이 걸릴 때는 전류가 흐르지 않는다. 이와 같이 전류가 한쪽 방향으로만 흐르게 하는 작용을 무엇이라고 하는지 쓰시오.

4 빈출 선택지로 완벽 정리!

(1) S를 a에 연결하면 다이오드에는 순방향 전압이 걸린다. (○ / ×)

(2) S를 a에 연결하면 p형 반도체에 있는 양공은 접합면에서 멀어진다. (○ / ×)

(3) S를 a에 연결하면 전원의 (－)극에서 p형 반도체에 전자가 계속 공급된다. (○ / ×)

(4) S를 b에 연결하면 접합면에서 전자와 양공이 결합한다. (○ / ×)

(5) S를 b에 연결하면 전자는 ㉠ → 전구 → ㉡ 방향으로 이동한다. (○ / ×)

(6) S를 b에 연결하면 p형 반도체에 양공이 계속 생긴다. (○ / ×)

내신 만점 문제

A 고체의 에너지띠

01 그림 (가)~(다)는 매우 가까이에 있는 원자의 수가 각각 1개, 2개, 3개인 원자의 에너지 준위를 나타낸 것이다. a의 양자수는 b의 양자수보다 작다.

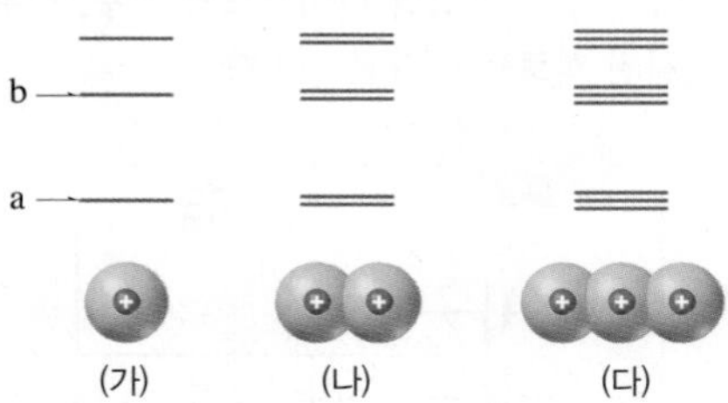

이에 대한 설명으로 옳은 것만을 [보기]에서 있는 대로 고른 것은?

보기
ㄱ. 에너지 준위는 a가 b보다 낮다.
ㄴ. 전자는 에너지 준위가 낮은 곳부터 채워진다.
ㄷ. 원자의 수가 매우 많아지면 a, b 사이의 에너지 준위가 연속적이 된다.

① ㄱ ② ㄷ ③ ㄱ, ㄴ
④ ㄴ, ㄷ ⑤ ㄱ, ㄴ, ㄷ

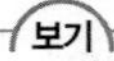

02 그림 (가), (나)는 기체와 고체의 에너지 준위를 순서 없이 나타낸 것이다.

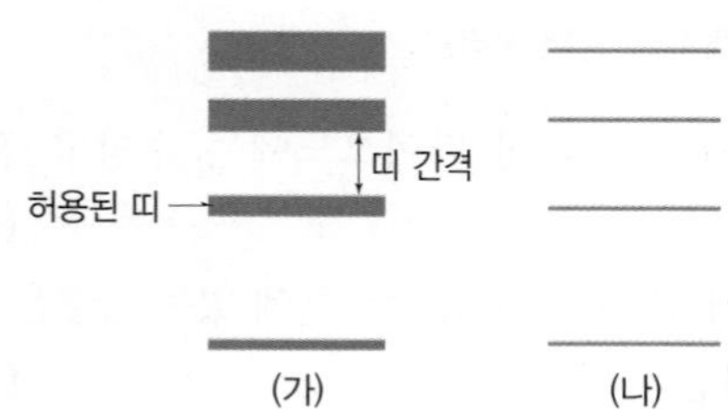

이에 대한 설명으로 옳은 것만을 [보기]에서 있는 대로 고른 것은?

보기
ㄱ. (가)는 고체의 에너지 준위이다.
ㄴ. (나)의 에너지 준위는 불연속적이다.
ㄷ. 원자 사이의 거리는 (가)가 (나)보다 크다.

① ㄱ ② ㄷ ③ ㄱ, ㄴ
④ ㄴ, ㄷ ⑤ ㄱ, ㄴ, ㄷ

중요 **03** 그림은 수많은 원자들이 매우 가깝게 위치하여 만들어진 에너지띠 구조를 나타낸 것이다.

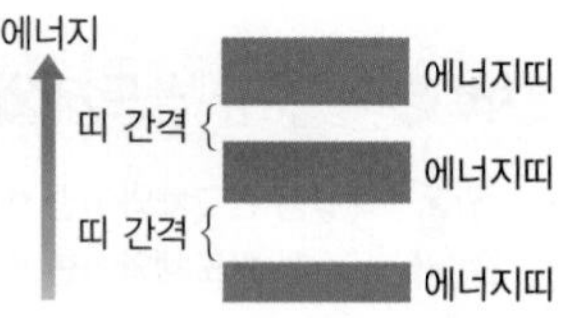

이에 대한 설명으로 옳은 것은?

① 기체 방전관에 있는 기체의 에너지 준위를 나타낸다.
② 에너지띠 내에서 전자의 에너지 준위는 모두 같다.
③ 에너지띠 내에서 전자의 에너지 준위는 불연속적이다.
④ 띠 간격이 좁을 경우 띠 간격에 전자가 존재할 수 있다.
⑤ 원자핵에 가까울수록 에너지띠의 에너지는 작아진다.

04 고체의 에너지띠에 대한 설명으로 옳은 것은?

① 전도띠는 원자가 띠 아래에 있다.
② 원자가 띠는 양공이 채워진 띠이다.
③ 전도띠는 전자가 완전히 채워진 띠이다.
④ 완전히 채워진 원자가 띠에 있는 전자는 자유롭게 움직일 수 있다.
⑤ 0 K에서 전자는 허용된 띠의 에너지 준위가 낮은 부분부터 채워진다.

B 고체의 전기 전도성

05 자유 전자와 양공에 대한 설명으로 옳지 않은 것은?

① 전도띠로 전이된 전자는 자유 전자이다.
② 자유 전자는 고체 내부를 자유롭게 이동할 수 있다.
③ 양공은 전자의 전이로 인해 원자가 띠에 생기는 빈 자리이다.
④ 양공은 한 번 생기면 제자리에서 움직일 수 없다.
⑤ 자유 전자와 양공 모두 전하 나르개가 될 수 있다.

06 그림은 실온에 있는 고유 반도체에서 전하 나르개가 만들어지는 과정을 나타낸 것이다.
이에 대한 설명으로 옳은 것만을 [보기]에서 있는 대로 고른 것은?

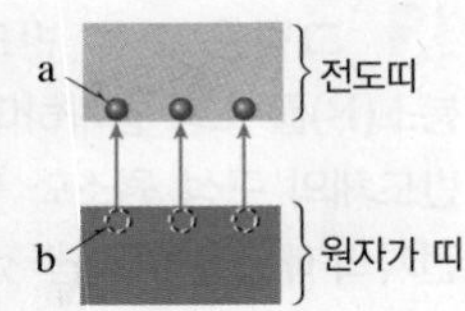

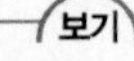

ㄱ. a, b의 개수는 같다.
ㄴ. a는 전자이고, b는 양공이다.
ㄷ. b에 의해 전류가 흐를 때 b는 (+)전하와 같은 역할을 한다.

① ㄱ ② ㄷ ③ ㄱ, ㄴ
④ ㄴ, ㄷ ⑤ ㄱ, ㄴ, ㄷ

서술형

07 그림은 고체 원자의 원자가 띠와 전도띠를 나타낸 것이다.
원자가 띠의 전자가 전도띠로 전이하여 자유 전자가 되기 위한 조건을 서술하시오.

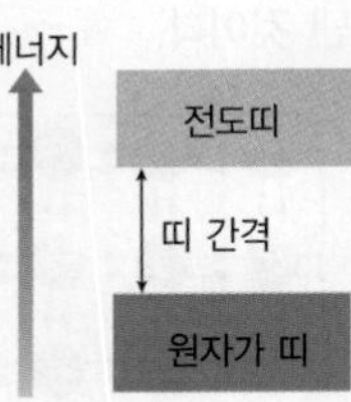

08 표는 세 물질 A, B, C의 전기 전도도를 나타낸 것이다. A, B, C는 도체, 반도체, 절연체를 순서 없이 나타낸 것이다.

물질	A	B	C
전기 전도도($\Omega^{-1}\cdot m^{-1}$)	10^{-14}	1.6×10^{-3}	6.0×10^{7}

이에 대한 설명으로 옳은 것만을 [보기]에서 있는 대로 고른 것은?

보기

ㄱ. A는 도체이다.
ㄴ. 비저항은 C가 가장 크다.
ㄷ. 원자가 띠와 전도띠 사이의 띠 간격은 B가 C보다 크다.

① ㄱ ② ㄷ ③ ㄱ, ㄴ
④ ㄴ, ㄷ ⑤ ㄱ, ㄴ, ㄷ

중요

09 그림 (가), (나)는 각각 규소와 다이아몬드의 에너지띠 구조와 띠 간격을 순서대로 나타낸 것이다.

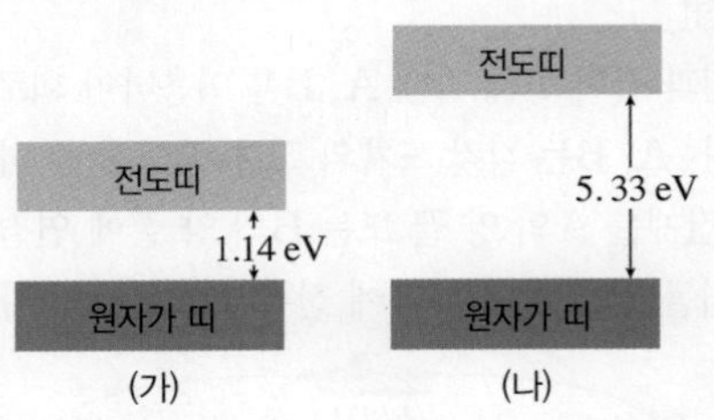

이에 대한 설명으로 옳은 것만을 [보기]에서 있는 대로 고른 것은?

보기

ㄱ. 규소는 다이아몬드보다 전기 전도성이 좋다.
ㄴ. 실온에서 규소의 전도띠에는 전자가 존재하지 않는다.
ㄷ. 다이아몬드에서 원자가 띠의 가장 위에 있는 전자가 3 eV의 에너지를 흡수하면 새로운 에너지 준위가 생긴다.

① ㄱ ② ㄷ ③ ㄱ, ㄴ ④ ㄱ, ㄷ ⑤ ㄴ, ㄷ

중요

10 그림 (가)는 전구와 물체 A, B, C를 이용하여 구성한 회로를 나타낸 것이고, (나)는 A, B, C의 에너지띠 구조를 나타낸 것으로 파란색으로 색칠한 부분은 전자가 채워진 에너지 준위를 나타낸 것이다. B와 C 중 하나는 반도체이고 다른 하나는 절연체이다.

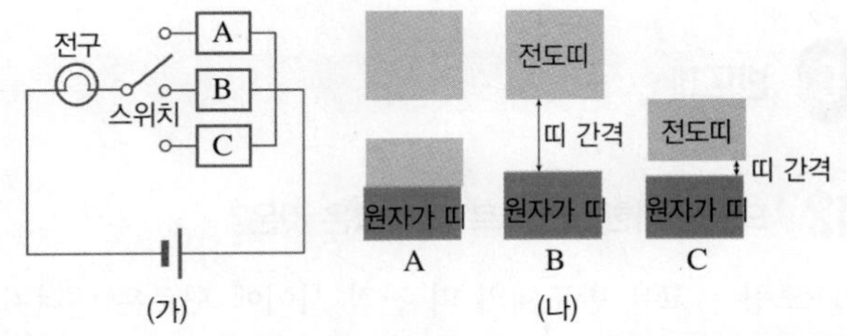

이에 대한 설명으로 옳은 것만을 [보기]에서 있는 대로 고른 것은?

보기

ㄱ. 스위치를 A에 연결하면 전구에 불이 켜지지 않는다.
ㄴ. 규소는 C에 해당하는 물질이다.
ㄷ. B의 원자가 띠에 있는 전자는 C의 원자가 띠에 있는 전자보다 전도띠로 이동하기 어렵다.

① ㄱ ② ㄷ ③ ㄱ, ㄴ ④ ㄴ, ㄷ ⑤ ㄱ, ㄴ, ㄷ

11 다음은 고체의 전기적 특성을 알아보기 위한 실험이다.

[실험 과정]

(가) 그림과 같이 고체 막대 A, B를 이용하여 회로를 구성한다. A, B는 각각 도체와 고유 반도체 중 하나이다.

(나) 두 집게를 A의 양 끝 또는 B의 양 끝에 연결하고 스위치를 닫은 후 검류계에 전류가 흐르는지 확인한다.

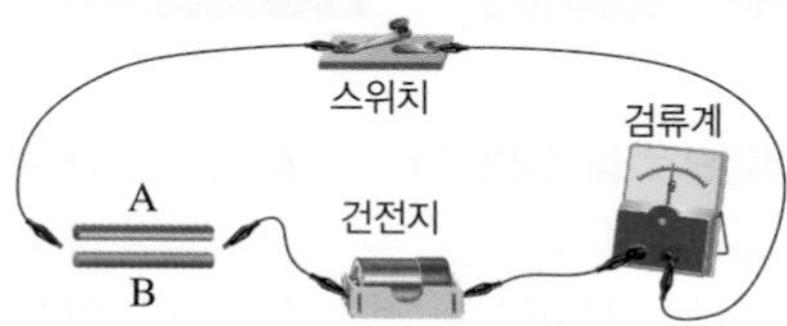

[실험 결과]

두 집게를 A에 연결했을 때는 전류가 흘렀고, B에 연결했을 때는 전류가 흐르지 않았다.

이에 대한 설명으로 옳은 것만을 [보기]에서 있는 대로 고른 것은?

ㄱ. A는 도체이다.
ㄴ. 온도가 높을수록 B의 전기 전도성이 좋아진다.
ㄷ. B는 절연체보다 원자가 띠와 전도띠 사이의 띠 간격이 넓다.

① ㄱ ② ㄷ ③ ㄱ, ㄴ
④ ㄴ, ㄷ ⑤ ㄱ, ㄴ, ㄷ

C 반도체

중요

12 도핑에 대한 설명으로 옳지 않은 것은?

① 도핑은 고유 반도체의 띠 간격 사이에 새로운 에너지 준위를 삽입하는 것과 같다.
② p형 반도체는 첨가한 불순물이 양공의 개수를 증가시킨 것이다.
③ n형 반도체는 도핑에 의해 양공보다 전도띠에 있는 전자의 개수가 더 많아진 것이다.
④ 고유 반도체에 원자가 전자가 5개인 원소를 첨가하면 p형 반도체가 된다.
⑤ 고유 반도체에 15족 원소를 첨가하면 n형 반도체가 된다.

중요

13 그림은 고유 반도체에 붕소(B)를 소량 첨가하여 만든 반도체의 구성 원소와 원자가 전자의 배열을 나타낸 것이다. 이에 대한 설명으로 옳은 것만을 [보기]에서 있는 대로 고른 것은?

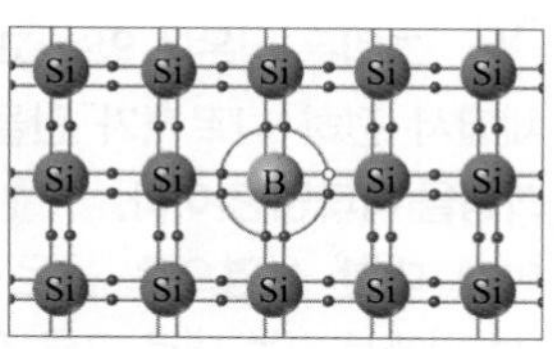

보기

ㄱ. 붕소의 원자가 전자는 3개이다.
ㄴ. 이 반도체는 p형 반도체이다.
ㄷ. 이 반도체는 주로 전자가 전류를 흐르게 한다.

① ㄱ ② ㄷ ③ ㄱ, ㄴ ④ ㄴ, ㄷ ⑤ ㄱ, ㄴ, ㄷ

14 그림 (가), (나)는 실온에서 규소(Si)에 원소 X와 Y를 각각 첨가하여 만든 반도체의 원자 주변의 전자 배열을 나타낸 것이다.

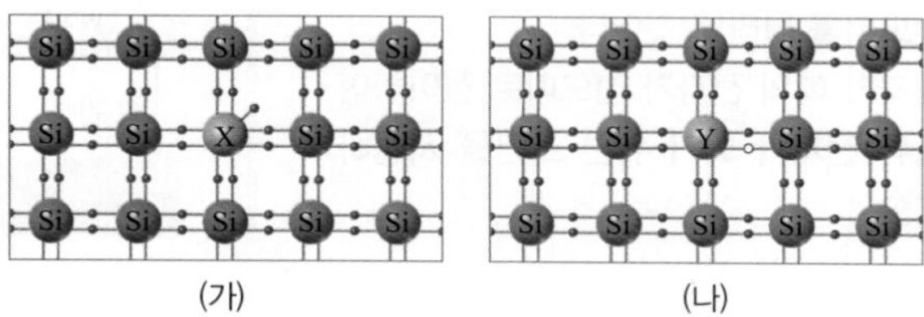

이에 대한 설명으로 옳은 것만을 [보기]에서 있는 대로 고른 것은?

보기

ㄱ. (가)는 p형 반도체이다.
ㄴ. 원자가 전자는 X가 Y보다 2개 많다.
ㄷ. (가)에서는 주로 양공이 전류를 흐르게 한다.

① ㄱ ② ㄴ ③ ㄱ, ㄴ ④ ㄱ, ㄷ ⑤ ㄴ, ㄷ

서술형

15 그림은 고유 반도체에 불순물을 도핑한 물체 A, B의 에너지띠 구조를 나타낸 것이다. A와 B는 각각 원자가 띠 바로 위와 전도띠 바로 아래에 새로운 에너지 준위가 생겼다.

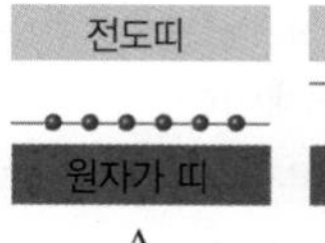

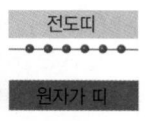

A, B에 도핑한 불순물의 종류와 반도체 종류를 서술하시오.

16 그림 (가)는 저마늄(Ge)에 비소(As)를 첨가한 반도체의 원자 주변의 전자 배열을 나타낸 것이고, (나)는 이 반도체의 에너지띠 구조를 나타낸 것이다.

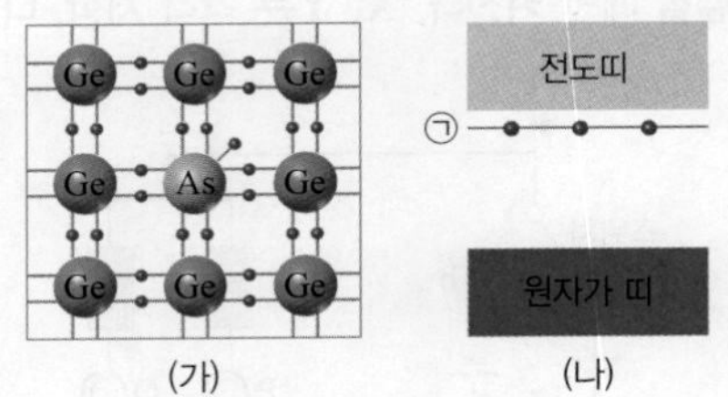

이에 대한 설명으로 옳지 않은 것은?

① (가)는 n형 반도체이다.
② 저마늄의 원자가 전자는 4개이다.
③ 비소의 원자가 전자는 5개이다.
④ 전류는 주로 전도띠로 이동한 전자들에 의해 흐른다.
⑤ ㉠에서 전자가 전도띠로 전이하면 빈 자리에 양공이 발생한다.

D 다이오드

중요 **17** 그림은 p형 반도체와 n형 반도체를 접합시켜 만든 다이오드를 나타낸 것이다. ㉠, ㉡은 각각의 반도체에서 주요 전하 나르개를 나타낸 것이다.

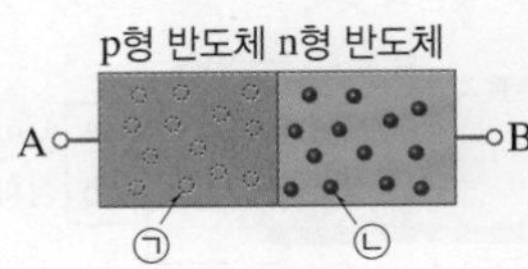

이에 대한 설명으로 옳은 것만을 [보기]에서 있는 대로 고른 것은?

보기
ㄱ. ㉡은 양공이다.
ㄴ. 전지의 (+)극을 A에, (−)극을 B에 연결하면 전류가 흐른다.
ㄷ. 전류가 흐를 때 ㉠과 ㉡은 접합면에서 결합한다.

① ㄱ ② ㄷ ③ ㄱ, ㄴ
④ ㄱ, ㄷ ⑤ ㄴ, ㄷ

서술형 **18** 그림과 같이 동일한 두 전지에 p－n 접합 다이오드와 저항을 연결하여 회로를 구성하였다. Y는 규소(Si)에 붕소(B)를 도핑한 반도체이다.

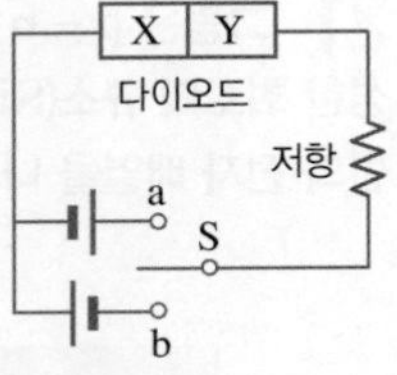

(1) 반도체 X의 종류를 쓰시오.

(2) 저항에 전류를 흐르게 하려면 스위치 S는 a와 b 중 어디에 연결해야 하는지 쓰고, 그 까닭을 서술하시오.

19 그림 (가)는 다이오드, 전구, 전지를 연결한 회로를 나타낸 것이고, (나)는 (가)에서 전지의 연결 방향만 바꾼 것이다.

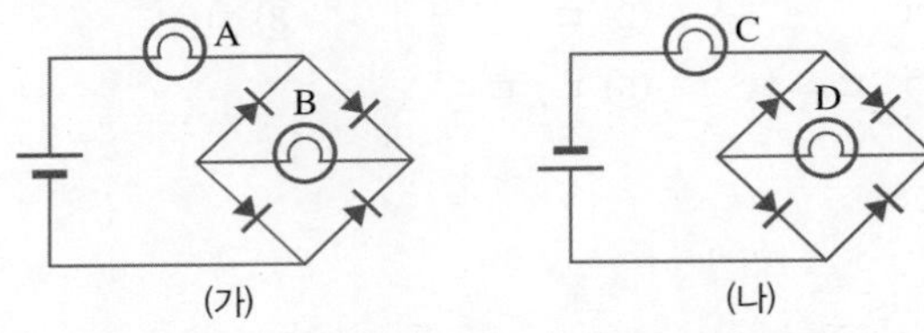

(가)와 (나)에서 불이 켜지는 전구만을 있는 대로 고른 것은?

① A, C ② B, D ③ A, B, C
④ B, C, D ⑤ A, B, C, D

서술형 **20** 그림 (가)는 다이오드와 저항이 교류 전원에 연결된 회로를 나타낸 것이고, (나)는 교류 전원에서 공급하는 전류의 세기를 시간에 따라 나타낸 것이다.

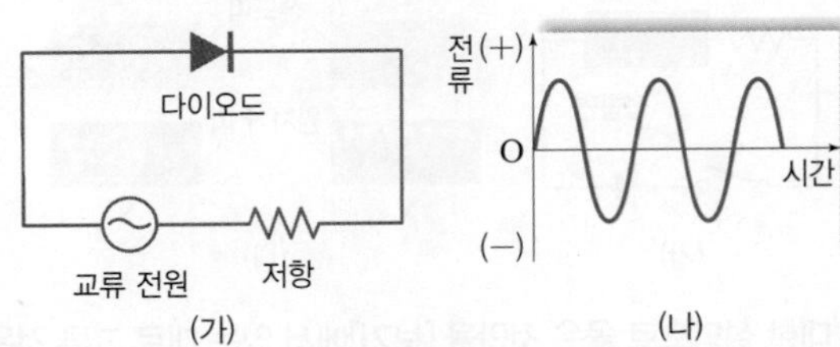

저항에 흐르는 전류의 세기를 시간에 따라 그래프로 나타내시오. (단, 다이오드에 순방향 전압이 걸렸을 때 전류의 방향을 (+)로 한다.)

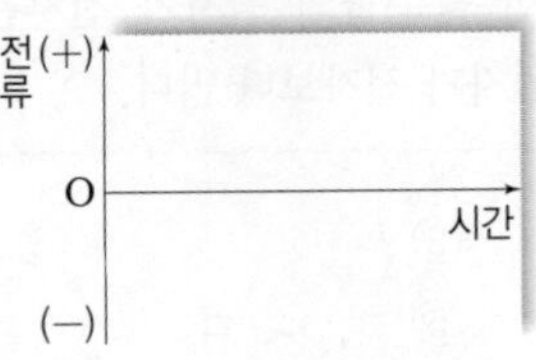

21 그림은 p－n 접합 다이오드, 저항, 전지를 이용하여 구성한 회로와 규소(Si)에 원소 b를 도핑한 반도체 B의 원자 주변의 전자 배열을 나타낸 것이다.

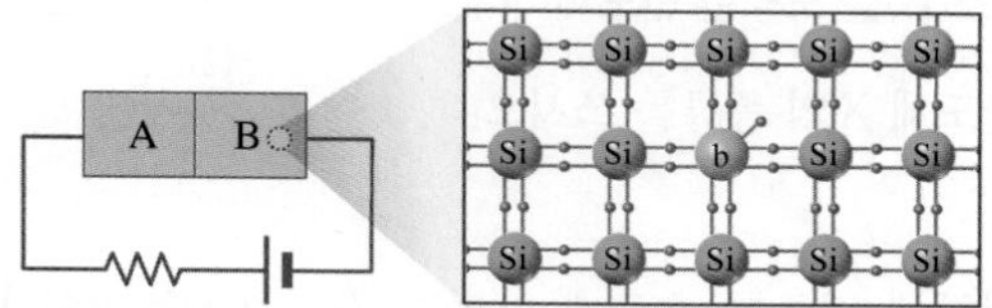

이에 대한 설명으로 옳은 것만을 [보기]에서 있는 대로 고른 것은?

보기
ㄱ. A는 p형 반도체이다.
ㄴ. 다이오드에는 순방향 전압이 걸린다.
ㄷ. 저항에서 전류는 오른쪽 방향으로 흐른다.

① ㄱ ② ㄷ ③ ㄱ, ㄴ
④ ㄱ, ㄷ ⑤ ㄴ, ㄷ

22 그림 (가)는 전지에 저항과 p－n 접합 다이오드, 스위치 S를 연결한 회로를 나타낸 것이고, (나)는 (가)의 다이오드를 구성하는 반도체 X와 Y의 에너지띠 구조를 나타낸 것이다.

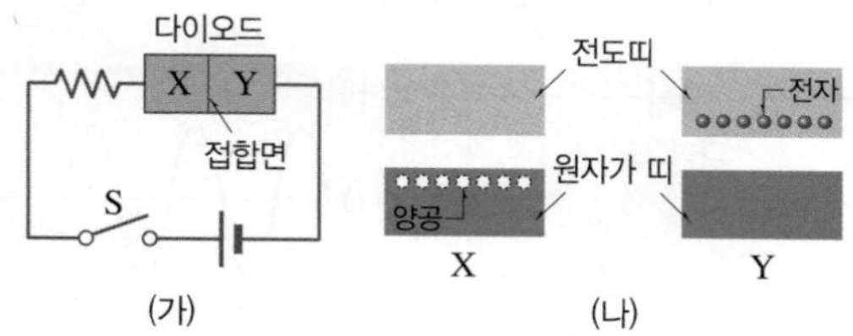

이에 대한 설명으로 옳은 것만을 [보기]에서 있는 대로 고른 것은?

보기
ㄱ. X는 n형 반도체이다.
ㄴ. S를 닫으면 저항에 전류가 흐른다.
ㄷ. Y에 도핑한 불순물의 원자가 전자는 X에 도핑한 불순물의 원자가 전자보다 많다.

① ㄱ ② ㄴ ③ ㄱ, ㄷ
④ ㄴ, ㄷ ⑤ ㄱ, ㄴ, ㄷ

23 그림은 동일한 두 전지, 동일한 전구 P, Q, 전기 소자 X, Y를 이용하여 구성한 회로를 나타낸 것이다. P는 스위치를 a에 연결할 때와 b에 연결할 때 모두 켜지고, Q는 스위치를 a에 연결할 때만 켜진다. X, Y는 각각 저항, 다이오드 중 하나이다.

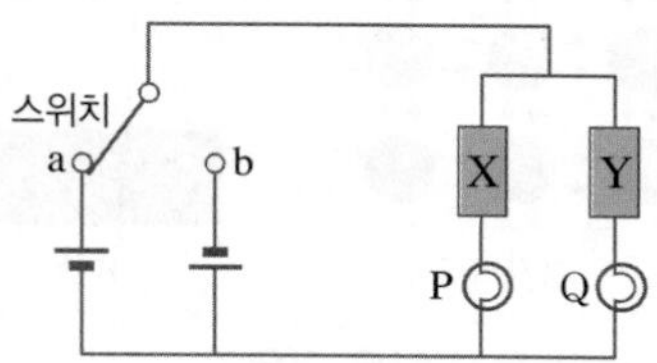

이에 대한 설명으로 옳은 것만을 [보기]에서 있는 대로 고른 것은?

보기
ㄱ. X는 저항이다.
ㄴ. Y는 정류 작용에 이용된다.
ㄷ. P의 밝기는 스위치를 a에 연결할 때가 b에 연결할 때보다 밝다.

① ㄱ ② ㄷ ③ ㄱ, ㄴ
④ ㄴ, ㄷ ⑤ ㄱ, ㄴ, ㄷ

중요 **24** 그림은 p형 반도체와 n형 반도체를 접합하여 만든 발광 다이오드(LED)를 직류 전원 장치에 연결했을 때, 빨간색 빛이 방출되는 모습을 나타낸 것이다.

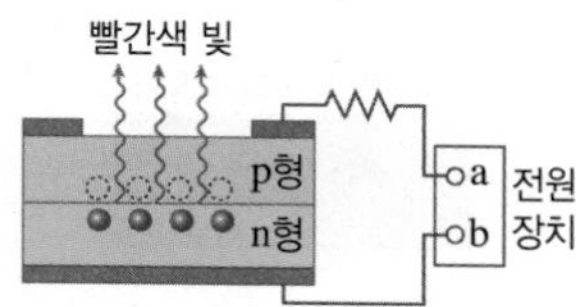

이에 대한 설명으로 옳은 것만을 [보기]에서 있는 대로 고른 것은?

보기
ㄱ. 전원 장치의 단자 a는 (－)극이다.
ㄴ. p형 반도체에 있는 양공은 접합면으로 이동한다.
ㄷ. 전원 장치의 전압을 증가시키면 빨간색보다 파장이 더 짧은 빛이 방출된다.

① ㄱ ② ㄴ ③ ㄱ, ㄷ
④ ㄴ, ㄷ ⑤ ㄱ, ㄴ, ㄷ

실력 UP 문제

정답친해 90쪽

01 그림은 고체 A의 에너지띠 구조를 절대 온도에 따라 나타낸 것이다. 색칠한 부분은 0 K에서 전자가 완전히 채워져 있는 에너지띠를 나타낸 것이다.

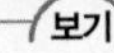
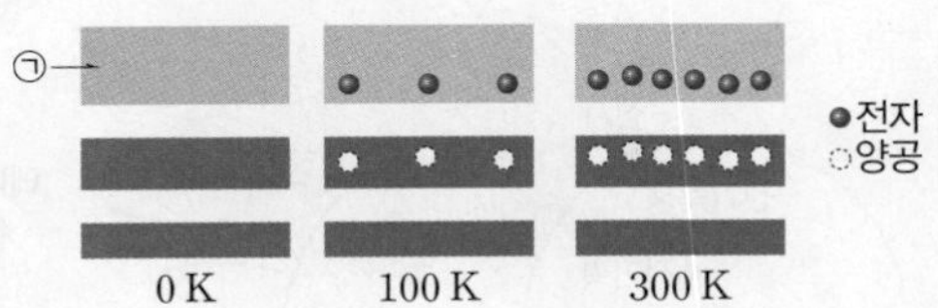

이에 대한 설명으로 옳은 것만을 [보기]에서 있는 대로 고른 것은?

보기

ㄱ. ㉠은 전도띠이다.

ㄴ. A의 온도가 0 K일 때 A에는 전류가 잘 흐른다.

ㄷ. A는 온도가 높을수록 전기 전도성이 좋아진다.

① ㄱ ② ㄴ ③ ㄱ, ㄷ
④ ㄴ, ㄷ ⑤ ㄱ, ㄴ, ㄷ

02 그림은 저마늄(Ge)에 비소(As)를 도핑한 반도체 X의 원소와 원자가 전자의 배열을 나타낸 것이다.

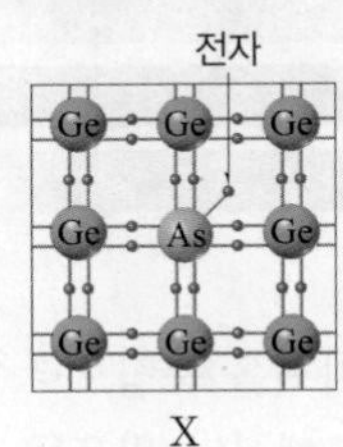

이에 대한 설명으로 옳은 것만을 [보기]에서 있는 대로 고른 것은?

보기

ㄱ. X는 p형 반도체이다.

ㄴ. X에는 양공이 없다.

ㄷ. 비소 원자는 남는 전자를 인접한 원자에 주면 양이온이 된다.

① ㄱ ② ㄷ ③ ㄱ, ㄴ
④ ㄴ, ㄷ ⑤ ㄱ, ㄴ, ㄷ

03 그림은 동일한 p－n 접합 다이오드 A, B, C, D와 p－n 접합 발광 다이오드(LED)를 이용하여 구성한 회로를 나타낸 것이다. 스위치 S를 각각 a, b에 연결했을 때 모두 발광 다이오드에서 빛이 방출되었다. X, Y는 p형 반도체와 n형 반도체를 순서 없이 나타낸 것이다.

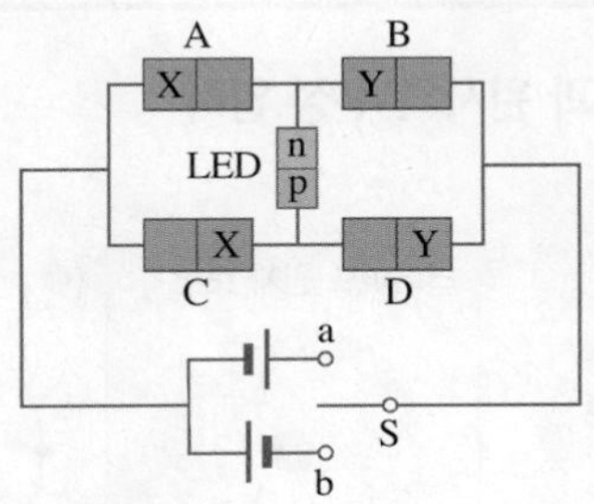

이에 대한 설명으로 옳은 것만을 [보기]에서 있는 대로 고른 것은?

보기

ㄱ. X는 p형 반도체이다.

ㄴ. S를 a에 연결했을 때 A의 n형 반도체에 있는 전자는 접합면 쪽으로 이동한다.

ㄷ. S를 b에 연결했을 때 LED의 접합면에서 전이하는 전자는 에너지가 증가한다.

① ㄱ ② ㄴ ③ ㄷ ④ ㄱ, ㄴ ⑤ ㄴ, ㄷ

04 그림과 같이 p－n 접합 발광 다이오드(LED) A, B를 전지에 연결했더니 A, B에서 각각 빨간색 빛, 파란색 빛이 방출되었다. X, Y는 각각 p형 반도체와 n형 반도체 중 하나이다.

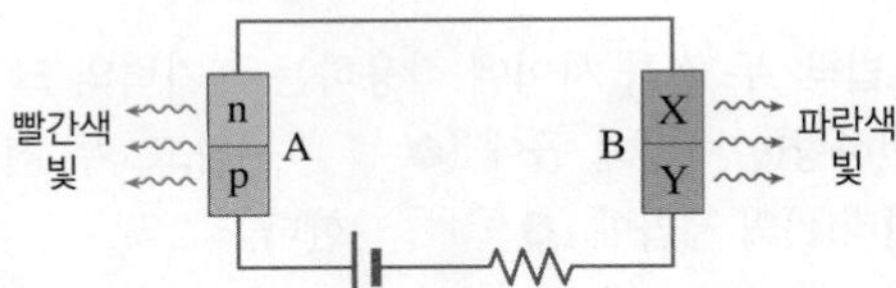

이에 대한 설명으로 옳은 것만을 [보기]에서 있는 대로 고른 것은?

보기

ㄱ. B에는 순방향 전압이 걸린다.

ㄴ. X는 p형 반도체이다.

ㄷ. 원자가 띠와 전도띠 사이의 띠 간격은 A가 B보다 크다.

① ㄱ ② ㄷ ③ ㄱ, ㄴ ④ ㄴ, ㄷ ⑤ ㄱ, ㄴ, ㄷ

01 원자와 전기력

1. 원자 모형과 원자의 구성 입자

(1) 원자 모형

톰슨 원자 모형	러더퍼드 원자 모형	(❶) 원자 모형
(+)전하를 띤 원자의 바다에 전자가 균일하게 분포한다.	전자가 원자핵을 중심으로 임의의 궤도에서 원운동을 한다.	전자가 원자핵을 중심으로 특정한 궤도에서 원운동을 한다.

(2) 원자의 구성 입자 발견

① **전자:** (−)전하를 띠며 전하량 $e=1.6\times10^{-19}$ C이다.

• 톰슨이 음극선 실험을 통해 알아내었다. ➡ 전자의 흐름인 음극선은 전기장에서 (❷)을 받아 경로가 휘어진다.

② **원자핵:** 원자의 중심에 위치하며 (❸)전하를 띠고 원자 질량의 대부분을 차지한다.

• 러더퍼드가 (❹) 입자 산란 실험을 통해 알아내었다.

2. 쿨롱 법칙

(1) **전기력:** 같은 종류의 전하 사이에는 (❺)이 작용하고, 다른 종류의 전하 사이에는 (❻)이 작용한다.

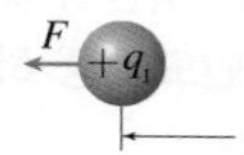
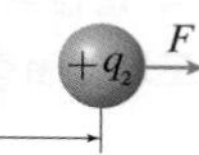

⌃ 척력

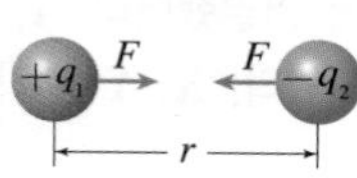

⌃ 인력

(2) **쿨롱 법칙:** 두 전하 사이에 작용하는 전기력의 크기(F)는 두 전하량(q_1, q_2)의 곱에 (❼)하고, 두 전하 사이의 거리(r)의 제곱에 (❽)한다.

$$F=k\frac{q_1q_2}{r^2}\ (k\text{: 진공에서의 쿨롱 상수})$$

3. 원자에 속박된 전자

(1) **전자와 원자핵 사이에 작용하는 전기력:** 전자는 (−)전하를 띠고 원자핵은 (+)전하를 띠므로 서로 당기는 전기력이 작용한다.

(2) **전기력에 의한 전자의 속박:** 전자와 원자핵 사이에 작용하는 강한 전기적 인력에 의해 전자는 원자에 속박되어 있다. ➡ 원자핵으로부터 멀어질수록 전자의 에너지가 (❾).

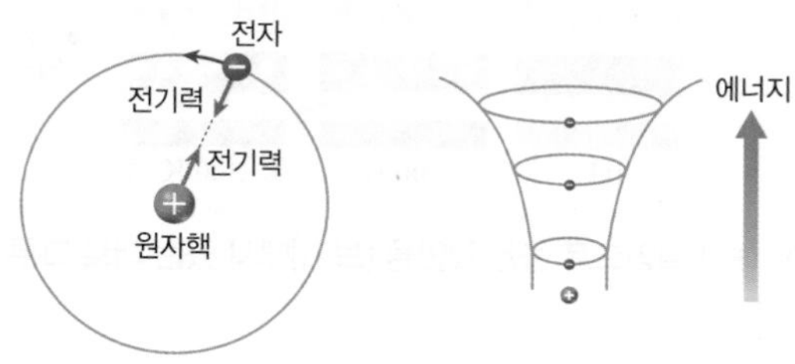

02 원자의 스펙트럼

1. 연속 스펙트럼과 선 스펙트럼

(1) (❿) **스펙트럼:** 빛의 띠가 모든 파장에서 연속적으로 나타나는 스펙트럼이다. 예 햇빛, 백열등 등

(2) **선 스펙트럼:** 빛의 띠가 불연속적인 선으로 띄엄띄엄하게 나타나는 스펙트럼이다.

① (⓫) **스펙트럼:** 특정한 파장에 해당하는 위치에 밝은 선이 나타난다. 예 기체 방전관에서 방출되는 빛

② (⓬) **스펙트럼:** 백색광을 저온의 기체에 통과시킬 때 특정한 파장의 빛들만 흡수되어 검은 선으로 나타난다.

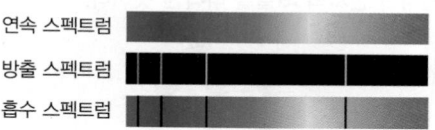

2. 보어 원자 모형

(1) **보어 원자 모형:** 원자핵을 중심으로 전자가 특정한 궤도에서만 원운동을 한다.

(2) **에너지의 양자화:** 전자가 양자수와 관련된 특정한 에너지 값만 갖는다.

(3) **에너지 준위:** 원자에 속박된 전자가 가질 수 있는 에너지 값 또는 에너지 상태이다. ➡ 양자수 n이 클수록 에너지 준위가 (⓭).

바닥상태	전자가 가장 낮은 에너지 준위에 놓여 있는 상태
들뜬상태	전자가 바닥상태보다 높은 에너지 준위로 이동한 상태

정답친해 91쪽

(4) **전자의 전이**

전자가 에너지를 방출할 때	전자가 에너지를 흡수할 때
$E=hf$ 방출 ➡	$E=hf$ 흡수 ➡
양자수가 큰 궤도에서 양자수가 작은 궤도로 전이한다.	양자수가 작은 궤도에서 양자수가 큰 궤도로 전이한다.

(5) **전자의 전이에 따른 에너지 준위:** 전자가 전이할 때 방출하거나 흡수하는 광자 1개의 에너지는 두 궤도의 에너지 준위 차이와 같다.

$$E_{광자}=|E_n-E_m|=hf=\frac{(⓮\qquad)}{\lambda}$$

3. 수소의 선 스펙트럼

(1) **수소 원자의 에너지 준위:** 수소 원자의 에너지 준위는 불연속적이며 다음과 같다.

$$E_n=-\frac{13.6}{n^2}\ \mathrm{eV}\ (n=1,\ 2,\ 3,\ \cdots)$$

(2) **수소의 선 스펙트럼 계열**

라이먼 계열	전자가 $n=1$인 궤도로 전이 ➡ (⓯) 방출
발머 계열	전자가 $n=2$인 궤도로 전이 ➡ 가시광선, 자외선 방출
파셴 계열	전자가 $n=3$인 궤도로 전이 ➡ (⓰) 방출

3 에너지띠와 반도체

1. 고체의 에너지띠 이론

(1) **고체 원자의 에너지 준위:** 원자들이 가까이 있으면 전자들의 에너지 준위가 미세하게 갈라진다.

(2) **에너지띠:** 원자가 매우 많을 때 에너지 준위들이 촘촘하게 모여 연속적인 것으로 볼 수 있는 에너지 준위 영역이다.

원자가 띠	전자가 채워진 에너지띠 중 맨 위의 띠
전도띠	원자가 띠 바로 위의 에너지띠 ➡ 전자가 채워져 있지 않다.
띠 간격	에너지띠 사이의 간격 ➡ 전자는 이 영역의 에너지 준위를 가질 수 없다.

에너지
전도띠 } 전자가 채워지지 않았다.
띠 간격
원자가 띠 } 전자가 채워져 있다.

2. 고체의 분류와 전기 전도성

(1) **고체의 분류**

도체	원자가 띠와 전도띠가 서로 겹쳐져 있어 띠 간격이 없다. ➡ 전자가 전도띠로 쉽게 이동하여 전류가 잘 흐른다.
(⓱)	원자가 띠와 전도띠 사이의 띠 간격이 매우 넓다. ➡ 전자가 전도띠로 전이하기 어려워 전류가 거의 흐르지 못한다.
(⓲)	띠 간격이 좁다. ➡ 전자가 일정량의 에너지를 흡수하면 전도띠로 이동하여 전류가 흐를 수 있다.

(2) **전기 전도성:** 전류가 잘 흐르는지를 나타내는 성질이다.

① **비저항:** 일정한 온도에서 물체의 저항 R는 물체의 길이 l에 비례하고 단면적 A에 반비례한다. 이때의 비례 상수 ρ를 비저항이라고 한다. ➡ 비저항이 클수록 전기 저항이 (⓳).

$$R=\rho\frac{l}{A}$$

② **전기 전도도:** 고체에서 전류가 잘 흐르는 정도를 나타내는 물리량으로, 비저항의 (⓴)와 같다.

3. 반도체

(1) **고유(순수) 반도체:** 완벽한 결정 구조를 갖는 반도체로, 원자가 전자 4개가 공유 결합을 하고 있다. 예 규소(Si), 저마늄(Ge)

▲ 규소 원자

(2) **비고유(불순물) 반도체:** 고유 반도체에 불순물을 섞는 도핑 과정을 통해 전기 전도성을 증가시킨 반도체이다.

p형 반도체	고유 반도체에 원자가 전자가 3개인 붕소(B), 알루미늄(Al) 등을 도핑 ➡ 주로 (㉑)이 전하를 운반한다.	양공
n형 반도체	고유 반도체에 원자가 전자가 5개인 인(P), 비소(As) 등을 도핑 ➡ 주로 (㉒)가 전하를 운반한다.	

4. p-n 접합 다이오드

(1) **p-n 접합 다이오드:** p형 반도체와 n형 반도체를 접합하여 양 끝에 전극을 붙인 것이다. ➡ (㉓) 바이어스(p형에 전원의 (+)극을, n형에 전원의 (−)극을 연결)를 걸었을 때만 전류가 흐르는 특성이 있다.

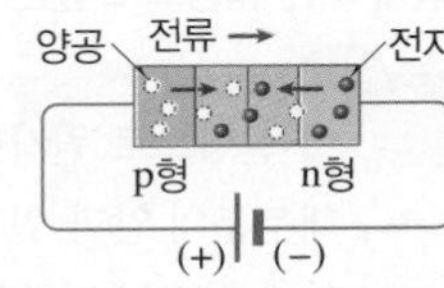

(2) **다이오드의 이용**: 정류 회로, 발광 다이오드(LED) 등

중단원 마무리 문제

하 중 상

01 과학자들이 주장한 원자 모형에 대한 설명으로 옳은 것만을 [보기]에서 있는 대로 고른 것은?

보기
ㄱ. 톰슨: 전자의 위치는 확률로만 알 수 있다.
ㄴ. 러더퍼드: 원자 질량의 대부분을 차지하는 원자핵을 중심으로 전자가 임의의 궤도에서 원운동을 한다.
ㄷ. 보어: 원자핵을 중심으로 전자가 특정한 에너지 값을 갖는 궤도에서만 원운동을 한다.

① ㄱ ② ㄴ ③ ㄱ, ㄷ
④ ㄴ, ㄷ ⑤ ㄱ, ㄴ, ㄷ

하 중 상

02 원자와 원자의 구성 입자에 대한 설명으로 옳지 않은 것은?

① 원자핵은 (+)전하를 띤다.
② 원자핵의 전하량은 기본 전하량의 정수배이다.
③ 전자는 전기력에 의해 원자에 속박되어 있다.
④ 수소를 제외한 원자의 원자핵은 양성자와 중성자로 이루어져 있다.
⑤ 전기적으로 중성인 원자는 양성자의 수와 중성자의 수가 같다.

하 중 상

03 그림은 러더퍼드의 알파 입자 산란 실험을 나타낸 것이다.

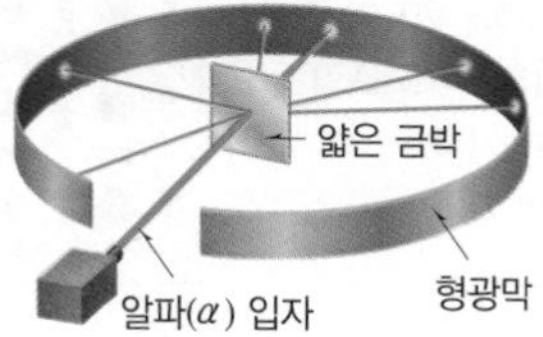

이에 대한 설명으로 옳은 것만을 [보기]에서 있는 대로 고른 것은?

보기
ㄱ. 이 실험으로 원자핵의 존재가 밝혀졌다.
ㄴ. 대부분의 알파 입자는 산란되지 않고 직진한다.
ㄷ. 알파 입자는 전자와 충돌하면 전기력에 의해 산란된다.

① ㄱ ② ㄷ ③ ㄱ, ㄴ
④ ㄴ, ㄷ ⑤ ㄱ, ㄴ, ㄷ

하 중 상

04 그림과 같이 점전하 A, B, C가 x축상의 $x=0$, $x=2d$, $x=3d$인 지점에 각각 고정되어 있다. B의 전하량은 $+2Q$이고, C가 받는 전기력은 0이다.

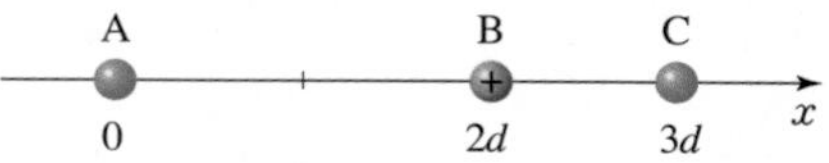

A의 전하량은?

① $-18Q$ ② $-6Q$ ③ $-3Q$
④ $+6Q$ ⑤ $+18Q$

하 중 상

05 그림은 대전체 A, C 사이에 실에 매달린 대전체 B가 정지해 있는 모습을 나타낸 것이다. C는 (+)전하로 대전되어 있고, A, B 사이의 거리는 B, C 사이의 거리보다 크다.

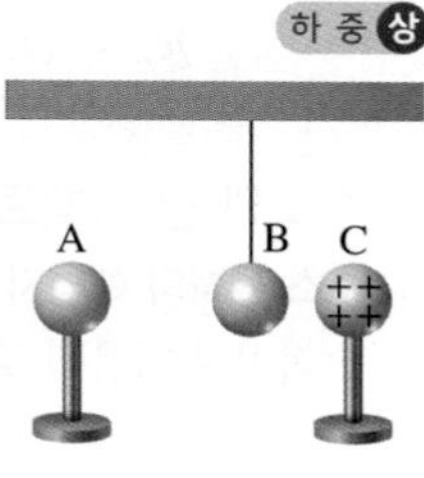

이에 대한 설명으로 옳은 것만을 [보기]에서 있는 대로 고른 것은?

보기
ㄱ. A는 (+)전하로 대전되어 있다.
ㄴ. A, C 사이에는 서로 당기는 전기력이 작용한다.
ㄷ. 전하량은 A가 C보다 작다.

① ㄱ ② ㄴ ③ ㄱ, ㄴ ④ ㄱ, ㄷ ⑤ ㄴ, ㄷ

하 중 상

06 그림은 원자에 속박된 전자를 원자핵을 중심으로 하는 깊은 깔때기에 갇혀 원운동을 하는 것에 비유하여 나타낸 것이다.

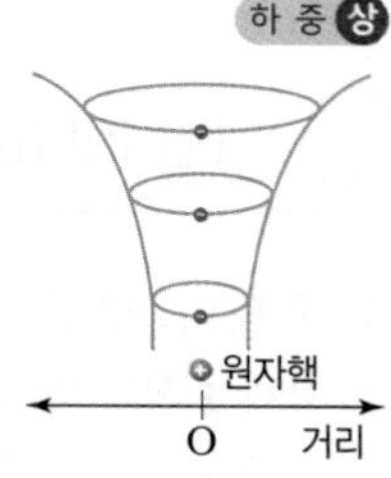

이에 대한 설명으로 옳은 것만을 [보기]에서 있는 대로 고른 것은? (단, 원자핵으로부터 무한히 먼 곳에서 전자의 역학적 에너지는 0이다.)

보기
ㄱ. 속박된 전자의 에너지는 0보다 크다.
ㄴ. 원자핵으로부터 멀어질수록 전자가 받는 전기력의 크기는 작아진다.
ㄷ. 원자핵에 가까운 전자일수록 원자핵으로부터 분리시키는 데 더 큰 에너지가 필요하다.

① ㄱ ② ㄴ ③ ㄱ, ㄴ ④ ㄱ, ㄷ ⑤ ㄴ, ㄷ

하 중 상

07 그림 (가)는 백열등에서 나온 빛을 저온의 기체에 통과시켜 스펙트럼을 얻는 과정을 나타낸 것이고, (나)는 (가)의 결과를 나타낸 것이다.

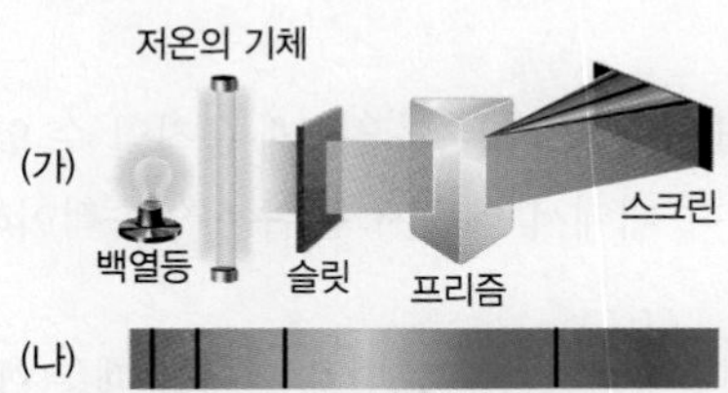

이에 대한 설명으로 옳은 것만을 [보기]에서 있는 대로 고른 것은?

보기
ㄱ. (나)는 흡수 스펙트럼이다.
ㄴ. (나)에서 검은 선의 위치는 기체의 종류에 따라 다르다.
ㄷ. (가)에서 저온의 기체를 제거하면 방출 스펙트럼이 나타난다.

① ㄱ ② ㄷ ③ ㄱ, ㄴ
④ ㄴ, ㄷ ⑤ ㄱ, ㄴ, ㄷ

하 중 상

08 그림은 보어의 수소 원자 모형에서 에너지 준위를 양자수 n에 따라 나타낸 것이다.

이에 대한 설명으로 옳지 않은 것은?

① $n=1$일 때 전자의 에너지가 가장 크다.
② $n=1$일 때 전자가 원자핵으로부터 받는 전기력의 크기가 가장 크다.
③ $E_2=\frac{1}{4}E_1$이다.
④ $n=3$일 때 전자는 들뜬상태이다.
⑤ n이 작을수록 전자를 원자에서 분리시키기 어렵다.

하 중 상

09 그림은 보어의 수소 원자 모형에서 전자의 전이 ㉠, ㉡, ㉢을 나타낸 것이다. n은 양자수이고 E_1, E_2, E_3은 전자가 궤도를 전이할 때 방출하거나 흡수하는 광자의 에너지이다.

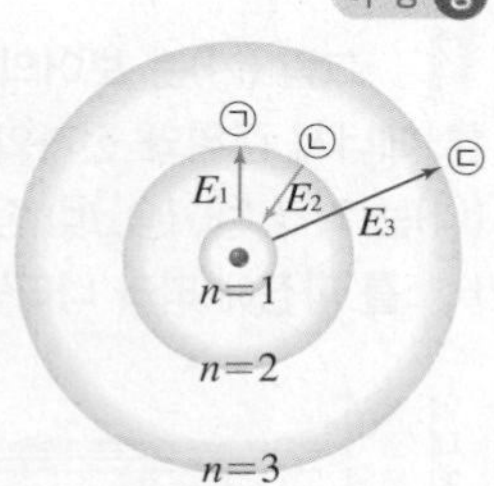

이에 대한 설명으로 옳은 것만을 [보기]에서 있는 대로 고른 것은?

보기
ㄱ. $E_1=E_2$이다.
ㄴ. ㉠에서 흡수하는 빛의 파장은 ㉢에서 흡수하는 빛의 파장보다 짧다.
ㄷ. 전자가 $n=2$인 궤도에서 $n=3$인 궤도로 전이할 때 흡수하는 광자의 에너지는 E_3-E_2이다.

① ㄴ ② ㄷ ③ ㄱ, ㄴ
④ ㄱ, ㄷ ⑤ ㄱ, ㄴ, ㄷ

하 중 상

10 그림은 수소 원자의 스펙트럼 중 라이먼 계열에서 파장이 가장 긴 것부터 차례대로 3개를 나타낸 것이다.

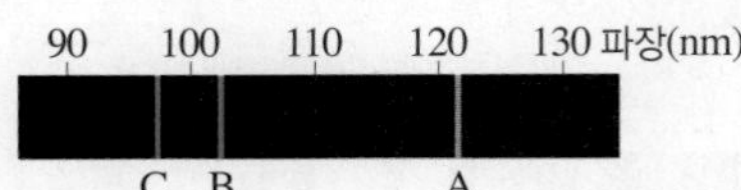

이에 대한 설명으로 옳은 것만을 [보기]에서 있는 대로 고른 것은? (단, n은 양자수이다.)

보기
ㄱ. A는 $n=2$인 궤도에서 $n=1$인 궤도로 전자가 전이할 때 방출된 것이다.
ㄴ. A~C 중 광자의 에너지가 가장 큰 것은 C이다.
ㄷ. C의 진동수는 A의 진동수의 $\frac{5}{4}$배이다.

① ㄱ ② ㄷ ③ ㄱ, ㄴ
④ ㄴ, ㄷ ⑤ ㄱ, ㄴ, ㄷ

하 중 상

11 그림 (가)는 보어의 수소 원자 모형에서 양자수 n에 따른 에너지 준위와 전자의 전이 ㉠, ㉡, ㉢을 나타낸 것이고, (나)는 각각 ㉠, ㉡, ㉢ 중 하나에 의해 나타난 스펙트럼 선 a, b, c를 파장에 따라 나타낸 것이다.

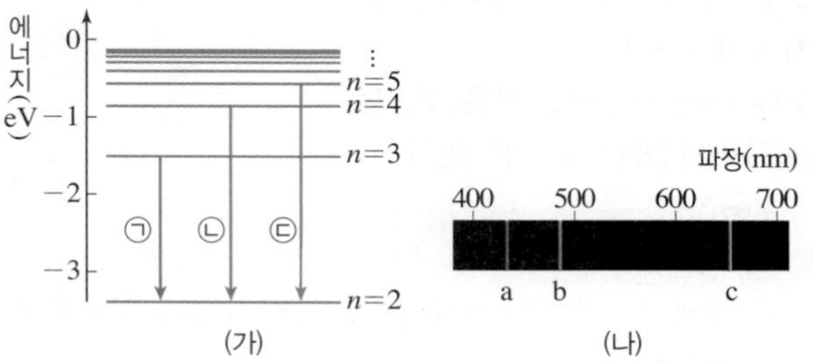

이에 대한 설명으로 옳지 않은 것은?

① ㉠에 의해 나타나는 것은 c이다.
② a~c는 가시광선 영역에 해당한다.
③ a~c 중 광자의 에너지가 가장 큰 것은 a이다.
④ b, c의 진동수의 합은 a의 진동수보다 작다.
⑤ 전자가 $n=2$인 궤도에 머물러 있는 동안에는 빛이 방출되지 않는다.

하 중 상

12 그림은 고체 A, B의 에너지띠 구조를 나타낸 것이다. A, B는 각각 도체와 절연체 중 하나이다.

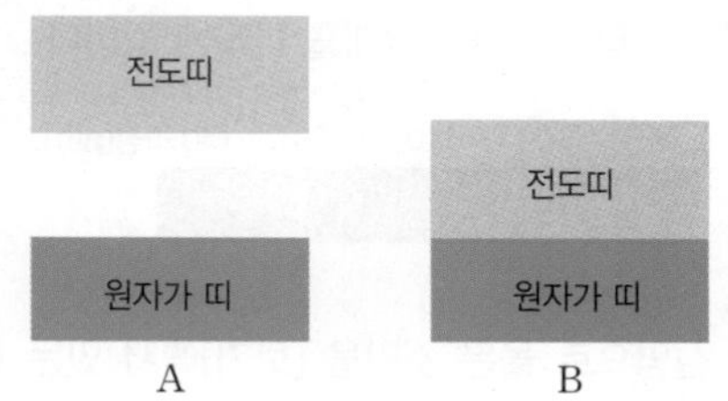

이에 대한 설명으로 옳은 것만을 [보기]에서 있는 대로 고른 것은?

보기
ㄱ. A는 절연체이다.
ㄴ. 실온에서 B의 전도띠에는 전자가 없다.
ㄷ. 전도띠에 있는 전자의 에너지는 원자가 띠에 있는 전자의 에너지보다 작다.

① ㄱ ② ㄷ ③ ㄱ, ㄴ
④ ㄱ, ㄷ ⑤ ㄴ, ㄷ

하 중 상

13 고체의 에너지띠와 전기 전도성에 대한 설명으로 옳지 않은 것은?

① 원자가 띠에 전자가 완전히 채워지지 않은 고체는 도체가 된다.
② 전도띠에 있는 전자는 자유롭게 움직일 수 있다.
③ 허용된 띠 내에서 에너지 준위는 연속적이라고 할 수 있다.
④ 원자가 띠의 전자가 전도띠로 전이할 때는 에너지를 흡수한다.
⑤ 도체는 온도가 높을수록 전기 전도성이 좋다.

하 중 상

14 표는 원통 모양의 고체 물질 A, B, C의 길이, 단면적, 저항값을 나타낸 것이다.

물질	길이	단면적	저항값
A	L	S	R
B	$2L$	S	R
C	L	$2S$	$2R$

A, B, C의 전기 전도도를 각각 σ_A, σ_B, σ_C라고 할 때, 전기 전도도의 비 $\sigma_A : \sigma_B : \sigma_C$는?

① 1 : 2 : 1 ② 1 : 2 : 4 ③ 2 : 1 : 2
④ 2 : 1 : 8 ⑤ 4 : 8 : 1

하 중 상

15 그림 (가), (나)는 저마늄(Ge)에 각각 비소(As)와 붕소(B)를 첨가한 반도체를 나타낸 것이다.

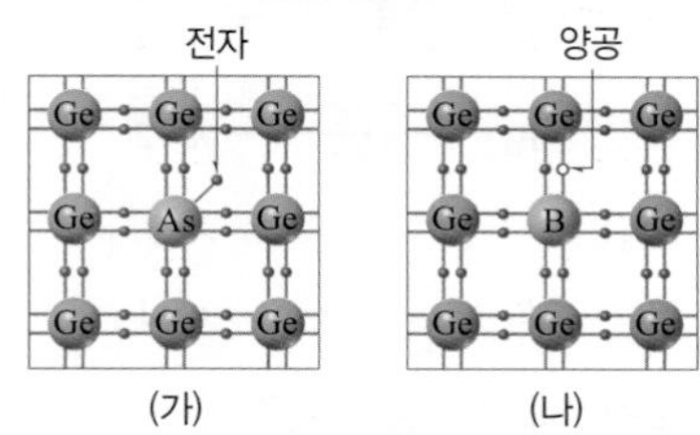

이에 대한 설명으로 옳은 것만을 [보기]에서 있는 대로 고른 것은?

보기
ㄱ. (가)는 p형 반도체이다.
ㄴ. (나)에서는 주로 양공이 전류를 흐르게 한다.
ㄷ. 붕소(B)의 원자가 전자는 5개이다.

① ㄱ ② ㄴ ③ ㄱ, ㄴ ④ ㄱ, ㄷ ⑤ ㄴ, ㄷ

하 중 상

16 그림 (가)는 규소(Si)에 불순물을 도핑한 반도체 A와 반도체 B를 접합하여 만든 p-n 접합 다이오드, 저항, 전지를 이용하여 구성한 회로를 나타낸 것이고, (나)는 (가)에서 B를 구성하는 원소와 원자가 전자의 배열을 나타낸 것이다. X는 B에 첨가한 불순물이다.

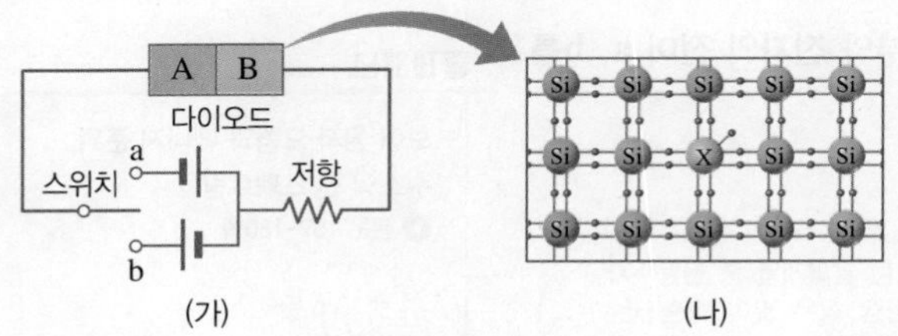

이에 대한 설명으로 옳은 것만을 [보기]에서 있는 대로 고른 것은?

보기
ㄱ. A에 첨가한 불순물의 원자가 전자는 4개보다 적다.
ㄴ. (가)에서 스위치를 a에 연결하면 회로에 전류가 흐른다.
ㄷ. (가)에서 스위치를 b에 연결하면 A, B의 접합면에서 전자와 양공이 결합한다.

① ㄱ ② ㄴ ③ ㄱ, ㄷ
④ ㄴ, ㄷ ⑤ ㄱ, ㄴ, ㄷ

하 중 상

17 그림과 같이 전원 장치에 p-n 접합 발광 다이오드(LED) A, B를 연결하여 회로를 구성하였더니 A는 빛을 방출하였고, B는 빛을 방출하지 않았다.

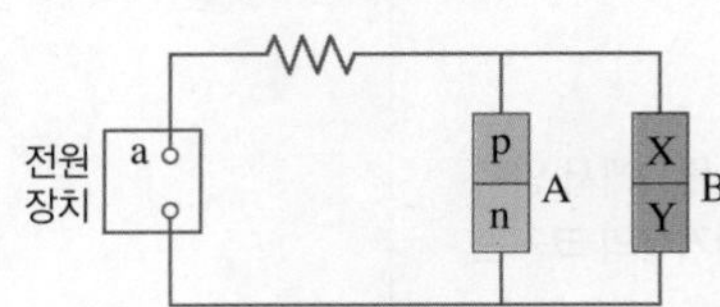

이에 대한 설명으로 옳은 것만을 [보기]에서 있는 대로 고른 것은?

보기
ㄱ. 전원 장치의 a는 (+)극이다.
ㄴ. X는 n형 반도체이다.
ㄷ. B의 p형 반도체 속 양공은 접합면으로부터 멀어진다.

① ㄱ ② ㄷ ③ ㄱ, ㄴ
④ ㄴ, ㄷ ⑤ ㄱ, ㄴ, ㄷ

서술형 문제

하 중 상

18 그림과 같이 대전체 A, B, C가 x축에 고정되어 있다. A로부터 B, C까지의 거리는 각각 d, $2d$이고, B, C의 전하량은 각각 $+q$이다. B, C가 받는 전기력은 모두 $+x$ 방향이고 크기는 F이다.

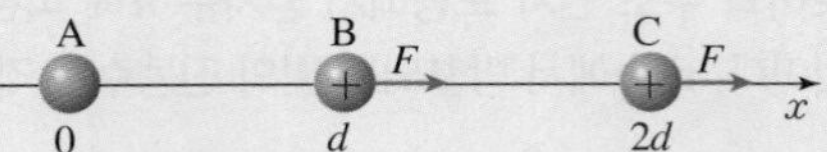

A의 전하량을 풀이 과정과 함께 구하시오. (단, 대전체의 크기는 무시한다.)

하 중 상

19 그림은 보어의 수소 원자 모형에서 전자의 궤도를 양자수 n에 따라 나타낸 것이다. 전자는 $n=2$인 궤도에 있다.

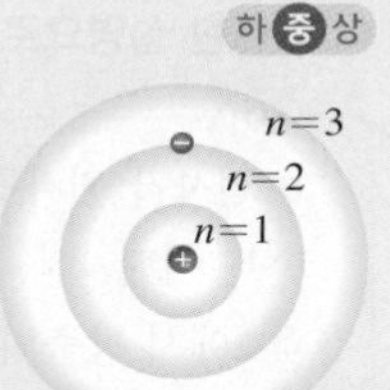

전자가 $n=1$, $n=3$인 궤도로 전이하는 과정에서 방출하거나 흡수하는 빛의 파장을 각각 λ_1, λ_2라고 할 때, λ_1, λ_2의 크기를 등호나 부등호로 비교하고, 그 까닭을 서술하시오.

하 중 상

20 그림은 상온에서 고체 A와 B의 에너지띠 구조를 나타낸 것이다. A와 B는 절연체와 반도체를 순서 없이 나타낸 것이다.

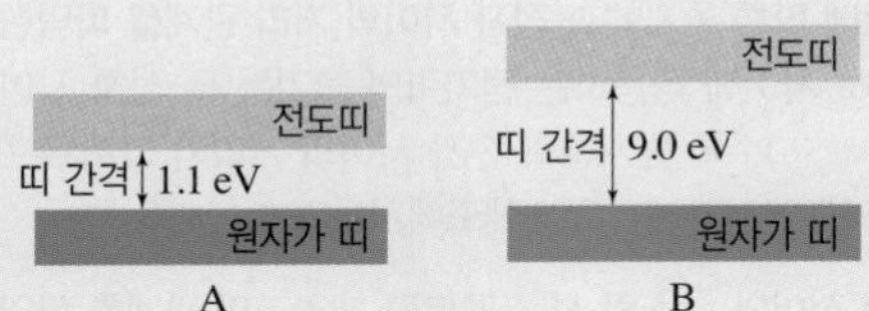

(1) A와 B는 무엇인지 각각 쓰시오.

(2) A와 B의 전체 전자의 수가 같을 때 전도띠에 있는 전자의 수를 비교하고 그 까닭을 서술하시오.

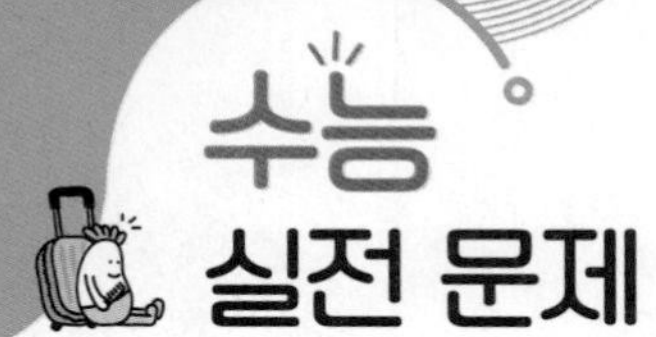

수능
실전 문제

• 수능 출제 경향

이 단원에서는 전하에 작용하는 전기력을 구하는 문제와 보어의 수소 원자 모형에 따른 선 스펙트럼 개념의 이해를 묻는 문제가 자주 출제된다. 또한 에너지띠의 구조에 대한 이해를 바탕으로 한 반도체와 다이오드의 다양한 응용을 묻는 문제도 출제 가능성이 높다.

수능 이렇게 나온다!

그림은 보어의 수소 원자 모형에서 양자수 n에 따른 에너지 준위의 일부와 전자의 전이 a, b를 나타낸 것이다. a, b에서 방출되는 빛의 진동수는 각각 f_a, f_b이다.

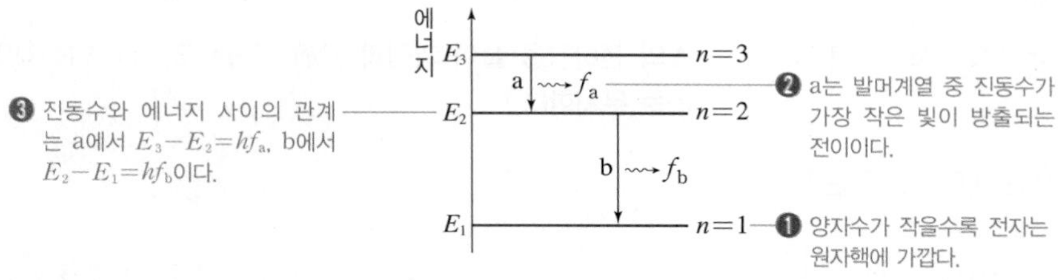

에너지
E_3
$n=3$
a
f_a
❷ a는 발머계열 중 진동수가 가장 작은 빛이 방출되는 전이이다.
❸ 진동수와 에너지 사이의 관계는 a에서 $E_3-E_2=hf_a$, b에서 $E_2-E_1=hf_b$이다.
E_2
$n=2$
b
f_b
E_1
$n=1$
❶ 양자수가 작을수록 전자는 원자핵에 가깝다.

이에 대한 설명으로 옳은 것만을 [보기]에서 있는 대로 고른 것은? (단, h는 플랑크 상수이다.)

보기

ㄱ. 전자가 원자핵으로부터 받는 전기력의 크기는 $n=1$인 궤도에서가 $n=2$인 궤도에서보다 작다.

ㄴ. a에서 방출되는 빛은 가시광선이다.

ㄷ. $f_a+f_b=\dfrac{|E_3-E_1|}{h}$이다.

① ㄱ　② ㄷ　③ ㄱ, ㄴ　④ ㄴ, ㄷ　⑤ ㄱ, ㄴ, ㄷ

출제개념

보어 원자 모형과 에너지 준위, 수소의 선 스펙트럼

▶ 본문 159~160쪽

출제의도

에너지 준위에 따라 전자가 받는 전기력의 크기와 수소 원자의 선 스펙트럼 계열을 이해하고, 전자의 전이에 따라 방출되는 빛의 진동수를 구할 수 있는지를 묻는 문제이다.

전략적 풀이

❶ 양자수에 따른 원자핵과 전자 사이의 거리 관계를 파악한다.

ㄱ. 두 전하 사이에 작용하는 전기력의 크기는 두 전하 사이의 (　　　)에 반비례한다. 수소 원자에서 양자수가 (　　　)수록 원자핵과 전자 사이의 거리가 가까우므로 전자가 원자핵으로부터 받는 전기력의 크기는 $n=1$인 궤도에서가 $n=2$인 궤도에서보다 (　　　).

❷ 전자의 전이와 수소의 선 스펙트럼 계열과의 관계를 파악한다.

ㄴ. a에서 전자는 $n=3$인 궤도에서 $n=2$인 궤도로 전이하므로 a에서 방출되는 빛은 (　　　) 계열에 해당한다. 따라서 a에서 방출되는 빛은 (　　　)이다.

❸ 전자가 전이할 때 방출하는 빛의 진동수와 에너지 사이의 관계식을 적용한다.

ㄷ. 전자가 전이할 때 방출하는 광자 1개의 에너지는 두 궤도 사이 에너지 준위의 (　　　)와 같고, 진동수가 f인 광자 1개의 에너지 $E_{광자}$=(　　　)이다. 따라서 $f_a+f_b=\dfrac{|E_3-E_2|}{h}+(\quad)=\dfrac{|E_3-E_1|}{h}$이다.

❶ 거리 제곱, 작을, 크다
❷ 발머, 가시광선
❸ 차이, hf, $\dfrac{|E_2-E_1|}{h}$

답 ④

01 다음은 원자 모형의 발전 과정을 나타낸 것이다. A, B는 이와 관련된 사실이다.

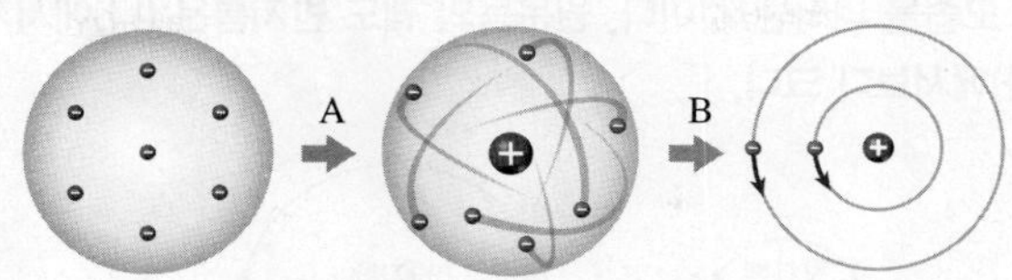

이에 대한 설명으로 옳은 것만을 [보기]에서 있는 대로 고른 것은?

보기
ㄱ. 알파(α) 입자 산란 실험에서 일부 알파 입자가 큰 각도로 산란되는 것은 A에 해당한다.
ㄴ. 수소 기체 방전관에서 선 스펙트럼이 나타나는 것은 B에 해당한다.
ㄷ. 세 원자 모형 모두 원자핵을 원자의 구성 입자로 본다.

① ㄱ ② ㄷ ③ ㄱ, ㄴ
④ ㄴ, ㄷ ⑤ ㄱ, ㄴ, ㄷ

02 그림 (가)는 알파(α) 입자 산란 실험을 간략히 나타낸 것이고, (나)는 (가)에서 형광 스크린에 감지된 알파 입자의 수를 산란각에 따라 나타낸 것이다.

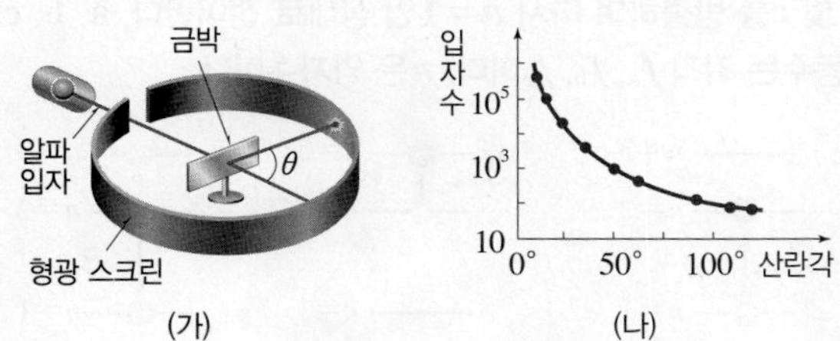

실험 결과를 통해 알 수 있는 사실로 옳은 것만을 [보기]에서 있는 대로 고른 것은?

보기
ㄱ. 원자핵은 (+)전하를 띠고 있다.
ㄴ. 원자핵의 질량은 전자의 질량에 비해 매우 크다.
ㄷ. 원자에 속박된 전자의 에너지는 불연속적이다.

① ㄱ ② ㄷ ③ ㄱ, ㄴ
④ ㄴ, ㄷ ⑤ ㄱ, ㄴ, ㄷ

03 그림 (가)와 같이 대전체 A, B, C가 x축에 고정되어 있다. A로부터 B, C까지의 거리는 각각 d, $2d$이고, (+)전하인 C가 받는 전기력은 0이다. 그림 (나)는 (가)에서 A, B의 위치만 바꾼 것으로 C가 $+x$ 방향으로 전기력을 받는다.

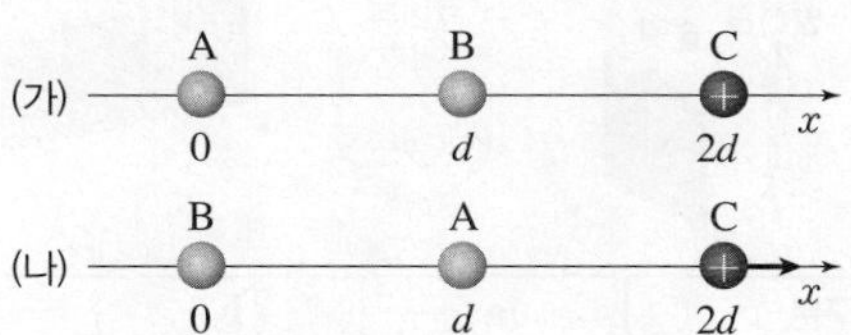

이에 대한 설명으로 옳은 것만을 [보기]에서 있는 대로 고른 것은?

보기
ㄱ. A는 (+)전하를 띤다.
ㄴ. 전하량은 A가 B의 2배이다.
ㄷ. (나)에서 A가 받는 전기력의 방향은 $+x$ 방향이다.

① ㄱ ② ㄴ ③ ㄱ, ㄷ
④ ㄴ, ㄷ ⑤ ㄱ, ㄴ, ㄷ

04 그림은 x축상에서 점전하 A, B, C를 각각 $x=-d$, $x=0$, $x=d$인 지점에 고정시켜 놓은 모습을 나타낸 것이다. A, B는 각각 $-x$ 방향, $+x$ 방향으로 전기력을 받으며, A, B가 받는 전기력의 크기는 각각 F, $3F$이다. A, B는 모두 (+)전하를 띠고, 전하량의 크기가 같다.

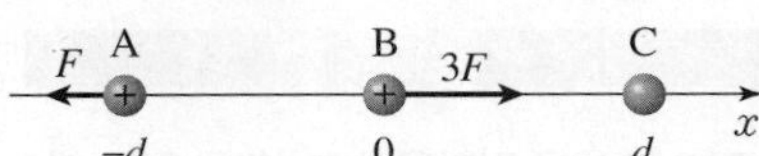

이에 대한 설명으로 옳은 것만을 [보기]에서 있는 대로 고른 것은?

보기
ㄱ. C가 받는 전기력의 방향은 $+x$ 방향이다.
ㄴ. C로부터 받는 전기력의 크기는 B가 A의 4배이다.
ㄷ. 전하량의 크기는 C가 A의 2배이다.

① ㄱ ② ㄴ ③ ㄱ, ㄴ
④ ㄱ, ㄷ ⑤ ㄴ, ㄷ

05 그림은 가열된 수소 기체 방전관에서 방출되는 빛의 스펙트럼을 관찰하는 실험을 나타낸 것이고, 표는 방전관에서 방출된 세 빛 a, b, c의 광자 1개의 에너지를 나타낸 것이다.

구분	a	b	c
광자 1개의 에너지	1.66 eV	1.89 eV	2.55 eV

이에 대한 설명으로 옳은 것만을 [보기]에서 있는 대로 고른 것은?

보기
ㄱ. 스크린에는 선 스펙트럼이 나타난다.
ㄴ. a~c 중 진동수가 가장 큰 빛은 a이다.
ㄷ. 광자 1개의 에너지가 클수록 빛의 파장이 짧다.

① ㄴ ② ㄷ ③ ㄱ, ㄴ
④ ㄱ, ㄷ ⑤ ㄱ, ㄴ, ㄷ

06 그림 (가)는 고온의 기체 A에서 방출되는 빛을, (나)는 저온의 기체 A, B가 섞인 기체를 통과한 백열등 빛을 분광기로 관찰한 결과를 각각 나타낸 것이다.

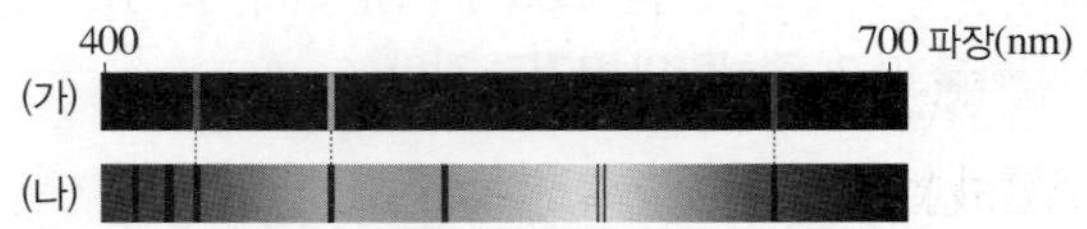

이에 대한 설명으로 옳은 것만을 [보기]에서 있는 대로 고른 것은?

보기
ㄱ. A, B는 서로 다른 종류의 기체이다.
ㄴ. 백열등에서 방출되는 빛은 연속 스펙트럼이다.
ㄷ. A가 저온일 때 흡수하는 빛의 파장은 A가 고온일 때 방출하는 빛의 파장과 같다.

① ㄱ ② ㄷ ③ ㄱ, ㄴ
④ ㄴ, ㄷ ⑤ ㄱ, ㄴ, ㄷ

07 그림 (가), (나)는 보어의 수소 원자 모형에 따라 원자핵을 중심으로 전자가 서로 다른 궤도에서 각각 원운동을 하는 모습을 나타낸 것이다. 원운동의 궤도 반지름은 (나)에서가 (가)에서보다 크다.

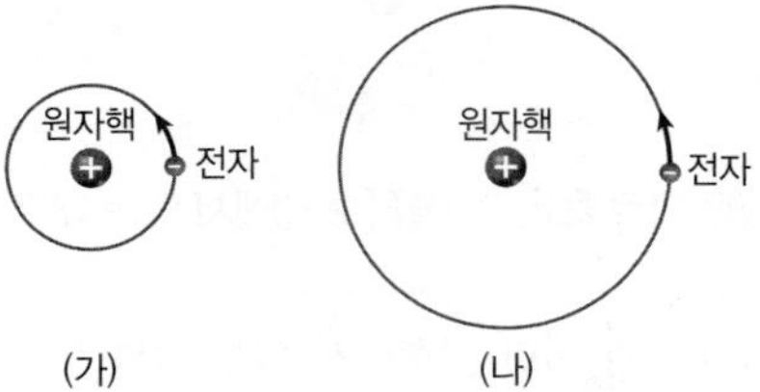

이에 대한 설명으로 옳은 것만을 [보기]에서 있는 대로 고른 것은?

보기
ㄱ. 전자의 에너지는 (가)에서가 (나)에서보다 크다.
ㄴ. 전자가 원자핵으로부터 받는 전기력의 크기는 (가)에서가 (나)에서보다 크다.
ㄷ. 전자가 (가)의 궤도에서 (나)의 궤도로 전이하기 위해서는 에너지를 흡수해야 한다.

① ㄱ ② ㄷ ③ ㄱ, ㄴ
④ ㄴ, ㄷ ⑤ ㄱ, ㄴ, ㄷ

08 그림은 보어의 수소 원자 모형에서 전자가 전이하는 과정을 나타낸 것이다. 수소 원자에 빛 a, b를 차례대로 비추면 전자가 $n=1$에서 $n=2$, $n=3$인 상태로 차례대로 전이한 후 빛 c를 방출하며 다시 $n=1$인 상태로 전이한다. a, b, c의 진동수는 각각 f_a, f_b, f_c이다. n은 양자수이다.

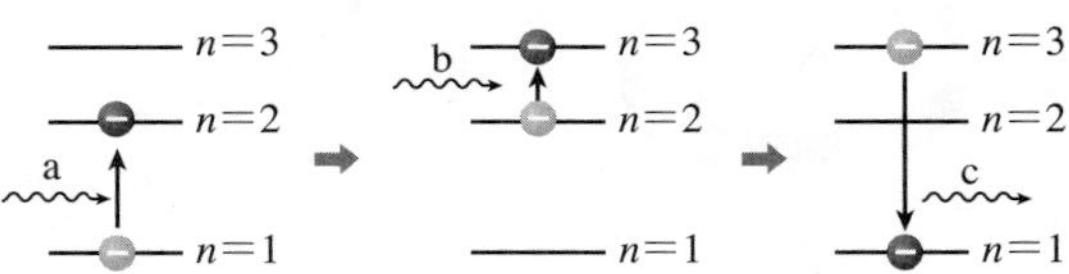

이에 대한 설명으로 옳은 것만을 [보기]에서 있는 대로 고른 것은?

보기
ㄱ. $f_c=f_a+f_b$이다.
ㄴ. 파장은 a가 b보다 길다.
ㄷ. 바닥상태의 수소 원자에 b, a를 차례대로 비추면 전자가 $n=3$인 상태로 전이한다.

① ㄱ ② ㄷ ③ ㄱ, ㄴ
④ ㄴ, ㄷ ⑤ ㄱ, ㄴ, ㄷ

09 그림은 보어의 수소 원자 모형에서 양자수 n에 따른 에너지 준위와 전자의 전이 a~d를 나타낸 것이다.

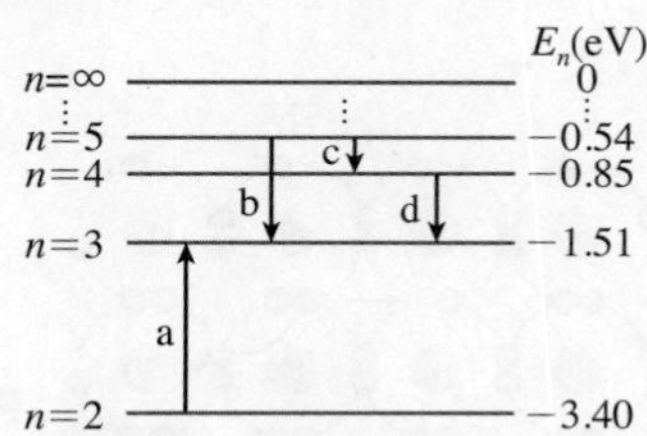

이에 대한 설명으로 옳은 것만을 [보기]에서 있는 대로 고른 것은?

보기
ㄱ. a에서 흡수되는 광자 1개의 에너지는 1.89 eV이다.
ㄴ. b~d 중 방출되는 빛의 파장이 가장 긴 경우는 b이다.
ㄷ. c에서 방출되는 빛의 진동수와 d에서 방출되는 빛의 진동수의 합은 b에서 방출되는 빛의 진동수와 같다.

① ㄱ ② ㄴ ③ ㄱ, ㄷ
④ ㄴ, ㄷ ⑤ ㄱ, ㄴ, ㄷ

10 그림은 가상의 원자의 에너지 준위의 일부를 나타낸 것이다.

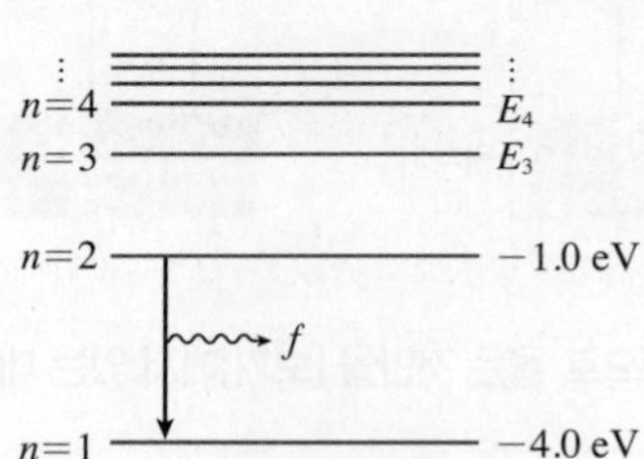

전자가 $n=2$에서 $n=1$인 상태로 전이하면서 진동수가 f인 빛을 방출할 때, 전자가 $n=3$에서 $n=2$인 상태로 전이하면서 방출하는 빛의 진동수는?

① $\frac{5}{27}f$ ② $\frac{5}{9}f$ ③ $\frac{32}{27}f$
④ $\frac{9}{5}f$ ⑤ $\frac{27}{5}f$

11 그림 (가)는 수소 원자의 스펙트럼 중 라이먼 계열에서 파장이 가장 긴 것부터 3개를 나타낸 것으로 $\lambda_1 > \lambda_2 > \lambda_3$이고, (나)는 발머 계열에서 파장이 가장 긴 것부터 2개를 나타낸 것으로 $\lambda_\alpha > \lambda_\beta$이다.

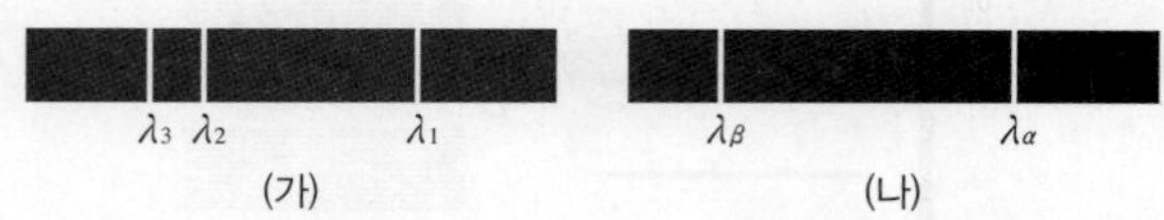

이에 대한 설명으로 옳은 것만을 [보기]에서 있는 대로 고른 것은?

보기
ㄱ. 광자 1개의 에너지가 가장 작은 빛의 파장은 λ_α이다.
ㄴ. $\frac{1}{\lambda_1}+\frac{1}{\lambda_\beta}=\frac{1}{\lambda_3}$이다.
ㄷ. $\lambda_\alpha : \lambda_\beta = 27 : 20$이다.

① ㄱ ② ㄴ ③ ㄱ, ㄷ
④ ㄴ, ㄷ ⑤ ㄱ, ㄴ, ㄷ

12 그림 (가)는 보어의 수소 원자 모형에서 양자수 n에 따른 전자의 궤도 일부와 전자의 전이 a, b를 나타낸 것이고, (나)는 수소 원자의 스펙트럼으로 ㉡은 (가)의 a에 의해 나타난 것이다.

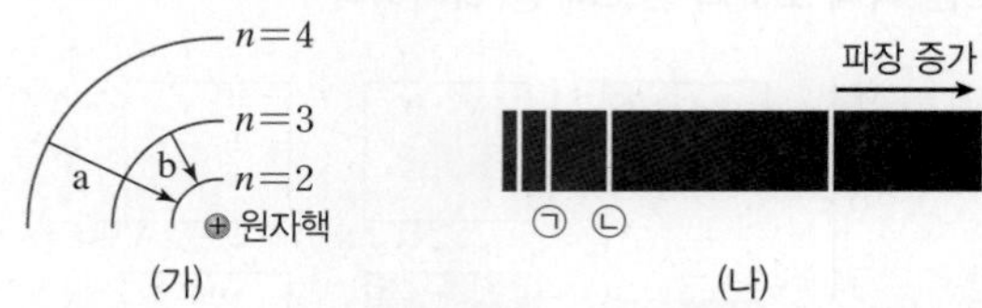

이에 대한 설명으로 옳은 것만을 [보기]에서 있는 대로 고른 것은?

보기
ㄱ. ㉠은 b에 의해 나타난 것이다.
ㄴ. 방출되는 빛의 진동수는 a에서가 b에서보다 크다.
ㄷ. 전자를 원자핵으로부터 분리시키는 데 필요한 에너지는 전자가 $n=2$인 상태에 있을 때가 $n=4$인 상태에 있을 때보다 크다.

① ㄱ ② ㄴ ③ ㄱ, ㄷ
④ ㄴ, ㄷ ⑤ ㄱ, ㄴ, ㄷ

13 그림 (가)는 기체 원자의 에너지 준위의 일부를, (나)는 인접해 있는 원자가 매우 많은 고체의 에너지 준위의 일부를 나타낸 것이다.

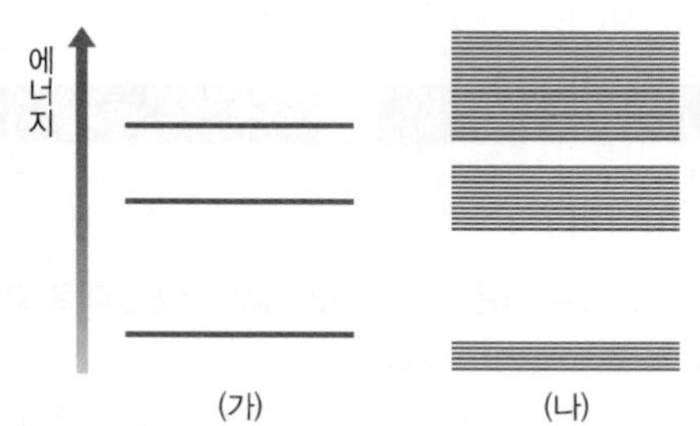

이에 대한 설명으로 옳은 것만을 [보기]에서 있는 대로 고른 것은?

보기
ㄱ. (가)에서 전자의 에너지는 원자핵으로부터 멀어질수록 커진다.
ㄴ. (나)에서 전자가 채워진 에너지띠를 띠 간격이라고 한다.
ㄷ. (가), (나) 모두 전자가 존재할 수 없는 에너지 준위 영역이 있다.

① ㄱ ② ㄴ ③ ㄱ, ㄷ
④ ㄴ, ㄷ ⑤ ㄱ, ㄴ, ㄷ

14 그림은 고체 A, B, C의 에너지띠 구조를 나타낸 것으로 색칠한 부분은 전자가 채워진 에너지 준위를 나타낸다. A, B, C는 각각 도체와 반도체 중 하나이다.

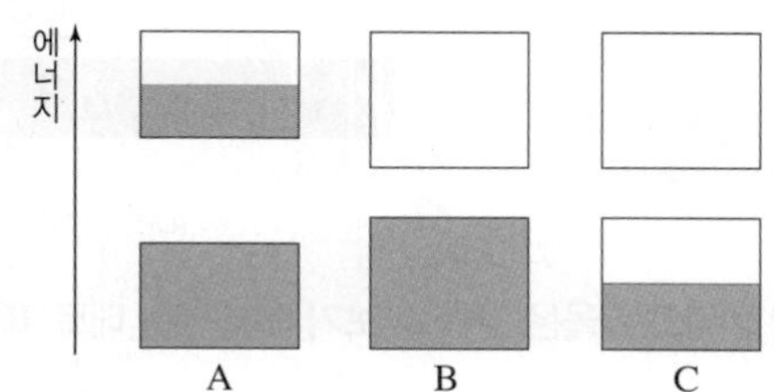

이에 대한 설명으로 옳은 것만을 [보기]에서 있는 대로 고른 것은?

보기
ㄱ. A는 도체이다.
ㄴ. B에 도핑을 하면 전기 전도도가 커진다.
ㄷ. C에서는 주로 양공이 전류를 흐르게 한다.

① ㄱ ② ㄷ ③ ㄱ, ㄴ
④ ㄴ, ㄷ ⑤ ㄱ, ㄴ, ㄷ

15 그림은 순수한 규소(Si)에 붕소(B)를 도핑한 불순물 반도체에서 주변의 전자가 양공을 채우면서 이동하는 모습을 나타낸 것이다.

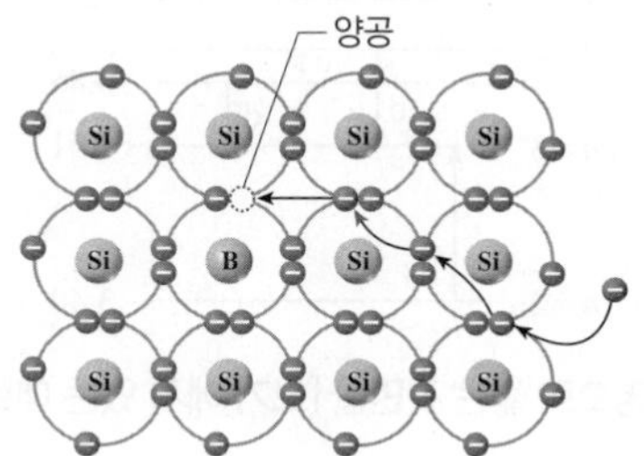

이 불순물 반도체에 대한 설명으로 옳은 것만을 [보기]에서 있는 대로 고른 것은?

보기
ㄱ. p형 반도체이다.
ㄴ. 주로 전자가 전류를 흐르게 한다.
ㄷ. 붕소에 의해 전도띠 바로 위에 새로운 에너지 준위가 만들어진다.

① ㄱ ② ㄴ ③ ㄱ, ㄷ
④ ㄴ, ㄷ ⑤ ㄱ, ㄴ, ㄷ

16 그림 (가), (나)는 각각 p형 반도체와 n형 반도체를 순서 없이 나타낸 것으로 화살표는 원자가 띠의 전자가 전도띠로 전이하는 것을 나타낸 것이다. (가)에서는 원자가 띠의 양공이 전도띠의 전자보다 많고, (나)에서는 전도띠의 전자가 원자가 띠의 양공보다 많다.

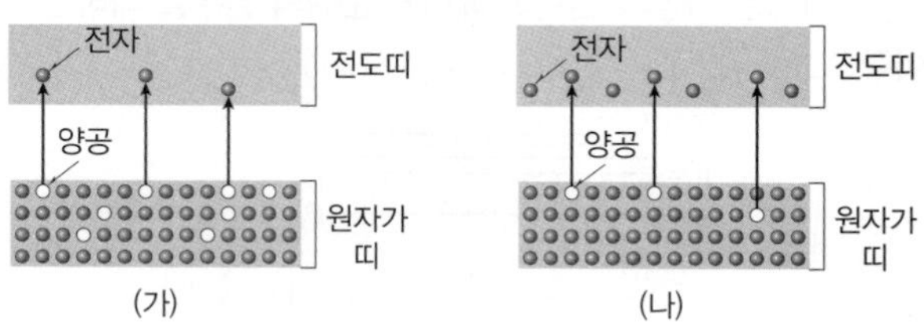

이에 대한 설명으로 옳은 것만을 [보기]에서 있는 대로 고른 것은?

보기
ㄱ. (가)는 n형 반도체이다.
ㄴ. (나)에서 양공은 전자의 전이에 의해서만 생긴다.
ㄷ. (나)는 고유 반도체에 원자가 전자가 5개인 원소를 도핑해서 만든다.

① ㄱ ② ㄴ ③ ㄱ, ㄷ
④ ㄴ, ㄷ ⑤ ㄱ, ㄴ, ㄷ

17 그림 (가), (나)는 p-n 접합 다이오드를 전지와 저항에 연결한 회로를 나타낸 것이다.

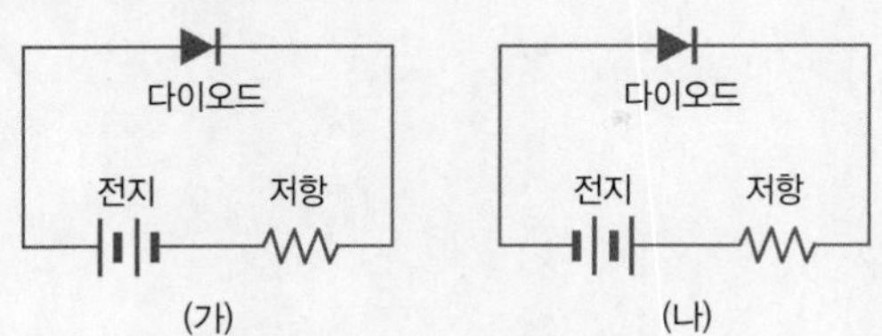

이에 대한 설명으로 옳은 것만을 [보기]에서 있는 대로 고른 것은?

보기
ㄱ. (가)에서 저항에 전류가 흐른다.
ㄴ. 다이오드는 전자의 이동에 의해서만 전류가 흐른다.
ㄷ. (나)의 다이오드의 접합면에서는 전자와 양공이 결합한다.

① ㄱ ② ㄴ ③ ㄱ, ㄴ
④ ㄱ, ㄷ ⑤ ㄴ, ㄷ

18 그림 (가)의 A, B는 저마늄(Ge)에 각각 비소(As)와 불순물 a를 도핑한 반도체를 나타낸 것이다. 그림 (나)는 p-n 접합 다이오드와 전구를 이용하여 구성한 회로를 나타낸 것이다. (나)에서 X와 Y는 각각 A와 B 중 하나이고, 스위치 S를 닫으면 전구에 불이 켜진다.

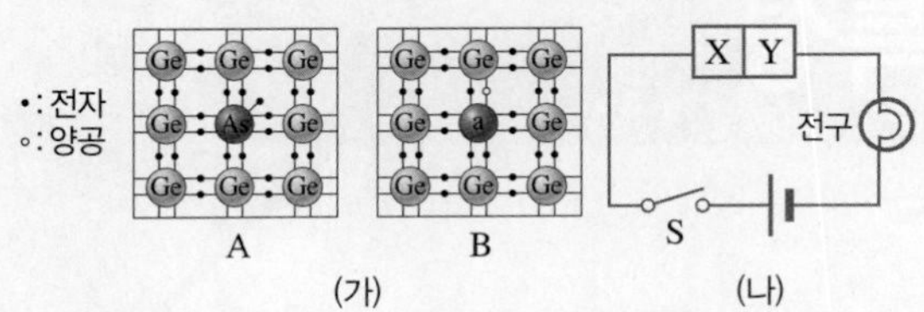

이에 대한 설명으로 옳은 것만을 [보기]에서 있는 대로 고른 것은?

보기
ㄱ. a의 원자가 전자는 3개이다.
ㄴ. X는 B이다.
ㄷ. (나)에서 S를 닫으면 다이오드의 p형 반도체에 있는 양공은 접합면에서 멀어진다.

① ㄱ ② ㄷ ③ ㄱ, ㄴ
④ ㄴ, ㄷ ⑤ ㄱ, ㄴ, ㄷ

19 그림은 p-n 접합 발광 다이오드(LED) A, B, C를 이용하여 구성한 회로를 나타낸 것이다. X는 p형 반도체와 n형 반도체 중 하나이다. 스위치 S를 a에 연결하면 LED 2개가 켜지고, b에 연결하면 LED 1개가 켜진다.

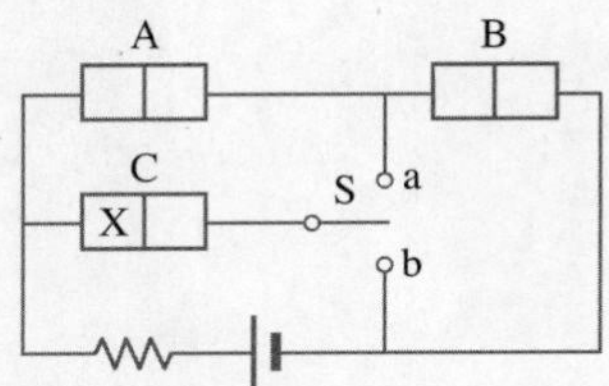

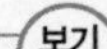

이에 대한 설명으로 옳은 것만을 [보기]에서 있는 대로 고른 것은?

보기
ㄱ. X는 p형 반도체이다.
ㄴ. S를 b에 연결할 때 켜지는 LED는 C이다.
ㄷ. S를 a에 연결할 때와 b에 연결할 때 모두 A에는 역방향 전압이 걸린다.

① ㄱ ② ㄷ ③ ㄱ, ㄴ
④ ㄴ, ㄷ ⑤ ㄱ, ㄴ, ㄷ

20 그림은 동일한 p-n 접합 발광 다이오드(LED) A, B, C, D에 전지 2개, 저항, 스위치를 연결한 회로를 나타낸 것이다. 스위치를 a에 연결하면 A, D가 켜지고, 스위치를 b에 연결하면 B, C가 켜진다. X, Y는 각각 p형 반도체와 n형 반도체 중 하나이다.

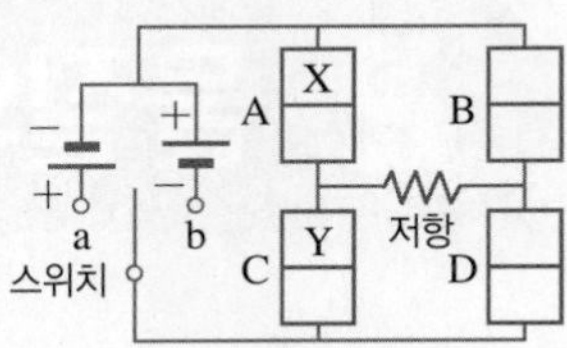

이에 대한 설명으로 옳은 것만을 [보기]에서 있는 대로 고른 것은?

보기
ㄱ. X는 n형 반도체이다.
ㄴ. 스위치를 b에 연결했을 때, Y에서는 양공이 접합면으로 이동한다.
ㄷ. 스위치를 a에 연결했을 때와 b에 연결했을 때, 저항에 흐르는 전류의 방향은 서로 같다.

① ㄱ ② ㄷ ③ ㄱ, ㄴ
④ ㄴ, ㄷ ⑤ ㄱ, ㄴ, ㄷ

Ⅲ 물질과 전자기장

2 물질의 자기적 특성

Review

이전에 학습한 내용 중 이 단원과 연계된 내용을 다시 한번 떠올려 봅시다.

다음 단어가 들어갈 곳을 찾아 빈칸을 완성해 보자.

자성	자기장	인력	척력	오른손	비례	솔레노이드	전자기 유도	유도 전류

중2
전기와 자기

자기력과 자기장

① **자기력:** ❶ ________ 을 띠는 물체 사이에 작용하는 힘

➡ 자석의 두 극을 가까이 하면 같은 극끼리는 ❷ ________ 이 작용하고, 다른 극끼리는 ❸ ________ 이 작용한다.

② ❹ ________ : 자석 주위에서 자기력이 작용하는 공간

• 자기장의 방향: 나침반을 놓았을 때 자침의 N극이 가리키는 방향

• 자기장의 세기: 자석의 양 극에 가까울수록 세다.

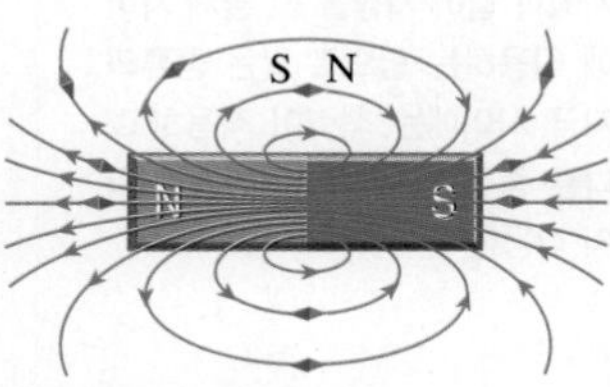

자석 주위의 자기장

전류에 의한 자기장

① **직선 전류에 의한 자기장:** 전류가 흐르는 직선 도선 주위의 자기장은 동심원 모양으로 생긴다.

• 자기장의 방향: ❺ ________ 엄지손가락을 전류의 방향으로 향하게 할 때, 나머지 네 손가락을 감아쥐는 방향이 자기장의 방향이다.

• 자기장의 세기: 전류의 세기에 ❻ ________ 하고, 전류로부터의 거리에 반비례한다.

② **원형 전류에 의한 자기장:** 원형 전류는 직선 전류와는 다른 모양의 자기장을 만들며, 도선을 원형으로 여러 번 감은 것을 ❼ ________ 라고 하는데, 이것은 더욱 강한 자기장을 만드는 데 이용된다.

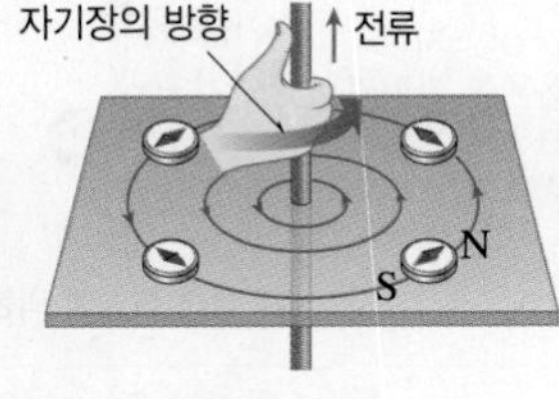

직선 전류에 의한 자기장

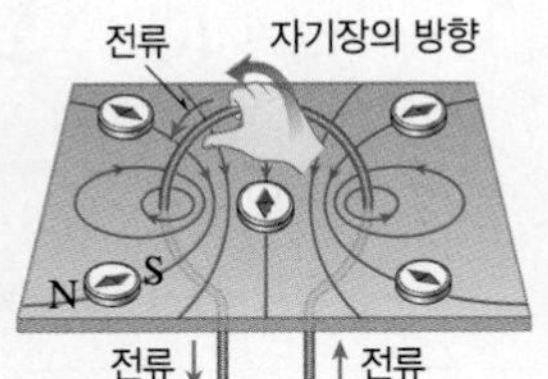

원형 전류에 의한 자기장

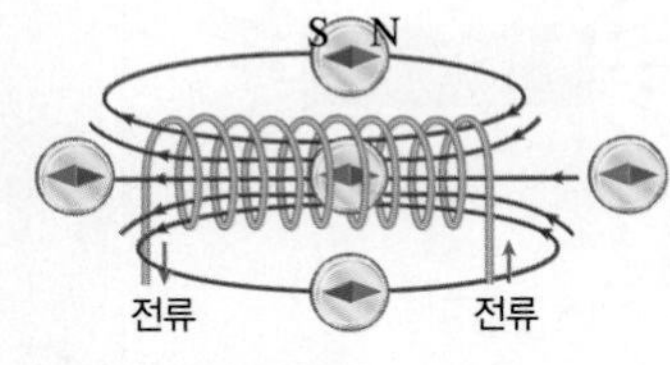

솔레노이드에 의한 자기장

통합과학
환경과 에너지

전자기 유도

① **전자기 유도:** 코일 주변에서 자석을 움직여 코일을 통과하는 자기장이 변하면 코일에 전류가 흐르는데, 이러한 현상을 ❽ ________ 라고 하며, 이때 코일에 흐르는 전류를 ❾ ________ 라고 한다.

• 유도 전류의 방향: 자기장의 변화를 방해하는 방향으로 흐른다.

• 유도 전류의 세기: 자석의 세기가 셀수록, 자석을 더 빠르게 움직일수록, 코일의 감은 횟수가 많을수록 유도 전류가 세진다.

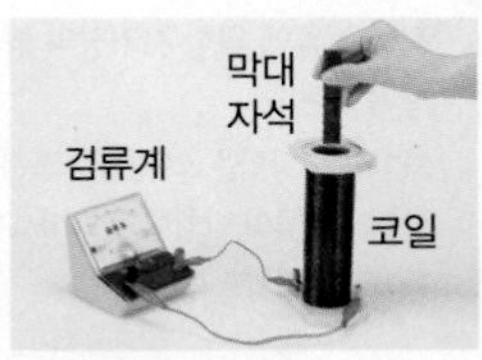

전자기 유도 실험

② **전자기 유도의 이용:** 발전기, 마이크, 금속 탐지기, 도난 방지 장치 등에 이용된다.

답 ❶ 자성 ❷ 척력 ❸ 인력 ❹ 자기장 ❺ 오른손 ❻ 비례 ❼ 솔레노이드 ❽ 전자기 유도 ❾ 유도 전류

1 전류에 의한 자기 작용

핵심 포인트
- ❶ 전류에 의한 자기장 ★★★
- ❷ 자기력의 이용 ★★

A 전류에 의한 자기장

1819년 덴마크의 과학자 외르스테드는 전류가 흐르는 도선 주위에서 나침반 바늘이 움직이는 것을 발견하였답니다. 이를 통해 자석뿐만 아니라 전류에 의해서도 자기장이 만들어진다는 사실이 밝혀졌지요. 여기에서는 전류에 의해 만들어지는 자기장에 대해 알아봅시다.

1. 자기장과 자기력선

(1) **자기장:** ◆자기력이 작용하는 공간으로, 자기장의 방향은 자침의 N극이 가리키는 방향으로 정한다.
- N극: 북쪽을 찾아주는 극이라는 의미이다.

(2) ◆**자기력선:** 자침의 N극이 가리키는 방향을 연속적으로 이은 선

◆ **자기력**
자석과 같이 자성을 띤 물체 사이에 작용하는 힘으로 같은 종류의 자극 사이에는 척력이 작용하고, 다른 종류의 자극 사이에는 인력이 작용한다.

◆ **자기력선**
자기장을 시각적으로 보여주기 위해 도입한 개념이다.
- 자석의 N극에서 나와 S극으로 들어간다.
- 도중에 끊기거나 분리되지 않고 교차하지 않으며 폐곡선을 이룬다.
- 자기력선의 간격이 좁을수록 자기장의 세기가 크다.
- 자기력선상의 한 점에서 그은 접선 방향이 그 점에서 자기장의 방향이다.

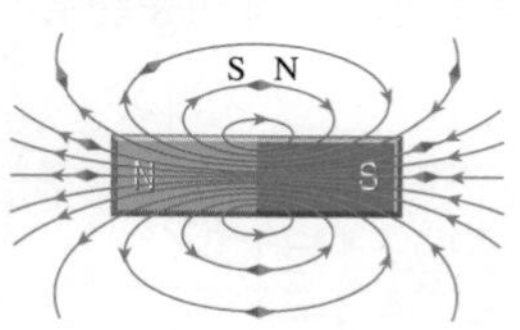

2. 전류에 의한 자기장

(1) **직선 전류에 의한 자기장:** 직선 도선을 중심으로 하는 동심원 모양으로 형성된다.

① 자기장의 방향: 오른손 엄지손가락을 전류의 방향으로 향하게 할 때 나머지 네 손가락이 도선을 감아쥐는 방향 ➡ 앙페르 법칙 또는 오른나사 법칙

② 자기장의 세기: 자기장의 세기(B)는 전류의 세기(I)에 비례하고, 도선으로부터의 수직 거리(r)에 반비례한다.

$$\text{자기장의 세기} \propto \frac{\text{전류의 세기}}{\text{도선으로부터의 수직 거리}}, \quad B \propto \frac{I}{r}$$

- 직선 도선이 무한히 길 때 성립한다.

| 직선 전류에 의한 자기장 |

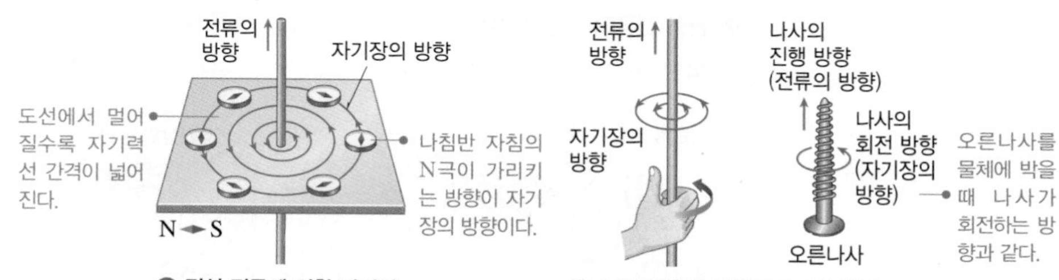

⬆ 직선 전류에 의한 자기장

⬆ 직선 전류에 의한 자기장의 방향

두 직선 전류에 의한 자기장 | 202쪽 대표 자료❶

두 직선 도선 사이에서 두 직선 전류에 의한 자기장은 각각의 전류에 의한 자기장의 방향을 고려하여 합성한다.

구분	두 전류에 의한 자기장 방향이 같을 때	두 전류에 의한 자기장 방향이 반대일 때
합성 자기장의 세기	두 전류에 의한 자기장의 합과 같다.	두 전류에 의한 자기장의 차와 같다.
합성 자기장의 방향	두 전류에 의한 자기장의 방향	자기장의 세기가 큰 쪽의 방향

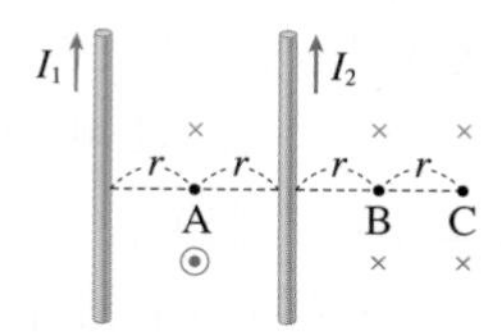

(×: 종이면에 수직으로 들어가는 방향, ⊙: 종이면에서 수직으로 나오는 방향)

예 두 도선에 흐르는 전류의 세기는 같고, 한 도선에서 직선 거리가 r인 곳에서 자기장의 세기가 B인 경우
- A: 자기장의 크기는 같지만, 방향이 반대이므로 합성 자기장의 세기는 0
- B: 자기장의 방향이 같으므로 합성 자기장의 세기는 $\frac{1}{3}B+B=\frac{4}{3}B$
- C: 자기장의 방향이 같으므로 합성 자기장의 세기는 $\frac{1}{4}B+\frac{1}{2}B=\frac{3}{4}B$

암기해!
직선 전류에 의한 자기장의 방향 찾기
자기장의 방향은 오른손을 이용하여 찾는다. 전류의 방향이 반대가 되면 자기장의 방향도 반대가 된다.

- 전류: 위쪽 • 자기장: 시계 반대 방향
- 전류: 아래쪽 • 자기장: 시계 방향

(2) **원형 전류에 의한 자기장:** 중심에서는 직선 모양이고, 도선에 가까울수록 원 모양에 가깝다.

① ◆자기장의 방향: 직선 전류에 의한 자기장의 방향을 찾을 때와 같다.

② 자기장의 세기: 원형 도선의 중심에서 자기장의 세기($B_{중심}$)는 전류의 세기(I)에 비례하고, 도선이 만드는 원의 반지름(r)에 반비례한다. 202쪽 대표 자료❷

$$\text{자기장의 세기(중심)} \propto \frac{\text{전류의 세기}}{\text{원의 반지름}},\ B_{중심} \propto \frac{I}{r}$$

| ◆원형 전류에 의한 자기장 |

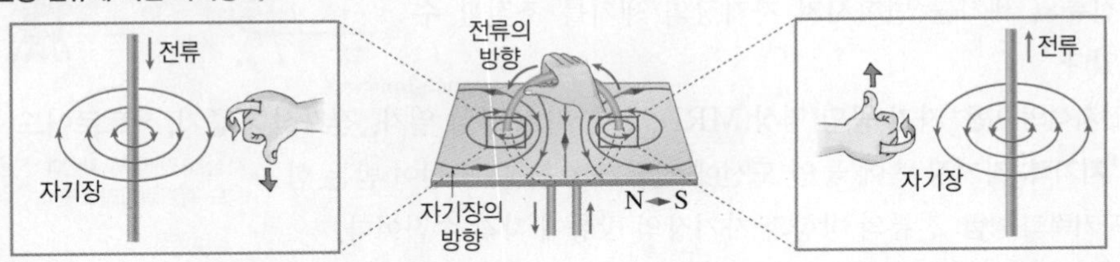

(3) ❶**솔레노이드에 의한 자기장:** 내부에서는 중심축에 평행한 균일한 자기장이 형성되고, 외부에서는 막대자석이 만드는 자기장과 비슷한 자기장이 형성된다.

└ 세기와 방향이 일정한 자기장

① 자기장의 방향(내부): 오른손 네 손가락을 전류의 방향으로 감아쥘 때 엄지손가락이 가리키는 방향

② 자기장의 세기(내부): 전류의 세기(I)와 ◆단위 길이당 코일의 감은 수(n)에 비례한다.

$$\text{자기장의 세기(내부)} \propto \text{전류의 세기} \times \text{단위 길이당 코일의 감은 수},\ B_{내부} \propto nI$$

203쪽 대표 자료❸

| 솔레노이드에 의한 자기장 |

자기장의 방향 / 전류의 방향 / N / S / 전류 / 전류

⊙ 솔레노이드에 의한 자기장

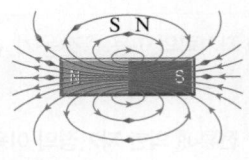

⊙ 솔레노이드와 막대자석에 의한 자기장 비교

탐구 자료창 전류에 의한 자기장 관찰

(가) 직선 도선 주위에 철가루를 뿌리고 도선에 전류를 흐르게 한 후 철가루 모양을 관찰한다.

(나) 직선 도선에 흐르는 전류의 세기와 도선으로부터의 거리를 각각 변화시키면서 ◆나침반 자침의 회전 정도를 관찰한다.

(다) 직선 도선에 흐르는 전류의 방향을 반대로 한 후 나침반 자침의 방향 변화를 관찰한다.

직선 도선 / 아크릴판 / 철가루 / 직선 도선 / 나침반

1. **철가루 모양:** 전류가 흐르는 직선 도선 주위에 뿌려진 철가루는 동심원 모양으로 배열된다. ➡ 직선 전류에 의한 자기장은 도선을 중심으로 하는 동심원 모양으로 형성된다.

2. **나침반 자침의 회전 모양**

① 나침반 자침의 회전 정도는 전류의 세기가 셀수록 커지고, 도선으로부터 멀수록 작아진다. ➡ 직선 전류에 의한 자기장의 세기는 전류의 세기에 비례하고, 도선으로부터의 거리에 반비례한다.

② 전류의 방향이 반대가 되면 나침반 자침의 회전 방향도 반대가 된다. ➡ 전류의 방향이 반대로 바뀌면 전류에 의한 자기장의 방향도 반대로 바뀐다.

◆ **원형 전류에 의한 자기장 방향**
원형 도선에 흐르는 전류가 만드는 자기장은 작은 직선 도선이 만드는 자기장의 합으로 생각할 수 있다.

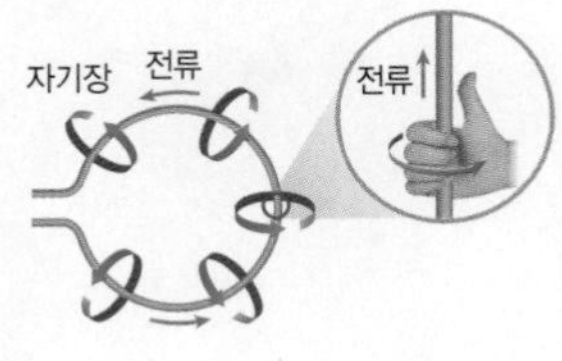

◆ **단위 길이당 코일의 감은 수(n)**
코일의 총 감은 수(N)를 솔레노이드의 길이(l)로 나눈 것과 같다.

$$n = \frac{N}{l}$$

주의해!

솔레노이드에서 자기장의 방향
코일의 감긴 방향에 따라 전류 방향을 찾은 후 자기장의 방향을 찾는다.

N S 전류 / S N

◆ **직선 전류에 의한 자기장의 방향**
직선 도선 주위에 철가루를 뿌리고 전류를 흐르게 하면 동심원 모양을 쉽게 관찰할 수 있다. 나침반을 사용하는 경우에는 자침이 동심원의 접선 방향을 가리켜야 하지만 지구 자기장의 영향 때문에 완전하게 접선 방향을 가리키지 않고 지구 자기장과 전류에 의한 자기장을 합성한 방향을 가리키게 된다.

(용어)

❶ **솔레노이드(solenoid)** 긴 원통에 코일을 여러 번 감은 것

B 전류에 의한 자기장의 이용

전류에 의한 자기장은 전류가 흐르는 동안에만 자기장이 생기고, 전류의 세기로 자기장의 세기를 조절할 수 있는 장점이 있답니다. 이러한 현상은 어디에 이용되는지 알아볼까요?

1. 전자석과 자기력

전류 / 전류 / 철심

(1) **전자석:** 솔레노이드 내부에 철심을 넣은 것 ➡ 전류가 흐르면 철심이 ❶자기화되면서 강한 자기장이 형성된다.

① 영구 자석과 달리 전류가 흐를 때만 자석이 된다.

② 전류의 세기를 변화시켜 자기장의 세기를 조절할 수 있다.

③ 전자석의 이용: 자기 공명 영상(MRI) 장치, 자기 부상 열차, 전자석 기중기, ❷토로이드 등 (MRI → Magnetic Resonance Imaging)

(2) ◆**자기력:** 자기장 속에 놓인 도선에 전류가 흐를 때 도선이 받는 힘 → 자성을 띤 물체 사이에 작용하는 힘도 자기력이라고 한다.

① 자기력의 방향: 전류의 방향과 자기장의 방향에 각각 수직이다.

② 자기력의 크기: 자기장이 셀수록, 전류의 세기가 셀수록, 자기장 속에 놓인 도선의 길이가 길수록 크다. ($F \propto BIl$)

| 전류가 받는 자기력 |

- **자기력:** 자석 사이에 있는 도선에 전류가 흐르면 도선은 자석의 자기장에 의해 자기력을 받는다.
- **자기력의 방향:** 오른손 네 손가락을 자기장의 방향으로 펴고, 엄지손가락으로 전류의 방향을 가리킬 때, 손바닥이 가리키는 방향이 힘(자기력)의 방향이 된다.

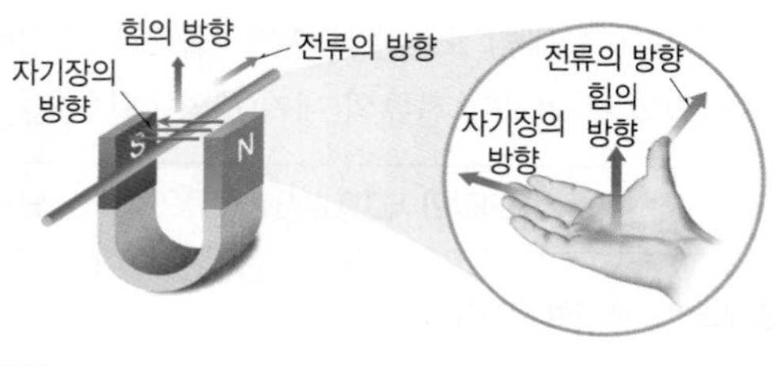

③ 자기력의 이용: ◆전동기, 스피커, 자동차 연료 계기판, 전류계 등

2. 전류에 의한 자기장의 이용

스피커 203쪽 대표 자료❹

코일에 소리 정보가 담긴 교류가 흐르면 자석과 코일 사이에 자기력이 작용하여 진동판이 진동한다.
➡ 전기 신호 → 소리

자석 / 진동판 / 코일 / 소리 / 전기 신호

직류 전동기

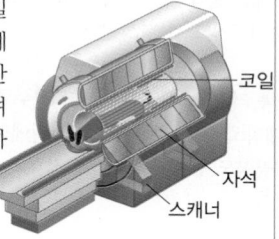

코일에 전류가 흐르면 자기력을 받아 코일이 회전한다. 이때 정류자에 의해 전류의 방향이 조절되므로 코일은 계속 한 방향으로 회전한다. → 전기 에너지 → 운동 에너지

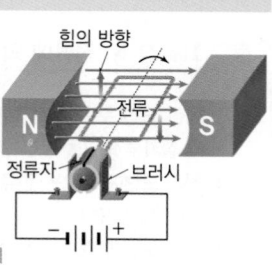

힘의 방향 / 전류 / N / S / 정류자 / 브러시

자기 공명 영상(MRI) 장치

초전도체로 만든 코일에 강한 전류를 흐르게 하여 강한 자기장을 만든다. 이를 이용하여 인체 내부를 영상화하는 진단 장치이다.

코일 / 자석 / 스캐너

자기 부상 열차

레일에 설치된 영구 자석과 열차에 부착된 전자석 사이의 자기력에 의해 열차가 레일 위에 뜬 상태로 마찰 없이 매우 빠르게 달릴 수 있다.

◆ **전류가 받는 자기력**
자석에 의한 자기장과 전류에 의한 자기장의 상호 작용이다.

◆ **전동기**
세탁기, 선풍기, 전동 휠, 엘리베이터 등 전기 에너지를 운동 에너지로 전환시키는 장치에 이용된다.

(용어)

❶ **자기화(磁 자석, 氣 기운, 化 되다)** 물체가 자석의 성질을 띠는 것

❷ **토로이드(toroid)** 솔레노이드를 구부려 도넛 모양으로 만든 것으로, 핵융합 발전 장치인 토카막에서 연료를 가두는 데 이용된다.

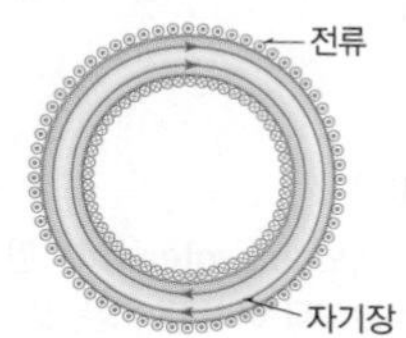

개념 확인 문제

핵심 체크

- (❶): 자기력이 작용하는 공간으로, 방향은 자침의 (❷)극이 가리키는 방향이다.
- 자기력선: 자침의 (❸)극이 가리키는 방향을 연속적으로 이은 선으로, 항상 폐곡선을 이루며, 자기력선상의 한 점에서 그은 (❹) 방향이 그 점에서 자기장의 방향이다.
- 직선 전류에 의한 자기장: (❺) 엄지손가락을 전류의 방향으로 향하게 할 때 나머지 네 손가락이 도선을 감아쥐는 방향이며, 세기는 전류의 세기에 (❻)하고, 도선으로부터의 수직 거리에 (❼)한다.
- 원형 전류에 의한 자기장: 원형 도선의 중심에서 자기장의 세기는 전류의 세기에 (❽)하고, 도선이 만드는 원의 반지름에 (❾)한다.
- 솔레노이드에 의한 자기장: 내부에는 균일한 자기장이 형성되며, 내부에서 자기장의 세기는 전류의 세기에 (❿)하고, 단위 길이당 코일의 감은 수에 (⓫)한다.
- (⓬): 솔레노이드 내부에 철심을 넣은 것으로 전류가 흐를 때만 자석이 된다.
- (⓭): 전류가 자기장 속에서 받는 힘을 이용하여 전기 에너지를 (⓮) 에너지로 전환시키는 장치

1 그림은 자석 주위의 자기장을 자기력선을 이용하여 나타낸 것이다.

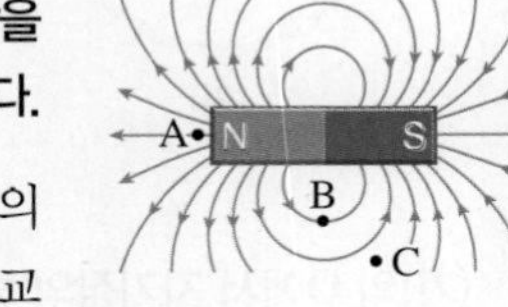

(1) A, B, C 지점에서 자기장의 세기를 등호나 부등호로 비교하시오.

(2) B 지점에서 자기장의 방향을 화살표를 이용하여 표시하시오.

2 그림과 같이 직선 도선 위(A)와 아래(B)에 나침반이 놓여 있다.
이 도선에 북쪽으로 전류를 흐르게 할 때, A, B에 있는 나침반 자침의 N극이 가리키는 방향을 각각 쓰시오. (단, 지구 자기장의 영향은 무시한다.)

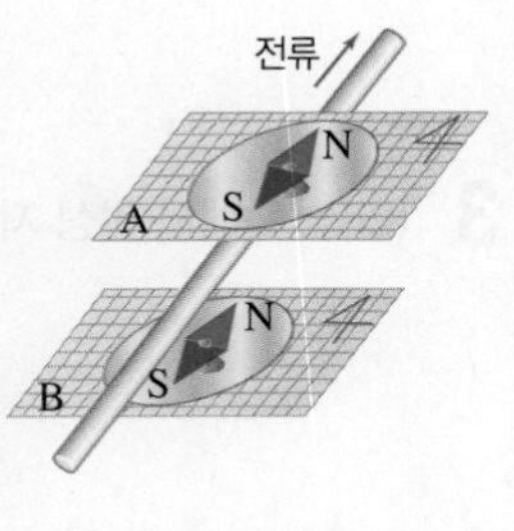

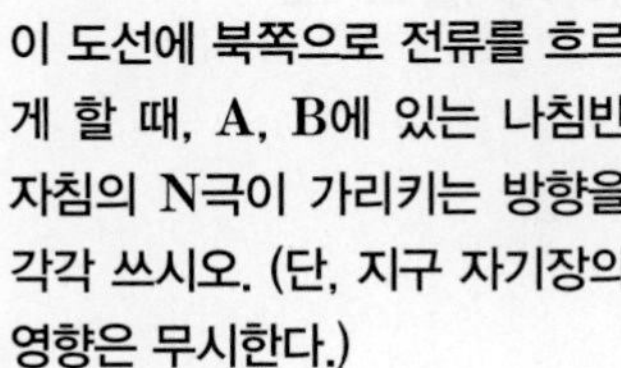

• A: ( ) • B: ( )

3 일정한 세기의 전류가 흐르는 직선 도선으로부터 수직 거리 r만큼 떨어진 지점에서 전류에 의한 자기장의 세기가 B이다. 이 도선으로부터 수직 거리 $\frac{1}{2}r$만큼 떨어진 곳에서 전류에 의한 자기장의 세기를 쓰시오.

4 그림과 같이 중심이 같고 반지름이 각각 r, $2r$인 두 원형 도선에 세기가 I인 전류가 서로 반대 방향으로 흐르고 있다.
중심 O에서 자기장의 방향은 A와 B 중 어느 방향인지 쓰시오.
(단, ⊙는 종이면에서 수직으로 나오는 방향, ×는 종이면에 수직으로 들어가는 방향이다.)

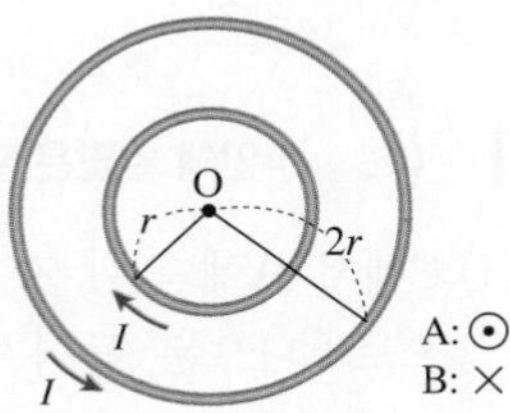

5 그림은 전류가 흐르고 있는 솔레노이드를 나타낸 것이다.
점 A, B, C에 나침반을 놓았을 때 자침의 N극이 가리키는 방향을 각각 쓰시오. (단, 지구 자기장의 영향은 무시한다.)

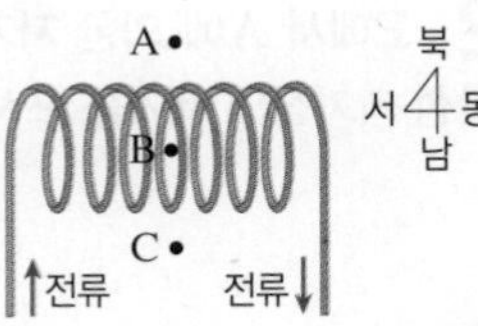

6 자기장 속에 놓인 도선에 흐르는 전류가 받는 힘을 이용한 장치를 [보기]에서 있는 대로 고르시오.

보기
ㄱ. 전류계　ㄴ. 전동기　ㄷ. 스피커
ㄹ. 마이크　ㅁ. 액체 자석　ㅂ. 전자 기타

대표 자료 분석

자료 1 직선 전류에 의한 자기장

기출 Point
- 직선 전류에 의한 자기장의 방향과 세기 이해하기
- 두 직선 전류에 의한 합성 자기장의 방향과 세기 구하기

[1~4] 그림과 같이 평행하게 놓인 무한히 긴 두 직선 도선 A, B에 같은 방향으로 세기가 I인 전류가 각각 흐르고 있다. 점 P, Q, R는 두 도선이 놓인 평면과 같은 평면상에 있다.

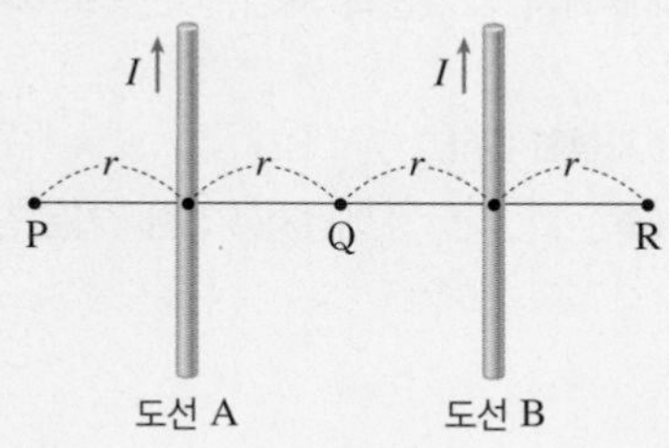

1 ( ) 안에 알맞은 말을 고르시오.

(1) P에서 A에 의한 자기장의 방향은 종이면에서 수직으로 (나오는, 들어가는) 방향이다.

(2) A에 의한 자기장의 세기는 R에서가 Q에서보다 (작다, 크다).

(3) R에서 합성 자기장의 방향은 종이면에서 수직으로 (나오는, 들어가는) 방향이다.

2 **P에서 A에 의한 자기장의 세기를 B라고 할 때, R에서 합성 자기장의 세기를 쓰시오.**

3 **P, Q, R에서 합성 자기장의 세기를 등호나 부등호로 비교하시오.**

4 **빈출 선택지로 완벽 정리!**

(1) P와 R에서 합성 자기장의 방향은 서로 같다. (○ / ×)

(2) P와 R에서 합성 자기장의 세기는 서로 같다. (○ / ×)

(3) Q에서 합성 자기장의 세기는 0이다. (○ / ×)

자료 2 원형 전류에 의한 자기장

기출 Point
- 원형 전류에 의한 자기장의 방향과 세기 이해하기
- 두 원형 전류에 의한 합성 자기장의 방향과 세기 구하기

[1~4] 그림 (가)는 중심이 O이고 시계 반대 방향으로 세기가 I인 전류가 흐르는 원형 도선 A를, (나)는 (가)에서 시계 방향으로 세기가 I인 전류가 흐르는 원형 도선 B를 추가한 모습을 나타낸 것이다. (나)에서 A와 B의 중심은 일치하고, A, B의 반지름은 각각 $2a$, a이다. (가)의 O에서 자기장의 세기는 B이다.

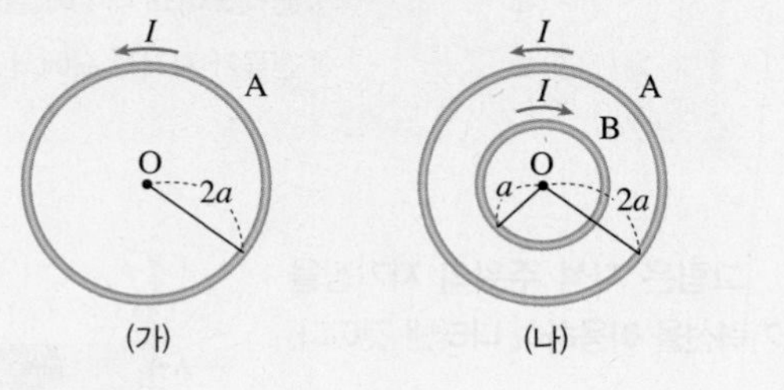

1 **(가)의 O에서 자기장의 방향을 쓰시오.**

2 **(나)의 O에서 B에 의한 자기장의 세기를 쓰시오.**

3 **(나)의 O에서 합성 자기장의 세기를 쓰시오.**

4 **빈출 선택지로 완벽 정리!**

(1) (가)에서 A 내부에는 균일한 자기장이 형성된다. (○ / ×)

(2) (나)의 O에서 합성 자기장의 방향은 종이면에서 수직으로 나오는 방향이다. (○ / ×)

(3) (나)에서 B에 흐르는 전류의 방향만 반대가 되면 O에서 합성 자기장의 세기는 $2B$가 된다. (○ / ×)

(4) (나)에서 A에 흐르는 전류의 세기만 $2I$가 되면 O에서 합성 자기장의 세기는 0이 된다. (○ / ×)

정답친해 101쪽

자료 ❸ 솔레노이드에 의한 자기장

기출 Point
- 솔레노이드에 의한 자기장의 모양과 방향 이해하기
- 솔레노이드에 의한 자기장의 세기 비교하기

[1~4] 그림 (가)는 솔레노이드 내부의 자기장을 알아보기 위해 솔레노이드 내부의 수평면에 나침반을 놓고 전원 장치와 저항을 연결한 모습을 나타낸 것이다. 그림 (나)는 (가)에서 전원을 켰을 때 나침반 자침이 가리키는 방향을 나타낸 것이다.

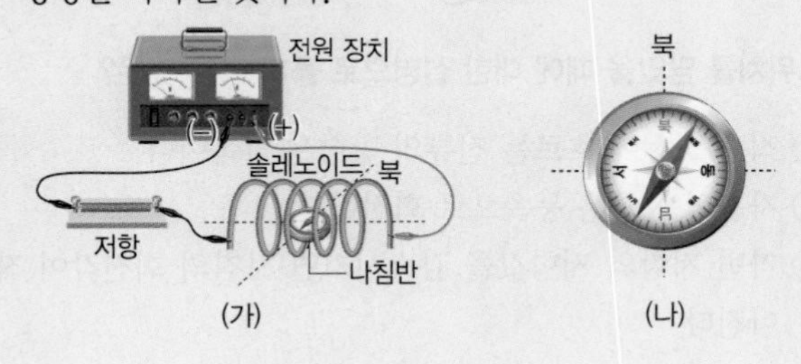

1 (가)의 솔레노이드 내부에서 솔레노이드에 흐르는 전류에 의한 자기장의 방향을 쓰시오.

2 (나)에서 나침반 자침의 N극이 북동쪽을 가리키는 까닭을 간단히 쓰시오.

3 전원 장치의 단자에 연결된 도선을 서로 바꾸었을 때 나침반 자침의 N극이 가리키는 방향을 쓰시오.

4 빈출 선택지로 완벽 정리!

(1) 솔레노이드에 전류가 흐르지 않으면 자침의 N극은 북쪽 방향을 가리킨다. (○ / ×)

(2) 저항의 길이가 짧을수록 자침의 회전각이 커진다. (○ / ×)

(3) 전원 장치의 전압이 클수록 자침의 회전각이 커진다. (○ / ×)

(4) 감은 수는 같고 길이가 더 긴 솔레노이드를 사용하면 자침의 회전각이 커진다. (○ / ×)

자료 ❹ 전류에 의한 자기장의 이용

기출 Point
- 전자석의 이용 사례 이해하기
- 자기장 속에서 전류가 받는 힘의 이용 사례 이해하기

[1~4] 그림 (가)는 영구 자석, 코일이 감겨 있는 진동판이 들어 있는 스피커의 내부 구조를 나타낸 것이다. 그림 (나)는 (가)의 영구 자석과 코일의 단면을 도식적으로 나타낸 것이다.

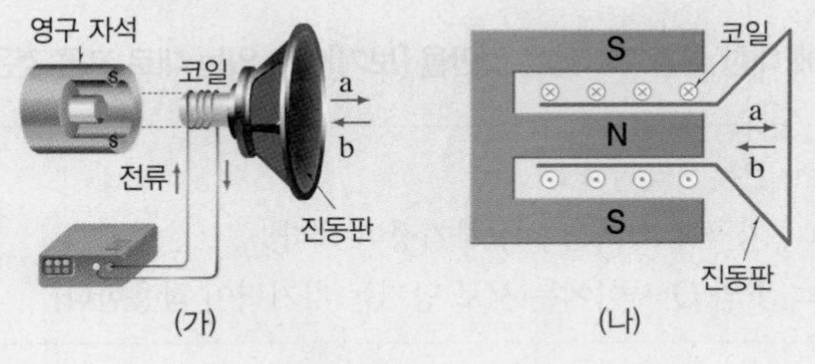

1 그림 (가)에서 화살표 방향으로 전류가 흐를 때 진동판은 a와 b 중 어느 방향으로 움직이는지 쓰시오.

2 스피커에서 일어나는 에너지 전환 과정을 쓰시오.

3 진동판에서 발생하는 소리의 크기는 코일에 흐르는 전류의 세기와 어떤 관계가 있는지 쓰시오.

4 빈출 선택지로 완벽 정리!

(1) 코일에 흐르는 직류에 의해 진동판이 진동한다. (○ / ×)

(2) 자석의 세기가 클수록 큰 소리가 발생한다. (○ / ×)

(3) 코일을 많이 감을수록 진동판이 받는 힘이 커진다. (○ / ×)

(4) 스피커는 전자기 유도를 이용한 장치이다. (○ / ×)

내신 만점 문제

A 전류에 의한 자기장

01 그림은 두 자석이 만드는 자기장을 자기력선으로 나타낸 것이다. P와 Q는 각각 N극과 S극 중 하나이다.

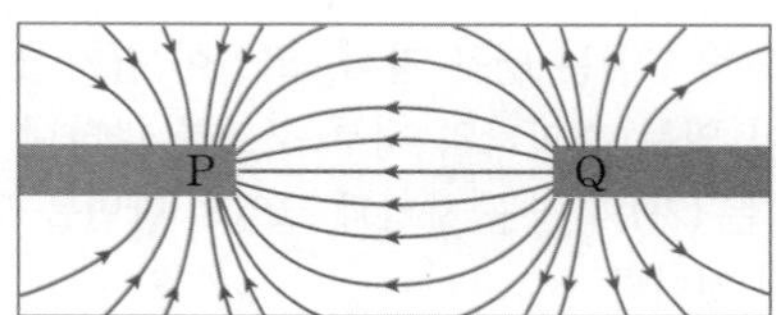

이에 대한 설명으로 옳은 것만을 [보기]에서 있는 대로 고른 것은?

보기
ㄱ. P는 S극이다.
ㄴ. 자극에 가까울수록 자기장이 세다.
ㄷ. P와 Q 사이에는 서로 당기는 자기력이 작용한다.

① ㄱ ② ㄷ ③ ㄱ, ㄴ ④ ㄴ, ㄷ ⑤ ㄱ, ㄴ, ㄷ

02 세기가 I인 전류가 흐르는 무한히 긴 직선 도선으로부터의 수직 거리가 r인 지점에서 자기장의 세기가 B라고 할 때, 세기가 $4I$인 전류가 흐르는 무한히 긴 직선 도선으로부터의 수직 거리가 $\frac{1}{2}r$인 지점에서 자기장의 세기를 쓰시오.

중요 **03** 그림과 같이 전류가 흐르는 무한히 긴 평행한 두 직선 도선 P, Q가 점 a, b, c와 같은 간격 d만큼 떨어져 종이면에 고정되어 있다. 전류에 의한 자기장의 세기는 a에서 0이고, b에서 B_0이다. c에서 자기장의 세기는?

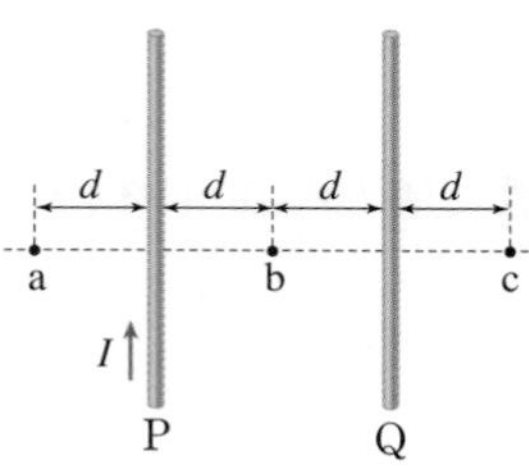

① $\frac{1}{3}B_0$ ② $\frac{1}{2}B_0$ ③ $\frac{2}{3}B_0$ ④ $\frac{5}{6}B_0$ ⑤ $\frac{4}{3}B_0$

중요 **04** 그림은 수평면에 놓인 나침반 자침 위에 자침과 나란하게 직선 도선을 설치한 후, 도선에 전류가 흐를 때 자침의 움직임을 관찰하는 실험을 나타낸 것이다.

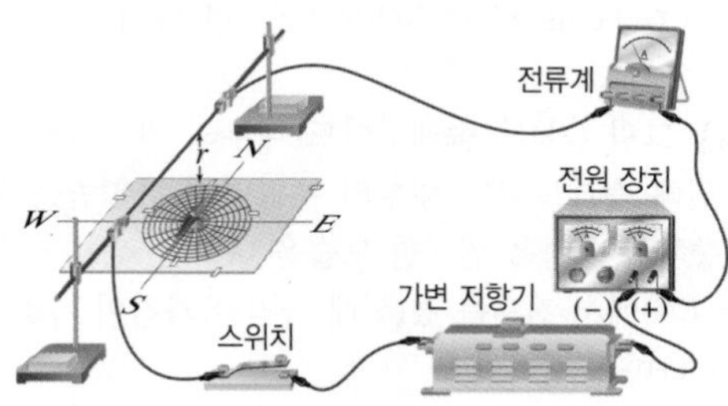

스위치를 닫았을 때에 대한 설명으로 옳지 않은 것은?

① 직선 도선에 흐르는 전류의 방향은 남쪽이다.
② 자침의 N극은 동쪽으로 회전한다.
③ 가변 저항의 저항값을 감소시키면 자침의 회전각이 작아진다.
④ 직선 도선과 나침반 사이의 거리가 멀수록 자침의 회전각이 작아진다.
⑤ 전원 장치의 단자에 연결된 도선을 서로 바꾸면 자침의 회전 방향이 바뀐다.

중요 **05** 그림과 같이 무한히 긴 두 직선 도선 A, B에 세기가 각각 I, $3I$인 전류가 흐르고 있다. 점 a~d는 A, B가 놓인 종이면과 동일한 종이면상에 있으며 A, B로부터 각각 r만큼 떨어져 있다. 이에 대한 설명으로 옳은 것만을 [보기]에서 있는 대로 고른 것은?

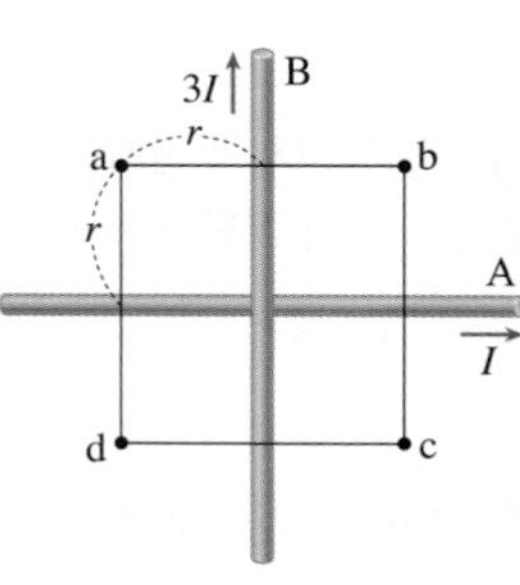

보기
ㄱ. a와 c에서 자기장의 세기는 같다.
ㄴ. b와 c에서 자기장의 방향은 서로 반대이다.
ㄷ. a에서 자기장의 세기는 d에서의 4배이다.

① ㄱ ② ㄴ ③ ㄱ, ㄷ ④ ㄴ, ㄷ ⑤ ㄱ, ㄴ, ㄷ

서술형

06 그림과 같이 가늘고 무한히 긴 세 직선 도선 A, B, C에 세기가 I인 전류가 각각 xy 평면에 수직으로 들어가는 방향으로 흐르고 있다.
원점 O에서 자기장의 방향은 어느 방향인지 그 까닭과 함께 서술하시오.

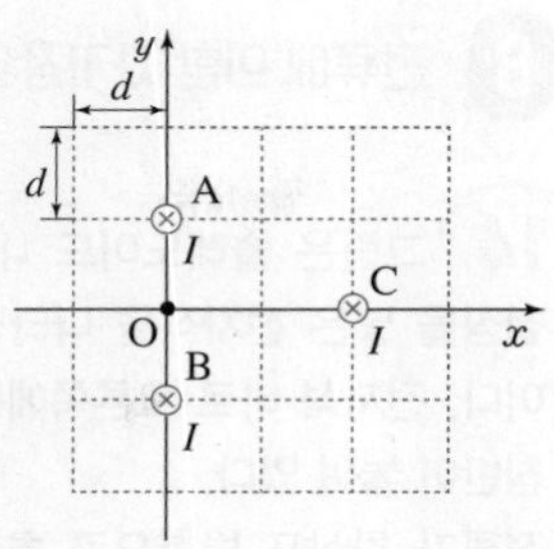

07 그림과 같이 가늘고 무한히 긴 직선 도선 A, B, C가 xy 평면상에 고정되어 있다. A, B, C에 흐르는 전류의 방향은 모두 $+y$ 방향이고, 세기는 각각 I, I, $2I$이다. 점 P, Q는 x축상에 있다.

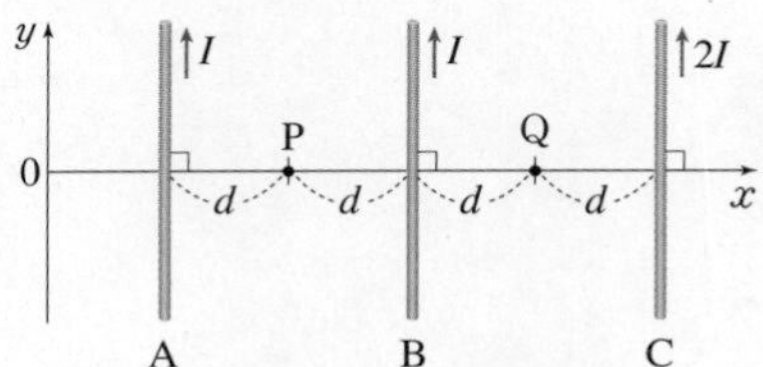

P에서 A, B, C에 의한 자기장의 세기를 B_0이라고 할 때, Q에서 A, B, C에 의한 자기장의 세기는?

① $\frac{2}{3}B_0$ ② $\frac{3}{4}B_0$ ③ B_0 ④ $\frac{4}{3}B_0$ ⑤ $\frac{3}{2}B_0$

서술형

08 그림은 종이면에 중심이 같고 반지름이 각각 a, $2a$인 원형 도선 A, B가 놓여 있는 모습을, 표는 원형 도선에 흐르는 전류의 세기와 방향을 나타낸 것이다.

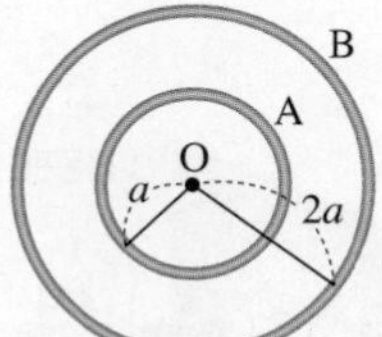

도선	(가)	(나)	(다)
A	$+I$	$+I$	$-2I$
B	$+2I$	$-2I$	$+2I$

(+는 시계 방향, −는 시계 반대 방향)

A, B에 흐르는 전류가 (가)~(다)와 같을 때, 중심 O에서 A, B에 의한 자기장의 세기를 그 까닭과 함께 비교하시오.

09 그림은 원형 도선을 수평면에 수직으로 고정하고 전류를 흘렸을 때 원형 도선의 중심 O에 놓인 나침반을 나타낸 것이다.

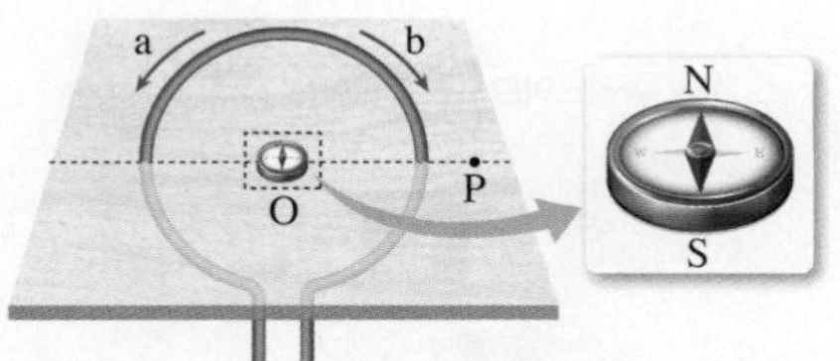

이에 대한 설명으로 옳은 것만을 [보기]에서 있는 대로 고른 것은? (단, 지구 자기장의 영향은 무시한다.)

보기
ㄱ. 원형 도선에 흐르는 전류의 방향은 b이다.
ㄴ. 원형 도선 내부에서는 균일한 자기장이 형성된다.
ㄷ. O, P에서 자침의 N극이 가리키는 방향은 서로 같다.

① ㄱ ② ㄷ ③ ㄱ, ㄴ
④ ㄱ, ㄷ ⑤ ㄴ, ㄷ

중요

10 그림과 같이 무한히 긴 직선 도선 A와 반지름이 d인 원형 도선 B가 종이면에 고정되어 있다. A에는 세기가 I인 전류가 위쪽으로 흐르고 있으며 A로부터 B의 중심 P까지의 거리는 $2d$이다. P에서 A에 의한 자기장의 세기는 B_0이고, A, B에 의한 합성 자기장의 세기는 0이다.
이에 대한 설명으로 옳은 것만을 [보기]에서 있는 대로 고른 것은?

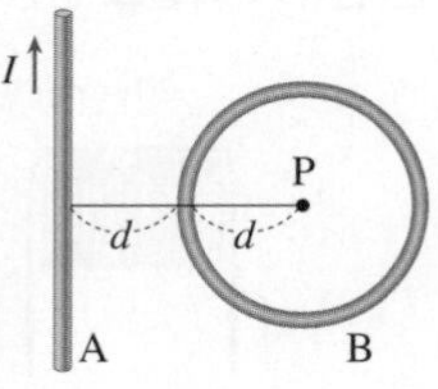

보기
ㄱ. B에는 시계 반대 방향으로 전류가 흐른다.
ㄴ. P에서 A에 의한 자기장의 방향은 종이면에 수직으로 들어가는 방향이다.
ㄷ. A를 왼쪽으로 d만큼 이동시키면 P에서 합성 자기장의 세기는 $\frac{1}{3}B_0$이 된다.

① ㄱ ② ㄴ ③ ㄱ, ㄷ
④ ㄴ, ㄷ ⑤ ㄱ, ㄴ, ㄷ

11 그림과 같이 둥근 막대 모양의 자석을 S극이 위로 오도록 하여 저울 위에 올려놓은 후, 막대자석 바로 위에 솔레노이드를 가져가서 화살표 방향으로 전류를 흘려 주었다.

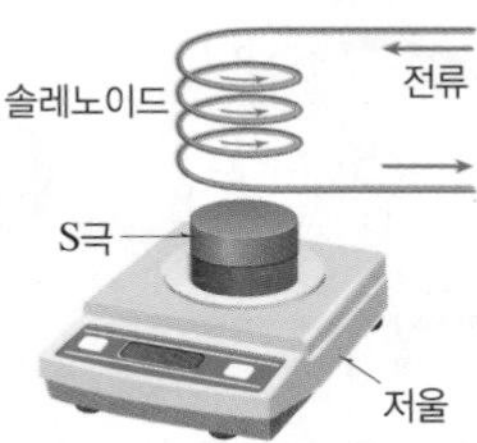

이에 대한 설명으로 옳은 것만을 [보기]에서 있는 대로 고른 것은?

보기
ㄱ. 솔레노이드에 전류가 흐르지 않을 때보다 저울의 측정값이 증가한다.
ㄴ. 전류의 세기가 증가하면 저울의 측정값이 감소한다.
ㄷ. 전류의 방향을 반대로 하면 저울의 측정값이 감소한다.

① ㄱ ② ㄴ ③ ㄷ
④ ㄱ, ㄴ ⑤ ㄱ, ㄷ

중요 **12** 그림 (가), (나)와 같이 코일의 감은 수는 같고 길이가 각각 20 cm, 40 cm인 두 솔레노이드에 세기가 각각 1 A, 2 A인 전류가 화살표 방향으로 흐르고 있다.

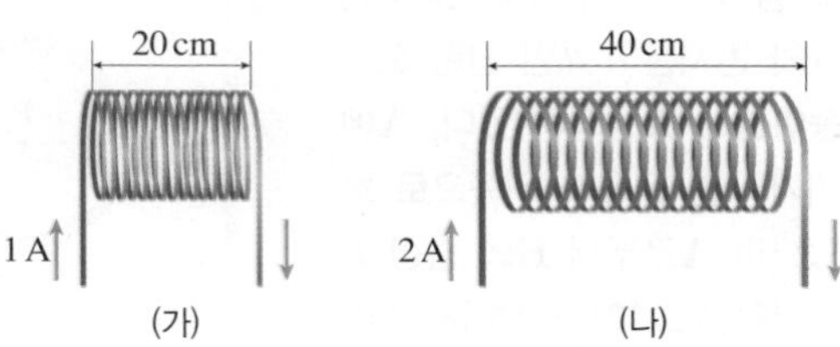

(가)와 (나)의 솔레노이드 내부에서 자기장의 세기를 각각 $B_{(가)}$, $B_{(나)}$라고 할 때, $B_{(가)} : B_{(나)}$는?

① 1 : 1 ② 1 : 2 ③ 1 : 4 ④ 2 : 1 ⑤ 4 : 1

서술형 **13** 그림과 같이 자석의 두 극 사이에 전류가 흐르는 솔레노이드가 놓여 있다. 두 자극과 솔레노이드 주변의 자기장의 모습을 자기력선으로 그리시오.

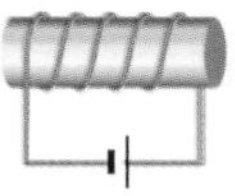

B 전류에 의한 자기장의 이용

중요 **14** 그림은 솔레노이드 내부에 철심을 넣은 전자석을 나타낸 것이다. 전자석 바로 오른쪽에는 나침반이 놓여 있다.

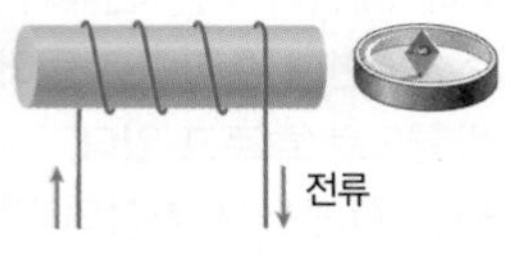

전류가 화살표 방향으로 흐를 때, 이에 대한 설명으로 옳지 않은 것은? (단, 지구 자기장의 영향은 무시한다.)

① 나침반 자침의 N극이 가리키는 방향은 오른쪽이다.
② 코일을 더 많이 감으면 더 강한 전자석이 된다.
③ 전류의 세기를 증가시키면 더 강한 전자석이 된다.
④ 철심을 빼면 솔레노이드 내부 자기장의 세기가 증가한다.
⑤ 코일에 흐르는 전류의 방향이 바뀌면 자기장의 방향이 바뀐다.

15 도선에 전류가 흐르면 도선 주위에 자기장이 형성된다. 이러한 원리를 이용한 장치로 볼 수 없는 것은?

① 전자석 ② 마이크
③ 전동기 ④ 자기 부상 열차
⑤ 자기 공명 영상 장치

서술형 **16** 그림은 교류인 전기 신호가 진동판을 진동시켜 소리로 전환되는 스피커의 작동 원리를 나타낸 것이다.

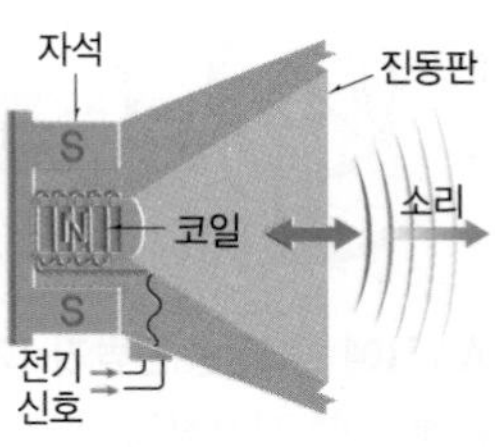

교류에 의해 진동판이 진동하는 까닭을 서술하시오.

실력 UP 문제

정답친해 104쪽

01 그림 (가)와 같이 전류가 흐르는 무한히 긴 직선 도선 A, B가 xy 평면의 $x=-d$, $x=0$에 각각 고정되어 있다. A에는 세기가 I_0인 전류가 $+y$ 방향으로 흐른다. 그림 (나)는 $x>0$인 영역에서 A, B에 흐르는 전류에 의한 자기장을 x에 따라 나타낸 것이다. 자기장의 방향은 xy 평면에서 수직으로 나오는 방향이 양(+)이다.

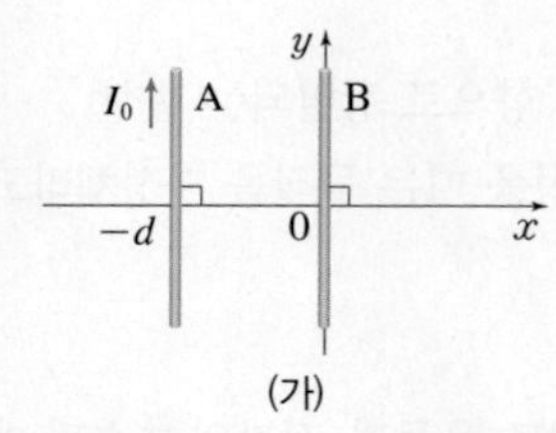

(가)

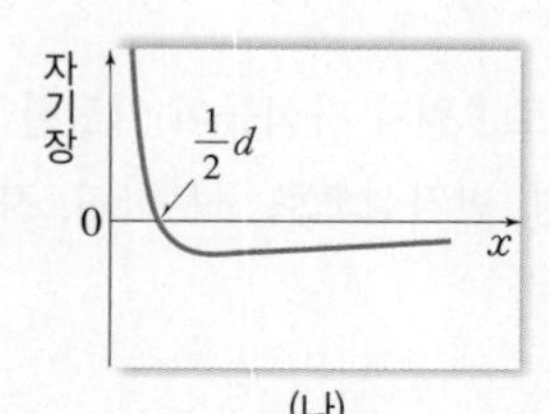

(나)

B에 흐르는 전류의 세기는?

① $\frac{1}{4}I_0$ ② $\frac{1}{3}I_0$ ③ $\frac{1}{2}I_0$
④ I_0 ⑤ $3I_0$

02 그림은 중심이 O이고 반지름이 각각 d, $2d$인 원형 도선 A, B가 종이면에 고정되어 있는 모습을, 표는 A, B에 흐르는 전류에 따라 O에서 A와 B에 의한 자기장을 나타낸 것이다. 전류는 시계 방향일 때를 (+), 시계 반대 방향일 때를 (−)로 한다.

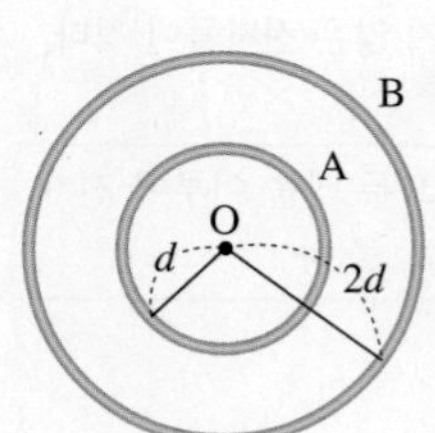

A, B에 흐르는 전류		O에서 A와 B에 의한 자기장	
A	B	세기	방향
$+I_0$	$-I_0$	B_0	㉠
$-I_0$	㉡	$3B_0$	⊙

(×: 종이면에 수직으로 들어가는 방향, ⊙: 종이면에서 수직으로 나오는 방향)

㉠과 ㉡으로 옳은 것은?

	㉠	㉡		㉠	㉡
①	⊙	$-I_0$	②	⊙	$+I_0$
③	×	$-I_0$	④	×	$+I_0$
⑤	×	$-2I_0$			

03 그림 (가)는 원형 도선 P와 무한히 긴 직선 도선 Q가 xy 평면에 고정되어 있는 모습을, (나)는 (가)에서 Q만 옮겨 고정시킨 모습을 나타낸 것이다. P, Q에는 각각 화살표 방향으로 세기가 일정한 전류가 흐른다. (가), (나)의 원점 O에서 전류에 의한 자기장의 세기는 같고 방향은 반대이다.

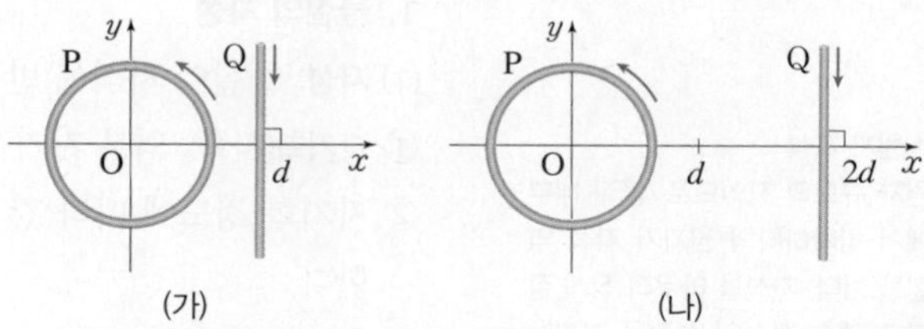

이에 대한 설명으로 옳은 것만을 [보기]에서 있는 대로 고른 것은?

보기
ㄱ. (가)의 O에서 P와 Q에 의한 합성 자기장의 방향은 xy 평면에 수직으로 들어가는 방향이다.
ㄴ. O에서 Q에 의한 자기장의 세기는 (가)에서가 (나)에서의 2배이다.
ㄷ. (가)의 O에서 Q에 의한 자기장의 세기는 P에 의한 자기장의 세기보다 크다.

① ㄱ ② ㄴ ③ ㄱ, ㄷ
④ ㄴ, ㄷ ⑤ ㄱ, ㄴ, ㄷ

04 그림과 같이 단위 길이당 도선을 감은 수가 각각 n, $2n$인 솔레노이드 A, B가 중심축이 일치한 상태로 서로 마주 보고 있다. A, B에는 화살표 방향으로 각각 세기가 I인 전류가 흐르고 있다.

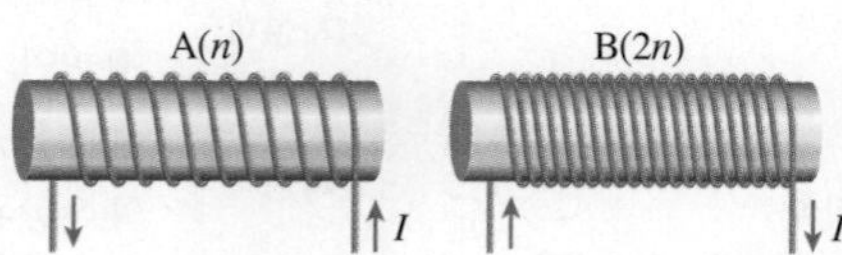

이에 대한 설명으로 옳은 것만을 [보기]에서 있는 대로 고른 것은?

보기
ㄱ. A, B 내부에는 균일한 자기장이 형성된다.
ㄴ. 내부에서 자기장의 세기는 A가 B보다 크다.
ㄷ. A와 B 사이에는 서로 당기는 자기력이 작용한다.

① ㄱ ② ㄷ ③ ㄱ, ㄴ
④ ㄴ, ㄷ ⑤ ㄱ, ㄴ, ㄷ

2 물질의 자성

핵심 포인트
1. 자성체의 종류와 특징 ★★★
2. 강자성체의 이용 ★★

A 물질의 자성

1. 물질의 자성

(1) **자성:** 물질이 자석에 반응하는 성질

① 자기화(자화): 외부 자기장의 영향으로 ◆원자 자석들이 일정한 방향으로 정렬되는 현상

② 자기화 정도에 따라 강자성, 상자성, 반자성으로 구분하며, 자성을 띠는 물질을 자성체라고 한다.

(2) **자성의 원인**

① ◆자성의 원인: 물질을 구성하는 원자 내 전자의 운동(전자의 궤도 운동과 전자의 [1]스핀)에 의한 전류 효과로 자기장이 발생하기 때문이다.

└ 원형 전류에 의한 자기장의 형성 원리와 같다.

전자의 궤도 운동과 전자의 스핀

[전자의 궤도 운동]
전자가 원자핵 주위를 궤도 운동하므로 전류가 흐르는 것과 같은 효과로 자기장이 발생한다.

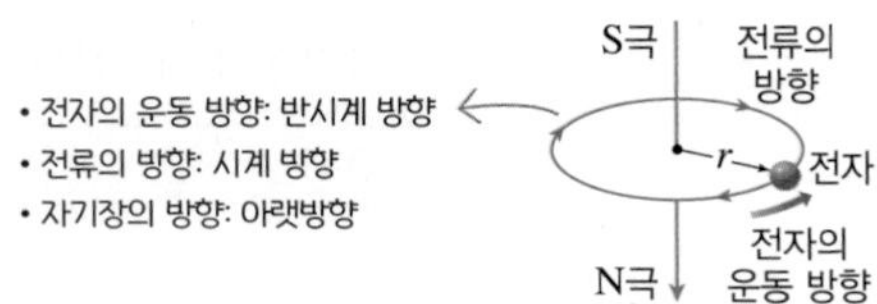

[전자의 스핀]
전자의 회전 운동으로 인해 전류가 흐르는 것과 같은 효과로 자기장이 발생한다.

② 대부분의 물질은 전자의 궤도 운동과 전자의 스핀에 의한 자기장이 0이거나 매우 작다.

└ 서로 반대 방향으로 궤도 운동을 하거나 서로 반대 방향의 스핀을 갖는 전자들이 짝을 이루어 전자가 만드는 자기장이 상쇄되기 때문이다.

2. 자성체의 종류와 특징

(1) **자성체의 종류**

강자성체	외부 자기장에 대해 자기화 반응이 강한 자성체 ➡ 원자 내에 짝을 이루지 않은 전자들이 많다. 예 철, 니켈, 코발트 등
상자성체	외부 자기장에 대해 자기화 반응이 약한 자성체 ➡ 원자 내에 짝을 이루지 않은 전자들이 적다. 예 종이, 알루미늄, 나트륨, 마그네슘, 텅스텐, 산소 등
반자성체	외부 자기장의 반대 방향으로 자기화되는 자성체 ➡ 원자 내 전자들이 모두 짝을 이루어 전자의 운동에 의한 자기장이 완전히 상쇄된다. 예 구리, 금, 유리, 수소, 탄소, 물 등

탐구 자료창 여러 가지 물체의 자성 관찰

스탠드에 실을 묶고 클립, 알루미늄, 구리, 종이, 유리 막대 등을 각각 매달아 움직이지 않도록 한 후 ◆네오디뮴 자석을 가까이 하여 클립의 움직임을 관찰한다.

1. **자석에 강하게 끌려오는 물체:** 클립 ➡ 강자성체
2. **자석에 약하게 끌려오는 물체:** 종이, 알루미늄 ➡ 상자성체
3. **자석에 밀려나는 물체:** 구리, 유리 막대 ➡ 반자성체

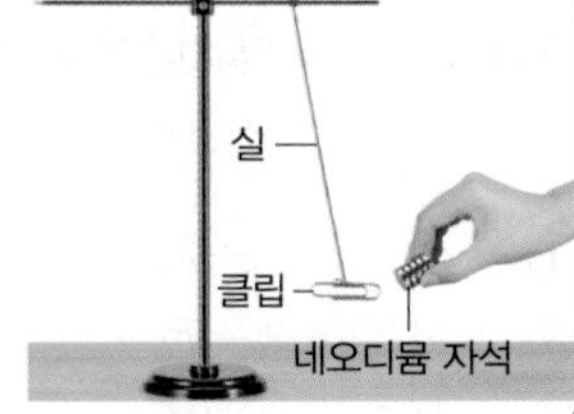

◆ **원자 자석**
원자 규모의 자석으로, 물질 내부에서 하나하나의 원자가 자석 역할을 한다. 자석을 아무리 작게 잘라도 계속 자석의 성질을 가지는 원인이다.

◆ **자성의 원인**
대부분의 자성을 띠는 물질은 전자의 궤도 운동보다는 스핀에 의한 것이다.

◆ **네오디뮴 자석**
네오디뮴 자석은 가장 널리 사용되는 희토류 자석 중 하나이며 강한 자기력을 나타낸다. 네오디뮴, 철, 붕소를 2 : 14 : 1의 비율로 합금하여 만들며 표면은 니켈로 도금하여 사용한다.

용어
[1] **스핀(spin)** 스스로 도는 것으로, 자전과 같은 의미이다.

(2) 자성체의 특징

211쪽 대표 자료 ❶, ❷

구분	외부 자기장이 없을 때	외부 자기장을 가했을 때	외부 자기장을 제거했을 때
강자성체	◆자기 구역이 무질서하게 배열되어 자성이 안 나타남	자기 구역이 넓어지면서 외부 자기장의 방향으로 강하게 자기화됨	◆자기화된 상태가 오래도록 유지됨 영구 자석의 원리
상자성체	원자 자석들이 무질서하게 배열되어 자성이 안 나타남	원자 자석들이 부분적으로 외부 자기장의 방향으로 약하게 자기화됨	자기화된 상태가 바로 사라짐
반자성체	원자 자석이 없어서 총 자기장이 0이 되어 자성이 없음	원자 자석들이 외부 자기장의 방향과 반대 방향으로 자기화됨	자기화된 상태가 바로 사라짐

- 총 자기장이 0이 되어: 서로 반대 방향으로 자기장을 만드는 전자들이 완전히 짝을 이루기 때문
- 원자 자석들이 외부 자기장의 방향과 반대: 외부 자기장에 의해 유도됨

상자성체와 반자성체의 특성

액체 산소의 상자성

강한 두 자극 사이에 액체 산소를 부으면 액체 산소가 두 극 사이에 붙잡혀 있게 된다. 철가루가 두 극에 붙어 있는 것과 같다.

초전도체의 반자성

초전도체는 특정 온도 이하에서 외부 자기장을 가했을 때 자기장을 밀어내는 반자성을 띤다. 초전도체는 자기 부상 열차에 이용된다.

◆ **자기 구역**
수많은 원자 자석들이 모두 같은 방향으로 정렬되어 있는 구역으로, 강자성체에만 있다.

◆ **강자성체의 자기화 상태**
강자성체는 자기화 상태가 오래 유지되지만 영구히 유지되는 것은 아니다. 이는 시간이 지날수록 자기화된 자기 구역이 다시 흐트러지기 때문이다.

궁금해?

솔레노이드에 강자성체를 넣었을 때 자기장의 변화는?

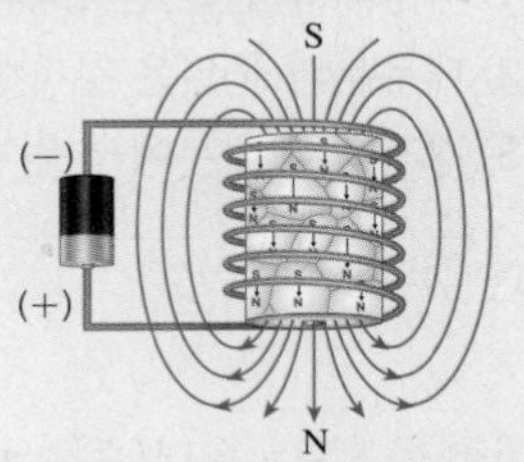

강자성체 내의 자기 구역이 전류에 의한 자기장의 방향으로 자기화되면서 넓어져 강한 자기장을 형성한다.

B 자성체의 이용

일상생활에서는 상자성체나 반자성체보다 강자성체가 많이 이용된다.

1. 전자석 솔레노이드 내부에 강자성체를 넣은 것 ➡ 전류가 흐르면 강자성체가 자기화되어 강한 자기장이 형성된다.

2. ◆고무 자석(냉장고 자석) 강자성체 분말을 고무에 섞어 만든다. ➡ 일반적인 자석과 다르게 원자 자석이 여러 방향으로 자기화되어 있다. 가벼운 물건을 고정시키는 데 이용된다.

3. 액체 자석 강자성체 분말을 매우 작게 만들어 액체 속에 넣고 서로 엉기지 않도록 처리하여 만든다. 지폐의 위조 방지를 위한 자석 잉크, 의료 기구, 스피커의 출력 조절 등에 이용된다.

4. ◆하드디스크 정보를 저장하기 위해 헤드에 전류가 흐르게 하면 강자성체인 산화 철로 코팅된 디스크(플래터)가 자기장에 의해 자기화되면서 정보가 기록된다. 기록된 정보는 오랫동안 유지된다.

◆ **고무 자석과 하드디스크의 원리**
- 고무 자석: 원자 자석이 여러 방향으로 자기화되어 있다.

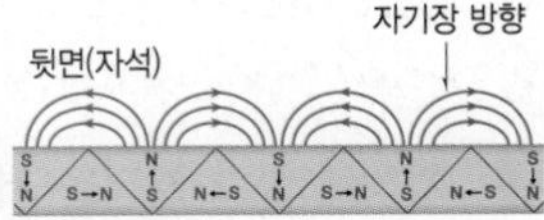

- 하드디스크: 자기장에 의해 디스크가 자기화되면서 정보가 기록된다.

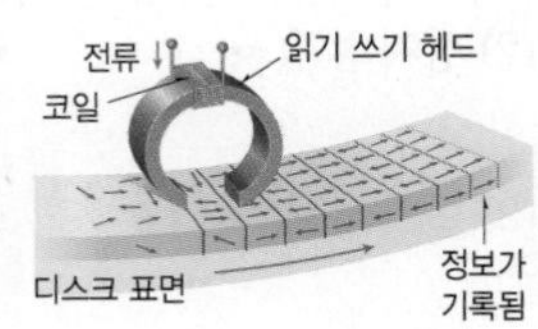

정답친해 105쪽

개념 확인 문제

핵심 체크

- (❶): 물질 내부에서 자석 역할을 하는 하나하나의 원자
- (❷): 외부 자기장의 영향으로 원자 자석들이 일정한 방향으로 정렬되는 현상
- 자성: 물질이 자석에 반응하는 성질로, 강자성, 상자성, (❸)으로 구분한다.
- 자성의 원인: 자성은 물질을 구성하는 원자 내 전자의 궤도 운동과 (❹) 때문에 나타난다.
- 자성체의 자기화 방향: 강자성체와 (❺)는 외부 자기장의 방향으로 자기화되고, (❻)는 외부 자기장의 방향과 반대 방향으로 자기화된다.
- 전자석: 솔레노이드 내부에 (❼)를 넣은 것으로 강한 자기장을 만들 수 있다.
- (❽): 특정 온도 이하에서 전기 저항이 0이 되는 물질로 외부 자기장을 가했을 때 (❾)을 띤다.

1 자성에 대한 설명으로 옳은 것은 ○, 옳지 않은 것은 ×로 표시하시오.

(1) 자성의 원인은 원자핵의 궤도 운동이다. ( )

(2) 대부분의 물질은 강자성을 띤다. ( )

(3) 강자성체 내부에서 원자 하나하나는 자석과 같은 역할을 한다. ( )

2 그림과 같이 전자가 일정한 궤도를 따라 원운동을 하고 있다. ( ) 안에 알맞은 말을 고르시오.

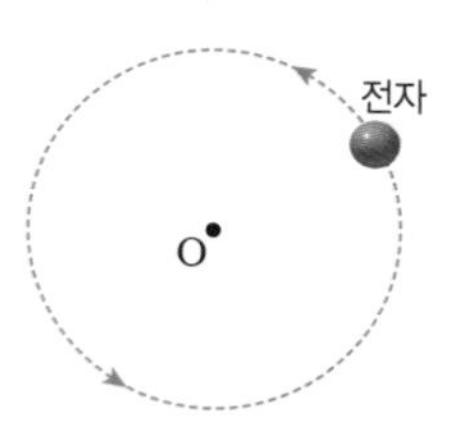

(1) 전자의 궤도 운동에 의한 전류의 방향은 (시계, 시계 반대) 방향이다.

(2) 원의 중심 O에서 전자의 운동에 의한 자기장의 방향은 종이면에서 수직으로 (나오는, 들어가는) 방향이다.

3 자성체와 그 특징을 서로 관계있는 것끼리 옳게 연결하시오.

(1) 강자성체 • • ㉠ 외부 자기장의 방향으로 약하게 자기화되는 자성체

(2) 상자성체 • • ㉡ 외부 자기장의 반대 방향으로 자기화되는 자성체

(3) 반자성체 • • ㉢ 외부 자기장의 방향으로 강하게 자기화되는 자성체

4 그림은 어떤 자성체가 외부 자기장에 놓였을 때 원자 자석들이 외부 자기장의 영향을 받아 정렬된 모습을 나타낸 것이다. 이 자성체에는 자기 구역이 없다. 이 자성체의 종류를 쓰시오.

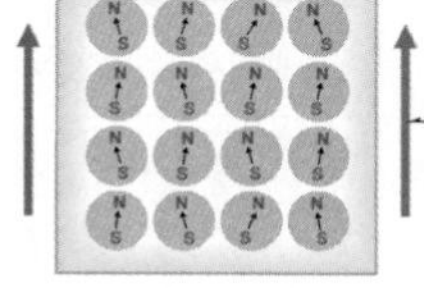

5 그림과 같이 실에 매달린 유리 막대에 네오디뮴 자석을 가까이 하였더니 유리 막대가 약하게 밀려났다. 유리 막대와 같은 자성을 갖는 물질로 옳은 것만을 [보기]에서 있는 대로 고르시오.

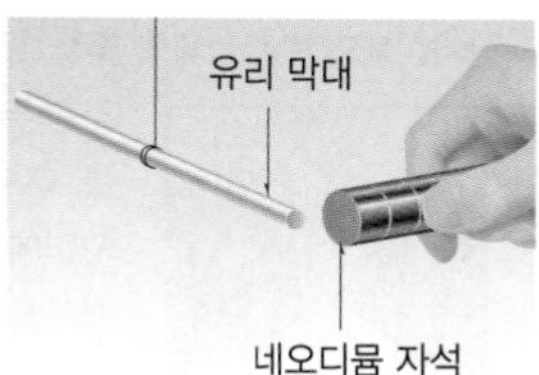

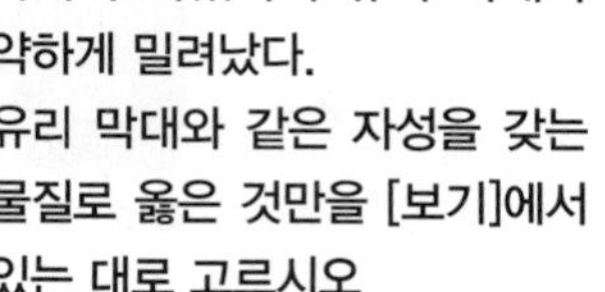

보기

ㄱ. 니켈 ㄴ. 구리 ㄷ. 알루미늄

ㄹ. 물 ㅁ. 종이

6 그림은 초전도체가 자석 위에 떠 있는 모습을 나타낸 것이다. 이에 대한 설명으로 옳은 것은 ○, 옳지 않은 것은 ×로 표시하시오.

(1) 강자성에 의해 나타나는 현상이다. ( )

(2) 초전도체 내부에 외부 자기장과 반대 방향의 자기장이 만들어진다. ( )

대표 자료 분석

정답친해 106쪽

자료 ❶ 물질의 자성

기출 Point
• 자성의 원인 이해하기
• 자성체를 원자 자석의 배열 모형으로 이해하기

[1~4] 그림은 자기화되지 않은 물체 A, B에 외부 자기장을 가했을 때와 외부 자기장을 제거했을 때 원자 자석의 배열 상태를 각각 나타낸 것이다. X와 Y는 각각 자석의 N극과 S극 중 하나이다.

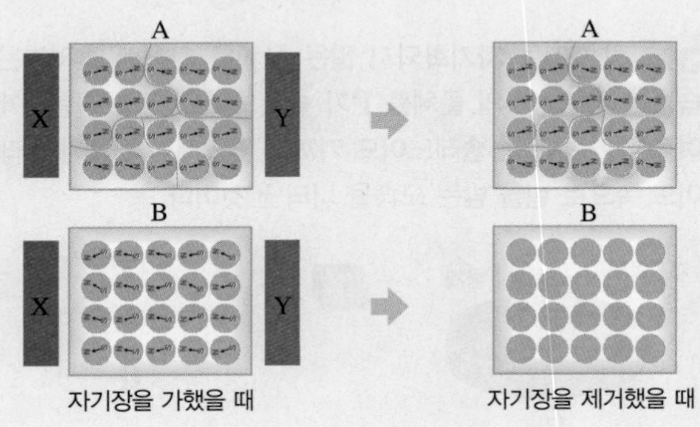

1 A와 B의 자성체의 종류를 각각 쓰시오.

2 X와 Y의 자극의 종류를 각각 쓰시오.

3 A, B에 자석을 가까이 할 때 A, B가 자석으로부터 받는 자기력의 종류를 각각 쓰시오.

4 빈출 선택지로 완벽 정리!

(1) A는 원자 내에 짝을 이루지 않은 전자들이 많다. (○ / ×)

(2) B는 원자 내에 짝을 이루지 않은 전자들이 적다. (○ / ×)

(3) A는 외부 자기장을 가하지 않아도 자석의 효과가 나타난다. (○ / ×)

(4) B는 전자석에 이용될 수 있다. (○ / ×)

(5) 초전도체는 B와 같은 자성을 띤다. (○ / ×)

자료 ❷ 자성체의 이용

기출 Point
• 강자성체의 이용 원리 이해하기
• 상자성체와 반자성체에 의한 현상 이해하기

[1~4] 그림은 상자성 막대와 자기화되어 있지 않은 강자성 막대에 코일을 감아 중심축을 일치시킨 후, 스위치 S를 닫았을 때 일정한 세기의 전류 I가 흐르는 모습을 나타낸 것이다.

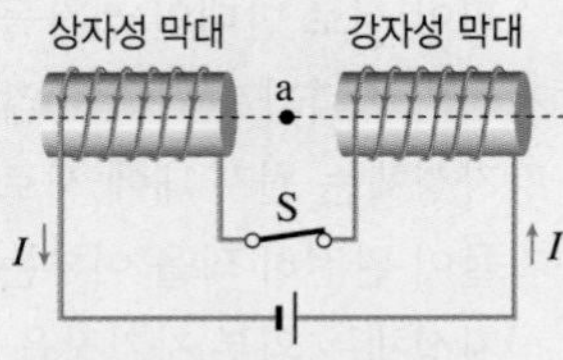

1 ( ) 안에 알맞은 말을 고르시오.

(1) 두 막대 사이에는 (인력, 척력)이 작용한다.

(2) a점에서 자기장의 방향은 (오른쪽, 왼쪽)이다.

(3) S를 열어 전류가 흐르지 않으면 두 막대 사이에는 (인력, 척력)이 작용한다.

2 S를 열었을 때 a점에서 자기장의 세기는 어떻게 변하는지 쓰시오.

3 상자성 막대를 강자성 막대로 바꾸면 a점에서 자기장의 세기는 어떻게 변하는지 쓰시오.

4 빈출 선택지로 완벽 정리!

(1) 두 코일 모두 막대를 넣지 않았을 때보다 내부 자기장의 세기가 커진다. (○ / ×)

(2) S를 열었을 때 상자성 막대는 자성을 잃는다. (○ / ×)

(3) S를 열었을 때 강자성 막대는 자기화된 상태가 그대로 유지된다. (○ / ×)

(4) 전류의 세기를 증가시키면 a점에서 자기장의 세기가 증가한다. (○ / ×)

(5) 전류의 방향이 반대로 바뀌어도 a점에서 자기장의 방향은 그대로 유지된다. (○ / ×)

내신 만점 문제

A 물질의 자성

01 물질의 자성에 대한 설명으로 옳지 않은 것은?

① 자성은 전자의 궤도 운동과 스핀 때문에 나타난다.
② 스핀이 서로 반대인 전자들이 완전히 짝을 이루면 원자 자석의 효과가 나타나지 않는다.
③ 강자성체는 원자 내에 서로 반대 방향으로 회전하는 전자들이 완전히 짝을 이루는 물질이다.
④ 상자성체는 외부 자기장을 제거하면 자성이 사라진다.
⑤ 자석을 반자성체에 가까이 하면 척력이 작용한다.

02 그림은 어떤 물질에 외부 자기장을 가했을 때 물질 내 자기 구역들이 넓어지면서 외부 자기장의 방향으로 자기화된 상태를 나타낸 것이다.

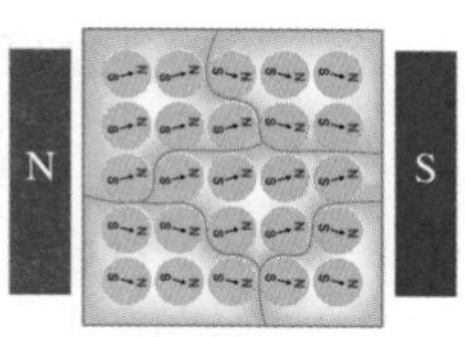

이 물질에 대한 설명으로 옳은 것은?

① 이 물질은 반자성체이다.
② 이 물질 내부에는 전자가 없다.
③ 초전도체는 이 물질과 같은 자성을 띨 수 있다.
④ 외부 자기장을 제거하면 자기화된 상태가 사라진다.
⑤ 원자 내에 스핀이 서로 반대인 방향으로 짝을 이루지 않은 전자들이 많다.

중요 **03** 그림은 균일한 자기장이 형성된 영역에 반자성체를 넣었을 때, 반자성체 내부의 원자 자석이 배열된 상태를 나타낸 것이다.

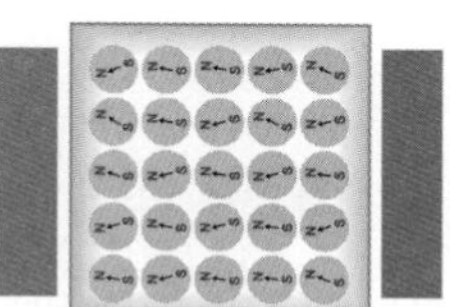

이에 대한 설명으로 옳은 것만을 [보기]에서 있는 대로 고른 것은?

보기
ㄱ. 균일한 자기장의 방향은 왼쪽이다.
ㄴ. 균일한 자기장을 제거하면 반자성체 내부 자기장은 사라진다.
ㄷ. 반자성체는 원자 내에 스핀이 서로 반대인 전자들이 완전히 짝을 이룬다.

① ㄱ ② ㄷ ③ ㄱ, ㄴ ④ ㄱ, ㄷ ⑤ ㄴ, ㄷ

서술형 **04** 그림과 같이 강자성체 A와 반자성체 B가 막대자석의 두 극 가까이에 놓여 있다.

A와 B가 막대자석으로부터 받는 힘의 종류(인력, 척력)와 방향을 서술하시오.

05 그림 (가)는 자기화되지 않은 물체를 자석에 올려놓은 모습을, (나)는 (가)의 물체를 P가 솔레노이드 쪽으로 향하게 하여 전류가 흐르는 솔레노이드 가까이 놓았더니 물체가 솔레노이드 쪽으로 힘을 받는 모습을 나타낸 것이다.

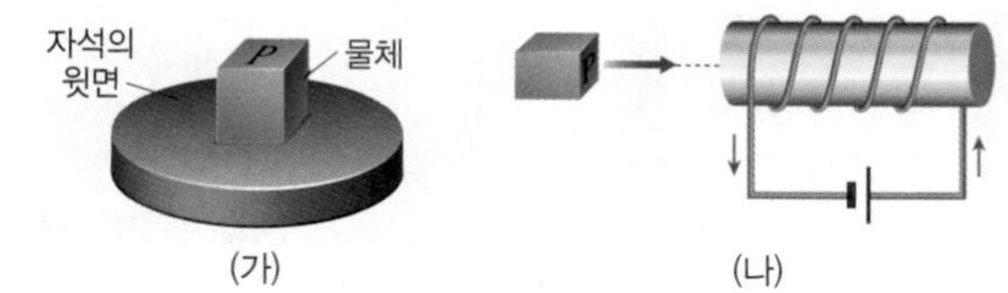

이 물체의 자성의 종류와 자석 윗면의 자극의 종류를 쓰시오. (단, 물체는 솔레노이드에 의해서 자기화되지 않는다.)

06 그림 (가)는 물체 A, B가 도르래를 통해 실로 연결되어 정지해 있는 모습을, (나)는 (가)에서 A의 아래에 자석을 윗면이 N극이 되도록 놓았을 때 A가 위로 운동하기 시작하는 순간의 모습을 나타낸 것이다. A, B 중 하나는 상자성체, 다른 하나는 반자성체이다.

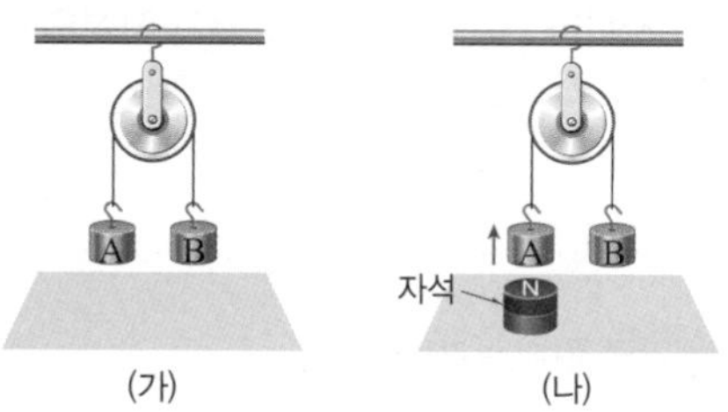

이에 대한 설명으로 옳은 것만을 [보기]에서 있는 대로 고른 것은?

보기
ㄱ. A는 상자성체이다.
ㄴ. (나)에서 A는 아랫면이 S극으로 자기화된다.
ㄷ. (가)에서 B의 아래에 자석을 놓으면 B는 아래로 움직인다.

① ㄱ ② ㄷ ③ ㄱ, ㄴ ④ ㄱ, ㄷ ⑤ ㄴ, ㄷ

정답친해 106쪽

07 그림은 아크릴 관에 자석을 고정하여 전자저울 위에 놓고 물체를 자석 위에 위치시켜 아크릴 관이 저울을 누르는 힘을 측정하는 모습을 나타낸 것이다. 표는 물체의 종류를 달리했을 때 저울에 나타난 측정값을 나타낸 것이다. 물체의 질량과 모양은 각각 모두 같고, 자석으로부터 물체까지의 높이도 모두 같다.

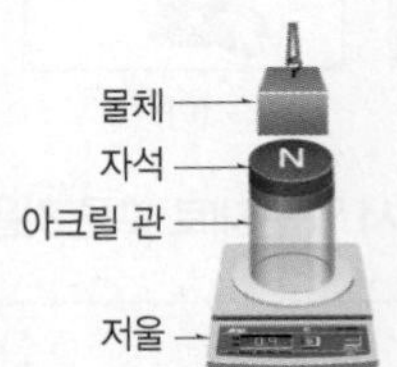

물체	저울 측정값
없음	w
강자성체	w_1
상자성체	w_2
반자성체	w_3

저울에서 측정된 4개의 값을 등호나 부등호로 비교하시오.

중요 **08** 그림 (가)는 물체 P가 외부 자기장에 놓였을 때 P 내부의 원자 자석들이 자기화되는 모습을 나타낸 것이다. 그림 (나)는 P를 수레에 고정시킨 후 전지와 스위치 S가 연결된 솔레노이드의 오른쪽에 가까이 한 모습을 나타낸 것이다.

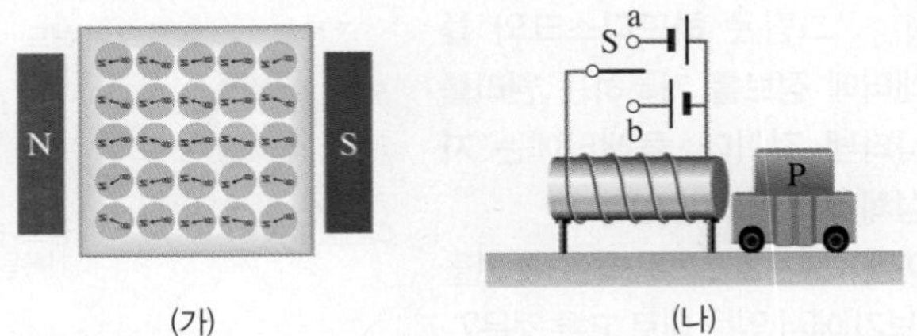

(가) (나)

(나)에 대한 설명으로 옳은 것만을 [보기]에서 있는 대로 고른 것은?

보기
ㄱ. S를 a에 연결하면 P의 왼쪽이 S극으로 자기화된다.
ㄴ. S를 a에 연결하면 P는 오른쪽으로 자기력을 받는다.
ㄷ. S를 b에 연결하면 P는 왼쪽으로 자기력을 받는다.

① ㄱ ② ㄷ ③ ㄱ, ㄴ
④ ㄱ, ㄷ ⑤ ㄴ, ㄷ

09 그림과 같이 나무 막대의 양 끝에 물체 A와 B를 고정하여 수평을 이루도록 매단 후, 자석을 각각 A, B에 서서히 가져갔더니 A는 자석으로부터 밀려나고 B는 자석에 끌려왔다. A와 B는 상자성체와 반자성체를 순서 없이 나타낸 것이다.

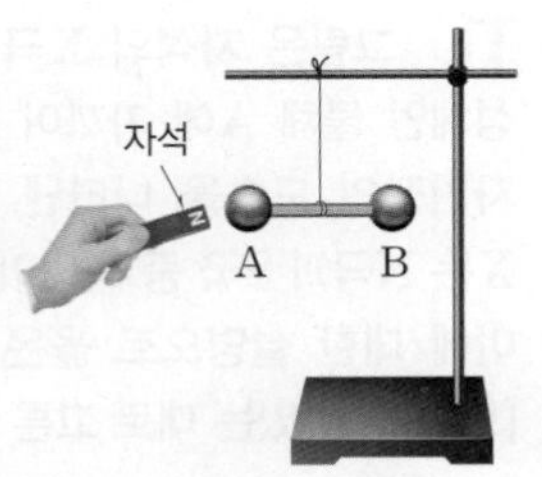

이에 대한 설명으로 옳은 것만을 [보기]에서 있는 대로 고른 것은?

보기
ㄱ. A는 반자성체이다.
ㄴ. B는 외부 자기장과 같은 방향으로 자기화된다.
ㄷ. A와 B 모두 외부 자기장을 제거해도 자기화된 상태가 오래 유지된다.

① ㄱ ② ㄷ ③ ㄱ, ㄴ
④ ㄴ, ㄷ ⑤ ㄱ, ㄴ, ㄷ

10 그림 (가)와 같이 자기화되어 있지 않은 자성체 A와 B를 각각 막대자석에 가까이 했을 때 A와 자석 사이에는 서로 미는 자기력이, B와 자석 사이에는 서로 당기는 자기력이 작용하였다. 그림 (나)와 같이 (가)에서 막대자석을 치운 후 A와 B를 가까이 하였더니 A와 B 사이에 자기력이 작용하였다.

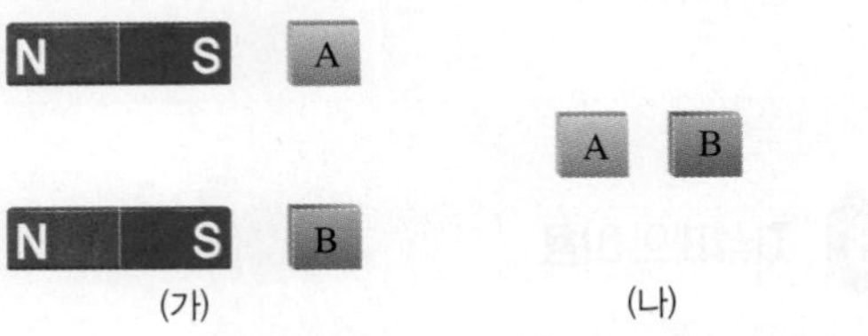

(가) (나)

이에 대한 설명으로 옳은 것만을 [보기]에서 있는 대로 고른 것은?

보기
ㄱ. B는 강자성체이다.
ㄴ. (가)에서 A는 자석에 가까운 쪽이 N극이 되도록 자기화된다.
ㄷ. (나)에서 A와 B 사이에는 서로 당기는 자기력이 작용한다.

① ㄱ ② ㄴ ③ ㄱ, ㄴ
④ ㄱ, ㄷ ⑤ ㄴ, ㄷ

11 그림은 자석의 X극을 상자성체인 물체 A에 가까이 했을 때 자기장의 모습을 나타낸 것이다. X는 N극과 S극 중 하나이다.
이에 대한 설명으로 옳은 것만을 [보기]에서 있는 대로 고른 것은?

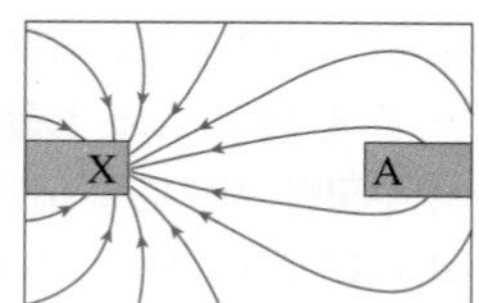

보기
ㄱ. X는 S극이다.
ㄴ. A는 자석에 가까운 쪽이 N극이 되도록 자기화된다.
ㄷ. 자석과 A 사이에는 서로 당기는 자기력이 작용한다.

① ㄱ ② ㄷ ③ ㄱ, ㄴ ④ ㄴ, ㄷ ⑤ ㄱ, ㄴ, ㄷ

서술형
12 그림 (가)는 전류가 흐르는 전자석에 철못이 달라붙어 있는 모습을, (나)는 (가)에서 철못을 전자석에서 분리한 후 클립에 대었을 때 클립이 철못에 달라붙은 모습을 나타낸 것이다.

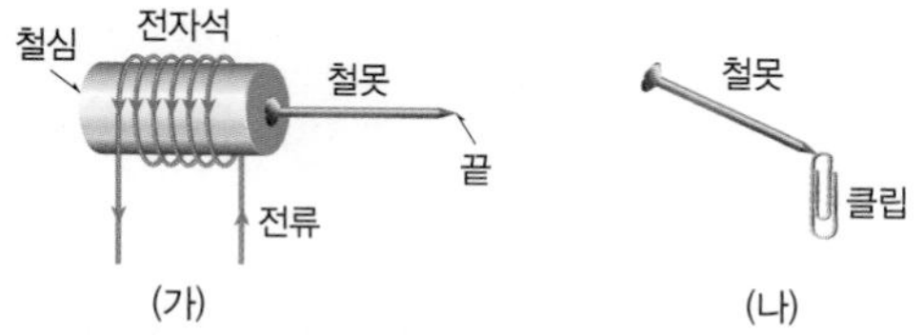

(가) (나)

(1) 철못은 어떤 자성체인지 쓰시오.

(2) (가)에서 철못 끝이 띠는 자극의 종류를 쓰고, 그 까닭을 서술하시오.

B 자성체의 이용

13 그림은 자성체가 실생활에 이용되는 예를 나타낸 것이다.

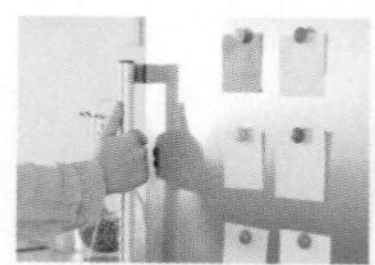
A. 냉장고 문에 부착하는 고무 자석

B. 자석 위에 뜨는 초전도체

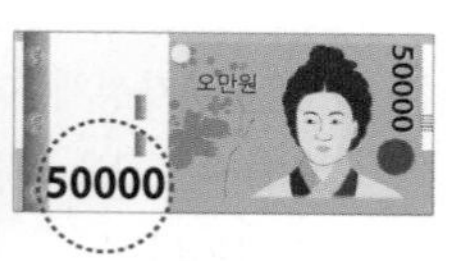

C. 위조지폐 감별에 이용되는 액체 자석 잉크

A~C 중 강자성체를 이용한 것만을 있는 대로 고른 것은?

① A ② B ③ A, C
④ B, C ⑤ A, B, C

14 그림 (가)는 액체 산소가 자석에 끌리는 모습을, (나)는 자기장 속에 물방울이 떠 있는 것을 위에서 본 모습을, (다)는 고철이 전자석 기중기에 붙어 있는 모습을 나타낸 것이다.

(가)

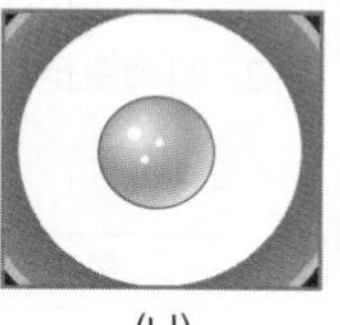
(나)

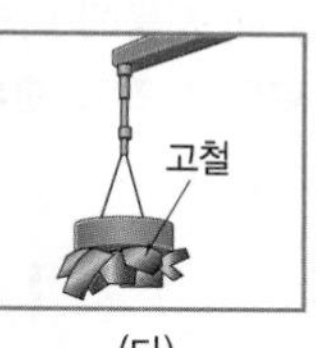

(다)

이에 대한 설명으로 옳은 것만을 [보기]에서 있는 대로 고른 것은?

보기
ㄱ. 액체 산소는 반자성을 띤다.
ㄴ. 솔레노이드 내부에 물을 넣으면 자기장이 더 세진다.
ㄷ. 고철은 강자성체이다.

① ㄱ ② ㄷ ③ ㄱ, ㄴ
④ ㄱ, ㄷ ⑤ ㄴ, ㄷ

중요
15 그림은 하드디스크의 플래터에 정보를 기록하는 원리를 나타낸 것이다. 플래터에는 자성체가 코팅되어 있다.
이에 대한 설명으로 옳은 것만을 [보기]에서 있는 대로 고른 것은?

보기
ㄱ. 플래터 표면에 코팅된 자성체는 반자성체이다.
ㄴ. 정보가 기록될 때 플래터 표면이 자기화되는 방향은 전류에 의한 자기장의 방향과 같다.
ㄷ. 전원을 꺼도 기록된 정보가 오랫동안 사라지지 않는다.

① ㄱ ② ㄷ ③ ㄱ, ㄴ
④ ㄱ, ㄷ ⑤ ㄴ, ㄷ

실력 UP 문제

정답친해 108쪽

01 그림 (가)는 자성체 X와 Y를 솔레노이드를 이용하여 각각 자기화시키는 모습을, (나)는 (가)의 X 또는 Y를 솔레노이드에서 꺼내어 자성체 Z에 가까이 하는 모습을 나타낸 것이다. X, Y, Z는 강자성체, 반자성체, 상자성체를 순서 없이 나타낸 것이다. (나)에서 X와 Z 사이에는 자기력이 작용하지 않았고, Y와 Z 사이에는 서로 미는 자기력이 작용하였다.

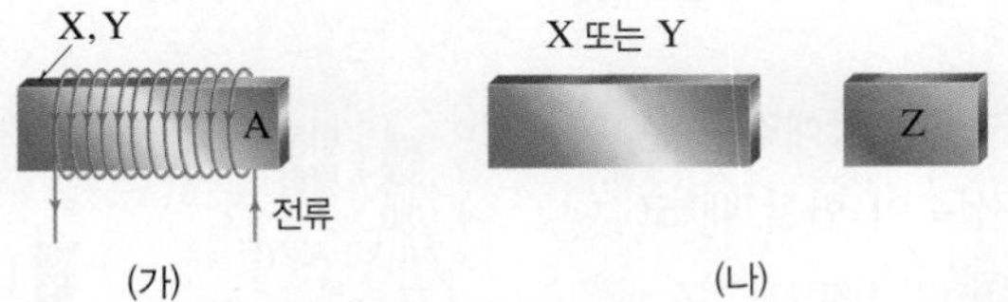

이에 대한 설명으로 옳은 것만을 [보기]에서 있는 대로 고른 것은?

ㄱ. (가)에서 X는 A쪽이 S극이 되도록 자기화된다.
ㄴ. Y는 강자성체이다.
ㄷ. Z는 자기 정보를 기록하는 데 이용될 수 있다.

① ㄱ ② ㄴ ③ ㄱ, ㄴ
④ ㄱ, ㄷ ⑤ ㄴ, ㄷ

02 그림 (가), (나)는 스탠드에 유리 막대와 지폐를 각각 수평으로 매달고, 자석의 N극을 유리 막대의 끝 부분과 지폐의 숫자가 있는 부분에 가까이 가져간 모습을 나타낸 것이다. (가)에서 유리 막대는 밀려났고, (나)에서 지폐는 끌려왔다.

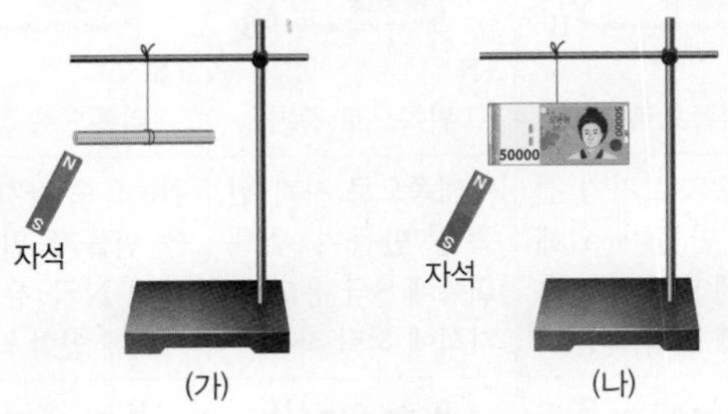

이에 대한 설명으로 옳은 것만을 [보기]에서 있는 대로 고른 것은?

ㄱ. 유리 막대는 반자성체이다.
ㄴ. (가)에서 자석의 S극을 가까이 하면 유리 막대가 끌려온다.
ㄷ. 지폐에는 외부 자기장과 같은 방향으로 자기화되는 물질이 들어 있다.

① ㄱ ② ㄴ ③ ㄱ, ㄴ
④ ㄱ, ㄷ ⑤ ㄴ, ㄷ

03 그림 (가)는 자기화되지 않은 상자성체 A를 용수철저울에 매단 모습을, (나)는 (가)에서 A 아래에 자석을 가까이 한 모습을, (다)는 (나)에서 A 대신 자기화되지 않은 반자성체 B를 매단 모습을 나타낸 것이다. A와 B의 질량은 같다.

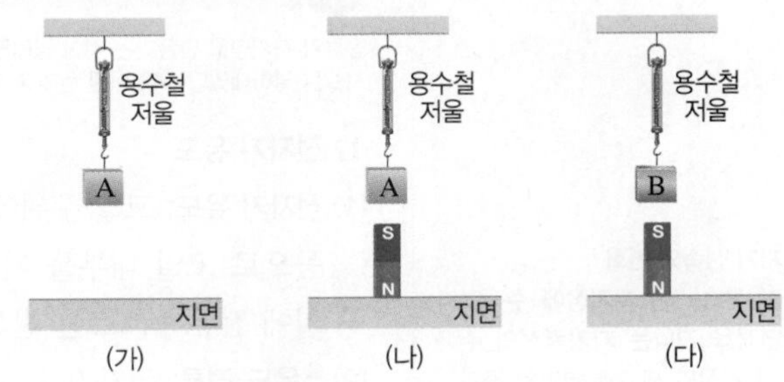

이에 대한 설명으로 옳지 않은 것은?

① (나)에서 A의 아랫면은 N극으로 자기화된다.
② 용수철저울의 눈금은 (나)에서가 (가)에서보다 크다.
③ 용수철저울의 눈금은 (가)에서가 (다)에서보다 크다.
④ 자석이 지면을 누르는 힘의 크기는 (나)에서가 (다)에서보다 크다.
⑤ (나)와 (다)의 A와 B를 분리하여 서로 가까이 하면 자기력이 작용하지 않는다.

04 그림은 자기화되지 않은 반자성 막대와 강자성 막대에 도선을 감아 회로를 구성한 후 스위치 S를 닫았을 때 세기가 I인 전류가 화살표 방향으로 흐르는 모습을 나타낸 것이다.

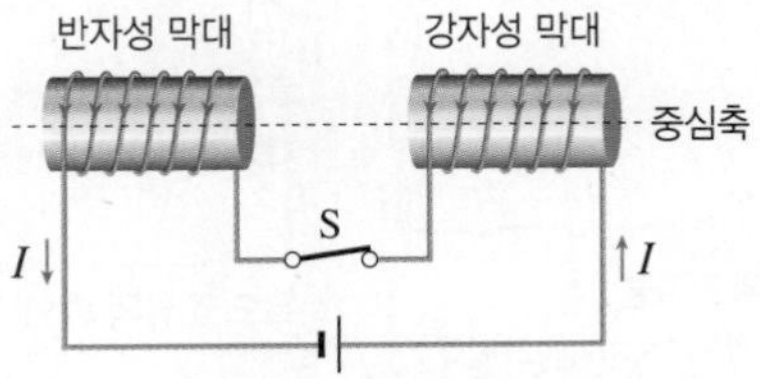

이에 대한 설명으로 옳은 것만을 [보기]에서 있는 대로 고른 것은?

보기

ㄱ. 두 막대 사이에는 서로 미는 자기력이 작용한다.
ㄴ. 전류의 방향을 반대로 바꾸면 두 막대가 받는 자기력의 방향이 반대로 바뀐다.
ㄷ. S를 열면 두 막대 사이에는 자기력이 작용하지 않는다.

① ㄱ ② ㄷ ③ ㄱ, ㄴ
④ ㄱ, ㄷ ⑤ ㄴ, ㄷ

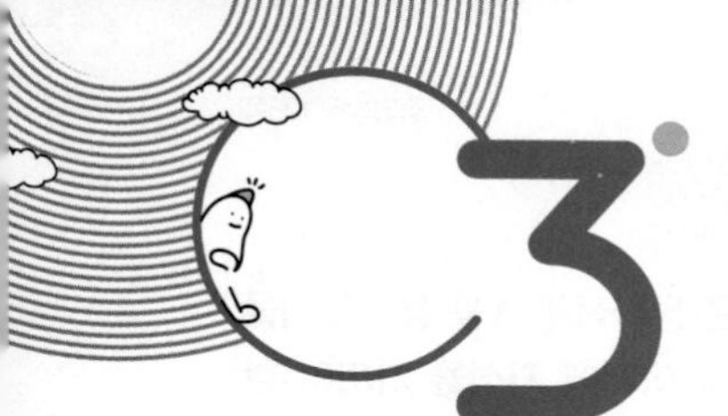

3 전자기 유도

핵심 포인트
- ❶ 렌츠 법칙 ★★
- ❷ 패러데이 법칙 ★★★
- ❸ 전자기 유도의 이용 ★★

A 전자기 유도

전류가 자기장을 만든다는 것이 알려진 후 패러데이는 이 현상과 반대로 도선을 지나는 자기장을 변화시킬 때 도선에 전류가 흐른다는 사실을 알아내었답니다. 어떤 원리에 의해 전류가 흐르는지 알아볼까요?

1. 전자기 유도

(1) **전자기 유도:** 코일 주위에서 자석과 코일의 상대적인 운동으로 코일 내부를 지나는 ◆자기 선속이 변할 때 코일에 전류가 흐르는 현상 ─● 운동 에너지가 전기 에너지로 전환

(2) ❶**유도 전류:** 전자기 유도에 의해 코일에 발생하는 전류 ➡ 코일을 통과하는 자기 선속이 변할 때만 발생한다.

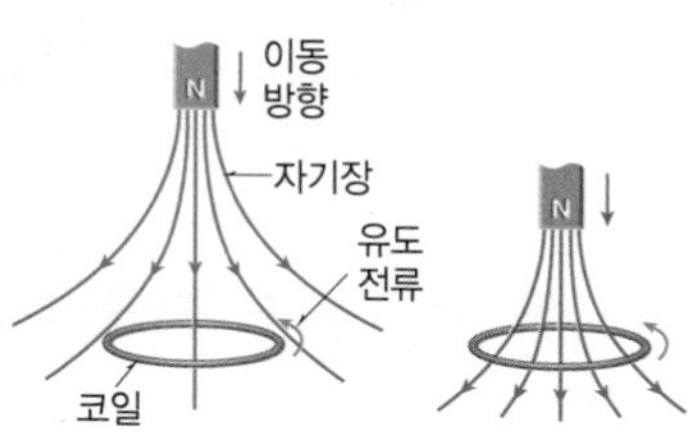

◆ **자기 선속의 변화**
자기 선속(ϕ)은 자기장에 수직인 단면적을 지나는 자기력선의 수로, 자기장의 세기와 넓이의 곱과 같다. 즉, $\phi = BS$ [단위: Wb (웨버)]이다. 따라서 자기장의 세기가 변하거나 자기장이 통과하는 도선의 넓이가 변하면 자기 선속이 변한다.

2. 렌츠 법칙 ─● 유도 전류의 방향에 대한 법칙 221쪽 대표 자료❶

(1) **렌츠 법칙:** 유도 전류는 코일을 통과하는 자기 선속의 변화를 방해하는 방향으로 흐른다.

(2) **전자기 유도와 자기력:** 코일에 발생하는 유도 자기장에 의해 코일은 자석의 운동을 방해하는 방향으로 자기력을 작용한다.

(⟶: 자석에 의한 자기장, ⟶: 유도 전류에 의한 자기장, Ⓖ: 검류계)

구분	N극이 가까워질 때	N극이 멀어질 때	S극이 가까워질 때	S극이 멀어질 때
코일을 통과하는 자기 선속의 변화	가까이 한다. N, N, S, I, A, Ⓖ, B 아래쪽으로 증가	멀리 한다. N, S, N, I, A, Ⓖ, B 아래쪽으로 감소	가까이 한다. S, S, N, I, A, Ⓖ, B 위쪽으로 증가	멀리 한다. S, N, S, I, A, Ⓖ, B 위쪽으로 감소
코일에 유도되는 자기장과 자기력	위쪽으로 자기 선속을 만들기 위해 위쪽에 N극 유도 ➡ 자석에 척력 작용	아래쪽으로 자기 선속을 만들기 위해 위쪽에 S극 유도 ➡ 자석에 인력 작용	아래쪽으로 자기 선속을 만들기 위해 위쪽에 S극 유도 ➡ 자석에 척력 작용	위쪽으로 자기 선속을 만들기 위해 위쪽에 N극 유도 ➡ 자석에 인력 작용
유도 전류의 방향	B → Ⓖ → A	A → Ⓖ → B	A → Ⓖ → B	B → Ⓖ → A

| 유도 전류의 방향을 찾는 방법 |

❶ 단계: 자석을 코일에 가까이 할 때 코일을 통과하는 자기력선의 변화를 찾는다.

❷ 단계: 자석에 의한 자기력선과 반대 방향으로 생기는 유도 전류에 의한 자기력선을 찾는다.

❸ 단계: 유도 전류에 의한 자기력선의 방향으로 오른손 엄지손가락을 향하고, 코일을 감아쥔다.

❹ 단계: 코일의 감긴 방향에 따라 유도 전류의 방향을 확인한다.

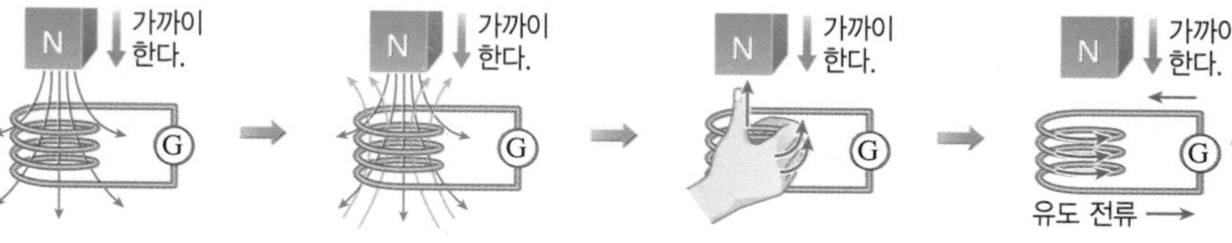

암기해!
자석과 코일 사이의 힘
- 자석이 코일에 가까워질 때: 밀어내는 힘이 작용하도록 코일에 유도 전류가 흐른다. → 코일은 자석과 가까운 쪽이 자석과 같은 극이 됨
- 자석이 코일에서 멀어질 때: 당기는 힘이 작용하도록 코일에 유도 전류가 흐른다. → 코일은 자석과 가까운 쪽이 자석과 반대 극이 됨

주의해!
유도 전류와 자기장
유도 전류는 반드시 자기 선속의 변화가 있을 때 발생한다. 또한 유도 전류가 발생할 때는 반드시 유도 전류에 의한 자기장도 함께 나타난다는 것에 주의한다.

(용어)
❶ 유도 전류(誘 꾀다, 導 인도하다, 電 전기, 流 흐르다.) 전지가 직접 공급한 전류가 아니고 다른 방식으로 이끌어 내어진 전류를 의미한다.

종이면에 수직인 방향의 자기장을 통과하는 도선과 유도 전류

221쪽 대표 자료❷

그림과 같이 정사각형 도선이 종이면에 수직으로 들어가는 자기장 영역을 지나가고 있다.

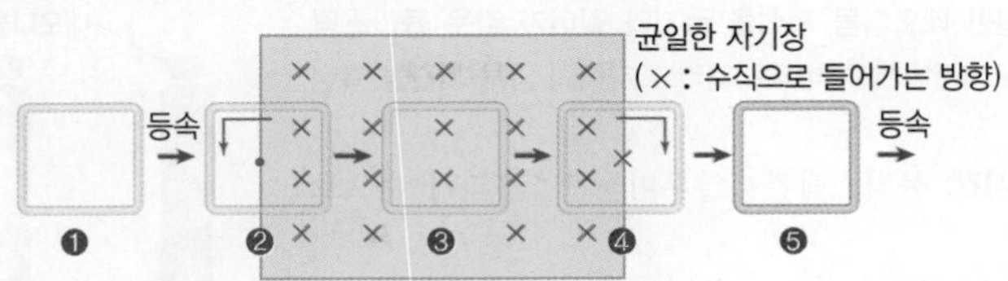

❶, ❺ 도선이 자기장에 들어가기 전이나 빠져나온 후에는 도선 내부를 통과하는 자기 선속이 없다. ➡ 유도 전류가 흐르지 않는다.

❷ 도선 내부를 통과하는 수직으로 들어가는 방향의 자기 선속이 증가한다. ➡ 자기 선속의 증가를 방해하기 위해 도선은 수직으로 나오는 방향(⊙)의 유도 자기장을 만든다. ➡ 시계 반대 방향으로 유도 전류가 흐른다.

❸ 도선이 자기장 속에서 운동하는 동안에는 도선 내부를 통과하는 자기 선속의 변화가 없다. ➡ 유도 전류가 흐르지 않는다.

❹ 도선 내부를 통과하는 수직으로 들어가는 방향의 자기 선속이 감소한다. ➡ 자기 선속의 감소를 방해하기 위해 도선은 수직으로 들어가는 방향(×)의 유도 자기장을 만든다. ➡ 시계 방향으로 유도 전류가 흐른다.

◆ 자기장을 통과하는 도선에 발생하는 유도 기전력

자기장이 균일할 때 자기 선속의 변화는 자기력선이 통과하는 넓이의 변화 때문에 생긴다. 이때 자기장이 셀수록, 자기력선을 자르며 운동하는 도선의 길이가 길수록, 도선의 속력이 클수록 자기 선속의 변화율이 커서 유도 기전력이 커진다.

3. 패러데이 전자기 유도 법칙 — 유도 전류의 세기에 대한 법칙

222쪽 대표 자료❸

(1) **유도 ❶기전력:** 전자기 유도에 의해 코일에 발생하는 전압 ➡ 유도 전류를 흐르게 하는 원인

(2) **패러데이 전자기 유도 법칙:** 코일의 감은 수를 N, 시간 Δt 동안 코일을 통과하는 자기 선속의 변화량을 $\Delta\phi$라고 하면 코일에 발생하는 유도 기전력 V는 다음과 같다.

- (−): 유도 기전력의 방향이 자기 선속의 변화를 방해하는 방향이라는 것을 의미한다.

$$V = -N\frac{\Delta\phi}{\Delta t} \quad [\text{단위: V(볼트)}]$$

- $\frac{\Delta\phi}{\Delta t}$: 자기 선속의 시간적 변화율

(3) **유도 전류의 세기:** 유도 기전력에 비례한다.(옴의 법칙에 따라 전류는 전압에 비례하므로) ➡ 자석을 빠르게 움직일수록, 코일의 감은 수가 많을수록, 자기력이 강한 자석을 사용할수록 유도 전류의 세기가 세진다.

암기해!

코일을 통과하는 자기 선속이 변하는 경우
- 코일 주위에서 자석을 움직일 때
- 자석 주위에서 코일을 움직일 때
- 코일 주위의 도선에 흐르는 전류의 세기가 변할 때
- 자기력선이 통과하는 코일의 넓이가 변할 때

탐구 자료창 전자기 유도 현상 관찰

(가) 솔레노이드의 양 끝 단자에 발광 다이오드(LED) 2개를 극성이 반대가 되도록 각각 연결한다. (발광 다이오드: 한쪽 방향으로만 전류를 흐르게 하는 특성이 있다.)

(나) 솔레노이드의 중심축 위에서 네오디뮴 자석을 위아래로 움직이며 발광 다이오드를 관찰한다.

(다) 네오디뮴 자석의 움직이는 속력을 달리하여 과정 (나)를 반복한다.

(라) 감은 수가 다른 솔레노이드를 이용하여 과정 (나)를 반복한다.

네오디뮴 자석 / 솔레노이드 / 발광 다이오드

1. 자석이 아래로 움직일 때와 위로 움직일 때 서로 다른 발광 다이오드가 켜진다.(자기 선속의 변화가 반대로 일어난다.) ➡ 유도 전류의 방향이 반대이다.
2. 자석의 움직이는 속력이 클수록 발광 다이오드가 더 밝게 켜진다. ➡ 시간에 따른 자기 선속의 변화량이 클수록 유도 전류의 세기가 커진다.
3. 코일의 감은 수가 많을수록 발광 다이오드가 더 밝게 켜진다. ➡ 코일의 감은 수가 많을수록 전체 유도 기전력이 증가하여 유도 전류의 세기가 커진다.

자석의 극을 바꾸거나 세기가 다른 자석을 이용하는 활동을 추가할 수 있어요.

용어

❶ 기전력(起 일어나다, 電 전기, 力 힘) 회로에 전류를 흐르게 할 수 있는 능력 또는 전류의 원인

탐구 자료창 긴 관을 통과하여 낙하하는 자석의 운동

그림과 같이 동일한 네오디뮴 자석을 굵기와 길이가 같은 플라스틱관, 알루미늄관, 구리관에서 각각 낙하시키고 자석의 낙하 시간을 측정한다.

네오디뮴 자석
플라스틱관 ● 절연체(=부도체)
알루미늄관 구리관 ● 도체

1. **자석의 낙하 시간:** 플라스틱관＜알루미늄관＜구리관 순으로 길다.
2. **플라스틱관과 구리관에서 자석의 낙하 시간 비교:** 절연체인 플라스틱관에서는 전류가 유도되지 않지만, 도체인 구리관이나 알루미늄관에서는 자석의 운동을 방해하는 방향으로 유도 전류가 흘러 플라스틱관에서보다 자석이 더 늦게 떨어진다.
   ➡ 유도 전류의 발생 유무 때문이다.

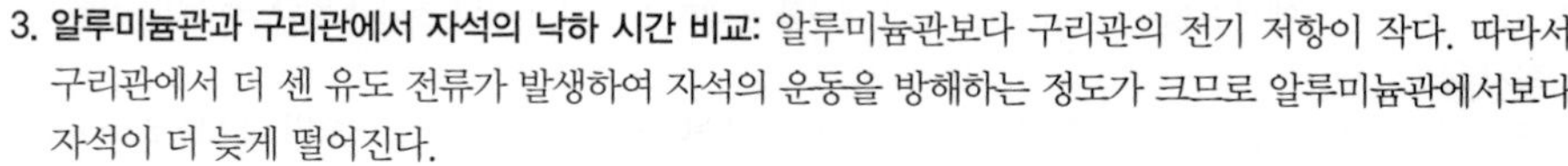

3. **알루미늄관과 구리관에서 자석의 낙하 시간 비교:** 알루미늄관보다 구리관의 전기 저항이 작다. 따라서 구리관에서 더 센 유도 전류가 발생하여 자석의 운동을 방해하는 정도가 크므로 알루미늄관에서보다 자석이 더 늦게 떨어진다.
   ➡ 유도 전류의 세기가 다르기 때문이다.
4. **에너지 전환:** 유도 전류가 흐르는 구리관과 알루미늄관에서 발생하는 전기 에너지는 자석의 역학적 에너지의 일부가 감소하여 전기 에너지로 전환된 것이다. 이때 유도 전류의 세기가 더 큰 구리관에서 역학적 에너지가 더 많이 감소하여 자석이 더 늦게 떨어진다.

B 전자기 유도의 이용

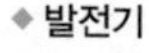

◆ **발전기**
수력 발전소의 발전기는 흐르는 물이, 화력 발전소의 발전기는 고압의 증기가 터빈을 회전시켜 전기 에너지를 생산한다.

◆ **하이브리드 자동차**
하이브리드 자동차는 브레이크를 밟으면 바퀴의 회전축이 발전기에 연결되어 코일을 회전시킨다. 그러면 전자기 유도에 의해 전기 에너지가 배터리에 저장된다. 따라서 제동할 때 버려지는 운동 에너지를 전기 에너지로 변환하여 저장한 후 활용한다.

1. ◆**발전기** 전자기 유도 현상을 이용하여 전류를 발생시키는 장치 222쪽 대표 자료 ❹

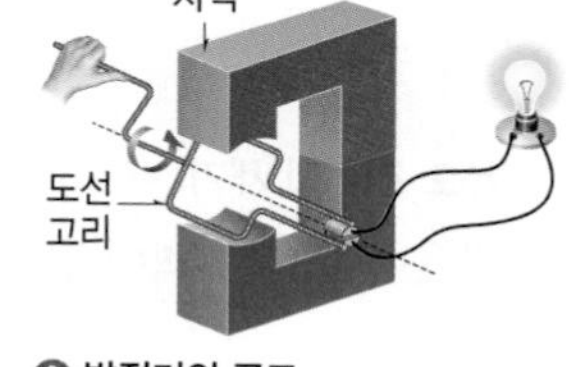

⬆ 발전기의 구조

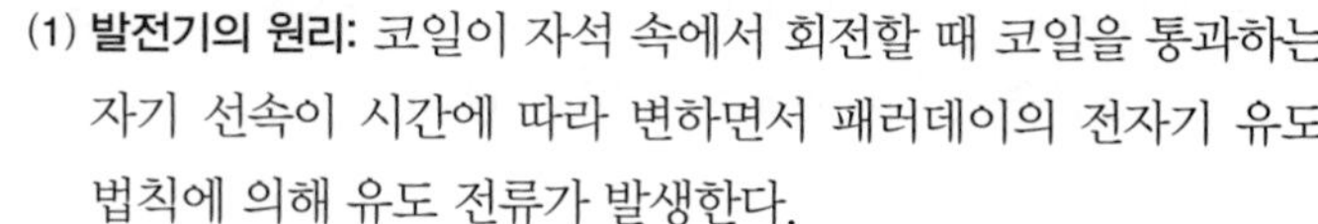

(1) **발전기의 원리:** 코일이 자석 속에서 회전할 때 코일을 통과하는 자기 선속이 시간에 따라 변하면서 패러데이의 전자기 유도 법칙에 의해 유도 전류가 발생한다.

(2) **발전기에서의 에너지 전환:** ◆운동 에너지가 전기 에너지로 전환된다.

| 발전기의 기본 원리 |

그림과 같이 영구 자석 사이에 도선 고리가 있을 때 외부에서 일을 하여 도선 고리를 회전시키면 고리를 통과하는 자기 선속이 변하면서 고리에 유도 기전력이 발생하여 유도 전류가 흐른다.

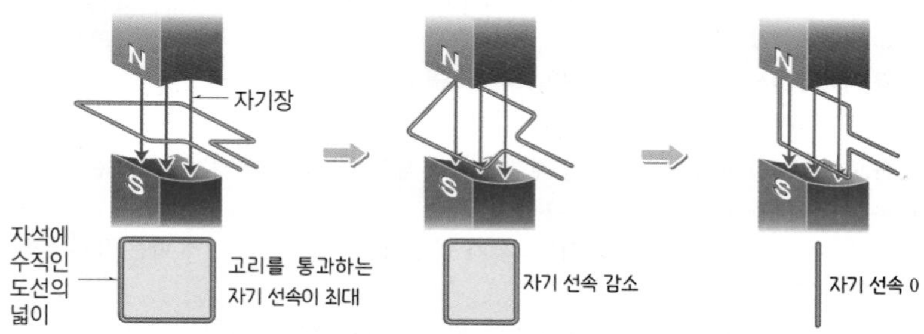

도선 고리가 회전하면 자기장에 수직인 도선의 넓이가 변하면서 고리를 통과하는 자기 선속이 계속 변한다.
➡ 유도 기전력(교류)이 발생한다.

2. 전자기 유도의 다양한 이용

(1) **자석과 코일을 이용하는 장치:** 자석과 코일의 상대 운동으로 코일이나 금속에 유도 전류가 발생하는 것을 이용

예 마이크, 자전거 전조등용 발전기, 놀이 기구의 브레이크 장치, 전자 기타, 발광 바퀴 등
(마이크: 소리를 전기 신호로 변환한다.)

다이나믹 마이크	자전거 전조등용 발전기
소리의 진동에 의해 진동판이 진동하면 진동판에 부착된 코일이 영구 자석 주위에서 움직이면서 유도 전류가 발생한다. 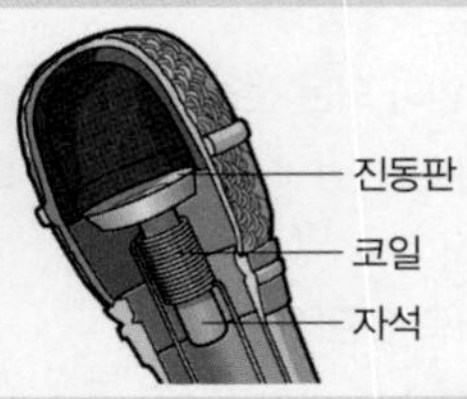	발전기 바퀴가 자전거 바퀴의 옆면에 닿아서 회전하면 영구 자석이 회전하면서 코일에 유도 전류가 발생한다. 
놀이 기구의 브레이크	**전자 기타**
탑승 의자가 떨어지면 의자에 붙어 있는 자석에 의해 금속판에 유도 전류가 발생하여 탑승 의자의 운동을 방해한다. 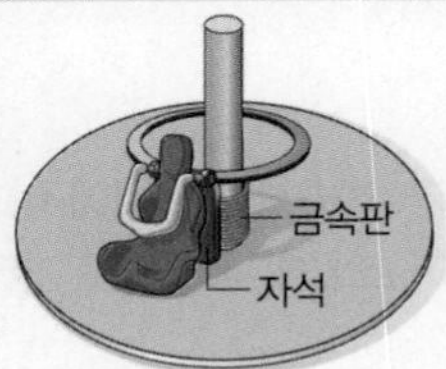	줄 아래쪽에 있는 자석에 의해 자기화된 기타 줄이 진동하면 코일을 통과하는 자기장이 변하여 유도 전류가 발생한다. 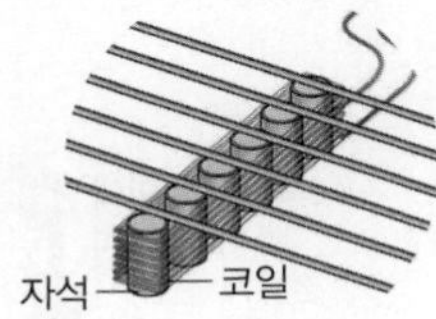

(2) **코일만 이용하는 장치:** 1차 코일에 흐르는 전류가 만드는 자기장의 변화가 2차 코일이나 금속에 유도 전류를 발생시키는 것을 이용

예 금속 탐지기, 무선 충전기, ❶인덕션 레인지, 마그네틱 카드 판독기, 도난 방지 장치, ◆교통 카드, ❷하이패스 시스템 등
(무선 충전기: 휴대 전화나 전동 칫솔 등에 사용된다.)
(도난 방지 장치: 도서관이나 마트 등에서 활용된다.)

금속 탐지기	무선 충전기	인덕션 레인지
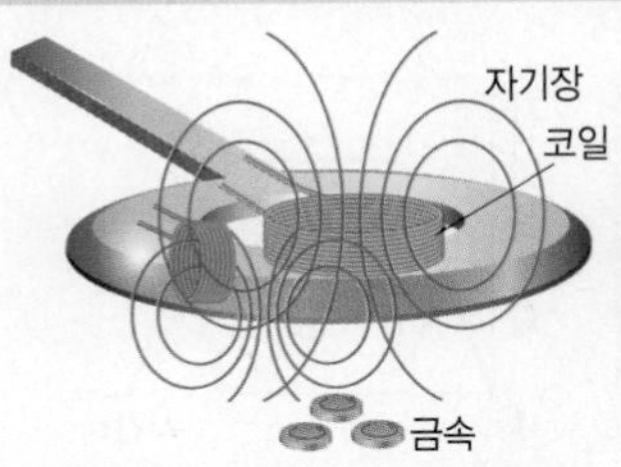		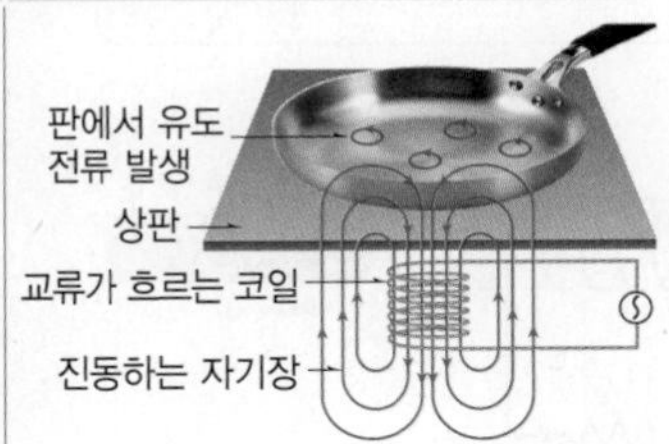
탐지기 내부 코일에 흐르는 ◆교류에 의한 자기장 속으로 금속 물체가 들어오면 금속에 유도 전류가 발생하고, 이로 인한 자기장에 의해 내부 수신 코일에 유도 전류가 흐르면 경보음이 울린다.	충전 패드 내부 코일에 흐르는 교류에 의한 자기장이 휴대 전화 내부 코일을 통과하면서 코일에 유도 전류가 발생한다. 이 유도 전류에 의해 배터리가 충전된다.	레인지 내부 코일에 흐르는 교류에 의한 자기장이 조리 기구를 통과하면서 조리 기구에 유도 전류가 발생한다. 이 유도 전류에 의해 조리 기구가 가열된다.

심화 + 금속판에서 유도 전류의 형성

코일에 발생하는 유도 전류는 정해진 방향이 있지만, 이와 달리 금속판과 같은 도체 내부를 지나는 자기 선속이 변할 때 금속판에 발생하는 유도 전류는 소용돌이 모양으로 형성된다.

➡ 이를 맴돌이 전류라고 하며 맴돌이 전류는 자석의 운동을 방해하는 방향으로 발생한다.

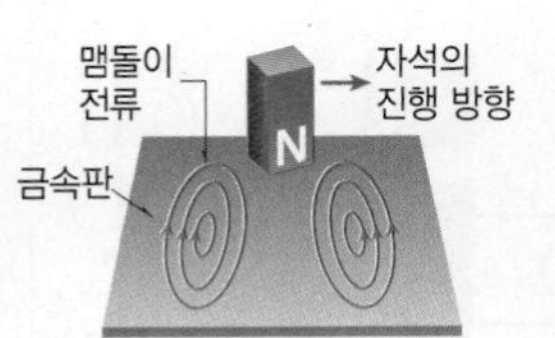

◆ **교통 카드와 하이패스 시스템**
전자기파에 포함된 자기장이 카드에 내장된 코일을 통과하면서 전자기 유도에 의해 유도 전류가 발생하는 것을 이용한다.

◆ **교류가 만드는 자기장**
교류는 진동하는 전류이므로 이러한 전류에 의해 만들어지는 자기장도 세기와 방향이 계속 바뀌며 진동한다.

(용어)

❶ **인덕션(induction)** 유도 또는 전자기 유도라는 의미이다.

❷ **하이패스(hi-pass)** 전자 카드가 삽입된 단말기를 차에 장착하고 고속 도로의 요금소를 지나면 자동으로 통행료가 지불되는 시스템

정답친해 109쪽

개념 확인 문제

핵심 체크

- 전자기 유도: 코일 내부를 통과하는 (❶)이 변할 때 코일에 전류가 흐르는 현상
- (❷) 전류: 전자기 유도에 의해 발생하는 전류
- (❸) 법칙: 유도 전류는 코일을 통과하는 자기 선속의 변화를 방해하는 방향으로 흐른다. 따라서 코일과 자석이 가까워지면 코일에는 자석과 가까운 쪽이 자석과 (❹) 극이 되도록 유도 자기장이 형성되며 서로 (❺) 힘이 작용한다.
- (❻): 전자기 유도에 의해 코일에 유도 전류를 흐르게 하는 원인이 되는 전압
- (❼) 전자기 유도 법칙: 유도 기전력은 코일을 지나는 자기 선속의 (❽)에 비례하고, 코일의 감은 수에 (❾)한다.
- 발전기: 전자기 유도를 이용하여 역학적 에너지를 (❿) 에너지로 전환하는 장치
- (⓫): 전자기 유도를 이용하여 소리를 전기 신호로 변환하는 장치

1 그림과 같이 전자기 유도 실험을 할 때 검류계에 전류가 흐르는 경우만을 [보기]에서 있는 대로 고르시오.

보기
ㄱ. 막대자석을 코일에 가까이 할 때
ㄴ. 막대자석을 코일에서 멀리 할 때
ㄷ. 막대자석을 코일 안에 정지시켜 놓을 때
ㄹ. 막대자석을 고정시키고 코일을 자석에서 멀리 할 때

2 그림과 같이 막대자석의 S극을 코일 쪽으로 가까이 할 때 코일에 연결된 저항 R에 흐르는 유도 전류의 방향을 쓰시오.

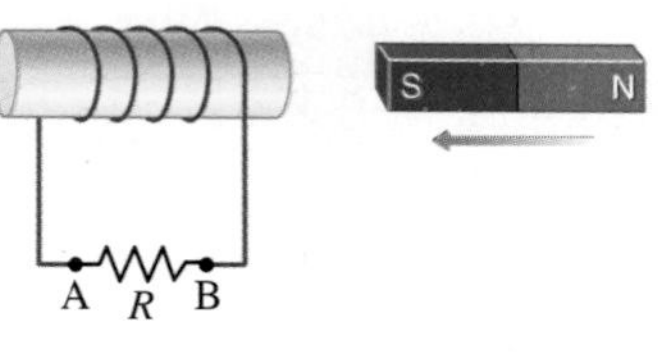

3 막대자석을 코일 근처에서 [보기]와 같이 가까이 하거나 멀리 할 때 검류계에 흐르는 유도 전류의 방향이 같은 것끼리 짝 지으시오.

보기

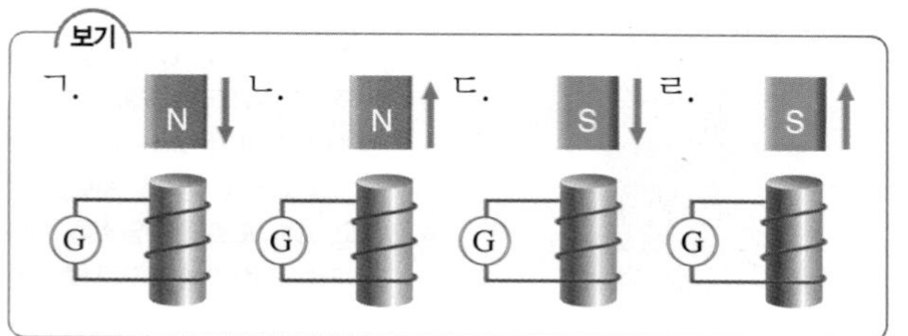

4 감은 수가 200회인 코일에 0.1초당 1 Wb씩 자기 선속이 변할 때, 이 코일에 유도되는 기전력은 몇 V인지 쓰시오.

5 그림 (가)는 정사각형 도선이 종이면에 수직으로 들어가는 방향의 균일한 자기장 영역에 놓여 있는 것을 나타낸 것이다. 그림 (나)는 (가)에서 자기장의 세기를 시간에 따라 나타낸 것이다.

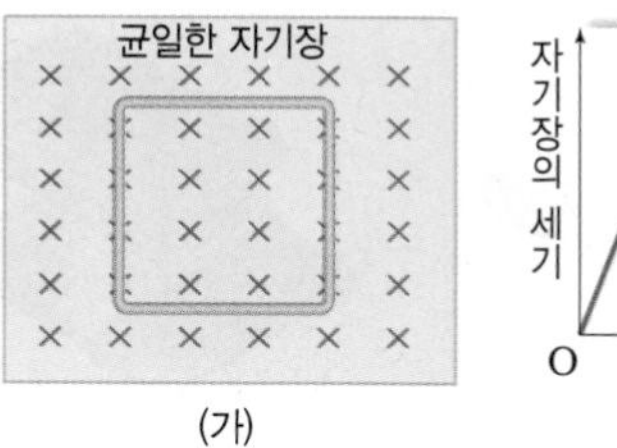

(가)

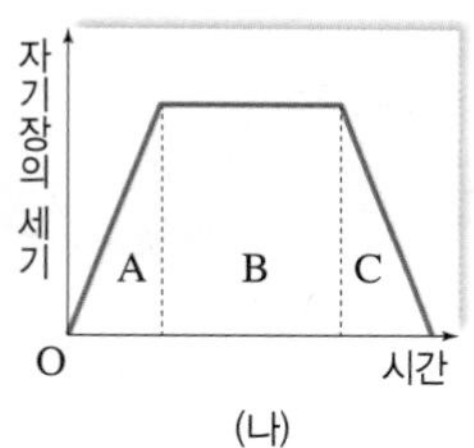

(나)

(1) A에서 도선에 발생하는 유도 전류의 방향을 쓰시오.
(2) B와 C에서 도선에 발생하는 유도 전류의 세기를 등호나 부등호로 비교하시오.

6 전자기 유도를 이용한 장치가 아닌 것은?

① 발전기 ② 전자 기타
③ 다이나믹 마이크 ④ 스피커
⑤ 금속 탐지기

대표 자료 분석

정답친해 110쪽

자료 ❶ 전자기 유도 실험

기출 Point
- 유도 전류의 방향 찾기
- 유도 전류의 세기를 증가시키는 방법 이해하기

[1~4] 그림은 막대자석의 N극이 코일 쪽을 향한 상태에서 막대자석이 코일로부터 멀어지고 있는 모습을 나타낸 것이다.

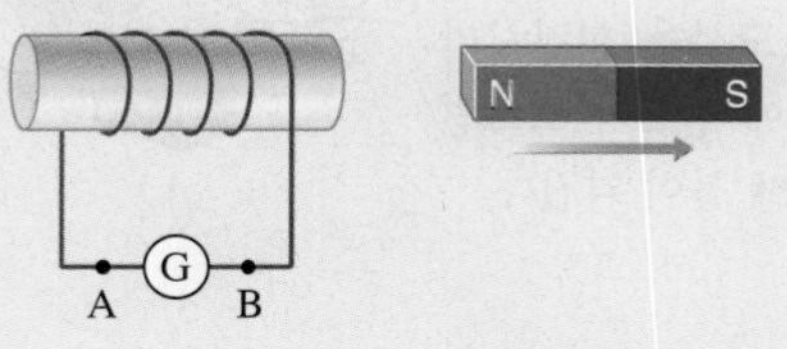

1 전자기 유도에 대한 설명 중 ( ) 안에 알맞은 말을 쓰시오.

> 코일 내부에 ㉠( )쪽 방향으로 자기 선속을 만들기 위해 코일의 오른쪽에 ㉡( )극이 유도되도록 ㉢( )가 흐른다.

2 검류계에 흐르는 전류의 방향을 쓰시오.

3 위와 같은 방향으로 유도 전류가 흐르는 경우를 [보기]에서 있는 대로 고르시오.

> 보기
> ㄱ. N극을 코일에 가까이 할 때
> ㄴ. S극을 코일에 가까이 할 때
> ㄷ. S극을 코일에서 멀리 할 때

4 빈출 선택지로 완벽 정리!

(1) 자석의 세기가 셀수록 유도 전류의 세기가 커진다. (○ / ×)

(2) 코일의 감은 수를 증가시키면 유도 전류의 세기가 작아진다. (○ / ×)

(3) 자석이 정지하면 유도 전류가 흐르지 않는다. (○ / ×)

(4) 자석을 코일 속에 넣어 놓으면 유도 전류가 최대로 흐른다. (○ / ×)

자료 ❷ 도선에 발생하는 유도 전류

기출 Point
- 자기장을 통과하는 도선에 유도 전류가 발생하는 원리 이해하기
- 렌츠 법칙과 패러데이 전자기 유도 법칙 적용하기

[1~4] 그림과 같이 정사각형 모양의 도선이 일정한 속력 v로 직선 운동하여 종이면에 수직으로 들어가는 방향의 균일한 자기장 영역을 통과한다.

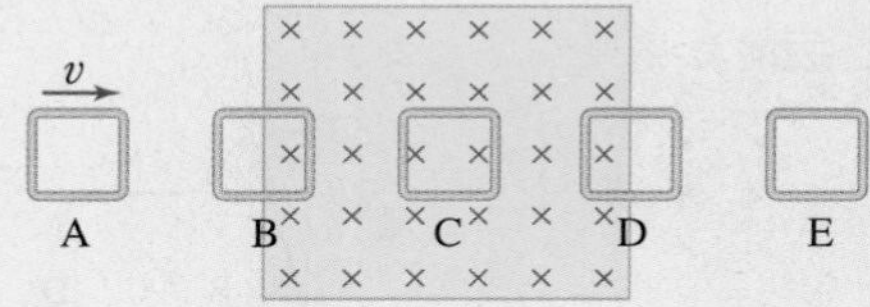

1 ( ) 안에 알맞은 말을 고르시오.

(1) C에서 유도 전류의 세기는 (0, 최대)이다.

(2) B와 D에서 유도 전류의 방향은 서로 (같다, 반대이다).

(3) B에서 유도 전류의 세기는 도선의 속력이 클수록 (작아진다, 커진다).

2 B와 D에서 유도 전류의 세기를 등호나 부등호로 비교하시오.

3 B와 D에서 도선이 받는 자기력의 방향을 각각 쓰시오.

4 빈출 선택지로 완벽 정리!

(1) A와 E에서는 유도 전류가 흐르지 않는다. (○ / ×)

(2) B에서 유도 전류의 방향은 시계 방향이다. (○ / ×)

(3) C에서는 유도 전류가 흐르지 않는다. (○ / ×)

(4) D에서 도선에 형성되는 유도 전류에 의한 자기장의 방향은 종이면에서 수직으로 나오는 방향이다. (○ / ×)

자료 ❸ 자기장의 변화와 유도 전류

기출 Point
- 도선을 통과하는 자기장이 변할 때 유도 전류의 방향 찾기
- 자기 선속의 변화율에 따른 유도 전류의 세기 비교하기

[1~3] 그림 (가)는 정사각형 도선이 종이면에 수직으로 들어가는 방향의 균일한 자기장 영역에 놓여 있는 모습을 나타낸 것이다. 그림 (나)는 (가)에서 자기장의 세기를 시간에 따라 나타낸 것이다.

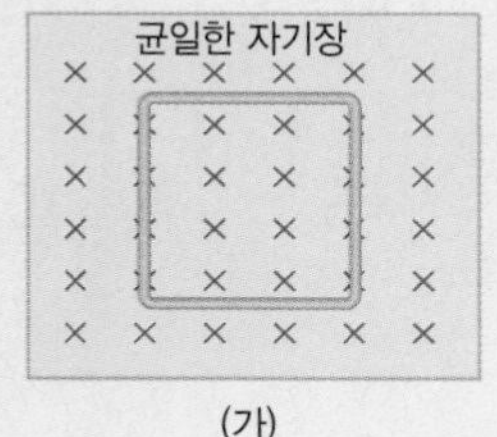

(가)

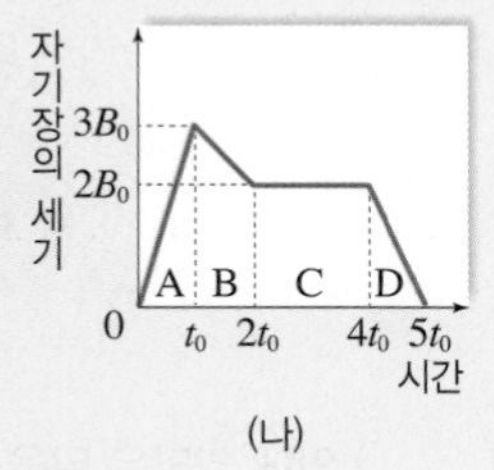

(나)

1 ( ) 안에 알맞은 말을 쓰시오.

(1) 0부터 $5t_0$까지 유도 전류가 흐르지 않는 구간은 ( ) 이다.

(2) 유도 전류의 세기는 ( ) 구간이 가장 크다.

(3) B 구간과 유도 전류의 방향이 서로 반대인 구간은 ( )이다.

2 A 구간과 B 구간에서 유도 전류의 세기를 각각 I_A, I_B라고 할 때, $I_A : I_B$를 쓰시오.

3 빈출 선택지로 완벽 정리!

(1) C 구간에서는 유도 전류가 흐르지 않는다. (○ / ×)

(2) B 구간과 D 구간에서 유도 전류의 방향은 서로 반대이다. (○ / ×)

(3) A 구간에서 유도 전류의 방향은 시계 반대 방향이다. (○ / ×)

(4) 유도 전류의 세기는 (나)에서 그래프의 기울기에 비례한다. (○ / ×)

자료 ❹ 전자기 유도의 이용

기출 Point
- 전자기 유도를 이용하는 장치의 원리 이해하기
- 전자기 유도의 이용에서 에너지 전환 이해하기

[1~4] 그림은 발전기의 기본 원리를 나타낸 것이다. 자석 사이에서 고리 모양의 도선을 회전시키면 도선에 전류가 흐르면서 전구에 불이 켜진다.

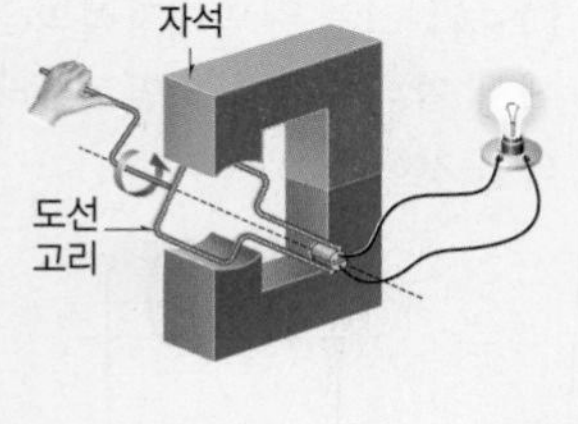

1 도선을 일정한 속력으로 회전시킬 때 도선 내부를 통과하는 자기 선속은 어떻게 변하는지 쓰시오.

2 발전기에서 일어나는 에너지 전환을 쓰시오.

3 발전기에 사용된 부품을 바꾸지 않고 도선에 연결된 전구의 밝기를 더 밝아지게 하는 방법을 쓰시오.

4 빈출 선택지로 완벽 정리!

(1) 도선이 회전하는 동안 자석에 의한 자기장의 세기는 주기적으로 변한다. (○ / ×)

(2) 도선을 계속 회전시키기 위해서는 외부에서 일을 해 주어야 한다. (○ / ×)

(3) 자석의 세기가 셀수록 유도 전류의 세기가 커진다. (○ / ×)

(4) 도선을 반대 방향으로 회전시키면 유도 전류가 흐르지 않는다. (○ / ×)

내신 만점 문제

정답친해 111쪽

A 전자기 유도

01 그림과 같이 자석의 N극이 코일에서 멀어지고 있다.

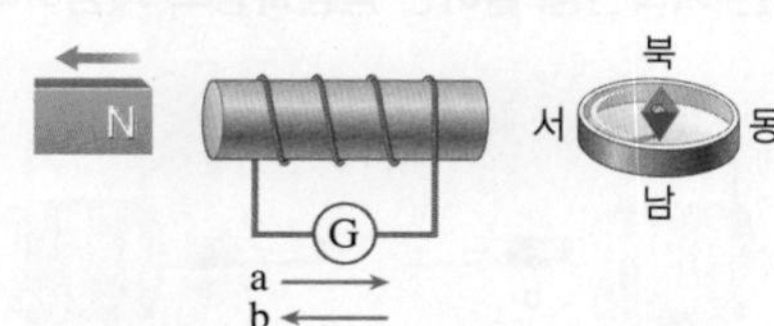

검류계에 흐르는 전류의 방향과 나침반 자침의 N극이 가리키는 방향을 옳게 짝 지은 것은? (단, 지구 자기장의 효과는 무시한다.)

① a, 동쪽 ② a, 서쪽 ③ a, 남쪽
④ b, 동쪽 ⑤ b, 서쪽

02 그림은 동일한 두 금속 고리 A, B 사이에 있는 막대자석이 일정한 속력으로 왼쪽으로 움직이는 순간의 모습을 나타낸 것이다. 자석은 A보다 B에 더 가까이 있다.

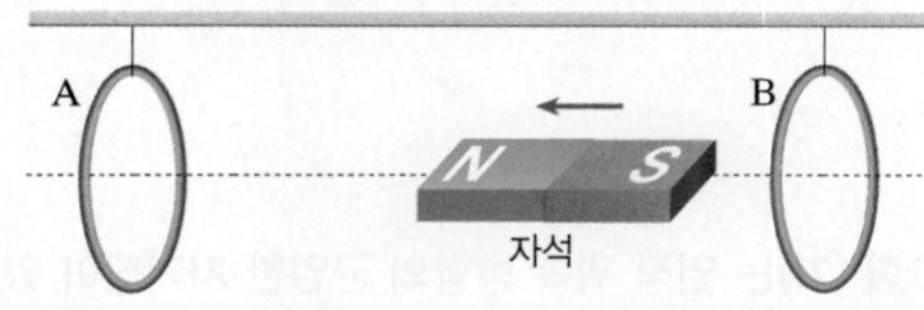

이에 대한 설명으로 옳은 것만을 [보기]에서 있는 대로 고른 것은?

보기
ㄱ. A와 B에 흐르는 유도 전류의 방향은 서로 같다.
ㄴ. 유도 전류의 세기는 A에서가 B에서보다 크다.
ㄷ. A와 B로부터 자석이 받는 자기력의 방향은 서로 같다.

① ㄱ ② ㄷ ③ ㄱ, ㄴ ④ ㄱ, ㄷ ⑤ ㄴ, ㄷ

03 그림은 코일에 검류계를 연결하고 막대자석을 코일에 가까이 하거나 멀리 하여 코일에 유도 전류를 발생시키는 실험을 나타낸 것이다.

검류계 바늘을 크게 움직이게 하기 위한 방법을 세 가지 서술하시오.

04 그림 (가)~(다)는 코일 위에서 동일한 막대자석을 떨어뜨리는 모습을 나타낸 것이다. (가), (나), (다)에서 코일의 감은 수는 각각 N, N, $2N$이고, 코일에서 자석까지의 높이는 각각 h, $2h$, $2h$이다.

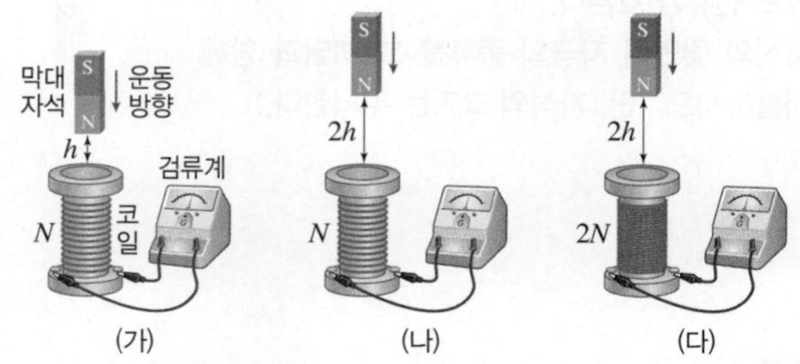

자석이 코일 속으로 들어가는 순간 검류계의 바늘의 움직이는 정도가 큰 것부터 순서대로 나타낸 것은?

① (가)-(나)-(다) ② (가)-(다)-(나)
③ (나)-(가)-(다) ④ (다)-(가)-(나)
⑤ (다)-(나)-(가)

05 그림은 빗면을 따라 내려온 자석이 수평인 직선 레일을 따라 솔레노이드를 통과하는 모습을 나타낸 것이다. 점 a, b는 고정된 솔레노이드의 중심에서 같은 거리만큼 떨어진 중심 축상의 점이다.

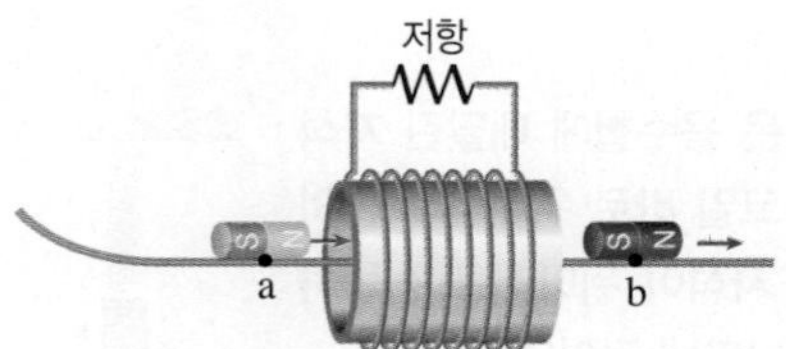

자석이 a를 지날 때와 b를 지날 때 서로 같은 것만을 [보기]에서 있는 대로 고른 것은? (단, 모든 마찰과 자석의 크기는 무시한다.)

보기
ㄱ. 저항에 흐르는 유도 전류의 방향
ㄴ. 저항에 흐르는 유도 전류의 세기
ㄷ. 코일이 자석에 작용하는 자기력의 방향

① ㄱ ② ㄷ ③ ㄱ, ㄴ
④ ㄴ, ㄷ ⑤ ㄱ, ㄴ, ㄷ

서술형

06 그림과 같이 막대자석이 고정된 금속 고리의 중심축을 따라 고리를 통과하여 낙하한다. 점 p는 고리 아래의 중심축상의 지점이고, 자석이 p를 지나는 순간 고리에는 ⓐ 방향으로 유도 전류가 흐른다.
자석의 윗면의 자극의 종류를 그 까닭과 함께 서술하시오. (단, 자석의 크기는 무시한다.)

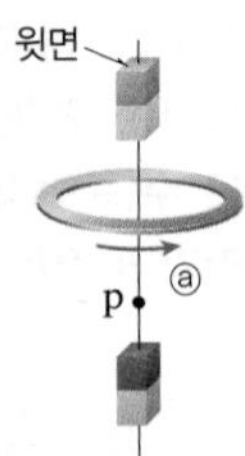

07 그림 (가)와 같이 고정된 원형 자석 위에서 자석의 중심축을 따라 원형 도선을 운동시킨다. 그림 (나)는 원형 도선 중심의 위치를 시간에 따라 나타낸 것이다.

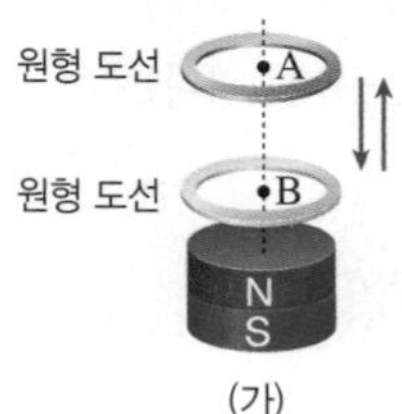

(가)

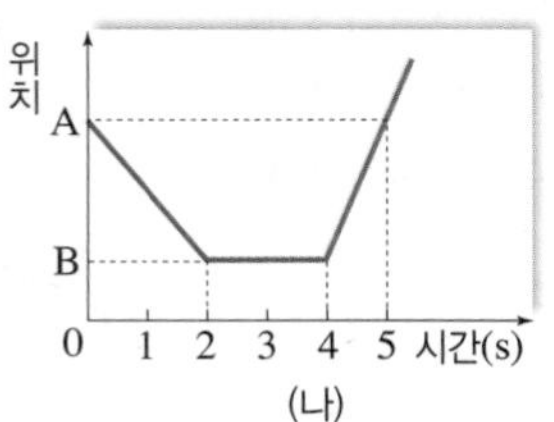

(나)

1초, 3초, 5초인 순간 원형 도선에 흐르는 유도 전류의 세기를 각각 I_1, I_3, I_5라고 할 때, 이들 값을 옳게 비교한 것은?

① $I_1>I_3>I_5$ ② $I_1>I_5>I_3$ ③ $I_3>I_1>I_5$
④ $I_5>I_1>I_3$ ⑤ $I_5>I_3>I_1$

08 그림은 용수철에 매달린 자석을 고정된 코일 바로 위에서 가만히 놓았을 때 자석이 위아래로 진동하는 모습을 나타낸 것이다.
이에 대한 설명으로 옳은 것만을 [보기]에서 있는 대로 고른 것은?

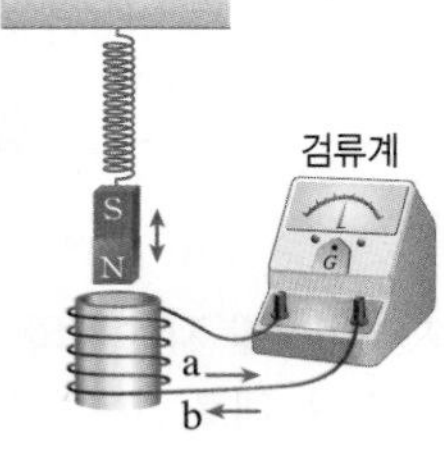

ㄱ. 자석이 위로 올라가는 동안 유도 전류의 방향은 b이다.
ㄴ. 자석의 진폭은 코일이 없을 때보다 더 천천히 감소한다.
ㄷ. 자석이 운동하는 동안 코일은 자석의 운동을 방해하는 방향으로 자기력을 작용한다.

① ㄱ ② ㄴ ③ ㄱ, ㄷ
④ ㄴ, ㄷ ⑤ ㄱ, ㄴ, ㄷ

중요

09 그림 (가), (나)와 같이 빗면을 따라 내려온 자석이 마찰이 없고 수평인 직선 레일을 따라 코일을 통과한다. 코일의 감은 수는 (가)보다 (나)에서 더 많다. 점 a, b는 솔레노이드의 중심에서 같은 거리만큼 떨어진 중심축상의 지점이다.

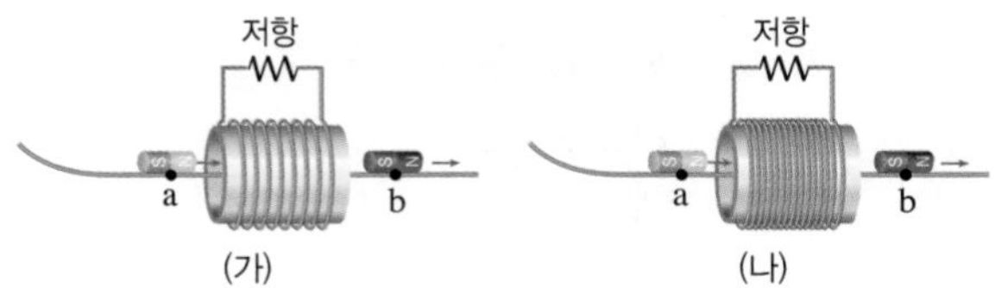

(가) (나)

(가)와 (나)에서 a를 지나는 순간 자석의 속력이 같다고 할 때, a에서 자석이 코일로부터 받는 자기력의 크기와 b에서 자석의 속력을 옳게 비교한 것은?

	자기력의 크기	자석의 속력
①	(가)>(나)	(가)>(나)
②	(가)>(나)	(가)<(나)
③	(가)<(나)	(가)>(나)
④	(가)<(나)	(가)<(나)
⑤	(가)=(나)	(가)=(나)

10 그림 (가)는 연직 위쪽 방향의 균일한 자기장이 있는 영역에 강자성체 A와 반자성체 B를 함께 놓아 자기화시키는 모습을, (나), (다)는 외부 자기장이 없는 곳에서 (가)의 A, B가 각각 원형 도선을 통과한 직후의 모습을 나타낸 것이다.

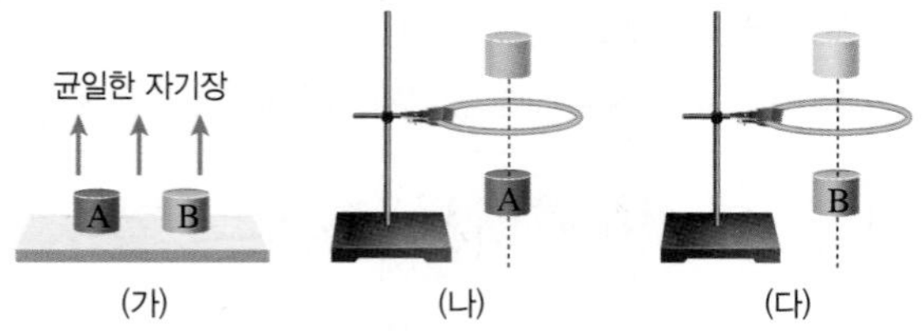

(가) (나) (다)

이에 대한 설명으로 옳은 것만을 [보기]에서 있는 대로 고른 것은?

ㄱ. (가)에서 A와 B는 같은 방향으로 자기화된다.
ㄴ. (나)에서 도선에는 유도 전류가 흐른다.
ㄷ. (다)에서 도선에는 (나)에서와 반대 방향으로 유도 전류가 흐른다.

① ㄱ ② ㄴ ③ ㄱ, ㄴ
④ ㄱ, ㄷ ⑤ ㄴ, ㄷ

11 그림 (가)는 종이면에 수직으로 들어가는 방향의 균일한 자기장 영역에 저항 R가 연결된 사각형 도선이 종이면에 고정되어 있는 모습을 나타낸 것이고, (나)는 (가)에서 자기장의 세기를 시간에 따라 나타낸 것이다.

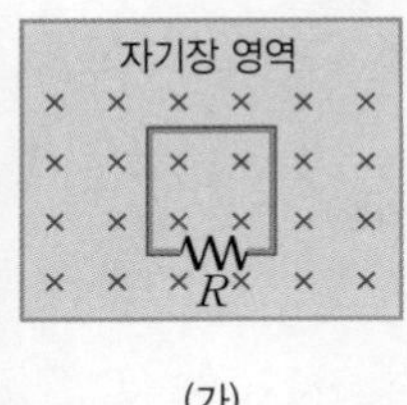

(가)

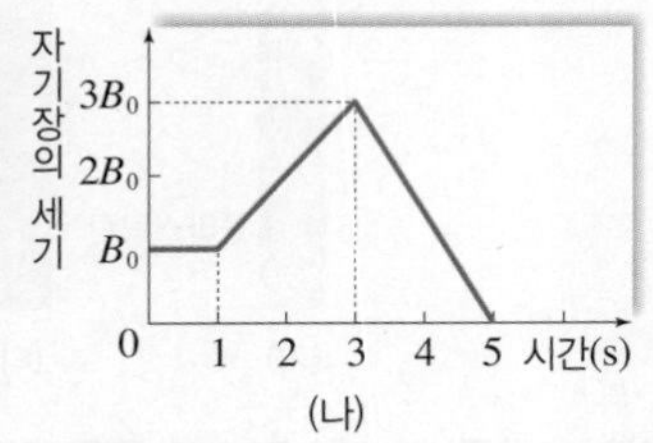

(나)

R에 흐르는 유도 전류에 대한 설명으로 옳은 것만을 [보기]에서 있는 대로 고른 것은?

보기
ㄱ. 0초부터 1초까지는 유도 전류가 흐르지 않는다.
ㄴ. 유도 전류의 세기는 4초일 때가 2초일 때보다 크다.
ㄷ. 유도 전류의 방향은 2초일 때와 4초일 때가 서로 반대이다.

① ㄱ ② ㄴ ③ ㄱ, ㄷ
④ ㄴ, ㄷ ⑤ ㄱ, ㄴ, ㄷ

12 그림은 xy 평면에 수직인 방향의 균일한 자기장 영역에서 정사각형 모양의 도선 A, B, C가 각각 $+x$ 방향, $-y$ 방향, $+y$ 방향으로 직선 운동을 하고 있는 순간의 모습을 나타낸 것이다.

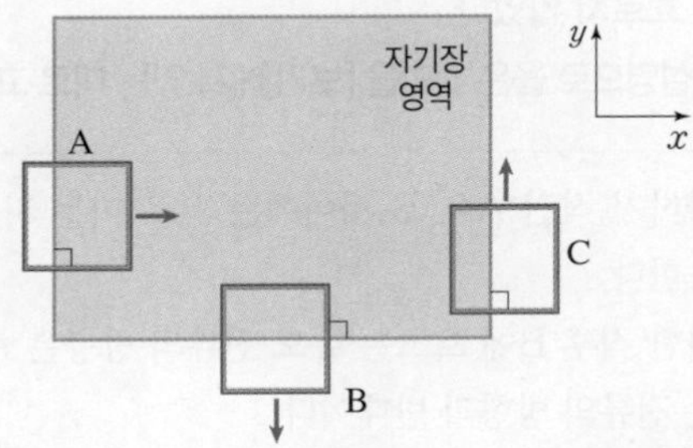

유도 전류가 흐르는 도선만을 있는 대로 고른 것은? (단, 도선 사이의 상호 작용은 무시한다.)

① A ② C ③ A, B
④ B, C ⑤ A, B, C

중요

13 그림은 x 방향과 나란한 변의 길이가 d인 사각형 금속 고리가 균일한 자기장 영역 Ⅰ, Ⅱ, Ⅲ을 향해 운동하는 모습을 나타낸 것이다. 점 p는 금속 고리상에 있다. Ⅰ, Ⅱ, Ⅲ에서 자기장의 세기는 각각 B, B, $2B$이다.

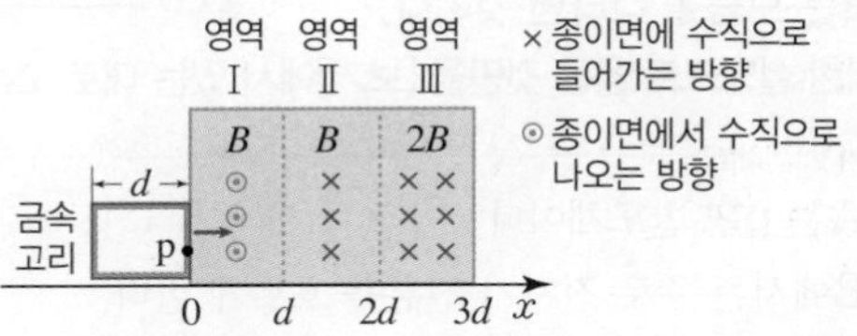

점 p가 영역 Ⅰ에 들어선 순간부터 고리에 유도되는 전류를 점 p의 위치에 따라 나타낸 그래프로 가장 적절한 것은? (단, 고리는 $+x$ 방향의 일정한 속력으로 자기장 영역을 통과하였고, 고리에 시계 방향으로 유도 전류가 흐를 때를 (+)로 한다.)

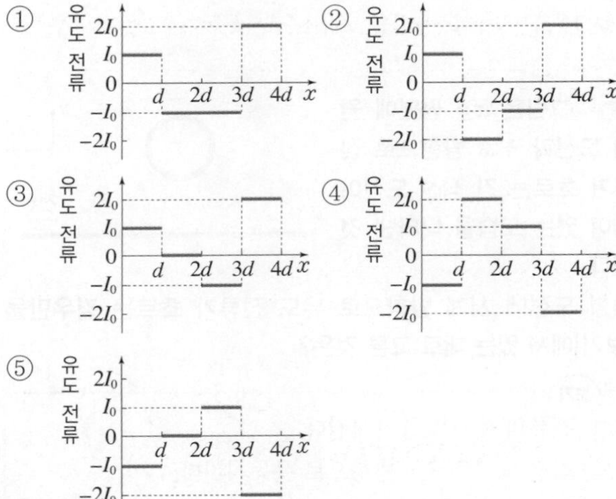

서술형

14 그림 (가)는 자기화되어 있지 않은 철(Fe)로 된 막대를 솔레노이드에 넣고 전류를 흘려 주는 모습을 나타낸 것이다. 그림 (나)는 (가)에서 막대를 꺼내 P가 쓰여 있는 면을 위쪽으로 하여 원형 도선에 가까이 하였더니 도선에 시계 반대 방향으로 유도 전류가 흐르는 모습을 나타낸 것이다.

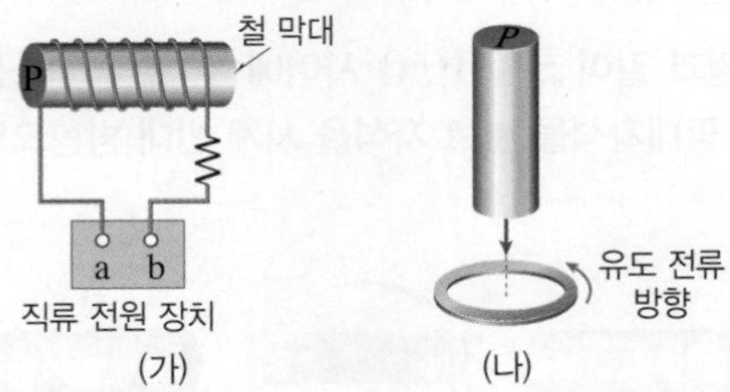

(가) (나)

막대가 가진 자성의 종류와 전원 장치의 단자 a의 극성에 대하여 서술하시오.

중요 **15** 그림은 반도체 A, B를 접합해 만든 발광 다이오드(LED)와 전구가 연결된 코일 위에서 막대자석을 위로 움직일 때 LED와 전구 모두에서 빛이 나오는 모습을 나타낸 것이다.

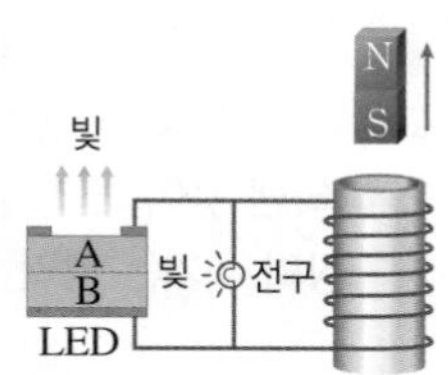

이에 대한 설명으로 옳은 것만을 [보기]에서 있는 대로 고른 것은?

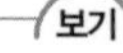

ㄱ. A는 p형 반도체이다.
ㄴ. B에서는 주로 전자가 전류를 흐르게 한다.
ㄷ. 자석을 아래로 움직이면 LED에서 빛이 나오지 않는다.

① ㄱ ② ㄴ ③ ㄱ, ㄷ
④ ㄴ, ㄷ ⑤ ㄱ, ㄴ, ㄷ

16 그림은 xy 평면에 원형 도선과 $+x$ 방향으로 전류가 흐르는 긴 직선 도선이 놓여 있는 모습을 나타낸 것이다.

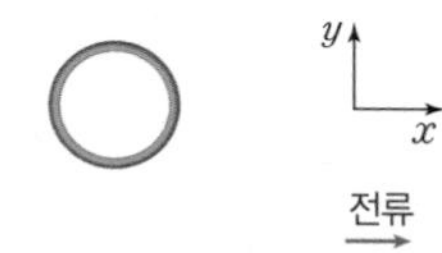

원형 도선에 시계 방향으로 유도 전류가 흐르는 경우만을 [보기]에서 있는 대로 고른 것은?

ㄱ. 전류의 세기를 증가시킨다.
ㄴ. 직선 도선을 $-y$ 방향으로 운동시킨다.
ㄷ. 원형 도선을 $+x$ 방향으로 운동시킨다.

① ㄱ ② ㄷ ③ ㄱ, ㄴ
④ ㄱ, ㄷ ⑤ ㄴ, ㄷ

17 그림과 같이 코일 P, Q 사이에 두 코일의 중심축과 일치하도록 막대자석을 놓고 자석을 시계 반대 방향으로 회전시킨다.

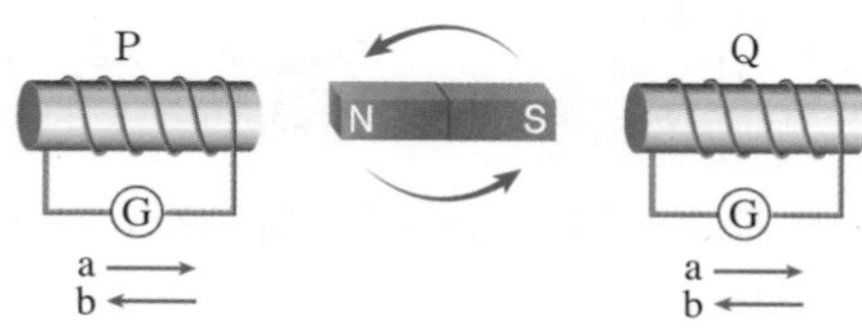

이때 코일 P와 Q에 흐르는 유도 전류의 방향을 각각 쓰시오.

중요 **18** 그림 (가), (나)는 같은 높이에서 굵기와 길이가 같은 플라스틱관과 구리관 속으로 동일한 원형 자석을 낙하시키는 실험을 나타낸 것이다.

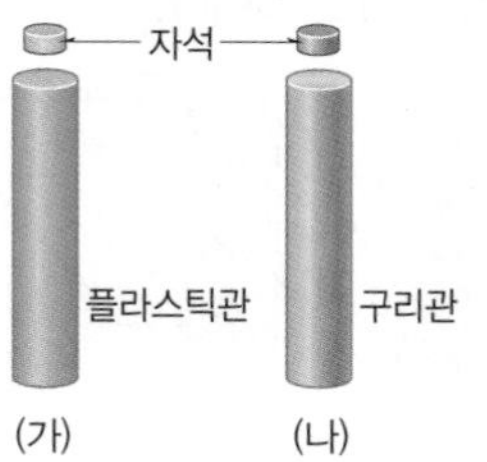

(가)와 (나)를 비교한 것으로 옳은 것만을 [보기]에서 있는 대로 고른 것은? (단, 공기 저항과 마찰은 무시한다.)

보기

ㄱ. 유도 전류가 발생하는 것은 (가)이다.
ㄴ. 자석이 바닥에 도달하는 순간의 속력은 (가)에서가 (나)에서보다 빠르다.
ㄷ. 자석이 바닥에 도달하는 데 걸리는 시간은 (나)에서가 (가)에서보다 짧다.

① ㄱ ② ㄴ ③ ㄱ, ㄷ
④ ㄴ, ㄷ ⑤ ㄱ, ㄴ, ㄷ

19 그림은 일정한 세기의 전류가 화살표 방향으로 흐르는 원형 도선 A의 중앙을 원형 도선 B가 등속으로 통과하는 모습을 나타낸 것이다. 두 도선의 중심축은 동일하고 운동하기 전 B에는 전류가 흐르지 않았다.

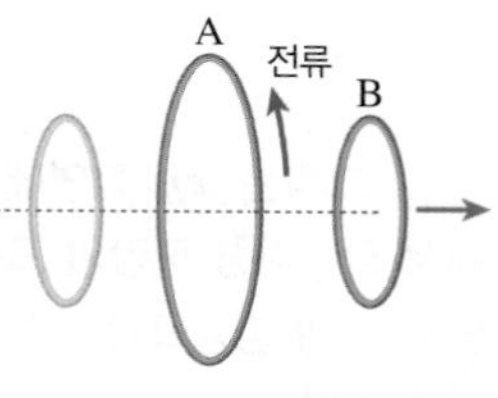

이에 대한 설명으로 옳은 것만을 [보기]에서 있는 대로 고른 것은?

보기

ㄱ. 통과하기 직전 A와 B 사이에는 서로 미는 자기력이 작용한다.
ㄴ. 통과한 직후 B에 흐르는 유도 전류의 방향은 A에 흐르는 전류의 방향과 반대이다.
ㄷ. B의 속력이 클수록 B에 유도되는 전류의 최댓값이 커진다.

① ㄱ ② ㄴ ③ ㄱ, ㄷ
④ ㄴ, ㄷ ⑤ ㄱ, ㄴ, ㄷ

B 전자기 유도의 이용

중요 **20** 그림은 발전기의 구조를 나타낸 것이다.
코일이 자석 사이에서 회전할 때 나타나는 현상에 대한 설명으로 옳지 않은 것은?

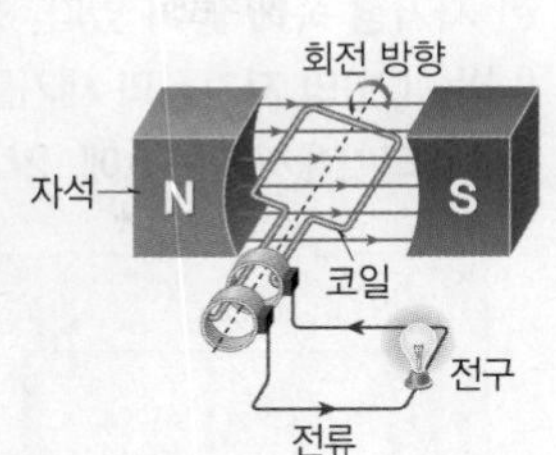

① 운동 에너지가 전기 에너지로 전환된다.
② 패러데이의 전자기 유도 법칙에 의해 전류가 유도된다.
③ 코일을 통과하는 자기 선속이 시간에 따라 계속 증가한다.
④ 시간에 따라 전류의 방향이 주기적으로 변하는 교류가 발생한다.
⑤ 전류를 얻기 위해서는 코일을 계속 회전시켜 주는 에너지가 필요하다.

21 그림은 놀이 기구의 브레이크 장치의 원리를 알아보기 위한 실험을 나타낸 것이다. 연직 방향으로 놓인 구리관 입구에서 자석을 가만히 놓았더니 자석은 구리관 내부의 중심축상의 점 p에서부터 q까지 등속도 운동을 하였다.
이에 대한 설명으로 옳은 것만을 [보기]에서 있는 대로 고른 것은? (단, 공기 저항은 무시하며, 자석은 운동하는 동안 구리관에 닿지 않았다.)

보기
ㄱ. 입구에서 p까지 운동하는 동안 자석의 가속도 방향은 위쪽이다.
ㄴ. p에서 q까지 자석에 작용하는 알짜힘은 0이다.
ㄷ. 자석의 역학적 에너지는 q에서가 p에서보다 작다.

① ㄱ ② ㄷ ③ ㄱ, ㄴ
④ ㄴ, ㄷ ⑤ ㄱ, ㄴ, ㄷ

22 그림은 스마트폰을 교류 전원에 연결된 무선 충전기 위에 놓고 충전하는 모습을 나타낸 것이다. 무선 충전기 내부에는 코일 A가, 스마트폰 내부에는 코일 B가 들어 있다.
이에 대한 설명으로 옳은 것만을 [보기]에서 있는 대로 고른 것은?

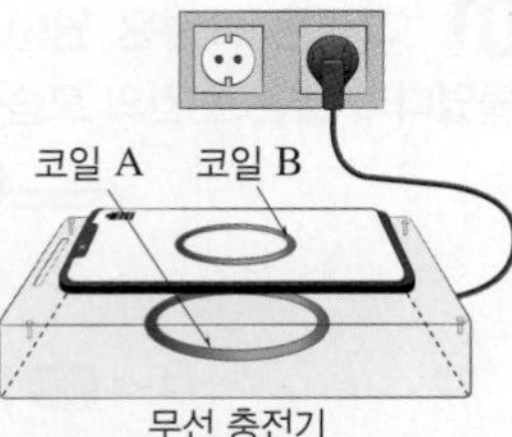

보기
ㄱ. A에 흐르는 전류는 주기적으로 변한다.
ㄴ. B의 내부를 통과하는 자기장의 방향은 일정하다.
ㄷ. A에 흐르는 전류의 세기가 클수록 B에 유도되는 전류의 세기가 커진다.

① ㄱ ② ㄴ ③ ㄱ, ㄷ
④ ㄴ, ㄷ ⑤ ㄱ, ㄴ, ㄷ

23 그림은 마이크에서 소리에 의해 코일이 부착된 진동판이 아래로 움직이는 동안 코일에 화살표 방향으로 유도 전류가 흐르는 모습을 나타낸 것이다. 자석은 고정되어 있다.
이에 대한 설명으로 옳은 것만을 [보기]에서 있는 대로 고른 것은?

보기
ㄱ. 자석의 윗면은 S극이다.
ㄴ. 코일과 자석 사이에는 서로 미는 자기력이 작용한다.
ㄷ. 마이크는 소리를 전기 신호로 변환한다.

① ㄱ ② ㄴ ③ ㄱ, ㄷ
④ ㄴ, ㄷ ⑤ ㄱ, ㄴ, ㄷ

24 전자기 유도를 이용한 장치 중 자석 없이 코일만 이용하는 것만을 [보기]에서 있는 대로 고른 것은?

보기
ㄱ. 전자 기타 ㄴ. 금속 탐지기 ㄷ. 인덕션 레인지

① ㄱ ② ㄴ ③ ㄱ, ㄷ
④ ㄴ, ㄷ ⑤ ㄱ, ㄴ, ㄷ

실력 UP 문제

정답친해 114쪽

01 그림은 고정된 원형 코일 위에서 실에 매달린 자석을 들었다가 놓은 순간의 모습을 나타낸 것이다.

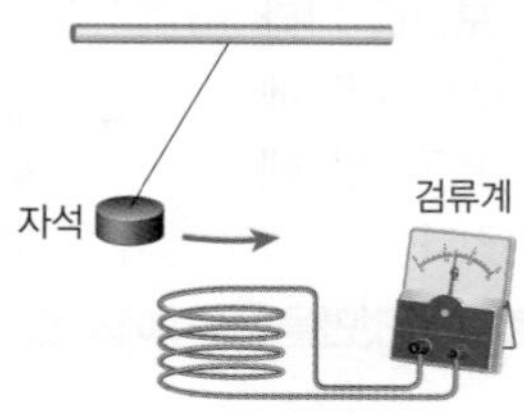

이에 대한 설명으로 옳은 것만을 [보기]에서 있는 대로 고른 것은?

보기
ㄱ. 자석은 일정한 진폭으로 계속 진동한다.
ㄴ. 검류계 바늘이 가리키는 최댓값은 일정하다.
ㄷ. 검류계 바늘이 움직이는 방향은 자석이 코일에 가까워질 때와 멀어질 때가 서로 반대이다.

① ㄱ ② ㄷ ③ ㄱ, ㄴ
④ ㄴ, ㄷ ⑤ ㄱ, ㄴ, ㄷ

02 그림과 같이 코일, p-n 접합 다이오드, 전구를 이용하여 회로를 구성하고 막대자석을 코일로부터 멀어지게 하였더니 전구에 불이 켜졌다. 막대자석의 A쪽은 N극과 S극 중 하나이다.

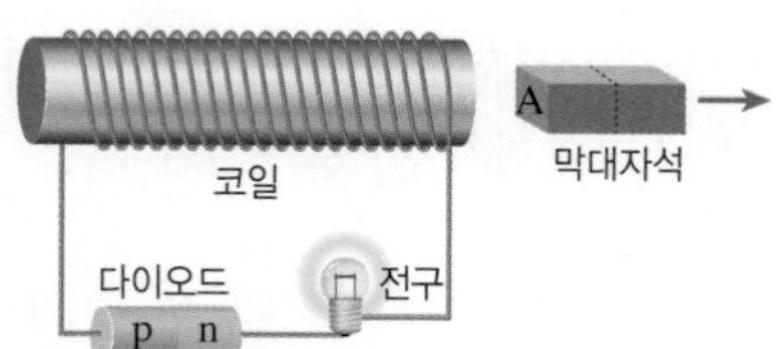

이에 대한 설명으로 옳은 것만을 [보기]에서 있는 대로 고른 것은?

보기
ㄱ. 막대자석의 A쪽은 N극이다.
ㄴ. 코일과 막대자석 사이에는 서로 미는 자기력이 작용한다.
ㄷ. 막대자석을 코일에 가까워지도록 하면 전구에 불이 켜지지 않는다.

① ㄱ ② ㄴ ③ ㄱ, ㄷ
④ ㄴ, ㄷ ⑤ ㄱ, ㄴ, ㄷ

03 그림 (가)와 같이 저항 R와 스위치 S를 이용하여 구성한 직사각형 모양의 회로가 종이면에 수직으로 들어가는 균일한 자기장 속에 놓여 있다. 회로의 가로 길이는 $2L$이다. 그림 (나)는 (가)의 자기장의 세기를 시간에 따라 나타낸 것이다. S는 0초부터 $2t_0$까지는 a에, $2t_0$부터 $4t_0$까지는 b에 연결된다.

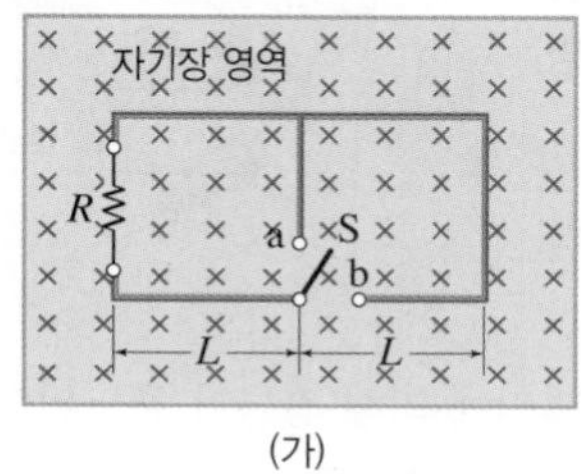

(가)

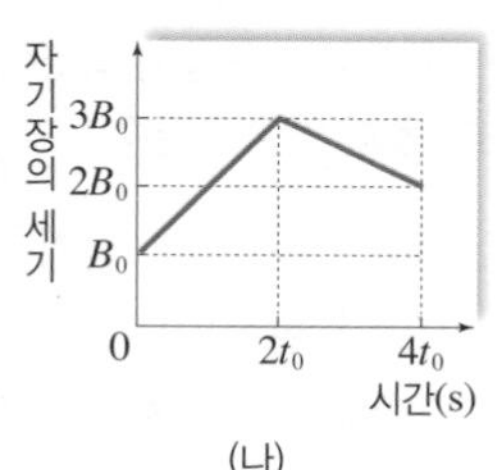

(나)

t_0일 때 R에 흐르는 유도 전류의 세기를 I_0이라고 할 때, $3t_0$일 때 R에 흐르는 전류의 세기는?

① $\frac{1}{4}I_0$ ② $\frac{1}{2}I_0$ ③ I_0 ④ $2I_0$ ⑤ $4I_0$

04 그림과 같이 정사각형 도선이 종이면에 수직인 방향으로 들어가고 세기가 각각 B, $2B$인 균일한 자기장 영역 Ⅰ, Ⅱ에서 일정한 속도로 운동한다. 도선의 중심 P는 각 영역의 경계에 있는 점 a, b, c를 지난다.

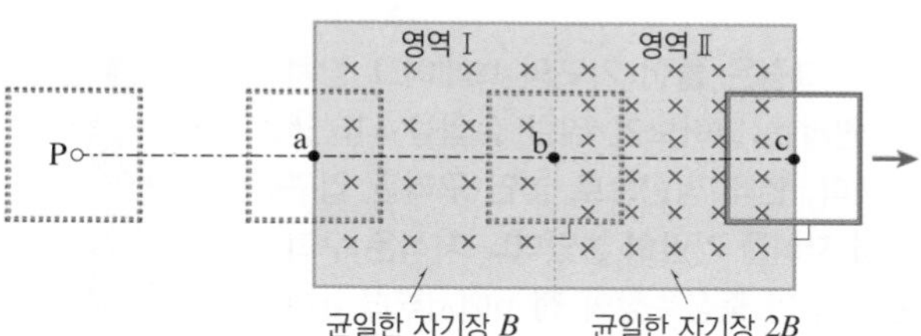

이에 대한 설명으로 옳은 것만을 [보기]에서 있는 대로 고른 것은?

보기
ㄱ. 유도 전류의 방향은 P가 a를 지날 때와 b를 지날 때가 서로 같다.
ㄴ. 유도 전류의 세기는 P가 c를 지날 때가 a를 지날 때의 2배이다.
ㄷ. 도선이 받는 자기력의 방향은 P가 b를 지날 때와 c를 지날 때가 같다.

① ㄱ ② ㄴ ③ ㄱ, ㄷ
④ ㄴ, ㄷ ⑤ ㄱ, ㄴ, ㄷ

중단원 핵심 정리

정답친해 115쪽

01 전류에 의한 자기 작용

1. 전류에 의한 자기장

(1) **자기장과 자기력선**

① **자기장:** 자기력이 작용하는 공간으로, 자기장의 방향은 자침의 (❶)이 가리키는 방향으로 정한다.

② **자기력선:** 자침의 N극이 가리키는 방향을 연속적으로 이은 선으로, 자기력선의 간격이 좁을수록 자기장의 세기가 크다.

(2) **전류에 의한 자기장**

① **직선 전류에 의한 자기장:** 직선 도선을 중심으로 하는 동심원 모양으로 형성

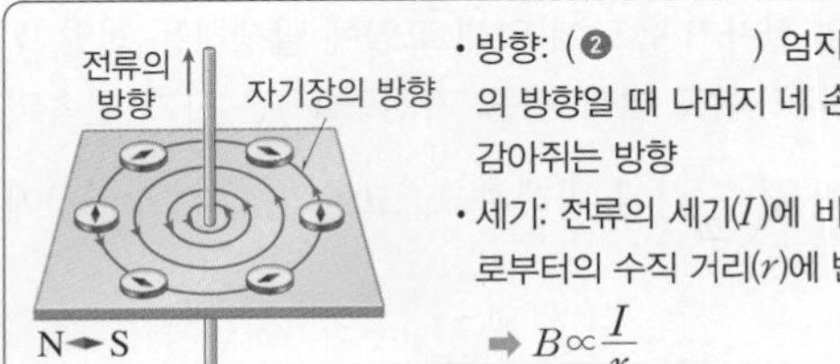

• 방향: (❷) 엄지손가락이 전류의 방향일 때 나머지 네 손가락이 도선을 감아쥐는 방향

• 세기: 전류의 세기(I)에 비례하고, 도선으로부터의 수직 거리(r)에 반비례

➡ $B \propto \frac{I}{r}$

② **원형 전류에 의한 자기장:** 중심에서는 (❸) 모양이고, 도선에 가까울수록 원 모양으로 형성

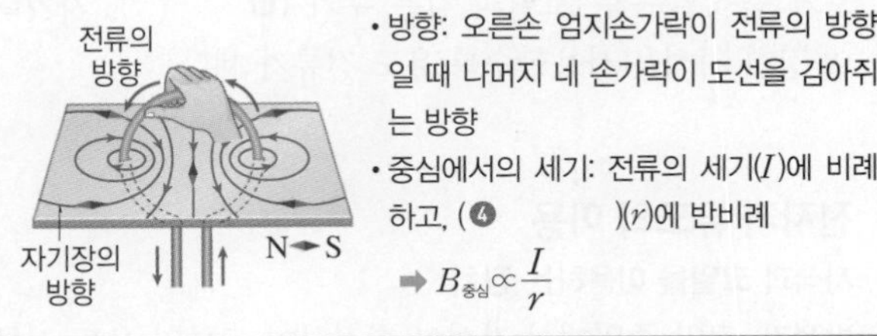

• 방향: 오른손 엄지손가락이 전류의 방향일 때 나머지 네 손가락이 도선을 감아쥐는 방향

• 중심에서의 세기: 전류의 세기(I)에 비례하고, (❹)(r)에 반비례

➡ $B_{중심} \propto \frac{I}{r}$

③ **솔레노이드에 의한 자기장:** 내부에서는 중심축에 평행한 균일한 자기장이 형성되고, 외부에서는 막대자석이 만드는 자기장과 비슷한 자기장이 형성

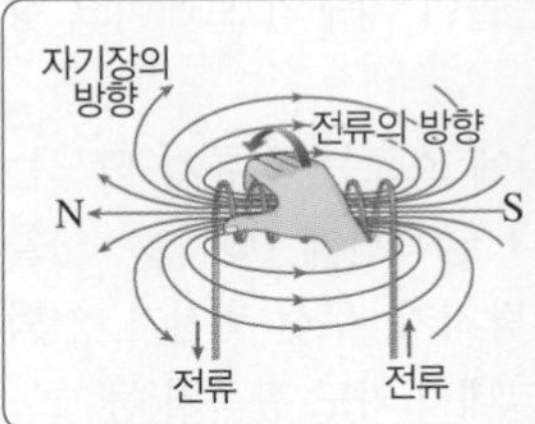

• 내부에서의 방향: 오른손 네 손가락을 전류의 방향으로 감아쥘 때 엄지손가락이 가리키는 방향

• 내부에서의 세기: 전류의 세기(I)에 비례하고, (❺)(n)에 비례 ➡ $B_{내부} \propto nI$

2. 전류에 의한 자기장의 이용

(1) **전자석:** 솔레노이드 내부에 철심을 넣은 것 ➡ (❻)가 흐를 때만 자석이 되며, 전류의 세기 변화에 따라 자기장의 세기가 변한다.

• 전자석의 이용: 자기 공명 영상 장치, 자기 부상 열차, 전자석 기중기 등

(2) (❼): 자기장 속에 놓인 도선에 전류가 흐를 때 도선이 받는 힘

• 자기력의 이용: 스피커, 전동기, 자동차 연료 계기판 등

스피커	직류 전동기
코일에 소리 정보가 담긴 교류가 흐르면 자석과 코일 사이에 자기력이 작용하여 진동판이 진동한다. ➡ 전기 신호 → 소리	코일에 전류가 흐르면 자석의 자기장에 의해 자기력을 받아 코일이 회전한다. 이때 정류자에 의해 전류의 방향이 조절되므로 코일은 계속 한쪽 방향으로 회전한다.
자기 공명 영상 장치	**자기 부상 열차**
초전도체로 만든 코일에 강한 전류를 흐르게 하여 강한 자기장을 만들고 이를 이용하여 인체 내부를 영상화하는 진단 장치이다.	레일에 설치된 영구 자석과 열차에 부착된 전자석 사이의 자기력에 의해 열차가 레일 위에 뜬 상태로 마찰 없이 매우 빠르게 달릴 수 있다.

02 물질의 자성

1. 물질의 자성

(1) **자성:** 물질이 자석에 반응하는 성질

① (❽): 외부 자기장의 영향으로 원자 자석들이 일정한 방향으로 정렬되는 현상

② **자성의 원인:** 원자 내 전자의 궤도 운동과 (❾) 때문에 생긴다.

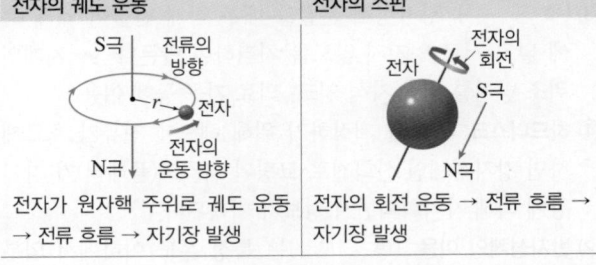

전자의 궤도 운동	전자의 스핀
S극, 전류의 방향, r, 전자, 전자의 운동 방향, N극	전자의 회전, 전자, S극, N극
전자가 원자핵 주위로 궤도 운동 → 전류 흐름 → 자기장 발생	전자의 회전 운동 → 전류 흐름 → 자기장 발생

③ 대부분의 물질은 서로 반대 방향의 스핀을 갖는 전자들이 짝을 이루어 (❿)이 상쇄되기 때문에 자성을 띠지 않거나 약하게 띤다.

(2) **자성체의 종류와 특징**

구분	원자 자석의 분포	특징과 예
(⓫)	원자 내에 짝을 이루지 않은 전자들이 많음	자기 구역이 있음. 외부 자기장을 가하면 자기 구역이 넓어지면서 외부 자기장의 방향으로 강하게 자기화됨 ➡ 외부 자기장을 제거해도 자기화된 상태가 오래 유지됨 예 철, 니켈, 코발트 등
상자성체	원자 내에 짝을 이루지 않은 전자들이 적음	외부 자기장을 가하면 원자 자석들이 외부 자기장의 방향으로 약하게 자기화됨 ➡ 외부 자기장을 제거하면 자기화된 상태가 바로 사라짐 예 종이, 알루미늄, 마그네슘, 텅스텐, 산소 등
(⓬)	원자 내에 전자들이 완전히 짝을 이룸	외부 자기장을 가하면 원자 자석들이 외부 자기장의 방향과 반대 방향으로 자기화됨 ➡ 외부 자기장을 제거하면 자기화된 상태가 바로 사라짐 예 구리, 유리, 금, 수소, 탄소, 물 등

2. 자성체의 이용

(1) **강자성체의 이용**

① (⓭): 솔레노이드 내부에 강자성체를 넣은 것 ➡ 전류가 흐르면 강자성체가 자기화되어 강한 자기장이 형성된다.

② **고무 자석:** 강자성체 분말을 고무에 섞어 만든다. ➡ 가벼운 물건을 고정시키는 데 이용

③ (⓮): 강자성체 분말을 매우 작게 만들어 액체 속에 넣고 서로 엉기지 않도록 처리하여 만든다. ➡ 지폐의 위조 방지를 위한 자석 잉크, 의료 기구 등에 이용

④ **하드디스크:** 정보를 저장하기 위해 헤드에 전류가 흐르게 하면 강자성체인 산화철로 코팅된 디스크(플래터)가 자기장에 의해 자기화되면서 정보가 기록된다.

(2) **반자성체의 이용:** (⓯)는 특정 온도 이하에서 외부 자기장을 가했을 때 자기장을 밀어내는 성질, 즉 반자성을 띤다. ➡ 물체를 자석 위에 띄워 마찰을 최소화할 수 있어 자기 부상 열차 등에 이용

전자기 유도

1. 전자기 유도

(1) **전자기 유도:** 자석과 코일의 상대적인 운동으로 코일 내부를 지나는 자기 선속이 변할 때 코일에 (⓰)가 흐르는 현상

(2) (⓱) **법칙:** 유도 전류는 코일을 통과하는 자기 선속의 변화를 방해하는 방향으로 흐른다.

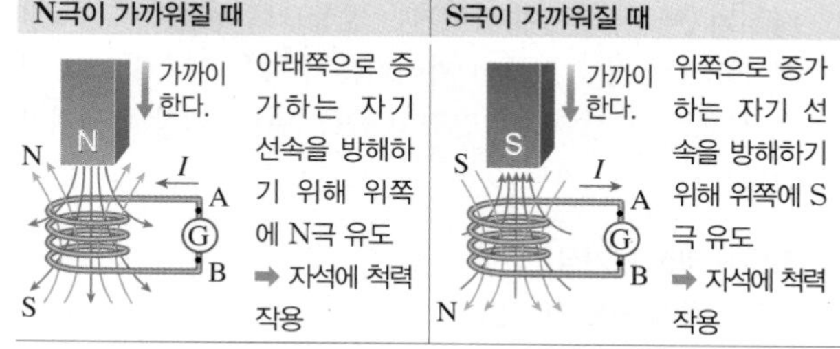

N극이 가까워질 때
가까이 한다.
N
N
S
I
A
G
B
아래쪽으로 증가하는 자기 선속을 방해하기 위해 위쪽에 N극 유도
➡ 자석에 척력 작용
S극이 가까워질 때
가까이 한다.
S
S
N
I
A
G
B
위쪽으로 증가하는 자기 선속을 방해하기 위해 위쪽에 S극 유도
➡ 자석에 척력 작용

(3) **패러데이 전자기 유도 법칙**

① (⓲): 전자기 유도에 의해 코일에 발생하는 전압

② **패러데이 전자기 유도 법칙:** 유도 기전력(V)은 자기 선속의 시간적 변화율$\left(\frac{\Delta\phi}{\Delta t}\right)$에 비례하고, 코일의 감은 수($N$)에 비례한다.

$$V = -N\frac{\Delta\phi}{\Delta t} = -N\frac{\Delta(BS)}{\Delta t} \quad [\text{단위: V}]$$

③ **유도 전류의 세기:** 유도 기전력에 비례한다. ➡ 자석을 빠르게 움직일수록, 코일의 감은 수가 (⓳), 자기력이 강한 자석을 사용할수록 유도 전류가 세다.

2. 전자기 유도의 이용

(1) **자석과 코일을 이용하는 장치**

① **발전기:** 코일 주위에서 자석이 회전하여 교류인 유도 전류가 발생 ➡ 운동 에너지를 전기 에너지로 전환

② **다이나믹 마이크:** 자석 주위에서 코일이 부착된 진동판이 진동하여 유도 전류가 발생 ➡ 소리를 전기 신호로 변환

③ **기타:** 자전거 전조등용 발전기, 놀이 기구의 브레이크 장치, 전자 기타, 발광 바퀴 등

(2) **코일만 이용하는 장치:** 1차 코일에 흐르는 전류가 만드는 자기장의 변화가 2차 코일이나 금속판에 (⓴)를 발생시키는 것을 이용 예 금속 탐지기, 무선 충전기, 인덕션 레인지, 도난 방지 장치, 마그네틱 카드 판독기 등

정답친해 115쪽

마무리 문제

하 중 상

01 그림과 같이 두 나침반 A, B가 놓여 있는 수평면에 수직으로 직선 도선이 고정되어 있다. A, B의 자침은 같은 방향을 가리키고 있다.

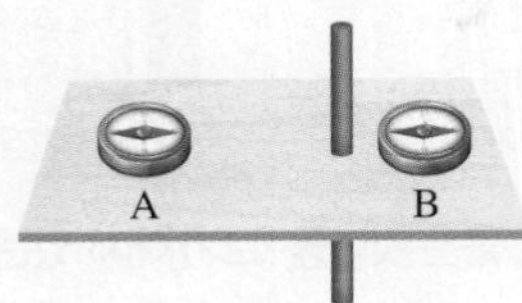

직선 도선에 아래에서 위쪽으로 전류를 흐르게 할 때, A, B의 자침이 가리키는 방향으로 가장 적절한 것은? (단, 자침은 S ◀▶ N이고, 수평면 위쪽에서 자침을 관찰한다.)

① 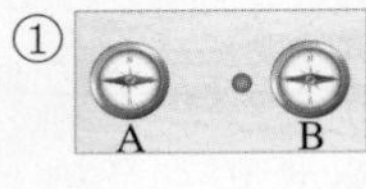

② 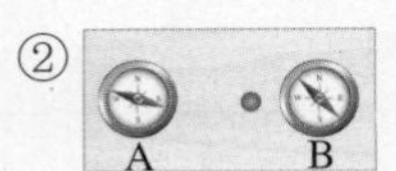

③ 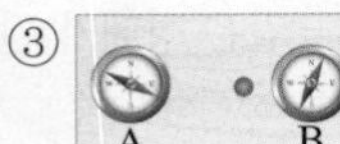

④ 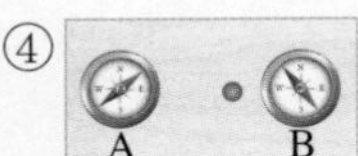

⑤ 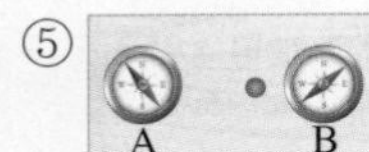

하 중 상

02 그림 (가)는 종이면 위에 절연된 두 직선 도선 A, B가 수직으로 놓여 있는 것을 나타낸 것이다. A, B에는 각각 화살표 방향으로 전류가 흐르고 있다. 그림 (나)는 A, B에 흐르는 전류의 세기를 시간에 따라 나타낸 것이다. P는 종이면에 있는 점으로 A, B로부터 거리가 같다.

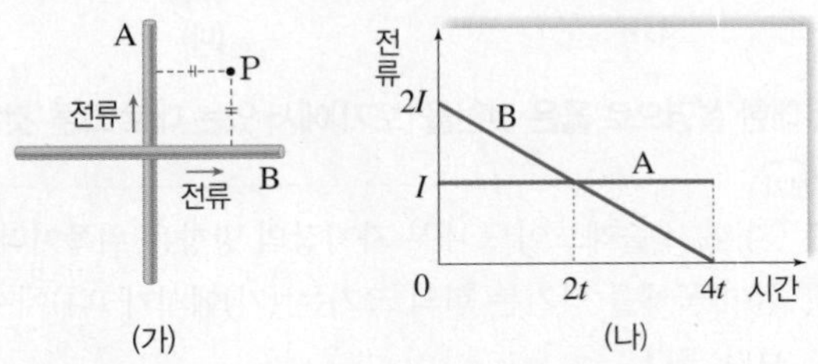

(가) (나)

t인 순간 P에서 자기장의 세기를 B_0이라고 할 때, $3t$인 순간 P에서 자기장의 세기는?

① $\frac{1}{3}B_0$ ② $\frac{1}{2}B_0$ ③ B_0
④ $2B_0$ ⑤ $3B_0$

하 중 상

03 그림과 같이 반지름이 a인 원형 도선 A와 무한히 가늘고 긴 직선 도선 B, C에 전류가 흐르고 있다. A, B, C는 종이면에 고정되어 있고, A, B에 흐르는 전류의 세기는 같다. A의 중심 P에서 A, B, C에 흐르는 전류에 의한 자기장은 0이다.

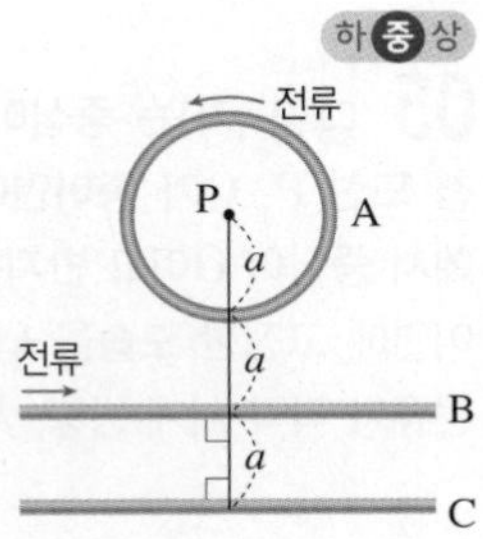

이에 대한 설명으로 옳은 것만을 [보기]에서 있는 대로 고른 것은?

> **보기**
> ㄱ. P에서 A에 의한 자기장의 방향은 종이면에서 수직으로 나오는 방향이다.
> ㄴ. B와 C에 흐르는 전류의 방향은 서로 반대이다.
> ㄷ. 전류의 세기는 C에서가 B에서보다 크다.

① ㄱ ② ㄴ ③ ㄱ, ㄷ
④ ㄴ, ㄷ ⑤ ㄱ, ㄴ, ㄷ

하 중 상

04 그림과 같이 무한히 긴 직선 도선 A, B, C가 종이면에 수직으로 고정되어 있다. A에 흐르는 전류의 방향은 종이면에 수직으로 들어가는 방향이다. p와 q는 x축상에 있는 점이다. p에서 A, B에 흐르는 전류에 의한 자기장은 0이고, q에서 A, B, C에 흐르는 전류에 의한 자기장은 0이다.

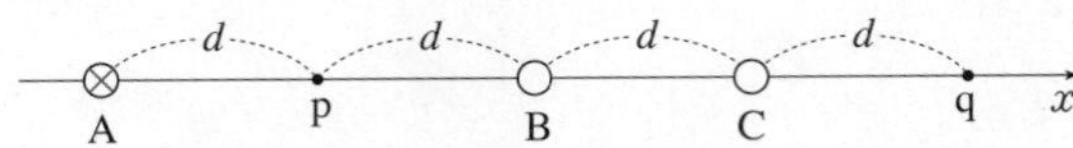

이에 대한 설명으로 옳은 것만을 [보기]에서 있는 대로 고른 것은?

> **보기**
> ㄱ. A와 B에 흐르는 전류의 세기는 같다.
> ㄴ. C에 흐르는 전류의 방향은 B에 흐르는 전류의 방향과 같다.
> ㄷ. C에 흐르는 전류의 세기는 B에 흐르는 전류의 세기의 $\frac{3}{2}$배이다.

① ㄱ ② ㄴ ③ ㄱ, ㄷ
④ ㄴ, ㄷ ⑤ ㄱ, ㄴ, ㄷ

하 중 상

05 그림 (가)는 중심이 O이고 반지름이 각각 d, $2d$인 원형 도선 P, Q가 종이면에 고정되어 있는 모습을, (나)는 (가)에서 중심이 O이고 반지름이 $3d$인 원형 도선 R를 추가로 종이면에 고정한 모습을 나타낸 것이다. Q, R에는 세기가 I인 전류가 각각 시계 방향, 시계 반대 방향으로 흐르고 있다.

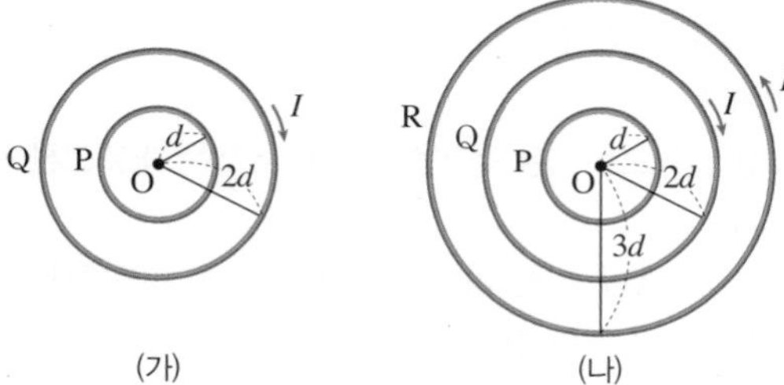

(가) (나)

(가)와 (나)의 O에서 합성 자기장의 방향은 같고 세기는 (나)에서가 (가)에서의 2배라고 할 때, P에 흐르는 전류의 세기는?

① $\frac{1}{6}I$ ② $\frac{5}{6}I$ ③ $\frac{7}{6}I$ ④ $\frac{11}{6}I$ ⑤ $\frac{13}{6}I$

하 중 상

06 표는 원통형 솔레노이드 A, B의 길이, 코일의 감은 수, 코일 내부의 자기장 세기를 나타낸 것이다.

솔레노이드	길이	감은 수	자기장 세기
A	L	$2N$	B
B	$2L$	N	$2B$

A에 흐르는 전류의 세기를 I_0이라고 할 때, B에 흐르는 전류의 세기는?

① $\frac{1}{2}I$ ② I_0 ③ $2I_0$ ④ $4I_0$ ⑤ $8I_0$

하 중 상

07 그림은 물질의 자성에 대한 세 학생 A, B, C의 대화를 나타낸 것이다.

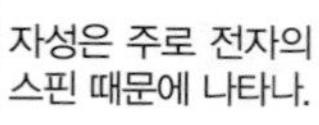

자성은 주로 전자의 스핀 때문에 나타나.

스핀이 서로 반대인 전자들이 완전히 짝을 이루면 강자성이 나타나지.
반자성을 갖는 물질은 외부 자기장을 가해도 자기화되지 않아.

옳게 말한 학생만을 있는 대로 고른 것은?

① A ② B ③ A, B ④ A, C ⑤ B, C

하 중 상

08 그림은 외부 자기장을 가하기 전과 외부 자기장을 가했을 때 어떤 물질 내부에 있는 원자 자석의 배열 변화를 나타낸 것이다. X, Y는 각각 자석의 N극과 S극 중 하나이다.

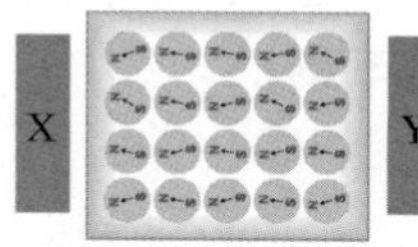

외부 자기장을 가하기 전 외부 자기장을 가했을 때

이에 대한 설명으로 옳은 것만을 [보기]에서 있는 대로 고른 것은?

보기
ㄱ. X는 S극이다.
ㄴ. 철은 이 물질과 같은 자성을 나타낸다.
ㄷ. 외부 자기장을 제거하면 외부 자기장을 가하기 전과 같은 상태가 된다.

① ㄱ ② ㄷ ③ ㄱ, ㄴ
④ ㄱ, ㄷ ⑤ ㄴ, ㄷ

하 중 상

09 그림 (가), (나)는 수평면에 놓인 솔레노이드 위에 질량이 같은 상자성체 A와 반자성체 B가 실을 통해 천장에 매달려 정지해 있는 모습을 나타낸 것이다. 솔레노이드에는 일정한 전류가 흐르고 있다.

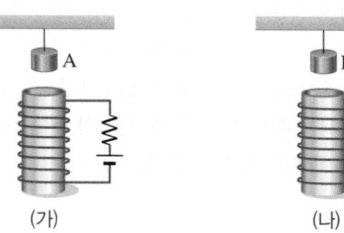

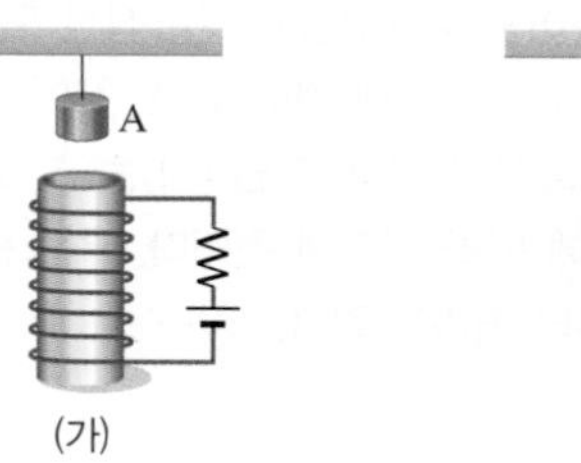

(가) (나)

이에 대한 설명으로 옳은 것만을 [보기]에서 있는 대로 고른 것은?

보기
ㄱ. (가)에서 솔레노이드 내부 자기장의 방향은 위쪽이다.
ㄴ. 실이 물체를 당기는 힘의 크기는 (가)에서가 (나)에서보다 크다.
ㄷ. 솔레노이드를 제거하면 A와 B 모두 자기화된 상태가 사라진다.

① ㄱ ② ㄷ ③ ㄱ, ㄴ
④ ㄴ, ㄷ ⑤ ㄱ, ㄴ, ㄷ

하 중 상

10 그림 (가)는 자석에 붙어 있던 알루미늄 클립들을 자석으로부터 떼어 놓았을 때 서로 달라붙지 않는 모습을, (나)는 자석에 붙어 있던 철 클립들을 자석으로부터 떼어 놓았을 때 서로 달라붙는 모습을 나타낸 것이다.

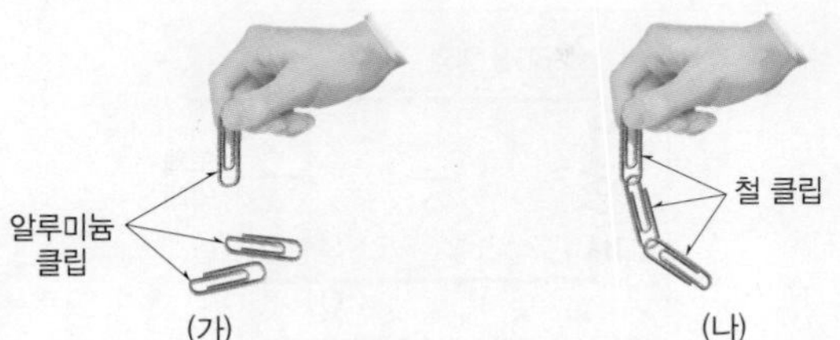

이에 대한 설명으로 옳은 것만을 [보기]에서 있는 대로 고른 것은?

보기
ㄱ. (가)의 알루미늄 클립은 반자성체이다.
ㄴ. (나)의 철 클립은 자기화되어 있다.
ㄷ. (나)의 철 클립을 (가)의 알루미늄 클립에 가까이 하면 서로 당기는 자기력이 작용한다.

① ㄱ ② ㄴ ③ ㄱ, ㄷ
④ ㄴ, ㄷ ⑤ ㄱ, ㄴ, ㄷ

하 중 상

11 그림은 자기화되어 있지 않은 물체 A를 자석 위에 올려놓았더니 A가 자석 위에 떠서 정지해 있는 모습을 나타낸 것이다. A는 강자성체, 상자성체, 반자성체 중 하나이다.

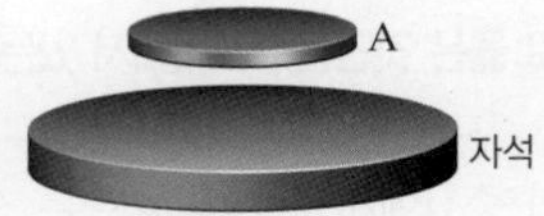

이에 대한 설명으로 옳은 것만을 [보기]에서 있는 대로 고른 것은?

보기
ㄱ. A는 반자성체이다.
ㄴ. A를 이용하여 자기 정보를 저장할 수 있다.
ㄷ. 자석을 제거하면 A의 자기화된 상태가 사라진다.

① ㄱ ② ㄴ ③ ㄱ, ㄷ
④ ㄴ, ㄷ ⑤ ㄱ, ㄴ, ㄷ

하 중 상

12 그림 (가)는 철로 된 바늘의 뾰족한 a 부분을 막대자석의 한쪽 극에 접촉시켜 놓은 모습을, (나)는 (가)의 바늘을 물 위에 띄웠더니 a 부분이 회전하여 북쪽을 가리키는 모습을 나타낸 것이다.

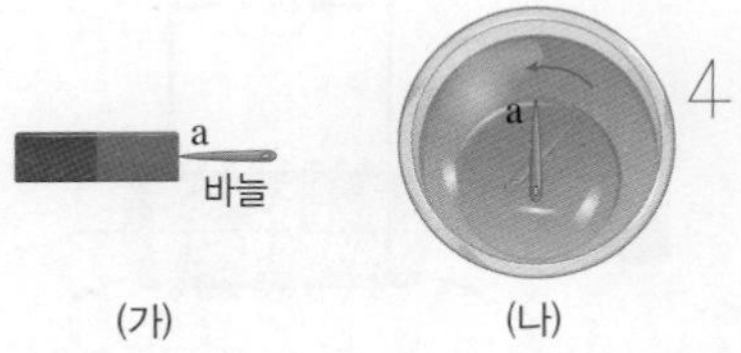

이에 대한 설명으로 옳은 것만을 [보기]에서 있는 대로 고른 것은?

보기
ㄱ. (가)에서 바늘이 접촉한 자석의 극은 S극이다.
ㄴ. (가)에서 바늘의 a 부분은 N극으로 자기화된다.
ㄷ. 철 바늘은 강자성체이다.

① ㄱ ② ㄷ ③ ㄱ, ㄴ
④ ㄴ, ㄷ ⑤ ㄱ, ㄴ, ㄷ

하 중 상

13 그림은 구리로 만든 원형 고리 A, B가 수평을 유지하면서 각각 막대자석을 향해 낙하하고 있는 모습을 나타낸 것이다.
이에 대한 설명으로 옳은 것만을 [보기]에서 있는 대로 고른 것은? (단, 공기 저항은 무시한다.)

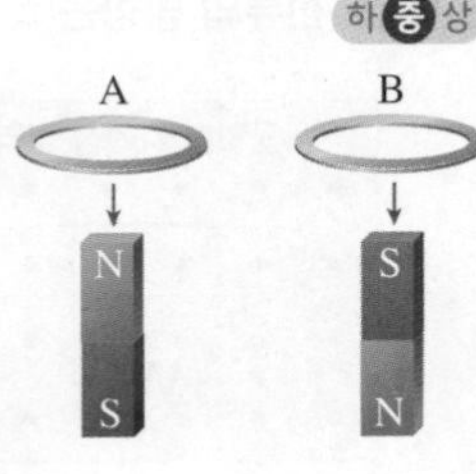

보기
ㄱ. A, B에 흐르는 유도 전류의 방향은 서로 같다.
ㄴ. A와 B가 자석으로부터 받는 자기력의 방향은 서로 같다.
ㄷ. 유도 전류가 흐르는 동안 A와 B의 역학적 에너지는 증가한다.

① ㄱ ② ㄴ ③ ㄱ, ㄴ
④ ㄱ, ㄷ ⑤ ㄴ, ㄷ

하 중 상

14 그림은 막대자석을 X면이 솔레노이드로 향하게 하여 가까이 가져갈 때 솔레노이드에 흐르는 유도 전류에 의한 자기장이 화살표 방향으로 발생하는 모습을 나타낸 것이다.

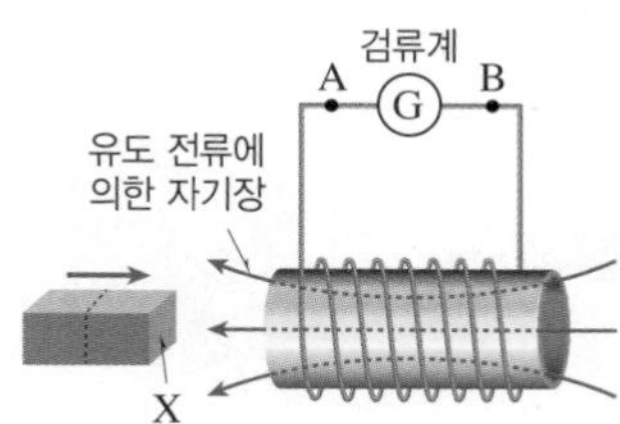

이에 대한 설명으로 옳은 것만을 [보기]에서 있는 대로 고른 것은?

보기

ㄱ. X는 N극이다.

ㄴ. 유도 전류의 방향은 A→ Ⓖ → B이다.

ㄷ. 자석과 솔레노이드 사이에는 서로 미는 자기력이 작용한다.

① ㄱ ② ㄷ ③ ㄱ, ㄴ
④ ㄴ, ㄷ ⑤ ㄱ, ㄴ, ㄷ

하 중 상

15 그림 (가)와 같이 종이면에서 수직으로 나오는 방향의 균일한 자기장 영역에 저항 R가 연결된 사각형 도선이 종이면에 고정되어 있다. 그림 (나)는 (가)에서 자기장의 세기를 변화시켰을 때 R에 유도되는 전류 I를 시간 t에 따라 나타낸 것이다. 전류의 방향은 a → R → b 방향을 양(+)으로 한다.

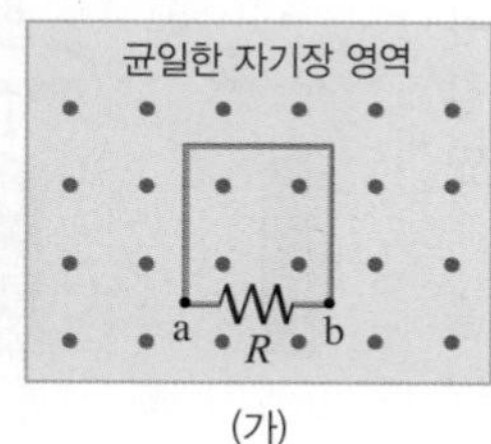

(가)

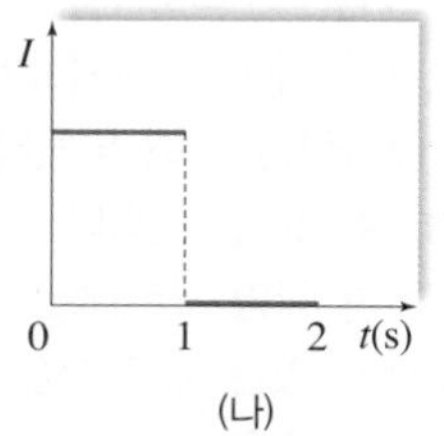

(나)

사각형 도선에 (나)와 같은 전류가 유도되게 하는 자기장의 세기 B를 시간 t에 따라 나타낸 그래프로 가장 적절한 것은?

①
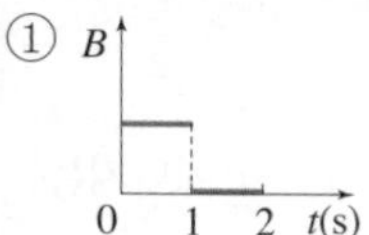

②
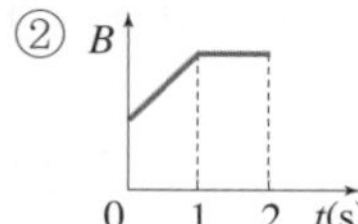

③
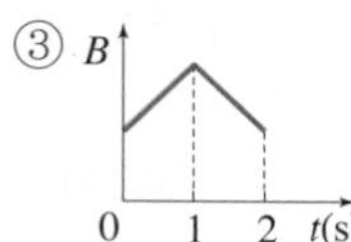

④
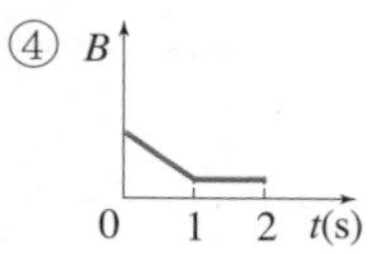

⑤
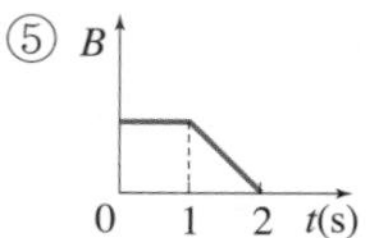

하 중 상

16 그림과 같이 종이면에 수직으로 들어가는 방향의 균일한 자기장 영역에 저항값이 R인 저항에 연결된 ㄷ자형 도선을 종이면에 고정시키고, 도선 위에 놓인 도체 막대를 P에서 Q까지 일정한 속력 v로 이동시켰다.

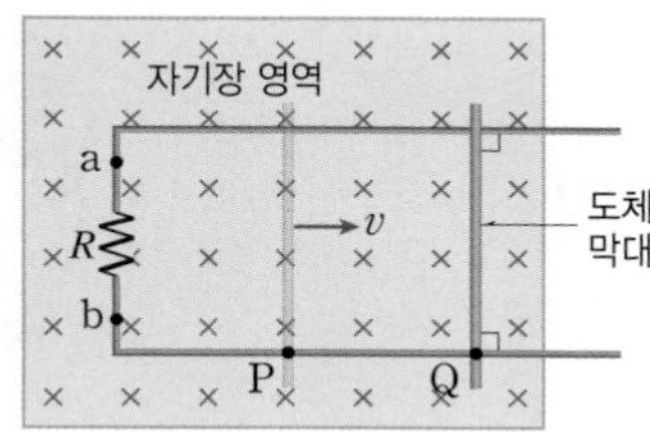

도체 막대가 P에서 Q까지 이동하는 동안 나타나는 현상으로 옳지 않은 것은?

① 저항에 흐르는 유도 전류의 방향은 a → R → b이다.

② 저항에 흐르는 유도 전류의 세기는 일정하다.

③ 도체 막대는 운동 방향과 반대 방향으로 자기력을 받는다.

④ v가 클수록 유도 전류의 세기가 커진다.

⑤ 유도 전류의 세기는 R와 관계가 없다.

하 중 상

17 그림 (가)는 동일한 수평면상에 중심이 일치되도록 고정시킨 원형 도선과 금속 고리를 나타낸 것이고, (나)는 원형 도선에 흐르는 전류의 세기를 시간에 따라 나타낸 것이다.

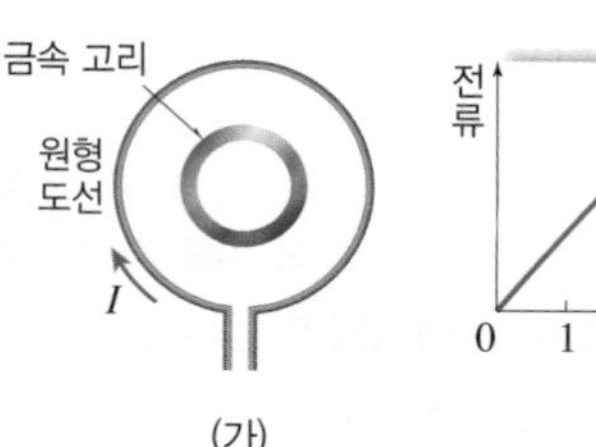

(가) (나)

이에 대한 설명으로 옳은 것만을 [보기]에서 있는 대로 고른 것은?

보기

ㄱ. 원형 도선의 중심에서 도선에 흐르는 전류에 의한 자기장의 세기는 1초일 때가 4초일 때보다 크다.

ㄴ. 금속 고리에 유도되는 전류의 세기는 1초일 때와 3초일 때가 같다.

ㄷ. 4초일 때 금속 고리에 흐르는 유도 전류의 방향은 원형 도선에 흐르는 전류의 방향과 같다.

① ㄱ ② ㄴ ③ ㄱ, ㄷ
④ ㄴ, ㄷ ⑤ ㄱ, ㄴ, ㄷ

하 중 상

18 그림 (가)와 같이 자기화되어 있지 않은 상자성 막대를 솔레노이드에 넣고 전류를 흘려 주었다. 그림 (나)는 (가)에서 막대를 꺼내 빗면상의 p점에 가만히 놓았더니 막대가 마찰이 없는 레일을 따라 금속 고리를 통과하는 모습을 나타낸 것이다.

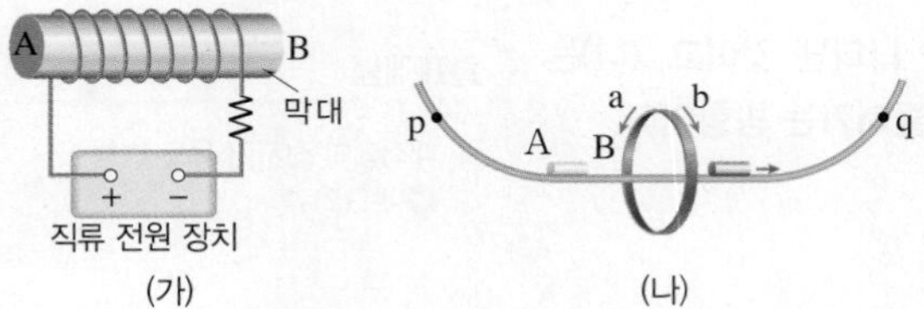

(가)에서 A쪽의 자극의 종류와 (나)에서 금속 고리에 유도되는 전류의 방향으로 옳은 것은?

	자극	전류 방향
①	N극	a
②	N극	b
③	S극	a
④	S극	b
⑤	S극	흐르지 않음

하 중 상

19 그림 (가), (나)는 코일을 감은 투명한 관을 좌우로 흔들었을 때, 관 내부에서 각각 자석의 N극과 S극이 코일에 가까이 가는 순간의 모습을 나타낸 것이다. (가)에서 LED(발광 다이오드)에 불이 켜졌다.

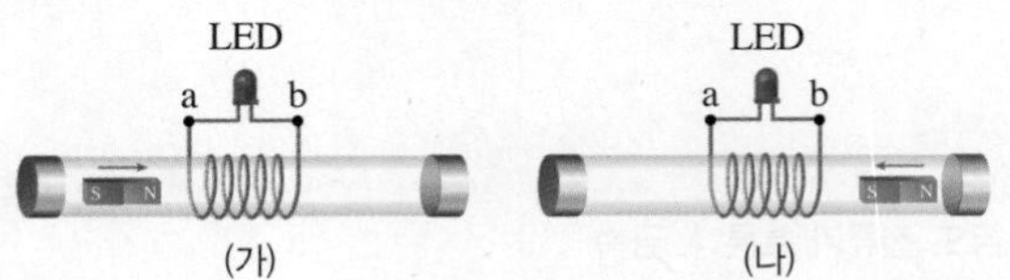

이에 대한 설명으로 옳은 것만을 [보기]에서 있는 대로 고른 것은?

보기
ㄱ. (가)에서 전류의 방향은 a → LED → b이다.
ㄴ. (나)의 LED에는 순방향 전압이 걸린다.
ㄷ. (가)와 (나)에서 자석이 받는 자기력의 방향은 서로 반대이다.

① ㄱ ② ㄴ ③ ㄱ, ㄷ
④ ㄴ, ㄷ ⑤ ㄱ, ㄴ, ㄷ

서술형 문제

하 중 상

20 그림과 같이 일정한 세기의 전류가 흐르고 있는 무한히 긴 두 직선 도선 A, B가 xy 평면상에 고정되어 있다. P, Q, R는 x축상의 점들이다.

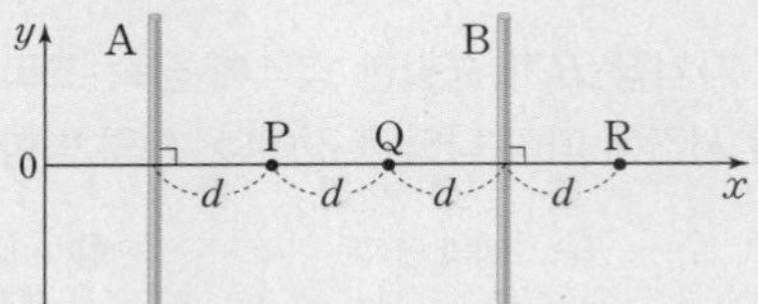

A, B에 흐르는 전류에 의한 자기장의 세기가 P에서 0이고 Q에서 B_0일 때, R에서 A, B에 흐르는 전류에 의한 자기장의 세기를 풀이 과정과 함께 구하시오.

하 중 상

21 그림과 같이 정사각형 모양의 도선 A가 각각 종이면에 수직으로 들어가는 방향과 종이면에서 수직으로 나오는 방향의 균일한 자기장 영역 Ⅰ, Ⅱ를 일정한 속력 v로 통과한다. p, q, r는 영역의 경계면이고, ㉠, ㉢, ㉤은 A의 중심이 각각 p, q, r을 통과하는 순간을, ㉡, ㉣은 A 전체가 각각 Ⅰ과 Ⅱ에 들어가 있는 순간을 나타낸 것이다. Ⅰ과 Ⅱ의 자기장의 세기는 같다.

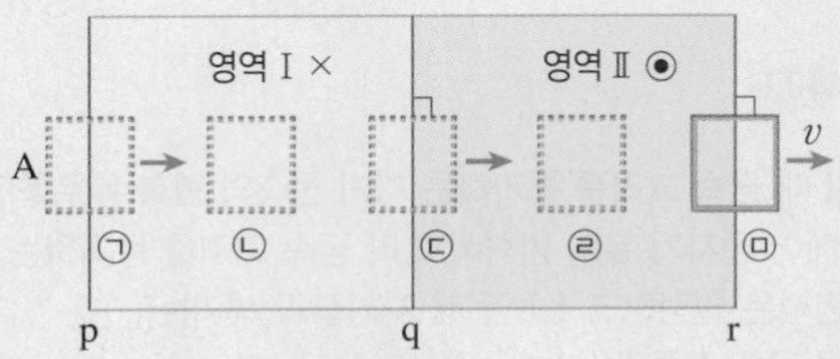

(1) ㉠~㉤에서 유도 전류가 흐르는지의 여부와 유도 전류의 방향(시계 방향 또는 시계 반대 방향)을 각각 쓰시오.

(2) ㉠에서 유도 전류의 세기를 I라고 할 때 ㉢에서 유도 전류의 세기를 구하고, 그 까닭을 서술하시오.

수능 실전 문제

• 수능 출제 경향

이 단원에서는 전류에 의한 자기장을 합성하여 그 세기와 방향을 찾거나 비교하는 문제가 자주 출제된다. 또한 자성체의 종류와 성질을 비교하는 문제와 일상생활 속에서 전자기 유도를 이용하는 여러 가지 사례를 소재로 하여 개념을 적용하는 문제가 출제될 가능성이 높다.

수능 이렇게 나온다!

그림 (가)는 자기장 B가 균일한 영역에 금속 고리가 고정되어 있는 것을 나타낸 것이고, (나)는 B의 세기를 시간에 따라 나타낸 것이다. B의 방향은 종이면에 수직으로 들어가는 방향이다.

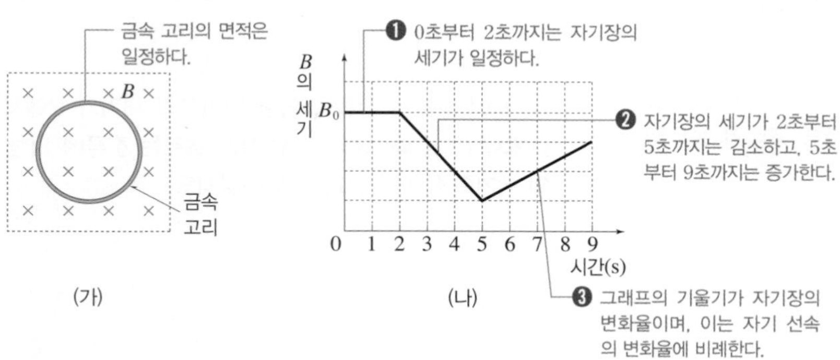

금속 고리의 면적은 일정하다.
B
금속 고리
(가)
❶ 0초부터 2초까지는 자기장의 세기가 일정하다.
B의 세기
B0
❷ 자기장의 세기가 2초부터 5초까지는 감소하고, 5초부터 9초까지는 증가한다.
0 1 2 3 4 5 6 7 8 9
시간(s)
(나)
❸ 그래프의 기울기가 자기장의 변화율이며, 이는 자기 선속의 변화율에 비례한다.

이에 대한 설명으로 옳은 것만을 [보기]에서 있는 대로 고른 것은?

보기

ㄱ. 1초일 때 유도 전류는 흐르지 않는다.
ㄴ. 유도 전류의 방향은 3초일 때와 6초일 때가 서로 반대이다.
ㄷ. 유도 전류의 세기는 7초일 때가 4초일 때보다 크다.

① ㄱ ② ㄷ ③ ㄱ, ㄴ
④ ㄴ, ㄷ ⑤ ㄱ, ㄴ, ㄷ

출제개념

패러데이 전자기 유도 법칙

▶ 본문 217쪽

출제의도

금속 고리를 통과하는 자기 선속의 변화율을 이해하고, 금속 고리에 유도되는 전류의 방향과 세기를 비교할 수 있는지를 묻는 문제이다.

전략적 풀이

❶ 1초일 때 금속 고리를 통과하는 자기 선속의 변화 유무를 파악한다.

ㄱ. 패러데이 전자기 유도 법칙에 따라 금속 고리를 통과하는 (   )이 변할 때 유도 전류가 흐른다. 금속 고리의 면적은 일정하고 1초일 때 자기장의 세기는 (   )하므로, 금속 고리를 통과하는 자기 선속이 변하지 않아 유도 전류가 (   ).

❷ 3초일 때와 6초일 때 금속 고리를 통과하는 자기 선속이 증가하는지, 감소하는지를 파악한다.

ㄴ. (   ) 법칙에 따라 유도 전류는 자기 선속의 변화를 (   )하는 방향으로 흐른다. 금속 고리를 통과하는 자기 선속이 3초일 때는 (   )하고 있으므로 유도 전류가 (   ) 방향으로 흐르고, 6초일 때는 (   )하고 있으므로 유도 전류가 (   ) 방향으로 흐른다.

❸ 4초일 때와 7초일 때 금속 고리를 통과하는 자기 선속의 변화율을 비교한다.

ㄷ. 자기장의 세기는 2초부터 5초까지 3초 동안 (   )만큼 변하고, 5초부터 9초까지 4초 동안 (   )만큼 변한다. 따라서 자기 선속의 변화율은 7초일 때가 4초일 때의 (   )배이므로 유도 전류의 세기는 7초일 때가 4초일 때보다 (   )다.

답 ③

❶ 자기 선속, 일정, 흐르지 않는다
❷ 렌츠, 방해, 감소, 시계, 증가, 시계 반대
❸ $\frac{3}{4}B_0$, $\frac{1}{2}B_0$, $\frac{1}{2}$, 작

정답친해 119쪽

01 그림은 xy 평면에서 전류가 흐르는 무한히 긴 직선 도선 A, B, C를 나타낸 것이다. A, B에는 각각 $-x$ 방향, $+y$ 방향으로 세기가 I_0인 전류가 흐르고 있다. 점 P, Q는 xy 평면상에 있으며, Q에서 자기장의 세기는 0이다.

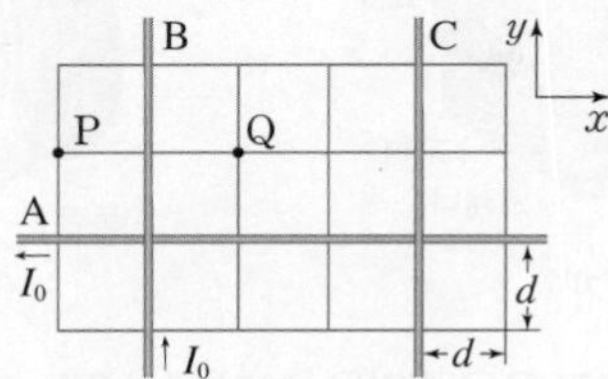

이에 대한 설명으로 옳은 것만을 [보기]에서 있는 대로 고른 것은?

보기
ㄱ. C에 흐르는 전류의 세기는 $2I_0$이다.
ㄴ. C에 흐르는 전류의 방향은 $+y$ 방향이다.
ㄷ. P에서 자기장의 방향은 xy 평면에서 수직으로 나오는 방향이다.

① ㄱ ② ㄴ ③ ㄱ, ㄷ
④ ㄴ, ㄷ ⑤ ㄱ, ㄴ, ㄷ

02 그림 (가)와 같이 직선 도선 아래에 나침반을 놓고 스위치를 닫았더니 나침반 자침이 가리키는 방향이 (나)와 같았다. 그림 (다)는 (가)에서 직선 도선에 흐르는 전류의 세기가 2배, 방향은 반대가 되도록 바꾸었을 때 나침반 자침이 가리키는 방향을 나타낸 것이다.

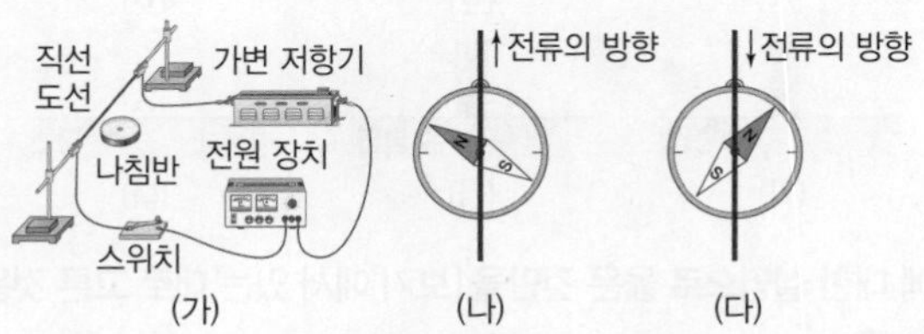

(가) (나) (다)

(가)에서 스위치가 열려 있을 때, 나침반 자침이 가리키는 방향으로 가장 적절한 것은?

① 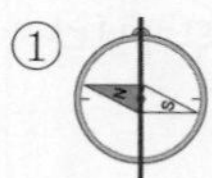 
② 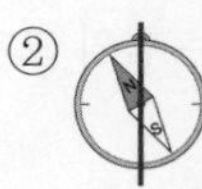
③ 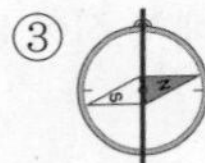
④ 
⑤ 

03 그림 (가)와 같이 무한히 긴 직선 도선 a, b, c가 xy 평면에 고정되어 있고, a, b에는 세기가 I_0으로 일정한 전류가 서로 반대 방향으로 흐르고 있다. 그림 (나)는 원점 O에서 a, b, c의 전류에 의한 자기장 B를 c에 흐르는 전류 I에 따라 나타낸 것이다.

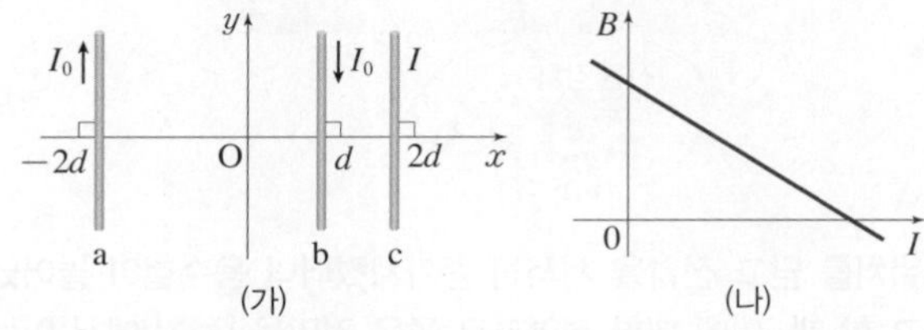

(가) (나)

이에 대한 설명으로 옳은 것만을 [보기]에서 있는 대로 고른 것은?

보기
ㄱ. $I=0$일 때, B의 방향은 xy 평면에 수직으로 들어가는 방향이다.
ㄴ. $B=0$일 때, I의 방향은 $+y$ 방향이다.
ㄷ. $B=0$일 때, I의 세기는 $3I_0$이다.

① ㄱ ② ㄴ ③ ㄱ, ㄷ
④ ㄴ, ㄷ ⑤ ㄱ, ㄴ, ㄷ

04 그림은 무한히 긴 직선 도선 P가 y축에 고정되어 있고, 시계 방향으로 일정한 세기의 전류 I가 흐르는 원형 도선 Q가 xy 평면에 고정되어 있는 것을 나타낸 것이다. 점 A는 Q의 중심이다. 표는 P에 흐르는 전류에 따른 A에서의 P와 Q에 의한 자기장을 나타낸 것이다.

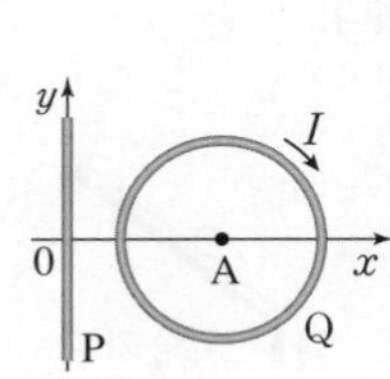

P에 흐르는 전류		A에서의 P와 Q에 의한 자기장	
세기	방향	세기	방향
I_0	㉠	0	없음
I_0	$+y$	B_0	㉡
$2I_0$	$-y$	㉢	㉣

이에 대한 설명으로 옳은 것만을 [보기]에서 있는 대로 고른 것은?

보기
ㄱ. ㉠은 $-y$이다.
ㄴ. ㉡과 ㉣은 같다.
ㄷ. ㉢은 B_0보다 크다.

① ㄱ ② ㄷ ③ ㄱ, ㄴ
④ ㄴ, ㄷ ⑤ ㄱ, ㄴ, ㄷ

05 그림과 같이 마찰이 없는 수평면에 솔레노이드를 고정하고 막대자석을 용수철에 연결하여 솔레노이드의 중심축과 일치시켰다.

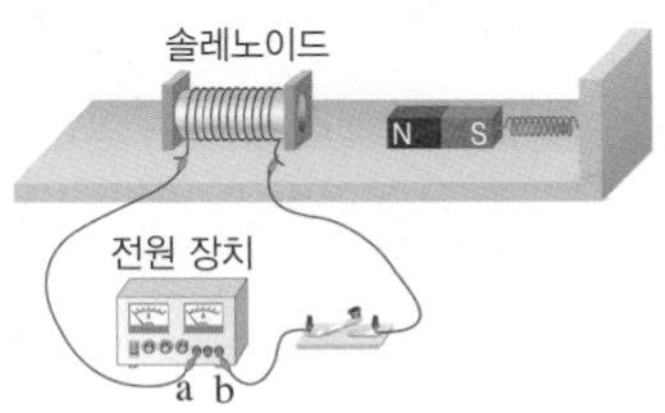

스위치를 닫고 전압을 서서히 증가시켰더니 용수철이 늘어났다고 할 때, 이에 대한 설명으로 옳은 것만을 [보기]에서 있는 대로 고른 것은?

보기
ㄱ. 전원 장치의 단자 a는 (−)극이다.
ㄴ. 솔레노이드의 오른쪽에는 S극이 형성된다.
ㄷ. 전원 장치의 단자를 바꾸어 연결하고 실험하면 솔레노이드와 자석 사이에는 서로 미는 자기력이 나타난다.

① ㄱ ② ㄷ ③ ㄱ, ㄴ
④ ㄴ, ㄷ ⑤ ㄱ, ㄴ, ㄷ

06 그림 (가)는 솔레노이드 주위에 자기화되지 않은 금속 가루를 골고루 뿌린 후 솔레노이드에 전류가 흐르게 하였을 때 금속 가루가 배열된 모습을 나타낸 것이다. 그림 (나)는 (가)에서 솔레노이드에 전류가 흐르지 않도록 한 후 자기화되지 않은 쇠못을 솔레노이드 내부인 p점에 가까이 가져갔을 때 금속 가루가 달라붙은 모습을 나타낸 것이다.

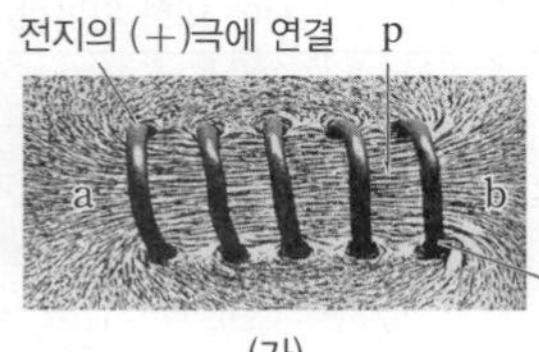

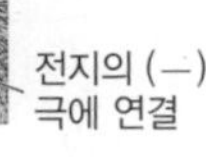

(가)

(나)

이에 대한 설명으로 옳은 것만을 [보기]에서 있는 대로 고른 것은?

보기
ㄱ. (가)의 p점에서 자기장의 방향은 a → b 방향이다.
ㄴ. 이 금속 가루는 강자성체이다.
ㄷ. 쇠못은 강자성체이다.

① ㄱ ② ㄷ ③ ㄱ, ㄴ
④ ㄴ, ㄷ ⑤ ㄱ, ㄴ, ㄷ

07 그림 (가)는 자기 공명 영상 장치를, (나)는 스피커의 구조를 나타낸 것이다.

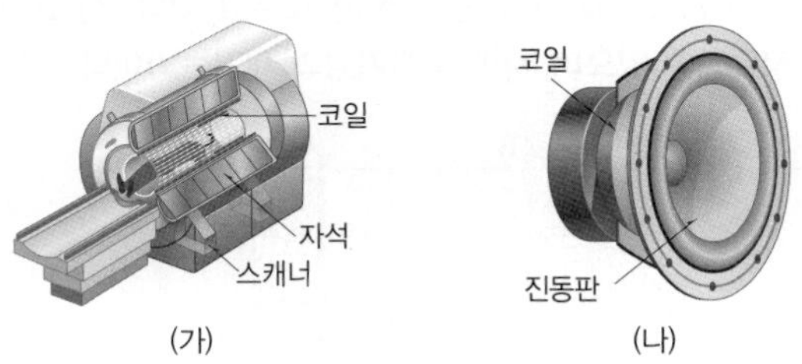

(가) (나)

이에 대한 설명으로 옳은 것만을 [보기]에서 있는 대로 고른 것은?

보기
ㄱ. (가)는 초전도체를 이용하여 강한 자기장을 만든다.
ㄴ. (나)에는 자석이 들어 있다.
ㄷ. (나)에 직류가 흐르면 소리가 발생하지 않는다.

① ㄱ ② ㄷ ③ ㄱ, ㄴ
④ ㄴ, ㄷ ⑤ ㄱ, ㄴ, ㄷ

08 그림 (가)는 수평면에 놓인 자석의 연직 위에 자기화되지 않은 물체 A를 실로 매달아 놓은 모습을, (나)는 (가)에서 A 대신 B를 매달아 놓은 모습을, (다)는 (나)에서 자석을 치우고 (가)의 A를 B의 아래 수평면에 놓은 모습을 나타낸 것이다. A와 B는 상자성체와 반자성체를 순서 없이 나타낸 것이고, 질량은 같다. (가)에서 실이 A를 당기는 힘의 크기는 A의 무게보다 작다.

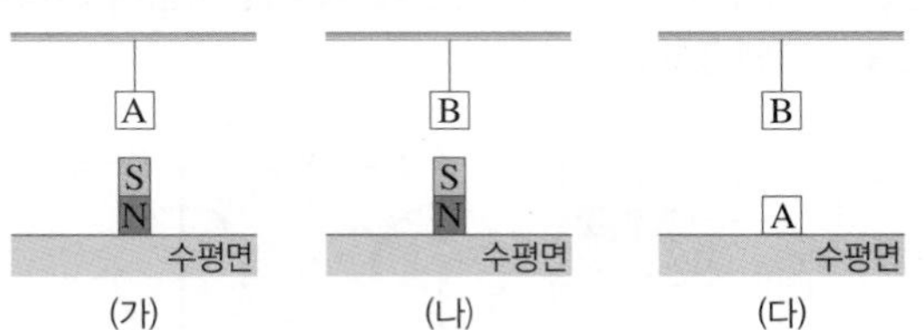

(가) (나) (다)

이에 대한 설명으로 옳은 것만을 [보기]에서 있는 대로 고른 것은?

보기
ㄱ. A는 상자성체이다.
ㄴ. B는 외부 자기장과 같은 방향으로 자기화된다.
ㄷ. (다)에서 실이 B를 당기는 힘의 크기는 B의 무게보다 크다.

① ㄱ ② ㄴ ③ ㄱ, ㄷ
④ ㄴ, ㄷ ⑤ ㄱ, ㄴ, ㄷ

09 그림은 자기화되지 않은 자성체 A, B, C의 원자 자석의 배열 상태를 나타낸 것이다. A, B, C는 각각 강자성체, 상자성체, 반자성체를 순서 없이 나타낸 것이다. A에는 원자 자석이 없고, B에는 자기 구역이 있다.

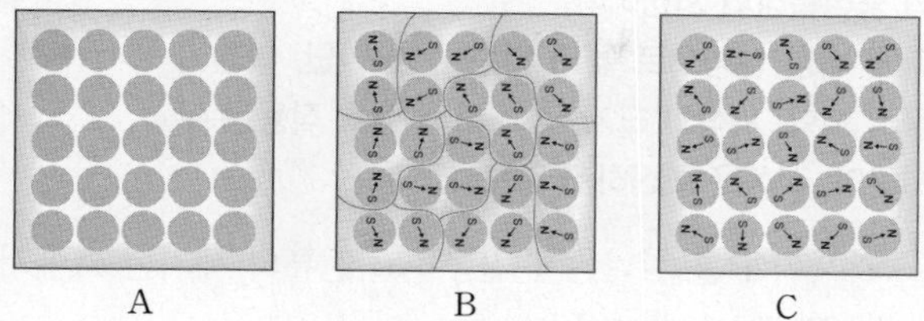

이에 대한 설명으로 옳은 것만을 [보기]에서 있는 대로 고른 것은?

보기

ㄱ. 외부 자기장을 가하면 A는 외부 자기장의 방향으로 자기화된다.
ㄴ. B에서 하나의 자기 구역 내에 있는 원자 자석들은 모두 같은 방향으로 정렬되어 있다.
ㄷ. C는 하드디스크의 정보 저장 물질로 이용된다.

① ㄱ ② ㄴ ③ ㄱ, ㄴ
④ ㄱ, ㄷ ⑤ ㄴ, ㄷ

10 그림과 같이 같은 세기의 전류가 흐르고 있는 무한히 긴 직선 도선 A, B가 xy 평면상에 고정되어 있고 A에는 $+y$ 방향으로 전류가 흐른다. 각각 강자성체, 반자성체인 물체 P, Q는 x축상에 고정되어 있고, A, B가 만드는 자기장에 의해 모두 자기화되어 있다.

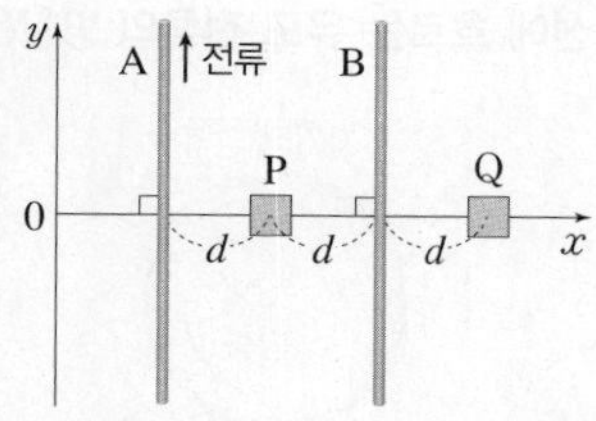

이에 대한 설명으로 옳은 것만을 [보기]에서 있는 대로 고른 것은?

보기

ㄱ. B에 흐르는 전류의 방향은 $-y$ 방향이다.
ㄴ. P는 xy 평면에 수직으로 들어가는 방향으로 자기화된다.
ㄷ. Q는 P와 반대 방향으로 자기화된다.

① ㄱ ② ㄷ ③ ㄱ, ㄴ
④ ㄴ, ㄷ ⑤ ㄱ, ㄴ, ㄷ

11 그림은 플래터의 정보 저장 물질에 정보가 저장되는 하드 디스크의 구조와 하드디스크의 헤드가 정보 저장 물질에 정보를 기록하는 모습을 나타낸 것이다.

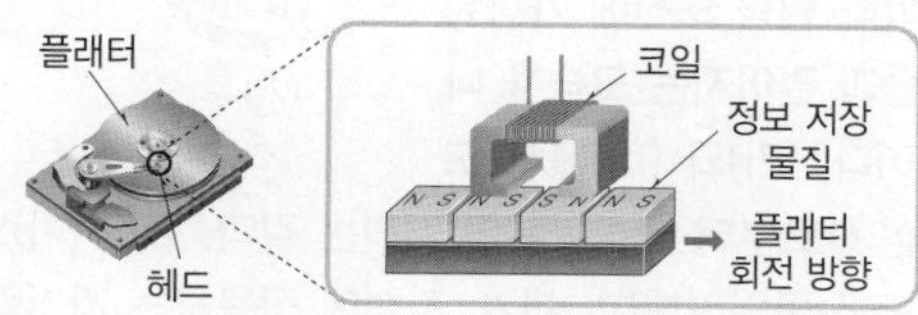

이에 대한 설명으로 옳은 것만을 [보기]에서 있는 대로 고른 것은?

보기

ㄱ. 플래터의 정보 저장 물질은 강자성체이다.
ㄴ. 코일에 흐르는 전류의 방향이 바뀌면 정보 저장 물질의 자기화 방향이 바뀐다.
ㄷ. 하드디스크에 연결된 전원을 끄면 저장된 정보가 사라진다.

① ㄱ ② ㄷ ③ ㄱ, ㄴ
④ ㄴ, ㄷ ⑤ ㄱ, ㄴ, ㄷ

12 그림 (가)와 같이 자기화되지 않은 강자성체 A를 천장에 매단 후, A 아래에 직류 전원 장치가 연결된 솔레노이드를 놓았다. 그림 (나)는 (가)에서 직류 전원 장치를 저항으로 바꾼 후 실을 끊었을 때 A가 솔레노이드에 가까워지는 모습을 나타낸 것이다.

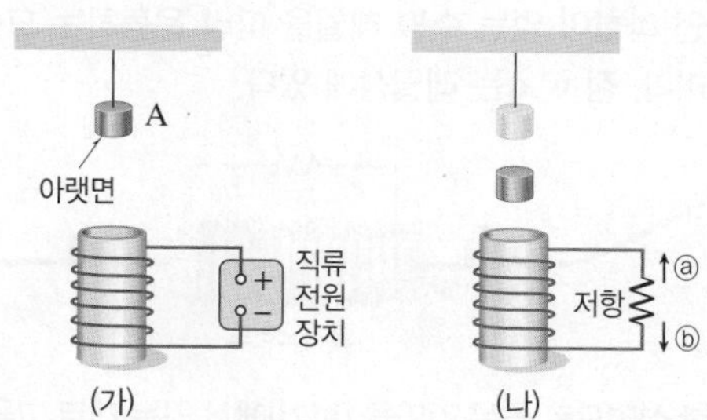

이에 대한 설명으로 옳은 것만을 [보기]에서 있는 대로 고른 것은?

보기

ㄱ. (가)에서 A의 아랫면은 S극으로 자기화된다.
ㄴ. (나)에서 저항에 흐르는 전류의 방향은 ⓑ이다.
ㄷ. (가)와 (나)에서 솔레노이드가 A에 작용하는 자기력의 방향은 서로 같다.

① ㄱ ② ㄷ ③ ㄱ, ㄴ
④ ㄴ, ㄷ ⑤ ㄱ, ㄴ, ㄷ

13 그림 (가), (나)는 막대자석이 자극을 서로 반대로 하여 각각 $2v$, v의 일정한 속력으로 중심축을 따라 원형 도선에 가까워지는 모습과 멀어지는 모습을 나타낸 것이다. (가)와 (나)에서 도선의 중심 O로부터 자석까지의 거리는 같다. 표는 (가)와 (나)에서 유도 전류의 방향과 세기, 자석에 작용하는 자기력의 방향을 나타낸 것이다.

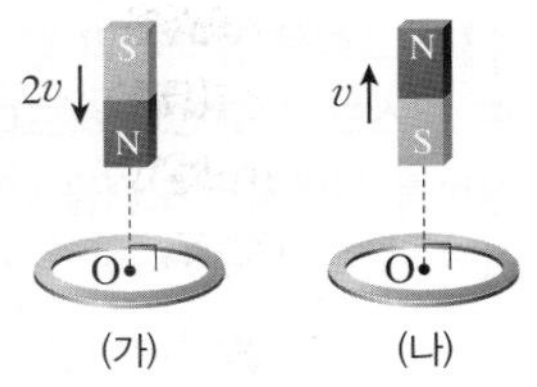

(가) (나)

구분	(가)	(나)
유도 전류의 방향	시계 반대 방향	㉠
유도 전류의 세기	I_0	㉡
자기력의 방향	㉢	아래쪽

이에 대한 설명으로 옳은 것만을 [보기]에서 있는 대로 고른 것은?

보기
ㄱ. ㉠은 시계 방향이다.
ㄴ. ㉡은 I_0보다 작다.
ㄷ. ㉢은 위쪽이다.

① ㄱ ② ㄷ ③ ㄱ, ㄴ
④ ㄴ, ㄷ ⑤ ㄱ, ㄴ, ㄷ

14 그림은 빗면을 따라 내려온 자석이 솔레노이드의 중심축에 놓인 마찰이 없는 수평 레일을 따라 운동하는 모습을 나타낸 것이다. 점 p, q는 레일상에 있다.

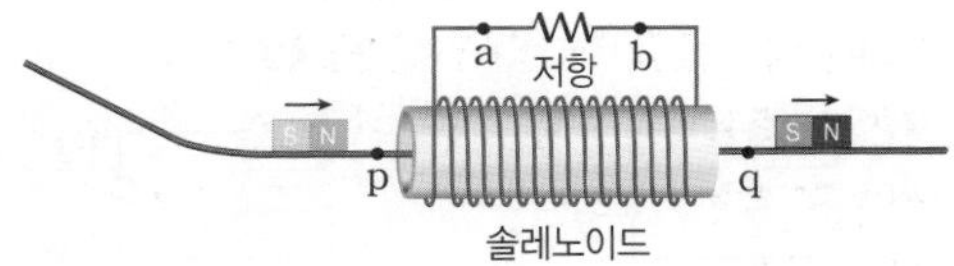

이에 대한 설명으로 옳은 것만을 [보기]에서 있는 대로 고른 것은?

보기
ㄱ. 자석이 p를 지날 때, 유도 전류의 방향은 a → 저항 → b이다.
ㄴ. 자석의 속력은 p에서가 q에서보다 크다.
ㄷ. 자석이 q를 지날 때, 솔레노이드 내부에서 유도 전류에 의한 자기장의 방향은 p → q이다.

① ㄱ ② ㄴ ③ ㄱ, ㄷ
④ ㄴ, ㄷ ⑤ ㄱ, ㄴ, ㄷ

15 그림은 연직으로 세워진 플라스틱관에 동일한 원형 고리 도선 A, B를 고정하고 관의 입구에 자석을 가만히 놓았을 때, 자석이 관을 통과하여 낙하하는 모습을 나타낸 것이다. 점 P, Q, R는 관의 중심축상의 지점이다.

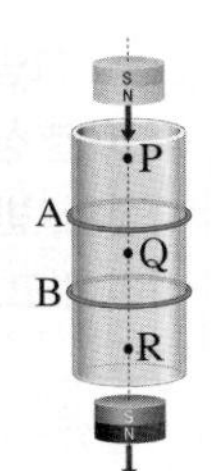

이에 대한 설명으로 옳지 않은 것은? (단, 마찰과 공기 저항, 자석의 크기, A와 B의 상호 작용은 무시하며, 자석은 회전하지 않는다.)

① 자석이 P를 지나는 순간, 유도 전류의 세기는 A에서가 B에서보다 크다.
② A에서 유도 전류의 방향은 자석이 P를 지날 때와 Q를 지날 때가 서로 반대이다.
③ 자석이 Q를 지나는 순간, A와 B가 자석에 작용하는 자기력의 방향은 서로 반대이다.
④ 자석의 역학적 에너지는 Q에서가 R에서보다 크다.
⑤ 자석이 R를 지나는 순간, 자석의 가속도의 크기는 중력 가속도의 크기보다 작다.

16 그림 (가)는 균일한 자기장이 수직으로 통과하는 종이면에 원형 도선이 고정되어 있는 모습을 나타낸 것이고, (나)는 (가)의 자기장을 시간에 따라 나타낸 것이다. t_1일 때 원형 도선에 흐르는 유도 전류의 방향은 시계 방향이다.

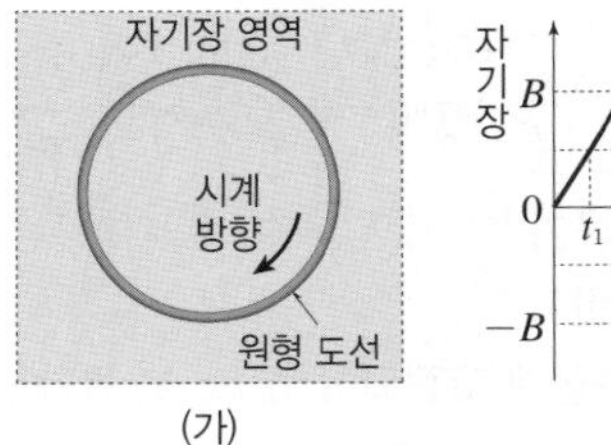

(가)

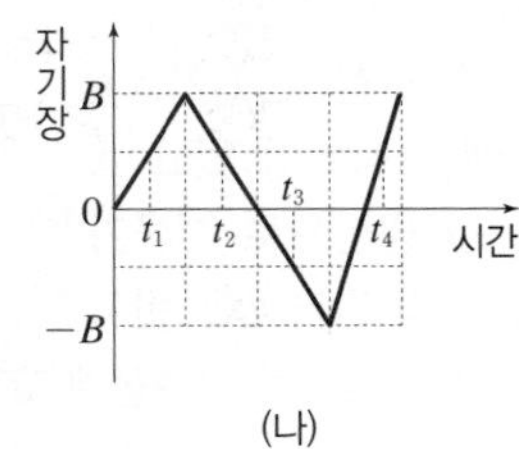

(나)

이에 대한 설명으로 옳은 것만을 [보기]에서 있는 대로 고른 것은?

보기
ㄱ. t_2일 때 자기장의 방향은 종이면에 수직으로 들어가는 방향이다.
ㄴ. 유도 전류의 방향은 t_2일 때와 t_3일 때가 서로 반대이다.
ㄷ. 유도 전류의 세기는 t_4일 때가 t_3일 때보다 크다.

① ㄱ ② ㄷ ③ ㄱ, ㄴ
④ ㄴ, ㄷ ⑤ ㄱ, ㄴ, ㄷ

17 그림 (가)는 사각형 금속 고리가 균일한 자기장 영역 Ⅰ, Ⅱ, Ⅲ을 향해 $+x$ 방향으로 운동하는 모습을 나타낸 것이고, (나)는 고리가 등속도로 Ⅰ, Ⅱ, Ⅲ을 완전히 통과할 때까지 고리에 유도되는 전류를 고리의 위치에 따라 나타낸 것이다. Ⅰ에서 자기장의 세기는 B이고, 고리에 시계 방향으로 흐르는 유도 전류를 양(+)으로 표시한다.

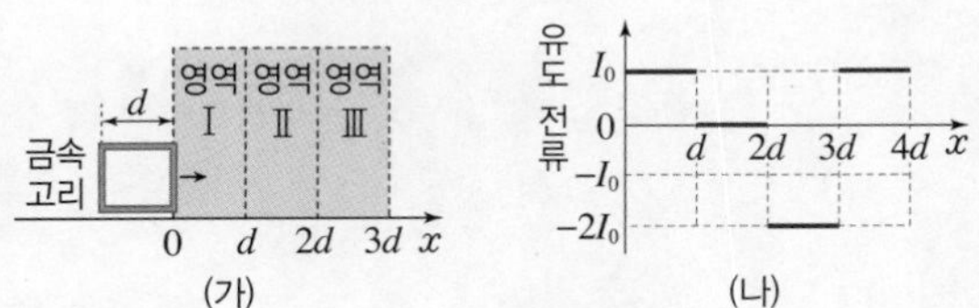

(가) (나)

영역 Ⅰ, Ⅱ, Ⅲ의 자기장으로 가장 적절한 것은? (단, ⊙는 종이면에서 수직으로 나오는 방향을, ×는 종이면에 수직으로 들어가는 방향을 의미한다.)

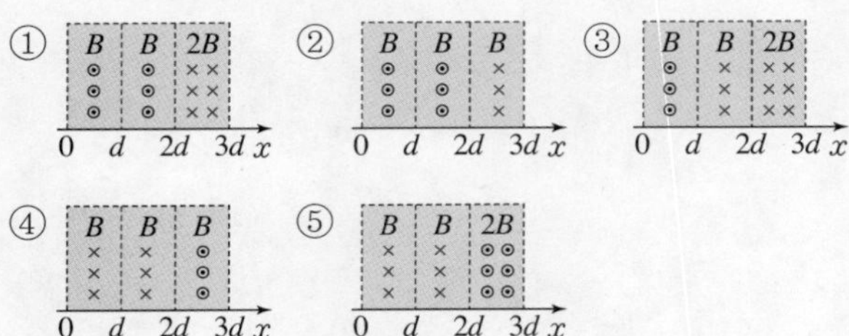

18 그림 (가)는 무선으로 휴대 전화를 충전할 수 있는 무선 충전기를, (나)는 마그네틱 선에 들어 있는 정보를 읽는 카드 판독기를 나타낸 것이다.

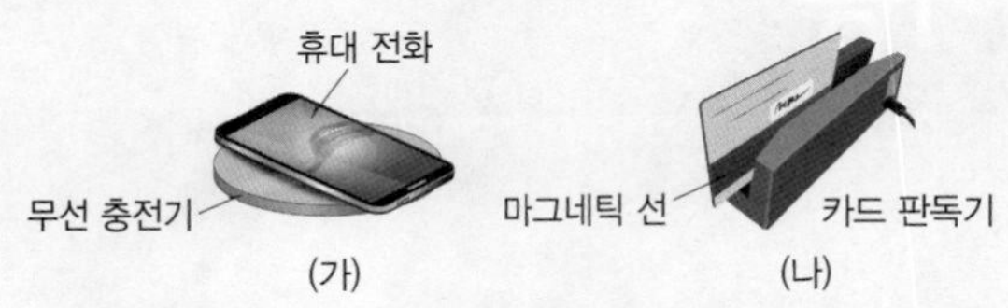

(가) (나)

이에 대한 설명으로 옳은 것만을 [보기]에서 있는 대로 고른 것은?

보기

ㄱ. (가)와 (나) 모두 전자기 유도를 이용한다.
ㄴ. (가)가 작동할 때 휴대 전화를 통과하는 자기장은 균일하다.
ㄷ. (나)의 마그네틱 선 내부에는 자기화된 물질이 들어 있다.

① ㄱ ② ㄴ ③ ㄱ, ㄴ ④ ㄱ, ㄷ ⑤ ㄴ, ㄷ

19 그림과 같이 마찰이 없는 레일이 p－n 접합 발광 다이오드(LED)가 연결된 솔레노이드의 중심축을 통과한다. 점 a, b, c, d는 레일상의 지점이다. a에 가만히 놓은 자석이 b를 지날 때 LED에서 빛이 방출된다. 자석은 솔레노이드를 통과하여 d에서 운동 방향이 바뀐다. X는 N극과 S극 중 하나이다.

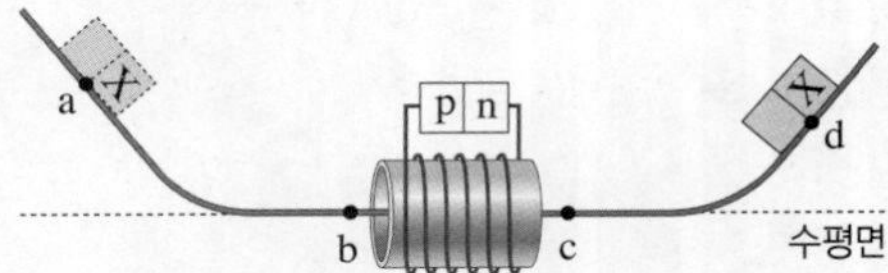

이에 대한 설명으로 옳은 것만을 [보기]에서 있는 대로 고른 것은?

보기

ㄱ. X는 S극이다.
ㄴ. d에서 내려온 자석이 c를 지날 때 LED에서 빛이 방출된다.
ㄷ. 자석이 c에서 d로 올라가는 동안 자석의 역학적 에너지는 감소한다.

① ㄱ ② ㄴ ③ ㄱ, ㄴ ④ ㄱ, ㄷ ⑤ ㄴ, ㄷ

20 그림 (가)는 연직 위쪽 방향의 균일한 자기장이 있는 영역에 물체 A, B를 함께 놓아 자기화시키는 모습을, (나)는 (가)의 A가 원형 도선을 통과한 직후의 모습을, (다)는 (가)의 A, B를 외부 자기장이 없는 곳에서 서로 가까이 한 모습을 나타낸 것이다. A, B 중 하나는 강자성체이고 다른 하나는 상자성체이다.

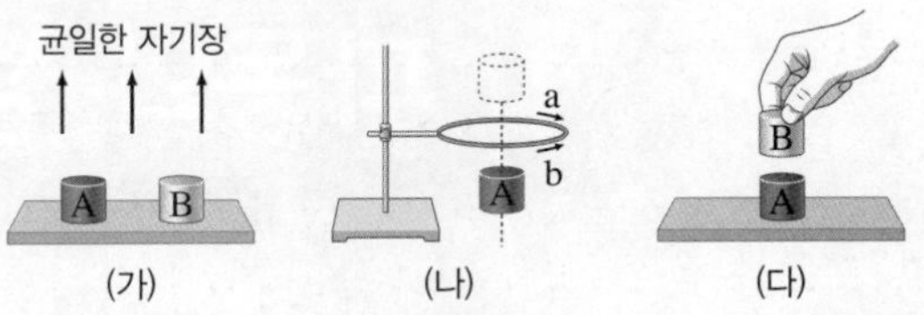

(가) (나) (다)

(나)에서 도선에 유도 전류가 흘렀다고 할 때, 이에 대한 설명으로 옳은 것만을 [보기]에서 있는 대로 고른 것은?

보기

ㄱ. (나)에서 유도 전류는 a 방향으로 흐른다.
ㄴ. (나)에서 A 대신 B를 통과시키면 도선에 유도 전류가 흐르지 않는다.
ㄷ. (다)에서 A와 B 사이에는 서로 당기는 자기력이 작용한다.

① ㄱ ② ㄷ ③ ㄱ, ㄴ ④ ㄱ, ㄷ ⑤ ㄴ, ㄷ

파동과 정보 통신

1 파동의 성질과 이용

Review

이전에 학습한 내용 중 이 단원과 연계된 내용을 다시 한번 떠올려 봅시다.

다음 단어가 들어갈 곳을 찾아 빈칸을 완성해 보자.

매질	파원	굴절	종파	횡파

중1 빛과 파동

- **파동**

① **파동:** 한 곳에서 생긴 진동이 퍼져 나가는 현상

- ❶ (　　　　): 파동이 처음 발생한 곳
- ❷ (　　　　): 파동을 전달시켜 주는 물질

② **파동의 종류**

구분	❸ (　　　　)	❹ (　　　　)
정의	파동이 진행하는 방향과 매질이 진동하는 방향이 서로 수직인 파동	파동이 진행하는 방향과 매질이 진동하는 방향이 나란한 파동
진행 모습	진행 방향 진동 방향	진행 방향 진동 방향
예	전자기파, 지진파의 S파 등	음파, 지진파의 P파 등

- **파동의 굴절**

① **파동의 굴절:** 파동이 한 매질에서 다른 매질로 진행할 때 파동의 진행 방향이 변하는 현상

② **렌즈에 의한 빛의 굴절:** 렌즈는 파동의 ❺ (　　　　) 현상을 이용한다.

구분	빛이 굴절되는 모습	상의 모습	
볼록 렌즈	가운데가 두꺼운 렌즈	⬆ 가까울 때: 크고 바로 선 상	⬆ 멀 때: 작고 거꾸로 선 상
오목 렌즈	가운데가 얇은 렌즈	⬆ 거리에 관계없이 항상 실물보다 작고 바로 선 상	

답 ❶ 파원 ❷ 매질 ❸ 횡파 ❹ 종파 ❺ 굴절

1. 파동의 진행과 굴절

핵심 포인트
- ❶ 파동의 요소 ★★
- ❷ 진동수, 파장, 속력의 관계 ★★★
- ❸ 파동의 굴절 ★★★
- ❹ 굴절 현상의 예 ★★

A 파동의 발생

1. 파동 한 곳에서 생긴 진동이 주위로 퍼져 나가며 에너지를 전달하는 현상

(1) **파원과 ◆매질:** 파동이 발생한 지점을 파원, 파동을 전달하는 물질을 매질이라고 한다.

(2) **◆파동의 전파:** 파동이 전파할 때에는 에너지가 이동하고, 매질은 제자리에서 진동만 할 뿐 파동과 함께 이동하지 않는다.

◆ **파동과 매질**

파동	매질
용수철 파동	용수철
물결파	물
소리(음파)	고체, 액체, 기체

◆ **파동의 전파 과정**

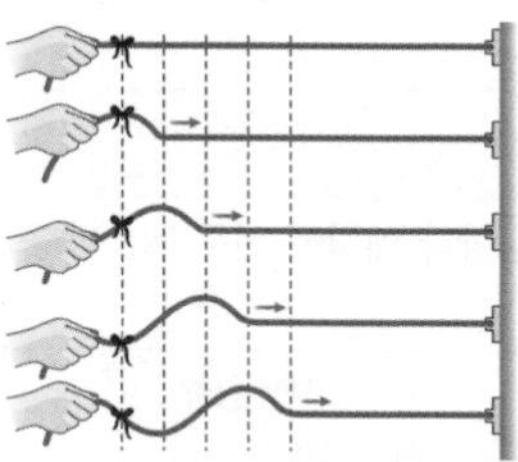

파동이 퍼져 나갈 때 리본(매질)은 위아래로 운동할 뿐 파동을 따라 이동하지 않는다.

2. 파동의 종류 파동의 진행 방향과 매질의 진동 방향의 관계에 따라 횡파와 종파로 구분된다.

구분	횡파	종파
정의	파동의 진행 방향과 매질의 진동 방향이 수직인 파동	파동의 진행 방향과 매질의 진동 방향이 나란한 파동
모습	진행 방향 / 진동 방향 용수철을 위아래로 흔들 때와 같이 높은 곳과 낮은 곳이 생긴다.	진행 방향 / 진동 방향 용수철을 앞뒤로 흔들 때와 같이 매질이 빽빽한 밀한 부분과 듬성듬성한 소한 부분이 생긴다.
예	❶ 전자기파, 지진파의 S파, 물결파 등	음파, 지진파의 P파 등

● 물결파는 보통 횡파로 구분하지만 엄격히 따지면 물 입자가 수직 방향과 수평 방향의 운동을 함께 하므로 순수한 횡파가 아니다.

3. 파동의 요소

마루와 골	횡파에서 파동의 가장 높은 곳이 마루, 가장 낮은 곳이 골
진폭	진동 중심에서 마루 또는 골까지의 거리
파장	이웃한 마루(골)와 마루(골) 사이의 거리
주기	매질의 한 점이 1회 진동하는 데 걸리는 시간 [단위: s(초)]
진동수	매질의 한 점이 1초 동안 진동하는 횟수로, 주기와 역수 관계 [단위: Hz(헤르츠)] $진동수=\frac{1}{주기}$
위상	매질의 각 점들의 위치와 진동(운동) 상태를 나타내는 물리량

- 진폭: 매질이 진동 중심에서 최대로 이동한 거리
- 파장: 매질의 한 점이 1회 진동하는 동안 파동이 진행한 거리
- 주기: 파동이 한 파장 이동하는 데 걸리는 시간

마루 / 파장 / 마루 / 진폭 / 진행 방향 / 진동 중심 / 골

⊙ 횡파의 표시

밀 소 / 진행 방향 / 진동 방향 / 파장

⊙ 종파의 표시

파장: 이웃한 밀한 두 지점 사이의 거리, 또는 이웃한 소한 두 지점 사이의 거리

250쪽 대표 자료❶

4. 파동 그래프 파동은 매질의 변위를 위치 또는 시간에 따라 그래프로 나타낼 수 있다.

변위-위치 그래프	변위-시간 그래프
어떤 순간의 파동의 모습을 위치에 따라 나타낸 그래프로, 진폭과 파장을 알 수 있다.	매질의 한 지점이 진동하는 모습을 시간에 따라 나타낸 그래프로, 진폭, 주기, 진동수를 알 수 있다.

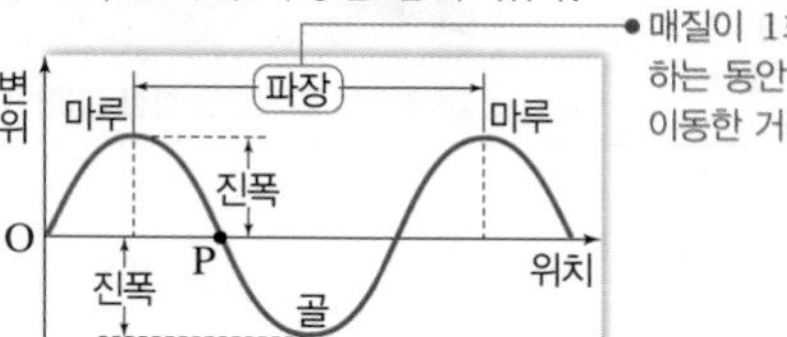

● 매질이 1회 진동하는 동안 파동이 이동한 거리

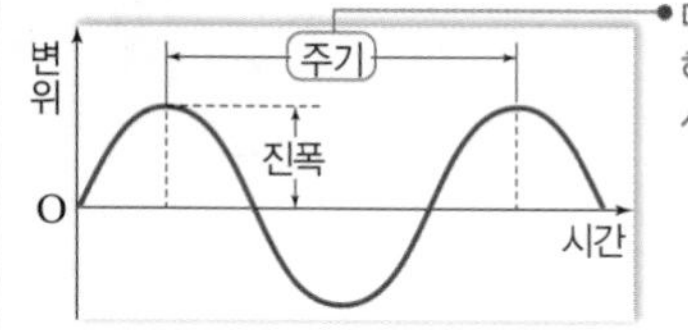

● 매질이 1회 진동하는 동안 걸린 시간

(용어)

❶ 전자기파(電 전기, 磁 자석, 氣 기운, 波 물결) 주기적으로 변하는 전기장과 자기장의 진동이 공간을 통해 퍼져 나가는 파동

5. 파동의 속력 파동은 한 주기 동안 한 파장만큼 진행하므로, 파장(λ)을 주기(T)로 나누어 파동의 속력(v)을 구하면 다음과 같다.

$$\text{파동의 속력}=\frac{\text{파장}}{\text{주기}}=\text{진동수}\times\text{파장},\ v=\frac{\lambda}{T}=f\lambda$$

(1) 같은 매질에서 파동의 속력은 일정하다. ➡ 진동수가 클수록 파장이 짧다. — $v=f\lambda=$일정 ➡ $f\propto\frac{1}{\lambda}$

(2) ◆매질에 따른 파동의 속력

① 줄에 생긴 파동의 속력: 줄이 가늘수록, 팽팽할수록 빠르다.

② 물결파의 속력: 물의 깊이가 깊을수록 빠르다. — 물의 깊이가 얕으면 바닥과의 마찰 때문에 속력이 느려진다.

③ 소리의 속력: 고체 > 액체 > 기체 순으로 빠르며, 공기의 온도가 높을수록 빠르다.

B 파동의 굴절

1. ◆파동의 굴절 파동이 한 매질에서 다른 매질로 진행할 때 속력이 달라져 파동의 진행 방향이 변하는 현상

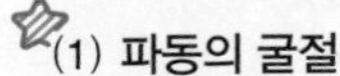

(1) 파동의 굴절

① 파동이 매질 1에서 매질 2로 진행할 때 입사각(i)과 굴절각(r)의 사인값의 비는 일정하다. 또 두 매질에서 파동의 속력 v_1, v_2와 파장 λ_1, λ_2의 비도 일정하다.

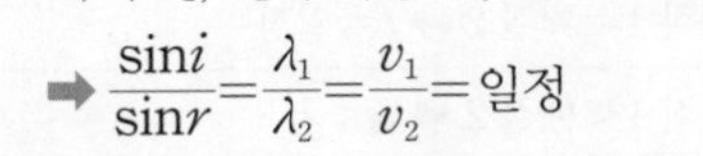

➡ $\frac{\sin i}{\sin r}=\frac{\lambda_1}{\lambda_2}=\frac{v_1}{v_2}=$일정

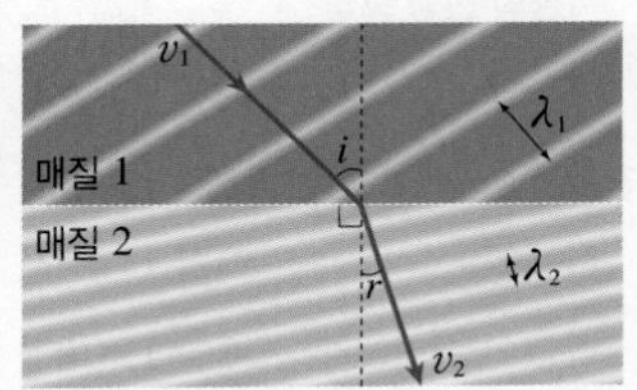

⊙ 파동의 굴절

② 파동이 굴절할 때 파동의 속력과 파장은 변하지만, 진동수는 변하지 않는다.
- 파장: 파동의 속력 $v=f\lambda$에서 진동수가 일정하므로 파장은 속력에 비례
- 진동수: 파원에 의해 결정되므로 매질이 달라져도 변하지 않는다.

파동의 굴절 식 (비상, 동아 교과서에만 나와요.)

그림과 같이 파동이 매질 1에서 매질 2로 진행할 때, 매질 1, 2에서의 파동의 속력은 v_1, v_2, 파장은 λ_1, λ_2, 파동의 주기는 t이다.

파동이 굴절할 때 이웃한 [1]파면 사이의 거리는 파장과 같다.

➡ $\lambda_1=\overline{\text{BB}'}=v_1t$, $\lambda_2=\overline{\text{AA}'}=v_2t$

입사각과 굴절각의 사인값이 $\sin i=\frac{v_1t}{\overline{\text{AB}'}}=\frac{\lambda_1}{\overline{\text{AB}'}}$, $\sin r=\frac{v_2t}{\overline{\text{AB}'}}=\frac{\lambda_2}{\overline{\text{AB}'}}$

이므로 $\frac{\sin i}{\sin r}=\frac{\lambda_1}{\lambda_2}=\frac{v_1}{v_2}$이다.

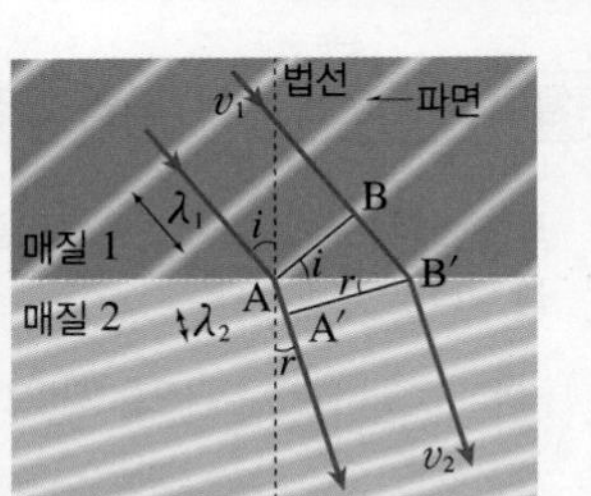

(2) 빛의 굴절

① 굴절률: 매질에서 빛의 속력 v에 대한 진공에서의 빛의 속력 c의 비를 그 매질의 굴절률이라고 한다. ➡ ◆$n=\frac{c}{v}$ — 절대 굴절률이라고도 한다.

② 굴절 법칙(스넬 법칙): 굴절률이 n_1인 매질 1에서 굴절률이 n_2인 매질 2로 빛이 진행할 때 다음과 같은 관계가 있다.

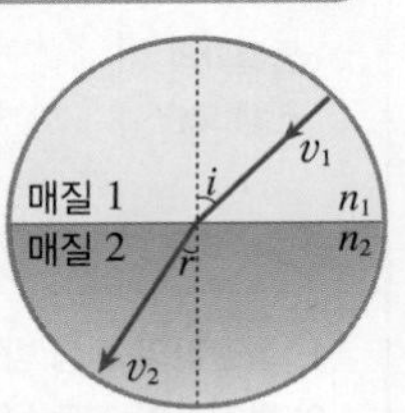

⊙ 빛의 굴절

$$\frac{\sin i}{\sin r}=\frac{v_1}{v_2}=\frac{\frac{c}{n_1}}{\frac{c}{n_2}}=\frac{n_2}{n_1}=n_{12},\ n_1\sin i=n_2\sin r$$

— n_{12}: 매질 1에 대한 매질 2의 굴절률 n_{12}를 상대 굴절률이라고 한다.

◆ **파동의 속력**
일반적으로 같은 매질에서 파동의 속력은 일정하지만, 물의 경우는 깊이에 따라 물결파의 속력이 달라지고, 공기의 경우는 온도와 밀도에 따라 빛이나 소리의 속력이 달라진다.

◆ **파동이 굴절하는 까닭**

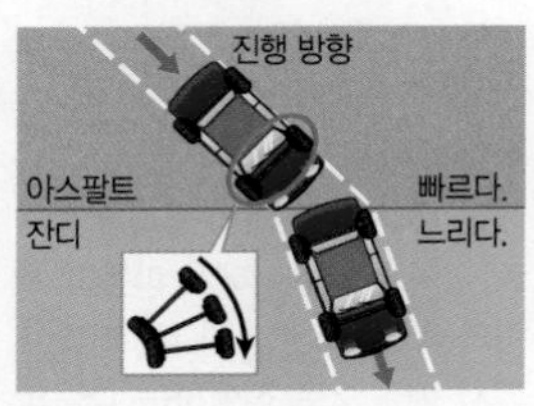

장난감 자동차가 아스팔트에서 잔디로 비스듬히 진행할 때 오른쪽 바퀴가 잔디에 먼저 들어가 속력이 느려지므로 자동차는 오른쪽으로 꺾이게 된다. 마찬가지로 파동도 성질이 다른 매질로 진행할 때 속력이 달라져 진행 방향이 꺾인다.

주의해!
입사각과 굴절각의 관계
입사각 i가 커지면 굴절각 r도 커진다. 이때 입사각 i와 굴절각 r가 비례하는 것이 아니라 입사각 i의 사인값과 굴절각 r의 사인값이 비례하는 관계이다.

◆ **굴절률과 빛의 속력**
굴절률이 큰 매질일수록 매질에서의 빛의 속력은 느리다.
➡ $n=\frac{c}{v}$에서 c가 일정하므로 $n\propto\frac{1}{v}$이다.

(용어)
[1] 파면(波 물결, 面 표면) 파동이 진행할 때 진동 상태가 같은 점, 즉 위상이 동일한 지점들을 연결한 선이나 면

◆ 여러 가지 물질의 굴절률

물질	굴절률
진공	1
공기	1.0003
물	1.33
유리	1.5~1.9
다이아몬드	2.42

③ 여러 가지 매질에서 빛의 속력과 굴절률: 매질의 ◆굴절률이 클수록 그 매질에서 빛의 속력은 더 느려지므로, 빛이 굴절되는 정도가 커져 법선 쪽으로 더 많이 꺾인다.

매질에서 빛의 굴절 정도 비교

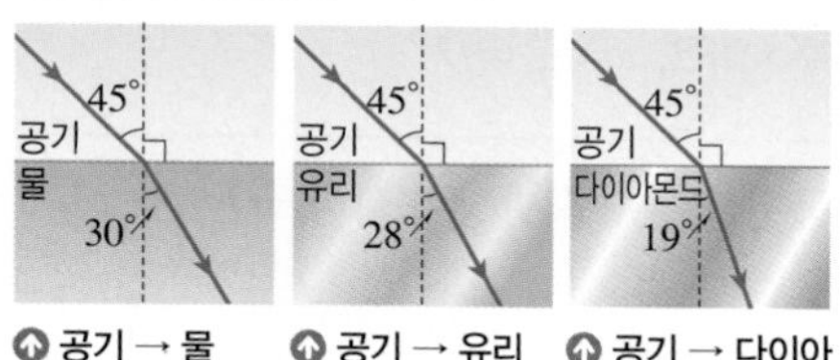

공기 → 물　　공기 → 유리　　공기 → 다이아몬드

1. 입사각이 같으면 굴절각이 작을수록 빛의 굴절 정도가 크다.
   ➡ 굴절각의 크기: 물 > 유리 > 다이아몬드
   ➡ 굴절하는 정도: 물 < 유리 < 다이아몬드
2. 빛의 굴절 정도가 클수록 빛의 속력이 느리고 굴절률이 크다.
   ➡ 빛의 속력: 공기 > 물 > 유리 > 다이아몬드
   ➡ 굴절률: 공기 < 물 < 유리 < 다이아몬드

◆ 굴절 법칙
매질 1에서 파동의 속력과 파장이 v_1, λ_1이고, 매질 2에서 파동의 속력과 파장이 v_2, λ_2일 때, 매질 1에서 매질 2로 진행하는 파동의 입사각과 굴절각이 각각 i, r이면 $\frac{\sin i}{\sin r}=\frac{v_1}{v_2}=\frac{\lambda_1}{\lambda_2}$이다.

2. ◆물결파의 진행 방향과 굴절

구분	속력이 빠른 매질에서 느린 매질로 진행할 때 (깊은 물 → 얕은 물)	속력이 느린 매질에서 빠른 매질로 진행할 때 (얕은 물 → 깊은 물)
파동의 진행 모습	입사파, 법선, λ_1, v_1, 매질 1(n_1), i, 매질 2(n_2), r, λ_2, v_2, 굴절파	입사파, 법선, v_1, λ_1, 매질 1(n_1), i, 매질 2(n_2), r, λ_2, v_2, 굴절파
진동수	매질 1 = 매질 2 ➡ f = 일정	매질 1 = 매질 2 ➡ f = 일정
파장	매질 1 > 매질 2 ➡ $\lambda_1 > \lambda_2$	매질 1 < 매질 2 ➡ $\lambda_1 < \lambda_2$
파동의 속력	매질 1 > 매질 2 ➡ $v_1 > v_2$	매질 1 < 매질 2 ➡ $v_1 < v_2$
입사각과 굴절각	입사각 > 굴절각 ➡ $i > r$	입사각 < 굴절각 ➡ $i < r$
굴절률	매질 1 < 매질 2 ➡ $n_1 < n_2$	매질 1 > 매질 2 ➡ $n_1 > n_2$

탐구 자료창 물결파의 굴절 실험

250쪽 대표 자료❷

표는 물결파 투영 장치에 유리판을 똑바로 놓았을 때와 비스듬히 놓았을 때, 발생시킨 물결파가 진행하는 모습을 나타낸 것이다.

과정	(가) 유리판을 똑바로 놓았을 때	(나) 유리판을 비스듬히 놓았을 때

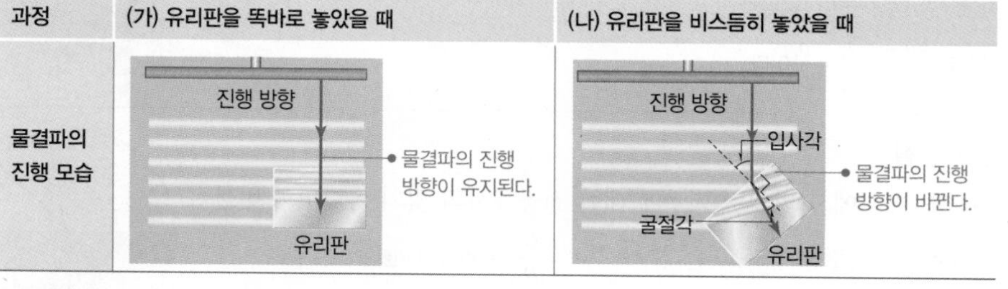

1. **물결파의 진행 방향:** (나)와 같이 물결파가 경계면에 비스듬히 입사할 때만 진행 방향이 바뀐다.
2. **물결파의 진동수(f):** 같은 파원에서 발생한 파동의 진동수는 물결파가 진행하는 동안 매질의 변화와 관계없이 일정하다.
3. **물결파의 속력(v):** 물의 깊이가 깊은 곳에서는 빠르고, 얕은 곳에서는 느리다.
4. **물결파의 파장(λ):** 파동의 속력 $v=f\lambda$에서 진동수 f가 일정할 때 속력과 파장은 비례하므로, 물결파가 깊은 곳에서 얕은 곳으로 진행하면 속력 v가 감소하여 파장 λ가 짧아진다.

일반적으로 같은 매질에서 파동의 속력은 일정하지만, 물의 경우 깊이에 따라 물결파의 속력이 달라지므로 수조에 유리판을 넣어 물의 깊이를 다르게 하면 물결파의 속력이 달라져요.

C 생활 속의 굴절

1. *자연에서의 굴절 현상 (완자쌤 비법 특강 248쪽)

(1) 물속에 잠긴 물체의 깊이가 실제보다 얕아 보이고, 일부분만 잠긴 물체는 꺾여 보인다.

➡ 빛이 물과 공기의 경계면을 통과할 때 굴절하며, 공기 중에 있는 관측자는 물체가 굴절 광선의 연장선상에 있는 것으로 인식하므로 물체가 실제와 다른 위치에 있는 것으로 보게 된다.

꺾여 보이는 연필

(2) [1]신기루나 아지랑이가 발생한다. — 공기의 온도나 밀도와 같은 특성이 달라지면 굴절 현상이 일어난다.

➡ 빛이 공기 중에서 온도나 밀도가 균일하지 않은 층을 통과할 때 속력이 변하면서 연속적으로 굴절하기 때문에 나타나는 현상이다.

신기루

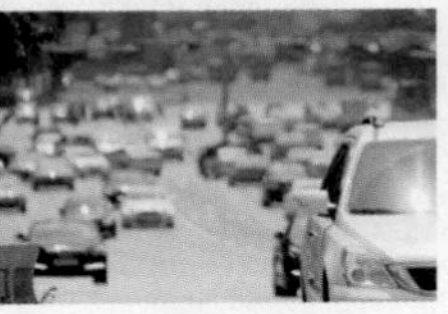

아지랑이

(3) 렌즈의 모양에 따라 나란하게 입사한 빛이 모이거나 퍼진다.

➡ 볼록 렌즈에 나란하게 입사한 빛은 굴절하여 안쪽으로 모이고, 오목 렌즈에 나란하게 입사한 빛은 굴절하여 바깥쪽으로 퍼진다. — 빛의 속력은 공기보다 렌즈에서 느리다.

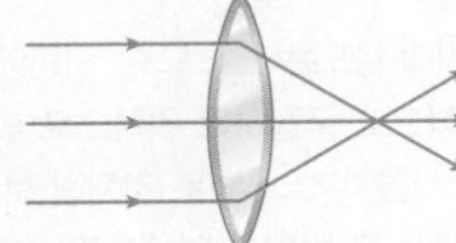

볼록 렌즈에서 빛의 굴절

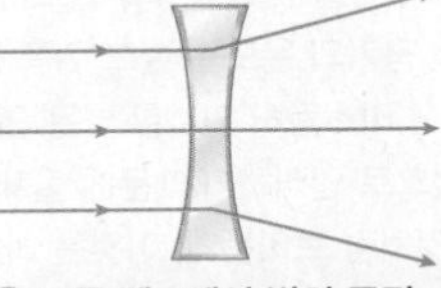

오목 렌즈에서 빛의 굴절

(4) *낮보다 밤에 소리가 멀리까지 퍼진다.

➡ 공기의 온도에 따라 소리의 속력이 다르기 때문에 소리가 공기 중에서 연속적으로 굴절하는 방향이 낮과 밤에 달라서 나타나는 현상이다.

(5) 파도가 해안선에 나란하게 진행한다.

➡ 파도가 해안가로 진행할 때 해안선이 들어간 곳은 바다 쪽으로 튀어나온 곳보다 깊이가 더 깊어서 파도의 속력이 더 빠르다. 그 결과 파도의 진행 방향은 튀어나온 쪽으로 굴절하면서 해안선에 나란해진다.

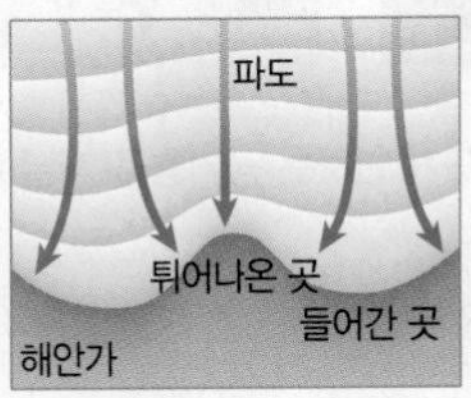

파도의 굴절

2. 굴절 현상의 이용

안경	오목 렌즈는 [2]근시안을 교정하는 안경에, 볼록 렌즈는 [3]원시안을 교정하는 안경에 사용한다.
광학 기기	다양한 종류의 렌즈를 카메라, 망원경, 현미경 등의 용도에 맞게 활용한다. 카메라 망원경 (대물렌즈, 접안 렌즈) 현미경 (접안 렌즈, 대물 렌즈)
지구 내부 구조 분석	지구 내부 물질의 종류와 상태에 따라서 지진파가 굴절하는 정도가 달라지는 현상을 이용하여 지구 내부 구조를 분석한다.
굴절 당도계	용액 속의 당분의 농도에 따라 빛의 굴절하는 정도가 달라지는 것을 이용하여 당도를 측정한다.

굴절 당도계: 용액의 당분의 농도를 측정하는 계기

◆ 여러 가지 굴절 현상
- 별빛이 반짝이는 현상도 공기의 온도가 균일하지 않아서 일어나는 빛의 굴절 현상이다.
- 수평선상에 있는 태양이 실제 위치보다 위에 있는 것처럼 보인다.
- 지평선 가까이 보이는 별이 실제 고도보다 더 높게 관측된다.

◆ 낮말은 새가 듣고 밤말은 쥐가 듣는다.
소리가 낮에는 위로 굴절하고 밤에는 아래로 굴절하는 현상을 생각해 볼 수 있는 속담이다.

용어

❶ **신기루** 대기 속에서 빛의 굴절 현상에 의하여 공중이나 땅 위에 무엇이 있는 것처럼 보이는 현상

❷ **근시(近 가깝다, 視 보다)** 상이 망막 앞쪽에 맺혀 가까운 곳에 있는 것은 잘 보이지만 먼 곳에 있는 것은 잘 안 보이는 눈

❸ **원시(遠 멀다, 視 보다)** 상이 망막 뒤쪽에 맺혀 멀리 있는 것은 잘 보이지만 가까운 곳에 있는 것은 잘 안 보이는 눈

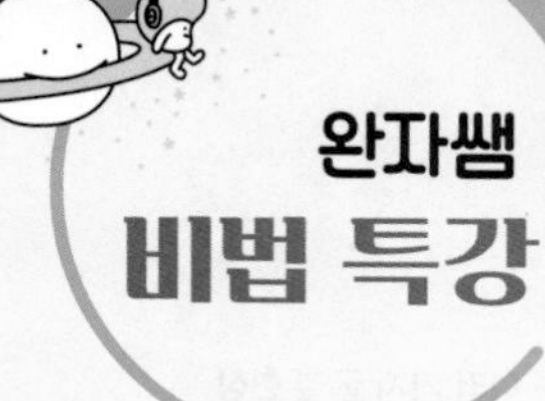

여러 가지 굴절 현상

우리 주변에 존재하는 빛, 소리, 물결파 등의 파동은 매질이 달라지면 그에 따라 진행 속력이 달라져서 굴절한다는 것을 배웠습니다. 주변에서 관찰할 수 있는 굴절 현상들에서 일어나는 매질의 변화와 파동의 굴절 원리를 그림과 함께 알아볼까요?

1 빛의 굴절

빛이 진행하는 도중에 매질의 종류가 달라지면 빛의 속력이 변하여 진행 방향이 꺾이는 굴절 현상이 일어나지만, 같은 매질에서도 온도가 다른 경우에는 빛의 속력이 변하기 때문에 굴절 현상이 일어난다.

❶ 뜨거운 지면 위의 신기루

- 빛의 속력은 공기의 온도가 높을수록(공기의 밀도가 작을수록) 빠르다.
- 더운 여름날 지면 근처의 공기의 온도는 높고 위쪽 공기의 온도는 낮으므로, 지면에 가까울수록 빛의 속도가 빠르다.
- 물체에서 반사되어 지면에 비스듬히 입사한 빛은 연속적으로 굴절하여 위쪽으로 휘어지며 진행하여 관찰자의 눈에 들어온다.
- 사람은 빛이 직진하는 것으로 인식하기 때문에 물체가 지면 아래에 있는 것처럼 보이는 신기루가 나타난다.
- 이때 바닥에 물이 고인 것처럼 보이는데, 이것은 하늘에서 온 빛이 지면 근처의 뜨거운 공기층을 통과하면서 굴절되어 하늘이 비쳐 보이는 것이다.

❷ 추운 지방의 공중에 생기는 신기루

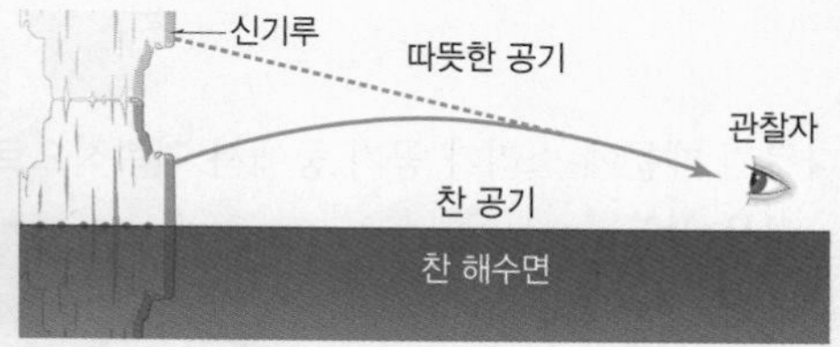

- 추운 지방에서는 해수면 근처의 공기의 온도가 낮고 위쪽 공기의 온도는 높기 때문에, 해수면으로부터 높이가 높을수록 빛의 속도가 빠르다.
- 물체에서 반사되어 공중을 향하던 빛이 연속적으로 굴절하여 아래로 휘어져 진행하므로, 물체가 공중에 떠 있는 것처럼 보이는 신기루가 나타난다.

Q1 신기루는 빛이 온도가 변하는 공기층을 지날 때 빛의 속력이 변하면서 (　　　　)하기 때문이다.

2 소리의 굴절

소리가 온도가 다른 공기층을 진행할 때 소리의 속력이 달라지므로, 소리의 진행 방향이 변하게 되는 굴절 현상이 일어난다.

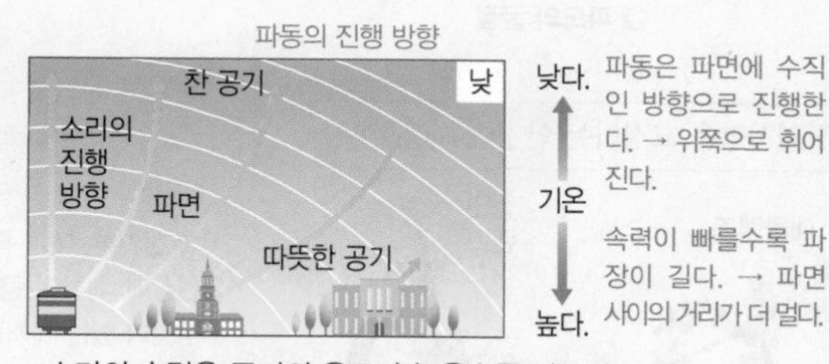

- 소리의 속력은 공기의 온도가 높을수록 빠르다.
- 낮에 지면 근처의 공기 온도는 높고 위쪽의 공기 온도는 낮으므로, 소리의 속력은 지면에 가까운 곳에서 더 빠르다.
- 파동은 속력이 더 느린 쪽(파장이 짧아지는 쪽)으로 굴절하므로, 소리는 위쪽으로 굴절한다.

- 소리의 속력은 공기의 온도가 높을수록 빠르다.
- 밤에는 지면 가까운 곳의 공기 온도는 낮고 위쪽의 공기 온도는 높으므로, 소리의 속력은 지면으로부터의 높이가 높을수록 빠르다.
- 파동은 속력이 더 느린 쪽(파장이 짧아지는 쪽)으로 굴절하므로, 소리는 아래쪽으로 굴절한다.

Q2 낮에는 소리가 (　　　　)쪽으로 굴절하고, 밤에는 소리가 (　　　　)쪽으로 굴절한다.

정답친해 126쪽

개념 확인 문제

핵심 체크

- 파동의 요소
  - (❶): 매질이 진동 중심에서 최대로 이동한 거리
  - (❷): 파동의 한 점이 1회 진동하는 동안 진행한 거리
  - (❸): 매질의 한 점이 1초 동안 진동하는 횟수, 진동수 $=\dfrac{1}{(❹\quad)}$
- 파동의 속력: 속력 $=\dfrac{(❺\quad)}{\text{주기}}=$ 진동수 $\times$ (❻)
- 파동의 굴절
  - 파동이 서로 다른 두 매질의 경계면을 통과할 때 파동의 (❼)이 변하기 때문에 진행 방향이 변하는 현상
  - 파동이 매질 1에서 매질 2로 입사할 때 입사각과 굴절각의 (❽)의 비는 항상 일정한 값을 나타내며, 이 값을 매질 1에 대한 매질 2의 (❾)이라고 한다.

1 파동에 대한 설명으로 옳은 것은 ○, 옳지 않은 것은 ×로 표시하시오.

(1) 파동이 진행할 때 에너지와 함께 매질이 이동한다. ( )

(2) 횡파는 파동의 진행 방향과 매질의 진동 방향이 수직인 파동이다. ( )

(3) 종파의 예로 음파, 지진파의 P파 등이 있다. ( )

2 그림은 파동의 변위를 위치와 시간에 따라 나타낸 것이다. 파동의 요소 A～C의 이름을 각각 쓰시오.

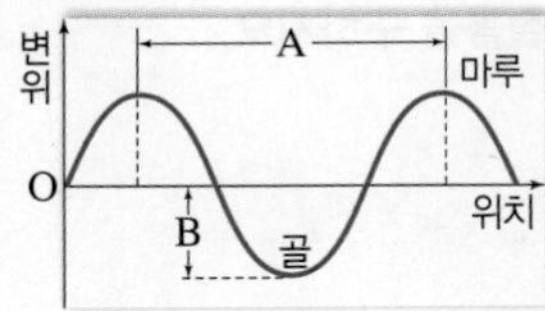

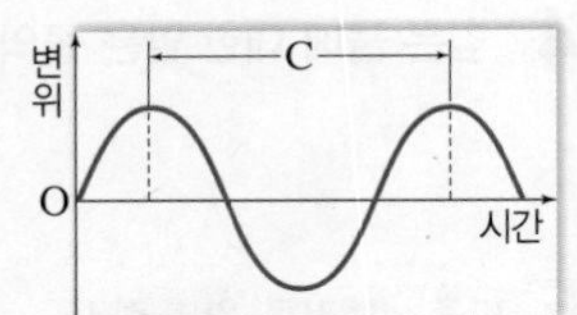

3 파동의 속력에 대한 설명으로 옳은 것은 ○, 옳지 않은 것은 ×로 표시하시오.

(1) 매질이 달라질 때 소리의 속력은 고체＜액체＜기체 순으로 빠르다. ( )

(2) 소리의 속력은 공기의 온도가 높을수록 빠르다. ( )

(3) 파동이 서로 다른 매질의 경계면에서 굴절할 때 속력이 달라진다. ( )

(4) 물결파가 깊은 곳에서 얕은 곳으로 진행할 때 속력이 빨라진다. ( )

4 그림과 같이 빛이 굴절률 n_1인 매질 1과 굴절률 n_2인 매질 2의 경계면에서 굴절할 때, 매질 1에 대한 매질 2의 굴절률과 같은 값인 것을 [보기]에서 있는 대로 고르시오.

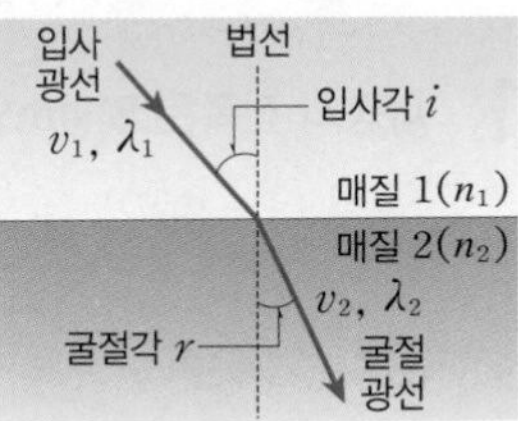

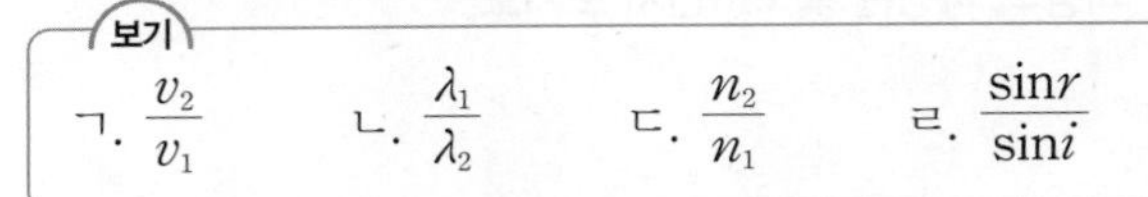

보기

ㄱ. $\dfrac{v_2}{v_1}$　ㄴ. $\dfrac{\lambda_1}{\lambda_2}$　ㄷ. $\dfrac{n_2}{n_1}$　ㄹ. $\dfrac{\sin r}{\sin i}$

5 그림과 같이 빛이 공기와 물의 경계면에서 굴절할 때에 대한 설명으로 옳은 것은 ○, 옳지 않은 것은 ×로 표시하시오.

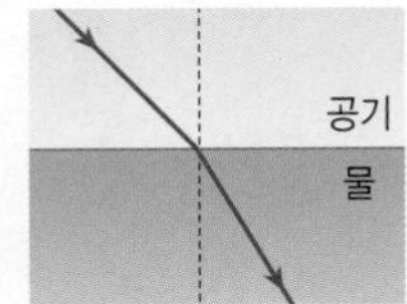

(1) 입사각의 크기가 굴절각의 크기보다 크다. ( )

(2) 공기에서 빛의 진동수가 물에서 빛의 진동수보다 크다. ( )

(3) 공기에서 빛의 속력이 물에서 빛의 속력보다 빠르다. ( )

6 다음 현상들을 설명할 수 있는 파동의 성질을 쓰시오.

- 물이 담긴 컵 속에 젓가락을 넣으면 굽어 보인다.
- 연못이나 수영장 바닥이 실제보다 얕아 보인다.
- 사막에서나 더운 여름날 도로에 신기루가 생긴다.

대표 자료 분석

정답친해 126쪽

자료 ❶ 파동 그래프

기출 Point
- 파동의 변위-위치 그래프와 변위-시간 그래프 분석하기
- 파동의 속력 구하기

[1~5] 그림 (가)는 어느 순간 파동의 모습을 위치에 따라 나타낸 것이고, (나)는 (가)의 순간부터 점 P의 변위를 시간에 따라 나타낸 것이다.

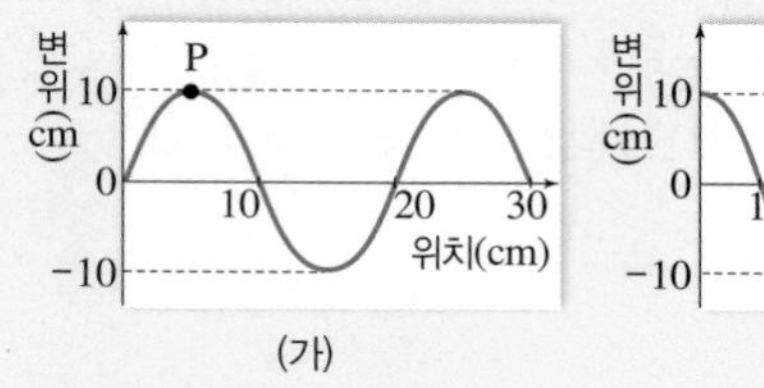

(가)

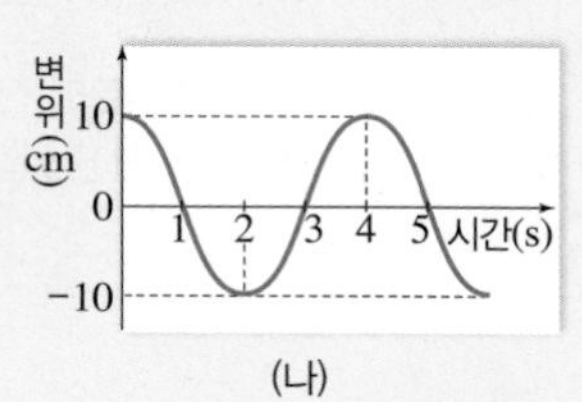

(나)

1 파동의 진폭은 몇 cm인지 쓰시오.

2 파동의 파장은 몇 cm인지 쓰시오.

3 파동의 주기는 몇 초인지 쓰시오.

4 파동의 속력은 몇 cm/s인지 쓰시오.

5 빈출 선택지로 완벽 정리!

(1) 이 파동의 진동수는 0.25 Hz이다. (○ / ×)

(2) P점은 1초 동안 4회 진동한다. (○ / ×)

(3) P점이 1회 진동하는 데 4초가 걸린다. (○ / ×)

(4) 1초 후 P점의 변위는 -10 cm이다. (○ / ×)

(5) 이 파동은 한 주기 동안 20 cm만큼 진행한다. (○ / ×)

(6) 이 파동은 1초 동안 5 cm만큼 진행한다. (○ / ×)

자료 ❷ 물결파의 굴절

기출 Point
- 물의 깊이와 물결파의 속력의 관계 이해하기
- 물결파의 속력, 파장의 변화로부터 굴절률 구하기

[1~5] 그림은 물결파 투영 장치에 유리판을 넣어 물의 깊이를 다르게 한 후, 진동수가 일정한 물결파를 발생시킬 때 물결파의 파면을 나타낸 것이다.

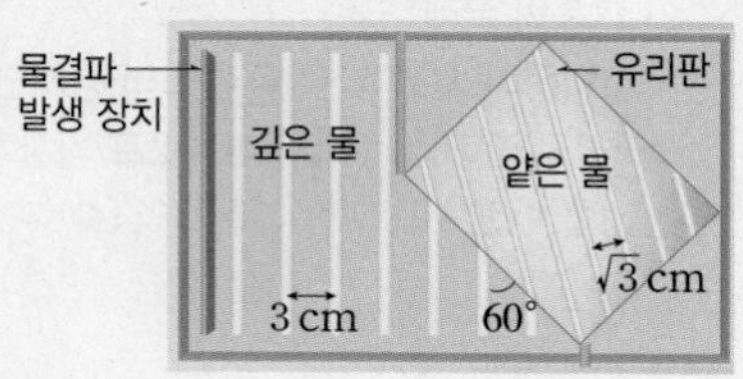

1 깊은 물과 얕은 물에서 물결파의 속력을 등호나 부등호로 비교하시오.

2 입사각과 굴절각의 크기를 등호나 부등호로 비교하시오.

3 입사각은 몇 °인지 쓰시오.

4 깊은 물에 대한 얕은 물의 굴절률을 구하시오.

5 빈출 선택지로 완벽 정리!

(1) 이 물결파의 굴절각은 30°이다. (○ / ×)

(2) 이 물결파의 진동수가 깊은 물에서 2 Hz일 때, 얕은 물에서 물결파의 속력은 $6\sqrt{3}$ cm/s이다. (○ / ×)

(3) 물결파의 파장은 깊은 물에서가 얕은 물에서보다 짧다. (○ / ×)

(4) 물의 깊이가 얕아지면 물결파의 주기는 길어진다. (○ / ×)

(5) 깊은 물에 대한 얕은 물의 굴절률은 1보다 크다. (○ / ×)

(6) 입사각을 증가시키면 깊은 물에 대한 얕은 물의 굴절률은 증가한다. (○ / ×)

내신 만점 문제

정답친해 127쪽

A 파동의 발생

중요 **01** 그림은 손으로 줄을 흔들어 발생한 파동의 모습을 0.2초 간격으로 나타낸 것이다.

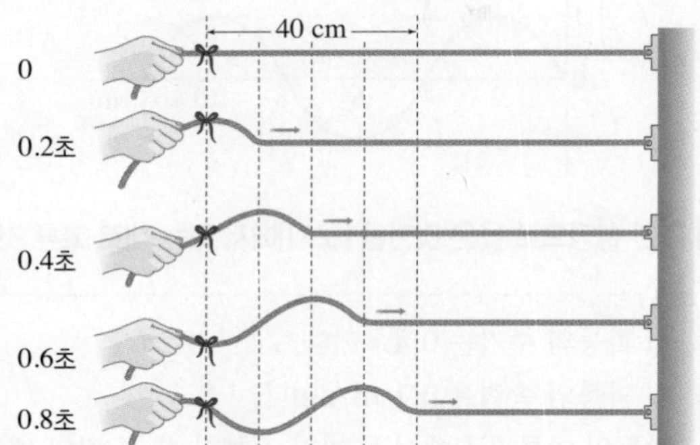

이에 대한 설명으로 옳은 것만을 [보기]에서 있는 대로 고른 것은?

> 보기
> ㄱ. 이 파동은 종파이다.
> ㄴ. 파동의 진동수는 0.8 Hz이다.
> ㄷ. 파동의 속력은 0.5 m/s이다.

① ㄱ ② ㄴ ③ ㄷ
④ ㄱ, ㄴ ⑤ ㄴ, ㄷ

02 그림은 용수철 A, B를 서로 다른 방향으로 흔들 때 생기는 두 파동을 나타낸 것이다. a와 b는 A에서 변위가 0인 용수철상의 두 점이다.

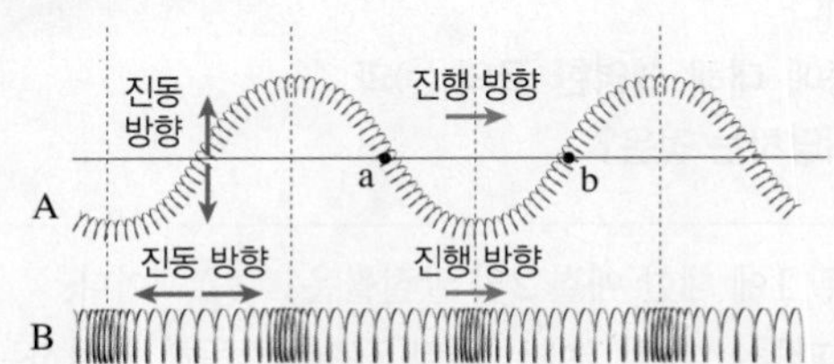

이에 대한 설명으로 옳은 것만을 [보기]에서 있는 대로 고른 것은?

> 보기
> ㄱ. a와 b의 운동 방향은 서로 반대이다.
> ㄴ. A의 파장은 B의 파장과 같다.
> ㄷ. 빛은 B와 같은 형태의 파동에 속한다.

① ㄱ ② ㄴ ③ ㄱ, ㄷ
④ ㄴ, ㄷ ⑤ ㄱ, ㄴ, ㄷ

중요 **03** 공기 중에서 소리의 속력이 340 m/s라고 할 때, 진동수가 680 Hz인 소리의 파장은?

① 0.1 m ② 0.2 m ③ 0.5 m
④ 1 m ⑤ 2 m

[04~05] 그림 (가)는 종류가 같은 줄 A, B의 한쪽 끝을 잡고 각각 흔들 때 파동의 모습을 나타낸 것이고, (나)는 굵기가 굵은 줄 C와 가는 줄 D를 연결하여 만든 줄의 한쪽 끝을 잡고 흔들 때의 파동의 모습을 나타낸 것이다.

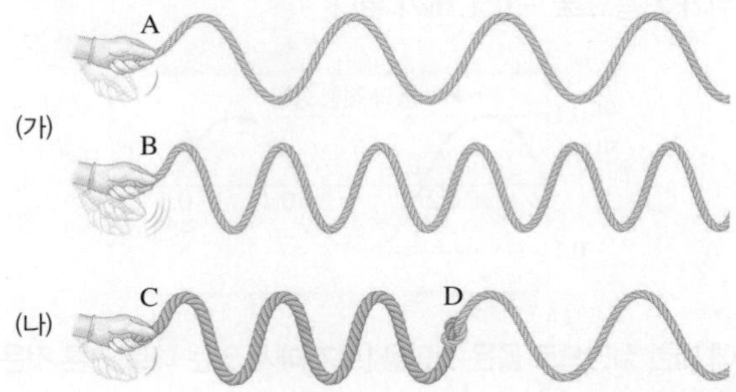

04 (가)에 대한 설명으로 옳은 것만을 [보기]에서 있는 대로 고른 것은?

> 보기
> ㄱ. 줄에 생긴 파동의 속력은 A와 B가 같다.
> ㄴ. 줄에 생긴 파동의 주기는 A가 B보다 짧다.
> ㄷ. 줄을 더 빠르게 흔들 때 생기는 파동은 B이다.

① ㄱ ② ㄴ ③ ㄷ
④ ㄱ, ㄷ ⑤ ㄴ, ㄷ

05 (나)에서 굵은 줄 C와 가는 줄 D에 생긴 파동의 파장, 진동수, 속력을 비교한 것끼리 옳게 짝 지은 것은?

	파장	진동수	속력
①	C<D	C=D	C<D
②	C<D	C>D	C=D
③	C=D	C>D	C<D
④	C>D	C=D	C>D
⑤	C>D	C=D	C<D

06 그림은 마찰이 없는 수평면에서 용수철을 1초에 2회씩 진동시킬 때 생긴 파동의 어느 순간의 모습을 나타낸 것이다.

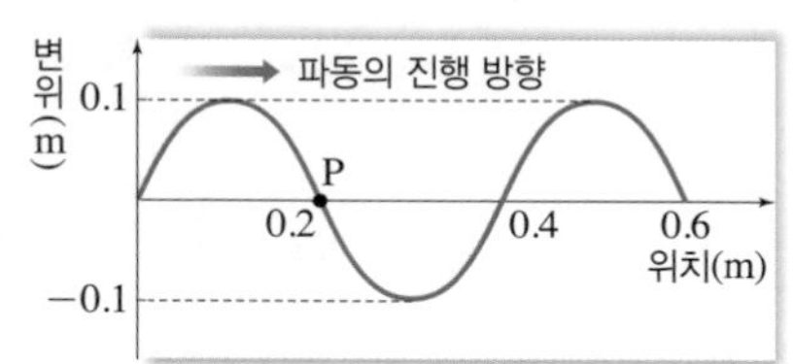

이 파동의 속력은 몇 m/s인지 쓰시오.

07 그림은 오른쪽으로 진행하는 파동의 어느 한 순간의 모습을 나타낸 것이다. 이 순간부터 3초 후에 매질상의 점 P의 변위가 처음으로 -0.1 m가 된다.

변위(m) 0.1, −0.1 / 파동의 진행 방향 / P / 0.2 0.4 0.6 위치(m)

이에 대한 설명으로 옳은 것만을 [보기]에서 있는 대로 고른 것은?

보기
ㄱ. 파장은 0.4 m이다.
ㄴ. 주기는 12초이다.
ㄷ. 속력은 0.1m/s이다.

① ㄱ ② ㄴ ③ ㄱ, ㄷ
④ ㄴ, ㄷ ⑤ ㄱ, ㄴ, ㄷ

08 그림 (가)는 두 줄 A, B를 진동시켰을 때 줄을 따라 진행하는 파동의 어느 한 순간의 모습을 나타낸 것이고, (나)는 두 줄 A, B의 어느 한 점의 변위를 시간에 따라 나타낸 것이다.

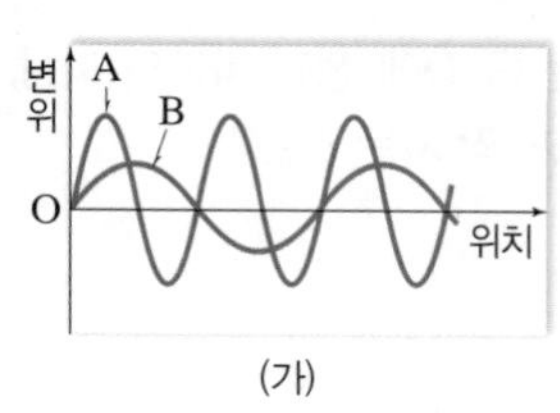

(가)

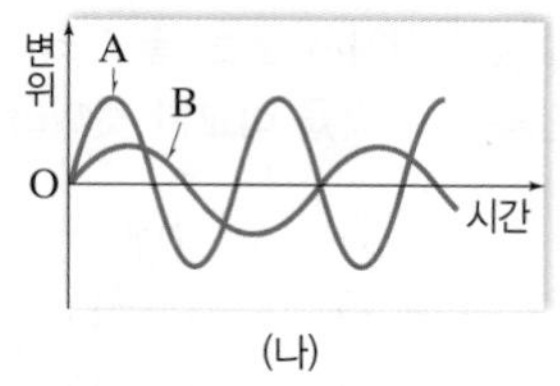

(나)

A, B에 생긴 파동의 속력을 각각 v_A, v_B라 할 때, $v_A : v_B$는?

① 1 : 1 ② 1 : 2 ③ 2 : 3
④ 3 : 2 ⑤ 3 : 4

중요 **09** 그림은 오른쪽으로 진행하는 파동의 어느 한 순간의 모습을 나타낸 것이다. 이 순간에 P의 위치에 있던 파동의 마루는 0.2초 후에 P′의 위치까지 진행한다.

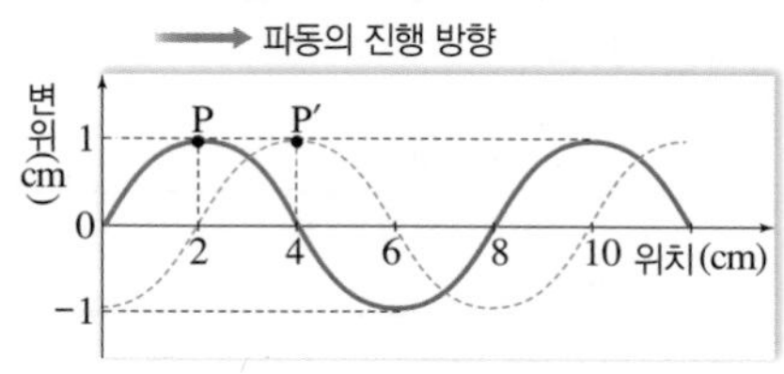

이에 대한 설명으로 옳은 것만을 [보기]에서 있는 대로 고른 것은?

보기
ㄱ. 이 파동의 주기는 0.4초이다.
ㄴ. 이 파동의 속력은 0.1 m/s이다.
ㄷ. 파동의 마루가 P에서 P′까지 진행할 때, P점의 매질의 운동 방향은 오른쪽이다.

① ㄱ ② ㄴ ③ ㄷ
④ ㄱ, ㄴ ⑤ ㄴ, ㄷ

B 파동의 굴절

10 그림은 파동이 매질 1에서 매질 2로 진행할 때 어느 순간의 파면의 모습을 나타낸 것이다. 파면 사이의 거리는 매질 1, 2에서 각각 λ_1, λ_2이다.
이 파동에 대해 설명한 글의 ㉠과 ㉡에 해당하는 것은?

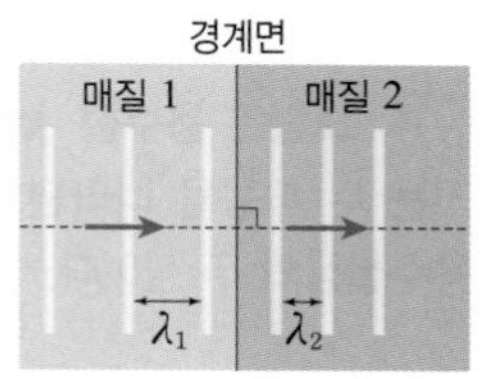

• 매질 1에 대한 매질 2의 굴절률은 ㉠ 이다.
• 이 파동이 매질 1에서 매질 2로 비스듬히 입사하는 경우에 입사각과 굴절각 사이의 관계는 ㉡ 이다.

	㉠	㉡		㉠	㉡
①	$\frac{\lambda_1}{\lambda_2}$	입사각<굴절각	②	$\frac{\lambda_1}{\lambda_2}$	입사각>굴절각
③	$\lambda_1\lambda_2$	입사각<굴절각	④	$\frac{\lambda_2}{\lambda_1}$	입사각<굴절각
⑤	$\frac{\lambda_2}{\lambda_1}$	입사각>굴절각			

[11~12] 그림과 같이 진공에서 빛이 매질 A로 입사할 때 입사각이 45°, 굴절각이 30°로 진행하였다.

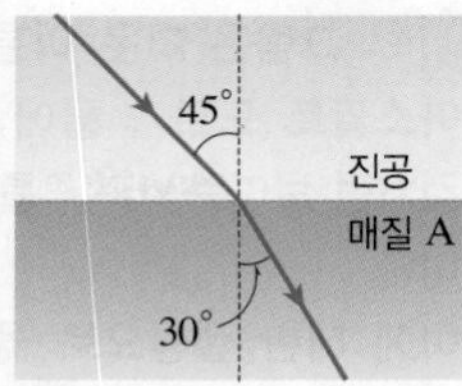

서술형

11 진공에 대한 매질 A의 굴절률을 풀이 과정과 함께 구하시오.

12 매질 A에서 빛의 진동수와 속력 및 파장의 변화에 대한 설명으로 옳은 것만을 [보기]에서 있는 대로 고른 것은?

보기

ㄱ. 빛의 진동수는 진공에서와 같다.
ㄴ. 빛의 속력은 진공에서보다 $\frac{1}{\sqrt{2}}$배로 느려진다.
ㄷ. 빛의 파장은 진공에서보다 $\sqrt{2}$배로 길어진다.

① ㄱ ② ㄷ ③ ㄱ, ㄴ
④ ㄴ, ㄷ ⑤ ㄱ, ㄴ, ㄷ

13 그림은 두께가 균일한 매질 1과 2를 접촉시킨 후 공기 중에서 매질 1로 빛을 비추었을 때 빛의 경로를 나타낸 것이다.

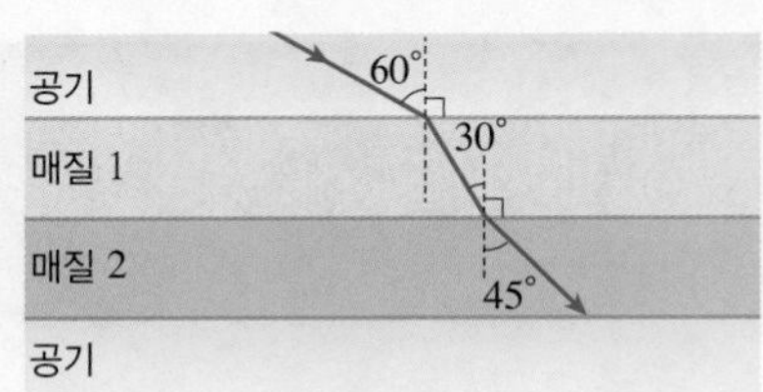

이에 대한 설명으로 옳은 것만을 [보기]에서 있는 대로 고른 것은?

보기

ㄱ. 빛의 속력은 매질 1 < 매질 2 < 공기 순으로 빠르다.
ㄴ. 굴절률은 매질 2가 가장 크다.
ㄷ. 빛이 매질 2에서 공기로 나올 때 굴절각은 30°이다.

① ㄱ ② ㄴ ③ ㄷ
④ ㄱ, ㄴ ⑤ ㄴ, ㄷ

중요

14 그림은 물결파가 서로 다른 깊이의 물 A에서 B로 진행하는 것을 나타낸 것이다.

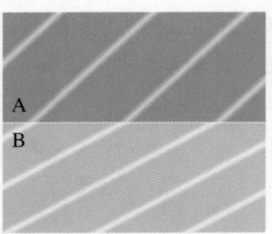

이에 대한 설명으로 옳지 않은 것은?

① 물의 깊이는 A가 B보다 얕다.
② 물결파의 파장은 A에서가 B에서보다 길다.
③ 물결파의 속력은 A에서가 B에서보다 빠르다.
④ 입사각의 크기는 굴절각의 크기보다 크다.
⑤ 물결파의 주기는 변하지 않는다.

15 그림은 깊은 물에서 진행하던 물결파가 얕은 물로 진행할 때, 경계면에서 일어나는 파면의 변화를 나타낸 것이다.
깊은 물과 얕은 물에서 물결파의 속력이 각각 v_1, v_2일 때, $v_1 : v_2$는?

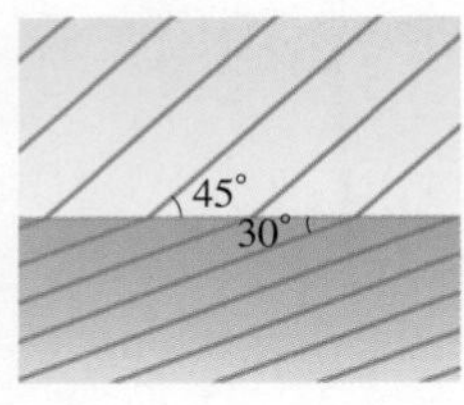

① $1 : 1$ ② $1 : \sqrt{2}$ ③ $1 : \sqrt{3}$
④ $\sqrt{2} : 1$ ⑤ $\sqrt{2} : \sqrt{3}$

서술형

16 그림 (가)는 물결파 투영 장치를 나타낸 것이고, (나)는 (가)의 수조에 유리판을 넣은 후 작동시켜 파동의 굴절 현상을 관찰하는 것을 나타낸 것이다. 유리판 위에서 관찰되는 물결파의 파면의 모습을 (나)에 그리시오.

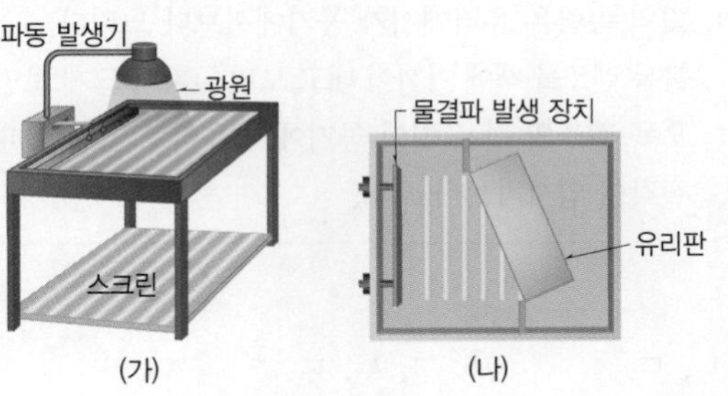

C 생활 속의 굴절

17 그림은 물이 담긴 그릇에 연필을 넣고 관찰했을 때 연필이 꺾여 보이는 것을 나타낸 것이다.

이에 대한 설명으로 옳은 것만을 [보기]에서 있는 대로 고른 것은?

보기
ㄱ. 빛이 물속에서 공기로 나올 때 속력이 빨라진다.
ㄴ. 연필심에서 반사하는 빛은 직진하여 눈에 들어온다.
ㄷ. 연필심의 실제 깊이는 눈에 보이는 것보다 위쪽에 있다.

① ㄱ ② ㄴ ③ ㄱ, ㄷ
④ ㄴ, ㄷ ⑤ ㄱ, ㄴ, ㄷ

18 그림은 유리로 만든 볼록 렌즈와 오목 렌즈에서 빛이 진행하는 경로를 나타낸 것이다.

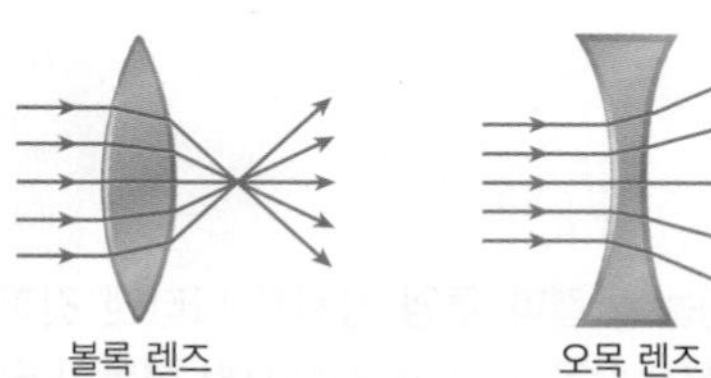

이에 대한 설명으로 옳은 것만을 [보기]에서 있는 대로 고른 것은?

보기
ㄱ. 빛의 속력은 유리에서가 공기에서보다 느리다.
ㄴ. 볼록 렌즈를 책에 가까이 대고 보면 글자가 크게 보인다.
ㄷ. 오목 렌즈의 경우 빛이 공기에서 유리로 입사할 때 굴절각이 입사각보다 크다.

① ㄱ ② ㄷ ③ ㄱ, ㄴ
④ ㄴ, ㄷ ⑤ ㄱ, ㄴ, ㄷ

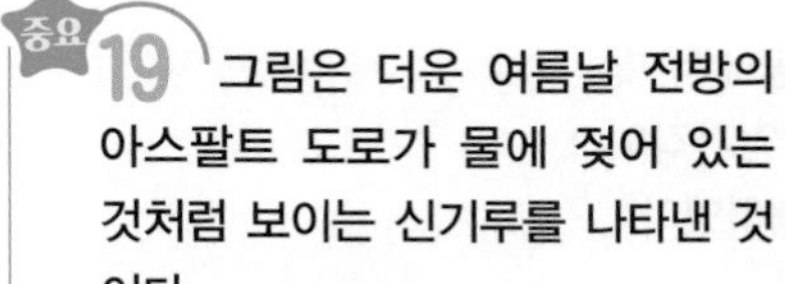

중요 **19** 그림은 더운 여름날 전방의 아스팔트 도로가 물에 젖어 있는 것처럼 보이는 신기루를 나타낸 것이다.

이에 대한 설명으로 옳은 것만을 [보기]에서 있는 대로 고른 것은?

보기
ㄱ. 온도가 높은 공기일수록 굴절률이 작다.
ㄴ. 공기의 밀도가 작을수록 빛의 속력이 느리다.
ㄷ. 도로면에 가까울수록 빛의 속력이 느리다.

① ㄱ ② ㄴ ③ ㄱ, ㄷ
④ ㄴ, ㄷ ⑤ ㄱ, ㄴ, ㄷ

중요 **20** 굴절 현상의 예로 옳지 않은 것은?

① 신기루 현상이 나타난다.
② 호수의 물에 주변 경치가 비쳐 보인다.
③ 물이 담긴 컵 속의 빨대가 꺾여 보인다.
④ 소리가 낮보다 밤에 더 멀리까지 들린다.
⑤ 뜨거운 난로나 아스팔트 위에 아지랑이가 어른거린다.

21 그림은 하루 중 어느 시각에 공기 중에서 소리가 진행하는 경로를 나타낸 것이다.

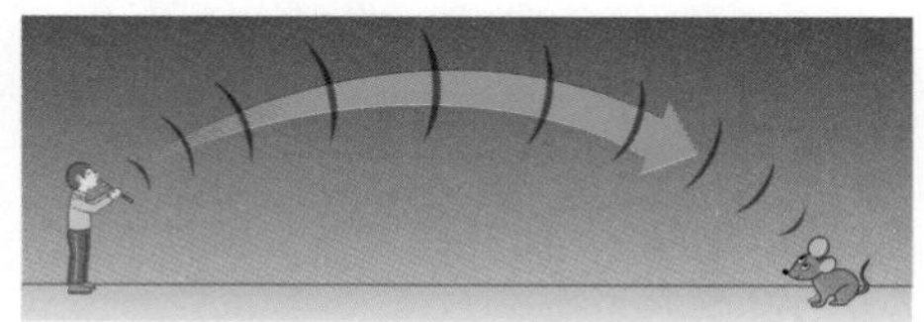

이 사실로 알 수 있는 현상에 대한 설명으로 옳은 것만을 [보기]에서 있는 대로 고른 것은?

보기
ㄱ. 낮에 나타날 수 있는 현상이다.
ㄴ. 소리의 속력은 지면에 가까울수록 빠르다.
ㄷ. 공기의 온도는 지면에 가까울수록 낮다.

① ㄴ ② ㄷ ③ ㄱ, ㄴ
④ ㄱ, ㄷ ⑤ ㄴ, ㄷ

실력 UP 문제

정답친해 130쪽

01 그림은 $1\ m/s$의 속력으로 오른쪽으로 진행하는 파동의 어느 한 순간의 모습을 나타낸 것이다. 2초 후 점 P의 변위를 구하시오.

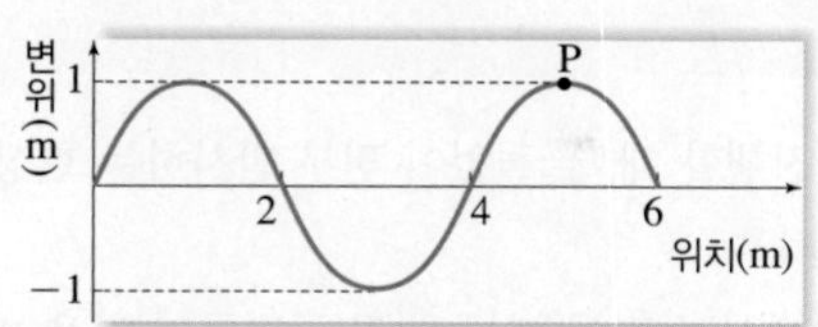

02 그림 (가)는 파동의 어느 한 순간의 모습을, (나)는 (가)의 순간부터 점 A의 변위를 시간에 따라 나타낸 것이다.

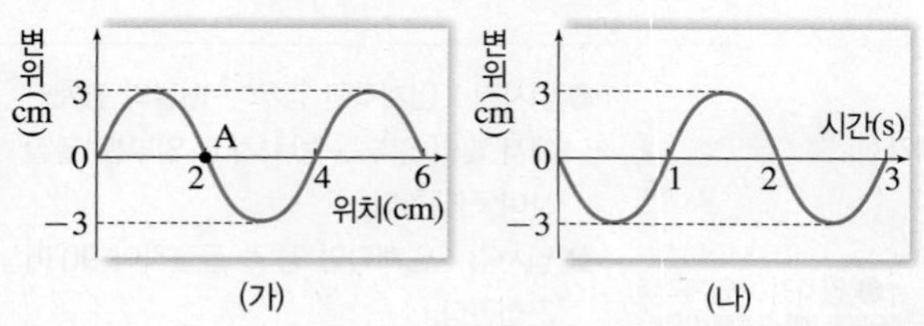

이에 대한 설명으로 옳은 것만을 [보기]에서 있는 대로 고른 것은?

보기

ㄱ. 파동의 진행 방향은 오른쪽이다.

ㄴ. 파동의 속도는 $2\ cm/s$이다.

ㄷ. $x=4\ cm$인 지점의 1초 후의 변위는 $3\ cm$이다.

① ㄱ ② ㄴ ③ ㄷ ④ ㄱ, ㄴ ⑤ ㄴ, ㄷ

03 그림 (가)는 매질 A, B에서 $+x$ 방향으로 진행하는 파동의 어느 순간의 변위를 위치 x에 따라, (나)는 (가)의 순간부터 매질상의 점 P와 Q의 변위를 시간에 따라 나타낸 것이다.

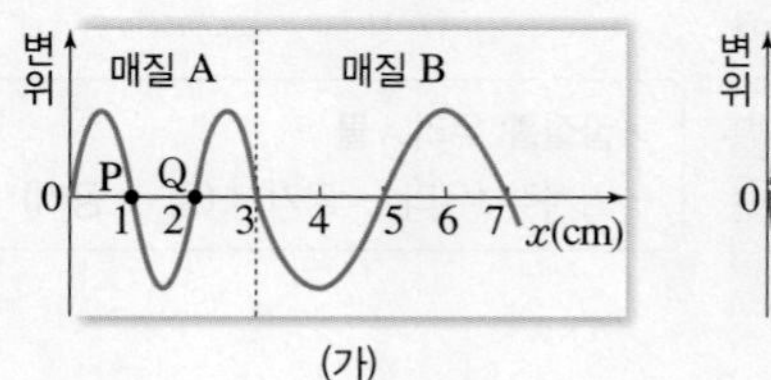

(가)

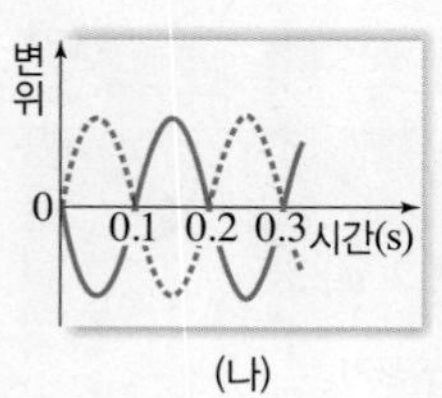

(나)

이에 대한 설명으로 옳은 것만을 [보기]에서 있는 대로 고른 것은?

보기

ㄱ. (나)에서 점선은 Q의 변위를 나타낸 것이다.

ㄴ. A와 B에서 파동의 주기는 같다.

ㄷ. B에서 파동의 속력은 $20\ cm/s$이다.

① ㄱ ② ㄴ ③ ㄷ ④ ㄱ, ㄴ ⑤ ㄴ, ㄷ

04 그림 (가)는 진동수가 일정한 물결파가 매질 1에서 매질 2로 진행하는 모습을 나타낸 것이다. 파면이 경계면과 이루는 각은 매질 1에서 $60°$, 매질 2에서 $30°$이고, 매질 1에서 이웃한 파면 사이의 간격은 $4\ cm$이다. 그림 (나)는 점 P에서 물결파의 변위를 시간에 따라 나타낸 것이다.

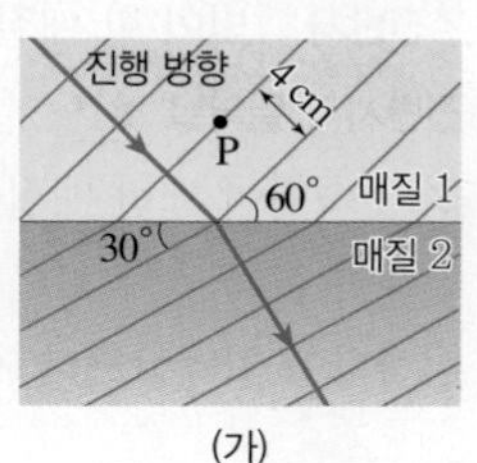

(가)

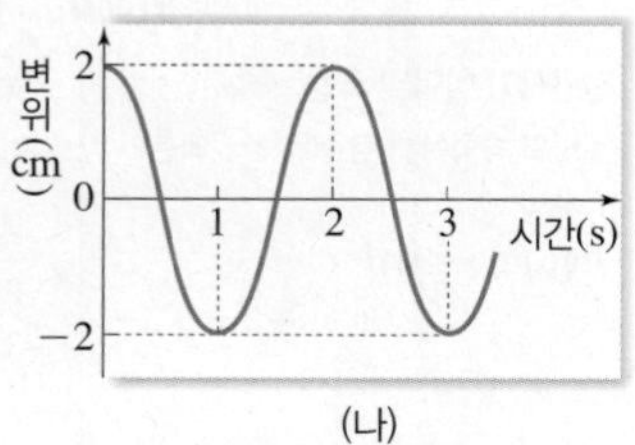

(나)

이에 대한 설명으로 옳은 것만을 [보기]에서 있는 대로 고른 것은?

보기

ㄱ. 매질 1에서 물결파의 진폭은 $2\ cm$이다.

ㄴ. 매질 2에서 물결파의 주기는 $\sqrt{3}$초이다.

ㄷ. 매질 2에서 물결파의 속력은 $\frac{2}{\sqrt{3}}\ cm/s$이다.

① ㄱ ② ㄴ ③ ㄱ, ㄷ
④ ㄴ, ㄷ ⑤ ㄱ, ㄴ, ㄷ

05 그림과 같이 빛이 공기 중에서 매질 Ⅰ에 입사각 $60°$로 입사하여 매질 Ⅱ에서 공기 중으로 굴절각 θ로 진행한다. 매질 Ⅰ 대한 매질 Ⅱ의 굴절률은 $\frac{\sqrt{2}}{\sqrt{3}}$이다.

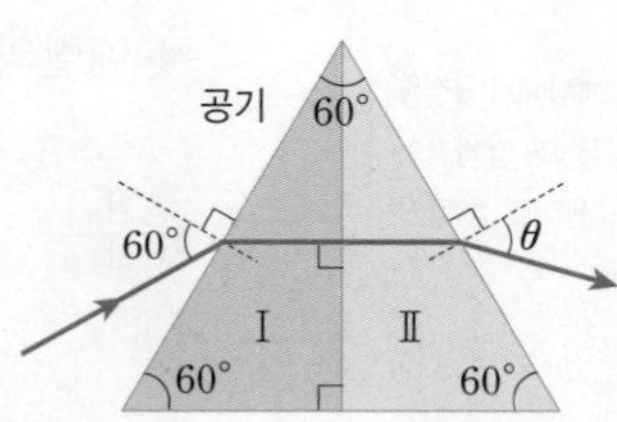

이에 대한 설명으로 옳은 것만을 [보기]에서 있는 대로 고른 것은?

보기

ㄱ. 공기에 대한 매질 Ⅰ의 굴절률은 $\sqrt{3}$이다.

ㄴ. $\theta=45°$이다.

ㄷ. 빛의 파장은 Ⅰ에서가 Ⅱ에서보다 길다.

① ㄱ ② ㄷ ③ ㄱ, ㄴ
④ ㄴ, ㄷ ⑤ ㄱ, ㄴ, ㄷ

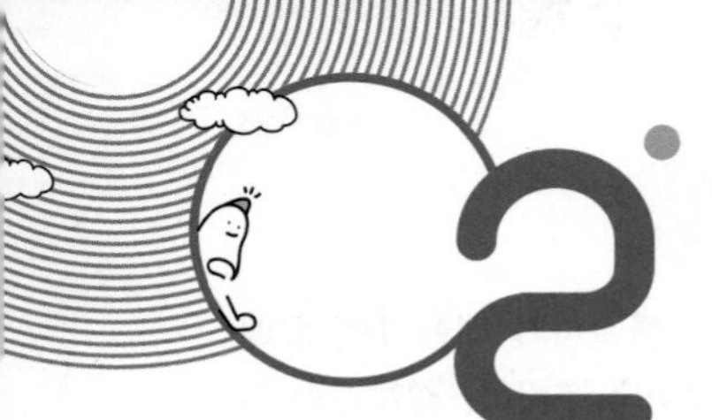

2 전반사와 전자기파

핵심 포인트

❶ 전반사의 원리 ★★★
❷ 광섬유 ★★
❸ 전자기파의 종류와 성질 ★★
❹ 전자기파의 이용 ★★

A 전반사

1. [1]전반사 빛이 한 매질에서 다른 매질로 진행할 때, 굴절없이 전부 반사하는 현상

(1) **전반사가 일어날 조건** → ①, ②를 모두 만족해야 한다.

① 빛이 속력이 느린 매질(굴절률이 큰 매질)에서 속력이 빠른 매질(굴절률이 작은 매질)로 진행해야 한다.

② 입사각이 임계각보다 커야 한다.

(2) [2]**임계각(i_c)**: 굴절각이 90°일 때의 입사각

| 빛의 전반사 |

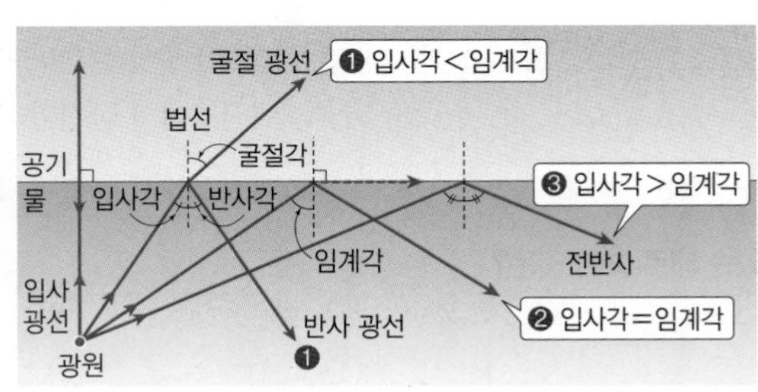

❶ 입사각<임계각인 경우: ◆매질의 경계면에서 빛의 일부는 반사하고 일부는 굴절하여 진행한다.
❷ 입사각=임계각인 경우: 굴절각이 90°에 근접한다.
❸ 입사각>임계각인 경우: 매질의 경계면에서 빛이 모두 반사하는 전반사가 일어난다.
➡ 빛의 전반사는 입사각이 임계각보다 큰 경우에만 일어난다.

(3) **굴절률과 임계각** 264쪽 대표 자료❶

① 빛이 굴절률이 n인 매질에서 굴절률이 약 1인 공기로 진행할 때, 입사각이 임계각 i_c일 경우 굴절각이 90°이므로 임계각 i_c는 다음과 같다.

$$\frac{\sin i_c}{\sin 90^\circ}=\frac{1}{n},\ \sin i_c=\frac{1}{n}$$

➡ 매질의 굴절률 n이 클수록 임계각 i_c는 작다. → 전반사가 일어날 수 있는 입사각의 범위가 크다.

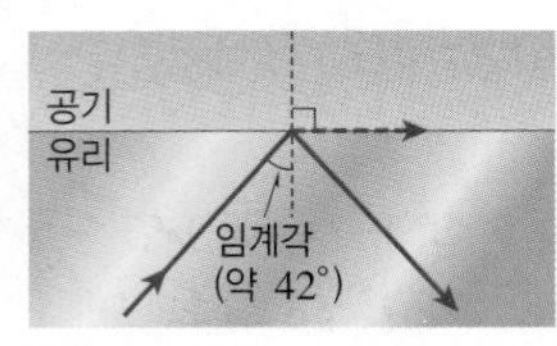

⬆ 유리 → 공기

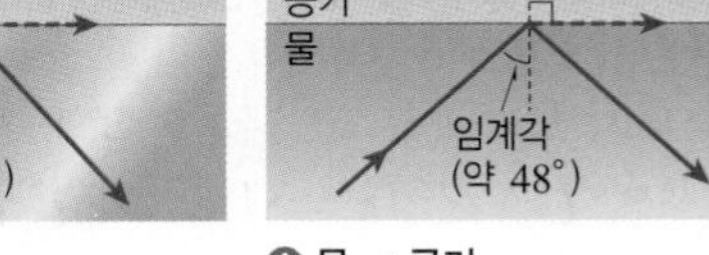

⬆ 물 → 공기

• 굴절률: 유리>물
• 임계각: (유리 → 공기)<(물 → 공기)

② 일반적으로 빛이 굴절률 n_1인 매질에서 굴절률이 n_2인 매질로 진행할 때($n_1>n_2$)의 임계각 i_c는 다음과 같다.

$$\frac{\sin i_c}{\sin 90^\circ}=\frac{n_2}{n_1},\ \sin i_c=\frac{n_2}{n_1}$$

➡ 두 매질의 굴절률 차가 클수록, 즉 $n_1>n_2$일 때 n_1이 더욱 클수록, n_2가 더욱 작을수록 임계각 i_c는 작다.

암기해!

전반사가 일어날 조건
• 빛의 속력이 느린 매질 → 빠른 매질
• 입사각>임계각

◆ **빛의 반사와 굴절**
빛이 진행할 때 성질이 다른 매질을 만나면 경계면에서 일부는 반사하고 일부는 굴절한다.

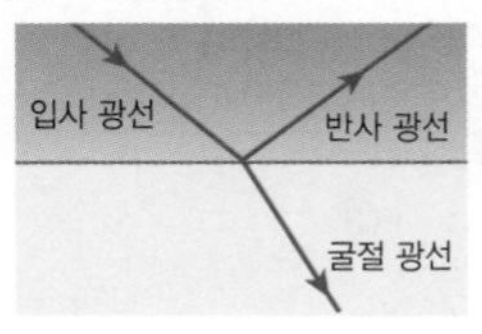

암기해!

굴절률의 크기
빛이 굴절률이 n인 매질에서 굴절률이 1인 공기로 진행할 때, 임계각의 사인값은 항상 1보다 작고, 매질의 굴절률은 1보다 크다.

$$\sin i_c=\frac{1}{n}<1$$

(용어)
❶ 전반사(全 전부, 反 되돌리다, 射 쏘다) 전부 반사되는 현상
❷ 임계각(臨 임하다, 界 한계, 角 각도) 굴절이 일어날 수 있는 입사각의 한계값

탐구 자료창 전반사 현상의 관찰

[실험 방법]

(가) 굴절 실험 장치의 물통에 물을 기준선까지 넣고, 물 아래쪽에서 입사각 30°로 레이저 빛을 비춘다.

(나) 입사각을 점점 크게 하면서 빛이 진행하는 모습을 관찰한다.

(다) 공기 쪽에서 입사각 30°로 레이저 빛을 비추고, (나)를 반복한다.

[실험 결과]

구분	빛이 굴절률이 큰 매질에서 작은 매질로 입사 (빛이 물 → 공기로 진행)	빛이 굴절률이 작은 매질에서 큰 매질로 입사 (빛이 공기 → 물로 진행)
빛의 진행 모습	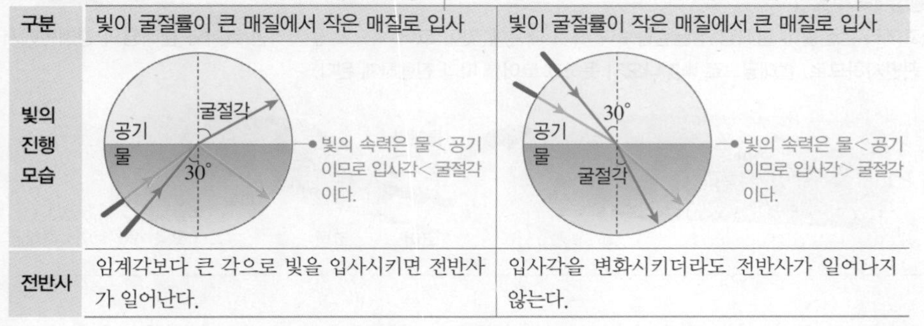	
전반사	임계각보다 큰 각으로 빛을 입사시키면 전반사가 일어난다.	입사각을 변화시키더라도 전반사가 일어나지 않는다.

2. 전반사의 특징

전반사를 이용하면 ◆빛의 세기를 약화시키지 않고 빛의 진행 경로를 바꿀 수 있고 빛을 멀리까지 보낼 수 있다.

전반사되는 빛의 세기는 입사한 빛의 세기와 같다.

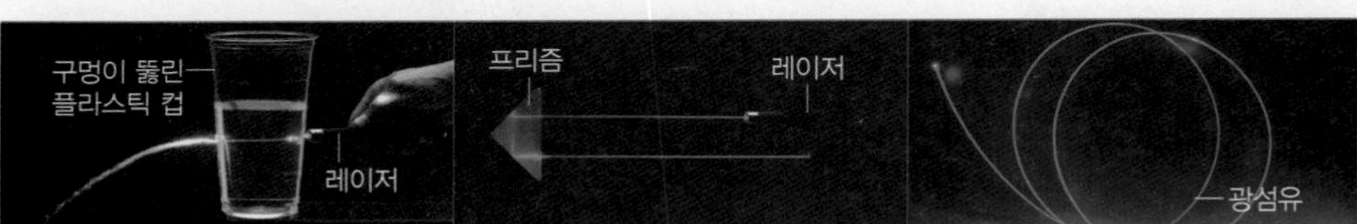

레이저 빛이 물줄기를 따라 진행한다.	레이저 빛이 프리즘에 입사된 후 되돌아 나온다.	레이저 빛이 휘어진 광섬유를 따라 진행한다.

3. 생활 속 전반사의 이용

쌍안경	잠망경	광섬유를 이용한 장식품
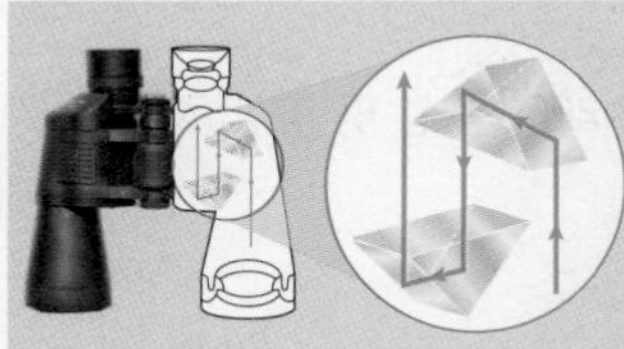		
◆직각 프리즘의 전반사를 이용해 빛의 진행 방향을 180° 바꾼다.	직각 프리즘의 전반사를 이용해 빛의 진행 방향을 90° 바꾼다.	휘어지는 광섬유의 전반사를 이용해 장식품을 만든다.
내시경	**다이아몬드**	**광케이블**
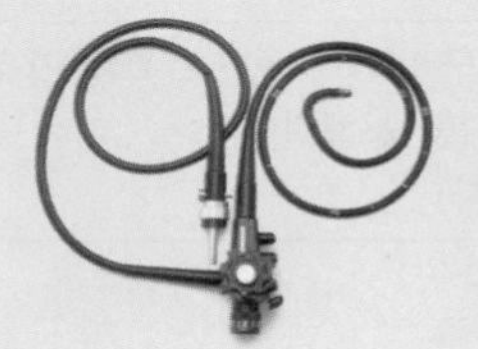		
광섬유와 소형카메라를 이용하여 개복하지 않고 몸속을 관찰한다.	윗면에 입사한 빛이 내부에서 전반사하여 되돌아 나오도록 세공하여 더욱 반짝이게 한다.	광섬유로 만든 광케이블을 이용해 정보를 멀리까지 보낸다.

◆ **전반사에서 반사광의 세기**

빛의 반사와 굴절이 함께 일어날 때는 반사광과 굴절광의 세기가 입사광의 세기보다 약해지지만, 빛이 전반사하면 입사광과 반사광의 세기가 같다.

◆ **직각 프리즘에서의 전반사**

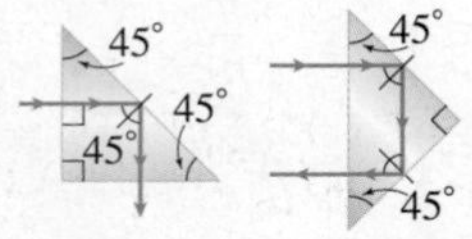

유리의 임계각은 약 42°이고, 프리즘의 비스듬한 면에 입사하는 빛의 입사각이 45°이므로 전반사가 일어난다.

궁금해?

잠망경에 거울 대신 프리즘을 사용하는 까닭은?

빛이 거울에서 반사될 때 반사율은 80 %~95 % 정도이지만, 빛이 프리즘에서 전반사될 때 유리에서 빛의 흡수를 무시한다면 반사율이 100 %이다. 따라서 직각 프리즘의 전반사를 이용하면 거울의 반사를 이용할 때보다 더 밝은 상을 관찰할 수 있다.

B 광통신

1. **[1]광섬유** 빛을 전송할 수 있는 섬유 모양의 관

(1) **구조:** 굴절률이 큰 중앙의 코어를 굴절률이 작은 클래딩이 감싸고 있는 이중 구조이다.

(2) 광섬유 내부의 코어로 입사한 빛은 클래딩으로 빠져나오지 못하고 전반사된다.

구리 도선을 이용한 전기 통신은?
구리 도선을 이용한 유선 통신은 도선에 흐르는 전류를 이용하여 정보를 전달한다. 구리 도선에 전류가 흐를 때 도선에 열이 발생하여 에너지 손실이 생기므로 정보의 세기가 약해진다는 단점이 있다.

구리 도선

광섬유의 구조 264쪽 대표 자료 2

코어의 굴절률이 클래딩의 굴절률보다 크기 때문에 빛이 코어 속으로 들어가면 코어와 클래딩의 경계면에서 전반사하므로, 클래딩으로 빠져나오지 못하고 코어를 따라 진행하게 된다.

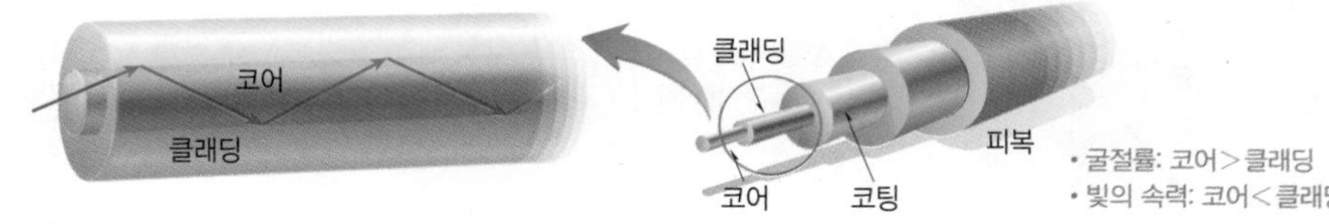

2. **광통신** 음성, 영상 등과 같은 정보를 빛 신호로 변환한 후 빛의 전반사를 이용하여 광케이블로 전송하는 통신 방식

(1) **광통신의 과정**

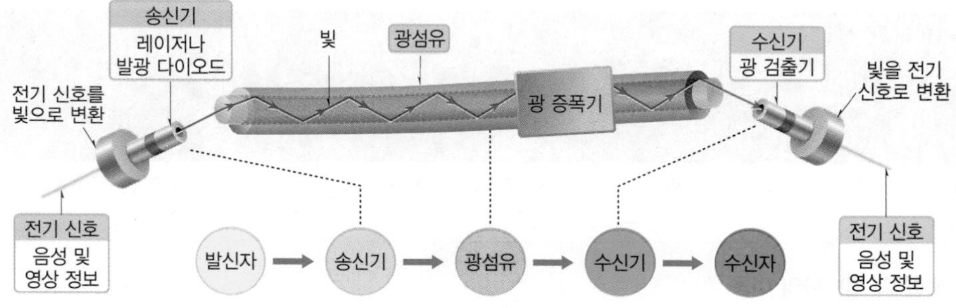

① 송신기: 전송하고자 하는 정보를 담은 디지털 전기 신호를 빛 신호로 변환한다.

② 광섬유: 빛 신호를 전송한다. → 광섬유 내부에서 빛이 전반사한다.

③ 수신기: 빛 신호를 다시 전기 신호로 변환하는 과정을 거쳐 원래의 음성 및 영상 정보를 분리해 낸다.

◆ **광 증폭기**
광통신에서 입사하는 빛이 100 % 반사되는 전반사의 원리를 이용하더라도 코어 내에서 빛이 일부 흡수되어 세기가 약해진다. 따라서 광섬유의 중간에 광 증폭기를 설치하여 빛을 증폭한다.

(2) **광통신의 장단점**

구분	내용
장점	• 외부 전자기파의 간섭을 받지 않아 잡음과 [2]혼선이 없으며 도청이 어렵다. → 구리 도선을 이용한 전기 통신의 경우는 다른 도선의 영향을 받으며, 도청이 가능하다. • 대용량의 정보를 먼 곳까지 전달할 수 있어 장거리 통신에 유용하다. • 에너지 손실이 적어 ◆광 증폭기를 설치하는 구간 사이의 거리가 길다. → 광통신은 100 km마다 증폭기를 설치하지만, 구리 도선을 이용한 전기 통신은 4 km마다 증폭기를 설치한다.
단점	• 광섬유는 화재나 충격에 약하고, 한번 끊어지면 연결하기 어렵다. → 구리 도선은 끊어지면 연결하기 쉽다. • 광섬유 연결 부위에 아주 작은 먼지가 끼거나 틈이 생기면 광통신이 불가능해진다. • 구리 도선을 이용한 통신에 비해 설치하고 관리하는 비용이 많이 든다.

(3) **광통신의 발달**

① 광섬유의 투명도와 증폭기의 기술 개발로 현재 초고속 정보 통신망뿐만 아니라 각 국가와 대륙을 연결하는 해저 광케이블로 장거리 광통신이 가능하게 되었다.

② 최근에 짓는 아파트와 같은 건물은 각 세대마다 광섬유가 연결되도록 하고 있다.

용어

[1] **광섬유**(光 빛, 纖 가늘다, 維 줄) 잘 구부러지고 순도가 매우 높은 섬유

[2] **혼선**(混 섞이다, 線 선) 선이나 전파가 서로 닿아 뒤섞여 통신이 엉클어지는 것

정답친해 132쪽

개념 확인 문제

핵심 체크

- (❶): 빛이 진행하다가 매질의 경계면에서 굴절하지 않고 전부 반사하는 현상
  - 전반사의 조건: 빛이 속력이 (❷) 매질에서 (❸) 매질로 진행할 때, 입사각이 임계각보다 (❹) 경우에 일어난다.
  - (❺): 굴절각이 90°일 때의 입사각
  - 빛이 굴절률이 n인 매질에서 굴절률이 1인 공기로 진행할 때의 임계각이 i_c이면 $\sin i_c$=(❻)이다.
- (❼): 빛을 전송할 수 있는 섬유 모양의 관으로, 중앙의 코어와 이를 감싼 (❽)의 이중 구조로 되어 있다.
  - 코어의 굴절률 (❾) 클래딩의 굴절률
- 광섬유에서 빛이 진행할 때 코어와 클래딩의 경계면에서 (❿)한다.
- (⓫): 음성, 영상 등과 같은 정보를 빛 신호로 전환하여 광케이블로 전송하는 통신 방식

1 전반사에 대한 설명으로 옳은 것은 ○, 옳지 않은 것은 ×로 표시하시오.

(1) 굴절률이 작은 매질에서 큰 매질로 빛이 입사할 때 전반사가 일어날 수 있다. ( )

(2) 임계각은 굴절각이 90°가 될 때의 입사각이다. ( )

(3) 입사각이 임계각보다 작아야 전반사가 일어날 수 있다. ( )

2 굴절 실험 장치에 물을 채우고 레이저 빛을 비추며 빛의 진행 방향을 관찰한 실험 결과로 가능한 것을 [보기]에서 있는 대로 고르시오. (단, 물의 굴절률은 공기의 굴절률보다 크다.)

보기

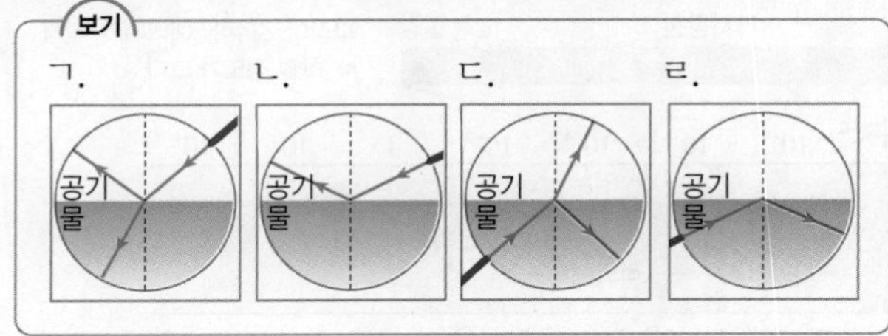

3 굴절률이 $\sqrt{2}$인 매질에서 굴절률이 약 1인 공기로 빛을 입사시키는 경우 임계각은 몇 °인지 쓰시오.

4 그림은 빛이 임계각 30°인 매질 A에서 공기 중으로 진행하는 모습을 나타낸 것이다.
이에 대한 설명으로 옳은 것은 ○, 옳지 않은 것은 ×로 표시하시오.

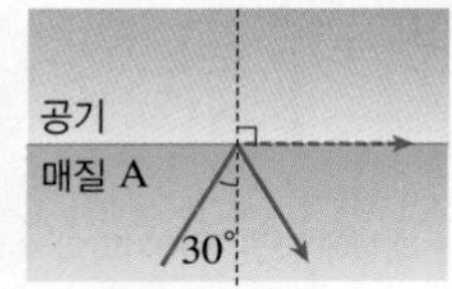

(1) 굴절각은 0°이다. ( )

(2) 반사각은 30°이다. ( )

(3) 입사각이 45°일 때 전반사가 일어난다. ( )

5 광섬유에 대한 설명 중 ( ) 안에 알맞은 말을 쓰시오.

> 광섬유는 빛을 전송할 수 있는 섬유 모양의 관으로, 굴절률이 ㉠( ) 클래딩이 굴절률이 ㉡( ) 코어 부분을 감싸고 있는 구조이다. 코어에 입사된 빛은 코어와 클래딩의 경계면에서 ㉢( )한다.

6 광통신의 과정에서 각 장치의 역할을 옳게 연결하시오.

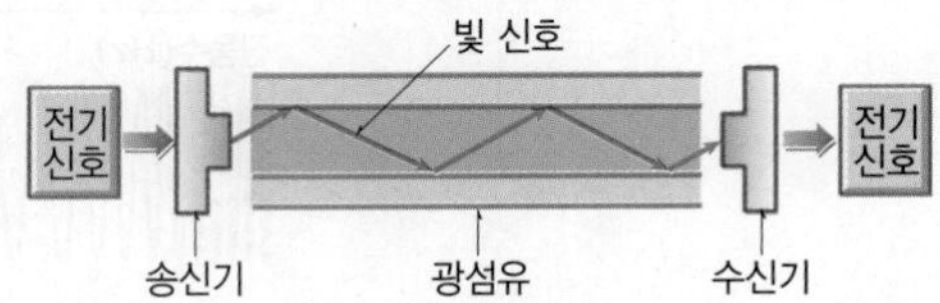

(1) 송신기 • • ㉠ 빛 신호를 전송

(2) 광섬유 • • ㉡ 빛 신호를 전기 신호로 변환

(3) 수신기 • • ㉢ 전기 신호를 빛 신호로 변환

C 전자기파

◆ **전기장**
양(+)전하 또는 음(−)전하 주위에 전기력이 작용하는 공간

1. 전자기파 ◆전기장과 자기장의 세기가 시간에 따라 변하면서 공간으로 퍼져 나가는 파동

(1) **전자기파의 발견:** 영국의 과학자 맥스웰은 전자기 현상에 대한 연구를 통해 전자기파가 존재한다고 예측했으며, 독일의 과학자 헤르츠가 실험으로 확인하였다.

(2) **전자기파의 진행:** 전기장과 자기장의 진동 방향에 각각 수직으로 진행한다. ➡ 횡파이다.
└● 전기장의 방향에서 자기장의 방향으로 오른나사를 돌릴 때 오른나사의 진행 방향이 전자기파의 진행 방향이다.

265쪽 대표 자료③

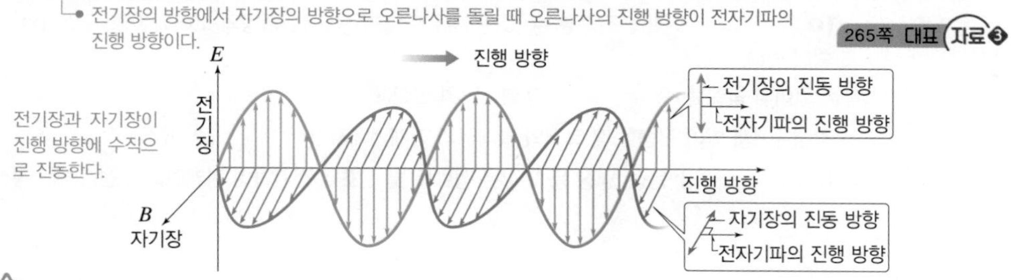

(3) **전자기파의 성질**

① 전자기파의 전달: 전자기파는 파동의 형태로 에너지를 전달하지만 매질이 없어도 진행할 수 있는 파동이다.
● 전자기파도 파동의 한 종류이므로 반사, 굴절 등 파동의 성질을 가진다.
전자기파를 제외한 파동은 매질을 통해 전달된다.

◆ **매질에 따른 전자기파의 속력**
전자기파의 속력은 진공에서 가장 빠르다. 진공이 아닌 매질에서는 속력이 느려진다.

② ◆전자기파의 속력: 진공에서 전자기파는 파장에 관계없이 빛의 속력과 같은 약 30만 km/s의 속력으로 진행한다.
➡ 빛의 속력 c, 전자기파의 진동수 f, 파장 λ 사이에는 $c=f\lambda$의 관계가 성립한다.

③ 전자기파의 에너지: 전자기파의 ◆진동수가 클수록 에너지가 크다.
└● =파장이 짧을수록 에너지가 크다.

◆ **전자기파의 진동수**
빛의 속력 $c=f\lambda$에서 파장은 진동수와 반비례하므로 진동수는 감마(γ)선 > X선 > 자외선 > 가시광선 > 적외선 > 마이크로파 > 라디오파 순이다.

2. 전자기파의 종류 전자기파는 진공에서의 파장(또는 진동수)에 따라 다른 성질을 나타내므로 파장에 따라 구분한다.

(1) 비슷한 성질을 가진 전자기파를 파장별로 구간을 나누면 파장은 감마(γ)선 < X선 < 자외선 < 가시광선 < 적외선 < 마이크로파 < 라디오파 순이다.

(2) 전자기파의 파장이 짧을수록 직진성이 강하며, 파장이 길수록 매질에서 멀리 전파된다.

| 전자기파의 종류 |

265쪽 대표 자료④

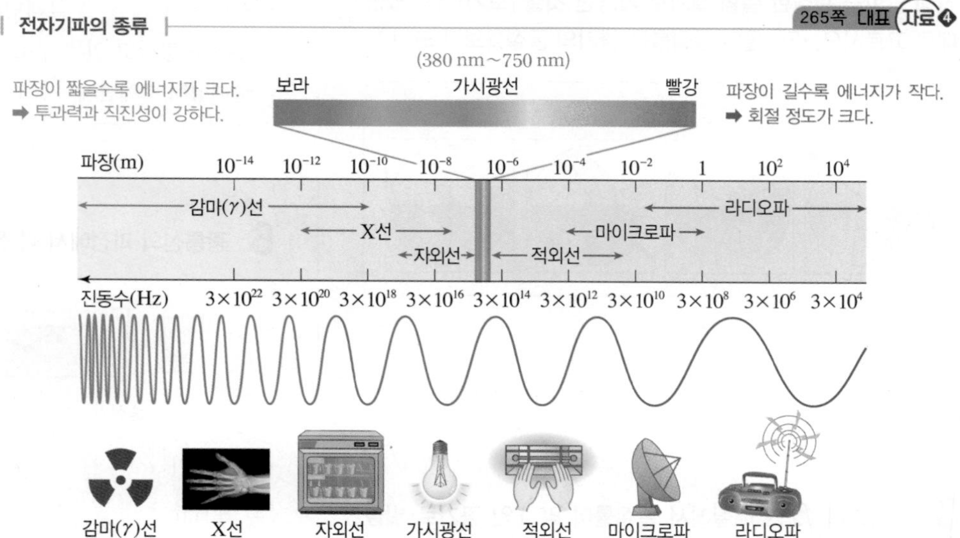

D 전자기파의 종류와 이용

1. 감마(γ)선 파장이 가장 짧은 전자기파

파장 0.01 nm 이하

특징	• 전자기파 중에서 진동수와 에너지가 가장 크다. • 투과력이 매우 강하고 큰 에너지를 가지고 있어 암세포를 파괴할 수 있어 암을 치료할 수 있다. • 정상적인 피부 조직을 해칠 수 있고 누적되면 발암의 원인이 될 수도 있다. → 화상뿐만 아니라 유전자 변형 또는 암이 발생할 수 있고, 심하면 사망할 수도 있다.
이용	암 치료, 감마(γ)선 망원경 등

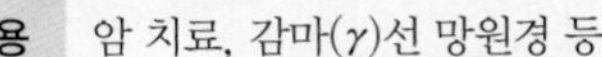
└ 우주를 관측하는 데 이용한다.

방사선 치료

2. X선 자외선보다 파장이 짧은 영역의 전자기파

파장 0.01 nm~1 nm

특징	• 투과력이 강해 인체 내부의 모습을 알아볼 수 있으며, 물체의 내부를 파악할 수 있다. • 신체 조직이 X선에 많이 노출되면 암을 유발할 수 있으므로, 불필요한 과다 노출을 피해야 한다.
이용	의료, 보안 검색, 고체 결정 구조 연구, 현미경 등

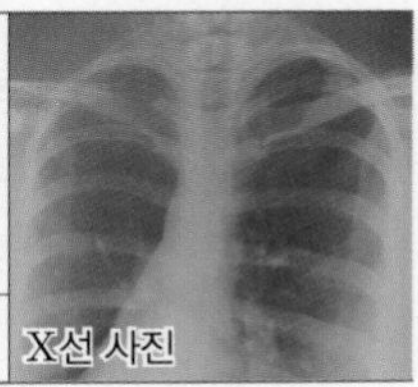
X선 사진

3. 자외선 가시광선의 보라색 빛보다 파장이 짧은 영역의 전자기파

특징	• 미생물을 파괴할 수 있는 살균 기능이 있다. • 물질의 화학 반응을 일으킬 수 있는 정도의 에너지를 가지고 있어 화학 작용이 강하다. • 물체 속에 포함된 ❶형광 물질에 자외선을 흡수시키면 가시광선을 방출하는 형광 작용을 한다. → 형광등을 만드는 원리와 위조지폐 감별에 이용된다. • 햇빛에 포함된 자외선은 피부를 그을리게 하기도 하며, 인체 내부에서 비타민 D를 합성하기도 한다.
이용	의료 기구 소독기, 손 소독기, 식기 소독기, 위조지폐 감별 등

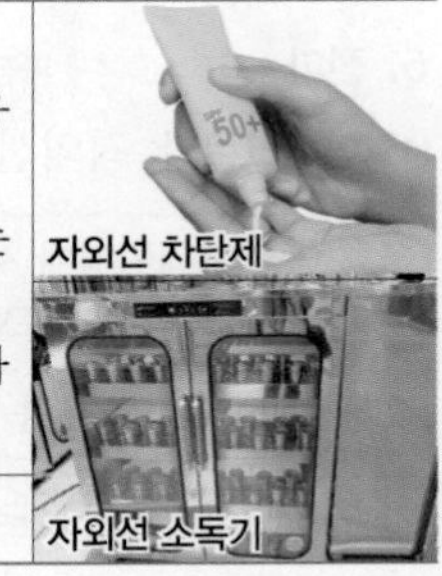

자외선 차단제

자외선 소독기

4. ❷가시광선 사람이 눈으로 볼 수 있는 영역의 전자기파로, 빛이라고 한다.

파장이 가시광선보다 짧거나 긴 전자기파는 볼 수 없다.

특징	• 파장에 따라 다른 색으로 보인다. 가시광선의 파장은 380 nm~750 nm이다. • 가시광선 영역 중 보라색 빛의 파장이 가장 짧고 빨간색 빛의 파장이 가장 길다. • 가시광선을 이용하여 물체를 볼 수 있으며, 사람의 눈은 노란색 빛부터 초록색 빛까지의 파장 영역에서 가장 민감하다. └ 파장에 따라 반응 정도가 다르다.
이용	광학 기구, 가시광선 레이저, ◆라이파이(Li-Fi) 등

5. 적외선 가시광선의 빨간색 빛보다 파장이 긴 영역의 전자기파

특징	• 물체에 흡수되어 온도를 높이는 열작용을 하므로 열선이라고도 한다. • 발열체에서 나오는 열은 주로 적외선에 의한 것이다. • 물체에서 방출되는 적외선을 감지하여 온도를 측정하거나 야간에도 사진 촬영을 할 수 있다.
이용	◆적외선 열화상 카메라, 적외선 온도계, 적외선 물리 치료기, 리모컨, 적외선 망원경 등

적외선 열화상 카메라

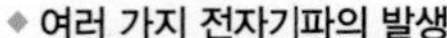

◆ **여러 가지 전자기파의 발생**
- 감마(γ)선: 원자핵이 분열하거나 융합할 때 발생한다.
- X선: 고속의 전자가 금속과 충돌할 때 발생한다.
- 가시광선, 적외선, 자외선: 원자 내에서 전자가 궤도를 옮길 때 에너지를 방출하면서 발생한다.
- 마이크로파: 전기 기구에서 전자의 진동으로 발생한다.
- 라디오파: 도선 속에서 가속되는 전하에 의해 발생한다.

◆ **라이파이(Li-Fi, Light Fidelity)**
가시광선을 이용한 무선 통신 기술을 라이파이라고 하며, 기존의 마이크로파 공유기 대신 조명을 활용하여 통신하는 방식이다.

주의해!
적외선 방출
뜨거운 물체뿐 아니라 온도가 낮은 물체에서도 적외선이 방출된다.

◆ **적외선 열화상 카메라**
물체에서 복사되는 열에너지를 시각적으로 보여주는 카메라로, 표면 온도에 따라 각각 다른 색으로 보인다.

용어
❶ **형광(螢 반딧불, 光 빛)** 어떤 종류의 물체가 빛, X선 등의 자극을 받았을 때 나타내는 고유의 빛
❷ **가시광선(可 옳다, 視 보다, 光 빛, 線 선)** 사람의 눈으로 볼 수 있는 빛

탐구 자료창 적외선과 자외선의 용도 관찰

가시광선의 파장 영역 밖에 있는 전자기파는 눈으로 직접 볼 수 없다. 눈에 보이지 않는 적외선과 자외선의 용도를 확인해 보자.

[적외선의 통신 기능]

1. 과정

(가) 리모컨의 버튼을 누르면서 리모컨 앞부분의 램프를 관찰한다.

(나) 리모컨의 버튼을 누르면서 휴대 전화의 카메라에 비추고, 휴대 전화의 화면을 통해 리모컨 앞부분의 램프를 관찰한다.

2. 결과: 휴대 전화의 화면에서 전자 제품을 작동시키는 리모컨의 적외선을 관찰할 수 있다.

[자외선의 형광 작용]

1. 과정

(가) 맨눈으로 지폐를 관찰한다.

(나) 주위를 어둡게 한 뒤 자외선등을 켜고 지폐, 형광펜으로 그린 그림, 형광 물질이 들어 있는 광물 등을 비추어 본다.

2. 결과: 자외선등을 켜면 지폐의 형광 물질을 확인할 수 있다.

6. 전파 전파 중에서 파장이 짧은 영역을 마이크로파라고 하며, 파장이 긴 영역을 라디오파라고 한다.

(1) **마이크로파:** 적외선보다 파장이 긴 영역의 전자기파

특징	전자레인지에 사용되는 파장 12.2 cm, 진동수 2.45 GHz인 마이크로파는 음식물 속에 포함된 물 분자를 진동시켜 열이 발생하게 한다.
이용	전자레인지, 통신(휴대 전화, 무선 랜, *레이더, 속도 측정기 등)

전자레인지

(2) **라디오파:** 마이크로파보다 긴 파장의 전자기파

└● 보통 라디오파를 전파라고 한다.

특징	• 파장이 길수록 *회절이 잘 일어나 장애물 뒤까지 잘 전달된다. └● 건물 또는 산과 같은 장애물이 있을 때는 파장이 긴 전파가 수신이 더 잘된다. • 전파에 정보를 담아 먼 곳까지 전송할 수 있다.
이용	라디오나 텔레비전 방송, 전파 망원경, GPS 등

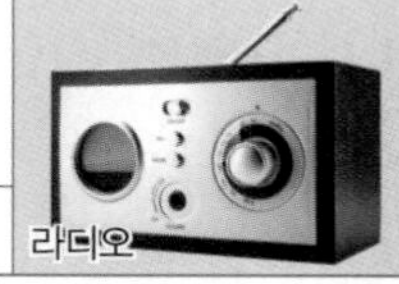
라디오

마이크로파 실험

금성 교과서에만 나와요.

접시 위에 초콜릿을 올려놓고 전자레인지에 넣은 후 전자레인지를 약 30초~40초 동안 작동시킨다.

1. 결과

① 초콜릿은 따뜻해져서 녹았지만 접시는 따뜻해지지 않았다.

② 초콜릿의 특정 부분이 많이 녹아 있다.

2. 결론

① 마이크로파는 물 분자를 진동시켜 열이 발생하게 하는 성질이 있으므로 초콜릿을 녹인다.

② *전자기파가 진공에서 진행하는 속력은 빛의 속도로 모두 같지만, 파장이나 상호 작용을 하는 물질의 성질에 따라 반사되거나 흡수, 투과되는 정도가 다르다.

◆ **레이더**
마이크로파를 방출한 후 물체에서 반사되어 돌아오는 마이크로파를 수신하여 물체의 위치나 속도 등을 파악하거나 선박, 항공기의 운항 추적, 기상 및 군사 등의 목적으로 사용된다.

◆ **회절**
파동이 장애물을 만났을 때 모서리에서 휘어져 장애물 뒤쪽으로 퍼져 나가거나 좁은 틈을 통과하여 넓게 퍼져 나가는 현상

◆ **전자기파의 반사, 흡수, 투과**

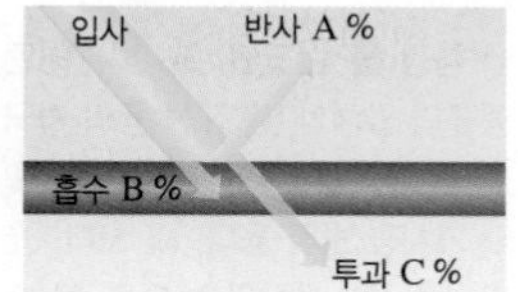

A+B+C=100 %

정답친해 132쪽

개념 확인 문제

핵심 체크

- (❶)
  - 전기장과 자기장의 세기가 시간에 따라 변하면서 진행하는 횡파
  - 전기장과 자기장의 진동 방향에 각각 수직인 방향으로 진행한다.
  - 진공에서 (❷)의 속력과 같은 약 30만 km/s의 속력으로 진행하며, 매질이 없어도 진행한다.
- 전자기파의 파장: 전파 > (❸) > 가시광선 > (❹) > X선 > 감마(γ)선
- 전자기파의 종류

전자기파	특징	이용
(❺)	가시광선의 빨간색 바깥쪽에 있으며 열작용을 한다.	열화상 카메라, 온도계, 리모컨 등
(❻)	가시광선의 보라색 바깥쪽에 있으며 살균 작용을 한다.	소독기, 위조지폐 감별 등
(❼)	음식물 속에 포함된 물 분자를 진동시켜 열이 발생하게 한다.	전자레인지, 레이더 등
(❽)	파장이 길어 정보를 전파에 담아 먼 곳까지 전송할 수 있다.	라디오, 전파 망원경 등
(❾)	투과력이 강해 인체의 뼈 모습을 볼 수 있다.	의료, 보안 검색 등
(❿)	전자기파 중에서 에너지가 가장 크다.	암 치료, 감마(γ)선 망원경 등

1 전자기파의 특성에 대한 설명으로 옳은 것은 ○, 옳지 않은 것은 ×로 표시하시오.

(1) 전자기파는 전기장과 자기장의 진동으로 전파한다. ( )

(2) 전자기파는 종파이다. ( )

(3) 전자기파는 매질이 없어도 진행한다. ( )

(4) 진공에서 전자기파의 속력은 전자기파의 파장과 진동수에 따라 다르다. ( )

2 그림은 전자기파 스펙트럼을 나타낸 것이다.

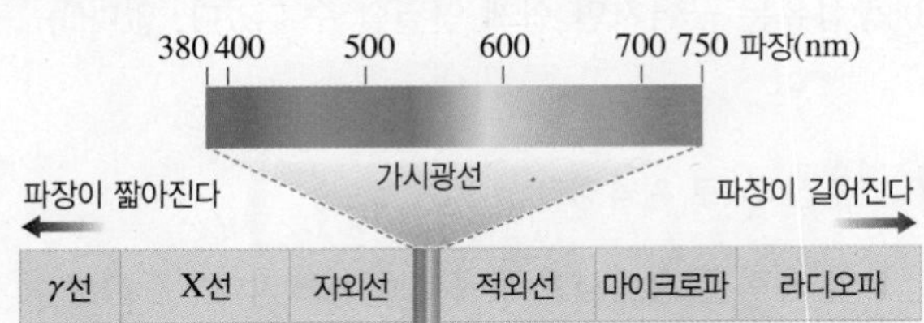

가시광선, 자외선, 적외선, X선, 감마(γ)선, 마이크로파, 라디오파를 진동수가 큰 것부터 작은 것 순으로 나열하시오.

3 사람이 맨눈으로 감지할 수 있는 전자기파의 종류는 무엇인지 쓰시오.

4 적외선과 자외선에 대한 설명으로 옳은 것은 ○, 옳지 않은 것은 ×로 표시하시오.

(1) 적외선은 햇빛의 스펙트럼에서 보라색 바깥쪽에 나타나는 전자기파이다. ( )

(2) 자외선은 물에 흡수되어 온도를 높이는 작용을 한다. ( )

(3) 자외선에 오래 노출되면 피부가 그을린다. ( )

5 다음 장치에 이용되는 전자기파의 종류를 각각 쓰시오.

(1) 열화상 카메라 (2) 라디오 (3) 식기 소독기

6 전자기파와 그 이용을 옳게 연결하시오.

(1) X선 • • ㉠ 뼈 사진 촬영
(2) 자외선 • • ㉡ 온도계
(3) 적외선 • • ㉢ 전자레인지, 통신
(4) 마이크로파 • • ㉣ 위조지폐 감별
(5) 감마(γ)선 • • ㉤ 암 치료

대표 자료 분석

자료 ❶ 전반사

기출 Point
• 임계각과 굴절률 구하기
• 전반사의 조건 이해하기

[1~3] 그림 (가), (나)는 굴절률이 n_1인 유리와 굴절률이 n_2인 물에서 각각 공기로 진행하는 빛의 경로를 나타낸 것이다. 두 빛의 굴절각은 90°이고 $\theta_1<\theta_2$이다.

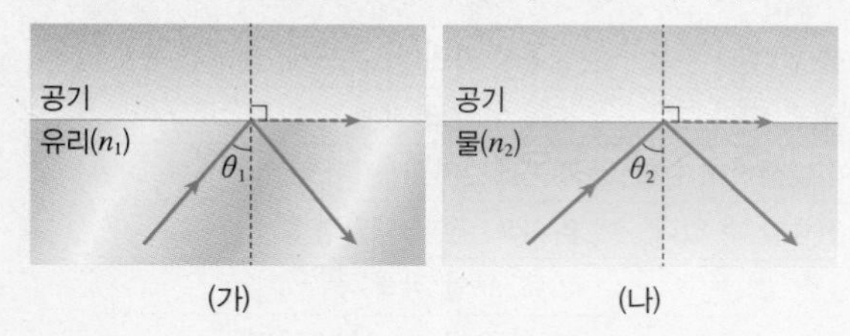

(가) (나)

1 ( ) 안에 알맞은 말을 쓰시오.

(1) 굴절각이 90°일 때의 입사각을 ( )이라고 한다.

(2) (가)에서 공기의 굴절률을 1이라고 할 때 $\sin\theta_1=$ ( )이다.

(3) 빛을 유리에서 물로 입사시킬 때 임계각 θ에 대해 $\sin\theta=$( )이다.

2 공기, 유리, 물의 굴절률의 크기를 등호나 부등호로 비교하시오.

3 빈출 선택지로 완벽 정리!

(1) (가)에서 입사각이 θ_1보다 클 때 전반사가 일어난다. (○ / ×)

(2) (나)에서 빛이 공기에서 물로 진행할 때도 전반사가 일어날 수 있다. (○ / ×)

(3) 두 매질의 굴절률의 차가 클수록 임계각의 크기는 작다. (○ / ×)

(4) 빛의 속력이 빠른 매질에서 느린 매질로 진행할 때 전반사가 일어날 수 있다. (○ / ×)

(5) (가)에서 반사각은 θ_1이다. (○ / ×)

자료 ❷ 전반사와 광섬유

기출 Point
• 광섬유의 구조 이해하기
• 광통신 과정 알기

[1~3] 그림 (가)와 같이 단색광 P가 물질 A, B의 경계면에 입사한 후 일부는 굴절하여 B로 진행하고, 일부는 반사하여 물질 C를 향해 진행하다가 A, C의 경계면에서 전반사한다. 그림 (나)는 (가)의 A, B, C 중 두 매질로 만든 광섬유의 구조를 나타낸 것이다.

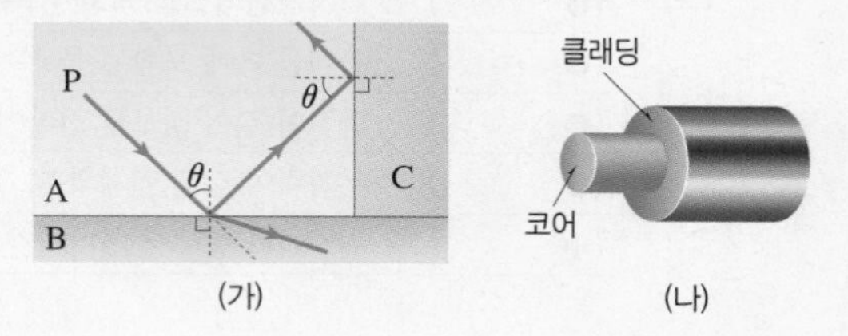

(가) (나)

1 ( ) 안에 알맞은 말을 쓰시오.

(1) A와 C 사이의 임계각은 θ보다 ( )다.

(2) 굴절률은 B가 C보다 ( )다.

(3) B를 코어로 사용한 광섬유에 A를 클래딩으로 사용할 수 ( )다.

2 (나)의 광섬유에 대한 설명 중 ( ) 안에 알맞은 말을 고르시오.

(1) 굴절률은 코어가 클래딩보다 (작다, 크다).

(2) 빛의 속력은 코어에서가 클래딩에서보다 (느리다, 빠르다).

(3) 광섬유는 끊어지면 쉽게 연결할 수 (있다, 없다).

3 빈출 선택지로 완벽 정리!

(1) P의 속력은 A에서가 B에서보다 느리다. (○ / ×)

(2) P의 파장은 A에서가 B에서보다 길다. (○ / ×)

(3) A와 C로 광섬유를 만든다면 A를 코어로 사용해야 한다. (○ / ×)

(4) 광섬유를 이용한 광통신은 외부 전자기파에 의한 간섭이 없고 도청이 어렵다. (○ / ×)

(5) 광섬유를 이용한 광통신은 구리 도선을 이용한 통신보다 에너지 손실이 많다. (○ / ×)

정답친해 133쪽

자료 3 전자기파의 성질

기출 Point
- 전자기파의 성질 이해하기
- 전자기파의 종류 구분하기

[1~3] 그림은 전자기파가 진행하는 모습을 나타낸 것이다.

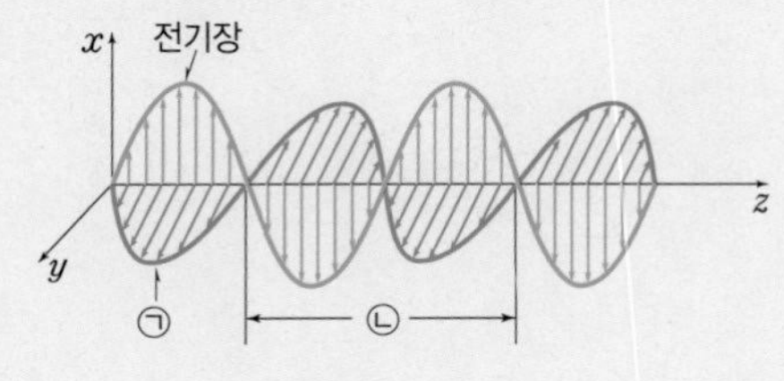

1 ( ) 안에 알맞은 말을 쓰시오.

(1) 전기장의 진동 방향과 ㉠의 진동 방향은 서로 ( ) 이다.
(2) ㉠은 ( )이다.
(3) 전자기파의 진행 방향은 ( ) 방향이다.
(4) ㉡이 ( )수록 전자기파의 에너지가 작다.

2 ( ) 안에 알맞은 말을 고르시오.

(1) 전자기파는 (횡파, 종파)이다.
(2) 한 매질에서 전자기파의 파장과 진동수는 (비례, 반비례)한다.
(3) 전자기파의 에너지는 진동수가 (클수록, 작을수록) 크다.

3 빈출 선택지로 완벽 정리!

(1) 전자기파는 매질의 진동으로 전파되는 파동이다. (○ / ×)
(2) 진공에서 전자기파의 속력은 파장에 관계없이 일정하다. (○ / ×)
(3) 전자기파의 속력은 매질이 달라져도 항상 일정하다. (○ / ×)

자료 4 전자기파 스펙트럼과 이용

기출 Point
- 전자기파의 종류에 따른 특징 알기
- 전자기파의 이용 예 알기

[1~4] 그림은 전자기파를 파장에 따라 분류한 것이다.

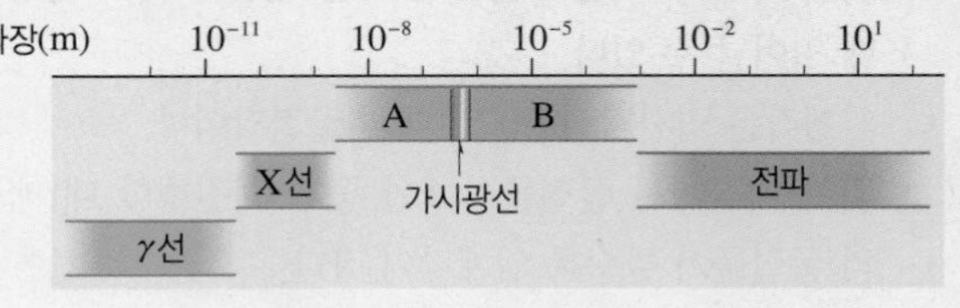

1 A, B에 해당하는 전자기파의 이름을 쓰시오.

2 다음과 같은 성질을 가진 전자기파의 이름을 쓰시오.

- 미생물을 파괴할 수 있다.
- 형광 물질에 흡수되면 가시광선을 방출한다.

3 공항에서 보안을 위해 수하물을 검색하는 데 이용하는 전자기파의 이름을 쓰시오.

4 빈출 선택지로 완벽 정리!

(1) A는 체온 측정을 위한 열화상 카메라에 사용된다. (○ / ×)
(2) B는 살균 작용이 있어 식기 소독기에 사용된다. (○ / ×)
(3) 가시광선은 파장에 따라 다른 색으로 보인다. (○ / ×)
(4) 전자기파 중 진동수가 가장 큰 것은 전파이다. (○ / ×)
(5) 감마(γ)선은 에너지가 커서 암세포를 파괴하는 데 이용된다. (○ / ×)

내신 만점 문제

A 전반사

01 전반사에 대한 설명으로 옳은 것만을 [보기]에서 있는 대로 고른 것은?

보기
ㄱ. 빛의 속력이 느린 매질에서 빠른 매질로 빛이 진행할 때 일어날 수 있다.
ㄴ. 임계각은 입사각이 90°일 때의 굴절각이다.
ㄷ. 빛이 매질에서 굴절률이 1인 공기로 진행할 때 매질의 굴절률이 클수록 임계각이 작다.

① ㄱ ② ㄷ ③ ㄱ, ㄴ
④ ㄱ, ㄷ ⑤ ㄴ, ㄷ

02 그림 (가)는 단색광을 입사각 θ로 매질 A에서 B로 입사시켰을 때 경계면에서 일부는 반사하고 일부는 굴절하는 모습을 나타낸 것이다. 그림 (나)는 (가)의 단색광을 입사각 θ로 매질 A에서 C로 입사시켰을 때 전반사하는 모습을 나타낸 것이다.

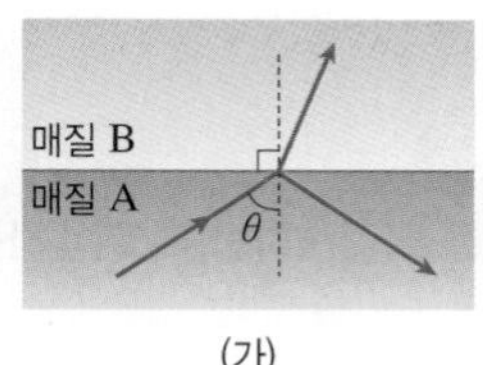

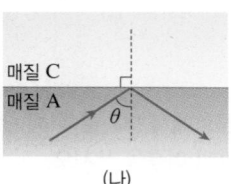

(가) (나)

이에 대한 설명으로 옳지 않은 것은?

① (가)에서 단색광의 파장은 A에서가 B에서보다 길다.
② (가)에서 입사각의 크기를 증가시켜도 전반사가 일어나지 않는다.
③ (나)에서 임계각은 θ보다 작다.
④ 굴절률은 B가 C보다 작다.
⑤ 빛의 속력은 A~C 중 C에서 가장 빠르다.

서술형
03 전반사란 무엇인지 쓰고, 전반사가 일어날 수 있는 조건 두 가지를 서술하시오.

[04~05] 그림은 단색광이 굴절률이 n_A인 매질 A에서 굴절률이 n_B인 매질 B로 입사할 때, 입사각 60°로 진행한 빛의 경로를 나타낸 것이다.

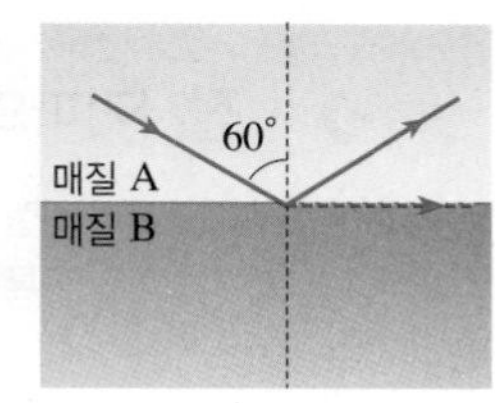

04 A의 굴절률 n_A가 2일 때 B의 굴절률 n_B은 얼마인지 쓰시오.

중요
05 전반사가 일어날 수 있는 경우로 옳은 것만을 [보기]에서 있는 대로 고른 것은?

보기
ㄱ. A를 굴절률이 더 작은 물질로 바꾸고 빛을 60°로 입사시킨다.
ㄴ. B를 굴절률이 더 작은 물질로 바꾸고 빛을 60°로 입사시킨다.
ㄷ. 입사각을 60°보다 크게 한다.

① ㄱ ② ㄷ ③ ㄱ, ㄴ
④ ㄴ, ㄷ ⑤ ㄱ, ㄴ, ㄷ

06 그림과 같이 입사각 45°로 물질 A에서 물질 B로 입사한 단색광 P가 전반사한 후, A와 물질 C의 경계면에 입사한다. 굴절률은 B가 C보다 크다.

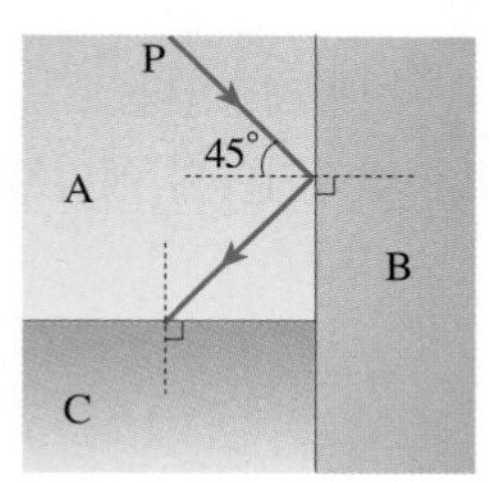

이에 대한 설명으로 옳은 것만을 [보기]에서 있는 대로 고른 것은?

보기
ㄱ. P가 A와 B의 경계면에서 전반사할 때 세기가 감소한다.
ㄴ. 매질에서의 P의 속력은 A<B<C 순이다.
ㄷ. P는 A와 C의 경계면에서 굴절한다.

① ㄴ ② ㄷ ③ ㄱ, ㄴ
④ ㄱ, ㄷ ⑤ ㄱ, ㄴ, ㄷ

07 그림 (가)는 빛이 공기에서 반원형 매질 A 또는 B로 진행하는 경로를 나타낸 것이다. 그림 (나)는 (가)에서 입사각 i를 변화시키면서 점 P와 Q 사이의 거리 $\overline{PQ}$, 점 R와 S 사이의 거리 $\overline{RS}$를 A, B에 대하여 각각 측정하여 나타낸 것이다.

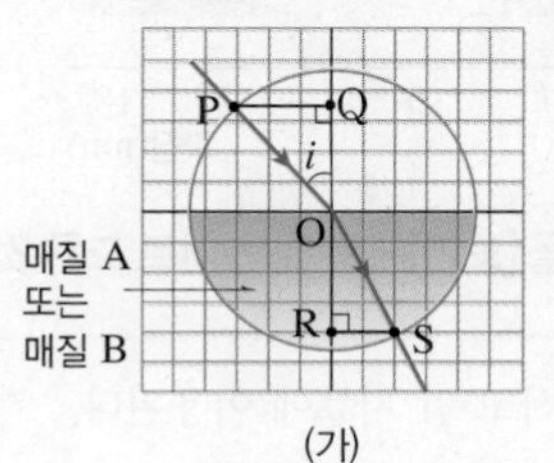

(가)

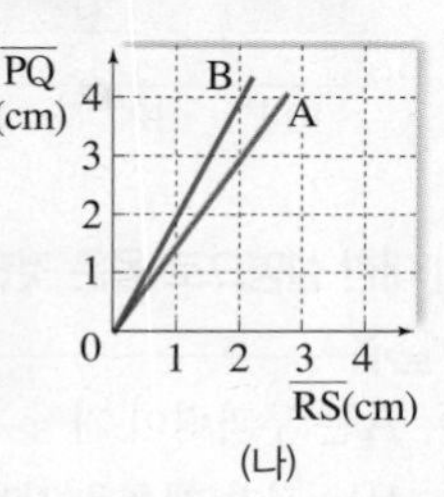

(나)

이에 대한 설명으로 옳은 것만을 [보기]에서 있는 대로 고른 것은?

보기
ㄱ. 임계각은 빛이 A에서 공기로 입사할 때가 B에서 공기로 입사할 때보다 크다.
ㄴ. 반원형 모양의 매질을 사용해야 점 S에서 빛이 공기로 나올 때 진행 방향이 꺾이지 않는다.
ㄷ. 빛이 A에서 B로 진행할 때 전반사가 일어날 수 있다.

① ㄱ ② ㄷ ③ ㄱ, ㄴ ④ ㄱ, ㄷ ⑤ ㄴ, ㄷ

B 광통신

08 그림은 광섬유에서 레이저 빛이 공기와 코어의 경계면에서 입사각 i로 입사할 때, 빛이 코어 속으로 진행하는 모습을 나타낸 것이다. 전반사가 일어나는 i의 최댓값은 i_m이고, 코어와 클래딩의 굴절률은 각각 n_1, n_2이다.

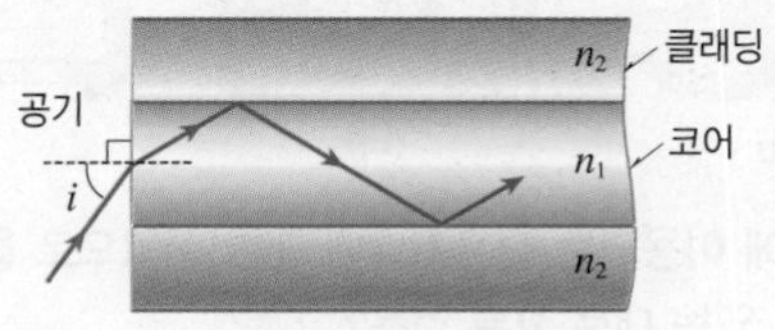

이에 대한 설명으로 옳은 것만을 [보기]에서 있는 대로 고른 것은?

보기
ㄱ. 빛의 속력은 코어에서가 클래딩에서보다 빠르다.
ㄴ. $n_1 > n_2$이다.
ㄷ. n_2가 작을수록 i_m은 커진다.

① ㄱ ② ㄴ ③ ㄷ ④ ㄱ, ㄴ ⑤ ㄴ, ㄷ

중요 **09** 그림 (가)는 광섬유에서 레이저 빛이 진행하는 모습을 나타낸 것이다. 그림 (나)는 동일한 레이저 빛이 광섬유에 사용되는 물질 A, B, C를 통해 진행하는 경로를 나타낸 것이다.

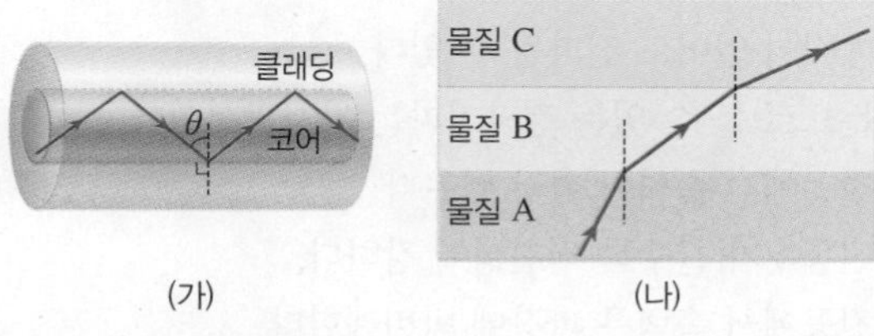

(가) (나)

이에 대한 설명으로 옳은 것만을 [보기]에서 있는 대로 고른 것은?

보기
ㄱ. θ는 임계각보다 크다.
ㄴ. 물질의 굴절률의 크기는 A>B>C이다.
ㄷ. 클래딩을 B로 만들었을 때 코어는 C로 만들어야 한다.

① ㄱ ② ㄷ ③ ㄱ, ㄴ
④ ㄴ, ㄷ ⑤ ㄱ, ㄴ, ㄷ

중요 **10** 그림은 광통신 과정을 나타낸 것이다.

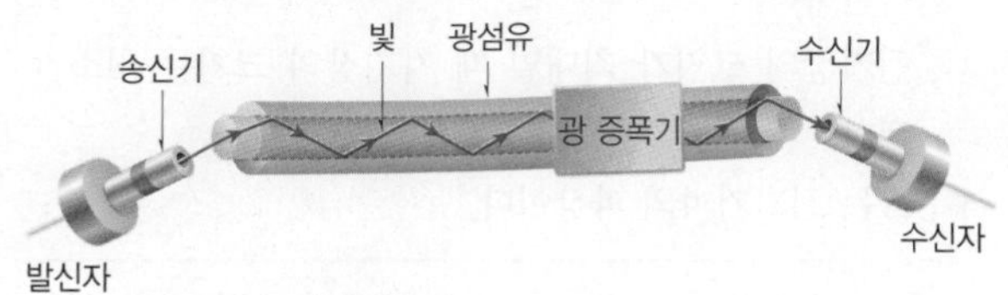

이에 대한 설명으로 옳지 않은 것은?

① 음성, 영상 등과 같은 정보를 빛 신호로 변환한 후 빛의 전반사를 이용하는 통신 방식이다.
② 많은 양의 정보를 동시에 교환하는 것이 가능하다.
③ 광 증폭기를 사용하여 빛 신호를 증폭한다.
④ 외부 전자기파의 영향을 받아 혼선되기 쉬우며 도청이 가능하다.
⑤ 광섬유는 끊어졌을 때 연결하기 어렵다.

11 광통신의 장점을 세 가지 서술하시오.

C 전자기파

12 전자기파에 대한 설명으로 옳지 않은 것은?

① 매질이 없어도 전파될 수 있다.
② 눈으로 볼 수 있는 전자기파는 가시광선이다.
③ 진공에서 속력이 가장 빠르다.
④ 진동수가 클수록 직진성이 강하다.
⑤ 진공에서 속력은 파장에 반비례한다.

13 그림은 전자기파가 진행하는 모습을 나타낸 것이다.

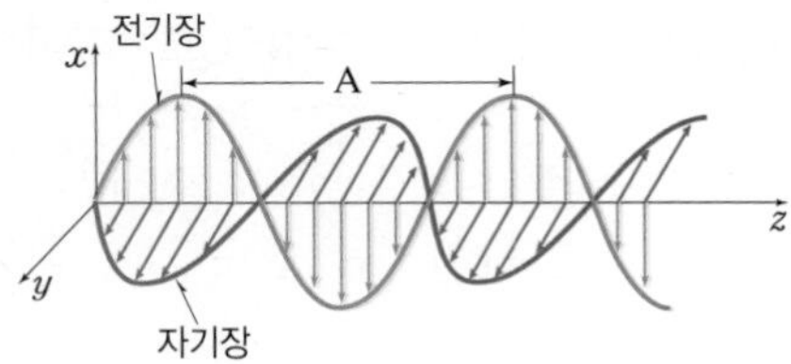

이에 대한 설명으로 옳은 것만을 [보기]에서 있는 대로 고른 것은?

보기
ㄱ. 전기장과 자기장의 진동 방향은 파동의 진행 방향과 나란하다.
ㄴ. 전기장의 크기가 최대일 때 자기장의 크기는 최소가 된다.
ㄷ. A는 전자기파의 파장이다.

① ㄱ ② ㄷ ③ ㄱ, ㄴ
④ ㄱ, ㄷ ⑤ ㄴ, ㄷ

D 전자기파의 종류와 이용

14 다음은 전파에 대한 설명이다. 밑줄 친 것과 관련 있는 파동의 현상을 무엇이라고 하는지 쓰시오.

텔레비전이나 라디오는 마이크로파보다 긴 영역대의 파장을 가진 전자기파를 이용하는데, 이를 흔히 전파라고도 한다. 파장이 긴 전파일수록 중간에 산이나 높은 건물과 같은 장애물이 있어도 뒤쪽까지 정보를 전달할 수 있어 수신이 잘 된다.

15 그림은 전자기파를 파장에 따라 분류한 것이다.

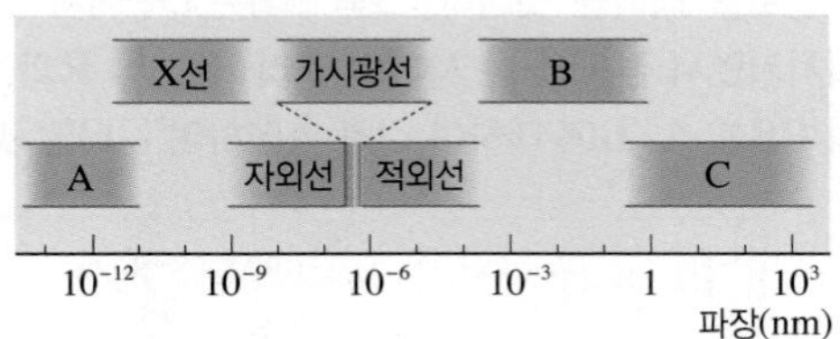

이에 대한 설명으로 옳은 것만을 [보기]에서 있는 대로 고른 것은?

보기
ㄱ. A는 투과력이 가장 강하고 암 치료에 이용된다.
ㄴ. B는 전자 제품을 작동시키는 리모컨에 이용된다.
ㄷ. C는 물체에서 방출되며 열작용을 한다.

① ㄱ ② ㄴ ③ ㄷ
④ ㄱ, ㄴ ⑤ ㄴ, ㄷ

16 그림 (가), (나), (다)는 각각 체온계, 전자레인지, 식기 소독기를 나타낸 것이다.

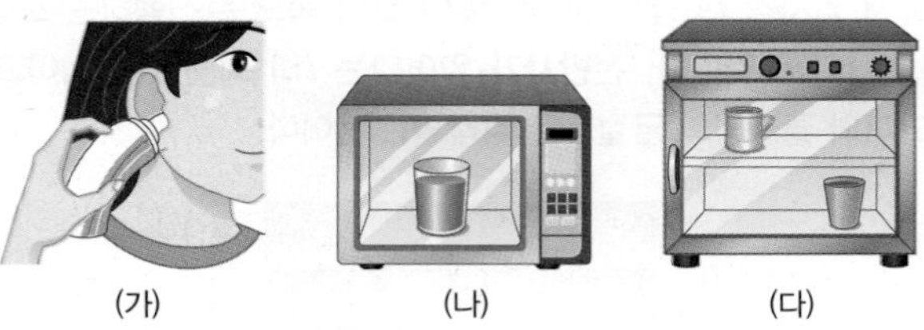
(가) (나) (다)

(가)~(다)에 이용되는 전자기파에 대한 설명으로 옳은 것만을 [보기]에서 있는 대로 고른 것은?

보기
ㄱ. 파장은 (가)의 전자기파가 (다)의 전자기파보다 짧다.
ㄴ. 진공에서의 속력은 (나)의 파동과 (다)의 파동이 같다.
ㄷ. (다)의 전자기파는 적외선이다.

① ㄱ ② ㄴ ③ ㄱ, ㄴ
④ ㄱ, ㄷ ⑤ ㄴ, ㄷ

실력 UP 문제

정답친해 136쪽

01 그림 (가)는 반지름이 R인 원이 그려진 종이 위에 반원형 유리를 올려놓고 레이저 빛을 점 p에서 유리면에 수직으로 입사시킬 때 빛의 경로를 나타낸 것이다. 그림 (나)는 레이저 빛을 점 q에 수직으로 입사시킬 때 굴절각이 90°가 되는 임계각 θ_c로 진행하는 것을 나타낸 것이다. L_1, L_2, L_3는 각각 빛의 경로가 원과 만나는 점과 x축 사이의 거리이다.

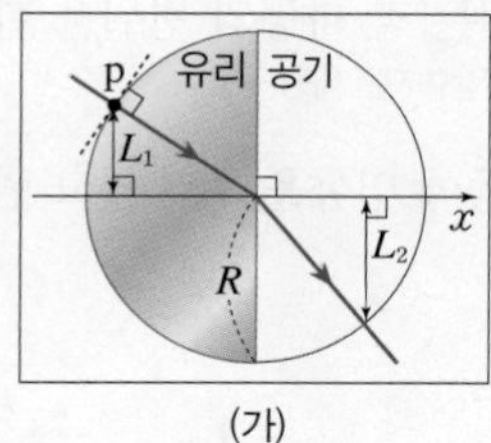

(가)

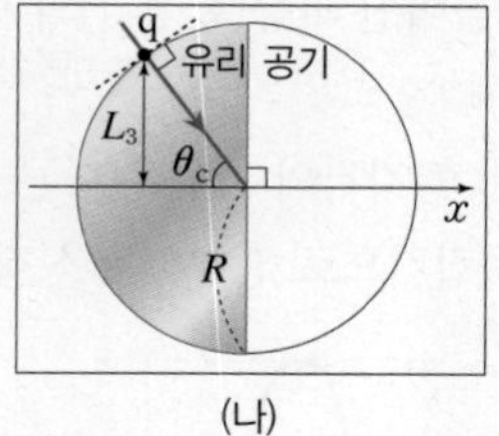

(나)

이에 대한 설명으로 옳은 것만을 [보기]에서 있는 대로 고른 것은?

보기

ㄱ. (가)에서 p의 위치를 바꾸어 입사각을 크게 하면 $\frac{L_1}{L_2}$이 증가한다.

ㄴ. (나)에서 입사각이 θ_c보다 크면 전반사한다.

ㄷ. $\sin\theta_c = \frac{L_3}{R}$이다.

① ㄱ ② ㄴ ③ ㄷ ④ ㄱ, ㄴ ⑤ ㄴ, ㄷ

02 그림과 같이 공기와 유리의 경계면상의 P점을 향해 입사각 i_0으로 입사한 단색광이 굴절하여, 유리와 물체의 경계면에서 굴절각이 90°가 되는 임계각 θ_c로 입사한다. 공기와 유리 및 물체의 굴절률은 각각 1, n_1, n_2이다.

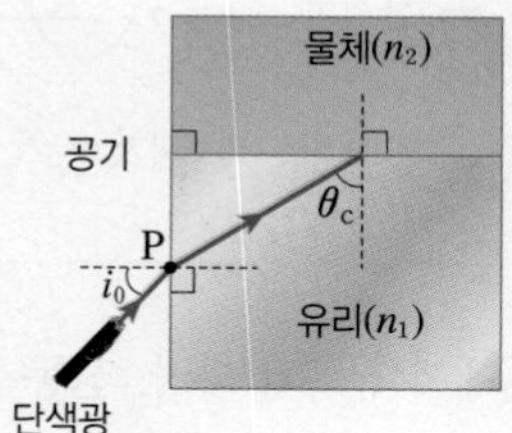

이에 대한 설명으로 옳은 것만을 [보기]에서 있는 대로 고른 것은? (단, $\sin(90°-\beta)=\cos\beta$, $\sin^2\beta+\cos^2\beta=1$이다.)

보기

ㄱ. $\sin i_0 = \sqrt{{n_1}^2-{n_2}^2}$이다.

ㄴ. 단색광을 P에 i_0보다 큰 각으로 입사시키면, 유리와 물체의 경계면에서 전반사한다.

ㄷ. $\frac{n_2}{n_1}$가 작아지면 P에 i_0의 각으로 입사한 단색광은 유리와 물체의 경계면에서 전반사한다.

① ㄱ ② ㄴ ③ ㄱ, ㄷ ④ ㄴ, ㄷ ⑤ ㄱ, ㄴ, ㄷ

03 그림 (가), (나)는 각각 물질 Ⅰ, Ⅱ, Ⅲ 중 두 물질을 이용하여 만든 광섬유의 코어에 단색광 A를 i_0의 각으로 입사시키는 모습을 나타낸 것이다. θ는 빛 Ⅰ과 Ⅱ 사이에서 전반사할 때의 입사각이고, 굴절률은 Ⅰ이 Ⅲ보다 작다.

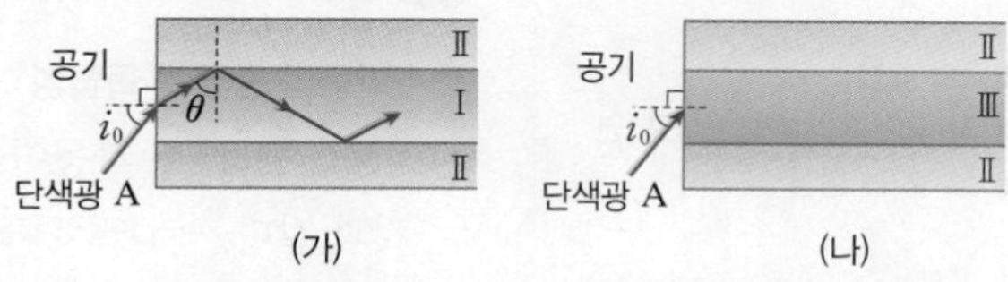

이에 대한 설명으로 옳은 것만을 [보기]에서 있는 대로 고른 것은?

보기

ㄱ. Ⅰ과 Ⅱ 사이의 임계각은 θ보다 작다.

ㄴ. (가)에서 A를 i_0보다 작은 입사각으로 Ⅰ에 입사시키면 Ⅰ과 Ⅱ의 경계에서 전반사하지 않는다.

ㄷ. (나)에서 A는 Ⅲ과 Ⅱ의 경계에서 전반사한다.

① ㄱ ② ㄴ ③ ㄱ, ㄷ
④ ㄴ, ㄷ ⑤ ㄱ, ㄴ, ㄷ

04 그림은 진공 중에서 $+z$ 방향으로 진행하는 전자기파의 어느 순간의 모습을 나타낸 것이다. 전자기파의 속력은 c이고, 원형 코일면은 xz 평면상에 있다.

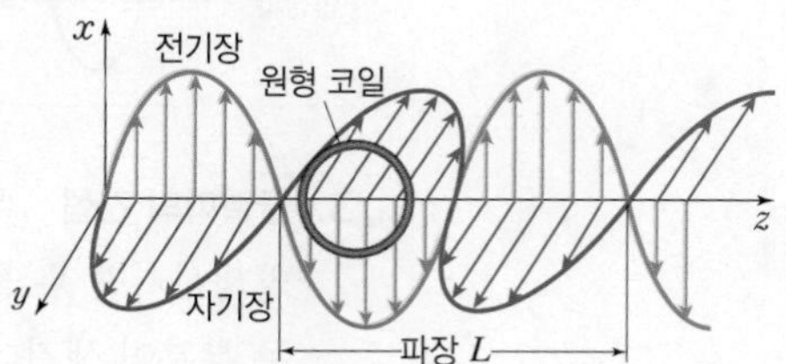

이에 대한 설명으로 옳은 것만을 [보기]에서 있는 대로 고른 것은?

보기

ㄱ. 코일에 유도 전류가 발생한다.

ㄴ. 이 전자기파의 진동수는 $\frac{c}{L}$이다.

ㄷ. 이 전자기파가 다른 매질로 진행하더라도 L은 일정하다.

① ㄱ ② ㄴ ③ ㄷ
④ ㄱ, ㄴ ⑤ ㄴ, ㄷ

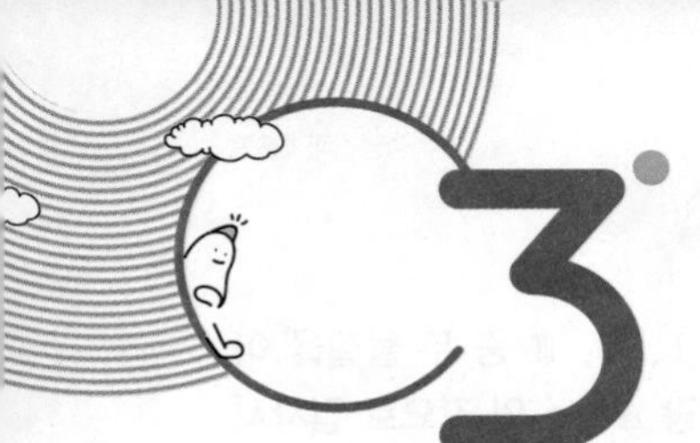

3 파동의 간섭

핵심 포인트
- ❶ 파동의 중첩과 독립성 ★★
- ❷ 파동의 간섭과 간섭 조건 ★★★
- ❸ 소리의 간섭 활용 예 ★★
- ❹ 빛의 간섭 활용 예 ★★★

A 파동의 간섭

1. ◆파동의 중첩과 독립성

(1) ❶**중첩 원리:** 두 파동이 중첩될 때 만들어진 파동(합성파)의 변위는 각 파동의 변위를 합한 것과 같다. 여러 파동이 같은 공간에 동시에 존재할 수 있다.
(합성파: 중첩된 결과 만들어지는 파동)

(2) **파동의 독립성:** 두 파동이 만나 중첩된 후 각각의 파동은 다른 파동에 영향을 주지 않고 원래 파동의 모양을 그대로 유지하면서 독립적으로 진행하는 성질

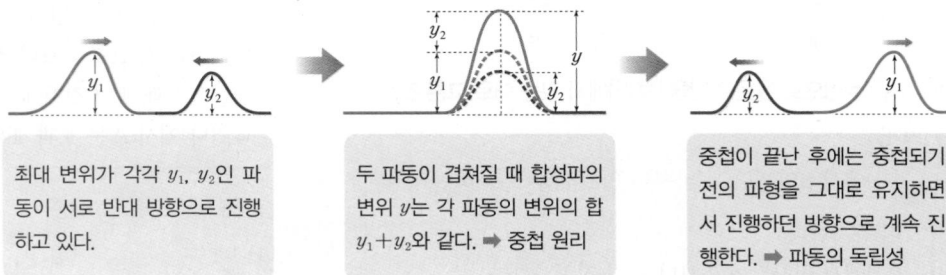

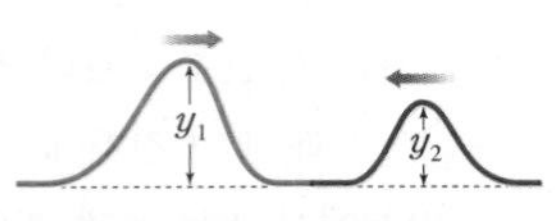

최대 변위가 각각 y_1, y_2인 파동이 서로 반대 방향으로 진행하고 있다.

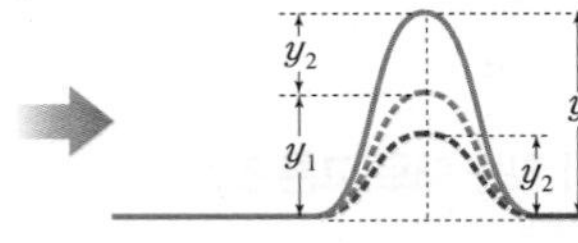

두 파동이 겹쳐질 때 합성파의 변위 y는 각 파동의 변위의 합 y_1+y_2와 같다. ➡ 중첩 원리

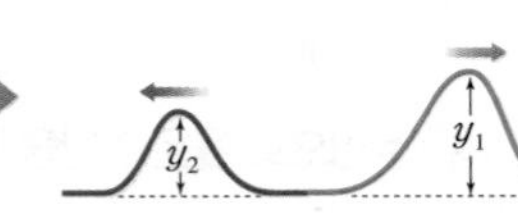

중첩이 끝난 후에는 중첩되기 전의 파형을 그대로 유지하면서 진행하던 방향으로 계속 진행한다. ➡ 파동의 독립성

2. 파동의 ❷간섭

파동이 중첩되어 진폭이 변하는 현상
(진폭이 변하는 현상: 진폭이 커지거나 작아진다.)

보강 간섭

파동 1
파동 2
합성파

변위의 방향이 같다.
두 파동이 같은 ◆위상(마루와 마루 또는 골과 골)으로 만난다. ➡ 합성파의 진폭이 커진다.
두 파동의 진폭이 같을 때 합성파의 진폭은 2배가 된다.

상쇄 간섭

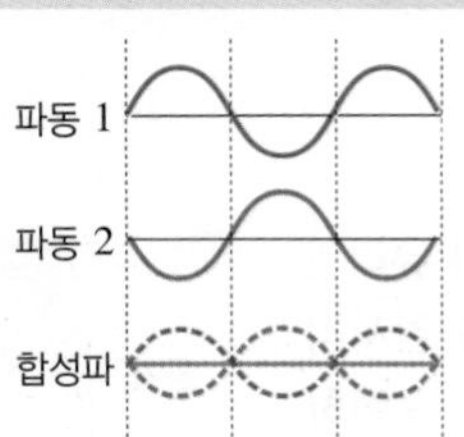

변위의 방향이 반대이다.
두 파동이 반대 위상(마루와 골 또는 골과 마루)으로 만난다. ➡ 합성파의 진폭이 작아진다.
두 파동의 진폭이 같을 때 합성파의 진폭은 상쇄되어 0이 된다.

3. 물결파의 간섭

두 점파원 S_1, S_2에서 진폭과 파장, 진동수가 같은 물결파를 같은 위상으로 발생시키면 두 물결파가 간섭하여 진동이 크게 일어나는 부분과 진동이 거의 일어나지 않는 부분이 생긴다.
(상쇄 간섭이 일어나는 점들은 항상 마루와 골이 만나 진동이 상쇄되므로, 수면의 진폭이 0이며 밝기의 변화가 거의 없는 마디선이 나타난다.)

상쇄 보강 상쇄 보강 상쇄 보강 상쇄
마루
골
P Q R S
λ λ
S_1 S_2

274쪽 대표 자료❶

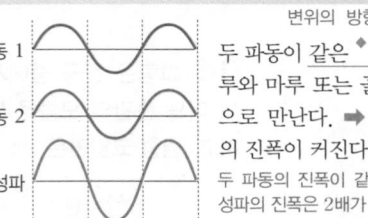

(밝고 어두운 무늬)

구분	P, Q(밝기가 크게 바뀜)	R, S(밝기가 거의 일정함)
수면의 진동	가장 크게 진동한다.	거의 진동하지 않는다.
간섭의 종류	물결파의 마루와 마루, 또는 골과 골이 만나는 지점이다. ➡ 보강 간섭	물결파의 마루와 골이 만나는 지점이다. ➡ 상쇄 간섭

(1) **보강 간섭이 일어나는 지점:** 두 파원으로부터의 ❸경로차가 반파장의 짝수 배이다.
(반파장의 짝수 배: $0, \lambda, 2\lambda, 3\lambda, \cdots$)

(2) **상쇄 간섭이 일어나는 지점:** 두 파원으로부터의 경로차가 반파장의 홀수 배이다.
(반파장의 홀수 배: $\frac{1}{2}\lambda, \frac{3}{2}\lambda, \frac{5}{2}\lambda, \cdots$)

◆ **파동의 중첩**
여러 파동이 한 지점에서 만나면 서로 겹쳐지는 현상

◆ **위상**
매질의 위치와 진동(운동) 상태를 위상이라고 한다. 한 파동에 있는 마루는 위상이 서로 같고, 마루와 골은 위상이 서로 반대이다.

용어
❶ **중첩(重 거듭하다, 疊 겹쳐지다)** 거듭 겹쳐지거나 포개어짐
❷ **간섭(干 막다, 涉 겪다)** 2개 이상의 파동이 한 점에서 만나 겹쳐질 때 파동의 진폭이 변하는 현상
❸ **경로차(經 지나다, 路 길, 差 다르다)** 두 파원으로부터 한 점까지의 거리 차

4. *소리의 간섭 두 소리가 만나면 간섭이 일어나 소리의 크기가 변한다.

보강 간섭이 일어나 공기의 진폭이 크면 큰 소리가 나고, 상쇄 간섭이 일어나 공기의 진폭이 작으면 작은 소리가 난다.

탐구 자료창 2개의 스피커를 이용한 소리의 간섭 실험

274쪽 대표 자료 ❷

신호 발생기에서 세기와 진동수가 일정한 소리를 발생시켜 두 스피커를 통해 나오게 하고, 스피커의 배열 방향과 나란한 방향으로 조금씩 이동하면서 소리를 들어 보면 소리의 크기가 커졌다 작아졌다를 반복한다.

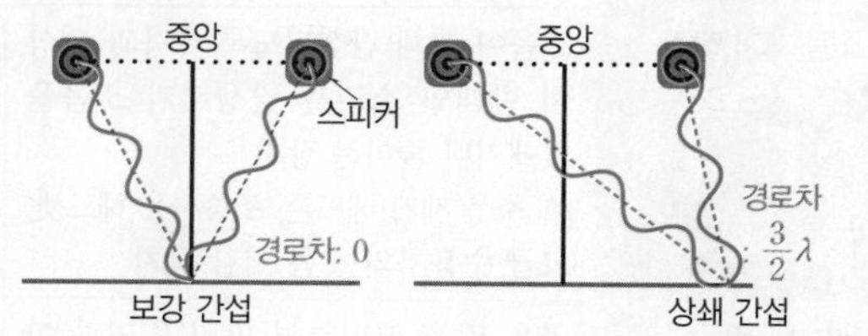

1. **보강 간섭이 일어나는 곳:** 중앙 지점과 같이 두 스피커에서 오는 파동의 위상이 같은 곳 ➡ 소리가 크게 들린다.
2. **상쇄 간섭이 일어나는 곳:** 두 스피커에서 오는 파동이 반대 위상으로 만나는 곳 ➡ 소리가 작게 들린다.

구분	보강 간섭	상쇄 간섭
소리의 위상	두 소리가 같은 위상으로 만난다.	두 소리가 반대 위상으로 만난다.
소리의 세기	소리가 크게 들린다.	소리가 작게 들린다.
두 스피커까지의 거리 차(경로차)	$3\lambda-3\lambda=0$ (반파장의 짝수 배)	$4\lambda-\frac{5}{2}\lambda=\frac{3}{2}\lambda$(반파장의 홀수 배)

3. **소리의 크기가 변하는 간격과 파장의 관계:** 파장이 짧을수록 간섭이 일어나는 간격이 작아지므로 소리의 크기가 변하는 간격도 작아진다. 즉, 진동수가 클수록 파장이 짧아 중앙에 가까운 지점에서 상쇄 간섭이 일어난다.

5. 빛의 간섭 얇은 막(*비누 막이나 기름 막)의 윗면에서 반사한 빛과 아랫면에서 반사한 빛이 간섭을 일으킬 때, 얇은 막의 두께와 보는 각도에 따라 경로차가 달라지므로 보강 간섭을 하는 빛의 색깔도 달라진다. 274쪽 대표 자료 ❷

└ 단색광일 경우 빛의 밝기가 달라진다.

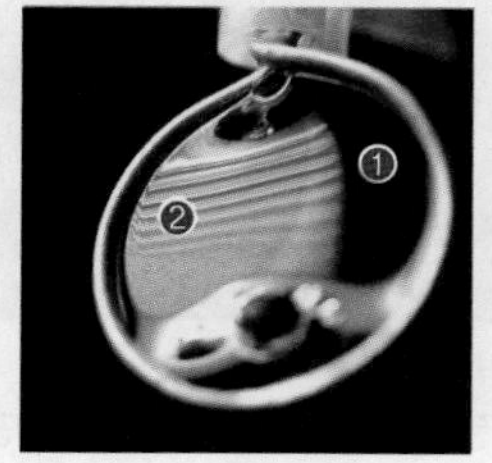

⊙ 비누 막의 간섭무늬

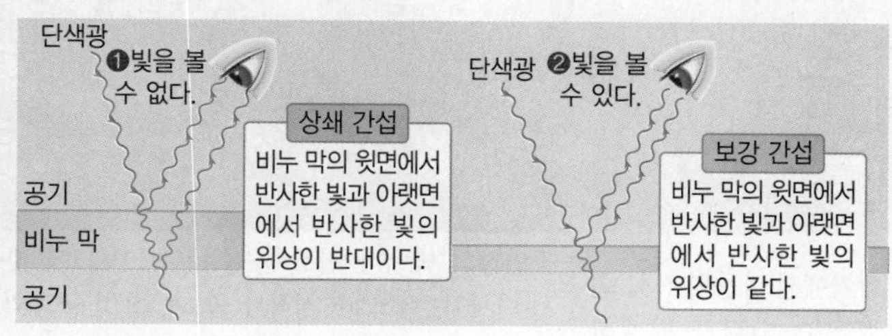

*이중 슬릿에 의한 빛의 간섭

천재, YBM 교과서에만 나와요.

이중 슬릿을 통과한 두 빛이 스크린에서 같은 위상으로 만나는 지점에서는 보강 간섭이 일어나 밝은 무늬가 나타나고, 반대 위상으로 만나는 지점에서는 상쇄 간섭이 일어나 어두운 무늬가 나타난다.

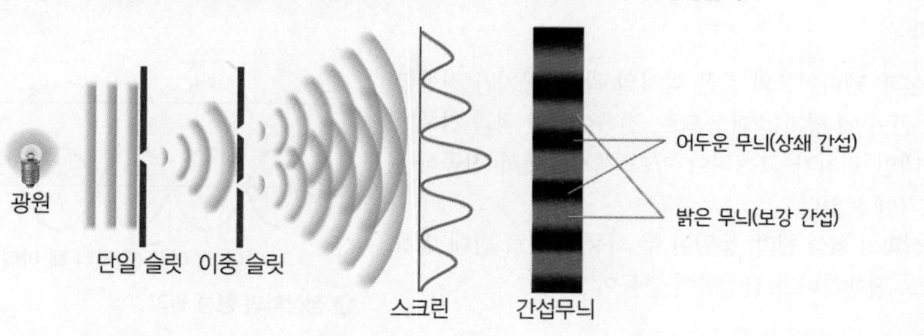

미래엔 교과서에만 나와요.

◆ 소리의 간섭을 파면으로 이해하기

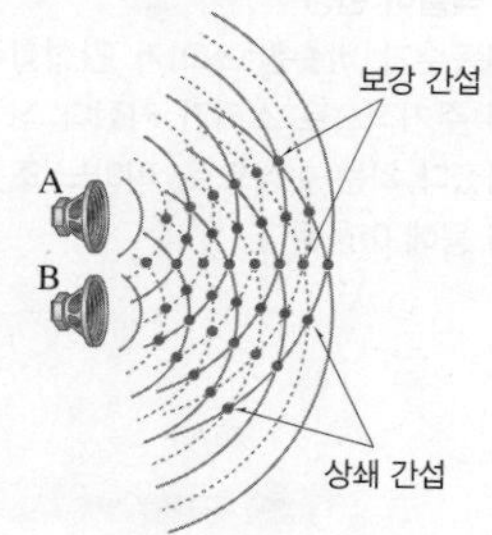

(실선: 밀, 점선: 소)

- 보강 간섭: 두 파동이 같은 위상으로 만난다. → 두 음원 A와 B로부터의 경로차=반파장의 짝수 배
- 상쇄 간섭: 두 파동이 반대 위상으로 만난다. → 두 음원 A와 B로부터의 경로차=반파장의 홀수 배

◆ 비누 막에 의한 빛의 간섭

중력에 의해 아랫부분으로 갈수록 막의 두께가 두꺼워지며, 비누 막의 두께에 따라 빛의 경로차가 달라져 여러 가지 색의 무늬가 생긴다.

◆ 영의 빛의 간섭 실험

1803년에 영국의 과학자 영이 단색 광원에서 나온 빛을 단일 슬릿과 이중 슬릿에 통과시켜 스크린 상에 밝고 어두운 간섭무늬를 얻는 데 처음 성공했다.

YBM 교과서에만 나와요.

◆ **맥놀이 현상**
진동수가 비슷한 소리가 간섭할 때 주기적으로 소리가 커졌다 작아졌다 하는 현상으로, 피아노 조율 등에 이용된다.

천재 교과서에만 나와요.

◆ **태양 전지의 반사 방지막**
태양 전지에 반사 방지막을 코팅하면 태양 전지에서 반사하는 빛이 적어져 더 많은 전기 에너지를 생산할 수 있다.

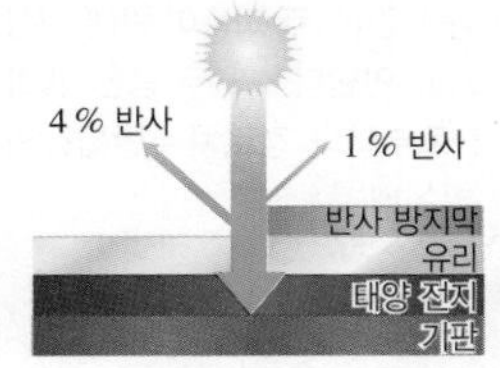

◆ **지폐의 색 변환 잉크**
지폐에 사용하는 잉크 안에 굴절률이 약간 다른 화학 물질을 넣으면 잉크의 바깥쪽(표면)과 안쪽에서 반사하는 빛이 간섭하여 보는 각도에 따라 다양한 색이 나타난다.

◆ **간섭의 활용 예**
- 자동차 소음기: 배기음이 지나는 통로가 2개로 나뉘어져 있는데, 한 통로가 다른 통로보다 반파장만큼 길게 되어 있어 소음기를 통과한 두 소음이 상쇄 간섭을 하여 소음이 줄어든다.
- 충격파 쇄석술: 초음파 발생기에서 발생하는 초음파가 보강 간섭을 하여 수술하지 않고도 결석을 깨뜨린다.
- 전파 망원경: 여러 대의 전파 망원경에서 수신한 전파의 간섭을 이용하면 큰 망원경을 사용한 것과 같은 효과가 있다.
- 분광기: 빛의 간섭 현상을 이용하여 빛을 파장별로 분리시키는 장치로, 별이나 성운의 스펙트럼을 관측하여 구성 물질의 성분을 알아낸다.

B 간섭의 활용

1. 간섭을 활용한 장치

소음 제거 장치 	소음이 상쇄 간섭되도록 소음과 위상이 반대인 소리를 발생시켜 소음을 없애거나 줄이는 장치 예 소음 제거 헤드폰, 조종사용 헤드셋, 고급 승용차의 소음 저감 장치	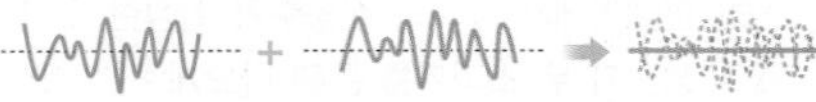 소음의 파형 / 위상이 반대인 소리 / 소음이 제거됨 소음의 파형과 위상이 반대인 소리를 발생시키면 상쇄 간섭에 의해 소음을 줄일 수 있다.
무반사 코팅  일반 렌즈 / 코팅 렌즈	얇은 막을 코팅하여 막의 윗면과 아랫면에서 반사하는 빛이 상쇄 간섭을 일으키도록 하여, 반사하는 빛의 세기를 감소시키고 투과하는 빛의 세기를 증가시킨다. 예 안경의 반사 방지막 코팅, ◆태양 전지의 반사 방지막 코팅	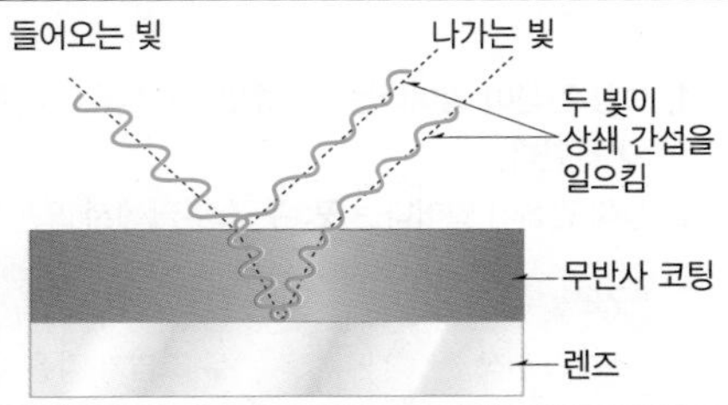 들어오는 빛 / 나가는 빛 / 두 빛이 상쇄 간섭을 일으킴 / 무반사 코팅 / 렌즈
홀로그램 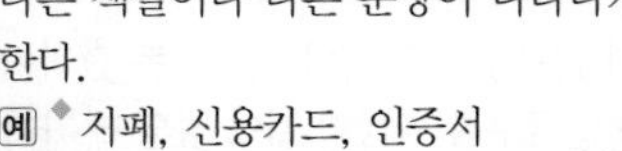 초록색 / 노란색	바라보는 각도에 따라 보강 간섭이 일어나는 빛의 파장을 변하게 하여 다른 색깔이나 다른 문양이 나타나게 한다. 예 ◆지폐, 신용카드, 인증서 복사나 위조를 방지하기 위해 홀로그램 이미지나 스티커를 활용한다.	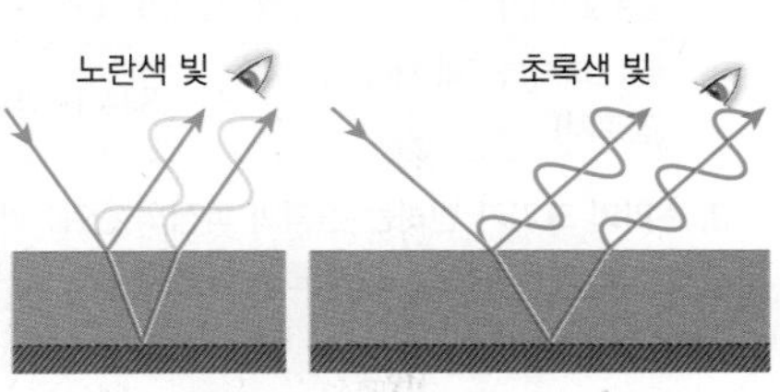 노란색 빛 / 초록색 빛

2. ◆간섭의 활용과 현상

여러 가지 악기	공연장 설계	DVD의 정보 재생	모르포 나비
		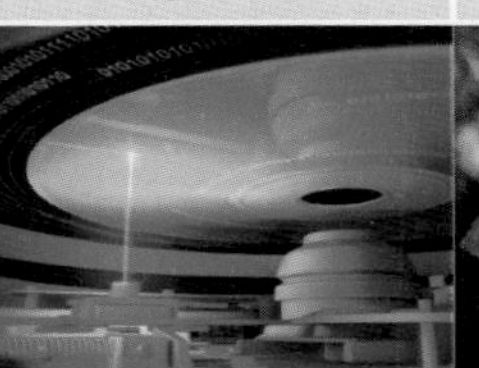	
악기에서 파동의 간섭 현상으로 소리가 발생하며, 이 소리가 울림통에서 보강 간섭을 하면 더 큰 소리가 난다.	공연장의 벽이나 천장에서 반사되는 소리가 상쇄 간섭을 하지 않고 모든 관객에게 고르게 퍼져 나갈 수 있도록 각도를 조절하여 설계한다.	CD나 DVD에 빛을 비출 때, 요철 구조의 가장자리에서 반사된 두 빛의 상쇄 간섭을 광센서로 감지하여 요철 구조로 기록된 정보를 읽는다.	모르포 나비는 날개 표면의 얇은 층에서 파란색 빛이 보강 간섭을 하여 파란색으로 보인다.

정상파 (동아 교과서에만 나와요.)

1. **정상파:** 팬파이프와 같은 악기의 관 속 공기가 진동할 때 관 속에 생기는 파동으로, 진폭이 0인 점과 진폭이 최대인 위치가 고정되어 마치 제자리에서 진동하는 것처럼 보인다.
2. **정상파의 형성 원리:** 동일한 두 파동이 서로 반대 방향으로 진행하다가 간섭하여 만들어진다.

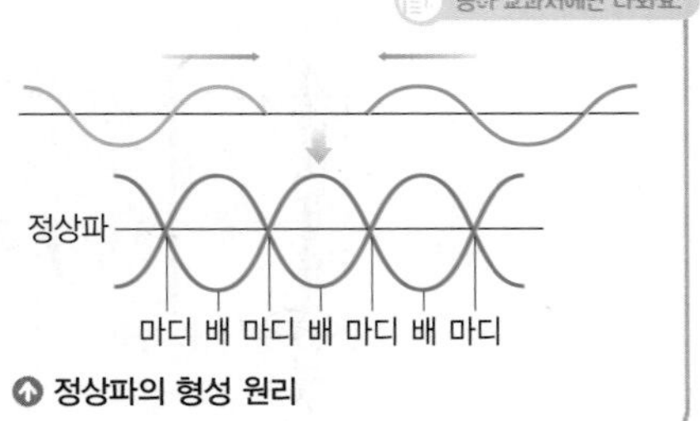

▲ 정상파의 형성 원리

개념 확인 문제

핵심 체크

- 파동의 (❶) 원리: 두 파동이 중첩될 때 각 지점의 변위가 그 점을 지나는 두 파동의 변위의 합과 같아지는 원리
- 파동의 (❷): 중첩되었던 두 파동이 중첩되기 전의 파형을 그대로 유지하면서 원래 방향으로 계속 진행하는 성질
- 파동의 (❸): 파동이 중첩되어 진폭이 변하는 현상
  - (❹) 간섭: 두 파동이 같은 위상으로 만나 합성파의 진폭이 커지는 간섭
  - (❺) 간섭: 두 파동이 반대 위상으로 만나 합성파의 진폭이 작아지는 간섭
- 물결파의 간섭: 보강 간섭을 하면 수면이 크게 진동하여 밝고 어두운 무늬가 나타나고, 상쇄 간섭을 하면 진동하지 않아 밝기의 변화가 없다.
- 소리의 간섭: 보강 간섭을 하면 소리가 (❻)지고, 상쇄 간섭을 하면 소리가 (❼)진다.
  예 악기의 공명, 소음 제거 헤드폰 등
- 빛의 간섭: 보강 간섭을 하면 밝기가 (❽)지고, 상쇄 간섭을 하면 밝기가 (❾)진다.
  예 비눗방울의 색, 홀로그램, 무반사 코팅 등

1 파동의 중첩에 대한 설명으로 옳은 것은 ○, 옳지 않은 것은 ×로 표시하시오.

(1) 두 파동의 마루와 골이 만나면 합성파의 진폭이 커진다. ( )

(2) 두 파동이 겹쳐질 때 합성파의 변위는 각 파동의 변위의 합과 같다. ( )

2 다음과 같은 파동의 성질을 무엇이라고 하는지 쓰시오.

> 두 파동이 중첩이 끝난 후 원래의 파형의 그대로 유지하면서 진행하던 방향으로 계속 진행한다.

3 그림과 같은 두 파동이 중첩되었을 때 중첩된 파동의 최대 진폭은 몇 cm인지 쓰시오.

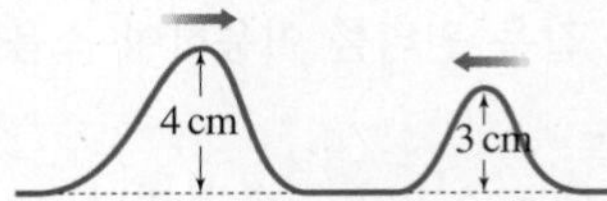

4 파동의 간섭에 대한 설명 중 ( ) 안에 알맞은 말을 쓰시오.

> 진폭이 같은 두 파동이 ㉠( ) 간섭을 하면 합성파의 진폭은 2배가 되고, ㉡( ) 간섭을 하면 합성파의 진폭은 0이 된다.

5 그림은 두 파원 S_1, S_2에서 진동수와 위상이 같은 물결파를 발생시켰을 때 나타나는 무늬이다.
점 P, Q에서 각각 일어나는 간섭의 종류를 쓰시오.

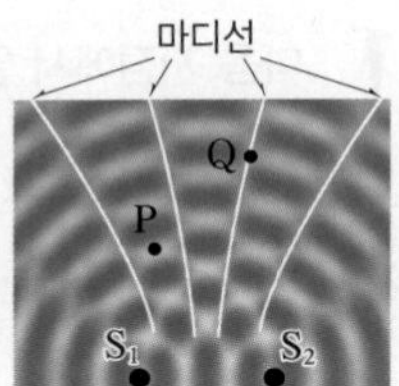

6 소리의 간섭에 대한 설명으로 옳은 것은 ○, 옳지 않은 것은 ×로 표시하시오.

(1) 진동수가 같은 두 소리가 반대 위상으로 만나면 공기가 크게 진동한다. ( )

(2) 진동수가 같은 두 소리가 같은 위상으로 만나면 소리가 커진다. ( )

(3) 진동수와 위상이 같은 두 소리의 경로차가 반파장의 홀수 배일 때 상쇄 간섭을 한다. ( )

7 공기 중에 흩날리는 비눗방울의 표면에 여러 가지 색의 무늬가 나타나는 것과 가장 관련 있는 빛의 성질은 무엇인지 쓰시오.

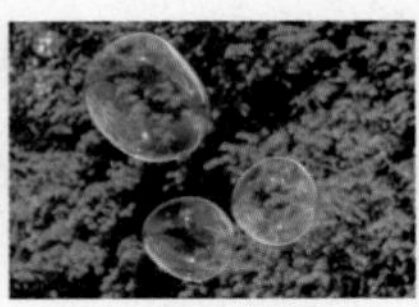

8 파동의 간섭이 활용되는 예를 [보기]에서 있는 대로 고르시오.

> 보기
> ㄱ. 소음 제거 헤드폰 ㄴ. 무반사 코팅
> ㄷ. 광통신 ㄹ. 홀로그램

대표 자료 분석

정답친해 138쪽

자료 ❶ 파동의 간섭

기출 Point
- 파동의 중첩 원리 이해하기
- 물결파가 중첩되는 곳에서 일어나는 간섭의 종류 구분하기

[1~3] 그림은 두 점파원 S_1, S_2에서 진폭과 파장이 같은 물결파를 같은 위상으로 발생시켰을 때 어느 한 순간의 마루와 골을 나타낸 것이다. 실선은 마루, 점선은 골이다.

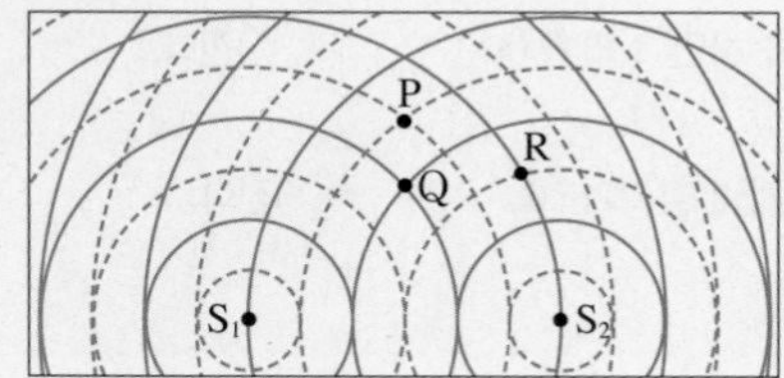

1 다음 지점에서 일어나는 간섭의 종류를 쓰시오.

(1) P점: ________ 간섭 (2) Q점: ________ 간섭
(3) R점: ________ 간섭

2 다음은 물결파의 간섭에 대한 설명이다. ( ) 안에 알맞은 말을 쓰시오.

두 점파원 S_1, S_2에서 진폭과 파장이 같은 물결파를 같은 위상으로 발생시킬 때 밝고 어두운 무늬가 교대로 나타나는 부분은 ㉠( ) 간섭이 일어난 곳이고, 밝기가 일정한 부분은 ㉡( ) 간섭이 일어난 곳이다.

3 빈출 선택지로 완벽 정리!

(1) 실선과 실선이 만나는 지점은 보강 간섭이 일어나는 곳이다. (○ / ×)
(2) 점선과 점선이 만나는 지점은 상쇄 간섭이 일어나는 곳이다. (○ / ×)
(3) P에서는 두 파동의 마루와 골이 만난다. (○ / ×)
(4) Q에서 두 파동의 경로차가 0이다. (○ / ×)
(5) R에서 두 파동의 경로차는 반파장의 홀수 배이다. (○ / ×)

자료 ❷ 파동의 간섭 현상 활용

기출 Point
- 소리의 간섭 현상 이해하기
- 빛의 간섭 현상 이해하기

[1~3] 그림 (가)는 소리의 간섭 현상을, (나)는 빛의 간섭 현상을 나타낸 것이다.

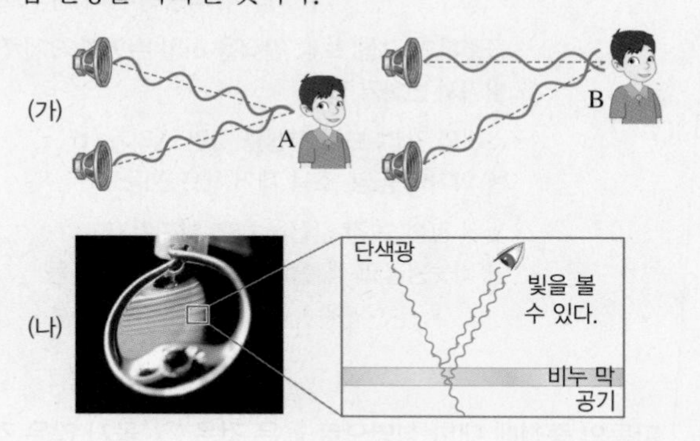

1 (가)의 A, B에서 어떤 간섭이 일어나는지 각각 쓰시오.

2 다음은 (나)의 비눗방울 표면이 무지갯빛을 띠는 원리에 대한 설명이다. ( ) 안에 알맞은 말을 쓰시오.

비눗방울 막의 윗면과 아랫면에서 반사하는 두 빛이 ㉠( )을 일으킬 때, 두 빛의 ㉡( )에 따라 보강 간섭을 하는 빛의 파장이 달라져 다른 색깔의 빛이 보인다.

3 빈출 선택지로 완벽 정리!

(1) (가)의 B와 같은 원리를 이용하여 소음 제거 헤드폰을 만든다. (○ / ×)
(2) (가)의 A에서는 소리가 크게 들린다. (○ / ×)
(3) (나)에서 비눗방울을 바라보는 각도에 따라 나타나는 색깔이 달라진다. (○ / ×)
(4) (나)에서 얇은 막의 윗면과 아랫면에서 반사하는 특정 파장의 빛이 보강 간섭을 하면 그 파장의 빛을 볼 수 없다. (○ / ×)
(5) 물 위에 뜬 기름 막이 다양한 색깔로 보이는 것도 (나)와 같은 원리에 의한 것이다. (○ / ×)

내신 만점 문제

정답친해 138쪽

A 파동의 간섭

01 파동의 중첩과 간섭에 대한 설명으로 옳은 것만을 [보기]에서 있는 대로 고른 것은?

보기
ㄱ. 두 파동이 서로 만나 중첩된 합성파의 변위는 각 파동의 변위의 합과 같다.
ㄴ. 파동이 반대 위상으로 중첩될 때 합성파의 진폭은 작아진다.
ㄷ. 한 파동의 마루와 다른 파동의 골이 중첩되는 경우 보강 간섭이 일어난다.

① ㄱ ② ㄴ ③ ㄷ
④ ㄱ, ㄴ ⑤ ㄴ, ㄷ

02 다음의 현상과 가장 관련이 있는 파동의 성질은?

- 여러 악기가 동시에 연주되어도 각각의 소리를 구분할 수 있다.
- 여러 방송국에서 나온 방송 전파들 중에서 특정한 방송국의 전파를 선택하여 들을 수 있다.

① 전반사 ② 회절 ③ 독립성
④ 굴절 ⑤ 반사

서술형

03 그림은 파장과 진폭이 같고 연속적으로 발생하는 두 파동 P, Q가 서로 반대 방향으로 진행할 때, 두 파동이 만나기 전 어느 순간의 모습을 나타낸 것이다. P와 Q의 속력은 1 m/s로 같다.

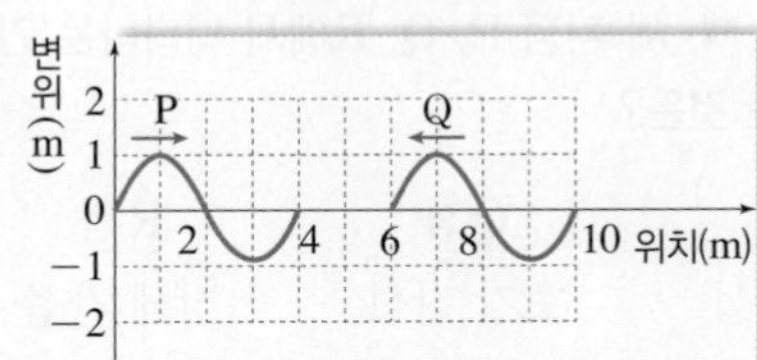

이 순간으로부터 2초가 지났을 때 $x=5$ m인 지점에서 중첩된 파동의 변위를 풀이 과정과 함께 구하시오.

중요

04 그림은 서로 반대 방향으로 진행하는 파동의 어느 한 순간의 모습을 나타낸 것이다.

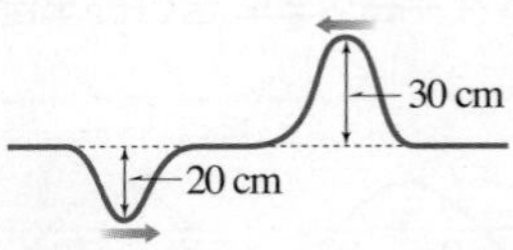

이 두 파동이 겹쳐진 후 멀어질 때의 모습으로 옳은 것은?

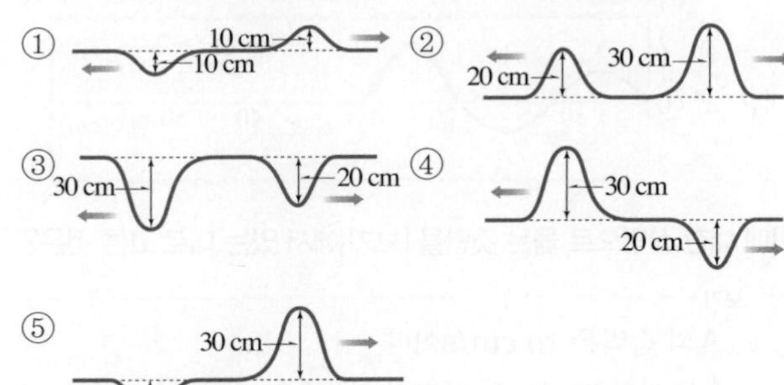

05 그림은 시간 $t=0$인 순간, 파장과 진폭이 각각 같고 연속적으로 발생되는 두 파동 A, B가 1 cm/s의 같은 속력으로 서로 반대 방향으로 진행하는 모습을 나타낸 것이다.

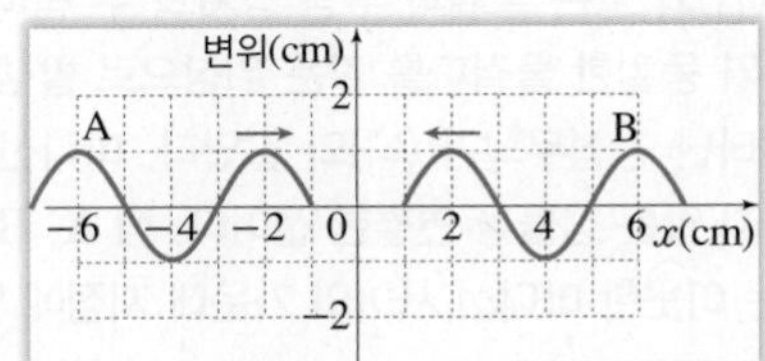

이 순간 이후 $x=0$인 지점에서의 합성파의 변위를 시간에 따라 나타낸 그래프로 가장 적절한 것은?

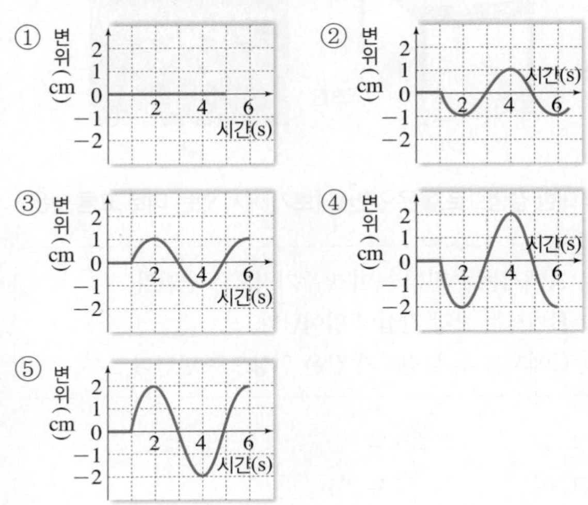

06 그림 (가)는 시간 $t=0$인 순간 서로 반대 방향으로 진행하는 두 파동 A, B의 모습을 나타낸 것이다. 그림 (나)는 $t=2$초일 때 A, B가 부분적으로 중첩된 모습을 나타낸 것이다.

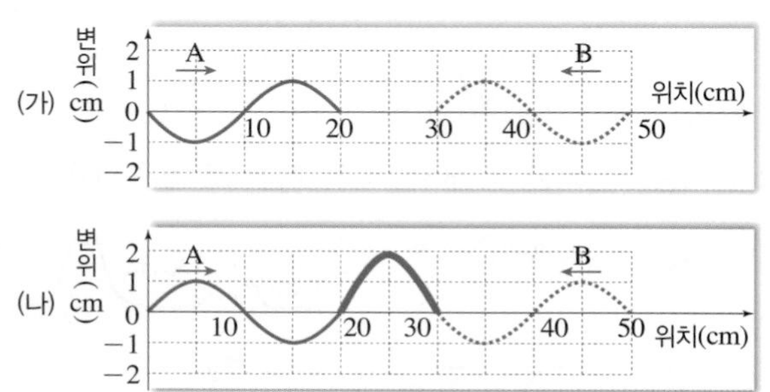

이에 대한 설명으로 옳은 것만을 [보기]에서 있는 대로 고른 것은?

보기
ㄱ. A의 속력은 10 cm/s이다.
ㄴ. (나) 이후 25 cm인 지점의 진폭은 2 cm이다.
ㄷ. $t=4$초일 때 20 cm인 지점의 변위는 0이다.

① ㄱ ② ㄴ ③ ㄷ
④ ㄱ, ㄴ ⑤ ㄴ, ㄷ

중요 **07** 그림 (가)와 같은 물결파 투영 장치의 두 점파원 S_1, S_2에서 진동수가 동일한 물결파를 같은 위상으로 발생시켰을 때 스크린에 나타난 간섭무늬가 (나)와 같았다. 마디선은 무늬의 밝기가 변하지 않는 점들을 연결한 선이다. 점 A, B는 마디선 위에, 점 C는 이웃한 마디선 사이의 가운데 지점에 있다.

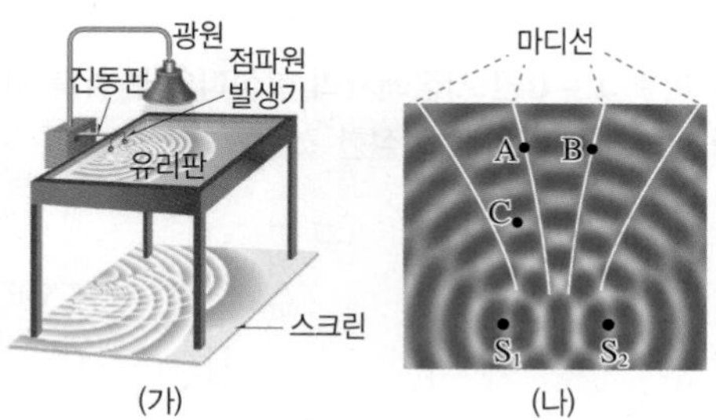

(가) (나)

이에 대한 설명으로 옳은 것만을 [보기]에서 있는 대로 고른 것은?

보기
ㄱ. A에서는 수면의 높이가 주기적으로 변한다.
ㄴ. B에서는 보강 간섭이 일어난다.
ㄷ. C에서는 두 물결파가 같은 위상으로 만난다.

① ㄱ ② ㄴ ③ ㄷ
④ ㄱ, ㄴ ⑤ ㄴ, ㄷ

[08~09] 그림은 두 점파원 S_1, S_2에서 진폭과 파장이 같은 두 파동을 동일한 위상으로 발생시켰을 때, 어느 순간의 모습을 나타낸 것이다. 그림에서 실선은 마루, 점선은 골을 표시한 것이다.

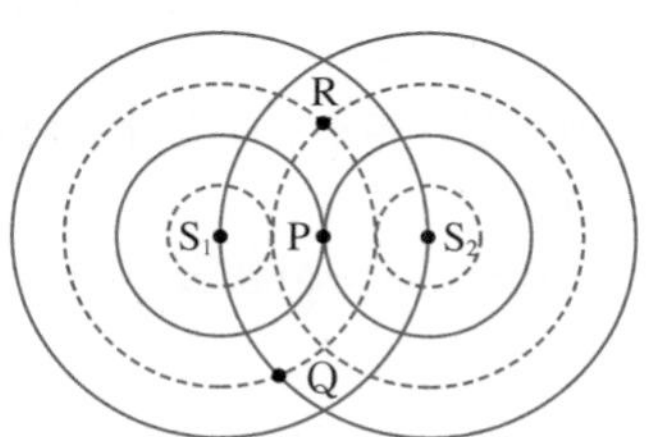

중요 **08** 이에 대한 설명으로 옳은 것만을 [보기]에서 있는 대로 고른 것은?

보기
ㄱ. P점의 진폭이 Q점의 진폭보다 크다.
ㄴ. Q점에서 두 파동의 경로차는 한 파장이다.
ㄷ. R점에서는 상쇄 간섭이 일어난다.

① ㄱ ② ㄴ ③ ㄷ
④ ㄱ, ㄴ ⑤ ㄴ, ㄷ

09 위 실험에서 진동수와 진폭은 변화시키지 않고 점파원 S_1, S_2에서 발생하는 파동의 위상이 서로 반대가 되도록 파동을 발생시킬 때, 세 지점 P, Q, R에서 나타나는 간섭 현상을 옳게 짝 지은 것은?

	P점	Q점	R점
①	보강 간섭	보강 간섭	상쇄 간섭
②	보강 간섭	상쇄 간섭	상쇄 간섭
③	보강 간섭	상쇄 간섭	보강 간섭
④	상쇄 간섭	상쇄 간섭	보강 간섭
⑤	상쇄 간섭	보강 간섭	상쇄 간섭

10 그림 (가)는 두 점 S_1, S_2에서 같은 진폭과 파장으로 발생시킨 두 물결파의 시간 $t=0$일 때의 모습을 모식적으로 나타낸 것이다. 실선과 점선은 각각 물결파의 마루와 골의 위치를 나타낸 것이며, S_1과 S_2 사이의 거리는 20 cm이다. 그림 (나)는 점 P, Q 중 한 점의 변위를 시간에 따라 나타낸 것이다.

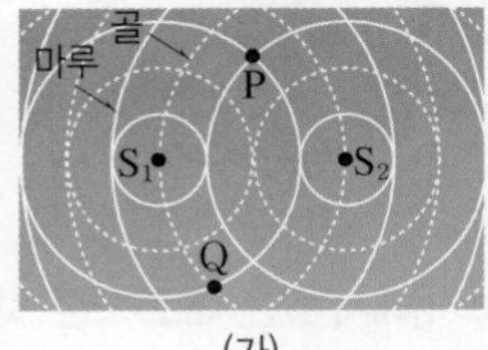

(가)

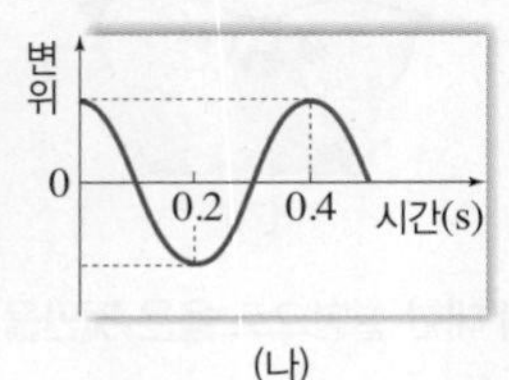

(나)

이에 대한 설명으로 옳은 것만을 [보기]에서 있는 대로 고른 것은?

보기
ㄱ. (나)는 P의 변위를 나타낸 것이다.
ㄴ. 물결파의 속력은 50 cm/s이다.
ㄷ. Q에서 S_1, S_2로부터의 경로차는 5 cm이다.

① ㄱ ② ㄴ ③ ㄱ, ㄷ
④ ㄴ, ㄷ ⑤ ㄱ, ㄴ, ㄷ

11 그림은 신호 발생기에서 진동수가 일정한 소리를 발생시켜 두 스피커를 통해 나오게 한 후, 두 스피커의 배열 방향과 나란한 방향으로 조금씩 이동하면서 소리를 듣는 모습을 나타낸 것이다. A 지점에서는 소리가 크게 들렸고 옆으로 이동하는 동안 B 지점에서 소리가 처음으로 가장 작게 들렸다.

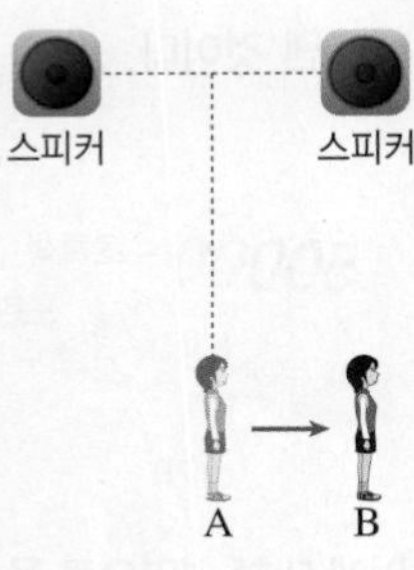

이에 대한 설명으로 옳은 것만을 [보기]에서 있는 대로 고른 것은?

보기
ㄱ. A 지점에서 보강 간섭이 일어난다.
ㄴ. B 지점에서는 두 스피커에서 발생한 소리가 반대 위상으로 만난다.
ㄷ. 소리의 진동수가 커질수록 B 지점은 A에서 멀어진다.

① ㄱ ② ㄷ ③ ㄱ, ㄴ
④ ㄴ, ㄷ ⑤ ㄱ, ㄴ, ㄷ

12 그림은 비누 막에서 일어나는 빛의 간섭 현상으로 다양한 색깔이 보이는 것을 나타낸 것이다.

이에 대한 설명으로 옳은 것만을 [보기]에서 있는 대로 고른 것은?

보기
ㄱ. 검게 보이는 윗부분에서는 모든 색깔의 빛이 상쇄 간섭을 한다.
ㄴ. 비누 막에서 보강 간섭을 하여 나타나는 빛의 색깔이 막의 두께에 따라 달라진다.
ㄷ. 비누 막에 단색광을 비추면 밝고 어두운 무늬가 나타난다.

① ㄱ ② ㄴ ③ ㄱ, ㄷ
④ ㄴ, ㄷ ⑤ ㄱ, ㄴ, ㄷ

13 그림 (가)는 단색광을 단일 슬릿과 이중 슬릿을 통과시켰을 때 스크린에 생기는 무늬를 관찰하는 실험을 나타낸 것이고, (나)는 (가)를 모식적으로 나타낸 것이다.

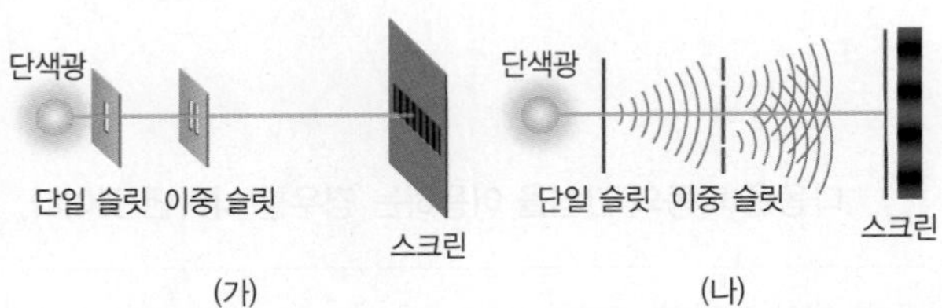

(가) (나)

이에 대한 설명으로 옳은 것만을 [보기]에서 있는 대로 고른 것은?

보기
ㄱ. 스크린에 생기는 무늬는 이중 슬릿을 통과한 두 빛의 간섭에 의해 나타난다.
ㄴ. 밝은 무늬가 생기는 지점에서는 보강 간섭이 일어난다.
ㄷ. 어두운 무늬가 생기는 지점에서는 위상이 반대인 두 빛이 만난다.

① ㄱ ② ㄴ ③ ㄱ, ㄷ
④ ㄴ, ㄷ ⑤ ㄱ, ㄴ, ㄷ

B 간섭의 활용

14 파동의 간섭에 의해 일어나는 현상으로 옳지 않은 것은?

① 비 온 뒤 하늘에 무지개가 나타난다.
② 분광기를 이용하여 별이나 성운의 스펙트럼을 관찰한다.
③ 공연장을 설계할 때 반사하는 소리의 세기가 약해지지 않도록 설계한다.
④ 비눗방울 표면이 무지갯빛을 띤다.
⑤ 모르포 나비 날개가 파란색을 띤다.

중요 **15** 그림은 일반 헤드폰과 소음 제거 헤드폰으로 음악을 듣는 원리를 나타낸 것이다.

이에 대한 설명으로 옳은 것만을 [보기]에서 있는 대로 고른 것은?

보기
ㄱ. 일반 헤드폰에서는 음악과 소음이 함께 들린다.
ㄴ. 소음 제거 헤드폰에서는 소음과 위상이 반대인 음파를 발생시킨다.
ㄷ. 소음 제거 헤드폰의 ㉠에서 보강 간섭이 일어난다.

① ㄱ ② ㄴ ③ ㄷ ④ ㄱ, ㄴ ⑤ ㄴ, ㄷ

16 다음은 파동의 간섭을 이용하는 경우를 나타낸 것이다.

(가) 태양 전지의 코팅막
(나) 자동차의 소음기
(다) 초음파를 이용한 신장 결석 제거

이에 대한 설명으로 옳은 것만을 [보기]에서 있는 대로 고른 것은?

보기
ㄱ. (가)는 반사되는 빛의 세기를 증가시키기 위한 것이다.
ㄴ. (나)에서는 소음과 반대 위상의 소리를 발생시켜야 한다.
ㄷ. (다)는 초음파의 보강 간섭을 이용한다.

① ㄱ ② ㄴ ③ ㄷ ④ ㄱ, ㄴ ⑤ ㄴ, ㄷ

중요 **17** 그림 (가), (나)는 무반사 코팅을 한 렌즈를 사용한 안경과 코팅을 하지 않은 렌즈를 사용한 안경을 순서 없이 나타낸 것이다.

(가)

(나)

이에 대한 설명으로 옳은 것만을 [보기]에서 있는 대로 고른 것은?

보기
ㄱ. 무반사 코팅은 상쇄 간섭에 의해 반사광을 없애는 원리를 이용한다.
ㄴ. 무반사 코팅을 한 렌즈는 (가)이다.
ㄷ. 렌즈에서 빛이 투과되는 정도는 (나)에서가 (가)에서보다 크다.

① ㄱ ② ㄴ ③ ㄱ, ㄴ
④ ㄱ, ㄷ ⑤ ㄴ, ㄷ

18 그림 (가)와 같이 지폐의 금액을 나타내는 숫자는 보는 각도에 따라 다른 색깔로 보인다. 그림 (나), (다)는 그 원리를 나타낸 것이다.

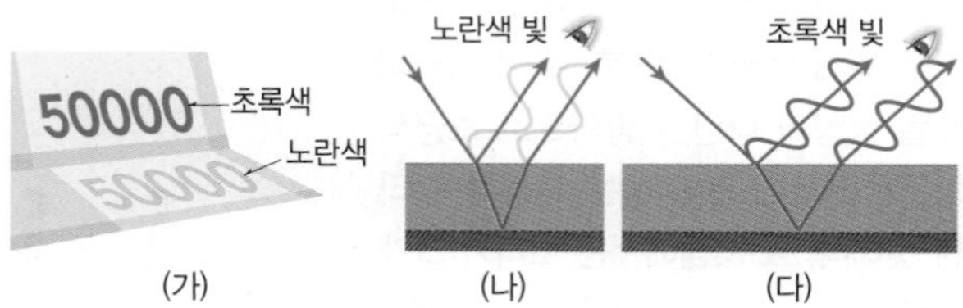

(가) (나) (다)

이에 대한 설명으로 옳은 것만을 [보기]에서 있는 대로 고른 것은?

보기
ㄱ. 숫자 부분의 잉크 표면과 아래에서 반사하는 빛이 간섭을 일으킨다.
ㄴ. 숫자를 보는 각도에 따라 잉크에서 보강 간섭을 하는 빛의 파장이 달라진다.
ㄷ. (다)에서는 초록색 빛이 상쇄 간섭을 한다.

① ㄱ ② ㄴ ③ ㄱ, ㄴ
④ ㄱ, ㄷ ⑤ ㄴ, ㄷ

실력 UP 문제

정답친해 141쪽

01 그림은 속력이 $1\ m/s$인 두 파동 A, B가 서로 반대 방향으로 진행할 때 시간 $t=0$인 순간의 모습을 나타낸 것이다. 점 P, Q는 각각 $x=0$, $x=-1\ m$인 지점이다.

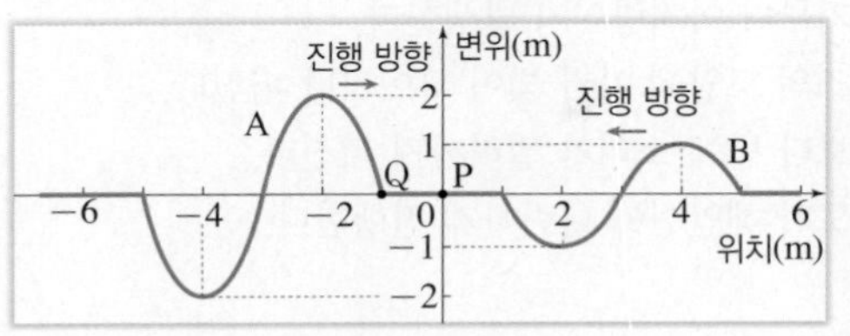

이에 대한 설명으로 옳은 것만을 [보기]에서 있는 대로 고른 것은?

보기
ㄱ. $t=2$초일 때 P의 변위는 $1\ m$이다.
ㄴ. $t=3$초일 때 Q의 변위는 $-3\ m$이다.
ㄷ. 두 파동이 중첩되는 동안 P의 최대 변위의 크기는 $3\ m$이다.

① ㄱ ② ㄴ ③ ㄷ
④ ㄱ, ㄴ ⑤ ㄴ, ㄷ

02 그림은 두 점 S_1, S_2에서 진동수와 진폭이 같은 두 물결파를 같은 위상으로 발생시켰을 때 시간 $t=0$인 순간의 모습을 모식적으로 나타낸 것이다. 실선과 점선은 각각 물결파의 마루와 골의 위치를 나타낸다.

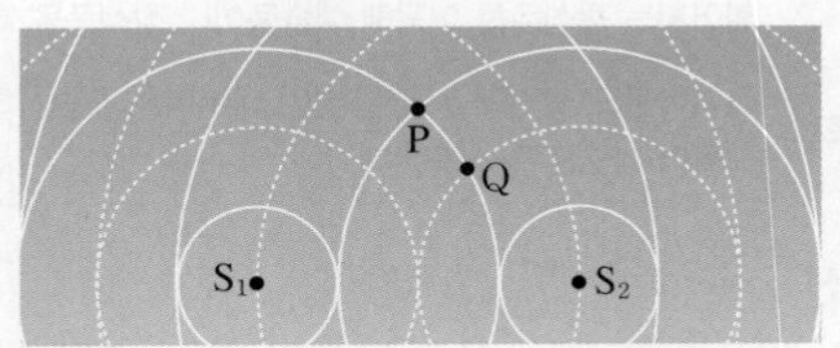

이에 대한 설명으로 옳은 것만을 [보기]에서 있는 대로 고른 것은?

보기
ㄱ. 물결파의 진폭은 P에서가 Q에서보다 크다.
ㄴ. P에서 수면의 높이는 $t=\frac{T}{2}$일 때가 $t=0$일 때보다 높다.
ㄷ. 두 물결파의 진동수만 2배로 하면 Q에서 보강 간섭이 일어난다.

① ㄱ ② ㄴ ③ ㄱ, ㄷ
④ ㄴ, ㄷ ⑤ ㄱ, ㄴ, ㄷ

03 그림과 같이 두 변의 길이가 각각 $3\ m$, $4\ m$인 직사각형의 두 꼭짓점에 놓인 스피커 A, B에서 세기가 같고 진동수가 각각 $340\ Hz$인 소리가 같은 위상으로 발생한다. 점 O는 두 꼭짓점 P, Q를 잇는 선분 PQ의 중점이다. 소리의 속력은 $340\ m/s$이다.

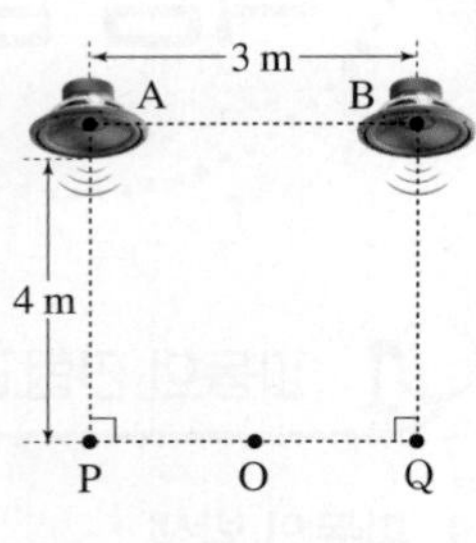

이에 대한 설명으로 옳은 것만을 [보기]에서 있는 대로 고른 것은?

보기
ㄱ. P에서 보강 간섭이 일어난다.
ㄴ. PQ에서 상쇄 간섭을 하는 지점은 홀수 개이다.
ㄷ. B에서 발생하는 소리의 위상만을 반대로 하면 Q에서 보강 간섭이 일어난다.

① ㄱ ② ㄴ ③ ㄷ
④ ㄱ, ㄴ ⑤ ㄴ, ㄷ

04 그림은 파장이 λ인 단색광이 이중 슬릿을 통과하여 스크린에 간섭무늬를 만드는 것을 나타낸 것이다. 점 P는 스크린의 중앙으로부터 첫 번째 밝은 무늬가 나타나는 지점이고, s는 이중 슬릿의 A, B를 통과한 단색광이 스크린상의 점 P에서 만날 때의 경로차이다.

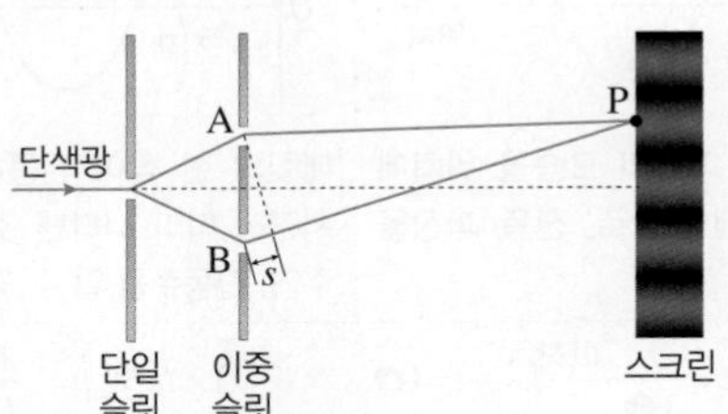

이에 대한 설명으로 옳은 것만을 [보기]에서 있는 대로 고른 것은?

보기
ㄱ. s의 크기는 λ이다.
ㄴ. 단색광의 파장을 감소시키면 첫 번째 어두운 무늬의 스크린의 중앙에 더 가까워진다.
ㄷ. 파장이 2λ인 단색광으로 실험을 하면 P에서 상쇄 간섭이 일어난다.

① ㄱ ② ㄴ ③ ㄱ, ㄷ
④ ㄴ, ㄷ ⑤ ㄱ, ㄴ, ㄷ

1 파동의 진행과 굴절

1. 파동의 발생

(1) 파동의 요소

파동	진동이 주위로 퍼져 나가며 에너지를 전달하는 현상 ➡ 매질은 제자리에서 진동할 뿐 이동하지 않는다.
파동의 요소	• 마루와 골: 파동의 가장 높은 곳이 마루, 가장 낮은 곳이 골 • 진폭: 진동 중심에서 마루 또는 골까지의 거리 • (❶): 이웃한 마루와 마루 또는 골과 골 사이의 거리 • 주기: 매질의 한 점이 1회 진동하는 데 걸리는 시간 • (❷): 매질의 한 점이 1초 동안 진동하는 횟수로, 주기와 역수 관계 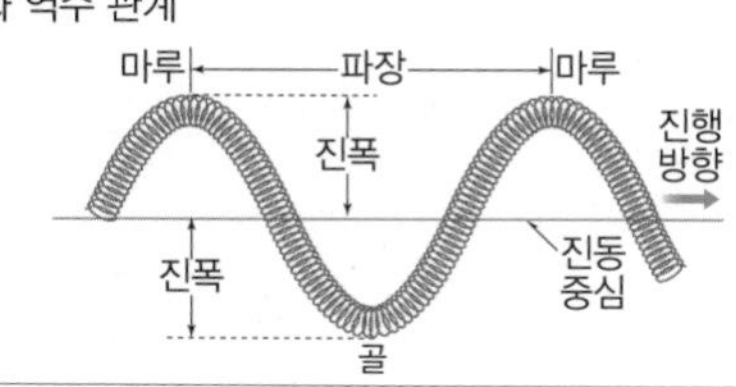

(2) 파동의 진행

변위 – 위치 그래프	변위 – 시간 그래프
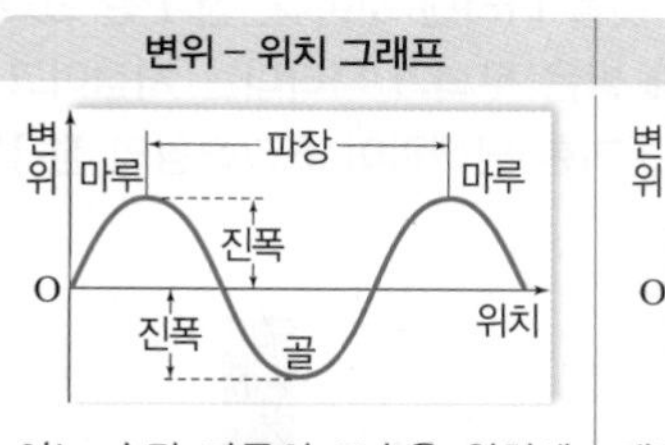 	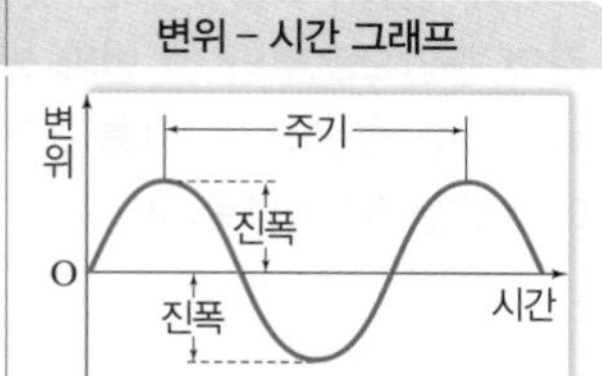
어느 순간 파동의 모습을 위치에 따라 나타낸 것으로, 진폭, 파장을 알 수 있다.	매질의 한 점이 진동하는 모습을 시간에 따라 나타낸 것으로, 진폭, 주기, 진동수를 알 수 있다.

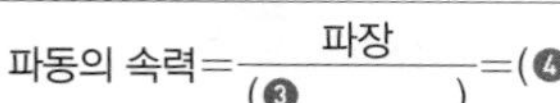

파동의 속력 $= \dfrac{\text{파장}}{(❸\quad)} =$ (❹   ) × 파장, $v = \dfrac{\lambda}{T} = f\lambda$

2. 파동의 굴절

파동의 굴절	파동이 서로 다른 매질의 경계면에서 속력이 달라져 파동의 진행 방향이 변하는 현상 ➡ 진동수는 (❺)하다.
굴절 법칙	파동이 매질 1에서 매질 2로 입사할 때 입사각과 굴절각의 (❻)의 비는 항상 일정하다. $\dfrac{\sin i}{\sin r} = \dfrac{\lambda_1}{\lambda_2} = \dfrac{v_1}{v_2} = n_{12}$(일정) 입사 광선, 법선, 반사 광선, 입사각, i, λ_1, v_1, 매질 1, λ_2, v_2, 매질 2, 굴절각, r, 굴절 광선

3. 굴절 현상

(1) 물속에 잠긴 물체의 깊이가 실제보다 얕아 보이고, 일부분만 잠긴 물체가 꺾여 보인다.

(2) 신기루나 아지랑이가 발생한다.

(3) 렌즈의 모양에 따라 빛이 모이거나 퍼진다.

(4) 낮보다 밤에 소리가 멀리까지 퍼진다.

(5) 파도가 해안선에 나란하게 진행한다.

2 전반사와 전자기파

1. 전반사

(1) **전반사:** 빛이 서로 다른 매질의 경계면을 통과할 때 굴절 없이 전부 반사하는 현상

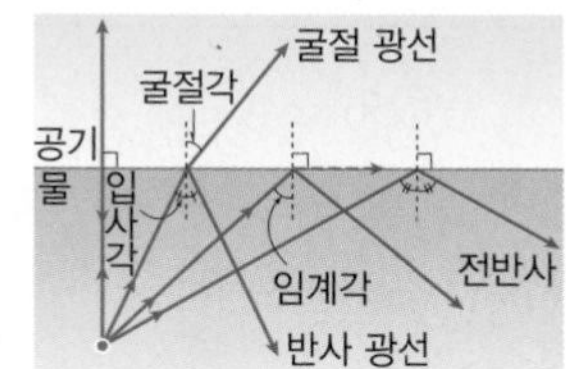

• 임계각(i_c): 굴절각이 90°가 되는 입사각
• 전반사가 일어날 조건: 굴절률이 큰 매질에서 굴절률이 작은 매질로 빛이 진행하고, 입사각이 임계각보다 클 때 일어난다.

(2) 생활 속의 전반사의 이용

쌍안경	직각 프리즘의 전반사를 이용해 빛의 진행 방향을 90° 또는 180° 바꾼다.
내시경	광섬유와 소형 카메라를 이용해 인체 내부 장기의 모습을 관찰한다.
장식품	휘어지는 광섬유를 이용해 예술품이나 장식품을 제작한다.
다이아몬드	다이아몬드 윗면에 입사한 빛이 내부에서 전반사하여 모두 되돌아 나오도록 세공한다.

2. 광통신

(1) **광섬유:** 빛을 전송하는 섬유 모양의 관 ➡ 광섬유 내부의 코어로 입사한 빛이 코어와 클래딩 사이의 경계면에서 전반사하면서 진행한다.

• 코어와 클래딩의 굴절률 비교: (❼   ) > (❽   )

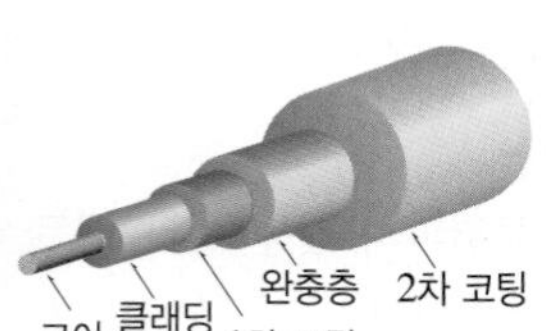

(2) **광통신:** 음성, 영상 등과 같은 정보를 빛 신호로 전환한 후 빛의 전반사를 이용하여 광케이블로 전송하는 통신 방식

3. 전자기파

(1) **전자기파:** 전기장과 자기장의 세기가 시간에 따라 변하면서 진행하는 파동

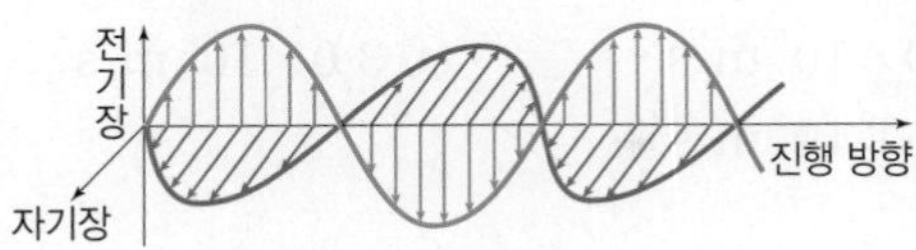

(2) **전자기파의 특징**

① 전기장과 자기장의 방향에 각각 수직으로 진행하는 횡파이다.
② 매질이 없어도 진행할 수 있는 파동이다.
③ 파장 또는 진동수에 따라 다른 성질을 나타낸다.
④ 진공에서의 속력은 파장에 관계없이 모두 빛의 속력과 같다.
⑤ 진동수가 클수록 에너지가 크다.

(3) **전자기파의 종류와 이용**

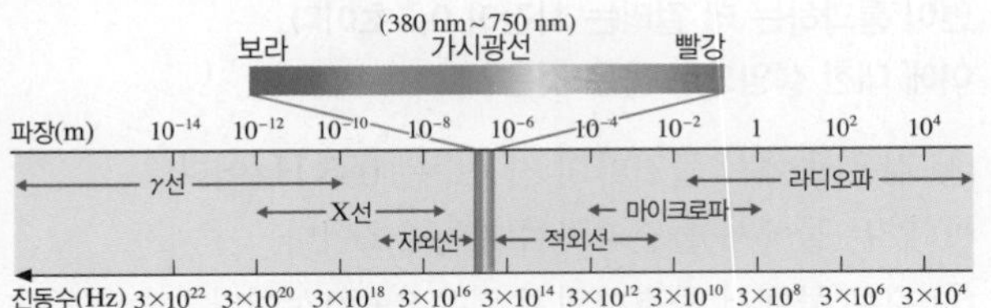

종류		특징	이용
감마(γ)선		투과력이 매우 강하고 큰 에너지를 가지고 있어 암을 치료할 수 있다.	암 치료, 감마(γ)선 망원경 등
X선		투과력이 강해 인체 내부의 모습을 알아볼 수 있으며, 물체의 내부를 파악할 수 있다.	의료, 보안 검색, 고체 결정 구조 연구, 현미경 등
(❾)		살균 작용을 하고, 사람의 피부를 그을리게 한다.	식기 소독기, 위조지폐 감별 등
가시광선		사람 눈으로 감지할 수 있으며, 파장에 따라 다른 색으로 보인다.	광학 기구, 가시광선 레이저 등
(❿)		주로 열을 내는 물체에서 발생하며, 물체의 온도를 높이는 열작용을 한다.	적외선 열화상 카메라, 적외선 온도계, 리모컨, 적외선 망원경 등
전파	마이크로파	음식물 속에 포함된 물 분자를 진동시켜 열이 발생하게 한다.	전자레인지, 통신(휴대 전화, 무선 랜, 레이더 등)
전파	라디오파	파장이 길어 장애물 뒤까지 잘 전달되므로 정보를 전파에 담아 먼 곳까지 전송할 수 있다.	라디오, 텔레비전, 전파 망원경, GPS 등

3 파동의 간섭

1. 파동의 중첩과 간섭

(1) **중첩 원리:** 두 파동이 만나 중첩될 때 합성파의 변위는 각 파동의 변위의 합과 같다.

(2) **파동의 간섭:** 파동이 중첩되어 진폭이 변하는 현상

보강 간섭	상쇄 간섭
두 파동이 같은 위상으로 만나 진폭이 커지는 간섭(경로차=반파장의 짝수 배)	두 파동이 반대 위상으로 만나 진폭이 작아지는 간섭(경로차=반파장의 홀수 배)

(3) **물결파, 소리, 빛의 간섭**

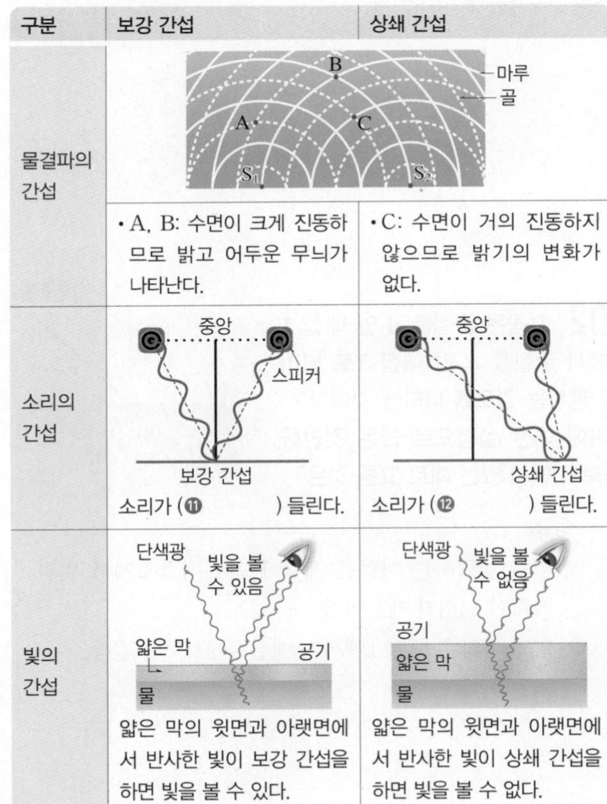

구분	보강 간섭	상쇄 간섭
물결파의 간섭	• A, B: 수면이 크게 진동하므로 밝고 어두운 무늬가 나타난다.	• C: 수면이 거의 진동하지 않으므로 밝기의 변화가 없다.
소리의 간섭	소리가 (⓫) 들린다.	소리가 (⓬) 들린다.
빛의 간섭	얇은 막의 윗면과 아랫면에서 반사한 빛이 보강 간섭을 하면 빛을 볼 수 있다.	얇은 막의 윗면과 아랫면에서 반사한 빛이 상쇄 간섭을 하면 빛을 볼 수 없다.

2. 간섭의 활용

소리의 간섭 활용	• 소음 제거: 소음과 위상이 반대인 파동을 발생시켜서 소음과 (⓭) 간섭을 하도록 한다. • 공연장: 전체에 소리가 잘 들리도록 천장과 벽면을 설계한다.
빛의 간섭 활용	• 홀로그램: 보는 각도에 따라 보강 간섭을 하는 빛의 파장이 달라져 다른 색깔이나 문양이 나타난다. • 무반사 코팅: 코팅한 막의 윗면과 아랫면에서 반사하는 빛이 상쇄 간섭을 하여 반사하는 빛의 세기가 줄어든다.

중단원 마무리 문제

하 중 상

01 그림은 오른쪽으로 진행하는 파동의 어느 한 순간의 모습을 나타낸 것이다. 점선으로 나타낸 파동은 실선으로 나타낸 파동보다 0.2초 후에 처음으로 나타난 모습이다.

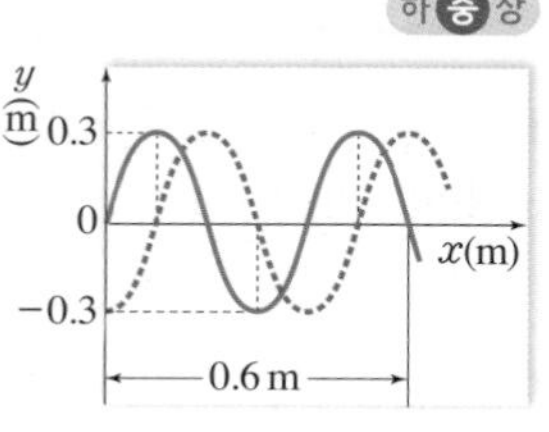

이에 대한 설명으로 옳은 것만을 [보기]에서 있는 대로 고른 것은?

보기
ㄱ. 진폭은 0.6 m이다.
ㄴ. 진동수는 1.25 Hz이다.
ㄷ. 속력은 2 m/s이다.

① ㄱ ② ㄴ ③ ㄱ, ㄷ
④ ㄴ, ㄷ ⑤ ㄱ, ㄴ, ㄷ

하 중 상

02 그림은 굴절률 n_1인 매질 1에서 굴절률 n_2인 매질 2로 빛이 진행하는 경로를 나타낸 것이다. 이에 대한 설명으로 옳은 것만을 [보기]에서 있는 대로 고른 것은?

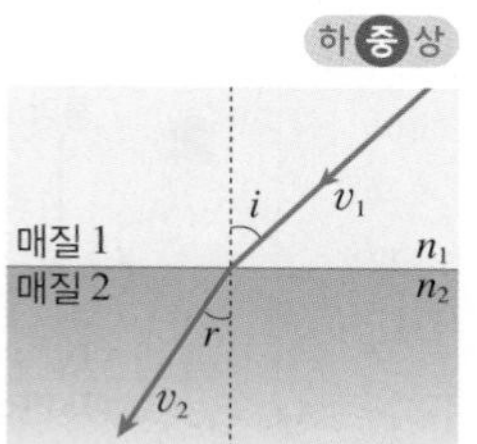

보기
ㄱ. 빛이 굴절하는 까닭은 매질 1보다 매질 2에서 빛의 속력이 느리기 때문이다.
ㄴ. 빛의 파장은 매질 1에서가 매질 2에서보다 길다.
ㄷ. $n_1 > n_2$이다.

① ㄱ ② ㄴ ③ ㄷ
④ ㄱ, ㄴ ⑤ ㄱ, ㄴ, ㄷ

하 중 상

03 그림과 같이 빛이 매질 A에서 매질 B로 입사하였다. 매질 A의 굴절률이 $\sqrt{2}$일 때 매질 B의 굴절률을 쓰시오.

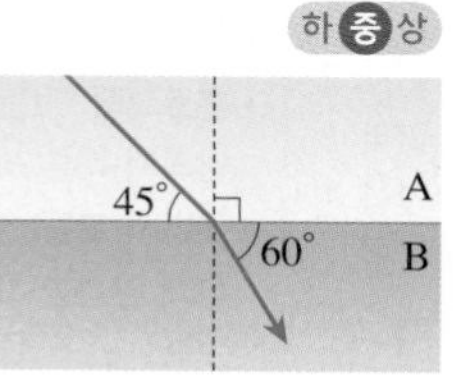

하 중 상

04 굴절률이 1.5인 물질 속에서 진행하는 빛의 속력은? (단, 진공에서 빛의 속력은 3.0×10^8 m/s이다.)

① 1.0×10^8 m/s ② 1.5×10^8 m/s
③ 2.0×10^8 m/s ④ 3.0×10^8 m/s
⑤ 4.5×10^8 m/s

하 중 상

05 그림은 물결파 발생 장치를 이용하여 물결파의 굴절 현상을 관찰한 실험 결과를 나타낸 것이다. 물결파가 깊은 물에서 얕은 물로 진행할 때 파장이 각각 6 cm, 4 cm이고, P점을 한 파면이 통과한 후 다음 파면이 통과하는 데 걸리는 시간이 0.5초이다.

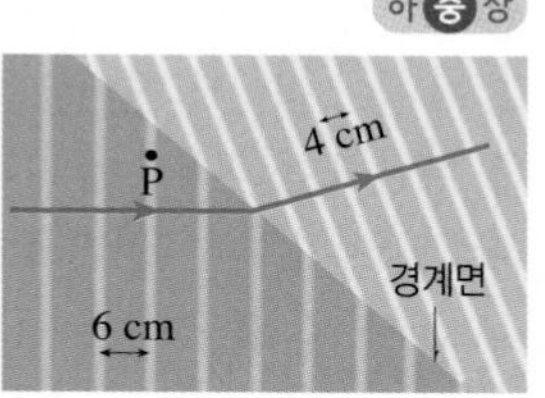

이에 대한 설명으로 옳은 것은?

① 깊은 물에서 물결파의 진동수는 0.5 Hz이다.
② 얕은 물에서 물결파의 주기는 2초이다.
③ 깊은 물에서 물결파의 속력은 8 cm/s이다.
④ 얕은 물에서 물결파의 속력은 12 cm/s이다.
⑤ 물결파의 깊은 물에 대한 얕은 물의 굴절률은 1.5이다.

하 중 상

06 그림은 신기루가 보이는 원리를 나타낸 것이다.

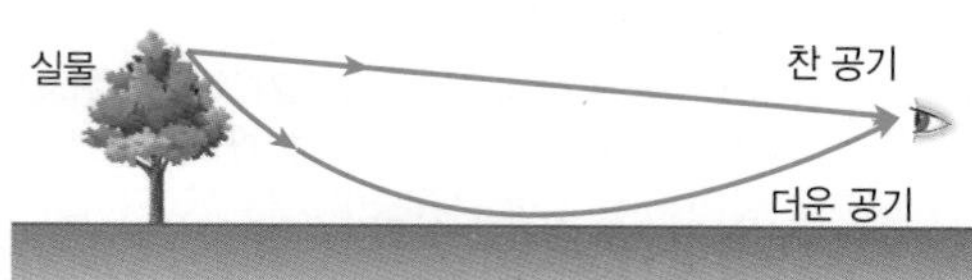

이에 대한 설명으로 옳은 것만을 [보기]에서 있는 대로 고른 것은?

보기
ㄱ. 공기층의 밀도 차 때문에 빛이 굴절하여 나타나는 현상이다.
ㄴ. 빛의 속력은 더운 공기에서가 찬 공기에서보다 느리다.
ㄷ. 지표 근처의 공기가 차갑고, 위쪽의 공기가 더울 때는 신기루가 발생하지 않는다.

① ㄱ ② ㄴ ③ ㄷ
④ ㄱ, ㄴ ⑤ ㄴ, ㄷ

정답친해 142쪽

하 중 상

07 그림 (가)는 낮에 소리가 퍼져 나가는 모습을 나타낸 것이고, (나)는 해안 가까이 다가오는 파도가 해안선에 나란하게 들어오는 모습을 나타낸 것이다.

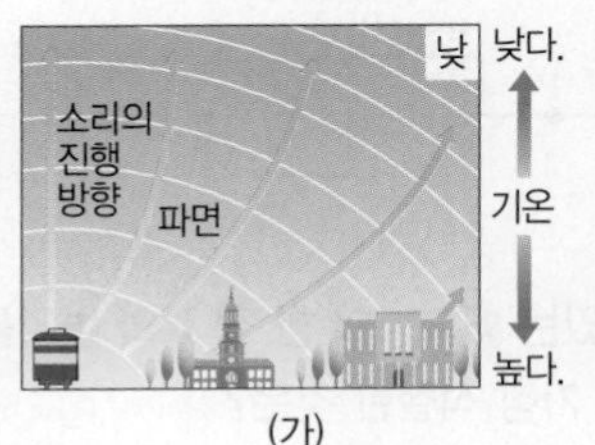

(가)

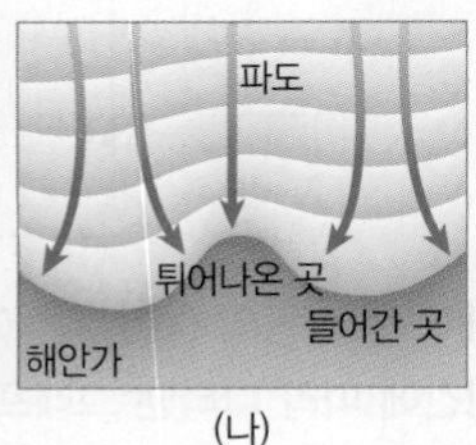

(나)

이에 대한 설명으로 옳은 것만을 [보기]에서 있는 대로 고른 것은?

보기
ㄱ. 매질의 특성이 연속적으로 변하여 파동이 굴절하는 현상이다.
ㄴ. (가)에서는 공기의 온도가 높을수록 소리의 속력이 빠르다.
ㄷ. (나)에서는 해안선에 가까울수록 물결파의 속력이 느리다.

① ㄱ ② ㄴ ③ ㄱ, ㄷ
④ ㄴ, ㄷ ⑤ ㄱ, ㄴ, ㄷ

하 중 상

08 그림은 단색광 P를 매질 A와 B의 경계면에 입사각 θ로 입사시켰을 때 전반사한 후에 매질 A와 C의 경계면에서 굴절하는 모습을 나타낸 것이다.

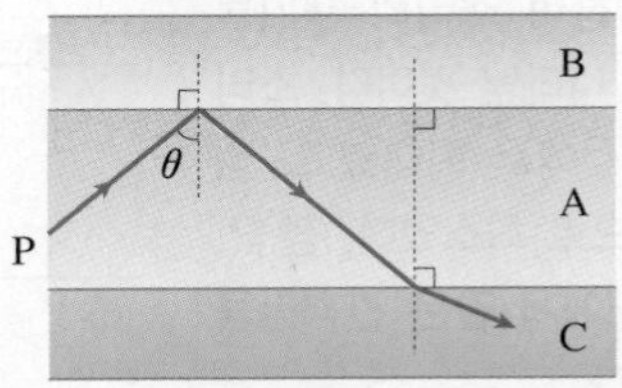

이에 대한 설명으로 옳은 것만을 [보기]에서 있는 대로 고른 것은?

보기
ㄱ. 굴절률은 A가 가장 크다.
ㄴ. P가 C에서 A로 진행할 때 전반사한다.
ㄷ. 임계각은 P가 A에서 B로 입사할 때가 A에서 C로 입사할 때보다 크다.

① ㄱ ② ㄴ ③ ㄱ, ㄷ
④ ㄴ, ㄷ ⑤ ㄱ, ㄴ, ㄷ

하 중 상

09 그림은 빛이 공기에서 반원통 모양의 매질 A로 진행하는 경로를 나타낸 것이다. 점 P와 Q 사이의 거리 $\overline{PQ}=3$ cm, 점 R와 S 사이의 거리 $\overline{RS}=1.5$ cm이다.

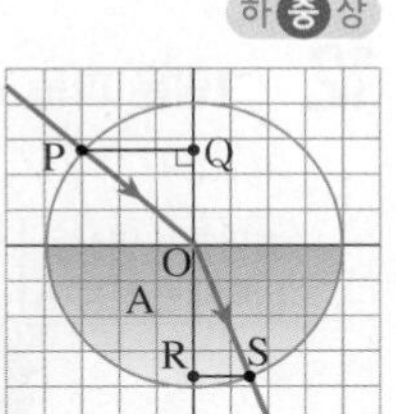

A에서 공기로 빛이 입사할 때 임계각은 몇 °인지 쓰시오.

하 중 상

10 그림 (가)는 레이저 빛을 물질 B에서 A로 θ_1의 각도로 입사시킬 때 굴절각이 90°가 되는 진행 경로를 나타낸 것이고, (나)는 A, B로 만든 광섬유에서 동일한 레이저 빛이 입사각이 θ_2일 때 전반사하며 진행하는 모습을 나타낸 것이다.

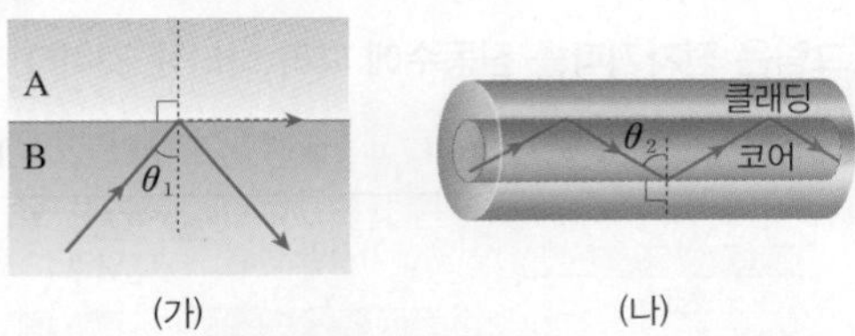

(가) (나)

이에 대한 설명으로 옳은 것만을 [보기]에서 있는 대로 고른 것은?

보기
ㄱ. 빛의 속력은 코어에서가 클래딩에서보다 느리다.
ㄴ. A를 코어로 사용해야 한다.
ㄷ. $\theta_1<\theta_2$이다.

① ㄴ ② ㄷ ③ ㄱ, ㄴ
④ ㄱ, ㄷ ⑤ ㄱ, ㄴ, ㄷ

하 중 상

11 광통신에 대한 설명으로 옳은 것만을 [보기]에서 있는 대로 고른 것은?

보기
ㄱ. 광섬유에서 빛이 진행할 때 전반사하므로 에너지 손실이 적다.
ㄴ. 광통신은 대용량의 정보를 먼 곳까지 전달할 수 있다.
ㄷ. 광통신은 빛 신호 → 전기 신호 → 빛 신호의 변환을 거친다.

① ㄱ ② ㄷ ③ ㄱ, ㄴ
④ ㄱ, ㄷ ⑤ ㄴ, ㄷ

하 중 상

12 그림은 파동 A, B, C를 나타낸 것이다.

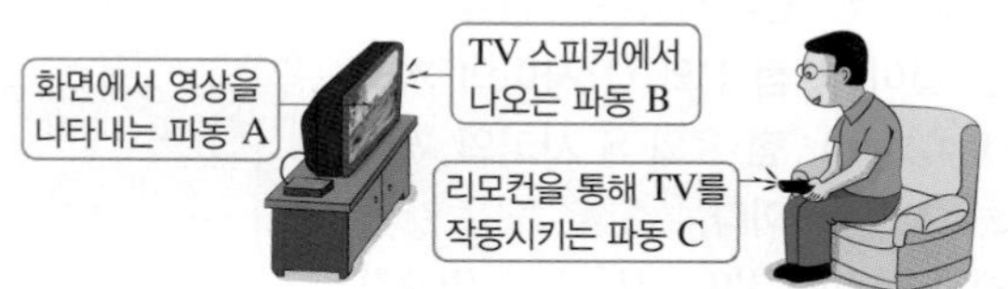

이에 대한 설명으로 옳은 것만을 [보기]에서 있는 대로 고른 것은?

보기
ㄱ. A는 매질이 없어도 전파된다.
ㄴ. B는 전기장과 자기장의 진동으로 전파된다.
ㄷ. 파장은 A가 C보다 길다.

① ㄱ ② ㄴ ③ ㄷ ④ ㄱ, ㄴ ⑤ ㄴ, ㄷ

하 중 상

13 그림은 전자기파를 진동수에 따라 나타낸 것이다.

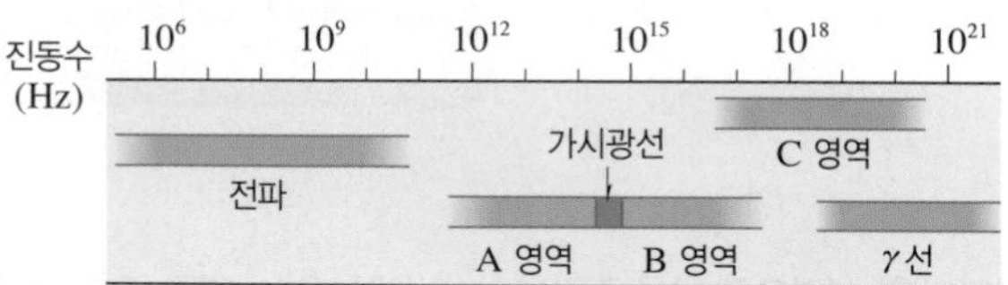

이에 대한 설명으로 옳은 것만을 [보기]에서 있는 대로 고른 것은?

보기
ㄱ. A 영역에 해당하는 전자기파는 자외선이다.
ㄴ. 위조지폐 감별에 이용되는 전자기파는 B 영역에 속한다.
ㄷ. 전자레인지에 이용되는 전자기파는 C 영역에 속한다.

① ㄱ ② ㄴ ③ ㄱ, ㄷ ④ ㄴ, ㄷ ⑤ ㄱ, ㄴ, ㄷ

하 중 상

14 다음은 여러 가지 전자기파를 이용하는 사례이다.

(가) 흉부 사진을 찍는 데 이용된다.
(나) LED 신호등에서 교통 신호를 나타내는 데 이용된다.
(다) 와이파이(Wi-Fi) 무선 공유기 안테나에 이용된다.

이에 대한 설명으로 옳은 것만을 [보기]에서 있는 대로 고른 것은?

보기
ㄱ. (가)는 공항에서 수하물 검색에 이용된다.
ㄴ. 진공에서의 속력은 (나)가 (다)보다 크다.
ㄷ. 파장은 (다)가 가장 짧다.

① ㄱ ② ㄷ ③ ㄱ, ㄴ ④ ㄱ, ㄷ ⑤ ㄴ, ㄷ

하 중 상

15 그림과 같이 파장과 전파 속력이 같고, 진폭이 각각 6 cm, 3 cm인 두 파동 A, B가 서로 반대 방향으로 진행하고 있다.

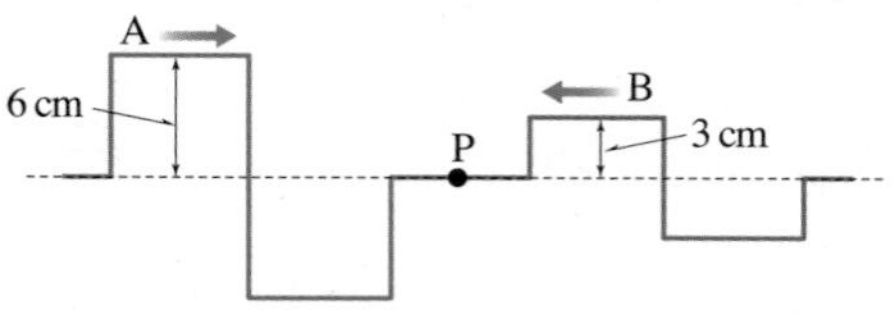

이때 두 파동의 중간 지점에 있는 매질상의 한 점 P의 변위를 시간에 따라 나타낸 그래프로 가장 적절한 것은?

①
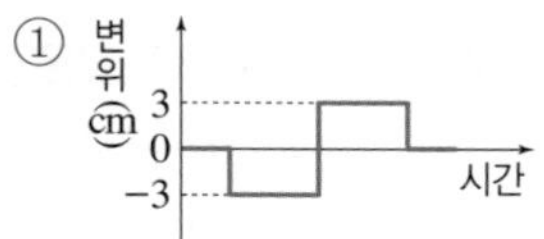

②
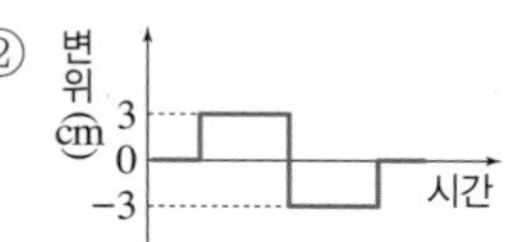

③
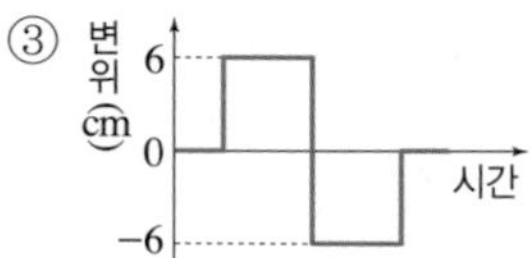

④
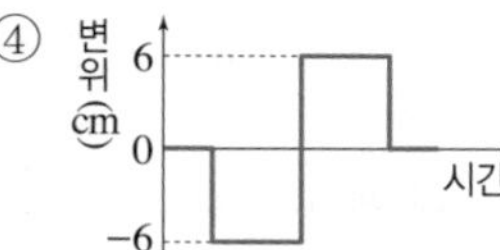

⑤
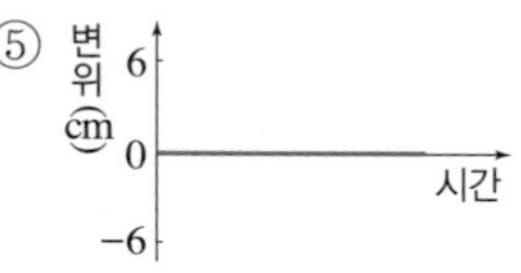

하 중 상

16 그림은 일정한 진동수의 소리가 발생하는 신호 발생기에 연결된 스피커 A, B를 켜고, O에서 $+x$ 방향으로 이동하며 소리의 세기를 측정하는 것을 나타낸 것이다. 소리의 세기는 점 O에서 최대였고, 점 Q에서는 처음으로 최소였다. 점 P, O, Q는 x축상에서 같은 간격만큼 떨어진 점들이다.

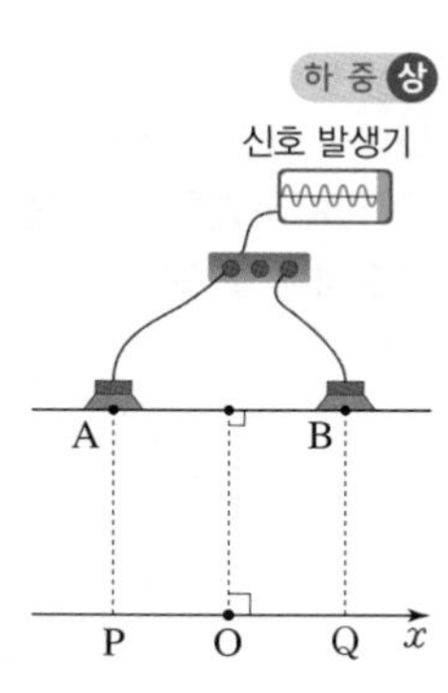

이에 대한 설명으로 옳은 것만을 [보기]에서 있는 대로 고른 것은?

보기
ㄱ. P에서는 상쇄 간섭이 일어난다.
ㄴ. O에서는 두 소리가 같은 위상으로 중첩된다.
ㄷ. 소리의 진동수를 증가시키면 O와 Q 사이에 소리의 세기가 최소인 점이 생긴다.

① ㄱ ② ㄴ ③ ㄱ, ㄷ
④ ㄴ, ㄷ ⑤ ㄱ, ㄴ, ㄷ

하 중 상

17 그림 (가)는 물결파 투영 장치에서 간격이 3 cm인 두 파원 S_1, S_2에서 진동수, 진폭이 같은 물결파를 같은 위상으로 발생시킬 때 나타나는 물결파의 간섭 모습을 찍은 사진이다. 그림 (나)는 (가)를 모식적으로 나타낸 것이며, 실선과 점선은 각각 물결파의 마루와 골을 나타낸다.

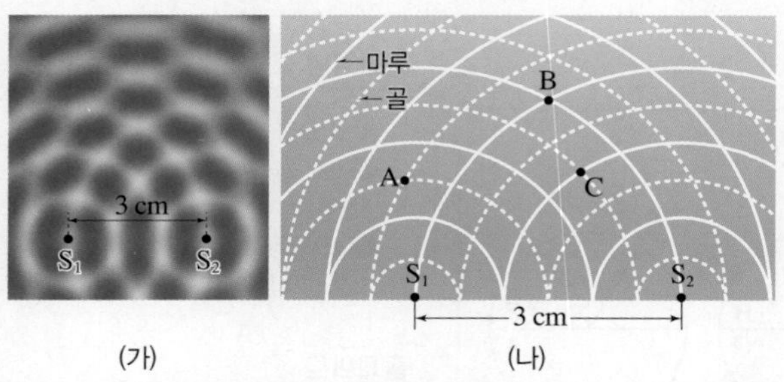

이에 대한 설명으로 옳은 것만을 [보기]에서 있는 대로 고른 것은?

보기
ㄱ. A에서는 상쇄 간섭이 일어난다.
ㄴ. B에서 밝기가 크게 변한다.
ㄷ. C에 도달하는 두 물결파의 경로차는 0.5 cm이다.

① ㄱ ② ㄴ ③ ㄱ, ㄴ
④ ㄱ, ㄷ ⑤ ㄴ, ㄷ

하 중 상

18 그림 (가), (나)는 두 파동이 중첩되어 진폭이 변하는 것을 나타낸 것이다.

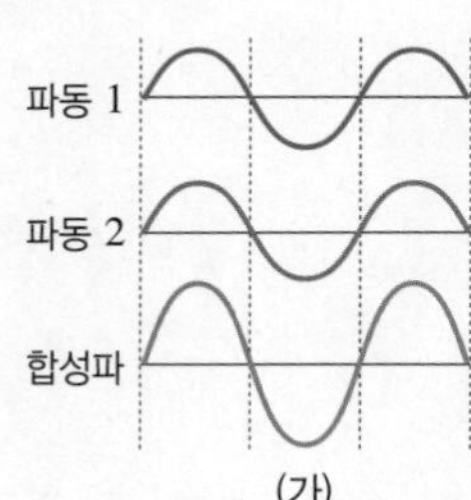

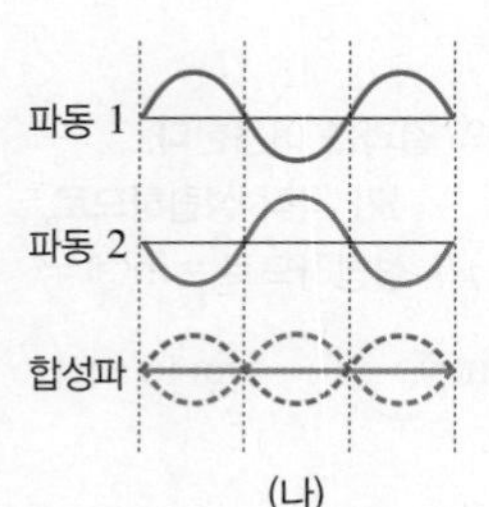

이에 대한 설명으로 옳은 것만을 [보기]에서 있는 대로 고른 것은?

보기
ㄱ. (가)는 보강 간섭이다.
ㄴ. 악기의 울림통은 (가)의 원리를 이용한다.
ㄷ. 소음 제거 기술은 (나)의 원리를 이용한다.

① ㄱ ② ㄷ ③ ㄱ, ㄴ
④ ㄴ, ㄷ ⑤ ㄱ, ㄴ, ㄷ

하 중 상

19 빛이 한 매질에서 다른 매질로 진행할 때 굴절이 일어난다. 이러한 굴절 현상이 일어나는 까닭을 쓰고, 매질의 굴절률과 빛의 속력의 관계를 서술하시오.

하 중 상

20 그림은 광통신 과정을 나타낸 것이다.

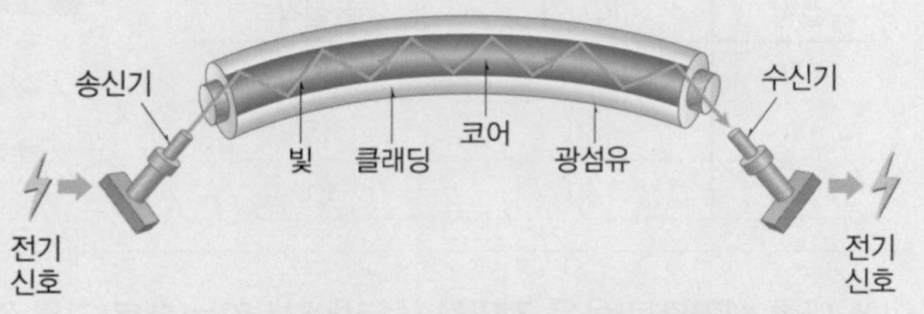

광통신의 원리를 쓰고, 광통신의 장점을 세 가지 서술하시오.

하 중 상

21 그림과 같이 비행기 내부에서 비행기 밖의 엔진에 의한 소음이 잘 들리지 않도록 하는 원리를 마이크와 스피커의 역할을 포함하여 서술하시오.

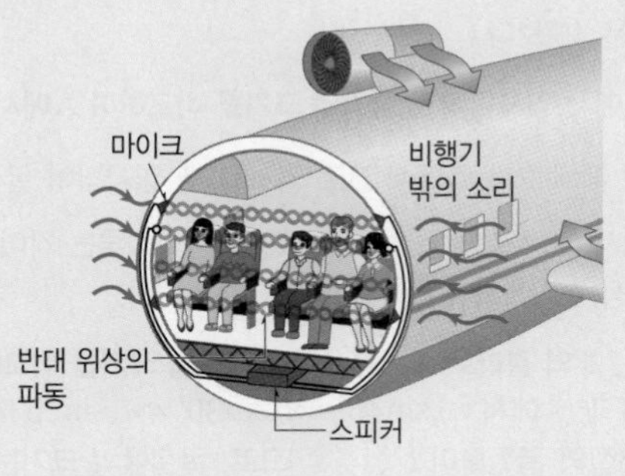

• 수능 출제 경향

이 단원에서는 파동의 속력과 진동수 및 파장의 관계에 대한 문제와 매질의 굴절률에 따른 빛의 속력과 파장의 변화에 관한 문제가 자주 출제된다. 또 굴절과 전반사의 기본 개념을 응용한 문제, 파동의 중첩과 수면파의 간섭 및 빛의 간섭 문제도 출제될 확률이 높다.

수능 이렇게 나온다!

다음은 빛의 성질을 알아보는 실험이다.

[실험 과정]

(가) 반원형 매질 A, B, C를 준비한다.

(나) 그림과 같이 반원형 매질을 서로 붙여 놓고 단색광 P를 입사시켜 입사각과 굴절각을 측정한다.

❷ 실험 Ⅰ: 입사각>굴절각 ➡ 빛의 파장: A>B

❸ 실험 Ⅰ, Ⅱ: 입사각>굴절각 ➡ 굴절률: A<B<C

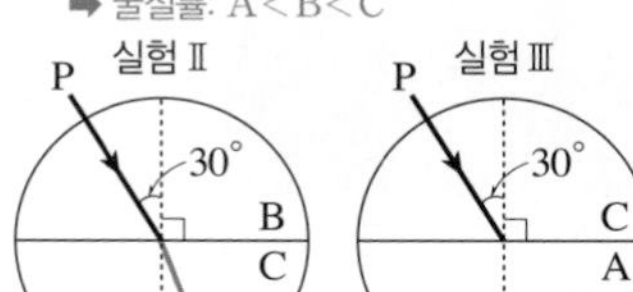

[실험 결과]

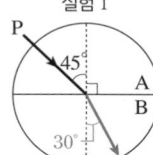

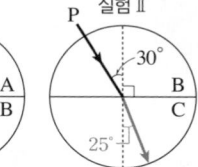

실험	입사각	굴절각
Ⅰ	45°	30°
Ⅱ	30°	25°
Ⅲ	30°	㉠

❶ 실험 Ⅰ, Ⅱ: $n_A\sin45° = n_B\sin30° = n_C\sin25°$

실험 Ⅲ: $n_C\sin30° = n_A\sin$㉠

➡ sin㉠ $= \left(\frac{n_C}{n_A}\right)\sin30° = \left(\frac{\sin45°}{\sin25°}\right)\sin30°$

➡ sin㉠ $> \sin45°$

이에 대한 설명으로 옳은 것만을 [보기]에서 있는 대로 고른 것은?

보기

ㄱ. ㉠은 45°보다 크다.

ㄴ. P의 파장은 A에서가 B에서보다 짧다.

ㄷ. 임계각은 P가 B에서 A로 진행할 때가 C에서 A로 진행할 때보다 작다.

① ㄱ ② ㄴ ③ ㄱ, ㄷ ④ ㄴ, ㄷ ⑤ ㄱ, ㄴ, ㄷ

출제개념

빛의 굴절

▶ 본문 244쪽

전반사

▶ 본문 256쪽

출제의도

입사각과 굴절각의 관계로부터 두 매질의 빛의 속력, 파장의 크기를 비교할 수 있고, 굴절 법칙을 적용하여 매질의 굴절률을 비교 분석할 수 있는지, 임계각의 크기와 굴절률과의 관계를 이해하는지를 평가하는 문제이다.

전략적 풀이

❶ 실험 Ⅲ에 굴절 법칙을 적용하여 ㉠의 범위를 알아내기 위해 실험 Ⅰ과 실험 Ⅱ의 결과를 이용한다.

ㄱ. 실험 Ⅰ과 Ⅱ에서 굴절 법칙에 의해 $n_A\sin45° = n_B\sin30°$와 $n_B\sin30° =$(   )가 각각 성립하므로, $n_A\sin45° = n_C\sin25°$이다. 실험 Ⅲ에서 굴절 법칙에 의해 $n_C\sin30° =$(   )가 성립하므로, sin㉠$=$ $\left(\frac{n_C}{n_A}\right)\sin30° = \sin30°\left(\frac{\sin45°}{\sin25°}\right) = \sin45°\left(\frac{\sin30°}{\sin25°}\right)$이다. $\frac{\sin30°}{\sin25°} > 1$이므로 sin㉠(   )sin45°이다. 따라서 ㉠은 45°보다 (   )다.

❷ 실험 Ⅰ에서 입사각과 굴절각의 크기를 비교하여 A에서가 B에서의 P의 파장을 비교한다.

ㄴ. 실험 Ⅰ에서 P가 A에서 B로 입사할 때 입사각이 굴절각보다 크다. 굴절 법칙 $\frac{\sin i}{\sin r} = \frac{v_1}{v_2} = \frac{\lambda_1}{\lambda_2} = n_{12}$ (=일정)에서 $i > r$일 때 $\lambda_1 > \lambda_2$이므로, 법선과 이루는 각이 큰 매질에서의 빛의 파장이 더 (   )다. 따라서 P의 파장은 A에서가 B에서보다 (   )다.

❸ 실험 Ⅰ, Ⅱ의 결과로 A, B, C의 굴절률의 크기를 비교하고, 임계각의 크기와 굴절률의 관계를 이용한다.

ㄷ. 실험 Ⅰ과 Ⅱ에서 $n_A\sin45° = n_B\sin30° = n_C\sin25°$이므로 $n_A < n_B < n_C$이다. 즉, 법선과 이루는 각이 작은 쪽 매질의 굴절률이 (   )므로, 굴절률의 크기는 A<B<C이다. 두 매질의 굴절률 차가 클수록 임계각이 (   )지므로, 임계각은 P가 B에서 A로 진행할 때가 C에서 A로 진행할 때보다 (   )다.

답 ①

❶ $n_C\sin25°$, $n_A\sin$㉠, >, 크

❷ 길, 길

❸ 크, 작아, 크

정답친해 145쪽

01 그림은 속력이 같은 파동 A, B의 변위를 시간에 따라 나타낸 것이다.

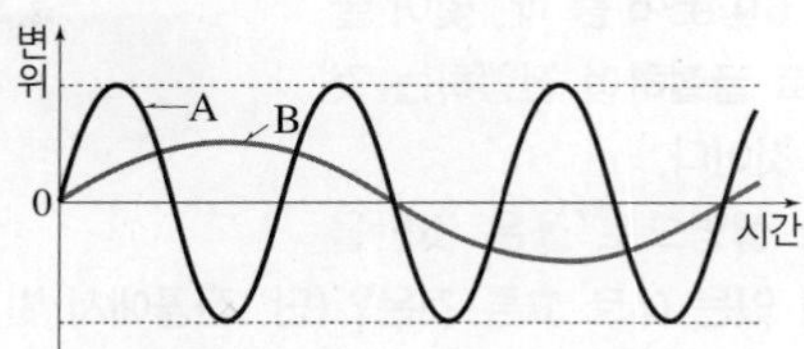

이에 대한 설명으로 옳은 것만을 [보기]에서 있는 대로 고른 것은?

보기
ㄱ. 진폭은 A가 B보다 크다.
ㄴ. 파장은 A가 B의 3배이다.
ㄷ. 진동수는 A가 B의 3배이다.

① ㄱ ② ㄴ ③ ㄱ, ㄷ
④ ㄴ, ㄷ ⑤ ㄱ, ㄴ, ㄷ

02 그림은 $+x$ 방향으로 진행하는 파동의 어느 순간의 모습과 매질상의 점 P를 나타낸 것이다. 파동의 속력이 $4\ \mathrm{cm/s}$일 때, 이 순간부터 P의 변위를 시간에 따라 나타낸 것으로 가장 적절한 것은?

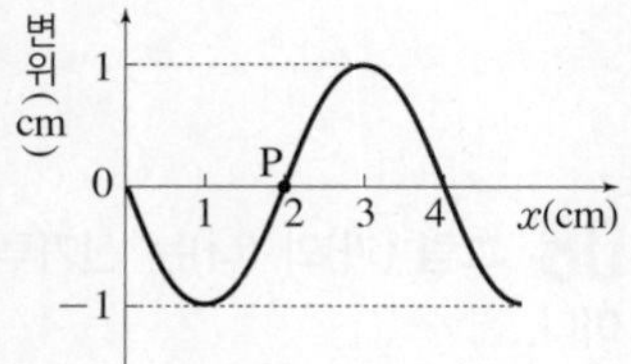

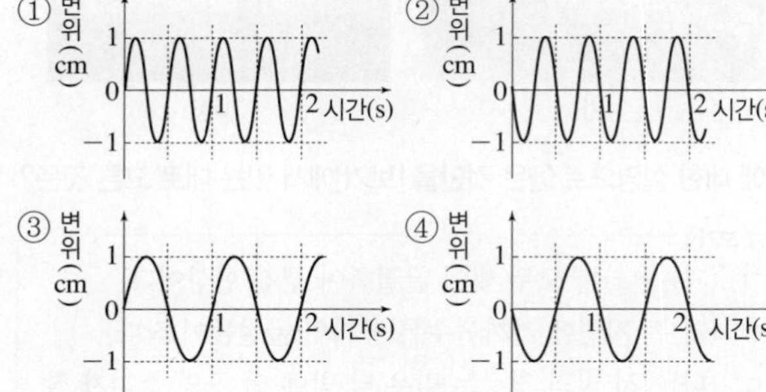

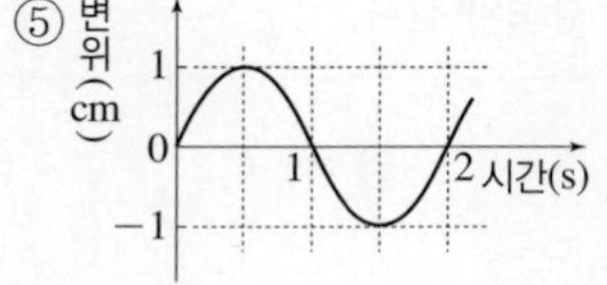

03 그림 (가)는 용수철에 생긴 파동이 속력 $0.2\ \mathrm{m/s}$로 진행하는 모습을 나타낸 것이고, P는 용수철에 고정되어 있는 한 점이다. 그림 (나)는 P의 변위를 시간에 따라 나타낸 것이다.

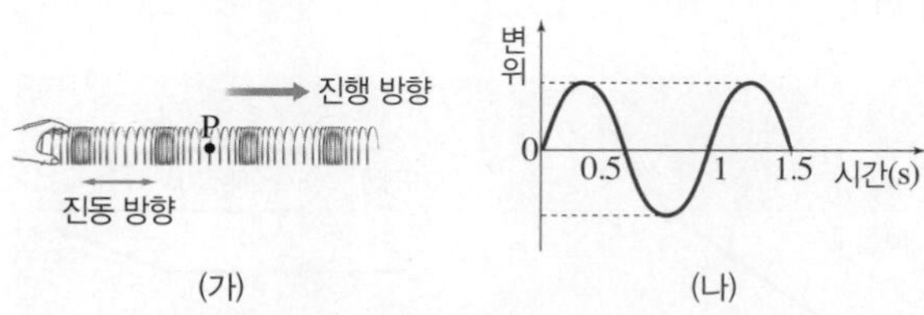

(가) (나)

이에 대한 설명으로 옳은 것만을 [보기]에서 있는 대로 고른 것은?

보기
ㄱ. 파장은 0.2 m이다.
ㄴ. P의 진동 방향은 파동의 진행 방향과 나란하다.
ㄷ. P는 1초에 2회 진동한다.

① ㄱ ② ㄴ ③ ㄷ
④ ㄱ, ㄴ ⑤ ㄴ, ㄷ

04 그림 (가)는 깊이가 다른 물의 A 영역에서 B 영역으로 진행하는 물결파의 어느 순간의 모습을 나타낸 것이다. 실선과 점선은 각각 물결파의 마루와 골이고, 점 P, Q는 평면상의 고정된 지점이다. 그림 (나)는 P에서 물결파의 변위를 시간에 따라 나타낸 것이다.

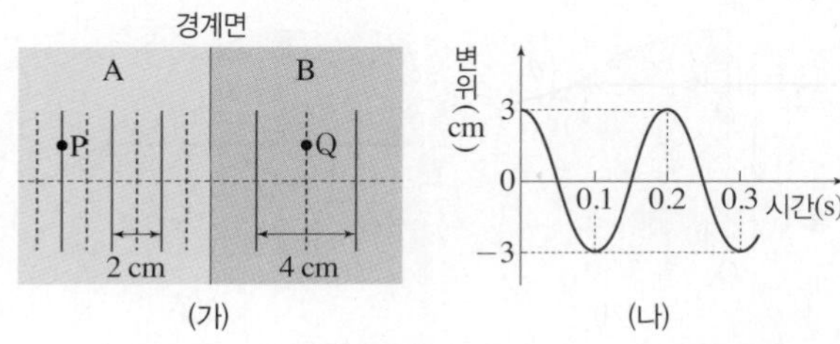

(가) (나)

이에 대한 설명으로 옳은 것만을 [보기]에서 있는 대로 고른 것은?

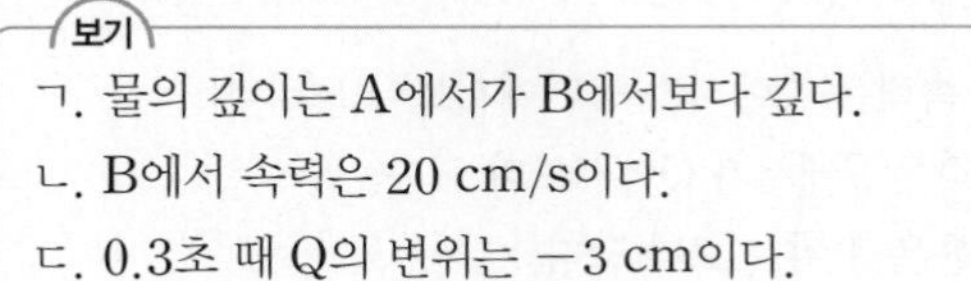

보기
ㄱ. 물의 깊이는 A에서가 B에서보다 깊다.
ㄴ. B에서 속력은 20 cm/s이다.
ㄷ. 0.3초 때 Q의 변위는 −3 cm이다.

① ㄱ ② ㄴ ③ ㄷ
④ ㄱ, ㄴ ⑤ ㄴ, ㄷ

05 그림 (가)는 파동이 매질 Ⅱ에서 매질 Ⅰ로 진행하는 모습을 나타낸 것이고, (나)는 (가)의 파동이 매질 A에서 매질 B로 진행하는 것을 나타낸 것이다. A, B는 각각 Ⅰ, Ⅱ 중 하나이다.

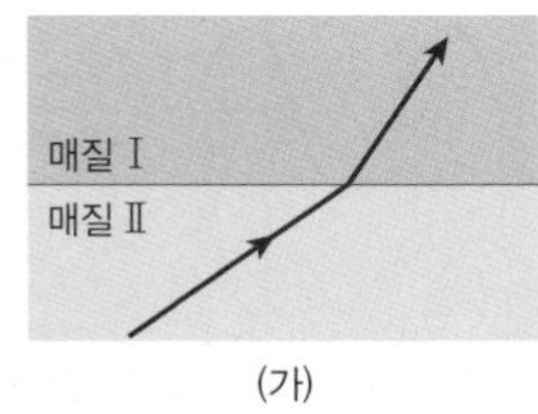

(가)

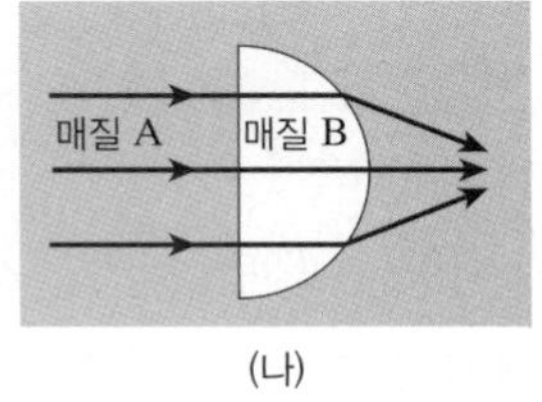

(나)

이에 대한 설명으로 옳은 것만을 [보기]에서 있는 대로 고른 것은?

보기
ㄱ. (가)에서 파동의 파장은 Ⅱ에서가 Ⅰ에서보다 길다.
ㄴ. (나)에서 파동의 속력은 B에서가 A에서보다 빠르다.
ㄷ. Ⅰ은 A이다.

① ㄱ ② ㄴ ③ ㄷ
④ ㄱ, ㄴ ⑤ ㄴ, ㄷ

06 그림 (가)와 (나)는 빛을 공기에서 각각 부채꼴 모양의 매질 Ⅰ, Ⅱ에 수직으로 입사시킬 때 빛이 점 P, Q에서 굴절하는 것을 나타낸 것이다. $y_1 > y_2$이고, P와 Q에서 굴절각은 θ_0으로 같다.

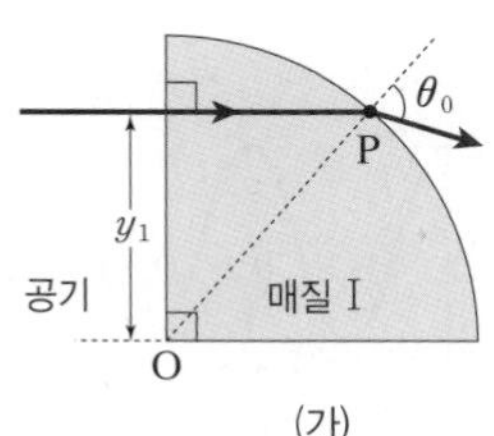

(가)

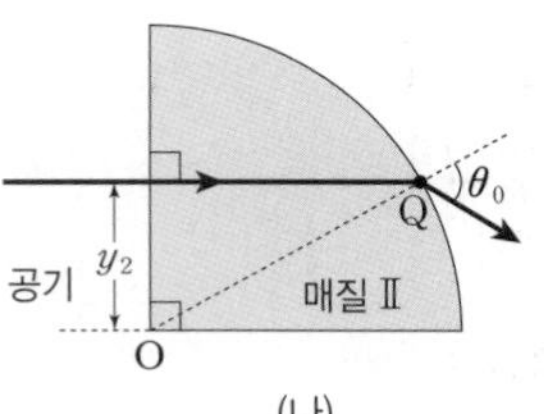

(나)

이에 대한 설명으로 옳은 것만을 [보기]에서 있는 대로 고른 것은?

보기
ㄱ. 빛의 속력은 Ⅰ에서가 공기에서보다 느리다.
ㄴ. 입사각은 P에서가 Q에서보다 크다.
ㄷ. 굴절률은 Ⅰ이 Ⅱ보다 크다.

① ㄱ ② ㄷ ③ ㄱ, ㄴ
④ ㄴ, ㄷ ⑤ ㄱ, ㄴ, ㄷ

07 그림은 반원형 물체를 진공 중에 놓고 레이저 빛을 점 P를 향해 입사각 60°로 비출 때, 빛이 굴절각 30°로 굴절하여 진행하는 것을 나타낸 것이다.

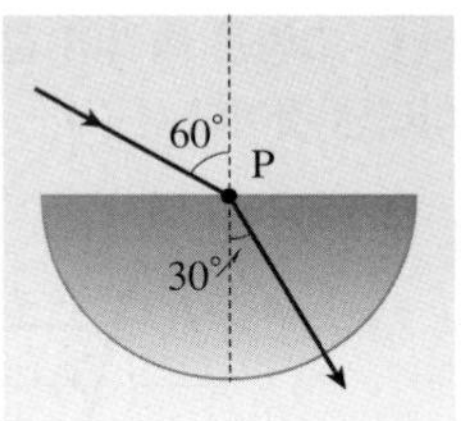

이에 대한 설명으로 옳은 것만을 [보기]에서 있는 대로 고른 것은? (단, 진공에서 빛의 속력은 c이다.)

보기
ㄱ. 물체에서 빛의 속력은 $\frac{c}{\sqrt{3}}$이다.
ㄴ. 빛의 파장은 물체에서가 진공에서보다 짧다.
ㄷ. 물체의 굴절률은 2이다.

① ㄴ ② ㄷ ③ ㄱ, ㄴ
④ ㄱ, ㄷ ⑤ ㄱ, ㄴ, ㄷ

08 그림 (가)와 (나)는 신기루가 보이는 상황을 찍은 사진이다.

(가)

(나)

이에 대한 설명으로 옳은 것만을 [보기]에서 있는 대로 고른 것은?

보기
ㄱ. (가), (나)는 모두 빛이 굴절하여 생긴 현상이다.
ㄴ. (가)는 지면에 가까울수록 공기의 굴절률이 작다.
ㄷ. (나)에서 빛의 경로는 맑은 날 밤에 먼 곳의 소리가 잘 들릴 때 소리가 진행하는 경로와 같다.

① ㄱ ② ㄴ ③ ㄱ, ㄷ
④ ㄴ, ㄷ ⑤ ㄱ, ㄴ, ㄷ

09 그림은 소리가 따뜻한 공기와 차가운 공기 사이에서 굴절되는 현상에 대해 철수, 영희, 민수가 대화하는 모습을 나타낸 것이다.

옳게 말한 사람만을 있는 대로 고른 것은?

① 철수 ② 영희 ③ 철수, 영희
④ 철수, 민수 ⑤ 영희, 민수

10 그림은 반원형 매질 A 또는 B의 경계면을 따라 점 P, Q 사이에서 광원의 위치를 변화시키며 중심 O를 향해 빛을 입사시키는 모습을 나타낸 것이다.

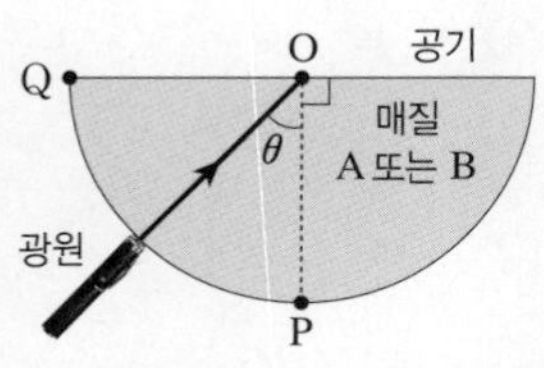

표는 매질이 A 또는 B일 때, 입사각의 크기에 따라 O에서의 전반사 여부를 나타낸 것이다.

입사각	매질 A	매질 B
34°	×	×
38°	○	×
42°	○	○
46°	○	○

(○: 전반사가 일어남, ×: 전반사가 일어나지 않음)

이에 대한 설명으로 옳은 것만을 [보기]에서 있는 대로 고른 것은?

보기
ㄱ. 공기와 매질 사이의 임계각은 A일 때가 B일 때보다 작다.
ㄴ. B의 임계각은 42°보다 크다.
ㄷ. A와 B로 광섬유를 만든다면 A를 코어로 사용해야 한다.

① ㄱ ② ㄴ ③ ㄱ, ㄷ
④ ㄴ, ㄷ ⑤ ㄱ, ㄴ, ㄷ

11 그림 (가)는 매질 A와 B의 경계면에 입사각 θ로 입사한 빛이 전반사되는 모습을, (나)는 A, B로 만든 광섬유의 구조를 나타낸 것이다.

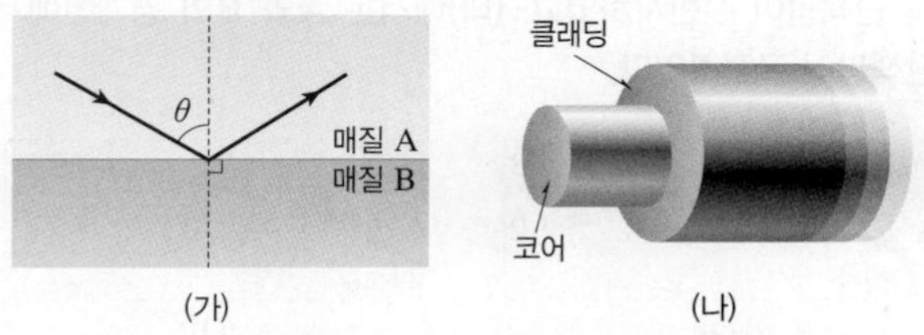

(가) (나)

이에 대한 설명으로 옳은 것만을 [보기]에서 있는 대로 고른 것은?

보기
ㄱ. (가)의 매질 B에서 매질 A로 빛을 입사각 θ로 입사시키면 전반사가 일어나지 않는다.
ㄴ. (나)의 코어와 클래딩의 경계에서 임계각은 θ보다 크다.
ㄷ. (나)에서 클래딩은 A로, 코어는 B로 만든다.

① ㄱ ② ㄷ ③ ㄱ, ㄴ
④ ㄱ, ㄷ ⑤ ㄴ, ㄷ

12 그림은 매질 A와 B의 경계면에 입사각 θ로 입사한 단색광이 굴절한 후, 매질 B와 C의 경계면에서 전반사하는 것을 나타낸 것이다.

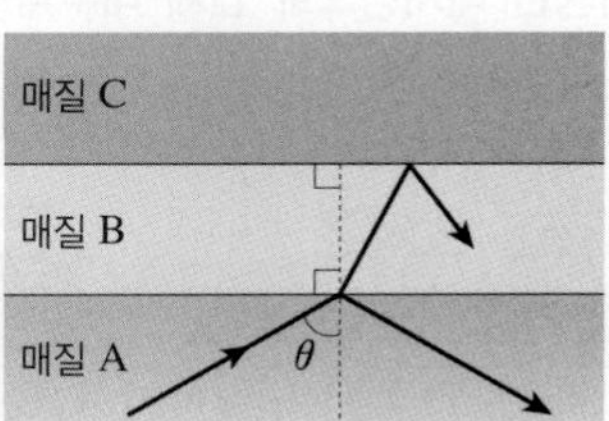

이에 대한 설명으로 옳은 것만을 [보기]에서 있는 대로 고른 것은?

보기
ㄱ. 입사각 θ를 증가시키면 A와 B의 경계면에서 전반사가 일어날 수 있다.
ㄴ. 굴절률은 A가 C보다 크다.
ㄷ. B와 C 사이의 임계각은 θ보다 크다.

① ㄱ ② ㄴ ③ ㄱ, ㄷ
④ ㄴ, ㄷ ⑤ ㄱ, ㄴ, ㄷ

13 그림 (가), (나)는 매질 A, B로 만든 광섬유를 각각 매질 C, D에 넣은 후, 단색광을 광섬유의 코어에 입사각 θ로 입사시키는 것을 나타낸 것이다. (가)에서는 A와 B의 경계면에서 단색광이 전반사하였고, (나)에서는 A와 B의 경계면에서 단색광이 굴절하였다.

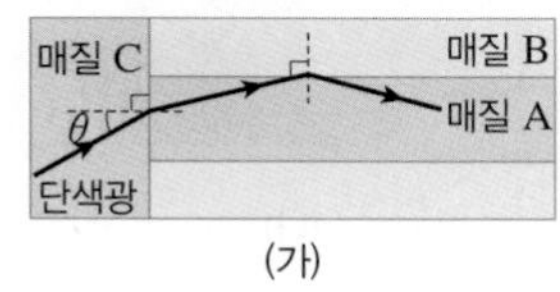

(가)

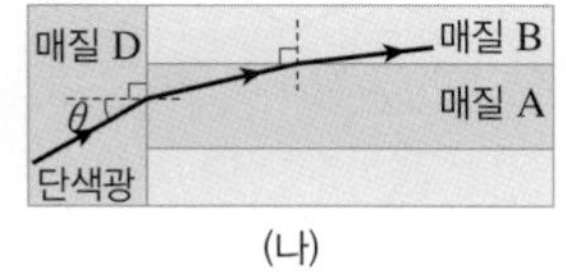

(나)

이에 대한 설명으로 옳은 것만을 [보기]에서 있는 대로 고른 것은?

보기
ㄱ. 굴절률은 A가 B보다 크다.
ㄴ. 단색광의 속력은 C에서가 D에서보다 크다.
ㄷ. (나)에서 θ를 증가시키면 A와 B의 경계면에서 전반사가 일어난다.

① ㄱ ② ㄴ ③ ㄷ
④ ㄱ, ㄴ ⑤ ㄴ, ㄷ

14 그림 (가)는 전자기파를 파장에 따라 분류한 것을, (나)는 광섬유를 사용한 내시경으로 인체 내부를 관찰하는 것을 나타낸 것이다.

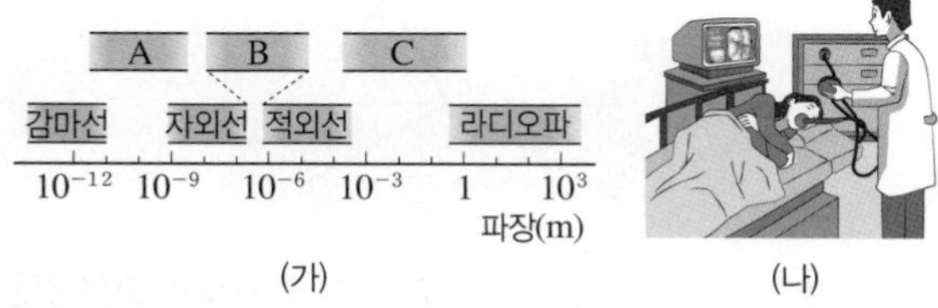

(가) (나)

이에 대한 설명으로 옳은 것만을 [보기]에서 있는 대로 고른 것은?

보기
ㄱ. 내시경의 광섬유를 따라 진행하는 전자기파는 A이다.
ㄴ. B는 가시광선이다.
ㄷ. 레이더에 사용되는 전자기파는 C에 속한다.

① ㄱ ② ㄴ ③ ㄱ, ㄷ
④ ㄴ, ㄷ ⑤ ㄱ, ㄴ, ㄷ

15 그림 (가)는 어떤 전자기파를 이용해 공항에서 수하물을 검색하는 모습을, (나)는 열화상 카메라를 이용해 체온을 확인하는 모습을 나타낸 것이다.

(가) 공항 수하물 검색

(나) 열화상 카메라

이에 대한 설명으로 옳은 것만을 [보기]에서 있는 대로 고른 것은?

보기
ㄱ. (가)에 이용되는 전자기파로 위조지폐를 감별한다.
ㄴ. (가)에 이용되는 전자기파는 (나)에 이용되는 전자기파보다 파장이 길다.
ㄷ. (나)에서 열화상 카메라에 이용되는 전자기파는 텔레비전 리모컨에 이용되는 전자기파와 같은 종류이다.

① ㄱ ② ㄴ ③ ㄷ
④ ㄱ, ㄴ ⑤ ㄴ, ㄷ

16 다음은 어떤 전자기파 A, B, C의 특징에 대한 설명이다.

A: 미생물을 파괴할 수 있는 살균 효과가 있다.
B: 음식물 속에 포함된 물 분자를 진동시켜 열을 발생하게 한다.
C: 핵반응 과정에서 방출되며 투과력이 매우 강하다.

이에 대한 설명으로 옳은 것만을 [보기]에서 있는 대로 고른 것은?

보기
ㄱ. A는 적외선이다.
ㄴ. B는 A보다 파장이 길다.
ㄷ. C는 암 치료에 이용된다.

① ㄱ ② ㄴ ③ ㄷ
④ ㄱ, ㄴ ⑤ ㄴ, ㄷ

17 그림 (가)는 파장과 속력이 같고 연속적으로 발생되는 두 파동 A, B가 서로 반대 방향으로 진행할 때 시간 $t=0$인 순간의 모습을 나타낸 것이다. 그림 (나)는 (가)에서 $t=2$초일 때 A, B가 중첩된 모습을 나타낸 것이다.

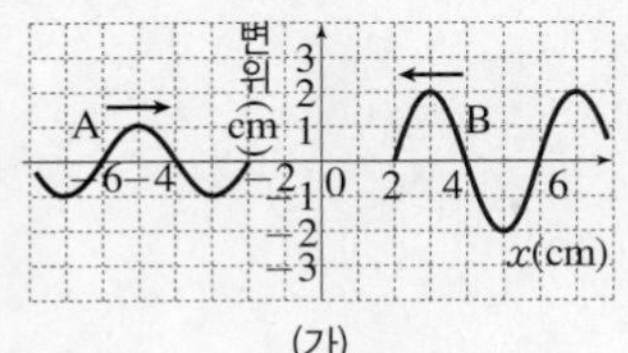

(가)

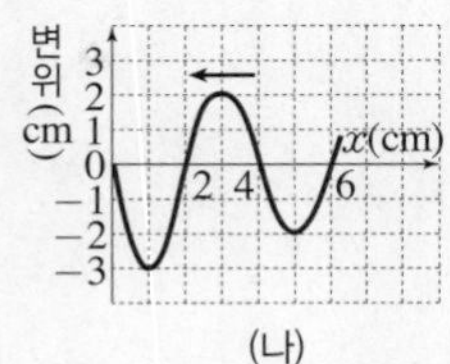

(나)

이에 대한 설명으로 옳은 것만을 [보기]에서 있는 대로 고른 것은?

보기

ㄱ. A의 속력은 4 cm/s이다.
ㄴ. B의 진동수는 1 Hz이다.
ㄷ. $t=4$초일 때 $x=5$ cm에서 중첩된 파동의 변위는 -3 cm이다.

① ㄴ ② ㄷ ③ ㄱ, ㄷ
④ ㄴ, ㄷ ⑤ ㄱ, ㄴ, ㄷ

18 그림 (가)는 물결파의 간섭을 관찰하기 위한 물결파 투영 장치를 나타낸 것이고, (나)는 (가)의 두 파원 S_1, S_2에서 진폭이 같고 주기가 T인 물결파를 같은 위상으로 발생시켰을 때 생기는 간섭무늬를 나타낸 것이다.

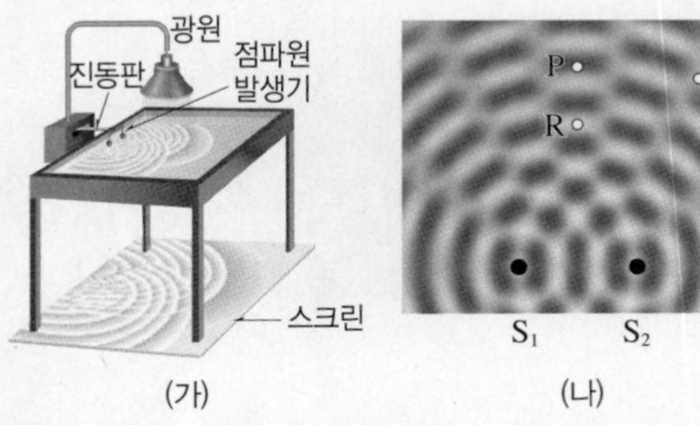

(가) (나)

이에 대한 설명으로 옳은 것만을 [보기]에서 있는 대로 고른 것은?

보기

ㄱ. S_1, S_2로부터의 경로차는 P에서가 R에서보다 크다.
ㄴ. 수면의 진폭은 R에서가 Q에서보다 크다.
ㄷ. 이 순간으로부터 $\frac{T}{2}$가 지나면 Q에서 보강 간섭이 일어난다.

① ㄱ ② ㄴ ③ ㄱ, ㄴ
④ ㄱ, ㄷ ⑤ ㄴ, ㄷ

19 그림과 같이 2개의 스피커에서 진폭과 진동수가 동일한 소리를 발생시킬 때, $x=0$에서 보강 간섭이 일어난다. 소리의 진동수가 f일 때 x축상에서 $x=0$으로부터 첫 번째 보강 간섭이 일어난 지점까지의 거리는 d이다.

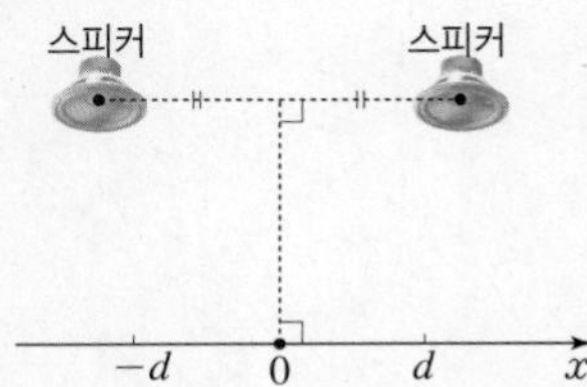

이에 대한 설명으로 옳은 것만을 [보기]에서 있는 대로 고른 것은?

보기

ㄱ. $0<x<d$에서 상쇄 간섭이 일어나는 지점이 있다.
ㄴ. 진동수가 f보다 작아지는 경우에 $x>d$인 지점에서 첫 번째 보강 간섭이 일어난다.
ㄷ. 보강 간섭된 소리의 진동수는 스피커에서 발생한 소리의 진동수보다 크다.

① ㄱ ② ㄷ ③ ㄱ, ㄴ
④ ㄴ, ㄷ ⑤ ㄱ, ㄴ, ㄷ

20 그림은 무반사 코팅 렌즈에 대해 철수, 영희, 민수가 대화하는 모습을 나타낸 것이다.

옳게 말한 사람만을 있는 대로 고른 것은?

① 철수 ② 영희 ③ 철수, 영희
④ 철수, 민수 ⑤ 영희, 민수

III 파동과 정보 통신

2 빛과 물질의 이중성

Preview

빛의 이중성 개념은 어떻게 나오게 되었나요?

- 아인슈타인이 등장하기 전까지는 뉴턴의 이론으로 물체의 운동과 여러 현상을 설명했어요. 뉴턴에 의해 제시된 빛의 입자설은 그때까지 밝혀진 빛의 다양한 현상을 설명할 수 있었어요. 많은 과학자들도 그 당시 뉴턴의 입자설을 지지했어요.

- 그러나 점차 간섭, 회절 등 빛의 입자설로는 설명하지 못하는 모순이 나타나기 시작했어요. 이를 해결하고자 토마스 영은 1803년에 파동설을 제시하고, 맥스웰, 하위헌스도 파동설에 힘을 실었어요.

- 빛의 입자성과 파동성을 수많은 과학자들이 설명하려고 하였지만, 그 어느 이론도 제대로 된 설명을 하지 못하였습니다. 하지만 이후 100년이 채 지나기도 전에 아인슈타인이 광전 효과 실험 결과를 통해 광양자설을 제시하면서 빛의 이중성 개념이 확립되었어요.

빛의 이중성

핵심 포인트
1. 광전 효과의 실험 결과 ★★
2. 광양자설 ★★★
3. 빛의 이중성 ★★★
4. CCD 원리 ★★

A 빛의 이중성

빛의 본성에 대해서는 역사적으로 오랫동안 과학자들 사이에서 논쟁이 있었습니다. 빛을 입자라고 주장하는 입자설과 파동이라고 주장하는 파동설이 대립하였는데요. 과연 빛의 본성은 무엇일까요?

◆ **헤르츠**
19세기 말에 독일의 과학자 헤르츠는 전자기파 검출 실험에서 금속에 자외선을 쪼이면 방전이 더 잘 일어난다는 것을 발견하였다. 그 후 전자가 발견됨에 따라 금속에 자외선을 쪼이면 전자가 방출된다는 것을 알았다.

1. 빛의 입자설과 파동설에 대한 역사

(17세기 후반) **빛의 본성에 대한 논쟁**	• 뉴턴은 빛의 입자설을 주장하였다. – 빛은 물체에서 방출되는 미세한 입자이며, 직진성과 반사는 빛이 입자이기 때문에 생기는 현상이다. • 하위헌스는 빛의 파동설을 주장하였다. – 빛은 에테르라는 매질에서 전파되는 파동이므로 빛의 반사와 굴절 현상은 파면으로 설명이 가능하다. • 빛의 반사와 굴절 현상은 입자설과 파동설의 근거로 동시에 사용될 수 있다.
(19세기 초~19세기 후반) **빛의 파동성 확립**	영의 빛의 간섭 실험, 프레넬의 빛의 회절 실험과 함께 푸코가 뉴턴의 입자설에 의한 예측과 달리 물속에서 빛의 속력이 진공 중에서보다 느리다는 것을 측정하였고, 맥스웰이 전자기파의 속력이 빛의 속력과 같다는 것을 입증함으로써 빛의 파동성이 확립되었다. • 영은 이중 슬릿에 의한 간섭무늬는 빛이 파동이기 때문에 생기는 중첩 현상이라고 주장하였다. • 프레넬은 빛의 회절 실험에서의 회절 무늬가 파동의 중첩 현상임을 수학적으로 증명하였다.
(19세기 후반~20세기 초) **빛의 파동성으로 설명할 수 없는 현상 발견**	◆헤르츠가 처음 발견한 광전 효과 실험(1887년) 결과는 빛의 파동성으로 설명할 수 없었고, 아인슈타인의 광양자설(1905년)로 설명할 수 있었다.
(현대) **빛의 이중성 확립**	현대에는 ◆빛이 입자성과 파동성의 두 가지 성질을 모두 가지고 있는 것으로 본다.

◆ **빛의 입자성과 파동성**
• 빛의 입자성: 빛의 직진성에 의해 그림자가 생기는 현상이 나타난다.

광원
물체
입자는 직진한다.

• 빛의 파동성: 빛의 간섭과 회절 현상이 나타난다.

광원
물체
물체 뒤쪽으로 퍼진다.

2. ❶광전 효과

(1) **광전 효과:** 금속 표면에 빛을 비출 때 전자가 에너지를 얻어 튀어나오는 현상이다.

(2) **광전자 :** 광전 효과에 의해 금속 표면에서 튀어나온 전자이다.

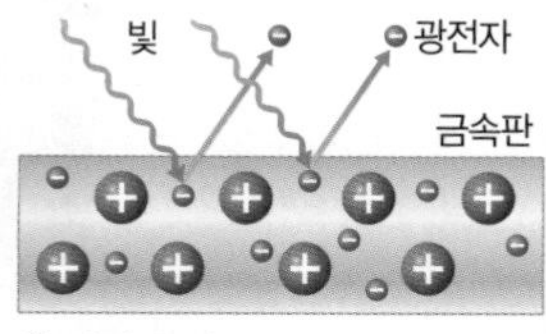

▲ 광전 효과

궁금해?
빛의 파동설에 따르면 빛의 에너지는 어떻게 전달될까?
빛의 파동설에 의하면 빛의 파동 에너지는 연속적으로 전달되며, 빛의 세기가 증가하면 그만큼 더 큰 에너지를 전달한다.

탐구 자료창 검전기를 이용한 광전 효과 실험

299쪽 대표 자료❶

(가) 잘 닦은 아연판을 검전기의 금속판 위에 올리고 검전기를 (−)전하로 대전시킨다.
(나) 검전기 위의 아연판에 각각 자외선등과 형광등을 비추고 금속박의 변화를 관찰한다.

1. **자외선등을 비추었을 때 금속박의 변화:** 자외선등을 아연판에 가까이 비출수록 금속박이 빨리 오므라든다. ➡ 아연판에 특정 진동수 이상의 빛을 비추면 빛의 세기가 세질수록 아연판에서 튀어나오는 광전자의 수가 많아진다.
2. **형광등을 비추었을 때 금속박의 변화:** 형광등을 아연판에 가까이 비추어도 금속박이 오므라들지 않는다. ➡ 아연판에 특정 진동수 이하의 빛을 비추면 아무리 센 빛을 비추어도 광전자는 튀어나오지 않는다.

용어
❶ 광전 효과(光 빛, 電 전기, 效 나타나다, 果 결과) 금속에 빛을 비출 때 광전자를 방출하는 현상

(3) **빛의 파동설에 의한 예상과 ◆광전 효과 실험 결과:** 광전 효과 실험 결과는 빛의 파동설에 의한 예상과 일치하지 않았다.

빛의 파동설에 의한 예상		광전 효과 실험 결과
빛의 세기만 충분히 세다면 빛의 진동수가 작아도 광전자가 방출되어야 한다.	➡	금속판에 쪼여 주는 빛의 진동수가 특정한 진동수보다 작으면 빛의 세기가 아무리 세도 광전자가 방출되지 않는다.
빛의 세기가 약하면 전자를 방출시키기 위해 필요한 에너지가 모여야 하므로 시간이 걸려야 한다.	➡	금속판에 쪼여 주는 빛의 진동수가 특정한 진동수보다 크면 빛의 세기가 약해도 광전자가 즉시 방출된다.
빛의 세기가 셀수록 에너지가 크므로 방출되는 광전자의 최대 운동 에너지도 커져야 한다.	➡	금속판에서 방출되는 광전자의 최대 운동 에너지는 빛의 세기와 관계없고 빛의 진동수가 클수록 크며, 단위 시간당 방출되는 광전자의 수는 빛의 세기에 비례한다.

◆ **광전 효과 실험 장치**
광전관(광전 효과가 잘 나타나도록 표면을 처리한 음극과 양극을 넣어 만든 진공관)을 사용한다.

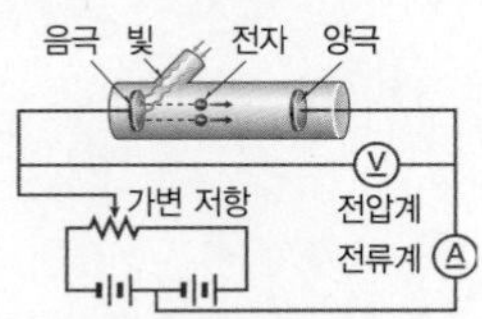

- 전류계로 측정한 전류의 세기로 광전관에서 방출되는 광전자의 수가 많고 적음을 알 수 있다.
- 전압계로 측정한 전압으로 광전관에서 방출되는 광전자의 최대 운동 에너지가 크고 작음을 알 수 있다.

3. 광양자설 1905년 아인슈타인은 파동설로는 설명할 수 없는 광전 효과를 설명하기 위해 빛을 광자(광❶양자)라고 하는 불연속적인 에너지 입자의 흐름으로 설명하였다.

(1) **광자의 에너지:** 빛 알갱이를 광자라고 할 때, 진동수 f인 광자 1개의 에너지 E는 다음과 같다.

$$E=hf \quad (h\text{: 플랑크 상수, } h=6.63\times10^{-34}\ \mathrm{J\cdot s})$$

● 에너지가 hf라는 기본적인 값의 정수 배만 가능한 것을 에너지의 양자화라고 한다.

주의해!
광자와 광전자의 차이점
광자(광양자)는 빛 알갱이를 가리키고 광전자는 금속 표면에서 방출되는 전자를 가리킨다.

(2) **광양자설에 의한 광전 효과의 해석**

① 금속의 ◆일함수(W): 금속 표면에 빛을 비출 때 전자가 튀어나오게 하기 위해 필요한 최소한의 에너지이다. ● 일함수는 금속의 종류에 따라 다르다.

② 한계 진동수(f_0): 금속 표면에서 전자를 방출시킬 수 있는 빛의 최소 진동수이다. (● 문턱 진동수라고도 한다.) ➡ 빛의 진동수가 한계 진동수보다 작을 때는 광전 효과가 나타나지 않으므로, 광전자의 방출 여부는 빛의 진동수에 따라 결정된다.

③ 방출되는 광전자의 수: 빛의 세기는 광자의 수에 비례하고 광자 1개가 충돌할 때 전자 1개가 방출되므로, 빛의 세기가 셀수록 방출되는 광전자의 수도 증가한다.

④ 방출되는 ◆광전자의 최대 운동 에너지(E_k): 진동수가 큰 빛일수록 광자 1개의 에너지가 크므로 광자로부터 에너지를 얻어 방출되는 광전자의 최대 운동 에너지는 빛의 진동수가 클수록 크다.

$$E_k=\frac{1}{2}mv^2=hf-W$$

광자 1개의 에너지 hf에서 일함수 W를 뺀 값

◆ **일함수**
전자는 금속 원자로부터 전기적 인력을 받고 있으므로 이 인력에 대해 일을 해 주어야 전자가 방출된다.

◆ **광전자의 최대 운동 에너지**
광자가 금속 내의 1개의 전자와 충돌하여 전자에 에너지를 준다. 이 에너지가 일함수(W)보다 크면 즉시 광전자가 방출된다. 이때 한계 진동수 f_0인 빛을 비추면 $E_k=0$이 된다.

| 일함수와 광전자의 방출 |

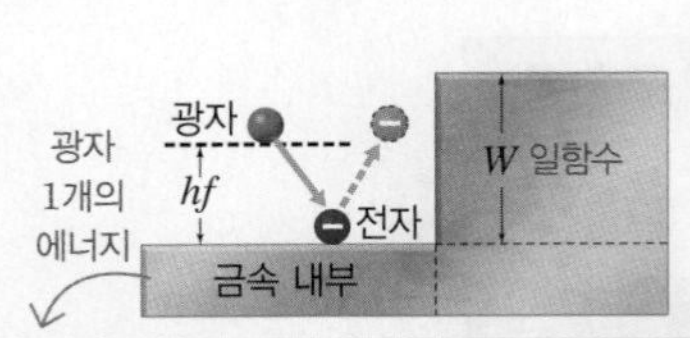

광자 1개의 에너지가 일함수보다 작으면($hf<W$) 아무리 빛의 세기가 세도 광전자가 방출되지 않는다.

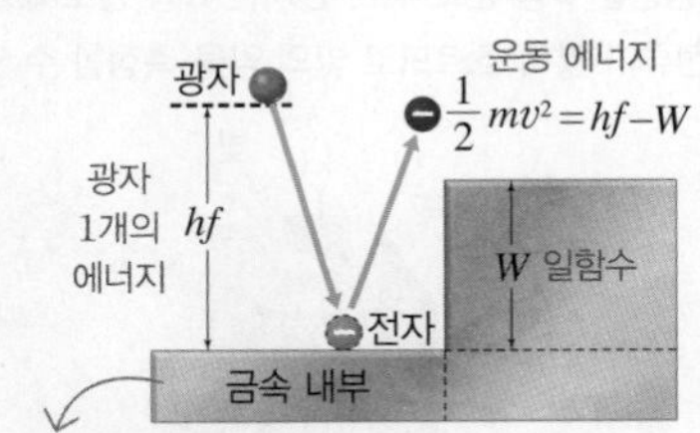

광자 1개의 에너지가 일함수 이상이면($hf\geq W$) 빛의 세기가 아무리 약해도 즉시 광전자가 방출된다.

(용어)
❶ **양자(量 헤아리다, 子 아들)** 어떤 물리량이 연속 값을 취하지 않고 어떤 단위량의 정수배인 불연속 값을 나타내는 경우, 그 단위량을 말한다.

| 광전자의 최대 운동 에너지와 빛의 진동수 그래프 |

광전자의 최대 운동 에너지 $E_k=\frac{1}{2}mv^2=hf-W$를 일차함수의 식 $y=ax+b$와 비교해 보면 플랑크 상수 h는 기울기 a와 대응되고 일함수 $-W$는 세로축의 절편 b와 대응되는 것을 알 수 있다.

- 기울기는 플랑크 상수(h)이다.
- 그래프가 가로축과 만나는 점은 한계 진동수(f_0)이다.
- 그래프를 연장한 선이 세로축과 만나는 값은 일함수(W)의 음수 값인 $-W$이다.

➡ 따라서 광전자의 최대 운동 에너지는 빛의 진동수가 클수록 크다.

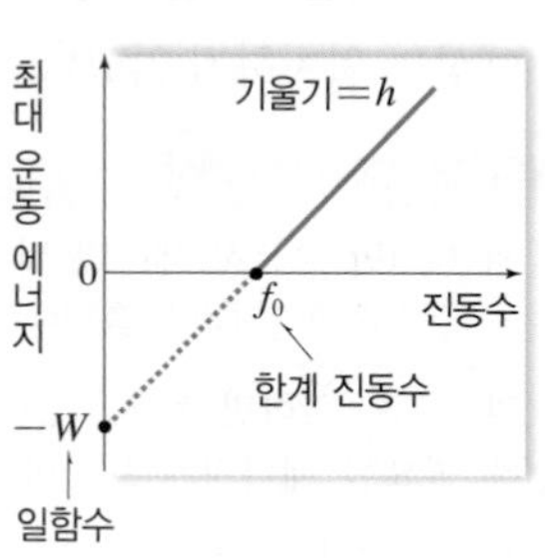

주의해!
빛의 입자성과 파동성의 측정
빛은 입자성과 파동성을 모두 가지지만, 두 성질은 동시에 나타나지 않는다.

4. 빛의 이중성 현대에는 빛이 파동의 성질과 입자의 성질을 모두 가지고 있는 것으로 이해하고 있다.

➡ 빛의 입자성과 파동성은 동시에 나타나지 않으며, 어떤 순간에 입자적 성질과 파동적 성질 중 하나만 측정할 수 있다.

(1) **빛의 파동성의 증거:** 빛의 회절과 간섭 현상 —● 반사와 굴절 현상은 빛의 파동성과 입자성으로 모두 설명이 가능하다.

(2) ◆**빛의 입자성의 증거:** 광전 효과 —● 광전 효과 실험 결과를 빛을 입자로 보는 광양자설로 설명하였다.

◆ **빛의 입자성의 또 다른 증거_콤프턴 효과**
아인슈타인이 광전 효과를 광양자설로 설명한 이후, 미국의 물리학자 콤프턴은 X선과 전자의 충돌 실험을 통해 이를 뒷받침하는 실험 결과를 얻었다.

빛의 이중성의 증거 – 빛의 노출 시간에 따른 사진 건판에 상이 생기는 과정 동아, 천재 교과서에만 나와요.

사진 건판에 생기는 상은 빛의 양이 많을수록 또렷해진다.

- 빛이 사진기의 렌즈를 지나 사진 건판에 도달하기까지의 진행 과정은 빛의 파동성으로 설명할 수 있다.
- 사진 건판에 도달한 광자가 사진 건판을 감광시키는 과정은 빛의 입자성으로 설명할 수 있다.

B 영상 정보의 기록

1. 광 다이오드 광전 효과를 이용해서 빛 신호를 전기 신호로 전환시키는 광전 소자로, p형 반도체와 n형 반도체를 접합시켜 만든다.

(1) **원리:** 광 다이오드에 빛을 비추면 광전 효과에 의해 빛에너지가 전기 에너지로 변환된다.

궁금해?
광전 효과는 어떤 물질에서 일어날까?
광전 효과는 금속뿐만 아니라 반도체에서도 일어난다.

| 광 다이오드의 작동 원리 | 299쪽 대표 자료❷

광자 1개의 에너지가 반도체의 띠 간격보다 크면 원자가 띠의 전자가 전도띠로 전이하면서 전자 – 양공 쌍이 생성된다. 양공은 p형 반도체로, 전자는 n형 반도체로 이동하면서 외부 회로에 전류가 흐른다. 이때, 빛의 세기가 셀수록 전류가 많이 흐르므로 빛의 양을 측정할 수 있다.

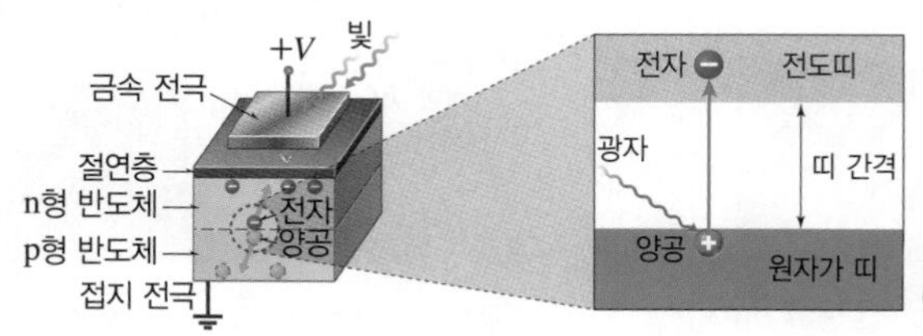

◐ 반도체의 에너지띠

(2) **이용:** 광전 변환 소자(태양 전지)

Charge Coupled Device

2. 전하 결합 소자(CCD)

아주 작은 [1]화소인 수백만 개의 광 다이오드가 규칙적으로 배열된 반도체 소자로 디지털 카메라 등에서 광전 효과를 이용해 영상 정보를 기록하는 장치이다.

| CCD의 구조와 디지털카메라의 영상 저장 과정 | 299쪽 대표 자료❷

• CCD의 구조: 빛을 모으는 마이크로 렌즈, 컬러 영상을 얻기 위해 세 가지 색의 빛으로 분리하는 색 필터, 규칙적으로 배열된 수백만 개의 광 다이오드로 구성된다.

CCD의 구조

디지털카메라

• 영상 정보의 저장: 빛 신호가 변환된 전기 신호는 아날로그 신호이므로 디지털 신호로 변환된 후, 메모리 카드에 파일의 형태로 저장된다. ➡ 빛 → 렌즈 → CCD → 전기 신호 → 메모리 카드

(1) **원리:** 렌즈를 통해 들어온 빛이 CCD의 광 다이오드에 닿으면 광전 효과 때문에 전자가 발생하며, 각 *화소에서 발생하는 전하의 양을 전기 신호로 변환시켜 각 위치에 비춰진 빛의 세기에 대한 영상 정보를 기록한다. ➡ 빛의 세기가 셀수록 전자가 많이 발생한다.

| *CCD에서 전자의 이동 |

각 화소에서 발생한 전하의 양을 측정하기 위해 전극의 전압을 순차적으로 변화시키는 방식으로 전자를 전하량 측정 장치로 이동시켜야 한다.

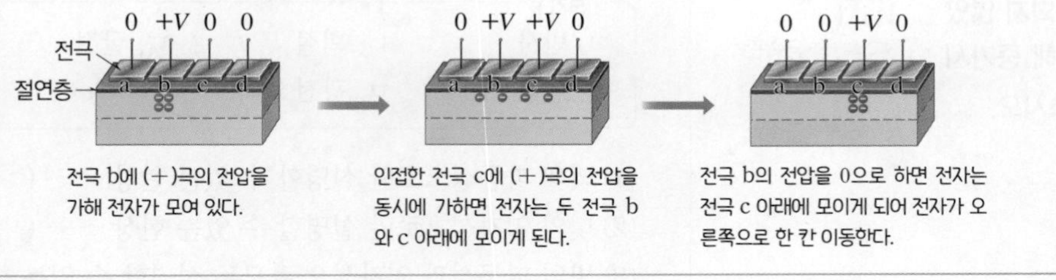

전극 b에 (+)극의 전압을 가해 전자가 모여 있다. / 인접한 전극 c에 (+)극의 전압을 동시에 가하면 전자는 두 전극 b와 c 아래에 모이게 된다. / 전극 b의 전압을 0으로 하면 전자는 전극 c 아래에 모이게 되어 전자가 오른쪽으로 한 칸 이동한다.

(2) **색 필터:** CCD는 빛의 세기만을 기록할 수 있기 때문에 흑백 영상만 얻을 수 있다. 따라서 색을 구분하기 위해서는 색 필터를 CCD 위에 배열한다. ➡ 빛이 색 필터를 통과하면서 RGB(빨간색, 초록색, 파란색)의 세가지 색의 빛으로 분리된 후 각각의 광 다이오드에서 전기 신호로 바뀐다.

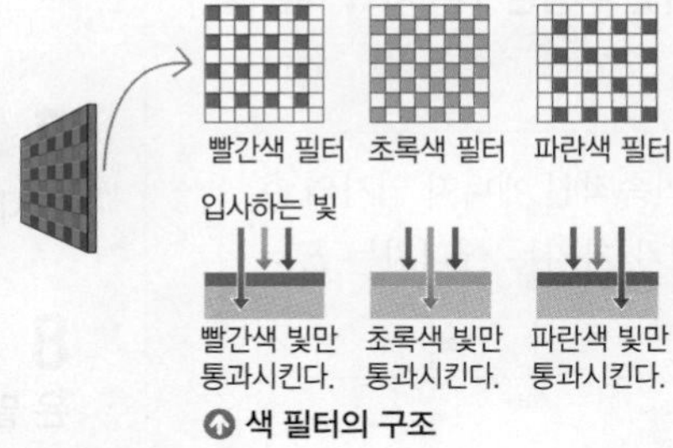

색 필터의 구조

3. *CCD의 이용

디지털카메라, 우주 천체 망원경(허블 우주 망원경, 케플러 우주 망원경), CCTV, 차량용 후방 카메라, 블랙박스, 내시경 카메라, 스캐너 등

암기해!

CCD가 이용하는 빛의 성질
CCD는 광전 효과를 이용한 것이므로 빛의 입자성을 이용한다.

◆ CCD와 화소의 크기
CCD의 면적이 같을 때 화소의 크기가 작을수록 단위 면적당 화소수가 크다. 즉, 같은 면적에 배열된 광 다이오드의 개수가 많기 때문에 각 위치에 비춰진 빛의 세기에 대한 정보를 많이 얻을 수 있으므로 화소수가 클수록 고화질의 영상을 얻을 수 있다.

◆ CCD에서 전자의 이동

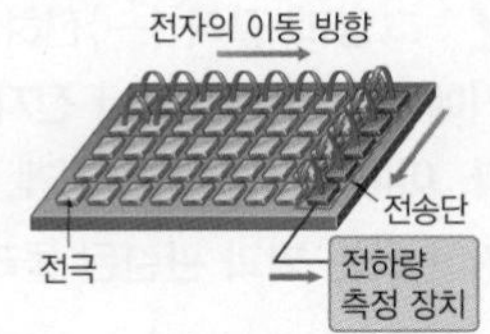

각 화소에서 발생하여 전극을 따라 이동한 전자는 전송단을 따라 전하량 측정 장치로 이동한다.

◆ CCD의 이용
일반 필름보다 감도가 약 100배 이상 높기 때문에 CCD를 이용한 카메라는 어두운 장소에서도 잘 찍을 수 있고, 가시광선뿐만 아니라 적외선도 감지할 수 있다.

(용어)
❶ **화소(畵 그림, 素 본디)** 영상을 표현하는 최소 단위로 픽셀이라고도 한다.

정답친해 152쪽

개념 확인 문제

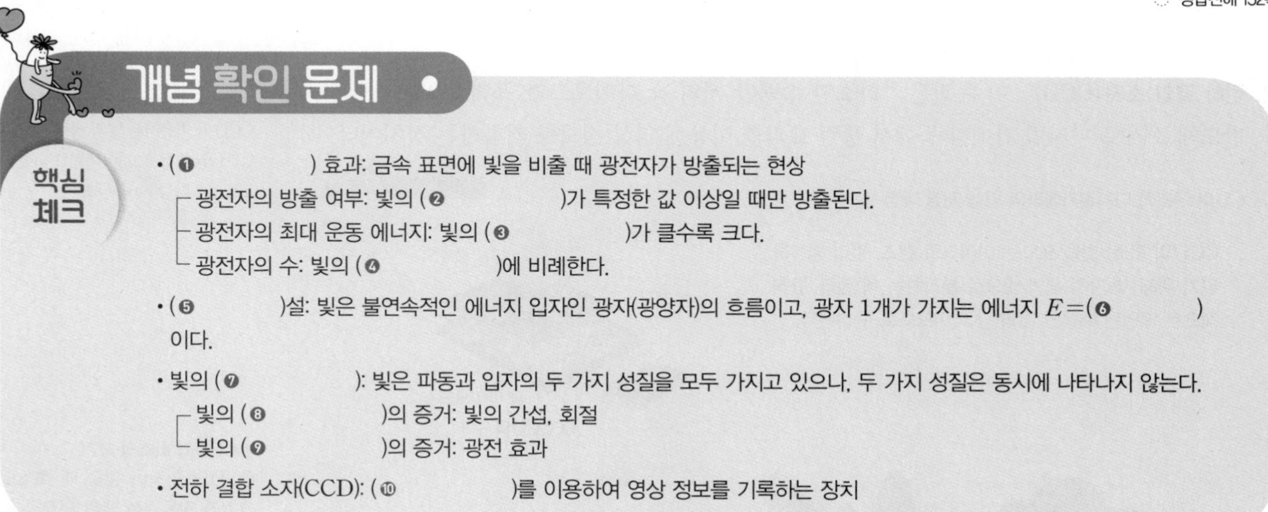

핵심 체크

- (❶   ) 효과: 금속 표면에 빛을 비출 때 광전자가 방출되는 현상
  - 광전자의 방출 여부: 빛의 (❷   )가 특정한 값 이상일 때만 방출된다.
  - 광전자의 최대 운동 에너지: 빛의 (❸   )가 클수록 크다.
  - 광전자의 수: 빛의 (❹   )에 비례한다.
- (❺   )설: 빛은 불연속적인 에너지 입자인 광자(광양자)의 흐름이고, 광자 1개가 가지는 에너지 E=(❻   )이다.
- 빛의 (❼   ): 빛은 파동과 입자의 두 가지 성질을 모두 가지고 있으나, 두 가지 성질은 동시에 나타나지 않는다.
  - 빛의 (❽   )의 증거: 빛의 간섭, 회절
  - 빛의 (❾   )의 증거: 광전 효과
- 전하 결합 소자(CCD): (❿   )를 이용하여 영상 정보를 기록하는 장치

1 빛의 연구와 관련이 있는 역사적 사건에 대한 설명으로 옳은 것은 ○, 옳지 않은 것은 ×로 표시하시오.

(1) 뉴턴은 빛의 입자설을 주장하였다. (   )
(2) 하위헌스는 빛의 파동설을 주장하였다. (   )
(3) 영은 이중 슬릿에 의한 간섭무늬를 빛의 입자설로 설명하였다. (   )
(4) 광전 효과는 빛의 파동설로 설명이 가능하다. (   )

2 그림과 같이 (−)전하로 대전시킨 검전기에 빛을 비추었으나 전자가 방출되지 않았다. 이때 전자가 방출되게 하기 위해 증가시켜야 하는 빛과 관련된 물리량을 쓰시오.

3 다음에서 설명하는 이론과 이를 주장한 과학자의 이름을 쓰시오.

> 빛은 광자(광양자)라고 하는 불연속적인 에너지 입자의 흐름이며, 진동수가 f인 광자 1개가 가지는 에너지는 $E=hf$(h: 플랑크 상수)로 주어진다.

4 광전 효과 실험에서 금속 표면에서 전자를 방출시킬 수 있는 빛의 최소 진동수를 무엇이라고 하는지 쓰시오.

5 빛의 본성에 대한 설명으로 옳은 것은 ○, 옳지 않은 것은 ×로 표시하시오.

(1) 빛은 파동과 입자의 두 가지 성질을 모두 가지고 있다. (   )
(2) 빛은 어떤 경우에 파동의 성질을 나타내고, 또 다른 경우에 입자의 성질을 나타낸다. (   )
(3) 빛의 입자성과 파동성은 동시에 나타난다. (   )

6 다음은 빛의 현상들을 나타낸 것이다. (   ) 안에 알맞은 현상을 [보기]에서 있는 대로 골라 쓰시오.

> **보기**
> ㄱ. 반사   ㄴ. 회절   ㄷ. 굴절
> ㄹ. 간섭   ㅁ. 광전 효과

(1) 빛의 파동성으로만 설명할 수 있는 현상 (   )
(2) 빛의 입자성으로만 설명할 수 있는 현상 (   )
(3) 빛의 파동성과 입자성으로 모두 설명할 수 있는 현상 (   )

7 디지털카메라에서 영상 정보를 기록하는 장치의 이름을 쓰시오.

8 전하 결합 소자(CCD)에 대한 설명 중 (   ) 안에 알맞은 말을 쓰시오.

> CCD는 ㉠(   )를 이용하여 영상 정보를 기록하는 장치로, 빛 신호를 ㉡(   ) 신호로 변환시킨다.

정답친해 152쪽

자료 ❶ 광전 효과

기출 Point
- 광전 효과 실험 결과 파악하기
- 광양자설에 의한 광전 효과의 해석 이해하기

[1~3] 그림은 금속판에 진동수가 다른 빛을 비출 때 나타나는 현상을 관찰하는 실험 결과를 나타낸 것이다.

(가) (−)대전체를 검전기 위의 아연판에 접촉시키면 금속박이 벌어진다.
(나) 형광등을 비추면 금속박에 변화가 없다.
(다) 자외선등을 비추면 금속박이 오므라든다.

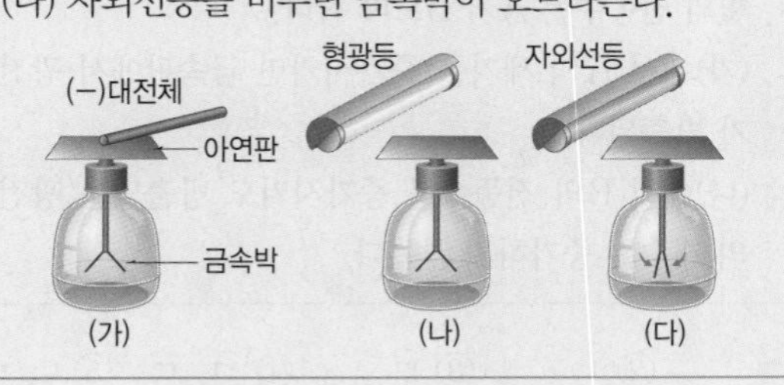

1 (다)에서 자외선등을 비출 때 금속박이 오므라드는 것과 관련 있는 현상은 무엇인지 쓰시오.

2 (나), (다)로 보아 금속에서 전자의 방출 여부와 관계 있는 빛의 물리량을 쓰시오.

3 빈출 선택지로 완벽 정리!

(1) 광전자는 금속 표면에 비추는 빛의 진동수가 특정한 값 이상일 때만 방출된다. (○ / ×)
(2) 광전자의 방출 여부는 금속판에 비춘 빛의 세기와 관계있다. (○ / ×)
(3) 금속판에 자외선등을 비출 때 빛의 세기를 감소시키면 전자가 튀어나오지 않는다. (○ / ×)
(4) 금속판에 형광등을 비출 때 빛의 세기를 증가시켜도 전자가 튀어나오지 않는다. (○ / ×)
(5) 광전 효과는 빛의 입자성으로 설명할 수 있다. (○ / ×)

자료 ❷ 전하 결합 소자(CCD)

기출 Point
- CCD의 구조와 원리 파악하기
- CCD의 영상 정보 저장 과정 이해하기

[1~3] 그림은 디지털카메라의 전하 결합 소자(CCD)의 화소를 나타낸 것이다. 각 화소는 p형 반도체와 n형 반도체 기판 위에 절연체와 전극이 있는 구조로 되어 있다.

1 CCD의 화소에 빛을 비추면 전자와 양공이 생기는 것과 같이 반도체에 빛을 비추면 전자가 발생하는 원리와 관련있는 현상을 쓰시오.

2 CCD의 화소에서 발생하여 전극 아래에 저장되는 전자의 개수를 좌우하는 요인을 쓰시오.

3 빈출 선택지로 완벽 정리!

(1) CCD의 각 화소는 일종의 광 다이오드이다. (○ / ×)
(2) CCD는 빛에너지를 전기 에너지로 변환시킨다. (○ / ×)
(3) CCD는 빛의 파동성을 이용하여 영상을 기록하는 장치이다. (○ / ×)
(4) CCD의 각 화소에 도달한 빛의 세기를 측정하기 위해 생성된 전자를 전하량 측정 장치로 이동시켜야 한다. (○ / ×)
(5) CCD는 빛의 세기와 색을 모두 측정할 수 있다. (○ / ×)
(6) CCD의 면적이 같을 때 화소의 크기가 클수록 고화질의 영상을 얻을 수 있다. (○ / ×)

내신 만점 문제

A 빛의 이중성

01 빛의 입자설과 파동설에 대한 설명으로 옳은 것만을 [보기]에서 있는 대로 고른 것은?

보기
ㄱ. 뉴턴은 입자설로 빛의 직진성과 반사를 설명하였다.
ㄴ. 푸코는 물속에서 빛의 속력이 진공 중에서보다 느리다는 것을 측정하며 빛의 입자설을 주장하였다.
ㄷ. 맥스웰은 전자기파의 속력이 빛의 속력과 같다는 것을 입증함으로써 빛의 파동성을 확립하였다.

① ㄱ ② ㄴ ③ ㄷ ④ ㄱ, ㄷ ⑤ ㄴ, ㄷ

중요
02 금속 표면에 빛을 비출 때 전자가 방출되는 광전 효과에 대한 설명으로 옳은 것만을 [보기]에서 있는 대로 고른 것은?

보기
ㄱ. 빛의 진동수가 특정한 진동수보다 클 때 광전자가 방출된다.
ㄴ. 금속판에서 방출되는 광전자의 최대 운동 에너지는 빛의 세기가 셀수록 크다.
ㄷ. 금속판에서 단위 시간당 방출되는 광전자의 수는 빛의 진동수에 비례한다.

① ㄱ ② ㄴ ③ ㄷ ④ ㄱ, ㄴ ⑤ ㄴ, ㄷ

서술형
03 그림 (가)와 (나)는 광전 효과 실험 결과이다. 이를 빛의 파동설로 설명할 수 없는 까닭을 진동수와 관련지어 서술하시오.

(가) 특정 진동수보다 작은 진동수의 빛을 강한 세기로 비추어도 광전자가 방출되지 않는다.

자외선등

(나) 진동수가 특정 진동수보다 큰 빛을 비추면 세기가 약해도 광전자가 즉시 방출된다.

서술형
04 금속의 일함수와 한계 진동수의 관계에 대해 서술하시오.

05 그림 (가)와 (나)는 동일한 금속판에 단색광 A와 B를 각각 비추었을 때 (가)에서는 광전자가 방출되지 않는 것을, (나)에서는 광전자가 방출되는 것을 나타낸 것이다.

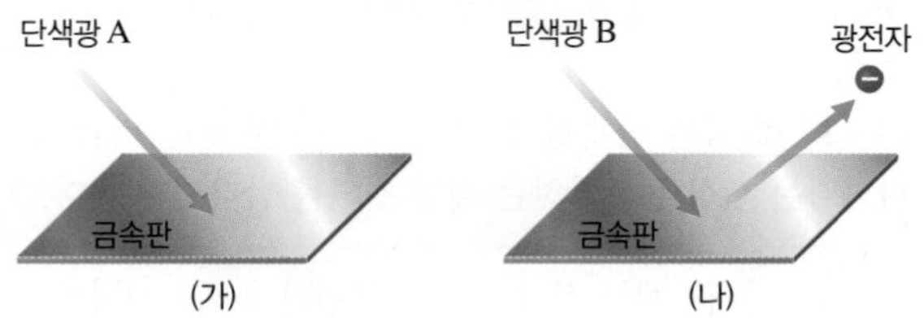

이에 대한 설명으로 옳은 것만을 [보기]에서 있는 대로 고른 것은?

보기
ㄱ. 빛의 진동수는 A가 B보다 작다.
ㄴ. (가)에서 A의 세기를 증가시키면 금속판에서 광전자가 방출된다.
ㄷ. (나)에서 B의 진동수를 증가시켜도 방출되는 광전자의 개수는 증가하지 않는다.

① ㄱ ② ㄴ ③ ㄷ ④ ㄱ, ㄷ ⑤ ㄴ, ㄷ

06 일함수가 W인 금속에 광자 1개의 에너지가 $2W$인 빛을 비추었을 때, 방출되는 광전자의 최대 운동 에너지가 E였다. 동일한 금속에 광자 1개의 에너지가 $4W$인 빛을 비춘다면 방출되는 광전자의 최대 운동 에너지는?

① $0.5E$ ② E ③ $2E$ ④ $3E$ ⑤ $4E$

중요
07 그림은 광양자설로 광전 효과를 해석한 것을 나타낸 것이다. 이에 대한 설명으로 옳지 <u>않은</u> 것은?

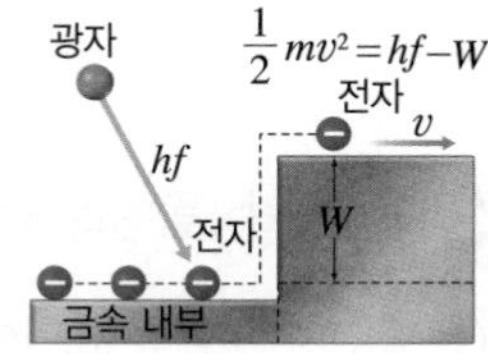

① 광전자가 방출되는 현상은 빛의 입자성으로 설명할 수 있다.
② 광자 1개의 에너지 hf가 금속의 일함수 W 이상일 때 광전자가 방출될 수 있다.
③ 광전자를 방출시킬 수 있는 빛의 최소 진동수는 $\frac{W}{h}$이다.
④ 광전자의 최대 운동 에너지는 빛의 진동수 f가 클수록 크다.
⑤ 광전자의 최대 운동 에너지는 금속의 일함수 W가 클수록 크다.

08 표는 광전 효과 실험에서 세 금속 A, B, C와 사용한 빛의 종류에 따라 금속 표면으로부터 방출되는 광전자의 검출 여부를 기록한 것이다.

금속	광전자 검출 여부		
	파란색 빛	보라색 빛	자외선
A	○	○	○
B	×	○	○
C	×	×	○

(○: 검출됨, ×: 검출되지 않음)

이에 대한 설명으로 옳은 것만을 [보기]에서 있는 대로 고른 것은?

보기
ㄱ. 빛의 한계 진동수가 가장 큰 금속은 C이다.
ㄴ. 일함수가 가장 큰 금속은 A이다.
ㄷ. 자외선을 사용할 때 방출되는 광전자의 최대 운동 에너지가 가장 작은 금속은 B이다.

① ㄱ ② ㄴ ③ ㄱ, ㄷ
④ ㄴ, ㄷ ⑤ ㄱ, ㄴ, ㄷ

09 그림과 같이 광전 효과 실험 장치를 사용하여 단색광을 비출 때 회로에 흐르는 전류의 세기를 측정하였다. 표는 단색광 A, B, C를 동일한 금속판에 비추었을 때 측정한 전류의 최댓값과 금속판에서 방출되는 광전자의 최대 운동 에너지를 나타낸 것이다.

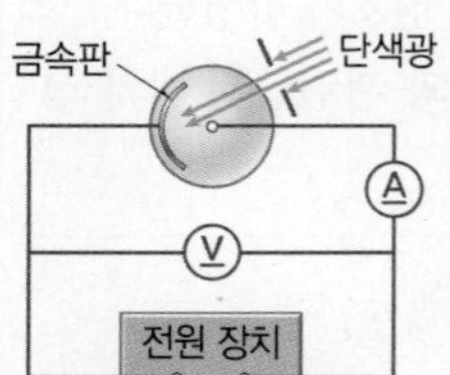

단색광	전류의 최댓값	광전자의 최대 운동 에너지
A	I_0	$2E_0$
B	I_0	E_0
C	$2I_0$	E_0

이에 대한 설명으로 옳은 것만을 [보기]에서 있는 대로 고른 것은?

보기
ㄱ. 단색광의 진동수는 A가 C보다 크다.
ㄴ. 단색광의 세기는 B가 C보다 약하다.
ㄷ. 단위 시간당 방출되는 광전자의 개수는 A를 비출 때가 B를 비출 때보다 많다.

① ㄱ ② ㄷ ③ ㄱ, ㄴ
④ ㄴ, ㄷ ⑤ ㄱ, ㄴ, ㄷ

중요 **10** 그림 (가)는 단색광 A, B, C의 세기와 진동수를, (나)는 광전 효과 실험 장치의 금속판에 A, B, C를 각각 비추는 것을 나타낸 것이다.

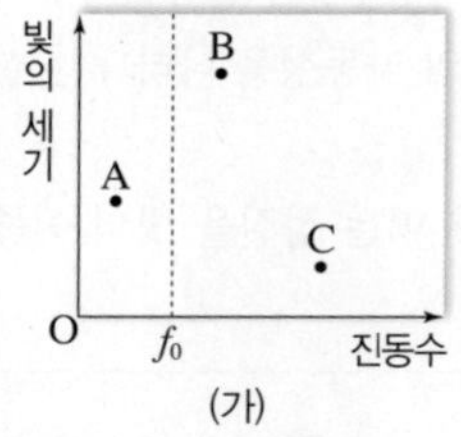

(가)

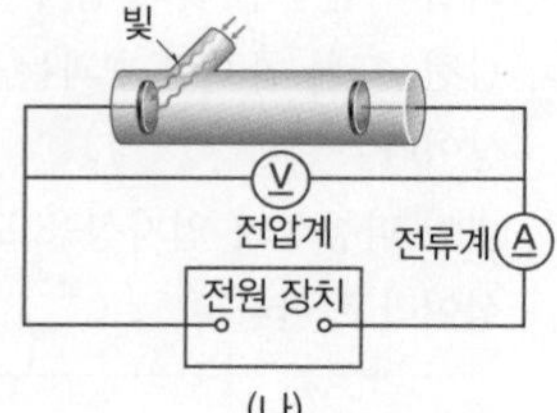

(나)

이에 대한 설명으로 옳은 것만을 [보기]에서 있는 대로 고른 것은? (단, 금속판의 한계 진동수는 f_0이다.)

보기
ㄱ. A를 비추었을 때 광전자가 발생하지 않는다.
ㄴ. B를 비추었을 때 광전자의 최대 운동 에너지가 가장 크다.
ㄷ. C를 비추었을 때 전류의 세기가 가장 크다.

① ㄱ ② ㄷ ③ ㄱ, ㄴ
④ ㄱ, ㄷ ⑤ ㄴ, ㄷ

11 그림은 광전 효과 실험에서 방출되는 광전자의 최대 운동 에너지$\left(\frac{1}{2}mv^2\right)$를 금속의 표면에 비추는 빛의 진동수($f$)에 따라 나타낸 것이다.

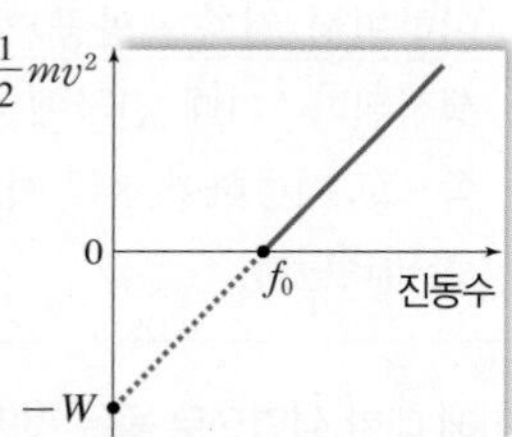

이에 대한 설명으로 옳은 것만을 [보기]에서 있는 대로 고른 것은?

보기
ㄱ. f_0는 금속의 한계 진동수이다.
ㄴ. 그래프의 기울기는 플랑크 상수 h에 해당한다.
ㄷ. 금속에 $2f_0$인 빛을 비추는 경우 광전자의 최대 운동 에너지는 hf_0이다.

① ㄱ ② ㄴ ③ ㄱ, ㄷ
④ ㄴ, ㄷ ⑤ ㄱ, ㄴ, ㄷ

중요 12 빛의 성질에 대한 설명으로 옳은 것만을 [보기]에서 있는 대로 고른 것은?

보기
ㄱ. 회절과 간섭은 빛의 입자성을 나타내는 현상이다.
ㄴ. 광전 효과, 콤프턴 효과는 빛의 파동성을 나타내는 현상이다.
ㄷ. 빛이 파동성과 입자성을 모두 띠는 성질을 빛의 이중성이라고 한다.

① ㄱ ② ㄴ ③ ㄷ
④ ㄱ, ㄴ ⑤ ㄴ, ㄷ

B 영상 정보의 기록

중요 13 다음은 전하 결합 소자(CCD)의 각 화소에 빛이 입사했을 때 일어나는 현상과 원리를 설명한 것이다.

화소는 p−n 접합 반도체의 일종인 (㉠)로 이루어져 있으므로, 화소에 도달한 광자의 에너지에 의해 ㉡원자가 띠의 전자가 전도띠로 전이하면서 전자 − 양공 쌍이 생성된다. 이때 전극에 (+)전압을 가하면 전자는 전극 쪽으로 이동하여 전극 아래에 저장되고, 양공은 반대쪽으로 밀려난다.

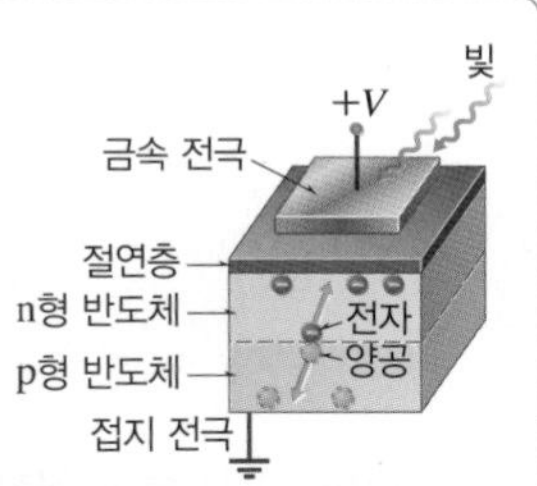

이에 대한 설명으로 옳은 것만을 [보기]에서 있는 대로 고른 것은?

보기
ㄱ. ㉠은 광 다이오드이다.
ㄴ. ㉡은 광자 1개의 에너지가 반도체의 띠 간격보다 클 때 일어난다.
ㄷ. 전극 아래쪽에 쌓인 전하의 양을 측정하면 각 화소에 입사하는 빛의 진동수를 알 수 있다.

① ㄱ ② ㄷ ③ ㄱ, ㄴ
④ ㄴ, ㄷ ⑤ ㄱ, ㄴ, ㄷ

중요 14 그림은 디지털카메라의 주요 부품인 전하 결합 소자(CCD)를 나타낸 것이다.

이에 대한 설명으로 옳은 것은?

① CCD의 원리는 빛의 파동성으로 설명할 수 있다.
② CCD의 광 다이오드는 금속에서 일어나는 광전 효과를 이용한다.
③ CCD에 색필터가 없어도 빛의 색을 구별할 수 있다.
④ CCD의 광 다이오드에서 발생하는 광전자의 개수는 빛의 세기에 비례한다.
⑤ CCD의 단위 면적당 화소수가 작을수록 세밀한 상을 얻을 수 있다.

15 그림은 CCD의 구조를 나타낸 것이다.
이에 대한 설명으로 옳은 것만을 [보기]에서 있는 대로 고른 것은?

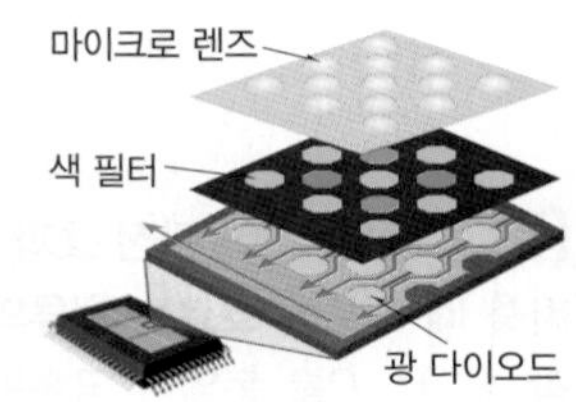

보기
ㄱ. 광 다이오드가 많을수록 CCD의 화소수가 크다.
ㄴ. 광 다이오드에 빛이 닿으면 전기 신호가 발생한다.
ㄷ. CCD의 원리는 빛의 간섭 현상과 관련있는 빛의 성질로 설명할 수 있다.

① ㄱ ② ㄷ ③ ㄱ, ㄴ
④ ㄱ, ㄷ ⑤ ㄴ, ㄷ

16 CCD 위에 색 필터를 배치하는 까닭을 서술하시오.

17 CCD를 이용하는 분야의 예를 세 가지 쓰시오.

실력 UP 문제

정답친해 156쪽

01 그림 (가)는 광전 효과 실험 장치를 모식적으로 나타낸 것이고, (나)는 금속 A 또는 B로 이루어진 광전관의 금속판에서 방출되는 광전자의 최대 운동 에너지를 빛의 진동수에 따라 나타낸 것이다.

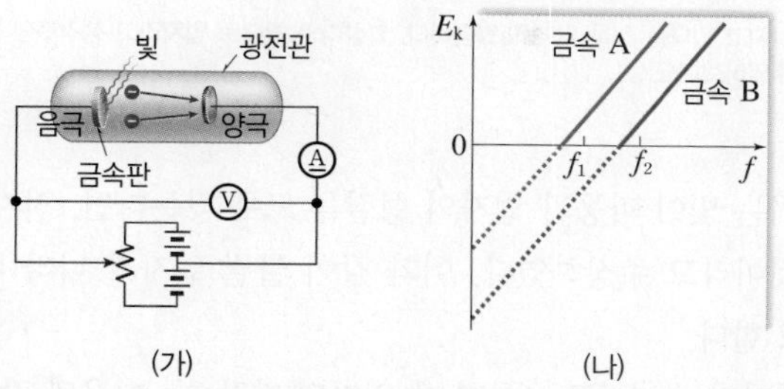

이에 대한 설명으로 옳은 것만을 [보기]에서 있는 대로 고른 것은?

보기
ㄱ. 일함수는 금속 A가 금속 B보다 작다.
ㄴ. 진동수가 f_1인 빛을 비출 때 금속 A에서는 광전자가 방출되지 않는다.
ㄷ. 진동수가 f_2인 빛을 비출 때 방출되는 광전자의 최대 운동 에너지는 금속 A가 금속 B보다 크다.

① ㄱ ② ㄴ ③ ㄱ, ㄷ
④ ㄴ, ㄷ ⑤ ㄱ, ㄴ, ㄷ

02 표는 서로 다른 금속판 A, B에 진동수가 각각 f, $2f$인 빛 P, Q를 비추었을 때 방출되는 광전자의 최대 운동 에너지를 나타낸 것이다.

빛	진동수	광전자의 최대 운동 에너지	
		A	B
P	f	$2E_0$	E_0
Q	$2f$	$5E_0$	㉠

이에 대한 설명으로 옳은 것만을 [보기]에서 있는 대로 고른 것은?

보기
ㄱ. 한계 진동수는 금속 A가 금속 B보다 크다.
ㄴ. ㉠은 $5E_0$보다 작다.
ㄷ. 빛 P와 빛 Q를 금속 A에 함께 비추었을 때 방출되는 광전자의 최대 운동 에너지는 $7E_0$이다.

① ㄱ ② ㄴ ③ ㄷ
④ ㄱ, ㄴ ⑤ ㄴ, ㄷ

03 그림 (가)는 광 다이오드에 백색광을 비추었을 때 저항에 전류가 흐르는 것을, (나)는 서로 다른 종류의 광 다이오드 A, B, C의 수광 감도 특성을 나타낸 것이다.

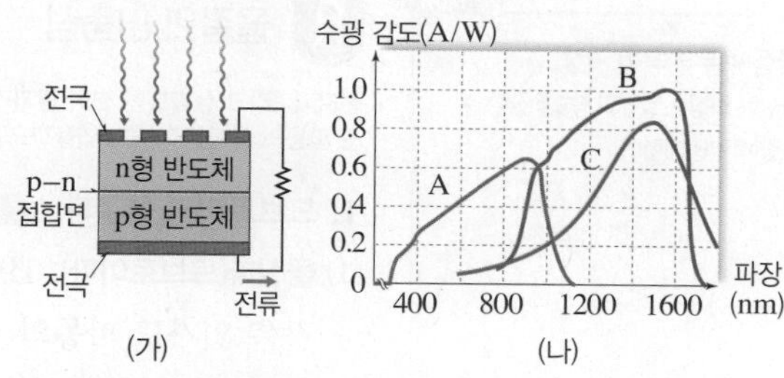

이에 대한 설명으로 옳은 것만을 [보기]에서 있는 대로 고른 것은?

보기
ㄱ. 광 다이오드 내부에서 전자는 n형 반도체 쪽으로 이동한다.
ㄴ. 파장 범위가 380 nm~750 nm인 가시광선 영역의 빛을 감지하는 데 B가 가장 적절하다.
ㄷ. 띠 간격은 A가 C보다 작다.

① ㄱ ② ㄴ ③ ㄷ
④ ㄱ, ㄴ ⑤ ㄴ, ㄷ

04 그림은 전하 결합 소자(CCD)의 각 화소에 저장된 전자의 양을 측정하기 위해 전자를 전하량 측정 장치로 이동시키는 과정을 나타낸 것이다.

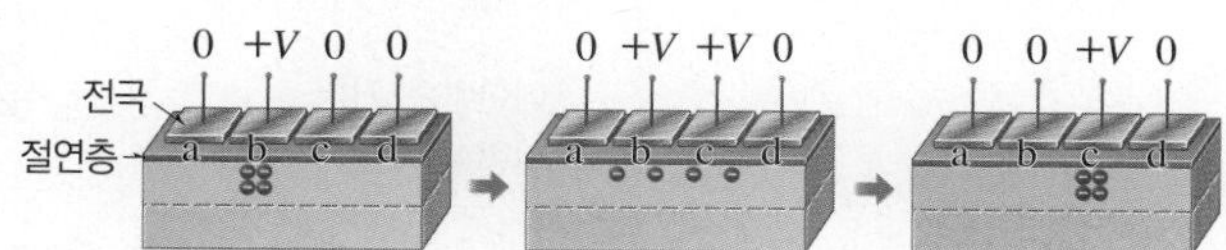

이에 대한 설명으로 옳은 것만을 [보기]에서 있는 대로 고른 것은?

보기
ㄱ. 화소에서 생성된 전자는 (+)전압이 걸려 있는 전극 b의 아래쪽에 쌓인다.
ㄴ. 전극의 전압을 순차적으로 변화시키는 방법으로 전자를 전하량 측정 장치로 이동시킨다.
ㄷ. 전하량 측정 장치에서 출력된 전기 신호는 각 화소에 입사된 빛의 세기를 나타낸다.

① ㄱ ② ㄴ ③ ㄱ, ㄷ
④ ㄴ, ㄷ ⑤ ㄱ, ㄴ, ㄷ

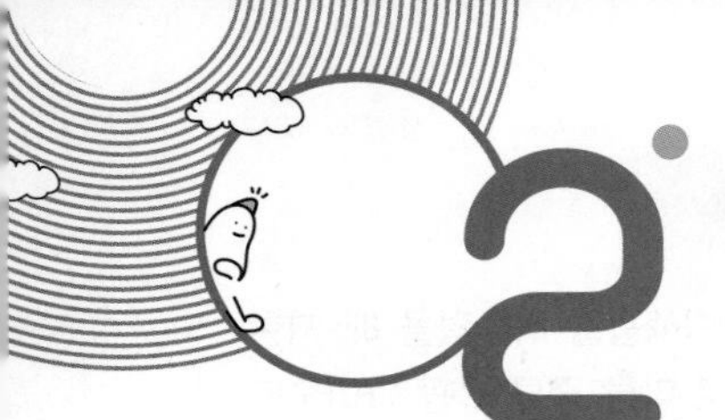

2 물질의 이중성

핵심 포인트

1. 물질파와 전자의 회절 ★★
2. 물질의 이중성 ★★★
3. 전자 현미경의 원리 ★★★
4. 전자 현미경의 종류와 특징 ★★

암기해!

물질파(드브로이) 파장

물질파 파장은 질량과 속도를 곱한 운동량에 반비례한다.

$$\lambda=\frac{h}{mv}=\frac{h}{p}$$

A 물질의 이중성

전자기파라고 생각했던 빛이 광자라는 입자의 성질을 가지고 있다는 것을 알게 되었습니다. 그렇다면 반대로 입자라고 생각했던 물질도 파동의 성질을 가지고 있을까요? 물질의 성질에 대해 알아보아요.

1. 드브로이의 물질파 308쪽 대표 자료❶

(1) **물질파(드브로이파):** 1924년 드브로이는 빛이 파동과 입자의 성질을 모두 갖는다면, 전자와 같은 입자도 파동의 성질을 가질 것이라고 주장하였다. 이와 같이 물질 입자가 나타내는 파동을 물질파 또는 드브로이파라고 한다.

(2) **물질파(드브로이) 파장:** 질량이 m인 입자가 속력 v로 운동할 때 입자의 파장 λ는 다음과 같다.

$$\lambda=\frac{h}{mv}\ (h\text{: 플랑크 상수})$$ → $h=6.63\times10^{-34}\ \text{J}\cdot\text{s}$

예제 입자의 속력이 v, 질량이 m일 때, 입자의 물질파 파장은 λ이다. 입자의 속력이 $2v$, 질량이 $2m$일 때, 이 입자의 물질파 파장을 구하시오.

해설 입자의 속력이 2배, 질량이 2배가 되면 속력과 질량의 곱은 4배가 된다. 물질파 파장은 속력과 질량의 곱에 반비례하므로 λ의 $\frac{1}{4}$배인 $\frac{1}{4}\lambda$가 된다.

답 $\frac{1}{4}\lambda$

심화 +

전압 V로 가속된 전자의 물질파 파장

전하량 e, 질량 m인 전자가 정지 상태에서 전압 V로 가속되어 속력 v로 슬릿을 통과한다. 이때 전기력이 전자에 한 일($W=eV$)은 전자의 운동 에너지로 전환되므로 전자의 운동량은 다음과 같다.

$$eV=\frac{1}{2}mv^2=\frac{(mv)^2}{2m}=\frac{p^2}{2m}$$

➡ $p=\sqrt{2meV}$ 이다.

따라서 물질파 파장은

$\lambda=\frac{h}{p}=\frac{h}{\sqrt{2meV}}$가 된다.

2. 물질파 확인 실험

구분	실험 방법	실험 결과
데이비슨·거머 실험	 니켈 표면에 54 V의 전압으로 가속한 전자선을 입사시켜 니켈 결정에서 산란된 전자의 수를 검출기로 측정하였다.	 특정한 각도로 튀어나오는 전자의 수가 많음을 발견하였다. ➡ 전자가 파동처럼 ❶회절하여 특정한 각도에서 보강 간섭을 일으킨다. 이때 전자가 나타내는 파동의 파장과 드브로이의 물질파 이론으로 계산한 파장이 일치하였다.
톰슨의 전자선 회절 실험	 알루미늄 박막에 파장이 같은 X선과 전자선을 입사시켰다.	▲ X선 ▲ 전자선 전자선에서도 X선을 쪼여 주었을 때와 같은 형태의 회절 무늬를 얻었다. ➡전자가 파동의 성질을 가짐을 확인하였다. 물질파의 존재를 명확히 확인한 실험이다.

용어

❶ 회절(回 돌다, 折 꺾다) 파동이 장애물이나 틈을 지난 다음, 넓게 퍼지는 현상

3. 물질의 이중성 물질도 빛과 마찬가지로 입자성과 파동성을 모두 가지는 것을 물질의 이중성이라고 한다. 전자뿐만 아니라 양성자, 중성자 등과 같은 입자들도 파동성을 갖는다는 것이 확인되었다.

• ◆일상생활에서 물질파를 관측할 수 없는 까닭: 물질파 파장의 식에서 플랑크 상수 h의 값이 매우 작고, 물체의 질량이 크기 때문에 파장이 매우 짧아 파동성을 관찰하기 어렵다.
└● 원자나 전자는 질량이 매우 작기 때문에 운동량이 작아서 물질파의 파장을 관찰할 수 있다.

탐구 자료창 **전자의 입자성과 파동성 관찰**

전자의 입자성 관찰

전자선을 쏘았을 때 바람개비가 회전하는 장치를 나타낸 것이다.

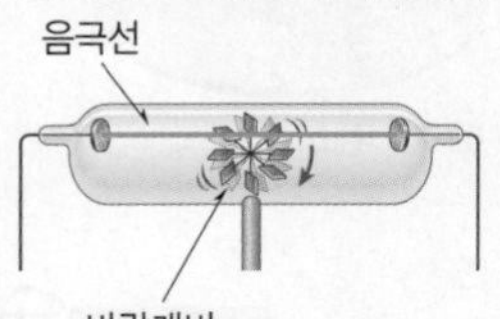

1. **결과:** 바람개비는 전자로부터 운동량을 얻어 회전하므로, 전자를 질량을 가진 입자로 볼 수 있다.
2. **결론:** 전자는 입자의 성질을 가지고 있다.

◆전자의 파동성 관찰

(가)는 레이저 빛을, (나)는 전자총에서 발사된 전자를 각각 이중 슬릿에 통과시킬 때 스크린에 생기는 무늬를 나타낸 것이다.

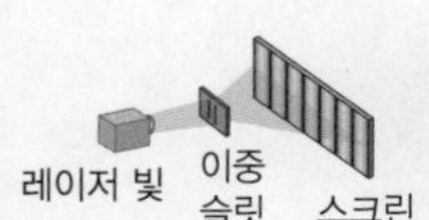

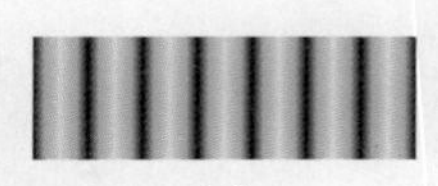
(가)

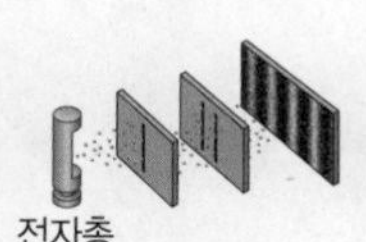

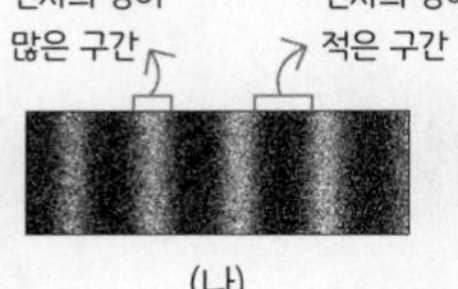

(나)

1. **결과:** (나)의 전자의 ◆회절 무늬가 (가)의 빛의 간섭무늬와 같은 모습이므로, 전자를 파동으로 볼 수 있다.
2. **결론:** 전자는 파동의 성질을 가지고 있다.

B 전자 현미경

드브로이의 물질파 이론으로부터 운동하는 전자가 파동적 성질을 갖는다는 것을 알게 되었습니다. 전자의 파동적 성질을 이용해 만든 것이 전자 현미경인데요, 전자 현미경에 대해서 알아보아요.

1. ◆분해능 광학 기기에서 가까이 있는 두 점을 구분하여 볼 수 있는 능력으로, 렌즈의 크기가 같을 때 사용하는 ◆빛의 파장이 짧을수록 분해능이 우수하다.

• 광학 현미경의 분해능: 빛(가시광선)의 회절 현상 때문에 0.2 μm 정도가 분해능의 한계이므로, 이보다 작은 크기의 바이러스와 같은 미생물을 관찰할 수 없다.

분해능의 비교

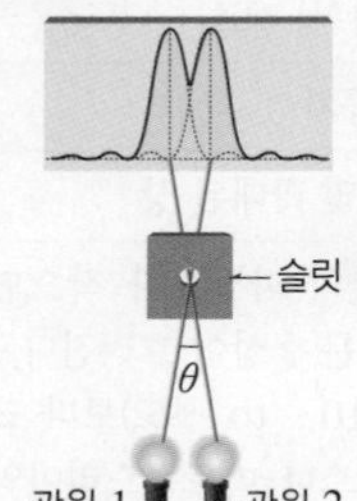

인접한 두 광원에서 오는 빛이 한 슬릿을 통과하면서 각각 회절하여 스크린에 상을 맺을 때, 파장이 짧을수록 회절 무늬가 겹치지 않아 두 점의 상을 잘 구별할 수 있다.

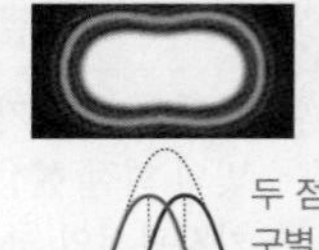

(가)

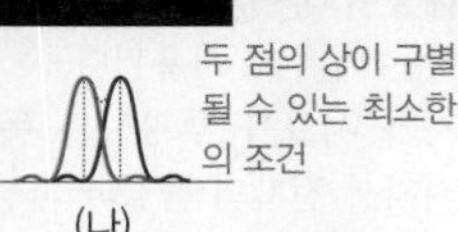

두 점의 상이 구별될 수 있는 최소한의 조건

(나)

(다)

• 파장: (가)>(나)>(다) • 분해능: (가)<(나)<(다)

◆ 일상생활에서의 물질파

야구공의 운동에서는 물질파의 파장이 짧아 파동성을 관측하기 어렵고, 원자나 전자는 물질파의 파장이 커서 파동성을 관측하기 쉽다.

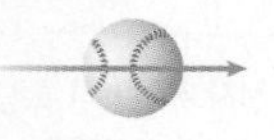

◆ 전자가 파동성을 가지지 않을 경우

전자의 이중 슬릿 실험에서 전자가 입자의 성질만 있다면 스크린에 이중 슬릿의 틈과 같은 개수의 밝은 무늬가 나타나야 한다.

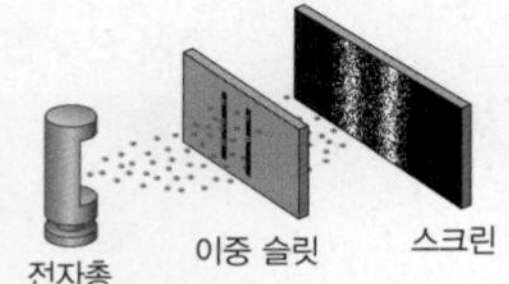

그러나 실제 실험 결과에서는 간섭무늬가 나타나므로, 전자가 파동성을 가지고 있음을 알 수 있다.

◆ 회절 무늬 사이의 간격

파장이 길수록, 슬릿의 폭이 좁을수록 회절 정도가 크다. 또한 전자선의 운동량이 감소할수록 물질파 파장이 길어지므로 회절 무늬 사이의 간격이 넓어진다.

◆ 분해능

광학 기기의 성능을 나타낼 때 사용한다. 분해능이 좋을수록 구별할 수 있는 두 점 사이의 거리가 작으므로 미세한 물체까지 선명하게 볼 수 있다.

◆ 빛의 파장과 시료의 크기

• 빛의 파장이 시료의 크기보다 길면 빛이 시료를 통과할 때 회절 현상이 일어나 시료의 윤곽이 흐릿해지므로 물체를 자세히 관찰하기 어렵다.
• 빛의 파장이 시료의 크기보다 짧은 경우 회절이 작게 일어나 물체를 자세히 관찰할 수 있다.

◆ **전자의 물질파 파장**
가시광선의 파장이 약 10^{-7} m인데 비해 전자의 물질파 파장은 약 10^{-10} m(0.1 nm) 정도이다.

궁금해?

전자 현미경의 특징은?
- 시료에 전자를 쪼여야 하므로 살아 있는 생물은 관찰할 수 없다.
- 공기가 있으면 전자의 진행이 방해를 받기 때문에 전자 현미경의 내부는 진공이다.

2. 전자 현미경 빛 대신 전자의 물질파를 이용하는 현미경

전자의 속력이 빠를수록 물질파 파장이 짧아지므로 분해능이 좋다.

(1) **분해능과 배율:** ◆전자의 물질파 파장이 가시광선의 수천 분의 일 정도로 짧기 때문에 분해능이 우수하고, 배율은 최대 수백만 배 정도로 광학 현미경의 최대 배율보다 크다.

수천 배 정도

(2) **자기렌즈:** 코일로 만든 원통형의 전자석으로, 전자가 자기장에 의해 진행 경로가 휘어지는 성질을 이용하여 전자선을 굴절시킨다.

(3) **전자 현미경의 활용:** 빛으로 볼 수 없는 바이러스 병원체나 물질 속의 원자 배치 상태 등을 알아낼 수 있으므로, 물리학, 생명과학, 화학, 재료 과학 등의 분야에서 활용되고 있다.

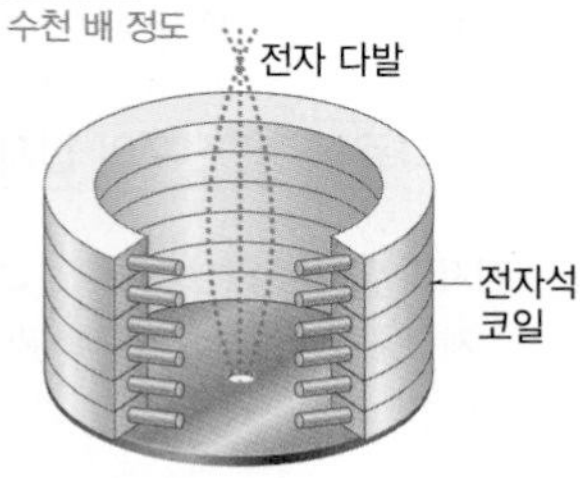

▲ 자기렌즈

3. 전자 현미경과 광학 현미경의 비교

308쪽 대표 자료 2

구분	전자 현미경		광학 현미경
	주사 전자 현미경(SEM)	투과 전자 현미경(TEM)	
짚신벌레의 상	25 μm	25 μm	25 μm
구조	전자총, 전자선, 자기렌즈, 주사용 코일, 대물 렌즈, 시료, 화면, 전자 검출기, 증폭기, 2차 전자	전자총, 자기렌즈, 시료, 전자선, 대물렌즈, 투사렌즈, 형광 스크린	눈, 접안 렌즈, 대물렌즈, 시료, 집광렌즈, 가시광선, 광원
원리	가속된 전자선을 시료 표면에 쪼일 때, 튀어나온 전자를 검출하여 시료의 3차원적 구조의 상을 관찰한다.	전자선을 얇은 시료에 투과시킨 후, 형광 스크린에 형성된 시료의 2차원적 단면 구조의 상을 관찰한다.	유리 렌즈로 빛을 굴절시켜 상을 맺게 하여 관찰한다.
사용하는 파동	전자선		빛
렌즈	자기렌즈		유리(광학) 렌즈
현미경 내부	진공		공기
관찰	전자 검출기와 연결된 모니터의 영상	형광 스크린에 맺힌 상	빛이 굴절 및 확대된 상
특징	• 분해능이 투과 전자 현미경보다는 다소 떨어지지만 입체 영상을 볼 수 있다. • 시료의 표면에 전자를 쪼이므로 표면을 금속으로 얇게 코팅한다. → 전기 전도성을 좋게 한다.	• 분해능이 좋아 세포의 내부 구조를 관찰하는 데 주로 사용된다. • 전자가 시료를 투과하는 동안 속력이 느려져서 전자의 물질파 파장이 커지면 분해능이 떨어지므로 시료를 얇게 만들어야 한다.	• 물체의 크기가 빛의 파장보다 작으면 빛의 회절 현상 때문에 상이 흐려진다. • 가시광선의 파장(10^{-7} m 정도)보다 크기가 작은 바이러스나 미토콘드리아와 같은 물체는 광학 현미경으로 관찰할 수 없다.

개념 확인 문제

핵심 체크

- 물질파: 물질 입자가 (❶)을 나타낼 때의 파동을 물질파 또는 (❷)라고 한다.
- 물질파 파장은 입자의 (❸)에 반비례한다.
- 톰슨의 실험: 얇은 금속박에 전자선을 쪼여 주었을 때 (❹) 무늬가 생기는 것을 관찰하였다.
- 물질의 (❺): 물질도 빛과 마찬가지로 입자성과 파동성을 모두 가지는 성질을 나타낸다.
- 전자 현미경: 전자의 (❻)을 이용하여 빛 대신 전자선을 사용하고, 유리 렌즈 대신 (❼)를 사용하는 현미경이다.
  - (❽) 전자 현미경(TEM): 전자선을 얇은 시료에 투과시켜서 시료의 2차원적 단면 구조의 상을 관찰한다.
  - (❾) 전자 현미경(SEM): 시료 표면에서 튀어나온 전자를 검출하여 시료의 3차원적 구조의 상을 관찰한다.

1 물질파에 대한 설명으로 옳은 것은 ○, 옳지 않은 것은 ×로 표시하시오.

(1) 드브로이가 제안하였다. ( )

(2) 물질파는 물질 입자가 나타내는 파동이다. ( )

(3) 물질파 파장은 입자의 운동량에 비례한다. ( )

(4) 데이비슨·거머 실험은 물질파의 존재를 확인한 실험이다. ( )

2 ( ) 안에 알맞은 말을 쓰시오.

> 톰슨은 전자선을 알루미늄 박막에 입사시켜 전자선의 회절 사진을 얻음으로써 전자가 ( )을 가진다는 것을 확인하였다.

3 ( ) 안에 알맞은 말을 쓰시오.

> 전자와 같은 입자도 빛과 마찬가지로 입자와 파동의 두 가지 성질을 모두 가지고 있으며, 이런 현상을 ( )이라고 한다.

4 전자 현미경에 대한 설명으로 옳은 것은 ○, 옳지 않은 것은 ×로 표시하시오.

(1) 전자의 물질파를 이용하는 장치이다. ( )

(2) 전자 현미경에서 사용하는 전자의 물질파 파장은 가시광선의 파장보다 길다. ( )

(3) 광학 현미경보다 분해능이 우수하다. ( )

(4) 전자 현미경에서 자기렌즈는 전자선을 한 점에 모아주는 장치이다. ( )

5 전자 현미경에 대한 설명 중 ( ) 안에 알맞은 말을 쓰시오.

> 전자 현미경은 전자의 ㉠( )성을 이용하여 만든 현미경으로, 물질파의 파장이 ㉡( )수록 더 작은 물체를 관찰할 수 있다.

6 그림과 같이 전자 현미경에서 시료를 확대한 상을 만들어 관찰하기 위해 전자선을 굴절시키는 렌즈의 이름을 쓰시오.

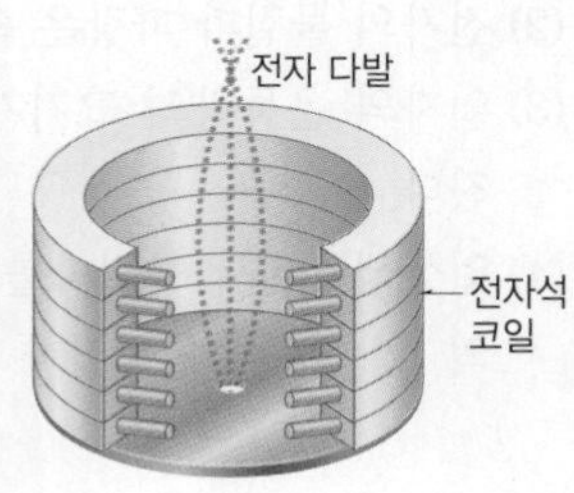

대표 자료 분석

정답친해 158쪽

자료 ❶ 물질파(드브로이) 파장

기출 Point
- 물질파 파장과 운동량의 관계 이해하기
- 물질파 파장의 특성 파악하기

[1~4] 그림은 움직이는 입자 A, B를, 표는 두 입자 A, B의 질량과 속력을 각각 나타낸 것이다.

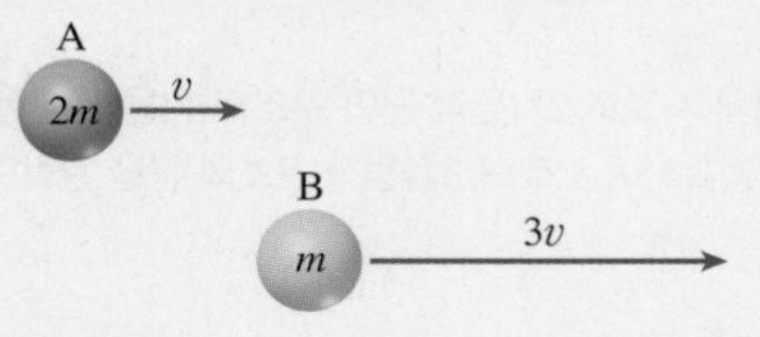

입자	질량	속력
A	$2m$	v
B	m	$3v$

1 입자 A, B의 운동 에너지의 비 $E_A : E_B$를 쓰시오.

2 입자 A, B의 운동량의 비 $p_A : p_B$를 쓰시오.

3 입자 A, B의 물질파 파장의 비 $\lambda_A : \lambda_B$를 쓰시오.

4 빈출 선택지로 완벽 정리!

(1) 전자와 같은 입자가 나타내는 파동을 물질파 또는 드브로이파라고 한다. (○ / ×)

(2) 전자의 물질파 파장은 속력에 비례한다. (○ / ×)

(3) 입자의 운동량의 크기가 클수록 물질파 파장이 짧아진다. (○ / ×)

(4) 일상생활에서 물질파를 발견할 수 없는 까닭은 물체의 질량에 비해 물질파 파장이 크기 때문이다. (○ / ×)

자료 ❷ 전자 현미경

기출 Point
- 전자 현미경의 원리 이해하기
- 전자 현미경의 종류와 특성 파악하기

[1~3] 그림은 광학 현미경과 전자 현미경을 순서 없이 나타낸 것이다.

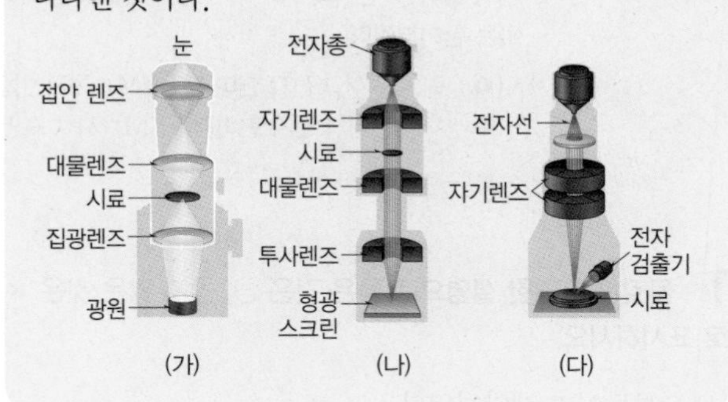

1 (가), (나), (다)의 이름을 각각 쓰시오.

2 표는 현미경의 종류와 원리를 정리한 것이다. (   ) 안에 알맞은 말을 쓰시오.

구분	사용 렌즈	원리
광학 현미경	㉠( )	빛이 유리에서 속력이 느려지는 것을 이용해 빛을 굴절시켜 초점에 모은다.
전자 현미경	㉡( )	전자가 ㉢( )에서 자기력을 받아 휘어지는 것을 이용해 전자선을 굴절시켜 초점에 모은다.

3 빈출 선택지로 완벽 정리!

(1) 광학 현미경의 분해능으로 바이러스를 관찰할 수 있다. (○ / ×)

(2) 주사 전자 현미경으로 입체상을 얻을 수 있다. (○ / ×)

(3) 투과 전자 현미경으로 세포의 내부 구조를 관찰할 수 있다. (○ / ×)

(4) 투과 전자 현미경보다 주사 전자 현미경의 분해능이 더 우수하다. (○ / ×)

(5) 전자의 속력을 줄여야 전자 현미경의 분해능이 좋아진다. (○ / ×)

내신 만점 문제

정답친해 159쪽

A 물질의 이중성

중요 01 표는 두 입자 A, B의 질량과 속력을 나타낸 것이다.

입자	질량	속력
A	m	$2v$
B	$2m$	$3v$

A, B의 물질파 파장의 비 $\lambda_A : \lambda_B$는?

① 1 : 3 ② 2 : 1 ③ 2 : 3
④ 3 : 1 ⑤ 3 : 2

02 그림은 전자가 전기력을 받아 화살표 방향으로 등가속도 직선 운동을 하는 것을 나타낸 것이다. 전자가 A, B점을 통과하는 순간 전자의 운동 에너지는 각각 E, $2E$이다.

A점과 B점에서 전자의 물질파 파장을 각각 λ_A, λ_B라고 할 때 $\lambda_A : \lambda_B$는?

① 2 : 1 ② $\sqrt{2}$: 1 ③ 1 : $\sqrt{2}$
④ 1 : 2 ⑤ 1 : 4

중요 03 전자의 운동량(mv)과 물질파 파장(λ)의 관계를 나타낸 그래프로 옳은 것은?

①
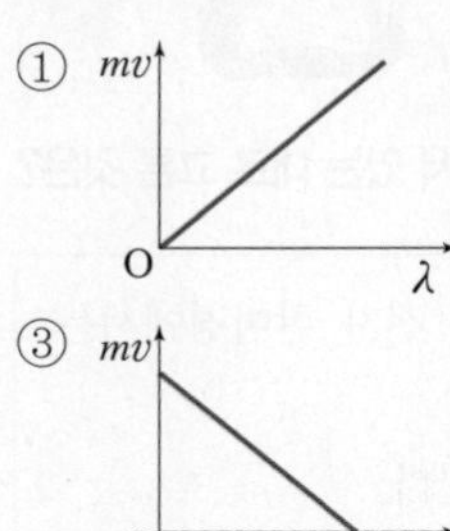

②
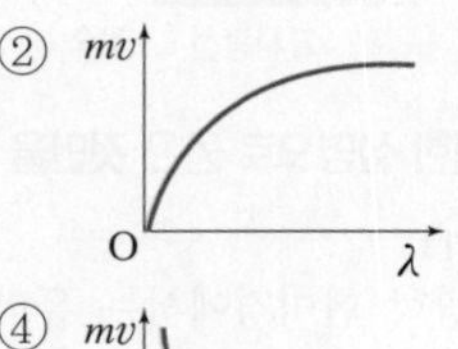

③
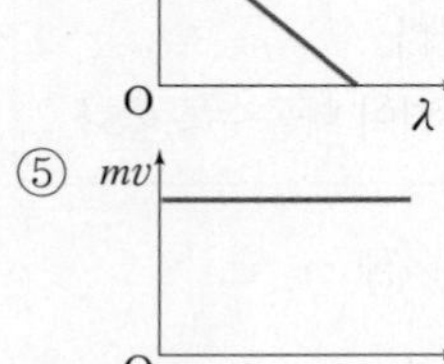

④
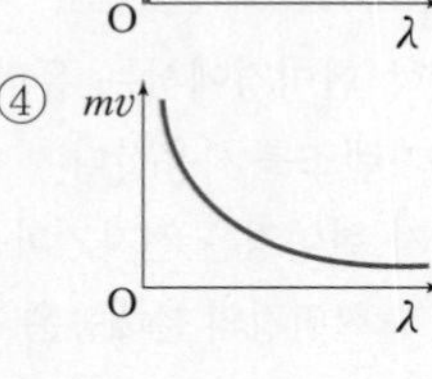

⑤ (그래프: mv–λ, 수평선)

04 양성자의 질량은 전자의 질량보다 1840배 정도 크다. 운동하는 양성자와 전자의 물질파 파장이 같다고 할 때, 양성자와 전자가 가진 물리량에 대한 설명으로 옳은 것만을 [보기]에서 있는 대로 고른 것은?

> 보기
> ㄱ. 속력은 양성자가 전자보다 느리다.
> ㄴ. 운동량은 양성자가 전자보다 작다.
> ㄷ. 운동 에너지는 양성자가 전자보다 작다.

① ㄱ ② ㄴ ③ ㄱ, ㄷ
④ ㄴ, ㄷ ⑤ ㄱ, ㄴ, ㄷ

05 그림 (가)와 같은 장치를 이용하여 전자의 회절 무늬를 찍었더니 (나)와 같은 사진을 얻었다.

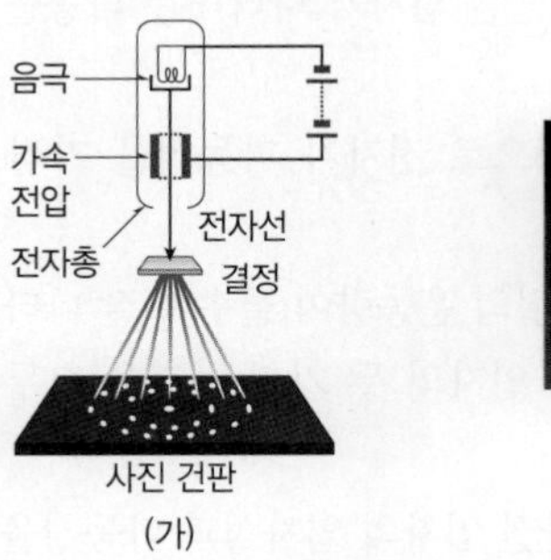

(가)

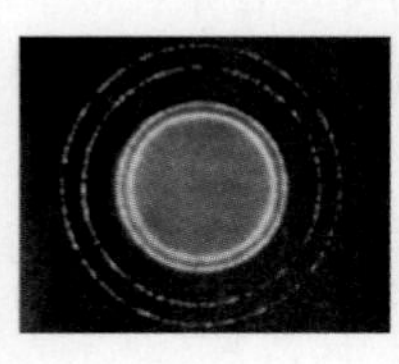
(나)

이에 대한 설명으로 옳은 것만을 [보기]에서 있는 대로 고른 것은?

> 보기
> ㄱ. 가속 전압을 높이면 전자총에서 나오는 전자의 운동량이 커진다.
> ㄴ. 가속 전압을 높이면 전자의 물질파 파장은 짧아진다.
> ㄷ. 가속 전압을 높이면 무늬 사이의 간격이 커진다.

① ㄱ ② ㄴ ③ ㄷ
④ ㄱ, ㄴ ⑤ ㄴ, ㄷ

06 그림 (가)는 X선을 고체 결정에 쪼였을 때 나타나는 무늬이고, (나)는 전자의 흐름인 전자선을 얇은 금속박에 쪼였을 때 나타나는 무늬이다.

(가)

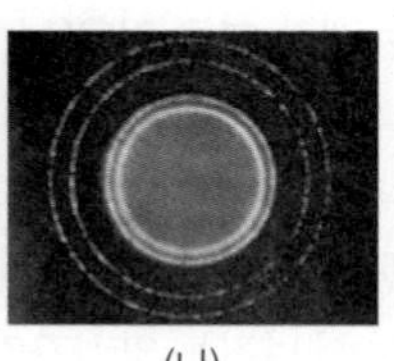
(나)

(가)와 (나)를 통해 알 수 있는 사실에 대한 설명으로 옳은 것만을 [보기]에서 있는 대로 고른 것은?

보기
ㄱ. X선도 입자의 성질을 가지고 있다.
ㄴ. 전자선도 X선처럼 회절을 일으킨다.
ㄷ. 전자의 파동성을 확인할 수 있다.

① ㄱ ② ㄷ ③ ㄱ, ㄴ
④ ㄴ, ㄷ ⑤ ㄱ, ㄴ, ㄷ

07 물질의 이중성에 대한 설명으로 옳지 않은 것은?

① 드브로이가 주장한 물질 입자가 나타내는 파동을 물질파라고 한다.
② 데이비슨·거머 실험으로 전자가 파동성을 가짐을 알 수 있다.
③ 물질의 파동성은 물질의 운동량이 클수록 잘 나타난다.
④ 물질 입자도 파동과 입자의 두 가지 성질을 모두 가지고 있다.
⑤ 한 가지 현상에서 물질 입자의 입자성과 파동성을 동시에 관측할 수 없다.

서술형
08 야구공과 전자 중 파동성을 관찰하기 어려운 것을 고르고 파동성을 관찰하기 어려운 까닭을 서술하시오.

B 전자 현미경

09 그림은 인접한 두 광원의 빛이 한 슬릿을 지날 때 스크린에 맺힌 상을 나타낸 것이다.

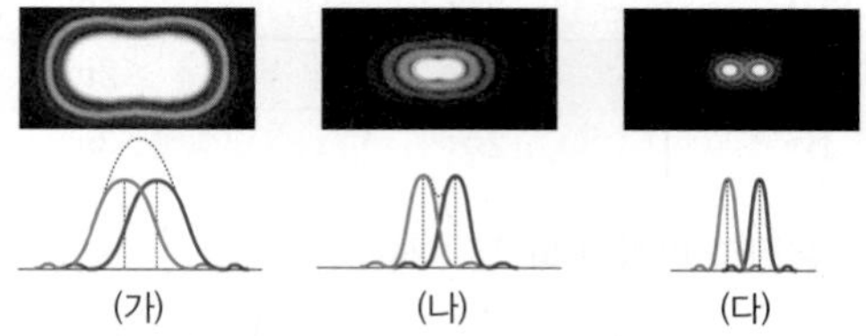

파장이 길수록 두 점의 상이 잘 구분되지 않는 까닭과 관계있는 빛의 성질은?

① 빛의 회절 ② 빛의 간섭
③ 빛의 굴절 ④ 빛의 반사
⑤ 빛의 전반사

10 그림은 광학 현미경과 전자 현미경의 구조를 개략적으로 나타낸 것이다.

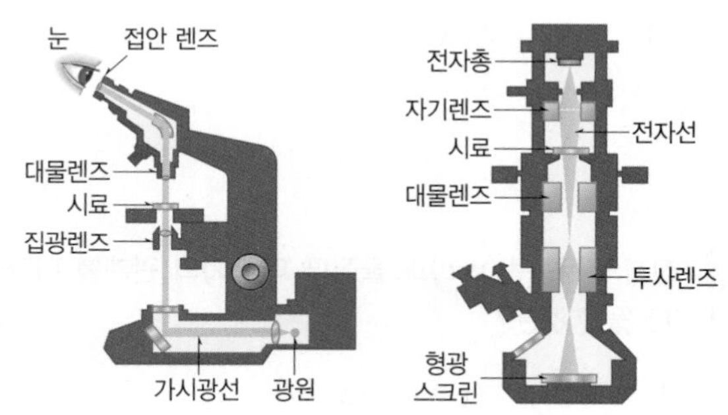

이에 대한 설명으로 옳은 것만을 [보기]에서 있는 대로 고른 것은?

보기
ㄱ. 광학 현미경에서는 유리 렌즈를 전자 현미경에서는 자기렌즈를 사용한다.
ㄴ. 전자 현미경은 전자기파를 이용한다.
ㄷ. 전자 현미경의 분해능은 전자의 속력이 빠를수록 좋다.

① ㄱ ② ㄴ ③ ㄱ, ㄷ
④ ㄴ, ㄷ ⑤ ㄱ, ㄴ, ㄷ

중요 11 다음은 전자 현미경에 대한 설명이다.

> ㉠전자 현미경이 광학 현미경과 가장 크게 다른 점은 가시광선 대신 전자선을 사용한다는 것이다. 전자 현미경은 전자석 코일로 만든 ㉡자기렌즈를 사용하여 확대된 상을 얻는다. 또한 전자 현미경은 광학 현미경보다 ㉢분해능이 좋다.

이에 대한 설명으로 옳은 것만을 [보기]에서 있는 대로 고른 것은?

보기

ㄱ. ㉠은 물질의 파동성을 이용한다.

ㄴ. ㉡은 자기장을 이용하여 전자선의 경로를 휘게 하는 역할을 한다.

ㄷ. ㉢은 물질파의 파장이 짧을수록 우수하다.

① ㄱ ② ㄴ ③ ㄱ, ㄷ
④ ㄴ, ㄷ ⑤ ㄱ, ㄴ, ㄷ

중요 12 그림 (가), (나)는 두 종류의 전자 현미경의 구조를 나타낸 것이다.

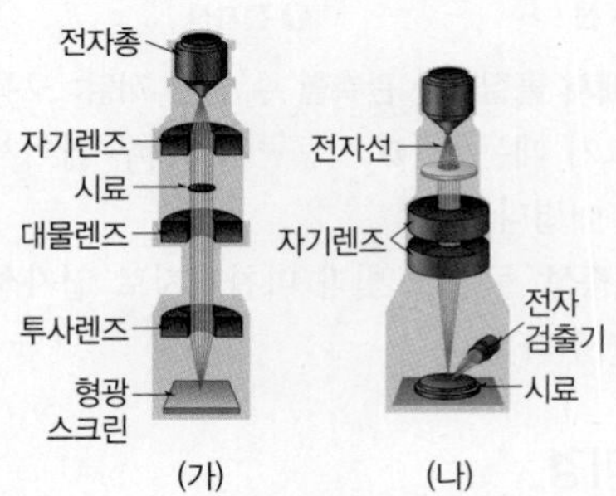

이에 대한 설명으로 옳지 않은 것은?

① (가)는 투과 전자 현미경을 나타낸 것이다.
② (가)는 시료가 두꺼울수록 뚜렷한 상을 관찰할 수 있다.
③ (나)는 시료의 표면 구조를 볼 수 있다.
④ (나)는 시료의 표면을 전기 전도성이 좋은 물질로 코팅하여 관찰해야 한다.
⑤ (가)의 분해능이 (나)의 분해능보다 우수하다.

서술형 13 전자 현미경의 분해능이 광학 현미경보다 우수한 까닭을 서술하시오.

실력 UP 문제

정답친해 161쪽

01 표는 입자 A, B의 운동 에너지와 물질파 파장을 나타낸 것이다.

입자	운동 에너지	물질파 파장
A	$2E$	λ
B	E	4λ

A, B의 질량을 각각 m_A, m_B라고 할 때, $m_A : m_B$는?

① 1 : 2 ② 1 : 4 ③ 1 : 8
④ 4 : 1 ⑤ 8 : 1

02 그림은 전압 V로 가속되어 속력이 v가 된 전자가 단일 슬릿을 통과한 후 슬릿 간격이 d인 이중 슬릿을 통과하여 형광판에 나타낸 간섭무늬를 나타낸 것이다. Δx는 형광판에서 이웃한 밝은 무늬 사이의 간격이다.

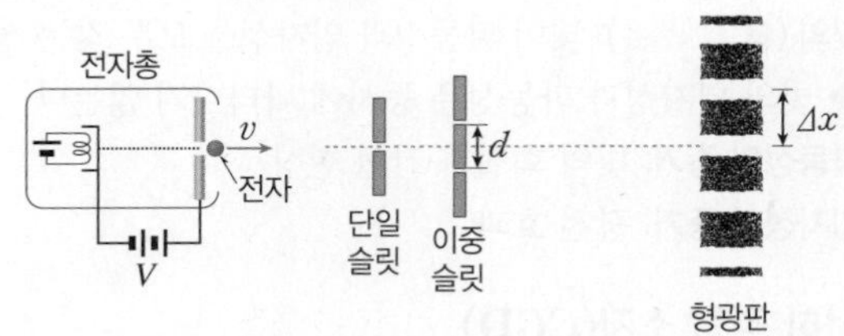

이에 대한 설명으로 옳은 것만을 [보기]에서 있는 대로 고른 것은?

보기

ㄱ. 형광판의 간섭무늬는 전자의 파동적 성질 때문에 나타난다.

ㄴ. 전압 V를 증가시키면 전자의 운동량이 감소한다.

ㄷ. 전자의 속력 v가 증가하면 Δx는 감소한다.

① ㄱ ② ㄴ ③ ㄱ, ㄷ
④ ㄴ, ㄷ ⑤ ㄱ, ㄴ, ㄷ

1 빛의 이중성

1. 빛의 이중성

(1) (❶): 금속 표면에 빛을 쪼일 때 전자가 튀어나오는 현상이며, 이때 방출되는 전자를 광전자라고 한다.

빛의 파동설에 의한 예상	광전 효과 실험 결과
빛의 세기만 충분히 세다면 빛의 진동수가 작아도 금속으로부터 전자를 쉽게 방출시킬 수 있어야 한다.	빛의 진동수가 특정한 진동수보다 작으면 빛의 세기가 아무리 세도 광전자가 방출되지 않는다.
빛의 진동수가 클 때 빛의 세기가 약하면 전자를 방출시키기 위해 시간이 걸려야 한다.	빛의 진동수가 특정한 (❷) 보다 크면 빛의 세기가 약해도 광전자가 즉시 방출된다.
빛의 세기가 셀수록 에너지가 크므로 방출되는 광전자의 운동 에너지도 커져야 한다.	광전자의 최대 운동 에너지는 빛의 세기와 관계없고, 단위 시간당 방출되는 광전자의 수는 빛의 세기에 비례한다.

(2) **광양자설:** 빛은 광자(광양자)라고 하는 불연속적인 에너지 입자의 흐름이며, 진동수 f인 광자가 가지는 에너지는 $E=$(❸)이다.

① 광전자의 방출 여부는 빛의 진동수에 따라 결정된다.

② 방출되는 광전자의 수는 (❹)에 비례한다.

③ 방출되는 광전자의 최대 운동 에너지는 빛의 진동수가 클수록 크다.

(3) **빛의 (❺):** 빛이 파동성과 입자성을 모두 갖는 성질 ➡ 빛의 입자성과 파동성은 동시에 나타나지 않는다.

① **파동성의 증거:** 빛의 회절과 간섭 현상

② **입자성의 증거:** 광전 효과

2. 전하 결합 소자(CCD)

(1) **CCD:** 광전 효과를 이용해 영상 정보를 기록하는 장치로 수백만 개의 광 다이오드가 배열된 반도체 소자이다.

① 빛 신호에서 변환된 전기 신호는 아날로그 신호이므로 디지털 신호로 변환한 후 저장한다.

② 색 필터를 통과한 빛이 각 화소에 닿으면 빛의 세기에 비례하는 개수의 전자가 발생하고, 각 화소에 모인 전하의 양을 차례대로 전기 신호로 변환시킨다.

(2) **이용:** 디지털카메라, 우주 천체 망원경, CCTV, 차량용 후방 카메라, 블랙박스, 내시경 카메라, 스캐너

2 물질의 이중성

1. 물질의 이중성

(1) **드브로이의 물질파**

① **물질파(드브로이파):** 드브로이가 주장한 물질 입자가 나타내는 파동을 물질파 또는 드브로이파라고 한다.

② **물질파(드브로이) 파장:** 질량이 m인 입자가 속력 v로 운동할 때 파동의 파장은 다음과 같다.

$$\lambda=\frac{h}{mv}$$

(2) **전자의 파동성 확인 실험**

① **데이비슨·거머 실험:** 전자선을 니켈 결정에 입사시킬 때, (❻) 현상이 나타남을 보였다.

② **톰슨의 실험:** 전자선을 금속박에 입사시켜 X선의 회절과 닮은 전자의 회절 사진을 얻었다. ➡ 물질파의 존재 확인

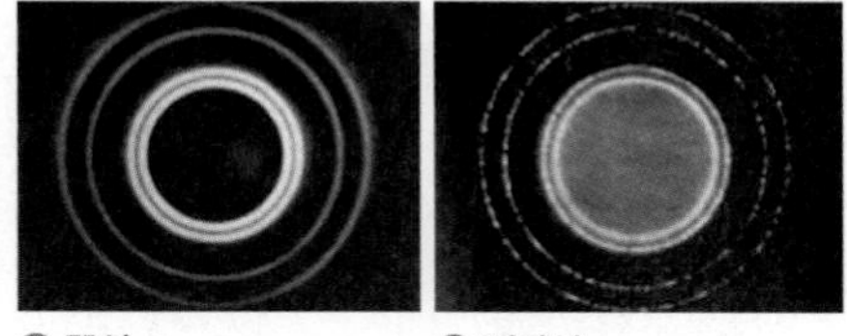
Ⓧ X선 　 Ⓧ 전자선

③ **일상생활에서 물질파를 관측할 수 없는 까닭:** 보통의 물체는 질량이 크기 때문에 (❼)이 매우 짧아서 파동성을 관찰하기 어렵다.

(3) **물질의 이중성:** 물질도 빛과 마찬가지로 입자성과 파동성을 모두 가진다.

2. 전자 현미경

(1) **전자 현미경:** 빛 대신 전자의 (❽)를 이용하는 현미경

① **분해능:** 전자의 물질파 파장이 가시광선의 수천 분의 일 정도로 짧기 때문에 분해능이 우수하다.

② (❾): 코일로 만든 원통형의 전자석으로, 전자가 자기장에 의해 진행 경로가 휘어지는 성질을 이용하여 전자선을 굴절시킨다. ➡ 전자 현미경에서 사용

(2) **전자 현미경의 종류**

주사 전자 현미경(SEM)	투과 전자 현미경(TEM)
• 전자선을 시료 표면에 차례대로 쪼인다. → 시료의 표면을 금속으로 얇게 코팅한다. • 컴퓨터의 모니터에 형성된 시료의 입체상을 관찰한다.	• 전자선을 얇게 만든 시료에 투과시킨다. → 시료를 얇게 만들어야 한다. • 형광 스크린에 형성되는 시료의 단면 구조의 상을 관찰한다.

중단원 마무리 문제

정답친해 161쪽

하 중 상

01 다음은 광전 효과 실험 결과에 관한 설명이다.

> 광전 효과는 금속에 비추는 빛의 (가) 이/가 ㉠특정한 값 이상일 때 금속에서 전자가 방출되는 현상이다. (가) 이/가 큰 빛을 비추면 금속에서 방출되는 전자의 운동 에너지가 증가하고, 세기가 큰 빛을 비추면 금속에서 방출되는 전자의 (나) 이/가 증가한다.

이에 대한 설명으로 옳은 것만을 [보기]에서 있는 대로 고른 것은?

보기
ㄱ. ㉠은 모든 금속에서 동일하다.
ㄴ. (가)는 파장이다.
ㄷ. (나)는 개수이다.

① ㄱ ② ㄴ ③ ㄷ
④ ㄱ, ㄴ ⑤ ㄴ, ㄷ

하 중 상

02 다음은 광전 효과에 대한 아인슈타인의 해석이다.

> • 빛은 광자라고 불리는 불연속적인 에너지 입자의 흐름이다.
> • 광자의 에너지는 빛의 진동수에 비례한다.
> • 금속 표면에 특정 진동수 이상의 빛을 비출 때, 광전자가 방출된다.

이에 대한 설명으로 옳은 것만을 [보기]에서 있는 대로 고른 것은?

보기
ㄱ. 광전 효과는 빛의 파동성으로 설명된다.
ㄴ. 빛의 파장이 짧을수록 광자의 에너지는 크다.
ㄷ. 방출된 전자의 운동 에너지는 충돌한 광자의 에너지와 같다.

① ㄱ ② ㄴ ③ ㄷ
④ ㄱ, ㄴ ⑤ ㄴ, ㄷ

하 중 상

03 그림과 같이 진동수가 f인 빛을 금속판 A, B에 비출 때, A에서만 광전자가 방출되고, B에서는 방출되지 않았다.

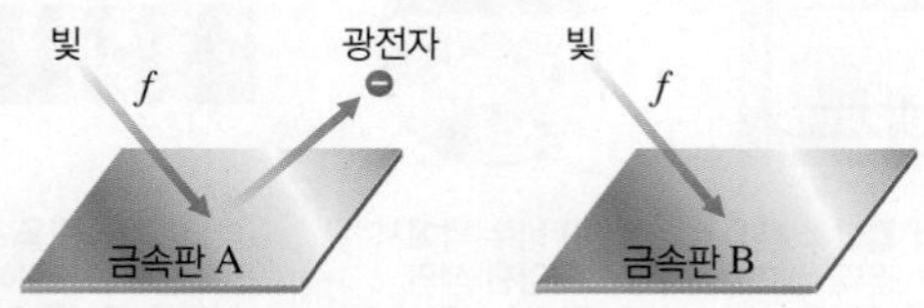

이에 대한 설명으로 옳은 것만을 [보기]에서 있는 대로 고른 것은?

보기
ㄱ. A에 진동수가 $2f$인 빛을 비추면 광전자의 운동 에너지는 커진다.
ㄴ. B에 진동수가 f인 빛의 세기를 증가시켜 비추어도 광전자가 방출되지 않는다.
ㄷ. 금속의 일함수는 A가 B보다 크다.

① ㄱ ② ㄴ ③ ㄷ
④ ㄱ, ㄴ ⑤ ㄴ, ㄷ

하 중 상

04 그림은 동일한 금속판에 진동수가 f, $2f$인 단색광을 각각 비추었을 때 광전자가 방출되는 모습을 나타낸 것이다. 광전자 a, b는 방출되는 광전자 중 속력이 최대인 광전자이다.

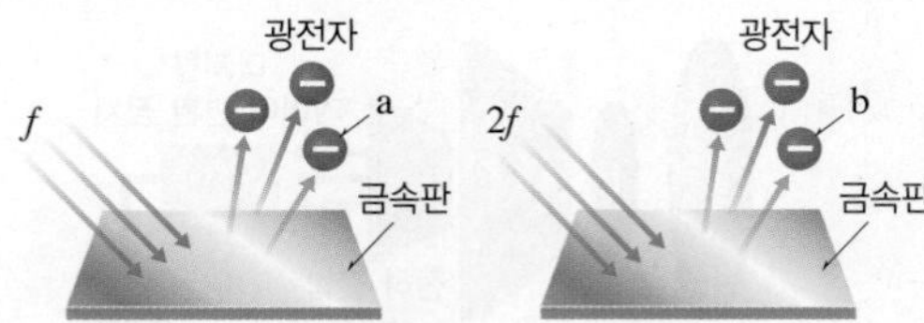

이에 대한 설명으로 옳은 것만을 [보기]에서 있는 대로 고른 것은?

보기
ㄱ. 운동 에너지는 a가 b보다 작다.
ㄴ. 물질파 파장은 a가 b보다 작다.
ㄷ. 진동수가 f, $2f$인 빛을 함께 비출 때 방출되는 광전자의 최대 운동 에너지는 b보다 크다.

① ㄱ ② ㄴ ③ ㄷ
④ ㄱ, ㄴ ⑤ ㄴ, ㄷ

하 중 상

05 그림 (가)~(다)는 빛에 의한 나타나는 현상들이다.

(가) 전하 결합 소자에서 전자-양공 쌍이 생성된다.

(나) 비누 막에서 다양한 색의 무늬가 보인다.

(다) 이중 슬릿을 통과한 단색광이 스크린에 밝고 어두운 무늬를 만든다.

이에 대한 설명으로 옳은 것만을 [보기]에서 있는 대로 고른 것은?

보기
ㄱ. (가)는 광전 효과를 이용한다.
ㄴ. (가)의 각 화소에서 발생하는 전기 신호의 세기는 빛의 진동수에 비례한다.
ㄷ. (나)와 (다)는 빛의 파동성에 의해 나타나는 현상이다.

① ㄱ ② ㄷ ③ ㄱ, ㄴ
④ ㄱ, ㄷ ⑤ ㄴ, ㄷ

하 중 상

06 그림은 디지털카메라가 사진을 저장하는 과정을 나타낸 것이다.

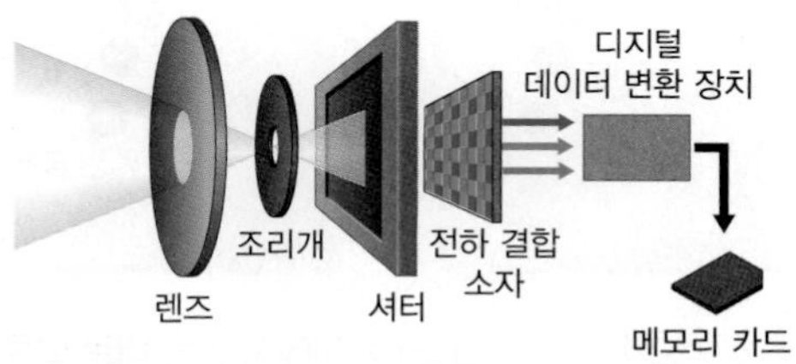

전하 결합 소자(CCD)에 대한 설명으로 옳지 않은 것은?

① 수백만 개 이상의 광 다이오드로 구성되어 있다.
② 단위 면적당 화소수가 클수록 상이 선명하다.
③ 빛이 도달하면 각 화소에서 광전 효과에 의해 전자가 발생한다.
④ 색 필터를 배치해야 빛의 색을 구별할 수 있다.
⑤ 각 화소에서 발생하는 전기 신호는 디지털 신호이다.

하 중 상

07 전하 결합 소자(CCD)를 이용하는 분야로 옳은 것만을 [보기]에서 있는 대로 고른 것은?

보기
ㄱ. 우주 천체 망원경　　ㄴ. CCTV
ㄷ. 내시경 카메라　　ㄹ. 발광 다이오드(LED)

① ㄱ, ㄷ ② ㄱ, ㄹ ③ ㄴ, ㄹ
④ ㄱ, ㄴ, ㄷ ⑤ ㄴ, ㄷ, ㄹ

하 중 상

08 입자의 파동성에 대한 설명으로 옳은 것만을 [보기]에서 있는 대로 고른 것은?

보기
ㄱ. 입자의 속력이 빠를수록 물질파 파장이 짧아진다.
ㄴ. 투수가 던진 야구공에서도 파동성을 눈으로 관찰할 수 있다.
ㄷ. 전자의 회절 현상으로 물질 입자가 파동의 성질을 가지고 있다는 것을 확인할 수 있다.

① ㄱ ② ㄴ ③ ㄱ, ㄷ
④ ㄴ, ㄷ ⑤ ㄱ, ㄴ, ㄷ

하 중 상

09 그림은 입자 A, B의 질량과 운동 에너지를 나타낸 것이다. A, B의 물질파 파장의 비는 얼마인가?

입자	질량	운동 에너지
A	m_0	E_0
B	$2m_0$	$2E_0$

① 1 : 1 ② 1 : 2 ③ 1 : 4
④ 2 : 1 ⑤ 4 : 1

하 중 상

10 그림 (가)와 같이 이중 슬릿에 전자선을 통과시켰을 때, 형광 물질이 발라진 스크린에 도달하는 전자에 의해 생기는 무늬가 그림 (나)와 같았다.

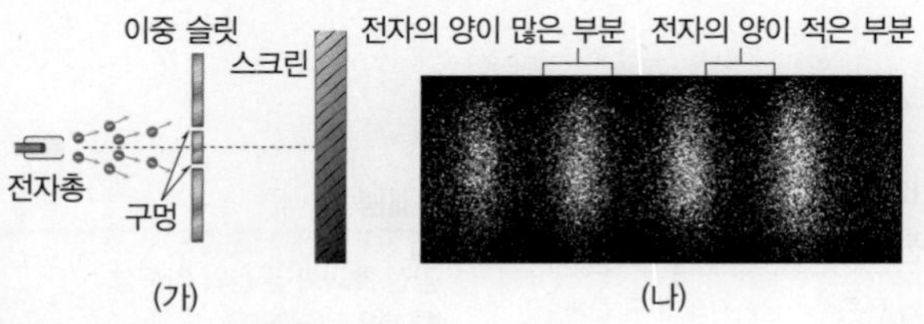

이에 대한 설명으로 옳은 것만을 [보기]에서 있는 대로 고른 것은?

보기
ㄱ. (나)는 전자의 파동성에 의해 나타나는 현상이다.
ㄴ. 전자의 속력이 증가하면 전자의 물질파 파장이 짧아진다.
ㄷ. 전자의 속력이 감소하면 스크린 무늬 사이의 간격이 감소한다.

① ㄱ ② ㄷ ③ ㄱ, ㄴ
④ ㄴ, ㄷ ⑤ ㄱ, ㄴ, ㄷ

하 중 상

11 다음은 주사 전자 현미경(SEM)과 투과 전자 현미경(TEM)의 특징을 비교하여 순서 없이 나타낸 것이다.

종류	A	B
원리	시료 표면을 따라 전자선을 스캔한다.	전자선을 시료에 투과시킨다.
가속 전압	10 kV~30 kV	100 kV~300 kV
시료	시료 표면을 금속으로 코팅한다.	시료가 얇아야 한다.

이에 대한 설명으로 옳은 것만을 [보기]에서 있는 대로 고른 것은?

보기
ㄱ. 사용하는 전자선의 물질파 파장은 A가 B보다 짧다.
ㄴ. A는 시료의 3차원 상을 얻을 수 있다.
ㄷ. B는 시료 표면의 전기 전도성이 좋아야 한다.

① ㄴ ② ㄷ ③ ㄱ, ㄴ
④ ㄴ, ㄷ ⑤ ㄱ, ㄴ, ㄷ

서술형 문제

하 중 상

12 아인슈타인의 광양자설에 대해 서술하시오.

하 중 상

13 금속에 빛을 비출 때 방출되는 광전자의 최대 운동 에너지를 결정하는 빛의 물리량을 쓰고, 답한 물리량에 대한 근거를 광양자설과 관련지어 서술하시오.

하 중 상

14 물질파 파장을 입자의 속력과 관련지어 서술하시오.

하 중 상

15 그림 (가)에서 (다)로 갈수록 두 점의 상이 잘 구분되지 않은 까닭과 관계 있는 파동의 성질을 쓰고, 분해능과 빛의 파장과의 관계를 서술하시오.

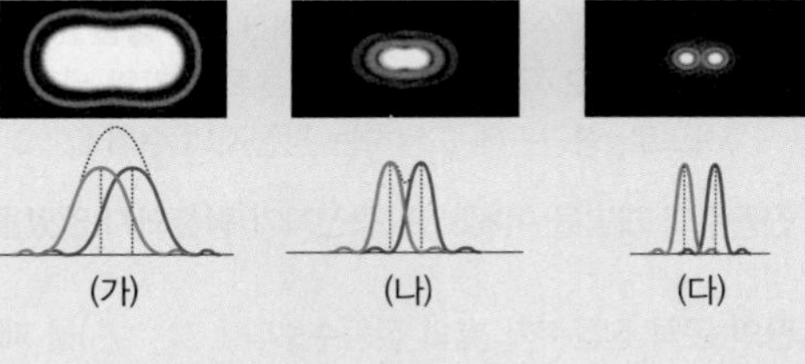

수능
실전 문제

• 수능 출제 경향

이 단원에서는 광전 효과 실험에서 빛의 한계 진동수, 광전자의 최대 운동 에너지 그리고 빛의 세기에 관한 문제가 자주 출제된다. 또한 CCD의 구조와 원리에 대한 문제 출제에 대비해야 한다. 전자의 파동성과 물질파의 개념을 이해하고 적용할 수 있어야 하며, 전자 현미경의 특징에 대한 문제 출제에도 대비해야 한다.

수능 이렇게 나온다!

그림과 같이 금속판에 초록색 빛을 비추어 방출된 광전자를 가속하여 이중 슬릿에 입사시켰더니 형광판에 간섭무늬가 나타났다. 금속판에 빨간색 빛을 비추었을 때는 광전자가 방출되지 않았다.

❸ 빨간색 빛의 진동수 < 금속판의 문턱 진동수

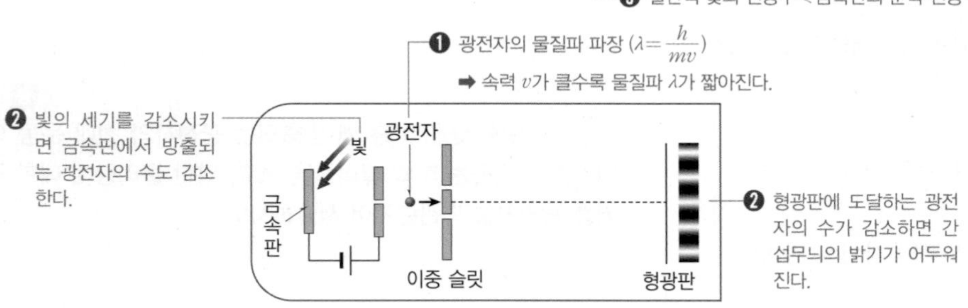
❶ 광전자의 물질파 파장 ($\lambda=\frac{h}{mv}$)
➡ 속력 v가 클수록 물질파 λ가 짧아진다.
❷ 빛의 세기를 감소시키면 금속판에서 방출되는 광전자의 수도 감소한다.
광전자
빛
금속판
이중 슬릿
형광판
❷ 형광판에 도달하는 광전자의 수가 감소하면 간섭무늬의 밝기가 어두워진다.

이에 대한 설명으로 옳은 것만을 [보기]에서 있는 대로 고른 것은?

보기

ㄱ. 광전자의 속력이 커지면 광전자의 물질파 파장은 줄어든다.
ㄴ. 초록색 빛의 세기를 감소시켜도 간섭무늬의 밝은 부분은 밝기가 변하지 않는다.
ㄷ. 금속판의 문턱 진동수는 빨간색 빛의 진동수보다 크다.

① ㄱ ② ㄴ ③ ㄱ, ㄷ
④ ㄴ, ㄷ ⑤ ㄱ, ㄴ, ㄷ

출제개념

광전 효과와 물질의 이중성
▶ 본문 294~295쪽
▶ 본문 304~305쪽

출제의도

광전 효과의 문턱 진동수의 개념, 빛의 세기와 광전 효과로 방출되는 광전자의 수와 간섭무늬 밝기의 관계를 이해하는지를 묻는 문제이다. 또한 입자의 물질파 파장과 속력의 관계를 이해하는지 묻는 문제이다.

전략적 풀이

❶ 물질파 파장의 식을 이용하여 물질파 파장의 크기를 결정하는 물리량들과의 관계를 파악한다.

ㄱ. 질량 m, 속력 v인 입자의 물질파 파장 $\lambda=($ $)$이므로, 입자의 속력 v가 커지면 물질파 파장 λ가 ( )든다. 따라서 광전자의 속력이 커지면 광전자의 물질파 파장은 ( )든다.

❷ 빛의 세기와 방출된 광전자 개수의 관계, 방출된 광전자 개수와 형광판에 나타나는 간섭무늬의 밝기의 관계를 이해하고, 빛의 세기에 따라 간섭무늬의 밝기가 어떻게 변하는지 파악한다.

ㄴ. 빛의 세기는 광자의 수에 비례하고 광자 1개가 충돌할 때 전자 1개가 방출되므로, 빛의 세기가 강할수록 방출되는 광전자의 수도 증가한다. 따라서 초록색 빛의 세기를 감소시키면 금속판에서 방출되는 광전자의 수가 ( )하므로, 형광판에 도달하는 광전자의 수가 ( )하여 간섭무늬의 밝기가 ( )진다.

❸ 문턱 진동수의 개념을 이해하고, 광전자가 방출되지 않았을 때 문턱 진동수와 빛의 진동수의 크기를 비교한다.

ㄷ. 금속판의 문턱 진동수가 빛의 진동수보다 ( )을 때 광전자가 방출된다. 빨간색 빛을 비추었을 때는 광전 효과가 일어나지 않으므로, 금속판의 문턱 진동수는 빨간색 빛의 진동수보다 ( )다.

❶ $\frac{h}{mv}$, 줄어, 줄어
❷ 감소, 감소, 어두워
❸ 작, 크

답 ③

01 그림은 광전관의 금속판에 광원 A 또는 B에서 방출된 빛을 비추는 모습을, 표는 광원의 종류와 개수에 따라 금속판에서 단위 시간당 방출되는 광전자의 수를 나타낸 것이다.

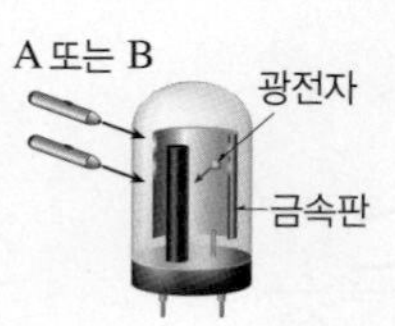

광원		광전자 수
A	1개	0
	2개	㉠
B	1개	㉡
	2개	N_0

이에 대한 설명으로 옳은 것만을 [보기]에서 있는 대로 고른 것은?

보기
ㄱ. ㉠은 0이다.
ㄴ. ㉡은 N_0보다 크다.
ㄷ. 진동수는 A가 B보다 크다.

① ㄱ ② ㄴ ③ ㄷ
④ ㄱ, ㄴ ⑤ ㄴ, ㄷ

02 그림 (가)는 보어의 수소 원자 모형에서 양자수 n에 따른 에너지 준위의 일부와 전자의 전이를 나타낸 것이다. 빛 A, B, C는 각 전이 과정에서 방출되는 빛이다. 그림 (나)는 빛 A, B, C 중 하나를 광전관에 비추는 모습을 나타낸 것이다. A를 비추었을 때는 광전자가 방출되지 않았고, B를 비추었을 때는 광전자가 방출되었다.

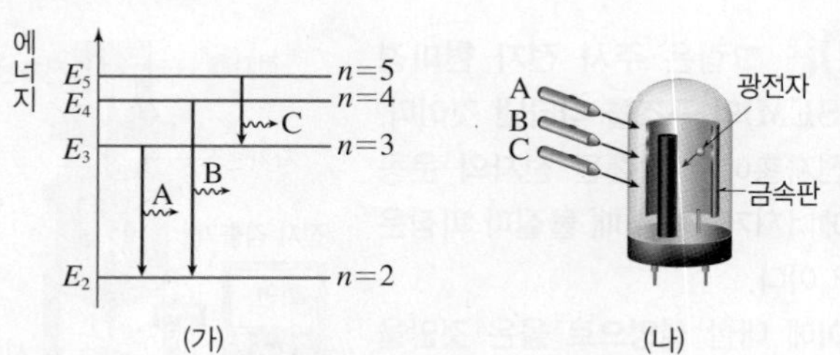

(가) (나)

이에 대한 설명으로 옳은 것만을 [보기]에서 있는 대로 고른 것은?

보기
ㄱ. 파장은 A가 B보다 짧다.
ㄴ. 광전관에 비추는 A의 세기를 증가시키면 광전자가 방출된다.
ㄷ. C를 광전관에 비추면 광전자가 방출되지 않는다.

① ㄱ ② ㄴ ③ ㄷ
④ ㄱ, ㄴ ⑤ ㄴ, ㄷ

03 그림은 일함수가 W인 금속판에 단색광을 비출 때 광전 효과가 일어나는 것을 나타낸 것이다. 표는 단색광의 파장과 단색광의 세기를 변화시킬 때, 동일한 금속판에서 방출되는 광전자의 최대 운동 에너지 E_k를 나타낸 것이다.

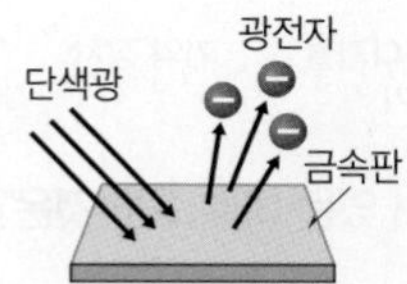

단색광	세기	E_k
A	I_0	$5W$
B	$2I_0$	$4W$
C	I_0	$2W$

이에 대한 설명으로 옳은 것만을 [보기]에서 있는 대로 고른 것은?

보기
ㄱ. 단위 시간당 방출되는 광전자의 개수는 B일 때가 A일 때보다 많다.
ㄴ. 단색광의 파장은 A가 B보다 짧다.
ㄷ. 단색광의 진동수는 A가 C의 3배이다.

① ㄱ ② ㄴ ③ ㄱ, ㄴ
④ ㄱ, ㄷ ⑤ ㄴ, ㄷ

04 그래프는 단색광 A, B, C의 세기와 파장을, 그림은 A, B, C를 광전관의 금속판에 비추는 모습을 나타낸 것이다. A를 비추었을 때는 금속판에서 광전자가 방출되었으나 B를 비추었을 때는 광전자가 방출되지 않았다.

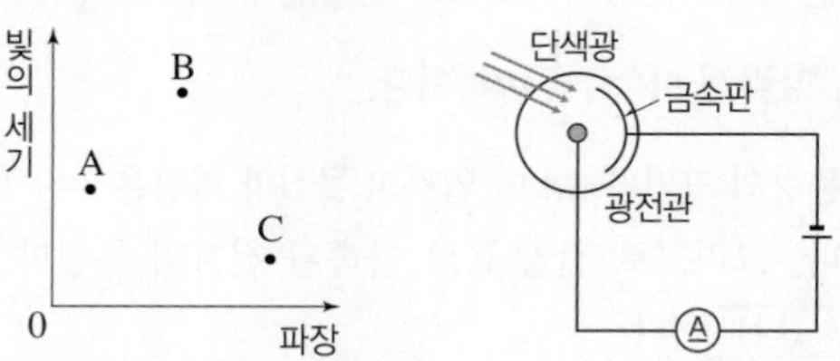

이에 대한 설명으로 옳은 것만을 [보기]에서 있는 대로 고른 것은?

보기
ㄱ. 빛의 진동수는 A가 B보다 크다.
ㄴ. C를 비추면 금속판에서 광전자가 방출되지 않는다.
ㄷ. A와 B를 동시에 비추면 A만 비추었을 때보다 광전자의 최대 운동 에너지가 커진다.

① ㄱ ② ㄴ ③ ㄷ
④ ㄱ, ㄴ ⑤ ㄴ, ㄷ

수능 실전 문제

05 그림은 디지털카메라에서 영상을 저장하는 과정을 나타낸 것이다.

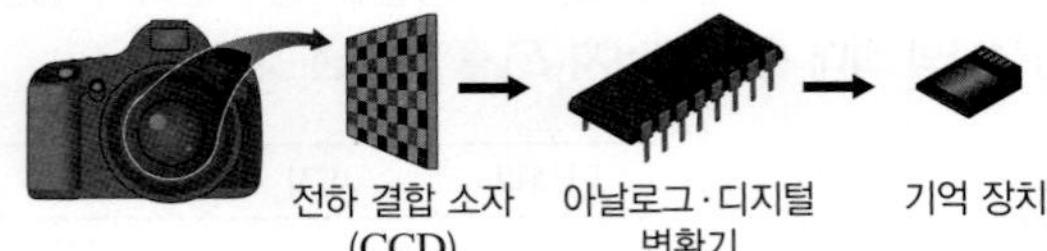

이에 대한 설명으로 옳은 것만을 [보기]에서 있는 대로 고른 것은?

> 보기
> ㄱ. CCD에서 광전 효과가 일어나 전기 에너지를 빛에너지로 변환시킨다.
> ㄴ. CCD의 각 화소에 발생하는 전하량은 입사하는 광자 수에 비례한다.
> ㄷ. CCD는 빛의 입자성을 이용한다.

① ㄱ ② ㄴ ③ ㄱ, ㄷ
④ ㄴ, ㄷ ⑤ ㄱ, ㄴ, ㄷ

06 다음은 전자 현미경의 전자총에서 나오는 전자의 물질파 파장을 구하는 과정에 대한 내용이다.

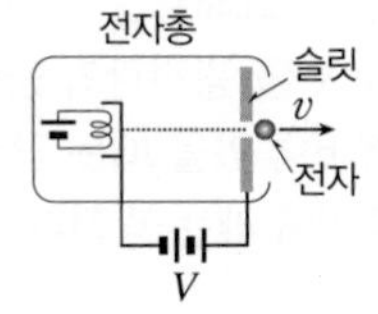

- 전하량 e, 질량 m인 전자가 정지 상태에서 전압 V로 가속되어 속력 v로 슬릿을 통과한다. 이때 전자가 받은 일은 운동 에너지로 전환된다. 따라서 $eV=\frac{1}{2}mv^2$이다.
- 운동량의 크기가 mv인 입자의 물질파 파장은 $\lambda=$ (가) 이다. 그러므로 전압 V로 가속된 전자의 물질파 파장은 (나) 이다.

빈칸에 들어갈 내용을 옳게 짝 지은 것은? (단, h는 플랑크 상수이다.)

	(가)	(나)
①	$\frac{2h}{mv}$	$\frac{h}{\sqrt{2meV}}$
②	$\frac{h}{mv}$	$\frac{h}{\sqrt{2meV}}$
③	$\frac{h}{mv}$	$\frac{h}{\sqrt{4meV}}$
④	$\frac{h}{2mv}$	$\frac{h}{\sqrt{2meV}}$
⑤	$\frac{h}{2mv}$	$\frac{h}{\sqrt{4meV}}$

07 그림은 질량이 m_A, m_B인 입자 A, B의 물질파 파장을 속력에 따라 나타낸 것이다.

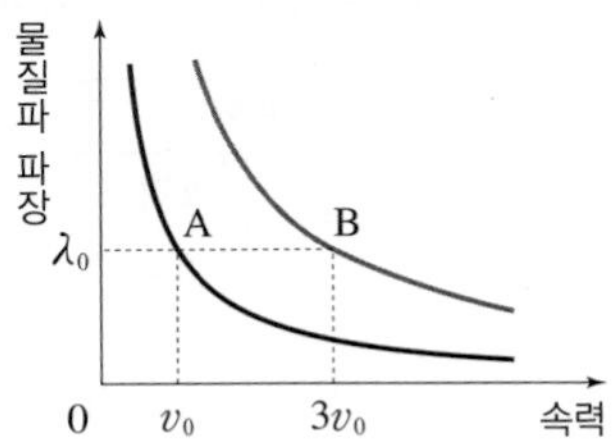

이에 대한 설명으로 옳은 것만을 [보기]에서 있는 대로 고른 것은?

> 보기
> ㄱ. A, B의 운동량 크기가 같을 때, 물질파 파장은 A가 B보다 짧다.
> ㄴ. $m_A : m_B = 3:1$ 이다.
> ㄷ. A의 속력이 $3v_0$일 때 물질파 파장은 $3\lambda_0$이다.

① ㄱ ② ㄴ ③ ㄷ
④ ㄱ, ㄴ ⑤ ㄴ, ㄷ

08 그림은 주사 전자 현미경(SEM)의 구조를 나타낸 것이다. 전자총에서 방출된 전자의 운동 에너지가 E_0일 때 물질파 파장은 λ_0이다.

이에 대한 설명으로 옳은 것만을 [보기]에서 있는 대로 고른 것은?

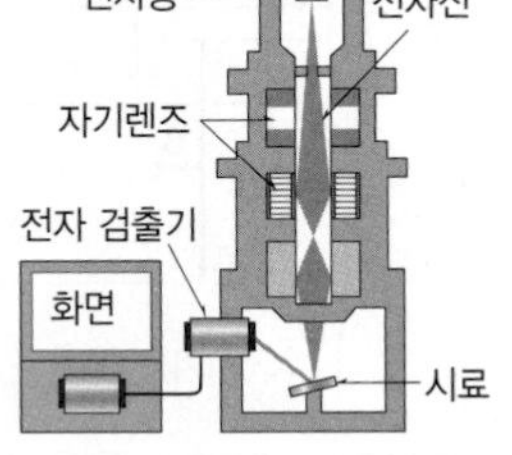

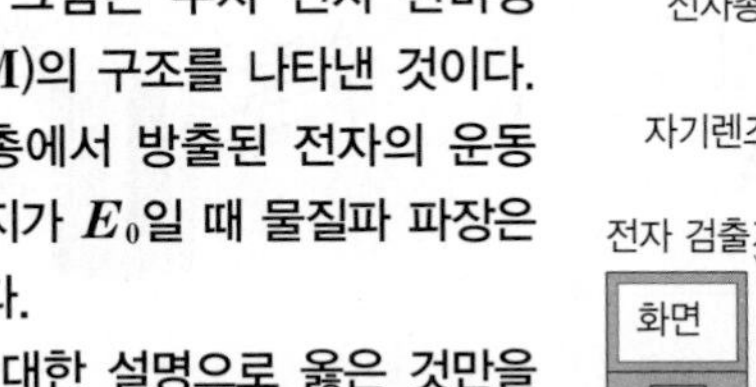

> 보기
> ㄱ. 시료의 2차원적 단면 구조를 관찰할 때 이용된다.
> ㄴ. 운동 에너지가 $2E_0$인 전자의 물질파 파장은 $\frac{1}{2}\lambda_0$이다.
> ㄷ. 자기장으로 전자의 진행 경로를 휘게 하여 초점을 맞춘다.

① ㄱ ② ㄴ ③ ㄷ
④ ㄱ, ㄴ ⑤ ㄴ, ㄷ

Memo

Memo

스피드 정답체크

I. 역학적 에너지

1 힘과 운동

01 물체의 운동

개념 확인 문제 12쪽

❶ 이동 거리 ❷ 변위 ❸ 속력 ❹ 속도 ❺ 평균 속도 ❻ 순간 속도 ❼ 가속도 ❽ 가속도 ❾ 증가 ❿ 감소

1 이동거리: 150 m, 변위의 크기: 50 m 2 평균 속력 >평균 속도의 크기 3 (1) ○ (2) × (3) × 4 (1) 16 m (2) 0.4 m/s 5 (1) × (2) ○ (3) × 6 왼쪽으로 3 m/s²

개념 확인 문제 16쪽

❶ 이동 거리 ❷ 속력 ❸ 등가속도 직선 ❹ 속도 변화량 ❺ at ❻ $\frac{1}{2}at^2$ ❼ $2as$ ❽ 운동 방향 ❾ 포물선 ❿ 속력

1 (1) 35 m (2) 2 m/s 2 (1) ○ (2) ○ (3) × 3 (1) 5초 (2) 100 m 4 (1) 15 m/s (2) 6초 (3) 5 m/s² 5 (1) 일정하다 (2) 변한다 (3) 변한다 6 (1) × (2) ○ (3) ×

완자쌤 비법 특강 17쪽

Q1 A, 증가한다.
Q2 기울기의 크기가 증가한다.

대표 자료 분석 18~19쪽

자료❶ 1 (1) 6 (2) 6 (3) 2 2 (1) 바뀐다 (2) 4 m (3) 16 m 3 4 m/s 4 (1) ○ (2) ×

자료❷ 1 (1) 20 (2) 0 (3) 0 2 (1) 반대이다 (2) 5초 (3) 4초 3 $a_{(가)}>a_{(나)}$ 4 (1) × (2) × (3) ○

자료❸ 1 (1) $\frac{1}{2}v$ (2) $\frac{3}{2}v$ (3) $\frac{2L}{3v}$ 2 (1) 같다 (2) 3배 (3) $\frac{1}{3}$배 3 $\frac{3v^2}{2L}$ 4 (1) × (2) ○ (3) ×

자료❹ 1 (1) 6 (2) 6 (3) 2 2 (1) 같다 (2) 1초 (3) 1초 3 9 m/s 4 (1) × (2) ○

내신 만점 문제 20~24쪽

01 ⑤ 02 ④ 03 ③ 04 ⑤ 05 ⑤ 06 ④ 07 ① 08 ⑤ 09 10초 10 ② 11 ③ 12 62.5 cm/s² 13 ③ 14 ② 15 물체의 속도=5 m/s+(−10 m/s²)×2 s=−15 m/s이므로 물체의 속력은 15 m/s이다. 물체의 변위=5 m/s×2 s+$\frac{1}{2}$×(−10 m/s²)×(2 s)²=−10 m이므로 물체의 처음 높이 h는 10 m이다. 16 ③ 17 ⑤ 18 ③ 19 ⑤

20
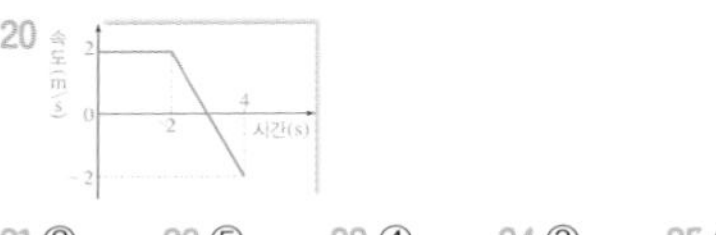

21 ② 22 ⑤ 23 ④ 24 ③ 25 ④

실력 UP 문제 25쪽

01 ② 02 ⑤ 03 ③ 04 ③

02 뉴턴 운동 법칙

개념 확인 문제 28쪽

❶ 알짜힘 ❷ 힘의 평형 ❸ 관성 ❹ 뒤로 ❺ 앞으로 ❻ 질량 ❼ 정지 ❽ 등속 직선

1 (1) × (2) ○ (3) × (4) ○ (5) × 2 (가) 7 N, 오른쪽 (나) 1 N, 오른쪽 3 3 N 4 ㉠ 유지하려는, ㉡ 크다 5 (1) ○ (2) ○ (3) × 6 ㄱ, ㄴ

개념 확인 문제 32쪽

❶ 알짜힘 ❷ 질량 ❸ 비례 ❹ 반비례 ❺ 같고 ❻ 반대 ❼ 작용 반작용

1 (1) 1 : 2 (2) 2 : 1 2 (1) 2 m/s² (2) 4 m/s 3 B>A>C 4 (1) 2 m/s², 오른쪽 (2) 4 N 5 (1) ○ (2) × (3) ○ (4) ○ 6 ㉠ 작용 반작용, ㉡ 힘의 평형

완자쌤 비법 특강 33쪽

Q1 같다.
Q2 같다.

대표 자료 분석 34~35쪽

자료❶ 1 컵 속으로 떨어진다. 2 A 3 추가 정지해 있으려고 하는 관성에 의해 실을 당기는 힘이 A로 전달되지 않기 때문이다. 4 관성 5 (1) ○ (2) × (3) ○

자료❷ 1 3 m/s² 2 (1) 6 N (2) 9 N 3 9 N 4 9 N 5 (1) × (2) ○ (3) ×

자료❸ 1 10 N 2 5 m/s² 3 5 m/s² 4 15 N 5 (1) ○ (2) × (3) ○

자료❹ 1 mg 2 물체가 지구를 당기는 힘, mg 3 0 4 mg 5 (1) ○ (2) ○ (3) ○ (4) ×

내신 만점 문제 36~40쪽

01 ① 02 ② 03 ① 04 ③ 05 ③ 06 ③ 07 ④ 08 ④ 09 ③ 10 ③ 11 가속도 $a=\frac{28\text{ N}}{7\text{ kg}}$=4 m/s²이고, C가 B를 미는 힘을 F라고 하면 28 N−F=6 kg×4 m/s²에서 F=4 N이다. 12 ③ 13 ④ 14 ④ 15 ③ 16 ① 17 ④ 18 ② 19 ④ 20 ① 21 ① 22 ① 23 ⑤ 24 ① 25 ①

실력 UP 문제 41쪽

01 ④ 02 ③ 03 ② 04 ②

03 운동량과 충격량

개념 확인 문제 44쪽

❶ 운동량 ❷ 질량 ❸ 속도 ❹ 나중 ❺ 처음 ❻ 운동량 보존 법칙 ❼ m_Av_A'

1 (1) × (2) ○ (3) × 2 5 kg·m/s 3 (1) × (2) ○ (3) ○ (4) × 4 (1) 왼쪽 (2) A: 감소한다, B: 증가한다. (3) 같다. 5 4 m/s 6 2 m/s

개념 확인 문제 48쪽

❶ 충격량 ❷ 시간 ❸ 힘 ❹ 충격량 ❺ 운동량 ❻ 길 ❼ 짧을 ❽ 길 ❾ 길게

1 15 N·s 2 (1) ○ (2) ○ (3) ○ (4) × 3 10 kg·m/s 4 100 N 5 (1) ○ (2) × (3) × (4) ○ 6 ㄱ, ㄷ, ㄹ, ㅁ

대표 자료 분석 49~50쪽

자료❶ 1 ㉠ 방향, ㉡ 질량, ㉢ 속도 2 2배 3 $2p_0$ 4 (1) ○ (2) ○ (3) ×

자료❷ 1 40 kg·m/s 2 10 m/s 3 55 kg·m/s 4 (1) ○ (2) × (3) ×

자료❸ 1 2배 2 2 kg 3 2 N·s 4 (1) × (2) × (3) ○

자료❹ 1 (1) = (2) = (3) < 2 ㉠ 길므로, ㉡ 작게 3 (1) × (2) ○ (3) ○

내신 만점 문제 51~54쪽

01 ⑤ 02 ③ 03 ④ 04 ③ 05 ⑤ 06 ④ 07 ① 08 10초일 때 물체의 운동량은 0~10초 동안 물체가 받은 충격량과 같고, 충격량은 그래프 아랫부분의 넓이와 같으므로 30 kg·m/s이다. 따라서 30 kg·m/s=2 kg×v에서 10초일 때 물체의 속력 v=15 m/s이다. 09 ⑤ 10 ③ 11 ④ 12 ④ 13 ① 14 ① 15 ③ 16 ③ 17 ③ 18 ② 19 • 계단에서 뛰어내릴 때 무릎을 구부린다. • 안전을 위해 자동차에 에어백을 장착한다. • 물 풍선을 받을 때 손을 뒤로 빼면서 받는다. • 야구 경기에서 포수는 두꺼운 야구 장갑을 끼고 야구공을 받는다. • 공기가 충전된 포장재로 물건을 포장한다. 등 20 ①

실력 UP 문제 55쪽

01 ① 02 ① 03 ③ 04 ⑤

중단원 핵심 정리 56~57쪽

❶ 변위 ❷ 속력 ❸ 속도 ❹ 속도 ❺ 이동 거리 ❻ 등가속도 ❼ 알짜힘 ❽ 0 ❾ 등속 직선 ❿ 관성 ⓫ 비례 ⓬ 반비례 ⓭ 같 ⓮ 반대 ⓯ 질량 ⓰ 운동량 보존 ⓱ 힘 ⓲ 충격량 ⓳ 충격량 ⓴ 충돌 시간 ㉑ = ㉒ 길게

중단원 마무리 문제 58~61쪽

01 ④ 02 ④ 03 ③ 04 ① 05 ② 06 ③ 07 ① 08 F: 36 N, F_A: 16 N 09 ③ 10 ③ 11 ④ 12 ③ 13 ③ 14 ④ 15 ㄴ, ㄷ, ㄹ, ㅂ 16 ①

서술형 문제 17 순찰차와 자동차가 만나려면 이동 거리가 같아야 하므로 그때까지 걸린 시간을 t라고 하면, $\frac{1}{2}$×5 m/s²×t^2=40 m/s×t에서 t=16초이다. 18 벽돌을 빠르게 들어 올릴 때는 관성에 의해 벽돌이 정지해 있으려 하므로 실에 큰 힘이 가해져서 실이 끊어진다. 19 $F=ma$에서 세 물체의 가속도(a)가 같으므로 각 물체에 작용하는 알짜힘(F)은 각 물체의 질량(m)에 비례한다. 따라서 $F_A : F_B : F_C = m : 2m : m = 1 : 2 : 1$이다. 20 두 경우에 달걀이 받은 충격량은 같고, 충격량이 같을 때 충격력은 충돌 시간에 반비례한다. 솜이불 위에 떨어진 경우가 시멘트 바닥에서보다 충돌 시간이 길어서 충격력을 작게 받으므로 깨지지 않은 것이다.

수능 실전 문제 63~65쪽

01 ① 02 ② 03 ④ 04 ④ 05 ⑤ 06 ③ 07 ③ 08 ⑤ 09 ② 10 ② 11 ⑤ 12 ③

중단원 마무리 문제 282~285쪽

01 ② 02 ④ 03 2 04 ③ 05 ⑤ 06 ①
07 ⑤ 08 ① 09 30° 10 ④ 11 ③ 12 ①
13 ② 14 ① 15 ① 16 ⑤ 17 ⑤ 18 ⑤

서술형 문제 19 빛의 굴절은 매질에 따라 빛의 속력이 다르기 때문에 나타나는 현상이다. 매질의 굴절률은 매질에서의 빛의 속력에 대한 진공에서의 빛의 속력의 비로, 매질에서의 빛의 속력이 느릴수록 굴절률이 크다. 20 광통신의 원리: 광섬유에서의 빛의 전반사를 이용하는 통신이다. 장점: • 대용량의 정보 전송이 쉽다. • 잡음과 혼선이 없고 도청이 불가능하다. • 빛에너지의 손실이 적어 증폭기를 설치하는 구간 사이의 거리가 길다. 등 21 마이크로 외부 소음을 입력 받아 스피커를 통해 소음과 반대 위상인 파동을 발생시키면 소음과 상쇄 간섭을 하여 소음을 줄인다.

수능 실전 문제 287~291쪽

01 ③ 02 ④ 03 ④ 04 ② 05 ① 06 ③
07 ③ 08 ⑤ 09 ③ 10 ③ 11 ① 12 ②
13 ④ 14 ④ 15 ③ 16 ⑤ 17 ② 18 ②
19 ③ 20 ④

2 빛과 물질의 이중성

01 빛의 이중성

개념 확인 문제 298쪽

❶ 광전 ❷ 진동수 ❸ 진동수 ❹ 세기 ❺ 광양자 ❻ hf ❼ 이중성 ❽ 파동성 ❾ 입자성 ❿ 광전 효과

1 (1) ○ (2) ○ (3) × (4) × **2** 빛의 진동수 **3** 광양자설, 아인슈타인 **4** 한계 진동수(문턱 진동수) **5** (1) ○ (2) ○ (3) × **6** (1) ㄴ, ㄹ (2) ㅁ (3) ㄱ, ㄷ **7** 전하 결합 소자(CCD) **8** ㉠ 광전 효과, ㉡ 전기

대표 자료 분석 299쪽

자료 ❶ 1 광전 효과 2 빛의 진동수 3 (1) ○ (2) × (3) × (4) ○ (5) ○

자료 ❷ 1 광전 효과 2 빛의 세기 3 (1) ○ (2) ○ (3) × (4) ○ (5) × (6) ×

내신 만점 문제 300~302쪽

01 ④ 02 ① 03 (가) 빛의 파동설에 의하면 빛의 세기가 충분히 세다면 빛의 진동수가 작더라도 광전 효과가 일어나 광전자가 방출되어야 한다. (나) 빛의 파동설에 의하면 빛의 진동수가 크더라도 빛의 세기가 약하면 광전자가 방출되는 데 시간이 걸려야 하기 때문에 광전자가 즉시 방출될 수 없다. 04 일함수가 큰 금속일수록 비추어 주는 빛에너지가 커야 광전자가 방출되므로, 금속의 일함수가 클수록 광전자를 방출시킬 수 있는 빛의 최소 진동수인 한계 진동수가 크다. 05 ④ 06 ④ 07 ⑤ 08 ① 09 ③ 10 ① 11 ⑤ 12 ③ 13 ③ 14 ④ 15 ③ 16 CCD는 빛의 세기만을 측정할 수 있기 때문에 색을 구분하기 위해 색 필터를 배치한다. 17 디지털카메라, 우주 천체 망원경, CCTV, 차량용 후방 카메라, 블랙박스, 내시경 카메라, 스캐너 등

실력 UP 문제 303쪽

01 ③ 02 ② 03 ① 04 ⑤

02 물질의 이중성

개념 확인 문제 307쪽

❶ 파동성 ❷ 드브로이파 ❸ 운동량 ❹ 회절 ❺ 이중성 ❻ 파동성 ❼ 자기렌즈 ❽ 투과 ❾ 주사

1 (1) ○ (2) ○ (3) × (4) ○ **2** 파동성 **3** 물질의 이중성 **4** (1) ○ (2) × (3) ○ (4) ○ **5** ㉠ 파동, ㉡ 짧을 **6** 자기렌즈

대표 자료 분석 308쪽

자료 ❶ 1 $E_A : E_B = 2 : 9$ 2 $p_A : p_B = 2 : 3$ 3 $\lambda_A : \lambda_B = 3 : 2$ 4 (1) ○ (2) × (3) ○ (4) ×

자료 ❷ 1 (가) 광학 현미경, (나) 투과 전자 현미경, (다) 주사 전자 현미경 2 ㉠ 유리(광학) 렌즈, ㉡ 자기렌즈, ㉢ 자기장 3 (1) × (2) ○ (3) ○ (4) × (5) ×

내신 만점 문제 309~311쪽

01 ④ 02 ② 03 ④ 04 ③ 05 ④ 06 ④ 07 ③ 08 야구공, 야구공은 플랑크 상수에 비해 질량이 매우 커서 물질파의 파장이 매우 짧다. 따라서 야구공은 파동성을 관찰하기 어렵다. 09 ① 10 ③ 11 ⑤ 12 ② 13 전자 현미경에서 사용하는 전자의 물질파 파장이 광학 현미경에서 사용하는 가시광선의 파장보다 짧기 때문에, 전자 현미경의 분해능이 광학 현미경보다 우수하다.

실력 UP 문제 311쪽

01 ⑤ 02 ③

중단원 핵심 정리 312쪽

❶ 광전 효과 ❷ 진동수 ❸ hf ❹ 빛의 세기 ❺ 이중성 ❻ 회절 ❼ 파장 ❽ 물질파 ❾ 자기렌즈

중단원 마무리 문제 313~315쪽

01 ③ 02 ② 03 ④ 04 ① 05 ④ 06 ⑤
07 ④ 08 ③ 09 ④ 10 ③ 11 ①

서술형 문제 12 빛은 진동수에 비례하는 불연속적인 에너지를 가지는 광자(광양자)의 흐름이다. 13 빛의 진동수, 광자의 에너지는 빛의 진동수에 비례하므로 광자로부터 에너지를 얻어 방출되는 광전자의 최대 운동 에너지는 빛의 진동수가 클수록 크다. 14 물질파 파장은 물질 입자가 나타내는 파동의 파장이다. 이를 식으로 나타내면 $\lambda = \frac{h}{mv}$ 이므로 물질파 파장과 입자의 속력은 반비례 관계이다. 15 회절, 분해능은 사용하는 빛의 파장이 짧을수록 좋아진다.

수능 실전 문제 317~318쪽

01 ① 02 ③ 03 ③ 04 ④ 05 ④ 06 ②
07 ② 08 ③

여기까지 오느라 수고 많았어!
다시 완자를 공부하다가
막힐 땐 언제든 또 불러줘.

내신 만점 문제 223~227쪽

01 ④ 02 ② 03 • 자석을 빠르게 움직인다. • 센 자석을 이용한다. • 코일의 감은 수를 많게 한다. 등 04 ⑤ 05 ② 06 금속 고리의 아래쪽이 S극이 되도록 자기장이 형성되고 자석과 고리 사이에는 인력이 작용하므로 자석의 윗면은 N극이다. 07 ④ 08 ③ 09 ③ 10 ② 11 ⑤ 12 ③ 13 ② 14 막대는 강자성체이고, 단자 a는 (+)극이다. 15 ⑤ 16 ① 17 P: a 방향, Q: a 방향 18 ② 19 ③ 20 ③ 21 ④ 22 ③ 23 ④ 24 ④

실력 UP 문제 228쪽

01 ② 02 ③ 03 ③ 04 ⑤

중단원 핵심 정리 229~230쪽

❶ N극 ❷ 오른손 ❸ 직선 ❹ 원의 반지름 ❺ 단위 길이당 코일의 감은 수 ❻ 전류 ❼ 자기력 ❽ 자기화 ❾ 스핀 ❿ 자기장 ⓫ 강자성체 ⓬ 반자성체 ⓭ 전자석 ⓮ 액체 자석 ⓯ 초전도체 ⓰ 유도 전류 ⓱ 렌츠 ⓲ 유도 기전력 ⓳ 많을수록 ⓴ 유도 전류

중단원 마무리 문제 231~235쪽

01 ③ 02 ③ 03 ⑤ 04 ① 05 ② 06 ⑤ 07 ① 08 ② 09 ⑤ 10 ④ 11 ③ 12 ⑤ 13 ② 14 ⑤ 15 ④ 16 ⑤ 17 ③ 18 ⑤ 19 ④

서술형 문제 20 A와 B에 흐르는 전류의 방향은 같고, B에 흐르는 전류의 세기는 A에 흐르는 전류의 2배이다. P에서 A에 의한 자기장의 세기를 B라고 하면, Q에서 A와 B에 의한 자기장의 세기는 $\frac{3}{2}B=B_0$이므로 R에서 자기장의 세기는 $\frac{1}{4}B+2B=\frac{3}{2}B_0$이다. 21 (1) ㉠ 흐름, 시계 반대 방향, ㉡ 흐르지 않음, ㉢ 흐름, 시계 방향, ㉣ 흐르지 않음, ㉤ 흐름, 시계 반대 방향 (2) $2I$, ㉢에서는 종이면에 수직으로 들어가는 자기 선속이 감소하고 수직으로 나오는 자기 선속이 증가하므로, ㉢에서 자기 선속의 변화율이 ㉠에서 자기 선속 변화율의 2배이다.

수능 실전 문제 237~241쪽

01 ④ 02 ② 03 ⑤ 04 ① 05 ④ 06 ⑤ 07 ⑤ 08 ② 09 ② 10 ③ 11 ③ 12 ③ 13 ④ 14 ⑤ 15 ③ 16 ② 17 ② 18 ④ 19 ② 20 ⑤

Ⅲ. 파동과 정보 통신

1 파동의 성질과 이용

01 파동의 진행과 굴절

완자쌤 비법 특강 248쪽

Q1 굴절
Q2 위, 아래

개념 확인 문제 249쪽

❶ 진폭 ❷ 파장 ❸ 진동수 ❹ 주기 ❺ 파장 ❻ 파장 ❼ 속력 ❽ 사인값 ❾ 굴절률

1 (1) × (2) ○ (3) ○ 2 A: 파장, B: 진폭, C: 주기 3 (1) × (2) ○ (3) ○ (4) × 4 ㄴ, ㄷ 5 (1) ○ (2) × (3) ○ 6 파동의 굴절

대표 자료 분석 250쪽

자료 ❶ 1 10 cm 2 20 cm 3 4초 4 5 cm/s 5 (1) ○ (2) × (3) ○ (4) × (5) ○ (6) ○

자료 ❷ 1 깊은 물 > 얕은 물 2 입사각 > 굴절각 3 60° 4 $\sqrt{3}$ 5 (1) ○ (2) × (3) × (4) × (5) ○ (6) ×

내신 만점 문제 251~254쪽

01 ③ 02 ① 03 ③ 04 ④ 05 ① 06 0.2 m/s 07 ③ 08 ⑤ 09 ② 10 ② 11 진공에 대한 매질 A의 굴절률은 진공에서 매질 A로 빛이 입사할 때 입사각과 굴절각의 사인값의 비와 같으므로 $\frac{\sin45°}{\sin30°}=\sqrt{2}$이다. 12 ③ 13 ① 14 ① 15 ④ 16

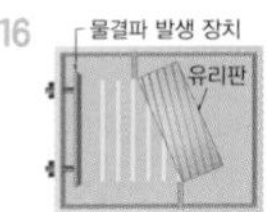

17 ① 18 ③ 19 ① 20 ② 21 ②

실력 UP 문제 255쪽

01 −1 m 02 ② 03 ⑤ 04 ③ 05 ③

02 전반사와 전자기파

개념 확인 문제 259쪽

❶ 전반사 ❷ 느린 ❸ 빠른 ❹ 큰 ❺ 임계각 ❻ $\frac{1}{n}$ ❼ 광섬유 ❽ 클래딩 ❾ > ❿ 전반사 ⓫ 광통신

1 (1) × (2) ○ (3) × 2 ㄱ, ㄹ 3 45° 4 (1) × (2) ○ (3) ○ 5 ㉠ 작은, ㉡ 큰, ㉢ 전반사 6 (1) ㉢ (2) ㉠ (3) ㉡

개념 확인 문제 263쪽

❶ 전자기파 ❷ 빛 ❸ 적외선 ❹ 자외선 ❺ 적외선 ❻ 자외선 ❼ 마이크로파 ❽ 라디오파 ❾ X선 ❿ 감마(γ)선

1 (1) ○ (2) × (3) ○ (4) × 2 감마(γ)선−X선−자외선−가시광선−적외선−마이크로파−라디오파 3 가시광선 4 (1) × (2) × (3) ○ 5 (1) 적외선 (2) 전파(라디오파) (3) 자외선 6 (1) ㉠ (2) ㉣ (3) ㉡ (4) ㉢ (5) ㉤

대표 자료 분석 264~265쪽

자료 ❶ 1 (1) 임계각 (2) $\frac{1}{n_1}$ (3) $\frac{n_2}{n_1}$ 2 유리 > 물 > 공기 3 (1) ○ (2) × (3) ○ (4) × (5) ○

자료 ❷ 1 (1) 작 (2) 크 (3) 없 2 (1) 크다 (2) 느리다 (3) 없다 3 (1) ○ (2) × (3) ○ (4) ○ (5) ×

자료 ❸ 1 (1) 수직 (2) 자기장 (3) $+z$ (4) 길 2 (1) 횡파 (2) 반비례 (3) 클수록 3 (1) × (2) ○ (3) ×

자료 ❹ 1 A: 자외선, B: 적외선 2 자외선 3 X선 4 (1) × (2) × (3) ○ (4) × (5) ○

내신 만점 문제 266~268쪽

01 ④ 02 ④ 03 전반사는 빛이 서로 다른 매질의 경계면에서 굴절하지 않고 전부 반사하는 현상으로, 굴절률이 큰(속력이 느린) 매질에서 굴절률이 작은(속력이 빠른) 매질로 진행할 때, 입사각이 임계각보다 클 경우에 일어난다. 04 $\sqrt{3}$ 05 ④ 06 ① 07 ③ 08 ⑤ 09 ③ 10 ④ 11 • 대용량의 정보를 동시에 주고받을 수 있다. • 에너지 손실이 적으므로 증폭기 설치 구간 사이의 거리가 길다. • 외부 전자기파의 영향을 받지 않아 혼선이나 잡음이 없고 도청이 어렵다. 등 12 ⑤ 13 ② 14 회절 15 ① 16 ②

실력 UP 문제 269쪽

01 ⑤ 02 ③ 03 ③ 04 ④

03 파동의 간섭

개념 확인 문제 273쪽

❶ 중첩 ❷ 독립성 ❸ 간섭 ❹ 보강 ❺ 상쇄 ❻ 커 ❼ 작아 ❽ 밝아 ❾ 어두워

1 (1) × (2) ○ 2 파동의 독립성 3 7 cm 4 ㉠ 보강, ㉡ 상쇄 5 P: 보강 간섭, Q: 상쇄 간섭 6 (1) × (2) ○ (3) ○ 7 간섭 8 ㄱ, ㄴ, ㄹ

대표 자료 분석 274쪽

자료 ❶ 1 (1) 보강 (2) 보강 (3) 상쇄 2 ㉠ 보강, ㉡ 상쇄 3 (1) ○ (2) × (3) × (4) ○ (5) ○

자료 ❷ 1 A: 보강 간섭, B: 상쇄 간섭 2 ㉠ 간섭, ㉡ 경로차 3 (1) ○ (2) ○ (3) ○ (4) × (5) ○

내신 만점 문제 275~278쪽

01 ④ 02 ③ 03 속력이 1 m/s인 P, Q가 2초 동안 진행한 거리는 2 m이다. P와 Q가 2 m 진행했을 때 x=5 m인 지점에서 P와 Q의 변위는 각각 −1 m, 1 m이므로 중첩된 파동의 변위는 −1 m+1 m=0이다. 04 ④ 05 ⑤ 06 ⑤ 07 ③ 08 ① 09 ⑤ 10 ③ 11 ③ 12 ⑤ 13 ⑤ 14 ① 15 ④ 16 ③ 17 ③ 18 ③

실력 UP 문제 279쪽

01 ④ 02 ③ 03 ① 04 ⑤

중단원 핵심 정리 280~281쪽

❶ 파장 ❷ 진동수 ❸ 주기 ❹ 진동수 ❺ 일정 ❻ 사인값 ❼ 코어 ❽ 클래딩 ❾ 자외선 ❿ 적외선 ⓫ 크게 ⓬ 작게 ⓭ 상쇄

2 에너지와 열

01 역학적 에너지 보존

개념 확인 문제 71쪽

❶ 운동 ❷ mv^2 ❸ 운동 에너지 변화량 ❹ 중력 ❺ 탄성 ❻ 역학적 에너지 ❼ 퍼텐셜 ❽ 운동 ❾ 열

1 25 J 2 8 N 3 200 J 4 2 J 5 ㉠ 퍼텐셜, ㉡ 보존 6 (1) 200 J (2) 100 J (3) 20 m/s

완자쌤 비법 특강 72~73쪽

Q1 0

Q2 A: $\frac{3}{4}mgs$, B: $\frac{1}{4}mgs$

Q3 $2kd$

Q4 FL

대표 자료 분석 74~75쪽

자료❶ 1 50 J 2 ㉠ 증가, ㉡ 50, ㉢ 50 3 10 m/s 4 (1) ○ (2) ○ (3) ×

자료❷ 1 ㄴ 2 ㉠ 감소, ㉡ 증가, ㉢ 증가, ㉣ 감소 3 (1) ○ (2) × (3) ○ (4) ○

자료❸ 1 ㉠ 증가, ㉡ 0 2 (1) A=B>O (2) O (3) A=O=B 3 (1) ○ (2) ○ (3) × (4) ○ (5) ○

자료❹ 1 ㉠ 운동, ㉡ 증가 2 ㉠ 열, ㉡ 보존되지 않는다 3 (1) ○ (2) ○ (3) ○ (4) ×

내신 만점 문제 76~80쪽

01 ② 02 ③ 03 ③ 04 ⑤ 05 ⑤ 06 ① 07 ④ 08 ② 09 ⑤ 10 ⑤ 11 ⑤ 12 마찰과 공기 저항이 없이 중력만을 받아 운동하므로 역학적 에너지는 일정하게 보존된다. 따라서 물체가 내려오는 동안 높이가 낮아지므로 중력 퍼텐셜 에너지는 감소하고, 감소한 중력 퍼텐셜 에너지만큼 운동 에너지가 증가한다. 13 ⑤ 14 ① 15 ④ 16 ② 17 ㄴ, ㄹ 18 ⑤ 19 A 지점에서의 속력을 v_A, B 지점에서의 속력을 v_B라고 하면, 처음 지점과 A와 B 지점에서 역학적 에너지가 같으므로 $mg\times2=mg\times0.5+\frac{1}{2}mv_A^2$ …① $mg\times2=mg\times1+\frac{1}{2}mv_B^2$ …②이다. ①, ②에 의해 $v_A^2 : v_B^2=1.5 : 1$이므로 $v_A=\sqrt{\frac{3}{2}}v_B$이다. 따라서 A 지점에서의 속력은 B 지점에서의 $\sqrt{\frac{3}{2}}$배이다. 20 ④ 21 용수철의 탄성 퍼텐셜 에너지가 모두 구슬의 운동 에너지로 전환되므로 $\frac{1}{2}kx^2=\frac{1}{2}mv^2$에서 $v=\sqrt{\frac{k}{m}}x$이다. 22 ⑤ 23 ⑤

실력 UP 문제 81쪽

01 ③ 02 ① 03 ① 04 ②

02 열역학 제1법칙

개념 확인 문제 85쪽

❶ 열에너지 ❷ 열평형 상태 ❸ 부피 변화량 ❹ 운동 ❺ 절대 온도 ❻ 내부 에너지 ❼ 일 ❽ 부피 ❾ 등압 ❿ W ⓫ 단열

1 $P\Delta V$ 2 (1) ○ (2) × (3) ○ 3 ㉠ 내부 에너지, ㉡ 일 4 3000 J 5 (1) 단열 과정 (2) 등적 과정 (3) 단열 과정 6 (1) ㄹ (2) ㄴ (3) ㄱ (4) ㄷ

대표 자료 분석 86쪽

자료❶ 1 (1) ○ (2) × (3) ○ 2 8400 J 3 12600 J 4 (1) ○ (2) ○ (3) ×

자료❷ 1 (1) (가) (2) (가), (나) 2 ㄱ, ㄴ, ㄷ 3 (1) ○ (2) ○ (3) ×

내신 만점 문제 87~90쪽

01 ⑤ 02 ③ 03 ③ 04 ④ 05 ② 06 ③ 07 ⑤ 08 ① 09 (가), (가)에서는 가한 열이 모두 내부 에너지 증가에 쓰이지만($\Delta U=Q$) (나)에서는 가한 열이 내부 에너지 증가와 외부에 일을 하는 데 쓰이기 ($\Delta U=Q-W$) 때문이다. 10 ⑤ 11 ⑤ 12 ① 13 ④ 14 ② 15 ① 16 ③ 17 ③ 18 ③ 19 ⑤

실력 UP 문제 91쪽

01 ① 02 ④ 03 ② 04 ⑤

03 열역학 제2법칙

개념 확인 문제 95쪽

❶ 가역 ❷ 비가역 ❸ 2 ❹ 엔트로피 ❺ 증가 ❻ 높은 ❼ 열기관 ❽ 열효율 ❾ 카르노

1 (1) × (2) ○ (3) × 2 ㄱ, ㄴ, ㄷ 3 ㉠ 1, ㉡ 2 4 (1) × (2) ○ (3) ○ 5 0.4 6 (1) ○ (2) ○ (3) × (4) ○

대표 자료 분석 96쪽

자료❶ 1 ㉠ 2, ㉡ 낮기 2 ㄴ, ㄷ, ㄹ 3 (1) ○ (2) ○ (3) × (4) ×

자료❷ 1 $\frac{W}{Q_1}$ 2 ㄱ 3 (1) ○ (2) × (3) ○ (4) ○

내신 만점 문제 97~99쪽

01 ⑤ 02 ② 03 ③ 04 ⑤ 05 열역학 제2법칙에 의해 열은 고온의 물체에서 저온의 물체로 이동한다. 따라서 열기관의 주위를 둘러싸고 있는 저열원으로 열이 저절로 흘러 나가는 것을 막을 수 없기 때문에 저열원으로 방출되는 열은 0이 될 수 없다. 따라서 열효율이 100 %인 열기관이 존재하지 않는다. 06 ③ 07 ① 08 ③ 09 ⑤ 10 ④ 11 ④ 12 ③

실력 UP 문제 99쪽

01 ③ 02 ④

중단원 핵심 정리 100~101쪽

❶ $\frac{1}{2}mv^2$ ❷ 운동 에너지 변화량 ❸ mgh ❹ 역학적 ❺ $\frac{1}{2}kx^2$ ❻ 감소 ❼ 증가 ❽ 열에너지 ❾ 한 일 ❿ 운동 에너지 ⓫ 내부 에너지 ⓬ 등적 ⓭ 등압 ⓮ 등온 ⓯ 단열 ⓰ 가역 ⓱ 비가역 ⓲ 증가 ⓳ 1 ⓴ 2

중단원 마무리 문제 102~105쪽

01 ④ 02 ② 03 ② 04 ③ 05 ② 06 ① 07 ② 08 ④ 09 ② 10 ② 11 ⑤ 12 ⑤ 13 ③ 14 ④ 15 ⑤

서술형 문제 16 역학적 에너지는 보존되므로 중력 퍼텐셜 에너지의 감소량만큼 운동 에너지가 증가한다. 따라서 $m\times10\times(30-10)=\frac{1}{2}\times m\times v^2$에서 속력 $v=20$(m/s)이다. 17 $\frac{1}{2}\times m\times30^2=m\times10\times h$에서 최고 높이 $h=45$(m)이다. 18 기체가 흡수한 열은 기체의 내부 에너지 증가와 외부에 일을 하는 데 사용된다. 부피가 증가하는데도 압력이 일정한 것은 기체의 분자 운동이 활발해진 것이므로 온도가 상승한다. 따라서 기체의 내부 에너지도 증가한다. 19 석유가 연소하면서 발생한 열에너지를 활용하고 나면 이 열에너지는 저온의 주변 환경으로 흩어지게 되는데, 흩어진 열에너지가 다시 한 곳으로 모이는 것은 열역학 제2법칙에 따라 불가능하므로 흩어진 열에너지를 다시 유용하게 사용할 수는 없다. 에너지는 보존되지만 유용하게 사용할 수 있는 에너지는 한정되어 있으므로 에너지를 절약해야 한다.

수능 실전 문제 107~109쪽

01 ② 02 ③ 03 ③ 04 ④ 05 ① 06 ⑤ 07 ① 08 ③ 09 ① 10 ⑤ 11 ④ 12 ②

3 시간과 공간

01 특수 상대성 이론

개념 확인 문제 114쪽

❶ 상대 속도 ❷ 관찰자 ❸ 에테르 ❹ 상대성 ❺ 광속 불변 원리 ❻ 특수 상대성 이론

1 (1) 서쪽으로 17 m/s (2) 동쪽으로 17 m/s 2 (1) ○ (2) × (3) ○ (4) ○ 3 관성계(관성 좌표계) 4 (1) 오른쪽으로 일정한 속도 v로 운동 (2) 뒤로 일정한 속도 v로 운동 5 상대성 원리, 광속 불변 원리 6 (1) c (2) c

개념 확인 문제 118쪽

❶ 동시성의 상대성 ❷ 고유 시간 ❸ 시간 지연 ❹ 느리게 ❺ 고유 길이 ❻ 길이 수축 ❼ 운동

1 (1) 동시에 (2) A 2 (1) ○ (2) ○ (3) × 3 (1) × (2) ○ (3) ○ 4 (1) 짧다 (2) 크다 (3) 짧다

완자쌤 비법 특강 119쪽

Q1 고유 길이

Q2 길이

대표 자료 분석 120~121쪽

자료❶ 1 q　2 동시에 도달한다.　3 p, r　4 (1) ○ (2) ○ (3) ×

자료❷ 1 $\Delta t_1 > \Delta t_2$　2 $\Delta t_3 < \Delta t_4$　3 $\Delta t_1 + \Delta t_3$, $\Delta t_1 + \Delta t_3 < \Delta t_2 + \Delta t_4$　4 (1) ○ (2) × (3) × (4) ○

자료❸ 1 두 경우 모두 c이다.　2 우주선 안에 있는 빛 시계　3 더 커진다.　4 (1) ○ (2) ○ (3) ×

자료❹ 1 $L = v\Delta t_{고유}$　2 $L_{고유} = v\Delta t$　3 $\Delta t > \Delta t_{고유}$, $L < L_{고유}$　4 (1) × (2) × (3) ○ (4) ×

내신 만점 문제 122~126쪽

01 ②　02 ①　03 35초　04 ③, ⑤　05 ③　06 ④　07 • 상대성 원리: 모든 관성계에서 물리 법칙은 동일하게 성립한다. • 광속 불변 원리: 모든 관성계에서 보았을 때, 진공 중에서 진행하는 빛의 속력은 관찰자나 광원의 속도에 관계없이 일정하다.　08 ③　09 ③　10 ⑤　11 ③　12 ③　13 ①　14 ①　15 ③　16 ⑤　17 ③　18 ⑤　19 ③　20 $L_0 > L_B > L_A$, 영희가 볼 때 빠르게 움직이는 두 우주선의 길이는 고유 길이 L_0보다 짧아 보인다. 이때 속도가 빠를수록 길이 수축이 크기 때문에 $L_B > L_A$이다.　21 ②　22 ⑤

실력 UP 문제 127쪽

01 ③　02 ①　03 ⑤　04 ④

02 질량과 에너지

개념 확인 문제 130쪽

❶ 질량 에너지 동등성　❷ 정지　❸ 커진다　❹ 질량 결손　❺ Δmc^2　❻ 핵분열　❼ 핵융합

1 (1) ○ (2) ○ (3) × (4) ○ (5) ×　2 질량 결손　3 $E = \Delta mc^2$　4 ㄴ, ㄷ　5 (1) × (2) × (3) ○　6 ㉠ 수소, ㉡ 헬륨, ㉢ 삼중수소

대표 자료 분석 131쪽

자료❶ 1 (1) × (2) ○ (3) ○　2 $^1_0$n　3 (1) ○ (2) × (3) ○ (4) ○

자료❷ 1 질량 결손　2 (1) ○ (2) × (3) ×　3 (1) × (2) ○ (3) ○

내신 만점 문제 132~135쪽

01 ⑤　02 ③　03 ②　04 ④　05 ③　06 질량 결손에 의한 에너지는 $E = \Delta mc^2 = 2.58 \times 10^{-29}$ kg $\times (3 \times 10^8$ m/s$)^2 = 2.322 \times 10^{-12}$ J이다.　07 ④　08 ③　09 ⑤　10 ⑤　11 ②　12 ④　13 ③　14 ③　15 반응 후 질량의 합이 줄어드는 질량 결손이 발생하고, 줄어든 질량의 합이 $E = \Delta mc^2$에 의하여 에너지로 방출된다.　16 ⑤　17 ③

실력 UP 문제 135쪽

01 ②　02 ③

중단원 핵심 정리 136~137쪽

❶ 상대　❷ 에테르　❸ 정지　❹ 상대성　❺ 일정　❻ 동시성　❼ A　❽ 느리게　❾ c　❿ >　⓫ 수축　⓬ 고유 길이　⓭ <　⓮ 수축　⓯ 질량 에너지 동등성　⓰ 질량 결손　⓱ 에너지　⓲ 에너지　⓳ 태양　⓴ 헬륨

중단원 마무리 문제 138~141쪽

01 ③　02 ③　03 ④　04 ①　05 ④　06 ③　07 ①　08 ②　09 ④　10 ④　11 ⑤　12 ①　13 ⑤　14 ③

서술형 문제 15 시간 지연은 정지한 관찰자가 빠르게 운동하는 관찰자를 보면 상대방의 시간이 느리게 가는 것이고, 길이 수축은 한 관성계의 관찰자가 상대적으로 운동하는 물체를 보면 길이가 수축되어 보이는 것이다.　16 영희가 측정한 물체의 길이는 L_0보다 짧고, 철수가 측정할 때 영희의 시간이 철수보다 느리게 간다.　17 (가)에서는 산의 높이가 낮아지고, (나)에서는 뮤온의 수명이 길어진다.

수능 실전 문제 143~145쪽

01 ①　02 ④　03 ①　04 ⑤　05 ②　06 ③　07 ①　08 ④　09 ③　10 ③　11 ①　12 ②

Ⅱ. 물질과 전자기장

1 물질의 전기적 특성

01 원자와 전기력

개념 확인 문제 150쪽

❶ 전자　❷ 알파 입자　❸ (+)　❹ Ze　❺ 원자핵　❻ 척력　❼ 인력　❽ 비례　❾ 반비례　❿ 인력

1 (1) ㉠ (2) ㉢ (3) ㉡　2 ㉠ (−), ㉡ 전자　3 원자핵　4 (1) ○ (2) × (3) ×　5 $9F$　6 (1) ○ (2) × (3) ×

대표 자료 분석 151~152쪽

자료❶ 1 (1) 러더퍼드 (2) (+) (3) 척력　2 알파 입자(헬륨 원자핵)　3 (1) ○ (2) ○ (3) × (4) ○ (5) ×

자료❷ 1 (1) $-x$ (2) $+x$ (3) $-x$　2 $7F$　3 16 : 9　4 (1) ○ (2) × (3) ○ (4) ○

자료❸ 1 (1) 다르다 (2) 크다 (3) (−) (4) 당기는　2 $F_{AC} > F_{BC}$　3 (1) ○ (2) ○ (3) × (4) ○

자료❹ 1 ㉠ 전기력(인력), ㉡ 속박, ㉢ 3　2 $F_A > F_B > F_C$　3 (1) × (2) ○ (3) × (4) × (5) ○

내신 만점 문제 153~156쪽

01 ④　02 ③　03 ③　04 ②　05 ⑤　06 ①　07 (1) 전자의 질량이 알파 입자에 비해 매우 작기 때문이다. (2) 원자핵을 제외하면 원자 내부의 공간이 거의 비어 있기 때문이다.　08 ⑤　09 ②　10 ③　11 A의 전하량: $+Q$, B의 전하량: $+Q$, 전기력의 크기: $\frac{1}{12}F$　12 ③　13 ④　14 ①　15 ④　16 ⑤　17 원자핵과 전자 사이에 작용하는 중력의 크기는 전기력의 크기에 비해 매우 작기 때문이다.　18 ②　19 ①　20 ⑤

실력 UP 문제 157쪽

01 ④　02 ①　03 ②　04 ③

02 원자의 스펙트럼

개념 확인 문제 161쪽

❶ 연속　❷ 방출　❸ 흡수　❹ 양자화　❺ 에너지 준위　❻ 전이　❼ 에너지 준위　❽ 진동수　❾ 라이먼　❿ 발머

1 (가) 연속 스펙트럼, (나) 방출 스펙트럼, (다) 흡수 스펙트럼　2 ㉠ 안정성, ㉡ 선 스펙트럼　3 (1) ○ (2) ○ (3) ×　4 (1) ㉠ 흡수, ㉡ 방출, ㉢ 흡수 (2) $E_1 = E_2 < E_3$　5 $\frac{E_1}{4}$, $\frac{E_1}{9}$　6 (1) 커진다 (2) ㉠ 3, ㉡ 2

대표 자료 분석 162~163쪽

자료❶ 1 (1) A (2) C (3) B　2 (1) 흡수 (2) 불연속적이다 (3) A　3 수소　4 (1) ○ (2) × (3) ○ (4) ×

자료❷ 1 $E_1 < E_2 < E_3$　2 ㉠ $E_3 - E_2$, ㉡ $E_3 - E_1$, ㉢ $E_2 - E_1$　3 ㉠ $\frac{E_3 - E_2}{h}$, ㉡ $\frac{E_3 - E_1}{h}$, ㉢ $\frac{E_2 - E_1}{h}$　4 (1) ○ (2) × (3) × (4) ○ (5) ×

자료❸ 1 (1) 커질수록 (2) 크다 (3) 작다 (4) 길다　2 $n=4$에서 $n=2$로 전이할 때, $n=3$에서 $n=1$로 전이할 때　3 $\frac{E_4 - E_2}{h}$　4 (1) ○ (2) × (3) ○

자료❹ 1 (1) 발머 계열 (2) 라이먼 계열 (3) 파셴 계열　2 $n=2$에서 $n=1$로 전이할 때　3 $n=3$에서 $n=2$로 전이할 때　4 (1) × (2) ○ (3) × (4) ○

내신 만점 문제 164~166쪽

01 ⑤　02 ②　03 ①　04 ④　05 ④　06 ⑤　07 방출하는 광자의 에너지 $E = \frac{hc}{\lambda} = E_3 - E_2$이므로 방출하는 빛의 파장 $\lambda = \frac{hc}{E_3 - E_2}$이다.　08 ①　09 ②　10 (1) $E_A + E_B$ (2) 두 궤도의 에너지 차이보다 작으므로 전자는 전이하지 못한다.　11 ⑤　12 $\lambda_1 = \frac{hc}{|E_2 - E_1|} = \frac{4hc}{3E_1}$, $\lambda_2 = \frac{hc}{|E_\infty - E_1|} = \frac{hc}{E_1}$이므로 $\frac{\lambda_1}{\lambda_2} = \frac{|E_\infty - E_1|}{|E_2 - E_1|} = \frac{4}{3}$이다.　13 ③　14 ②　15 27 : 20

실력 UP 문제 167쪽

01 ⑤　02 ①　03 ⑤　04 ③

03 에너지띠와 반도체

개념 확인 문제 171쪽

❶ 같다　❷ 에너지띠　❸ 높은　❹ 전도띠　❺ 띠 간격　❻ 없다　❼ 양공　❽ (+)　❾ 넓고　❿ 좁다　⓫ 전기 전도도　⓬ 비저항

1 (1) × (2) ○ (3) ○　2 (1) A: 전도띠, B: 띠 간격, C: 원자가 띠 (2) B가 좁을(넓을)수록 전기 전도성이 좋다.(좋지 않다.)　3 ㉠ 띠 간격, ㉡ 전도띠, ㉢ (+)　4 (가) 도체, (나) 반도체, (다) 절연체　5 (1) ㄱ (2) ㄴ, ㄷ (3) ㄴ　6 (1) × (2) × (3) ○

개념 확인 문제 174쪽

❶ 공유 ❷ 도핑 ❸ 3 ❹ 양공 ❺ 5 ❻ 전자 ❼ 순방향 ❽ 역방향 ❾ 순방향 ❿ 정류 ⓫ 발광

1 (1) ○ (2) ○ (3) × 2 ㉠ 3, ㉡ 원자가, ㉢ 위 3 (1) (가) n형 반도체, (나) p형 반도체 (2) X: 5개, Y: 3개 4 ㉠ (+)극, ㉡ (−)극 5 (1) × (2) ○ (3) ○ 6 (1) ㉢ (2) ㉠ (3) ㉡

완자쌤 비법 특강 175쪽

Q1 두꺼워진다.
Q2 전류가 흐르지 않는다.

대표 자료 분석 176~177쪽

자료❶ 1 (1) 불연속적 (2) 연속적 (3) 높을수록 2 파울리 배타 원리 3 (1) ○ (2) × (3) × (4) × (5) ○

자료❷ 1 (가)−(나)−(다) 2 (가) ㄷ, (나) ㄱ, (다) ㄴ 3 (1) × (2) × (3) ○ (4) ○ (5) ○ (6) ×

자료❸ 1 저마늄: 4개, 붕소: 3개 2 p형 반도체 3 Y가 X보다 좋다. 4 (1) ○ (2) × (3) ○ (4) ○ (5) ×

자료❹ 1 불이 켜지지 않는다. 2 ㉠ → 전구 → ㉡ 3 정류 작용 4 (1) × (2) ○ (3) × (4) ○ (5) × (6) ○

내신 만점 문제 178~182쪽

01 ③ 02 ③ 03 ⑤ 04 ⑤ 05 ④ 06 ⑤ 07 전자가 외부에서 띠 간격 이상의 에너지를 흡수해야 한다. 08 ② 09 ① 10 ④ 11 ③ 12 ④ 13 ③ 14 ② 15 A는 원자가 전자가 3개인 원소(13족 원소)를 도핑한 p형 반도체이고, B는 원자가 전자가 5개인 원소(15족 원소)를 도핑한 n형 반도체이다. 16 ⑤ 17 ⑤ 18 (1) n형 반도체 (2) a, 전류가 흐르기 위해서는 p형 반도체인 Y에 전지의 (+)극이 연결되어야 하기 때문이다. 19 ⑤

20 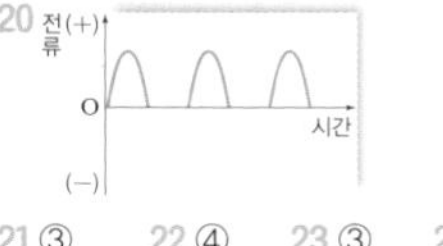

21 ③ 22 ④ 23 ③ 24 ②

실력 UP 문제 183쪽

01 ③ 02 ② 03 ② 04 ③

중단원 핵심 정리 184~185쪽

❶ 보어 ❷ 전기력 ❸ (+) ❹ 알파(α) ❺ 척력 ❻ 인력 ❼ 비례 ❽ 반비례 ❾ 커진다 ❿ 연속 ⓫ 방출 ⓬ 흡수 ⓭ 크다 ⓮ hc ⓯ 자외선 ⓰ 적외선 ⓱ 절연체 ⓲ 반도체 ⓳ 크다 ⓴ 역수 ㉑ 양공 ㉒ 전자 ㉓ 순방향

중단원 마무리 문제 186~189쪽

01 ④ 02 ⑤ 03 ③ 04 ① 05 ① 06 ⑤ 07 ③ 08 ① 09 ④ 10 ⑤ 11 ④ 12 ① 13 ⑤ 14 ⑤ 15 ② 16 ③ 17 ⑤

서술형 문제 18 B가 받는 전기력의 방향이 $+x$ 방향이므로 A는 (+)전하를 띤다. A의 전하량을 Q라고 하면 B가 받는 전기력의 크기 $F=\frac{kQq}{d^2}-\frac{kq^2}{d^2}$이고, C가 받는 전기력의 크기 $F=\frac{kQq}{4d^2}+\frac{kq^2}{d^2}$에서 $Q=\frac{8}{3}q$이다. 19 $\lambda_1<\lambda_2$이다. $n=1$과 $n=2$인 상태 사이의 에너지 차이가 $n=2$와 $n=3$인 상태 사이의 에너지 차이보다 큰데, 방출하거나 흡수하는 빛의 파장은 에너지 차이에 반비례하기 때문이다.

20 (1) A: 반도체, B: 절연체 (2) A가 B보다 많다. A가 B보다 띠 간격이 좁아 원자가 띠에서 전도띠로 전이한 전자의 수가 많기 때문이다.

수능 실전 문제 191~195쪽

01 ③ 02 ③ 03 ① 04 ② 05 ④ 06 ⑤ 07 ④ 08 ① 09 ③ 10 ① 11 ⑤ 12 ④ 13 ③ 14 ③ 15 ① 16 ④ 17 ① 18 ③ 19 ⑤ 20 ⑤

2 물질의 자기적 특성

01 전류에 의한 자기 작용

개념 확인 문제 201쪽

❶ 자기장 ❷ N ❸ N ❹ 접선 ❺ 오른손 ❻ 비례 ❼ 반비례 ❽ 비례 ❾ 반비례 ❿ 비례 ⓫ 비례 ⓬ 전자석 ⓭ 전동기 ⓮ 운동

1 (1) $A>B>C$ (2) → 2 A: 동쪽, B: 서쪽 3 $2B$ 4 B 5 A: 서쪽, B: 동쪽, C: 서쪽 6 ㄱ, ㄴ, ㄷ

대표 자료 분석 202~203쪽

자료❶ 1 (1) 나오는 (2) 작다 (3) 들어가는 2 $\frac{4}{3}B$ 3 $P=R>Q$ 4 (1) × (2) ○ (3) ○

자료❷ 1 종이면에서 수직으로 나오는 방향 2 $2B$ 3 B 4 (1) × (2) × (3) × (4) ○

자료❸ 1 동쪽 2 지구 자기장의 영향을 받았기 때문이다. 3 북서쪽 4 (1) ○ (2) ○ (3) ○ (4) ×

자료❹ 1 a 2 전기 에너지 → 운동 에너지 → 소리 에너지 3 전류의 세기가 클수록 큰 소리가 발생한다. 4 (1) × (2) ○ (3) ○ (4) ×

내신 만점 문제 204~206쪽

01 ⑤ 02 $8B$ 03 ③ 04 ③ 05 ① 06 O에서 A와 B에 의한 자기장은 서로 상쇄되므로 O에서 자기장의 방향은 C에 의한 자기장의 방향과 같다. 따라서 $+y$ 방향이다. 07 ③ 08 A에 전류 $+I$가 흐를 때 O에서 A에 의한 자기장의 세기를 B라고 하면 O에서 합성 자기장은 (가)일 때 $B+B=2B$, (나)일 때 $B-B=0$, (다)일 때 $-2B+B=-B$이다. 따라서 합성 자기장의 세기는 (가)>(다)>(나)이다. 09 ① 10 ⑤ 11 ⑤ 12 ①

13 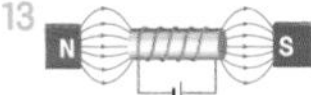

14 ④ 15 ② 16 전류의 방향이 바뀌는 교류에 의해 코일에 형성되는 자기장이 변하여 자석과 코일 사이에 작용하는 자기력의 방향이 바뀌기 때문이다.

실력 UP 문제 207쪽

01 ② 02 ③ 03 ⑤ 04 ①

02 물질의 자성

개념 확인 문제 210쪽

❶ 원자 자석 ❷ 자기화 ❸ 반자성 ❹ 스핀 ❺ 상자성체 ❻ 반자성체 ❼ 강자성체 ❽ 초전도체 ❾ 반자성

1 (1) × (2) × (3) ○ 2 (1) 시계 (2) 들어가는 3 (1) ㉢ (2) ㉠ (3) ㉡ 4 상자성체 5 ㄴ, ㄹ 6 (1) × (2) ○

대표 자료 분석 211쪽

자료❶ 1 A: 강자성체, B: 반자성체 2 X: N극, Y: S극 3 A: 인력, B: 척력 4 (1) ○ (2) × (3) × (4) × (5) ○

자료❷ 1 (1) 인력 (2) 오른쪽 (3) 인력 2 감소한다. 3 증가한다. 4 (1) ○ (2) × (3) ○ (4) ○ (5) ×

내신 만점 문제 212~214쪽

01 ③ 02 ⑤ 03 ⑤ 04 A는 자석으로부터 오른쪽으로 인력을 받고, B는 자석으로부터 오른쪽으로 척력을 받는다. 05 강자성체, N극 06 ② 07 $w_3>w>w_2>w_1$ 08 ③ 09 ③ 10 ① 11 ⑤ 12 (1) 강자성체 (2) 전류에 의한 자기장의 방향이 오른쪽이고, 강자성체는 외부 자기장의 방향으로 자기화되므로 철못 끝은 N극이 된다. 13 ③ 14 ② 15 ⑤

실력 UP 문제 215쪽

01 ② 02 ④ 03 ④ 04 ①

03 전자기 유도

개념 확인 문제 220쪽

❶ 자기 선속 ❷ 유도 ❸ 렌츠 ❹ 같은 ❺ 미는 ❻ 유도 기전력 ❼ 패러데이 ❽ 시간적 변화율 ❾ 비례 ❿ 전기 ⓫ 마이크

1 ㄱ, ㄴ, ㄹ 2 A → R → B 3 ㄱ−ㄹ, ㄴ−ㄷ 4 2000 V 5 (1) 시계 반대 방향 (2) $B<C$ 6 ④

대표 자료 분석 221~222쪽

자료❶ 1 ㉠ 왼, ㉡ S, ㉢ 유도 전류 2 A → Ⓖ → B 3 ㄴ 4 (1) ○ (2) × (3) ○ (4) ×

자료❷ 1 (1) 0 (2) 반대이다 (3) 커진다 2 $B=D$ 3 B: 왼쪽, D: 왼쪽 4 (1) ○ (2) × (3) ○ (4) ×

자료❸ 1 (1) C (2) A (3) A 2 3 : 1 3 (1) ○ (2) × (3) ○ (4) ○

자료❹ 1 주기적으로 변한다. 2 운동 에너지 → 전기 에너지 3 도선을 빠르게 회전시킨다. 4 (1) × (2) ○ (3) ○ (4) ×

15개정 교육과정

완벽한 자율학습서

완자

물리학 I

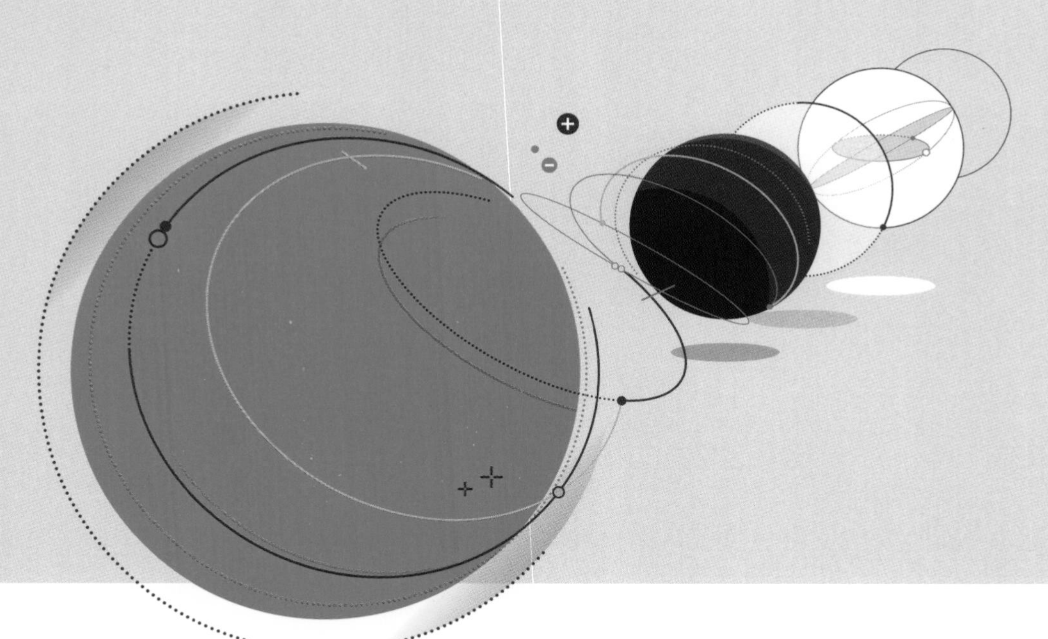

정확한 답과 친절한 해설

정답친해

책 속의 가접 별책 (특허 제 0557442호)
'정답친해'는 본책에서 쉽게 분리할 수 있도록 제작되었으므로
유통 과정에서 분리될 수 있으나 파본이 아닌 정상제품입니다.

우리는 남다른 상상과 혁신으로
교육 문화의 새로운 전형을 만들어
모든 이의 행복한 경험과 성장에 기여한다

ABOVE IMAGINATION

우리는 남다른 상상과 혁신으로
교육 문화의 새로운 전형을 만들어
모든 이의 행복한 경험과 성장에 기여한다

정답친해

정확한 답과 친절한 해설

물리학 I

I

역학과 에너지

1 힘과 운동

1 물체의 운동

개념 확인 문제 12쪽

❶ 이동 거리 ❷ 변위 ❸ 속력 ❹ 속도 ❺ 평균 속도 ❻ 순간 속도 ❼ 가속도 ❽ 가속도 ❾ 증가 ❿ 감소

1 이동거리: 150 m, 변위의 크기: 50 m **2** 평균 속력>평균 속도의 크기 **3** (1) ○ (2) × (3) × **4** (1) 16 m (2) 0.4 m/s **5** (1) × (2) ○ (3) × **6** 왼쪽으로 3 m/s^2

1 상호는 동쪽으로 100 m를 이동한 후 서쪽으로 50 m를 되돌아왔으므로 상호의 이동 거리는 100 m+50 m=150 m이고, 변위의 크기는 100 m−50 m=50 m이다.

2 곡선 경로를 따라 운동할 경우 이동 거리는 변위의 크기보다 항상 크다. 평균 속력$=\dfrac{\text{이동 거리}}{\text{걸린 시간}}$이고, 평균 속도$=\dfrac{\text{변위}}{\text{걸린 시간}}$이므로 아영이의 평균 속력은 평균 속도의 크기보다 크다.

3 (1) 0~5초 동안 물체의 이동 거리가 20 m이다. 평균 속력은 $\dfrac{\text{이동 거리}}{\text{걸린 시간}}$이므로 $\dfrac{20\text{ m}}{5\text{ s}}=4\text{ m/s}$이다.
(2) 이동 거리 – 시간 그래프의 기울기는 속력을 나타낸다. 기울기가 일정하지 않으므로 물체는 속력이 계속 변하면서 운동한다.
(3) 0~5초 동안 평균 속력$=\dfrac{\text{이동 거리}}{\text{걸린 시간}}=\dfrac{20\text{ m}}{5\text{ s}}=4\text{ m/s}$이다. 순간 속력은 이동 거리 – 시간 그래프의 각 점에서 접선의 기울기이므로 순간 속력은 계속 변한다. 따라서 0~5초 동안 평균 속력과 순간 속력은 항상 같지는 않다.

4 (1) 물체가 0~6초 동안 10 m를 이동한 후, 방향을 바꾸어 6초~10초 동안 6 m를 이동하였으므로 0~10초 동안 이동한 거리는 10 m+6 m=16 m이다.
(2) 시간이 0일 때 물체의 위치가 0이고, 10초일 때 물체의 위치는 4 m이므로 변위의 크기는 4 m이다. 따라서 평균 속도의 크기는 $\dfrac{4\text{ m}}{10\text{ s}}=0.4\text{ m/s}$이다.

5 (1) 직선상에서 운동하는 물체의 가속도가 일정하면 속도가 일정하게 증가하거나 일정하게 감소한다.
(2) 직선상에서 운동하는 물체의 속도와 가속도의 방향이 같으면 속도의 크기(속력)가 증가하고, 속도와 가속도의 방향이 반대이면 속도의 크기(속력)가 감소한다.
(3) 속도의 부호와 가속도의 부호가 같으면 속도의 크기, 즉 속력이 증가한다. 따라서 속도의 부호가 (−)인 경우 가속도의 부호가 (−)이면 속도의 크기는 증가한다. 예를 들어 처음 속도가 −5 m/s인 물체가 −5 m/s^2의 가속도로 운동하면 1초 후 속도가 −10 m/s가 된다. 이 경우 속도의 크기(속력)는 5 m/s에서 10 m/s로 증가하였다.

6 오른쪽 방향을 (+) 방향이라고 하면, 자동차의 가속도는 $\dfrac{3\text{ m/s}-12\text{ m/s}}{3\text{ s}}=-3\text{ m/s}^2$이다. 따라서 가속도의 방향은 왼쪽이고, 가속도의 크기는 3 m/s^2이다.

개념 확인 문제 16쪽

❶ 이동 거리 ❷ 속력 ❸ 등가속도 직선 ❹ 속도 변화량 ❺ at ❻ $\frac{1}{2}at^2$ ❼ $2as$ ❽ 운동 방향 ❾ 포물선 ❿ 속력

1 (1) 35 m (2) 2 m/s **2** (1) ○ (2) ○ (3) × **3** (1) 5초 (2) 100 m **4** (1) 15 m/s (2) 6초 (3) 5 m/s^2 **5** (1) 일정하다 (2) 변한다 (3) 변한다 **6** (1) × (2) ○ (3) ×

1 (1) 속력 – 시간 그래프에서 그래프 아랫부분의 넓이는 이동 거리를 나타낸다. 따라서 (가)에서 0~5초 동안 이동 거리=7×5=35(m)이다.
(2) 이동 거리 – 시간 그래프의 기울기는 속력을 나타낸다. 따라서 0~5초 동안 물체의 속력은 $\dfrac{10}{5}=2$(m/s)이고, 그래프의 기울기가 일정하므로 물체는 평균 속력과 순간 속력이 같은 등속 직선 운동을 한다.

2 (1) 속도 – 시간 그래프에서 기울기는 가속도를 나타낸다. 물체는 직선상에서 운동하고 가속도가 일정하므로 등가속도 직선 운동을 한다.
(2) 속도 – 시간 그래프에서 기울기는 가속도를 나타낸다. 따라서 0~10초 동안 물체의 가속도는 $\dfrac{-40-40}{10}=-8(\text{m/s}^2)$이다.

(3) 0~5초 동안 그래프와 시간축 사이의 넓이는 (+) 방향으로 이동한 거리이고, 5초~10초 동안 그래프와 시간축 사이의 넓이는 (−) 방향으로 이동한 거리이다. 두 넓이가 같으므로 물체는 10초일 때 처음 위치에 있다.

3 (1) 자동차의 속도가 10 m/s에서 30 m/s가 될 때까지 걸린 시간을 t라고 하면 가속도의 크기가 4 m/s^{2}이므로 30 m/s= 10 m/s+4 m/s$^2\times t$이다. 따라서 t=5 s이다.
(2) 자동차가 등가속도 직선 운동을 하므로 등가속도 직선 운동의 식에 따라 $2as=v^2-v_0{}^2$이다. 따라서 자동차가 이동한 거리 $s=\dfrac{v^2-v_0{}^2}{2a}=\dfrac{(30\ \text{m/s})^2-(10\ \text{m/s})^2}{2\times 4\ \text{m/s}^2}=100$ m이다.

4 (1) 자동차의 처음 속도는 30 m/s이고 나중 속도는 0이므로 자동차의 평균 속도는 $\dfrac{30\ \text{m/s}+0}{2}=15$ m/s이다.
(2) 평균 속도×걸린 시간=이동 거리이다. 자동차가 정지하는 데 걸린 시간을 t라고 하면 15 m/s×t=90 m이므로 t=6 s이다. 따라서 자동차가 정지하는 데 걸린 시간은 6초이다.
(3) 자동차의 가속도는 $\dfrac{0-30\ \text{m/s}}{6\ \text{s}}=-5$ m/s^{2}이다. 따라서 가속도의 크기는 5 m/s^{2}이다.

5 (1), (2) 등속 원운동을 하는 물체의 속력은 일정하고, 운동 방향은 원 궤도의 접선 방향으로 매 순간 변한다.
(3) 물체의 속력은 일정하지만, 운동 방향은 매 순간 변하므로 속도는 일정하지 않고, 계속 변한다.

6 (1), (3) 진자가 아래로 내려갈 때는 속력이 빨라지고, 진자가 위로 올라갈 때는 속력이 느려진다. 따라서 진자의 속력은 일정하지 않고, 계속 변한다.
(2) 진자의 운동 방향은 매 순간 진자가 그리는 원 궤도의 접선 방향이다. 따라서 운동 방향이 계속 변한다.

17쪽

완자쌤 비법 특강
Q1 A, 증가한다.
Q2 기울기의 크기가 증가한다.

Q1 속도와 가속도의 부호가 같으면 속도의 크기가 증가하고, 속도와 가속도의 부호가 반대이면 속도의 크기가 감소한다.

Q2 위치 − 시간 그래프의 기울기는 속도를 나타내므로 속도의 크기가 증가하면 위치 − 시간 그래프의 기울기도 절댓값이 증가한다. 따라서 기울기의 크기가 증가한다.

대표 자료 분석 18~19쪽

자료 1 1 (1) 6 (2) 6 (3) 2　2 (1) 바뀐다 (2) 4 m (3) 16 m　3 4 m/s　4 (1) ○ (2) ×
자료 2 1 (1) 20 (2) 0 (3) 0　2 (1) 반대이다 (2) 5초 (3) 4초　3 $a_{(가)}>a_{(나)}$　4 (1) × (2) × (3) ○
자료 3 1 (1) $\dfrac{1}{2}v$ (2) $\dfrac{3}{2}v$ (3) $\dfrac{2L}{3v}$　2 (1) 같다 (2) 3배 (3) $\dfrac{1}{3}$배　3 $\dfrac{3v^2}{2L}$　4 (1) × (2) ○ (3) ×
자료 4 1 (1) 6 (2) 6 (3) 2　2 (1) 같다 (2) 1초 (3) 1초　3 9 m/s　4 (1) × (2) ○

1-1 (1) 0~3초 동안 A의 속력은 2 m/s이므로 A는 3초 동안 2 m/s×3 s=6 m를 이동한다.
(2) 0~3초 동안 A와 B 사이의 거리는 12 m 가까워졌고, A는 3초 동안 B를 향해 6 m를 이동하였으므로 3초 동안 B도 A를 향해 12 m−6 m=6 m를 이동하였다.
(3) B는 3초 동안 6 m를 이동하였으므로 0~3초 동안 B의 속력은 $\dfrac{6\ \text{m}}{3\ \text{s}}=2$ m/s이다.

1-2 (1) A와 B 사이의 거리는 0초부터 3초까지는 서로 가까워지고 3초부터 7초까지는 서로 멀어진다. 따라서 B는 A를 향해 운동하다가 3초부터 운동 방향이 바뀌어 A와 멀어진다.
(2) 3초~7초 동안 A의 속력은 1 m/s이므로 A가 4초 동안 이동한 거리는 1 m/s×4 s=4 m이다.
(3) 3초~7초 동안 A는 4 m를 이동하였고, 3초부터 B와 A의 운동 방향이 같아졌다. A와 B 사이의 거리는 12 m 멀어졌으므로 B는 4 m+12 m=16 m를 이동하였다.

1-3 3초부터 7초까지 B가 16 m를 이동하였으므로 4초 동안 B의 속력은 $\dfrac{16\ \text{m}}{4\ \text{s}}=4$ m/s이다.

1-4 (1) A에서 측정한 B의 속력은 A와 B 사이의 거리 그래프에서 기울기의 크기와 같다. 따라서 0~3초 동안 A에서 측정한 B의 속력은 $\dfrac{12\ \text{m}}{3\ \text{s}}=4$ m/s이다.
(2) 3초~7초 동안 B에서 측정한 A의 속력은 A와 B 사이의 거리 그래프에서 3초~7초 동안 기울기의 크기와 같으므로 $\dfrac{12\ \text{m}}{4\ \text{s}}$ =3 m/s이다.
다른 풀이 (1) A에서 측정한 B의 속도는 $v_B-v_A=-2$ m/s−2 m/s =−4 m/s이므로 0~3초 동안 A에서 측정한 B의 속력은 4 m/s이다.
(2) B에서 측정한 A의 속도는 $v_A-v_B=1$ m/s−4 m/s=−3 m/s이므로 3초~7초 동안 B에서 측정한 A의 속력은 3 m/s이다.

2-1 꼼꼼 문제 분석

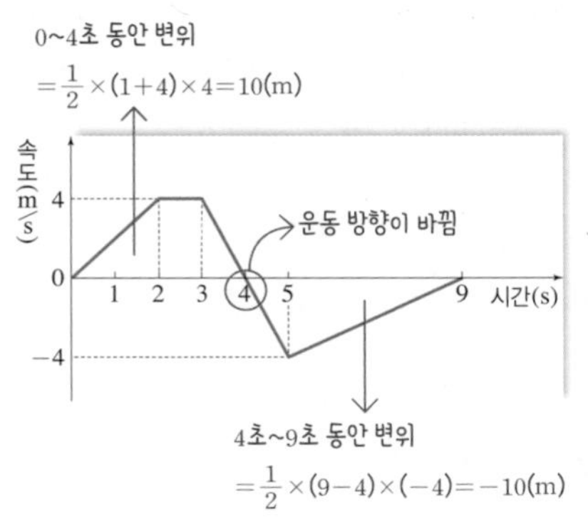

(1) 속도 - 시간 그래프와 시간축 사이의 넓이는 변위를 나타낸다. 0~4초 동안 변위는 10 m이고, 4초~9초 동안 변위는 −10 m이므로 0~9초 동안 물체가 이동한 거리는 10 m+10 m =20 m이다.
(2) 0~4초 동안 속도의 부호가 (+)이므로 물체는 출발점에서 멀어지는 방향으로 운동하고, 4초~9초 동안 속도의 부호가 (−)이므로 물체는 출발점으로 되돌아오는 방향으로 운동한다. 이때 0~4초 동안 변위의 크기와 4초~9초 동안 변위의 크기가 10 m로 같으므로 9초일 때 출발점으로 되돌아온다. 따라서 변위는 10 m−10 m=0이다.
(3) 0~9초 동안 변위가 0이므로 평균 속도는 0이다.

2-2 (1) 속도의 부호는 물체의 운동 방향을 나타낸다. 4초일 때 속도의 부호가 바뀌므로 물체의 운동 방향은 4초일 때 바뀐다. 따라서 3초일 때와 5초일 때 운동 방향은 서로 반대이다.
(2) 속도 - 시간 그래프의 기울기는 가속도를 나타내므로 3초부터 5초까지는 가속도의 방향이 (−)이고, 5초부터 9초까지는 가속도의 방향이 (+)이다. 따라서 4초일 때 가속도의 방향은 일정하고, 5초일 때 가속도의 방향이 바뀐다.
(3) 9초일 때 변위는 0이므로 물체는 출발점에 있고, 4초일 때 물체의 운동 방향이 바뀌므로 물체는 4초일 때 출발점으로부터 가장 멀리 떨어져 있다.

2-3 속도 - 시간 그래프의 기울기는 가속도를 나타낸다. 따라서 $a_{(가)}=\frac{4\text{ m/s}-0}{2\text{ s}}=2\text{ m/s}^2$이고, $a_{(나)}=\frac{0-(-4\text{ m/s})}{9\text{ s}-5\text{ s}}=1\text{ m/s}^2$이므로 $a_{(가)}>a_{(나)}$이다.

2-4 (1) 속도의 부호는 물체의 운동 방향을 나타내므로 물체의 운동 방향은 4초일 때 한 번 바뀐다.
(2) 2초~3초 동안 속도가 4 m/s로 일정하므로 물체는 등속 직선 운동을 한다.
(3) 4초일 때 속도의 부호가 바뀌므로 운동 방향이 바뀐다.

3-1 (1) A는 등가속도 직선 운동을 하므로 A가 P에서 Q까지 이동하는 동안 A의 평균 속도의 크기는 $\frac{0+v}{2}=\frac{1}{2}v$이다.
(2) B는 등가속도 직선 운동을 하므로 B가 Q에서 P까지 이동하는 동안 B의 평균 속도의 크기는 $\frac{2v+v}{2}=\frac{3}{2}v$이다.
(3) 평균 속도$=\frac{\text{이동 거리}}{\text{걸린 시간}}$이므로 B가 Q에서 P까지 이동하는 데 걸린 시간은 $\frac{2L}{3v}$이다.

3-2 (1) 속도 변화량=나중 속도−처음 속도이므로 A의 속도 변화량은 $v-0=v$이고, B의 속도 변화량은 $-v-(-2v)=v$이다. 따라서 A와 B의 속도 변화량의 크기는 v로 같다.
(2) A와 B가 이동한 거리는 L로 같고, 평균 속도의 크기는 B가 A의 3배이므로 운동하는 데 걸린 시간은 A가 B의 3배이다.
(3) 가속도$=\frac{\text{속도 변화량}}{\text{걸린 시간}}$이다. A와 B의 속도 변화량의 크기는 서로 같고, 걸린 시간은 A가 B의 3배이므로 가속도의 크기는 A가 B의 $\frac{1}{3}$배이다.

3-3 B의 가속도를 a_B라고 하면 등가속도 직선 운동의 식에 따라 $2a_BL=(-v)^2-(-2v)^2=-3v^2$이므로 $a_B=-\frac{3v^2}{2L}$이다. 따라서 B의 가속도의 크기는 $\frac{3v^2}{2L}$이다.

3-4 (1) 이동하는 데 걸린 시간$=\frac{\text{이동 거리}}{\text{평균 속도}}$이므로 A가 P에서 Q까지 이동하는 데 걸린 시간은 $L\times\frac{2}{v}=\frac{2L}{v}$이다.
(2) B는 이동하는 동안 속력이 감소하므로 속도의 방향과 가속도의 방향이 서로 반대이다.
(3) 가속도의 크기는 B가 A의 3배이므로 A의 가속도의 크기는 $\frac{v^2}{2L}$이고, B가 Q에서 P까지 운동하는 데 걸린 시간은 $\frac{2L}{3v}$이다. 등가속도 직선 운동의 식 $s=\frac{1}{2}at^2$에 따라 A가 이동한 거리는 $\frac{1}{2}\times\frac{v^2}{2L}\times\left(\frac{2L}{3v}\right)^2=\frac{1}{9}L$이다.

4-1 (1) 등가속도 직선 운동의 식에 따라 $a=\frac{v^2-{v_0}^2}{2s}$이므로 A의 가속도는 $\frac{(12\text{ m/s})^2-0}{2\times12\text{ m}}=6\text{ m/s}^2$이다.
(2) 등가속도 직선 운동을 하는 물체의 평균 속도는 처음 속도와 나중 속도의 중간값과 같으므로 p에서 r까지 운동하는 동안 A의 평균 속력은 $\frac{0+12\text{ m/s}}{2}=6\text{ m/s}$이다.

(3) A의 평균 속력이 6 m/s이므로 12 m를 운동하는 데 걸린 시간은 $\frac{\text{이동 거리}}{\text{평균 속력}}=\frac{12\text{ m}}{6\text{ m/s}}=2\text{ s}$이다.

4-2 (1) 같은 빗면에서 중력에 의해 운동하는 물체는 질량에 관계없이 가속도가 같으므로 A와 B의 가속도는 서로 같다.

(2) A가 p에서 q까지 운동할 때, 등가속도 직선 운동의 식 $s=\frac{1}{2}at^2$에 따라 $3\text{ m}=\frac{1}{2}\times 6\text{ m/s}^2\times t^2$이므로 $t=1\text{ s}$이다. 따라서 A가 p에서 q까지 운동하는 데 걸린 시간은 1초이다.

(3) A가 q에서 r까지 운동하는 데 걸린 시간은 2초−1초=1초이다. B는 A가 q를 지나는 순간 q에서 출발하여 A와 동시에 r를 통과하므로 B가 q에서 r까지 운동하는 데 걸린 시간도 1초이다.

4-3 평균 속력$=\frac{\text{이동 거리}}{\text{걸린 시간}}$이므로 B가 q에서 r까지 운동하는 동안 평균 속력은 $\frac{9\text{ m}}{1\text{ s}}=9\text{ m/s}$이다.

4-4 (1) A의 가속도는 6 m/s^2이고, p에서 q까지 운동하는 데 걸린 시간은 1초이므로 q를 통과할 때 A의 속력은 $6\text{ m/s}^2\times 1\text{ s}=6\text{ m/s}$이다.

(2) B가 q에서 r까지 9 m를 운동하는 데 걸린 시간과 가속도의 크기가 A와 같으므로 A와 B의 속력은 매 순간 같다. 따라서 $v_1=6\text{ m/s}$, $v_2=12\text{ m/s}$이다.

내신 만점 문제 20~24쪽

01 ⑤	02 ④	03 ③	04 ⑤	05 ⑤	06 ④
07 ①	08 ⑤	09 10초	10 ②	11 ③	12 62.5 cm/s²
13 ③	14 ②	15 해설 참조	16 ③	17 ⑤	18 ③
19 ⑤	20 해설 참조	21 ②	22 ⑤	23 ④	24 ③
25 ④					

01 이동 거리는 물체가 실제로 움직인 총거리이고, 변위는 물체의 위치 변화량으로 처음 위치에서 나중 위치까지의 직선 거리와 방향이다.

ㄱ. A와 B의 출발점과 도착점이 같으므로 변위도 같다.

ㄴ. A는 곡선 경로를 따라 이동하였고, B는 직선 경로를 따라 이동하였다. 따라서 이동 거리는 경로가 긴 A가 B보다 크다.

ㄷ. B는 출발점에서 도착점까지 직선상에서 운동 방향이 변하지 않고 이동하였으므로 이동 거리와 변위의 크기가 같다.

02 200 m 트랙을 한 바퀴 돌면 이동 거리는 200 m이고, 출발점과 도착점이 같으므로 변위는 0이다. 따라서 달리기 선수의 평균 속력은 $\frac{200\text{ m}}{25\text{ s}}=8\text{ m/s}$이고, 평균 속도는 0이다.

03 꼼꼼 문제 분석

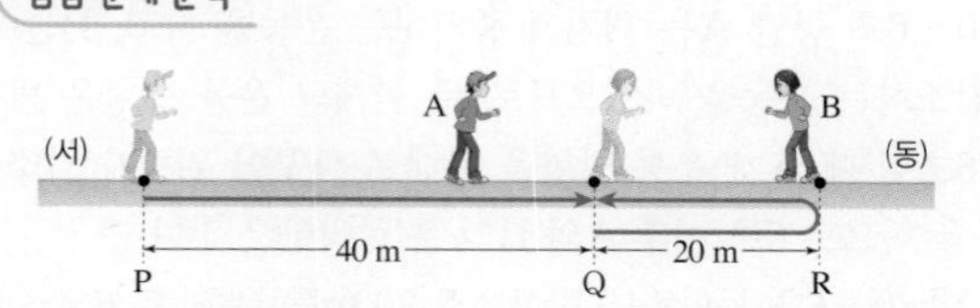

• A의 이동 거리=40 m • B의 이동 거리=20 m+20 m=40 m
• A의 변위의 크기=40 m • B의 변위의 크기=20 m−20 m=0

ㄱ. 0~10초 동안 A와 B의 이동 거리가 같으므로 속력도 같다. 0~5초 동안 A와 B의 운동 방향은 동쪽으로 서로 같고, 속력도 같으므로 A와 B 사이의 거리는 40 m로 일정하다.

ㄴ. 0~10초 동안 A가 이동한 거리는 40 m이고, B가 이동한 거리도 20 m+20 m=40 m로 같으므로 A와 B의 평균 속력은 $\frac{40\text{ m}}{10\text{ s}}=4\text{ m/s}$로 같다.

바로알기 ㄷ. 0~10초 동안 A는 평균 속력과 평균 속도의 크기가 같지만, B는 처음 위치로 되돌아와서 평균 속도가 0이다. 따라서 A와 B의 평균 속도의 크기는 다르다.

04 꼼꼼 문제 분석

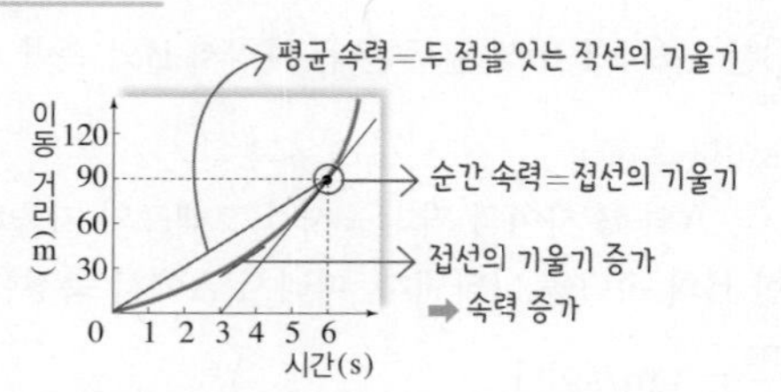

ㄱ. 속력은 일반적으로 순간 속력을 의미하며, 순간 속력은 이동 거리 - 시간 그래프에서 접선의 기울기와 같다. 0~6초 동안 접선의 기울기는 계속 증가하므로 자동차의 속력은 계속 증가한다.

ㄴ. 평균 속력은 이동 거리 - 시간 그래프에서 두 점을 잇는 직선의 기울기와 같다. 따라서 0~6초 동안 자동차의 평균 속력은 $\frac{90\text{ m}}{6\text{ s}}=15\text{ m/s}$이다.

ㄷ. 6초일 때 자동차의 순간 속력은 6초일 때 그래프의 접선의 기울기와 같으므로 $\frac{90\text{ m}}{(6-3)\text{ s}}=30\text{ m/s}$이다.

05 꼼꼼 문제 분석

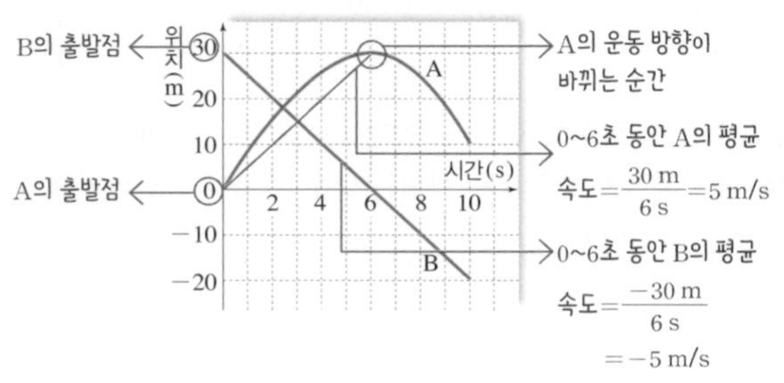

ㄴ. 0~6초 동안 A는 위치가 증가하는 운동을 하고, B는 위치가 감소하는 운동을 하였으므로 두 물체의 운동 방향은 반대이다. 6초일 때 A가 운동 방향을 반대로 바꾸어 위치가 감소하는 운동을 하므로 6초 이후 A와 B의 운동 방향은 같다.

ㄷ. A는 0~6초 동안 (+) 방향으로 30 m를 운동 후, 6초~10초 동안 (−) 방향으로 20 m를 되돌아오므로 0~10초 동안 이동한 거리가 50 m이다. B는 (−) 방향으로 계속 운동하여 0~10초 동안 이동한 거리가 50 m이다. 0~10초 동안 A와 B의 이동 거리가 50 m로 같으므로 평균 속력도 $\frac{50\text{ m}}{10\text{ s}}$=5 m/s로 서로 같다.

바로알기 ㄱ. 위치 – 시간 그래프에서 평균 속도는 두 점을 잇는 직선의 기울기와 같다. 0~6초 동안 A의 평균 속도는 5 m/s이고, B의 평균 속도는 −5 m/s이다. 따라서 평균 속도의 크기는 같지만 평균 속도의 부호(속도의 방향)가 다르므로 A와 B의 평균 속도는 다르다.

06 ㄱ. 0~2초 동안 A와 B 사이의 거리는 6 m가 가까워지므로 A와 B는 1초에 3 m씩 가까워진다.

ㄷ. A와 B가 1초에 3 m씩 가까워지고, A는 1초에 2 m씩 운동하므로 B는 1초에 1 m씩 운동한다. 따라서 B의 속력 $v=\frac{1\text{ m}}{1\text{ s}}$ =1 m/s이다.

바로알기 ㄴ. A와 B 사이의 거리 – 시간 그래프의 기울기는 A에서 측정한 B의 속력을 나타낸다. 따라서 A에서 측정한 B의 속력은 $\frac{6\text{ m}}{2\text{ s}}$=3 m/s이다.

07 꼼꼼 문제 분석

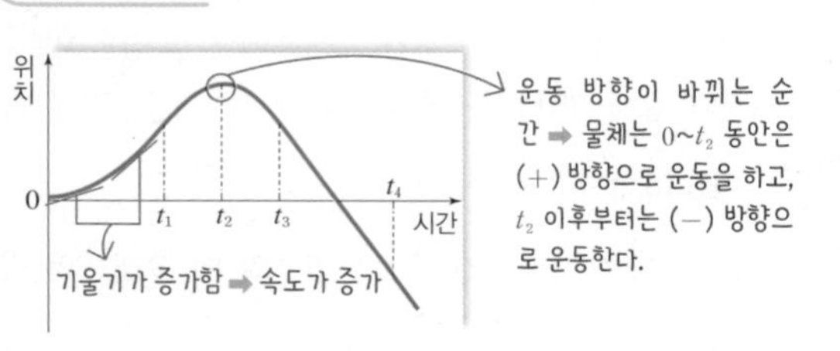

ㄱ. 위치 – 시간 그래프에서 기울기는 속도를 나타낸다. 0~t_1 동안 그래프의 기울기가 점점 증가하므로 속도의 크기도 점점 증가한다. 속도와 가속도의 방향이 같으면 속도의 크기가 증가하므로 0~t_1 동안 물체의 속도와 가속도의 방향은 서로 같다.

바로알기 ㄴ. 시간이 t_2일 때 위치 – 시간 그래프에서 기울기가 0이므로 속도가 0이다. t_2 전후로 기울기가 계속 감소하므로 속도가 계속 감소한다. 따라서 가속도는 0이 아니다.

ㄷ. 위치 – 시간 그래프에서 기울기의 부호는 속도의 부호(운동 방향)를 나타낸다. t_3일 때와 t_4일 때 기울기의 부호는 (−)로 같으므로 t_3일 때와 t_4일 때 물체의 운동 방향은 서로 같다.

08 꼼꼼 문제 분석

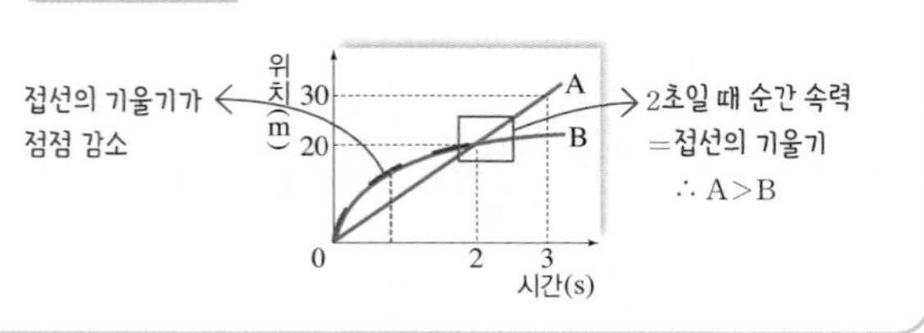

ㄱ. 0~2초 동안 B의 속도(접선의 기울기)의 부호가 (+)이면서 속도의 크기가 점점 감소하므로 가속도의 부호는 (−)이다. 따라서 운동 방향(속도의 방향)과 가속도의 방향은 반대이다.

ㄴ. A, B가 직선 도로에서 한쪽 방향으로만 운동하였고, 0초일 때 위치와 2초일 때 위치가 같으므로 A, B의 이동 거리는 20 m로 같다. 따라서 0~2초 동안 A와 B의 평균 속력은 $\frac{20\text{ m}}{2\text{ s}}$ =10 m/s로 같다.

ㄷ. 직선상에서 운동하는 물체의 위치 – 시간 그래프에서 접선의 기울기는 순간 속력을 나타낸다. 2초일 때 접선의 기울기는 A가 B보다 크므로 2초일 때 순간 속력은 A가 B보다 크다.

09 두 자동차가 t초 후에 만난다면 t초 동안 두 자동차가 이동한 거리의 합은 300 m이다. 따라서 10 m/s×t+20 m/s×t =300 m이므로 t=10초이다.

10 꼼꼼 문제 분석

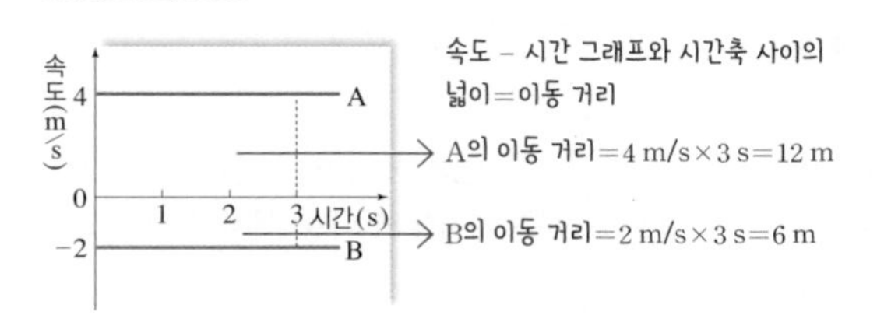

② 0~3초 동안 A가 이동한 거리는 그래프와 시간축 사이의 넓이와 같으므로 4 m/s×3 s=12 m이다.

바로알기 ① A와 B의 속도의 부호가 반대이므로 A와 B의 운동 방향은 반대이다.

③ B의 속도는 일정하므로 이동 거리는 시간이 지날수록 증가한다.

④ B의 속도가 -2 m/s이므로 속력은 2 m/s이다.

⑤ A와 B의 운동 방향이 반대이므로 3초일 때 A와 B 사이의 거리는 A와 B의 이동 거리의 합인 12 m+6 m=18 m이다.

11 ㄱ. 출발 후 2초 동안 자동차의 속력이 4 m/s 증가하였으므로 가속도는 $\frac{\text{속도 변화량}}{\text{걸린 시간}}=\frac{4\text{ m/s}}{2\text{ s}}=2\text{ m/s}^2$이다.

ㄴ. 자동차는 2 m/s^2의 가속도로 등가속도 직선 운동을 하므로 3초일 때 속력 $v=v_0+at=2\text{ m/s}+2\text{ m/s}^2\times3\text{ s}=8\text{ m/s}$이다.

바로알기 ㄷ. 등가속도 직선 운동을 하는 물체의 평균 속력은 $\frac{\text{처음 속력}+\text{나중 속력}}{2}$이므로 0~2초 동안 자동차의 평균 속력은 $\frac{2\text{ m/s}+6\text{ m/s}}{2}=4$ m/s이고, 2초~4초 동안 자동차의 평균 속력은 $\frac{6\text{ m/s}+10\text{ m/s}}{2}=8$ m/s이다. 따라서 0~2초 동안 자동차의 이동 거리는 4 m/s×2 s=8 m이고, 2초~4초 동안의 이동 거리는 8 m/s×2 s=16 m이므로 2초~4초 동안의 이동 거리는 0~2초 동안의 2배이다.

12 구간 거리와 구간 평균 속도, 구간 평균 가속도는 표와 같이 구할 수 있다.

시간(s)	0	0.4	0.8	1.2	1.6	2.0
구간 거리(cm)	10	20	30	40	50	
구간 평균 속도(cm/s)	25	50	75	100	125	
구간 평균 가속도(cm/s^2)		62.5	62.5	62.5	62.5	

구간 별로 구간 평균 속도가 각각 $\frac{10\text{ cm}}{0.4\text{ s}}=25$ cm/s, 50 cm/s, 75 cm/s, 100 cm/s, 125 cm/s이므로 0.4초마다 평균 속도가 25 cm/s씩 일정하게 증가하였다. 따라서 장난감 자동차의 가속도의 크기 $a=\frac{v-v_0}{t}=\frac{25\text{ cm/s}}{0.4\text{ s}}=62.5\text{ cm/s}^2$이다.

13 꼼꼼 문제 분석

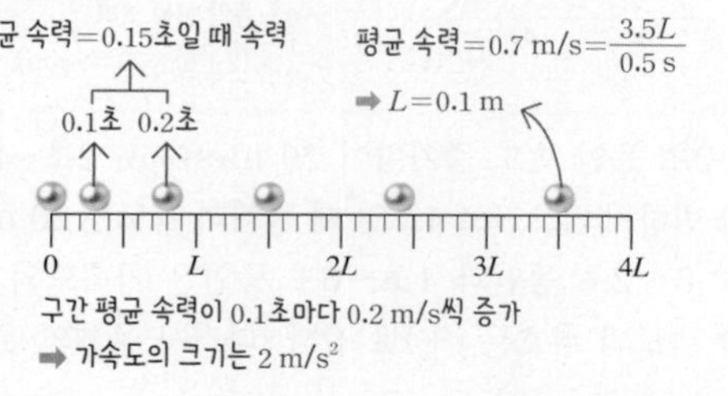

ㄱ. 공은 0~0.5초 동안 $3.5L$만큼 이동하였으므로 공의 평균 속력 $0.7\text{ m/s}=\frac{3.5L}{0.5\text{ s}}$이다. 따라서 $L=0.1$ m=10 cm이다.

ㄷ. 물체가 등가속도 직선 운동을 하므로 0.15초일 때의 속력은 0.1초~0.2초 동안의 평균 속력과 같다. 물체가 0.1초~0.2초 동안 5 cm를 운동하였으므로 평균 속력은 50 cm/s=0.5 m/s이다. 따라서 0.15초일 때 물체의 속력도 0.5 m/s이다.

바로알기 ㄴ. 구간별 위치, 평균 속력은 다음과 같다.

시간(s)	0	0.1	0.2	0.3	0.4	0.5
위치(cm)	0	3	8	15	24	35
구간별 위치 변화(cm)	3	5	7	9	11	
구간별 평균 속력(m/s)	0.3	0.5	0.7	0.9	1.1	

물체의 구간별 평균 속도가 0.1초마다 0.2 m/s씩 증가하므로 가속도의 크기는 $\frac{0.2\text{ m/s}}{0.1\text{ s}}=2\text{ m/s}^2$이다.

14 꼼꼼 문제 분석

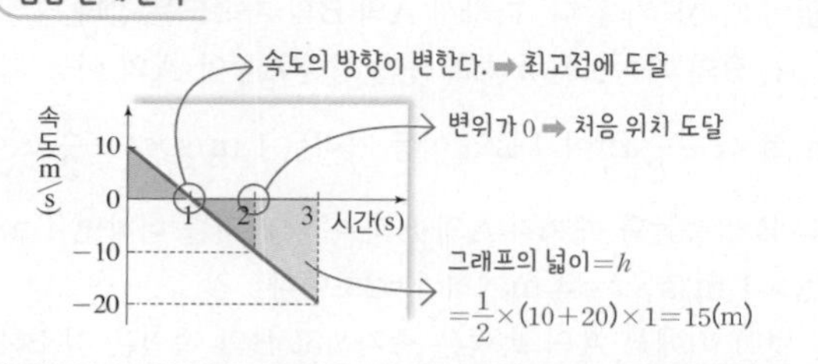

ㄷ. 물체는 2초일 때 처음 위치로 돌아왔다가 3초일 때 지면에 도달한다. 따라서 2초부터 3초까지 물체가 이동한 거리는 h이다. 속도－시간 그래프와 시간축 사이의 넓이는 변위와 같으므로 $h=\frac{1}{2}\times(10+20)\times1=15$(m)이다.

바로알기 ㄱ. 속도－시간 그래프의 기울기는 가속도와 같다. 물체가 운동하는 동안 그래프의 기울기가 일정하므로 가속도는 일정하고, 가속도의 방향도 바뀌지 않는다. 1초일 때 속도의 부호가 바뀌므로 1초일 때는 속도의 방향(운동 방향)이 바뀐다.

ㄴ. 연직 위로 쏘아 올린 물체는 최고점에서 속도가 0이 되므로 1초일 때 물체는 최고점에 도달한다.

15 연직 위 방향을 (+)라고 하면 물체의 처음 속도는 5 m/s이고, 물체의 가속도는 -10 m/s^2이며, 물체가 지면에 떨어질 때까지 이동한 변위는 $-h$이다.

모범 답안 물체의 속도$=5\text{ m/s}+(-10\text{ m/s}^2)\times2\text{ s}=-15$ m/s이므로 물체의 속력은 15 m/s이다. 물체의 변위$=5\text{ m/s}\times2\text{ s}+\frac{1}{2}\times(-10\text{ m/s}^2)\times(2\text{ s})^2=-10$ m이므로 물체의 처음 높이 h는 10 m이다.

채점 기준	배점
속력과 높이를 풀이 과정과 함께 옳게 구한 경우	100 %
속력과 높이만 옳게 쓴 경우	50 %

16 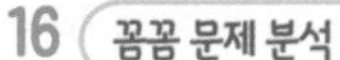

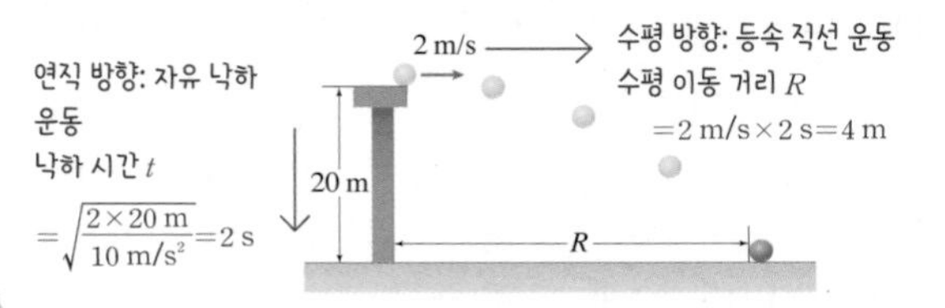

수평 방향으로 던진 물체는 수평 방향으로는 처음 속력 그대로 등속 직선 운동을 하고, 연직 방향으로는 자유 낙하 운동과 같이 등가속도 직선 운동을 한다. 20 m를 낙하하는 데 걸린 시간은 자유 낙하 운동의 식 $s=\frac{1}{2}gt^2$에서 $t=\sqrt{\frac{2s}{g}}=\sqrt{\frac{2\times20\ m}{10\ m/s^2}}=2\ s$이다. 따라서 공이 바닥에 도달할 때까지 2초 동안 수평 방향으로 이동한 거리 R는 $2\ m/s\times2\ s=4\ m$이다.

17 ㄱ. 같은 빗면에서 중력에 의해 운동하는 물체는 질량에 관계없이 가속도가 같다. 따라서 A와 B의 가속도는 같다.
ㄴ. A, B의 가속도를 a라고 하면 시간 t 동안 A의 이동 거리는 $1\ m/s\times t+\frac{1}{2}at^2$이고 B의 이동 거리는 $1\ m/s\times t-\frac{1}{2}at^2$이다. A와 B가 충돌할 때까지 A와 B의 이동 거리를 더하면 4 m이므로 $2\times1\ m/s\times t=4\ m$에서 $t=2$초이다.
ㄷ. 빗면 위에서 A의 속력은 증가하고 B의 속력은 감소하므로 충돌할 때까지 이동한 거리는 A가 B보다 크다.

18 꼼꼼 문제 분석

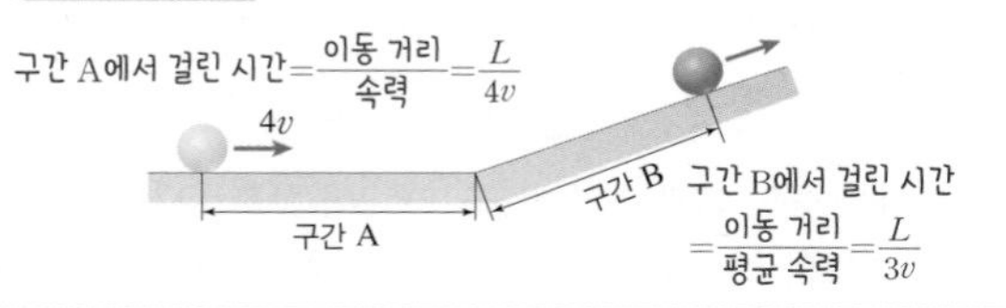

ㄱ. 구간 A와 구간 B의 길이는 같고 구간 A에서 물체의 속력이 구간 B에서 물체의 평균 속력보다 빠르므로 구간 A를 통과하는 데 걸린 시간이 구간 B를 통과하는 데 걸린 시간보다 작다.
ㄷ. 빗면에서 물체의 가속도를 a라고 하면 구간 B에 들어갈 때와 나올 때 물체의 속력이 각각 $4v$, $2v$이므로 등가속도 직선 운동의 식에 따라 $2aL=(2v)^2-(4v)^2$에서 $a=-\frac{6v^2}{L}$이다. 따라서 구간 B에서 물체의 가속도의 크기는 $\frac{6v^2}{L}$이다.

바로알기 ㄴ. 등가속도 직선 운동을 하는 물체의 평균 속력은 처음 속력과 나중 속력의 중간값과 같다. 따라서 구간 B를 빠져나오는 순간 물체의 속력을 v'이라고 하면 $3v=\frac{4v+v'}{2}$이므로 $v'=2v$이다.

19 ㄴ. 1초~2초 동안 직선상에서 운동하는 물체의 속도가 2 m/s로 일정하므로 물체는 등속 직선 운동을 한다.
ㄷ. 속도 – 시간 그래프 아랫부분의 넓이는 변위를 나타내므로 0~2초 동안 변위의 크기는 $\frac{1}{2}\times(1+2)\times2=3(m)$이다. 0~2초 동안 속도의 부호는 계속 (+)이므로 물체는 직선상에서 한쪽 방향으로만 운동하였다. 따라서 0~2초 동안 이동한 거리는 변위의 크기와 같은 3 m이다.

바로알기 ㄱ. 0~1초 동안 물체는 등가속도 직선 운동을 한다. 등가속도 직선 운동을 하는 물체의 평균 속도는 처음 속도와 나중 속도의 중간값이다. 따라서 0~1초 동안 평균 속도$=\frac{0+2\ m/s}{2}$ $=1\ m/s$이다.

20 0~2초 동안은 2 m/s의 속도로 등속 직선 운동을 하므로 그래프는 시간축에 나란한 모양이 된다.
2초~4초 동안은 $-2\ m/s^2$의 가속도로 등가속도 직선 운동을 하므로 그래프의 기울기는 -2가 된다.

모범 답안

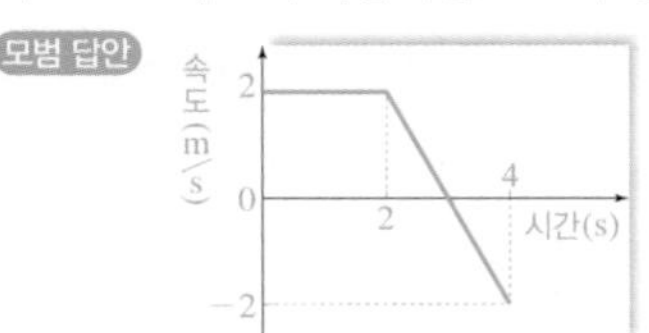

채점 기준	배점
속도 – 시간 그래프를 옳게 그린 경우	100 %
속도 – 시간 그래프를 옳게 그렸지만, 좌표축의 단위를 쓰지 않은 경우	50 %

21 꼼꼼 문제 분석

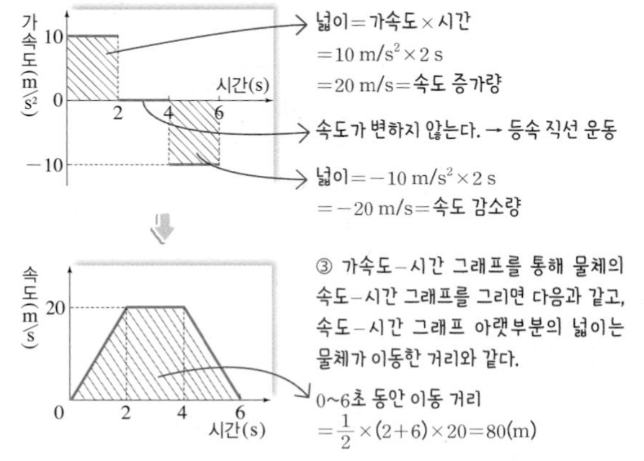

① 0~2초 동안 속도 증가량이 20 m/s이고, 2초~4초 동안은 속도가 변하지 않으므로 4초일 때 물체의 속도는 20 m/s이다.
④, ⑤ 0~2초 동안과 4초~6초 동안은 가속도의 부호가 다르지만 속도의 부호는 (+)로 같다. 따라서 물체의 운동 방향도 같다.

바로알기 ② 0초일 때 물체의 속도는 0이고, 4초일 때 속도는 20 m/s이므로 0~4초 동안 물체의 평균 가속도는 $\frac{\text{속도 변화량}}{\text{걸린 시간}}$ $=\frac{20\text{ m/s}-0}{4\text{ s}}=5\text{ m/s}^2$이다.

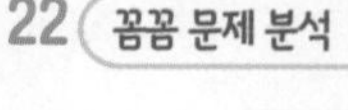

22 꼼꼼 문제 분석

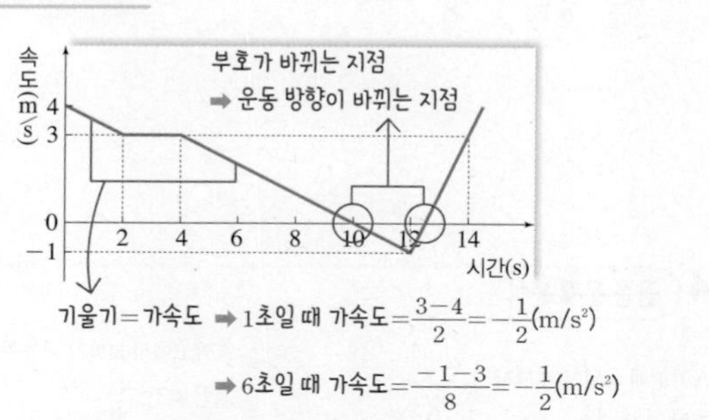

① 2초~4초 동안 물체는 등속 직선 운동을 하고, 이때 이동한 거리는 3 m/s×2 s=6 m이다.
② 속도-시간 그래프의 기울기는 가속도를 나타낸다. 따라서 1초일 때 가속도는 $\frac{(3-4)\text{ m/s}}{2\text{ s}}=-\frac{1}{2}\text{ m/s}^2$이고, 6초일 때는 $\frac{(-1-3)\text{ m/s}}{8\text{ s}}=-\frac{1}{2}\text{ m/s}^2$이므로 1초일 때와 6초일 때 가속도는 같다.
③ 4초~10초 동안 가속도는 $-\frac{1}{2}\text{ m/s}^2$이므로 가속도의 방향은 (−) 방향이고, 속도의 부호는 (+)이므로 운동 방향은 (+) 방향이다. 따라서 운동 방향과 가속도의 방향은 서로 반대이다.
④ 4초~12초 동안 물체의 평균 속도는 $\frac{3\text{ m/s}+(-1\text{ m/s})}{2}=1\text{ m/s}$이고, 12초~14초 동안의 평균 속도는 $\frac{-1\text{ m/s}+3\text{ m/s}}{2}=1\text{ m/s}$이다. 따라서 4초~12초 동안과 12초~14초 동안 평균 속도는 같다.
바로알기 ⑤ 속도의 부호는 물체의 운동 방향을 나타낸다. 따라서 물체는 10초와 12초~14초 사이에서 두 번 운동 방향이 바뀐다.

23 꼼꼼 문제 분석

속도(m/s) 20, 15, 10 / A, B / 0, 20, 40, 60 시간(s)

B의 이동 거리=그래프 아랫부분의 넓이
$600(\text{m})=\left\{\frac{1}{2}\times(20+10)\times 20\right\}+\{10\times(t_B-20)\}$
$\therefore t_B=50\text{ s}$

A의 이동 거리=속력×시간
$600\text{ m}=15\text{ m/s}\times t_A \quad \therefore t_A=40\text{ s}$

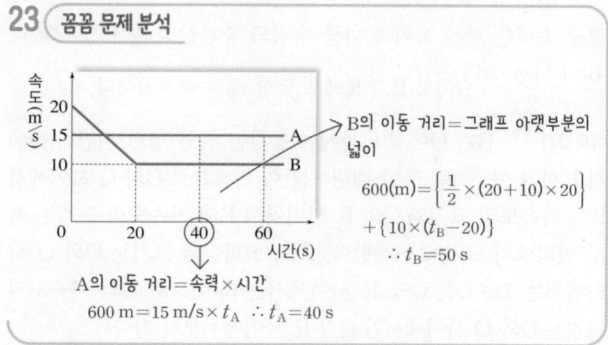

ㄱ. 자동차 A, B의 이동 거리가 터널의 길이인 600 m가 되기까지 걸리는 시간 t_A, t_B는 각각 40초, 50초이므로 600 m 길이의 터널을 먼저 통과하는 자동차는 A이다.
ㄴ. B가 600 m 길이의 터널을 통과하는 데 걸리는 시간은 50초이므로 평균 속력은 $\frac{600\text{ m}}{50\text{ s}}=12\text{ m/s}$이다.
바로알기 ㄷ. 20초 이후부터 A의 속도는 B의 속도보다 항상 크다. 따라서 A와 B 사이의 거리는 점점 증가한다.

24 ㄱ. (가)는 자유 낙하 운동이므로 속력이 빨라지고 방향은 일정한 운동을 한다.
ㄷ. (다)는 진자의 운동과 같이 빠르기와 운동 방향이 모두 변하는 운동이다.
바로알기 ㄴ. (나)에서 회전목마는 등속 원운동을 하므로 속력은 일정하지만 운동 방향이 변한다. 따라서 속도가 변하는 운동이다.

25 ㄴ. 원운동을 하는 물체가 한 바퀴 돌아 원래 위치로 돌아오면 변위가 0이므로 그 동안의 평균 속도는 0이다.
ㄷ. 등속 원운동을 하는 물체의 운동 방향은 원 궤도의 접선 방향이다. 따라서 실이 끊어지면 물체는 원 궤도의 접선 방향인 B 방향으로 운동한다.
바로알기 ㄱ. 등속 원운동을 하는 물체의 속력은 일정하지만 운동 방향은 매 순간 변한다. 따라서 등속 원운동은 속도가 변하는 가속도 운동이다.

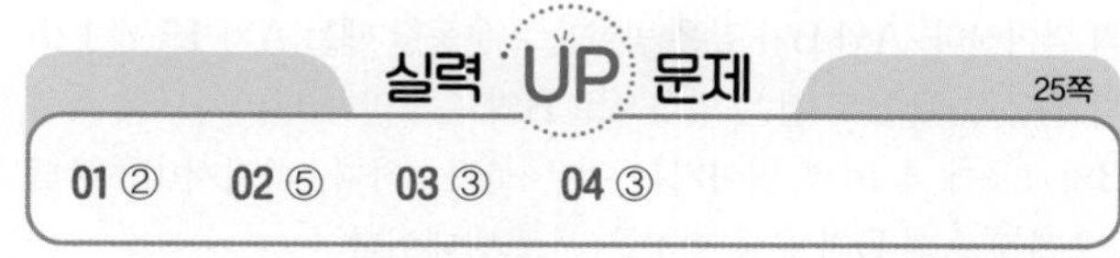

실력 UP 문제 25쪽

01 ② 02 ⑤ 03 ③ 04 ③

01 ㄷ. 0~2초 동안 자동차의 가속도는 $\frac{25\text{ m/s}-20\text{ m/s}}{2\text{ s}}=2.5\text{ m/s}^2$이고, 2초~12초 동안 가속도는 $\frac{14\text{ m/s}-25\text{ m/s}}{10\text{ s}}=-1.1\text{ m/s}^2$이다. 따라서 P와 Q 사이에서 가속도의 크기는 Q와 R 사이에서 가속도의 크기보다 크다.
바로알기 ㄱ. P에서 R까지 이동 거리가 240 m이고 걸린 시간은 T이다. 평균 속력이 20 m/s이므로 $\frac{240\text{ m}}{T}=20\text{ m/s}$에서 $T=12\text{ s}$이다.
ㄴ. Q에서 R까지 자동차가 이동한 거리는 195 m이고, 걸린 시간은 12초−2초=10초이므로 평균 속력은 $\frac{195\text{ m}}{10\text{ s}}=19.5\text{ m/s}$이다. 등가속도 직선 운동에서 평균 속력은 처음 속력과 나중 속력의 중간값이므로 $19.5\text{ m/s}=\frac{25\text{ m/s}+v}{2}$이다. 따라서 $v=14\text{ m/s}$이다.

02 꼼꼼 문제 분석

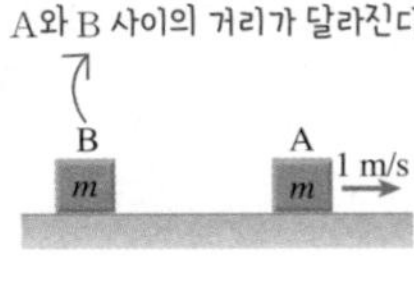

B의 속도의 크기와 방향에 따라 A와 B 사이의 거리가 달라진다.
B
A
1 m/s
m
m

(가)

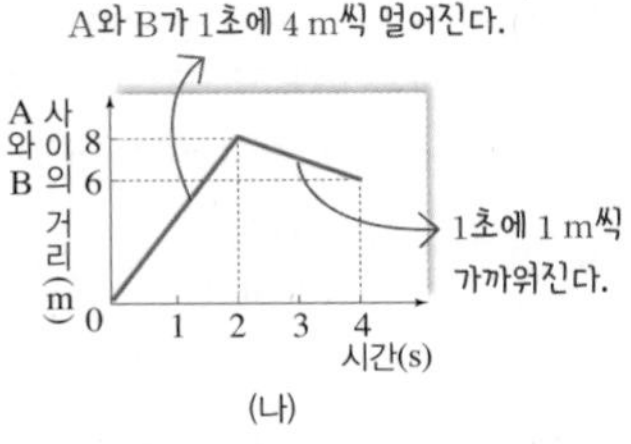

A와 B가 1초에 4 m씩 멀어진다.
A와 B 사이의 거리(m)
8
6
0
1
2
3
4
시간(s)
1초에 1 m씩 가까워진다.

(나)

• B의 운동 방향이 A와 같고, B가 더 빠를 때(B의 속도가 +2 m/s인 경우)

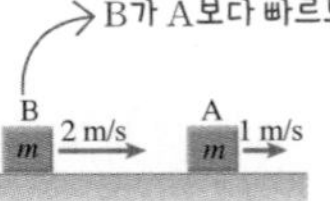

B가 A보다 빠르므로 A와 B가 가까워진다.
B
2 m/s
A
1 m/s

A가 1초에 1 m씩 이동할 때 B는 2 m씩 따라간다. ➡ 두 물체 사이의 거리는 1초에 1 m씩 가까워진다.

• B의 운동 방향이 A와 같고, B가 더 느릴 때(B의 속도가 +0.5 m/s인 경우)

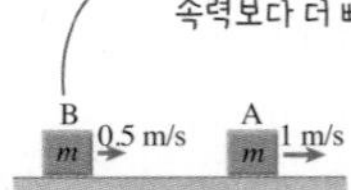

B가 A보다 느리므로 A와 B가 멀어진다. ➡ A의 속력보다 더 빠르게 멀어질 수는 없다.
B
0.5 m/s
A
1 m/s

A가 1초에 1 m씩 이동할 때 B는 0.5 m씩 따라간다. ➡ 두 물체 사이의 거리는 1초에 0.5 m씩 멀어진다.

• B의 운동 방향이 A와 반대일 때(B의 속도가 −3 m/s인 경우)

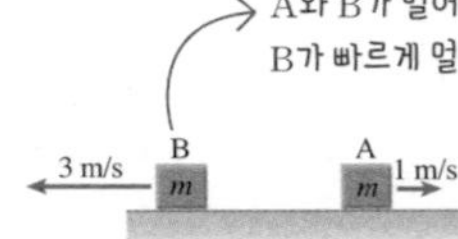

A와 B가 멀어진다. ➡ B의 속도가 빠를수록 A와 B가 빠르게 멀어진다.
3 m/s
B
A
1 m/s

A가 1초에 1 m씩 이동할 때 B는 반대 방향으로 3 m씩 이동한다. ➡ 두 물체 사이의 거리는 1초에 4 m씩 멀어진다.

ㄱ. (나)에서 0초부터 2초까지 A와 B 사이의 거리가 1초에 4 m씩 멀어진다. A와 B가 같은 방향으로 운동할 때는 A가 1초에 1 m씩 운동할 때 B도 같은 방향으로 B의 속도만큼 따라가므로 A와 B가 1초에 4 m씩 멀어지는 것은 불가능하다. 따라서 0초부터 2초까지 A와 B의 운동 방향은 서로 반대이다.

ㄴ. 0초부터 2초까지 두 물체는 서로 반대 방향으로 운동하며 거리가 멀어졌고, (나)에서 2초부터 4초까지 A와 B 사이의 거리가 가까워지므로 2초일 때 B의 운동 방향이 반대로 바뀐다.

ㄷ. (나)에서 3초일 때 A와 B 사이의 거리는 1초에 1 m씩 가까워지고, A의 속력은 1 m/s이므로 B는 A와 같은 방향으로 2 m/s의 속력으로 운동한다. 따라서 B의 속력은 A의 속력보다 크다.

03 ㄱ. 물체가 빗면 위에서 등가속도 직선 운동을 하므로 평균 속력은 처음 속력과 나중 속력의 중간값과 같다. 따라서 0~5초 동안 물체의 평균 속력은 $\frac{4\text{ m/s}+0}{2}=2$ m/s이고, 5초~8초 동안 물체의 평균 속력은 $\frac{0+6\text{ m/s}}{2}=3$ m/s이다. 이동 거리=평균 속력×시간이므로 $L_1 : L_2=2\text{ m/s}\times5\text{ s} : 3\text{ m/s}\times3\text{ s}=10 : 9$이다.

ㄴ. q점에서 속력이 0이므로 0~5초 동안 가속도$=\frac{0-4\text{ m/s}}{5\text{ s}}=-0.8\text{ m/s}^2$이다. 따라서 0~5초 동안 물체의 가속도의 크기는 0.8 m/s^2이다.

바로알기 ㄷ. $L_1=10$ m이고, $L_2=9$ m이므로 0~8초 동안 물체의 전체 이동 거리는 19 m이다. 따라서 0~8초 동안 물체의 평균 속력은 $\frac{19\text{ m}}{8\text{ s}}=\frac{19}{8}$ m/s이다.

04 꼼꼼 문제 분석

A가 P에 도달할 때까지 걸린 시간: $\frac{4L}{4v}=\frac{L}{v}$

A가 P에서 R까지 이동하는 동안 걸린 시간: $\frac{4L}{4v}=\frac{L}{v}$

$4L$, L, $3L$, $4v$, $4v$, $4v$, $4v$, $6v$, O, P, Q, R

R에서 B의 속력: 0

B의 평균 속력: $\frac{4v+6v}{2}=5v$

O에서 Q까지 거리: $5v\times\frac{L}{v}=5L$

B의 평균 속력: $\frac{3L}{\frac{L}{v}}=3v$

ㄱ. A가 P에 도달할 때까지 걸린 시간은 $\frac{4L}{4v}=\frac{L}{v}$이다. B가 O에서 Q까지 운동하는 동안 평균 속력은 $\frac{4v+6v}{2}=5v$이고, 걸린 시간은 $\frac{L}{v}$이므로 O에서 Q까지 이동한 거리는 $5v\times\frac{L}{v}=5L$이다. O에서 P까지 거리가 $4L$이므로 P에서 Q까지 거리는 $5L-4L=L$이다.

ㄴ. P에서 R까지 거리가 $4L$이므로 A가 P에서 R까지 이동하는 동안 걸린 시간은 $\frac{4L}{4v}=\frac{L}{v}$이다. B가 Q에서 R까지 이동하는 동안 걸린 시간도 $\frac{L}{v}$이므로 B가 Q에서 R까지 이동하는 동안 평균 속력은 $\frac{3L}{\frac{L}{v}}=3v$이다. 등가속도 직선 운동을 하는 물체의 평균 속력은 처음 속력과 나중 속력의 중간값과 같으므로 $3v=\frac{6v+\text{나중 속력}}{2}$에서 B가 R에 도달할 때 속력은 0이다.

바로알기 ㄷ. B가 O에서 Q까지 이동하는 동안 걸린 시간과 Q에서 R까지 이동하는 동안 걸린 시간이 같으므로 O와 Q 사이에서 B의 가속도의 크기와 Q와 R 사이에서 B의 가속도의 크기는 속도 변화량의 크기에 비례한다. 속도 변화량의 크기는 O와 Q 사이에서는 $2v$이고, Q와 R 사이에서는 $6v$이므로 B의 가속도의 크기는 O와 Q 사이에서가 Q와 R 사이에서보다 작다.

뉴턴 운동 법칙

개념 확인 문제

28쪽

❶ 알짜힘 ❷ 힘의 평형 ❸ 관성 ❹ 뒤로 ❺ 앞으로 ❻ 질량 ❼ 정지 ❽ 등속 직선

1 (1) × (2) ○ (3) × (4) ○ (5) × **2** (가) 7 N, 오른쪽 (나) 1 N, 오른쪽 **3** 3 N **4** ㉠ 유지하려는, ㉡ 크다 **5** (1) ○ (2) ○ (3) × **6** ㄱ, ㄴ

1 (1) 힘의 단위는 N(뉴턴), kgf(킬로그램힘) 등이다. kg(킬로그램)은 질량의 단위이다.
(2) 알짜힘은 한 물체에 여러 힘이 작용할 때 모든 힘을 합한 합력이다.
(3) 물체에 작용하는 알짜힘에 의해 물체의 운동 상태가 변한다.
(4) 물체의 운동 방향과 같은 방향으로 힘을 받으면 물체의 속력이 빨라지고, 운동 방향과 반대 방향으로 힘을 받으면 속력이 느려진다.
(5) 물체의 운동 방향에 수직으로 힘을 받으면 물체의 속력은 변하지 않고, 물체의 운동 방향만 변한다.

2 (1) 두 힘이 같은 방향으로 작용할 때 알짜힘의 크기는 두 힘의 크기를 더한 값과 같으므로 3 N+4 N=7 N이고, 알짜힘의 방향은 두 힘의 방향과 같은 오른쪽이다.
(2) 두 힘이 반대 방향으로 작용할 때 알짜힘의 크기는 큰 힘의 크기에서 작은 힘의 크기를 뺀 값이므로 4 N−3 N=1 N이고, 알짜힘의 방향은 큰 힘의 방향과 같으므로 오른쪽이다.

3 한 물체에 작용하는 두 힘이 힘의 평형을 이루기 위해서는 두 힘의 크기가 같고, 방향이 반대 방향으로 작용해야 한다. 따라서 F=3 N이다.

4 물체가 원래의 운동 상태를 계속 ㉠유지하려는 성질을 관성이라고 한다. 관성의 크기는 질량이 클수록 ㉡크다.

5 (1) 망치 자루가 바닥에 부딪치는 순간 망치 자루는 바닥으로부터 힘을 받아 갑자기 멈춘다.
(2) 직접 힘을 받지 않은 망치 머리는 계속 운동하려는 관성에 의해 바닥 쪽으로 운동하여 망치 자루에 단단히 박히게 된다.
(3) 망치 머리의 질량이 클수록 관성이 커지므로 망치 머리가 더 단단히 박힌다.

6 ㄱ. 물체에 작용하는 알짜힘이 0이면 물체의 운동 상태가 변하지 않으므로 물체는 관성에 의해 등속 직선 운동을 계속한다.
ㄴ. 전진하던 버스가 급정거하면 승객은 계속 운동하려는 관성 때문에 앞으로 넘어진다.
ㄷ. 배에서 노를 저으면 작용 반작용 법칙에 따라 배는 물로부터 힘을 받게 되고, 이 힘에 의해 배는 속도가 점점 빨라지는 운동을 하게 된다. 이 현상은 뉴턴 운동 제2법칙(가속도 법칙)과 제3법칙(작용 반작용 법칙)으로 설명할 수 있다.

개념 확인 문제

32쪽

❶ 알짜힘 ❷ 질량 ❸ 비례 ❹ 반비례 ❺ 같고 ❻ 반대 ❼ 작용 반작용

1 (1) 1 : 2 (2) 2 : 1 **2** (1) 2 m/s^2 (2) 4 m/s **3** B>A>C **4** (1) 2 m/s^2, 오른쪽 (2) 4 N **5** (1) ○ (2) × (3) ○ (4) ○ **6** ㉠ 작용 반작용, ㉡ 힘의 평형

1 속도 − 시간 그래프의 기울기는 가속도를 나타낸다. A와 B의 가속도의 비 A : B$=\dfrac{20\text{ m/s}}{10\text{ s}} : \dfrac{10\text{ m/s}}{10\text{ s}}=2:1$이다.
(1) 두 물체에 작용한 힘의 크기가 같을 때 가속도는 질량에 반비례한다. 따라서 두 물체의 질량의 비 $m_A : m_B=\dfrac{1}{2} : \dfrac{1}{1}=1:2$이다.
(2) 두 물체의 질량이 같을 때 가속도의 크기는 힘의 크기에 비례한다. 따라서 두 물체에 작용하는 힘의 크기의 비 $F_A : F_B=2:1$이다.

2 (1) $a=\dfrac{F}{m}=\dfrac{4\text{ N}}{2\text{ kg}}=2\text{ m/s}^2$
(2) 물체가 등가속도 직선 운동을 하므로 $v=at$이다. 따라서 2초인 순간 물체의 속도 $v=2\text{ m/s}^2\times2\text{ s}=4\text{ m/s}$이다.

3 A의 가속도$=\dfrac{F}{m}$, B의 가속도$=\dfrac{3F}{2m}$, C의 가속도$=\dfrac{F}{3m}$이므로 가속도의 크기를 비교하면 B>A>C이다.

4 (1) 두 물체가 실로 연결되어 함께 운동하므로 질량이 2 kg+3 kg=5 kg인 물체에 10 N의 힘이 작용하는 것과 같다. 따라서 두 물체의 가속도의 크기 $a=\dfrac{10\text{ N}}{2\text{ kg}+3\text{ kg}}=2\text{ m/s}^2$이고, 가속도의 방향은 힘의 방향과 같으므로 오른쪽이다.
(2) A의 가속도의 크기는 2 m/s^{2}이므로 A에 작용하는 알짜힘은 $F=ma=2\text{ kg}\times2\text{ m/s}^2=4\text{ N}$이다.

5 (1) 두 물체 사이에 상호 작용 하는 힘은 작용 반작용 관계인 두 힘으로 힘의 크기가 서로 같고 방향은 반대이며 동시에 작용한다.
(2) 작용 반작용 관계인 두 힘은 서로 다른 물체에 작용하는 힘이므로 합력을 구할 수 없다. 합력은 한 물체에 작용하는 두 힘에 대해 구할 수 있다.
(3) 사람이 벽에 힘을 작용하면 작용 반작용 법칙에 따라 벽도 사람에게 크기가 같고, 방향이 반대인 힘을 작용한다.
(4) 태양이 지구를 당기는 힘의 반작용으로 지구도 태양을 당긴다.

6 물체에 작용하는 중력과 이 물체가 지구를 당기는 힘은 서로 ㉠작용 반작용 관계이고, 물체에 작용하는 중력과 지면이 물체를 받치는 힘은 서로 ㉡힘의 평형 관계이다.

33쪽

완자쌤 비법 특강

Q1 같다.
Q2 같다.

Q1 A가 B를 당기는 힘과 B가 A를 당기는 힘은 작용 반작용의 관계이므로 힘의 크기는 서로 같고, 힘의 방향이 반대이다.

Q2 천장이나 벽에 고정된 도르래는 힘의 방향을 바꾸어 주는 역할만 한다. 따라서 도르래 양쪽에 걸쳐진 실의 장력은 크기가 같다.

대표 자료 분석 34~35쪽

자료 ❶	1 컵 속으로 떨어진다. 2 A 3 추가 정지해 있으려고 하는 관성에 의해 실을 당기는 힘이 A로 전달되지 않기 때문이다. 4 관성 5 (1) ○ (2) × (3) ○
자료 ❷	1 3 m/s² 2 (1) 6 N (2) 9 N 3 9 N 4 9 N 5 (1) × (2) ○ (3) ×
자료 ❸	1 10 N 2 5 m/s² 3 5 m/s² 4 15 N 5 (1) ○ (2) × (3) ○
자료 ❹	1 mg 2 물체가 지구를 당기는 힘, mg 3 0 4 mg 5 (1) ○ (2) ○ (3) ○ (4) ×

1-1 손가락으로 종이를 튕기면 종이는 튕겨 나가지만 동전은 관성에 의해 계속 정지해 있으려 한다. 따라서 동전은 종이와 함께 움직이지 못하고 종이가 빠져나간 후 중력에 의해 컵 속으로 떨어지게 된다.

1-2 실을 천천히 잡아당기면 실 B에는 실을 당기는 힘만 작용하지만 실 A에는 추의 무게와 실 B를 당기는 힘의 합력이 작용한다. 이 합력이 실이 견딜 수 있는 힘의 크기를 넘어서면 실 A가 끊어진다.

1-3 실 B를 빠르게 잡아당기면 추의 관성에 의해 실 B를 잡아당기는 힘이 실 A로 전달되지 않으므로 실 B가 끊어진다.

1-4 (가), (나)는 정지해 있는 물체가 계속 정지해 있으려고 하는 관성에 의한 현상이다.

1-5 (1) (가)에서 동전이 계속 정지해 있으려 하므로 (가)에서 관성을 나타내는 물체는 동전이다.
(2) (나)에서 추가 정지한 상태를 계속 유지하려 하므로 (나)에서 관성을 나타내는 물체는 추이다.
(3) 물체가 힘을 받지 않으면 관성 법칙에 따라 물체의 운동 상태가 변하지 않는다.

2-1 두 물체의 전체 질량이 2 kg+3 kg=5 kg이므로 두 물체의 가속도 $a=\dfrac{F}{m_A+m_B}=\dfrac{15\text{ N}}{5\text{ kg}}=3\text{ m/s}^2$이다.

2-2 (1) A에 작용하는 알짜힘=A의 질량×가속도
=2 kg×3 m/s²=6 N이다.
(2) B에 작용하는 알짜힘=B의 질량×가속도
=3 kg×3 m/s²=9 N이다.

2-3 A에 오른쪽 방향으로 15 N의 힘이 작용할 때 A에 작용하는 알짜힘이 6 N이므로 B가 A에 작용하는 힘은 왼쪽 방향으로 15 N−6 N=9 N이다.

2-4 A가 B에 작용하는 힘은 B가 A에 작용하는 힘과 작용 반작용 관계이므로 힘의 크기가 같다. 따라서 A가 B에 작용하는 힘의 크기도 9 N이다.
다른 풀이 A가 B에 작용하는 힘은 B에 작용하는 알짜힘으로 9 N이다.

2-5 (1) $F=ma$이므로 가속도 a가 같을 경우 알짜힘 F는 질량 m에 비례한다.
(2) 힘은 두 물체 사이의 상호 작용으로 작용 반작용 법칙에 따라 항상 쌍으로 작용한다.
(3) A가 B를 미는 힘의 반작용으로 B도 A에 같은 크기의 힘을 반대 방향으로 작용한다.

3-1 꼼꼼 문제 분석

A에 작용하는 알짜힘: 장력 -10 N$=0$　　A의 운동 방정식: 장력 -10 N$=1$ kg$\times a$

B에 작용하는 알짜힘: 장력 -10 N$=0$　　C의 운동 방정식: 30 N $-$ 장력 $=3$ kg$\times a$

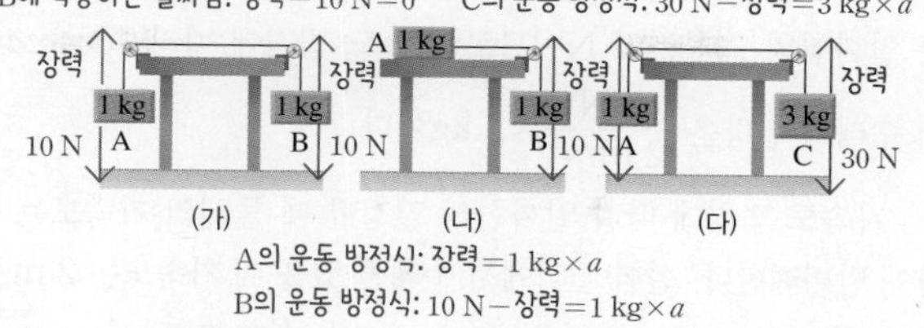

A의 운동 방정식: 장력$=1$ kg$\times a$

B의 운동 방정식: 10 N $-$ 장력 $=1$ kg$\times a$

(가)에서 A, B는 정지해 있으므로 A, B는 각각 힘의 평형 상태를 이루고 있다. A, B에는 각각 아래쪽으로 10 N의 중력이 작용하므로 위쪽으로 10 N의 실이 당기는 힘(장력)이 작용한다.

3-2 (나)에서 A, B에 작용하는 알짜힘은 B에 작용하는 중력이므로 알짜힘의 크기는 1 kg$\times$10 m/s^2$=$10 N이다. A, B를 한 물체로 생각하면 질량이 1 kg$+$1 kg$=$2 kg인 물체에 알짜힘 10 N이 작용하므로 A, B의 가속도는 $\frac{10\text{ N}}{2\text{ kg}}=5\text{ m/s}^2$이다.

3-3 (다)에서 A에 작용하는 중력은 1 kg$\times$10 m/s^2$=$10 N이고, C에 작용하는 중력은 3 kg$\times$10 m/s^2$=$30 N이다. A와 C를 한 물체로 생각하면 질량이 1 kg$+$3 kg$=$4 kg인 물체에 알짜힘 30 N$-$10 N$=$20 N이 작용하고 있다. 따라서 A와 C의 가속도는 $\frac{20\text{ N}}{4\text{ kg}}=5\text{ m/s}^2$이다.

3-4 C에 작용하는 알짜힘$=$C의 질량$\times$가속도$=$3 kg$\times$5 m/s^2 $=$15 N이다.

3-5 (1) (나)에서 A와 B의 가속도는 5 m/s^{2}이므로 B에 작용하는 알짜힘$=$1 kg$\times$5 m/s^2$=$5 N이다.

(2) (다)에서 C에 작용하는 중력은 아래쪽으로 30 N이고, C에 작용하는 알짜힘은 아래쪽으로 15 N이므로 30 N$-$실의 장력 $=$15 N이다. 따라서 실의 장력은 위쪽으로 15 N이다.

(3) $F=ma$이므로 가속도 a의 방향은 힘 F의 방향과 같다.

4-1 꼼꼼 문제 분석

m

F_1　책상

F_2　F_3

F_4　교실 바닥

힘의 평형 관계 ┌ F_1: 책상이 물체를 떠받치는 힘 ─┐

└ F_2: 지구가 물체를 당기는 힘　　　작용 반작용 관계

F_3: 물체가 책상을 누르는 힘 ─┘

F_4: 교실 바닥이 책상을 떠받치는 힘

물체에 작용하는 중력의 크기는 물체의 질량$\times$중력 가속도$=mg$이다. 물체에 작용하는 중력은 물체의 무게이다.

4-2 물체에 작용하는 중력은 지구가 물체를 당기는 힘이므로 물체에 작용하는 중력의 반작용은 물체가 지구를 당기는 힘이다. 이때 작용 반작용 관계인 두 힘의 크기는 mg로 같다.

4-3 물체가 정지해 있으므로 물체에 작용하는 알짜힘은 0이다.

4-4 물체에 작용하는 힘은 물체의 무게와 책상이 물체를 떠받치는 힘이다. 물체에 작용하는 알짜힘이 0이므로 물체의 무게와 책상이 물체를 떠받치는 힘은 크기가 mg로 같고, 방향이 반대이다.

4-5 (1) 지구가 물체를 당기는 힘과 물체가 지구를 당기는 힘은 작용 반작용 관계이므로 힘의 크기가 같다.

(2) 물체에 작용하는 중력과 책상이 물체를 떠받치는 힘은 한 물체에 작용하는 두 힘으로 두 힘의 크기가 같고, 방향이 반대이므로 힘의 평형 관계이다.

(3) 물체가 책상을 누르는 힘과 책상이 물체를 위로 떠받치는 힘은 작용 반작용 관계이다.

(4) 교실 바닥이 책상을 떠받치는 힘의 크기는 책상과 물체의 무게를 더한 값과 같다.

내신 만점 문제

36~40쪽

01 ①	02 ②	03 ①	04 ③	05 ③	06 ③
07 ④	08 ④	09 ③	10 ③	11 해설 참조	12 ③
13 ④	14 ④	15 ③	16 ①	17 ④	18 ②	19 ④
20 ①	21 ①	22 ①	23 ⑤	24 ①	25 ①

01 물체에 왼쪽과 오른쪽으로 작용하는 두 힘의 합력이 0이므로 위쪽으로 작용하는 2 N의 힘만 남는다. 따라서 물체에 작용하는 알짜힘은 위쪽으로 2 N이다.

02 ㄷ. 물체가 R점을 지나 포물선 운동을 할 때 물체에는 운동 방향에 비스듬한 방향으로 중력이 작용하므로 물체는 속력과 운동 방향이 모두 변하는 운동을 한다.

바로알기 ㄱ. 물체가 P점에서 Q점까지 등가속도 직선 운동을 하므로 물체에 작용하는 알짜힘은 0이 아니다.

ㄴ. 물체가 Q점에서 R점까지 운동하는 동안 물체의 운동 상태가 변하지 않으므로 물체에 작용하는 알짜힘은 0이다.

03 ㄴ. 물체에 작용하는 알짜힘이 0이면 물체의 운동 상태가 변하지 않으므로 정지해 있던 물체는 계속 정지해 있고, 운동하던 물체는 등속 직선 운동을 한다.

바로알기 ㄱ, ㄹ. 물체의 운동 방향에 반대 방향으로 알짜힘이 작용할 때이다.

ㄷ. 속력이 일정한 원운동(등속 원운동)을 하는 물체에는 물체의 운동 방향에 수직인 방향으로 알짜힘이 작용한다.

04 ①, ② 질량이 큰 물체일수록 관성이 크고, 가속도는 질량에 반비례하므로 관성이 큰 물체일수록 가속시키기가 어렵다.

④ 물체가 원래의 운동 상태를 계속 유지하려는 성질을 관성이라고 한다.

⑤ 버스가 갑자기 출발하면 승객들은 정지 상태를 유지하려고 하므로 승객들이 뒤로 넘어진다.

바로알기 ③ 질량이 있는 물체는 운동 상태에 관계없이 관성이 있다. 정지해 있는 물체도 관성이 있기 때문에 계속 정지 상태를 유지할 수 있다.

05 ㄱ. 망치 자루를 바닥에 부딪치면 망치 자루는 갑자기 정지하게 되고, 망치 머리는 관성에 의해 운동 상태를 유지하려고 하므로 망치 머리가 망치 자루에 더 단단히 박히게 된다.

ㄴ. 젖은 칫솔을 휘두르면 칫솔의 속도가 갑자기 변하게 되고, 칫솔에 붙어 있던 물은 관성에 의해 운동하던 방향대로 계속 운동하려고 하므로 칫솔에서 물이 털어진다.

바로알기 ㄷ. 우주선이 우주 공간에서 가스를 분출하는 추진력을 이용하여 속력과 운동 방향을 바꿀 수 있는 것은 작용 반작용 법칙과 관련된 예시이다. 우주선이 가스를 밀어내는 힘의 반작용인 가스가 우주선을 밀어내는 힘으로 우주선은 운동 방향을 바꿀 수 있다.

06 꼼꼼 문제 분석

A, 추, B
A의 장력
추의 무게+B의 장력
힘의 평형
갑자기 당기면: B가 끊어짐
천천히 당기면: A가 끊어짐

ㄱ. 추가 정지해 있으므로 추에 작용하는 알짜힘은 0이다.

ㄷ. 실 B를 갑자기 큰 힘으로 잡아당기면 관성에 의해 추가 정지해 있으려고 하므로 실 B를 잡아당기는 힘이 실 A까지 전달되지 않는다. 따라서 실 A보다 실 B에 더 큰 힘이 걸린다.

바로알기 ㄴ. 실 A에는 추의 무게와 실 B를 잡아당기는 힘의 합력이 작용하고, 실 B에는 실 B를 잡아당기는 힘만 작용한다. 따라서 실 A에 걸리는 장력이 실 B에 걸리는 장력보다 크다.

07 ㄱ. 속도-시간 그래프에서 기울기는 가속도와 같으므로 (가)에서 수레의 가속도는 $\frac{8\ \mathrm{m/s}}{4\ \mathrm{s}}=2\ \mathrm{m/s^2}$이다. 수레에 작용하는 알짜힘의 크기는 4 N이므로 가속도 법칙에 따라 $F=ma$에서 수레의 질량은 $\frac{4\ \mathrm{N}}{2\ \mathrm{m/s^2}}=2\ \mathrm{kg}$이다.

ㄴ. 가속도 법칙에 따라 알짜힘이 일정할 때 물체의 가속도는 질량에 반비례한다. 실험 결과에서 수레만 있을 때 가속도는 $2\ \mathrm{m/s^2}$이고, 수레와 추 1개가 있을 때 가속도는 $\frac{4\ \mathrm{m/s}}{4\ \mathrm{s}}=1\ \mathrm{m/s^2}$이므로 수레와 추 1개가 있을 때가 수레만 있을 때보다 질량이 2배이다. 따라서 수레의 질량과 추 1개의 질량은 서로 같다.

바로알기 ㄷ. 수레의 질량과 추 1개의 질량이 서로 같으므로 수레와 추 2개가 있을 때 질량은 수레만 있을 때 질량의 3배이다. 따라서 수레와 추 2개가 있을 때 가속도 $\frac{v_0}{4\ \mathrm{s}}$는 수레만 있을 때의 $\frac{1}{3}$배이므로 $\frac{v_0}{4\ \mathrm{s}}=\frac{1}{3}\times\frac{8\ \mathrm{m/s}}{4\ \mathrm{s}}$에서 $v_0=\frac{8}{3}\ \mathrm{m/s}$이다.

08 꼼꼼 문제 분석

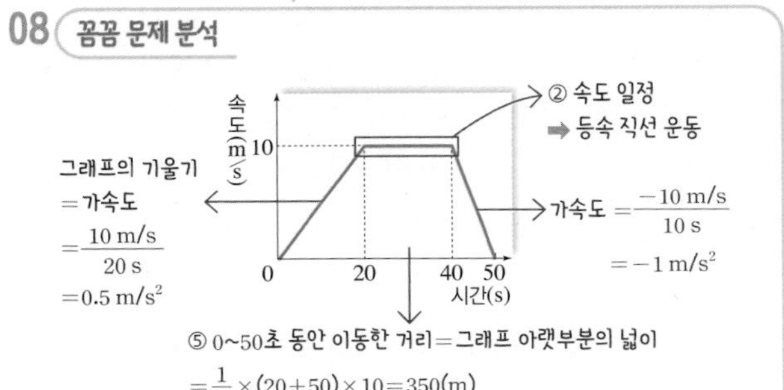

① 0~20초 동안 속도와 가속도의 부호가 모두 (+)이므로 운동 방향과 가속도의 방향이 같다.

③ 40초~50초 동안 물체의 가속도는 $\frac{-10\ \mathrm{m/s}}{10\ \mathrm{s}}=-1\ \mathrm{m/s^2}$이다. 가속도 법칙에 따라 물체에 작용한 알짜힘 $F=ma$이므로 40초~50초 동안 물체에 작용한 알짜힘은 $200\ \mathrm{kg}\times(-1\ \mathrm{m/s^2})=-200\ \mathrm{N}$이다. 따라서 알짜힘의 크기는 200 N이다.

바로알기 ④ 0~50초 동안 속도의 부호가 계속 (+)이므로 물체의 운동 방향은 바뀌지 않았다.

09 ㄱ. 물체의 무게는 $2\ \mathrm{kg}\times10\ \mathrm{m/s^2}=20\ \mathrm{N}$이다.

ㄷ. 위쪽 방향으로 20 N의 알짜힘이 작용하므로 가속도의 방향은 위쪽 방향이고, 가속도의 크기는 $\frac{F}{m}=\frac{20\ \mathrm{N}}{2\ \mathrm{kg}}=10\ \mathrm{m/s^2}$이다.

바로알기 ㄴ. 물체에는 위쪽으로 40 N의 힘이 작용하고, 아래쪽으로 20 N의 중력이 작용하므로 물체에 작용하는 알짜힘의 방향은 위쪽 방향이고, 알짜힘의 크기는 40 N−20 N=20 N이다.

10 ① A, B가 수평면 위에서 붙어서 함께 운동하므로 두 물체를 질량이 3 kg+2 kg=5 kg인 한 물체로 생각하면 두 물체의 가속도 $a=\frac{F}{m}=\frac{20\text{ N}}{5\text{ kg}}=4\text{ m/s}^2$이다.

②, ⑤ A에 작용하는 알짜힘=질량×가속도=3 kg×4 m/s² =12 N이고, B에 작용하는 알짜힘=2 kg×4 m/s²=8 N이므로 A와 B에 작용하는 알짜힘의 크기의 비는 질량의 비와 같은 12 N : 8 N=3 kg : 2kg=3 : 2이다.

④ B가 A를 미는 힘은 A에 작용하는 알짜힘과 같으므로 12 N이다.

바로알기 ③ A가 B를 미는 힘은 B가 A를 미는 힘과 작용 반작용 관계이므로 B가 A를 미는 힘과 크기가 같다. 따라서 A가 B를 미는 힘의 크기도 12 N이다.

11 세 물체의 전체 질량은 7 kg이고, 세 물체에 작용하는 힘의 크기는 28 N이므로 가속도의 크기 $a=\frac{F}{m}=\frac{28\text{ N}}{7\text{ kg}}=4\text{ m/s}^2$이다. A, B를 질량이 4 kg+2 kg=6 kg인 한 물체로 생각하면, A, B에 작용하는 알짜힘은 오른쪽으로 작용하는 힘 28 N과 왼쪽으로 C가 B를 미는 힘 F의 합력이다. 따라서 운동 방정식 28 N$-F$=6 kg×4 m/s²에서 F=4 N이다.

다른 풀이 작용 반작용 법칙에 따라 C가 B를 미는 힘의 크기는 B가 C를 미는 힘의 크기와 같다. B가 C를 미는 힘은 C에 작용하는 알짜힘과 같으므로 C가 B를 미는 힘의 크기는 1 kg×4 m/s²=4 N이다.

모범 답안 가속도 $a=\frac{28\text{ N}}{7\text{ kg}}=4\text{ m/s}^2$이고, C가 B를 미는 힘을 F라고 하면 28 N$-F$=6 kg×4 m/s²에서 F=4 N이다.

채점 기준	배점
가속도와 힘의 크기를 풀이 과정과 함께 옳게 구한 경우	100 %
가속도와 힘의 크기만 옳게 쓴 경우	50 %

12 ㄱ. 두 물체는 같은 가속도로 함께 운동한다. 두 물체의 질량이 10 kg+5 kg=15 kg이고, 두 물체에 작용하는 알짜힘이 30 N이므로 두 물체의 가속도 $a=\frac{F}{m}=\frac{30\text{ N}}{15\text{ kg}}=2\text{ m/s}^2$이다.

ㄴ. A에 작용하는 알짜힘은 10 kg×2 m/s²=20 N이고, B에 작용하는 알짜힘은 5 kg×2 m/s²=10 N이다. 따라서 물체에 작용하는 알짜힘의 크기는 A가 B의 2배이다.

바로알기 ㄷ. B에는 오른쪽으로 30 N의 힘이 작용하고, 왼쪽으로 실이 B를 당기는 힘(장력)이 작용한다. 두 힘의 합력이 B에 작용하는 알짜힘이므로 30 N−장력=10 N에서 장력=20 N이다. 따라서 실이 B를 당기는 힘의 크기는 20 N이다.

다른 풀이 ㄷ. 같은 실에는 같은 장력이 작용하므로 실이 B를 당기는 힘의 크기는 실이 A를 당기는 힘과 같다. 실이 A를 당기는 힘은 A에 작용하는 알짜힘이므로 실의 장력=10 kg×2 m/s²=20 N이다.

13 꼼꼼 문제 분석

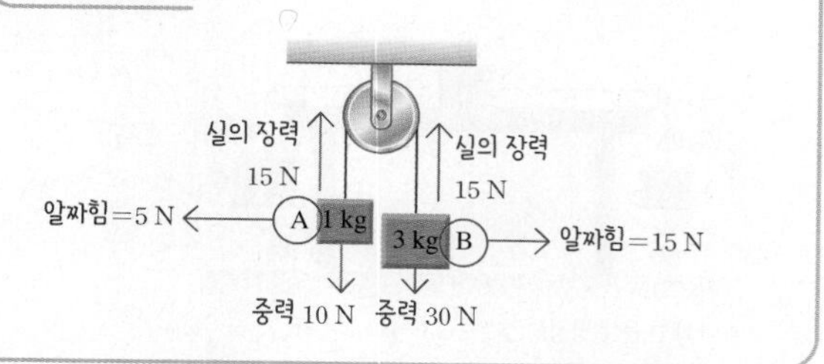

ㄱ. 두 물체에 작용하는 알짜힘=B에 작용하는 중력−A에 작용하는 중력=3 kg×10 m/s²−1 kg×10 m/s²=20 N이다. 따라서 두 물체의 가속도$=\frac{20\text{ N}}{(1+3)\text{ kg}}=5\text{ m/s}^2$이다.

ㄴ. B에 작용하는 알짜힘은 3 kg×5 m/s²=15 N이다.

바로알기 ㄷ. B에 작용하는 알짜힘=B에 작용하는 중력−실이 B를 당기는 힘이므로 실이 B를 당기는 힘은 B에 작용하는 중력−B에 작용하는 알짜힘=30 N−15 N=15 N이다.

14 ㄱ. 질량이 3 kg인 B에 작용하는 중력 30 N이 알짜힘으로 작용하여 A, B가 같은 가속도로 운동한다. 따라서 두 물체의 가속도 $a=\frac{F}{m}=\frac{30\text{ N}}{(2+3)\text{ kg}}=6\text{ m/s}^2$이다.

ㄴ. 실의 장력이 A에 작용하는 알짜힘이므로 실의 장력의 크기는 2 kg×6 m/s²=12 N이다.

바로알기 ㄷ. B가 정지 상태에서 6 m/s²의 가속도로 등가속도 직선 운동을 하였으므로 $2as=v^2-v_0{}^2$에서 $v=\sqrt{2as}$이다. 따라서 $v=\sqrt{2\times6\text{ m/s}^2\times0.75\text{ m}}=3\text{ m/s}$이다.

15 꼼꼼 문제 분석

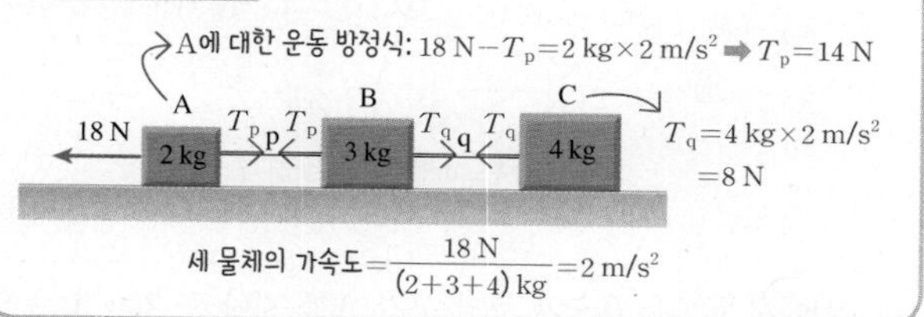

ㄱ. 세 물체의 가속도는 같다. 세 물체의 질량이 9 kg이고, 전체 알짜힘이 18 N이므로 세 물체의 가속도$=\frac{18\text{ N}}{9\text{ kg}}=2\text{ m/s}^2$이다.

ㄴ. B에 작용하는 알짜힘의 크기는 3 kg×2 m/s²=6 N이다.

바로알기 ㄷ. A에는 왼쪽으로 18 N, 오른쪽으로 p의 장력(T_p)이 작용하므로 18 N$-T_p$=2 kg×2 m/s²=4 N에서 T_p=14 N이다. C에는 q의 장력(T_q)이 알짜힘으로 작용하므로 T_q=4 kg×2 m/s²=8 N이다. 따라서 $T_p : T_q$=14 N : 8 N =7 : 4가 된다.

다른 풀이 ㄷ. T_p는 B와 C를 함께 운동시키는 알짜힘이고, T_q는 C를 운동시키는 알짜힘이다. 가속도가 같으므로 알짜힘은 질량에 비례한다. 따라서 $T_p : T_q$=(3+4) kg : 4 kg=7 : 4가 된다.

16 꼼꼼 문제 분석

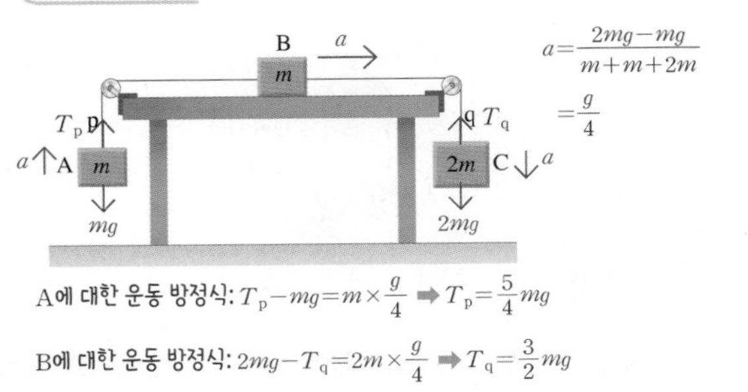

ㄱ. A, B, C를 한 물체로 생각하면 A에 작용하는 중력 mg와 C에 작용하는 중력 $2mg$의 합력이 세 물체에 작용하는 알짜힘이다. 따라서 세 물체에 대한 운동 방정식은 $2mg-mg=4ma$이므로 세 물체의 가속도 $a=\frac{mg}{4m}=\frac{1}{4}g$이다.

바로알기 ㄴ. p의 장력을 T_p라고 하면 A에 대한 운동 방정식은 $T_p-mg=m\times\frac{1}{4}g$이므로 $T_p=\frac{5}{4}mg$이다.

ㄷ. $T_p=\frac{5}{4}mg$이고, q의 장력을 T_q라 하면 C에 대한 운동 방정식은 $2mg-T_q=2m\times\frac{1}{4}g$이므로 $T_q=\frac{3}{2}mg$이다. 따라서 p와 q가 B를 당기는 힘의 크기는 서로 다르다.

17 꼼꼼 문제 분석

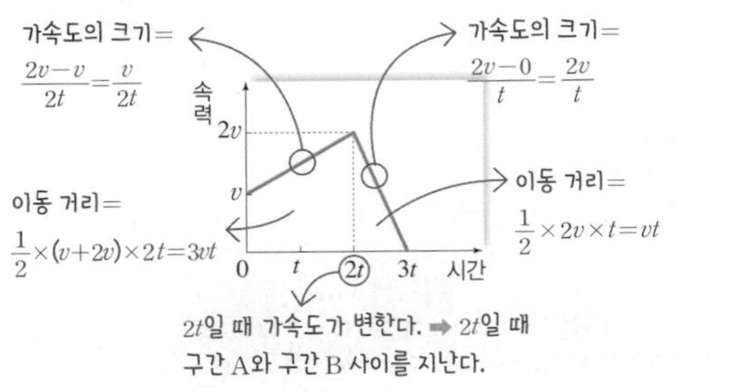

ㄱ. (나)에서 물체는 $0\sim2t$ 동안 구간 A를 지나고, $2t\sim3t$ 동안 구간 B를 지난다. 속력-시간 그래프 아랫부분의 넓이는 물체가 이동한 거리와 같으므로 물체가 구간 A에서 이동한 거리는 $\frac{1}{2}\times(v+2v)\times2t=3vt$이고, 구간 B에서 물체가 이동한 거리는 $\frac{1}{2}\times2v\times t=vt$이다. 따라서 구간 A에서 이동한 거리가 구간 B에서 이동한 거리의 3배이다.

ㄴ. 구간 A에서는 물체의 속력이 증가하므로 물체의 운동 방향과 가속도의 방향이 같고, 구간 B에서는 속력이 감소하므로 물체의 운동 방향과 가속도의 방향이 서로 반대이다. 가속도의 방향은 물체에 작용하는 알짜힘의 방향과 같으므로 물체에 작용하는 알짜힘의 방향은 구간 A에서와 구간 B에서가 서로 반대이다.

바로알기 ㄷ. 속력-시간 그래프의 기울기의 크기는 가속도의 크기와 같으므로 구간 A에서 가속도의 크기는 $\frac{v}{2t}$이고, 구간 B에서 가속도의 크기는 $\frac{2v}{t}$이다. 물체의 질량이 일정할 때, 물체의 가속도는 물체에 작용하는 알짜힘에 비례하므로 $F_A : F_B=\frac{v}{2t}:\frac{2v}{t}=1:4$이다.

18 꼼꼼 문제 분석

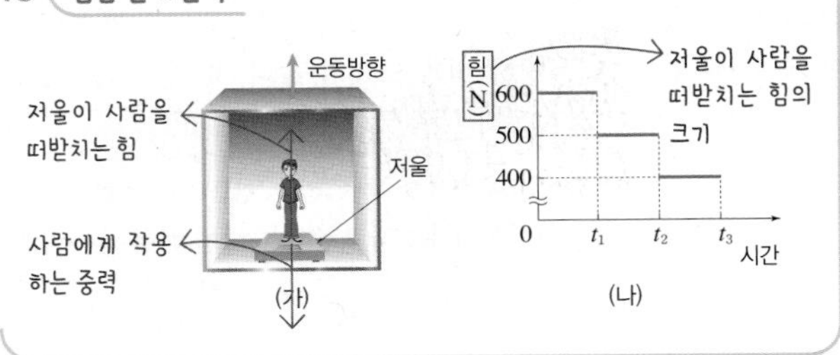

ㄴ. 저울에서 측정된 힘의 크기는 저울이 사람을 떠받치는 힘의 크기와 같다. 사람에게 작용하는 중력의 크기는 50 kg×10 m/s^2 =500 N이고, $t_1\sim t_2$ 동안 저울이 사람을 떠받치는 힘의 크기는 500 N이다. 따라서 사람에게 작용하는 알짜힘이 0이므로 사람은 $t_1\sim t_2$ 동안 등속 직선 운동을 한다.

바로알기 ㄱ. $0\sim t_1$ 동안 저울이 사람을 떠받치는 힘의 크기는 600 N이고, 사람에게 작용하는 중력의 크기는 500 N이므로 알짜힘의 크기는 100 N이다. 따라서 $0\sim t_1$ 동안 사람의 가속도의 크기 $a=\frac{100\ \text{N}}{50\ \text{kg}}=2\ \text{m/s}^2$이다.

ㄷ. $t_2\sim t_3$ 동안 100 N의 알짜힘이 연직 아래 방향으로 작용하므로 가속도의 방향도 연직 아래 방향이다. 따라서 t_2부터 속력이 작아지지만 운동 방향이 바로 바뀌지는 않는다.

19 ㄴ. 속력-시간 그래프의 기울기의 크기는 가속도의 크기와 같으므로 (나)에서 6초일 때 A의 가속도의 크기는 1 m/s^{2}이다. 물체에 작용하는 알짜힘은 질량×가속도이므로 6초일 때 A에 작용하는 알짜힘의 크기는 1 kg×1 m/s^2=1 N이다.

ㄷ. 실이 B를 당기는 힘의 크기는 실이 A를 당기는 힘의 크기와 같고, 실이 A를 당기는 힘의 크기는 A에 작용하는 알짜힘의 크기와 같다. 6초일 때 A에 작용하는 알짜힘의 크기는 1 N이고, 2초일 때는 1 kg×2 m/s^2=2 N이므로 실이 B를 당기는 힘의 크기는 2초일 때가 6초일 때의 2배이다.

바로알기 ㄱ. (나)에서 2초일 때 A, B의 가속도의 크기는 2 m/s^{2}이다. A, B가 함께 운동하므로 A, B를 한 물체라고 하면 2초일 때 A, B에 작용하는 알짜힘의 크기는 (1 kg+2 kg)×2 m/s^2 =6 N이다. 따라서 F=6 N이다.

20 작용 반작용 관계의 두 힘은 F_1과 F_2, F_3과 F_4이다. 힘의 평형 관계의 두 힘은 물체에 작용하는 두 힘인 F_1과 F_4이다.

21 꼼꼼 문제 분석

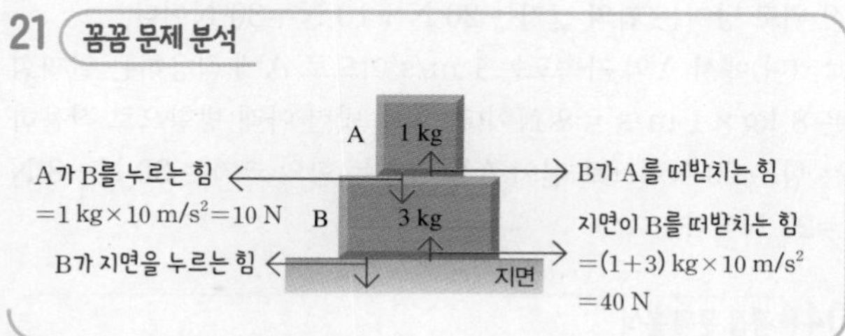

ㄱ. A가 B를 누르는 힘의 크기는 A에 작용하는 중력의 크기와 같으므로 $1\ \mathrm{kg}\times10\ \mathrm{m/s^2}=10\ \mathrm{N}$이다.

바로알기 ㄴ. B가 지면으로부터 받는 힘은 지면이 B를 떠받치는 힘으로, B가 지면을 누르는 힘과 작용 반작용 관계이다. 따라서 B가 지면으로부터 받는 힘과 B가 지면을 누르는 힘은 크기가 같다. B가 지면을 누르는 힘의 크기는 A와 B에 작용하는 중력의 합과 같으므로 $(1+3)\ \mathrm{kg}\times10\ \mathrm{m/s^2}=40\ \mathrm{N}$이다.

ㄷ. A가 B를 누르는 힘과 B가 A를 떠받치는 힘은 A와 B 사이에 상호 작용 하는 두 힘으로 작용 반작용 관계이다.

22 ㄱ. 물체가 정지해 있으므로 물체에 작용하는 알짜힘은 0이다. 물체에 작용하는 중력과 지면이 물체를 떠받치는 힘은 물체에 반대 방향으로 작용하는 두 힘이므로 두 힘의 크기가 같다.

바로알기 ㄴ. 물체를 미는 힘 F와 벽이 물체를 미는 힘은 한 물체에 작용하는 두 힘이므로 힘의 평형 관계이다. 벽이 물체를 미는 힘의 반작용은 물체가 벽을 미는 힘이다.

ㄷ. 물체에 작용하는 중력과 물체가 벽을 미는 힘은 서로 다른 물체에 작용하는 힘이므로 힘의 평형 관계가 아니다.

23 저울에서 측정한 무게는 스탠드가 저울을 누르는 힘의 크기와 같다. 스탠드에 연직 아래 방향으로 작용하는 힘은 스탠드의 무게(W_2)와 지구모형이 스탠드를 당기는 자기력의 합과 같다. 스탠드에 작용하는 자기력은 지구모형의 무게와 같으므로 크기가 W_1이다. 따라서 저울의 측정값은 W_1+W_2이다.

24 꼼꼼 문제 분석

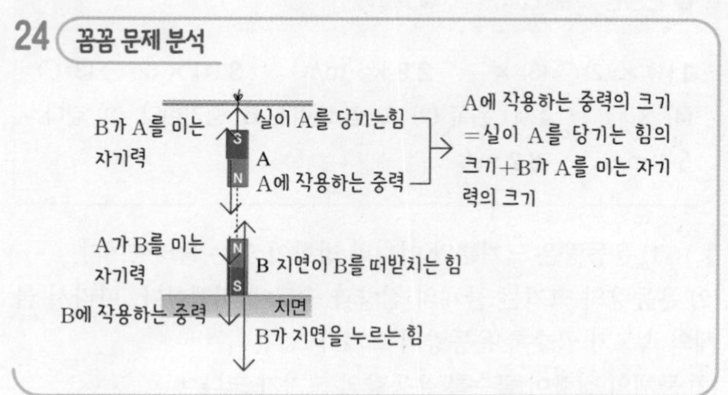

② A가 실을 당기는 힘과 실이 A를 당기는 힘은 두 물체 사이에 상호 작용 하는 힘이므로 작용 반작용 관계이다.

③ B는 정지해 있으므로 B에 작용하는 알짜힘은 0이다.

④ B가 지면을 누르는 힘의 크기는 A가 B를 미는 자기력과 B에 작용하는 중력의 합력과 크기가 같다. 따라서 B가 지면을 누르는 힘의 크기는 B에 작용하는 중력의 크기보다 크다.

⑤ 실이 A를 당기는 힘과 B가 A를 미는 자기력의 합력의 크기는 A에 작용하는 중력의 크기와 같다. 따라서 B가 A를 미는 자기력의 크기는 A에 작용하는 중력의 크기보다 작다.

바로알기 ① 실이 A를 당기는 힘과 B가 A를 미는 자기력의 합력의 크기가 A에 작용하는 중력의 크기와 같다. 따라서 실이 A를 당기는 힘의 크기는 A에 작용하는 중력의 크기보다 작다.

25 ㄱ. 두 사람 사이에 작용한 힘은 작용 반작용 관계이므로 크기가 같다.

바로알기 ㄴ. 0~1초 동안 속도 변화량은 영희가 철수의 2배이므로 가속도는 영희가 철수의 2배이다. 두 사람에게 작용하는 힘의 크기가 같을 때 두 사람의 가속도는 질량에 반비례하므로 영희의 질량은 철수의 $\frac{1}{2}$배이다.

ㄷ. 1초 이후에는 영희와 철수 모두 등속 직선 운동을 하므로 영희와 철수에게 작용한 알짜힘이 0이다.

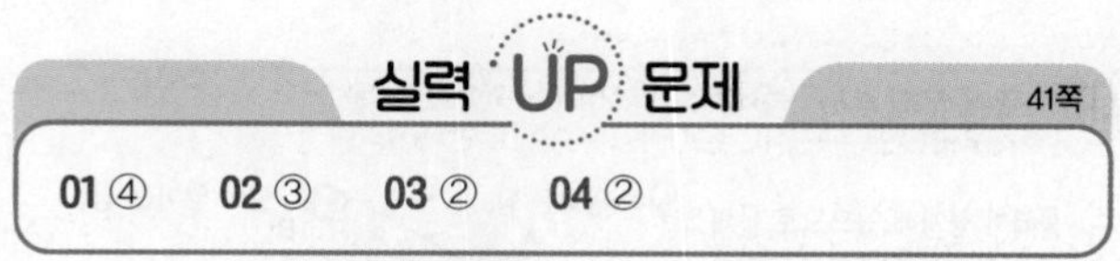

실력 UP 문제 41쪽

01 ④ **02** ③ **03** ② **04** ②

01 ㄱ. 1초일 때 실이 끊어진 후 A의 가속도 방향이 바뀌었으므로 F의 크기는 두 물체에 작용하는 중력보다 작고, A에 작용하는 중력의 크기 20 N보다 크다. (나)에서 1초부터 2초까지 A의 가속도는 $\dfrac{1\ \mathrm{m/s}-(-4\ \mathrm{m/s})}{2\ \mathrm{s}-1\ \mathrm{s}}=5\ \mathrm{m/s^2}$이므로 A에 대한 운동 방정식은 $F-20\ \mathrm{N}=2\ \mathrm{kg}\times5\ \mathrm{m/s^2}$이다. 따라서 $F=30\ \mathrm{N}$이다.

ㄴ. (나)에서 0~1초 동안 A, B의 가속도는 $\dfrac{-4\ \mathrm{m/s}}{1\ \mathrm{s}}=-4\ \mathrm{m/s^2}$이고, 두 물체의 질량은 $2\ \mathrm{kg}+m$이므로 A, B에 대한 운동 방정식은 $30\ \mathrm{N}-20\ \mathrm{N}-m\times10\ \mathrm{m/s^2}=(2\ \mathrm{kg}+m)\times(-4\ \mathrm{m/s^2})$이다. 식을 정리하면 $18\ \mathrm{N}=m\times6\ \mathrm{m/s^2}$이므로 $m=3\ \mathrm{kg}$이다.

바로알기 ㄷ. 0~1초 동안 A와 B의 가속도는 $-4\ \mathrm{m/s^2}$이고, B의 질량 $m=3\ \mathrm{kg}$이므로 0~1초 동안 B에 작용하는 알짜힘은 $3\ \mathrm{kg}\times(-4\ \mathrm{m/s^2})=-12\ \mathrm{N}$이다. B에 작용하는 중력은 $-30\ \mathrm{N}$이므로 0~1초 동안 실이 B를 당기는 힘의 크기를 T라고 하면 $T-30\ \mathrm{N}=-12\ \mathrm{N}$이다. 따라서 $T=18\ \mathrm{N}$이다.

02 꼼꼼 문제 분석

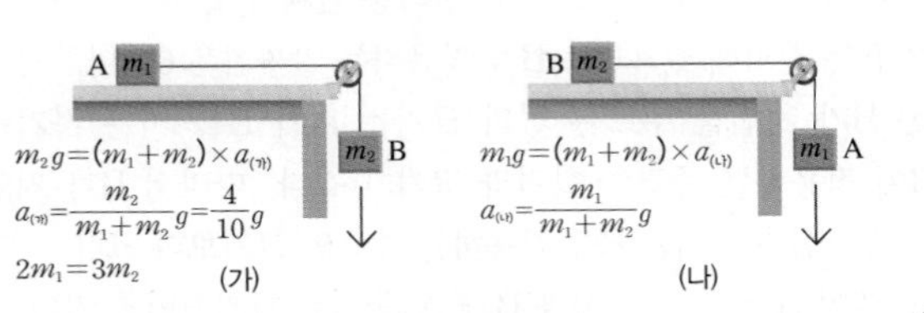

ㄱ. A, B는 실로 연결되어 함께 운동하므로 질량이 (m_1+m_2)인 한 물체로 생각할 수 있다. (가)에서 두 물체에 작용하는 알짜힘은 B에 작용하는 중력과 같으므로 A, B에 대한 운동 방정식은 $m_2g=(m_1+m_2)\times a_{(가)}$이다. 따라서 가속도 $a_{(가)}=\frac{m_2}{m_1+m_2}g=\frac{4}{10}g$이므로 $2m_1=3m_2$이다.

ㄷ. (나)에서 두 물체에 작용하는 알짜힘은 A에 작용하는 중력과 같으므로 A, B에 대한 운동 방정식은 $m_1g=(m_1+m_2)\times a_{(나)}$이다. 따라서 두 물체의 가속도 $a_{(나)}=\frac{m_1}{m_1+m_2}g$이고, $m_1=\frac{3}{2}m_2$이므로 $a_{(나)}=\frac{3m_2}{5m_2}g=0.6g$이다.

바로알기 ㄴ. (가)에서 A를 질량이 $2m_1$인 물체로 바꾸면 두 물체의 가속도는 $\frac{m_2}{2m_1+m_2}g=\frac{m_2}{4m_2}g=0.25g$이다.

03 꼼꼼 문제 분석

물체가 정지해 있으므로 물체에 작용하는 알짜힘이 0이다.
➡ 물체에 작용하는 힘은 힘의 평형을 이룬다.

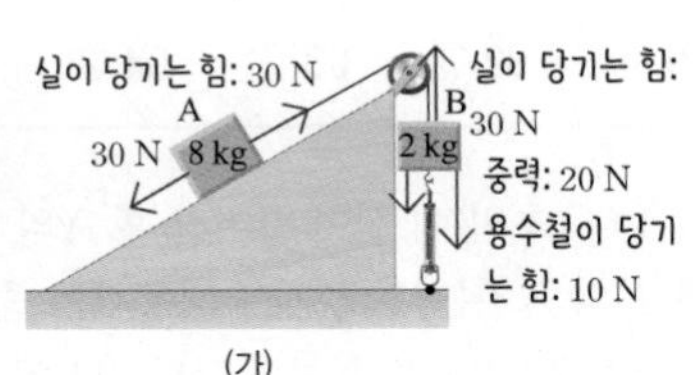

A, B에 작용하는 알짜힘은 30 N−20 N=10 N이고, A의 가속도의 크기는 $\frac{10\text{ N}}{8\text{ kg}+2\text{ kg}}=1\text{ m/s}^2$이다.
➡ A에 작용하는 알짜힘은 $8\text{ kg}\times1\text{ m/s}^2=8\text{ N}$이다.

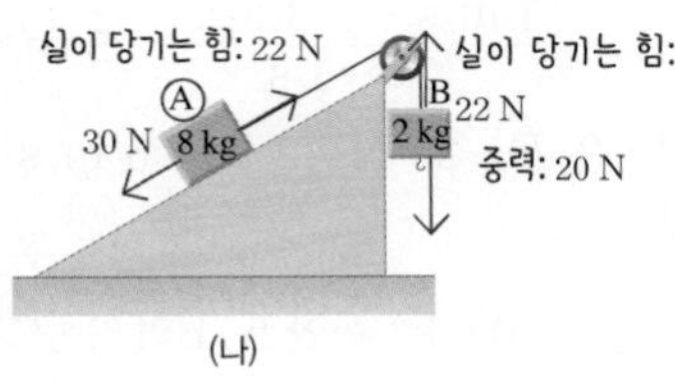

ㄴ. (가)에서 A에 작용하는 알짜힘이 0이고 실이 A를 당기는 힘의 크기는 30 N이므로 중력에 의해 A에 빗면 아래 방향으로 작용하는 힘의 크기도 30 N이다. (나)에서 A, B에 작용하는 알짜힘의 크기는 A에 빗면 아래 방향으로 작용하는 중력−B에 작용하는 중력이므로 A, B에 작용하는 알짜힘의 크기는 30 N−20 N=10 N이다. 두 물체의 질량은 8 kg+2 kg=10 kg이므로 A, B의 가속도의 크기는 $\frac{10\text{ N}}{10\text{ kg}}=1\text{ m/s}^2$이다.

바로알기 ㄱ. (가)에서 B가 정지해 있으므로 B에 작용하는 알짜힘이 0이다. B에 연직 아래로 작용하는 중력은 20 N이고, 용수철저울이 B를 연직 아래로 당기는 힘은 10 N이므로 실이 B를 연직 위로 당기는 힘의 크기는 20 N+10 N=30 N이다.

ㄷ. (나)에서 A의 가속도는 1 m/s^2이므로 A에 작용하는 알짜힘은 $8\text{ kg}\times1\text{ m/s}^2=8\text{ N}$이다. A에 빗면 아래 방향으로 작용하는 힘은 30 N이므로 실이 A를 당기는 힘의 크기는 30 N−8 N =22 N이다.

04 꼼꼼 문제 분석

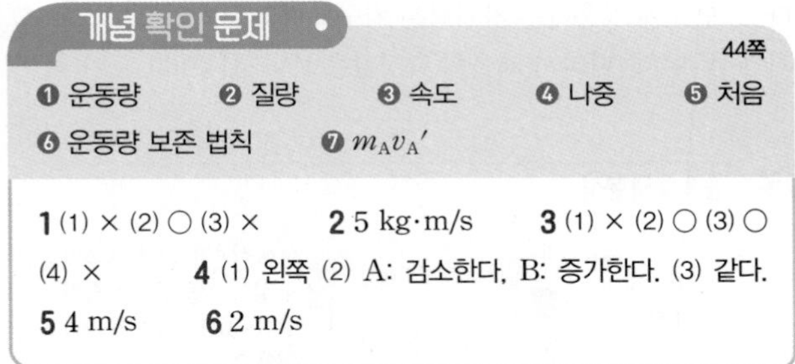

ㄴ. B가 정지해 있으므로 B에 작용하는 알짜힘은 0이다. 따라서 실이 B를 당기는 힘의 크기를 T_B라고 하고, 지면이 B를 떠받치는 힘의 크기를 F_B라고 하면 $W_B=T_B+F_B$이다. 실이 A를 당기는 힘의 크기와 실이 B를 당기는 힘의 크기는 서로 같으므로 용수철이 A를 당기는 힘의 크기를 F_A라고 하면 $T_B=W_A+F_A$이다. 따라서 $W_B=W_A+F_A+F_B$이므로 $W_A<W_B$이다.

바로알기 ㄱ. 실이 A를 당기는 힘은 용수철이 A를 당기는 힘과 A에 작용하는 중력(W_A)의 합력과 크기가 같다.

ㄷ. B에 작용하는 중력과 작용 반작용 관계인 힘은 B가 지구를 당기는 힘이다. 지면이 B를 떠받치는 힘과 작용 반작용 관계인 힘은 B가 지면을 누르는 힘이다.

3 운동량과 충격량

개념 확인 문제

44쪽

❶ 운동량 ❷ 질량 ❸ 속도 ❹ 나중 ❺ 처음 ❻ 운동량 보존 법칙 ❼ m_Av_A'

1 (1) × (2) ○ (3) × **2** 5 kg·m/s **3** (1) × (2) ○ (3) ○ (4) × **4** (1) 왼쪽 (2) A: 감소한다, B: 증가한다. (3) 같다. **5** 4 m/s **6** 2 m/s

1 (1) 운동량은 크기뿐만 아니라 방향이 있는 물리량이다.
(2) 운동량의 크기는 물체의 질량과 속도에 비례한다. 따라서 물체의 속도가 클수록 운동량의 크기가 크다.
(3) 물체의 질량이 클수록 운동량의 크기가 크다.

2 $p=mv=0.5\ \text{kg}\times10\ \text{m/s}=5\ \text{kg}\cdot\text{m/s}$이다.

3 (1) 3초일 때 운동량은 8 kg·m/s이고 물체의 질량은 2 kg이므로 $8\ \text{kg}\cdot\text{m/s}=2\ \text{kg}\times v$에서 물체의 속력 v는 4 m/s이다.
(2) 운동량 - 시간 그래프의 기울기는 $\dfrac{\text{운동량의 변화량}}{\text{걸린 시간}}=\dfrac{m\Delta v}{t}$ $=ma=F$이므로 물체가 받은 알짜힘을 나타낸다.
(3) 0～3초 동안 그래프의 기울기는 $\dfrac{6\ \text{kg}\cdot\text{m/s}}{3\ \text{s}}=2\ \text{N}$으로 일정하므로 물체가 받은 알짜힘의 크기도 2 N으로 일정하다.
(4) 0～3초 동안 물체가 받은 알짜힘이 2 N이고, 물체의 질량은 2 kg이므로 $2\ \text{N}=2\ \text{kg}\times a$에서 물체의 가속도 $a=1\ \text{m/s}^2$이다.

4 (1) A가 오른쪽으로 운동하다 B와 충돌하며 운동 방향과 반대 방향인 왼쪽으로 힘을 받고, B는 오른쪽으로 힘을 받는다.
(2) A는 충돌 과정에서 운동 방향과 반대 방향으로 힘을 받으므로 속력이 감소하여 충돌 후 운동량의 크기가 감소한다. B는 충돌 과정에서 운동 방향으로 힘을 받으므로 속력이 증가하여 충돌 후 운동량의 크기가 증가한다.
(3) 운동량 보존 법칙에 따라 A와 B가 충돌 할 때 운동량의 총합은 일정하게 보존되므로 충돌 전 운동량의 총합과 충돌 후 운동량의 총합은 같다.

5 운동량 보존 법칙에 따라 충돌 전 운동량의 총합은 충돌 후 운동량의 총합과 같다. 따라서 $2\ \text{kg}\times5\ \text{m/s}+4\ \text{kg}\times2\ \text{m/s}=2\ \text{kg}\times1\ \text{m/s}+4\ \text{kg}\times v$에서 충돌 후 B의 속력 $v=4\ \text{m/s}$이다.

6 두 물체가 한 덩어리가 되어 운동하므로 두 물체를 질량이 $2\ \text{kg}+1\ \text{kg}=3\ \text{kg}$인 한 물체로 생각하면 운동량 보존 법칙에 따라 충돌 후 한 덩어리가 된 물체의 운동량은 충돌 전 A의 운동량과 같다. 따라서 한 덩어리가 된 물체의 속력을 v라고 하면 $2\ \text{kg}\times3\ \text{m/s}=3\ \text{kg}\times v$에서 $v=2\ \text{m/s}$이다.

개념 확인 문제 48쪽

❶ 충격량 ❷ 시간 ❸ 힘 ❹ 충격량 ❺ 운동량
❻ 길 ❼ 짧을 ❽ 길 ❾ 길게

1 15 N·s **2** (1) ○ (2) ○ (3) ○ (4) × **3** 10 kg·m/s
4 100 N **5** (1) ○ (2) × (3) × (4) ○ **6** ㄱ, ㄷ, ㄹ, ㅁ

1 힘 - 시간 그래프에서 그래프 아랫부분의 넓이는 충격량과 같으므로 3초 동안 물체가 받은 충격량$=5\times3=15$(N·s)이다.

2 (1) 충격량=물체가 받은 힘×힘을 받은 시간이다.
(2) 물체가 충격량을 받으면 물체에 힘이 작용한다. 물체에 힘이 작용하면 속도가 변하므로 물체의 운동량이 변한다.
(3) 충격량=힘×충돌 시간이므로 힘의 크기가 같을 때 힘을 받는 시간이 길수록 충격량이 크다.
(4) 충격량의 단위는 N·s이고, 운동량의 단위는 kg·m/s이다. $\text{N}\cdot\text{s}=\text{kg}\cdot\text{m/s}^2\cdot\text{s}=\text{kg}\cdot\text{m/s}$이므로 충격량과 운동량의 단위는 같다.

3 물체가 받은 충격량은 물체의 운동량의 변화량과 같으므로 운동량의 변화량은 $10\ \text{N}\cdot\text{s}=10\ \text{kg}\cdot\text{m/s}$이다.

4 공이 받은 충격량은 공의 운동량의 변화량과 같고, 처음 운동량이 0인 공의 운동량의 변화량은 나중 운동량과 같으므로 공이 받은 충격량은 $0.5\ \text{kg}\times20\ \text{m/s}=10\ \text{N}\cdot\text{s}$이다. 공이 받은 평균 힘의 크기는 $\dfrac{\text{충격량}}{\text{힘을 받은 시간}}$이므로 $\dfrac{10\ \text{N}\cdot\text{s}}{0.1\ \text{s}}=100\ \text{N}$이다.

5 (1) 같은 질량의 유리컵이 같은 높이에서 떨어졌으므로 바닥에 충돌하기 직전 속도가 같고, 충돌 후 두 유리컵은 정지하므로 두 유리컵의 운동량의 변화량은 같다. 따라서 두 유리컵이 받은 충격량도 같다.
(2) 물체가 받은 평균 힘은 충격량을 충돌 시간으로 나누어 구한다. 두 유리컵이 받은 충격량은 같은데 충돌 시간이 다르므로 평균 힘의 크기도 다르다.
(3) 충돌 시간이 짧은 경우에 최대 힘이 더 크고, 유리컵이 견딜 수 있는 힘보다 큰 힘을 받으면 유리컵이 깨진다. 마룻바닥에 떨어진 유리컵은 깨지고 방석에 떨어진 유리컵은 깨지지 않았으므로 두 유리컵이 받은 최대 힘의 크기가 다르다는 것을 알 수 있다.
(4) 마룻바닥에서 받은 최대 힘이 더 크므로 유리컵이 힘을 받은 시간은 딱딱한 마룻바닥보다 푹신한 방석 위에서 더 길다.

6 ㄱ, ㄷ, ㄹ, ㅁ. 헬멧, 에어백, 자동차 범퍼, 안전 매트리스 등은 모두 충돌 시간을 길게 하여 충격력을 줄이는 장치이다.
ㄴ. 방음벽은 소리를 흡수하거나 반사하는 장치이다.

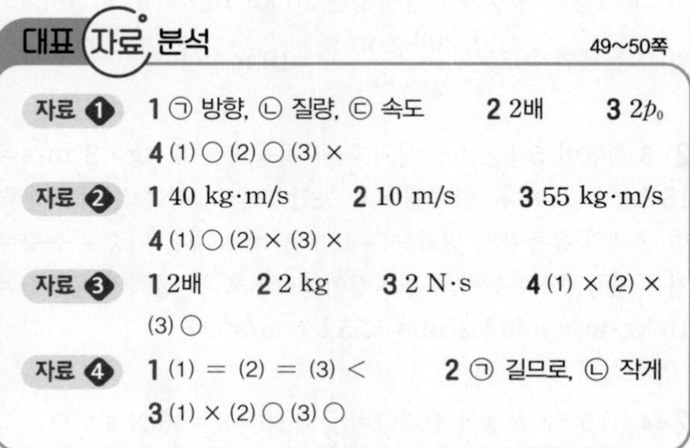

대표 자료 분석 49~50쪽

자료 ❶ **1** ㉠ 방향, ㉡ 질량, ㉢ 속도 **2** 2배 **3** $2p_0$
4 (1) ○ (2) ○ (3) ×

자료 ❷ **1** 40 kg·m/s **2** 10 m/s **3** 55 kg·m/s
4 (1) ○ (2) × (3) ×

자료 ❸ **1** 2배 **2** 2 kg **3** 2 N·s **4** (1) × (2) × (3) ○

자료 ❹ **1** (1) = (2) = (3) < **2** ㉠ 길므로, ㉡ 작게
3 (1) × (2) ○ (3) ○

1-1 운동량은 질량과 속도의 곱으로, 속도와 같이 크기와 방향을 가진 물리량이다. 따라서 운동량의 방향은 속도의 방향과 같고, 운동량의 변화량을 구할 때는 크기와 방향을 같이 고려해주어야 한다.

1-2 물체의 질량이 같을 때 운동량의 크기는 물체의 속력에 비례한다. 0.5초일 때 물체의 운동량의 크기는 4초일 때의 2배이므로 물체의 속력도 0.5초일 때가 4초일 때의 2배이다.

1-3 충격량은 운동량의 변화량과 같다. 5초~6초 동안 운동량의 변화량은 $p_0-(-p_0)=2p_0$이므로 충격량의 크기는 $2p_0$이다.

1-4 (1) 운동량의 방향은 속도의 방향(운동 방향)과 같다. 운동량의 방향은 2초~3초 사이에서 한 번, 5초~6초 사이에서 한 번, 총 두 번 바뀌므로 물체는 운동 방향을 두 번 바꾼다.
(2) 물체가 받은 충격량은 물체의 운동량의 변화량과 같다. 따라서 1초~3초 동안 물체의 운동량의 변화량은 $-p_0-2p_0=-3p_0$이므로 물체가 받은 충격량의 크기는 $3p_0$이다.
(3) 운동량-시간 그래프의 기울기는 물체가 받은 알짜힘과 같으므로 1초~3초 동안 물체가 받은 알짜힘의 크기는 $\frac{3p_0}{2\text{ s}}$이고, 5초~6초 동안 물체가 받은 알짜힘의 크기는 $\frac{2p_0}{1\text{ s}}$이다. 따라서 1초~3초 동안 물체가 받은 알짜힘의 크기는 5초~6초 동안 물체가 받은 알짜힘의 크기보다 작다.

2-1 힘 – 시간 그래프 아랫부분의 넓이는 충격량의 크기와 같으므로 0~8초 동안 물체가 받은 충격량은 $\frac{1}{2}\times10\times8=40(\text{N}\cdot\text{s})$이다. 물체가 받은 충격량은 물체의 운동량의 변화량과 같으므로 0~8초 동안 물체의 운동량의 변화량은 40 kg·m/s이다. 처음 물체의 운동량은 0이므로 8초일 때 물체의 운동량은 운동량의 변화량과 같은 40 kg·m/s이다.

2-2 0~4초 동안 물체가 받은 충격량은 $\frac{1}{2}\times10\times4=20(\text{N}\cdot\text{s})$이므로 4초일 때 물체의 운동량은 20 kg·m/s이다. 따라서 4초일 때 물체의 속도는 $\frac{20\text{ kg}\cdot\text{m/s}}{2\text{ kg}}=10\text{ m/s}$이다.

2-3 질량이 5 kg인 물체의 처음 운동량은 5 kg×3 m/s=15 kg·m/s이다. 물체에 8초 동안 그림과 같은 힘이 작용하면 물체의 운동량의 변화량은 40 kg·m/s이다. 나중 운동량=처음 운동량+운동량의 변화량이므로 8초 후 물체의 운동량=15 kg·m/s+40 kg·m/s=55 kg·m/s이다.

2-4 (1) 0~8초 동안 충격량$=\frac{1}{2}\times10\times8=40(\text{N}\cdot\text{s})$이다.
(2) 물체가 받은 충격량은 물체의 운동량의 변화량과 같다. 물체의 처음 운동량이 0이면 물체가 받은 충격량은 물체의 운동량과 같지만 처음 운동량이 0이 아니면 충격량은 물체의 운동량과 다르다.
(3) 4초 이후부터 물체의 가속도는 감소한다. 0~8초 동안 물체의 속도는 계속 증가한다.

3-1 (나)에서 3초일 때 A, B의 위치가 9 m로 같으므로 A, B는 3초일 때 충돌한다. 위치-시간 그래프의 기울기는 속도와 같으므로 충돌 전 A, B의 속도는 각각 3 m/s, 1 m/s이고, 충돌 후 A, B의 속도는 각각 1 m/s, 2 m/s이다. 따라서 충돌하는 동안 A의 속도 변화량은 1 m/s−3 m/s=−2 m/s이고, B의 속도 변화량은 2 m/s−1 m/s=1 m/s이므로 속도 변화량의 크기는 A가 B의 2배이다.

3-2 (나)에서 충돌 전 A, B의 속도는 각각 3 m/s, 1 m/s이고, 충돌 후 A, B의 속도는 각각 1 m/s, 2 m/s이다. A의 질량은 1 kg이고 B의 질량을 m이라고 하면 운동량 보존 법칙에 따라 1 kg×3 m/s+m×1 m/s=1 kg×1 m/s+m×2 m/s이므로 m=2 kg이다.
다른 풀이 운동량은 질량×속도이므로 운동량의 변화량은 질량×속도 변화량이다. 두 물체가 충돌하여 운동량이 보존될 때 두 물체의 운동량의 변화량의 크기는 같으므로 A의 속도 변화량의 크기가 B의 2배이면 질량은 A가 B의 $\frac{1}{2}$배이다. A의 질량이 1 kg이므로 B의 질량은 2 kg이다.

3-3 B가 받은 충격량의 크기는 운동량의 변화량의 크기와 같으므로 2 kg×2 m/s−2 kg×1 m/s=2 kg·m/s=2 N·s이다.

3-4 (1) 충돌 전과 후에 A의 속도는 각각 3 m/s, 1 m/s이다. 속도의 부호가 (+)로 동일하므로 충돌 전과 후에 운동 방향도 같은 방향이다.
(2) A, B가 충돌할 때 작용 반작용 법칙에 따라 A, B가 주고받은 힘의 크기가 같고, 힘이 작용한 시간이 같다. 따라서 A가 받은 충격량의 크기는 B가 받은 충격량의 크기와 같다.
(3) 작용 반작용 법칙에 따라 두 물체가 충돌할 때 주고받은 힘은 서로 반대 방향이다. 따라서 두 물체가 받은 충격량의 방향도 서로 반대 방향이다.

4-1 (1), (2) 그래프 아랫부분의 넓이 S_1과 S_2가 같으므로 유리컵이 받은 충격량은 A=B이고, 유리컵의 운동량의 변화량도 A=B이다.
(3) $t_1<t_2$이므로 유리컵이 힘을 받은 시간은 A<B이다.

4-2 카펫 위와 시멘트 바닥에 떨어진 두 유리컵이 받은 충격량은 같다. 충돌하는 물체의 충격량이 같을 때, 힘을 받는 시간이 길수록 물체가 받는 평균 힘은 작아진다. 카펫 위에 떨어진 유리컵은 시멘트 바닥에 떨어진 유리컵보다 힘을 받은 시간이 길므로, 평균 힘을 작게 받아서 깨지지 않는다.

4-3 (1) 유리컵이 받은 충격량이 같을 때 $t_1 < t_2$이므로 유리컵이 받은 평균 힘의 크기는 A가 B보다 크다.

(2) 평균 힘$=\frac{\text{충격량}}{\text{충돌 시간}}$이므로 충격량이 같을 때 충돌 시간이 짧을수록 물체가 받는 평균 힘이 더 크다.

(3) 사람이 다치지 않게 하거나 물체가 파손되지 않게 하려면 충돌 시간을 길게 하여 물체가 받는 평균 힘을 받지 않도록 해야 한다.

내신 만점 문제 51~54쪽

01 ⑤	02 ③	03 ④	04 ③	05 ⑤	06 ④
07 ①	08 해설 참조	09 ⑤	10 ③	11 ④	12 ④
13 ①	14 ①	15 ③	16 ③	17 ③	18 ②
19 해설 참조	20 ①				

01 ㄱ. 운동량은 속도와 같이 크기와 방향이 있는 물리량이다.
ㄴ. 운동량$=$질량$\times$속도이므로 질량이 클수록, 속도가 클수록 운동량이 크다.
ㄷ. 물체에 작용하는 알짜힘이 0이면 물체는 등속 직선 운동을 하므로 물체의 운동량은 변하지 않는다.

02 ③ 운동량 – 시간 그래프의 기울기는 물체에 작용하는 알짜힘을 나타낸다. 2초~4초 사이에 그래프의 기울기가 0이므로 물체에 작용하는 알짜힘은 0이다.
바로알기 ① 0~2초 사이에 그래프의 기울기가 일정하므로 물체에 작용한 알짜힘은 일정하다.
② 운동량은 질량$\times$속도이므로 2초일 때 속력은 5 m/s이다. 0~2초 사이에 물체가 등가속도 직선 운동을 하므로 2초 동안 이동 거리는 평균 속력$\times$시간$=\frac{1}{2}\times 5\text{ m/s}\times 2\text{ s}=5\text{ m}$이다.
④ 0초일 때와 6초일 때 운동량이 모두 0이므로 0~6초 동안 물체의 운동량의 변화량은 0이다.
⑤ 0~2초 사이와 4초~6초 사이에 그래프의 기울기의 부호가 반대이므로 물체가 받은 알짜힘의 방향은 서로 반대이다.

03 운동량 보존 법칙에 따라 충돌 전 운동량의 총합은 충돌 후 운동량의 총합과 같다. 따라서 $4\text{ kg}\times 4\text{ m/s}+2\text{ kg}\times 2\text{ m/s}=4\text{ kg}\times 3\text{ m/s}+2\text{ kg}\times v$이므로 충돌 후 B의 속도 $v=4$ m/s이다.

04 ㄱ. 충돌 후 A의 속도가 감소하였으므로 A의 운동량은 감소하였다.
ㄴ. 충돌 전 운동량의 총합은 A의 운동량인 $3mv$이다. 충돌 후 A와 B의 운동량은 $(m+2m)\times v=3mv$이므로 충돌 전과 후에 운동량의 총합이 보존되었다.
바로알기 ㄷ. A의 운동량의 변화량은 $mv-3mv=-2mv$이고, B의 운동량의 변화량은 $2mv-0=2mv$이다. 따라서 충돌 과정에서 A와 B의 운동량의 변화량의 크기는 같다.
다른 풀이 ㄷ. 충돌 과정에서 두 물체가 주고받는 힘의 크기와 힘이 작용한 시간이 서로 같으므로 A와 B가 받은 충격량의 크기가 서로 같다. 충격량은 운동량의 변화량과 같으므로 A와 B의 운동량의 변화량의 크기도 같다.

05 꼼꼼 문제 분석

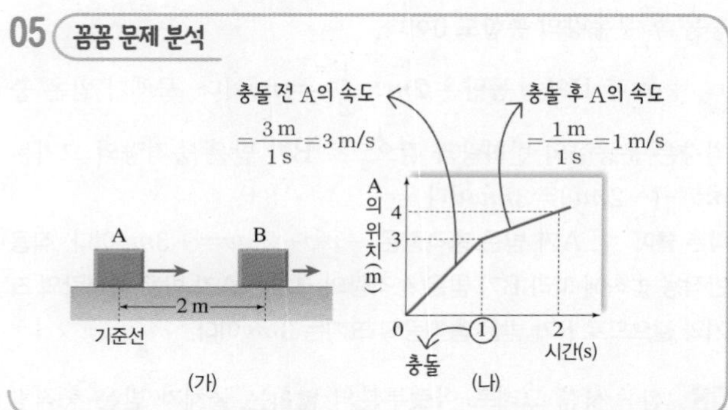

ㄱ. 위치 – 시간 그래프의 기울기는 속도를 나타낸다. (나)에서 0~1초 동안 그래프의 기울기가 3 m/s이므로 충돌 전 A의 속력은 3 m/s이다.
ㄴ. (나)에서 1초일 때 A의 속도가 변하므로 1초일 때 A와 B가 충돌한다. 1초 이후 그래프의 기울기가 $\frac{4-3}{2-1}=1$(m/s)이므로 충돌 후 A의 속력은 1 m/s이다.
ㄷ. 충돌 전에 A와 B 사이의 거리가 2 m이고, A는 1초 동안 3 m를 이동하여 충돌하였으므로, 충돌 전 B는 1초 동안 1 m를 이동하였다. 따라서 충돌 전 B의 속력은 1 m/s이다. A와 B의 질량을 m이라 하고, 충돌 후 B의 속력을 v라고 하면 운동량 보존 법칙에 따라 $m\times 3\text{ m/s}+m\times 1\text{ m/s}=m\times 1\text{ m/s}+m\times v$이므로 충돌 후 B의 속력 $v=3$ m/s이다.

06 용수철로 연결된 수레 A, B는 질량이 1 kg+2 kg=3 kg인 한 물체와 같다. 따라서 A, B가 반발하기 전 운동량의 총합은 $3\text{ kg}\times 3\text{ m/s}=9\text{ kg·m/s}$이다. 반발 후 B의 속력을 v_B라고 하면 반발 후 운동량의 총합은 $1\text{ kg}\times 1\text{ m/s}+2\text{ kg}\times v_B$이다. 반발 전과 반발 후 A, B의 운동량의 총합은 보존되므로 $9\text{ kg·m/s}=1\text{ kg}\times 1\text{ m/s}+2\text{ kg}\times v_B$에서 반발 후 B의 속도 $v_B=4$ m/s이다.

07 꼼꼼 문제 분석

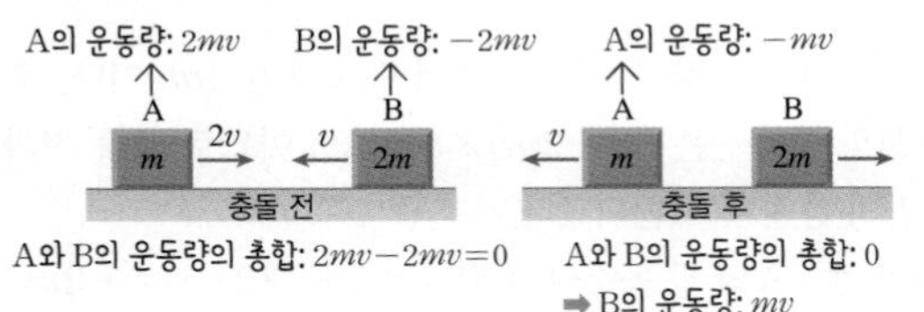

ㄱ. 충돌 과정에서 두 물체의 운동량의 총합은 보존된다. 오른쪽 방향을 (+)라고 하면 충돌 전 운동량의 총합은 $2mv-2mv=0$이다. 충돌 후 B의 속력을 v_B라고 하면 충돌 후 운동량의 총합은 $-mv+2mv_B=0$이므로 $v_B=\frac{1}{2}v$이다.

바로알기 ㄴ. 충돌 후 A, B의 운동량의 총합은 충돌 전 운동량의 총합과 같고, 충돌 전 운동량의 총합은 $2mv-2mv=0$이므로 충돌 후 운동량의 총합도 0이다.

ㄷ. 충돌 후 B의 운동량은 $2m\times\frac{1}{2}v=mv$이다. 물체가 받은 충격량은 운동량의 변화량과 같으므로 B가 받은 충격량의 크기는 $mv-(-2mv)=3mv$이다.

다른 풀이 ㄷ. A가 받은 충격량은 $-mv-2mv=-3mv$이다. 작용 반작용 법칙에 따라 B가 받은 충격량의 크기는 A가 받은 충격량의 크기와 같으므로 B가 받은 충격량의 크기는 $3mv$이다.

08

힘 – 시간 그래프 아랫부분의 넓이는 물체가 받은 충격량과 같으므로 0~10초 동안 받은 충격량은 $4\times5+2\times(10-5)=30$(N·s)이다. 정지해 있던 물체의 나중 운동량은 받은 충격량과 같으므로 10초일 때 물체의 운동량은 30 kg·m/s이다.

모범 답안 10초일 때 물체의 운동량은 0~10초 동안 물체가 받은 충격량과 같고, 충격량은 그래프 아랫부분의 넓이와 같으므로 30 kg·m/s이다. 따라서 30 kg·m/s=2 kg×v에서 10초일 때 물체의 속력 v=15 m/s이다.

채점 기준	배점
10초일 때 물체의 속력을 풀이 과정과 함께 옳게 구한 경우	100 %
10초일 때 물체의 속력만 옳게 쓴 경우	50 %

09

ㄱ. A와 B가 서로에게 주고받는 힘은 작용 반작용 관계이므로 힘의 크기가 같고 방향이 반대이다. A와 B가 서로 힘을 작용하는 시간도 같으므로 A와 B가 받은 충격량은 크기가 서로 같고 방향이 반대이다.

ㄴ. A와 B가 받은 충격량은 크기가 같고 방향이 반대이므로 A와 B가 받은 충격량의 합은 0이다. 충격량은 운동량의 변화량과 같으므로 A와 B의 운동량의 변화량의 합도 0이다.

ㄷ. A와 B가 처음에 정지해 있었으므로 운동량의 변화량은 손을 뗀 후 운동량과 같다. A와 B의 운동량의 변화량이 같으므로 손을 뗀 후 A와 B의 운동량도 같다. 따라서 질량이 큰 A의 속도가 질량이 작은 B의 속도보다 크기가 작다.

10 꼼꼼 문제 분석

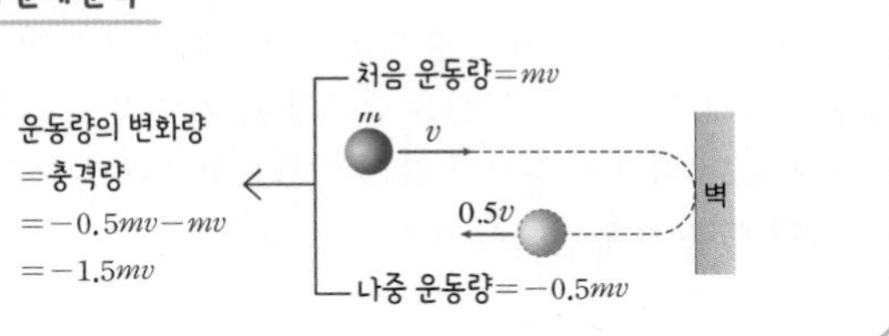

ㄷ. 오른쪽 방향을 (+)로 하면 충돌 전 공의 운동량은 mv이고, 충돌 후 운동량은 $-0.5mv$이다. 충돌하는 과정 중 공이 벽으로부터 받은 충격량은 운동량의 변화량과 같으므로 $-0.5mv-mv=-1.5mv$이다. 따라서 충격량의 크기는 $1.5mv$이다.

바로알기 ㄱ. 벽과 충돌 전 공의 운동량의 크기는 mv이고, 충돌 후 운동량의 크기는 $0.5mv$이므로 공의 운동량의 크기는 벽과 충돌한 후 감소하였다.

ㄴ. 벽과 충돌 전후 공의 운동량의 변화량의 크기는 $1.5mv$이다.

11

공은 중력에 의해 자유 낙하 운동을 한다.

ㄱ. 등가속도 직선 운동의 식 $2as=v^2-v_0{}^2$에 따라 지면에 충돌하기 직전에 공의 속력 $v=\sqrt{2as}=\sqrt{2\times10\ \text{m/s}^2\times20\ \text{m}}=20$ m/s이다.

ㄴ. 지면으로 향하는 방향을 (+)라고 하면 공의 운동량의 변화량은 1 kg×(−10 m/s)−1 kg×20 m/s=−30 kg·m/s이다. 따라서 지면과 충돌하는 동안 공이 받은 충격량의 크기는 30 N·s이다.

바로알기 ㄷ. 충격량의 방향은 물체가 받은 힘의 방향과 같다. 공이 지면으로부터 받은 힘의 방향은 중력의 방향과 반대 방향이므로 충격량의 방향은 중력의 방향과 반대 방향이다.

12

ㄱ. A와 B 사이의 거리는 2초일 때 0이 되었으므로 A와 B는 2초일 때 충돌한다. 0~2초 동안 B는 정지해 있고 A는 5 m/s×2 s=10 m만큼 이동하였으므로 A와 B 사이의 거리 d=10 m이다.

ㄴ. 2초일 때 A와 B가 충돌했고, 충돌 이후에 A와 B 사이의 거리는 계속 0이므로 충돌 후 A와 B는 붙어서 함께 운동한다. 충돌 후 A와 B의 속력을 v라고 하면 운동량 보존 법칙에 따라 2 kg×5 m/s=(2 kg+3 kg)×v이므로 v=2 m/s이다.

바로알기 ㄷ. B가 A로부터 받은 충격량은 B의 운동량의 변화량과 같으므로 3 kg×2 m/s−0=6 kg·m/s=6 N·s이다.

13

트럭과 탁구공의 상호 작용 이외의 힘은 작용하지 않으므로 트럭과 탁구공의 운동량의 총합은 보존된다.

ㄱ. 운동량의 변화량은 질량×속도 변화량이다. 운동량의 변화량의 크기는 트럭과 탁구공이 서로 같고, 질량은 트럭이 탁구공보다 훨씬 크므로 속도 변화량은 탁구공이 트럭보다 크다.

바로알기 ㄴ. 두 물체가 충돌할 때 작용 반작용 법칙에 따라 두 물체가 주고받는 힘의 크기가 서로 같고, 충돌 시간도 같으므로 두 물체가 받는 충격량의 크기는 서로 같다.

ㄷ. 탁구공과 트럭이 받은 충격량의 크기가 같고 두 물체의 충돌 시간도 같으므로 두 물체가 받은 평균 힘의 크기도 탁구공과 트럭이 서로 같다.

14 꼼꼼 문제 분석

충돌 전 운동량 $= m\times 4v = 4mv$

충돌 전 운동량 $= m\times 2v = 2mv$

A m $4v$ / $2v$ A m 벽

B m $2v$ / v B m 벽

(가) (나)

충돌 후 운동량 $= m\times(-2v) = -2mv$

A의 충격량 = 운동량의 변화량 $= -2mv - 4mv = -6mv$

충돌 후 운동량 $= m\times(-v) = -mv$

B의 충격량 = 운동량의 변화량 $= -mv - 2mv = -3mv$

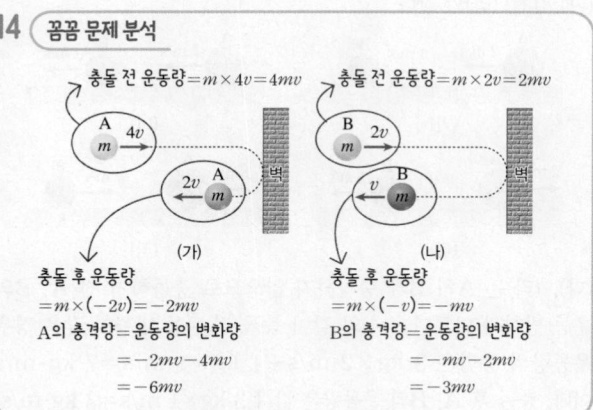

ㄴ. 충격량은 운동량의 변화량과 같으므로 공이 벽으로부터 받은 충격량의 크기는 (가)에서 $6mv$이고, (나)에서 $3mv$이다. 작용 반작용 법칙에 따라 벽과 공이 받은 힘의 크기는 같으므로 벽이 받은 충격량의 크기는 공이 받은 충격량의 크기와 같다. 따라서 벽이 받은 충격량의 크기도 (가)에서가 (나)에서보다 크다.

바로알기 ㄱ. A의 운동량의 변화량의 크기는 $6mv$이다.

ㄷ. B의 충돌 시간을 t라고 하면, A의 충돌 시간은 $2t$이다. 충돌하는 동안 물체가 받은 평균 힘$=\dfrac{\text{충격량}}{\text{충돌 시간}}$이므로 벽으로부터 받은 평균 힘의 크기는 A가 $\dfrac{6mv}{2t}=\dfrac{3mv}{t}$이고, B가 $\dfrac{3mv}{t}$이다. 따라서 벽으로부터 받은 평균 힘의 크기는 A와 B가 같다.

15 ㄱ. (가)에서 컬링선수와 스톤의 질량은 50 kg+10 kg =60 kg이므로 컬링선수와 스톤의 운동량은 60 kg×1 m/s =60 kg·m/s이다. 운동량 보존 법칙에 따라 (나)에서 운동량의 총합도 60 kg·m/s이므로 50 kg×0.2 m/s+10 kg×v= 60 kg·m/s이다. 따라서 v=5 m/s이다.

ㄷ. 충격량은 운동량의 변화량과 같으므로 스톤이 컬링선수로부터 받은 충격량은 50 kg·m/s−10 kg·m/s^2=40 N·s이다. 충격량=평균 힘×시간이고, 컬링선수가 스톤을 1초간 밀었으므로 컬링선수가 스톤에 작용한 평균 힘의 크기는 40 N이다. 작용 반작용 법칙에 따라 컬링선수와 스톤이 주고받은 힘의 크기는 같으므로 컬링선수가 스톤으로부터 받은 힘의 크기도 40 N이다.

바로알기 ㄴ. 충격량은 운동량의 변화량과 같으므로 스톤이 받은 충격량의 크기는 10 kg×5 m/s−10 kg×1 m/s=40 N·s이다.

16 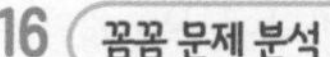

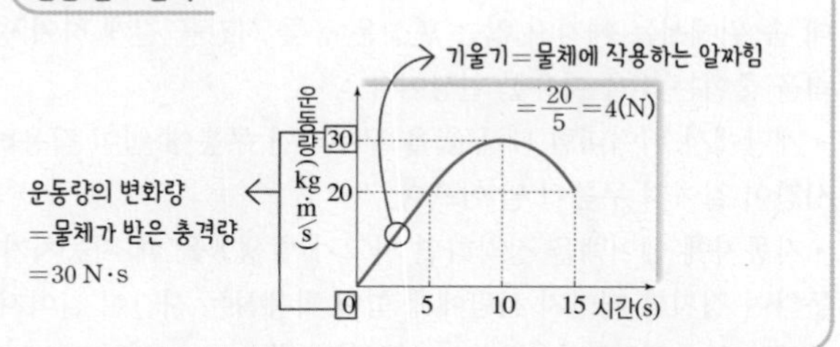

ㄱ. 운동량-시간 그래프의 기울기는 물체가 받은 알짜힘과 같으므로 0~5초 동안 물체에 작용하는 알짜힘은 $\dfrac{20\ \text{kg}\cdot\text{m/s}}{5\ \text{s}}$ =4 N이다. 따라서 F=4 N이다.

ㄴ. 충격량은 운동량의 변화량과 같다. 따라서 0~10초 동안 물체가 받은 충격량의 크기는 30 kg·m/s−0=30 N·s이다.

바로알기 ㄷ. 물체에 작용하는 평균 힘은 $\dfrac{\text{충격량}}{\text{힘을 받는 시간}}$이다. 5초~15초 동안 물체의 운동량의 변화량이 0이므로 물체가 받은 충격량도 0이다. 따라서 물체에 작용하는 평균 힘도 0이다.

17 ㄱ. $5t_0$일 때 A의 속도는 −4 m/s이므로 운동량의 크기는 2 kg×4 m/s=8 kg·m/s이다.

ㄷ. A의 속도 변화량은 −9 m/s이므로 A가 받은 충격량의 크기는 2 kg×9 m/s=18 N·s이고, B가 받은 충격량의 크기도 18 N·s로 같다. 충돌 시간은 B가 $3t_0$이고, A가 $2t_0$이므로 B가 A의 $\dfrac{3}{2}$배이다. 충격량이 같을 때 평균 힘은 충돌 시간에 반비례하므로 충돌하는 동안 물체가 받은 평균 힘의 크기는 B가 A의 $\dfrac{2}{3}$배이다.

바로알기 ㄴ. 운동량의 변화량은 질량×속도 변화량이다. 따라서 $2t_0$~$5t_0$ 동안 B의 속도의 변화량은 −1.6 m/s−2 m/s= −3.6 m/s이므로 B의 운동량의 변화량은 5 kg×(−3.6 m/s) =−18 kg·m/s이다. 운동량의 변화량은 충격량과 같으므로 $2t_0$~$5t_0$ 동안 B가 받은 충격량의 크기는 18 N·s이다.

18 ② 야구공을 받을 때 손을 뒤로 빼면서 받으면 충돌 시간이 길어져 손이 받는 충격력을 작게 줄일 수 있다.

바로알기 ① 대포의 포신이 길수록 충돌 시간이 길어져 충격량을 크게 받으므로 포신을 떠나는 포탄의 운동량이 커진다.

③ 야구 방망이를 끝까지 휘두르면 힘을 받는 시간이 길어져 야구공이 더 큰 충격량을 받으므로 야구공의 운동량이 커진다.

④ 대롱으로 화살을 날릴 때 대롱이 길수록 힘을 받는 시간이 길어서 충격량을 크게 받으므로 운동량이 커서 화살이 멀리 나간다.

⑤ 자동차를 탈 때 안전띠를 착용하면 충돌 사고 시 안전띠가 몸을 잡아주는 역할을 할 뿐 충돌 시간을 길게 하지는 않는다.

19 같은 높이에서 떨어진 접시가 콘크리트 바닥에서는 깨지는데 솜 위에서는 깨지지 않는 현상은 충돌 시간을 길게 하여 충격력을 줄이는 것을 이용한 현상이다.

• 계단에서 뛰어내릴 때 무릎을 구부리면 무릎에 힘이 작용하는 시간이 길어져 무릎이 덜 아프다.

• 자동차에 에어백을 장착하면 사고가 발생했을 때 자동차가 충돌하여 정지할 때까지 사람에게 힘이 작용하는 시간이 길어져 사람에게 작용하는 힘의 크기가 최소화된다.

• 물 풍선을 받을 때 손을 뒤로 빼면서 받으면 물 풍선에 힘이 작용하는 시간이 길어져 물 풍선이 터지지 않는다.

• 야구 경기를 할 때 포수가 두꺼운 야구 장갑을 끼고 야구공을 받으면 힘을 받는 시간이 길어져 손에 작용하는 힘의 크기가 작아지므로 손이 덜 아프다.

• 공기가 충전된 포장재는 상품이 충돌에 의해 힘을 받는 시간을 길게 하여 충격을 줄여 준다.

모범 답안 • 계단에서 뛰어내릴 때 무릎을 구부린다.
• 안전을 위해 자동차에 에어백을 장착한다.
• 물 풍선을 받을 때 손을 뒤로 빼면서 받는다.
• 야구 경기에서 포수는 두꺼운 야구 장갑을 끼고 야구공을 받는다.
• 공기가 충전된 포장재로 물건을 포장한다. 등

채점 기준	배점
세 가지 모두 옳게 서술한 경우	100 %
세 가지 중 두 가지만 옳게 서술한 경우	60 %
세 가지 중 한 가지만 옳게 서술한 경우	30 %

20 꼼꼼 문제 분석

힘, A, S_A, O, 시간 / 힘, B, S_B, O, 시간

그래프 아랫부분의 넓이=충격량
=운동량의 변화량

• 충격량 : A=B($S_A=S_B$)
• 충돌 시간 : A>B
• 평균 힘 : A<B

ㄱ. 두 자동차가 벽에 충돌하기 전 운동량이 같고, 벽에 충돌하여 정지했으므로 두 자동차의 운동량의 변화량은 같다. 따라서 두 자동차가 받은 충격량이 같으므로 두 그래프 아랫부분의 넓이 S_A와 S_B는 같다.

바로알기 ㄴ. 평균 힘은 충격량을 충돌 시간으로 나누어 구한다. 충격량은 같지만 충돌 시간이 다르므로 두 자동차가 받은 평균 힘이 다르다. 충돌 시간이 짧은 B의 평균 힘이 더 크다.

ㄷ. 충돌 사고에서 충격력의 크기가 작을수록 안전하므로 두 자동차 중 충돌 사고에서 더 안전한 자동차는 평균 힘이 더 작은 A이다.

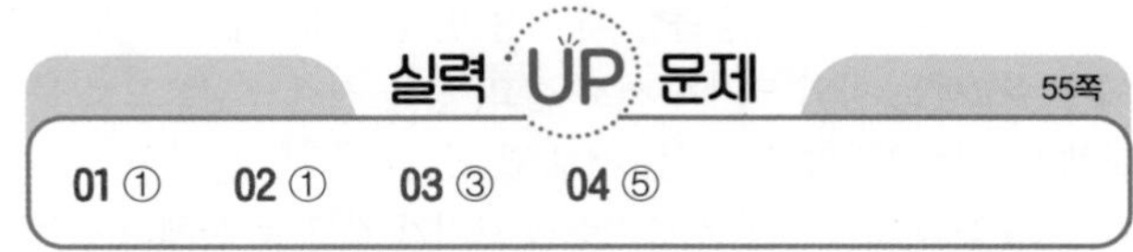

01 A와 B가 충돌하기 전 A의 속력이 2 m/s이고, B의 속력이 1 m/s일 때, A, B가 운동하는 방향의 경우의 수는 다음 (가), (나), (다), (라)와 같다.

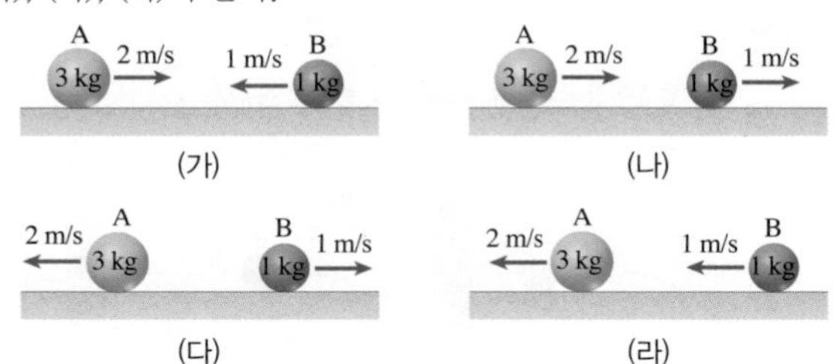

(다), (라)는 A와 B가 충돌하지 않으므로 충돌하기 전 A, B의 운동 방향과 다르다. (나)와 같이 충돌 전 운동 방향이 같은 경우 운동량의 총합은 3 kg×2 m/s+1 kg×1 m/s=7 kg·m/s이다. 충돌 후 A, B의 운동량은 각각 3 kg×1 m/s=3 kg·m/s, 1 kg×2 m/s=2 kg·m/s이다. 충돌 후 A, B의 운동량의 총합은 운동 방향이 같은 경우는 3 kg·m/s+2 kg·m/s=5 kg·m/s, 다른 경우는 3 kg·m/s−2 kg·m/s=1 kg·m/s이므로 모두 7 kg·m/s보다 작다. 따라서 운동량 보존 법칙이 성립하지 않는다. (가)와 같이 충돌 전 운동 방향이 반대인 경우 운동량의 총합은 3 kg×2 m/s−1 kg×1 m/s=5 kg·m/s이고, 충돌 후 A와 B의 운동 방향이 같을 경우 운동량의 총합이 5 kg·m/s이므로 운동량 보존 법칙이 성립한다. 따라서 충돌 전후의 상황으로 가능한 경우는 다음과 같다.

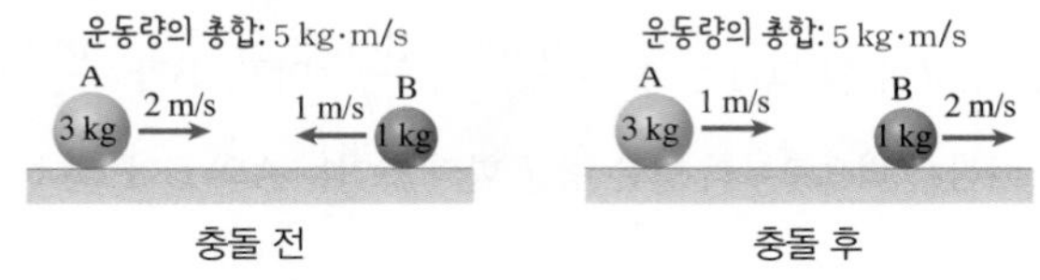

ㄱ. 충돌 전 A, B의 운동 방향은 서로 반대이다.

바로알기 ㄴ. 충돌 후 A와 B의 운동 방향은 서로 같다.

ㄷ. A의 운동량의 변화량은 3 kg×1 m/s−3 kg×2 m/s=−3 kg·m/s이므로 충돌하는 동안 A가 받은 충격량의 크기는 3 N·s이다.

02 ㄱ. 충돌 전 A와 B의 운동량의 총합은 $4mv+0=4mv$이다. (나)에서 A와 B가 충돌한 후 $0\sim2t$ 동안 A와 B의 속도는 $\frac{4d}{2t}=\frac{2d}{t}$이므로 충돌 후 운동량의 총합은 $2m\times\frac{2d}{t}=\frac{4md}{t}$이다. A와 B가 충돌할 때 운동량의 총합은 보존되므로 $4mv=\frac{4md}{t}$이다. 따라서 $v=\frac{d}{t}$이다.

바로알기 ㄴ. $2t$ 이후에 A와 B의 속도는 $-\frac{d}{2t}=-\frac{1}{2}v$이다. 따라서 A와 B는 $2t$일 때 벽에 충돌하고, 벽에 충돌할 때 A와 B의 운동량의 변화량은 $2m\times\left(-\frac{1}{2}v\right)-4mv=-5mv$이다. 물체가 받은 충격량은 운동량의 변화량과 같으므로 A와 B가 벽으로부터 받은 충격량의 크기는 $5mv$이다.
ㄷ. 물체가 외부로부터 힘을 받으면 운동량은 보존되지 않는다. 따라서 A와 B가 벽과 충돌할 때는 A와 B가 외부인 벽으로부터 힘을 받으므로 A와 B의 운동량의 총합이 보존되지 않는다.

03 꼼꼼 문제 분석

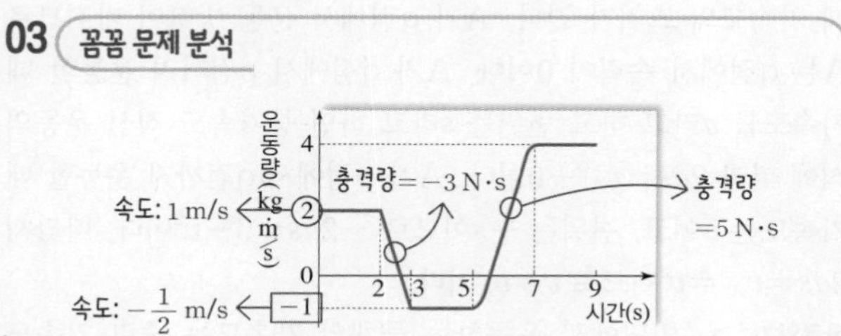

ㄱ. 물체의 질량이 2 kg이므로 0∼2초 동안 물체의 속도는 1 m/s이고, 물체의 변위는 1 m/s×2 s=2 m이다. 3초일 때 속도는 $-\frac{1}{2}$ m/s이므로 1초 동안 물체의 가속도는 $-\frac{3}{2}$ m/s²이고, 등가속도 직선 운동의 식 $s=v_0t+\frac{1}{2}at^2$에 따라 물체의 변위는 $1\text{ m/s}\times1\text{ s}+\frac{1}{2}\times\left(-\frac{3}{2}\text{ m/s}^2\right)\times(1\text{ s})^2=\frac{1}{4}$ m이다. 따라서 0∼3초 동안 물체의 변위는 $2\text{ m}+\frac{1}{4}\text{ m}=\frac{9}{4}$ m이다.
ㄷ. 충격량=평균 힘×충돌 시간이므로 2초∼3초 동안 물체가 받은 평균 힘의 크기는 $\frac{3\text{ N·s}}{1\text{ s}}=3$ N이다. 5초∼7초 동안 물체가 받은 평균 힘의 크기는 $\frac{5\text{ N·s}}{2\text{ s}}=\frac{5}{2}$ N이다. 따라서 물체가 받은 평균 힘의 크기는 2초∼3초 동안이 5초∼7초 동안보다 크다.
바로알기 ㄴ. 2초∼3초 동안 물체의 운동량의 변화량의 크기는 3 kg·m/s이고, 5초∼7초 동안은 5 kg·m/s이다. 운동량의 변화량의 크기는 충격량의 크기와 같으므로 물체가 받은 충격량의 크기는 2초∼3초 동안이 5초∼7초 동안보다 작다.

04 ㄱ. 충돌 전 B, C가 정지해 있으므로 A와 충돌하기 전 운동량의 총합은 $10mv$로 같다. 충돌 후 두 물체는 붙어서 함께 운동하므로 B, C와 충돌한 후 두 물체의 속력을 각각 v_1, v_2라고 하면 운동량 보존 법칙에 따라 $10mv=(m+4m)v_1$이고, $10mv=(m+9m)v_2$이다. 따라서 $v_1=2v$, $v_2=v$이므로 충돌 후 속력은 B가 C보다 크다.
ㄴ. 힘-시간 그래프에서 그래프 아랫부분의 넓이는 충격량의 크기와 같다. B와 C가 받은 충격량의 크기는 A가 받은 충격량의 크기와 같고, 충격량의 크기는 운동량의 변화량의 크기와 같다. A의 운동량의 변화량은 B와 충돌할 때 $2mv-10mv=-8mv$이고, C와 충돌할 때는 $mv-10mv=-9mv$이므로 $S_1=8mv$이고, $S_2=9mv$이다. 따라서 $S_1<S_2$이다.
ㄷ. B가 받은 충격량은 C가 받은 충격량보다 작고, 충돌 시간은 A가 B와 충돌할 때가 C와 충돌할 때보다 크므로 충돌하는 동안 받은 평균 힘의 크기는 B가 C보다 작다.

중단원 핵심 정리 56~57쪽

❶ 변위 ❷ 속력 ❸ 속도 ❹ 속도 ❺ 이동 거리 ❻ 등가속도 ❼ 알짜힘 ❽ 0 ❾ 등속 직선 ❿ 관성 ⓫ 비례 ⓬ 반비례 ⓭ 같 ⓮ 반대 ⓯ 질량 ⓰ 운동량 보존 ⓱ 힘 ⓲ 충격량 ⓳ 충격량 ⓴ 충돌 시간 ㉑ = ㉒ 길게

중단원 마무리 문제 58~61쪽

01 ④	02 ④	03 ③	04 ①	05 ②	06 ③
07 ①	08 F: 36 N, F_A: 16 N		09 ③	10 ③	11 ④
12 ③	13 ③	14 ④	15 ㄴ, ㄷ, ㄹ, ㅂ		16 ①
17 해설 참조	18 해설 참조	19 해설 참조	20 해설 참조		

01 꼼꼼 문제 분석

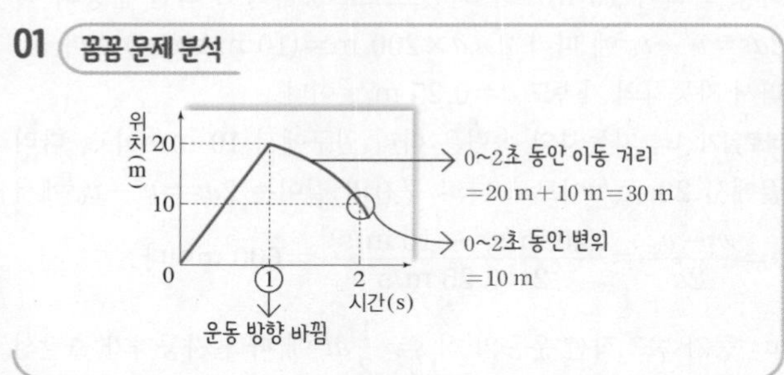

$$\text{평균 속력}=\frac{\text{이동 거리}}{\text{걸린 시간}}=\frac{30\text{ m}}{2\text{ s}}=15\text{ m/s}$$

$$\text{평균 속도}=\frac{\text{변위}}{\text{걸린 시간}}=\frac{10\text{ m}}{2\text{ s}}=5\text{ m/s}$$

02 ㄱ. 등가속도 직선 운동은 가속도가 일정한 운동이므로 매초당 속도 변화량이 일정하다.

ㄴ. 정지 상태에서 등가속도 직선 운동을 하는 물체의 속도 $v=at$이다. 가속도 a가 일정하므로 속도의 크기는 시간 t에 비례하여 증가한다.

바로알기 ㄷ. 정지 상태에서 등가속도 직선 운동을 하는 물체의 변위 $s=\frac{1}{2}at^2$이다. 가속도 a가 일정하므로 변위의 크기는 시간 t의 제곱에 비례하여 증가한다.

03 꼼꼼 문제 분석

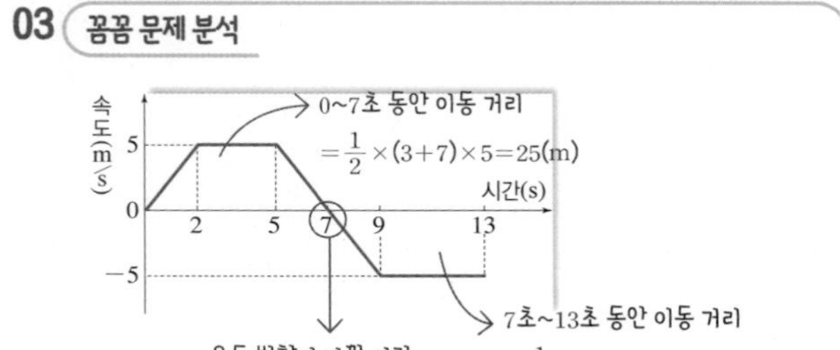

ㄷ. 0~7초 동안 한쪽 방향으로 이동하다가 7초일 때부터 운동 방향을 바꾸어 출발점으로 되돌아온다. 이때 0~7초 동안 이동한 거리와 7초~13초 동안 이동한 거리가 같으므로 13초일 때 변위는 0이다. 따라서 0~13초 동안 평균 속도는 0이다.

바로알기 ㄱ. 속도의 부호는 운동 방향을 나타내므로, 속도의 부호가 (+)일 때의 운동 방향과 (−)일 때의 운동 방향은 반대이다. 따라서 속도의 부호가 (+)에서 (−)로 바뀌는 순간인 7초일 때 물체의 운동 방향이 바뀌어 물체가 출발점을 향해 되돌아오므로 7초일 때 출발점으로부터 가장 멀리 떨어져 있다.

ㄴ. 속도-시간 그래프의 기울기는 가속도를 나타내므로 7초일 때 가속도는 $\frac{(-5\text{ m/s})-5\text{ m/s}}{9\text{ s}-5\text{ s}}=-2.5\text{ m/s}^2$이다. 따라서 가속도의 크기는 2.5 m/s^2이다.

04 ㄱ. 정지 상태에서 출발한 자동차가 200 m를 이동하여 나중 속력이 10 m/s가 되었으므로 등가속도 직선 운동의 식 $2as=v^2-v_0{}^2$에 따라 $2\times a\times200\text{ m}=(10\text{ m/s})^2-0^2$이다. 따라서 자동차의 가속도 $a=0.25\text{ m/s}^2$이다.

바로알기 ㄴ. 자동차의 속력은 다리 입구에서 10 m/s이고, 다리 끝에서 20 m/s이므로 다리 구간의 길이는 $2as=v^2-v_0{}^2$에서 $s=\frac{v^2-v_0{}^2}{2a}=\frac{(20\text{ m/s})^2-(10\text{ m/s})^2}{2\times0.25\text{ m/s}^2}=600$ m이다.

ㄷ. 등가속도 직선 운동의 식 $s=\frac{1}{2}at^2$에 따라 자동차가 출발선에서 출발하여 다리 입구를 지날 때까지 걸린 시간 $t=\sqrt{\frac{2s}{a}}=\sqrt{\frac{2\times200\text{ m/s}}{0.25\text{ m/s}^2}}=40$ s이다.

05 꼼꼼 문제 분석

q점에서 운동 방향이 바뀐다.
➡ q점에서 속력이 0이다.

같은 빗면이므로 A와 B의 가속도는 같다.

(가) (나)

A가 빗면을 올라갈 때와 내려올 때 가속도는 같다.

ㄴ. 기울기가 일정한 빗면 위에서 물체가 운동할 때 물체의 가속도는 항상 일정하므로 물체가 빗면을 따라 올라갈 때와 내려올 때 가속도의 크기가 같다. A가 q점에서 운동 방향이 바뀌므로 A는 q점에서 속력이 0이다. A가 q점에서 p점까지 운동할 때 가속도를 a라고 하고 변위를 s라고 하면 등가속도 직선 운동의 식에 따라 $2as=v_A{}^2-0$이다. A가 p점에서 q점까지 운동할 때 가속도는 a이고, 변위는 $-s$이므로 $-2as=0-v^2$이다. 따라서 $2as=v_A{}^2=v^2$이므로 $v=v_A$이다.

바로알기 ㄱ. 빗면에서 운동하는 물체의 가속도는 중력 가속도와 빗면의 작용으로 생기는 가속도이므로 물체의 질량과는 관계가 없다. 따라서 A와 B의 가속도의 크기는 서로 같고, q점에서 p점까지 이동한 거리도 같으므로 $2as=v_A{}^2-0=v_B{}^2-0$이다. 따라서 $v_A=v_B$이다.

ㄷ. A와 B는 등가속도 직선 운동을 하고 q점에서 A와 B의 속력은 0이므로 A가 p점에서 q점까지 이동하는 동안 평균 속력은 $\frac{v}{2}$이고, B가 q점에서 p점까지 이동하는 동안 평균 속력은 $\frac{v_B}{2}$이다. $v_B=v_A=v$이므로 A의 평균 속력과 B의 평균 속력은 같다. 따라서 A가 p점에서 q점까지 이동하는 데 걸린 시간은 B가 q점에서 p점까지 이동하는 데 걸린 시간과 같다.

다른 풀이 ㄴ. 빗면을 따라 올라갈 때의 방향을 (+)라고 하고 A의 속도를 시간에 따라 나타내면 다음과 같다. 그래프 아랫부분의 넓이는 변위와 같고 빗면을 따라 올라갈 때와 내려올 때 이동한 거리가 같으므로 $v=v_A$이다.

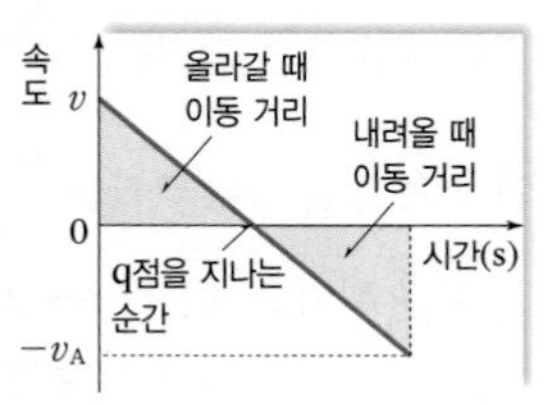

06 꼼꼼 문제 분석

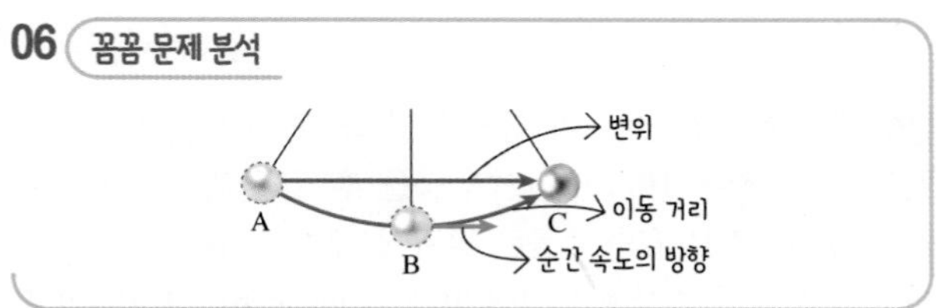

ㄱ. 진자 운동을 하는 물체는 속력과 운동 방향이 모두 변하는 가속도 운동을 한다.

ㄷ. A점에서 C점까지 운동할 때 평균 속도의 방향은 변위의 방향과 같으므로 오른쪽 수평 방향이다. 진자 운동을 하는 물체의 순간 속도의 방향(운동 방향)은 경로의 접선 방향과 같으므로 B점에서 순간 속도의 방향은 오른쪽 수평 방향이다. 따라서 A점에서 C점까지 평균 속도의 방향과 B점을 지날 때 순간 속도의 방향은 서로 같다.

바로알기 ㄴ. 물체는 곡선 경로를 따라 운동하므로 A점에서 C점까지 운동할 때 변위의 크기는 이동 거리보다 작다. 따라서 평균 속도의 크기는 평균 속력보다 작다.

07 ① 관성의 크기는 물체의 질량이 클수록 크다.

바로알기 ②, ③, ④ 관성은 물체가 받는 힘의 크기, 물체의 운동 상태 등과 관련이 없고, 물체가 가지고 있는 고유의 성질이다.

⑤ 수평면에서 운동하던 물체가 속력이 감소하여 정지하는 까닭은 운동 방향과 반대 방향으로 마찰력이나 공기 저항을 받기 때문이다. 운동하는 물체에 작용하는 알짜힘이 0이면 물체는 관성에 의해 등속 직선 운동을 계속한다.

08 꼼꼼 문제 분석

A 16 N B 4 kg 5 kg F (가) A에 대한 운동 방정식: $16\ \text{N}=4\ \text{kg}\times a$

F A B 4 kg 5 kg (나) A에 대한 운동 방정식: $F_{\text{A}}=4\ \text{kg}\times a$

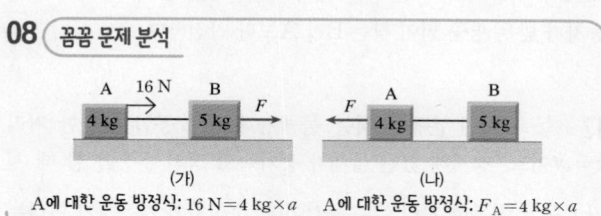

(가)에서 실이 A를 당기는 힘 16 N은 A에 작용하는 알짜힘이다. A의 가속도의 크기를 a라고 하면 운동 방정식에 따라 $16\ \text{N}=4\ \text{kg}\times a$이므로 $a=4\ \text{m/s}^2$이다. A와 B는 실로 연결되어 함께 운동하므로 질량이 4 kg+5 kg=9 kg인 한 물체로 생각하면 운동 방정식에 따라 $F=9\ \text{kg}\times 4\ \text{m/s}^2=36\ \text{N}$이다.

(나)에서도 A, B는 실로 연결되어 함께 운동하므로 A, B의 가속도의 크기는 $\dfrac{36\ \text{N}}{9\ \text{kg}}=4\ \text{m/s}^2$이다. A에 대한 운동 방정식에 따라 A에 작용하는 알짜힘의 크기 $F_{\text{A}}=4\ \text{kg}\times 4\ \text{m/s}^2=16\ \text{N}$이다.

09 꼼꼼 문제 분석

(가) A $4m$ $2mg$ $2mg$ B $2m$ $2mg$ $2mg$

(나) B $2m$ $2mg$ mg A $4m$ $2mg$ $4mg$

ㄱ. (가)에서 A, B가 정지해 있으므로 A, B에 작용하는 알짜힘은 0이다. B에 작용하는 중력의 크기가 $2mg$이므로 실이 B를 당기는 힘의 크기도 $2mg$이다. 따라서 실이 A를 당기는 힘의 크기도 $2mg$이다.

ㄴ. (가)에서 실이 A를 당기는 힘의 크기가 $2mg$이므로 A에 빗면 아래 방향으로 작용하는 힘의 크기도 $2mg$이다. 빗면에 놓인 물체에 빗면 아래 방향으로 작용하는 힘의 크기는 질량에 비례하므로 (나)에서 B에 빗면 아래 방향으로 작용하는 힘의 크기는 mg이다. 따라서 (나)에서 A, B에 작용하는 알짜힘의 크기는 $4mg-mg=3mg$이다. A, B의 질량은 $2m+4m=6m$이므로 A, B의 가속도의 크기는 $\dfrac{3mg}{6m}=\dfrac{1}{2}g$이다.

바로알기 ㄷ. (나)에서 A, B의 가속도의 크기가 $\dfrac{1}{2}g$이고, 실이 B를 당기는 힘의 크기를 T라고 하면 B에 대한 운동 방정식은 $T-mg=2m\times\dfrac{1}{2}g$이다. 따라서 $T=2mg$이다.

10 ㄱ. 세 물체 모두 정지 상태를 유지하고 있으므로 세 물체에 작용하는 알짜힘은 모두 0이다.

ㄴ. 지면이 C를 떠받치는 힘의 크기는 세 물체의 무게의 합과 같으므로 $(3+2+5)\ \text{kg}\times 10\ \text{m/s}^2=100\ \text{N}$이다.

바로알기 ㄷ. C가 B를 떠받치는 힘의 크기는 A와 B의 무게의 합과 같으므로 $(3+2)\ \text{kg}\times 10\ \text{m/s}^2=50\ \text{N}$이다. B에 작용하는 중력은 $2\ \text{kg}\times 10\ \text{m/s}^2=20\ \text{N}$이다. 따라서 두 힘의 합력이 0이 아니므로 두 힘은 평형 관계가 아니다. B에 작용하는 힘은 C가 B를 떠받치는 힘과 B에 작용하는 중력, A가 B를 누르는 힘이다. 이 세 힘이 모두 B에 작용하여 힘의 평형을 이루고 있다.

11 꼼꼼 문제 분석

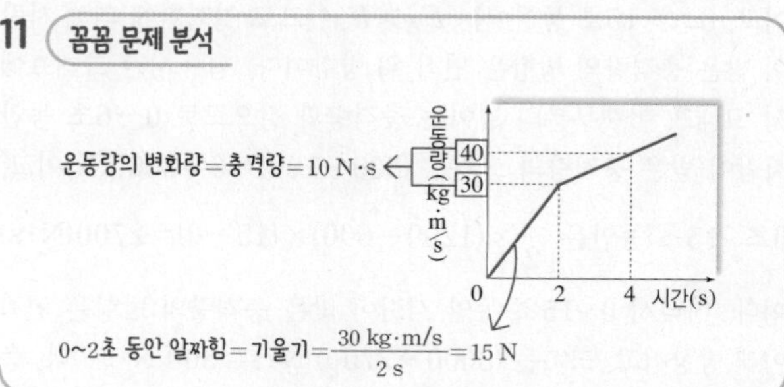

ㄱ. 운동량-시간 그래프의 기울기는 물체가 받은 알짜힘을 나타낸다. 따라서 0~2초 동안 물체가 받은 알짜힘의 크기는 $\dfrac{30\ \text{kg}\cdot\text{m/s}}{2\ \text{s}}=15\ \text{N}$이다.

ㄷ. 2초부터 4초까지 물체가 받은 충격량은 물체의 운동량의 변화량과 같으므로 $40\ \text{kg}\cdot\text{m/s}-30\ \text{kg}\cdot\text{m/s}=10\ \text{kg}\cdot\text{m/s}=10\ \text{N}\cdot\text{s}$이다.

바로알기 ㄴ. 1초일 때 물체가 받은 알짜힘의 크기는 15 N이고, 물체의 질량은 3 kg이므로 물체의 가속도의 크기는 $\dfrac{15\ \text{N}}{3\ \text{kg}}=5\ \text{m/s}^2$이다.

12 ㄱ. A, B가 충돌하기 전 운동량의 총합은 충돌하기 전 A의 운동량과 같으므로 $2\ \mathrm{kg}\times3\ \mathrm{m/s}=6\ \mathrm{kg\cdot m/s}$이다. A, B가 충돌한 후 B의 속도를 v_{B}라고 하면 운동량 보존 법칙에 따라 $6\ \mathrm{kg\cdot m/s}=2\ \mathrm{kg}\times(-1\ \mathrm{m/s})+4\ \mathrm{kg}\times v_{\mathrm{B}}$이므로 $v_{\mathrm{B}}=2\ \mathrm{m/s}$이다. 따라서 충돌 후 B의 속력은 2 m/s이다.

ㄴ. C와 충돌한 후 A의 운동량은 $2\ \mathrm{kg\cdot m/s}$이므로 A가 C와 충돌할 때 A의 운동량의 변화량은 $2\ \mathrm{kg\cdot m/s}-6\ \mathrm{kg\cdot m/s}=-4\ \mathrm{kg\cdot m/s}$이다. 충격량은 운동량의 변화량과 같으므로 C와 충돌할 때 A가 받은 충격량의 크기는 4 N·s이다.

바로알기 ㄷ. 충돌하는 동안 B와 C가 받은 충격량의 크기는 각각의 충돌에서 A가 받은 충격량의 크기와 같다. A가 B와 충돌할 때 A의 운동량의 변화량은 $2\ \mathrm{kg}\times(-1\ \mathrm{m/s})-6\ \mathrm{kg\cdot m/s}=-8\ \mathrm{kg\cdot m/s}$이므로 A가 받은 충격량의 크기는 8 N·s이고, C와 충돌할 때 A가 받은 충격량의 크기는 4 N·s이다. 따라서 충돌하는 동안 받은 충격량의 크기는 B가 C보다 크다.

13 꼼꼼 문제 분석

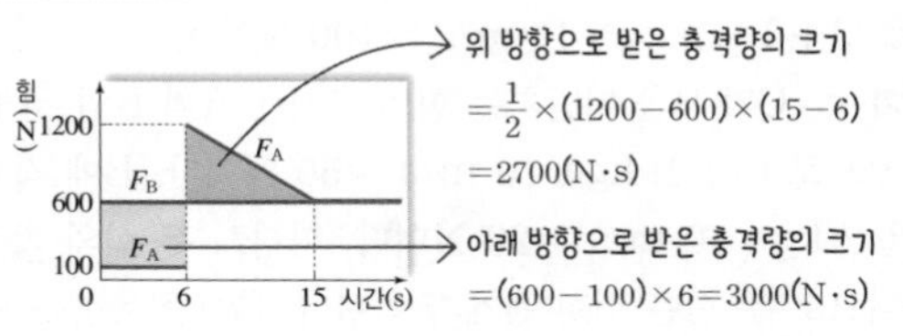

공기 저항에 의해 작용하는 힘의 방향은 연직 위 방향이고, 중력의 방향은 연직 아래 방향이다. 0~6초 동안에는 $F_{\mathrm{A}}<F_{\mathrm{B}}$이므로 알짜힘에 의해 사람이 받은 충격량의 방향은 연직 아래 방향이고, 6초~15초 동안에는 $F_{\mathrm{A}}>F_{\mathrm{B}}$이므로 알짜힘에 의해 사람이 받은 충격량의 방향은 연직 위 방향이다. 힘-시간 그래프에서 그래프 아랫부분의 넓이는 충격량과 같으므로 0~6초 동안 사람이 받은 충격량의 크기는 $(600-100)\times6=3000(\mathrm{N})$이고, 6초~15초 동안은 $\frac{1}{2}\times(1200-600)\times(15-6)=2700(\mathrm{N\cdot s})$이다. 따라서 0~15초 동안 사람이 받은 충격량의 방향은 연직 아래 방향이고, 크기는 $(3000-2700)\ \mathrm{N\cdot s}=300\ \mathrm{N\cdot s}$이다. 충격량은 운동량의 변화량과 같으므로 15초일 때 사람의 속력을 v라고 하면 $300\ \mathrm{N\cdot s}=60\ \mathrm{kg}\times v$이다. 따라서 15초일 때 사람의 속력 $v=5\ \mathrm{m/s}$이다.

14 충돌하는 동안 B가 받은 충격량은 A가 받은 충격량과 크기가 같고, A가 받은 충격량은 A의 운동량의 변화량과 같다. A의 운동량의 변화량은 $1\ \mathrm{kg}\times(-1\ \mathrm{m/s})-1\ \mathrm{kg}\times3\ \mathrm{m/s}=-4\ \mathrm{kg\cdot m/s}$이므로 B가 받은 충격량의 크기는 4 N·s이다. B가 받은 평균 힘은 $\frac{\text{충격량}}{\text{충돌 시간}}$일 때, A와 B의 충돌 시간은 0.2초이므로 B가 받은 평균 힘의 크기는 $\frac{4\ \mathrm{N\cdot s}}{0.2\ \mathrm{s}}=20\ \mathrm{N}$이다.

15 ㄴ, ㄷ, ㄹ, ㅂ. 포수가 손을 뒤로 빼면서 공을 받는 경우, 푹신한 곳에 떨어진 컵이 잘 깨지지 않는 경우, 에어백, 인명 구조용 에어 매트 등은 충격량이 일정할 때 충돌 시간을 길게 하여 충격력을 줄이는 경우이다.

바로알기 ㄱ, ㅁ. 야구 방망이를 끝까지 휘두르는 것과 대포의 포신이 긴 것은 힘이 작용하는 시간을 길게 하여 충격량을 크게 하는 경우이다.

16 ㄱ. 충돌 전 두 자동차의 질량과 속도가 같으므로 충돌 전 두 자동차의 운동량이 같고, 충돌 후에 멈추었으므로 충돌 후 두 자동차의 운동량도 0으로 같다. 따라서 충돌 전후 두 자동차의 운동량의 변화량은 같다.

바로알기 ㄴ. 운동량의 변화량은 충격량과 같다. A의 운동량의 변화량은 B의 운동량의 변화량과 같으므로 A가 받은 충격량은 B가 받은 충격량과 같다.

ㄷ. 두 자동차가 받은 충격량은 같고, 힘을 받은 시간은 A<B이므로 두 자동차가 받은 평균 힘의 크기는 A>B이다. 따라서 자동차가 받은 평균 힘이 작은 B가 A보다 안전하다.

17 등속 직선 운동을 하는 물체가 시간 t 동안 이동한 거리 $s=vt$이고, 정지해 있던 물체가 등가속도 직선 운동을 할 때 시간 t 동안 이동한 거리 $s=\frac{1}{2}at^2$이다. 순찰차와 자동차가 만나는 것은 이동 거리가 같을 때이다.

모범 답안 순찰차와 자동차가 만나려면 이동 거리가 같아야 하므로 그때까지 걸린 시간을 t라고 하면, $\frac{1}{2}\times5\ \mathrm{m/s^2}\times t^2=40\ \mathrm{m/s}\times t$에서 $t=16$초이다.

채점 기준	배점
걸린 시간을 풀이 과정과 함께 옳게 구한 경우	100 %
풀이 과정만 옳게 쓴 경우	60 %
걸린 시간만 옳게 쓴 경우	30 %

18 • 천천히 들어 올릴 때: 실의 장력이 벽돌의 무게를 감당할 수 있고 실의 장력에 의해 벽돌이 천천히 위로 올라온다.

• 빠르게 들어 올릴 때: 빠르게 들어 올리는 경우 벽돌이 관성에 의해 미처 움직이기 전에 실에 큰 힘이 가해진다. 따라서 벽돌이 정지 상태에서 빠르게 움직이려면 매우 큰 힘이 필요하다.

모범 답안 벽돌을 빠르게 들어 올릴 때는 관성에 의해 벽돌이 정지해 있으려 하므로 실에 큰 힘이 가해져서 실이 끊어진다.

채점 기준	배점
관성을 사용하여 옳게 서술한 경우	100 %
관성의 언급 없이 큰 힘을 받는다라고만 서술한 경우	50 %

19 꼼꼼 문제 분석

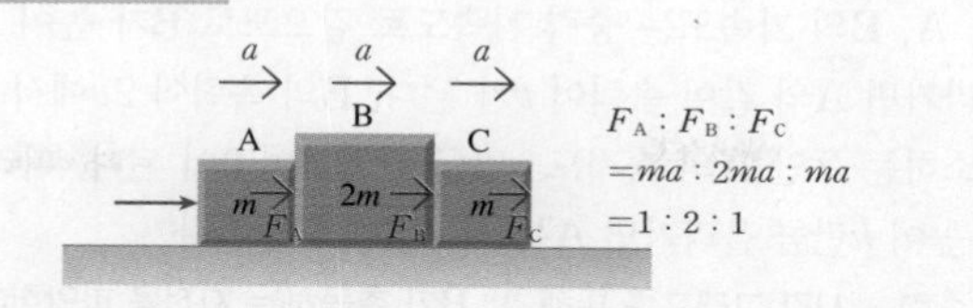

A에 힘을 주면 세 물체가 같은 가속도로 움직인다. 운동 방정식 $F=ma$에서 F는 알짜힘을 의미하고, 세 물체의 가속도(a)가 같으므로 각 물체에 작용하는 알짜힘(F)은 질량(m)에 비례한다. 따라서 $F_A : F_B : F_C = m : 2m : m = 1 : 2 : 1$이다.

모범 답안 $F=ma$에서 세 물체의 가속도(a)가 같으므로 각 물체에 작용하는 알짜힘(F)은 각 물체의 질량(m)에 비례한다. 따라서 $F_A : F_B : F_C = m : 2m : m = 1 : 2 : 1$이다.

채점 기준	배점
세 물체의 가속도가 같다는 사실과 운동 제2법칙을 적용하여 알짜힘의 비를 옳게 서술한 경우	100 %
세 물체의 가속도가 같다는 사실을 언급하지 않고 운동 방정식만 적용한 경우	50 %

20

충격량이 같을 때, 충격력(평균 힘)은 물체가 힘을 받는 시간에 반비례한다. 따라서 물체가 힘을 받는 시간을 길게 하여 물체가 받는 충격력(평균 힘)을 줄일 수 있다.

모범 답안 두 경우에 달걀이 받은 충격량은 같고, 충격량이 같을 때 충격력은 충돌 시간에 반비례한다. 솜이불 위에 떨어진 경우가 시멘트 바닥에서보다 충돌 시간이 길어서 충격력을 작게 받으므로 깨지지 않은 것이다.

채점 기준	배점
충격량이 같을 때 충격력이 충돌 시간에 반비례한다는 사실과 솜이불 위에서가 시멘트 바닥에서보다 충돌 시간이 길어 충격력이 작다는 사실을 옳게 서술한 경우	100 %
한 가지 사실만 서술한 경우	50 %
솜이불 위에서 충격력을 작게 받아서라고만 서술한 경우	30 %

수능 실전 문제 63~65쪽

01 ①	02 ②	03 ④	04 ④	05 ⑤	06 ③
07 ③	08 ⑤	09 ②	10 ②	11 ⑤	12 ③

01 꼼꼼 문제 분석

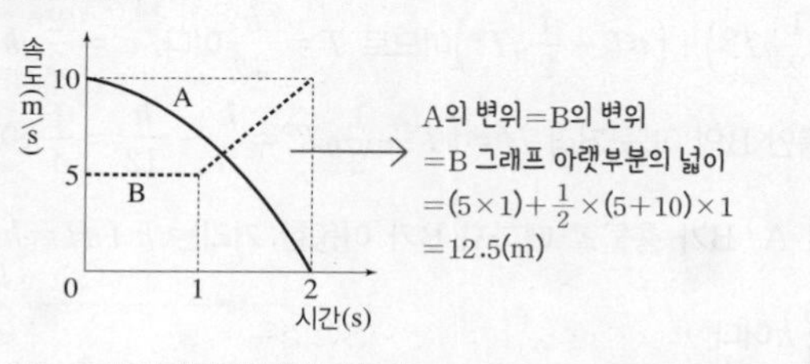

선택지 분석

㉠ 1초일 때 A의 운동 방향과 A의 가속도의 방향은 반대이다. (운동 방향 =속도의 부호(+), 가속도의 방향 =그래프의 기울기(−))

ㄴ. 0~2초 동안 A의 변위의 크기는 15 m이다. → 12.5 m

ㄷ. 1초~2초 동안 B의 가속도의 크기는 4 m/s²이다. → 5 m/s²

전략적 풀이 ❶ 속도 – 시간 그래프에서 기울기가 의미하는 것을 파악한다.

ㄷ. 1초~2초 동안 B 그래프의 기울기=B의 가속도

$=\frac{(10-5)\ \text{m/s}}{(2-1)\ \text{s}}=5\ \text{m/s}^2$이다.

❷ 운동하는 물체의 속도와 가속도의 부호로 방향 사이의 관계를 파악한다.

ㄱ. 속도 – 시간 그래프에서 속도의 부호는 운동 방향을 나타내고, 속도의 부호는 (+)이다. 속도 – 시간 그래프의 기울기는 가속도와 같으므로 1초일 때 A의 가속도의 부호는 (−)이다. 따라서 1초일 때 A의 운동 방향과 가속도의 방향은 반대이다.

❸ 속도 – 시간 그래프에서 그래프 아랫부분의 넓이가 의미하는 것을 파악한다.

ㄴ. 속도 – 시간 그래프에서 그래프 아랫부분의 넓이는 변위와 같으므로 0~2초 동안 B의 변위는 12.5 m이다. 0~2초 동안 A와 B의 변위가 같으므로 A의 변위의 크기는 12.5 m이다.

02 꼼꼼 문제 분석

A, B의 운동을 속도 – 시간 그래프로 나타내는 과정은 다음과 같다.

❶ A의 처음 속도=10 m/s
B의 처음 속도=0
❷ A, B가 등가속도 직선 운동을 한다.
❸ A의 가속도의 크기=a
B의 가속도의 크기=$2a$
➡ 그래프의 기울기: B가 A의 2배
❹ 속력이 v로 같아지는 순간 A가 B보다 20 m 앞서 있다.
➡ 그래프 아랫부분의 넓이 차이: 20 m

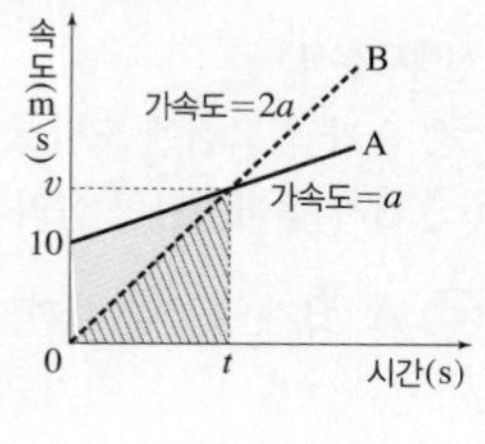

선택지 분석

ㄱ. a의 크기는 2 m/s²이다. → 2.5 m/s²

ㄴ. v의 크기는 30 m/s이다. → 20 m/s

㉢ 두 자동차가 기준선을 통과한 순간부터 속력이 v로 같아질 때까지 걸린 시간은 4초이다.

전략적 풀이 ❶ 속도 – 시간 그래프의 기울기와 그래프의 아랫부분의 넓이가 의미하는 것을 파악한다.

속도 – 시간 그래프의 기울기는 가속도를, 그래프 아랫부분의 넓이는 변위를 나타낸다.

❷ 등가속도 직선 운동을 하는 두 물체를 분석하여 속도－시간 그래프를 그린다.

A의 가속도의 크기가 a, B의 가속도의 크기가 $2a$이므로 그래프의 기울기는 B가 A의 2배이고, 속력이 v로 같아지는 순간 A가 B보다 20 m 앞서 있으므로 그래프 아랫부분의 넓이 차이는 20 m이다.

❸ 속도－시간 그래프를 이용하여 v와 a를 계산한다.

ㄱ, ㄴ, ㄷ. A와 B의 속도－시간 그래프에서

A의 속도 $v=10\ \text{m/s}+at$이고, ··············· ①

B의 속도 $v=2at$이다. ·························· ②

$0 \sim t$초 동안 A와 B의 거리 차가 20 m이므로, A와 B의 그래프 아랫부분의 넓이 차이는 20 m이다.

$$\left\{\frac{1}{2}\times(10+v)\times t\right\}-\left(\frac{1}{2}\times v\times t\right)=20(\text{m}) \quad \cdots\cdots ③$$

①과 ②를 연립하면 $at=10\ \text{m/s}$이고, $v=20\ \text{m/s}$이다. ··· ④

④를 ③에 대입하면 $t=4$초이고, $a=2.5\ \text{m/s}^2$이다.

03 꼼꼼 문제 분석

A의 속력－시간 그래프를 그리면 다음과 같다.

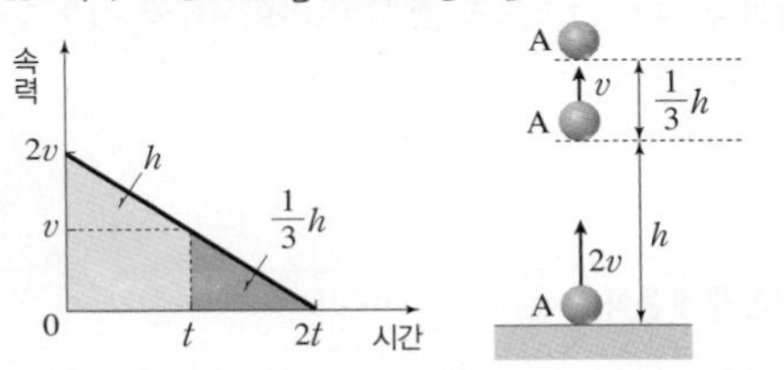

선택지 분석

ㄱ. A가 최고점에 도달했을 때 높이는 $2h$이다. ($\frac{4}{3}h$) (×)

ㄴ. B가 높이 h만큼 올라가면 A는 최고점에 도달한다. (○)

ㄷ. A, B가 충돌할 때까지 B가 이동한 거리는 $\frac{5}{4}h$이다. (○)

전략적 풀이 ❶ 속력－시간 그래프를 그려 최고점까지의 거리를 계산한다.

ㄱ. A는 등가속도 직선 운동을 하므로 A의 운동을 속력－시간 그래프로 나타낼 수 있다. 속력－시간 그래프 아랫부분의 넓이는 이동 거리와 같으므로 A의 속력이 $2v$에서 v까지 감소하는 동안 그래프 아랫부분의 넓이는 h이다. A의 속력이 v에서 0까지 감소하는 동안은 그래프 아랫부분의 넓이가 $\frac{1}{3}h$이므로 높이 h에서 최고점까지 거리는 $\frac{1}{3}h$이다. 따라서 A가 최고점에 도달했을 때 높이는 $h+\frac{1}{3}h=\frac{4}{3}h$이다.

❷ A, B의 가속도가 같다는 것을 적용하여 A, B의 운동을 파악한다.

ㄴ. A, B의 가속도는 중력 가속도로 같으므로 B가 높이 h만큼 올라가면 A와 같이 속력이 v가 된다. B의 속력이 $2v$에서 v만큼 감소하는 동안 A의 속력도 v만큼 감소하여 0이 된다. 따라서 B가 높이 h만큼 올라가면 A는 최고점에 도달한다.

❸ 속력－시간 그래프를 통해 A, B가 충돌하는 지점을 파악한다.

ㄷ. B의 높이가 h일 때 A는 자유 낙하 운동을 시작하고, 두 물체 사이의 거리는 $\frac{1}{3}h$이므로 A와 B가 충돌할 때까지 A의 이동 거리와 B의 이동 거리의 합은 $\frac{1}{3}h$이다. 이때 A와 B의 속력을 시간에 따라 나타낸 그래프는 다음과 같다.

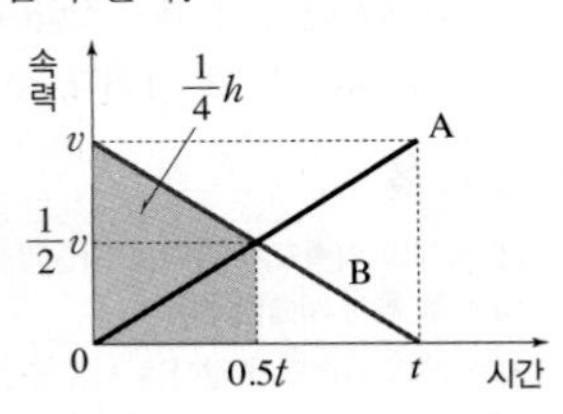

속력－시간 그래프에서 $0 \sim t$ 동안 B 그래프 아랫부분의 넓이는 $\frac{1}{3}h$이고, $0.5t \sim t$ 동안 B 그래프 아랫부분의 넓이와 $0 \sim 0.5t$ 동안 A 그래프 아랫부분의 넓이가 같다. 따라서 시간이 $0.5t$가 되는 지점에서 A의 이동 거리와 B의 이동 거리의 합이 $\frac{1}{3}h$가 되므로 이때 A, B가 충돌한다. B는 높이 h인 곳에서 $\frac{1}{4}h$만큼 더 이동하였으므로 A, B가 충돌할 때까지 B가 이동한 거리는 $\frac{5}{4}h$이다.

다른 풀이 ㄱ. 중력 가속도의 크기를 g라고 하면, A가 지면에서 높이가 h인 지점까지 등가속도 직선 운동을 하므로 등가속도 직선 운동의 식에 따라 $2\times(-g)\times h=v^2-(2v)^2=-3v^2$이다. 따라서 $v^2=\frac{2}{3}gh$이다. A의 속도가 $2v$에서 0이 될 때까지 이동 거리를 s라고 하면 등가속도 직선 운동의 식에 따라 $2\times(-g)\times s=0-(2v)^2=-4v^2$이므로 $s=\frac{4}{3}h$이다. 따라서 A가 최고점에 도달했을 때의 높이는 $\frac{4}{3}h$이다.

ㄷ. A가 최고점에서 낙하하기 시작한 순간 B는 높이 h인 곳에서 v의 속력으로 운동하고 있고, A, B 사이의 거리는 $\frac{4}{3}h-h=\frac{1}{3}h$이다. 따라서 A, B가 충돌할 때까지 A, B가 이동한 거리의 합은 $\frac{1}{3}h$이다. A, B가 충돌할 때까지 걸린 시간을 T라고 하면, 등가속도 직선 운동의 식 $s=v_0t+\frac{1}{2}at^2$에 따라 (A의 이동 거리)+(B의 이동 거리)$=\frac{1}{3}h$ $=\left(\frac{1}{2}gT^2\right)+\left(vT-\frac{1}{2}gT^2\right)$이므로 $T=\frac{h}{3v}$이다. $v^2=\frac{2}{3}gh$이므로 T 동안 B의 이동 거리 $H=vT-\frac{1}{2}gT^2=\frac{h}{3}-\frac{h}{12}=\frac{1}{4}h$이다. 따라서 A, B가 충돌할 때까지 B가 이동한 거리는 $h+H=h+\frac{1}{4}h$ $=\frac{5}{4}h$이다.

04 꼼꼼 문제 분석

운동하는 물체의 질량=수레의 질량+추의 질량=$3m+m$

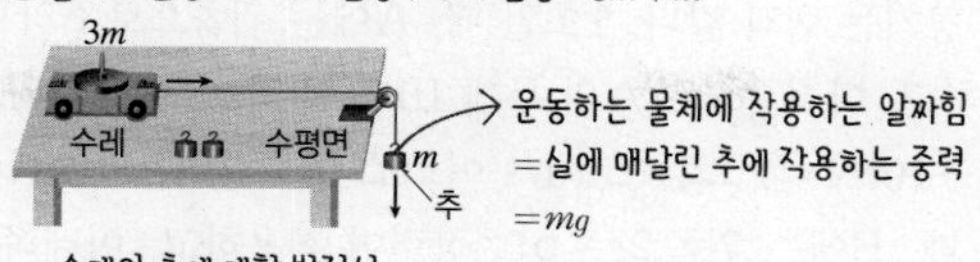

수레와 추에 대한 방정식:
$mg=(3m+m)\times a$

선택지 분석

	ㄱ	ㄴ		ㄱ	ㄴ
~~①~~	2 m/s²	1.5 m/s²	~~②~~	2 m/s²	5 m/s²
~~③~~	4 m/s²	3 m/s²	④	4 m/s²	5 m/s²
~~⑤~~	5 m/s²	7.5 m/s²			

전략적 풀이 ❶ 실에 매달린 추의 수가 1개일 때 중력 가속도 값을 구한다.

수레와 추에 작용하는 알짜힘은 추에 작용하는 중력이므로 중력 가속도를 g라고 하면 알짜힘의 크기는 mg이다. 수레와 추를 질량이 $3m+m=4m$인 하나의 물체로 생각하면, 수레와 추에 대한 운동 방정식은 $mg=4m\times 2.5\ \mathrm{m/s^2}$이다. 따라서 중력 가속도 $g=10\ \mathrm{m/s^2}$이다.

❷ 추가 2개일 때의 운동 방정식을 통해 수레의 가속도를 구한다.

추가 2개가 되면 수레와 추에 작용하는 알짜힘의 크기는 $2mg$가 된다. 수레와 추 2개가 연결되어 함께 운동하므로 질량이 $3m+m+m=5m$인 하나의 물체로 생각하면 수레와 추에 대한 운동 방정식은 $2mg=5m\times a$이다. 따라서 수레의 가속도 $a=\frac{2}{5}g=4\ \mathrm{m/s^2}$이다.

❸ 추가 3개일 때의 운동 방정식을 통해 수레의 가속도를 구한다.

추가 3개가 되면 수레와 추에 작용하는 알짜힘은 $3mg$이고, 수레와 추의 질량은 $3m+m+m+m=6m$이다. 따라서 추가 3개일 때 수레와 추에 대한 운동 방정식은 $3mg=6m\times a$이므로 수레의 가속도 $a=5\ \mathrm{m/s^2}$이다.

05 꼼꼼 문제 분석

알짜힘=6 N
24 N
실의 장력 =24 N
B 3 kg
중력 30 N
1 m
알짜힘 =4 N
2 kg A
(가)
중력=20 N
2 kg A B 3 kg
0.5 m
0.5 m
(나)

선택지 분석

~~ㄱ~~. A의 가속도의 크기는 1 m/s²이다. 2 m/s²

ⓛ (나)의 순간에 두 물체의 속력은 $\sqrt{2}$ m/s이다.

ⓒ (나)에서 실의 장력의 크기는 24 N이다.

전략적 풀이 ❶ (가)에서 도르래의 운동을 파악하고 알짜힘을 구한다.

정지 상태에서 손을 놓으면 물체는 중력을 받아 운동하므로 각각 등가속도 직선 운동을 한다.

ㄱ. 두 물체를 운동시키는 알짜힘은 B의 무게 $3\ \mathrm{kg}\times 10\ \mathrm{m/s^2}=30\ \mathrm{N}$에서 A의 무게 $2\times 10\ \mathrm{m/s^2}=20\ \mathrm{N}$을 뺀 10 N이다. 따라서 두 물체의 가속도 $a=\frac{F}{m}=\frac{10\ \mathrm{N}}{(2+3)\ \mathrm{kg}}=2\ \mathrm{m/s^2}$이다.

❷ 등가속도 직선 운동의 식을 이용하여 (나)에서 물체의 속력을 구한다.

ㄴ. 정지 상태에서 두 물체가 등가속도 직선 운동을 하여 0.5 m씩 이동하였고, 가속도의 크기는 2 m/s²이므로 등가속도 직선 운동의 식 $2as=v^2-v_0^2$에 따라 $2\times 2\ \mathrm{m/s^2}\times 0.5\ \mathrm{m}=v^2-0^2$에서 $v=\sqrt{2}$ m/s이다.

❸ A에 대한 운동 방정식을 적용하여 A에 작용하는 힘을 구한다.

ㄷ. 실의 장력을 T라고 하면 A에 작용하는 알짜힘은 $T-20$ N이다. 따라서 A에 대한 운동 방정식은 $T-20\ \mathrm{N}=2\ \mathrm{kg}\times 2\ \mathrm{m/s^2}$이므로 $T=24$ N이다.

06 꼼꼼 문제 분석

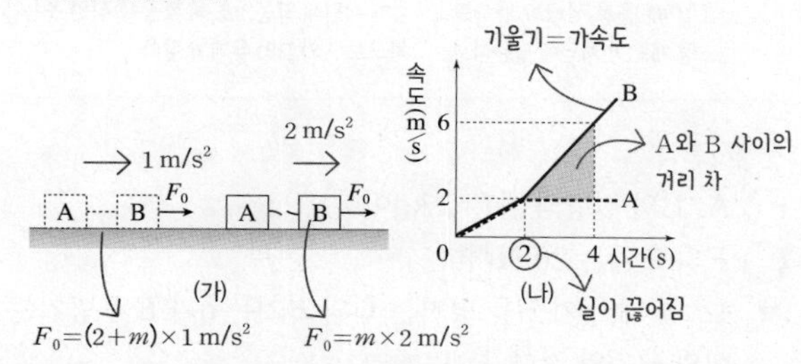

선택지 분석

ⓖ B의 질량은 2 kg이다.

ⓛ F_0은 4 N이다.

~~ㄷ~~. A, B 사이의 거리는 4초일 때가 2초일 때보다 6 m 더 크다. 4 m

전략적 풀이 ❶ 속도 – 시간 그래프에서 기울기가 의미하는 것을 파악한다.

(나)에서 속도 – 시간 그래프의 기울기는 가속도를 나타내므로 0~2초 동안 A, B의 가속도는 $\frac{2\ \mathrm{m/s}}{2\ \mathrm{s}}=1\ \mathrm{m/s^2}$이고, 2초~4초 동안 B의 가속도는 $\frac{(6-2)\ \mathrm{m/s}}{(4-2)\ \mathrm{s}}=2\ \mathrm{m/s^2}$이다.

❷ 운동 방정식을 이용하여 물체의 질량과 물체에 작용하는 힘을 파악한다.

ㄱ, ㄴ. B의 질량을 m이라 하면 0~2초 동안 A와 B에 대한 운동 방정식은 $F_0=(2\ \text{kg}+m)\times 1\ \text{m/s}^2$ … ①, 2초~4초 동안 B에 대한 운동 방정식은 $F_0=m\times 2\ \text{m/s}^2$ … ②이다. 두 식 ①, ②를 연립하여 풀면 $m=2$ kg이고, $F_0=4$ N이다.

❸ 속도 – 시간 그래프에서 그래프 아랫부분의 넓이가 의미하는 것을 파악하고 A, B 사이의 거리를 구한다.

ㄷ. 2초일 때와 4초일 때 A와 B 사이의 거리 차는 (나)에서 2초~4초 동안 속도 – 시간 그래프 아랫부분의 넓이 차이와 같으므로 $\left\{\frac{1}{2}\times(2+6)\times 2\right\}-(2\times 2)=4(\text{m})$이다. 따라서 A와 B 사이의 거리는 4초일 때가 2초일 때보다 4 m 더 크다.

07 꼼꼼 문제 분석

F를 가해 정지 상태를 유지하므로 A의 무게$+F=$B의 무게$+20$ N

0초에서 2초 사이에 세 물체의 가속도 $=5\ \text{m/s}^2$

(가) p, B, q, A, C 2 kg, F

(나) A의 속력(m/s) 10, 5 / 0, 1, ②, 3 시간(s)

2초일 때 운동 상태가 변하므로 2초일 때 C가 지면에 닿는다.

C가 지면에 닿은 2초 이후 등속 직선 운동을 하므로 A와 B의 무게가 같다.

선택지 분석

ㄱ. A, B의 질량의 합은 2 kg이다.

ㄴ. F의 크기는 20 N이다.

~~ㄷ.~~ 1초일 때, p가 B를 당기는 힘의 크기는 q가 B를 당기는 힘의 크기와 같다. 크기보다 크다.

전략적 풀이 ❶ C가 지면에 닿은 이후 물체의 운동을 파악하고 A, B의 질량을 구한다.

ㄱ. C가 지면에 닿은 2초 이후 등속 직선 운동을 하므로 A와 B의 질량은 같다. 따라서 0~2초 사이에 세 물체에 작용하는 알짜힘은 C의 무게와 같은 20 N이다. A와 B의 질량을 각각 m이라 하고, 운동 방정식을 세워 보면 $20\ \text{N}=(2m+2\ \text{kg})\times 5\ \text{m/s}^2$이므로 $m=1$ kg이다. 따라서 A와 B의 질량의 합은 2 kg이다.

❷ 처음 힘 F를 작용하여 정지해 있을 때 물체에 작용하는 힘을 파악하여 F를 구한다.

ㄴ. A에 F를 작용하였을 때 A, B, C가 정지 상태를 유지하므로 A의 무게$+F=$B의 무게$+20$ N이다. A의 무게와 B의 무게가 같으므로 F의 크기는 20 N이다.

❸ 1초일 때 물체에 작용하는 알짜힘을 파악한다.

ㄷ. p의 장력은 p가 B를 당기는 힘과 같고, q의 장력은 q가 B를 당기는 힘과 같다. 1초일 때, A에는 위쪽으로 p의 장력이 작용하고, 아래쪽으로 A의 무게 10 N이 작용한다. 따라서 p의 장력$-10\ \text{N}=1\ \text{kg}\times 5\ \text{m/s}^2$이므로 p의 장력은 15 N이다. 1초일 때, B에는 위쪽으로 p의 장력이 작용하고, 아래쪽으로 B의 무게와 q의 장력이 작용하므로 q의 장력$+10\ \text{N}-15\ \text{N}=1\ \text{kg}\times 5\ \text{m/s}^2$에서 q의 장력은 10 N이다. 따라서 1초일 때, p가 B를 당기는 힘의 크기는 q가 B를 당기는 힘의 크기보다 크다.

08 꼼꼼 문제 분석

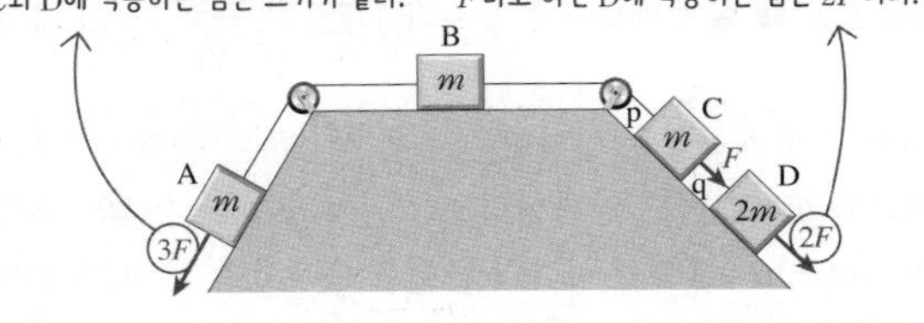

알짜힘=0이므로 A에 작용하는 힘과, C와 D에 작용하는 힘은 크기가 같다.
C에 빗면 아래 방향으로 작용하는 힘을 F라고 하면 D에 작용하는 힘은 2F이다.
B
m
p
C
m
F
q
D
2m
2F
A
m
3F

선택지 분석

~~① 1 : 2~~ ~~② 1 : 3~~ ~~③ 2 : 3~~ ~~④ 3 : 5~~ ⑤ 4 : 9

전략적 풀이 ❶ 빗면 위에 놓인 물체에 작용하는 힘을 파악한다.

같은 빗면 위에 놓인 C와 D에 중력에 의해 빗면 아래 방향으로 작용하는 힘의 크기는 질량에 비례하므로 C에 빗면 아래 방향으로 작용하는 힘의 크기를 F라고 하면 D에 빗면 아래 방향으로 작용하는 힘의 크기는 $2F$이다. 실이 모두 연결되어 있을 때 물체는 정지해 있으므로 중력에 의해 A에 빗면 아래 방향으로 작용하는 힘의 크기와 C와 D에 빗면 아래 방향으로 작용하는 힘의 크기는 서로 같다. 따라서 A에 빗면 아래 방향으로 작용하는 힘의 크기는 $F+2F=3F$이다.

❷ 실 q가 끊어졌을 때 운동 방정식을 적용하여 B의 가속도의 크기를 구한다.

실 q가 끊어지면 A, B, C에 작용하는 알짜힘의 크기는 $3F-F=2F$이다. 실 q가 끊어졌을 때 A, B, C의 가속도의 크기는 a_1이고, A, B, C의 질량의 총합은 $3m$이므로 A, B, C에 대한 운동 방정식은 $2F=3ma_1$이다. 따라서 $a_1=\frac{2F}{3m}$이다.

❸ 실 p가 끊어졌을 때 운동 방정식을 적용하여 B의 가속도의 크기를 구한다.

실 p가 끊어지면 A, B에 작용하는 알짜힘의 크기는 $3F$이다. 실 p가 끊어졌을 때 A, B의 가속도의 크기는 a_2이고, A, B의 질량의 총합은 $2m$이므로 A, B에 대한 운동 방정식은 $3F=2ma_2$이다. 따라서 $a_2=\frac{3F}{2m}$이므로 $a_1 : a_2=\frac{2F}{3m} : \frac{3F}{2m}=4 : 9$이다.

09 꼼꼼 문제 분석

A와 B는 $x=\frac{2}{3}L$ 위치에서 충돌한다. ⇒ 이때 C는 $x=\frac{5}{3}L$ 위치를 지난다.

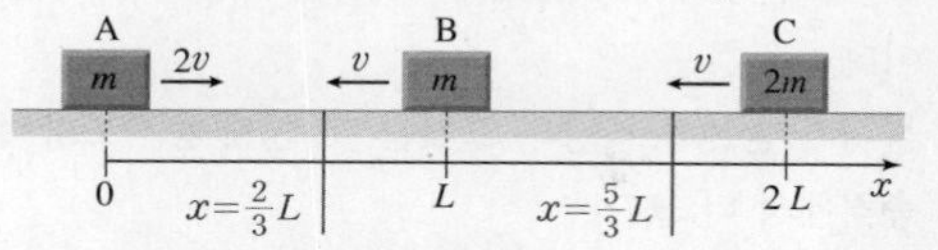

선택지 분석

~~ㄱ.~~ A, B의 충돌 직후 A의 속력은 v이다. $\frac{v}{2}$

~~ㄴ.~~ A, B가 한 덩어리가 된 물체는 C와 충돌 직후 정지한다. 왼쪽으로 운동한다.

ⓒ A, B가 한 덩어리가 된 물체는 C와 $x=L$인 지점에서 충돌한다.

전략적 풀이 ❶ 충돌 전후 운동량이 보존됨을 이해한다.

ㄱ. A, B가 충돌한 후 A, B의 운동량의 총합은 보존된다. 따라서 A, B가 충돌한 직후 한 덩어리가 된 두 물체의 속도 v'은 $2mv+(-mv)=2mv'$에서 $v'=\frac{v}{2}$이다. 따라서 A, B의 충돌 직후 A의 속력은 $\frac{v}{2}$이다.

ㄴ. 처음 A, B, C의 운동량의 총합은 세 물체가 한 덩어리가 되었을 때의 운동량과 같다. 따라서 한 덩어리가 된 세 물체의 속도 V는 $2mv+(-mv)+(-2mv)=4mV$에서 속도 $V=-\frac{1}{4}v$이다. 따라서 충돌 직후 세 물체는 왼쪽으로 운동한다.

❷ 속력과 이동 거리의 관계를 이해하고 물체의 충돌 위치를 파악한다.

ㄷ. A가 오른쪽으로 $\frac{2}{3}L$만큼 이동하는 동안 B, C는 왼쪽으로 $\frac{1}{3}L$만큼 이동하므로 A, B가 충돌하는 순간 A, B의 위치는 $x=\frac{2}{3}L$인 지점이고, C의 위치는 $x=\frac{5}{3}L$인 지점이다. 충돌 후 한 덩어리가 된 A, B의 속력은 C의 절반이므로 A, B가 오른쪽으로 $\frac{1}{3}L$만큼 이동하는 동안 C는 왼쪽으로 $\frac{2}{3}L$만큼 이동한다. 따라서 A, B, C는 $x=L$인 지점에서 충돌한다.

10 꼼꼼 문제 분석

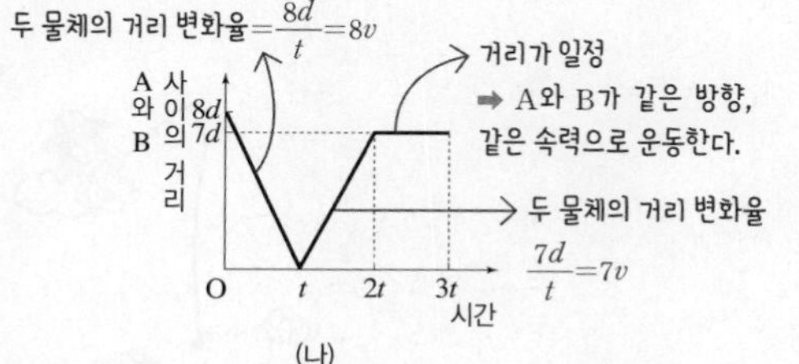

선택지 분석

~~ㄱ.~~ t부터 $2t$까지 A의 속력은 $3v$이다. $2v$

~~ㄴ.~~ B가 벽과 충돌할 때 받은 충격량의 크기는 $6mv$이다. $14mv$

ⓒ $2t$부터 $3t$까지 A와 B의 운동량의 총합의 크기는 $10mv$이다.

전략적 풀이 ❶ A와 B 사이의 거리 그래프로부터 충돌 후 두 물체의 운동을 파악한다.

충돌 전 A, B는 $4v$의 속력으로 서로를 향해 운동하므로 A와 B는 $8v$의 속력으로 가까워진다. (나)에서 0부터 t까지 A와 B 사이의 거리는 t 동안 $8d$만큼 가까워졌으므로 $\frac{8d}{t}=8v$이다. t부터 $2t$까지 A와 B 사이의 거리는 t 동안 $7d$만큼 멀어지므로 충돌 후 A와 B는 $\frac{7d}{t}=7v$의 속력으로 멀어진다. t부터 $2t$까지 두 물체 사이의 거리는 멀어지고 $2t$부터 두 물체 사이의 거리가 일정하므로 A와 B는 충돌 후 서로 반대 방향으로 운동하다가 $2t$일 때 B가 벽과 충돌 후 A와 B는 같은 방향으로 운동한다.

❷ 운동량 보존 법칙을 적용하여 충돌 후 A와 B의 속도를 구한다.

ㄱ. 충돌 후 A, B의 속도를 각각 v_A, v_B라고 하고, 오른쪽 방향을 (+)라고 하면 충돌 직후 A와 B는 $7v$의 속력으로 멀어지므로 $v_B-v_A=7v$이고, 두 물체가 충돌할 때 운동량 보존 법칙에 따라 $3m\times4v+2m\times(-4v)=3mv_A+2mv_B$이므로 $4v=3v_A+2v_B$이다. 두 식을 연립하면 $v_A=-2v$, $v_B=5v$이므로 t부터 $2t$까지 A의 속력은 $2v$이다.

❸ B가 벽과 충돌한 이후 상황을 파악한다.

ㄴ. (나)에서 B가 $2t$일 때 벽과 충돌한 이후 A와 B 사이의 거리가 일정하게 유지되므로 A와 B의 속도가 같다. $v_A=-2v$이므로 벽과 충돌한 이후 B의 속도도 $-2v$이다. B가 벽과 충돌하기 전 속도는 $5v$이므로 벽과 충돌하기 전후 B의 운동량의 변화량은 $(-4mv)-10mv=-14mv$이다. 따라서 B가 벽으로부터 받은 충격량의 크기는 $14mv$이다.

ㄷ. $2t$부터 $3t$까지 A의 운동량은 $-6mv$이고, B의 운동량은 $-4mv$이므로 A와 B의 운동량의 총합은 $-10mv$이다. 따라서 A와 B의 운동량의 총합의 크기는 $10mv$이다.

11 꼼꼼 문제 분석

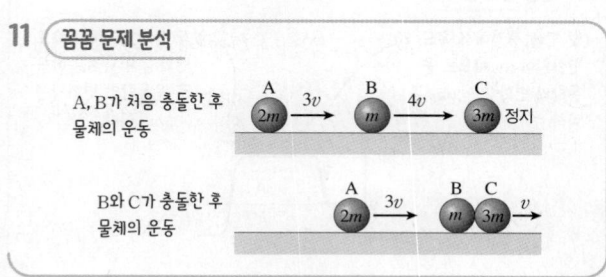

A, B가 처음 충돌한 후 물체의 운동: A (2m) 3v → B (m) 4v → C (3m) 정지

B와 C가 충돌한 후 물체의 운동: A (2m) 3v → B (m) C (3m) v →

선택지 분석

㉠ B와 처음 충돌한 후 A의 운동량의 크기는 $6mv$이다.
㉡ B와 C가 충돌한 후 A와 B는 다시 충돌한다.
㉢ 모든 충돌이 끝난 후 A, B, C의 운동량의 총합은 $10mv$이다.

전략적 풀이 ❶ 힘-시간 그래프에서 A가 받은 충격량의 크기를 구한다.

ㄱ. 힘-시간 그래프에서 그래프 아랫부분의 넓이는 충격량의 크기와 같으므로 B가 받은 충격량의 크기는 $2mv$이다. A와 B가 충돌할 때 두 물체에 작용하는 힘은 작용 반작용 법칙에 따라 크기가 같고 방향이 반대이므로 A가 받은 충격량의 크기도 $2mv$이다. 충격량은 운동량의 변화량과 같으므로 B와 처음 충돌한 후 A의 운동량은 $8mv-2mv=6mv$이다.

❷ 운동량 보존 법칙을 적용하여 B와 C가 충돌 후 B의 속력을 파악한다.

ㄴ. B는 A와 충돌하여 오른쪽 방향으로 $2mv$의 충격량을 받았으므로 C와 충돌하기 전 B의 운동량은 $2mv+2mv=4mv$이다. B가 C와 충돌한 후에는 B와 C가 함께 운동하므로 충돌 후 B와 C의 속력을 v_{BC}라고 하면 운동량 보존 법칙에 따라 $4mv=(m+3m)\times v_{BC}$에서 $v_{BC}=v$이다. B와 충돌 후 A의 운동량은 $6mv$이고, A의 질량은 $2m$이므로 B와 충돌 후 A의 속력은 $3v$이다. B가 C와 충돌한 후 B와 C의 속력은 v이고 A의 속력은 $3v$이므로 A가 B와 C보다 더 빠르다. 따라서 A와 B는 다시 충돌한다.

❸ 외력이 작용하지 않을 때 운동량이 보존되는 것을 이용하여 운동량의 총합을 구한다.

ㄷ. 충돌이 몇 번이 일어나더라도 A, B, C 사이의 상호 작용 이외에 외력이 작용하지 않으므로 A, B, C의 운동량의 총합은 보존된다. (가)에서 모든 충돌이 일어나기 전 A, B, C의 운동량의 총합은 $8mv+2mv=10mv$이므로 모든 충돌이 끝난 후에도 A, B, C의 운동량의 총합은 $10mv$이다.

12 꼼꼼 문제 분석

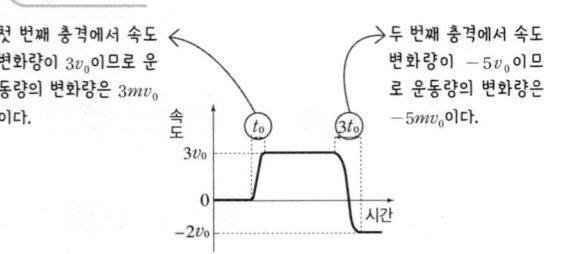

첫 번째 충격에서 속도 변화량이 $3v_0$이므로 운동량의 변화량은 $3mv_0$이다.

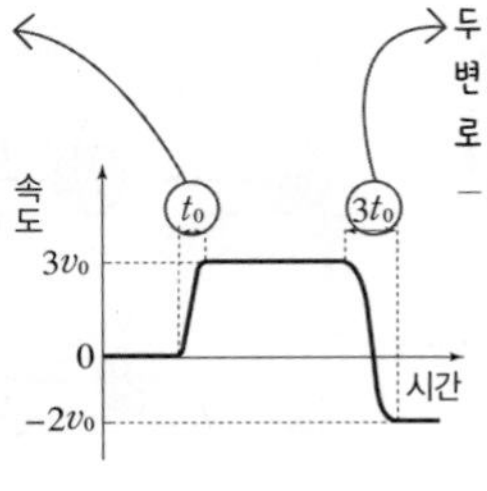

두 번째 충격에서 속도 변화량이 $-5v_0$이므로 운동량의 변화량은 $-5mv_0$이다.

선택지 분석

㉠ 첫 번째 충격에서 물체가 받은 충격량의 크기는 $3mv_0$이다.
㉡ 물체가 받은 충격량의 크기는 첫 번째 충격보다 두 번째 충격에서 더 크다.
~~ㄷ~~. 물체가 받은 평균 힘은 첫 번째 충격보다 두 번째 충격에서 더 크다. 작다.

전략적 풀이 ❶ 충격량과 운동량의 변화량의 관계를 파악한다.

ㄱ. 물체가 충돌할 때 물체가 받은 충격량은 물체의 운동량의 변화량과 같다. 첫 번째 충격에서 물체의 운동량의 변화량이 $3mv_0$이므로 물체가 받은 충격량의 크기는 $3mv_0$이다.

ㄴ. 두 번째 충격에서 물체의 운동량의 변화량이 $-5mv_0$이므로 물체가 받은 충격량의 크기는 $5mv_0$이다. 따라서 물체가 받은 충격량의 크기는 첫 번째 충격보다 두 번째 충격에서 더 크다.

❷ 첫 번째 충돌과 두 번째 충돌에서 평균 힘의 크기를 비교한다.

ㄷ. 물체가 받은 평균 힘은 $\frac{\text{충격량}}{\text{충돌 시간}}$이므로 첫 번째 충격에서 물체가 받은 평균 힘의 크기는 $\frac{3mv_0}{t_0}$이고, 두 번째 충격에서 물체가 받은 평균 힘의 크기는 $\frac{5mv_0}{3t_0}$이다. 따라서 물체가 받은 평균 힘은 두 번째 충격보다 첫 번째 충격에서 더 크다.

2 에너지와 열

1 역학적 에너지 보존

개념 확인 문제

71쪽

❶ 운동 ❷ mv^2 ❸ 운동 에너지 변화량 ❹ 중력 ❺ 탄성 ❻ 역학적 에너지 ❼ 퍼텐셜 ❽ 운동 ❾ 열

1 25 J **2** 8 N **3** 200 J **4** 2 J **5** ㉠ 퍼텐셜, ㉡ 보존 **6** (1) 200 J (2) 100 J (3) 20 m/s

1 운동 에너지$=\frac{1}{2}\times 2\text{ kg}\times(5\text{ m/s})^2=25\text{ J}$

2 $F\times 4\text{ m}=\frac{1}{2}\times 4\times 5^2-\frac{1}{2}\times 4\times 3^2$이므로 F는 8 N이다.

3 지면을 기준면으로 하면 지면에서 중력 퍼텐셜 에너지는 0이다. 지면으로부터 10 m 높이로 이동했을 때 중력 퍼텐셜 에너지는 $mgh=2\text{ kg}\times 10\text{ m/s}^2\times 10\text{ m}=200\text{ J}$이다. 따라서 중력 퍼텐셜 에너지의 증가량은 200 J이다.

4 탄성 퍼텐셜 에너지$=\frac{1}{2}\times 400\text{ N/m}\times(0.1\text{ m})^2=2\text{ J}$

5 역학적 에너지는 물체의 ㉠퍼텐셜 에너지와 운동 에너지의 합으로, 마찰이나 공기 저항이 없으면 중력이나 탄성력을 받아 운동하는 물체의 역학적 에너지는 일정하게 ㉡보존된다.

6 (1) 낙하하는 순간의 역학적 에너지=20 m 높이에서의 중력 퍼텐셜 에너지이므로 $1\text{ kg}\times 10\text{ m/s}^2\times 20\text{ m}=200\text{ J}$이다.
(2) 10 m 높이에서의 운동 에너지는 10 m 높이로 낙하할 때까지 감소한 중력 퍼텐셜 에너지와 같으므로 $1\text{ kg}\times 10\text{ m/s}^2\times(20-10)\text{m}=100\text{ J}$이다.
(3) 지면에서의 운동 에너지는 20 m 높이에서의 중력 퍼텐셜 에너지와 같으므로 $\frac{1}{2}\times 1\text{ kg}\times v^2=200\text{ J}$에서 $v=20\text{ m/s}$이다.

완자쌤 비법 특강

72~73쪽

Q1 0 Q2 A: $\frac{3}{4}mgs$, B: $\frac{1}{4}mgs$ Q3 $2kd$ Q4 FL

Q1 역학적 에너지 보존 법칙에 따라 A, B의 역학적 에너지 변화량=0이므로 A, B의 운동 에너지 변화량+중력 퍼텐셜 에너지 변화량=0이다.

Q2 A의 운동 에너지$=\frac{1}{2}\times 3m\times\left(\sqrt{\frac{gs}{2}}\right)^2=\frac{3}{4}mgs$, B의 운동 에너지$=\frac{1}{2}\times m\times\left(\sqrt{\frac{gs}{2}}\right)^2=\frac{1}{4}mgs$이다.

Q3 물체에는 아래쪽으로 중력 mg, 위쪽으로 탄성력 $k(d+2d)$가 작용하므로 합력 $F=mg-k(d+2d)$이고, $mg=kd$이므로 $F=-2kd$이다. 따라서 합력의 크기는 $2kd$이다.

Q4 역학적 에너지 감소량은 마찰력이 물체에 한 일이므로 FL이다.

대표 자료 분석

74~75쪽

자료 ❶ **1** 50 J **2** ㉠ 증가, ㉡ 50, ㉢ 50 **3** 10 m/s **4** (1) ○ (2) ○ (3) ×
자료 ❷ **1** ㄴ **2** ㉠ 감소, ㉡ 증가, ㉢ 증가, ㉣ 감소 **3** (1) ○ (2) × (3) ○ (4) ○
자료 ❸ **1** ㉠ 증가, ㉡ 0 **2** (1) A=B>O (2) O (3) A=O=B **3** (1) ○ (2) ○ (3) × (4) ○ (5) ○
자료 ❹ **1** ㉠ 운동, ㉡ 증가 **2** ㉠ 열, ㉡ 보존되지 않는다 **3** (1) ○ (2) ○ (3) ○ (4) ×

1-1 힘-이동 거리 그래프에서 그래프 아랫부분의 넓이는 힘이 한 일을 나타내므로 물체를 11 m 이동시키는 동안 힘이 한 일은 $(5\text{ N}\times 6\text{ m})+(4\text{ N}\times 5\text{ m})=50\text{ J}$이다.

1-2 일·운동 에너지 정리에 따라 물체에 해 준 일만큼 물체의 운동 에너지가 ㉠증가한다. 처음에 물체가 정지해 있었으므로 운동 에너지는 0이고, 물체가 11 m를 이동하는 동안 물체에 한 일이 ㉡50 J이면, 11 m를 이동한 후 물체의 운동 에너지는 0+50 J=㉢50 J이다.

1-3 11 m를 이동한 후 물체의 운동 에너지가 50 J이므로 $\frac{1}{2}\times 1\text{ kg}\times v^2=50\text{ J}$에서 물체의 속력 $v=10\text{ m/s}$이다.

1-4 (1) 물체에 작용하는 알짜힘이 물체에 한 일만큼 운동 에너지가 변한다.
(2), (3) 물체가 6 m 이동했을 때 물체에 한 일은 힘-이동 거리 그래프 아랫부분의 넓이인 30 J이다. 힘이 물체에 한 일만큼 운동 에너지가 증가하므로 운동 에너지도 30 J이다.

2-1 ㄱ, ㄷ. A → B, C → D 구간에서는 공의 높이가 낮아지므로 퍼텐셜 에너지가 운동 에너지로 전환된다.
ㄴ. B → C 구간에서는 공의 높이가 높아지므로 운동 에너지가 퍼텐셜 에너지로 전환된다.

2-2 공이 아래로 내려올 때는 퍼텐셜 에너지가 ㉠감소하고 운동 에너지가 ㉡증가한다. 또한 공이 위로 올라가는 동안 퍼텐셜 에너지는 ㉢증가하고, 운동 에너지는 ㉣감소한다.

2-3 (1) 퍼텐셜 에너지는 공의 높이에 비례하므로 A에서 퍼텐셜 에너지가 최대이다.
(2) 역학적 에너지가 보존되므로 감소한 퍼텐셜 에너지만큼 운동 에너지가 증가한다. 따라서 운동 에너지는 공의 낙하 거리가 클수록 크므로 B에서 운동 에너지는 C에서보다 크다.
(3) B, D에서 공의 역학적 에너지는 같다. 또한 공의 높이가 같아 퍼텐셜 에너지가 같으므로, 공의 운동 에너지도 같다. 따라서 공의 속력도 같다.
(4) 모든 마찰과 공기 저항을 무시하므로 A, B, C, D에서 역학적 에너지는 모두 일정하게 보존된다.

3-1 추가 O점을 지나 B점을 향할 때 탄성 퍼텐셜 에너지는 ㉠증가하고, B점에서 추의 운동 에너지는 ㉡0이다.

3-2 (1) 탄성 퍼텐셜 에너지는 용수철의 변형된 길이에 비례하므로 A점과 B점에서 같고, O점에서 최소(0)이다.
(2) O점에서 추의 운동 에너지는 최대이고, A점과 B점에서 추의 운동 에너지는 최소(0)이다.
(3) 마찰과 공기 저항이 없으므로 점 A, O, B에서 역학적 에너지는 모두 일정하게 보존된다.

3-3 (1) 마찰과 공기 저항이 없을 때 역학적 에너지는 일정하게 보존되므로 추가 어느 지점에 있든지 역학적 에너지는 일정하다.
(2) 추가 O점을 지나 A점을 향할 때 추의 탄성 퍼텐셜 에너지는 증가하고, 운동 에너지는 감소한다.
(3) A, B점에서 추의 늘어난 길이가 최대이므로 탄성 퍼텐셜 에너지는 최대이다.
(4), (5) O점에서 추의 운동 에너지는 최대이고, 탄성 퍼텐셜 에너지는 최소(0)이다.

4-1 A 구간에서 구슬의 처음 중력 퍼텐셜 에너지는 ㉠운동 에너지로 전환된다. 따라서 구슬의 속력은 ㉡증가한다.

4-2 B 구간에는 마찰력이 작용하므로, 구슬의 운동 에너지 중 일부가 마찰에 의해 ㉠열에너지로 전환된다. 따라서 역학적 에너지가 ㉡보존되지 않는다.

4-3 (1) A 구간은 마찰과 공기 저항이 없으므로 어느 지점이든 구슬의 역학적 에너지는 일정하게 보존된다.
(2) A 구간에서 역학적 에너지는 보존되므로, 처음 중력 퍼텐셜 에너지는 빗면 바로 아래에서 모두 운동 에너지로 전환된다.
(3) B 구간에서 마찰력이 작용하므로, 구슬의 운동 에너지는 마찰에 의한 열에너지 등으로 전환되어 감소한다. 따라서 구슬의 속력이 점점 감소한다.
(4) B 구간에서 마찰에 의해 역학적 에너지의 일부가 열에너지로 전환되므로 역학적 에너지는 감소한다.

내신 만점 문제
76~80쪽

01 ② 02 ③ 03 ③ 04 ⑤ 05 ⑤ 06 ①
07 ④ 08 ② 09 ⑤ 10 ⑤ 11 ⑤ 12 해설 참조
13 ⑤ 14 ① 15 ④ 16 ② 17 ㄴ, ㄹ 18 ⑤
19 해설 참조 20 ④ 21 해설 참조 22 ⑤ 23 ⑤

01 물체 A의 속력을 v_A, 물체 B의 속력을 v_B라고 할 때 두 물체의 운동량(mv)이 같으므로 $5v_A=2v_B$에서 $v_A=\frac{2}{5}v_B$이다. 따라서 운동 에너지의 비는 $E_A : E_B=\frac{1}{2}\times5\times{v_A}^2 : \frac{1}{2}\times2\times{v_B}^2$ $=5{v_A}^2 : 2{v_B}^2=5\times\left(\frac{2}{5}v_B\right)^2 : 2{v_B}^2=2 : 5$이다.

02 ㄱ. (가)에서 두 물체는 정지해 있으므로 운동량의 합은 0이고, (가)에서 (나)로 운동 상태가 변하는 동안 운동량의 합은 보존되므로 (나)에서도 운동량의 합은 0이다.
ㄴ. (나)에서 A, B의 운동량의 합은 0이므로 A와 B의 운동량은 크기가 같고 방향이 서로 반대이다. 운동량의 크기를 p라고 하면 운동 에너지는 $E_k=\frac{1}{2}mv^2=\frac{(mv)^2}{2m}=\frac{p^2}{2m}$이므로 질량에 반비례한다. 따라서 A와 B의 운동 에너지의 비는 $\frac{1}{2} : \frac{1}{3}=3 : 2$이다.
바로알기 ㄷ. 운동량 보존 법칙에 따라 (나)에서 A, B의 운동량의 크기는 같다. A, B의 속력의 크기를 각각 v_A, v_B라고 하면 $2v_A=3v_B$이므로 $v_A : v_B=3 : 2$이다.

03 질량이 2 kg인 물체가 10 m/s의 속력으로 운동할 때 운동 에너지는 $\frac{1}{2}mv^2=\frac{1}{2}\times2\text{ kg}\times(10\text{ m/s})^2=100\text{ J}$이다. 이때 물체에 일을 하여 물체의 속력이 20 m/s가 되었을 때의 운동 에너지는 $\frac{1}{2}mv^2=\frac{1}{2}\times2\text{ kg}\times(20\text{ m/s})^2=400\text{ J}$이다. 일·운동 에너지 정리에 따라 물체에 한 일은 물체의 운동 에너지 변화량과 같다. 따라서 물체의 속력이 20 m/s가 되게 하려면 물체에 400 J $-$100 J$=$300 J의 일을 해 주어야 한다.

04 ㄱ. 0~2 m 이동하는 동안 힘의 크기가 4 N으로 일정하므로 물체의 가속도의 크기 $a=\frac{F}{m}=\frac{4\text{ N}}{4\text{ kg}}=1\text{ m/s}^2$이다.

ㄴ. 일·운동 에너지 정리에 따라 0~2 m를 이동하는 동안 힘이 물체에 한 일은 운동 에너지 변화량과 같으므로 $4\text{ N}\times2\text{ m}=\frac{1}{2}\times4\text{ kg}\times v^2$에서 물체의 속력 $v=2$ m/s이다.

ㄷ. 힘 - 이동 거리 그래프 아랫부분의 넓이는 힘이 한 일을 나타내므로 0~4 m 이동하는 동안 힘이 물체에 한 일은 (4 N×2 m)+(2 N×2 m)=12 J이다.

05 꼼꼼 문제 분석

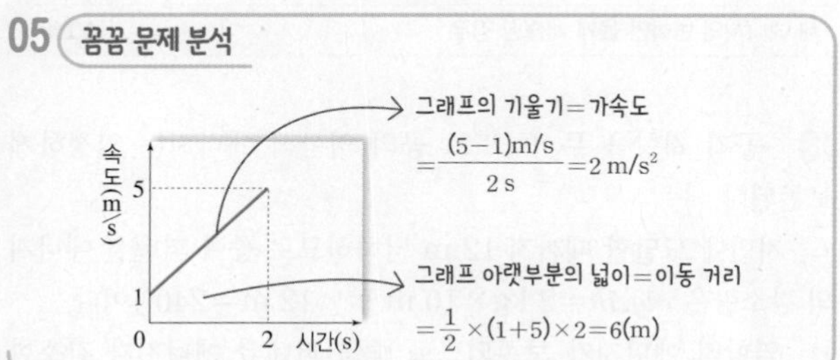

ㄱ. 속도 - 시간 그래프의 기울기는 가속도를 나타낸다. 따라서 힘 F의 크기는 질량×가속도=1 kg×2 m/s²=2 N이다.

ㄴ. 속도 - 시간 그래프 아랫부분의 넓이는 물체가 이동한 거리를 나타낸다. 따라서 0~2초 동안 물체가 이동한 거리는 6 m이므로, 힘 F가 한 일은 2 N×6 m=12 J이다.

ㄷ. 일·운동 에너지 정리에 따라 알짜힘이 한 일만큼 운동 에너지가 변한다. 따라서 0~2초 동안 물체의 운동 에너지 변화량은 알짜힘 F가 한 일인 12 J과 같다.

06 ㄱ. A, B가 받은 충격량의 크기는 서로 같고 충돌 시간은 A가 B보다 작으므로 평균 힘의 크기는 A가 B보다 크다.

바로알기 ㄴ. 힘 - 시간 그래프에서 아랫부분의 넓이는 충격량과 같으므로 A, B가 받은 충격량의 크기는 서로 같다.

ㄷ. 공은 처음에 정지해 있었으므로 충격량의 크기는 나중 운동량의 크기와 같다. 운동량과 운동 에너지 사이의 관계 $E_k=\frac{p^2}{2m}$으로부터 운동량의 크기가 같을 때 질량이 큰 물체일수록 운동 에너지가 작다. 따라서 운동 에너지는 A가 B보다 작고, 일·운동 에너지 정리에 따라 알짜힘이 한 일은 A가 B보다 작다.

07 ㄱ. 물체의 높이가 2 m 증가하였으므로 중력 퍼텐셜 에너지는 1 kg×10 m/s²×2 m=20 J만큼 증가하였다.

ㄴ. 물체의 속력은 변하지 않고 높이만 변하므로 물체에 해 준 일은 물체의 중력 퍼텐셜 에너지 변화량과 같다. 물체의 중력 퍼텐셜 에너지는 20 J만큼 증가하였으므로 물체에 해 준 일은 20 J이다.

바로알기 ㄷ. 중력 퍼텐셜 에너지의 기준면이 달라지면 각 위치에서 중력 퍼텐셜 에너지 값은 달라지지만 두 위치 사이의 중력 퍼텐셜 에너지 변화량은 일정하다.

기준면	지면에서 중력 퍼텐셜 에너지	p에서 중력 퍼텐셜 에너지	지면 → p로 이동할 때 중력 퍼텐셜 에너지 변화량
지면	0	20 J	20 J
기준선 p	−20 J	0	20 J

08 꼼꼼 문제 분석

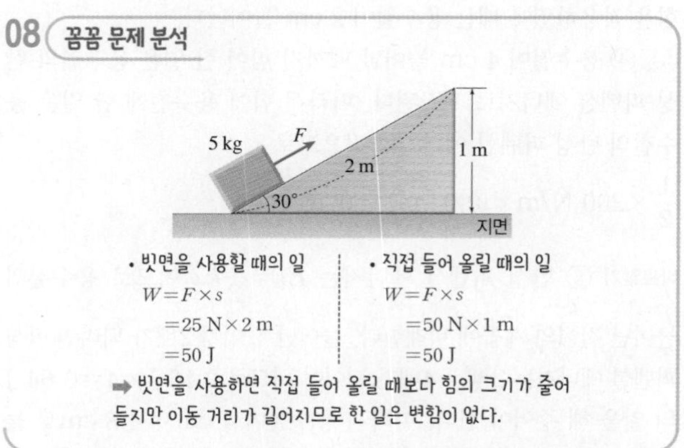

5 kg
F
2 m
1 m
30°
지면
• 빗면을 사용할 때의 일
W=F×s
=25 N×2 m
=50 J
• 직접 들어 올릴 때의 일
W=F×s
=50 N×1 m
=50 J
➡ 빗면을 사용하면 직접 들어 올릴 때보다 힘의 크기가 줄어들지만 이동 거리가 길어지므로 한 일은 변함이 없다.

ㄱ. 1 m 높이에서 물체의 중력 퍼텐셜 에너지는 $E_p=mgh$이므로 5 kg×10 m/s²×1 m=50 J이다.

ㄴ. 빗면을 사용하여 물체를 끌어올리는 일을 한 만큼 물체의 중력 퍼텐셜 에너지가 증가한다. 따라서 힘이 한 일은 $W=F\times2$ m =50 J이므로 F의 크기는 25 N이다.

바로알기 ㄷ. 빗면을 사용하여 한 일은 Fs=25 N×2 m=50 J이다. 따라서 빗면을 사용하여 일을 하면 물체를 직접 들어 올릴 때보다 힘의 크기는 50 N에서 25 N으로 줄어들지만, 이동 거리가 1 m에서 2 m로 길어지므로 한 일은 변함이 없다.

09 ① 물체의 높이가 h만큼 높아졌으므로 중력 퍼텐셜 에너지는 mgh만큼 증가하였다.

② 물체를 일정한 속력으로 들어 올렸으므로 운동 에너지도 변화 없이 일정하다.

③ 물체의 속력이 일정하므로 가속도가 0이다. 따라서 물체에 작용하는 알짜힘은 0이므로 $F=mg$이다.

④ 사람이 물체에 작용하는 힘 $F=mg$이고, 이동 거리는 h이므로 이 힘이 한 일은 mgh이다.

바로알기 ⑤ 일·운동 에너지 정리에 따르면 물체에 작용하는 알짜힘이 한 일은 운동 에너지의 변화량과 같다. 물체의 운동 에너지는 일정하므로 알짜힘이 한 일도 0이다.

10 꼼꼼 문제 분석

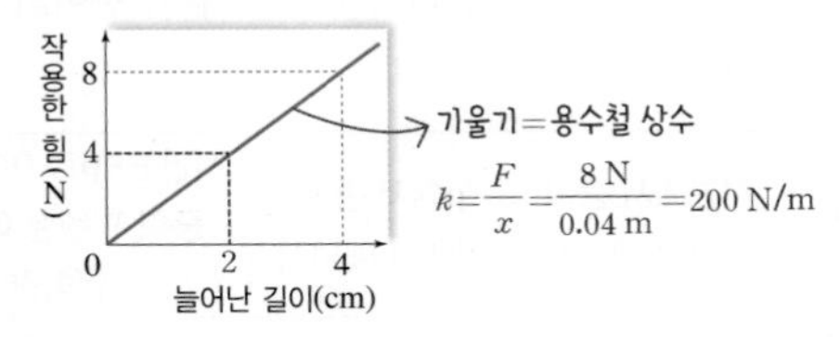

① 용수철에 작용한 힘-늘어난 길이 그래프의 기울기는 용수철의 용수철 상수를 나타낸다. 따라서 용수철 상수 k=200 N/m이다.

② 그래프를 보면 작용한 힘과 늘어난 거리가 비례하므로 4 N의 힘을 작용하였을 때는 용수철이 2 cm 늘어난다.

③, ④ 용수철이 4 cm 늘어날 때까지 힘이 한 일은 용수철의 탄성 퍼텐셜 에너지로 저장된다. 따라서 힘이 용수철에 한 일은 용수철의 탄성 퍼텐셜 에너지와 같으므로

$\frac{1}{2}\times200\ \text{N/m}\times(0.04\ \text{m})^2=0.16\ \text{J}$이다.

바로알기 ⑤ 탄성 퍼텐셜 에너지는 $E_\text{p}=\frac{1}{2}kx^2$이므로 용수철의 늘어난 길이의 제곱에 비례한다. 늘어난 길이가 2배가 되려면 탄성 퍼텐셜 에너지는 2^2배=4배가 되어야 하므로 0.16 J×4=0.64 J의 일을 해 주어야 한다. 따라서 용수철이 4 cm에서 8 cm로 늘어날 때 해 주어야 하는 일은 0.64 J−0.16 J=0.48 J이다.

11 꼼꼼 문제 분석

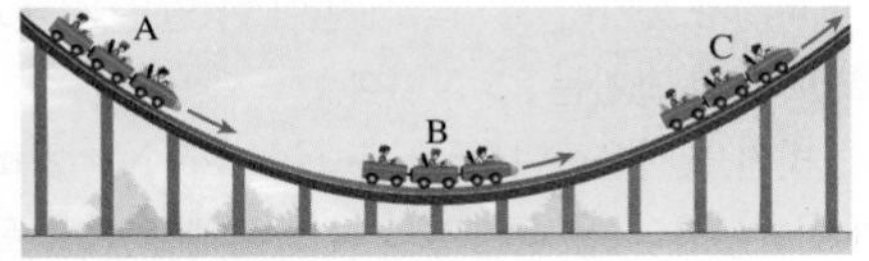

경로	A점 → B점	B점 → C점
중력 퍼텐셜 에너지	감소	증가
운동 에너지	증가	감소
역학적 에너지	어느 지점에서나 일정하다.	
에너지 전환	중력 퍼텐셜 에너지 → 운동 에너지	운동 에너지 → 중력 퍼텐셜 에너지

⑤ 역학적 에너지 보존 법칙에 따라 모든 마찰과 공기 저항을 무시할 때 운동 에너지와 중력 퍼텐셜 에너지의 합인 역학적 에너지는 항상 일정하게 보존된다.

바로알기 ①, ② A점에서 B점으로 이동할 때 속력이 증가하므로 운동량은 증가하고, B점에서 C점으로 이동할 때 속력이 감소하므로 운동량은 감소한다.

③, ④ A점에서 B점으로 이동할 때 높이가 낮아지므로 중력 퍼텐셜 에너지는 감소하고, 감소한 중력 퍼텐셜 에너지만큼 운동 에너지가 증가한다. B점에서 C점으로 이동할 때 높이가 높아지므로 중력 퍼텐셜 에너지는 증가하고, 증가한 중력 퍼텐셜 에너지만큼 운동 에너지가 감소한다.

12 모범 답안 마찰과 공기 저항이 없이 중력만을 받아 운동하므로 역학적 에너지는 일정하게 보존된다. 따라서 물체가 내려오는 동안 높이가 낮아지므로 중력 퍼텐셜 에너지는 감소하고, 감소한 중력 퍼텐셜 에너지만큼 운동 에너지가 증가한다.

채점 기준	배점
세 에너지의 변화를 까닭과 함께 모두 옳게 서술한 경우	100 %
세 에너지 중 두 에너지의 변화만 까닭과 함께 옳게 서술한 경우	80 %
세 에너지의 변화만 옳게 서술한 경우	50 %

13 공기 저항을 무시하므로 공의 역학적 에너지는 일정하게 보존된다.

ㄴ. 지면에 도달할 때까지 12 m 낙하하므로 중력 퍼텐셜 에너지의 감소량은 $mg\Delta h=2\ \text{kg}\times10\ \text{m/s}^2\times12\ \text{m}=240\ \text{J}$이다.

ㄷ. 역학적 에너지가 보존되므로 중력 퍼텐셜 에너지가 감소한 만큼 운동 에너지가 증가한다. 따라서 지면에 도달한 순간 공의 운동 에너지는 중력 퍼텐셜 에너지의 감소량과 같은 240 J이다.

바로알기 ㄱ. 역학적 에너지가 보존되므로 3 m 높이를 지날 때 감소한 중력 퍼텐셜 에너지만큼 운동 에너지가 증가한다. 3 m 높이에서 운동 에너지는 $mg\Delta h=2\ \text{kg}\times10\ \text{m/s}^2\times(12-3)\ \text{m}=180\ \text{J}$이고, 중력 퍼텐셜 에너지는 $mgh=2\ \text{kg}\times10\ \text{m/s}^2\times3\ \text{m}=60\ \text{J}$이다. 따라서 운동 에너지는 중력 퍼텐셜 에너지의 3배이다.

14 꼼꼼 문제 분석

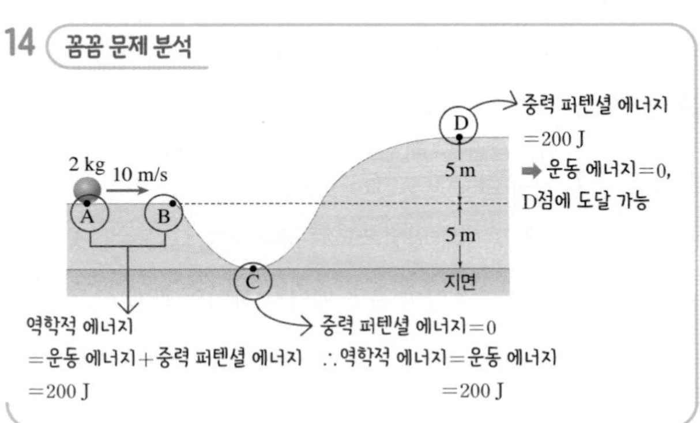

ㄱ. A점에서 물체의 역학적 에너지=운동 에너지+중력 퍼텐셜 에너지이므로 $\frac{1}{2}\times2\ \text{kg}\times(10\ \text{m/s})^2+2\ \text{kg}\times10\ \text{m/s}^2\times5\ \text{m}=200\ \text{J}$이다.

바로알기 ㄴ. C점은 기준면으로, 중력 퍼텐셜 에너지가 0인 곳이다. 이때 B점에서 C점으로 물체가 운동하는 동안 물체의 중력 퍼텐셜 에너지는 모두 운동 에너지로 전환되므로 물체의 운동 에너지는 역학적 에너지와 같은 200 J이다.

ㄷ. 역학적 에너지가 보존되므로 D점에 도달하기 위해서는 물체의 역학적 에너지가 D점의 높이에서의 퍼텐셜 에너지와 같거나 더 커야 한다. D점에서 물체의 퍼텐셜 에너지는 $2\ kg\times10\ m/s^2\times10\ m=200\ J$이므로 물체는 D점에 도달할 수 있다.

15 ㄱ. B의 무게는 B에 작용하는 중력의 크기와 같으므로 $mg=2\ kg\times10\ m/s^2=20\ N$이다. 이때 B의 무게에 의해 A, B가 함께 운동하므로 A, B의 가속도의 크기 $a=\frac{F}{m}=\frac{20\ N}{(3+2)\ kg}=4\ m/s^2$이다.

ㄷ. B의 중력 퍼텐셜 에너지 감소량은 A, B의 운동 에너지 증가량과 같다. B가 1 m 낙하했을 때 중력 퍼텐셜 에너지 감소량은 $mg\varDelta h=2\ kg\times10\ m/s^2\times1\ m=20\ J$이므로 A, B의 운동 에너지의 합은 20 J이다.

바로알기 ㄴ. 마찰과 공기 저항이 없을 때 역학적 에너지가 보존됨에 따라 중력이 B에 한 일의 양만큼 B의 중력 퍼텐셜 에너지가 감소하고, 그 만큼 A, B의 운동 에너지가 증가한다. 따라서 중력이 B에 한 일의 양은 A와 B의 운동 에너지 증가량과 같다.

16 ㄷ. B가 지면에 도달한 순간 A의 속력은 $\frac{2\sqrt{15}}{3}$ m/s이므로 A의 운동 에너지는 $\frac{1}{2}\times1\ kg\times\left(\frac{2\sqrt{15}}{3}\ m/s\right)^2=\frac{10}{3}$ J이고, 지면으로부터의 높이는 2 m이므로 실이 끊어지기 직전 A의 역학적 에너지는 $(1\times10\times2)J+\frac{10}{3}\ J=\frac{70}{3}$ J이다. 따라서 A가 지면에 도달한 순간의 속력을 v_A라고 하면 $\frac{70}{3}=\frac{1}{2}\times1\times v_A{}^2$에서 $v_A=2\sqrt{\frac{35}{3}}$ m/s이다.

바로알기 ㄱ. (가)에서 (나)로 운동 상태가 변하는 동안 A의 높이는 1 m 높아졌고 B의 높이는 1 m 낮아졌으며 A, B의 속력은 증가하였다. 역학적 에너지는 보존되므로 B의 중력 퍼텐셜 에너지 감소량=A의 중력 퍼텐셜 에너지 증가량+A와 B의 운동 에너지 증가량이다. B가 지면에 도달한 순간 A, B의 속력을 v라고 하면 $2\times10\times1=1\times10\times1+\frac{1}{2}\times(1+2)\times v^2$에서 $v=\frac{2\sqrt{15}}{3}$ m/s이다.

ㄴ. 실이 끊어진 순간 A는 연직 위 방향으로 운동하고 있었으므로 A의 가속도 방향이 연직 아래 방향으로 바뀌어도 A는 속력이 0이 될 때까지 연직 위 방향으로 더 운동한다.

17 역학적 에너지 보존 법칙이 성립하므로 높이 변화가 같은 두 물체는 q에서의 운동 에너지가 같다. 따라서 q에서 두 물체의 속력이 같고, 질량도 m으로 같으므로 속력과 질량에 관계된 물리량은 모두 같다.

ㄴ. 충격량은 운동량의 변화량과 같고, 두 물체의 운동량의 변화량은 서로 같으므로 충격량의 크기도 서로 같다.

ㄹ. 일·운동 에너지 정리에 따라 운동 에너지의 변화량이 같으면 알짜힘이 한 일도 같다.

바로알기 ㄱ. 빗면을 따라 내려가는 물체의 가속도의 크기가 중력 가속도보다 작으므로 p에서 q까지 운동하는 데 걸린 시간은 A가 B보다 크다.

ㄷ. 충격량의 크기는 같고 걸린 시간은 A가 더 크므로 물체에 작용한 평균 힘의 크기는 B가 A보다 크다.

18 꼼꼼 문제 분석

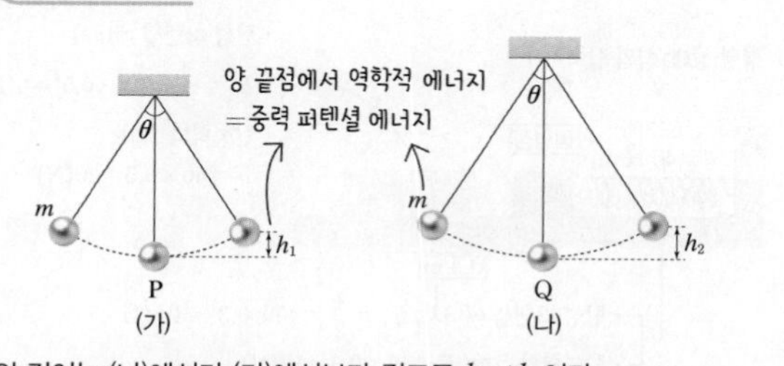

실의 길이는 (나)에서가 (가)에서보다 길므로 $h_1<h_2$이다.

ㄴ. 추가 왕복 운동을 하는 경로의 양 끝에 위치했을 때는 추의 속력이 순간적으로 0이 되므로 이때의 중력 퍼텐셜 에너지가 추의 역학적 에너지와 같다. P점, Q점에서 중력 퍼텐셜 에너지는 0이고, 추가 최대로 올라가는 높이는 (나)에서가 (가)에서보다 크므로 추의 역학적 에너지는 (가)에서가 (나)에서보다 작다.

ㄷ. P점, Q점에서의 운동 에너지는 역학적 에너지와 같다. 추의 역학적 에너지는 (가)에서가 (나)에서보다 작으므로 최저점에서 추의 속력도 (가)에서가 (나)에서보다 작다.

바로알기 ㄱ. 추가 왕복 운동을 하는 동안 추의 역학적 에너지는 보존되므로 추의 중력 퍼텐셜 에너지가 감소하면 추의 운동 에너지가 커지고, 중력 퍼텐셜 에너지가 증가하면 운동 에너지는 작아진다. 추의 높이는 운동하는 동안 계속 변하므로 운동 에너지도 계속 변한다.

19 레일에 마찰이 없으므로 A 지점과 B 지점에서 역학적 에너지는 처음 지점에서 중력 퍼텐셜 에너지와 같다.

모범 답안 A 지점에서의 속력을 v_A, B 지점에서의 속력을 v_B라고 하면, 처음 지점과 A와 B 지점에서 역학적 에너지가 같으므로

$mg\times2=mg\times0.5+\frac{1}{2}mv_A{}^2$ …①

$mg\times2=mg\times1+\frac{1}{2}mv_B{}^2$ …②이다. ①, ②에 의해 $v_A{}^2:v_B{}^2=1.5:1$이므로 $v_A=\sqrt{\frac{3}{2}}\,v_B$이다. 따라서 A 지점에서의 속력은 B 지점에서의 $\sqrt{\frac{3}{2}}$배이다.

유사 답안 역학적 에너지가 보존되므로 A 지점과 B 지점에서 운동 에너지는 감소한 중력 퍼텐셜 에너지와 같다. 중력 퍼텐셜 에너지의 비가 A : B =0.5 : 1이므로 운동 에너지의 비는 A : B=(2−0.5) : (2−1)=1.5 : 1 =3 : 2이다. $\frac{1}{2}mv_A^2 : \frac{1}{2}mv_B^2=3 : 2$에서 $v_A : v_B=\sqrt{3} : \sqrt{2}$이므로 $v_A=\sqrt{\frac{3}{2}}v_B$이다. 따라서 A 지점에서의 속력은 B 지점에서의 $\sqrt{\frac{3}{2}}$배이다.

채점 기준	배점
A 지점에서의 속력이 B 지점에서의 몇 배인지 풀이 과정과 함께 옳게 구한 경우	100 %
A 지점과 B 지점에서의 속력만 풀이 과정과 함께 옳게 구한 경우	70 %

20 꼼꼼 문제 분석

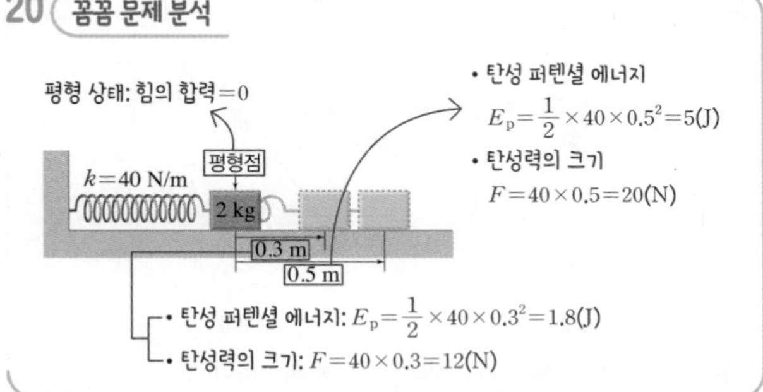

ㄱ. 용수철을 0.3 m까지 늘였을 때, 탄성 퍼텐셜 에너지는 $E_p=\frac{1}{2}kx^2=\frac{1}{2}\times40\ \text{N/m}\times(0.3\ \text{m})^2=1.8$ J이다.

ㄴ. 탄성력의 크기는 $F=kx$이므로 용수철을 0.3 m까지 늘일 때 $F=12$ N, 0.5 m까지 늘일 때 $F=20$ N이다. 따라서 힘의 크기의 증가량은 20 N−12 N=8 N이다.

바로알기 ㄷ. 탄성 퍼텐셜 에너지는 용수철의 늘어난 길이의 제곱에 비례한다. 따라서 용수철을 0.3 m에서 0.5 m까지 늘일 때 힘이 한 일은 탄성 퍼텐셜 에너지의 차와 같으므로 $\frac{1}{2}\times40\times(0.5^2-0.3^2)=3.2$(J)이다.

21 수평면에 마찰이 없으므로 구슬이 용수철과 분리되는 순간 용수철의 탄성 퍼텐셜 에너지는 모두 구슬의 운동 에너지로 전환된다.

모범 답안 용수철의 탄성 퍼텐셜 에너지가 모두 구슬의 운동 에너지로 전환되므로 $\frac{1}{2}kx^2=\frac{1}{2}mv^2$에서 $v=\sqrt{\frac{k}{m}}x$이다.

채점 기준	배점
속도의 크기를 풀이 과정과 함께 옳게 구한 경우	100 %
속도의 크기만 옳게 쓴 경우	50 %

22 ㄱ. 용수철이 최대로 늘어난 지점은 물체의 운동 방향이 바뀌는 지점이고, 이때 물체의 속력은 순간적으로 0이 되므로 물체의 운동 에너지도 0이다.

ㄴ. (가)와 (나)에서 물체의 운동 에너지는 모두 0이므로 물체의 위치가 (가)에서 (나)로 변하는 동안 감소한 중력 퍼텐셜 에너지가 모두 탄성 퍼텐셜 에너지로 전환되었다. 따라서 (나)에서 탄성 퍼텐셜 에너지는 mgx이다.

ㄷ. 물체의 속력이 최대일 때 용수철의 늘어난 길이를 d라고 하면, 이때 물체에 작용하는 중력과 탄성력의 크기가 같다. 따라서 용수철 상수를 k라고 하면 $mg=kd$이고, $k=\frac{mg}{d}$이다. (나)에서 $mgx=\frac{1}{2}kx^2$이고, 여기에 $k=\frac{mg}{d}$를 대입하면 $mgx=\frac{1}{2}\times\frac{mg}{d}\times x^2$이므로 $x=2d$이다. 따라서 $d=\frac{1}{2}x$이고, 용수철의 늘어난 길이가 $\frac{1}{2}x$일 때 물체의 속력이 최대임을 알 수 있다.

23 ㄴ. 빗방울의 질량을 m, 지면에 도달할 때 빗방울의 속력을 v라고 하자. 공기 저항이 없다면 중력 퍼텐셜 에너지가 모두 운동 에너지로 전환되므로 $mgh=\frac{1}{2}mv^2$에서 $v=\sqrt{2gh}$이다. 따라서 $v=\sqrt{2\times10\times2000}=200$ (m/s)이다.

ㄷ. 공기 저항이 없다면 빗방울이 지면에 도달하는 순간의 속력이 200 m/s인데, 공기 저항으로 인해 지면에서의 속력이 2 m/s로 감소하였다. 따라서 빗방울의 역학적 에너지가 감소했다.

바로알기 ㄱ. 역학적 에너지가 보존되려면 중력이나 탄성력 이외에 물체에 작용하는 힘(예 마찰력이나 공기 저항력)이 일을 하지 않아야 한다. 빗방울은 공기 저항에 의해 역학적 에너지의 일부가 열에너지 등으로 전환되므로 역학적 에너지는 보존되지 않는다.

01 ㄱ. (가)에서 충돌 전 운동량의 총합은 2 kg·m/s이고 충돌 후 속력을 $v_{(가)}$라고 하면 $2=2v_{(가)}$이므로 $v_{(가)}=1$ m/s이다.

ㄴ. 충돌 후 한 덩어리가 된 물체의 속력은 (가)에서 1 m/s이고 (나)에서 $1\times2+1\times1=2\times v_{(나)}$에서 $v_{(나)}=\frac{3}{2}$ m/s이다. 따라서 운동 에너지의 감소량은 A가 $\frac{1}{2}\times1\times(2^2-1^2)=\frac{3}{2}$(J), C가 $\frac{1}{2}\times1\times\left\{2^2-\left(\frac{3}{2}\right)^2\right\}=\frac{7}{8}$(J)이므로 A가 C보다 크다.

바로알기 ㄷ. 운동 에너지의 증가량은 B가 $\frac{1}{2}\times1\times1^2=\frac{1}{2}$(J), D가 $\frac{1}{2}\times1\times\left\{\left(\frac{3}{2}\right)^2-1^2\right\}=\frac{5}{8}$(J)이므로 B가 D보다 작다.

02 꼼꼼 문제 분석

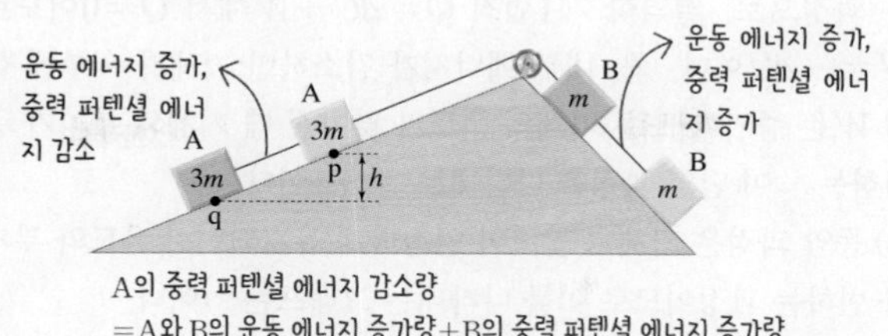

ㄱ. A와 B는 연결되어 함께 운동하므로 속력이 같다. 따라서 운동 에너지의 비는 질량비와 같으므로 운동 에너지는 A가 B의 3배이다.

바로알기 ㄴ. A가 q점을 지날 때 A의 중력 퍼텐셜 에너지 감소량은 $3mgh$이다. 중력 퍼텐셜 에너지 변화량은 A가 B의 $\frac{3}{2}$배이므로 B의 중력 퍼텐셜 에너지 증가량은 $2mgh$이다. 따라서 A의 높이가 h만큼 낮아질 때 B의 높이는 $2h$만큼 증가한다. A와 B의 운동 에너지의 합을 E_k라고 하면 $E_k=3mgh-2mgh=mgh$이고, 운동 에너지는 A, B의 질량에 비례하므로 B의 운동 에너지는 $\frac{1}{4}mgh$이다.

ㄷ. 역학적 에너지 보존에 의해 A의 중력 퍼텐셜 에너지 감소량=A와 B의 운동 에너지 증가량+B의 중력 퍼텐셜 에너지 증가량이다.

03 ㄱ. 물체가 C를 통과하기 위해서는 B점을 먼저 지나야 한다. 따라서 V는 물체를 B에서 가만히 놓았을 때 C를 지나는 속력보다 커야 한다. B에서 가만히 놓았을 때 C점에서의 속력을 v'이라고 하면 $mg(3h-2h)=\frac{1}{2}mv'^2$에서 $v'=\sqrt{2gh}$이다. 따라서 $V>\sqrt{2gh}$이다.

바로알기 ㄴ. 물체는 p 구간에서 마찰력에 의해 정지하였으므로 감소한 역학적 에너지는 C에서 물체의 운동 에너지인 $\frac{1}{2}mV^2$이다. $\frac{1}{2}mv^2=\frac{1}{2}mV^2+2mgh$이므로 p 구간을 통과하는 동안 감소한 역학적 에너지는 $\frac{1}{2}mv^2$보다 작다.

ㄷ. A와 B에서 역학적 에너지 보존 법칙을 적용하면 $\frac{1}{2}mv^2=3mgh+\frac{1}{2}m\left(\frac{1}{2}v\right)^2$이므로 $mgh=\frac{1}{8}mv^2$이다. C에서의 운동 에너지를 E_k라 하고 A와 C에서 역학적 에너지 보존 법칙을 적용하면 $\frac{1}{2}mv^2=2mgh+E_k$이므로 $mgh=\frac{1}{8}mv^2$을 대입하면 $\frac{1}{4}mv^2=E_k$이다. 따라서 운동 에너지는 A에서가 C에서의 2배이다.

04 꼼꼼 문제 분석

용수철이 연직 방향으로 있는 경우 용수철의 압축된 길이가 달라지면 물체의 중력 퍼텐셜 에너지도 변한다.

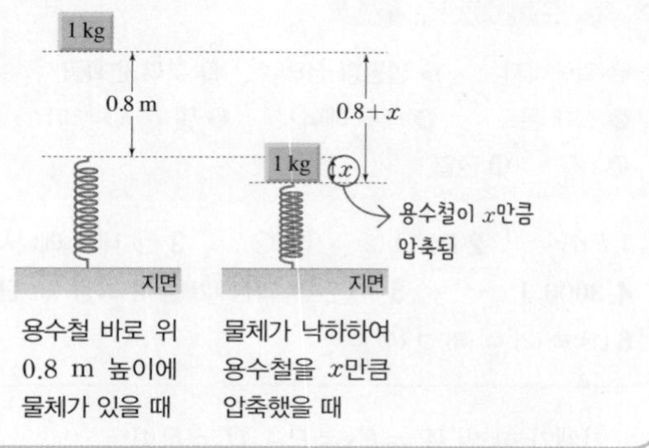

ㄴ. 물체의 운동 에너지가 0일 때 용수철이 최대로 압축된다. 용수철의 최대 압축 길이를 x_2라고 하면 역학적 에너지 보존 법칙에 따라 $1\times10\times(0.8+x_2)=\frac{1}{2}\times500\times{x_2}^2$이므로 $x_2=0.2$ m이다.

바로알기 ㄱ. 그림 (가)와 같이 물체가 용수철을 압축시키는 동안에도 물체에 작용하는 중력의 크기가 탄성력의 크기보다 클 때는 물체에 연직 아래 방향의 알짜힘이 작용하므로 물체의 속력은 계속 증가한다. 따라서 물체의 속력이 최대인 순간은 (나)와 같이 물체에 작용하는 중력의 크기와 탄성력의 크기가 같을 때이다.

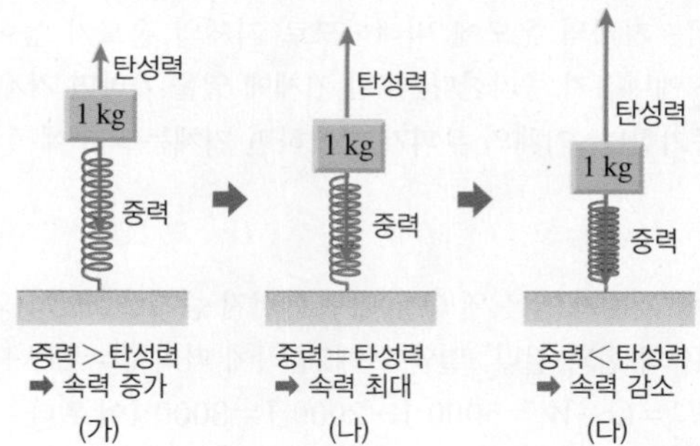

(나)에서 용수철이 압축된 길이를 x_1이라고 하면 $mg=kx_1$에서 $x_1=\frac{10}{500}=0.02(\text{m})=2(\text{cm})$이다. 이때 물체의 역학적 에너지는 보존되므로 중력 퍼텐셜 에너지 감소량=탄성 퍼텐셜 에너지 증가량+운동 에너지 증가량이다. 중력 퍼텐셜 에너지 감소량은 $1\times10\times(0.8+0.02)=8.2$ J, 탄성 퍼텐셜 에너지 증가량은 $\frac{1}{2}\times500\times0.02^2=0.1$ J이므로 물체의 운동 에너지는 8.2 J−0.1 J=8.1 J이다. $8.1\text{ J}=\frac{1}{2}\times1\times v^2$이므로 물체의 속력의 최댓값은 $v=\frac{9\sqrt{5}}{5}$ m/s이다.

ㄷ. 용수철이 최대로 압축된 길이는 0.2 m이므로 이때 물체에 작용하는 탄성력의 크기는 $500\times0.2=100$(N)이다.

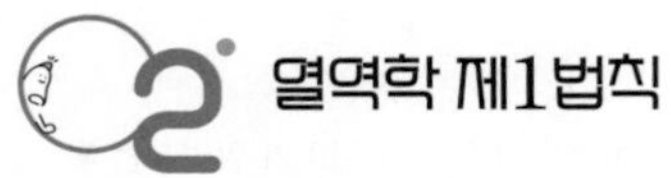

2 열역학 제1법칙

개념 확인 문제

85쪽

❶ 열에너지 ❷ 열평형 상태 ❸ 부피 변화량 ❹ 운동
❺ 절대 온도 ❻ 내부 에너지 ❼ 일 ❽ 부피 ❾ 등압
❿ W ⓫ 단열

1 $P\Delta V$ **2** (1) ○ (2) × (3) ○ **3** ㉠ 내부 에너지, ㉡ 일
4 3000 J **5** (1) 단열 과정 (2) 등적 과정 (3) 단열 과정
6 (1) ㄹ (2) ㄴ (3) ㄱ (4) ㄷ

1 기체가 한 일 $W=Fs=PA\Delta L=P\Delta V$

2 (1) 이상 기체는 분자 사이의 힘을 무시하므로 퍼텐셜 에너지가 0이다. 따라서 이상 기체의 내부 에너지는 기체 분자들의 운동 에너지의 총합이다.
(2) 온도가 같으면 기체 분자들의 평균 운동 에너지가 같다. 이 경우 기체 분자의 수가 많을수록 내부 에너지가 크다.
(3) 이상 기체의 내부 에너지는 절대 온도와 기체 분자의 수에 비례한다.

3 기체에 열을 가하면 기체의 온도가 높아진다. 기체의 내부 에너지는 기체의 온도에 비례하므로 기체의 온도가 높아지면 ㉠내부 에너지가 증가한다. 또한 기체에 열을 가하면 기체의 부피가 증가한다. 기체의 부피가 증가하면 기체는 외부에 ㉡일을 한다.

4 이상 기체가 받은 열 Q는 내부 에너지 증가량 ΔU와 외부에 한 일 W의 합과 같다. 열역학 제1법칙에 따라 $Q=\Delta U+W$이므로 $\Delta U=Q-W=5000\ \text{J}-2000\ \text{J}=3000\ \text{J}$이 된다.

5 (1) 구름은 수증기를 포함한 공기가 상승하면서 단열 팽창하여 온도가 낮아지면 수증기가 물방울로 응결할 때 생성되므로 단열 과정이다.
(2) 압력 밥솥은 밀폐되어 설정된 압력까지 부피가 변하지 않으므로 받은 열이 모두 내부 에너지를 증가시키는 등적 과정이다.
(3) 자전거 튜브에 공기를 넣을 때 튜브가 뜨거워지는 것은 단열 압축에 해당하므로 외부에서 받은 일만큼 내부 에너지가 증가하여 튜브의 온도가 높아진다. 따라서 단열 과정이다.

6 (1) 등온 과정은 기체의 온도가 일정하게 유지되면서 압력과 부피가 변하는 과정이다. 따라서 보일 법칙에 의해 온도가 일정할 때 압력과 부피가 반비례하는 ㄹ이 등온 과정을 나타내는 그래프이다.
(2) 단열 과정은 외부와의 열 출입이 없이 기체의 상태가 변하는 과정으로, 열역학 제1법칙 $Q=\Delta U+W$에서 $Q=0$이므로 $W=-\Delta U$이다. 즉, 내부 에너지가 감소하면 기체가 외부에 한 일 W는 증가하므로, 기체의 온도가 낮아질 때 기체의 부피가 증가하는 ㄴ이 단열 과정을 나타내는 그래프이다.
(3) 등압 과정은 기체의 압력이 일정하게 유지되면서 온도와 부피가 변하는 과정이므로 이를 나타내는 그래프는 ㄱ이다.
(4) 등적 과정은 기체의 부피가 일정하게 유지되면서 온도와 압력이 변하는 과정이므로 이를 나타내는 그래프는 ㄷ이다.

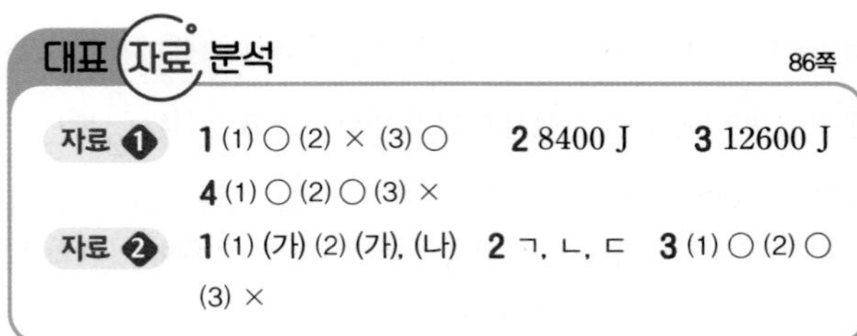

대표 자료 분석

86쪽

자료 ❶ **1** (1) ○ (2) × (3) ○ **2** 8400 J **3** 12600 J
4 (1) ○ (2) ○ (3) ×

자료 ❷ **1** (1) (가) (2) (가), (나) **2** ㄱ, ㄴ, ㄷ **3** (1) ○ (2) ○
(3) ×

1-1 (1) 기체 내부 압력이 외부 압력과 평형을 유지하면서 팽창하므로 기체의 압력은 외부와 같은 압력으로 일정하게 유지된다.
(2) 압력이 일정하게 유지되면서 부피가 변하므로 이 과정은 등압 과정이다. 압력이 일정할 때 부피는 온도에 비례하므로 부피가 증가할 때 기체의 온도는 높아진다.
(3) 기체 분자의 평균 운동 에너지는 기체의 절대 온도에 비례한다. 기체의 온도가 높아지므로 기체 분자의 평균 운동 에너지도 증가한다.

1-2 압력이 일정할 때 기체가 한 일은 압력에 부피 변화량을 곱한 $P\Delta V$이다. 따라서 기체의 압력 - 부피 그래프에서 기체가 외부에 한 일(W)은 그래프 아랫부분의 넓이와 같다.
$W=P\Delta V=1\times10^5\ \text{N/m}^2\times(1.084-1)\text{m}^3=8400\ \text{J}$

1-3 기체가 받은 열을 J로 전환하면 $Q=5\times4200=21000(\text{J})$이다. 열역학 제1법칙 $Q=\Delta U+W$에서 내부 에너지 증가량 $\Delta U=Q-W$이므로 $\Delta U=21000\ \text{J}-8400\ \text{J}=12600\ \text{J}$이다.

1-4 (1), (2) 기체가 팽창하면 외부에 일을 하는 것이고, 기체가 수축하면 외부에서 일을 받은 것이다.
(3) 열역학 제1법칙에 따라 $\Delta U=Q-W$이므로 내부 에너지 변화량은 외부로부터 받은 열에서 외부에 한 일을 뺀 값과 같다.

2-1 (가)는 피스톤을 고정시켰으므로 부피가 일정한 과정으로, 기체에 열을 가해도 부피가 변하지 않아 외부에 한 일 $W=0$이지만, 열역학 제1법칙의 정의에 따라 외부에서 가해 준 열은 기체의 내부 에너지 변화량과 기체가 외부에 한 일의 합과 같다.

(나)는 압력이 일정한 과정으로, 기체에 열을 가하면 부피가 증가하면서 외부에 일을 하고, 온도가 높아지면서 내부 에너지가 증가한다. 따라서 기체가 받은 열은 내부 에너지 증가와 기체가 외부에 한 일에 사용되므로 내부 에너지 증가량과 외부에 한 일의 합과 같다. ➡ $Q=\Delta U+W$

2-2 ㄱ. (가)에서는 부피가 일정한 상태에서 기체 분자들의 운동 에너지가 증가하고, (나)는 부피가 증가하면서 기체 분자들의 운동 에너지가 증가한다. 따라서 압력은 부피가 일정한 상태에서 기체 분자들의 운동 에너지가 증가하는 (가)에서가 (나)에서보다 높다.
ㄴ. 같은 양의 열을 가했을 때 (가)에서 기체가 받은 열은 내부 에너지의 변화에만 사용되고, (나)에서 기체가 받은 열은 내부 에너지의 변화와 기체가 하는 일에 모두 사용된다. 따라서 기체의 온도는 (가)에서가 (나)에서보다 높다.
ㄷ. 기체의 내부 에너지는 온도에 비례하므로 기체의 내부 에너지는 (가)에서가 (나)에서보다 크다.
ㄹ. (가)는 기체의 부피가 일정하므로 외부에 일을 하지 않고, (나)는 기체가 팽창하는 동안 외부에 일을 한다. 따라서 기체가 피스톤에 한 일은 (나)에서가 (가)에서보다 크다.

2-3 (1) (가)에서는 피스톤이 고정되어 있으므로 기체를 가열해도 부피가 변하지 않고 일정하게 유지된다. 따라서 기체가 한 일은 0이다.
(2) (가)에서 기체가 받은 열량으로 내부 에너지가 증가하여 기체의 온도가 높아진다. 부피가 일정할 때 압력과 온도는 비례하므로 기체의 압력이 증가한다.
(3) (나)에서 기체의 내부 에너지가 증가하므로 기체의 온도가 높아진다.

내신 안정 문제 87~90쪽

01 ⑤	02 ③	03 ③	04 ④	05 ②	06 ③
07 ⑤	08 ①	09 해설 참조	10 ⑤	11 ⑤	12 ①
13 ④	14 ②	15 ①	16 ③	17 ③	18 ③
19 ⑤					

01 ㄱ. 열은 온도가 다른 두 물체가 접촉해 있을 때, 고온의 물체에서 저온의 물체로 스스로 이동하는 에너지이다.
ㄴ, ㄷ. 열에너지는 물체 내부의 분자 운동에 의해 나타나는 에너지로, 분자들이 가지는 총 운동 에너지와 관계가 있다. 온도가 높을수록 분자들이 활발하게 움직이므로 분자들의 운동 에너지가 크다.

02 꼼꼼 문제 분석

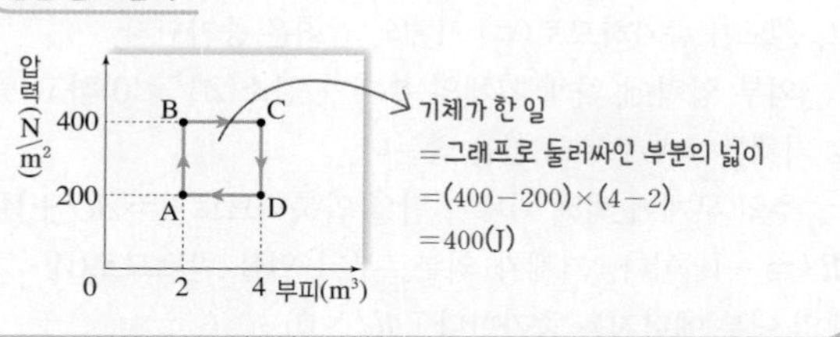

기체의 상태가 A → B → C → D → A를 따라 변하는 동안 기체가 한 일은 압력 - 부피 그래프에서 그래프로 둘러싸인 부분의 넓이와 같으므로 $W=(400-200)\text{N/m}^2\times(4-2)\text{m}^3=400$ J이다.

03 ㄱ, ㄴ. 열역학 제1법칙에 따라 기체에 가해 준 열은 기체의 내부 에너지 변화량과 기체가 외부에 한 일의 합과 같다. 이는 열에너지와 역학적 에너지를 포함한 에너지 보존 법칙을 의미한다.
바로알기 ㄷ. 등적 과정은 기체의 부피가 일정하게 유지되면서 상태가 변하는 과정으로, 부피 변화가 없어 기체가 외부에 일을 하지 않는다($W=0$). 따라서 $Q=\Delta U+W$에서 기체가 받은 열은 모두 내부 에너지 변화에 이용된다.

04 기체가 팽창하면서 외부에 한 일은 $W=P\Delta V=(3\times10^5)\times(0.03-0.01)=6000(\text{J})=6\times10^3(\text{J})$이다. 열역학 제1법칙 $Q=\Delta U+W$에서 내부 에너지 증가량 $\Delta U=Q-W=(1.5\times10^4)-(6\times10^3)=9\times10^3(\text{J})$이다.

05 꼼꼼 문제 분석

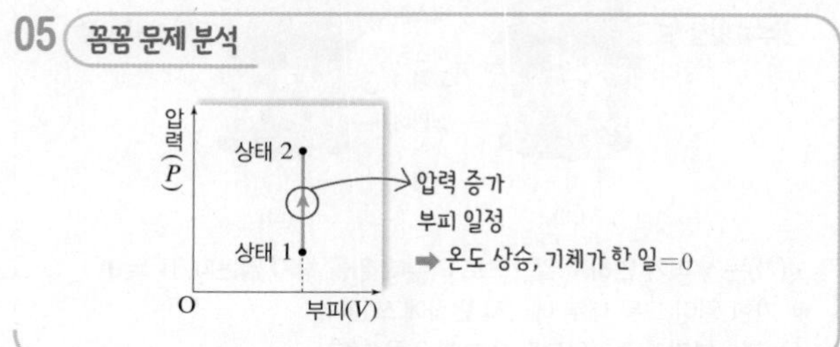

ㄷ. 기체의 상태가 변하는 동안 부피가 일정하므로 외부에 한 일 $W=0$이다. 따라서 열역학 제1법칙 $Q=\Delta U+W$에서 $Q=\Delta U$이다. 이때 기체의 온도가 높아졌으므로 내부 에너지 $\Delta U>0$이고, 외부로부터 열에너지 Q를 얻었다는 것을 알 수 있다.
바로알기 ㄱ. 부피가 일정하므로 기체가 외부에 한 일은 0이다.
ㄴ. $PV\propto T$에서 부피가 일정할 때 압력은 온도에 비례하므로 압력이 커지면 기체의 온도도 높아진다.

06 ㄱ, ㄴ. $PV\propto T$에서 압력이 일정할 때 부피와 온도는 비례하므로 부피가 증가하면 기체의 온도가 높아지고 기체의 평균 속력도 증가한다.
바로알기 ㄷ. 기체가 압력이 일정하게 유지되면서 팽창하는 과정에서 기체가 흡수한 열은 기체의 내부 에너지 증가량과 외부에 한 일의 합과 같다.

07 ㄱ. $PV \propto T$에서 피스톤이 내려가며 기체의 부피가 감소하고, 온도가 증가하므로(ㄷ) 기체의 압력은 증가한다.
ㄴ. 외부 압력에 의해 기체의 부피가 감소($\Delta V<0$)하고 있으므로 기체는 외부로부터 일을 받는다.
ㄷ. 추의 무게에 의해 기체가 단열 압축되므로 $0=\Delta U+W$에서 $\Delta U=-W$이다. 기체가 외부로부터 일을 받으므로($W<0$) 기체의 내부 에너지는 증가한다.($\Delta U>0$)

08 ㄱ. 내부 에너지는 절대 온도에 비례하고, 두 열역학 과정 모두 절대 온도가 T_0만큼 높아지므로 내부 에너지 증가량은 두 과정이 서로 같다.
바로알기 ㄴ. A → C 과정은 부피가 일정($\Delta V=0$)하여 기체가 일을 하지 않고, B → C 과정은 부피가 증가($\Delta V>0$)하므로 외부에 일을 한다. 따라서 기체가 외부에 한 일은 B → C 과정이 A → C 과정보다 크다.
ㄷ. 기체가 흡수한 열에너지는 기체가 한 일과 기체의 내부 에너지 증가량의 합과 같다. 기체의 내부 에너지 증가량은 두 과정이 서로 같고, B → C 과정에서만 기체가 일을 하므로 열에너지의 흡수량은 A → C 과정이 B → C 과정보다 작다.

09 꼼꼼 문제 분석

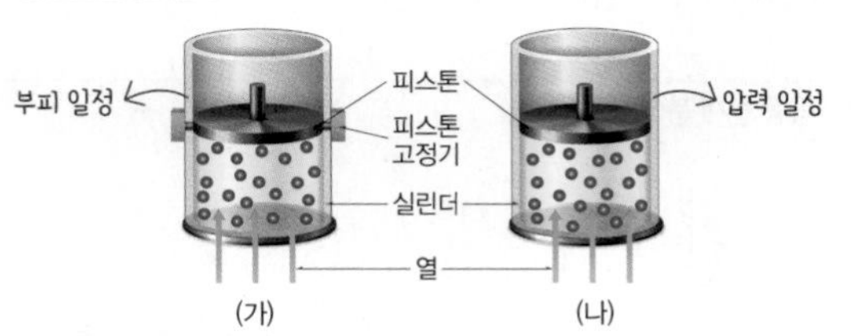

• (가)는 부피가 변하지 않으므로 외부에 일을 하지 않는다.($W=0$)
➡ 가한 열이 모두 내부 에너지 변화에 쓰인다.
• (나)는 부피가 증가하므로 외부에 일을 한다.
➡ 가한 열이 내부 에너지 증가와 외부에 일을 하는 데 쓰인다.

열역학 제1법칙 $Q=\Delta U+W$에서 (가)의 기체는 피스톤이 고정되어 있어 부피가 변하지 않으므로 외부에 일을 하지 않는다. 따라서 가한 열이 모두 내부 에너지 변화에 쓰이므로 기체의 내부 에너지 변화량 $\Delta U=Q$이다. (나)의 기체는 팽창하여 외부에 일을 하므로 내부 에너지 변화량 $\Delta U=Q-W$로 (가)보다 작다. 따라서 내부 에너지 증가량은 (가)에서가 (나)에서보다 크다.

모범 답안 (가), (가)에서는 가한 열이 모두 내부 에너지 증가에 쓰이지만($\Delta U=Q$) (나)에서는 가한 열이 내부 에너지 증가와 외부에 일을 하는 데 쓰이기($\Delta U=Q-W$) 때문이다.

채점 기준	배점
(가)를 고르고, 그 까닭을 옳게 서술한 경우	100 %
(가)만 고른 경우	30 %

10 ㄴ. $PV \propto T$에서 기체의 온도가 일정할 때, 기체의 압력과 부피는 반비례한다.
ㄷ. 기체의 온도 변화가 없으므로, 내부 에너지 변화량 $\Delta U=0$이다. 따라서 $Q=\Delta U+W$에서 기체가 흡수한 열은 기체가 외부에 한 일과 같다.
바로알기 ㄱ. 기체의 온도가 일정하게 유지되므로, 내부 에너지의 변화는 없다.

11 ㄴ. 기체가 압축되며 외부에서 일을 받지만, 단열 과정이므로 열에너지의 출입이 없어 받은 일이 모두 내부 에너지 증가에 쓰인다.($-W=\Delta U$)
ㄷ. 기체의 부피가 줄어들고, 온도가 상승하므로 압력은 증가한다.
바로알기 ㄱ. 기체가 압축되므로 부피가 감소한다. 따라서 기체는 외부에서 일을 받는다.

12 꼼꼼 문제 분석

단열 팽창 과정

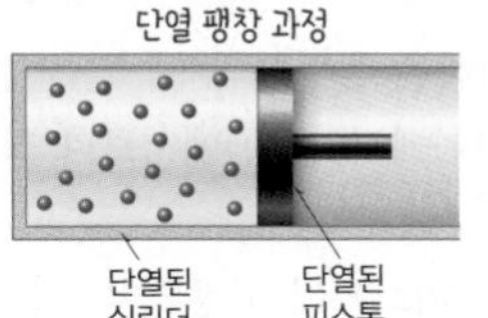

① 단열 과정이므로 $Q=0$이다.
② 기체의 부피가 증가하므로 외부에 일을 한다.($W>0$)
③ 열역학 제1법칙 $Q=\Delta U+W$에서 $W=-\Delta U$이므로 ΔU가 감소한다 .
④ 온도가 낮아진다.

ㄱ. 외부와의 열 출입이 없이 기체의 부피가 증가하는 단열 과정에서 기체가 외부에 일을 하게 되고, 일을 한 만큼 내부 에너지가 감소한다.($0=\Delta U+W \therefore W=-\Delta U$)
바로알기 ㄴ. $PV \propto T$에서 기체의 부피가 증가하고 기체의 온도가 낮아지므로 기체의 압력은 감소한다.
ㄷ. 온도가 낮아지고 내부 에너지가 감소하므로 기체 분자의 평균 속력은 감소한다.

13 꼼꼼 문제 분석

절대 온도 – 압력 그래프를 압력 – 부피 그래프로 나타내면 다음과 같다.

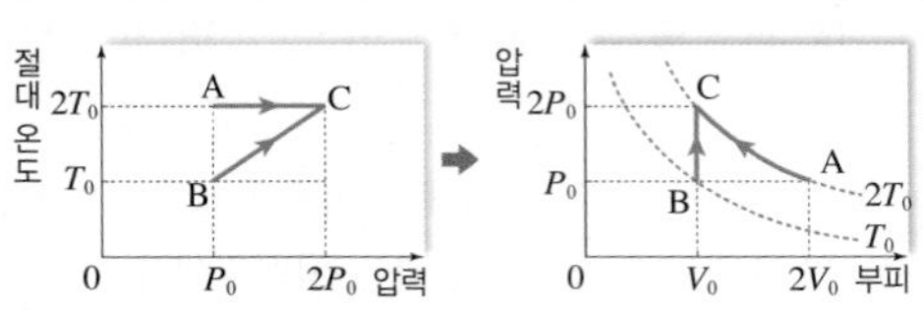

• A → C 과정은 온도가 $2T_0$으로 일정한 등온 과정이며, 압력이 P_0에서 $2P_0$으로 증가하므로 등온 압축 과정이다.
• B → C 과정은 부피가 일정하며, 온도와 압력이 증가하는 등적 과정이다.

ㄴ. B → C 과정은 온도와 압력이 증가하는 등적 과정이다. 부피가 일정하므로 한 일은 0이지만, 온도가 높아지며 내부 에너지가 증가(ΔU)하므로 열을 흡수($Q>0$)한다.($Q=\Delta U+W$에서 $W=0$이므로 $Q=\Delta U$이다.)

ㄷ. B → C 과정에서 기체의 온도가 T_0에서 $2T_0$으로 증가하므로 내부 에너지도 증가한다.

바로알기 ㄱ. A → C 과정은 온도가 일정하며 압력이 증가하므로 등온 압축 과정이다. 기체는 압축되면서 외부로부터 일을 받으므로($W<0$) 열을 방출($Q<0$)한다. 따라서 단열 과정이 아니다. ($Q=\Delta U+W$에서 $\Delta U=0$이므로 $Q=W$이다.)

14 꼼꼼 문제 분석

A의 압력=B의 압력
고정 핀
A B
단열된 실린더 피스톤
(가)
A → B
A의 압력 증가 또는 B의 압력 감소
(나)

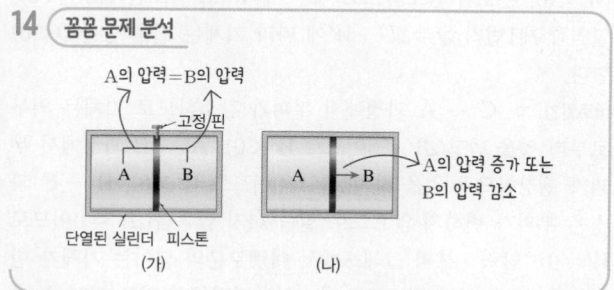

ㄷ. (나)에서 피스톤이 B쪽으로 움직였으므로 고정 핀을 제거한 순간 압력은 A가 B보다 크다.

바로알기 ㄱ, ㄴ. (가)에서 A, B의 압력은 서로 같았는데 (나)에서 피스톤이 B쪽으로 움직이므로 (가)에서 기체를 넣은 후 A의 압력이 증가하였거나 B의 압력이 감소하였음을 알 수 있다. 만약 (가)에서 A의 온도가 B보다 높다면 열이 A → B로 이동하여 A의 온도는 낮아지고, B의 온도는 높아진다. $PV \propto T$에서 A의 압력은 낮아지고 B의 압력은 높아지므로 피스톤이 A쪽으로 움직여야 한다.

15 ㄱ. A → C 과정에서 기체의 압력은 일정하고 부피가 증가하므로 온도는 높아지고(등압 팽창), C → D 과정에서 기체의 부피는 일정하고 압력이 감소하므로(등적 과정) 온도는 낮아진다. 따라서 기체의 내부 에너지는 증가했다가 감소한다.

바로알기 ㄴ. 압력-부피 그래프에서 아랫부분의 면적은 기체가 한 일과 같으므로 (가)에서가 (나)에서보다 한 일이 크다.

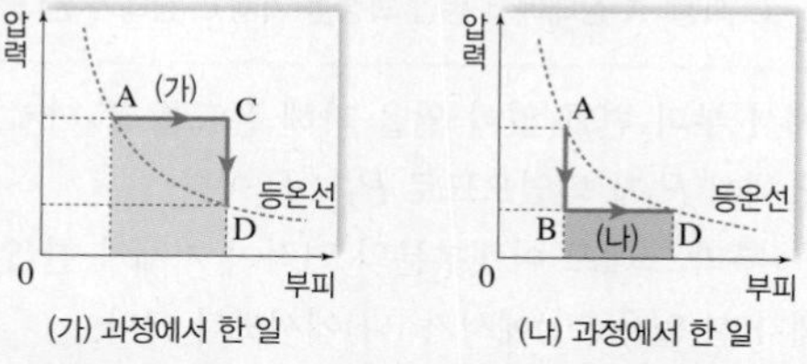

(가) 과정에서 한 일　　(나) 과정에서 한 일

ㄷ. 열역학 제1법칙 $Q=\Delta U+W$에서 기체가 A에서 B 또는 A에서 C를 지나 D의 상태가 되면 최종 온도는 처음 온도와 같으므로 각 과정에서 내부 에너지의 변화는 없다.($\Delta U=0$) 따라서 흡수한 열에너지는 기체가 한 일이 더 큰 (가)에서가 (나)에서보다 크다.($Q=W$)

16 꼼꼼 문제 분석

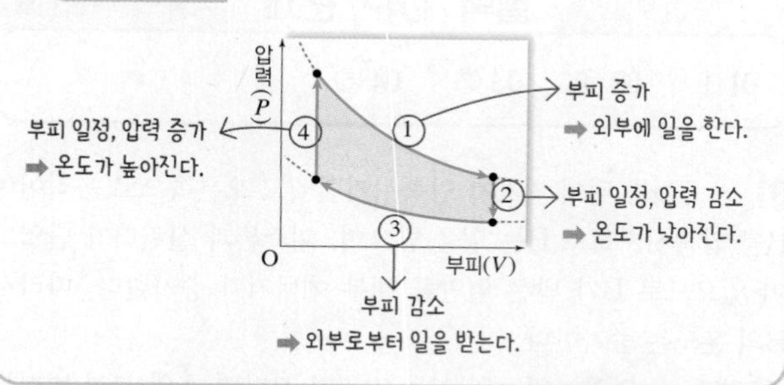

ㄱ. 과정 1에서 부피가 증가하므로 기체는 외부에 일을 한다.

ㄴ. 과정 2에서 부피는 일정하지만 압력이 감소하므로 온도가 낮아진다.

바로알기 ㄷ. 과정 1, 3은 온도가 일정한 등온 과정이다. 이때 기체 분자의 운동 에너지의 총합인 내부 에너지가 일정하므로 평균 속력은 일정하다.

17 ㄱ. (나)에서 얼음물에 의해 기체의 온도가 내려가면서 외부 압력에 의해 기체의 부피가 감소하였다. 부피가 감소하는 과정에서 기체는 외부로부터 일을 받는다.

ㄴ. 기체의 온도가 내려가므로 기체의 내부 에너지도 감소한다.

바로알기 ㄷ. 열역학 제1법칙 $Q=\Delta U+W$에 따라 기체가 잃은 열에너지($Q<0$)는 내부 에너지 감소량($\Delta U<0$)과 기체가 받은 일($W<0$)의 합과 같다.

18 ㄱ. 단열 과정이므로 기체에 해 준 일만큼 내부 에너지가 증가한다. 내부 에너지가 증가하면 온도도 올라가며, 온도가 높을수록 기체 분자의 평균 속력이 크므로 손잡이를 누르면 실린더 안 기체 분자의 속력이 커진다.

ㄴ. 열의 출입은 없으므로($Q=0$), 열역학 제1법칙에 따라($0=\Delta U+W$) 기체에 해 준 일($\Delta V<0$이므로 $W<0$)이 모두 기체의 내부 에너지로 전환($\Delta U=-W$)된다.

바로알기 ㄷ. 기체가 압축되며 온도가 올라가므로 기체의 압력이 증가한다.

19 ㄴ. 태양열에 의해 지표면이 가열되면 공기가 상승하면서 단열 팽창이 일어나 주위의 온도가 낮아진다. 이때 수증기가 응결하여 구름이 생성된다.

ㄷ. 동해에서 온 공기 덩어리가 태백산맥을 넘으면서 단열 팽창하여 구름이 되었다가 동쪽 사면에 비를 뿌린 후 서쪽 사면을 따라 내려온다. 이때 단열 압축에 의해 온도가 높아져 고온 건조한 높새바람이 분다.

바로알기 ㄱ. 압력 밥솥은 밀폐되어 설정된 값까지 압력이 커져도 기체의 부피가 변하지 않으므로 등적 과정에 해당한다. 따라서 받은 열이 모두 내부 에너지를 증가시켜 온도와 압력을 높이는데, 압력이 높아지면 높은 온도에서 물이 끓어 밥이 빨리 익는다.

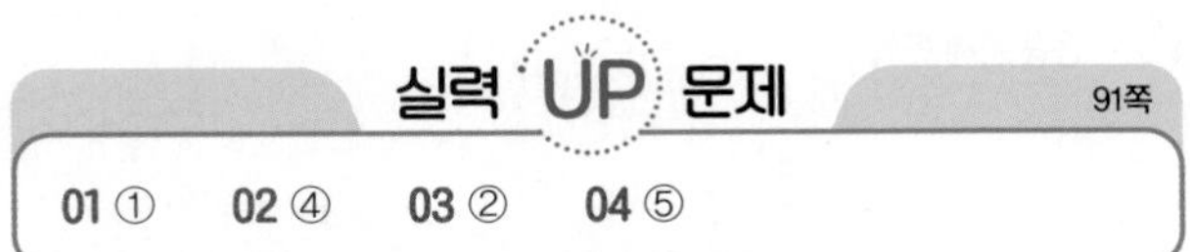

실력 UP 문제
91쪽
01 ① 02 ④ 03 ② 04 ⑤

01 ㄱ. p를 밀어 기체를 압축시키면 q도 오른쪽으로 움직이며 B를 압축시키므로 B는 일을 받으며, 피스톤과 실린더가 단열되어 있으므로 B가 받은 일만큼 내부 에너지가 증가한다. 따라서 B의 온도는 증가한다.

바로알기 ㄴ. 만약 p와 q의 이동 거리가 같다면 A의 부피 변화는 없고 B만 압축된다. A와 B는 처음에 부피, 압력, 온도가 서로 같았는데, B가 단열 압축되면 B의 압력과 온도가 A보다 증가하므로 q는 왼쪽으로 움직이며 A를 압축하게 된다. 이것은 처음부터 A와 B가 압축됨을 의미하며, p의 이동 거리가 항상 q의 이동 거리보다 커야 한다.

ㄷ. A와 B가 모두 단열 압축되면서 온도가 높아지므로 p가 A에 한 일은 A와 B의 내부 에너지 증가량의 합과 같다.

02 꼼꼼 문제 분석

A와 B의 열역학 과정을 압력-부피 그래프로 나타내면 그림과 같다. (나)에서 '충분한 시간이 지난'다는 의미는 A와 B의 압력이 같아져 피스톤이 움직이지 않을 때까지 시간이 지나 평형 상태에 도달한다는 의미이다.

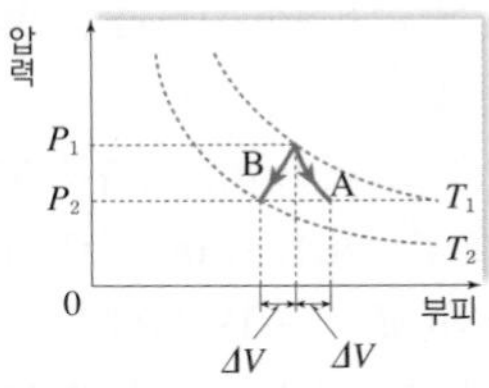

① 부피가 고정된 실린더 안에서 칸막이(피스톤)만 좌우로 움직이는 상황이므로 A, B의 부피 총합은 변하지 않는다. 따라서 A의 부피가 증가한 만큼 B의 부피가 감소해야 한다.

② (가)에서 피스톤이 정지해 있으므로 A, B의 압력(P_1)은 서로 같다. (나)에서 충분한 시간이 지난 뒤 A, B의 압력이 같아질 때까지(P_2) 피스톤이 움직인다.

ㄱ. B에서 열량 Q를 방출하면 B의 온도와 압력이 낮아지므로 A의 부피가 증가하면서 피스톤이 오른쪽으로 움직인다. 따라서 A의 부피는 (나)에서가 (가)에서보다 크다.

ㄴ. B에서 열량 Q를 방출하면 B의 온도가 낮아지므로 압력도 (나)에서가 (가)에서보다 낮아진다.

바로알기 ㄷ. 부피는 A가 B보다 크지만 충분한 시간이 지난 뒤 압력은 같으므로 부피가 큰 A의 온도가 B의 온도보다 높아야 한다. 따라서 내부 에너지는 A가 B보다 크다.

03 꼼꼼 문제 분석

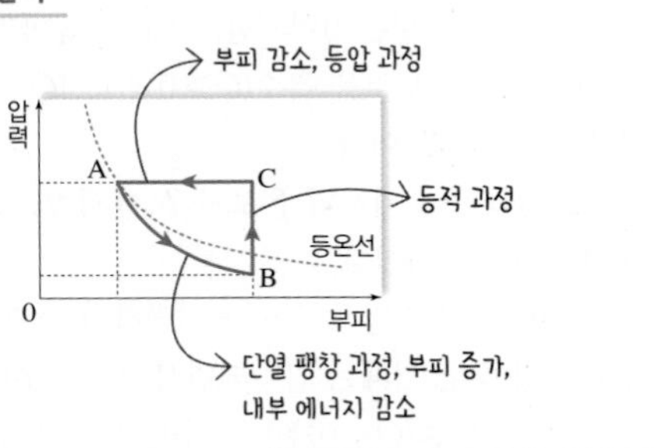

ㄷ. C → A 과정에서 부피가 감소하므로 외부로부터 일을 받고 ($W<0$), 온도가 감소하므로 내부 에너지도 감소한다($\Delta U<0$). 열역학 제1법칙 $Q=\Delta U+W$에 따라 기체는 열을 방출($Q<0$)한다.

바로알기 ㄱ. C → A 과정에서 부피가 감소하므로 기체는 외부로부터 일을 받고($\Delta V<0$이므로 $W<0$), A → B 과정에서 부피가 팽창하므로 일을 하며($\Delta V>0$이므로 $W>0$), B → C 과정은 부피가 변하지 않으므로 일을 하지 않는다($\Delta V=0$이므로 $W=0$). 압력-부피 그래프에서 아랫부분의 넓이는 기체가 한 일 또는 받은 일과 같으므로 C → A 과정에서 받은 일이 A → B 과정에서 한 일보다 크다. 따라서 한 번 순환하는 동안 기체는 외부에서 일을 받는다.

ㄴ. A → B 과정은 단열 팽창 과정($Q=0$)이므로 열역학 제1법칙 $0=\Delta U+W$에 따라 기체가 한 일($W>0$)만큼 내부 에너지가 감소($\Delta U<0$)한다.

04 꼼꼼 문제 분석

(가)와 (나)를 압력-부피 그래프로 나타내면 다음과 같다.

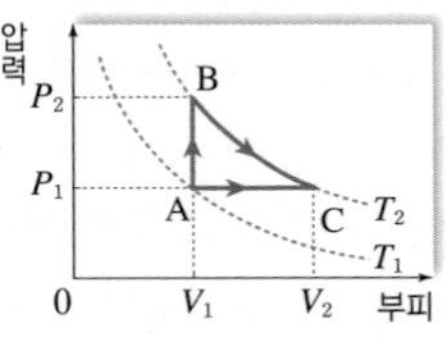

(가) A → B → C 과정: A 상태에서 등적 과정과 등온 과정을 거쳐 C 상태가 된다.
(나) A → C 과정: A 상태에서 등압 과정을 거쳐 C 상태가 된다.

ㄱ. (가)에서 부피 변화 없이 열을 가해 온도를 T_2까지 올릴 때 압력이 P_1에서 P_2가 되었으므로 $P_1<P_2$이다.

ㄴ. 압력-부피 그래프 아랫부분의 면적이 기체가 한 일과 같으므로 기체가 한 일은 (가)에서가 (나)에서보다 크다.

ㄷ. (가)와 (나)의 처음 상태일 때 온도는 T_1로 같고, 나중 상태일 때 온도는 T_2로 같으므로 내부 에너지의 증가량($\Delta U>0$)도 (가)와 (나)에서 서로 같다. 기체가 외부에 한 일($W>0$)은 (가)에서가 (나)에서보다 크므로 열역학 제1법칙 $Q=\Delta U+W$에 따라 기체가 흡수한 열량($Q>0$)은 (가)에서가 (나)에서보다 크다.

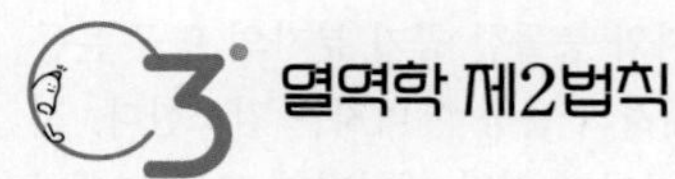

3 열역학 제2법칙

개념 확인 문제

95쪽

❶ 가역 ❷ 비가역 ❸ 2 ❹ 엔트로피 ❺ 증가 ❻ 높은 ❼ 열기관 ❽ 열효율 ❾ 카르노

1 (1) × (2) ○ (3) × **2** ㄱ, ㄴ, ㄷ **3** ㉠ 1, ㉡ 2 **4** (1) × (2) ○ (3) ○ **5** 0.4 **6** (1) ○ (2) ○ (3) × (4) ○

1 (1) 골고루 퍼진 기체는 저절로 다시 처음 상태로 되돌아가지 못하므로 비가역 과정이다.
(2) 기체의 확산은 비가역 과정이므로 A의 상태에서 B의 상태로는 저절로 진행되지만 그 반대로는 저절로 진행되지 않는다.
(3) 기체의 확산은 비가역 과정이므로 처음의 상태로 스스로 되돌아가지 않지만 외부에서 에너지를 공급하면 B의 상태에서 A의 상태로 되돌릴 수 있다.

2 비가역 과정은 한쪽 방향으로만 변화가 일어나 스스로 처음 상태로 되돌아갈 수 없는 과정으로, 자연계에서 일어나는 대부분의 현상은 비가역 과정이다.
ㄱ, ㄴ, ㄷ. 열의 이동, 기체의 확산, 잉크의 확산은 비가역 과정이다.
ㄹ. 공기 저항이 없을 때 진자의 운동은 가역 과정이다.

3 고온의 물체와 저온의 물체를 접촉시켰을 때 열이 저온의 물체에서 고온의 물체로 이동하여 저온의 물체가 더 차가워지고, 고온의 물체가 더 뜨거워지는 현상은 에너지 보존 법칙인 열역학 제㉠1법칙에는 위배되지 않지만, 열역학 제㉡2법칙에 위배되므로 일어나지 않는다.

4 (1) 열은 스스로 고온의 물체에서 저온의 물체로 이동한다.
(2) 고온의 물체와 저온의 물체를 접촉시켰을 때 고온의 물체에서 저온의 물체로 열이 이동하여 온도가 같아진 상태를 열평형 상태라고 한다.
(3) 열평형 상태에서 두 물체가 다시 고온과 저온으로 나누어지는 일은 열역학 제2법칙에 위배되므로 저절로 일어날 수 없다.

5 열기관의 열효율은 공급한 열 중에서 유용한 일로 전환된 비율이므로 $e=\frac{Q_1-Q_2}{Q_1}=\frac{1000\ \mathrm{J}-600\ \mathrm{J}}{1000\ \mathrm{J}}=0.4$이다.

6 (1) 열역학 제2법칙에 따라 열은 스스로 고온의 물체에서 저온의 물체로 이동하지만, 그 반대로의 열의 이동은 스스로 일어나지 않는다.
(2) 열기관 주위를 둘러싸고 있는 저열원으로 열이 저절로 흘러나가므로 저열원으로 방출되는 열(Q_2)이 0이 될 수 없다. 따라서 열효율 $e=\frac{Q_1-Q_2}{Q_1}$에서 열효율이 1(=100 %)인 열기관은 존재하지 않는다.
(3) 일은 모두 열로 바꿀 수 있으나 열은 스스로 일을 할 수 없어 모두 일로 바꿀 수 없다. 따라서 열효율이 1인 열기관이 존재하지 않는다.
(4) 열역학 제2법칙에 따르면 자발적으로 일어나는 자연 현상은 엔트로피가 증가하는 방향으로 진행한다.

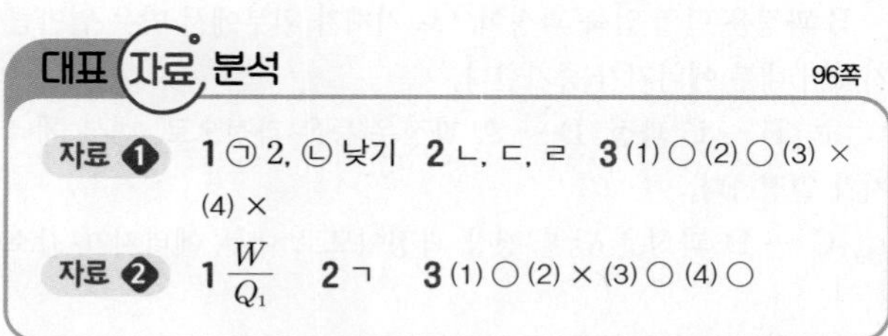

대표 자료 분석

96쪽

자료 ❶ **1** ㉠ 2, ㉡ 낮기 **2** ㄴ, ㄷ, ㄹ **3** (1) ○ (2) ○ (3) × (4) ×

자료 ❷ **1** $\frac{W}{Q_1}$ **2** ㄱ **3** (1) ○ (2) × (3) ○ (4) ○

1-1 기체가 확산된 후 다시 한 곳으로 모이지 않는 까닭은 열역학 제㉠2법칙에 의해 엔트로피가 낮아지는 방향으로는 일어날 확률이 매우 ㉡낮기 때문이다.

1-2 기체의 확산은 비가역 과정의 예로, 열역학 제2법칙으로 설명할 수 있다.
ㄱ. 기체를 단열 압축하면 온도가 올라가는 현상은 열역학 제1법칙으로 설명할 수 있다.
ㄴ. 열역학 제2법칙에 의해 열을 전부 일로 바꿀 수 없기 때문에 열효율이 100 %인 열기관을 만들 수 없다.
ㄷ. 열역학 제2법칙은 열과 에너지의 이동 방향을 제시하는 것으로, 열은 항상 고온의 물체에서 저온의 물체로 이동하며, 저온의 물체에서 고온의 물체로 스스로 이동하지 않는다.
ㄹ. 열역학 제2법칙에 의해 자연 현상은 엔트로피가 증가하는 방향으로 진행한다. 따라서 방 안의 공기가 저절로 한 구석으로 모이지 않는다.

1-3 (1) 기체가 확산된 후 다시 처음 상태로 스스로 되돌아가지 않기 때문에 기체의 확산은 비가역 과정이다.
(2) 기체 분자는 저절로 퍼져 나가 시간이 지나면 칸막이의 양쪽 A, B에 골고루 퍼지게 된다.
(3) 기체가 진공 상태로 팽창하므로 일을 하지 않는다. 즉, 기체가 팽창할 때 외부에 힘을 가하지 않으므로 일을 하지 않는다.
(4) 자발적으로 일어나는 자연 현상은 엔트로피가 증가하는 방향으로 진행한다.

2-1 열기관이 외부에 한 일의 양 $W=Q_1-Q_2$이다. 열기관의 열효율은 공급한 열 중에서 유용한 일로 전환된 비율이므로 $e=\frac{W}{Q_1}$이다.

2-2 꼼꼼 문제 분석

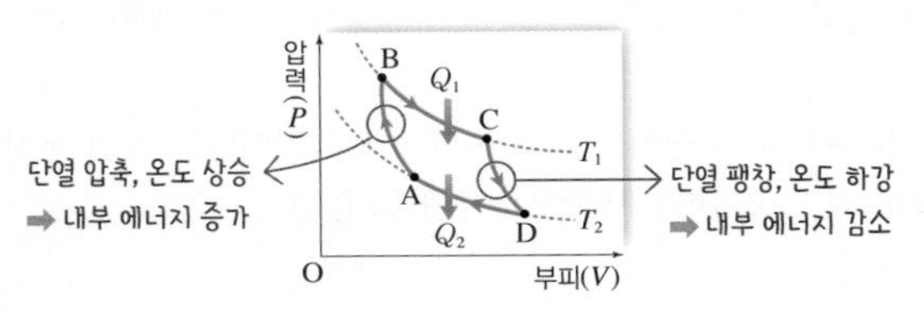

ㄱ. 기체의 온도가 높아지면 기체의 내부 에너지가 증가한다. A → B 과정은 단열 압축 과정이므로 기체가 외부에서 받은 일만큼 기체의 내부 에너지가 증가한다.
ㄴ, ㄹ. B → C 과정, D → A 과정은 등온 과정으로, 내부 에너지가 일정하다.
ㄷ. C → D 과정은 단열 팽창 과정이므로 내부 에너지가 감소한다.

2-3 (1) $Q_1=W$인 열기관은 열효율이 100 %인 열기관이다. 열역학 제2법칙에 따라 열은 모두 일로 전환되지 않으므로 열효율이 100 %인 열기관은 만들 수 없다.
(2) B → C 과정은 등온 팽창 과정, C → D 과정은 단열 팽창 과정, D → A 과정은 등온 압축 과정, A → B 과정은 단열 압축 과정이다. 네 과정 중에서 열을 흡수하는 과정은 B → C 과정뿐이다. 따라서 B → C 과정에서 기체가 외부로부터 흡수한 열은 Q_1이다.
(3) C → D 과정은 단열 팽창 과정이므로 $Q=0$이고, $W>0$이다. 따라서 열역학 제1법칙에 의해 $W=-\varDelta U$이므로 기체가 외부에 한 일만큼 내부 에너지가 감소한다.
(4) D → A 과정은 등온 압축 과정이므로 $\varDelta U=0$이다. 따라서 $Q=\varDelta U+W$에서 $Q=W$이므로 외부로부터 받은 일만큼 열을 방출한다. 이때 방출한 열은 Q_2이다.

내신 만점 문제

97~99쪽

01 ⑤	02 ②	03 ③	04 ⑤	05 해설 참조	06 ③
07 ①	08 ③	09 ⑤	10 ④	11 ④	12 ③

01 ㄱ. 멈추어 있던 진자가 스스로 처음 상태로 되돌아갈 수 없으므로 비가역 과정이다.
ㄴ. 진자가 움직이는 동안 진자와 충돌한 공기 분자의 평균 운동 에너지는 증가하고, 반대로 진자의 운동 에너지는 감소한다. 시간이 지난 후 진자가 처음에 가지고 있던 에너지가 모두 열에너지로 전환되면 진자가 멈춘다.
ㄷ. 열역학 제2법칙에 따르면 자연 현상은 무질서도가 증가하는 방향으로 진행한다. 멈추었던 진자가 다시 움직이는 현상은 무질서도가 감소하는 현상으로, 스스로 일어나지 않는다.

02 ㄴ. 공이 골고루 섞여 있는 상태인 (나)의 엔트로피가 공이 섞여 있지 않은 상태인 (가)의 엔트로피보다 크다.
바로알기 ㄱ. 엔트로피는 무질서한 정도를 나타내는 것으로, 공이 골고루 섞여 있는 (나)의 무질서도가 (가)보다 크다.
ㄷ. 자연 현상은 무질서도가 증가하는 방향, 즉 엔트로피가 커지는 방향으로 진행하므로, 엔트로피가 큰 (나)에서 엔트로피가 작은 (가)로 스스로 진행하지 않는다.

03 잉크가 한 곳에 모여 있는 것보다 골고루 퍼져 있는 것이 더 무질서한 상태이므로, 잉크를 물에 떨어뜨리면 열역학 제2법칙에 의해 잉크가 골고루 퍼져 나간다.
ㄱ. 찬물과 더운물을 섞으면 열역학 제2법칙에 의해 더운물에서 찬물로 열이 이동하므로 미지근한 물이 된다.
ㄴ. 외부에서 흡수한 열을 전부 일로 바꾸는 것은 열역학 제2법칙에 위배되므로 이러한 열기관은 만들 수 없다.
바로알기 ㄷ. 외부에서 에너지를 공급받지 않고 계속 일을 하는 것은 열역학 제1법칙(에너지 보존 법칙)에 위배되므로 이러한 열기관은 만들 수 없다.

04 ① 열은 스스로 고온의 물체에서 저온의 물체로 이동한다.
② 마찰이 있는 면 위에서 물체를 운동시키면 물체의 운동 에너지는 마찰에 의해 물체나 바닥을 구성하는 분자의 열에너지로 전환되고, 시간이 지난 후 물체는 정지한다. 반면 열역학 제2법칙에 의해 물체를 구성하는 분자들의 열에너지가 물체의 운동 에너지로 전환되어 물체 스스로 운동하는 일은 일어나지 않는다.
③ 열기관이 일을 하는 과정에서 열은 주변에 존재하는 더 낮은 온도의 계로 저절로 흘러가므로 저열원으로 방출되는 열은 0이 될 수 없다. 따라서 효율이 100 %인 열기관은 만들 수 없다.
④ 열역학 과정에 참여하는 모든 계를 함께 고려할 때 전체 엔트로피는 증가하는 방향으로 진행한다.
바로알기 ⑤ 고립계에서 자발적으로 일어나는 자연 현상은 무질서도가 증가하는 쪽으로만 진행한다.

05 열기관에서 저열원으로 빠져나가는 열이 0이 될 수 없어 열기관의 효율은 항상 1보다 작다.
모범 답안 열역학 제2법칙에 의해 열은 고온의 물체에서 저온의 물체로 이동한다. 따라서 열기관의 주위를 둘러싸고 있는 저열원으로 열이 저절로 흘러 나가는 것을 막을 수 없기 때문에 저열원으로 방출되는 열은 0이 될 수 없다. 따라서 열효율이 100 %인 열기관이 존재하지 않는다.

채점 기준	배점
열역학 제2법칙을 이용하여 열효율이 100 %인 열기관이 존재하지 않는 까닭을 옳게 서술한 경우	100 %
열역학 제2법칙에 의한 열에너지의 이동은 언급하지 않고, 열기관의 효율이 항상 1보다 작기 때문이라고만 서술한 경우	50 %

06 ③ 열기관에서는 에너지 보존 법칙이 성립하므로 $Q_1=W+Q_2$를 만족한다.

바로알기 ① 열효율은 열기관에 공급된 열 Q_1에 대해 열기관이 한 일 W의 비율이므로 $e=\frac{W}{Q_1}=\frac{Q_1-Q_2}{Q_1}=1-\frac{Q_2}{Q_1}$이다.

② 열에너지는 고온에서 저온으로 이동하며, 열역학 제2법칙에 따라 열에너지의 이러한 흐름은 막을 수 없으므로 $Q_2=0$인 열기관을 만드는 것은 불가능하다.

④ 열효율은 $e=1-\frac{Q_2}{Q_1}$이므로 열효율이 클수록 Q_2가 작아진다.

⑤ 열기관은 열원으로부터 받은 열에너지를 일로 바꾸는 장치이다.

07 꼼꼼 문제 분석

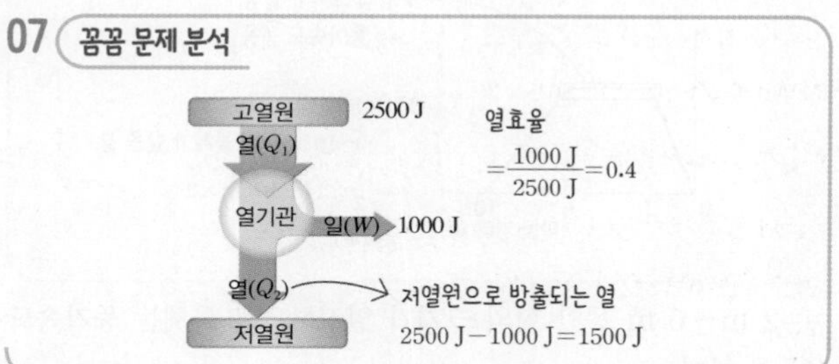

ㄱ. 열기관은 한 번의 순환 과정을 거치면서 원래의 상태로 되돌아온다. 따라서 열기관에서 기체의 내부 에너지는 변하지 않는다.($\Delta U=0$)

바로알기 ㄴ. 열기관은 고열원에서 흡수한 열에서 외부에 일을 하고 난 나머지 열을 저열원으로 방출한다. 따라서 저열원으로 방출한 열은 2500 J−1000 J=1500 J이므로, 고열원에서 흡수한 열이 더 많다.

ㄷ. 열기관의 열효율은 고열원에서 흡수한 열에 대해 열기관이 한 일의 비율이므로 $e=\frac{1000\ \text{J}}{2500\ \text{J}}=0.4$이다.

08 ③ 이상적인 열기관, 즉 카르노 기관의 열효율은 $e_n=1-\frac{T_2}{T_1}=1-\frac{300\ \text{K}}{400\ \text{K}}=0.25=25\ \%$이다.

09 열기관의 열효율이 높을수록 같은 일을 했을 때 더 적은 열을 흡수하고, 같은 열을 흡수했을 때 더 많은 일을 한다.

ㄱ. 열역학 제1법칙에 따라 $Q_1=W+Q_2$이므로 $Q_2=Q_1-W$이다. 따라서 A가 저열원으로 방출한 열은 $E-0.3E=0.7E$이다.

ㄴ. A의 열효율은 $\frac{0.3E}{E}=0.3$이고, 이 값은 B의 열효율의 1.2배이므로 B의 열효율은 $\frac{0.3}{1.2}=0.25$이다. 따라서 $\frac{0.3E}{㉠}=0.25$이므로 ㉠$=1.2E$이고, ㉠은 E보다 크다.

ㄷ. 두 열기관이 같은 열을 흡수한 경우 열효율이 더 높은 A가 한 일이 B가 한 일보다 크다.

10 ㄱ. 기체는 A → B, B → C 과정에서 열을 흡수하고 C → A 과정에서 열을 방출하므로 C → A 과정에서 방출한 열은 Q_2이다.

ㄷ. 순환 과정을 압력-부피 그래프로 나타낼 때 그래프 안쪽의 넓이는 순환 과정에서 기체가 한 일과 같다. 따라서 기체가 한 일은 $W=\frac{1}{2}\times 2P_0\times 2V_0=2P_0V_0$이다. 기체가 흡수한 열이 Q_1이므로 열기관의 열효율은 $e=\frac{W}{Q_1}=\frac{2P_0V_0}{Q_1}$이다.

바로알기 ㄴ. A → B 과정에서 기체가 한 일은 0이므로 기체가 흡수한 열과 내부 에너지 증가량이 같지만($Q_{AB}=\Delta U_{AB}$), B → C 과정에서 기체가 흡수한 열은 내부 에너지 증가량과 기체가 한 일의 합과 같으므로 $Q_{BC}=\Delta U_{BC}+W_{BC}$이다. $Q_1=Q_{AB}+Q_{BC}=\Delta U_{AB}+\Delta U_{BC}+W_{BC}$이므로 A → B → C 과정에서 기체의 내부 에너지 증가량은 Q_1보다 작다.

11 꼼꼼 문제 분석

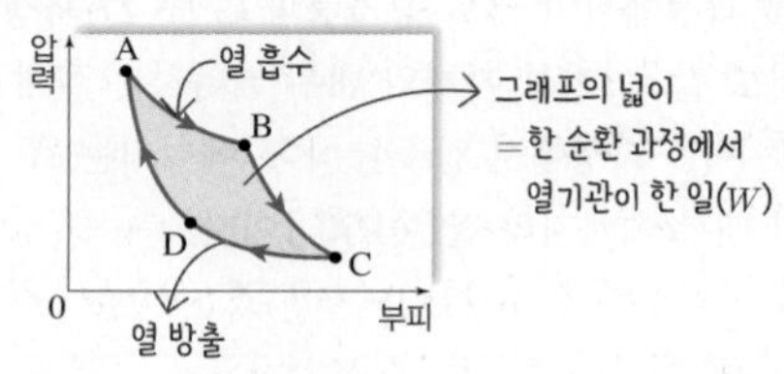

ㄱ, ㄴ. A → B 과정은 등온 팽창 과정, B → C 과정은 단열 팽창 과정, C → D 과정은 등온 압축 과정, D → A 과정은 단열 압축 과정이다. 네 과정 중에서 열을 흡수하는 것은 A → B 과정, 열을 방출하는 것은 C → D 과정이다. 따라서 A → B 과정에서 기체는 1000 kcal의 열을 흡수하고, C → D 과정에서 600 kcal의 열을 방출한다.

ㄹ. 열기관의 열효율(%)은 $e=\frac{Q_1-Q_2}{Q_1}\times 100=\frac{1000-600}{1000}\times 100=40(\%)$이다.

바로알기 ㄷ. 한 순환 과정에서 열기관이 한 일은 A → B → C → D → A 과정에서 그래프로 둘러싸인 부분의 넓이에 해당한다. A → B → C 과정에서 기체가 한 일은 A → B → C 과정 그래프 아랫부분의 넓이이므로 W보다 크다.

12 ㄱ. 수조에서 나온 물이 낮은 곳으로 흘러 내려간 후 외부에서 일을 해 주지 않으면 스스로 다시 위로 올라가지 못하므로 비가역 과정이다.

ㄴ. 외부에서 에너지 공급 없이 작동하여 계속 에너지를 생산하므로 제1종 영구 기관에 해당한다.

바로알기 ㄷ. 수력 발전기는 물의 역학적 에너지를 전기 에너지로 전환하는 장치인데, 에너지 보존 법칙에 따르면 전구에서 소비된 에너지만큼 물의 역학적 에너지가 감소해야 하므로 물을 원래 높이까지 올려보낼 수 없다. 따라서 이 장치는 열역학 제1법칙에 위배된다.

실력 UP 문제

99쪽

01 ③ 02 ④

01 ㄷ. D → A 과정은 온도가 일정하므로 내부 에너지의 변화가 없다.($\varDelta U=0$) 열역학 제1법칙($Q=\varDelta U+W$)에 따라 기체가 받은 일($W<0$)은 모두 열에너지로 방출된다.($Q<0$)

바로알기 ㄱ. 열기관의 열효율이 0.25이고, 기체가 한 번 순환하는 동안 한 일은 200 J이므로 기체가 흡수한 열은 $\dfrac{200}{0.25}=800$(J)이다. 기체는 A → B, B → C 과정에서 열을 흡수하므로 B → C 과정에서 흡수한 열은 800 J보다 작다.

ㄴ. A → B 과정에서의 온도 증가량과 C → D 과정에서 온도 감소량이 서로 같고, 이상 기체의 내부 에너지는 절대 온도에 비례하므로 C → D 과정에서 감소한 내부 에너지는 A → B 과정에서 증가한 내부 에너지와 같은 150 J이다.

02 꼼꼼 문제 분석

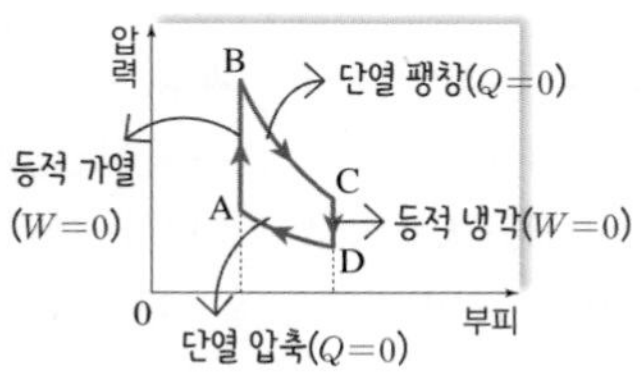

ㄱ. B → C 과정과 D → A 과정은 단열 과정이므로 열 출입이 없다. A → B 과정과 C → D 과정은 부피 변화가 없으므로 기체가 한 일이 0이고, 흡수하거나 방출한 열량만큼 내부 에너지가 변한다. 따라서 열기관이 흡수한 열량은 $8E$이고 방출한 열량은 $6E$이므로 한 번의 순환 과정 동안 기체가 한 일은 $8E-6E=2E$이다.

ㄴ. 열효율은 $e=\dfrac{2E}{8E}=0.25$이다.

바로알기 ㄷ. B → C 과정은 단열 팽창 과정이므로 기체가 한 일만큼 내부 에너지가 감소한다.

중단원 핵심 정리

100~101쪽

❶ $\dfrac{1}{2}mv^2$ ❷ 운동 에너지 변화량 ❸ mgh ❹ 역학적 ❺ $\dfrac{1}{2}kx^2$ ❻ 감소 ❼ 증가 ❽ 열에너지 ❾ 한 일 ❿ 운동 에너지 ⓫ 내부 에너지 ⓬ 등적 ⓭ 등압 ⓮ 등온 ⓯ 단열 ⓰ 가역 ⓱ 비가역 ⓲ 증가 ⓳ 1 ⓴ 2

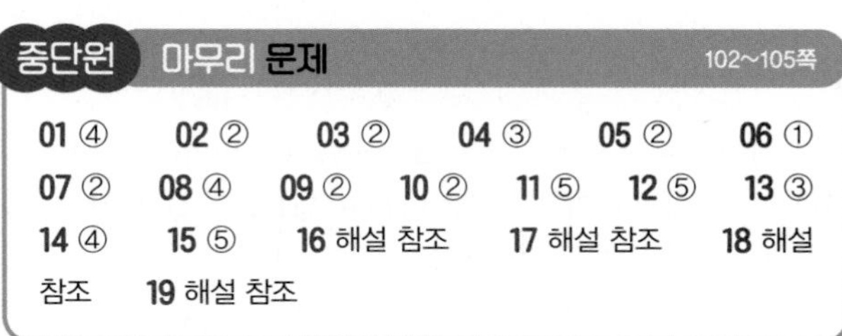

중단원 마무리 문제

102~105쪽

01 ④ 02 ② 03 ② 04 ③ 05 ② 06 ① 07 ② 08 ④ 09 ② 10 ② 11 ⑤ 12 ⑤ 13 ③ 14 ④ 15 ⑤ 16 해설 참조 17 해설 참조 18 해설 참조 19 해설 참조

01 꼼꼼 문제 분석

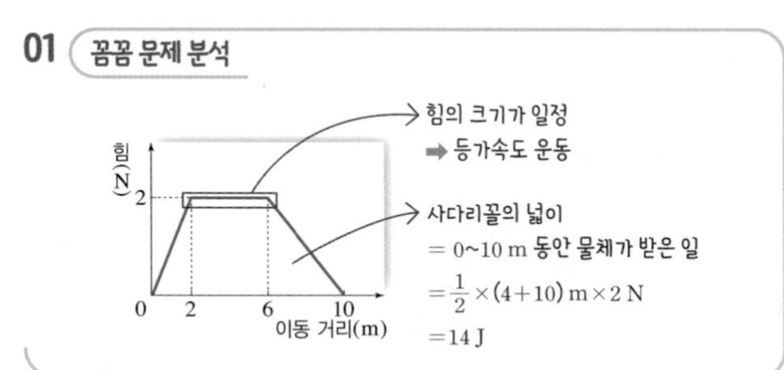

ㄱ. 2 m~6 m 동안 힘의 크기가 일정하므로 물체는 등가속도 운동을 한다.

ㄴ. 힘 - 이동 거리 그래프 아랫부분의 넓이는 물체가 받은 일로, 14 J이다.

바로알기 ㄷ. 물체가 받은 일만큼 물체의 운동 에너지가 증가하므로 10 m를 이동한 후 물체의 속력 v는 $14\text{ J}=\dfrac{1}{2}\times4\text{ kg}\times v^2$에서 $v=\sqrt{7}$ m/s이다.

02 ㄴ. A가 h만큼 낙하하므로 A의 중력 퍼텐셜 에너지 감소량은 $2mgh$이고, $2mgh$만큼 A와 B의 운동 에너지가 증가한다. A와 B의 속력이 같으므로 A와 B의 운동 에너지는 질량에 비례한다. 따라서 B의 운동 에너지 증가량은 A의 중력 퍼텐셜 에너지 감소량 $2mgh$의 $\dfrac{1}{3}$인 $\dfrac{2}{3}mgh$이다.

바로알기 ㄱ. A의 중력 퍼텐셜 에너지가 감소한 만큼 A와 B의 운동 에너지가 증가한다.

ㄷ. A의 중력 퍼텐셜 에너지가 $2mgh$만큼 감소하고, A와 B의 운동 에너지가 증가한다. 따라서 A의 역학적 에너지 감소량은 B의 운동 에너지 증가량과 같은 $\dfrac{2}{3}mgh$이다.

03 역학적 에너지가 보존되므로 중력 퍼텐셜 에너지의 감소량 만큼 운동 에너지가 증가한다. 즉, B점에서 물체의 속력을 v라고 하면, $2\times10\times(25-5)=\frac{1}{2}\times2\times(v^2-15^2)$에서 $v=25$(m/s)이다.

04 ㄱ. 용수철의 탄성 퍼텐셜 에너지는 용수철이 변형된 길이의 제곱에 비례한다. (가)와 (나)에서 A가 변형된 길이는 40 cm로 같으므로 A의 탄성 퍼텐셜 에너지는 (가)에서와 (나)에서가 서로 같다.
ㄴ. (나)에서 물체의 속력이 최대가 될 때는 A와 떨어져 운동할 때부터 B에 닿기 전까지, 즉 탄성 퍼텐셜 에너지가 0일 때이다. (가)에서 A의 용수철 상수를 k_A라고 하면, 탄성력과 중력이 평형을 이루고 있으므로 $2\times10=k_A\times0.4$에서 $k_A=50$ N/m이다. (나)에서 손을 놓기 전 A를 40 cm=0.4 m만큼 압축시켰으므로 탄성 퍼텐셜 에너지는 $\frac{1}{2}\times50\times0.4^2=4$(J)이고, 이 탄성 퍼텐셜 에너지가 모두 운동 에너지로 전환되었을 때 속력이 최대가 되므로 $4=\frac{1}{2}\times2\times v^2$에서 속력의 최댓값 $v=2$ m/s이다.
바로알기 ㄷ. (가)에서 B의 용수철 상수를 k_B라고 하면, 탄성력과 B의 중력이 평형을 이루고 있으므로 $2\times10=k_B\times0.5$에서 $k_B=40$ N/m이다. $k_A>k_B$이고, (나)에서 A, B가 최대로 압축되었을 때 A와 B의 탄성 퍼텐셜 에너지가 같으므로 압축된 길이는 A가 B보다 짧다. 따라서 B가 최대로 압축되었을 때 압축된 길이는 40 cm보다 길다.

05 꼼꼼 문제 분석

빗면에서 역학적 에너지 보존
p q h h F
마찰이 있는 면 마찰에 의해 역학적 에너지 감소

ㄴ. 빗면을 내려오는 동안 마찰과 공기 저항이 없으므로 물체의 역학적 에너지는 보존된다.
바로알기 ㄱ. 물체는 마찰이 있는 면을 지나면서 역학적 에너지가 감소하므로 q점까지 올라가지 못한다.
ㄷ. h가 클수록 마찰이 있는 면을 통과할 때의 물체 속력이 커지는데, 물체에 작용하는 힘이 한 일은 $W=Fs$로 속력에 관계없이 항상 일정하다. 따라서 마찰이 있는 면에서의 역학적 에너지 감소량도 변하지 않는다.

06 꼼꼼 문제 분석

밀폐 마개
A B
단열 용기
(가)
온도 낮아짐 A B 온도 높아짐
열의 이동(A → B) (나)

ㄱ. (가)에서 기체 온도는 A가 B보다 높으므로 두 단열 용기의 마개 부분을 서로 맞닿게 하면 열이 A에서 B로 이동하면서 A의 온도가 낮아진다. 따라서 A의 내부 에너지는 (가)에서가 (나)에서보다 크다.
바로알기 ㄴ. B는 부피가 일정한 상태에서 온도가 증가하므로 $PV\propto T$에서 압력도 증가한다. 따라서 B의 압력은 (나)에서가 (가)에서보다 크다.
ㄷ. 온도가 다른 두 기체가 서로 맞닿은 채로 충분한 시간이 지나면 열평형 상태가 되어 온도가 서로 같아진다. 따라서 (나)에서 기체 분자의 평균 운동 에너지는 A와 B가 서로 같다.

07 꼼꼼 문제 분석

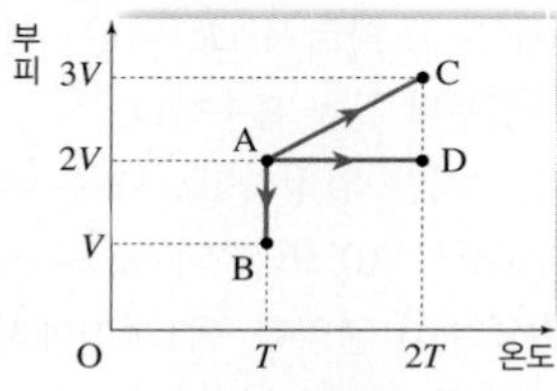

• A → C 과정: 온도 상승 ➡ 내부 에너지 증가
• A → D 과정: 부피 일정 ➡ $W=0$
• A → B 과정: 온도 일정 ➡ 내부 에너지 일정

ㄴ. A → C 과정에서 온도가 높아지므로 내부 에너지는 증가한다.
바로알기 ㄱ. A → B 과정에서 온도가 일정하므로 내부 에너지가 일정하다.
ㄷ. A → D 과정에서 부피가 일정하므로 기체가 한 일이 0이다. 따라서 $Q=\Delta U+W$에서 $Q=\Delta U$이므로 기체가 흡수한 열은 모두 내부 에너지 증가로 나타난다.

08 ㄱ. 피스톤이 정지해 있을 때 이상 기체의 압력은 외부 압력(대기압)과 피스톤이 누르는 압력의 합과 같으므로 이상 기체의 압력은 (가), (나)에서 같다.
ㄴ. $PV\propto T$에서 압력이 같을 때 부피가 클수록 온도가 높으므로, 온도는 (나)에서가 (가)에서보다 높다.
바로알기 ㄷ. 분자의 평균 속력은 온도가 높을수록 크므로 평균 속력은 (나)에서가 (가)에서보다 크다.

09 꼼꼼 문제 분석

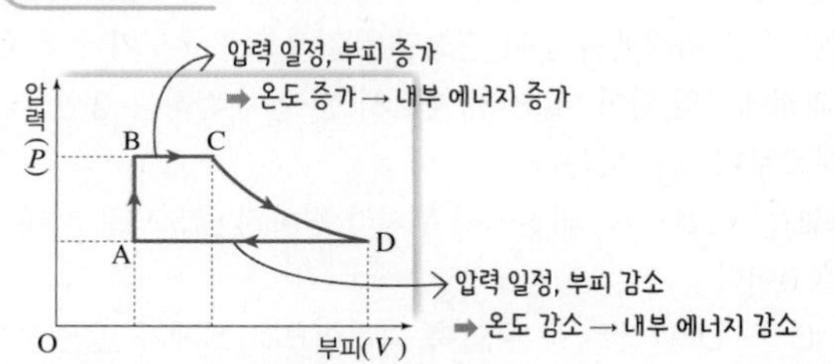

• 이상 기체의 부피가 증가하면 기체가 외부에 한 일은 $W>0$이고, 부피가 감소하면 기체가 외부에 한 일은 $W<0$이다.
• 압력 – 부피 그래프에서 그래프 아랫부분의 넓이는 기체가 한 일을 나타낸다.

① A → B 과정에서 기체의 부피가 변하지 않으므로 기체는 일을 하지 않는다.
③ C → D 과정에서 온도가 일정하므로 내부 에너지는 변하지 않는다.($\varDelta U=0$) 따라서 $\varDelta U=Q-W=0$에서 $Q=W>0$이다. 즉, 기체가 흡수한 열은 기체가 한 일과 같다.
④ D → A 과정에서 압력은 일정하고 부피는 감소하므로 내부 에너지는 감소한다.($\varDelta U<0$) 또 부피가 감소하므로 외부에서 기체에 일을 한다.($W<0$) 따라서 $Q=\varDelta U+W<0$이므로 기체는 외부로 열을 방출한다.
⑤ A → B → C → D → A 과정에서 처음 상태와 나중 상태는 A로 같으므로 내부 에너지의 변화량은 0이다.($\varDelta U=0$) 또한 B → C → D 과정에서 기체가 외부에 한 일은 D → A 과정에서 기체가 외부로부터 받은 일보다 크기 때문에 전 과정에서 기체가 한 일은 0보다 크다.($W>0$) 따라서 $\varDelta U=Q-W$에서 $Q=W>0$이므로 기체는 외부로부터 열을 흡수한다.
바로알기 ② B → C 과정에서 압력은 일정하고 부피는 증가하므로 내부 에너지가 증가한다.($\varDelta U>0$) 또 부피가 증가하므로 기체는 외부에 일을 하였다.($W>0$) 열역학 제1법칙에서 $\varDelta U=Q-W>0$이므로 기체가 흡수한 열 Q는 기체가 한 일 W보다 크다.

10 꼼꼼 문제 분석

기체의 순환 과정을 압력-부피 그래프로 나타내면 그림과 같다. 부피 변화량이 같을 때 온도가 높은 등온 과정에서의 일이 더 큼을 알 수 있다.

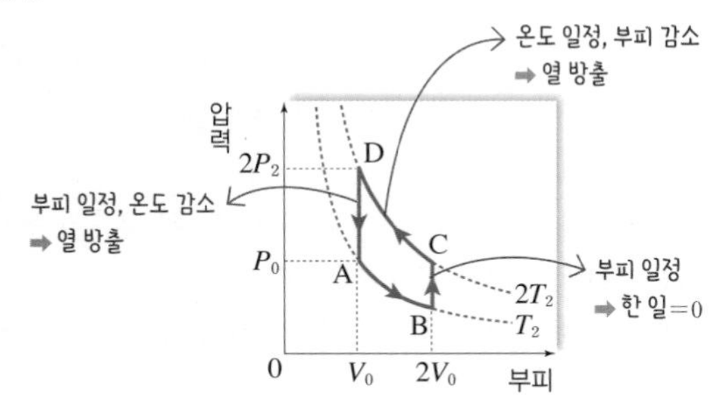

ㄴ. 기체의 부피가 변할 때만 일을 하거나 받으므로 A → B 과정에서는 외부에 일을 하고 C → D 과정에서는 외부로부터 일을 받는다. 두 과정에서 부피 변화량은 같으므로 온도가 높은 C → D 과정에서의 일이 더 크다. 따라서 한 번 순환하는 동안 기체는 외부로부터 일을 받는다.
바로알기 ㄱ. B → C 과정에서 부피가 변하지 않으므로 기체가 한 일은 0이다.
ㄷ. C → D 과정은 등온 압축 과정이므로 기체가 받은 일만큼 열로 방출하며, D → A 과정은 등적 과정이므로 내부 에너지가 감소한 만큼 열을 방출한다. 따라서 C → D → A 과정에서 기체는 열을 방출한다.

11 ㄴ. 내부 기체가 외부에 한 일은 0이므로 외부에서 압력솥 내부의 기체에 가한 열은 모두 기체의 내부 에너지를 증가시키는 데 사용된다.
ㄷ. 압력솥을 가열하는 동안 압력솥 내부 기체의 부피가 변하지 않으므로 이 과정은 등적 과정이다.
바로알기 ㄱ. 압력솥 내부 기체의 부피 변화가 없으므로, 내부 기체가 외부에 한 일은 0이다.

12 꼼꼼 문제 분석

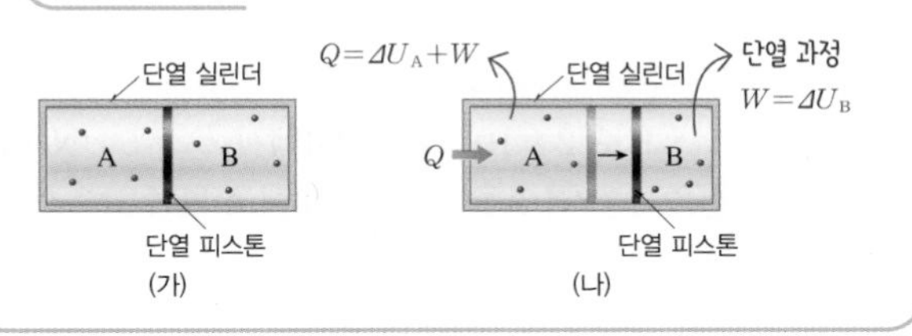

ㄱ. A는 열(Q)을 공급받아 기체 B에 일(W)을 하였으므로 열역학 제1법칙에 의해 $Q=\varDelta U_A+W$이다. B는 외부에서 열을 받지 않고 수축하는 단열 과정이므로 A로부터 받은 일 W가 모두 내부 에너지 변화량이 되어 $W=\varDelta U_B$가 된다. 따라서 $Q=\varDelta U_A+\varDelta U_B$이므로 A, B 기체의 내부 에너지 변화량의 합은 Q이다.
ㄴ. $Q=\varDelta U_A+W$에서 B의 기체가 받은 일 $W=Q-\varDelta U_A$이므로 Q보다 작다.
ㄷ. B는 A로부터 일을 받아 내부 에너지가 증가하였으므로 기체의 온도가 높아진다.

13 ㄱ. 물감이 한 곳에 모여 있는 것보다 골고루 퍼져 있는 것이 더 무질서한 상태이므로 물감을 물에 떨어뜨리면 열역학 제2법칙에 의해 물감이 골고루 퍼져 나간다.
ㄴ. 열역학 제2법칙은 자연 현상의 비가역적인 방향성을 나타내는 법칙으로, '고립된 계에서는 계의 총 엔트로피가 증가하는 쪽으로 변화가 진행한다.'는 열역학 제2법칙의 여러 가지 표현 중 하나이다.
바로알기 ㄷ. 열역학 제2법칙에 의해 자연 현상은 확률이 증가하는 방향으로 진행한다.

14 꼼꼼 문제 분석

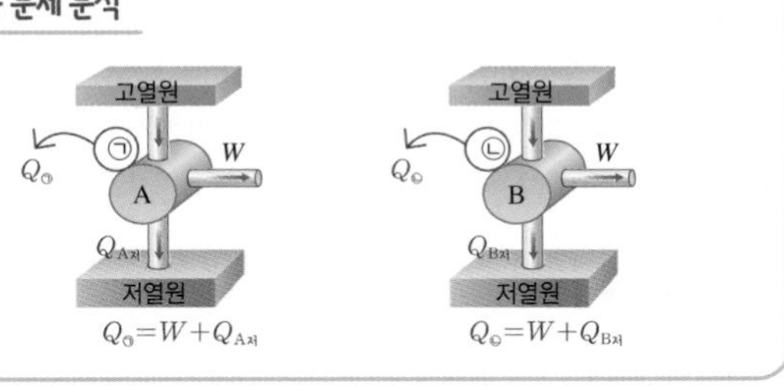

ㄱ. 열기관의 열효율은 $e=\dfrac{\text{한 일}}{\text{흡수한 열}}$이다. 열효율은 A가 B의 2배이고, 두 열기관이 한 일은 W로 같으므로 ㉡은 ㉠의 2배이다.

ㄴ. A가 고열원에서 흡수한 열을 Q라고 하면 B가 고열원에서 흡수한 열은 $2Q$이므로 A, B가 저열원으로 방출한 열은 각각 $Q-W$, $2Q-W$이다. 따라서 저열원으로 방출하는 열에너지는 A가 B보다 작다.

바로알기 ㄷ. 열효율이 일정한 열기관은 흡수한 열에 비례하여 한 일도 증가한다.

15 꼼꼼 문제 분석

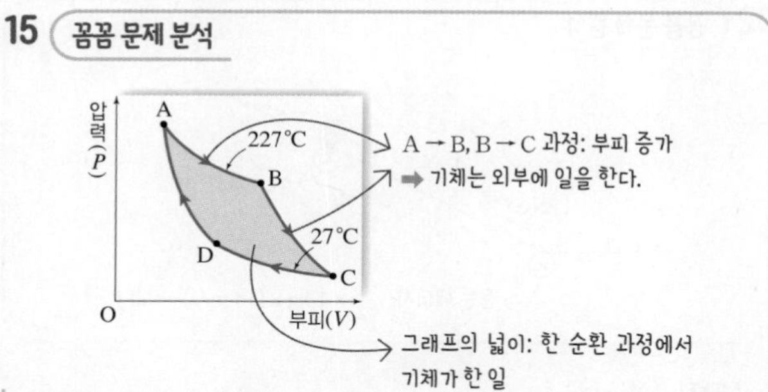

ㄱ. A → B, B → C 과정은 부피가 증가하였으므로 기체는 외부에 일을 한다.

ㄴ. C → D 과정은 등온 과정에서 부피가 감소하였으므로, 기체는 외부로부터 일을 받았다.

ㄷ. 한 순환 과정에서 기체가 외부에 한 일은 압력 - 부피 그래프에서 그래프로 둘러싸인 부분의 넓이와 같다. 따라서 한 일은 색칠한 부분과 같다.

16 꼼꼼 문제 분석

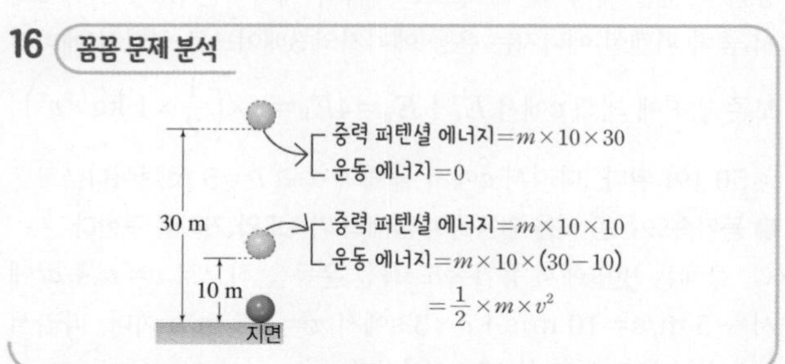

역학적 에너지가 보존되므로 중력 퍼텐셜 에너지의 감소량만큼 운동 에너지가 증가한다. 물체의 질량을 m이라 하고, 10 m를 지날 때의 속력을 v라고 하면 $m\times10\times(30-10)=\frac{1}{2}\times m\times v^2$에 의해 $v=20(\text{m/s})$이다.

모범 답안 역학적 에너지는 보존되므로 중력 퍼텐셜 에너지의 감소량만큼 운동 에너지가 증가한다. 따라서 $m\times10\times(30-10)=\frac{1}{2}\times m\times v^2$에서 속력 $v=20(\text{m/s})$이다.

채점 기준	배점
물체의 속력을 역학적 에너지 보존 법칙을 적용하여 풀이 과정과 함께 옳게 구한 경우	100 %
역학적 에너지 보존에 대한 언급이 없이 식만 세워 물체의 속력을 구한 경우	50 %

17 돌의 처음 운동 에너지가 최고점에서 모두 중력 퍼텐셜 에너지로 전환된다. 최고 높이를 h라고 하면 $\frac{1}{2}\times m\times30^2=m\times10\times h$에서 $h=45(\text{m})$이다.

모범 답안 $\frac{1}{2}\times m\times30^2=m\times10\times h$에서 최고 높이 $h=45(\text{m})$이다.

채점 기준	배점
최고 높이를 단위까지 포함하여 풀이 과정과 함께 옳게 구한 경우	100 %
최고 높이를 풀이 과정과 함께 옳게 구했지만 단위를 쓰지 않은 경우	80 %
최고 높이만 옳게 쓴 경우	50 %

18 등압 팽창 과정은 압력이 일정한 상태로 부피가 증가하는 열역학 과정이다. 압력이 일정할 때 부피는 온도에 비례하므로 등압 팽창 과정에서 기체의 온도가 상승하고 내부 에너지가 증가한다. 또 팽창하면서 외부에 $P\Delta V$만큼의 일을 한다. 이 과정에서 기체는 외부에 하는 일과 내부 에너지 증가량을 합한 만큼의 열을 흡수한다.

모범 답안 기체가 흡수한 열은 기체의 내부 에너지 증가와 외부에 일을 하는 데 사용된다. 부피가 증가하는데도 압력이 일정한 것은 기체의 분자 운동이 활발해진 것이므로 온도가 상승한다. 따라서 기체의 내부 에너지도 증가한다.

채점 기준	배점
세 가지 변화를 모두 옳게 서술한 경우	100 %
두 가지 변화만 옳게 서술한 경우	50 %
한 가지 변화만 옳게 서술한 경우	30 %

19 자연에서 일어나는 대부분의 현상은 비가역 과정이므로 에너지 보존 법칙을 만족하더라도 열역학 제2법칙에 따라 어떤 변화가 일어나면 처음 상태로 되돌아가는 일은 스스로 일어나지 않는다.

모범 답안 석유가 연소하면서 발생한 열에너지를 활용하고 나면 이 열에너지는 저온의 주변 환경으로 흩어지게 되는데, 흩어진 열에너지가 다시 한 곳으로 모이는 것은 열역학 제2법칙에 따라 불가능하므로 흩어진 열에너지를 다시 유용하게 사용할 수는 없다. 에너지는 보존되지만 유용하게 사용할 수 있는 에너지는 한정되어 있으므로 에너지를 절약해야 한다.

채점 기준	배점
적절한 사례를 들어 열역학 제2법칙의 관점에서 적절히 서술한 경우	100 %
적절한 사례를 제시하였으나, 열역학 제2법칙의 관점에서 서술하지 못한 경우	50 %
적절한 사례는 제시하지 못하였으나, 열역학 제2법칙의 개념을 서술한 경우	30 %

수능 실전 문제 107~109쪽

01 ②	02 ③	03 ③	04 ④	05 ①	06 ⑤
07 ①	08 ③	09 ①	10 ⑤	11 ④	12 ②

01 꼼꼼 문제 분석

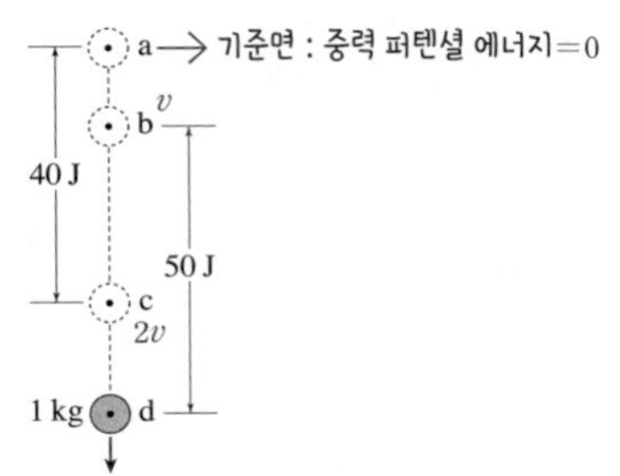

구분	중력 퍼텐셜 에너지(J)	운동 에너지(J)	역학적 에너지(J)
a	0(기준면)	0	0
b	−10	$\frac{1}{2}mv^2=10$	0
c	−40	$\frac{1}{2}m(2v)^2=40$	0
d	−60	60	0

선택지 분석

~~ㄱ~~. a점과 b점 사이의 거리는 1.5 m이다. 1 m
~~ㄴ~~. c점과 d점 사이에서 중력이 물체에 한 일은 18 J이다. 20 J
ⓒ d에서 물체의 속력은 $2\sqrt{30}$ m/s이다.

전략적 풀이 ❶ 역학적 에너지 보존 법칙을 이용하여 각 점에서의 운동 에너지와 퍼텐셜 에너지를 파악한다.

• a점을 기준면으로 중력 퍼텐셜 에너지를 0이라고 하면, a점에서 운동 에너지가 0이므로 역학적 에너지도 0이다.

• c점에서 중력 퍼텐셜 에너지는 −40 J이고, 역학적 에너지가 보존되므로 운동 에너지는 40 J이다.

• c점에서의 속력은 b점에서의 2배이므로 c점에서 운동 에너지는 b점에서의 2^2배=4배이다. 따라서 b점에서의 운동 에너지는 10 J이고, 역학적 에너지가 보존되므로 b점에서의 중력 퍼텐셜 에너지는 −10 J이다.

• d점에서 중력 퍼텐셜 에너지는 −10 J−50 J=−60 J이고, 역학적 에너지가 보존되므로 d점에서의 운동 에너지는 60 J이다.

ㄷ. d점에서 운동 에너지는 60 J이므로 $\frac{1}{2}\times 1\ \text{kg}\times v_d{}^2=60$ J에 의해 물체의 속력 $v_d=2\sqrt{30}$ m/s이다.

❷ a점과 b점의 중력 퍼텐셜 에너지 차이를 이용하여 a점과 b점 사이의 거리를 구한다.

ㄱ. a점과 b점의 중력 퍼텐셜 에너지 차이 $mg\varDelta h$가 10 J이므로 $1\ \text{kg}\times 10\ \text{m/s}^2\times \varDelta h=10$ J에서 a와 b 사이의 거리 $\varDelta h$는 1 m이다.

❸ 일·운동 에너지 정리를 이용하여 중력이 물체에 한 일을 구한다.

일·운동 에너지 정리에 따라 증가한 물체의 운동 에너지는 중력이 물체에 한 일과 같다.

ㄴ. c점에서 d점까지 운동 에너지가 20 J만큼 증가하였으므로 중력이 물체에 한 일은 20 J이다.

02 꼼꼼 문제 분석

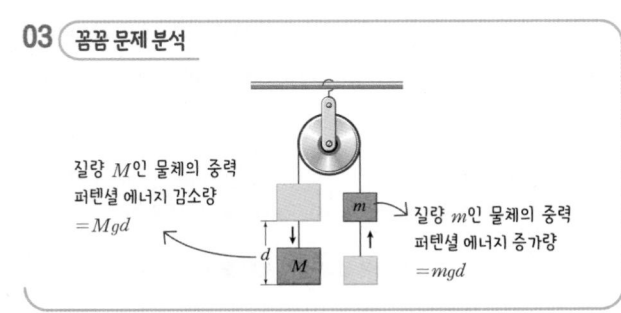

b
ⓒ → $E_k+E_p=4E_k$
10 m/s
ⓐ → 운동 에너지 $=\frac{1}{2}\times 1\ \text{kg}\times(10\ \text{m/s})^2=50$ J

선택지 분석

ⓖ c점에서 물체의 속력은 5 m/s이다.
ⓛ b점에서 물체의 가속도의 크기는 5 m/s^{2}이다.
~~ㄷ~~. a점과 c점 사이의 거리는 7 m이다. 7.5 m

전략적 풀이 ❶ 역학적 에너지 보존 법칙을 이용하여 c점에서의 속력을 구한다.

ㄱ. a에서 물체의 운동 에너지는 $\frac{1}{2}\times 1\ \text{kg}\times(10\ \text{m/s})^2=50$ J, 중력 퍼텐셜 에너지는 0이므로 역학적 에너지는 50 J이다. c에서 중력 퍼텐셜 에너지는 운동 에너지의 3배이므로 역학적 에너지 보존 법칙에 의해 c에서 $E_k+E_p=4E_k=4\times\left(\frac{1}{2}\times 1\ \text{kg}\times v^2\right)=50$ J이 된다. 따라서 c에서 물체의 속력 $v=5$ m/s이다.

❷ 등가속도 운동 식을 활용하여 물체의 가속도와 거리를 구한다.

ㄴ. 물체는 빗면에서 등가속도 직선 운동을 하므로 $v=v_0+at$에서 $-5\ \text{m/s}=10\ \text{m/s}+a\times 3$ s에서 $a=-5\ \text{m/s}^2$이다. 따라서 b에서 가속도의 크기는 5 m/s^{2}이다.

ㄷ. a, c 사이의 거리는 $2as=v^2-v_0{}^2$에서

$$s=\frac{v^2-v_0{}^2}{2a}=\frac{(-5\ \text{m/s})^2-(10\ \text{m/s})^2}{2\times(-5\ \text{m/s}^2)}=7.5\ \text{m}$$이다.

03 꼼꼼 문제 분석

질량 M인 물체의 중력 퍼텐셜 에너지 감소량 $=Mgd$
질량 m인 물체의 중력 퍼텐셜 에너지 증가량 $=mgd$
m
d
M

선택지 분석

ㄱ. 두 물체의 역학적 에너지는 보존된다.

~~ㄴ~~. 질량 M인 물체의 퍼텐셜 에너지 감소량은 질량 m인 물체의 운동 에너지 증가량과 같다.
중력 퍼텐셜 에너지 증가량과 두 물체의 운동 에너지 증가량의 합

ㄷ. 거리 d만큼 움직이는 순간 두 물체의 운동 에너지는 $(M-m)gd$이다.

전략적 풀이 ❶ 역학적 에너지가 보존되기 위한 조건을 파악한다.

마찰이나 공기 저항이 없을 때 역학적 에너지는 일정하게 보존된다.

ㄱ. 마찰이나 공기 저항이 없으므로 거리 d만큼 움직이는 동안 두 물체의 역학적 에너지는 보존된다.

❷ 역학적 에너지가 보존될 때 물체의 운동 에너지 변화량과 중력 퍼텐셜 에너지 변화량의 관계를 파악한다.

ㄴ. 거리 d만큼 움직이는 동안 질량 M인 물체의 중력 퍼텐셜 에너지 감소량은 질량 m인 물체의 중력 퍼텐셜 에너지 증가량과 두 물체의 운동 에너지 증가량의 합과 같다.

ㄷ. 두 물체의 역학적 에너지가 보존되므로 두 물체가 거리 d만큼 움직이는 순간 두 물체의 운동 에너지는 두 물체의 중력 퍼텐셜 에너지 변화량과 크기가 같다. 두 물체의 중력 퍼텐셜 에너지 변화량의 크기는 $(M-m)gd$이다.

04 꼼꼼 문제 분석

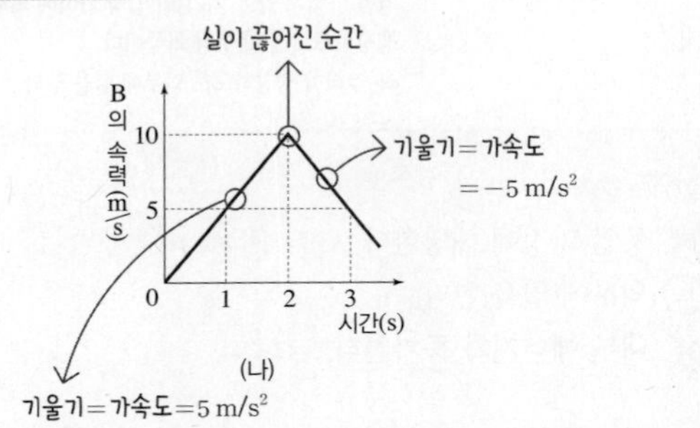

선택지 분석

ㄱ. C의 질량은 m이다.

ㄴ. A의 질량은 B의 4배이다.

~~ㄷ~~. 2초 이후 C의 역학적 에너지는 일정하다. 증가한다.

전략적 풀이 ❶ 속력 – 시간 그래프에서 가속도를 구한다.

속력 – 시간 그래프의 기울기는 물체의 가속도 크기와 같다. 따라서 0~2초 동안 물체의 가속도는 5 m/s^{2}이고, 2초 이후 물체의 가속도는 -5 m/s^{2}이다.

❷ 실이 끊어지기 전과 후 물체의 운동을 파악하고, A, B, C의 질량 관계를 구한다.

ㄱ. 실이 끊어진 후 가속도의 크기는 5 m/s^{2}이다. 실이 끊어진 후 물체 B와 C는 함께 운동한다. C의 질량을 m_C라고 할 때 B와 C에 작용하는 알짜힘은 C에 작용하는 중력의 크기인 $10m_C$와 같다. 따라서 $10m_C=(m+m_C)\times5$에서 $m_C=m$이다.

ㄴ. A의 질량을 m_A라고 하면 실이 끊어지기 전 물체 A, B, C에 작용하는 알짜힘의 크기는 $10m_A-10m_C$이고, 가속도의 크기는 5 m/s^{2}이다. 운동 방정식을 세워보면, $10m_A-10m_C=(m_A+m+m_C)\times5$가 된다. $m_C=m$이므로 $m_A=4m$이 된다.

❸ 마찰이나 공기 저항이 없을 때 역학적 에너지가 보존됨을 이해하고, C의 역학적 에너지를 구한다.

ㄷ. 모든 마찰과 공기 저항을 무시하므로 2초 이후 B와 C의 역학적 에너지가 보존된다. 2초 이후 C의 퍼텐셜 에너지 증가량만큼 B와 C의 운동 에너지가 감소한다. 즉, C의 퍼텐셜 에너지 증가량보다 C의 운동 에너지 감소량이 작으므로 2초 이후 C의 역학적 에너지는 증가한다.

05 꼼꼼 문제 분석

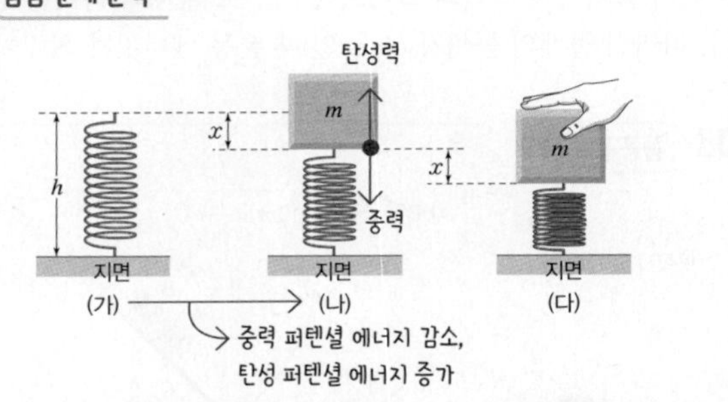

선택지 분석

ㄱ. 용수철 상수는 $\frac{mg}{x}$이다.

~~ㄴ~~. 용수철의 탄성 퍼텐셜 에너지는 (다)에서가 (나)에서의 2배이다. 4배

~~ㄷ~~. (다)에서 물체를 가만히 놓았다면 물체의 높이가 h일 때 운동 에너지가 최대이다. $h-x$

전략적 풀이 ❶ 힘의 평형 상태를 파악한다.

ㄱ. 용수철 상수를 k라고 하면 (나)에서는 물체에 작용하는 중력과 탄성력이 힘의 평형을 이루고 있으므로 $mg=kx$이다. 따라서 $k=\frac{mg}{x}$이다.

❷ 탄성 퍼텐셜 에너지 식을 적용한다.

ㄴ. 탄성 퍼텐셜 에너지는 용수철의 변형된 길이의 제곱에 비례하므로 (나)에서는 $\frac{1}{2}kx^2$이고 (다)에서는 $\frac{1}{2}k(2x)^2=2kx^2$이다. 따라서 용수철의 탄성 퍼텐셜 에너지는 (다)에서가 (나)에서의 4배이다.

❸ 알짜힘의 방향을 파악한다.

물체의 운동 방향과 알짜힘의 방향(가속도의 방향)이 같으면 속력이 증가하고, 운동 방향과 알짜힘의 방향이 반대이면 속력은 감소한다. (나)에서 물체에 작용하는 중력과 탄성력이 평형을 이루므로 이때의 위치가 알짜힘의 방향이 바뀌는 위치이다.

ㄷ. 그림은 (다)에서 물체를 가만히 놓았을 때 물체에 작용하는 힘의 크기를 비교한 것이다.

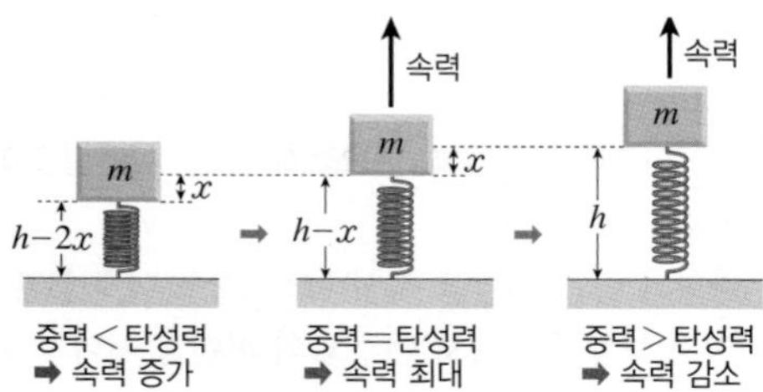

(다)에서 물체를 놓은 후 용수철의 길이가 $h-2x$에서 $h-x$까지 늘어나는 동안 탄성력의 크기가 중력의 크기보다 크므로 물체는 연직 위 방향으로 속력이 증가한다. 용수철의 길이가 $h-x$일 때 순간적으로 알짜힘이 0이 되며, $h-x$에서 h까지 늘어나는 동안 중력의 크기가 탄성력의 크기보다 크므로 물체의 속력은 감소한다. 따라서 물체의 높이가 $h-x$일 때 운동 에너지가 최대이다.

06 꼼꼼 문제 분석

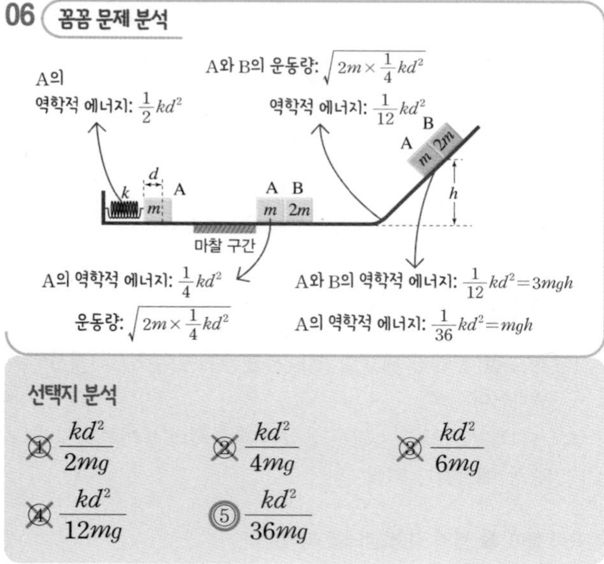

선택지 분석

① $\frac{kd^2}{2mg}$ ② $\frac{kd^2}{4mg}$ ③ $\frac{kd^2}{6mg}$

④ $\frac{kd^2}{12mg}$ ⑤ $\frac{kd^2}{36mg}$

전략적 풀이 ❶ 마찰 구간을 지난 후 A의 에너지와 운동량을 구한다.

d만큼 압축된 용수철의 탄성 퍼텐셜 에너지는 $\frac{1}{2}kd^2$이다. 마찰 구간을 지나면서 역학적 에너지가 $\frac{1}{2}$배가 되므로 마찰 구간을 지난 A의 운동 에너지는 $\frac{1}{4}kd^2$이다. 운동 에너지와 운동량의 관계 $E_k=\frac{p^2}{2m}$으로부터 B와 충돌 전 A의 운동량은 $p=\sqrt{\frac{mkd^2}{2}}$임을 알 수 있다.

❷ 충돌 전후 운동량의 합이 보존된다.

충돌 전 B는 정지해 있으므로 운동량의 합은 $p=\sqrt{\frac{mkd^2}{2}}$이고, 충돌 후 운동량의 합도 $p=\sqrt{\frac{mkd^2}{2}}$이 된다. 충돌 후 한 덩어리가 된 물체의 질량은 $3m$이므로 충돌 후 한 덩어리가 된 물체의 운동 에너지는 $\frac{\frac{mkd^2}{2}}{2\times3m}=\frac{1}{12}kd^2$이다.

❸ 빗면을 따라 올라가는 동안 역학적 에너지가 보존된다.

빗면을 오르기 전 한 덩어리가 된 물체의 운동 에너지는 $\frac{1}{12}kd^2$이고, 높이 h에서 중력 퍼텐셜 에너지는 $3mgh$이다. 따라서 $\frac{1}{12}kd^2=3mgh$이고, A의 역학적 에너지는 $mgh=\frac{1}{36}kd^2$이다. 이를 정리하면 $h=\frac{kd^2}{36mg}$이다.

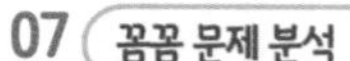

07 꼼꼼 문제 분석

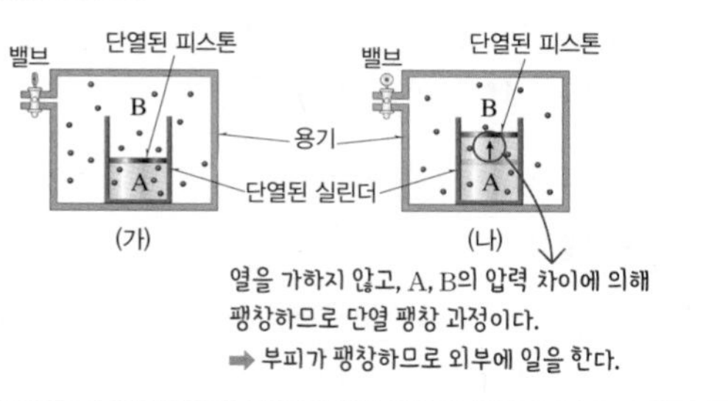

선택지 분석

ㄱ. 등압 과정에 해당한다. 단열 팽창 과정

ㄴ. 외부에 일을 한다.

ㄷ. 내부 에너지가 증가한다. 감소한다.

전략적 풀이 ❶ (가)에서 (나)로 변하는 동안 기체의 열역학 과정을 파악한다.

ㄱ. 기체에 열을 가하지 않고 A, B의 압력 차이에 의해 팽창하였으므로 단열 팽창 과정에 해당한다.

❷ 열역학 제1법칙을 이해하고, 열역학 과정에서 기체가 한 일, 내부 에너지, 열의 관계를 파악한다.

ㄴ. 기체 A의 부피가 팽창하였으므로 기체는 외부에 일을 한 것이다.

ㄷ. 단열 팽창 과정은 외부와 열 출입 없이 외부에 일을 하는 과정이다.($Q=0$, $W>0$) 따라서 열역학 제1법칙 $Q=\Delta U+W$에서 내부 에너지 $\Delta U=Q-W=-W<0$이므로 외부에 일을 한 만큼 내부 에너지가 감소한다.

08 꼼꼼 문제 분석

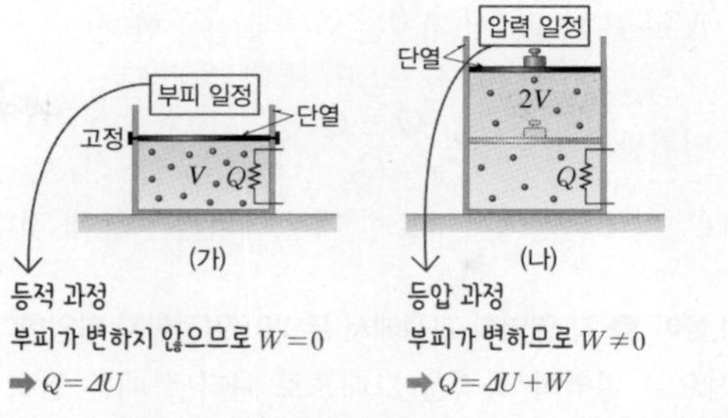

선택지 분석

ㄱ. 기체의 압력은 (가)>(나)이다.
ㄴ. 기체의 내부 에너지는 (가)>(나)이다.
~~ㄷ~~. (가)에서 기체의 내부 에너지 증가량은 PV이다. → PV보다 크다.

전략적 풀이 ❶ 열역학 제1법칙을 이해하고 (가), (나)에서 기체의 열역학 과정을 파악한다.

열역학 제1법칙은 물체에 전달된 열이 내부 에너지의 증가량과 외부에 한 일의 합과 같다는 것($Q=\Delta U+W$)으로, 열에너지와 역학적 에너지를 포함한 에너지 보존 법칙이다.

ㄴ. (가)는 등적 과정이므로 받은 열 Q가 모두 내부 에너지 증가에 쓰이지만 (나)에서는 받은 열 중 일부는 일을 하는 데 쓰이고 일부는 내부 에너지 증가로 나타난다. 따라서 가열 후 기체의 내부 에너지는 (가)에서가 (나)에서보다 크다.

ㄷ. (가)에서 내부 에너지 증가량은 열 Q이고 (나)에서 가열 후 기체의 내부 에너지 증가량은 열역학 제1법칙 $Q=\Delta U+W$에서 $\Delta U=Q-W=Q-PV$이므로 $Q>PV$이다. 따라서 (가)에서 내부 에너지 증가량은 PV보다 크다.

❷ 등적 과정과 등압 과정에서 기체의 압력 변화를 파악한다.

ㄱ. (가)는 등적 과정이므로 외부에 일을 하지 않는다. 따라서 받은 열량 Q가 모두 내부 에너지 증가에 사용되므로 기체의 온도가 높아진다. 부피가 일정하므로 $PV\propto T$에서 압력이 증가한다. (나)는 등압 과정이므로 가열 후 기체의 압력은 가열 전과 같다.

09 꼼꼼 문제 분석

열역학 제1법칙은 에너지 보존 법칙으로 $Q=\Delta U+W$이다.

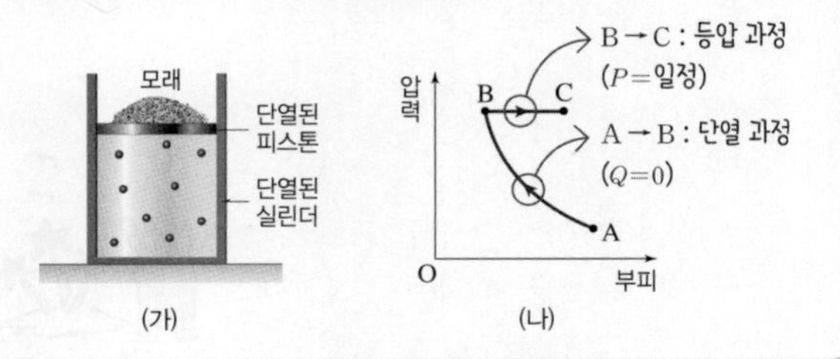

선택지 분석

~~ㄱ~~. A → B 과정에서 모래의 양을 감소시켰다. → 증가
ㄴ. A → B 과정에서 기체의 내부 에너지는 증가한다.
~~ㄷ~~. B → C 과정에서 흡수한 열은 내부 에너지 증가량과 같다. → 외부에 한 일과 내부 에너지 증가량의 합

전략적 풀이 ❶ 단열 과정에서 압력과 부피의 관계를 파악한다.

ㄱ. A → B 과정은 부피가 감소하고 압력이 증가하였으므로 단열 압축 과정이고, 따라서 모래의 양을 증가시켰다.

❷ 열역학 제1법칙을 이용하여 열역학 과정에서 기체의 내부 에너지 변화를 파악한다.

ㄴ. A → B 과정은 단열 압축 과정이므로 기체가 외부에서 받은 일만큼 기체의 내부 에너지가 증가한다.

ㄷ. B → C 과정에서 흡수한 열의 일부는 일부 외부에 일을 하는 데 사용되고 나머지가 내부 에너지 증가에 사용된다.

10 꼼꼼 문제 분석

- 이상 기체가 팽창하면서 외부 물체를 밀어낼 때는 기체가 외부에 일을 하지만, 외부 물체를 밀어내지 않으면 기체는 외부에 일을 하지 않는다.
- 평균 속력이 같을 때 기체가 좁은 곳에 모여 있을수록 엔트로피는 감소한다.

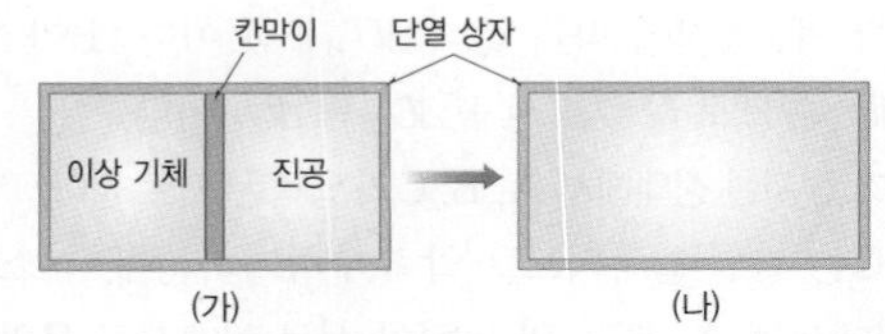

선택지 분석

ㄱ. 기체의 내부 에너지는 (가)에서와 (나)에서가 같다.
ㄴ. (가)에서 (나)로의 변화는 비가역 과정이다.
ㄷ. (가)에서 (나)로 변하는 동안 기체는 일을 하지 않는다.

전략적 풀이 ❶ 기체의 부피 변화를 파악하고, 내부 에너지의 변화를 이해한다.

ㄱ. 이상 기체가 진공 속으로 퍼져 나가는 동안 일을 하지 않고, 외부로부터 열을 흡수하거나 방출하지도 않으므로 내부 에너지는 변하지 않는다.

ㄷ. 이상 기체가 팽창하면서 외부 물체를 밀어낼 때는 기체가 외부에 일을 하지만 진공 속으로 퍼져 나가는 동안에는 밀어내는 대상이 없어 일을 하지 않는다.

❷ 열역학 제2법칙에서 비가역 현상의 방향성을 이해한다.

ㄴ. (가)에서 (나)로 변하는 과정은 엔트로피가 증가하는 과정이다. 열역학 제2법칙에 의해 (가)에서 (나)로의 변화는 스스로 일어날 수 있지만, (나)에서 (가)로는 스스로 일어날 수 없기 때문에 (가)에서 (나)로의 변화는 비가역 과정이다.

11 꼼꼼 문제 분석

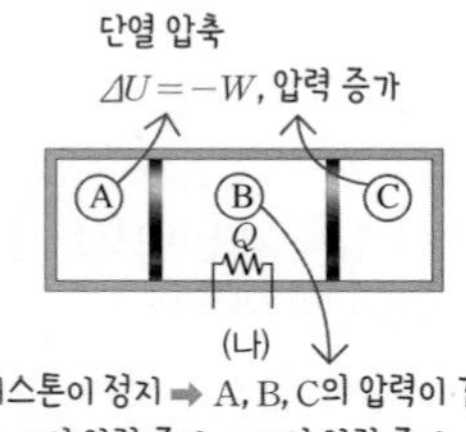

단열 압축
$\Delta U=-W$, 압력 증가
A
B
C
Q
(나)
피스톤이 정지 ➡ A, B, C의 압력이 같음
A, C의 압력 증가 ➡ B의 압력 증가

선택지 분석

ㄱ. B가 한 일은 $\Delta U_A+\Delta U_C$와 같다. (○)

ㄴ. $Q=\Delta U_A+\Delta U_B+\Delta U_C$이다. (○)

ㄷ. B의 압력은 (가)에서가 (나)에서보다 크다. (×) 작다.

전략적 풀이 ❶ A와 C의 변화는 단열 압축 과정이다.

ㄱ. A와 C는 단열 압축 과정이므로 $0=\Delta U+W$에서 기체가 받은 일($W<0$)은 모두 내부 에너지로 전환($\Delta U>0$)된다. 따라서 B가 A에 한 일은 ΔU_A와 같고 B가 C에 한 일은 ΔU_C와 같으므로 B가 한 일은 $\Delta U_A+\Delta U_C$와 같다.

❷ B에 열역학 제1법칙을 적용한다.

ㄴ. 열역학 제1법칙에 따라 $Q=\Delta U_B+W$이다. B가 한 일은 $\Delta U_A+\Delta U_C$이므로 $Q=\Delta U_A+\Delta U_B+\Delta U_C$이다.

❸ 피스톤이 정지한 상태에서 A, B, C의 압력은 서로 같다.

ㄷ. A와 C는 단열 압축되므로 압력이 증가하는데, 피스톤이 정지한 상태에서는 A, B, C의 압력이 서로 같으므로 B의 압력도 증가하였음을 알 수 있다. 따라서 B의 압력은 (나)에서가 (가)에서보다 크다.

12 꼼꼼 문제 분석

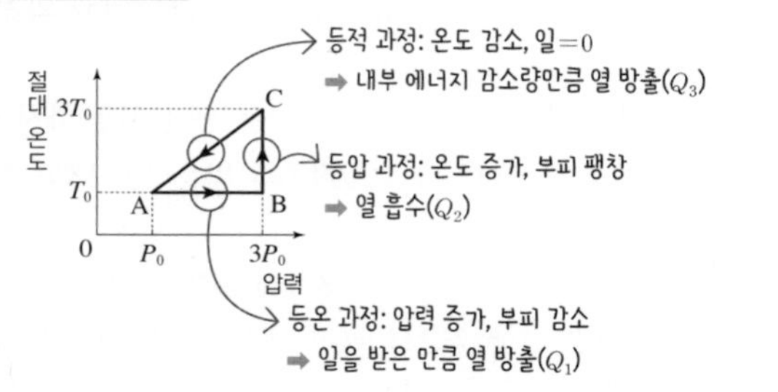

등적 과정: 온도 감소, 일=0
➡ 내부 에너지 감소량만큼 열 방출(Q_3)
절대 온도
$3T_0$
T_0
C
A
B
0
P_0
$3P_0$
압력
등압 과정: 온도 증가, 부피 팽창
➡ 열 흡수(Q_2)
등온 과정: 압력 증가, 부피 감소
➡ 일을 받은 만큼 열 방출(Q_1)

선택지 분석

ㄱ. A → B 과정에서 기체는 외부에 일을 한다. (×) 외부로부터 일을 받는다.

ㄴ. 열기관의 열효율은 $\dfrac{Q_2+Q_3}{Q_1}$이다. (×) $\dfrac{Q_2-Q_1-Q_3}{Q_2}$

ㄷ. C → A 과정에서 감소한 내부 에너지는 Q_3과 같다. (○)

전략적 풀이 ❶ 각 열역학 과정에서 무엇이 일정한지 파악한다.

일반적으로 열역학 과정을 그래프로 나타낼 때는 압력-부피의 관계로 나타낸다. 이외에 다른 형태의 그래프가 제시되었을 때는 각 과정에서 변하지 않는 물리량이 무엇인지 먼저 파악하고 그래프를 분석한다.

❷ A → B 과정이 등온 과정임을 이해한다.

ㄱ. A → B 과정은 온도가 T_0으로 일정하므로 등온 과정이며, 압력이 증가하므로 $PV\propto T$에서 부피는 감소하였음을 알 수 있다. 따라서 A → B 과정은 등온 압축 과정이며, 기체는 외부로부터 일을 받는다.

❸ 흡수한 열과 방출한 열을 구한다.

ㄴ. 열효율은 $\dfrac{\text{흡수한 열}-\text{방출한 열}}{\text{흡수한 열}}$이므로 각 과정에 열역학 제1법칙 $Q=\Delta U+W$를 적용해서 열을 흡수하는지 방출하는지를 먼저 알아야 한다.

A → B 과정은 등온 압축 과정이므로 내부 에너지의 변화는 없고($\Delta U=0$) 외부로부터 일을 받으므로($W<0$) 열을 방출한다.($Q<0$)

B → C 과정은 압력이 일정한 상태에서 온도가 증가하므로 등압 팽창 과정이며, 내부 에너지가 증가($\Delta U>0$)하고 외부에 일을 하므로($W>0$) 열을 흡수한다.($Q>0$)

C → A 과정은 부피가 일정하므로 기체는 일을 하지 않고($W=0$), 내부 에너지가 감소하므로($\Delta U<0$) 열을 방출한다.($Q<0$)

따라서 기체는 Q_2의 열을 흡수하고, Q_1+Q_3의 열을 방출하므로 열효율은 $\dfrac{Q_2-(Q_1+Q_3)}{Q_2}=\dfrac{Q_2-Q_1-Q_3}{Q_2}$이다.

❹ C → A 과정이 등적 과정임을 이해한다.

ㄷ. C → A 과정에서 기체의 부피가 일정하므로 기체가 한 일은 0이다. 따라서 감소한 내부 에너지만큼 열을 방출하므로 감소한 내부 에너지는 Q_3과 같다.

3 시간과 공간

1 특수 상대성 이론

개념 확인 문제

114쪽

❶ 상대 속도 ❷ 관찰자 ❸ 에테르 ❹ 상대성
❺ 광속 불변 원리 ❻ 특수 상대성 이론

1 (1) 서쪽으로 17 m/s (2) 동쪽으로 17 m/s **2** (1) ○ (2) × (3) ○ (4) ○ **3** 관성계(관성 좌표계) **4** (1) 오른쪽으로 일정한 속도 v로 운동 (2) 뒤로 일정한 속도 v로 운동 **5** 상대성 원리, 광속 불변 원리 **6** (1) c (2) c

1 동쪽을 (+), 서쪽을 (−)로 정한다.
(1) A에 대한 B의 상대 속도는 $v_{AB}=v_B-v_A=(-7\ \text{m/s})-10\ \text{m/s}=-17\ \text{m/s}$이므로 서쪽으로 17 m/s이다.
(2) B에 대한 A의 상대 속도는 $v_{BA}=v_A-v_B=10\ \text{m/s}-(-7\ \text{m/s})=17\ \text{m/s}$이므로 동쪽으로 17 m/s이다.

2 (1) 마이컬슨과 몰리는 빛이 에테르를 통해 전달되면 에테르 바람의 방향이 빛의 전달에 영향을 미칠 것이라고 생각하였다.
(2) 마이컬슨·몰리 실험 결과 에테르가 존재하지 않는다는 결론을 얻었다.
(3), (4) 아인슈타인은 빛이 매질이 없어도 전파되며, 빛의 속력이 관찰자나 광원의 속도에 관계없이 일정하다는 것을 알게 되었다.

3 정지해 있거나 등속도로 움직이는 관찰자를 기준으로 한 좌표계를 관성계(관성 좌표계)라고 한다.

4 (1) S를 기준으로 하면 S′은 오른쪽으로 일정한 속도 v로 운동한다.
(2) S′을 기준으로 하면 S는 뒤로 일정한 속도 v로 운동한다.

5 아인슈타인이 특수 상대성 이론을 펼칠 수 있었던 근거는 모든 관성계에서 물리 법칙은 동일하게 성립한다는 상대성 원리와 모든 관성계에서 보았을 때 진공 중에서 빛의 속력은 관찰자나 광원의 속도에 관계없이 일정하다는 광속 불변 원리이다.

6 (1), (2) 관성계에서는 광원이나 관찰자의 운동 상태에 관계없이 빛의 속력은 c로 일정하다.

개념 확인 문제

118쪽

❶ 동시성의 상대성 ❷ 고유 시간 ❸ 시간 지연 ❹ 느리게
❺ 고유 길이 ❻ 길이 수축 ❼ 운동

1 (1) 동시에 (2) A **2** (1) ○ (2) ○ (3) × **3** (1) × (2) ○ (3) ○ **4** (1) 짧다 (2) 크다 (3) 짧다

1 (1) 우주선 안의 S′에게는 어느 방향으로나 빛의 속력이 같고, 전구에서 두 검출기까지의 거리가 같으므로 빛은 A, B에 동시에 도달한다. 즉, 두 사건은 동시에 일어난다.
(2) 우주선 밖에 있는 S에게도 빛의 속력은 어느 방향으로나 같은데 빛이 이동하는 동안 우주선도 오른쪽으로 이동하므로 빛이 A에 먼저 도달한다. 즉, 사건 A가 먼저 일어난다.

2 (1) 자신의 관성계에 있는 시계로 측정한 시간이 고유 시간이다.
(2) 자신의 관성계에 있는 물체의 길이를 측정한 값이 물체의 고유 길이이다.
(3) 다른 관성계에서 상대방의 물체의 길이를 측정하면 고유 길이보다 짧다.

3 (1) 한 관성계에서 동시에 일어난 사건도 다른 관성계에서는 동시가 아닐 수 있다.
(2) 두 관성계 사이에서 서로 상대방의 시간이 천천히 흐르는 것으로 관측된다.
(3) 상대 속도 v의 크기가 클수록 상대방에 있는 물체의 길이 수축 정도가 커진다.

4 (1) 민수는 다른 관성계에 있으므로 민수가 측정한 지구에서 목성까지의 거리는 고유 길이보다 짧다.
(2) 지구는 우주선과 다른 관성계이므로 우주선이 지구에서 목성까지 가는 데 걸린 시간을 지구에서 관찰하면 고유 시간보다 크다.
(3) 우주선과 다른 관성계인 지구에서 관찰하면 우주선의 길이는 민수가 측정한 고유 길이보다 짧게 관측된다.

119쪽

완자쌤 비법 특강

Q1 고유 길이
Q2 길이

Q1 고유 길이는 관찰자가 측정했을 때 정지 상태에 있는 물체의 길이 또는 한 관성계에 대해 고정된 두 지점 사이의 길이이다.

Q2 길이 수축은 운동 방향으로만 일어나므로 기차의 길이가 줄어든다. 운동 방향에 수직인 기차의 높이는 줄어들지 않는다.

대표 자료 분석

120~121쪽

자료 ❶ **1** q **2** 동시에 도달한다. **3** p, r **4** (1) ○ (2) ○ (3) ×

자료 ❷ **1** $\Delta t_1 > \Delta t_2$ **2** $\Delta t_3 < \Delta t_4$ **3** $\Delta t_1 + \Delta t_3$, $\Delta t_1 + \Delta t_3 < \Delta t_2 + \Delta t_4$ **4** (1) ○ (2) × (3) × (4) ○

자료 ❸ **1** 두 경우 모두 c이다. **2** 우주선 안에 있는 빛 시계 **3** 더 커진다. **4** (1) ○ (2) ○ (3) ×

자료 ❹ **1** $L = v\Delta t_{고유}$ **2** $L_{고유} = v\Delta t$ **3** $\Delta t > \Delta t_{고유}$, $L < L_{고유}$ **4** (1) × (2) × (3) ○ (4) ×

1-1 A의 관성계에서 광원과 검출기 사이의 거리는 모두 같고, q에서 빛이 가장 먼저 방출되므로 q에서 방출된 빛이 검출기에 가장 먼저 도달한다.

1-2 A의 관성계에서는 q에서 방출된 빛이 검출기에 가장 먼저 도달하고, 그 후에 p, r에서 방출된 빛이 검출기에 동시에 도달한다. p, r에서 방출된 빛이 검출기에 동시에 도달하는 것은 하나의 사건이므로 B의 관성계에서도 똑같이 일어난다. 따라서 B의 관성계에서도 p, r에서 방출된 빛은 검출기에 동시에 도달한다.

1-3 B가 관찰할 때 p, r에서 방출된 빛이 검출기에 동시에 도달하는데, 검출기는 r 쪽을 향해 운동하므로 빛이 p에서 먼저 방출되고 r에서 나중에 방출되어야 검출기에 동시에 도달할 수 있다.

1-4 (1) A의 관성계에서 광원과 검출기 사이의 거리는 모두 같고, p, r에서 빛이 동시에 방출되므로 p, r에서 방출된 빛은 검출기에 동시에 도달한다.
(2) 광속 불변 원리에 따라 관찰자나 광원의 속력에 관계없이 빛의 속력은 일정하다.
(3) A의 관성계에서 p와 검출기 사이의 거리와 r와 검출기 사이의 거리는 서로 같고, B의 관성계에서도 두 거리가 같은 비율로 수축하므로 두 거리는 같다.

2-1 지면의 관성계에서 거울은 정지해 있고, 우주선의 관성계에서 거울은 광원을 향해 운동하므로 우주선의 관성계에서 빛이 거울에 더 빨리 도달한다. 따라서 $\Delta t_1 > \Delta t_2$이다.

2-2 지면의 관성계에서 광원은 정지해 있고, 우주선의 관성계에서 광원은 거울에서 멀어지는 방향으로 운동하므로 지면의 관성계에서 빛이 광원에 더 빨리 도달한다. 따라서 $\Delta t_3 < \Delta t_4$이다.

2-3 $\Delta t_1 > \Delta t_2$이고 $\Delta t_3 < \Delta t_4$이므로 이 관계만으로 $\Delta t_1 + \Delta t_3$과 $\Delta t_2 + \Delta t_4$의 대소 관계를 비교할 수는 없다. 지면의 관성계에서 빛이 광원에서 방출되어 다시 광원으로 돌아올 때까지의 시간 $\Delta t_1 + \Delta t_3$은 동일한 위치에서 일어난 두 사건 사이의 시간 간격이므로 고유 시간이다. 따라서 우주선의 관성계에서 보면 지면에서 일어나는 사건에 시간 지연이 일어나므로 $\Delta t_1 + \Delta t_3 < \Delta t_2 + \Delta t_4$이다.

2-4 (1) 우주선의 관성계에서 우주선은 정지해 있고 지면의 관성계가 $-x$ 방향으로 운동하므로 거울은 빛을 향해 운동한다.
(2) 고유 길이는 관찰자가 측정했을 때 정지 상태에 있는 물체의 길이를 뜻하는데, 우주선의 관성계에서 광원과 거울은 $-x$ 방향으로 운동하므로 우주선의 관성계에서 광원과 거울 사이의 거리를 측정한 것은 고유 길이가 아니다.
(3) 고유 시간은 동일한 위치에서 일어난 두 사건 사이의 시간 간격을 뜻하는데, 광원과 거울은 동일한 위치가 아니므로 빛이 광원에서 거울까지 진행하는 데 걸린 시간을 측정한 값은 고유 시간이 아니다.
(4) 지면의 관성계에서 광원은 정지해 있으므로 광원에서 빛이 방출되는 사건과 빛이 광원으로 돌아오는 사건은 동일한 위치에서 일어난 두 사건이다. 따라서 지면의 관성계에서 빛이 광원에서 방출되어 다시 광원으로 돌아올 때까지의 시간 간격은 고유 시간이다.

3-1 꼼꼼 문제 분석

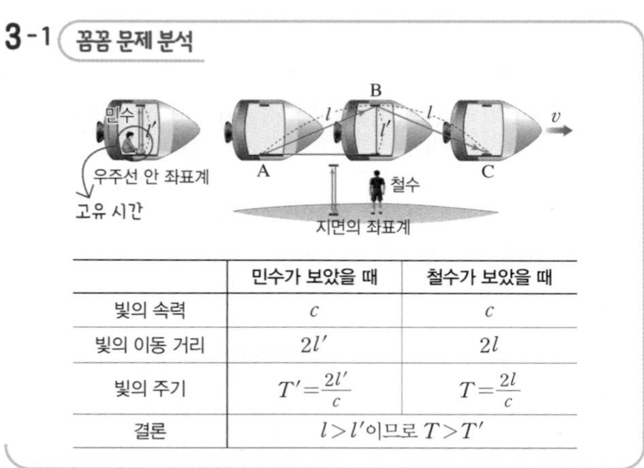

	민수가 보았을 때	철수가 보았을 때
빛의 속력	c	c
빛의 이동 거리	$2l'$	$2l$
빛의 주기	$T' = \frac{2l'}{c}$	$T = \frac{2l}{c}$
결론	$l > l'$이므로 $T > T'$	

모든 관성 좌표계에서 빛의 속력은 c로 일정하다.

3-2 철수가 관찰할 때 우주선이 광속에 가까운 속력으로 움직이므로 빛이 거울 사이를 한 번 왕복하는 데 걸린 시간은 우주선 안에 있는 시계가 더 천천히 간다.

3-3 시간 지연은 속력이 빠를수록 더 크게 일어나므로, 시간의 차이는 우주선의 속력이 빠를수록 더 커진다.

3-4 (1) 민수와 철수의 좌표계는 상대적으로 움직이는 다른 관성 좌표계이다.
(2) 자신의 좌표계에 있는 시계로 측정한 시간은 고유 시간이다.
(3) 고유 시간보다 다른 좌표계의 시간이 더 느리게 간다.

4-1 철수가 계산한 지구에서 목성까지의 거리 L은 자신의 속력인 우주선의 속력 v에 자신이 측정한 시간을 곱한 값이므로 $L=v\Delta t_{고유}$가 된다.

4-2 영희가 계산한 지구에서 목성까지 거리 $L_{고유}$는 우주선의 속력에 자신이 측정한 시간을 곱한 값인 $L_{고유}=v\Delta t$이다.

4-3 Δt는 고유 시간 $\Delta t_{고유}$보다 크다. $L=v\Delta t_{고유}$이고 $L_{고유}=v\Delta t$인데 $\Delta t>\Delta t_{고유}$이므로 $L<L_{고유}$가 된다. 즉, 다른 좌표계에서 측정한 거리 L은 고유 길이 $L_{고유}$보다 짧다.

4-4 (1) 철수가 측정한 우주선의 길이는 고유 길이이므로 영희가 측정한 우주선의 길이보다 길다.
(2) 철수가 측정한 지구에서 목성까지 거리는 우주선의 속력이 빠를수록 짧아진다.
(3) 영희가 측정한 우주선의 길이는 우주선의 속력이 빠를수록 짧아진다.
(4) 영희가 우주선을 관찰하면 운동 방향에 나란한 우주선의 길이만 짧아진다.

내신 만점 문제 122~126쪽

01 ②	02 ①	03 35초	04 ③, ⑤	05 ③	06 ④
07 해설 참조	08 ③	09 ③	10 ⑤	11 ③	12 ③
13 ①	14 ①	15 ③	16 ⑤	17 ③	18 ⑤	19 ③
20 해설 참조	21 ②	22 ⑤			

01 A와 B는 같은 방향으로 운동하므로 A에서 본 B의 상대 속도의 크기는 두 속도의 크기의 차이다. 따라서 B의 속도$-$A의 속도$=25$ m/s-10 m/s$=15$ m/s이다.

02 꼼꼼 문제 분석

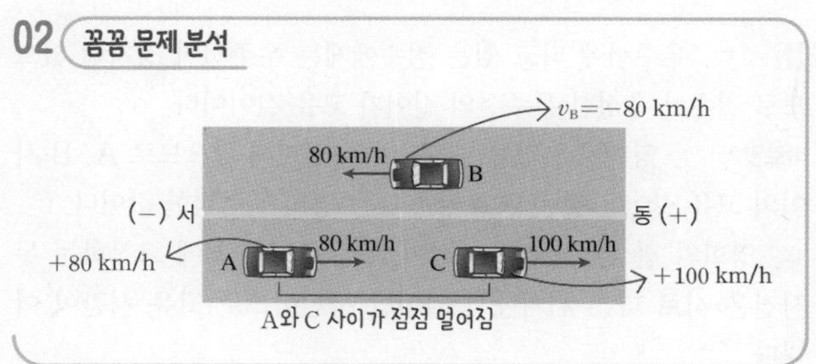

동쪽을 (+)방향으로 정하면, 서쪽은 (−)방향이다. 이때 자동차 A의 속도 $v_A=+80$ km/h, 자동차 B의 속도 $v_B=-80$ km/h, 자동차 C의 속도 $v_C=+100$ km/h가 된다.
ㄱ. A에 대한 B의 상대 속도는 $v_{AB}=v_B-v_A=-80-80=-160$(km/h)이므로 서쪽으로 160 km/h이다.
바로알기 ㄴ. A에 대한 C의 상대 속도는 $v_{AC}=v_C-v_A=100-80=20$(km/h)이므로 동쪽으로 20 km/h이다.
ㄷ. 앞서가는 C의 속도의 크기가 A보다 크므로 A와 C 사이의 거리는 점점 멀어진다.

03 흐르는 강물 위에서 배가 움직이면 지면에 대한 배의 속도는 강물의 속도에 배의 속도를 더한 값이 된다. 강물이 내려가는 방향을 (+)로 하면 지면에 대한 배의 속도는 다음과 같다.
• 내려갈 때: 7 m/s+3 m/s=10 m/s
• 올라갈 때: −7 m/s+3 m/s=−4 m/s
따라서 배가 왕복하는 데 걸리는 시간은 내려가는 시간+올라가는 시간$=\dfrac{100\text{ m}}{10\text{ m/s}}+\dfrac{100\text{ m}}{4\text{ m/s}}=35$ s이다.

04 ① 마이컬슨과 몰리는 지구 표면의 에테르 바람 속에서 빛의 진행 방향에 따라 빛의 속력에 차이가 있을 것이라고 생각하였다.
②, ④ 광원을 나온 빛이 반거울을 통해 수직으로 나뉘어 진행한 후 빛 검출기에 동시에 도착한다. 따라서 빛의 속력은 일정하고, 에테르는 존재하지 않음을 알 수 있다.
바로알기 ③ 빛의 속력은 방향에 따라 다르지 않고 일정하다.
⑤ 에테르는 존재하지 않으며, 빛은 매질 없이 전달된다.

05 ㄱ. 정지 또는 등속도로 운동을 하는 좌표계는 관성계이므로 등속도 운동을 하는 엘리베이터 안의 A의 좌표계는 관성계이다.
ㄴ. A는 자신과 엘리베이터, 그 안에서 함께 운동하는 모든 물체가 정지해 있다고 생각한다. 따라서 물체를 들고 있다가 가만히 놓으면 물체가 자유 낙하 운동을 하는 것으로 관찰한다.
바로알기 ㄷ. 상대성 원리에 따르면 모든 관성계에서 물리 법칙은 동일하게 성립한다. A와 B의 좌표계는 모두 관성계이므로 B가 관찰할 때에도 물체의 운동은 뉴턴 운동 법칙이 적용된다.

06 광속 불변 원리에 따라 광원이나 관찰자의 속력에 관계없이 빛의 속력은 항상 일정하다.

07 모범 답안 • 상대성 원리: 모든 관성계에서 물리 법칙은 동일하게 성립한다.
• 광속 불변 원리: 모든 관성계에서 보았을 때, 진공 중에서 진행하는 빛의 속력은 관찰자나 광원의 속도에 관계없이 일정하다.

채점 기준	배점
상대성 원리와 광속 불변 원리를 모두 옳게 서술한 경우	100 %
상대성 원리와 광속 불변 원리라고만 쓴 경우	50 %

08 학생 A: 특수 상대성 이론의 두 가정은 상대성 원리와 광속 불변 원리이다. 광속 불변 원리에 따르면 모든 관성계에서 관찰할 때 진공에서 진행하는 빛의 속력은 관찰자나 광원의 속력과 관계없이 일정하다.
학생 B: 특수 상대성 이론에서는 빛의 속력이 일정하므로 관성계의 운동 상태(속도)에 따라 시간과 공간이 상대적으로 변할 수 있다고 설명한다.
바로알기 학생 C: 한 좌표계에서 일어난 사건은 반드시 다른 좌표계에서도 일어난다. 예를 들어 좌표계 S에서 빛이 광원으로부터 방출되었다면 S′에서도 빛이 광원으로부터 방출된다. 차이가 있다면 각 좌표계에서 사건이 일어난 시각과 위치는 다르게 관찰될 수 있다는 것이다.

09 ㄱ. (가)에서는 트럭이 일정한 속도로 운동을 하고 있고, (나)에서는 사람이 지면에 정지해 있으므로 (가)와 (나) 모두 관성계이다.
ㄴ. (가)에서 공의 운동은 연직 위로 던진 물체의 운동과 같으므로 속도의 방향은 연직 방향이며 직선상에서 운동을 하는 것으로 관찰된다. 그러나 (나)에서 공은 포물선 운동을 하는 것으로 관찰되어 속도의 크기와 방향이 계속 변하는 것으로 측정된다. 따라서 최고점에서 공의 속력은 다르다.
바로알기 ㄷ. (가)와 (나) 모두 공의 질량 m이 같고, 공의 가속도가 중력 가속도 g로 같으므로 $F=mg$로 공의 운동을 설명할 수 있다.

10 꼼꼼 문제 분석

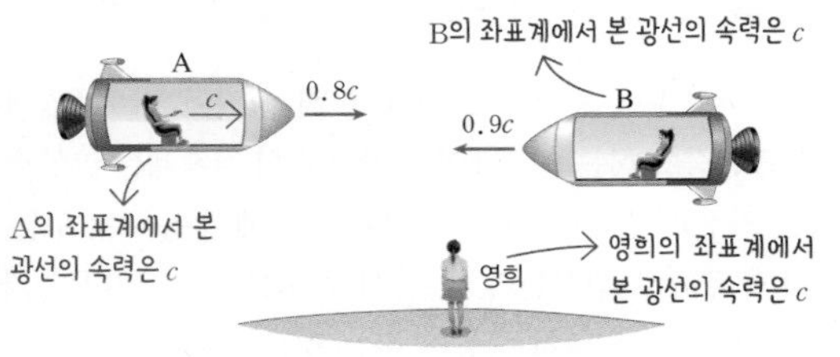

ㄱ, ㄴ, ㄷ. 모든 관성계에서 빛의 속력은 일정하게 측정되므로 레이저 광선의 속력은 c로 측정된다.
바로알기 ㄹ. 물체의 속력은 빛의 속력보다 빠를 수 없다. 속력이 빛의 속력에 비해 매우 느릴 때에는 상대방의 속도에서 자신의 속도를 뺀 상대 속도의 개념이 성립되지만 빛의 속력에 근접한 속도에서는 단순한 상대 속도의 개념이 성립하지 않는다.

11 ㄱ. 우리 주변에서 볼 수 있는 물체의 속도는 빛의 속력에 비해 아주 작기 때문에 속도의 덧셈이 이루어진다. 따라서 관찰자가 본 화살의 속도는 기차의 속도+기차에 대한 화살의 속도 =100 km/h+100 km/h=200 km/h이다.
ㄷ. 빛은 광원의 속도나 관찰자의 운동 상태에 관계없이 속력이 일정하다.

바로알기 ㄴ. (나)에서는 관찰자에게도 빛의 속력은 30만 km/s로 관측된다.

12 • 기차 안에 있는 철수가 보면 레이저 빛은 A, B까지 같은 거리를 진행하므로 A, B에 레이저 빛이 동시에 도착한다.
• 기차 밖에 있는 영희가 보면 빛의 속력은 30만 km/s로 일정한데 기차가 오른쪽으로 진행하므로 A는 처음 레이저 빛이 출발한 지점으로 접근하고, B는 멀어진다. 따라서 A에 레이저 빛이 먼저 도착한다.

13 ㄱ. 우주선의 관성계에서 관찰할 때 p, q에서 빛이 동시에 방출되었고, 검출기와 p, q 사이의 거리는 서로 같으므로 p, q에서 방출된 빛은 동시에 검출기에 도달한다.
바로알기 ㄴ. 동시성의 상대성이란 한 관성 좌표계에서 동시에 일어난 두 사건이 다른 관성 좌표계에서 측정하면 동시가 아닐 수 있다는 것이다. p, q에서 방출된 빛이 검출기에 동시에 도달하는 것은 하나의 사건이므로 다른 관성계에서도 똑같이 일어난다. 따라서 관찰자가 측정할 때에도 두 빛은 검출기에 동시에 도달한다. '동시에'라는 단어 때문에 동시성의 상대성을 잘못 적용해서는 안 된다.
ㄷ. 우주선의 관성계에서 측정한 검출기와 p, q 사이의 거리는 고유 길이이고, 길이가 서로 같다. 관찰자에게는 길이 수축이 같은 비율로 일어나므로 검출기와 p, q 사이의 거리는 서로 같다.

14 ㄱ. 관찰자가 측정했을 때 정지 상태에 있는 두 지점 사이의 길이를 고유 길이라고 한다. 우주선 내부의 모든 물체와 관찰자 A는 같은 속도로 운동하므로 A의 입장에서 광원과 거울은 정지 상태이다. 따라서 A가 관찰할 때 광원과 거울 사이의 거리는 고유 길이이다.
바로알기 ㄴ. 관찰자가 보았을 때 동일한 위치에서 일어난 두 사건 사이의 시간 간격을 고유 시간이라고 한다. 빛이 광원에서 방출된 사건과 빛이 거울에 도달한 사건은 발생한 위치가 서로 다르므로 두 사건 사이의 시간 간격은 고유 시간이 아니다. (가)와 (다)에서 빛이 광원으로 방출되었다가 다시 광원으로 돌아올 때까지의 시간 간격이 고유 시간이다.
ㄷ. 길이 수축은 운동하는 물체의 길이를 측정할 때 운동 방향으로 길이가 짧아진 것으로 관측되는 현상이므로 운동 방향과 수직인 광원과 거울 사이의 거리는 짧아지지 않는다.

15 ㄷ. 우주선에 타고 있는 철수에게는 우주선이 정지해 있으므로 철수가 측정한 우주선의 길이가 고유 길이이다.
바로알기 ㄱ. 영희가 보았을 때 A, B는 정지해 있으므로 A, B 사이의 고유 길이는 같은 좌표계에 있는 영희가 측정한 값이다.
ㄴ. 영희의 관성계에서 우주선이 A를 출발해 B에 도착하는 두 사건은 서로 다른 위치에서 일어난 사건이므로 고유 시간이 아니다.

16 꼼꼼 문제 분석

아무리 빠른 속력이라도 일정한 속력으로 운동하는 관성계 내부에서는 자신이 정지해 있는 것인지 등속도 운동을 하는지 구분할 수 없다. 따라서 정지해 있을 때와 모든 물리량이 똑같이 측정된다.

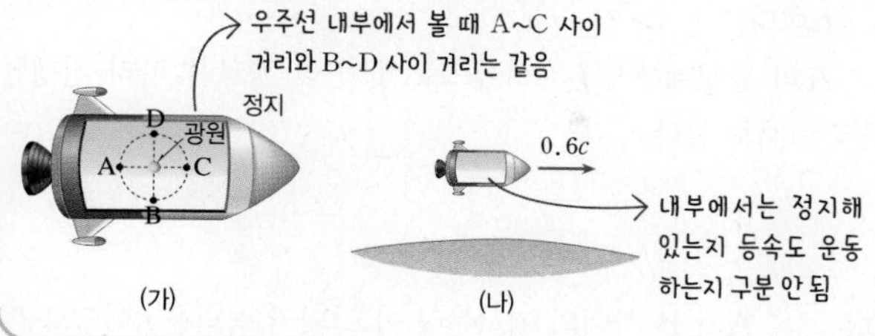

ㄱ. 광원에서 A로 진행하는 빛과 C로 진행하는 빛의 속력은 c로 같다.

ㄴ. 광원에서 동시에 방출된 빛은 같은 거리에 있는 A, C에 동시에 도달한다.

ㄷ. 우주선에 타고 있는 사람에게는 우주선이 정지해 있는 것처럼 보이므로 A, C 사이의 거리는 B, D 사이의 거리와 같다.

17 ㄷ. 우주선에 타고 있는 철수가 측정한 빛의 왕복 시간이 고유 시간이고, 다른 좌표계에 있는 민수가 측정한 빛의 왕복 시간은 고유 시간보다 길다.

바로알기 ㄱ. 빛의 속력은 모든 관성계에서 똑같이 측정된다.

ㄴ. 철수가 측정한 우주선의 길이가 고유 길이이다. 민수가 측정한 우주선의 길이는 고유 길이보다 짧다.

18 ㄱ. A가 관찰할 때 P는 x축 방향으로 길이 수축이 일어났는데 정사각형으로 측정되었으므로 P의 좌표계에서 측정한 고유 길이는 x축 방향 변의 길이가 y축 방향 변의 길이보다 길다.$(L_x>L)$

ㄴ. A가 관찰할 때 운동 방향에 수직인 y축 방향으로는 길이 수축이 일어나지 않으므로 P의 y축 방향 고유 길이는 L이다. B가 관찰할 때 운동 방향에 수직인 x축 방향 길이는 고유 길이와 같은 L_x이고, y축 방향으로는 길이 수축이 일어나 L보다 작게 관찰된다. 따라서 B가 관찰할 때 P는 정사각형이 아니다.$(L_y<L)$

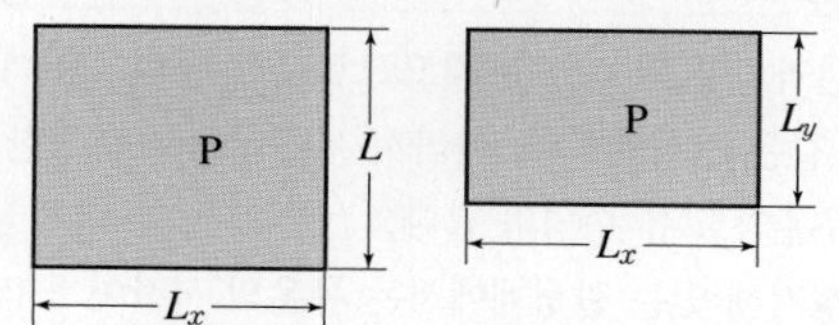

ㄷ. P의 좌표계에서 관찰할 때 우주선의 앞쪽 끝부분이 P를 통과하기 위해서는 A는 $0.8c$의 속력으로 L_x를 이동해야 하고, B는 $0.9c$의 속력으로 L을 이동해야 하는데, $L_x>L$이므로 걸린 시간은 A가 B보다 크다.

19 ㄱ. 빛의 속력은 모든 관성계에서 동일하게 측정되므로 $c_1=c_2$이다.

ㄷ. 다른 좌표계에서 측정한 시간은 고유 시간보다 길다. 철수의 측정값이 다른 좌표계에서 측정한 시간이고, 영희의 측정값이 고유 시간이므로 $T_1>T_2$이다.

바로알기 ㄴ. 다른 좌표계에서 측정한 길이는 고유 길이보다 짧다. 영희의 측정값이 다른 좌표계에서 측정한 길이이고, 철수의 측정값이 고유 길이이므로 $L_1>L_2$이다.

20 특수 상대성 이론의 길이 수축에 의해 정지한 영희가 본 상대적으로 빠르게 움직이는 우주선의 길이는 고유 길이보다 짧아 보인다.

모범 답안 $L_0>L_B>L_A$, 영희가 볼 때 빠르게 움직이는 두 우주선의 길이는 고유 길이 L_0보다 짧아 보인다. 이때 속도가 빠를수록 길이 수축이 크기 때문에 $L_B>L_A$이다.

채점 기준	배점
우주선의 길이를 비교하고, 그 까닭을 옳게 서술한 경우	100 %
우주선의 길이만 옳게 비교한 경우	50 %

21 ㄴ. 뮤온의 ㉠수명이란 뮤온이 생성된 사건과 뮤온이 소멸한 사건 사이의 시간 간격을 말하며, '뮤온의 수명이 지상에서 발견될 수 없을 정도로 짧다'고 할 때의 수명은 뮤온의 좌표계에서 측정한 고유 시간을 의미한다.

바로알기 ㄱ. 지표면에서 관찰할 때 뮤온은 광속에 가까운 속력으로 운동하므로 시간 지연에 의해 뮤온의 ㉡수명이 고유 시간(고유 ㉠수명)보다 길게 측정된다.

ㄷ. 지표면의 관찰자가 볼 때 뮤온이 발생한 위치와 지표면 사이의 거리는 고유 길이이므로, 뮤온의 입장에서 길이 수축에 의해 짧아진 ㉢거리보다 길다.

22 꼼꼼 문제 분석

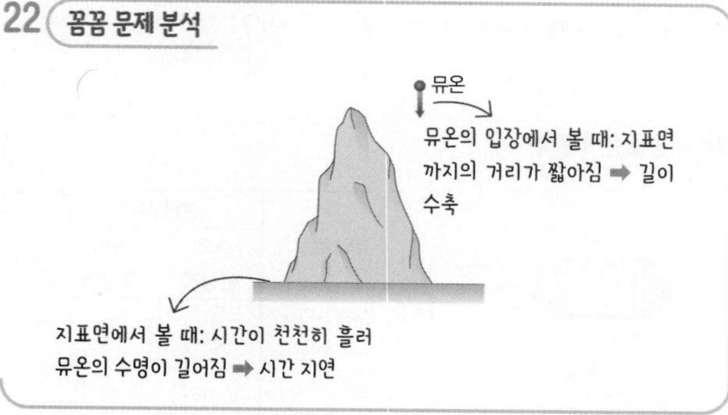

뮤온
뮤온의 입장에서 볼 때: 지표면까지의 거리가 짧아짐 ➡ 길이 수축
지표면에서 볼 때: 시간이 천천히 흘러 뮤온의 수명이 길어짐 ➡ 시간 지연

ㄴ. 뮤온의 입장에서는 상대적으로 지구가 움직인다. 따라서 지표면까지의 거리가 수축되어 짧아졌기 때문에 뮤온이 지표면에 도달할 수 있다.

ㄷ. 지표면에서 보았을 때는 뮤온이 움직인다. 따라서 뮤온의 시간이 천천히 흘러 수명이 길어지기 때문에 뮤온이 지표면에 도달할 수 있다.

바로알기 ㄱ. 뮤온의 입장에서는 시간 지연이 일어나지 않는다. 시간 지연은 빠르게 움직이는 물체를 외부의 관성계에서 보았을 때 물체의 시간이 천천히 흘러가는 것이다.

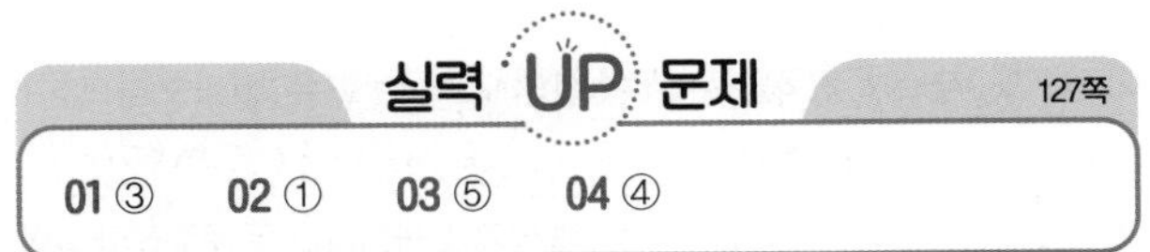

01 꼼꼼 문제 분석

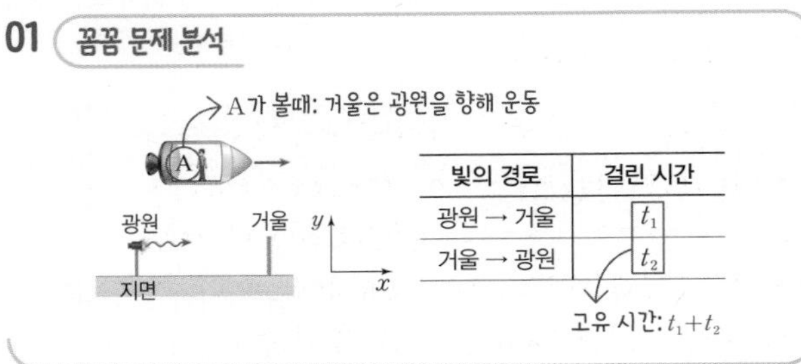

ㄷ. 지면의 좌표계에서 빛이 광원에서 방출되어 다시 광원으로 돌아오는 데 걸린 시간은 고유 시간이고, 이는 t_1+t_2와 같다. A의 관성계에서는 시간 지연이 일어나므로 빛이 광원에서 방출되어 다시 광원으로 돌아오는 데 걸린 시간은 t_1+t_2보다 크다.

바로알기 ㄱ. 한 관성계의 동일한 위치에서 일어난 두 사건 사이의 시간 간격을 고유 시간이라고 한다. 빛이 광원에서 방출된 사건과 빛이 거울에 도달한 사건은 발생한 위치가 서로 다르므로 두 사건 사이의 시간 간격은 고유 시간이 아니다.

ㄴ. A의 관성계에서 거울은 광원을 향해 운동하므로 빛이 거울에 도달하기까지 진행한 시간은 t_1보다 작다.

02 꼼꼼 문제 분석

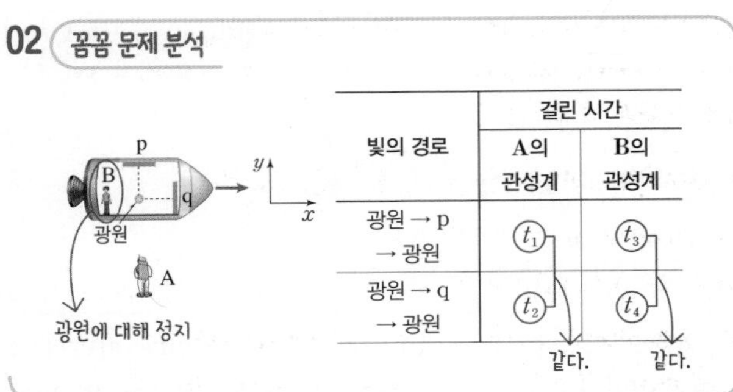

ㄱ. B의 관성계에서 광원과 p, 광원과 q 사이의 거리는 서로 같고, 빛의 진행 방향에 관계없이 빛의 속력은 같으므로 각 경로로 진행하는 데 걸린 시간도 서로 같다. 따라서 B의 관성계에서 $t_3=t_4$이다.

바로알기 ㄴ. B의 관성계에서 빛이 광원에서 방출된 후 거울에 반사하여 다시 광원으로 돌아오는 데 걸리는 시간 t_3, t_4는 고유 시간이다. A의 관성계에서 B의 관성계의 시간은 지연되고, 시간 지연은 빛의 경로와 관계없이 똑같이 일어나므로 $t_3=t_4$일 때 $t_1=t_2$이다.

ㄷ. A의 관성계에서 $t_1=t_2$이므로 빛이 각 경로를 따라 진행한 거리는 서로 같다.

03 ㄱ. A와 B 사이의 거리는 L이고 빛의 속력은 c이므로 빛이 A에서 B까지 가는 데 걸린 시간은 $\frac{L}{c}$이다. 우주선의 속력은 $0.8c$이므로 우주선이 A에서 B까지 가는 데 걸린 시간은 $\frac{L}{0.8c}$이다. 따라서 빛과 우주선이 각각 B에 도달하는 두 사건 사이의 시간 간격은 $\frac{L}{0.8c}-\frac{L}{c}=\frac{L}{4c}$이다.

ㄴ. A의 관성계에서 B에 빛과 우주선이 각각 도착하는 시간 간격은 고유 시간이다. 따라서 운동하는 관찰자의 관성계에서 시간 지연이 일어나므로 관찰자의 관성계에서 빛이 B에 도달한 시간과 B가 우주선에 도달한 시간 간격은 $\frac{L}{4c}$보다 크다.

ㄷ. 관찰자의 관성계에서 A, B는 운동하는 것으로 관찰된다. 따라서 A, B 사이의 거리는 길이 수축이 일어나므로 고유 길이 L보다 작다.

04 꼼꼼 문제 분석

• 우주선에서 측정한 뮤온의 수명 T → 고유 시간
• P의 관성계에서 측정한 P, Q 사이의 거리 → 고유 길이

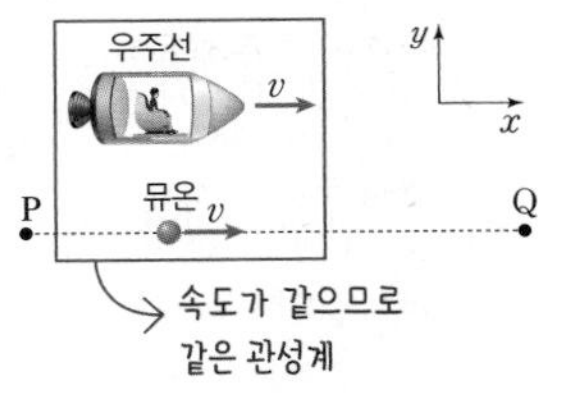

ㄴ. 우주선과 뮤온의 속도가 같으므로 우주선의 좌표계와 뮤온의 좌표계는 같은 관성계이다. 따라서 우주선에서 측정한 뮤온의 수명 T는 뮤온의 고유 수명과 같다.

ㄷ. P에 정지해 있는 관성계에서는 뮤온의 시간이 느리게 가므로 뮤온이 P에서 Q까지 이동하는 데 걸린 시간은 뮤온의 고유 수명 T보다 크다.

바로알기 ㄱ. 우주선의 관성계에서 P와 Q 사이의 거리는 vT이고, 이것은 길이 수축에 의해 고유 길이보다 짧아진 거리이므로 P와 Q 사이의 고유 길이는 vT보다 크다.

질량과 에너지

개념 확인 문제

130쪽

❶ 질량 에너지 동등성 ❷ 정지 ❸ 커진다 ❹ 질량 결손
❺ Δmc^2 ❻ 핵분열 ❼ 핵융합

1 (1) ○ (2) ○ (3) × (4) ○ (5) × **2** 질량 결손 **3** $E=\Delta mc^2$
4 ㄴ, ㄷ **5** (1) × (2) × (3) ○ **6** ㉠ 수소, ㉡ 헬륨, ㉢ 삼중수소

1 (1) 똑같은 물체라도 정지해 있을 때보다 운동할 때의 질량이 더 크다. 다만 속력이 느릴 때는 질량 변화가 매우 작기 때문에 사람이 느끼기는 힘들고, 물체의 속력이 빛의 속력에 가까워질수록 질량 증가가 커진다.
(2) 질량 에너지 동등성에 의해 질량이 에너지로, 에너지가 질량으로 전환될 수 있다.
(3) 에너지도 질량으로 전환될 수 있다.
(4), (5) 핵분열 반응뿐만 아니라 핵융합 반응에서도 질량 결손이 발생하고, 이때 감소한 질량이 에너지로 방출된다.

2 핵반응 후의 질량의 합이 핵반응 전의 질량의 합보다 줄어들고 줄어든 질량의 합은 에너지로 변하는데, 이때 줄어든 질량의 합을 질량 결손이라고 한다.

3 핵반응 과정에서 생기는 질량 결손 Δm은 아인슈타인의 질량 에너지 동등성에 따라 에너지 E로 전환된다.

$$E=\Delta mc^2 \ (c : \text{빛의 속력})$$

4 ㄱ. 핵반응이 일어나면 질량 결손이 발생하여 핵반응 전후의 질량의 합은 보존되지 않는다.
ㄴ, ㄷ. 핵반응 전후에 전하량과 질량수는 보존된다.

5 (1) $^{235}_{92}$U는 저속 중성자를 흡수한 후 크립톤, 바륨, 스트론튬, 제논 등과 같은 가벼운 원자핵으로 분열한다.
(2), (3) 핵분열 후 질량 결손에 의해 질량의 합이 줄어들고 에너지가 발생한다.

6 • 태양 중심부에서는 ㉠수소 원자핵들이 융합하여 ㉡헬륨 원자핵으로 변한다.
• 핵융합로에서는 중수소 원자핵과 ㉢삼중수소 원자핵을 충돌시켜 헬륨 원자핵으로 융합한다.

대표 자료 분석

131쪽

자료 ❶ **1** (1) × (2) ○ (3) ○ **2** $^1_0$n **3** (1) ○ (2) × (3) ○ (4) ○
자료 ❷ **1** 질량 결손 **2** (1) ○ (2) × (3) × **3** (1) × (2) ○ (3) ○

1-1 (1) $^{235}_{92}$U는 속도가 느린 중성자를 흡수하여 핵분열한 후 고속 중성자를 방출한다.
(2) 핵분열할 때 방출되는 2개~3개의 중성자가 다른 우라늄에 계속 흡수되어 연쇄 반응이 일어난다.
(3) 핵반응에서 발생하는 에너지는 아인슈타인의 질량 에너지 동등성에 의해 질량 결손이 에너지로 전환된 것이다.

1-2 $^{235}_{92}$U는 중성자를 흡수하여 2개의 원자핵으로 분열하므로 ㉠에 들어갈 입자는 중성자($^1_0$n)이다.

1-3 (1) 핵분열 반응에서 반응 전보다 반응 후의 질량의 합이 작아지는 질량 결손이 발생한다.
(2) 핵반응에서 발생한 질량 결손은 $E=\Delta mc^2$에 의한 에너지로 전환된다.
(3) $^{235}_{92}$U는 고속의 중성자보다 저속의 중성자를 흡수하였을 때 핵분열을 잘 일으킨다.
(4) 핵분열 반응 식에서 전하량과 질량수는 보존되지만 질량의 합은 보존되지 않는다.

2-1 핵반응 전 질량의 합보다 핵반응 후 질량의 합이 줄어드는 질량 결손 때문에 17.6 MeV의 에너지가 발생한다.

2-2 (1) 가벼운 중수소 원자핵과 삼중수소 원자핵이 융합하여 무거운 헬륨 원자핵이 되는 핵융합 반응이다.
(2) 중수소 원자핵과 삼중수소 원자핵이 융합하여 헬륨 원자핵과 중성자가 되므로 ㉠은 중성자($^1_0$n)이다.
(3) 질량 결손에 의해 핵반응 후 질량의 합이 핵반응 전보다 줄어든다.

2-3 (1) 핵융합 반응은 가벼운 원자핵들이 융합하여 무거운 원자핵으로 변하는 반응이다.
(2) 태양에서는 수소 원자핵들이 융합하여 여러 단계를 거친 후 최종적으로 헬륨 원자핵이 생성되면서 이때 발생하는 질량 결손에 의한 에너지가 방출된다.
(3) 태양 에너지의 근원은 핵융합 반응에서 발생하는 질량 결손에 의한 것이다.

내신 만점 문제 132~135쪽

01 ⑤ 02 ③ 03 ② 04 ④ 05 ③ 06 해설 참조 07 ④ 08 ③ 09 ⑤ 10 ⑤ 11 ② 12 ④ 13 ③ 14 ③ 15 해설 참조 16 ⑤ 17 ③

01 ㄱ. 핵융합 과정에서 감소한 질량의 합을 Δm이라고 하면, $E=\Delta mc^2$만큼의 에너지가 생성된다.
ㄴ. 전자와 양전자가 만나 쌍소멸하면 큰 에너지의 전자기파가 생성된다. 이 전자기파의 에너지는 소멸한 전자와 양전자의 질량이 전환된 것이다.
ㄷ. 질량 에너지 동등성은 질량과 에너지가 $E=mc^2$의 관계로 상호 전환될 수 있다는 것이다. 쌍생성 현상은 에너지가 질량으로 전환되는 예이다.

02 ㄱ. B의 맥박이 뛰는 시간 간격은 B의 관성계에서 고유 시간이므로 A가 측정할 때 시간 지연이 일어난다. 따라서 A가 측정한 값이 B가 측정한 값보다 크다.
ㄷ. 물체가 움직일 때의 질량은 정지해 있을 때 질량보다 크다. A의 관성계에서 우주선은 운동하고 있으며, B의 관성계에서 우주선은 정지해 있으므로 우주선의 질량은 A가 측정한 값이 B가 측정한 값보다 크다.
바로알기 ㄴ. A의 관성계에서 우주선은 운동하고 있으므로 우주선의 길이는 길이 수축이 일어난다. 따라서 A가 측정한 값이 B가 측정한 값보다 작다.

03 질량 결손이 m일 때 방출되는 에너지는 $E=mc^2$이다.

04 ㄴ. 양전자와 전자가 소멸하면서 소멸하기 전 두 입자의 질량이 모두 전자기파의 에너지로 전환된다.
ㄷ. 특수 상대성 이론에 따른 질량 에너지 동등성으로 설명할 수 있는 현상이다.
바로알기 ㄱ. 핵융합은 가벼운 원자핵들이 융합하여 무거운 원자핵으로 변하는 반응이다. 양전자와 전자는 원자핵이 아니고, 양전자와 전자가 만나 아무 입자도 남지 않았으므로 쌍소멸은 핵융합 과정이 아니다.

05 ㄷ. 물체의 속력이 빛의 속력에 가까워질수록 상대론적 질량이 무한대에 접근한다.
바로알기 ㄱ. 정지해 있는 물체의 에너지는 정지 질량(m_0)에 의한 에너지 $E=m_0c^2$을 갖는다.
ㄴ. 속력이 $0.6c$일 때 상대론적 질량이 m_0보다 크므로 에너지는 $0.6m_0c^2$보다 크다.

06 질량과 에너지는 $E=mc^2$의 관계로 전환된다.
모범 답안 질량 결손에 의한 에너지는 $E=\Delta mc^2=2.58\times10^{-29}\text{ kg}\times(3\times10^8\text{ m/s})^2=2.322\times10^{-12}\text{ J}$이다.

채점 기준	배점
풀이 과정과 답이 모두 옳은 경우	100 %
답만 맞은 경우	50 %

07 ㄴ. 핵분열이 일어나면 질량의 합이 감소하고, 감소한 질량의 합은 질량 에너지 동등성에 따라 에너지로 전환된다.
ㄷ. 원자핵 A가 저속의 중성자를 흡수하면 핵분열이 일어나고, 핵분열의 결과로 고속의 중성자가 방출되므로 이 중성자의 속력을 느리게 조절하면 연쇄 반응을 일으킬 수 있다.
바로알기 ㄱ. 무거운 원자핵이 가벼운 원자핵 여러 개로 나누어지므로 핵분열 과정이다.

08 꼼꼼 문제 분석

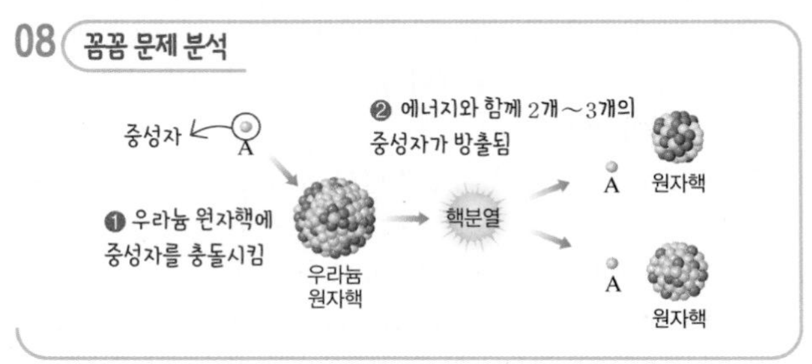

ㄱ. 우라늄($^{235}_{92}$U) 원자핵에 충돌하여 핵분열을 일으키는 입자는 중성자이다.
ㄷ. 핵분열 전 질량의 합보다 핵분열 후 질량의 합이 줄어들어 질량 결손이 발생한다.
바로알기 ㄴ. 태양 중심부와 같이 수십 억 도의 초고온 상태에서 일어나는 것은 핵융합 반응이다.

09 ㄱ. 질량 결손에 의해 핵반응 후 질량의 합이 핵반응 전보다 줄어든다.
ㄴ. 핵분열은 원자핵이 2개 이상의 가벼운 원자핵으로 나누어지는 반응이므로, 핵반응 후 생긴 원자핵은 반응 전 원자핵보다 가볍다.
ㄷ. 핵반응에서 방출되는 에너지는 아인슈타인의 질량 에너지 동등성에 의해 핵반응 후에 감소하는 질량이 에너지로 전환된 것이다.

10 ㄴ. (가)에서는 중수소 원자핵과 삼중수소 원자핵이 융합하여 헬륨 원자핵과 중성자가 되고, (나)에서는 우라늄이 중성자를 흡수하여 2개의 원자핵으로 분열하면서 고속 중성자를 방출한다.
ㄷ. 핵융합과 핵분열 과정은 모두 질량 결손에 의해 에너지를 방출한다.
바로알기 ㄱ. (가)는 핵융합 반응, (나)는 핵분열 반응을 나타낸 것이다.

11 ㄴ. 수소 원자핵이 융합하여 헬륨 원자핵으로 변하는 과정에서 질량 결손이 발생하고 질량 결손에 의한 에너지는 태양 에너지의 근원이 된다.

바로알기 ㄱ. 핵융합 반응은 초고온 상태에서 일어난다.

ㄷ. 수소 원자핵 4개의 질량의 합이 헬륨 원자핵 1개의 질량보다 크다. 즉, 반응 과정에서 질량 결손이 발생하고 이 질량이 에너지로 방출된다.

12 ㄴ. (+)전하를 띤 두 원자핵들이 전기적인 반발력을 이기고 접근하여 핵융합 반응을 일으키기 위해서는 서로 고속으로 충돌해야 하므로 큰 운동 에너지를 가져야 한다. 이러한 에너지를 갖기 위해 1억 ℃가 넘는 초고온의 플라스마 상태에서 중수소와 삼중수소를 융합시켜야 한다.

ㄷ. 핵반응 후 질량의 합이 핵반응 전보다 줄어들게 되고, 이때 줄어든 질량만큼 에너지로 전환되므로 질량 결손에 의해 많은 양의 에너지를 얻는다.

바로알기 ㄱ. 핵융합로에서는 중수소 원자핵과 삼중수소 원자핵이 충돌하여 헬륨($^4_2$He) 원자핵이 생성된다.

13 꼼꼼 문제 분석

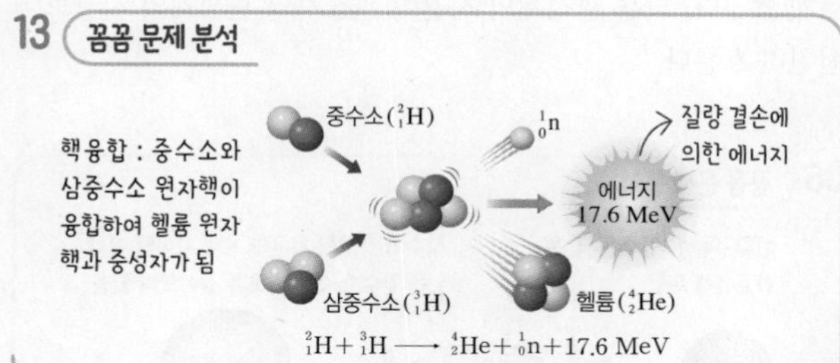

ㄱ. 가벼운 원자핵들이 충돌하여 더 무거운 원자핵으로 변환되므로 핵융합 반응이다.

ㄴ. 핵융합 반응에서 발생한 에너지는 질량 결손에 의한 것이다.

바로알기 ㄷ. 핵반응 전의 질량의 합이 핵반응 후의 질량의 합보다 크다.

14 ㄱ. 핵반응 전후 질량수와 양성자수는 보존되므로 ㉠은 $^4_2$He이다. 따라서 ㉠의 질량수는 4이다.

ㄷ. 핵반응 과정에서 감소한 질량이 클수록 방출하는 에너지도 크므로 감소한 질량은 방출한 에너지가 더 큰 (나)에서가 (가)에서보다 크다.

바로알기 ㄴ. ㉠은 $^4_2$He이므로 양성자수는 2이다.

15 핵융합이나 핵분열 반응에서 반응 전 질량의 합보다 반응 후 질량의 합이 줄어드는 질량 결손(Δm)이 발생하고, 이 질량 결손이 $E=\Delta mc^2$에 의하여 에너지로 방출된다.

모범 답안 반응 후 질량의 합이 줄어드는 질량 결손이 발생하고, 줄어든 질량의 합이 $E=\Delta mc^2$에 의하여 에너지로 방출된다.

채점 기준	배점
질량의 합의 차이와 전환 과정을 옳게 서술한 경우	100 %
질량 결손이 발생 또는 질량의 합이 에너지로 전환된다고만 서술한 경우	50 %

16 ㄱ. 핵반응 후에 헬륨 원자핵과 중성자가 만들어진다.

ㄴ. 핵융합 반응에서 발생하는 질량 결손이 에너지로 방출된다.

ㄷ. 질량수는 '양성자수+중성자수'이다. 핵반응에서 반응 전후 질량의 합은 보존되지 않지만 질량수의 합은 보존된다.

17 ㄱ. 핵분열 반응과 핵융합 반응에서 공통으로 나타나는 X는 중성자($^1_0$n)이다.

ㄴ. (나)의 핵융합 반응에서는 중성자와 헬륨 원자핵이 생성되는데, X가 중성자($^1_0$n)이므로 Y는 헬륨 원자핵($^4_2$He)이다.

바로알기 ㄷ. 핵반응에서 질량의 합은 반응 전이 반응 후보다 크다.

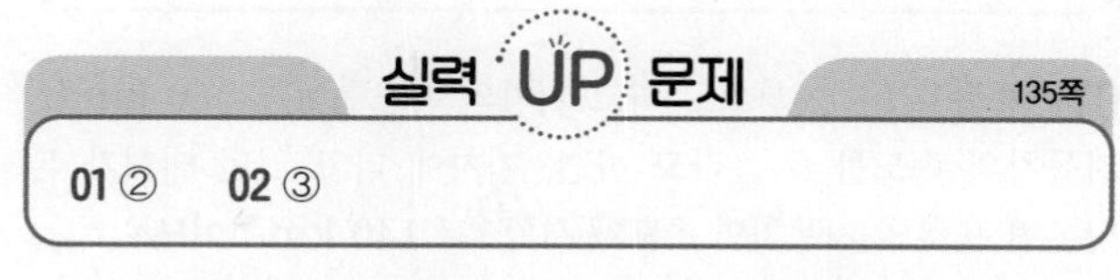

01 꼼꼼 문제 분석

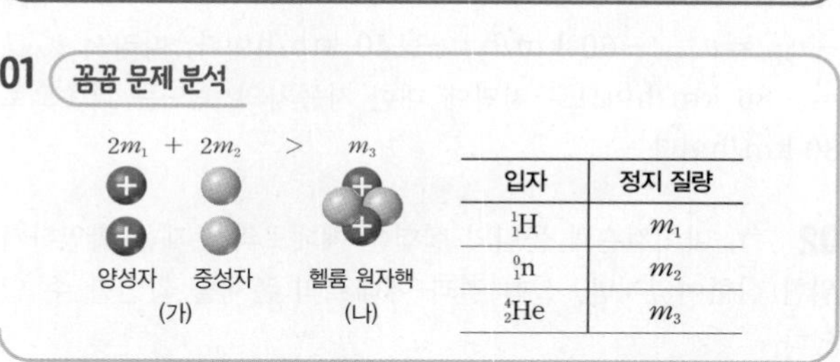

입자	정지 질량
$^1_1$H	m_1
$^1_0$n	m_2
$^4_2$He	m_3

ㄴ. 양성자($^1_1$H)와 중성자($^1_0$n)의 질량수는 1로 서로 같다.

바로알기 ㄱ. (가)의 입자들이 결합하여 (나)의 입자를 만들 때 질량의 합이 감소하므로 $2m_1+2m_2>m_3$이다.

ㄷ. 질량 에너지 동등성에 따라 감소한 질량에 비례하여 에너지를 방출한다.

02 꼼꼼 문제 분석

(가) $^3_1$H + ㉠ ⟶ $^4_2$He + 2^1_0n + 11.3 MeV

(나) $^3_2$He + ㉡ ⟶ $^4_2$He + 2^1_1H + 12.9 MeV

(가) 질량수 보존: 3+(3)=4+2 ➡ ㉠의 질량수: 3
전하량 보존: 1+(1)=2+0 ➡ ㉠의 전하량: 1
(나) 질량수 보존: 3+(3)=4+2 ➡ ㉡의 질량수: 3
전하량 보존: 2+(2)=2+2 ➡ ㉡의 전하량: 2

ㄱ. 핵반응 전후 질량수와 전하량(양성자수)은 보존되므로 ㉠은 삼중수소($^3_1$H), ㉡은 헬륨−3($^3_2$He)이다. 두 입자의 질량수는 3으로 서로 같다.

ㄷ. 핵반응 시 방출되는 에너지는 질량 결손과 비례($E=\Delta mc^2$)하므로 질량 결손은 방출되는 에너지가 큰 (나)에서가 (가)에서보다 크다.

바로알기 ㄴ. ㉠은 삼중수소($^3_1$H)이다. 중수소($^2_1$H)는 질량수가 2, 양성자수가 1이다.

중단원 핵심 정리 136~137쪽

❶ 상대 ❷ 에테르 ❸ 정지 ❹ 상대성 ❺ 일정 ❻ 동시성 ❼ A ❽ 느리게 ❾ c ❿ > ⓫ 수축 ⓬ 고유 길이 ⓭ < ⓮ 수축 ⓯ 질량 에너지 동등성 ⓰ 질량 결손 ⓱ 에너지 ⓲ 에너지 ⓳ 태양 ⓴ 헬륨

중단원 마무리 문제 138~141쪽

01 ③ 02 ③ 03 ④ 04 ① 05 ④ 06 ③
07 ① 08 ② 09 ④ 10 ④ 11 ⑤ 12 ① 13 ⑤
14 ③ 15 해설 참조 16 해설 참조 17 해설 참조

01 동쪽을 (+)방향으로 하고 기차의 속도를 $v_{기차}=60$ km/h, 자동차의 속도를 $v_{자동차}$라고 하면, 기차에 타고 있던 태희가 본 맞은편 도로의 자동차의 속도가 서쪽으로 140 km/h이므로 $v_{자동차}-v_{기차}=v_{자동차}-60$ km/h$=-140$ km/h이다. 따라서 $v_{자동차}=-80$ km/h이므로 지면에 대한 자동차의 속도는 서쪽으로 80 km/h이다.

02 ㄱ. 마이컬슨과 몰리의 실험은 에테르의 존재를 확인하기 위한 실험이었지만, 실험 결과 에테르의 존재를 확인할 수 없었다.
ㄷ. 마이컬슨과 몰리의 실험 결과 빛의 속력 차이가 없다는 것을 확인하였는데 이것은 광속 불변 원리와 관련이 있다.
바로알기 ㄴ. 마이컬슨과 몰리의 실험에서 빛의 속력이 관찰자의 속도에 따라 상대적으로 차이가 없음을 알게 되었다.

03 ㄱ, ㄴ. 모든 관성계에서 보았을 때 빛의 속력은 관찰자나 광원의 속도에 관계없이 일정하다. 따라서 등속도 운동을 하는 버스 안이나 밖의 사람이 볼 때 빛의 속력은 30만 km/s로 관찰된다.
바로알기 ㄷ. 광원의 속도에 관계없이 등속도 운동을 하는 관성계에서 빛의 속력은 30만 km/s로 일정하다.

04 꼼꼼 문제 분석

등속도
❶ 기차 밖에 정지해 있는 사람이 보면 기차는 오른쪽으로 움직임
❷ 그 결과 A점은 레이저 빛이 처음 출발한 지점에 접근하고, B점은 멀어짐

ㄱ. 기차 안에서 보면 레이저 빛의 속력은 어느 방향으로나 같고, O점에서 A점과 B점까지의 거리가 같으므로 레이저 빛은 A점과 B점에 동시에 도착한다.
바로알기 ㄴ. 기차 밖에 정지해 있는 사람이 보았을 때도 레이저 빛의 속력은 어느 방향으로나 같지만, 기차가 오른쪽으로 움직이므로 A점은 처음 레이저 빛이 출발한 지점에 가까워지고 B점은 멀어진다. 따라서 B점에 비해 더 가까운 A점에 레이저 빛이 먼저 도착하는 것으로 보인다.
ㄷ. 관성계에서 레이저 빛의 속력은 광원이나 관찰자의 운동 상태에 관계없이 항상 같다.

05 특수 상대성 이론의 가정은 상대성 원리와 광속 불변 원리이다.
ㄴ. 모든 관성계에서 물리 법칙은 동일하게 성립한다는 것은 상대성 원리이다.
ㄷ. 진공에서 빛의 속력은 모든 관성계에서 광원이나 관찰자의 속도에 관계없이 일정하다는 것은 광속 불변 원리이다.
바로알기 ㄱ. 서로 다른 관성계 사이에서 시간은 관찰자에 따라 다르게 흐른다. 다른 관성계의 시간이 관찰자의 관성계의 시간보다 천천히 흐른다.

06 꼼꼼 문제 분석

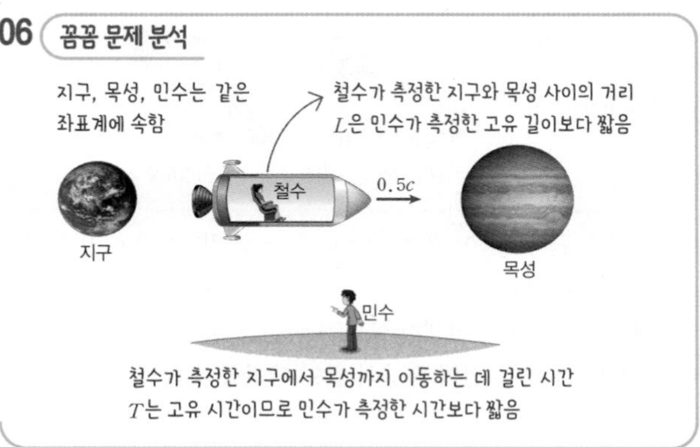

지구, 목성, 민수는 같은 좌표계에 속함
철수가 측정한 지구와 목성 사이의 거리 L은 민수가 측정한 고유 길이보다 짧음
철수
0.5c
지구
목성
민수
철수가 측정한 지구에서 목성까지 이동하는 데 걸린 시간 T는 고유 시간이므로 민수가 측정한 시간보다 짧음

ㄱ. 철수는 지구가 자신의 운동 반대 방향으로 $0.5c$의 속력으로 멀어지는 것으로 관측한다.
ㄴ. 민수가 측정한 지구와 목성 사이의 거리는 고유 길이이므로 다른 관성 좌표계의 철수가 측정한 L보다 크다.
바로알기 ㄷ. 민수가 측정한 우주선이 지구에서 목성까지 가는 데 걸린 시간은 고유 시간 T보다 길다.

07 ㄱ. 철수는 자신의 운동 방향과 반대 방향으로 영희가 속력 v로 운동하는 것으로 관측한다. 철수는 자신이 정지해 있는지 등속도 운동을 하는지 구별할 수 없다.
바로알기 ㄴ. 모든 관성계에서 빛의 속력은 동일하게 관측된다. 따라서 철수와 영희가 관측한 빛의 속력은 같다.
ㄷ. 철수의 좌표계에서 관찰할 때 영희가 왼쪽으로 운동하므로 처음 광원 위치에 대해 A는 멀어지고 B는 가까워진다. 따라서 철수는 광원에서 발생한 빛이 A보다 B에 먼저 도달하는 것으로 관측한다.

08 ㄴ. 속력은 B가 A보다 크고, B가 A의 앞에서 운동하므로 A와 B 사이의 거리는 점점 멀어진다. 관성계에 따라 멀어지는 정도는 다를 수 있어도, 멀어지는 사실 자체는 어느 관성계에서나 똑같이 관찰된다.

바로알기 ㄱ. 관찰자의 관성계에서 A와 B는 길이 수축이 일어나는데, 속력이 큰 B가 A보다 많이 수축된다. 관찰자가 측정했을 때 길이 수축이 일어난 두 우주선의 길이가 서로 같으므로 고유 길이는 B가 A보다 크다.

ㄷ. 관찰자의 관성계에서 A와 B는 서로 같은 방향으로 운동하고 있으므로 B의 속력은 관찰자의 관성계에서가 A의 관성계에서보다 크다. 속력이 클수록 길이가 더 많이 수축되므로 B의 길이는 관찰자의 관성계에서가 A의 관성계에서보다 짧다.

09 ㄱ. 철수가 관찰한 A에서 B까지의 거리는 영희가 관측한 고유 길이보다 짧다.

ㄷ. A에서 B까지 이동하는 데 걸린 시간은 철수가 측정한 값이 고유 시간이므로 다른 관성계의 영희가 측정한 시간보다 짧다.

바로알기 ㄴ. 철수가 측정한 우주선의 길이는 고유 길이이므로 다른 관성계의 영희가 측정한 우주선의 길이가 더 짧다.

10 꼼꼼 문제 분석

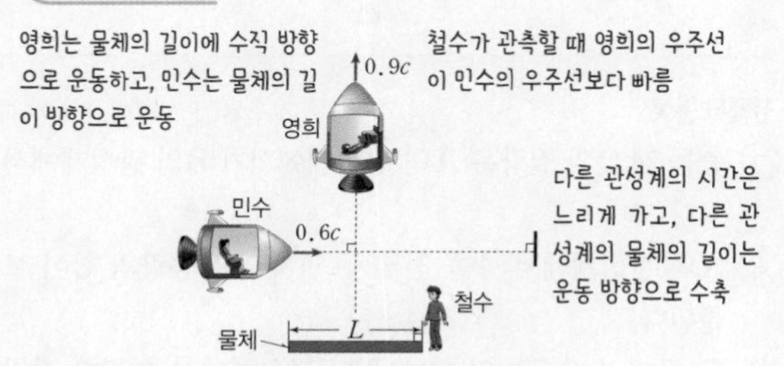
영희는 물체의 길이에 수직 방향으로 운동하고, 민수는 물체의 길이 방향으로 운동
0.9c
철수가 관측할 때 영희의 우주선이 민수의 우주선보다 빠름
영희
민수
0.6c
다른 관성계의 시간은 느리게 가고, 다른 관성계의 물체의 길이는 운동 방향으로 수축
철수
물체
L

ㄱ. 영희는 물체의 길이 방향에 수직으로 운동하므로 길이 수축을 관측할 수 없다. 따라서 영희가 측정한 물체의 길이는 고유 길이와 같은 L이다.

ㄷ. 상대 속도가 빠를수록 시간 지연이 크게 일어나므로 철수가 측정할 때 영희의 시간이 민수의 시간보다 느리게 간다.

바로알기 ㄴ. 물체의 길이 방향과 나란하게 운동하는 민수가 측정한 물체의 길이는 고유 길이인 L보다 짧다.

11 B: 고유 시간은 동일한 위치에서 일어난 두 사건 사이의 시간 간격을 말한다. 검출기에 빛이 도달하는 사건은 항상 같은 위치에서 일어나므로 검출기에 빛이 도달하는 시간 간격은 고유 시간이다.

C: 광원과 검출기 사이의 거리는 정지 상태에 있는 두 물체 사이의 거리이므로 고유 길이이다.

바로알기 A: 빛이 광원에서 방출된 사건과 검출기에 도달한 사건은 서로 다른 위치에서 일어난 사건이므로 이 두 사건 사이의 시간 간격은 고유 시간이 아니다.

12 꼼꼼 문제 분석

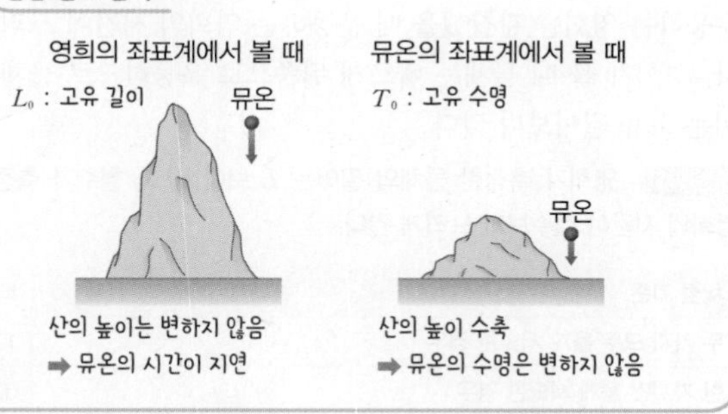
영희의 좌표계에서 볼 때
L_0 : 고유 길이
뮤온
산의 높이는 변하지 않음
➡ 뮤온의 시간이 지연
뮤온의 좌표계에서 볼 때
T_0 : 고유 수명
뮤온
산의 높이 수축
➡ 뮤온의 수명은 변하지 않음

ㄱ. 영희의 좌표계에서 본 뮤온의 수명 T는 시간 지연에 의해 고유 수명 T_0보다 길다. 따라서 $T>T_0$이다.

바로알기 ㄴ. 영희와 산은 같은 좌표계에 속하므로 영희가 관측한 산의 높이 L_0이 고유 길이이다. 뮤온의 좌표계에서 관측한 산의 높이 L은 길이 수축에 의해 수축되어 보이므로 $L<L_0$이다.

ㄷ. 뮤온이 지면에 도달하였으므로 뮤온의 속력에 뮤온의 고유 수명을 곱한 값은 뮤온이 관측한 산의 높이와 같다. 따라서 $0.99c\times T_0=L$이 된다.

13 ㄴ. 상대적으로 움직이고 있는 두 관성 좌표계가 있을 때 서로 상대방의 운동 방향으로의 길이가 수축되어 보인다. 따라서 우주 정거장에서 본 우주선 A의 길이는 고유 길이인 L_0보다 짧게 관측된다.

ㄷ. 우주 정거장에서 관측했을 때 빠르게 움직이는 우주선 A, B의 질량은 증가한다. 속력이 빠를수록 질량이 커지므로 속력이 A보다 빠른 B의 질량이 A의 질량보다 크게 관측된다.

바로알기 ㄱ. 우주선 A와 B는 속도가 다르므로 서로 다른 관성 좌표계이다. 따라서 A에서 관측한 B의 길이는 고유 길이인 L_0보다 짧다.

14 ㄱ. 중수소 원자핵과 삼중수소 원자핵이 융합하여 헬륨 원자핵과 중성자가 되므로 ㉠은 전하를 띠지 않는 중성자이다.

ㄴ. 발생하는 에너지는 핵반응 후 질량의 합이 핵반응 전보다 줄어들게 되는 질량 결손에 의한 것이다.

바로알기 ㄷ. 핵발전은 우라늄 원자핵이 핵분열할 때 발생하는 에너지를 이용한다.

15 특수 상대성 이론에 의한 현상으로는 시간 지연, 길이 수축 등이 있다.

모범 답안 시간 지연은 정지한 관찰자가 빠르게 운동하는 관찰자를 보면 상대방의 시간이 느리게 가는 것이고, 길이 수축은 한 관성계의 관찰자가 상대적으로 운동하는 물체를 보면 길이가 수축되어 보이는 것이다.

채점 기준	배점
두 가지 모두 옳게 서술한 경우	100 %
한 가지만 옳게 서술한 경우	50 %

16 특수 상대성 이론에 따르면 정지한 철수가 우주선과 함께 운동하는 영희를 관찰했을 때 운동하는 영희의 시간이 느리게 간다. 영희가 볼 때 물체는 빠르게 뒤쪽으로 운동하므로 물체의 길이는 고유 길이보다 짧다.

모범 답안 영희가 측정한 물체의 길이는 L_0보다 짧고, 철수가 측정할 때 영희의 시간이 철수보다 느리게 간다.

채점 기준	배점
두 가지 모두 옳게 서술한 경우	100 %
한 가지만 옳게 서술한 경우	50 %

17 뮤온과 함께 움직이는 좌표계에서는 산의 높이가 낮아진다. 지표면의 정지 좌표계에서는 뮤온의 수명이 길어진다.

모범 답안 (가)에서는 산의 높이가 낮아지고, (나)에서는 뮤온의 수명이 길어진다.

채점 기준	배점
두 가지를 모두 옳게 비교하여 서술한 경우	100 %
한 가지만 옳게 비교하여 서술한 경우	50 %

수능 실전 문제 143~145쪽

01 ① 02 ④ 03 ① 04 ⑤ 05 ② 06 ③
07 ① 08 ④ 09 ③ 10 ③ 11 ① 12 ②

01 꼼꼼 문제 분석

동쪽을 (+)방향으로 하면, 서쪽은 (−)방향이 된다.

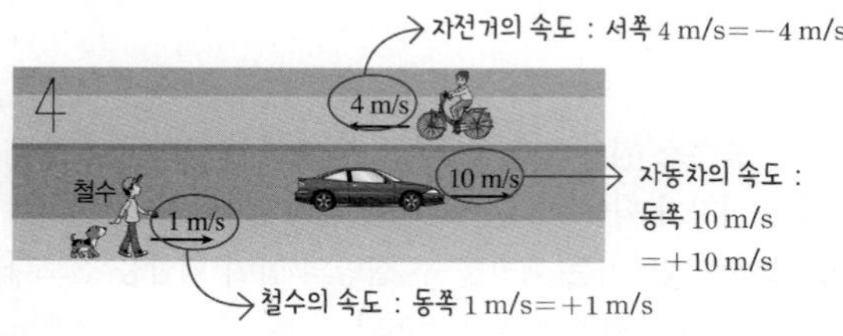
자전거의 속도 : 서쪽 4 m/s=−4 m/s
4 m/s
10 m/s
철수
1 m/s
자동차의 속도 : 동쪽 10 m/s =+10 m/s
철수의 속도 : 동쪽 1 m/s=+1 m/s

선택지 분석

ㄱ. 철수가 본 자동차의 속도는 동쪽으로 9 m/s이다.
ㄴ. 자전거에서 본 자동차의 속도는 동쪽으로 6 m/s이다. 14 m/s
ㄷ. 자동차에서 보면 걸어가는 철수가 자전거보다 빠르게 보인다. 느리게

전략적 풀이 ❶ 방향의 부호를 정하고, 상대 속도 식을 이용하여 상대 속도를 계산한다.

ㄱ. 상대 속도는 상대방의 속도에서 관찰자의 속도를 뺀 값이다. 동쪽을 (+)방향으로 하면 철수가 관찰한 자동차의 속도=자동차의 속도−철수의 속도=10 m/s−1 m/s=9 m/s가 된다.

ㄴ. 동쪽을 (+)방향으로 하면 자전거에서 관찰한 자동차의 속도=자동차의 속도−자전거의 속도=10 m/s−(−4 m/s)=14 m/s이므로 동쪽으로 14 m/s가 된다.

❷ 상대 속도의 크기를 비교해서 빠르게 보이는 것을 찾는다.

ㄷ. 자동차에서 관찰한 철수의 상대 속도=철수의 속도−자동차의 속도=1 m/s−10 m/s=−9 m/s이다.

자동차에서 관찰한 자전거의 상대 속도=자전거의 속도−자동차의 속도=−4 m/s −10 m/s=−14 m/s이다.

따라서 상대 속도의 크기는 자동차에서 본 자전거의 경우가 더 크므로 자동차에서 볼 때 더 빠르게 보이는 것은 자전거이다.

02 꼼꼼 문제 분석

상대성 원리: 물리 법칙은 모든 관성계에서 동일하게 성립
⇒ 측정되는 물리량 자체는 다를 수 있음
⇒ 운동량 보존 법칙은 성립하지만 운동량의 합은 다르게 측정됨

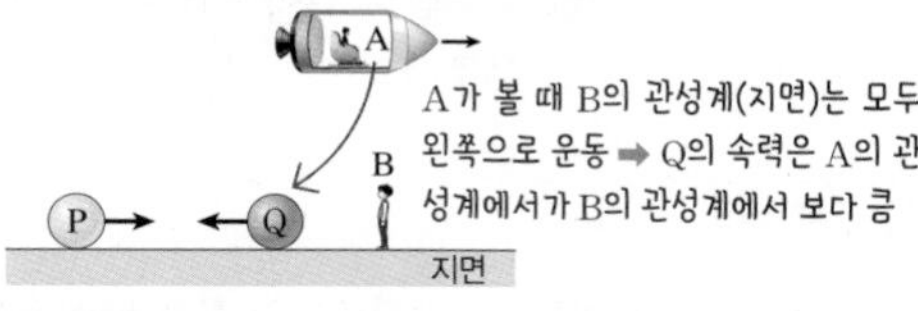
A
A가 볼 때 B의 관성계(지면)는 모두 왼쪽으로 운동 ⇒ Q의 속력은 A의 관성계에서가 B의 관성계에서 보다 큼
B
P
Q
지면

선택지 분석

ㄱ. 충돌 전 Q의 질량은 A의 관성계에서가 B의 관성계에서보다 크다.
ㄴ. A의 관성계에서 충돌 전후 두 물체의 운동량의 합이 보존된다.
ㄷ. 두 물체의 운동량의 합은 A의 관성계에서 측정한 값과 B의 관성계에서 측정한 값이 서로 같다. 다르다.

전략적 풀이 ❶ 각 관성계에서 관찰한 물체의 속력을 파악한다.

ㄱ. A는 자신이 정지해 있고, B의 관성계(즉, 지면과 그 위의 모든 물체)가 왼쪽으로 운동하는 것으로 관측하므로 Q의 속력은 A의 관성계에서가 B의 관성계에서보다 크다. 운동하는 물체의 질량은 속력이 클수록 크게 측정되므로 충돌 전 Q의 질량은 A의 관성계에서가 B의 관성계에서보다 크다.

❷ 상대성 원리를 이해한다.

ㄴ. 상대성 원리에 따르면 모든 관성계에서 물리 법칙은 동일하게 성립한다. B의 관성계에서 두 물체의 충돌 상황은 운동량 보존 법칙이 성립하는 상황이므로 A의 관성계에서도 똑같이 운동량 보존 법칙이 성립한다. 따라서 A의 관성계에서 충돌 전후 두 물체의 운동량의 합이 보존된다.

ㄷ. 관성계 사이의 상대 속도에 따라 측정되는 물리량은 다를 수 있고, A와 B의 관성계는 상대적으로 운동하므로 각 관성계에서 측정한 두 물체의 운동량의 합은 서로 다르다.

03 꼼꼼 문제 분석

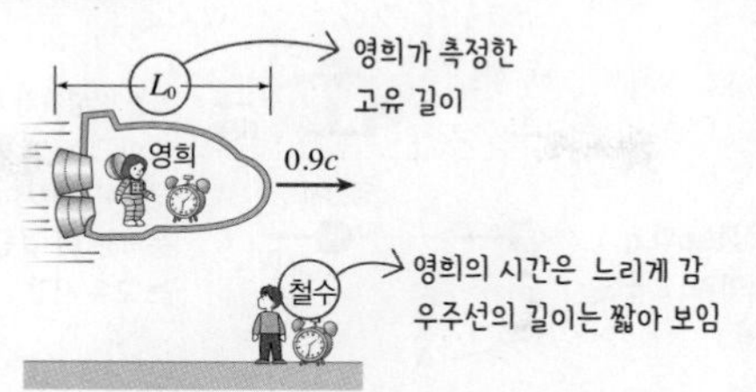

L_0
영희가 측정한
고유 길이
영희
0.9c
철수
영희의 시간은 느리게 감
우주선의 길이는 짧아 보임

선택지 분석

ㄱ. 철수가 관측한 영희가 탄 우주선의 길이는 L_0보다 짧다.
ㄴ. 철수는 영희의 시간이 자신의 시간보다 빠르게(→ 느리게) 가는 것으로 관측한다.
ㄷ. 영희가 우주선의 운동 방향으로 보낸 빛의 속력을 철수가 관측하면 c보다 빠르다.(→ c이다.)

전략적 풀이 ❶ 길이 수축 현상을 이해하고 우주선의 길이를 고유 길이와 비교한다.

ㄱ. 특수 상대성 이론의 길이 수축 현상에 의해 정지한 철수가 움직이는 우주선 길이를 관측하면 고유 길이 L_0보다 짧아 보인다.

❷ 시간 지연 현상을 이해하고 상대방의 시간을 비교한다.

ㄴ. 특수 상대성 이론의 시간 지연 현상에 의해 정지한 철수가 움직이는 영희를 보면, 영희의 시간이 자신의 시간보다 느리게 가는 것으로 관측한다.

❸ 광속 불변 원리를 파악하고 빛의 속력을 비교한다.

ㄷ. 특수 상대성 이론의 광속 불변 원리에 의하면 빛의 속력은 일정하다. 따라서 관성계에 있는 영희와 철수가 관측하는 빛의 속력은 모두 c로 같다.

04 꼼꼼 문제 분석

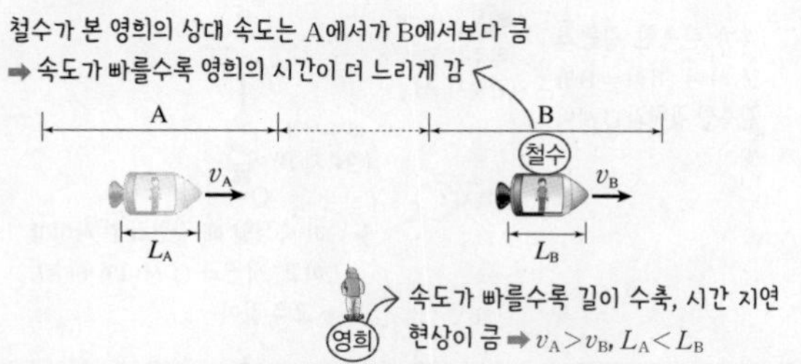

철수가 본 영희의 상대 속도는 A에서가 B에서보다 큼
➡ 속도가 빠를수록 영희의 시간이 더 느리게 감
A
B
철수
v_A
v_B
L_A
L_B
속도가 빠를수록 길이 수축, 시간 지연 현상이 큼 ➡ $v_A > v_B$, $L_A < L_B$
영희

선택지 분석

ㄱ. $v_A > v_B$이다.
ㄴ. $L_A < L_B$이다.
ㄷ. 철수가 측정할 때, 영희의 시간은 A에서 측정할 때가 B에서 측정할 때보다 느리게 간다.

전략적 풀이 ❶ 시간 지연과 길이 수축 현상을 파악하고, 시간과 길이를 비교한다.

ㄱ. 영희가 측정할 때 속도가 빠를수록 시간이 느리게 가므로 $v_A > v_B$이다.

ㄴ. 영희가 측정할 때 속도가 빠를수록 길이가 많이 수축되므로 $L_A < L_B$이다.

❷ 철수가 본 영희의 상대 속도를 비교한다.

ㄷ. 철수가 본 영희의 상대 속도는 A에서 측정할 때가 B에서 측정할 때보다 빠르다. 따라서 철수가 측정할 때 영희의 시간은 상대 속도가 더 빠른 A에서 측정할 때가 B에서 측정할 때보다 느리게 간다.

05 꼼꼼 문제 분석

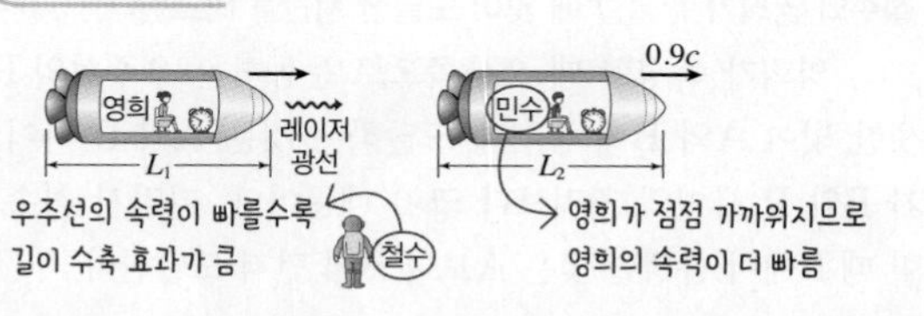

0.9c
영희
민수
레이저
광선
L_1
L_2
우주선의 속력이 빠를수록 길이 수축 효과가 큼
영희가 점점 가까워지므로 영희의 속력이 더 빠름
철수

선택지 분석

ㄱ. 민수가 측정한 레이저 광선의 속력(c)은 영희가 측정한 레이저 광선의 속력(c)보다 빠르다.(→ 같다.)
ㄴ. 철수가 측정할 때 $L_1 = L_2$이다.(→ $L_1 < L_2$)
ㄷ. 철수가 측정할 때 영희의 시간이 민수의 시간보다 느리게 간다.

전략적 풀이 ❶ 광속 불변 원리를 파악하고 빛의 속력을 비교한다.

ㄱ. 특수 상대성 이론의 광속 불변 원리에 의해 다른 관성계에 있는 민수와 영희가 측정한 레이저 광선의 속력은 똑같이 c이다.

❷ 철수가 볼 때 영희와 민수의 상대 속도를 비교한다.

ㄴ. 철수가 우주선의 길이를 측정할 때 우주선의 속력이 빠를수록 길이가 더 수축되므로 $L_1 < L_2$이다.

❸ 영희와 민수의 속력을 비교하고 속력이 빠를수록 시간이 느리게 간다는 것을 파악한다.

ㄷ. 민수가 볼 때 영희가 점점 자신에게 가까워지고 있으므로 영희의 속력은 민수의 속력 $0.9c$보다 빠르다. 속력이 빠를수록 시간이 더 느리게 가므로, 철수가 측정할 때 영희의 시간이 민수의 시간보다 느리게 간다.

06 꼼꼼 문제 분석

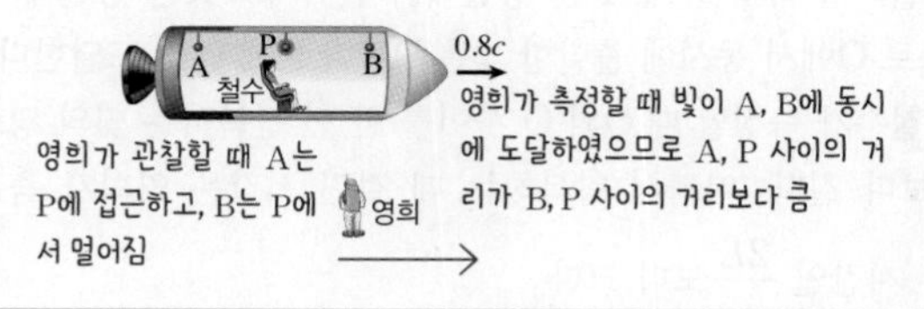

A
P
B
철수
0.8c
영희가 측정할 때 빛이 A, B에 동시에 도달하였으므로 A, P 사이의 거리가 B, P 사이의 거리보다 큼
영희가 관찰할 때 A는 P에 접근하고, B는 P에서 멀어짐
영희

선택지 분석

ㄱ. 영희가 측정할 때, 철수의 시간은 영희의 시간보다 느리게 간다.

ㄴ. 철수가 측정할 때 P에서 발생한 빛은 A보다 B에 먼저 도달한다.

~~ㄷ~~. 영희가 측정할 때, P에서 A까지의 거리는 P에서 B까지의 거리와 같다. 보다 크다.

전략적 풀이 ❶ 시간 지연 현상을 파악하고, 시간을 비교한다.

ㄱ. 서로 다른 관성계 사이에서 서로 상대방의 시간이 느리게 가는 것으로 관측된다. 따라서 영희가 측정할 때, 철수의 시간은 영희의 시간보다 느리게 간다.

❷ 철수와 영희가 관찰할 때 빛이 도달한 시간을 비교한다.

ㄴ, ㄷ. 영희가 측정할 때 오른쪽으로 운동하는 우주선의 P에서 발생한 빛이 A와 B에 동시에 도달하는 것은 A와 P 사이의 거리가 B와 P 사이의 거리보다 크기 때문이다. 따라서 철수가 측정할 때 P에서 발생한 빛은 A보다 B에 먼저 도달한다.

07 꼼꼼 문제 분석

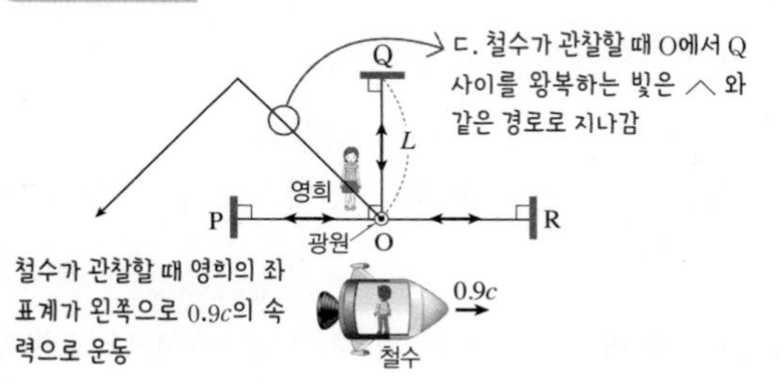

Q
ㄷ. 철수가 관찰할 때 O에서 Q 사이를 왕복하는 빛은 ∧ 와 같은 경로로 지나감
L
영희
P
R
광원
O
철수가 관찰할 때 영희의 좌표계가 왼쪽으로 0.9c의 속력으로 운동
0.9c
철수

선택지 분석

ㄱ. P와 R 사이의 거리는 $2L$보다 짧다.

~~ㄴ~~. O에서 P와 R를 향해 동시에 출발한 빛은 R보다 P에 (P보다 R) 먼저 도달한다.

~~ㄷ~~. O와 Q 사이를 한 번 왕복하는 데 걸린 시간은 $\frac{2L}{c}$이다. ($\frac{2L}{c}$보다 크다.)

전략적 풀이 ❶ 철수가 측정할 때 고유 길이를 파악한다.

ㄱ. 철수가 측정할 때, P와 R 사이의 거리는 고유 길이인 $2L$보다 짧다.

❷ 철수가 측정할 때 빛의 경로와 걸린 시간을 파악하고 비교한다.

ㄴ. 철수가 측정할 때, P는 광원에서 멀어지고 R는 광원에 접근하므로 O에서 동시에 출발한 빛은 P보다 R에 먼저 도달한다.

ㄷ. 철수가 측정할 때 O와 Q 사이를 한 번 왕복하는 빛의 경로는 $2L$보다 길다. 따라서 왕복하는 데 걸린 시간은 영희가 측정한 고유 시간인 $\frac{2L}{c}$보다 크다.

08 꼼꼼 문제 분석

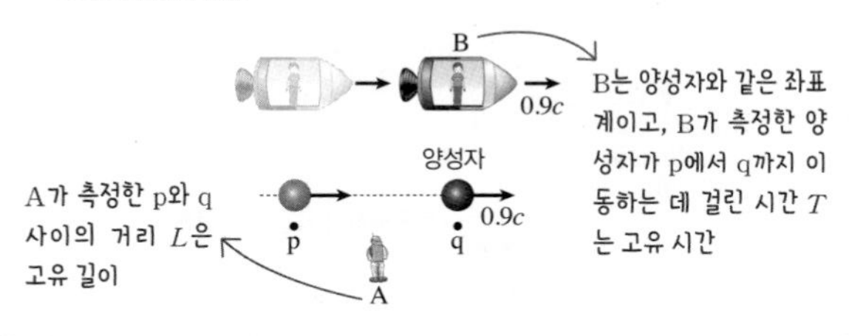

B
0.9c
B는 양성자와 같은 좌표계이고, B가 측정한 양성자가 p에서 q까지 이동하는 데 걸린 시간 T는 고유 시간
양성자
A가 측정한 p와 q 사이의 거리 L은 고유 길이
p
q
0.9c
A

선택지 분석

~~ㄱ~~. $L=0.9cT$이다. >

ㄴ. A가 측정한 p에서 q까지 양성자가 이동하는 데 걸린 시간은 T보다 크다.

ㄷ. B가 측정한 양성자의 에너지는 A가 측정한 양성자의 에너지보다 작다.

전략적 풀이 ❶ A와 양성자가 측정한 고유 시간과 고유 길이를 파악하고, 시간 지연과 길이 수축 현상을 파악한다.

ㄱ. A가 측정한 양성자가 p에서 q까지 이동하는 데 걸린 시간을 T'이라고 하면 $T'>T$이다. 따라서 고유 길이는 $L=0.9cT'$이고 $L>0.9cT$이다.

ㄴ. 양성자와 다른 좌표계에 있는 A가 측정한 p에서 q까지 양성자가 이동하는 데 걸린 시간은 고유 시간인 T보다 크다.

❷ 속도가 클수록 에너지가 커진다는 것을 파악한다.

ㄷ. B가 측정한 양성자의 속도는 0이므로 B가 측정한 양성자의 에너지는 정지 질량에 의한 에너지이다. 반면 A가 측정한 양성자의 속도는 $0.9c$이므로 A가 측정한 양성자의 에너지는 정지 에너지보다 크다. 따라서 B가 측정한 양성자의 에너지는 A가 측정한 양성자의 에너지보다 작다.

09 꼼꼼 문제 분석

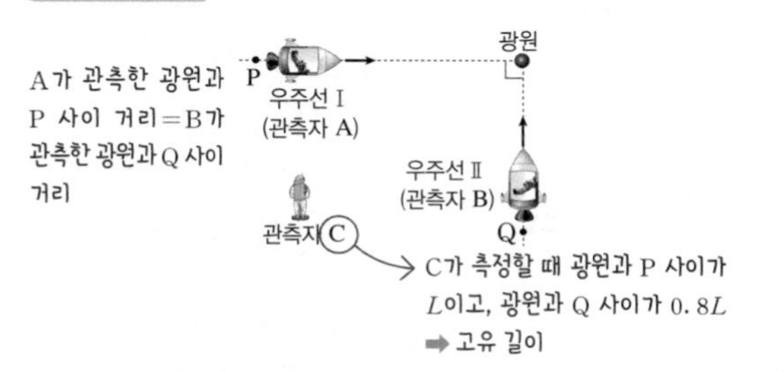

A가 관측한 광원과 P 사이 거리=B가 관측한 광원과 Q 사이 거리
P
우주선 I
(관측자 A)
광원
우주선 II
(관측자 B)
관측자 C
Q
C가 측정할 때 광원과 P 사이가 L이고, 광원과 Q 사이가 0.8L
➡ 고유 길이

선택지 분석

ㄱ. 광원에서 나온 빛의 속력은 세 관측자 A, B, C에게 똑같이 측정된다.

ㄴ. A가 측정할 때, 광원과 P 사이의 거리는 L보다 짧다.

~~ㄷ~~. C가 측정할 때, A의 시간은 B의 시간보다 빠르게 (느리게) 간다.

전략적 풀이 ❶ 광속 불변 원리를 파악하고, 빛의 속력을 비교한다.

ㄱ. 빛의 속력은 모든 관성계에서 동일하게 관측되므로 세 관측자에게 똑같이 측정된다.

❷ 고유 길이를 비교하고, 길이 수축 현상과 시간 지연 현상을 파악한다.

ㄴ. 운동하는 A가 측정할 때, 광원과 P 사이의 거리는 고유 길이인 L보다 짧다.

ㄷ. 고유 길이가 L인 P와 광원 사이의 거리를 A가 측정한 거리와 고유 길이가 $0.8L$인 Q와 광원 사이의 거리를 B가 측정한 거리가 같다는 것은 B보다 A에게 길이 수축이 크게 일어난 것이다. 속력이 빠를수록 길이 수축이 크게 일어나므로 B의 속력보다 A의 속력이 더 빠르다. 따라서 C가 측정할 때, A의 시간은 B의 시간보다 느리게 간다.

10 꼼꼼 문제 분석

$$^{235}_{92}U+{}^{1}_{0}n \longrightarrow {}^{141}_{56}Ba+{}^{92}_{36}Kr+3\,{}^{1}_{0}n+200\text{ MeV}$$

ⓐ 저속 중성자

ⓑ 고속 중성자

질량 결손에 의한 에너지

➡ 질량의 합은 보존되지 않음

선택지 분석

~~ㄱ~~. 우라늄($^{235}_{92}U$) 원자핵의 질량만큼에 해당하는 에너지가 발생한다. 질량 결손에 해당하는 만큼

~~ㄴ~~. ⓐ의 속도는 ⓑ의 속도보다 빠르다. 느리다.

ⓒ 핵분열 후 입자들의 질량의 합은 핵분열 전보다 줄어든다.

전략적 풀이 ❶ 질량 에너지 동등성을 파악하고 핵반응 후 질량의 합이 보존되지 않는다는 것을 파악한다.

ㄱ. 핵반응 후 줄어든 질량의 합에 해당하는 만큼의 에너지가 발생한다.

ㄷ. 핵분열 반응에서 방출되는 에너지 200 MeV의 근원은 질량 결손에 의한 것이다. 따라서 핵분열 후 입자들의 질량의 합은 핵분열 전보다 줄어든다.

❷ 핵분열 과정을 이해하고, 그 과정에서 흡수하고 방출하는 중성자의 속도를 비교한다.

ㄴ. $^{235}_{92}U$는 속도가 느린 중성자를 잘 흡수하여 2개의 다른 원자핵으로 분열하면서 2개~3개의 고속 중성자를 발생시키므로, 핵분열이 연쇄적으로 일어나게 하려면 $^{235}_{92}U$가 핵분열한 후 방출되는 고속 중성자의 속도를 느리게 하는 감속재를 사용해야 한다. 따라서 ⓐ의 속도는 ⓑ의 속도보다 느리다.

11 꼼꼼 문제 분석

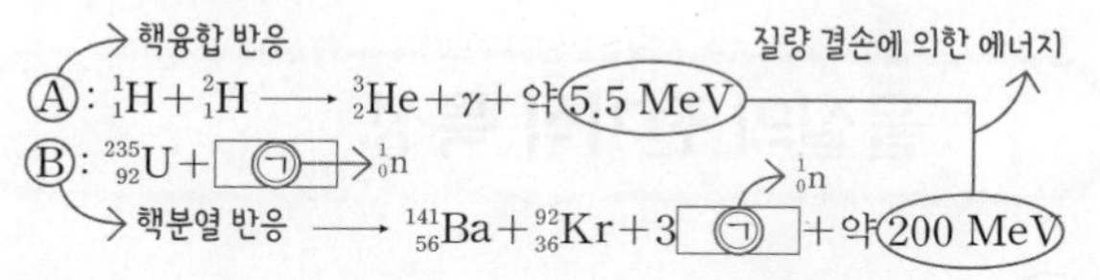

선택지 분석

~~ㄱ~~. A에서는 질량 결손이 일어나지 않는다. 일어난다.

ⓛ B는 원자력 발전소에서 일어나는 반응이다.

~~ㄷ~~. ㉠에 해당하는 입자는 헬륨($^{4}_{2}He$)이다. 중성자($^{1}_{0}n$)

전략적 풀이 ❶ 핵융합과 핵분열 과정을 반응식을 보고 구분하고, 그 과정에서 반응하는 입자를 유추해 낸다.

ㄴ. A는 가벼운 원자핵이 반응하여 더 무거운 원자핵으로 변하는 핵융합 반응으로 태양에서 일어나며, B는 입자의 충돌로 불안정해진 원자핵이 2개 이상의 가벼운 원자핵으로 변하는 핵분열 반응으로 원자력 발전소에서 일어난다.

ㄷ. ㉠에 해당하는 입자는 중성자($^{1}_{0}n$)이다.

❷ 핵반응 과정에서 질량 결손에 의한 에너지 발생을 파악한다.

ㄱ. A의 핵융합과 B의 핵분열에서 모두 핵반응 후 질량의 합이 핵반응 전보다 줄어드는 질량 결손이 일어난다.

12 꼼꼼 문제 분석

(가) $^{17}_{8}O+{}^{1}_{1}H \longrightarrow$ ㉠ $+{}^{4}_{2}He+1.19\text{ MeV}$

질량수 보존: 17+1=(14)+4, 전하량 보존: 8+1=(7)+2

(나) $^{18}_{8}O+{}^{1}_{1}H \longrightarrow$ ㉡ $+{}^{4}_{2}He+3.98\text{ MeV}$

질량수 보존: 18+1=(15)+4, 전하량 보존: 8+1=(7)+2

선택지 분석

~~ㄱ~~. 질량수는 ㉠이 ㉡보다 크다. 작다.

~~ㄴ~~. ㉠과 ㉡의 중성자수는 서로 같다. 다르다.

ⓒ 질량 결손은 (가)에서가 (나)에서보다 작다.

전략적 풀이 ❶ 핵반응식을 완성한다.

ㄱ. 질량수 보존과 전하량 보존을 적용하면 ㉠은 $^{14}_{7}N$이고 ㉡은 $^{15}_{7}N$이다. 따라서 ㉠의 질량수는 14이고 ㉡의 질량수는 15이므로 질량수는 ㉠이 ㉡보다 1만큼 작다.

❷ 질량수, 양성자수, 중성자수 사이의 관계를 이해한다.

ㄴ. '질량수=양성자수+중성자수'이고, 원자 번호는 양성자수와 같다. $^{14}_{7}N$의 질량수는 14, 양성자수는 7이므로 중성자수는 7이고, $^{15}_{7}N$의 질량수는 15, 양성자수는 7이므로 중성자수는 8이다.

❸ 질량 에너지 동등성을 이해한다.

ㄷ. 질량 에너지 동등성에 따라 핵반응 과정에서 방출되는 에너지는 질량 결손에 비례한다. 방출되는 에너지는 (가)에서가 (나)에서보다 작으므로 질량 결손도 (가)에서가 (나)에서보다 작다.

Ⅱ

물질과 전자기장

1 물질의 전기적 특성

1 원자와 전기력

개념 확인 문제 150쪽

❶ 전자 ❷ 알파 입자 ❸ (+) ❹ Ze ❺ 원자핵 ❻ 척력 ❼ 인력 ❽ 비례 ❾ 반비례 ❿ 인력

1 (1) ㉠ (2) ㉢ (3) ㉡ **2** ㉠ (−), ㉡ 전자 **3** 원자핵
4 (1) ○ (2) × (3) × **5** $9F$ **6** (1) ○ (2) × (3) ×

1 (1) 톰슨 원자 모형은 (+)전하를 띤 원자의 바다에 전자가 균일하게 분포하고 있다.
(2) 러더퍼드 원자 모형은 전자가 원자핵을 중심으로 임의의 궤도에서 원운동을 한다.
(3) 보어 원자 모형은 전자가 원자핵을 중심으로 특정한 궤도에서 원운동을 한다.

2 톰슨의 음극선 실험을 통해 음극선은 ㉠(−)전하를 띤 입자의 흐름이라는 것이 밝혀졌다. 이 입자를 ㉡전자라고 한다.

3 러더퍼드는 알파(α) 입자 산란 실험을 해석하여 원자의 중심에 원자핵이 존재하며, 원자는 원자핵을 제외하면 거의 비어 있다는 것을 알아내었다.

4 (1) 알파 입자 산란 실험에서 알파 입자는 대부분 직진한다. 이는 원자 내부 공간이 대부분 비어 있다는 것을 의미한다.
(2) 원자 질량의 대부분은 원자핵의 질량이다.
(3) 알파 입자는 (+)전하를 띠고 원자핵도 (+)전하를 띠므로 알파 입자가 원자핵에 접근하면 전기적인 척력이 작용한다.

5 전기력의 크기는 두 전하 사이의 거리의 제곱에 반비례하므로 거리가 $\frac{1}{3}$배가 되면 전기력의 크기는 9배가 된다. 따라서 (나)에서 두 전하 사이에 작용하는 전기력의 크기는 $9F$이다.

6 (1) 원자핵은 (+)전하를 띠고, 전자는 (−)전하를 띠므로 원자핵과 전자 사이에는 전기적인 인력이 작용한다.
(2) 전자는 전기력에 의해서 원자에 속박되어 있다. 중력은 전기력에 비해 매우 작으므로 무시할 수 있다.
(3) 전자는 원자핵에 가까울수록 에너지가 작아져 안정하다.

대표 자료 분석 151~152쪽

자료 ❶ **1** (1) 러더퍼드 (2) (+) (3) 척력 **2** 알파 입자(헬륨 원자핵) **3** (1) ○ (2) ○ (3) × (4) ○ (5) ×
자료 ❷ **1** (1) $-x$ (2) $+x$ (3) $-x$ **2** $7F$ **3** 16 : 9 **4** (1) ○ (2) × (3) ○ (4) ○
자료 ❸ **1** (1) 다르다 (2) 크다 (3) (−) (4) 당기는 **2** $F_{AC}>F_{BC}$ **3** (1) ○ (2) ○ (3) × (4) ○
자료 ❹ **1** ㉠ 전기력(인력), ㉡ 속박, ㉢ 3 **2** $F_A>F_B>F_C$ **3** (1) × (2) ○ (3) × (4) × (5) ○

1-1 (1) (가)는 전자가 원자핵을 중심으로 임의의 궤도에서 돌고 있으므로 러더퍼드 원자 모형이다. (나)는 톰슨 원자 모형이다.
(2) (−)전하를 띤 전자가 원운동을 할 수 있는 까닭은 (+)전하를 띤 원자핵이 전기적 인력을 작용하기 때문이다.
(3) 전자는 (−)전하를 띤다. 전자들끼리와 같이 같은 종류의 전하 사이에는 서로 밀어내는 전기적인 척력이 작용한다.

1-2 러더퍼드 원자 모형의 원자핵은 알파 입자(헬륨 원자핵)를 사용한 알파 입자 산란 실험을 통해 제안되었다.

1-3 (1), (2) (가)에서 전자는 원자핵을 중심으로 임의의 궤도에서 원운동을 하며, 원자핵을 제외하면 원자 대부분의 공간은 비어 있다.
(3) (가)에서 전자의 질량은 원자핵의 질량에 비하여 무시할 수 있을 정도로 작다.
(4) (나)에서 전자는 음극선 실험을 통해 (−)전하를 띤 입자라는 것을 알아내었다.
(5) (나)에서 원자 내부는 (+)전하를 띤 물질로 가득 차 있다.

2-1 꼼꼼 문제 분석

(1) A와 B는 전하의 종류가 같으므로 서로 미는 전기력(척력)이 작용한다. 따라서 B가 A에 작용하는 전기력의 방향은 $-x$ 방향이다.
(2) A와 C는 전하의 종류가 다르므로 서로 당기는 전기력(인력)이 작용한다. 따라서 C가 A에 작용하는 전기력의 방향은 $+x$ 방향이다.

(3) 전기력의 크기는 두 전하량의 곱에 비례하고, 두 전하 사이의 거리의 제곱에 반비례하므로 B가 A에 작용하는 전기력의 크기가 C가 A에 작용하는 전기력의 크기보다 크다. 따라서 A에 작용하는 전기력의 방향은 B가 A에 작용하는 전기력의 방향과 같은 $-x$ 방향이다.

2-2 A와 C 사이의 거리를 $2r$라고 하면 A와 C 사이에 작용하는 전기력의 크기 $F=k\frac{Q^2}{(2r)^2}$이고, A와 B 사이에 작용하는 전기력의 크기는 $k\frac{2Q^2}{r^2}=8k\frac{Q^2}{(2r)^2}=8F$이다. 따라서 A에 작용하는 전기력의 크기는 $8F-F=7F$이다.

2-3 A와 B 사이의 거리는 B와 C 사이의 거리와 같고, A와 B의 전하량의 곱은 B와 C의 전하량의 곱과 같으므로 B와 C 사이에 작용하는 전기력의 크기도 $8F$이다. A와 C가 B에 작용하는 전기력의 방향은 모두 $+x$ 방향이므로 B에 작용하는 전기력의 크기 $F_B=8F+8F=16F$이다. A와 B가 C에 작용하는 전기력의 방향은 모두 $-x$ 방향이므로 C에 작용하는 전기력의 크기 $F_C=F+8F=9F$이다. 따라서 $F_B : F_C=16 : 9$이다.

2-4 (1) B에 작용하는 전기력의 방향은 $+x$ 방향이고, C에 작용하는 전기력의 방향은 $-x$ 방향이다. 따라서 B와 C에 작용하는 전기력의 방향은 서로 반대이다.
(2) 전하량의 곱은 A와 B가 A와 C의 2배이고, 전하 사이의 거리는 A와 C가 A와 B의 2배이다. 전기력의 크기는 전하량의 곱에 비례하고, 거리의 제곱에 반비례하므로 A가 B에 작용하는 전기력의 크기는 A가 C에 작용하는 전기력의 크기의 8배이다.
(3) A에 작용하는 전기력의 크기가 $8F-F=7F$일 때, C에 작용하는 전기력의 크기는 $F+8F=9F$이다. 따라서 A에 작용하는 전기력의 크기는 C에 작용하는 전기력의 크기보다 작다.
(4) A와 C의 위치를 서로 바꾸면 B는 A와 C로부터 모두 $-x$ 방향으로 전기력을 받으므로 B에 작용하는 전기력의 방향은 반대가 된다.

3-1 (1) B와 C의 전하의 종류가 같으면 B와 C가 A에 작용하는 전기력의 방향이 같으므로 A에 작용하는 전기력이 0이 될 수 없다. 따라서 B와 C의 전하의 종류는 서로 다르다.
(2) C가 B보다 A로부터 멀리 떨어져 있으므로 A에 작용하는 전기력이 0이 되기 위해서 전하량의 크기는 C가 B보다 커야 한다.
(3) 만약 B가 (+)전하이면 C는 (−)전하이므로 B에 작용하는 전기력의 방향은 $+x$ 방향이 된다. 따라서 B는 (−)전하이고, C는 (+)전하이다.
(4) A는 (+)전하이고 B는 (−)전하이므로 A와 B 사이에는 서로 당기는 전기력(인력)이 작용한다.

3-2 A와 B 사이에 작용하는 전기력의 크기를 F_{AB}라고 하면 A에 작용하는 전기력은 0이므로 $F_{AB}=F_{AC}$이다. B에 작용하는 전기력의 방향이 $-x$ 방향이므로 $F_{AB}>F_{BC}$이다. 따라서 $F_{AC}>F_{BC}$이다.

3-3 (1) A와 C 모두 (+)전하이므로 A와 C 사이에는 서로 미는 전기력(척력)이 작용한다.
(2) B는 (−)전하이고 C는 (+)전하이므로 B와 C 사이에는 서로 당기는 전기력(인력)이 작용한다.
(3) B에 작용하는 전기력의 방향이 $-x$ 방향이므로 A가 B를 당기는 전기력의 크기가 C가 B를 당기는 전기력의 크기보다 크다. A와 B 사이의 거리와 B와 C 사이의 거리는 같으므로 전하량의 크기는 A가 C보다 크다.
(4) A와 C 사이에 작용하는 전기력이 B와 C 사이에 작용하는 전기력의 크기보다 크므로 A가 C를 미는 전기력이 B가 C를 당기는 전기력의 크기보다 크다. 따라서 C에 작용하는 전기력의 방향은 $+x$ 방향이다.

4-1 원자핵 주위에서 각각 원운동을 하고 있는 전자 A, B, C는 원자핵으로부터 <u>㉠전기력(인력)</u>이 작용하여 원자에 <u>㉡속박</u>되어 있다. 이 원자는 전기적으로 중성이고, (−)전하를 띤 전자가 3개 있으므로 원자핵에는 (+)전하를 띤 양성자도 <u>㉢3개</u> 들어 있다.

4-2 전자가 받는 전기력의 크기는 원자핵으로부터 거리의 제곱에 반비례한다. 원자핵으로부터의 거리가 A<B<C이므로 원자핵으로부터 받는 전기력의 크기는 $F_A>F_B>F_C$이다.

4-3 (1) 전자에 작용하는 전기력의 방향이 계속 바뀌므로 전자의 가속도는 방향이 일정하지 않다. 따라서 전자는 등가속도 운동을 하지 않는다.
(2) 양성자 1개의 전하량은 전자 1개의 전하량(기본 전하량)과 같다. 원자가 중성이므로 원자핵의 전하량은 양성자 3개의 전하량과 같다. 따라서 원자핵의 전하량은 A의 전하량의 3배이다.
(3) 전자의 역학적 에너지는 원자핵으로부터 멀수록 크다. B가 A보다 원자핵으로부터 멀리 있으므로 전자의 역학적 에너지는 B가 A보다 크다.
(4) B, C에 각각 작용하는 전기력의 크기는 A에 작용하는 전기력의 크기보다 작으므로 A, B, C에 작용하는 전기력의 크기의 합은 A에 작용하는 전기력의 크기의 3배보다 작다.
(5) 원자핵으로부터 멀어질수록 전자의 역학적 에너지는 커진다. 원자핵으로부터 무한히 먼 곳에 있는 전자의 역학적 에너지를 0이라고 하면 원자핵에 속박된 전자의 역학적 에너지는 0보다 작다. 따라서 A, B, C의 역학적 에너지는 0보다 작다.

내신 만점 문제 153~156쪽

01 ④ 02 ③ 03 ③ 04 ② 05 ⑤ 06 ①
07 해설 참조 08 ⑤ 09 ② 10 ③ 11 해설 참조
12 ③ 13 ④ 14 ① 15 ④ 16 ⑤ 17 해설 참조
18 ② 19 ① 20 ⑤

01 (가)는 보어 원자 모형이고, (나)는 톰슨 원자 모형, (다)는 러더퍼드 원자 모형이다. 따라서 원자 모형이 제안된 순서는 (나) → (다) → (가) 순이다.

02 ㄱ. 세 가지 원자 모형에서 전자는 모두 (−)전하를 띠는 입자로 설명한다.
ㄷ. 원자는 (+)전하의 전하량과 (−)전하의 전하량이 같으므로 전기적으로 중성이다.
바로알기 ㄴ. (가), (다)는 원자 중심에 (+)전하를 띠는 원자핵이 존재하는 것으로 설명하지만 (나)에서는 (+)전하인 원자의 바다로 설명하므로 원자핵의 개념이 없다.

03 ① 전자는 톰슨이 음극선 실험을 통해 발견하였다.
② 전자의 질량은 원자핵보다 작다.
④ 원자는 원자핵과 전자로 구성되어 있다.
⑤ 전자는 (−)전하를 띠므로 전하를 띠는 다른 입자에 의해 전기력을 받는다.
바로알기 ③ 전자는 원자핵과 함께 원자를 구성하는 입자로, 원자핵 속에 들어 있지 않다. 원자핵은 양성자와 중성자로 구성되어 있다.

04 꼼꼼 문제 분석

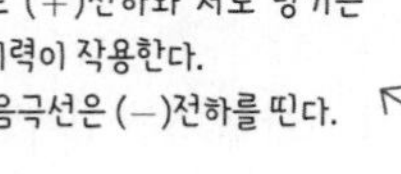

음극선이 (+)극 쪽으로 휘어지므로 (+)전하와 서로 당기는 전기력이 작용한다.
➡ 음극선은 (−)전하를 띤다.

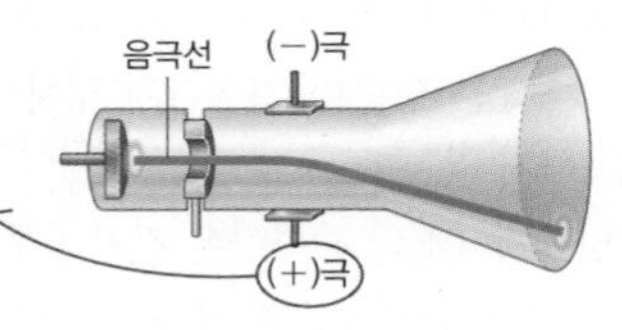

ㄴ. 음극선은 전자의 흐름으로 전기장에 의해 전기력을 받고, 자기장에 의해 자기력을 받는다.
바로알기 ㄱ, ㄷ. 음극선은 (−)전하를 띠는 입자의 흐름으로, 음극선이 전기력을 받아 (+)극 쪽으로 휘어진다.

05 ①, ② (+)전하를 띠는 소수의 알파 입자가 큰 각도로 휘어지거나 거의 정반대 방향으로 되돌아 나오므로, (+)전하를 띠는 입자(원자핵)가 원자의 중심에 존재한다는 것을 알 수 있다.
③ 대부분의 알파 입자는 산란되지 않고 직진한다. 따라서 원자 내부 공간은 원자핵을 제외하면 대부분 비어 있다는 것을 알 수 있다.
④ 알파 입자가 대부분 직진하므로 전자의 질량이 매우 작다는 것을 알 수 있다. 원자핵의 질량은 전자에 비해 매우 크므로 원자핵의 지름이 원자의 지름에 비해 매우 작지만 원자의 질량은 대부분 원자핵의 질량이다.
바로알기 ⑤ 알파 입자 산란 실험으로 원자핵과 전자의 전하량을 비교할 수는 없다.

06 꼼꼼 문제 분석

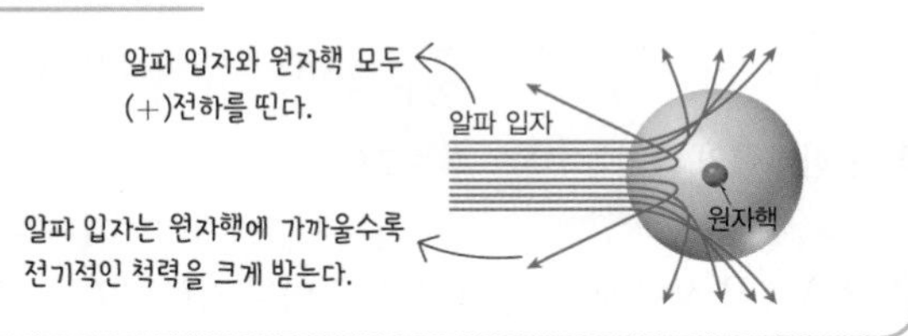

ㄱ. 알파 입자는 금 원자핵에 가깝게 입사할수록 전기적인 척력을 크게 받아 산란각이 커진다.
바로알기 ㄴ. 알파 입자와 원자핵이 서로 밀어내어 알파 입자가 산란된다. 따라서 알파 입자와 원자핵은 전하의 종류가 같다. 알파 입자는 헬륨 원자핵이고, 원자핵은 양성자에 의해 모두 (+)전하를 띤다.
ㄷ. 알파 입자가 원자핵과 충돌할 때, 알파 입자가 산란되므로 알파 입자는 금 원자핵에 비해 질량이 작다.

07 알파 입자는 전자에 비해 매우 무겁기 때문에 전자와 충돌해도 운동 경로가 변하지 않으며, 원자 내부 공간이 거의 비어 있기 때문에 원자에 입사된 대부분의 알파 입자는 직진한다.

모범 답안 (1) 전자의 질량이 알파 입자에 비해 매우 작기 때문이다.
(2) 원자핵을 제외하면 원자 내부의 공간이 거의 비어 있기 때문이다.

채점 기준		배점
(1)	전자의 질량이 알파 입자와 비교하여 매우 작다고 서술한 경우	50 %
	전자의 질량이 작다고만 서술한 경우	20 %
(2)	원자 내부 공간이 거의 비어 있다고 서술한 경우	50 %
	원자핵이 매우 작다고 서술한 경우	20 %

08 ㄱ. 원자는 원자핵과 전자로 이루어져 있다. 전자는 톰슨의 음극선 실험을 통해 발견되었고, 원자핵은 러더퍼드의 알파(α) 입자 산란 실험을 통해 발견되었다.
ㄴ. 양성자와 전자는 전하량의 크기가 같고 전하의 종류가 다르다. 따라서 전기적으로 중성인 원자는 양성자와 전자의 수가 같다.
ㄷ. 원자는 양성자에 의해 (+)전하를 띠는 원자핵과 (−)전하를 띠는 전자 사이에 작용하는 서로 당기는 전기력으로 구조가 유지된다.

09 ㄷ. 전자가 원자핵 주위의 특정한 궤도에서 원운동을 하는 것은 보어 원자 모형이다.

바로알기 ㄱ. 톰슨은 음극선 실험을 통해 전자의 존재를 알아내었다. 원자핵의 존재는 러더퍼드가 발견하였다.

ㄴ. 러더퍼드 원자 모형은 알파(α) 입자 산란 실험을 해석하여 정립되었다. 따라서 A는 알파(α) 입자 산란 실험이다.

10 꼼꼼 문제 분석

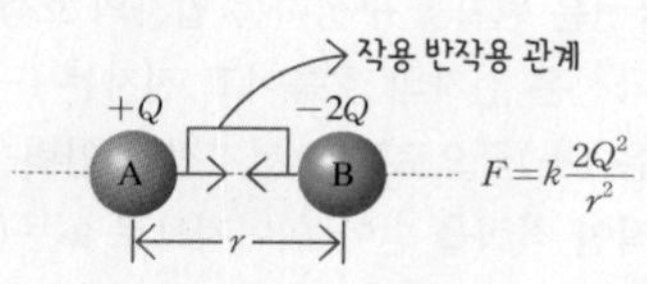

ㄱ. A, B는 전하의 종류가 서로 다르므로 서로 당기는 전기력(인력)이 작용한다.

ㄷ. 전기력의 크기는 두 전하 사이의 거리의 제곱에 반비례한다. 따라서 A, B 사이의 거리가 멀어지면 전기력의 크기는 작아진다.

바로알기 ㄴ. 작용 반작용 법칙에 따라 A, B가 주고받는 전기력은 크기가 서로 같고 방향이 반대이다.

11 쿨롱 법칙에 따라 $F=k\frac{3Q^2}{r^2}$이다. A, B를 접촉시키면 전체 전하량은 $+2Q$가 되므로 A, B를 떼면 A, B 각각의 전하량은 $+Q$이다. A, B 사이의 거리가 $2r$가 되었을 때 전기력의 크기는 $k\frac{Q^2}{(2r)^2}=\frac{F}{12}$가 된다.

모범 답안 A의 전하량: $+Q$, B의 전하량: $+Q$, 전기력의 크기: $\frac{1}{12}F$

채점 기준	배점
세 가지를 모두 옳게 쓴 경우	100 %
세 가지 중 두 가지만 옳게 쓴 경우	50 %
세 가지 중 한 가지만 옳게 쓴 경우	20 %

12 꼼꼼 문제 분석

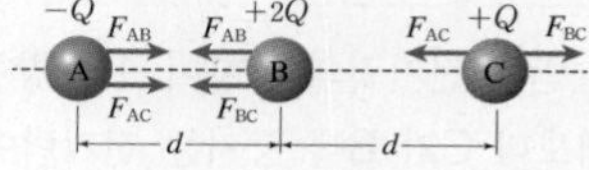

A와 B 사이의 전기력의 크기를 F_{AB}, A와 C 사이의 전기력의 크기를 F_{AC}, B와 C 사이의 전기력의 크기를 F_{BC}라고 하고, 점전하 사이의 간격을 d라고 하면 F_A, F_B, F_C는 다음과 같다.

$F_A=|F_{AB}+F_{AC}|=\frac{2kQ^2}{d^2}+\frac{kQ^2}{4d^2}=\frac{9kQ^2}{4d^2}$,

$F_B=|F_{AB}+F_{BC}|=\frac{2kQ^2}{d^2}+\frac{2kQ^2}{d^2}=\frac{4kQ^2}{d^2}$,

$F_C=|F_{BC}-F_{AC}|=\frac{2kQ^2}{d^2}-\frac{kQ^2}{4d^2}=\frac{7kQ^2}{4d^2}$

따라서 $F_B>F_A>F_C$이다.

13 꼼꼼 문제 분석

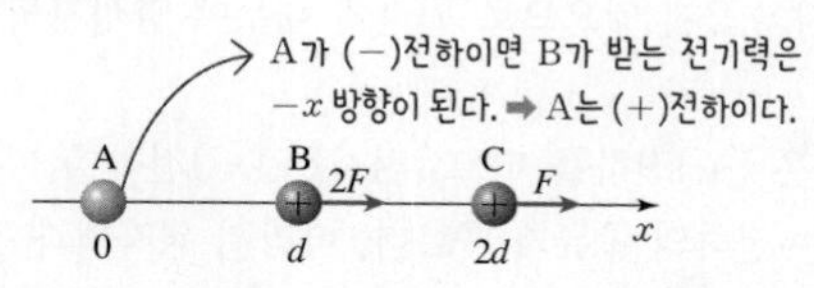

ㄴ. $+x$ 방향을 (+)라고 하고, A의 전하량을 Q, B, C의 전하량을 q라고 하면 B가 받는 전기력의 크기는 $\frac{kQq}{d^2}-\frac{kq^2}{d^2}$이고, C가 받는 전기력의 크기는 $\frac{kQq}{4d^2}+\frac{kq^2}{d^2}$이다. B가 받는 전기력의 크기가 C의 2배이므로 $\frac{kQq}{d^2}-\frac{kq^2}{d^2}=2\left(\frac{kQq}{4d^2}+\frac{kq^2}{d^2}\right)$이다. 따라서 $Q=6q$이므로 A의 전하량은 B의 6배이다.

ㄷ. C가 받는 전기력의 크기 $F=\frac{6kq^2}{4d^2}+\frac{kq^2}{d^2}=\frac{5kq^2}{2d^2}$이고, A가 받는 전기력의 크기는 $\frac{6kq^2}{d^2}+\frac{6kq^2}{4d^2}=\frac{15kq^2}{2d^2}$이다. 따라서 A가 받는 전기력의 크기는 $3F$이다.

바로알기 ㄱ. C가 B에 작용하는 전기력은 $-x$ 방향이고, A가 (−)전하이면 A가 B에 작용하는 전기력도 $-x$ 방향이므로 B에 작용하는 전기력의 방향이 $+x$ 방향이 될 수 없다. 따라서 A는 (+)전하이다.

14 ㄱ. B는 A로부터 밀어내는 전기력을 받아 $+x$ 방향으로 움직이므로 B는 A와 같이 (+)전하를 띤다.

바로알기 ㄴ. B가 받는 전기력의 크기는 거리의 제곱에 반비례한다. 따라서 가속도의 크기도 거리의 제곱에 반비례하므로 B는 가속도의 크기가 점점 감소하는 가속도 운동을 한다.

ㄷ. A, B의 전하량을 q, Q라고 하면 p점에서 B에 작용하는 전기력은 $k\frac{qQ}{(2d)^2}$이고, q점에서 B에 작용하는 전기력은 $k\frac{qQ}{(3d)^2}$이다. 따라서 B가 받는 전기력의 크기는 p점에서가 q점에서의 $\frac{9}{4}$배이다.

15 ㄱ. (−)전하로 대전된 A가 B에 의해 밀어내는 전기력(척력)을 받아 회전하므로 B는 A와 같이 (−)전하를 띤다.

ㄷ. 전기력의 크기는 두 전하 사이의 거리의 제곱에 반비례하므로 거리를 2배로 하면 전기력은 $\frac{1}{4}$배가 되고, 회전각도 $\frac{1}{4}$배가 된다. 따라서 A, B 사이의 거리를 2 cm로 하면 저울의 눈금이 $16\times\frac{1}{4}=4$를 가리킨다.

바로알기 ㄴ. 전기력의 크기는 두 전하량의 곱에 비례하므로 B의 전하량을 2배로 하면 전기력이 2배가 되어 회전각도 2배가 된다. 따라서 저울의 눈금이 32를 가리킨다.

16 ㄱ. 전기적으로 중성인 원자는 양성자와 전자의 수가 같다. 따라서 전자가 2개 있으므로 원자핵 내부에 양성자도 2개 들어 있다.
ㄴ. 원자핵은 (+)전하를 띠고, 전자는 (−)전하를 띠므로 원자핵과 전자는 전하의 종류가 다르다. 따라서 원자핵과 전자 A, B 사이에는 전기적인 인력이 작용한다.
ㄷ. 전기력의 크기는 거리의 제곱에 반비례하므로 원자핵에 가까운 전자일수록 전기력을 크게 받는다. 따라서 원자핵으로부터 받는 전기력의 크기는 A가 B보다 크다.

17 모범 답안 원자핵과 전자 사이에 작용하는 중력의 크기는 전기력의 크기에 비해 매우 작기 때문이다.

채점 기준	배점
중력의 크기를 전기력의 크기와 비교하여 매우 작다고 서술한 경우	100 %
중력의 크기가 매우 작다고만 서술한 경우	70 %

18 ㄷ. 원자핵으로부터 멀어질수록 전자의 역학적 에너지가 커지므로 원자핵으로부터 벗어나기가 쉽다.
바로알기 ㄱ. 전자의 전하량은 고유한 값으로, 기본 전하량이라고 한다. 따라서 원자핵으로부터의 거리와 관계없이 일정하다.
ㄴ. 쿨롱 법칙에 따라 원자핵과 전자 사이에 작용하는 전기력의 크기는 거리의 제곱에 반비례한다. 따라서 원자핵으로부터 멀어질수록 전자가 받는 전기력의 크기는 작아진다.

19 ㄱ. 전기력의 크기는 전하량의 곱에 비례하고, 거리의 제곱에 반비례한다. 대전체로부터의 거리는 (가)에서와 (나)에서가 같고, 대전체의 전하량은 (나)에서가 (가)에서의 2배이다. 따라서 전자가 받는 전기력의 크기도 (나)에서가 (가)에서의 2배이다.
바로알기 ㄴ. 대전체를 제거하면 전자에 작용하는 힘이 없으므로 전자는 등속 직선 운동을 한다.
ㄷ. 전자에 작용하는 전기력이 클수록 전자를 대전체로부터 분리시키는 데 큰 에너지가 필요하다. 전자가 받는 전기력의 크기는 (나)에서가 (가)에서보다 크므로 전자를 대전체로부터 분리시키는 데 필요한 에너지도 (나)에서가 (가)에서보다 크다.

20 ㄱ. 원자핵과 전자 사이에 서로 당기는 인력이 작용할 때, 원자핵의 질량이 전자의 질량보다 크기 때문에 전자가 원자핵 주위에서 원운동을 한다.
ㄴ. A는 전기력이고, B는 중력이다. 전기력의 크기는 전하량의 곱에 비례하고, 거리의 제곱에 반비례한다. 중력의 크기는 질량의 곱에 비례하고, 거리의 제곱에 반비례한다. 따라서 A, B 모두 힘의 크기가 거리의 제곱에 반비례한다.
ㄷ. 작용 반작용 법칙에 따라 (가)에서 전자가 원자핵을 당기는 전기력의 크기는 원자핵이 전자를 당기는 전기력 A의 크기와 같다.

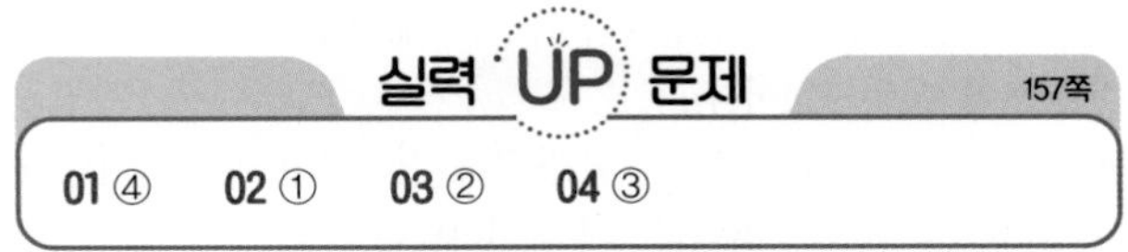

01 ㄴ. 음극선이 자석의 N극과 S극 사이에서 휘어지는 것은 자석이 만드는 자기장에 의해 음극선이 자기력을 받기 때문이다.
ㄷ. 음극선은 전자의 흐름이고, 전자는 원자를 구성하는 입자이다. 따라서 음극선은 원자를 구성하는 입자의 흐름이다.
바로알기 ㄱ. 음극선은 전자의 흐름이고 전자는 (−)전하를 띤다. 따라서 음극선은 (+)극으로부터 전기적인 인력을 받고, (−)극으로부터 전기적인 척력을 받아 휘어지므로 a는 (−)극이고 b는 (+)극이다.

02 ㄱ. 원자 내부는 거의 비어 있으므로 알파(α) 입자 산란 실험에서 대부분의 알파(α) 입자는 직진한다. 따라서 알파(α) 입자가 가장 많이 도달하는 곳은 B이다.
바로알기 ㄴ. 알파(α) 입자는 헬륨 원자핵으로 (+)전하를 띤다. 원자핵도 (+)전하를 띠므로 알파(α) 입자와 원자핵 사이에는 전기적인 척력이 작용한다.
ㄷ. 알파(α) 입자가 산란되는 까닭은 알파(α) 입자와 원자핵 사이에 작용하는 전기적인 척력 때문이다. 알파(α) 입자의 질량은 전자보다 매우 크기 때문에 알파(α) 입자가 전자와 충돌하더라도 진행 경로에 영향을 받지 않는다.

03 꼼꼼 문제 분석

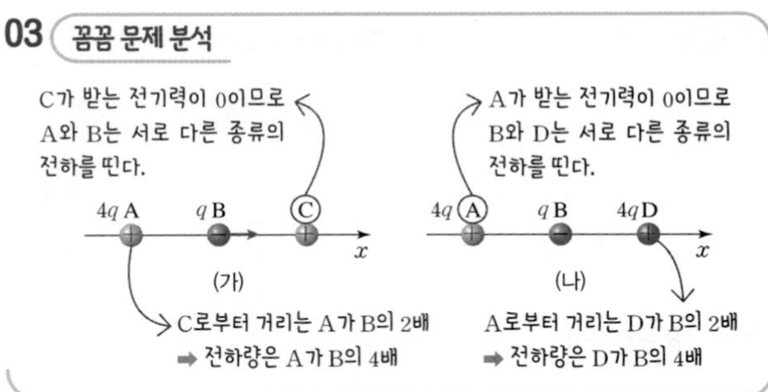

ㄴ. (가)에서 B가 받는 전기력의 방향이 $+x$ 방향이므로 A가 B를 당기는 전기력보다 C가 B를 당기는 전기력이 더 크다. 따라서 전하량은 C가 A보다 크다.
바로알기 ㄱ. (가)에서 A가 B에 당기는 전기력을 작용할 때 B가 받는 전기력의 방향이 $+x$ 방향이므로 C는 B에 당기는 전기력을 작용해야 한다. 따라서 C는 (+)전하를 띤다. (나)에서 B는 A에 당기는 전기력을 작용하므로 D는 A에 밀어내는 전기력을 작용해야 한다. 따라서 D는 (+)전하를 띤다. C와 D 모두 (+)전하를 띠므로 C와 D는 같은 종류의 전하를 띤다.
ㄷ. A와 D는 (+)전하를 띠고, A와 D의 전하량은 B의 4배로 같다. A와 D의 전하량은 같고, (나)에서 B로부터 거리도 같으므로 B가 받는 전기력은 0이다.

04 꼼꼼 문제 분석

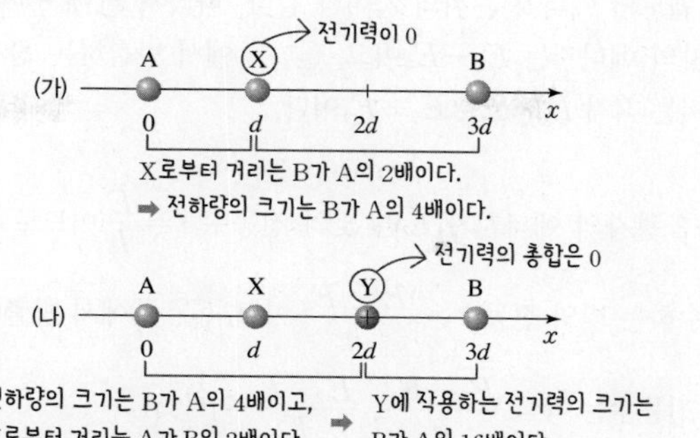

전기력이 0
(가)
A
X
B
0
d
2d
3d
x
X로부터 거리는 B가 A의 2배이다.
➡ 전하량의 크기는 B가 A의 4배이다.
전기력의 총합은 0
(나)
A
X
Y
B
0
d
2d
3d
x
전하량의 크기는 B가 A의 4배이고,
Y로부터 거리는 A가 B의 2배이다.
Y에 작용하는 전기력의 크기는
B가 A의 16배이다.

ㄱ. (가)에서 X가 정지해 있으므로 A, B가 X에 작용하는 전기력은 크기가 서로 같고, 방향이 반대이다. 따라서 전하의 종류는 A와 B가 서로 같다. 전기력의 크기는 전하량의 곱에 비례하고, 거리의 제곱에 반비례한다. X로부터의 거리는 B가 A의 2배이므로 전하량은 B가 A의 4배이다.

ㄴ. (나)에서 Y로부터의 거리는 A가 B의 2배이고, 전하량의 크기는 B가 A의 4배이므로 Y에 작용하는 전기력의 크기는 B가 A의 16배이다. Y가 정지해 있으므로 X가 Y에 작용하는 전기력의 방향은 A가 Y에 작용하는 전기력의 방향과 같다. 따라서 A와 X는 서로 같은 종류의 전하이다.

바로알기 ㄷ. (나)에서 A가 Y에 작용하는 전기력의 크기를 F라고 하면, B가 Y에 작용하는 전기력의 크기는 $16F$이므로 X가 Y에 작용하는 전기력의 크기는 $16F-F=15F$이다. Y로부터의 거리는 A가 X의 2배이므로 전하량은 X가 A의 $\frac{15}{4}$배이다.

2 원자의 스펙트럼

개념 확인 문제

161쪽

❶ 연속 ❷ 방출 ❸ 흡수 ❹ 양자화 ❺ 에너지 준위 ❻ 전이 ❼ 에너지 준위 ❽ 진동수 ❾ 라이먼 ❿ 발머

1 (가) 연속 스펙트럼, (나) 방출 스펙트럼, (다) 흡수 스펙트럼 **2** ㉠ 안정성, ㉡ 선 스펙트럼 **3** (1) ○ (2) ○ (3) × **4** (1) ㉠ 흡수, ㉡ 방출, ㉢ 흡수 (2) $E_1=E_2<E_3$ **5** $\frac{E_1}{4}$, $\frac{E_1}{9}$ **6** (1) 커진다 (2) ㉠ 3, ㉡ 2

1 (가)는 백색광이 프리즘을 통과했을 때 나타나는 연속 스펙트럼이고, (나)는 고온의 기체에서 방출되는 방출 스펙트럼이다. (다)는 백색광이 저온의 기체를 통과했을 때 나타나는 흡수 스펙트럼이다.

2 전자가 원자핵을 중심으로 임의의 궤도에서 원운동을 하는 러더퍼드 원자 모형은 전자가 원자핵 주위에서 안정하게 존재해야 한다는 원자의 ㉠안정성을 설명하지 못한다. 또한 전자가 원자핵으로 끌려 들어가면 반지름이 점차 감소하면서 연속 스펙트럼이 관찰되는 빛을 방출해야 하므로 실제 기체에서 관찰되는 ㉡선 스펙트럼을 설명하지 못한다.

3 (1) 보어 원자 모형에서 전자는 특정한 궤도에서만 원운동을 하며 전자의 에너지는 양자화되어 있다. 따라서 전자의 에너지는 불연속적이다.
(2) 전자는 양자수 n에 따라 불연속적인 에너지 값을 가지며, 양자수 n이 클수록 전자의 에너지도 크다.
(3) 전자는 불연속적인 두 궤도의 에너지 준위 차이에 해당하는 에너지만 흡수할 수 있고, 정해진 궤도에서만 존재할 수 있다. 따라서 정해진 궤도와 궤도 사이에는 존재할 수 없다.

4 (1) 전자는 양자수가 큰 궤도에서 작은 궤도로 전이할 때 에너지를 방출하고, 양자수가 작은 궤도에서 큰 궤도로 전이할 때 에너지를 흡수한다. 따라서 ㉠, ㉢에서는 에너지를 흡수하고, ㉡에서는 에너지를 방출한다.
(2) 전자가 전이할 때 흡수하거나 방출하는 에너지는 두 궤도의 에너지 준위의 차이와 같다. ㉠, ㉡은 $n=1$과 $n=2$ 사이에서 일어나는 전이이므로 이때 흡수하거나 방출하는 에너지는 같다. 즉 $E_1=E_2$이다. ㉢에서는 $n=1$에서 $n=3$으로 전자가 전이하면서 에너지를 흡수하므로 E_3은 E_1과 E_2보다 크다. 따라서 광자의 에너지는 $E_1=E_2<E_3$이다.

5 수소 원자의 에너지 준위는 $E_n=-\frac{13.6}{n^2}$ eV이다. 따라서 $E_1=-13.6$ eV이고, $E_2=\frac{E_1}{4}$, $E_3=\frac{E_1}{9}$이다.

6 (1) 빛의 파장이 짧을수록 진동수가 크고, 에너지가 크다. 빨간색에서 파란색으로 갈수록 파장이 짧아지고, 진동수는 커진다.
(2) 가시광선 영역은 발머 계열이다. 발머 계열에서 파장이 가장 긴 빨간색은 에너지 준위 차이가 가장 작을 때, 즉 $n=3$에서 $n=2$인 궤도로 전자가 전이할 때 방출된다.

대표 자료 분석

162~163쪽

자료 ❶ 1 (1) A (2) C (3) B　2 (1) 흡수 (2) 불연속적이다 (3) A　3 수소　4 (1) ○ (2) × (3) ○ (4) ×

자료 ❷ 1 $E_1 < E_2 < E_3$　2 ㉠ $E_3 - E_2$, ㉡ $E_3 - E_1$, ㉢ $E_2 - E_1$　3 ㉠ $\frac{E_3 - E_2}{h}$, ㉡ $\frac{E_3 - E_1}{h}$, ㉢ $\frac{E_2 - E_1}{h}$　4 (1) ○ (2) × (3) × (4) ○ (5) ×

자료 ❸ 1 (1) 커질수록 (2) 크다 (3) 작다 (4) 길다　2 $n=4$에서 $n=2$로 전이할 때, $n=3$에서 $n=1$로 전이할 때　3 $\frac{E_4 - E_2}{h}$　4 (1) ○ (2) × (3) ○

자료 ❹ 1 (1) 발머 계열 (2) 라이먼 계열 (3) 파셴 계열　2 $n=2$에서 $n=1$로 전이할 때　3 $n=3$에서 $n=2$로 전이할 때　4 (1) × (2) ○ (3) × (4) ○

1-1 (1) 백열등에서 나오는 빛의 스펙트럼은 연속 스펙트럼으로 빛의 띠가 모든 파장에서 연속적으로 나타난 A이다.
(2) 수소 기체 방전관에서 나오는 빛의 스펙트럼은 방출 스펙트럼이므로 검은 바탕에 특정한 파장에 해당하는 선만 밝게 나타난 C이다.
(3) 저온 기체관을 통과한 백열등 빛의 스펙트럼은 흡수 스펙트럼이므로 연속 스펙트럼에 특정한 파장에 해당하는 선만 검게 나타난 B이다.

1-2 (1) B는 특정한 파장의 빛이 흡수되어 연속 스펙트럼에 검은 선으로 나타나므로 흡수 스펙트럼이다.
(2) 수소 원자의 방출 스펙트럼이 특정한 파장에 해당하는 선만 밝게 나타나는 것은 수소 원자의 에너지 준위가 불연속적이라는 것을 의미한다.
(3) 햇빛은 백색광이므로 햇빛의 스펙트럼은 A(연속 스펙트럼)이다.

1-3 기체의 흡수 스펙트럼에서 검은 선은 동일한 기체의 방출 스펙트럼에서 밝은 선과 같은 위치에 나타난다. B의 검은 선과 C의 밝은 선의 위치가 같으므로 저온 기체관에는 수소가 들어 있다.

1-4 (1) A에서 빨간색 쪽으로 갈수록 빛의 파장이 길다.
(2) A에서 빨간색 쪽으로 갈수록 빛의 진동수가 작다.
(3) 기체의 종류에 따라 스펙트럼의 선의 위치가 다르므로 흡수 스펙트럼에서 선의 위치를 알면 기체의 종류를 알 수 있다.
(4) 방출 스펙트럼에서 선의 위치는 기체의 종류에 따라 고유하게 정해져 있으므로 기체의 종류가 달라지면 선의 위치가 달라진다.

2-1 보어 원자 모형에서 양자수에 따른 전자의 에너지는 양자수가 커질수록 커진다. 따라서 $E_1 < E_2 < E_3$이다.

2-2 전자가 전이할 때 흡수하거나 방출하는 광자의 에너지는 두 궤도의 에너지 준위의 차이와 같다. 따라서 ㉠에서 흡수하는 광자의 에너지는 $E_3 - E_2$이고, ㉡, ㉢에서 방출하는 광자의 에너지는 각각 $E_3 - E_1$, $E_2 - E_1$이다.

2-3 광자의 에너지가 E인 빛의 진동수 $f = \frac{E}{h}$이므로 ㉠에서 흡수하는 빛의 진동수는 $\frac{E_3 - E_2}{h}$이고, ㉡, ㉢에서 방출하는 빛의 진동수는 각각 $\frac{E_3 - E_1}{h}$, $\frac{E_2 - E_1}{h}$이다.

2-4 (1) ㉠에서는 전자가 양자수가 작은 궤도에서 양자수가 큰 궤도로 전이하므로 에너지를 흡수하고, ㉢에서는 전자가 양자수가 큰 궤도에서 양자수가 작은 궤도로 전이하므로 에너지를 방출한다.
(2) 전자가 $n=1$인 궤도에 있을 때 전자의 에너지 준위가 가장 낮으므로 전자가 가장 안정적인 상태이다. 이때의 전자를 바닥상태라고 한다. 들뜬상태는 바닥상태의 전자가 에너지를 흡수하여 에너지 준위가 높은 궤도로 이동한 상태를 말한다.
(3) 보어 원자 모형에서 전자의 에너지는 양자화되어 있으며, 정해진 에너지 외에 다른 에너지는 가질 수 없다. 따라서 전자는 E_1과 E_2 사이의 에너지를 가질 수 없다.
(4) ㉠에서 흡수하는 광자의 에너지 $E_3 - E_2$는 ㉡에서 방출하는 광자의 에너지 $E_3 - E_1$보다 작다. 광자의 에너지는 빛의 파장에 반비례하므로 ㉠에서 흡수하는 빛의 파장은 ㉡에서 방출하는 빛의 파장보다 길다.
(5) ㉡에서 방출하는 광자의 에너지 $E_3 - E_1$은 ㉢에서 방출하는 광자의 에너지 $E_2 - E_1$보다 크다. 광자의 에너지는 빛의 진동수에 비례하므로 방출하는 빛의 진동수는 ㉡에서가 ㉢에서보다 크다.

3-1 (1) 에너지 준위의 간격은 양자수가 커질수록 좁아진다.
(2) 방출되는 광자의 에너지는 전자가 전이하는 에너지 준위의 차이와 같다. 따라서 방출되는 광자의 에너지는 에너지 준위의 차이가 가장 큰 A에서 가장 크다.
(3) 에너지 준위의 차이가 작을수록 방출되는 빛의 진동수도 작다. 에너지 준위의 차이는 B에서가 C에서보다 작으므로 방출되는 빛의 진동수도 B에서가 C에서보다 작다.
(4) 에너지 준위의 차이가 작을수록 방출되는 빛의 파장은 길다. 에너지 준위의 차이는 C에서가 D에서보다 작으므로 방출되는 빛의 파장은 C에서가 D에서보다 길다.

3-2 전자가 전이하면서 광자를 방출할 수 있는 경우는 양자수가 큰 궤도에서 작은 궤도로 전자가 전이하는 경우이므로 제시된 것 외에 추가로 찾으면 $n=4$에서 $n=2$로 전이할 때와 $n=3$에서 $n=1$로 전이할 때이다.

3-3 광자의 에너지가 E인 빛의 진동수 $f=\frac{E}{h}$이다. B에서 방출하는 광자의 에너지는 E_4-E_3이므로 빛의 진동수는 $\frac{E_4-E_3}{h}$이고, C에서 방출하는 광자의 에너지는 E_3-E_2이므로 빛의 진동수는 $\frac{E_3-E_2}{h}$이다. 따라서 B에서 방출하는 빛의 진동수와 C에서 방출하는 빛의 진동수의 합은 $\frac{E_4-E_3}{h}+\frac{E_3-E_2}{h}$ $=\frac{E_4-E_2}{h}$이다.

3-4 (1) 수소 원자의 에너지 준위는 양자화되어 있으므로 불연속적이다.

(2) 수소 원자의 양자수가 n일 때 에너지 준위 $E_n=-\frac{13.6}{n^2}$ eV이다. 따라서 $E_1=-13.6$ eV이고, $E_2=\frac{1}{4}E_1$이다.

(3) A에서 방출되는 빛의 진동수는 $\frac{E_4-E_1}{h}$이고, B, C, D에서 방출되는 빛의 진동수의 합은 $\frac{E_4-E_3}{h}+\frac{E_3-E_2}{h}+\frac{E_2-E_1}{h}$ $=\frac{E_4-E_1}{h}$이므로 두 값은 같다.

4-1 라이먼 계열은 자외선 영역의 빛을 방출하고, 발머 계열은 주로 가시광선 영역의 빛을, 파셴 계열은 적외선 영역의 빛을 방출한다.

4-2 라이먼 계열은 전자가 $n\geq 2$인 궤도에서 $n=1$인 궤도로 전이할 때 나타난다. 이때 파장이 가장 긴 경우는 에너지 준위 차이가 가장 작아야 하므로 $n=2$에서 $n=1$로 전이할 때이다.

4-3 발머 계열은 전자가 $n\geq 3$인 궤도에서 $n=2$인 궤도로 전이할 때 나타난다. 이때 방출된 빛의 진동수가 가장 작은 경우는 에너지 준위 차이가 가장 작아야 하므로 $n=3$에서 $n=2$로 전이할 때이다.

4-4 (1) 수소 원자는 전자를 1개만 가지고 있다. 1개의 전자가 다양한 에너지 준위 사이에서 이동하면서 선 스펙트럼에서 다양한 파장의 선이 생긴다.

(2) 빛의 진동수는 파장에 반비례한다. 따라서 진동수는 라이먼 계열이 발머 계열보다 크다.

(3) 그림에서 라이먼 계열 중 파장이 가장 긴 경우는 발머 계열 중 파장이 가장 짧은 경우보다 파장이 짧다.

(4) 파셴 계열 중 파장이 가장 짧은 경우는 발머 계열 중 파장이 가장 긴 경우보다 파장이 길다. 따라서 파셴 계열 중 진동수가 가장 큰 경우는 발머 계열 중 진동수가 가장 작은 경우보다 진동수가 작다.

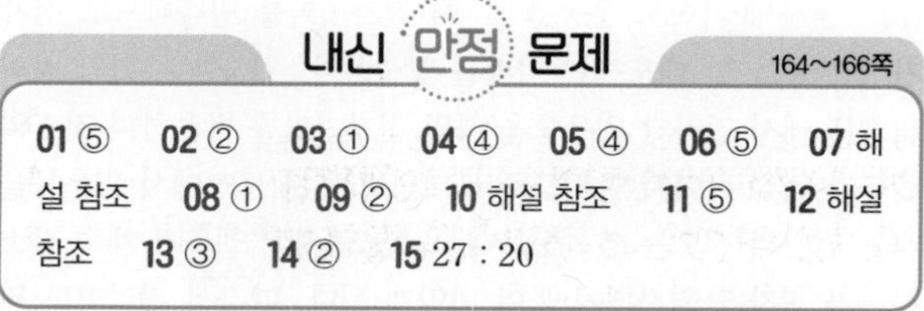
내신 만점 문제

164~166쪽

01 ⑤ **02** ② **03** ① **04** ④ **05** ④ **06** ⑤ **07** 해설 참조 **08** ① **09** ② **10** 해설 참조 **11** ⑤ **12** 해설 참조 **13** ③ **14** ② **15** 27 : 20

01 ㄱ. A는 백열등에서 나온 빛이므로 프리즘을 통과하면 연속 스펙트럼이 나타난다.
ㄴ. B는 백열등에서 나온 빛이 저온의 기체 X를 통과한 빛이므로 기체 X의 흡수 스펙트럼이 나타난다.
ㄷ. 같은 기체의 방출 스펙트럼과 흡수 스펙트럼의 선의 위치는 같다. X가 고온일 때와 저온일 때 기체의 종류는 변하지 않으므로 X의 방출 스펙트럼과 흡수 스펙트럼의 선의 위치가 같다.

02 꼼꼼 문제 분석

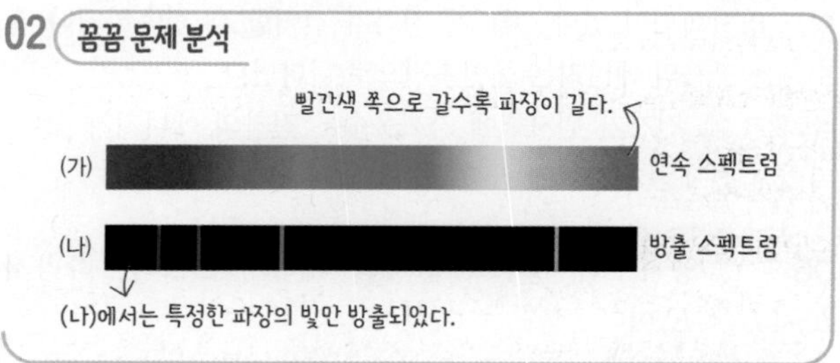

ㄷ. (나)의 스펙트럼은 선 스펙트럼이므로 선의 위치를 분석하면 광원의 구성 원소를 알 수 있다.
바로알기 ㄱ. 가시광선 영역의 연속 스펙트럼에서는 빨간색 쪽으로 갈수록 빛의 파장이 길다. (가)에서 오른쪽 끝이 빨간색이므로 오른쪽으로 갈수록 파장이 길다.
ㄴ. (나)는 검은 바탕에 특정한 파장의 빛만 밝은 선으로 보이므로 선 스펙트럼 중 방출 스펙트럼이다.

03 ② 헬륨 기체에서 방출된 빛의 스펙트럼은 연속적이지 않고 불연속적인 선 스펙트럼이다. 선 스펙트럼이 나타나는 까닭은 헬륨 원자에서 전자의 에너지 준위가 양자화되어 있기 때문이다.
③ 빛의 진동수는 파장에 반비례하므로 진동수가 클수록 파장은 짧다. 따라서 진동수가 가장 큰 빛은 파장이 가장 짧은 438 nm인 빛이다.
④ 광자의 에너지는 빛의 파장에 반비례하므로 광자의 에너지는 파장이 667 nm인 빛이 504 nm인 빛보다 작다.
⑤ 헬륨 기체가 고온일 때 방출하는 빛과 저온일 때 흡수하는 빛의 파장은 같다. 따라서 방출 스펙트럼에서 밝게 보이는 선과 흡수 스펙트럼에서 검은 선의 위치는 동일하게 나타난다.
바로알기 ① 기체에서 방출된 빛의 파장이 불연속적인 기체의 선 스펙트럼으로 나타나는 것은 러더퍼드 원자 모형으로는 설명할 수 없고, 보어 원자 모형으로 설명할 수 있다.

04 전자가 가속도 운동을 할 때 전자기파를 방출하므로 전자가 원운동을 할 때도 전자기파를 방출한다. 원자핵 주위의 임의의 궤도에서 전자가 원운동을 하면 전자기파를 방출하며 전자의 궤도가 점점 작아지게 되므로 러더퍼드 원자 모형에서 원운동을 하는 전자의 궤도는 연속적이다. 또한, 전자의 궤도가 계속 감소하다가 전자가 원자핵에 붙어 버리게 된다. 따라서 러더퍼드 원자 모형은 원자의 안정성과 원자에서 방출되는 빛의 파장이 불연속적인 선 스펙트럼을 설명할 수 없다.

05 ①, ③ 보어 원자 모형에서 전자의 궤도와 에너지 준위는 양자화되어 있다. 따라서 전자는 원자핵을 중심으로 특정한 궤도에서만 원운동을 한다.
② 전자가 특정한 궤도에서 원운동을 할 때는 전자기파를 방출하지 않고 안정한 상태로 존재한다.
⑤ 전자의 에너지 준위가 양자화되어 있으므로 에너지 준위의 차이도 양자화되어 있다. 따라서 전자가 전이할 때 방출하거나 흡수하는 광자의 에너지는 불연속적으로 나타난다.
바로알기 ④ 전자가 원자핵에 가까울수록 전자의 에너지가 작다. 따라서 전자는 원자핵에 가까울수록 안정하다.

06 ㄱ. 양자수가 클수록 전자의 에너지가 크다. 따라서 $E_1 < E_2 < E_3$이다.
ㄴ. 전자의 양자수 $n=1$일 때 전자가 바닥상태에 있다고 한다. 양자수가 작을수록 에너지가 작으므로 전자가 안정하다. 따라서 전자가 바닥상태일 때 전자가 가장 안정하다.
ㄷ. 전자가 전이할 때 흡수하는 에너지는 두 궤도의 에너지 준위의 차이와 같다. 따라서 에너지가 E_2-E_1인 광자를 $n=1$인 궤도에 있던 전자가 흡수하면 전자는 $n=2$인 궤도로 전이한다.

07 광자의 에너지 $E=hf=\frac{hc}{\lambda}$이고, 전자가 전이할 때 방출하는 광자의 에너지는 두 궤도의 에너지 준위의 차이와 같다.

모범 답안 방출하는 광자의 에너지 $E=\frac{hc}{\lambda}=E_3-E_2$이므로 방출하는 빛의 파장 $\lambda=\frac{hc}{E_3-E_2}$이다.

채점 기준	배점
빛의 파장을 풀이 과정과 함께 옳게 구한 경우	100 %
빛의 파장만 옳게 쓴 경우	50 %

08 ㄱ. (가)에서 전자는 정확히 두 궤도의 에너지 준위 차이인 13.6 eV−3.40 eV=10.2 eV의 에너지를 갖는 광자를 흡수한다. 따라서 전자는 $n=2$인 상태로 전이한다.
바로알기 ㄴ. 전자의 에너지가 −13.6 eV+5.6 eV=−8.0 eV인 궤도는 존재하지 않는다. 따라서 전자는 5.6 eV의 에너지를 갖는 광자를 흡수하여 다른 궤도로 전이할 수 없다.
ㄷ. 광자의 에너지가 클수록 빛의 진동수가 크다. 따라서 (가)에서 입사한 빛의 진동수는 (나)에서보다 크다.

09 꼼꼼 문제 분석

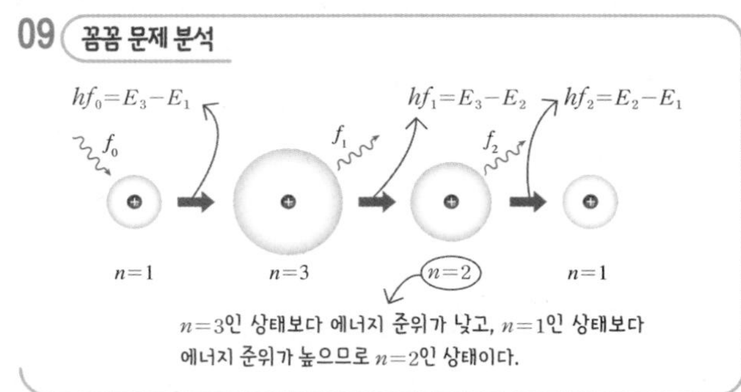

ㄴ. $hf_0=E_3-E_1=E_3-E_2+E_2-E_1=hf_1+hf_2$이므로 $hf_0=hf_1+hf_2$이다. 따라서 $f_0=f_1+f_2$이다.
바로알기 ㄱ. $f_1=\frac{E_3-E_2}{h}$이고, $f_2=\frac{E_2-E_1}{h}$이다. 에너지 준위의 차이는 양자수가 커질수록 작아지므로 $E_3-E_2 < E_2-E_1$이다. 따라서 $f_1 < f_2$이다.
ㄷ. 진동수가 f_1인 광자의 에너지는 E_3-E_2이므로 E_2-E_1보다 작다. 전자가 전이할 때는 두 궤도의 에너지 준위 차이와 같은 에너지의 광자만 흡수하여 다른 궤도로 전이할 수 있으므로 전자가 바닥상태에 있는($n=1$인 궤도에 있는) 수소 원자는 진동수가 f_1인 빛을 흡수할 수 없다.

10 $n=1$, $n=2$, $n=3$인 궤도에서 에너지 준위를 각각 E_1, E_2, E_3이라고 하면, $E_A=E_2-E_1$, $E_B=E_3-E_2$이다. 따라서 $n=3$에서 $n=1$인 상태로 전이할 때 방출하는 광자의 에너지는 $E_3-E_1=(E_2-E_1)+(E_3-E_2)=E_A+E_B$이다.
모범 답안 (1) E_A+E_B
(2) 두 궤도의 에너지 차이보다 작으므로 전자는 전이하지 못한다.

	채점 기준	배점
(1)	방출하는 광자의 에너지를 옳게 쓴 경우	50 %
(2)	두 궤도의 에너지 차이와 비교하여 전자가 전이하지 못한다고 서술한 경우	50 %
	전자가 전이하지 못한다고만 서술한 경우	30 %

11 ①, ② 라이먼 계열은 자외선 영역, 발머 계열은 가시광선 영역, 파셴 계열은 적외선 영역에 해당하는 빛을 방출하며, 빛의 파장은 자외선이 가시광선보다 짧다.
③ 라이먼 계열은 $n \geq 2$에서 $n=1$인 궤도로 전자가 전이할 때 방출된다. 전자가 $n=1$인 궤도에 있을 때가 바닥상태이고, $n \geq 2$인 궤도에 있을 때가 들뜬상태이므로 라이먼 계열은 전자가 들뜬상태에서 바닥상태로 전이할 때 방출된다.

④ 발머 계열은 $n \geq 3$에서 $n=2$인 궤도로, 파셴 계열은 $n \geq 4$에서 $n=3$인 궤도로 전자가 전이할 때 방출된다.

바로알기 ⑤ 발머 계열에서 가장 짧은 파장의 빛은 광자의 에너지가 가장 크므로 전이할 때의 에너지 준위 차이가 가장 커야 한다. 따라서 $n=\infty$에서 $n=2$로 전이할 때 방출되는 빛이다. $n=3$에서 $n=2$로 전이할 때는 에너지 준위 차이가 가장 작으므로 파장이 가장 긴 빛이 방출된다.

12 꼼꼼 문제 분석

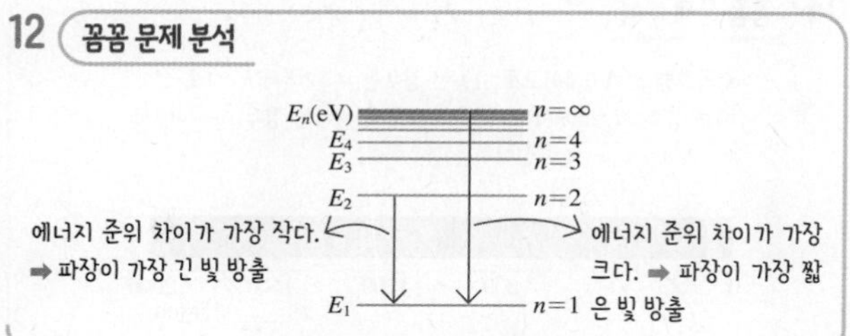

라이먼 계열에서 파장이 가장 긴 빛은 전자가 $n=2$에서 $n=1$인 궤도로 전이할 때 방출되고, 파장이 가장 짧은 빛은 $n=\infty$에서 $n=1$인 궤도로 전이할 때 방출된다.

또한 $\lambda=\dfrac{hc}{|E_n-E_m|}$이고, $E_n=\dfrac{E_1}{n^2}$이므로 $E_\infty=0$이다.

모범 답안 $\lambda_1=\dfrac{hc}{|E_2-E_1|}=\dfrac{4hc}{3E_1}$, $\lambda_2=\dfrac{hc}{|E_\infty-E_1|}=\dfrac{hc}{E_1}$이므로

$\dfrac{\lambda_1}{\lambda_2}=\dfrac{|E_\infty-E_1|}{|E_2-E_1|}=\dfrac{4}{3}$이다.

채점 기준	배점
파장의 비를 풀이 과정과 함께 옳게 구한 경우	100 %
파장의 비만 옳게 쓴 경우	50 %

13 꼼꼼 문제 분석

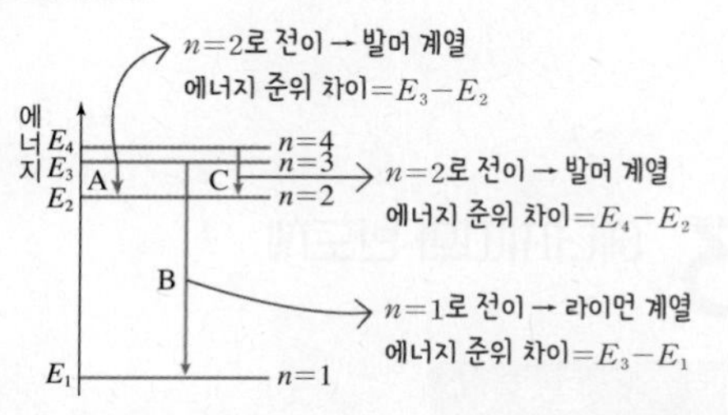

ㄱ. A~C 중 파장이 가장 긴 빛이 방출되는 전이는 에너지 준위 차이가 가장 작은 A이다.

ㄴ. B는 바닥상태로 전이하므로 라이먼 계열에 해당한다. 라이먼 계열에서는 자외선 영역의 빛이 방출되므로 B에서는 자외선 영역의 빛이 방출된다.

바로알기 ㄷ. A, C는 발머 계열의 전이에 해당하므로 가시광선 영역의 빛이 방출된다. 발머 계열 중에서도 $n \geq 7$에서 전이되는 경우에는 자외선 영역의 빛이 방출된다.

14 꼼꼼 문제 분석

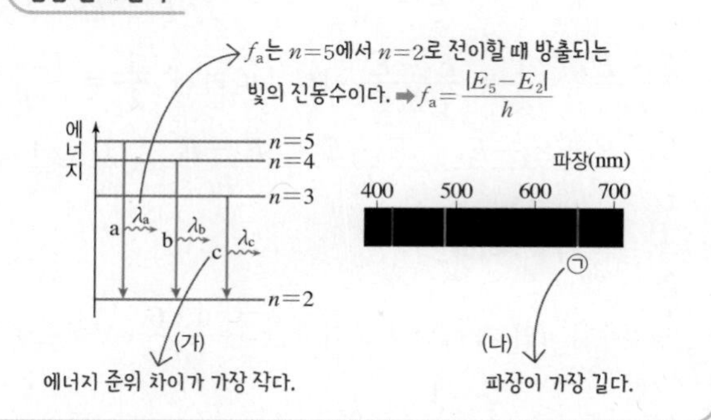

ㄷ. 전자가 전이할 때 에너지 준위 차이가 작을수록 파장이 긴 빛이 방출된다. (나)의 ㉠은 파장이 가장 긴 빛으로 에너지 준위 차이가 가장 작은 c에서 방출된 빛이다.

바로알기 ㄱ. 방출되는 빛의 파장은 에너지 준위의 차이에 반비례한다. 에너지 준위 차이는 a가 b보다 크므로 방출되는 빛의 파장은 a에서가 b에서보다 짧다. 따라서 $\lambda_a<\lambda_b$이다.

ㄴ. 방출되는 빛의 진동수는 에너지 준위의 차이에 비례한다. f_a는 $n=5$에서 $n=2$로 전이할 때 방출되는 빛의 진동수이므로 $n=5$에서 $n=4$로 전이할 때 방출되는 빛의 진동수와 $n=4$에서 $n=2$로 전이할 때 방출되는 빛의 진동수(f_b)의 합과 같다. $n=5$에서 $n=4$로 전이할 때 방출되는 빛의 진동수는 $n=3$에서 $n=2$로 전이할 때 방출되는 빛의 진동수(f_c)보다 작다. 따라서 $f_a=\dfrac{E_5-E_2}{h}$, $f_b=\dfrac{E_4-E_2}{h}$, $f_c=\dfrac{E_3-E_2}{h}$에서 $f_a-f_b=\dfrac{E_5-E_4}{h}<\dfrac{E_3-E_2}{h}=f_c$이므로 $f_a<f_b+f_c$이다.

15 $hf=E_n-E_m$에서 $f_b=\dfrac{E_4-E_2}{h}$이고, $f_c=\dfrac{E_3-E_2}{h}$이다.

$E_n=-\dfrac{13.6}{n^2}$ eV이므로 $f_b : f_c=|E_4-E_2| : |E_3-E_2|=\left(\dfrac{1}{2^2}-\dfrac{1}{4^2}\right):\left(\dfrac{1}{2^2}-\dfrac{1}{3^2}\right)=\dfrac{3}{16}:\dfrac{5}{36}=27:20$이다.

실력 UP 문제
167쪽

01 ⑤ **02** ① **03** ⑤ **04** ③

01 ㄱ. 전자가 전이할 때 방출하는 광자의 에너지는 두 궤도의 에너지 준위의 차이와 같으므로 $E_a=E_3-E_1$이고, $E_b=E_3-E_2$, $E_c=E_2-E_1$이다. $E_b+E_c=E_3-E_2+E_2-E_1=E_3-E_1$이므로 $E_a=E_b+E_c$이다.

ㄴ. 광자의 에너지 $E=\frac{hc}{\lambda}$이므로 $\frac{1}{\lambda_a}=\frac{E_3-E_1}{hc}$, $\frac{1}{\lambda_b}=\frac{E_3-E_2}{hc}$, $\frac{1}{\lambda_c}=\frac{E_2-E_1}{hc}$이다. 따라서 $\frac{1}{\lambda_a}=\frac{E_3-E_1}{hc}=\frac{E_3-E_2+E_2-E_1}{hc}=\frac{E_3-E_2}{hc}+\frac{E_2-E_1}{hc}=\frac{1}{\lambda_b}+\frac{1}{\lambda_c}$이므로 $\frac{1}{\lambda_a}=\frac{1}{\lambda_b}+\frac{1}{\lambda_c}$이다.

ㄷ. 양자수가 n일 때 에너지 준위 $E_n=-\frac{13.6}{n^2}$ eV이므로 $\frac{\lambda_b}{\lambda_c}=\frac{|E_2-E_1|}{|E_3-E_2|}=\frac{1-\frac{1}{2^2}}{\frac{1}{2^2}-\frac{1}{3^2}}=\frac{27}{5}$이다. 따라서 $\lambda_b=\frac{27}{5}\lambda_c$이다.

02 꼼꼼 문제 분석

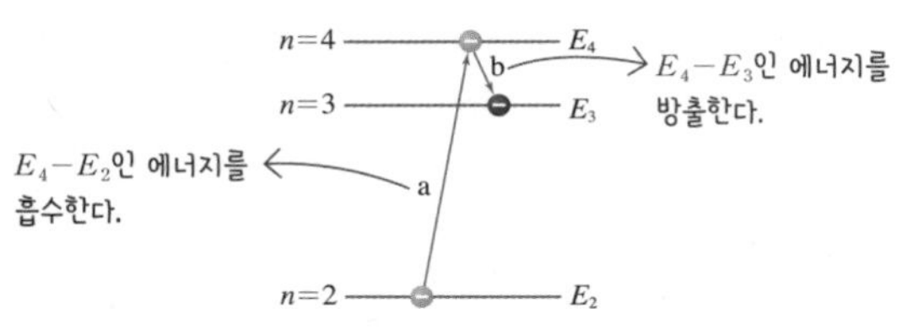

ㄴ. b에서 방출하는 빛은 $n=4$에서 $n=3$으로 전이할 때 방출하는 빛으로 파셴 계열이므로 적외선 영역에 해당한다.

바로알기 ㄱ. 수소 원자의 에너지 준위는 불연속적이고, 전자가 전이할 때는 두 궤도의 차이와 같은 에너지의 광자만 흡수 또는 방출하여 다른 궤도로 전이할 수 있다. 따라서 진동수가 f_b인 빛은 $n=3$에서 $n=4$로 전이할 때 흡수할 수 있으므로 $n=2$인 상태에 있는 전자는 진동수가 f_b인 빛을 흡수할 수 없다.

ㄷ. $E_n=\frac{E_1}{n^2}$이므로 $f_a=\frac{|E_4-E_2|}{h}=\frac{3|E_1|}{16h}$이고, $f_b=\frac{|E_4-E_3|}{h}=\frac{7|E_1|}{144h}$이다. 따라서 $f_a=\frac{27|E_1|}{144h}$이므로 $4f_b=\frac{28|E_1|}{144h}$보다 작다.

03 꼼꼼 문제 분석

발머 계열은 $n\geq3$인 상태에서 $n=2$인 상태로 전이할 때 방출된다.

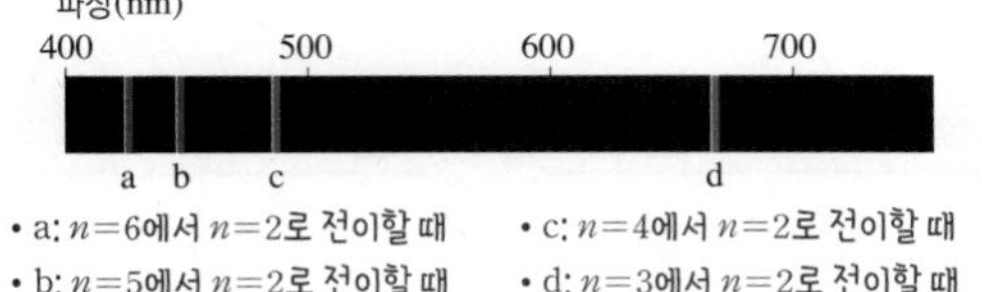

- a: $n=6$에서 $n=2$로 전이할 때
- b: $n=5$에서 $n=2$로 전이할 때
- c: $n=4$에서 $n=2$로 전이할 때
- d: $n=3$에서 $n=2$로 전이할 때

ㄱ. 광자 1개의 에너지는 빛의 파장이 짧을수록 크다. 따라서 방출된 광자 1개의 에너지는 a가 b보다 크다.

ㄴ. c는 발머 계열에서 파장이 두 번째로 긴 빛이므로 전자가 $n=4$에서 $n=2$인 상태로 전이할 때 방출된 빛이다.

ㄷ. $E=hf$이므로 빛의 진동수 차이는 광자의 에너지 차이에 비례한다. b 광자의 에너지는 E_5-E_2, c 광자의 에너지는 E_4-E_2이고, d 광자의 에너지는 E_3-E_2이다. 따라서 b와 c 광자의 에너지 차이는 E_5-E_4, c와 d 광자의 에너지 차이는 E_4-E_3이다. 양자수가 커질수록 에너지 준위 간격이 좁아지므로 $E_5-E_4<E_4-E_3$이다. 따라서 b, c의 진동수 차이는 c, d의 진동수 차이보다 작다.

04 꼼꼼 문제 분석

스펙트럼 선이 6개이므로 가능한 경우는 $n=2$에서 $n=1$로 전이하는 경우, $n=3$에서 $n=2$, $n=1$로 전이하는 경우, $n=4$에서 $n=3$, $n=2$, $n=1$로 전이하는 경우이다.

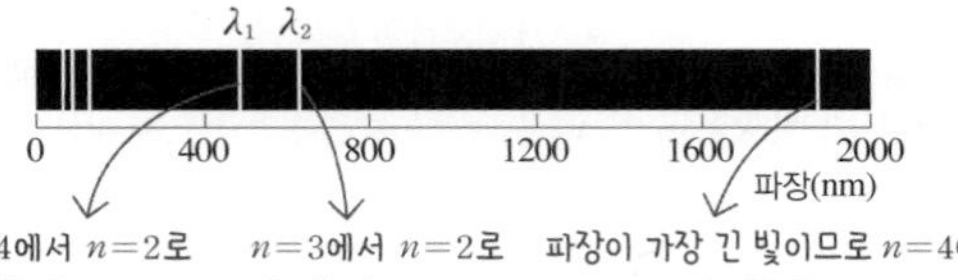

$n=4$에서 $n=2$로 전이한 경우이다. $n=3$에서 $n=2$로 전이한 경우이다. 파장이 가장 긴 빛이므로 $n=4$에서 $n=3$으로 전이한 경우이다.

ㄱ. 전자가 전이할 때 6개의 스펙트럼 선이 나타나는 경우는 $n=2$에서 $n=1$인 상태로 전이할 때, $n=3$에서 $n=2$, $n=1$인 상태로 전이할 때, $n=4$에서 $n=3$, $n=2$, $n=1$인 상태로 전이할 때이다. 따라서 바닥상태에서 전자가 파장이 λ_0인 빛을 흡수하여 $n=4$인 상태로 전이해야 하므로 $N=4$이다.

ㄴ. λ_0은 $n=1$에서 $n=4$인 상태로 전이할 때 흡수한 빛의 파장이므로 $n=4$에서 $n=2$인 상태로 전이할 때 방출하는 빛의 파장 λ_1보다 짧다. 따라서 $\lambda_0<\lambda_1$이다.

바로알기 ㄷ. λ_1은 λ_2보다 파장이 짧으므로 λ_1은 전자가 $n=4$에서 $n=2$인 상태로 전이할 때 방출한 빛의 파장이고, λ_2는 전자가 $n=3$에서 $n=2$인 상태로 전이할 때 방출한 빛의 파장이다.

3 에너지띠와 반도체

개념 확인 문제

171쪽

❶ 같다 ❷ 에너지띠 ❸ 높은 ❹ 전도띠 ❺ 띠 간격 ❻ 없다 ❼ 양공 ❽ (+) ❾ 넓고 ❿ 좁다 ⓫ 전기 전도도 ⓬ 비저항

1 (1) × (2) ○ (3) ○ **2** (1) A: 전도띠, B: 띠 간격, C: 원자가 띠 (2) B가 좁을(넓을)수록 전기 전도성이 좋다.(좋지 않다.) **3** ㉠ 띠 간격, ㉡ 전도띠, ㉢ (+) **4** (가) 도체, (나) 반도체, (다) 절연체 **5** (1) ㄱ (2) ㄴ, ㄷ (3) ㄴ **6** (1) × (2) × (3) ○

1 (1) 에너지띠는 고체에서 나타난다. 기체는 원자 간격이 멀어서 서로 영향을 주기 어려우므로 원자들마다 동일한 에너지 준위를 갖는다.
(2) 띠 간격은 2개의 허용된 띠 사이에 해당하는 에너지 간격으로, 전자는 이 영역의 에너지를 가질 수 없다.
(3) 고체는 원자의 수가 매우 많으므로 에너지띠 내에서는 갈라진 수많은 에너지 준위가 촘촘하게 모여 있다. 따라서 에너지 준위가 거의 연속적이라고 할 수 있다.

2 (1) 허용된 띠 중 전자가 채워진 가장 높은 에너지띠 C는 원자가 띠이고, 원자가 띠 바로 위에 있는 전자가 채워지지 않은 띠 A는 전도띠이다. 에너지띠 사이의 간격 B는 띠 간격이다.
(2) 원자가 띠의 전자가 전도띠로 전이하기 쉬울수록 전기 전도성이 좋다. 따라서 띠 간격 B가 좁을수록 전기 전도성이 좋고, 띠 간격 B가 넓을수록 전기 전도성이 좋지 않다.

3 원자가 띠에 있던 전자가 원자가 띠와 전도띠의 에너지 준위 차이에 해당하는 ㉠띠 간격 이상의 에너지를 흡수하여 ㉡전도띠로 전이하면 자유 전자가 되어 고체 내에서 움직일 수 있게 된다. 전자의 전이로 인해 생긴 양공은 이웃한 전자가 채워지면서 움직일 수 있으며 전자가 빠져나간 자리이므로 ㉢(+)전하를 띤 입자와 같은 역할을 한다.

4 (가)는 원자가 띠와 전도띠 사이의 띠 간격이 없으므로 도체이고, (나)는 띠 간격이 (가)보다 넓고 (다)보다 좁으므로 반도체, (다)는 띠 간격이 가장 넓으므로 절연체이다.

5 (1) 원자가 띠가 완전히 채워지지 않아서 띠 간격이 없는 고체는 도체(ㄱ)이다.
(2) 띠 간격이 없는 도체와 달리 원자가 띠가 완전히 채워져 있어서 띠 간격이 있는 고체는 절연체(ㄴ)와 반도체(ㄷ)이다.
(3) 원자가 띠와 전도띠 사이의 띠 간격이 가장 큰 고체는 절연체(ㄴ)이다.

6 (1) 전기 전도성은 물질에 전류가 얼마나 잘 흐르는지를 나타내는 성질로, 전기 전도성이 좋으면 물질에 전류가 잘 흐르고, 전기 전도성이 좋지 않으면 물질에 전류가 잘 흐르지 않는다.
(2) 비저항이 클수록 물질의 전기 저항이 커서 전류가 잘 흐르지 못하므로 전기 전도도가 작다.
(3) 자유 전자가 많은 도체는 자유 전자가 거의 없는 절연체보다 전기 전도도가 크다.

개념 확인 문제

174쪽

❶ 공유 ❷ 도핑 ❸ 3 ❹ 양공 ❺ 5 ❻ 전자
❼ 순방향 ❽ 역방향 ❾ 순방향 ❿ 정류 ⓫ 발광

1 (1) ○ (2) ○ (3) × **2** ㉠ 3, ㉡ 원자가, ㉢ 위 **3** (1) (가) n형 반도체, (나) p형 반도체 (2) X: 5개, Y: 3개 **4** ㉠ (+)극, ㉡ (−)극 **5** (1) × (2) ○ (3) ○ **6** (1) ㉢ (2) ㉠ (3) ㉡

1 (1), (2) 고유 반도체를 이루는 원자는 원자가 전자는 4개이고, 각 원자의 가장 바깥쪽 껍질에 전자 8개가 배치되도록 이웃 원자들과 공유 결합을 한다.
(3) 고유 반도체는 실온에서 전도띠에 전자가 적어 전류가 잘 흐르지 않지만, 전자가 전혀 없는 것은 아니다. 원자가 띠에 있던 일부 전자가 열에너지에 의해 전도띠로 전이한다.

2 p형 반도체는 원자가 전자가 4개인 고유 반도체에 원자가 전자가 ㉠3개인 원소를 도핑한 반도체로, 불순물에 의해 양공이 생성되어 ㉡원자가 띠 바로 ㉢위에 새로운 에너지 준위가 만들어진 것으로 볼 수 있다.

3 (1) (가)는 남는 전자가 1개 있으므로 n형 반도체이고, (나)는 양공이 있으므로 p형 반도체이다.
(2) (가)에서는 전자 4개가 공유 결합을 하고 남는 전자가 1개 있으므로 X의 원자가 전자는 5개이고, (나)에서는 3개의 전자만 공유 결합을 하여 양공이 1개 생성되므로 Y의 원자가 전자는 3개이다.

4 저항 R에 전류가 흐르기 위해서는 다이오드에 순방향 전압이 걸려야 하므로 p형 반도체에는 전원의 (+)극을, n형 반도체에는 전원의 (−)극을 연결해야 한다. 따라서 ㉠에 (+)극을, ㉡에 (−)극을 연결해야 한다.

5 (1) 순방향 바이어스는 전원의 (+)극을 p형 반도체에, 전원의 (−)극을 n형 반도체에 연결하는 것이다.
(2) 다이오드에 순방향 바이어스가 걸릴 때는 전류가 흐르고 역방향 바이어스가 걸릴 때는 전류가 흐르지 않는다. 따라서 다이오드는 전류를 한쪽 방향으로만 흐르게 한다.
(3) 순방향 바이어스를 걸면 p형 반도체의 양공은 n형 반도체 쪽으로 이동하고 n형 반도체의 전자는 p형 반도체 쪽으로 이동하여 접합면에서 전자와 양공이 결합한다.

6 (1) p−n 접합 다이오드는 전류를 한쪽 방향으로만 흐르게 하는 정류 작용을 한다.
(2) 발광 다이오드는 전류가 흐르면 띠 간격에 해당하는 만큼의 에너지를 갖는 광자가 방출된다.
(3) 광 다이오드는 빛을 받으면 전류가 흐르는 특성이 있다.

175쪽

완자쌤 비법 특강

Q1 두꺼워진다.
Q2 전류가 흐르지 않는다.

Q1 p−n 접합 다이오드에 역방향 전압을 걸면 불순물 이온 때문에 생긴 전압과 역방향 전압의 방향이 같으므로 양공과 전자의 확산을 저지하는 전압이 더 커진다. 따라서 불순물만 남아 있는 접합면이 더 두꺼워져 전류가 흐르지 않게 된다.

Q2 p−n 접합 다이오드에 역방향 전압을 걸면 다이오드의 정류 작용으로 전류가 흐르지 않는다.

대표 자료 분석

176~177쪽

자료 ❶ 1 (1) 불연속적 (2) 연속적 (3) 높을수록 2 파울리 배타 원리 3 (1) ○ (2) × (3) × (4) × (5) ○

자료 ❷ 1 (가)−(나)−(다) 2 (가) ㄷ, (나) ㄱ, (다) ㄴ 3 (1) × (2) × (3) ○ (4) ○ (5) ○ (6) ×

자료 ❸ 1 저마늄: 4개, 붕소: 3개 2 p형 반도체 3 Y가 X보다 좋다. 4 (1) ○ (2) × (3) ○ (4) ○ (5) ×

자료 ❹ 1 불이 켜지지 않는다. 2 ㉠ → 전구 → ㉡ 3 정류 작용 4 (1) × (2) ○ (3) × (4) ○ (5) × (6) ○

1-1 (1) (가)의 에너지 준위는 불연속적으로 양자화되어 있다.
(2) 고체에서는 인접한 원자가 매우 많으므로 갈라진 수많은 에너지 준위들이 허용된 띠 내에서 거의 연속적인 띠 형태를 이루게 된다.
(3) (가)에서 기체의 에너지 준위가 높을수록 에너지 준위 사이의 간격이 좁아지는 것과 마찬가지로 (나)에서 고체의 에너지 준위가 높을수록 띠 간격이 좁아진다.

1-2 하나의 양자 상태에 동일한 전자 2개가 있을 수 없으므로 원자가 가까이 있으면 에너지 준위가 미세하게 갈라진다. 이를 파울리 배타 원리라고 한다.

1-3 (1) 원자핵에 속박된 전자의 에너지는 전자가 원자핵으로부터 멀어질수록 크다.
(2) 에너지띠에 전자가 채워질 때는 에너지 준위가 낮은 아래에서부터 채워진다.
(3) b 영역은 에너지띠 사이의 간격인 띠 간격이다. 전자는 띠 간격에 해당하는 에너지 준위를 가질 수 없다.
(4) 에너지띠에 전자가 완전히 채워지면 전자가 이동할 자리가 없으므로 전자가 자유롭게 움직이지 못한다. 따라서 a에서 전자는 자유롭게 움직일 수 없다.
(5) 원자가 띠 바로 위의 에너지띠가 전도띠이다. 따라서 (나)에서 a까지만 전자가 완전히 채워져 있으면 원자가 띠는 a이고 전도띠는 c이다.

2-1 띠 간격이 좁을수록 전기 전도성이 좋다. 따라서 전기 전도성은 (가)가 가장 좋고, (다)가 가장 좋지 않으므로 (가)−(나)−(다) 순으로 전기 전도성이 좋다.

2-2 (가)는 전도띠와 원자가 띠 사이의 띠 간격이 없으므로 도체이다. (나)는 띠 간격이 좁으므로 반도체이고, (다)는 띠 간격이 넓으므로 절연체이다. 규소는 반도체(나), 수정은 절연체(다), 구리는 도체(가)에 해당한다.

2-3 (1) 원자가 띠 내에서 전자의 에너지는 에너지 준위가 위로 올라갈수록 높아진다.
(2) 에너지 준위는 전도띠가 원자가 띠보다 높으므로 원자가 띠의 전자가 전도띠로 전이하려면 에너지를 흡수해야 한다.
(3) (가)에서는 에너지띠에 전자가 완전히 채워지지 않았으므로 원자가 띠와 전도띠 사이에 띠 간격이 없다.
(4) 반도체는 온도가 높아질수록 원자가 띠에서 전도띠로 전이하는 전자가 많아지므로 온도가 높아질수록 (나)에서 원자가 띠에 양공이 많아진다.
(5) 전도띠는 전자가 채워져 있지 않으므로 원자가 띠에서 전도띠로 전이한 전자는 자유롭게 움직일 수 있다. 따라서 원자가 띠에서 에너지를 얻어 전자띠로 전이된 전자를 자유 전자라고 한다.
(6) 띠 간격이 좁을수록 원자가 띠의 전자가 전도띠로 전이하기 쉽다. (나)는 (다)에 비해 띠 간격이 좁으므로 원자가 띠의 전자가 전도띠로 이동하기 쉽다.

3-1 꼼꼼 문제 분석

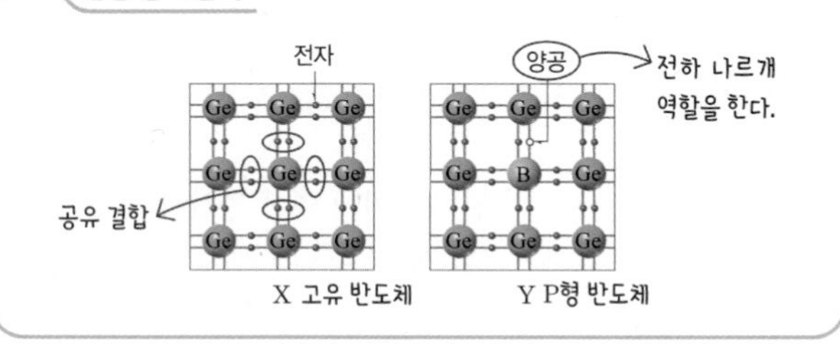

저마늄(Ge)은 이웃한 원자와 4쌍의 공유 결합을 하므로 원자가 전자가 4개이다. 붕소(B)를 도핑했을 때 이웃한 저마늄과 공유 결합을 하지 못하여 생긴 양공이 1개 있으므로 붕소의 원자가 전자는 3개이다.

3-2 Y는 붕소가 저마늄과 공유 결합 후 생긴 양공이 주로 전류를 흐르게 하므로 p형 반도체이다.

3-3 순수한 반도체 X에 비해 불순물을 도핑한 반도체 Y가 전기 전도성이 더 좋다.

3-4 (1) 붕소는 원자가 전자가 3개인 13족 원소 중 하나이다. 저마늄은 원자가 전자가 4개인 14족 원소 중 하나이다.
(2) p형 반도체인 Y에도 전자가 원자가 띠에서 띠 간격 이상의 에너지를 흡수하여 전도띠로 전이한 자유 전자가 있다.
(3) p형 반도체는 도핑에 의해 발생한 양공과 전자가 전도띠로 전이하면서 생긴 양공이 있으므로 p형 반도체에는 양공의 수가 전자의 수보다 많다. 따라서 Y는 주로 양공이 전하 나르개 역할을 한다.
(4) 붕소는 13족 원소이므로 원자가 전자가 3개일 때 전기적으로 중성이다. 붕소가 이웃한 원자로부터 전자를 얻어 양공에 전자가 채워지면 붕소는 음이온이 된다.
(5) p형 반도체에는 불순물에 의해 원자가 띠 바로 위에 새로운 에너지 준위가 생긴다. 원자가 전자가 이 새로운 에너지 준위로 전이하면서 양공이 생긴다.

4-1 S를 a에 연결하면 p형 반도체에는 (−)극이 연결되고, n형 반도체에는 (+)극이 연결되므로 다이오드에 역방향 전압이 걸린다. 따라서 전구에는 전류가 흐르지 않으므로 불이 켜지지 않는다.

4-2 S를 b에 연결하면 다이오드에 순방향 전압이 걸리므로 전류는 p형 반도체에서 n형 반도체 쪽으로 흐른다. 따라서 전류의 방향은 ㉠ → 전구 → ㉡이다.

4-3 p−n 접합 다이오드는 순방향 전압이 걸리면 전류가 흐르고, 역방향 전압이 걸리면 전류가 흐르지 않는 특성이 있다. 이 특성에 의해 다이오드가 전류를 한쪽 방향으로만 흐르게 하는 작용을 정류 작용이라고 하고, 교류를 직류로 바꾸는 데 이용한다.

4-4 (1) S를 a에 연결하면 다이오드에는 역방향 전압이 걸리므로 전류가 흐르지 않는다.
(2) S를 a에 연결하면 p형 반도체에는 (−)극이 연결되고, n형 반도체에는 (+)극이 연결된다. 따라서 p형 반도체에 있는 양공은 (−)극 쪽으로 이동하고, n형 반도체에 있는 전자는 (+)극 쪽으로 이동하므로 양공과 전자가 접합면에서 서로 멀어진다.
(3) S를 a에 연결하면 p형 반도체의 양공과 n형 반도체의 전자가 접합면에서 서로 멀어지므로 전류가 흐르지 않게 된다. 따라서 전원의 (−)극에서 p형 반도체에 전자가 계속 공급되지 않는다.
(4) S를 b에 연결하면 p형 반도체에는 (+)극이 연결되고, n형 반도체에는 (−)극이 연결되므로 양공과 전자가 접합면으로 이동한다. 따라서 접합면에서 전자와 양공이 계속 결합한다.
(5) 다이오드에 전류가 흐를 때 전자의 이동 방향은 전류의 이동 방향과 반대이므로 전자는 ㉡ → 전구 → ㉠ 방향으로 이동한다.
(6) S를 b에 연결하면 p형 반도체에 양공이 계속 생기므로 접합면에서 전자와 양공이 계속 결합한다. 따라서 전류가 계속 흐른다.

내신 만점 문제

178~182쪽

01 ③ **02** ③ **03** ⑤ **04** ⑤ **05** ④ **06** ⑤ **07** 해설 참조 **08** ② **09** ① **10** ④ **11** ③ **12** ④ **13** ③ **14** ② **15** 해설 참조 **16** ⑤ **17** ⑤ **18** 해설 참조 **19** ⑤ **20** 해설 참조 **21** ③ **22** ④ **23** ③ **24** ②

01 ㄱ. 에너지 준위는 양자수가 클수록 높으므로 a가 b보다 낮다.
ㄴ. 하나의 양자 상태에는 1개의 전자만 있을 수 있고, 전자는 에너지 준위가 낮은 곳부터 채워진다.
바로알기 ㄷ. 원자의 수가 매우 많아지면 a, b 각각의 에너지 준위가 미세하게 갈라져 연속적인 띠 형태의 에너지 준위를 이루게 된다. 그러나 a, b 사이에는 띠 간격이 있으므로 a, b 사이의 에너지 준위는 불연속적이다.

02 ㄱ. (가)는 에너지 준위가 연속적인 띠 형태의 에너지띠를 이루고 있으므로 고체의 에너지 준위이다.
ㄴ. (나)는 기체 원자의 에너지 준위로 전자가 특정한 에너지 값만 가질 수 있다. 즉 (나)의 에너지 준위는 불연속적이다.
바로알기 ㄷ. (가)의 에너지 준위가 띠 형태의 에너지띠를 이루고 있는 까닭은 수많은 원자가 매우 가깝게 있어 인접한 원자들의 전자 궤도가 겹치기 때문이다. 따라서 원자 사이의 거리는 (나)가 (가)보다 크다.

03 ⑤ 전자는 허용된 띠에서 에너지가 작은 부분부터 채워지는데 에너지가 작을수록 원자핵에 가깝다.
바로알기 ① 기체의 에너지 준위는 주위 원자의 영향을 받지 않으므로 에너지띠가 나타나지 않는다.
② 에너지띠 내에서도 전자의 에너지 준위는 위쪽으로 갈수록 높아진다.
③ 고체의 경우 수많은 에너지 준위들이 촘촘하게 갈라져 띠 형태를 이루므로 에너지띠 내에서 전자의 에너지 준위는 연속적이라고 할 수 있다.
④ 띠 간격에 해당하는 에너지 준위는 존재하지 않는다. 따라서 물질에 따라 띠 간격이 좁거나 넓을 수는 있지만 띠 간격에 전자가 존재할 수는 없다.

04 ⑤ 0 K의 온도에서 전자는 허용된 띠의 에너지 준위가 가장 낮은 부분부터 채워진다.
바로알기 ①, ③ 전도띠는 원자가 띠 바로 위의 에너지띠로 전자가 채워지지 않은 띠이다.
② 원자가 띠는 전자가 채워진 에너지띠 중 가장 위에 있는 띠이다. 양공은 원자가 띠에 채워진 전자가 전이하면 생기는 빈자리이다.

④ 전자가 완전히 채워진 원자가 띠는 전자가 옮겨갈 빈자리가 없기 때문에 전자가 자유롭게 움직일 수 없다.

05 ①, ② 전도띠로 전이된 전자는 자유 전자로, 자유 전자는 고체 내부를 자유롭게 이동할 수 있어 전류의 원인이 된다.
③ 양공은 원자가 띠에 있는 전자가 전도띠로 전이할 때 원자가 띠에 생기는 빈자리이다.
⑤ 자유 전자와 양공 모두 전하 나르개로 전류를 흐르게 하는 역할을 한다.
바로알기 ④ 양공은 주변의 전자가 채워지면서 전자의 이동 방향과 반대 방향으로 움직일 수 있다.

06 꼼꼼 문제 분석

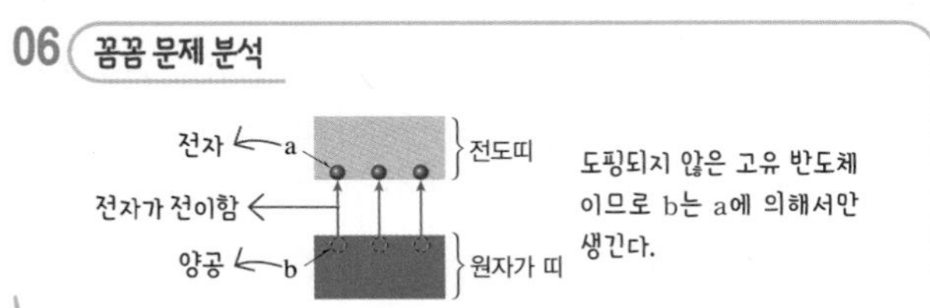

ㄱ, ㄴ. a는 원자가 띠에서 전도띠로 전이한 전자이고 b는 전자가 전도띠로 전이했을 때 원자가 띠에 생성되는 양공으로 a와 b의 개수는 같다.
ㄷ. 양공에 의해 전류가 흐를 때 양공은 전자의 이동 방향과 반대 방향으로 이동하므로 (+)전하와 같은 역할을 한다.

07 원자가 띠의 에너지보다 전도띠의 에너지가 더 크므로 원자가 띠의 전자가 전도띠로 전이하기 위해서는 띠 간격 이상의 에너지를 흡수해야 한다.

모범 답안 전자가 외부에서 띠 간격 이상의 에너지를 흡수해야 한다.

채점 기준	배점
외부에서 띠 간격 이상의 에너지를 흡수해야 한다고 서술한 경우	100 %
에너지를 흡수해야 한다고만 서술한 경우	50 %

08 ㄷ. 띠 간격이 작을수록 전기 전도도가 크다. 전기 전도도는 C가 B보다 크므로 띠 간격은 B가 C보다 크다.
바로알기 ㄱ. A, B, C 중 A의 전기 전도도가 가장 작으므로 A는 절연체이다. 전기 전도도가 가장 큰 C는 도체이고, B는 반도체이다.
ㄴ. 비저항은 물질의 저항에 대한 비례 상수로 물질이 전류를 잘 흐르지 못하게 하는 성질을 나타낸다. 비저항은 전기 전도도의 역수와 같으므로 비저항은 전기 전도도가 가장 큰 C가 가장 작고, 전기 전도도가 가장 작은 A가 가장 크다.

09 ㄱ. 띠 간격이 좁을수록 전자가 전도띠로 전이하기 쉬우므로 전기 전도성이 좋아진다. 규소의 띠 간격이 다이아몬드보다 작으므로 규소가 다이아몬드보다 전기 전도성이 좋다.
바로알기 ㄴ. 온도가 0 K일 때는 규소의 전도띠에 전자가 존재하지 않지만, 실온에서는 에너지를 흡수하여 전도띠로 전이한 전자가 존재한다.
ㄷ. 띠 간격은 전자가 가질 수 없는 에너지 영역이다. 다이아몬드의 띠 간격은 5.33 eV이므로 원자가 띠의 가장 위에 있는 전자가 3 eV의 에너지를 흡수해도 전도띠로 전이하지 못하고, 새로운 에너지 준위가 생기지도 않는다.

10 꼼꼼 문제 분석

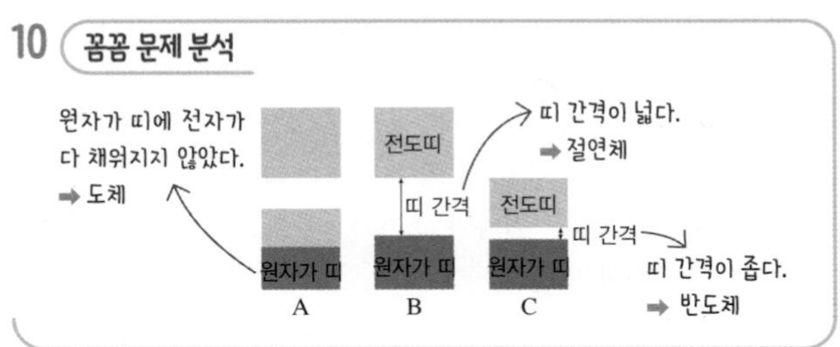

ㄴ. A는 도체이고, B는 절연체이며, C는 반도체이다. 규소는 반도체에 해당하는 물질이므로 규소는 C에 해당하는 물질이다.
ㄷ. B는 C에 비해 띠 간격이 넓으므로 B의 원자가 띠에 있는 전자는 C의 원자가 띠에 있는 전자보다 전도띠로 이동하기 어렵다.
바로알기 ㄱ. A는 도체이므로 A에는 전류가 잘 흐른다. 따라서 스위치를 A에 연결하면 전구에 불이 켜진다.

11 ㄱ. 도체의 전기 전도도는 반도체의 전기 전도도보다 크고, 전기 전도도가 클수록 전류가 잘 흐른다. 따라서 A는 도체, B는 반도체이다.
ㄴ. 반도체는 온도가 높을수록 원자가 띠의 전자가 전도띠로 더 많이 전이할 수 있으므로 전기 전도성이 좋아진다. 따라서 B의 전기 전도성은 온도가 높을수록 좋아진다.
바로알기 ㄷ. 원자가 띠와 전도띠 사이의 띠 간격은 반도체가 절연체보다 좁기 때문에 반도체의 전기 전도성이 절연체보다 좋다. 따라서 원자가 띠와 전도띠 사이의 띠 간격은 B가 절연체보다 더 좁다.

12 ① 도핑을 하면 고유 반도체의 띠 간격 사이에 불순물에 의한 새로운 에너지 준위가 생겨서 전자의 전이가 쉽게 일어난다.
② p형 반도체는 고유 반도체에 13족 원소를 불순물로 첨가하여 양공의 수가 더 많아진다.
③, ⑤ n형 반도체는 고유 반도체에 15족 원소를 첨가하여 전도띠에 있는 전자의 수가 더 많아진다.
바로알기 ④ p형 반도체는 고유 반도체에 원자가 전자가 3개인 13족 원소를 첨가하여 만든다.

13 ㄱ. 붕소 원자 주위에 공유 결합을 한 전자는 3쌍이므로 붕소의 원자가 전자는 3개이고, 규소의 원자가 전자는 4개이다.

ㄴ. 고유 반도체에 원자가 전자가 3개인 13족 원소를 불순물로 첨가하여 양공을 생성하므로 이 반도체는 p형 반도체이다.

바로알기 ㄷ. p형 반도체는 실온에서 자유 전자가 있지만 도핑에 의한 양공의 수가 자유 전자의 수보다 많으므로 주로 양공이 전류를 흐르게 한다.

14 꼼꼼 문제 분석

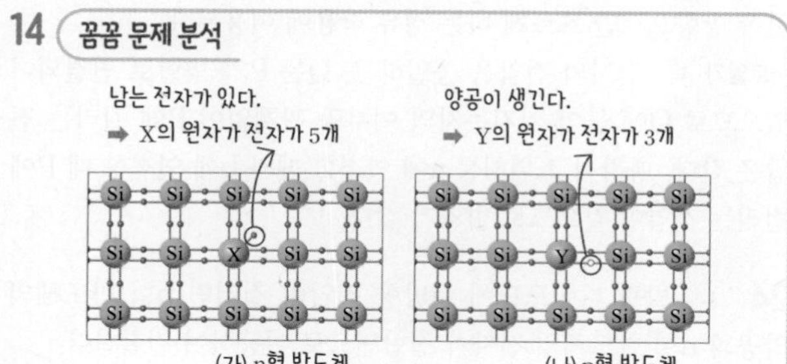

ㄴ. 공유 결합 후 (가)에서는 전자가 1개 남고, (나)에서는 양공이 1개 생기므로 원자가 전자는 X가 5개, Y가 3개이다. 따라서 원자가 전자는 X가 Y보다 2개 많다.

바로알기 ㄱ. (가)는 원자가 전자가 5개인 X를 도핑하여 남는 전자가 전하 나르개 역할을 하므로 n형 반도체이다.

ㄷ. (가)는 n형 반도체이다. n형 반도체는 주로 전자가 전류를 흐르게 한다.

15 꼼꼼 문제 분석

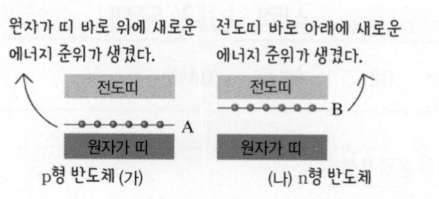

원자가 띠 바로 위에 새로운 에너지 준위가 생겼다.
전도띠 바로 아래에 새로운 에너지 준위가 생겼다.
전도띠 / A / 원자가 띠 — p형 반도체 (가)
전도띠 / B / 원자가 띠 — (나) n형 반도체

p형 반도체에서는 원자가 전자가 3개인 원소를 도핑하여 생겨난 양공이 원자가 띠 바로 위에 새로운 에너지 준위를 만들며, 원자가 띠의 전자가 새로운 에너지 준위로 쉽게 전이할 수 있다. n형 반도체에서는 원자가 전자가 5개인 원소를 도핑하여 남는 전자가 전도띠 바로 아래에 새로운 에너지 준위를 만들며, 새롭게 만들어진 에너지 준위에 채워진 전자는 쉽게 전도띠로 전이할 수 있다.

모범 답안 A는 원자가 전자가 3개인 원소(13족 원소)를 도핑한 p형 반도체이고, B는 원자가 전자가 5개인 원소(15족 원소)를 도핑한 n형 반도체이다.

채점 기준	배점
A, B에 도핑한 불순물의 종류와 반도체 종류를 모두 옳게 서술한 경우	100 %
A, B의 반도체 종류만 옳게 서술한 경우	50 %

16 ①, ③ (가)에서 비소를 첨가했을 때 비소 원자는 주변 저마늄과 공유 결합 후 1개의 전자가 남는다. 따라서 비소의 원자가 전자는 5개이고 (가)는 n형 반도체이다.

② 저마늄 원자 1개는 주변 저마늄 원자 4개와 공유 결합을 하여 최외각에 8개의 전자 배치를 만들었으므로 저마늄의 원자가 전자는 4개이다.

④ 비소에 의해 남는 전자가 새로운 에너지 준위 ㉠을 만들며, 이 전자들이 전도띠로 전이하여 전류를 흐르게 한다.

바로알기 ⑤ 양공은 원자가 띠에 있던 전자가 전도띠로 전이하였을 때 원자가 띠에 생기는 빈자리이다. ㉠은 도핑에 의해 남는 전자들이 만든 새로운 에너지 준위이므로 여기에 있는 전자가 전이하더라도 양공이 발생하지 않는다.

17 ㄴ. p-n 접합 다이오드는 전지의 (+)극을 p형 반도체에, (−)극을 n형 반도체에 연결하면 순방향 전압이 걸리므로 전류가 흐른다. 따라서 전지의 (+)극을 A에, (−)극을 B에 연결하면 전류가 흐른다.

ㄷ. p-n 접합 다이오드에 순방향 전압이 걸려서 전류가 흐를 때 p형 반도체의 양공과 n형 반도체의 전자는 각각 접합면으로 이동하여 결합한다. 따라서 전류가 흐를 때 ㉠과 ㉡은 접합면에서 결합한다.

바로알기 ㄱ. p형 반도체의 주요 전하 나르개는 양공이고, n형 반도체의 주요 전하 나르개는 전자이다. 따라서 ㉠은 양공이고, ㉡은 전자이다.

18 꼼꼼 문제 분석

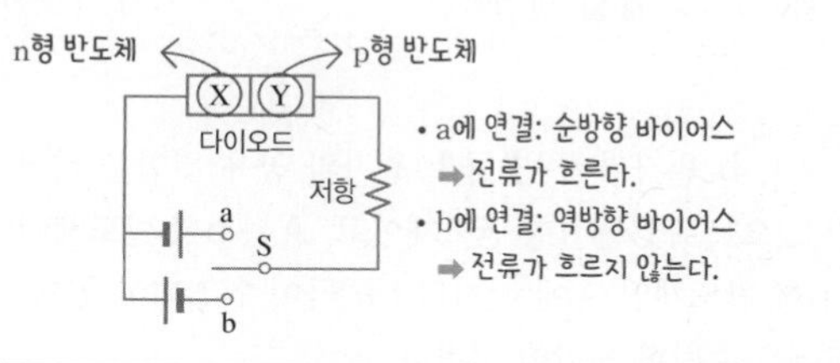

규소에 원자가 전자가 3개인 붕소를 도핑한 반도체 Y는 p형 반도체이므로 p-n 접합 다이오드의 X는 n형 반도체이다. 따라서 저항에 전류가 흐르게 하기 위해서는 p형 반도체인 Y에 전지의 (+)극을 연결하고 n형 반도체인 X에 전지의 (−)극을 연결해야 하므로 스위치 S를 a에 연결해야 한다.

모범 답안 (1) n형 반도체

(2) a, 전류가 흐르기 위해서는 p형 반도체인 Y에 전지의 (+)극이 연결되어야 하기 때문이다.

채점 기준		배점
(1)	반도체의 종류를 옳게 쓴 경우	50 %
(2)	a를 옳게 고르고, 그 까닭을 옳게 서술한 경우	50 %
	a만 옳게 고른 경우	20 %

19 꼼꼼 문제 분석

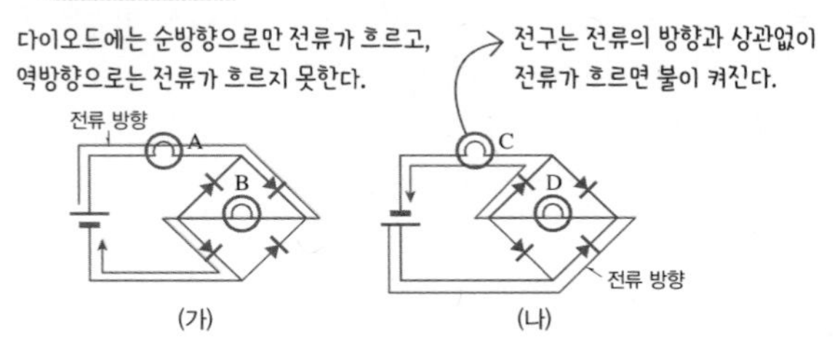

다이오드에는 순방향으로만 전류가 흐르고, 역방향으로는 전류가 흐르지 못한다.
전구는 전류의 방향과 상관없이 전류가 흐르면 불이 켜진다.
전류 방향
A
B
C
D
전류 방향
(가)
(나)

다이오드는 한쪽 방향으로만 전류를 흐르게 하는 정류 작용을 하므로 A, C에는 서로 반대 방향으로 전류가 흐르지만, B, D에는 오른쪽에서 왼쪽으로 같은 방향으로 전류가 흐른다. 전구는 전류의 방향과 상관없이 전류가 흐르면 불이 켜지므로 (가)에서는 A, B가 모두 켜지고, (나)에서도 C, D가 모두 켜진다.

20 다이오드는 전류를 한쪽 방향으로만 흐르게 하므로 다이오드에 순방향 전압이 걸릴 때는 다이오드에 전류가 흐르고, 역방향 전압이 걸릴 때는 전류가 흐르지 않는다. 따라서 저항에도 (+) 방향의 전류는 흐르지만 (−) 방향의 전류는 흐르지 않는다.

모범 답안

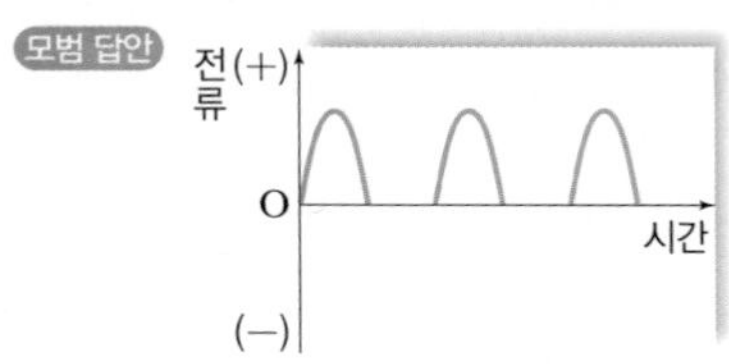

전류
(+)
O
시간
(−)

채점 기준	배점
(+) 방향의 그래프를 옳게 그린 경우	100 %
(+) 방향의 그래프를 일부만 그린 경우	50 %

21 ㄱ. b 원자가 주변 규소 원자와 공유 결합을 하고 남는 전자가 있으므로 B는 n형 반도체이고, A는 p형 반도체이다.
ㄴ. p형 반도체인 A에 전지의 (+)극이 연결되어 있으므로 다이오드에는 순방향 전압이 걸린다.
바로알기 ㄷ. 전류는 전지의 (+)극에서 나와 (−)극 쪽으로 흐른다. 따라서 전류는 저항에서 왼쪽 방향으로 흘러 p형 반도체와 n형 반도체를 순서대로 지난 뒤, 전지의 (−)극으로 흐른다.

22 ㄴ. S를 닫으면 p형 반도체 X가 전지의 (+)극에, n형 반도체 Y가 전지의 (−)극에 연결되어 다이오드에 순방향 전압이 걸린다. 따라서 다이오드에 전류가 흐르므로 저항에도 전류가 흐른다.
ㄷ. p형 반도체는 원자가 전자가 3개인 불순물을 도핑하고, n형 반도체는 원자가 전자가 5개인 불순물을 도핑한다. 따라서 Y에 도핑한 불순물의 원자가 전자는 X에 도핑한 불순물의 원자가 전자보다 많다.

바로알기 ㄱ. X는 주로 양공이 전류를 흐르게 하므로 p형 반도체이고, Y는 주로 전자가 전류를 흐르게 하므로 n형 반도체이다.

23 ㄱ. X에는 전압의 방향과 관계없이 전류가 흐르므로 X는 저항이다.
ㄴ. Y는 스위치를 a에 연결할 때만 전류가 흐르고, b에 연결할 때는 전류가 흐르지 않으므로 다이오드이다. 다이오드는 전류를 한쪽 방향으로만 흐르게 하는 정류 작용에 이용된다.
바로알기 ㄷ. 전지의 전압은 동일하고, Q는 P와 병렬로 연결되어 있으므로 Q에 불이 켜지는지의 여부와 관계없이 P에 걸리는 전압은 같다. 따라서 스위치를 a에 연결할 때와 b에 연결할 때 P에 걸리는 전압이 같으므로 밝기가 같다.

24 ㄴ. 발광 다이오드에 순방향 전압이 걸리면 p형 반도체의 양공과 n형 반도체의 전자가 접합면으로 이동하여 결합한다.
바로알기 ㄱ. 발광 다이오드에 순방향 전압이 걸려 전류가 흐르기 위해서는 p형 반도체가 전원의 (+)극에 연결되어야 하므로 단자 a는 (+)극이다.
ㄷ. 발광 다이오드에서 방출되는 빛의 파장은 띠 간격에 따라 정해지므로 전원 장치의 전압과 관련이 없다. 전압을 증가시키면 전류가 많이 흐르므로 방출되는 빛의 세기가 강해진다.

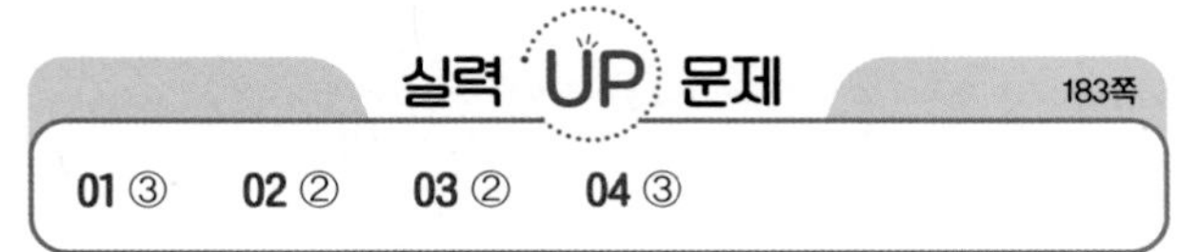

실력 UP 문제
183쪽
01 ③ 02 ② 03 ② 04 ③

01 꼼꼼 문제 분석

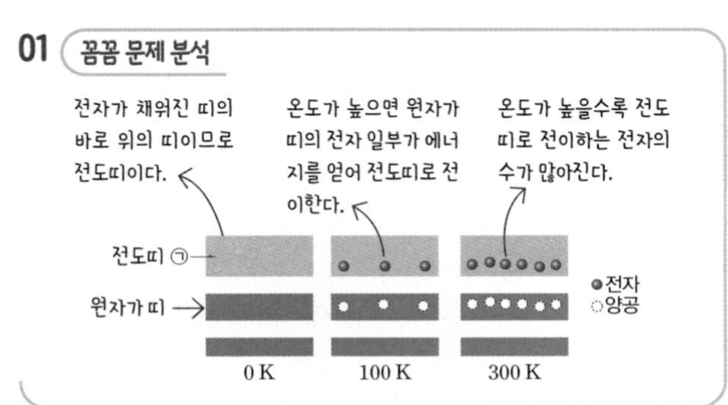

전자가 채워진 띠의 바로 위의 띠이므로 전도띠이다.
온도가 높으면 원자가 띠의 전자 일부가 에너지를 얻어 전도띠로 전이한다.
온도가 높을수록 전도띠로 전이하는 전자의 수가 많아진다.
전도띠 ㉠
원자가 띠
●전자
○양공
0 K
100 K
300 K

ㄱ. ㉠은 전자가 채워진 원자가 띠 바로 위에 있는 에너지띠이므로 전도띠이다.
ㄷ. 온도가 높을수록 전도띠로 전이한 전자가 많아지므로 A의 전기 전도성이 좋아진다.
바로알기 ㄴ. A의 온도가 0 K일 때 전도띠에는 전자가 없고 원자가 띠의 전자는 움직일 수 없다. 따라서 전하 나르개가 없으므로 A에는 전류가 흐르지 못한다.

02 ㄷ. 비소의 원자가 전자는 5개이고, 비소 원자는 중성이므로 인접한 원자에 전자를 주면 비소 원자는 중성인 상태를 잃고 양이온이 된다.

바로알기 ㄱ. 원자가 전자가 5개인 비소를 도핑하였으므로 4개의 전자는 인접한 원자와 공유 결합을 하고 1개의 전자가 남는다. 따라서 전자가 주로 전류를 흐르게 하므로 X는 n형 반도체이다.
ㄴ. X는 n형 반도체이므로 주로 전자가 전류를 흐르게 하지만, 양공이 없는 것은 아니다. n형 반도체는 양공의 수보다 전도띠에 있는 전자의 수가 더 많으므로 주로 전자가 전류를 흐르게 한다.

03 꼼꼼 문제 분석

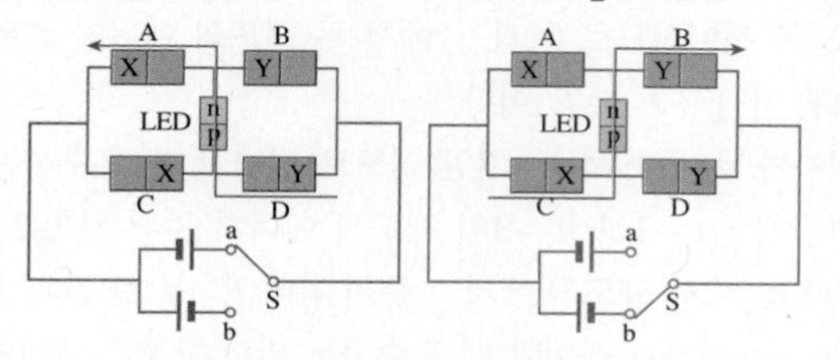
S를 a에 연결했을 때 LED에 불이 켜지기 위해서는 아래와 같은 방향으로 전류가 흘러야 한다.
S를 b에 연결했을 때 LED에 불이 켜지기 위해서는 아래와 같은 방향으로 전류가 흘러야 한다.
A
B
X
Y
LED
n
p
C
D
a
b
S

ㄴ. S를 a에 연결했을 때 LED에 불이 켜지므로 전류의 방향을 고려할 때 A에 전류가 흐른다. 따라서 A의 n형 반도체에 있는 전자와 p형 반도체에 있는 양공은 접합면으로 이동하여 결합한다.

바로알기 ㄱ. S를 a에 연결했을 때 LED에 불이 켜지므로 LED에는 p형 반도체에서 n형 반도체로 전류가 흐른다. 따라서 전류는 D → LED → A 방향으로 흐른다. S를 b에 연결했을 때도 LED에 불이 켜지므로 전류는 C → LED → B 방향으로 흐른다. 따라서 Y는 p형 반도체이고 X는 n형 반도체이다.
ㄷ. LED에 전류가 흐르면 접합면에서 전도띠의 전자가 원자가 띠로 전이하여 전자와 양공이 결합하면 에너지 준위 차이만큼의 에너지를 갖는 빛이 방출된다. 따라서 전이한 전자의 에너지는 방출된 빛의 에너지만큼 감소한다.

04 ㄱ. B에서 빛이 방출되었으므로 B에 전류가 흐른다. 따라서 B에는 순방향 전압이 걸린다.
ㄴ. B에 순방향 전압이 걸리므로 전지의 (−)극에 연결된 Y는 n형 반도체이다. 따라서 X는 p형 반도체이다.

바로알기 ㄷ. 발광 다이오드는 전도띠의 전자가 원자가 띠로 전이하면서 에너지 준위 차이만큼의 에너지를 갖는 빛을 방출한다. 방출되는 광자 1개의 에너지는 파란색 빛이 빨간색 빛보다 크므로 B에서 방출되는 빛의 에너지가 A에서 방출되는 빛의 에너지보다 크다. 따라서 원자가 띠와 전도띠 사이의 띠 간격은 B가 A보다 크다.

중단원 핵심 정리

184~185쪽

❶ 보어 ❷ 전기력 ❸ (+) ❹ 알파(α) ❺ 척력 ❻ 인력
❼ 비례 ❽ 반비례 ❾ 커진다 ❿ 연속 ⓫ 방출 ⓬ 흡수
⓭ 크다 ⓮ hc ⓯ 자외선 ⓰ 적외선 ⓱ 절연체 ⓲ 반도체
⓳ 크다 ⓴ 역수 ㉑ 양공 ㉒ 전자 ㉓ 순방향

중단원 마무리 문제

186~189쪽

01 ④ 02 ⑤ 03 ③ 04 ① 05 ① 06 ⑤
07 ③ 08 ① 09 ④ 10 ⑤ 11 ④ 12 ① 13 ⑤
14 ⑤ 15 ② 16 ③ 17 ⑤ 18 해설 참조 19 해설 참조 20 해설 참조

01 ㄴ. 러더퍼드 원자 모형은 알파 입자 산란 실험을 통해 제안되었으며, 원자핵을 중심으로 전자가 임의의 궤도에서 원운동을 하는 원자 모형이다. 원자핵은 원자 질량의 대부분을 차지하며 원자의 대부분은 빈 공간이다.
ㄷ. 보어 원자 모형은 원자핵을 중심으로 전자가 양자화된 특정한 궤도에서만 원운동을 하는 원자 모형이다.

바로알기 ㄱ. 톰슨 원자 모형은 (+)전하의 바다인 원자에 (−)전하를 띤 전자가 균일하게 박혀 있는 원자 모형이다. 전자의 위치를 확률로만 알 수 있다는 원자 모형은 현대의 원자 모형이다.

02 ① 원자핵은 양성자에 의해 (+)전하를 띤다.
② 원자핵의 전하량은 기본 전하량의 정수배이므로 원자 번호가 Z일 때 전하량은 Ze이다.
③ 전자는 (−)전하를 띠므로 (+)전하를 띠는 원자핵으로부터 받는 전기적 인력에 의해 속박되어 있다.
④ 수소의 원자핵은 양성자 1개로 이루어져 있으며, 그 외의 원자핵은 양성자와 중성자로 이루어져 있다.

바로알기 ⑤ 전기적으로 중성인 원자는 양성자의 수와 전자의 수가 같다. 중성자는 전하를 띠지 않으므로 원자의 전기적인 특성과 관련이 없다.

03 ㄱ. 알파 입자 산란 실험으로 원자 내부가 대부분 빈 공간임이 알려졌는데 이를 통해 원자의 중심에 원자핵이 존재한다는 것이 밝혀졌다.
ㄴ. 원자 내부가 대부분 빈 공간이기 때문에 대부분의 알파 입자는 산란되지 않고 직진한다.

바로알기 ㄷ. 알파 입자는 (+)전하를 띠며, 알파 입자가 원자핵에 접근하면 (+)전하를 띤 원자핵으로부터 전기적인 척력을 받기 때문에 산란된다. 알파 입자는 전자에 비해 질량이 매우 크기 때문에 전자와 충돌해도 산란되지 않는다.

04 **꼼꼼 문제 분석**

C가 받는 전기력은 0이다.
➡ A로부터 받는 전기력의 크기=B로부터 받는 전기력의 크기

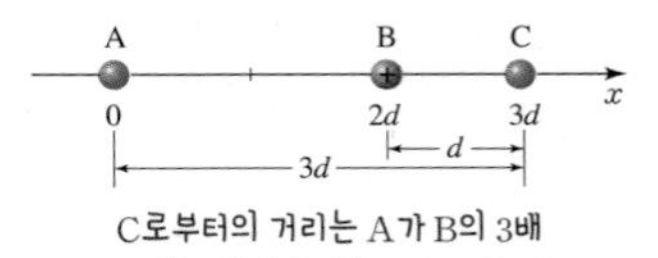

C로부터의 거리는 A가 B의 3배
➡ 전하량의 크기는 A가 B의 9배

C가 받는 전기력이 0이므로 전하의 종류는 A와 B가 서로 다르고, C가 A로부터 받는 전기력의 크기는 B로부터 받는 전기력의 크기와 같다. 따라서 A는 (−)전하이다. 전기력의 크기는 전하량의 곱에 비례하고 거리의 제곱에 반비례한다. 이때 C로부터의 거리는 A가 B의 3배이므로 전하량의 크기는 A가 B의 9배이다. 따라서 A의 전하량은 $-18Q$이다.

05 **꼼꼼 문제 분석**

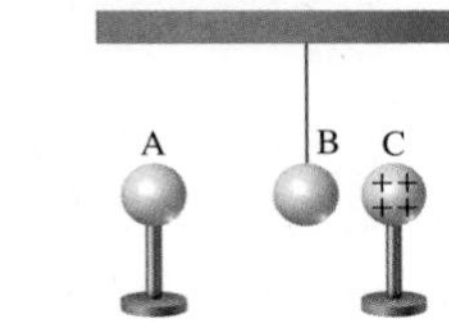

A와 C가 B에 작용하는 전기력의 크기는 같고 방향이 반대이어야 하므로 B가 (+)전하이든 (−)전하이든 A는 (+)전하이어야 한다.

ㄱ. B가 A, C로부터 전기력을 받아 정지해 있으므로 B가 (+)전하이면 C에 의해 왼쪽으로 밀려나지 않도록 A가 (+)전하이어야 하고, B가 (−)전하인 경우에도 C에 끌려가지 않으려면 A는 (+)전하이어야 한다.

바로알기 ㄴ. A, C가 모두 (+)전하를 띠므로 A, C 사이에는 서로 미는 전기력이 작용한다.

ㄷ. B로부터 떨어진 거리는 A가 C보다 크고, A, C가 B에 작용하는 전기력의 크기는 같으므로 전하량은 A가 C보다 크다.

06 ㄴ. 쿨롱 법칙에 따라 원자핵으로부터 멀어질수록 전자가 받는 전기력의 크기는 작아진다.

ㄷ. 원자핵에 가까운 전자일수록 큰 전기력을 받으므로 원자핵으로부터 분리시키는 데 필요한 에너지가 크다.

바로알기 ㄱ. 원자핵으로부터 무한히 먼 곳에서 전자의 에너지가 0이므로 속박된 전자의 에너지는 0보다 작다.

07 ㄱ. (나)는 연속 스펙트럼에서 특정한 파장의 빛만 검은색 선으로 나타나므로 선 스펙트럼 중 흡수 스펙트럼이다.

ㄴ. 흡수 스펙트럼에서 검은색 선의 위치는 기체가 고온일 때 방출하는 빛의 파장과 동일하며 기체의 종류에 따라 고유한 위치를 갖는다.

바로알기 ㄷ. (가)에서 저온의 기체를 제거하면 백열등의 연속 스펙트럼이 나타난다.

08 ②, ⑤ n이 작을수록 전자가 원자핵에 가까워 전기적인 인력을 크게 받으므로 전자를 원자에서 분리시키기 어렵다.

③ 수소 원자의 에너지 준위 $E_n=-\frac{13.6}{n^2}$ eV이므로 에너지 준위는 양자수의 제곱에 반비례한다. 따라서 $E_2=\frac{E_1}{2^2}=\frac{E_1}{4}$이다.

④ 전자의 들뜬상태는 바닥상태의 전자가 에너지를 흡수해 높은 에너지 준위로 이동한 상태이다. 따라서 $n=3$일 때 전자는 들뜬상태이다.

바로알기 ① $n=1$일 때 전자는 원자핵에 가장 가까운 바닥상태이므로 전자의 에너지가 가장 작다.

09 ㄱ. 전자가 전이할 때 흡수하거나 방출하는 광자의 에너지는 두 궤도의 에너지 준위 차이와 같다. ㉠은 전자가 $n=1$인 궤도에서 $n=2$인 궤도로 전이하고, ㉡은 $n=2$인 궤도에서 $n=1$인 궤도로 전이하므로 ㉠과 ㉡에서 두 궤도의 에너지 준위 차이가 같다. 따라서 $E_1=E_2$이다.

ㄷ. 전자가 $n=2$에서 $n=3$인 궤도로 전이할 때 흡수하는 광자의 에너지는 $n=1$과 $n=3$인 궤도의 에너지 준위 차이(E_3)에서 $n=1$과 $n=2$인 궤도의 에너지 준위 차이(E_2)를 뺀 값과 같다.

바로알기 ㄴ. 전자가 전이할 때 흡수하는 빛의 파장은 에너지 준위 차이가 작을수록 길다. 따라서 ㉠에서 흡수하는 빛의 파장이 ㉢에서 흡수하는 빛의 파장보다 길다.

10 ㄱ. A, B, C는 라이먼 계열의 빛이므로 $n\geq2$인 궤도에서 $n=1$인 궤도로 전자가 전이할 때 방출된 빛이다. 전자가 전이할 때 방출되는 빛의 파장은 두 궤도의 에너지 준위 차이가 작을수록 길므로, A, B, C는 각각 순서대로 $n=2$, $n=3$, $n=4$인 궤도에서 $n=1$인 궤도로 전자가 전이할 때 방출된 빛이다.

ㄴ. 광자의 에너지는 파장에 반비례하므로 광자의 에너지가 가장 큰 것은 파장이 가장 짧은 C이다.

ㄷ. 양자수 n에 따른 에너지 준위를 E_n이라고 하면 $E_2=\frac{E_1}{4}$, $E_4=\frac{E_1}{16}$이고, A, C의 진동수를 f_A, f_C라고 하면, 진동수는 에너지 준위의 차이에 비례하므로 $f_A : f_C=|E_2-E_1| : |E_4-E_1|=\frac{3E_1}{4} : \frac{15E_1}{16}=4 : 5$이다. 따라서 C의 진동수는 A의 진동수의 $\frac{5}{4}$배이다.

11 ① ㉠에서 방출되는 광자의 에너지가 가장 작으므로 파장이 가장 길다. 따라서 ㉠에 의해 나타나는 것은 c이다. ㉡, ㉢에 의해 나타나는 것은 각각 b, a이다.

② 발머 계열에 해당하는 스펙트럼이므로 a∼c는 가시광선 영역에 해당한다.

③ 빛의 파장이 짧을수록 광자의 에너지가 크다. 따라서 a~c 중 광자의 에너지가 가장 큰 것은 파장이 가장 짧은 a이다.

⑤ 전자가 다른 궤도로 전이를 하지 않으면 에너지가 변하지 않으므로 빛이 방출되지 않는다.

바로알기 ④ $n=2$, $n=3$, $n=4$, $n=5$에서 에너지 준위를 각각 E_2, E_3, E_4, E_5라고 하면 ㉡과 ㉠에서 에너지 준위 차이의 합 $|E_3-E_2|+|E_4-E_2|$는 ㉢에서 에너지 준위의 차이 $|E_5-E_2|$보다 크므로 b와 c의 진동수의 합은 a의 진동수보다 크다.

12 꼼꼼 문제 분석

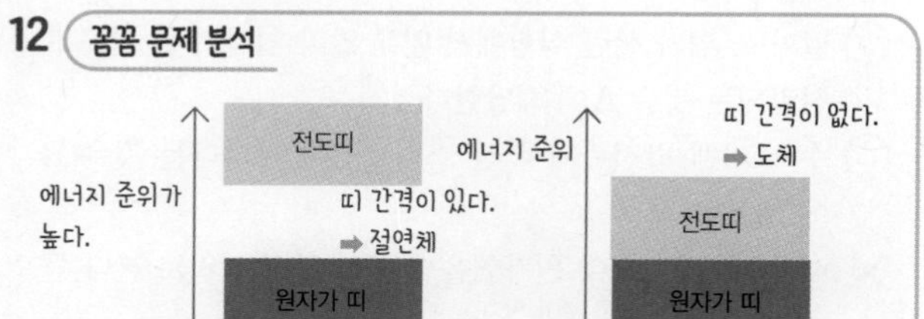

ㄱ. A는 원자가 띠와 전도띠 사이에 띠 간격이 있으므로 절연체이다.

바로알기 ㄴ. B는 도체이고 실온에서 도체는 전도띠로 전이한 전자가 많으므로 전기 전도성이 좋다.

ㄷ. 전도띠는 원자가 띠보다 에너지 준위가 높으므로 전도띠에 있는 전자의 에너지는 원자가 띠에 있는 전자의 에너지보다 크다.

13 ① 원자가 띠에 전자가 완전히 채워지지 않은 고체는 원자가 띠 바로 위에 전도띠가 있는 것으로 볼 수 있으므로, 원자가 띠와 전도띠 사이의 띠 간격이 없다. 따라서 이러한 고체는 전기 전도성이 좋은 도체가 된다.

② 전도띠는 전자가 완전히 채워지지 않았으므로 전도띠에 있는 전자는 자유롭게 움직일 수 있다.

③ 허용된 띠 내에서 에너지 준위는 미세하게 갈라진 수많은 에너지 준위들이 촘촘하게 모여 연속적인 띠 형태를 이루고 있으므로 연속적이라고 할 수 있다.

④ 전도띠는 원자가 띠보다 에너지 준위가 높으므로 원자가 띠의 전자가 전도띠로 전이할 때는 에너지를 흡수해야 한다.

바로알기 ⑤ 도체는 온도가 높을수록 비저항이 커져서 전기 전도도가 작아지므로 전기 전도성이 좋지 않다. 반도체나 절연체는 온도가 높을수록 전기 전도도가 커지므로 전기 전도성이 좋다.

14 물질의 전기 전도도는 비저항의 역수와 같다. 길이가 L, 단면적이 S이고, 저항이 R인 물질의 비저항 $\rho=\dfrac{SR}{L}$이므로 전기 전도도 $\sigma=\dfrac{1}{\rho}=\dfrac{L}{SR}$이다. 따라서 A, B, C의 전기 전도도의 비 $\sigma_A:\sigma_B:\sigma_C=\dfrac{L}{SR}:\dfrac{2L}{SR}:\dfrac{L}{2S\cdot 2R}=4:8:1$이다.

15 ㄴ. (나)는 p형 반도체로 주로 양공이 전류를 흐르게 한다.

바로알기 ㄱ. (가)는 비소를 첨가한 후 남는 전자가 있으므로 n형 반도체이다.

ㄷ. (나)에서 붕소 원자는 전자 3개만 주변의 저마늄 원자와 공유 결합을 하고 양공 1개를 생성하므로 원자가 전자가 3개이다.

16 꼼꼼 문제 분석

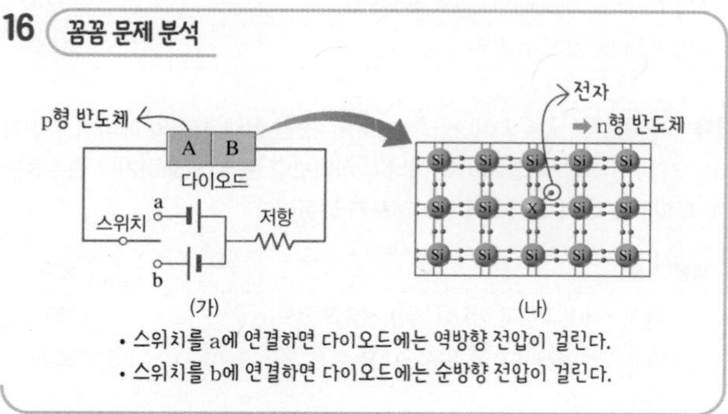

• 스위치를 a에 연결하면 다이오드에는 역방향 전압이 걸린다.
• 스위치를 b에 연결하면 다이오드에는 순방향 전압이 걸린다.

ㄱ. X의 원자가 전자가 5개이므로 B는 n형 반도체이다. 따라서 A는 p형 반도체이고, A에 첨가한 불순물의 원자가 전자는 3개이다.

ㄷ. 스위치를 b에 연결하면 다이오드에 순방향 전압이 걸리므로 A와 B의 접합면에서 전자와 양공이 결합하면서 전류가 흐른다.

바로알기 ㄴ. (가)에서 스위치를 a에 연결하면 다이오드에 역방향 전압이 걸리므로 전류가 흐르지 않는다.

17 꼼꼼 문제 분석

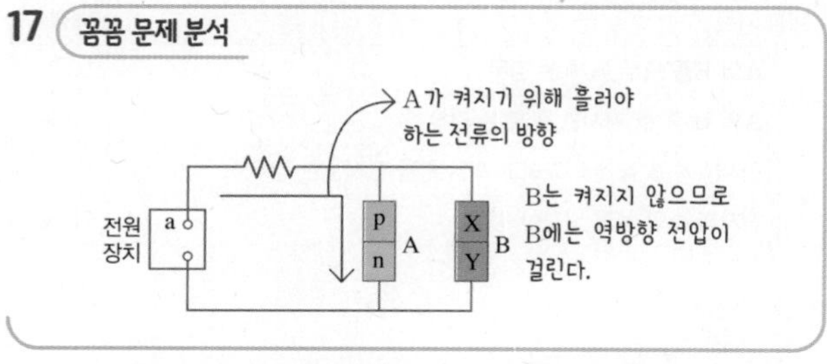

ㄱ. A가 빛을 방출하였으므로 A에는 순방향 전압이 걸린다. 따라서 a는 (+)극이다.

ㄴ. B는 빛을 방출하지 않았으므로 B에는 역방향 전압이 걸린다. 따라서 X는 n형 반도체이다.

ㄷ. B에는 역방향 전압이 걸리므로 p형 반도체 속의 양공과 n형 반도체 속의 전자는 접합면으로부터 멀어진다. 따라서 접합면을 통해 전하의 이동이 없으므로 전류가 흐르지 않는다.

18 꼼꼼 문제 분석

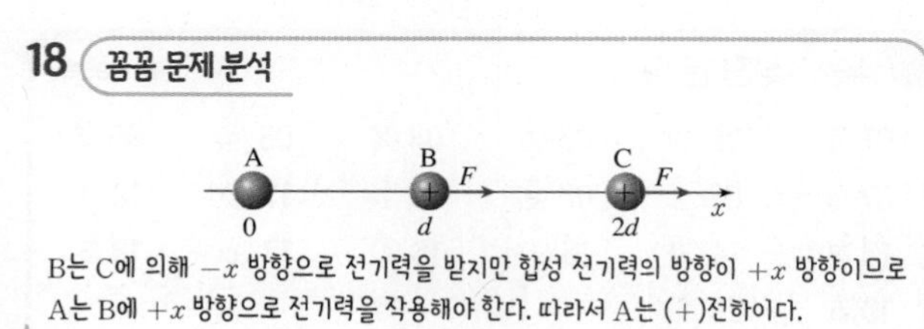

B는 C에 의해 $-x$ 방향으로 전기력을 받지만 합성 전기력의 방향이 $+x$ 방향이므로 A는 B에 $+x$ 방향으로 전기력을 작용해야 한다. 따라서 A는 (+)전하이다.

모범 답안 B가 받는 전기력의 방향이 $+x$ 방향이므로 A는 (+)전하를 띤다. A의 전하량을 Q라고 하면 B가 받는 전기력의 크기 $F=\frac{kQq}{d^2}-\frac{kq^2}{d^2}$이고, C가 받는 전기력의 크기 $F=\frac{kQq}{4d^2}+\frac{kq^2}{d^2}$에서 $Q=\frac{8}{3}q$이다.

채점 기준	배점
A의 전하량을 풀이 과정과 함께 옳게 구한 경우	100 %
A의 전하량만 옳게 쓴 경우	50 %

19 모범 답안 $\lambda_1<\lambda_2$이다. $n=1$과 $n=2$인 상태 사이의 에너지 차이가 $n=2$와 $n=3$인 상태 사이의 에너지 차이보다 큰데, 방출하거나 흡수하는 빛의 파장은 에너지 차이에 반비례하기 때문이다.

채점 기준	배점
λ_1, λ_2의 크기를 비교하고 까닭을 옳게 서술한 경우	100 %
λ_1, λ_2의 크기만 옳게 비교한 경우	30 %

20 에너지띠 구조에서 원자가 띠와 전도띠 사이의 띠 간격은 반도체가 절연체보다 좁다. 따라서 A는 반도체이고, B는 절연체이다. 띠 간격이 좁을수록 원자가 띠에서 전도띠로 전이하는 전자의 수가 많으므로 상온에서 전기 전도성은 반도체가 절연체보다 좋다.

모범 답안 (1) A: 반도체, B: 절연체
(2) A가 B보다 많다. A가 B보다 띠 간격이 좁아 원자가 띠에서 전도띠로 전이한 전자의 수가 많기 때문이다.

	채점 기준	배점
(1)	A와 B를 모두 옳게 쓴 경우	50 %
	A와 B 중 한 가지만 옳게 쓴 경우	20 %
(2)	전자의 수를 옳게 비교하고 까닭을 옳게 서술한 경우	50 %
	전자의 수만 옳게 비교한 경우	20 %

수능 실전 문제 191~195쪽

01 ③	02 ③	03 ①	04 ②	05 ④	06 ⑤
07 ④	08 ①	09 ③	10 ①	11 ⑤	12 ④
13 ③	14 ③	15 ①	16 ④	17 ①	18 ③
19 ⑤	20 ⑤				

01 꼼꼼 문제 분석

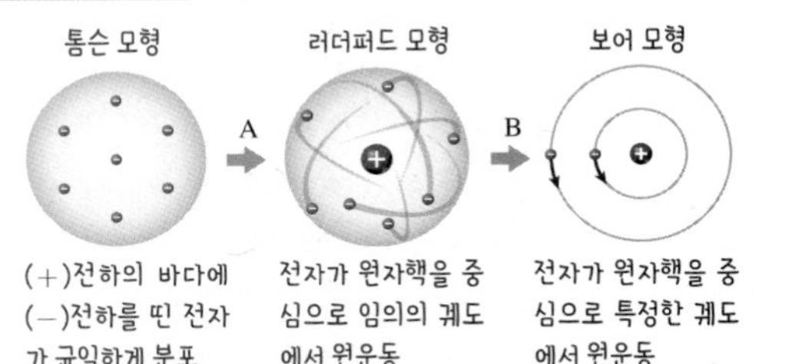

선택지 분석

ㄱ. 알파(α) 입자 산란 실험에서 일부 알파 입자가 큰 각도로 산란되는 것은 A에 해당한다.
ㄴ. 수소 기체 방전관에서 선 스펙트럼이 나타나는 것은 B에 해당한다.
~~ㄷ.~~ 세 원자 모형 모두 원자핵을 원자의 구성 입자로 본다. 러더퍼드 원자 모형과 보어 원자 모형

전략적 풀이 ❶ 각각의 원자 모형이 제시된 까닭이나 실험을 이해한다.
ㄱ. 알파(α) 입자 산란 실험을 통해 원자핵이 발견되었고 이를 통해 제안된 원자 모형이 러더퍼드 원자 모형이다.
ㄴ. 러더퍼드 원자 모형으로는 불연속적으로 나타나는 수소의 선 스펙트럼을 설명할 수 없어 보어 원자 모형이 나왔다.
❷ 각각의 원자 모형의 특징을 비교하여 이해한다.
ㄷ. 톰슨 원자 모형에서는 원자핵이 나타나지 않고, (+)전하를 띤 원자의 바다에 전자가 균일하게 분포한다고 설명하였다. 따라서 러더퍼드 원자 모형과 보어 원자 모형에서만 원자핵을 원자의 구성 입자로 본다.

02 꼼꼼 문제 분석

(+)전하를 띤 알파 입자가 (+)전하를 띤 원자핵으로부터 전기적인 척력을 받아 산란된다.

산란각이 클수록 입자수가 작아진다. ➡ 대부분의 알파 입자는 직진한다.

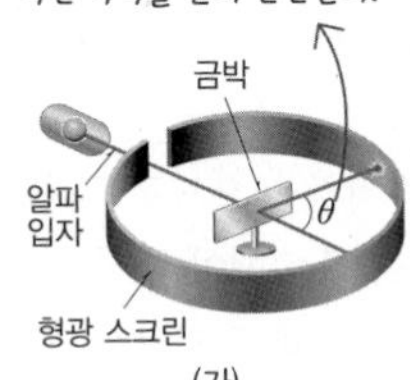

(가)

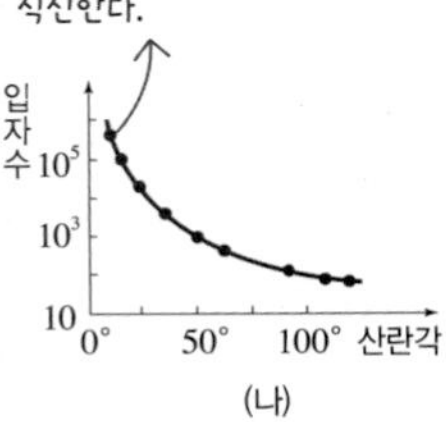

(나)

선택지 분석

ㄱ. 원자핵은 (+)전하를 띠고 있다.
ㄴ. 원자핵의 질량은 전자의 질량에 비해 매우 크다.
~~ㄷ.~~ 원자에 속박된 전자의 에너지는 불연속적이다. 알 수 없다.

전략적 풀이 ❶ 알파 입자 산란 실험의 원리를 이해한다.
ㄱ. (+)전하를 띤 알파 입자가 산란되는 까닭은 (+)전하를 띤 원자핵으로부터 전기적인 척력을 받기 때문이다.

ㄷ. 알파 입자 산란 실험을 통해 전자의 에너지가 불연속적이라는 것을 확인할 수는 없다. 전자의 에너지가 불연속적이라는 것은 수소 원자의 선 스펙트럼을 통해 확인할 수 있다.

❷ 그래프의 의미를 해석한다.

ㄴ. 대부분의 알파 입자가 직진하는 까닭은 원자 내부가 대부분 빈 공간이고 전자와 충돌하더라도 전자의 질량이 매우 작기 때문이다.

03 꼼꼼 문제 분석

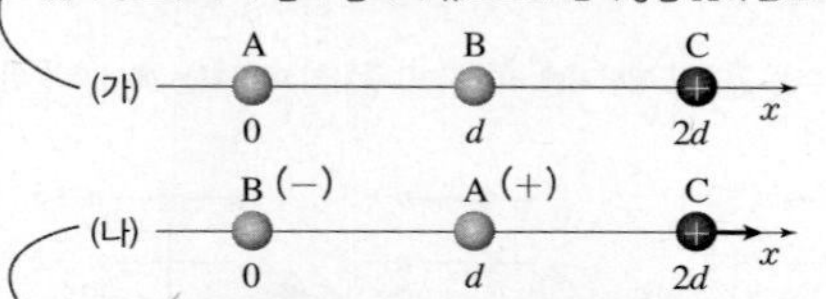
C가 받는 전기력이 0이므로 A와 B는 서로 다른 종류의 전하이고 A가 C로부터 더 멀리 떨어져 있으므로 전하량은 A가 B보다 크다.
(가)
A B C
0 d 2d x
(나)
B (−) A (+) C
0 d 2d x
A가 더 가까워졌으므로 A에 의한 전기력의 크기가 더 큰데, C가 받는 전기력의 방향이 +x 방향이므로 A는 (+)전하를 띤다.

선택지 분석

㉠ A는 (+)전하를 띤다.
~~ㄴ~~. 전하량은 A가 B의 2배이다. 4배
~~ㄷ~~. (나)에서 A가 받는 전기력의 방향은 $+x$ 방향이다. $-x$

전략적 풀이 ❶ C가 받는 전기력을 통해 A와 B의 전하의 종류를 파악한다.

ㄱ. (가)에서 C가 받는 전기력이 0이므로 A와 B가 띠는 전하의 종류는 서로 다르다. (나)에서 C가 받는 전기력은 $+x$ 방향이므로 A는 (+)전하를 띠고 B는 (−)전하를 띤다.

ㄷ. B는 (−)전하이고 C는 (+)전하이므로 (나)에서 A는 B에 의해 $-x$ 방향으로 전기력을 받고, C에 의해서도 $-x$ 방향으로 전기력을 받는다. 따라서 (나)에서 A가 받는 전기력의 방향은 $-x$ 방향이다.

❷ 전하량을 비교하기 위해 쿨롱 법칙을 적용한다.

ㄴ. 쿨롱 법칙에 따라 두 전하 사이에 작용하는 전기력의 크기는 $F=k\frac{q_1q_2}{r^2}$에서 두 전하의 전하량의 곱에 비례하고 거리의 제곱에 반비례한다. (가)에서 C가 받는 전기력은 0이고, C로부터 거리는 A가 B의 2배이므로 전하량은 A가 B의 4배이다.

04 꼼꼼 문제 분석

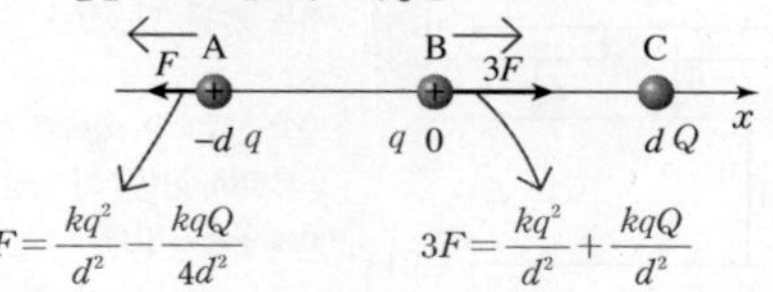
A와 B 사이에는 서로 미는 방향으로 같은 크기의 전기력이 작용한다.
F A
B 3F
C
x
−d q
q 0
d Q
$F=\frac{kq^2}{d^2}-\frac{kqQ}{4d^2}$
$3F=\frac{kq^2}{d^2}+\frac{kqQ}{d^2}$

선택지 분석

~~ㄱ~~. C가 받는 전기력의 방향은 $+x$ 방향이다. $-x$
㉡ C로부터 받는 전기력의 크기는 B가 A의 4배이다.
~~ㄷ~~. 전하량의 크기는 C가 A의 2배이다. $\frac{8}{7}$배

전략적 풀이 ❶ A, B가 받는 전기력으로부터 C의 전하의 종류를 파악한다.

ㄱ. A, B는 (+)전하를 띠므로 서로 미는 방향으로 같은 크기의 전기력이 작용한다. C가 (+)전하를 띠면 C가 A, B에 작용하는 힘은 $-x$ 방향이므로 B가 받는 전기력이 A가 받는 전기력보다 작아진다. 따라서 C는 (−)전하를 띠므로 C가 A, B로부터 받는 전기력의 방향은 $-x$ 방향이다.

❷ 쿨롱 법칙을 적용하여 전하 사이에 작용하는 전기력을 구한다.

ㄴ. A, B의 전하량은 같고 C로부터 거리는 A가 B의 2배이므로 C로부터 받는 전기력의 크기는 B가 A의 4배이다.

ㄷ. A, B의 전하량의 크기를 q, C의 전하량의 크기를 Q라고 하면 A, B가 받는 전기력의 크기는 B가 A의 3배이므로 $3\times\left(\frac{kq^2}{d^2}-\frac{kqQ}{4d^2}\right)=\frac{kq^2}{d^2}+\frac{kqQ}{d^2}$이다. 따라서 $Q=\frac{8}{7}q$이므로 전하량의 크기는 C가 A의 $\frac{8}{7}$배이다.

05 꼼꼼 문제 분석

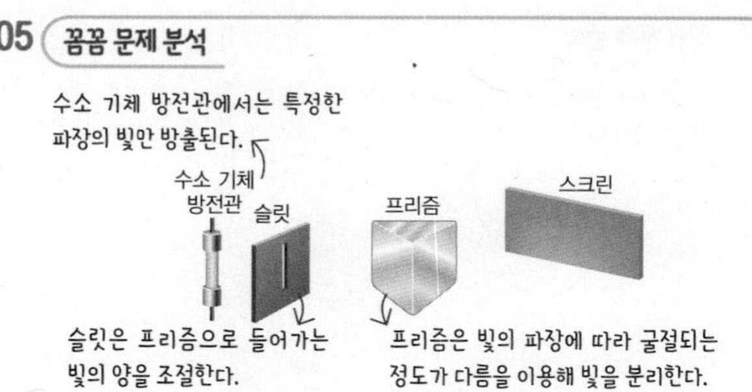
수소 기체 방전관에서는 특정한 파장의 빛만 방출된다.
수소 기체 방전관
슬릿
프리즘
스크린
슬릿은 프리즘으로 들어가는 빛의 양을 조절한다.
프리즘은 빛의 파장에 따라 굴절되는 정도가 다름을 이용해 빛을 분리한다.

선택지 분석

㉠ 스크린에는 선 스펙트럼이 나타난다.
~~ㄴ~~. a~c 중 진동수가 가장 큰 빛은 a이다. c
㉢ 광자 1개의 에너지가 클수록 빛의 파장이 짧다.

전략적 풀이 ❶ 광원에 따른 스펙트럼의 종류를 구분한다.

ㄱ. 수소 기체 방전관에서는 특정한 파장의 빛만 방출되므로 스크린에는 선 스펙트럼이 나타난다.

❷ 광자의 에너지와 진동수 및 파장의 관계를 이해한다.

ㄴ. 빛의 진동수는 광자의 에너지에 비례하므로 c가 가장 크다.

ㄷ. $E=\frac{hc}{\lambda}$에서 광자 1개의 에너지가 클수록 빛의 파장은 짧다.

06 꼼꼼 문제 분석

(가)는 특정한 파장의 빛만 보이므로 방출 스펙트럼이다.

A의 흡수선은 B의 흡수선 위치와 다르다.

(나)는 특정한 파장의 빛만 흡수되어 검은색으로 보이므로 흡수 스펙트럼이다.

선택지 분석

㉠ A, B는 서로 다른 종류의 기체이다.

㉡ 백열등에서 방출되는 빛은 연속 스펙트럼이다.

㉢ A가 저온일 때 흡수하는 빛의 파장은 A가 고온일 때 방출하는 빛의 파장과 같다.

전략적 풀이 ❶ 기체의 종류와 선 스펙트럼의 관계를 이해한다.

ㄱ. (나)에서 A의 흡수선과 다른 위치에 흡수선이 나타났으므로 B는 A와 다른 종류의 기체이다.

❷ 방출 스펙트럼과 흡수 스펙트럼의 의미를 알고 그 관계를 이해한다.

ㄴ. (나)에서 빛이 흡수된 검은 선을 제외하면 백열등에서 방출되는 빛은 연속 스펙트럼이라는 것을 알 수 있다.

ㄷ. (가)에서 방출된 밝은 선의 위치는 (나)에서 검은 선의 위치와 같으므로 저온의 A가 고온일 때 방출하는 파장의 빛만 흡수한다는 것을 알 수 있다. 따라서 A가 저온일 때 흡수하는 빛의 파장은 A가 고온일 때 방출하는 빛의 파장과 같다.

07 꼼꼼 문제 분석

전자가 원자핵에 가까울수록 원자핵으로부터 받는 전기력이 크고, 전자의 에너지가 작다.

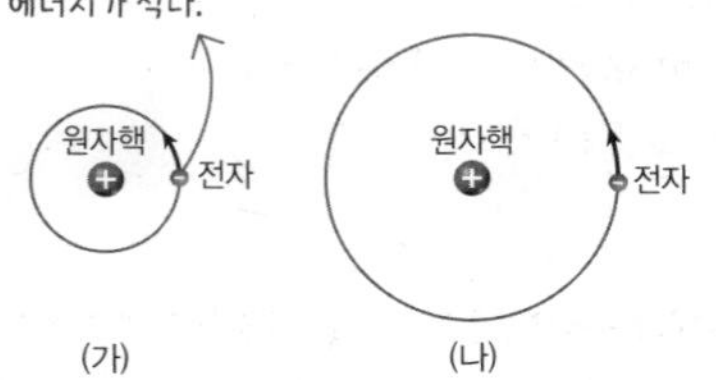

선택지 분석

~~ㄱ~~. 전자의 에너지는 (가)에서가 (나)에서보다 크다. 작다.

㉡ 전자가 원자핵으로부터 받는 전기력의 크기는 (가)에서가 (나)에서보다 크다.

㉢ 전자가 (가)의 궤도에서 (나)의 궤도로 전이하기 위해서는 에너지를 흡수해야 한다.

전략적 풀이 ❶ 전자가 받는 전기력과 전자의 에너지가 원자핵으로부터의 거리에 따라 달라짐을 이해한다.

ㄱ. 원자핵으로부터 전자의 거리가 가까울수록 전자의 에너지가 작아지고, 전자는 안정해진다. 따라서 전자의 에너지는 (가)에서가 (나)에서보다 작다.

ㄴ. 두 전하 사이의 전기력은 거리의 제곱에 반비례하므로 원자핵으로부터 거리가 가까울수록 전자가 받는 전기력의 크기가 크다. 따라서 전자가 원자핵으로부터 받는 전기력의 크기는 (가)에서가 (나)에서보다 크다.

❷ 전자의 전이 과정에서 에너지의 방출과 흡수를 이해한다.

ㄷ. 전자의 에너지는 (나)의 궤도에서가 (가)의 궤도에서보다 크므로 전자가 (가)의 궤도에서 (나)의 궤도로 전이하기 위해서는 외부에서 에너지를 흡수해야 한다.

08 꼼꼼 문제 분석

빛의 진동수는 광자의 에너지에 비례하며, 광자의 에너지는 에너지 준위의 차이와 같다.

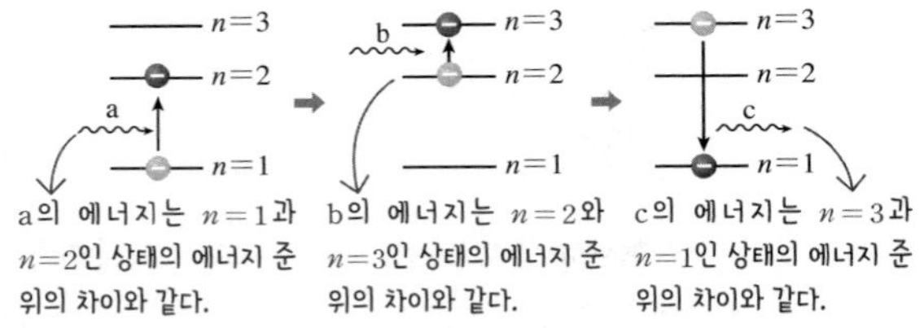

a의 에너지는 $n=1$과 $n=2$인 상태의 에너지 준위의 차이와 같다. b의 에너지는 $n=2$와 $n=3$인 상태의 에너지 준위의 차이와 같다. c의 에너지는 $n=3$과 $n=1$인 상태의 에너지 준위의 차이와 같다.

선택지 분석

㉠ $f_c=f_a+f_b$이다.

~~ㄴ~~. 파장은 a가 b보다 길다. 짧다.

~~ㄷ~~. 바닥상태의 수소 원자에 b, a를 차례대로 비추면 전자가 $n=3$인 상태로 전이한다. 전이하지 못한다.

전략적 풀이 ❶ 광자의 에너지와 진동수 및 파장의 관계를 이해한다.

ㄱ. 광자의 에너지는 에너지 준위의 차이와 같고, 빛의 진동수는 광자의 에너지에 비례하므로 $f_c=f_a+f_b$가 성립한다.

ㄴ. 에너지 준위의 차이는 $n=1$과 $n=2$ 사이가 $n=2$와 $n=3$ 사이보다 크다. 따라서 a의 에너지가 b의 에너지보다 크므로 파장은 a가 b보다 짧다.

❷ 흡수한 에너지에 따른 전자의 전이 여부를 파악한다.

ㄷ. 바닥상태의 수소 원자에 b를 먼저 비추면 b의 에너지가 $n=1$과 $n=2$ 사이의 에너지 준위 차이보다 작으므로 전자가 $n=2$인 상태로 전이할 수 없다. 따라서 바닥상태의 수소 원자에 b, a를 차례대로 비추면 전자가 $n=3$인 상태로 전이하지 못한다.

09 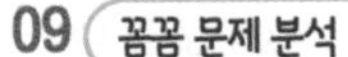 꼼꼼 문제 분석

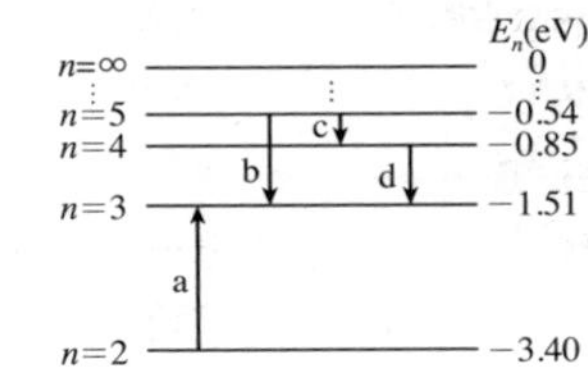

a에서는 광자를 흡수하고, b, c, d에서는 광자를 방출한다.

빛의 진동수는 에너지 준위 차이에 비례하며, 진동수와 파장은 서로 반비례 관계에 있다.

선택지 분석

㉠ a에서 흡수되는 광자 1개의 에너지는 1.89 eV이다.

~~ㄴ~~. b~d 중 방출되는 빛의 파장이 가장 긴 경우는 b이다. c

㉢ c에서 방출되는 빛의 진동수와 d에서 방출되는 빛의 진동수의 합은 b에서 방출되는 빛의 진동수와 같다.

전략적 풀이 ❶ 전자가 전이할 때 흡수하거나 방출하는 광자의 에너지를 구한다.

ㄱ. a에서 흡수되는 광자의 에너지는 $n=2$와 $n=3$인 상태의 에너지 준위의 차이와 같으므로 $-1.51\text{ eV}-(-3.40\text{ eV})=1.89\text{ eV}$이다.

❷ 광자의 에너지와 진동수 및 파장의 관계를 이해한다.

ㄴ. b~d 중 방출되는 빛의 파장이 가장 긴 경우는 에너지 준위 차이가 가장 작은 c이다.

ㄷ. 방출되는 빛의 진동수는 에너지 준위 차이에 비례한다. b에서의 에너지 준위 차이는 c에서의 에너지 준위 차이와 d에서의 에너지 준위 차이의 합과 같다. 따라서 c와 d에서 방출되는 빛의 진동수의 합은 b에서 방출되는 빛의 진동수와 같다.

10 꼼꼼 문제 분석

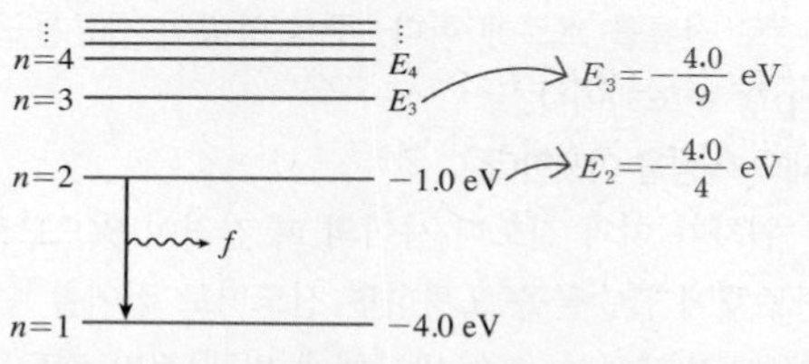

선택지 분석

① $\frac{5}{27}f$ ~~②~~ $\frac{5}{9}f$ ~~③~~ $\frac{32}{27}f$ ~~④~~ $\frac{9}{5}f$ ~~⑤~~ $\frac{27}{5}f$

전략적 풀이 ❶ E_1을 이용하여 양자수에 따른 에너지 준위 값을 구한다.

$n=2$일 때 에너지 준위 $E_2=\frac{E_1}{2^2}=\frac{E_1}{4}$이고, $n=3$일 때 에너지 준위 $E_3=\frac{E_1}{3^2}=\frac{E_1}{9}$이다.

❷ 방출되는 빛의 진동수와 에너지 준위 사이의 관계식을 이용하여 진동수를 구한다.

전자가 $n=2$에서 $n=1$인 상태로 전이할 때 방출하는 빛의 진동수 $f=\frac{|E_2-E_1|}{h}=\frac{3E_1}{4h}$이다. 따라서 $n=3$에서 $n=2$인 상태로 전이할 때 방출하는 빛의 진동수는 $\frac{|E_3-E_2|}{h}=\frac{5E_1}{36h}=\frac{5}{27}f$이다.

11 꼼꼼 문제 분석

라이먼 계열은 양자수가 1인 상태로 전자가 전이할 때 방출된다.

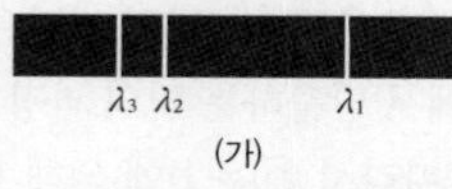

(가)

발머 계열은 양자수가 2인 상태로 전자가 전이할 때 방출된다.

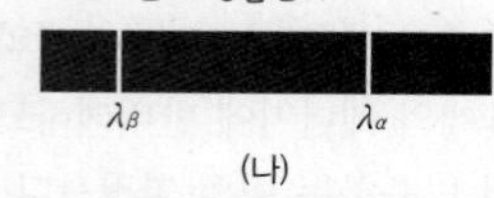

(나)

선택지 분석

㉠ 광자 1개의 에너지가 가장 작은 빛의 파장은 λ_α이다.

㉡ $\frac{1}{\lambda_1}+\frac{1}{\lambda_\beta}=\frac{1}{\lambda_3}$이다.

㉢ $\lambda_\alpha : \lambda_\beta=27 : 20$이다.

전략적 풀이 ❶ 각 스펙트럼선에 대응되는 전자의 전이를 찾고 광자의 에너지와 파장의 관계를 적용한다.

ㄱ. 광자 1개의 에너지가 가장 작은 빛은 파장이 가장 긴 빛이다. λ_α가 파장이 가장 길다.

ㄴ. λ_1은 $n=2$에서 $n=1$인 상태로, λ_β는 $n=4$에서 $n=2$인 상태로, λ_3은 $n=4$에서 $n=1$인 상태로 전자가 전이할 때 방출된 빛의 파장이다. 전자가 전이할 때 방출하는 빛의 진동수는 에너지 준위 차이에 비례하므로 $f_1+f_\beta=f_3$이다. 파장은 진동수에 반비례하므로 $\frac{1}{\lambda_1}+\frac{1}{\lambda_\beta}=\frac{1}{\lambda_3}$이다.

❷ 방출되는 광자의 파장과 에너지 준위 사이의 관계식을 이용하여 파장을 비교한다.

ㄷ. 양자수가 n일 때 에너지 준위를 E_n이라고 하면 $E_n=\frac{E_1}{n^2}$이므로 $\frac{1}{\lambda_\alpha}=\frac{|E_3-E_2|}{hc}=\frac{5E_1}{36hc}$이고, $\frac{1}{\lambda_\beta}=\frac{|E_4-E_2|}{hc}=\frac{3E_1}{16hc}$이다. 따라서 $\lambda_\alpha : \lambda_\beta=27 : 20$이다.

12 꼼꼼 문제 분석

b는 a보다 에너지 준위의 차이가 작다.
➡ b에서 방출된 빛은 a에서 방출된 빛보다 파장이 길고, 진동수가 작다.

방출되는 빛의 파장은 광자의 에너지가 클수록 짧다.

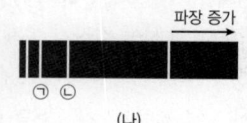

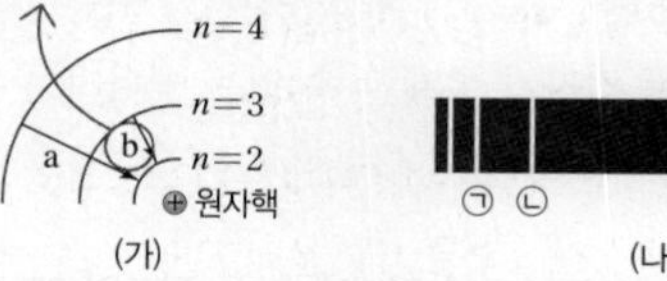

(가)

파장 증가

㉠ ㉡

(나)

선택지 분석

~~ㄱ~~. ㉠은 b에 의해 나타난 것이다. $n=5$에서 $n=2$인 상태로 전이할 때

㉡ 방출되는 빛의 진동수는 a에서가 b에서보다 크다.

㉢ 전자를 원자핵으로부터 분리시키는 데 필요한 에너지는 전자가 $n=2$인 상태에 있을 때가 $n=4$인 상태에 있을 때보다 크다.

전략적 풀이 ❶ 광자의 에너지와 진동수 및 파장의 관계를 이해한다.

ㄱ. a는 $n=4$에서 $n=2$인 상태로 전이하고, b는 $n=3$에서 $n=2$인 상태로 전이하므로 b에서 방출하는 광자 1개의 에너지는 a에서 방출하는 광자 1개의 에너지보다 작다. 빛의 파장은 광자 1개의 에너지에 반비례하므로 b에서 방출하는 빛의 파장은 a에서 방출하는 빛의 파장보다 길다. 따라서 ㉠은 b에 의해 나타난 것이 아니고 전자가 $n=5$에서 $n=2$인 상태로 전이할 때 나타난 것이다.

ㄴ. 빛의 진동수는 광자 1개의 에너지에 비례하므로 방출되는 빛의 진동수는 a에서가 b에서보다 크다.

❷ 전자를 분리시키는데 필요한 에너지를 원자핵으로부터의 거리와 관련지어 이해한다.

ㄷ. 양자수가 작을수록 전자의 궤도가 원자핵에 가깝고, 원자핵에 가까울수록 전자가 원자핵으로부터 받는 전기력이 크므로 원자핵으로부터 분리시키는 데 더 큰 에너지가 필요하다. 따라서 전자가 $n=2$인 상태에 있을 때가 $n=4$인 상태에 있을 때보다 전자를 원자핵으로부터 분리시키는 데 더 큰 에너지가 필요하다.

13 꼼꼼 문제 분석

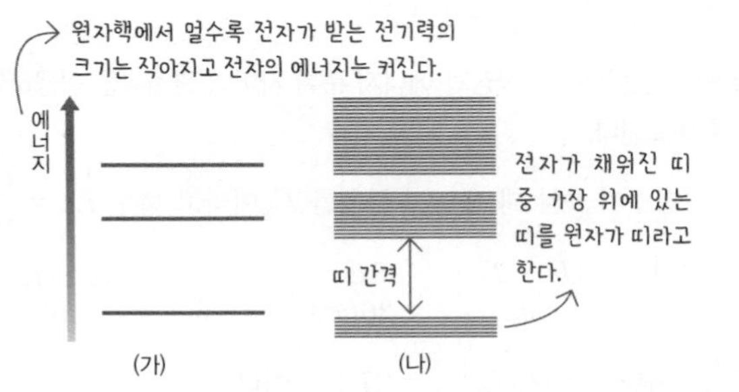

선택지 분석

㉠ (가)에서 전자의 에너지는 원자핵으로부터 멀어질수록 커진다.

✗. (나)에서 전자가 채워진 에너지띠를 띠 간격이라고 한다. (에너지띠 사이의 간격을)

㉢ (가), (나) 모두 전자가 존재할 수 없는 에너지 준위 영역이 있다.

전략적 풀이 ❶ 원자핵으로부터의 거리에 따른 전자의 에너지를 이해한다.

ㄱ. (가)에서 원자핵으로부터 멀어질수록 전자가 받는 전기력은 작아지고 전자의 에너지는 커진다.

❷ 에너지띠에서 원자가 띠, 전도띠, 띠 간격의 개념을 이해한다.

ㄴ. (나)에서 전자가 채워진 띠 중 가장 위에 있는 띠를 원자가 띠라고 한다. 띠 간격은 에너지띠 사이의 간격으로 전자가 가질 수 없는 에너지 준위 영역이다.

ㄷ. (가)에서 전자의 에너지는 양자화되어 있고, (나)에서도 띠 간격이 있으므로 (가)와 (나) 모두 전자가 존재할 수 없는 에너지 준위 영역이 있다.

14 꼼꼼 문제 분석

전자가 채워진 가장 위의 띠가 원자가 띠, 원자가 띠 바로 위의 띠가 전도띠이다.

에너지 / 전도띠 / 원자가 띠 / 전도띠 / 원자가 띠 / 전도띠 / 원자가 띠 / A / B / C

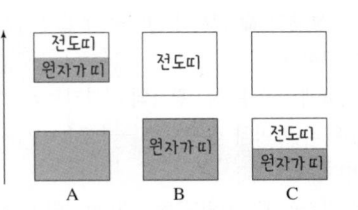

선택지 분석

㉠ A는 도체이다.

㉡ B에 도핑을 하면 전기 전도도가 커진다.

✗. C에서는 주로 양공이 전류를 흐르게 한다. (전자가)

전략적 풀이 ❶ 원자가 띠와 전도띠 사이의 띠 간격을 파악한다.

ㄱ. A와 C는 원자가 띠와 전도띠 사이의 띠 간격이 없으므로 도체이다.

ㄷ. C는 도체이므로 전도띠로 전이하여 자유롭게 움직일 수 있는 전자가 주로 전류를 흐르게 한다. 주로 양공이 전류를 흐르게 하는 것은 p형 반도체이다.

❷ 반도체의 특성을 이해한다.

ㄴ. B는 원자가 띠와 전도띠 사이의 띠 간격이 있으므로 반도체이다. 반도체에 불순물을 도핑하면 전도띠로 전이할 수 있는 전자나 양공이 발생하여 순수 반도체에 비해 전기 전도도가 커진다. 따라서 B에 도핑을 하면 전기 전도도가 커진다.

15 꼼꼼 문제 분석

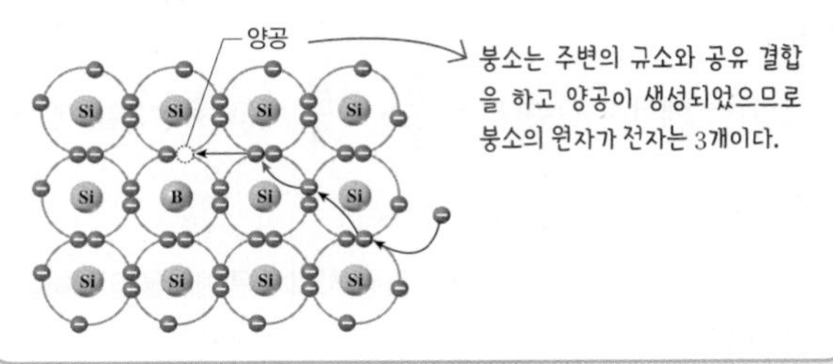

선택지 분석

㉠ p형 반도체이다.

✗. 주로 전자가 전류를 흐르게 한다. (양공이)

✗. 붕소에 의해 전도띠 바로 위에 새로운 에너지 준위가 만들어진다. (원자가 띠)

전략적 풀이 ❶ 불순물의 원자가 전자의 개수를 이용하여 불순물 반도체의 종류를 이해한다.

ㄱ. 붕소의 원자가 전자는 3개이고 도핑에 의해 양공이 생성되었으므로 이 불순물 반도체는 p형 반도체이다.

ㄴ. p형 반도체는 주로 양공이 전류를 흐르게 한다.

❷ 불순물이 에너지띠에 어떤 영향을 주는지 이해한다.

ㄷ. p형 반도체는 불순물에 의해 원자가 띠 바로 위에 새로운 에너지 준위가 만들어지며 원자가 띠의 전자가 이 에너지 준위로 쉽게 전이할 수 있다.

16 꼼꼼 문제 분석

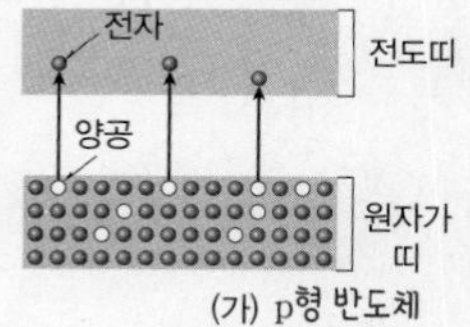

(가) p형 반도체

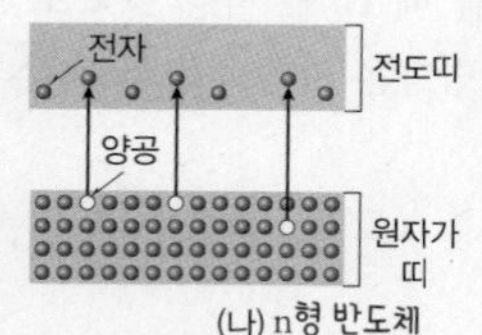

(나) n형 반도체

(가)에서 전도띠의 전자는 원자가 띠의 전자가 전이한 것이고, 원자가 띠의 양공은 전자의 전이와 불순물의 도핑에 의해서 생긴 것이다.

(나)에서 전도띠의 전자는 원자가 띠의 전자의 전이와 불순물의 도핑에 의해 생긴 것이고, 원자가 띠의 양공은 전자의 전이에 의해서 생긴 것이다.

선택지 분석

~~ㄱ~~. (가)는 n형 반도체이다. p형 반도체

ㄴ. (나)에서 양공은 전자의 전이에 의해서만 생긴다.

ㄷ. (나)는 고유 반도체에 원자가 전자가 5개인 원소를 도핑해서 만든다.

전략적 풀이 ❶ (가)와 (나)에서 양공과 전자의 수를 비교하고 양공과 전자가 발생한 원리를 이해한다.

ㄱ. (가)는 양공이 자유 전자보다 많으므로 p형 반도체이다.

ㄴ. (나)는 n형 반도체이므로 원자가 띠의 양공은 전자의 전이에 의해서만 생긴다.

❷ p형 반도체와 n형 반도체를 만드는 원리를 이해한다.

ㄷ. (나)는 n형 반도체이므로 원자가 전자가 5개인 불순물을 도핑해서 만든다.

17 꼼꼼 문제 분석

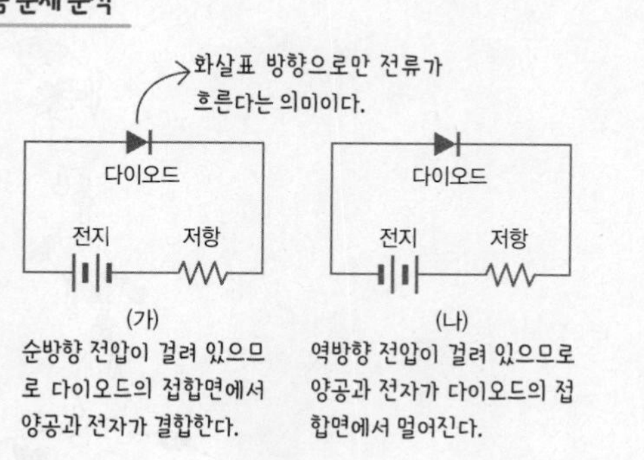

화살표 방향으로만 전류가 흐른다는 의미이다.
다이오드
전지
저항
(가)
순방향 전압이 걸려 있으므로 다이오드의 접합면에서 양공과 전자가 결합한다.
다이오드
전지
저항
(나)
역방향 전압이 걸려 있으므로 양공과 전자가 다이오드의 접합면에서 멀어진다.

선택지 분석

ㄱ. (가)에서 저항에 전류가 흐른다.

~~ㄴ~~. 다이오드는 전자의 이동에 의해서만 전류가 흐른다. 전자와 양공의 이동에 의해서

~~ㄷ~~. (나)의 다이오드의 접합면에서는 전자와 양공이 결합한다. 멀어진다.

전략적 풀이 ❶ 다이오드에 걸린 전압이 순방향인지 역방향인지 파악한다.

ㄱ. (가)에서 다이오드에 순방향 전압이 걸렸으므로 전류가 흐른다.

❷ 다이오드에 전류가 흐를 때와 흐르지 않을 때 양공과 전자가 어떻게 이동하는지 이해한다.

ㄴ. 다이오드는 p형 반도체와 n형 반도체를 접합하여 만들었으므로 전류가 흐를 때 전자와 양공이 함께 이동한다.

ㄷ. (나)에서 다이오드에 역방향 전압이 걸렸으므로 전자와 양공이 접합면에서 서로 멀어진다. 따라서 전류가 흐르지 않는다.

18 꼼꼼 문제 분석

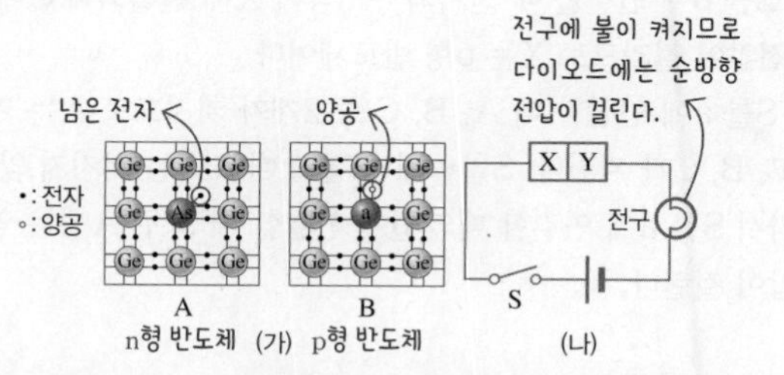

선택지 분석

ㄱ. a의 원자가 전자는 3개이다.

ㄴ. X는 B이다.

~~ㄷ~~. (나)에서 S를 닫으면 다이오드의 p형 반도체에 있는 양공은 접합면에서 멀어진다. 접합면으로 이동한다.

전략적 풀이 ❶ 불순물의 원자가 전자의 개수를 이용하여 불순물 반도체의 종류를 이해한다.

ㄱ. a는 주변의 저마늄 3개와 공유 결합을 하고 1개와는 공유 결합을 하지 못하여 양공이 생성되었으므로 원자가 전자가 3개이다. 따라서 B는 p형 반도체이다.

❷ 다이오드에 전류가 흐를 때의 특성을 이해한다.

ㄴ. X가 전지의 (+)극에 연결되었을 때 다이오드에 순방향 전압이 걸리므로 X는 p형 반도체이다. 따라서 X는 B이다.

ㄷ. (나)에서 다이오드에는 전류가 흐르므로 다이오드의 p형 반도체에 있는 양공과 n형 반도체에 있는 전자가 접합면으로 이동하여 결합한다.

19 꼼꼼 문제 분석

A와 C 중 하나가 켜질 때 B도 함께 켜진다.
➡ B에는 순방향 전압이 걸린다.

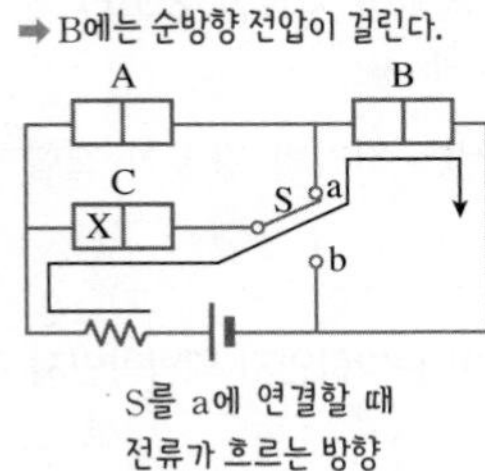

S를 a에 연결할 때 전류가 흐르는 방향

A가 켜지면 B도 함께 켜져 A, B, C 중 1개만 켜질 수 없다.
➡ C에 순방향 전압이 걸린다.

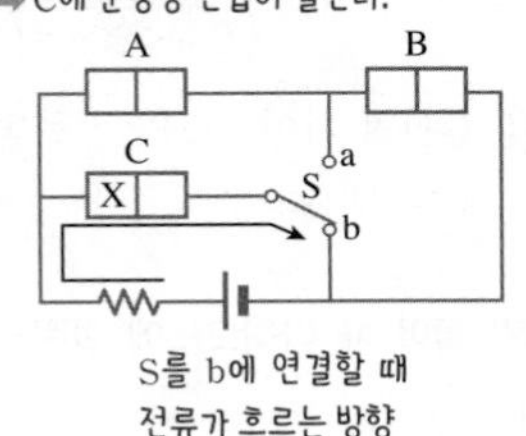

S를 b에 연결할 때 전류가 흐르는 방향

선택지 분석

ㄱ. X는 p형 반도체이다.

ㄴ. S를 b에 연결할 때 켜지는 LED는 C이다.

ㄷ. S를 a에 연결할 때와 b에 연결할 때 모두 A에는 역방향 전압이 걸린다.

전략적 풀이 ❶ LED가 켜지기 위한 전류의 방향을 이해한다.

ㄴ. S를 b에 연결할 때 A, B, C 중 1개가 켜지므로 A, B는 켜지지 않고, C만 켜진다. 따라서 C에 순방향 전압이 걸린다.

❷ 순방향 전압과 역방향 전압을 이해한다.

ㄱ. S를 b에 연결할 때 전지의 (+)극이 X에 연결되어 C에 순방향 전압이 걸리므로 X는 p형 반도체이다.

ㄷ. S를 a에 연결할 때 A, B, C 중 2개가 켜지므로 A는 켜지지 않고, B, C가 켜진다. S를 b에 연결할 때도 A는 켜지지 않는다. 따라서 S를 a에 연결할 때와 b에 연결할 때 모두 A에는 역방향 전압이 걸린다.

20 꼼꼼 문제 분석

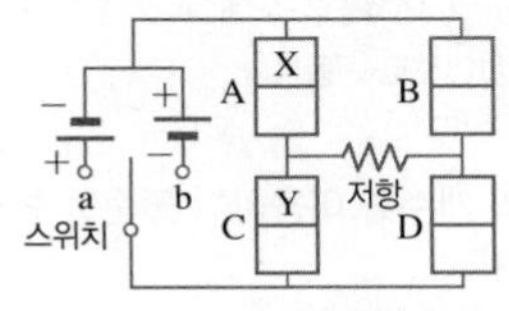

a에 연결했을 때는 A, D에 순방향 전압이 걸려야 하고, b에 연결했을 때는 B, C에 순방향 전압이 걸려야 한다.

- a에 연결했을 때 전류의 흐름: D → 저항 → A
- b에 연결했을 때 전류의 흐름: B → 저항 → C

선택지 분석

ㄱ. X는 n형 반도체이다.

ㄴ. 스위치를 b에 연결했을 때, Y에서는 양공이 접합면으로 이동한다.

ㄷ. 스위치를 a에 연결했을 때와 b에 연결했을 때, 저항에 흐르는 전류의 방향은 서로 같다.

전략적 풀이 ❶ 발광 다이오드가 켜지는 원리를 파악한다.

ㄴ. 스위치를 b에 연결했을 때 B, C가 켜지므로 B, C에 전류가 흐른다. 따라서 Y는 p형 반도체이고, 양공이 접합면으로 이동한다.

❷ 다이오드에 순방향 전압, 역방향 전압이 걸렸을 때 전류가 흐르는 방향을 파악한다.

스위치를 a에 연결했을 때 A, D가 켜지고, 스위치를 b에 연결했을 때 B, C가 켜진다.

ㄱ. 스위치를 a에 연결하면 전지의 (−)극이 X에 연결된다. 이때 A가 켜졌으므로 X는 n형 반도체이다.

ㄷ. 스위치를 a에 연결했을 때 D → 저항 → A로, 스위치를 B에 연결했을 때 B → 저항 → C로 전류가 흐르므로 저항에 흐르는 전류의 방향은 왼쪽으로 서로 같다.

2 물질의 자기적 특성

1 전류에 의한 자기 작용

개념 확인 문제

201쪽

❶ 자기장 ❷ N ❸ N ❹ 접선 ❺ 오른손 ❻ 비례
❼ 반비례 ❽ 비례 ❾ 반비례 ❿ 비례 ⓫ 비례
⓬ 전자석 ⓭ 전동기 ⓮ 운동

1 (1) A>B>C (2) → **2** A: 동쪽, B: 서쪽 **3** $2B$ **4** B
5 A: 서쪽, B: 동쪽, C: 서쪽 **6** ㄱ, ㄴ, ㄷ

1 (1) 자기력선의 간격이 좁을수록 자기장이 세다. 따라서 자기장의 세기는 A>B>C 순이다.
(2) B 지점에서 자기력선에 접선을 그으면 오른쪽 방향이다.

2 오른손 엄지손가락을 전류의 방향으로 향하게 할 때 나머지 네 손가락이 도선을 감아쥐는 방향이 자기장의 방향이다. 따라서 A에 있는 나침반 자침의 N극은 동쪽, B에 있는 나침반 자침의 N극은 서쪽을 가리킨다.

3 직선 전류에 의한 자기장의 세기는 거리에 반비례하므로 거리가 $\frac{1}{2}$배가 되면 자기장의 세기는 2배가 된다.

4 시계 방향으로 전류가 흐르는 도선의 반지름이 더 작으므로 합성 자기장의 방향은 시계 방향으로 전류가 흐르는 도선에 의한 자기장의 방향과 같다. 따라서 O에서 자기장의 방향은 종이면에 수직으로 들어가는 방향(B)이다.

5 전류의 방향으로 오른손 네 손가락을 감아쥐면 엄지손가락이 가리키는 방향이 솔레노이드 내부에서 자기장의 방향이다. 따라서 B에서 자기장의 방향은 동쪽이다. 솔레노이드 외부에서 자기장은 막대자석에 의한 자기장과 비슷하게 형성된다. 솔레노이드의 오른쪽에 N극이 형성되므로 A와 C에서 자기장의 방향은 모두 서쪽이다.

6 전류계, 전동기, 스피커는 자기장 속에서 전류가 받는 힘을 이용한 장치이다. 액체 자석은 강자성체를 이용한 것이고, 마이크와 전자 기타는 전자기 유도를 이용한 장치이다.

대표 자료 분석

202~203쪽

자료 ❶ 1 (1) 나오는 (2) 작다 (3) 들어가는 2 $\frac{4}{3}B$
3 P=R>Q 4 (1) × (2) ○ (3) ○

자료 ❷ 1 종이면에서 수직으로 나오는 방향 2 $2B$ 3 B
4 (1) × (2) × (3) × (4) ○

자료 ❸ 1 동쪽 2 지구 자기장의 영향을 받았기 때문이다.
3 북서쪽 4 (1) ○ (2) ○ (3) ○ (4) ×

자료 ❹ 1 a 2 전기 에너지 → 운동 에너지 → 소리 에너지
3 전류의 세기가 클수록 큰 소리가 발생한다.
4 (1) × (2) ○ (3) ○ (4) ×

1-1 (1) A에 흐르는 전류의 방향이 위쪽이므로 P에서 A에 의한 자기장의 방향은 종이면에서 수직으로 나오는 방향이다.
(2) 직선 전류에 의한 자기장의 세기는 거리에 반비례하므로 A에 의한 자기장의 세기는 R에서가 Q에서보다 작다.
(3) R에서 A, B 각각에 의한 자기장의 방향이 모두 종이면에 수직으로 들어가는 방향이므로 합성 자기장의 방향도 종이면에 수직으로 들어가는 방향이다.

1-2 종이면에 수직으로 들어가는 자기장을 (+)로 하면 R에서 A에 의한 자기장은 $\frac{1}{3}B$이고, B에 의한 자기장은 B이다. 따라서 합성 자기장의 세기는 $\frac{1}{3}B+B=\frac{4}{3}B$이다.

1-3 꼼꼼 문제 분석

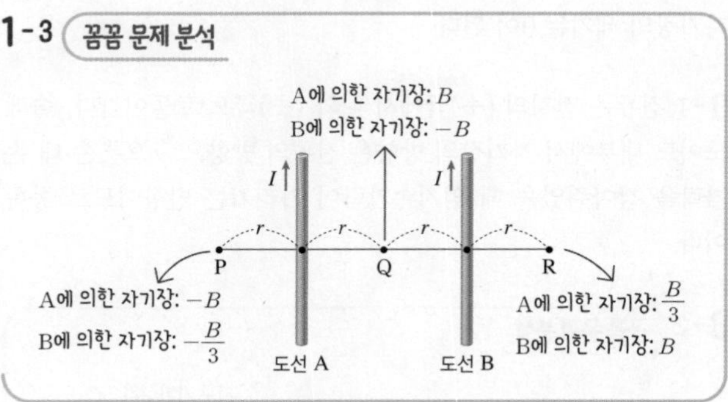

P, Q, R에서 합성 자기장의 세기를 각각 B_P, B_Q, B_R라고 하면 $B_P=\left|-B-\frac{B}{3}\right|=\frac{4}{3}B$, $B_Q=0$, $B_R=\frac{4}{3}B$이다. 따라서 $B_P=B_R>B_Q$이다.

1-4 (1) P에서 A, B 각각에 의한 자기장의 방향이 모두 종이면에서 수직으로 나오는 방향이므로 합성 자기장의 방향도 종이면에서 수직으로 나오는 방향이다. 따라서 P와 R에서 합성 자기장의 방향은 서로 반대이다.

(2) A와 B에 흐르는 전류의 방향이 같고, A로부터 P까지의 거리와 B로부터 R까지의 거리가 같으므로 P와 R에서 합성 자기장의 세기는 같다.
(3) A와 B에 흐르는 전류의 세기는 같고 A와 B에서 Q까지의 거리는 같으므로 Q에서 도선 A와 B에 의한 자기장의 세기는 같고 방향은 반대이다. 따라서 Q에서 합성 자기장의 세기는 0이다.

2-1 (가)에서 전류의 방향인 시계 반대 방향으로 오른손 네 손가락을 감아쥐면 엄지손가락이 가리키는 방향, 즉 종이면에서 수직으로 나오는 방향이 O에서 자기장의 방향이다.

2-2 (가)의 O에서 자기장의 세기가 B인데, (나)에서 도선 B의 반지름은 도선 A의 $\frac{1}{2}$배이므로 O에서 B에 의한 자기장의 세기는 $2B$이다.

2-3 (나)의 O에서 A, B 각각에 의한 자기장의 방향이 서로 반대이므로 종이면에 수직으로 들어가는 자기장의 방향을 (+)로 하면 O에서 합성 자기장은 $-B+2B=B$이다.

2-4 (1) 원형 전류에 의한 자기장은 세기와 방향이 일정하지 않다.
(2) (나)의 O에서 합성 자기장의 방향은 B에 의한 자기장의 방향과 같으므로 종이면에 수직으로 들어가는 방향이다.
(3) (나)에서 B에 흐르는 전류의 방향만 반대가 되면 O에서 A, B 각각에 의한 자기장의 방향이 같아지므로 합성 자기장의 세기는 $3B$가 된다.
(4) (나)에서 A에 흐르는 전류의 세기만 $2I$가 되면 A, B 각각에 의한 자기장은 세기가 같고 방향이 서로 반대이므로 O에서 합성 자기장의 세기는 0이 된다.

3-1 전류는 전지의 (+)극에서 나와 (−)극으로 들어간다. 솔레노이드 내부에서 자기장의 방향은 전류의 방향으로 오른손 네 손가락을 감아쥐었을 때 엄지손가락이 가리키는 방향이므로 동쪽이다.

3-2 꼼꼼 문제 분석

솔레노이드에 의한 자기장의 방향이 동쪽인데 자침이 북동쪽을 가리키는 까닭은 지구 자기장의 방향이 북쪽이기 때문이다. 자침이 있는 곳에서 자기장은 지구 자기장과 솔레노이드에 의한 자기장이 합성되어 나타난다.

3-3 전원 장치의 단자에 연결된 도선을 서로 바꾸면 솔레노이드 내부에서 전류에 의한 자기장의 방향이 서쪽으로 바뀌므로 합성 자기장의 방향은 북서쪽이 된다.

3-4 (1) 솔레노이드에 전류가 흐르지 않으면 자침의 N극은 지구 자기장의 방향인 북쪽을 가리킨다.
(2), (3) 전압이 커지거나 저항의 길이가 짧아지면 전류의 세기가 증가하므로 솔레노이드에 의한 자기장의 세기가 커진다. 따라서 자침의 N극은 동쪽으로 더 회전한다.
(4) 솔레노이드에 의한 자기장의 세기는 단위 길이당 코일의 감은 수에 비례하므로, 솔레노이드의 길이만 길어지면 내부 자기장의 세기가 작아지므로 자침의 회전각이 작아진다.

4-1 (가)에서 화살표 방향으로 전류가 흐를 때, (나)에서 보면 N극의 위쪽 코일에는 단면에 수직으로 들어가는 방향으로 전류가 흐르고 자기장은 위쪽 방향이므로 코일은 a 방향으로 자기력을 받는다.

4-2 스피커에서는 전류가 흐르는 도선이 자석에 의한 자기장으로부터 자기력을 받아 진동이 일어나면서 소리가 발생하므로 전기 에너지가 운동 에너지로, 운동 에너지가 소리 에너지로 전환된다.

4-3 전류의 세기가 클수록 코일이 받는 자기력이 커져 진동판의 진폭이 커지므로 큰 소리가 발생한다.

4-4 (1) 코일에 직류가 흐르면 자기력의 방향이 바뀌지 않으므로 진동판이 진동하지 못한다.
(2) 자석의 세기가 클수록 코일이 받는 자기력이 커져 진동판의 진폭이 커지므로 큰 소리가 발생한다.
(3) 코일을 많이 감을수록 자기력을 받는 코일의 길이가 길어지므로 코일이 받는 자기력이 커진다. 코일이 받는 자기력은 그대로 진동판에 전달된다.
(4) 스피커는 전류가 흐르는 도선이 자석이 만든 자기장에 의해 힘을 받는 원리를 이용한 것이다.

내신 만점 문제 204~206쪽

01 ⑤ 02 $8B$ 03 ③ 04 ③ 05 ① 06 해설 참조
07 ③ 08 해설 참조 09 ① 10 ⑤ 11 ⑤ 12 ①
13 해설 참조 14 ④ 15 ② 16 해설 참조

01 ㄱ. 자기력선이 P로 들어가고 Q에서 나오므로 P는 S극, Q는 N극이다.
ㄴ. 자극에 가까울수록 자기력선의 간격이 좁아지므로 자기장이 세다.

ㄷ. P와 Q는 서로 다른 극이므로 서로 당기는 자기력이 작용한다.

02 직선 전류에 의한 자기장의 세기는 전류의 세기에 비례하고 거리에 반비례하므로, 전류가 4배이고 거리가 $\frac{1}{2}$배이면 자기장의 세기는 8배가 된다.

03 꼼꼼 문제 분석

a에서 P에 의한 자기장은 ⊙ 방향이다. 따라서 a에서 자기장이 0이 되려면 Q에 의한 자기장은 × 방향이어야 하므로, Q에 흐르는 전류의 방향은 아래쪽이고 전류의 세기는 P의 3배이다.

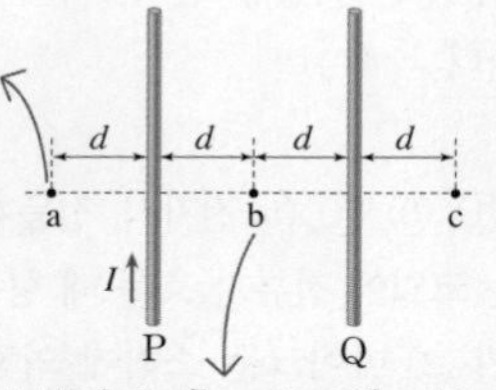

b에서 P에 의한 자기장의 세기를 B라고 하면 b에서 P와 Q에 의한 자기장의 세기는 $B_0=B+3B=4B$이다.

Q에 흐르는 전류의 방향은 아래쪽이고 전류의 세기는 $3I$이다. b에서 P에 의한 자기장의 세기를 B라고 하고, 종이면에 수직으로 들어가는 방향의 자기장을 (+)로 하면 b에서 P와 Q에 의한 자기장은 $B_0=4B$이므로 c에서 P와 Q에 의한 자기장은 $\frac{1}{3}B-3B=-\frac{8}{3}B$이다. 따라서 c에서 자기장의 세기는 $\frac{2}{3}B_0$이다.

04 ① 전류는 전원 장치의 (+)극에서 (−)극으로 흐르므로 직선 도선에는 남쪽으로 전류가 흐른다.
② 스위치를 닫으면 지구 자기장에 의해 북쪽을 가리키던 자침의 N극은 도선 아래에 있으므로 전류에 의한 자기장의 방향인 동쪽으로 회전한다.
④ 거리가 멀수록 전류에 의한 자기장의 세기가 작아지므로 자침의 회전각이 작아진다.
⑤ 전류의 방향이 바뀌면 전류에 의한 자기장의 방향이 서쪽이 되므로 자침의 N극은 서쪽으로 회전한다.
바로알기 ③ 가변 저항의 저항값을 감소시키면 전류의 세기가 증가하여 전류에 의한 자기장의 세기가 커지므로 자침의 회전각이 커진다.

05 ㄱ. 종이면에서 수직으로 나오는 방향의 자기장을 (+)로 하고 a에서 A에 의한 자기장의 세기를 B라고 하면 a에서 A와 B에 의한 자기장은 $B+3B=4B$이고, c에서 A와 B에 의한 자기장은 $-B-3B=-4B$이다. 따라서 a와 c에서 자기장의 세기는 같다.
바로알기 ㄴ. c에서 자기장의 방향은 종이면에 수직으로 들어가는 방향이다. b에서는 A보다 B에 의한 자기장의 세기가 더 크므로 b에서 자기장의 방향도 종이면에 수직으로 들어가는 방향이다.

ㄷ. d에서 A와 B에 의한 자기장은 $-B+3B=2B$이다. a에서 자기장의 세기는 $4B$이므로 자기장의 세기는 a에서가 d에서의 2배이다.

06 O에서 A에 의한 자기장은 $-x$ 방향, B에 의한 자기장은 $+x$ 방향, C에 의한 자기장은 $+y$ 방향이고, O에서 A, B 각각에 의한 자기장의 세기는 같다.

모범 답안 O에서 A와 B에 의한 자기장은 서로 상쇄되므로 O에서 자기장의 방향은 C에 의한 자기장의 방향과 같다. 따라서 $+y$ 방향이다.

채점 기준	배점
O에서 자기장의 방향을 쓰고, 그 까닭을 옳게 서술한 경우	100 %
O에서 자기장의 방향만 옳게 쓴 경우	50 %

07 P에서 A에 의한 자기장의 세기를 B라고 하고, xy 평면에 수직으로 들어가는 방향의 자기장을 (+)로 하면, P에서 A, B, C에 의한 자기장은 $B-B-\frac{2}{3}B=-\frac{2}{3}B$이므로 $B_0=\frac{2}{3}B$이다. Q에서 A, B, C에 의한 자기장은 $\frac{1}{3}B+B-2B=-\frac{2}{3}B$이므로, P에서의 자기장의 세기와 같다.

08 꼼꼼 문제 분석

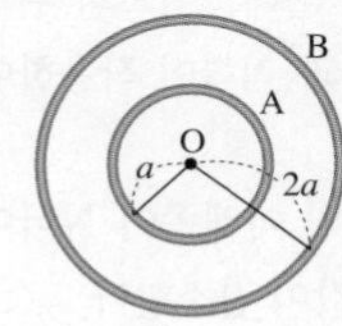

도선	(가)	(나)	(다)
A	$+I$ ×B	$+I$ ×B	$-2I$ ⊙2B
B	$+2I$ ×B	$-2I$ ⊙B	$+2I$ ×B
합성 자기장	$B+B$ $=2B$	$B-B$ $=0$	$-2B+B$ $=-B$

(+는 시계 방향, −는 시계 반대 방향)

원형 도선에 전류가 흐를 때 도선의 중심에서 자기장의 세기는 전류의 세기에 비례하고 도선의 반지름에 반비례한다. 도선의 중심에서 자기장의 방향은 전류가 시계 방향일 때는 종이면에 수직으로 들어가는 방향이고, 전류가 시계 반대 방향일 때는 종이면에서 수직으로 나오는 방향이다.

모범 답안 A에 전류 $+I$가 흐를 때 O에서 A에 의한 자기장의 세기를 B라고 하면 O에서 합성 자기장은 (가)일 때 $B+B=2B$, (나)일 때 $B-B=0$, (다)일 때 $-2B+B=-B$이다. 따라서 합성 자기장의 세기는 (가)>(다)>(나)이다.

채점 기준	배점
자기장의 세기를 풀이 과정과 함께 옳게 비교한 경우	100 %
자기장의 세기만 옳게 비교한 경우	50 %

09 ㄱ. 나침반 자침의 N극이 위쪽을 가리키므로 도선에 흐르는 전류는 b 방향이어야 한다.
바로알기 ㄴ. 원형 전류에 의한 자기장은 중심에서는 직선 모양이고, 도선에 가까울수록 원 모양으로 형성되므로 균일하지 않다.

ㄷ. P에서 자침의 N극이 가리키는 방향은 도선의 중심 O에서와 반대이다.

10 꼼꼼 문제 분석

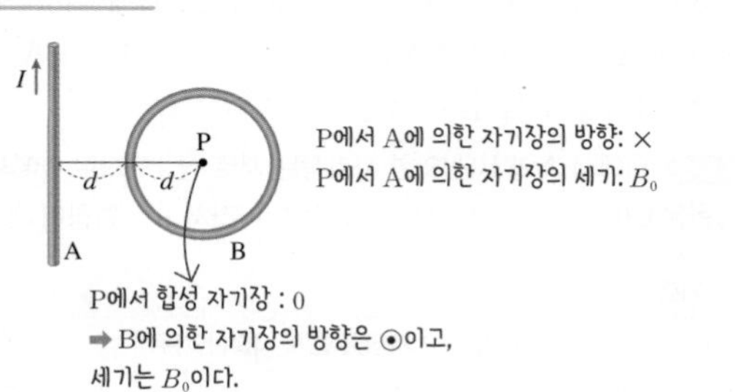

I
P
d
d
A
B
P에서 A에 의한 자기장의 방향: ×
P에서 A에 의한 자기장의 세기: B_0
P에서 합성 자기장 : 0
➡ B에 의한 자기장의 방향은 ⊙이고, 세기는 B_0이다.

ㄱ, ㄴ. P에서 A에 의한 자기장의 방향은 종이면에 수직으로 들어가는 방향이고, P에서 합성 자기장은 0이므로 B에 의한 자기장의 방향은 종이면에서 수직으로 나오는 방향이어야 한다. 따라서 B에는 시계 반대 방향으로 전류가 흘러야 한다.

ㄷ. A를 왼쪽으로 d만큼 이동시키면 P에서 A에 의한 자기장의 세기는 $\frac{2}{3}B_0$이 되므로 합성 자기장은 $\frac{2}{3}B_0-B_0=-\frac{1}{3}B_0$이 된다.

11 ㄱ. 화살표 방향으로 전류를 흘려 주면 솔레노이드의 위쪽이 N극, 아래쪽이 S극이 되므로 자석의 S극과 척력이 작용하여 저울의 측정값이 증가한다.

ㄷ. 전류의 방향을 반대로 하면 솔레노이드의 아래쪽이 N극이 되어 자석과 인력이 작용하므로 저울의 측정값이 감소한다.

바로알기 ㄴ. 전류의 세기가 증가하면 솔레노이드에 의한 자기장의 세기가 증가하므로 자석과 솔레노이드 사이에 척력이 증가하여 저울의 측정값이 증가한다.

12 솔레노이드 내부에서 자기장의 세기는 전류의 세기에 비례하고, 단위 길이당 코일의 감은 수에 비례한다. 따라서 감은 수를 N이라고 하면 $B_{(가)} : B_{(나)}$는 다음과 같다.

$$B_{(가)} : B_{(나)}=1\times\frac{N}{20} : 2\times\frac{N}{40}=1 : 1$$

13 솔레노이드에 흐르는 전류에 의해 솔레노이드의 왼쪽에는 S극이, 오른쪽에는 N극이 형성된다.

모범 답안

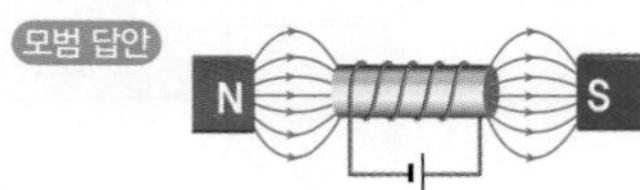

N
S

채점 기준	배점
자기력선을 방향을 포함하여 옳게 그린 경우	100 %
자기력선을 방향 표시 없이 그린 경우	50 %

14 ① 전류의 방향으로 오른손 네 손가락을 감아쥐면 엄지손가락이 가리키는 방향이 솔레노이드 내부에서 자기장의 방향이다. 따라서 나침반이 있는 곳에서 자기장의 방향은 오른쪽이다.

②, ③ 솔레노이드에 의한 자기장의 세기는 코일의 감은 수에 비례하고, 전류의 세기에 비례한다.

⑤ 코일에 흐르는 전류의 방향이 바뀌면 솔레노이드에 의한 자기장의 방향도 바뀐다.

바로알기 ④ 철심은 솔레노이드 내부에서 자기장의 세기를 더 강하게 해 주는 역할을 한다. 따라서 철심을 빼면 자기장의 세기가 감소한다.

15 ①, ③, ④, ⑤ 전자석, 전동기, 자기 부상 열차, 자기 공명 영상 장치는 코일에 전류가 흐를 때 형성되는 자기장을 이용한 것이다.

바로알기 ② 마이크는 소리에 의해 코일이 자석 근처에서 진동하면 코일에 전류가 유도되는 현상, 즉 전자기 유도를 이용한 것이다.

16 코일에 전류가 흐르면 코일에 자기장이 형성된다. 교류는 전류의 세기와 방향이 주기적으로 바뀌는 전류이므로 코일에 형성되는 자기장도 주기적으로 변한다. 이에 따라 코일이 자석으로부터 받는 자기력이 주기적으로 변하면서 코일에 부착된 진동판이 진동하게 된다.

모범 답안 전류의 방향이 바뀌는 교류에 의해 코일에 형성되는 자기장이 변하여 자석과 코일 사이에 작용하는 자기력의 방향이 바뀌기 때문이다.

채점 기준	배점
교류의 특성과 자기력의 변화를 함께 옳게 서술한 경우	100 %
자기력의 변화만 옳게 쓴 경우	50 %

실력 UP 문제

207쪽

01 ② 02 ③ 03 ⑤ 04 ①

01 꼼꼼 문제 분석

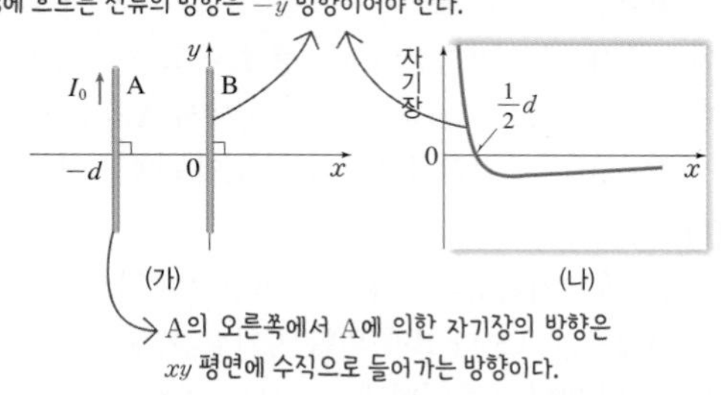

$0<x<\frac{1}{2}d$에서 자기장의 방향은 xy 평면에서 수직으로 나오는 방향이므로 B에 흐르는 전류의 방향은 $-y$ 방향이어야 한다.
I_0
A
B
y
$-d$
0
x
자기장
$\frac{1}{2}d$
0
x
(가)
(나)
A의 오른쪽에서 A에 의한 자기장의 방향은 xy 평면에 수직으로 들어가는 방향이다.

$x=\frac{1}{2}d$에서 A, B에 의한 자기장이 0이므로 B에 흐르는 전류의 방향은 $-y$ 방향이고, B로부터 $x=\frac{1}{2}d$까지의 거리가 A로부터 거리의 $\frac{1}{3}$배이므로 전류의 세기는 B에서가 A에서의 $\frac{1}{3}$배이다. 따라서 B에 흐르는 전류의 세기는 $\frac{1}{3}I_0$이다.

02 반지름이 d, 세기가 I_0인 전류가 흐르는 원형 도선의 중심에서 자기장의 세기를 B, xy 평면에 수직으로 들어가는 방향의 자기장을 (+)로 하면, O에서 A와 B에 의한 합성 자기장은 다음과 같다.

A	B	O에서 A와 B에 의한 자기장
$+I_0$	$-I_0$	$B-\frac{1}{2}B=B_0$(× 방향)
$-I_0$	㉡	$-B+B'=-3B_0$(⊙ 방향)

$B=2B_0$이고 ㉡에 의한 자기장 $B'=-B_0=-\frac{1}{2}B$이므로 ㉡은 $-I_0$이다.

03 꼼꼼 문제 분석

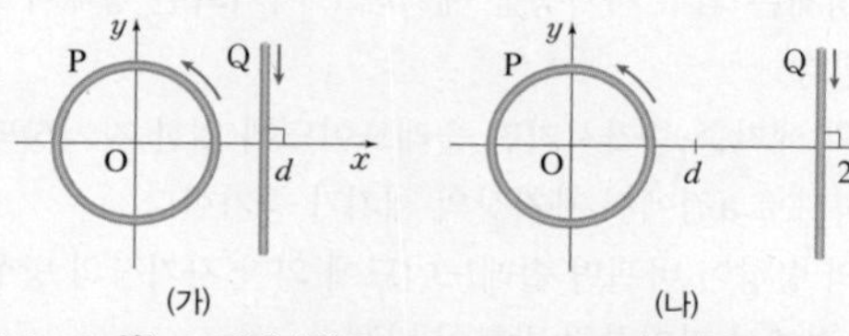

O에서 P에 의한 자기장의 방향은 xy 평면에서 수직으로 나오는 방향이고, Q에 의한 자기장의 방향은 xy 평면에 수직으로 들어가는 방향이다.

Q가 O에서 멀어졌으므로 O에서 Q에 의한 자기장의 세기는 (가)에서보다 작아진다.

ㄱ. P의 위치는 그대로이고 Q가 멀어짐에 따라 자기장의 방향이 반대로 바뀌므로, 합성 자기장의 방향은 (가)에서는 xy 평면에 수직으로 들어가는 방향, (나)에서는 xy 평면에서 수직으로 나오는 방향이다.

ㄴ. O와 Q 사이의 거리는 (나)에서가 (가)에서의 2배이므로 O에서 Q에 의한 자기장의 세기는 (가)에서가 (나)에서의 2배이다.

ㄷ. (가)에서 합성 자기장의 방향이 xy 평면에 수직으로 들어가는 방향이므로 O에서 Q에 의한 자기장의 세기는 P에 의한 자기장의 세기보다 크다.

04 ㄱ. 솔레노이드 내부에는 균일한 자기장이 형성된다.

바로알기 ㄴ. 솔레노이드 내부에서 자기장의 세기는 단위 길이당 감은 수에 비례하므로 자기장의 세기는 B가 A보다 크다.

ㄷ. 전류의 방향에 따라 A에서는 왼쪽, B에서는 오른쪽 방향으로 자기장이 형성된다. 즉, A의 오른쪽이 S극이 되고 B의 왼쪽이 S극이 된다. 따라서 A와 B 사이에는 서로 미는 자기력이 작용한다.

2 물질의 자성

개념 확인 문제

210쪽

❶ 원자 자석 ❷ 자기화 ❸ 반자성 ❹ 스핀 ❺ 상자성체 ❻ 반자성체 ❼ 강자성체 ❽ 초전도체 ❾ 반자성

1 (1) × (2) × (3) ○ **2** (1) 시계 (2) 들어가는 **3** (1) ㉢ (2) ㉠ (3) ㉡ **4** 상자성체 **5** ㄴ, ㄹ **6** (1) × (2) ○

1 (1) 자성의 원인은 전자의 궤도 운동과 전자의 스핀이며, 물질이 자성을 띠는 데 더 중요한 역할을 하는 것은 전자의 스핀이다.
(2) 대부분의 물질은 전자의 궤도 운동과 전자의 스핀에 의한 자기장이 0이거나 매우 작아 자성을 띠지 않는다.
(3) 강자성체 내부에서 원자 하나하나는 전자의 궤도 운동과 스핀에 의해 자기장을 형성하므로 자석과 같은 역할을 한다.

2 (1) 전류의 방향은 전자의 운동 방향과 반대 방향으로 정한다. 따라서 전자가 시계 반대 방향으로 궤도 운동을 하면 전류는 전자의 운동 방향과 반대인 시계 방향으로 흐르는 것과 같다.
(2) 오른손 네 손가락을 전류의 방향으로 감아쥐면 엄지손가락이 가리키는 방향이 중심에서 자기장의 방향이다. 따라서 네 손가락이 시계 방향일 때 엄지손가락은 종이면에 수직으로 들어가는 방향을 가리킨다.

3 (1) 강자성체는 외부 자기장에 놓이면 외부 자기장의 방향으로 강하게 자기화된다.(㉢)
(2) 상자성체는 외부 자기장에 놓이면 외부 자기장의 방향으로 약하게 자기화된다.(㉠)
(3) 반자성체는 외부 자기장에 놓이면 외부 자기장과 반대 방향으로 자기화된다.(㉡)

4 외부 자기장과 같은 방향으로 자기화되었지만 자기 구역이 없으므로 이 자성체는 상자성체이다.

5 유리 막대가 자석에 의해 밀려난 까닭은 유리가 반자성체이기 때문이다. 반자성체에 해당하는 것은 구리와 물이다.
ㄱ. 니켈은 강자성체이다.
ㄷ, ㅁ. 알루미늄과 종이는 상자성체이다.

6 (1) 초전도체가 외부 자기장을 밀어내는 것은 반자성에 의한 현상이다.
(2) 초전도체는 반자성을 가지고 있어서 외부 자기장을 가하면 외부 자기장의 방향과 반대 방향으로 자기화된다.

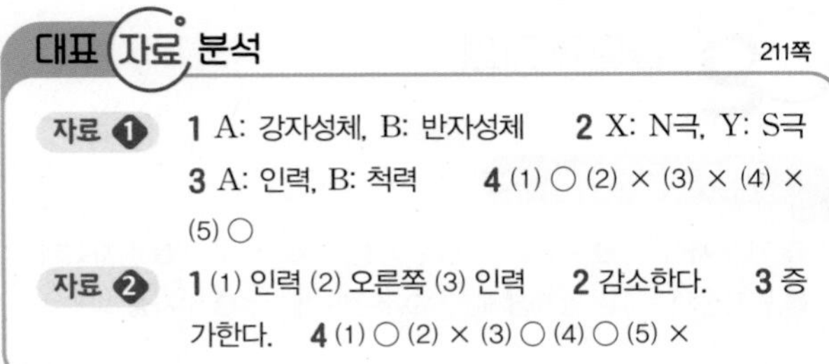

대표 자료 분석

211쪽

자료 ❶ **1** A: 강자성체, B: 반자성체 **2** X: N극, Y: S극 **3** A: 인력, B: 척력 **4** (1) ○ (2) × (3) × (4) × (5) ○

자료 ❷ **1** (1) 인력 (2) 오른쪽 (3) 인력 **2** 감소한다. **3** 증가한다. **4** (1) ○ (2) × (3) ○ (4) ○ (5) ×

1-1 꼼꼼 문제 분석

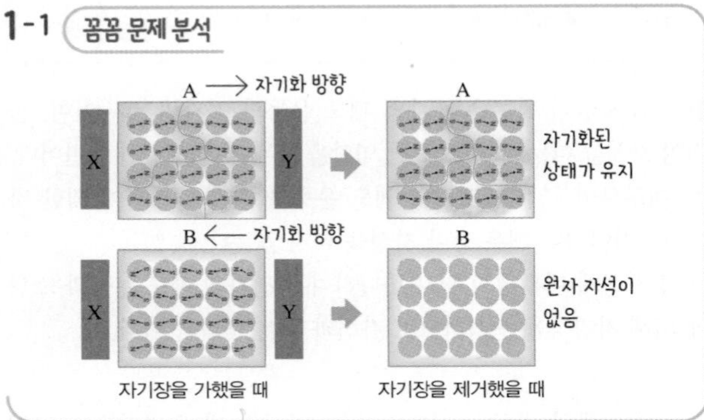

A는 외부 자기장을 제거해도 자기화된 상태가 유지되므로 강자성체이다. B는 외부 자기장을 제거했을 때 원자 자석이 없으므로 반자성체이다.

1-2 강자성체는 외부 자기장의 방향으로 자기화되고, 반자성체는 외부 자기장의 반대 방향으로 자기화된다. 강자성체인 A의 원자 자석들이 자석에 의해 오른쪽으로 자기화되었으므로 X와 Y 사이에서 자석에 의한 자기장의 방향은 오른쪽이다. 따라서 X는 N극이고, Y는 S극이다.

1-3 자기장을 가했을 때 A는 외부 자기장의 방향으로 자기화되므로 자석으로부터 인력을 받고, B는 외부 자기장의 반대 방향으로 자기화되므로 자석으로부터 척력을 받는다.

1-4 (1) A는 강자성체로 원자 내에 짝을 이루지 않은 전자들이 많고 원자 자석들이 같은 방향으로 정렬되어 있는 자기 구역이 있다.
(2) B는 반자성체로 원자 내에 전자들이 모두 짝을 이루어 전자의 운동에 의한 자기장이 완전히 상쇄된다.
(3) A는 외부 자기장을 가한 후 자기화된 상태가 오래 유지되지만 외부 자기장을 가하지 않아도 저절로 자기화되지는 않는다.
(4) 전자석에 이용되는 자성체는 강자성체이다.
(5) 초전도체는 B와 같이 반자성을 가지고 있어 자석을 밀어내는 성질이 있다.

2-1 (1) 두 막대 모두 솔레노이드에 의한 자기장의 방향으로 자기화되므로 상자성 막대의 오른쪽에 N극, 강자성 막대의 왼쪽에 S극이 형성된다. 따라서 두 막대 사이에는 인력이 작용한다.
(2) a점에서 자기장의 방향은 오른쪽이다.
(3) 전류가 흐르지 않으면 강자성 막대는 자기화된 상태가 유지되고, 상자성 막대는 자기화된 상태가 사라진다. 하지만 상자성 막대는 자기화되어 있는 강자성 막대에 의해 다시 자기화되면서 둘 사이에는 인력이 작용한다.

2-2 S를 열면 양쪽의 솔레노이드에 의한 자기장이 사라지고, 상자성 막대와 강자성 막대에 의한 자기장만 남게 되므로 a에서 자기장의 세기는 감소한다.

2-3 강자성 막대는 상자성 막대에 비해 솔레노이드가 만드는 자기장에 의해 강하게 자기화된다. 따라서 상자성 막대를 강자성 막대로 바꾸면 두 솔레노이드와 두 강자성 막대에 의해 a점에서 자기장의 세기는 증가한다.

2-4 (1) 솔레노이드에 막대를 넣지 않으면 강자성 막대나 상자성 막대에 의한 자기장이 더해지지 않으므로 솔레노이드 내부 자기장의 세기가 작아진다.
(2) S를 열어도 상자성 막대는 자기화된 상태가 유지되는 강자성 막대에 의해 자기화되므로 자성을 잃지 않는다.
(3) 강자성체는 외부 자기장을 제거해도 자기화된 상태가 오랫동안 유지된다.
(4) 전류의 세기를 증가시키면 솔레노이드에 의한 자기장의 세기가 증가하므로 a점에서 자기장의 세기가 증가한다.
(5) 전류의 방향이 바뀌면 솔레노이드에 의한 자기장의 방향이 바뀌므로 a점에서 자기장의 방향이 바뀐다.

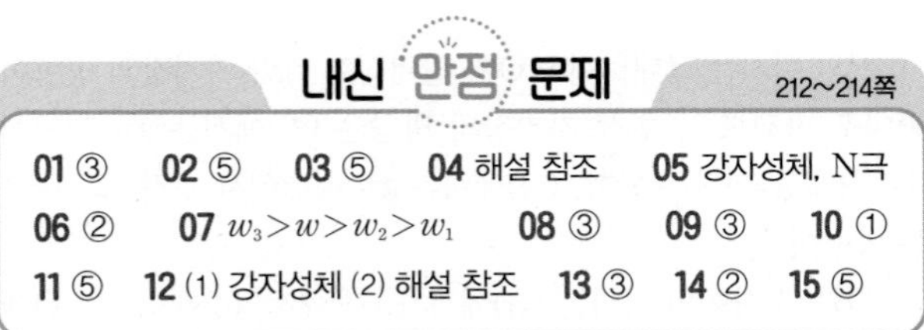

내신 만점 문제

212~214쪽

01 ③ **02** ⑤ **03** ⑤ **04** 해설 참조 **05** 강자성체, N극 **06** ② **07** $w_3 > w > w_2 > w_1$ **08** ③ **09** ③ **10** ① **11** ⑤ **12** (1) 강자성체 (2) 해설 참조 **13** ③ **14** ② **15** ⑤

01 ① 물질의 자성은 원자핵 주위를 도는 전자의 궤도 운동과 전자의 스핀에 의해 나타난다.
② 두 전자가 스핀이 서로 반대인 방향으로 짝을 이루면 자기장이 상쇄되므로 원자 자석의 효과가 나타나지 않는다.
④ 상자성체는 외부 자기장을 제거하면 원자 자석들이 다시 무질서하게 배열되면서 자성이 사라진다.
⑤ 반자성체는 자석이 만드는 자기장의 반대 방향으로 자기화되므로 자석에 척력을 작용한다.
바로알기 ③ 강자성체는 스핀이 서로 반대인 방향으로 짝을 이루지 않은 전자들이 많아 자성을 띠기 쉽다.

02 꼼꼼 문제 분석

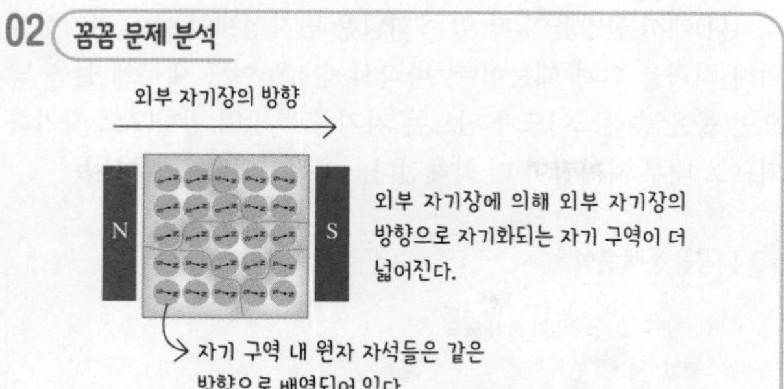
외부 자기장의 방향
N
S
외부 자기장에 의해 외부 자기장의 방향으로 자기화되는 자기 구역이 더 넓어진다.
자기 구역 내 원자 자석들은 같은 방향으로 배열되어 있다.

⑤ 외부 자기장의 방향으로 자기화되면서 자기 구역이 넓어졌으므로 이 물질은 강자성체이다. 강자성체는 원자 내에 스핀이 서로 반대인 방향으로 짝을 이루지 않은 전자들이 많다.

바로알기 ① 이 물질은 강자성체이다.
② 물질의 자성은 전자의 운동에 의해 나타난다.
③ 초전도체는 반자성을 띤다.
④ 강자성체는 외부 자기장을 제거해도 자기화된 상태가 오래 유지된다.

03 ㄴ. 반자성체는 원자 자석이 없으므로 외부 자기장을 제거하면 자성이 바로 사라진다.
ㄷ. 반자성체는 원자 내에 스핀이 서로 반대인 전자들이 완전히 짝을 이루므로 원자 자석이 없다.

바로알기 ㄱ. 반자성체는 외부 자기장을 가할 때 외부 자기장의 반대 방향으로 자기화된다. 반자성체의 자기화된 방향이 왼쪽이므로 외부 자기장의 방향은 오른쪽이다.

04 꼼꼼 문제 분석

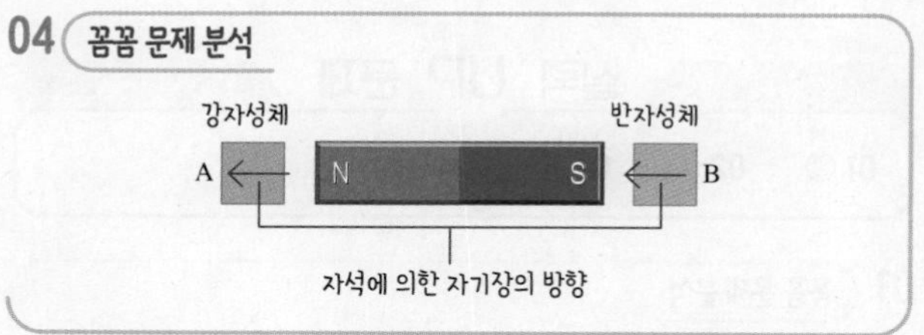
강자성체
반자성체
A
N
S
B
자석에 의한 자기장의 방향

A는 자석에 의한 자기장의 방향으로 자기화되고, B는 자석에 의한 자기장의 반대 방향으로 자기화된다.

모범 답안 A는 자석으로부터 오른쪽으로 인력을 받고, B는 자석으로부터 오른쪽으로 척력을 받는다.

채점 기준	배점
A, B 모두 옳게 쓴 경우	100 %
A, B 중 한 가지만 옳게 쓴 경우	50 %

05 물체를 자석으로부터 분리시켜 솔레노이드 가까이 놓았을 때 자기력을 받았으므로, 물체는 자기화된 후 자성을 그대로 유지한 것이다. 따라서 물체는 강자성체이다. 또한 솔레노이드에 흐르는 전류에 의해 솔레노이드의 왼쪽에 S극이 형성되는데, 물체가 인력을 받았으므로 P는 N극이다.

06 ㄷ. B는 상자성체이므로 (가)에서 B의 아래에 자석을 놓으면 자석이 만드는 자기장의 방향으로 약하게 자기화되면서 자석으로부터 인력을 받아 아래로 움직인다.

바로알기 ㄱ, ㄴ. (나)에서 A가 자석으로부터 척력을 받아 위로 운동하는 까닭은 A가 자석이 만드는 자기장의 반대 방향으로 자기화되었기 때문이다. 따라서 A는 반자성체이고, A의 아랫면은 N극으로 자기화된다.

07 저울에 측정되는 값은 자석을 포함한 아크릴 관의 무게와 물체가 자석에 작용한 자기력의 합력과 같다. 강자성체와 상자성체는 자석에 인력을 작용하고, 반자성체는 자석에 척력을 작용한다.

물체	아크릴 관의 무게	자기력의 크기	저울 측정값
없음	w	없음	w
강자성체	w	f_1(위쪽)	w_1
상자성체	w	f_2(위쪽)	w_2
반자성체	w	f_3(아래쪽)	w_3

아래쪽 방향의 힘을 (+)로 하면 $w_1=w-f_1$, $w_2=w-f_2$, $w_3=w+f_3$이다. 따라서 w_3이 가장 크고, 상자성체가 자석을 당기는 힘 f_2는 강자성체가 자석을 당기는 힘 f_1보다 작으므로 $w_2>w_1$이다.

08 꼼꼼 문제 분석

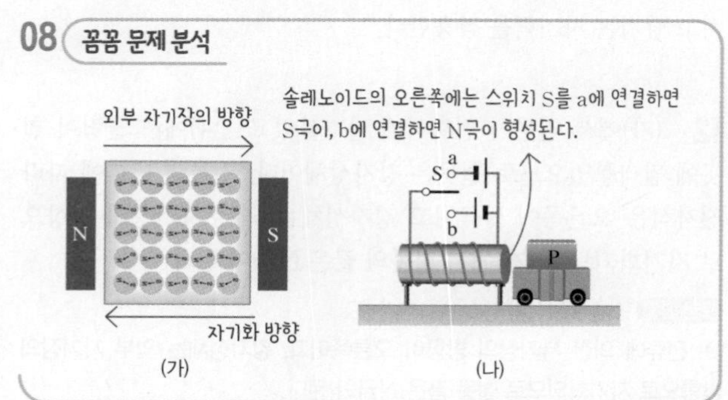
외부 자기장의 방향
솔레노이드의 오른쪽에는 스위치 S를 a에 연결하면 S극이, b에 연결하면 N극이 형성된다.
N
S
a
b
P
자기화 방향
(가)
(나)

ㄱ, ㄴ. (가)에서 P는 외부 자기장의 반대 방향으로 자기화되므로 반자성체이다. (나)에서 스위치 S를 a에 연결하면 솔레노이드의 오른쪽에 S극이 형성되므로 반자성체인 P는 왼쪽이 S극이 되도록 자기화되어 솔레노이드로부터 척력을 받는다.

바로알기 ㄷ. (나)에서 스위치 S를 b에 연결하면 솔레노이드의 오른쪽에 N극이 형성되므로, 반자성체인 P는 왼쪽이 N극이 되도록 자기화되어 솔레노이드로부터 척력을 받는다.

09 ㄱ. A는 자석으로부터 밀려나므로 자석의 자기장과 반대 방향으로 자기화되는 반자성체이다.
ㄴ. B는 자석에 끌려오므로 상자성체이고 외부 자기장과 같은 방향으로 자기화된다.

바로알기 ㄷ. 반자성체와 상자성체 모두 외부 자기장을 제거하면 자기화된 상태가 바로 사라진다.

10 꼼꼼 문제 분석

A와 자석 사이에 서로 미는 자기력이 작용하므로 A는 반자성체이다.

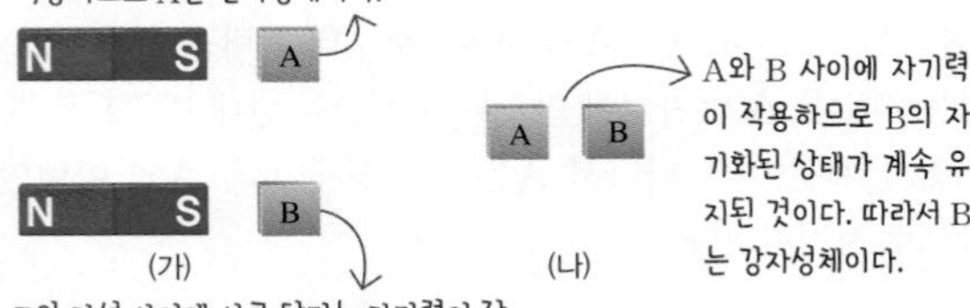

B와 자석 사이에 서로 당기는 자기력이 작용하므로 B는 강자성체이거나 상자성체이다.

ㄱ. B는 자기화된 상태가 계속 유지되므로 강자성체이다.

바로알기 ㄴ. A는 반자성체이므로 (가)에서 A는 자석에 가까운 쪽이 S극이 되도록 자기화된다.

ㄷ. (나)에서 A는 B의 자기장과 반대 방향으로 자기화되므로 A와 B 사이에는 서로 미는 자기력이 작용한다.

11 ㄱ. 자기력선이 X극으로 들어가는 모양이므로 X극은 S극이다.

ㄴ. A는 상자성체이므로 자석의 자기장과 같은 방향으로 자기화된다. 즉, A는 자석에 가까운 쪽이 N극이 되도록 자기화된다.

ㄷ. A는 자석에 가까운 쪽이 N극이 되므로 자석과 A 사이에는 서로 당기는 자기력을 작용한다.

12 (가)에서 철못이 전자석에 달라붙었고, (나)에서 클립이 철못에 달라붙었으므로 철못은 강자성체이다. 전류의 방향에 따라 전자석은 오른쪽이 N극이고 강자성체는 외부 자기장의 방향으로 자기화되므로 (가)에서 철못의 끝은 N극이 된다.

모범 답안 (1) 강자성체
(2) 전류에 의한 자기장의 방향이 오른쪽이고, 강자성체는 외부 자기장의 방향으로 자기화되므로 철못 끝은 N극이 된다.

채점 기준		배점
(1)	자성체의 종류를 옳게 쓴 경우	50 %
(2)	자극의 종류와 까닭을 옳게 서술한 경우	50 %
	자극의 종류만 옳게 쓴 경우	20 %

13 A, C는 자기화된 상태가 오래 유지되는 성질을 가지고 있어야 하므로 강자성체이다.

바로알기 B의 초전도체는 자기장을 밀어내는 성질이 있는 반자성체이다.

14 ㄷ. 고철은 전자석에 가까이 했을 때 강하게 달라붙으므로 강자성체이다.

바로알기 ㄱ. 액체 산소는 자석에 약하게 끌리므로 상자성체이다.

ㄴ. (나)에서 물방울이 떠 있는 까닭은 반자성체인 물이 자기장에 의해 척력을 받기 때문이다. 따라서 솔레노이드 내부에 물을 넣으면 물은 솔레노이드가 만드는 자기장과 반대 방향으로 자기화되므로 내부 자기장이 더 약해진다.

15 꼼꼼 문제 분석

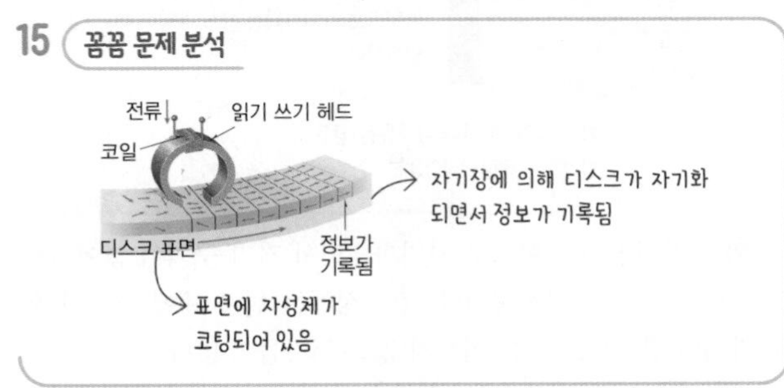

ㄴ. 강자성체는 외부 자기장의 방향과 같은 방향으로 자기화되는 성질이 있다.

ㄷ. 하드디스크의 전원을 끄면 헤드에 흐르는 전류에 의한 자기장이 사라진다. 하지만 강자성체는 한번 자기화되면 외부 자기장을 제거해도 자기화된 상태가 오랫동안 유지되므로 정보가 사라지지 않는다.

바로알기 ㄱ. 자기장에 의해 디스크가 자기화되면서 정보를 기록하고, 한번 기록된 정보를 오래 저장하기 위해 플래터 표면은 강자성체로 코팅한다.

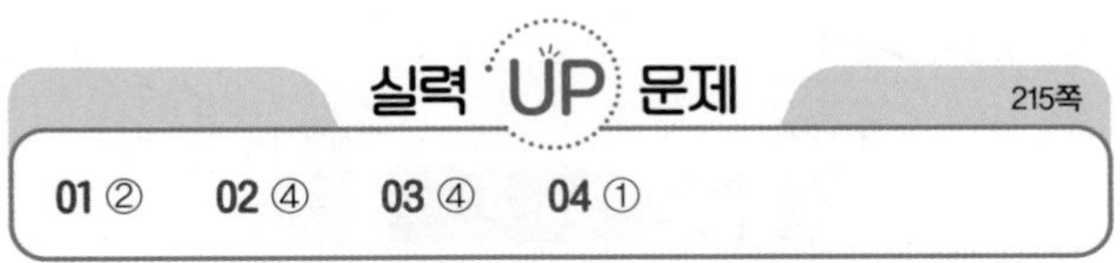

실력 UP 문제

215쪽

01 ② **02** ④ **03** ④ **04** ①

01 꼼꼼 문제 분석

솔레노이드는 전류의 방향에 따라 오른쪽이 N극이 되도록 자기장이 형성된다.

Y와 Z 사이에 서로 미는 자기력이 작용했으므로 (가)에서 Y의 자기화된 상태가 유지되어야 한다. 따라서 Y는 강자성체이고, Z는 반자성체이다.

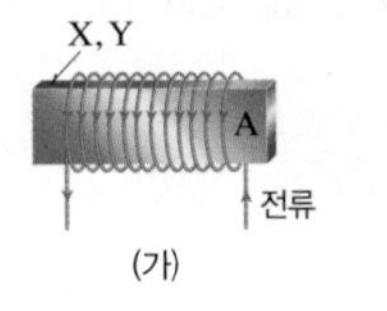

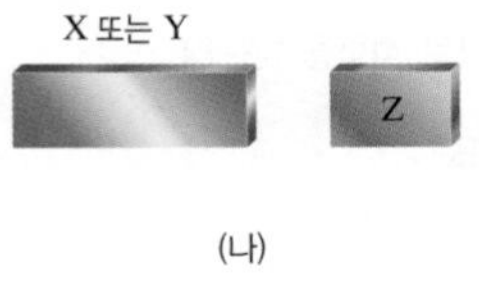

ㄴ. Y는 자기화된 상태가 계속 유지되므로 강자성체이다.

바로알기 ㄱ. Y는 강자성체이고 Z는 반자성체이므로 X는 상자성체이다. 상자성체는 외부 자기장과 같은 방향으로 자기화되므로 X는 A쪽이 N극이 되도록 자기화된다.

ㄷ. 반자성체는 외부 자기장을 제거하면 자기화된 상태가 바로 사라지므로 자기 정보를 기록하는 데 이용할 수 없다.

02 ㄱ. 유리 막대는 자석에 밀려났으므로 외부 자기장과 반대 방향으로 자기화되는 반자성체이다.

ㄷ. 지폐는 자석에 끌려왔으므로 외부 자기장과 같은 방향으로 자기화되는 성질을 가지고 있다. 지폐의 숫자가 있는 부분은 위조지폐 감별에 이용되며 자기화된 상태가 오래 유지되어야 하므로 강자성체가 들어 있다.

바로알기 ㄴ. 유리 막대는 반자성체이므로 (가)에서 자석의 S극을 가까이 해도 자석의 자기장과 반대 방향으로 자기화되어 밀려난다.

03 꼼꼼 문제 분석

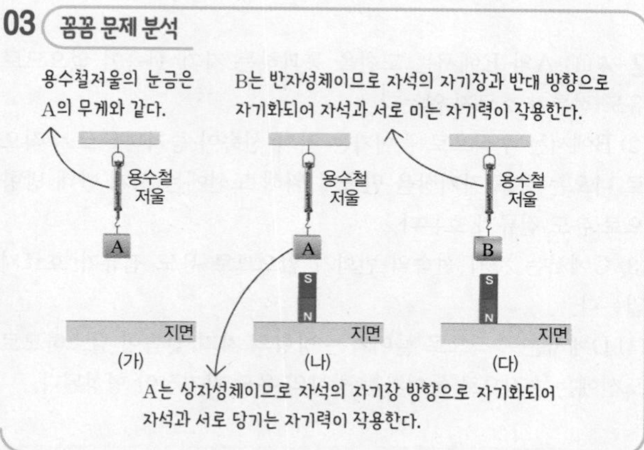

용수철저울의 눈금은 A의 무게와 같다.
B는 반자성체이므로 자석의 자기장과 반대 방향으로 자기화되어 자석과 서로 미는 자기력이 작용한다.
용수철 저울
용수철 저울
용수철 저울
A
A
B
S
N
S
N
지면
지면
지면
(가)
(나)
(다)
A는 상자성체이므로 자석의 자기장 방향으로 자기화되어 자석과 서로 당기는 자기력이 작용한다.

① A는 상자성체이므로 외부 자기장과 같은 방향으로 자기화된다. 따라서 (나)에서 A의 아랫면은 N극으로 자기화된다.

② (나)에서 자석이 A를 당기므로 용수철저울의 눈금은 (가)에서보다 크다.

③ (다)에서 자석이 B를 밀어내므로 용수철저울의 눈금은 (가)에서보다 작다.

⑤ (나)와 (다)의 A와 B를 분리하면 A와 B 모두 자기화된 상태가 사라지므로 자기력이 작용하지 않는다.

바로알기 ④ (나)에서는 A가 자석을 당기므로 자석이 지면을 누르는 힘이 자석의 무게보다 작고, (다)에서는 B가 자석을 밀어내므로 자석이 지면을 누르는 힘이 자석의 무게보다 크다.

04 ㄱ. 스위치를 닫으면 도선에 흐르는 전류에 의해 도선 내부에서는 오른쪽으로 자기장이 형성된다. 이때 반자성 막대는 오른쪽이 S극이 되도록 자기화되고, 강자성 막대는 왼쪽이 S극이 되도록 자기화된다. 따라서 두 막대 사이에는 서로 미는 자기력이 작용한다.

바로알기 ㄴ. 반자성 막대는 외부 자기장과 반대 방향으로, 강자성 막대는 외부 자기장과 같은 방향으로 자기화되는 성질이 있다. 따라서 전류의 방향을 바꾸면 두 막대의 자기화되는 방향이 반대로 바뀌지만 두 막대는 서로 마주보는 부분이 같은 극으로 자기화되므로 서로 미는 자기력이 작용한다.

ㄷ. S를 열어도 강자성 막대는 자기화된 상태가 유지되므로 반자성 막대가 강자성 막대의 자기화된 방향과 반대 방향으로 자기화되어 두 막대 사이에는 서로 미는 자기력이 작용한다.

3 전자기 유도

개념 확인 문제

220쪽

❶ 자기 선속 ❷ 유도 ❸ 렌츠 ❹ 같은 ❺ 미는 ❻ 유도 기전력 ❼ 패러데이 ❽ 시간적 변화율 ❾ 비례 ❿ 전기 ⓫ 마이크

1 ㄱ, ㄴ, ㄹ **2** A → R → B **3** ㄱ－ㄹ, ㄴ－ㄷ **4** 2000 V **5** (1) 시계 반대 방향 (2) B＜C **6** ④

1 ㄱ, ㄴ, ㄹ. 유도 전류는 막대자석이 움직이거나 코일이 움직여서 코일을 통과하는 자기 선속이 증가하거나 감소할 때 발생한다.
ㄷ. 막대자석을 코일 안에 정지시켜 놓으면 코일을 통과하는 자기 선속의 변화가 없으므로 유도 전류가 발생하지 않는다.

2 S극이 코일에 가까워지므로 자기 선속의 변화를 방해하기 위해 코일에는 오른쪽이 S극이 되도록 유도 자기장이 형성된다. 따라서 R에 흐르는 유도 전류의 방향은 A → R → B이다.

3 ㄱ, ㄹ. N극이 가까워질 때는 아래쪽 방향의 자기 선속이 증가하고, S극이 멀어질 때는 위쪽 방향의 자기 선속이 감소하므로 두 경우 모두 위쪽 방향의 유도 자기장이 형성된다.
ㄴ, ㄷ. N극이 멀어질 때는 아래쪽 방향의 자기 선속이 감소하고, S극이 가까워질 때는 위쪽 방향의 자기 선속이 증가하므로 두 경우 모두 아래쪽 방향의 유도 자기장이 형성된다.

4 유도 기전력(V)은 코일의 감은 수와 자기 선속의 시간적 변화율의 곱에 비례하므로 다음과 같이 구한다.

$$V=N\frac{\Delta\phi}{\Delta t}=200\times\frac{1\text{ Wb}}{0.1\text{ s}}=2000\text{ V}$$

5 (1) A에서는 종이면에 수직으로 들어가는 방향의 자기장의 세기가 증가하므로 도선을 통과하는 자기 선속도 증가한다. 따라서 이를 방해하기 위해 도선에는 종이면에서 수직으로 나오는 자기장을 형성해야 하므로 시계 반대 방향으로 유도 전류가 흐른다.
(2) B에서는 자기장의 세기가 일정하므로 도선을 통과하는 자기 선속의 변화가 없다. 따라서 유도 전류가 흐르지 않는다. C에서는 자기장의 변화로 도선에 유도 전류가 발생하므로 유도 전류의 세기는 C에서가 B에서보다 크다.

6 ①, ②, ③ 발전기, 전자 기타, 다이나믹 마이크는 자석과 코일의 상대적인 운동에 의한 전자기 유도를 이용한다.
④ 스피커는 전류가 흐르는 도선이 자석에 의해 자기력을 받는 것을 이용한다.
⑤ 금속 탐지기는 두 코일에 의한 전자기 유도를 이용한다.

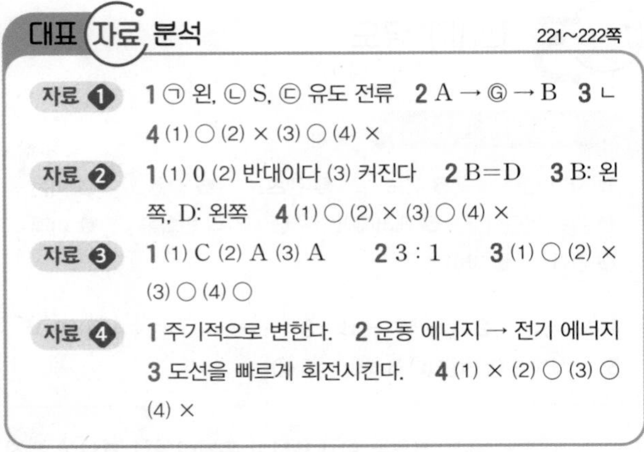

대표 자료 분석 221~222쪽

자료 ① 1 ㉠ 왼, ㉡ S, ㉢ 유도 전류 2 A → Ⓖ → B 3 ㄴ
4 (1) ○ (2) × (3) ○ (4) ×

자료 ② 1 (1) 0 (2) 반대이다 (3) 커진다 2 B=D 3 B: 왼쪽, D: 왼쪽 4 (1) ○ (2) × (3) ○ (4) ×

자료 ③ 1 (1) C (2) A (3) A 2 3 : 1 3 (1) ○ (2) × (3) ○ (4) ○

자료 ④ 1 주기적으로 변한다. 2 운동 에너지 → 전기 에너지
3 도선을 빠르게 회전시킨다. 4 (1) × (2) ○ (3) ○ (4) ×

1-1 코일 내부에 ㉠왼쪽 방향으로 자기 선속을 만들기 위해 코일의 오른쪽에 ㉡S극이 유도되도록 ㉢유도 전류가 흐른다.

1-2 코일에는 오른쪽이 S극이 되도록 유도 자기장이 형성되어야 하므로 검류계에 흐르는 유도 전류의 방향은 A → Ⓖ → B이다.

1-3 ㄱ, ㄷ. N극을 코일에 가까이 하거나 S극을 코일에서 멀리 하면 코일에는 오른쪽이 N극이 되도록 유도 자기장이 형성되므로, 유도 전류가 N극이 멀어질 때와 반대 방향으로 흐른다.
ㄴ. S극을 코일에 가까이 하면 이를 방해하기 위해 코일에는 오른쪽이 S극이 되도록 유도 자기장이 형성된다. 따라서 N극이 멀어질 때와 같은 방향으로 유도 전류가 흐른다.

1-4 (1) 자석의 세기가 셀수록 코일을 통과하는 자기 선속의 변화량이 크므로 유도 전류의 세기도 커진다.
(2) 코일의 감은 수를 증가시키면 자기 선속의 변화량이 커지는 효과가 있으므로 유도 전류의 세기가 커진다.
(3) 자석이 정지하면 코일을 통과하는 자기 선속의 변화가 없으므로 유도 전류가 흐르지 않는다.
(4) 자석을 코일 속에 넣어 놓으면 코일을 통과하는 자기 선속의 변화가 생기지 않으므로 유도 전류가 흐르지 않는다.

2-1 꼼꼼 문제 분석

균일한 자기장 영역 내에서 운동할 때는 도선을 통과하는 자기 선속의 변화가 없다. ➡ 유도 전류가 흐르지 않는다.

도선을 통과하는 자기 선속이 없으므로 유도 전류가 흐르지 않는다.

v

A B C D E

(1) C에서는 자기 선속의 변화가 없으므로 유도 전류가 0이다.
(2) 도선을 통과하는 자기 선속이 B에서는 증가하고 D에서는 감소하므로 B와 D에서 유도 전류의 방향은 서로 반대이다.
(3) 도선의 속력이 클수록 자기 선속의 변화율이 커지므로 유도 전류의 세기가 커진다.

2-2 도선이 일정한 속력으로 운동하므로 B와 D에서 자기 선속의 변화율이 같다. 따라서 B와 D에서 유도 전류의 세기는 같다.

2-3 유도 전류는 자기 선속의 변화를 방해하는 방향으로 흐르고 이에 따라 도선의 운동을 방해하는 자기력이 나타나므로, B와 D에서 도선이 받는 자기력의 방향은 모두 왼쪽이다.

2-4 (1) A와 E에서는 도선을 통과하는 자기 선속이 없으므로 유도 전류가 흐르지 않는다.
(2) B에서는 수직으로 들어가는 자기 선속이 증가하므로 수직으로 나오는 유도 자기장을 만들기 위해 도선에는 시계 반대 방향으로 유도 전류가 흐른다.
(3) C에서는 자기 선속의 변화가 없으므로 유도 전류가 흐르지 않는다.
(4) D에서는 수직으로 들어가는 방향의 자기 선속이 감소하므로 도선에는 수직으로 들어가는 방향의 유도 자기장이 형성된다.

3-1 꼼꼼 문제 분석

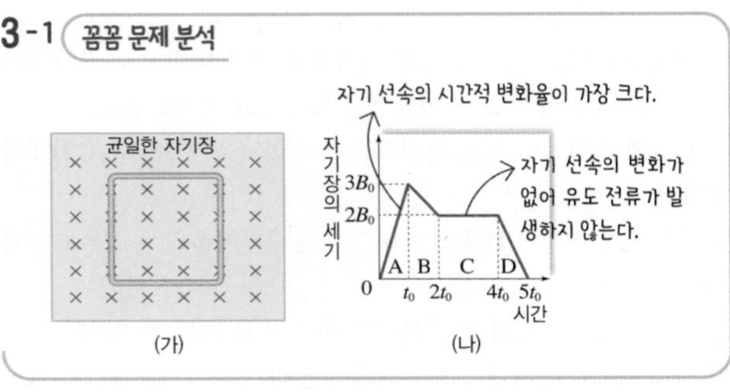

(1) C 구간에서는 자기장의 세기가 일정하므로 도선을 통과하는 자기 선속의 변화가 생기지 않아 유도 전류가 흐르지 않는다.
(2) 시간에 따라 자기장의 세기가 가장 크게 변하는 구간은 A이다. 따라서 A 구간에서 자기 선속의 변화율이 가장 크므로 유도 전류의 세기도 가장 크다.
(3) 도선을 통과하는 자기 선속이 A 구간에서는 증가하고 B 구간에서는 감소하므로, 유도 전류는 A와 B 구간에서 서로 반대 방향으로 흐른다.

3-2 유도 전류의 세기는 자기 선속의 변화율에 비례한다. A 구간에서는 자기장의 세기가 t_0 동안 $3B_0$만큼 증가하였고, B 구간에서는 자기장의 세기가 t_0 동안 B_0만큼 감소했다. 따라서 A 구간과 B 구간에서 자기 선속의 변화율은 3 : 1이므로 $I_A : I_B = 3 : 1$이다.

3-3 (1) C 구간에서는 자기 선속의 변화가 없으므로 유도 전류가 흐르지 않는다.

(2) B 구간과 D 구간 모두 자기 선속이 감소하므로 도선에 흐르는 유도 전류의 방향은 같다.
(3) A 구간에서 수직으로 들어가는 방향의 자기장이 증가하므로 이를 방해하기 위해 도선에는 수직으로 나오는 방향의 유도 자기장을 형성하도록 전류가 흘러야 한다. 따라서 도선에는 시계 반대 방향으로 유도 전류가 흐른다.
(4) 그래프의 기울기는 자기장의 시간적 변화율과 같다. 유도 전류는 자기 선속의 시간적 변화율에 비례하는데, 자기 선속의 변화는 자기장의 변화에 비례하므로 유도 전류의 세기는 그래프의 기울기에 비례한다.

4-1 도선이 일정한 속력으로 회전하면 자기력선에 수직인 도선의 넓이가 주기적으로 변하므로 도선을 통과하는 자기 선속도 주기적으로 변한다.

4-2 도선을 회전시키면 유도 전류가 발생하므로 회전시킬 때의 운동 에너지가 전기 에너지로 전환된다.

4-3 도선이 빠르게 회전할수록 도선을 통과하는 자기 선속의 변화율이 커지므로 유도 기전력이 크게 발생하여 전구가 더 밝아진다.

4-4 (1) 자석에 의한 자기장의 세기는 도선의 회전과는 관계없이 일정하다.
(2) 도선을 회전시키면 도선의 회전을 방해하는 자기력이 나타난다. 따라서 도선을 계속해서 일정한 속력으로 회전시키려면 외부에서 일을 해 주어야 한다.
(3) 자석의 세기가 셀수록, 도선의 감은 수가 많을수록 도선을 통과하는 자기 선속의 변화량이 커지므로 유도 전류의 세기가 커진다.
(4) 도선을 반대 방향으로 회전시켜도 도선을 통과하는 자기 선속의 변화가 생기므로 유도 전류가 흐른다.

내신 만점 문제 223~227쪽

01 ④ **02** ② **03** 해설 참조 **04** ⑤ **05** ② **06** 해설 참조 **07** ④ **08** ③ **09** ③ **10** ② **11** ⑤ **12** ③ **13** ② **14** 해설 참조 **15** ⑤ **16** ① **17** P: a 방향, Q: a 방향 **18** ② **19** ③ **20** ③ **21** ④ **22** ③ **23** ④ **24** ④

01 N극이 멀어지면 이를 방해하기 위해 코일에는 왼쪽이 S극이 되도록 유도 자기장이 형성된다. 따라서 유도 전류는 b 방향으로 흐른다. 또한 코일의 오른쪽은 N극이 되므로 나침반 자침의 N극은 동쪽을 가리키게 된다.

02 꼼꼼 문제 분석

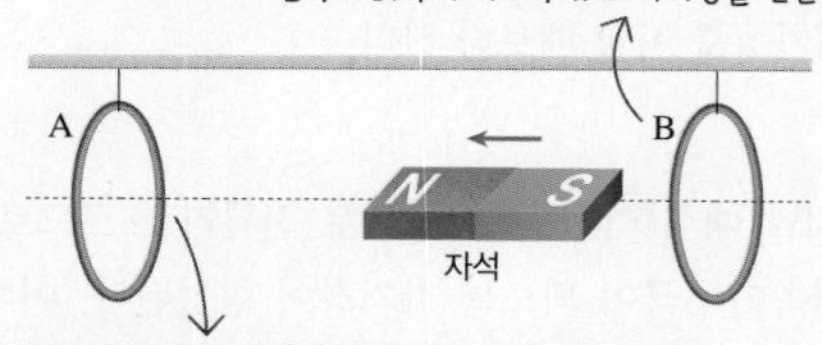
S극이 멀어지므로 왼쪽 방향의 자기 선속이 감소한다.
→ 왼쪽이 N극이 되도록 유도 자기장을 만든다.
A
B
N
S
자석
N극이 접근하므로 왼쪽 방향의 자기 선속이 증가한다.
→ 오른쪽이 N극이 되도록 유도 자기장을 만든다.

ㄷ. 자석은 A로부터 오른쪽으로 척력을 받고, B로부터 오른쪽으로 인력을 받는다. 따라서 A와 B로부터 자석이 받는 자기력의 방향은 같다.
바로알기 ㄱ. A는 오른쪽이 N극이 되도록 유도 자기장을 만들고, B는 왼쪽이 N극이 되도록 유도 자기장을 만든다. 따라서 A와 B에 흐르는 유도 전류의 방향은 서로 반대이다.
ㄴ. B가 A보다 자석에 가까우므로 자기 선속의 변화량은 B가 A보다 크다. 따라서 유도 전류의 세기는 B에서가 A에서보다 크다.

03 자석을 빠르게 움직일수록, 더 강한 자석을 이용할수록, 코일의 감은 수가 많을수록 코일을 통과하는 자기 선속의 변화율이 커지므로 유도 전류의 세기가 증가하여 검류계 바늘이 더 크게 움직인다.

모범 답안 • 자석을 빠르게 움직인다. • 센 자석을 이용한다. • 코일의 감은 수를 많게 한다. 등

채점 기준	배점
세 가지 모두를 옳게 쓴 경우	100 %
두 가지만 옳게 쓴 경우	60 %
한 가지만 옳게 쓴 경우	30 %

04 (가), (나)에서 코일의 감은 수는 같은데 자석의 처음 높이는 (나)에서가 (가)에서보다 크므로, 자석이 낙하하여 코일 속으로 들어가는 순간의 속력은 (나)에서가 (가)에서보다 크다. 따라서 유도 전류의 세기는 (나)에서가 (가)에서보다 크다. 또한 (나)와 (다)에서 자석의 높이는 같은데 코일의 감은 수는 (다)에서가 (나)에서보다 크므로 유도 전류의 세기는 (다)에서가 (나)에서보다 크다.

05 ㄷ. 자석이 a를 지날 때 솔레노이드와 자석 사이에는 서로 미는 자기력이 작용하고, 자석이 b를 지날 때 솔레노이드와 자석 사이에는 서로 당기는 자기력이 작용한다. 즉, 자석이 a, b를 지날 때 모두 그림의 왼쪽으로 자기력을 받는다.
바로알기 ㄱ. 렌츠 법칙에 따라 자석이 a를 지날 때 저항에는 왼쪽으로 유도 전류가 흐르고, 자석이 b를 지날 때 저항에는 오른쪽으로 유도 전류가 흐른다.

ㄴ. 솔레노이드에 유도 전류가 흐르는 동안 자석에는 자석의 운동을 방해하는 자기력이 작용하므로 자석이 a를 지날 때보다 b를 지날 때 속력이 더 느리다. 따라서 유도 전류의 세기는 자석이 b를 지날 때가 a를 지날 때보다 작다.

06 p를 지날 때 고리에 ⓐ 방향으로 전류가 흐르므로 금속 고리에는 아래쪽이 S극이 되도록 자기장이 형성된다. 이때 자석과 고리 사이에는 인력이 작용해야 하므로 자석의 윗면은 N극이다.

모범 답안 금속 고리의 아래쪽이 S극이 되도록 자기장이 형성되고 자석과 고리 사이에는 인력이 작용하므로 자석의 윗면은 N극이다.

채점 기준	배점
자석의 극을 까닭과 함께 옳게 쓴 경우	100 %
자석의 극만 옳게 쓴 경우	50 %

07 꼼꼼 문제 분석

도선이 A에서 B까지와 B에서 A까지 운동하는 동안 자기 선속의 변화량은 같다.

도선이 운동한 시간은 A에서 B까지가 B에서 A까지보다 길다.

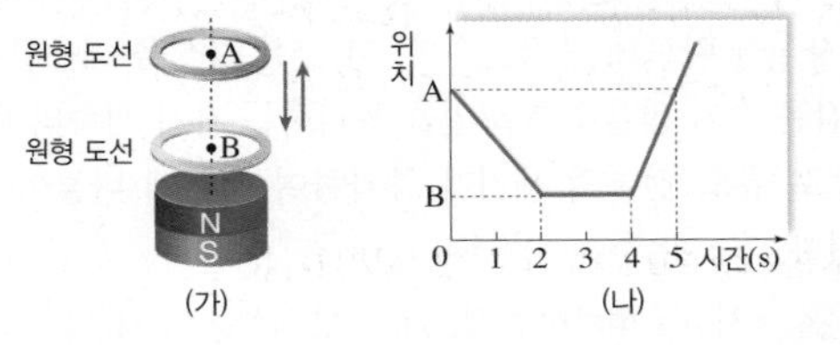

B에서 A까지 운동할 때가 A에서 B까지 운동할 때보다 자기 선속의 변화율이 크고, 2초부터 4초까지는 자기 선속의 변화가 없다. 따라서 유도 전류의 세기는 5초일 때가 1초일 때보다 크고, 3초일 때는 0이다.

08 ㄱ. 자석이 위로 올라가는 동안 N극이 멀어지므로 코일에는 위쪽이 S극이 되도록 유도 자기장이 형성된다. 따라서 유도 전류의 방향은 b이다.

ㄷ. 자석은 위로 올라가는 동안에는 아래쪽으로 자기력을 받고, 아래로 내려가는 동안에는 위쪽으로 자기력을 받는다. 즉, 코일은 자석의 운동을 방해하는 방향으로 자기력을 작용한다.

바로알기 ㄴ. 자석은 운동 방향과 반대 방향으로 자기력을 받으므로 코일이 없을 때보다 진폭이 더 빨리 감소한다.

09 코일의 감은 수는 (나)에서가 (가)에서보다 많으므로 자석이 a를 지나는 순간 유도 자기장과 유도 전류의 세기는 (나)에서가 (가)에서보다 크다. 따라서 자석이 받는 자기력의 크기도 (나)에서가 (가)에서보다 크다. 자기력을 크게 받을수록 자석의 속력이 더 많이 감소하므로 b에서 자석의 속력은 (나)에서가 (가)에서보다 느리다.

10 꼼꼼 문제 분석

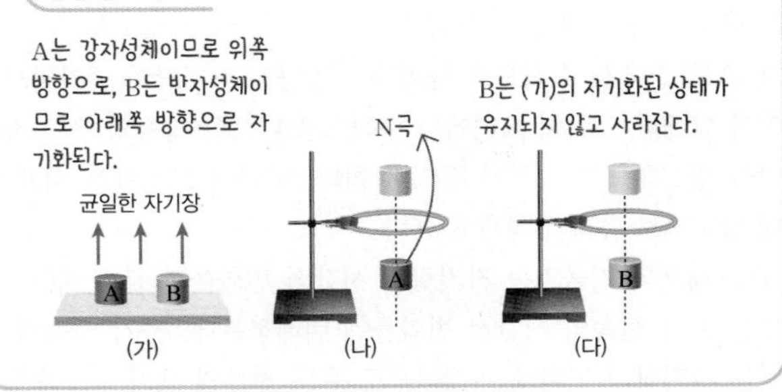

ㄴ. (나)에서 A는 자기화된 상태가 유지되므로 A가 운동함에 따라 도선을 통과하는 자기 선속이 변하여 도선에는 유도 전류가 흐른다.

바로알기 ㄱ. A는 강자성체, B는 반자성체이므로, (가)에서 A와 B는 서로 반대 방향으로 자기화된다.

ㄷ. (다)에서 B는 자기화되어 있지 않으므로 도선에는 유도 전류가 흐르지 않는다.

11 ㄱ. 0초부터 1초까지는 자기장의 세기가 일정하여 도선을 통과하는 자기 선속이 변하지 않으므로 유도 전류가 흐르지 않는다.

ㄴ. (나)에서 그래프의 기울기, 즉 자기장의 변화율은 4초일 때가 2초일 때보다 크다. 자기장의 변화율이 클수록 유도 전류의 세기가 크다.

ㄷ. 2초일 때는 종이면에 수직으로 들어가는 방향의 자기장이 증가하므로 도선에는 시계 반대 방향으로 유도 전류가 흐르고, 4초일 때는 종이면에 수직으로 들어가는 방향의 자기장이 감소하므로 시계 방향으로 유도 전류가 흐른다.

12 A. 도선이 자기장 영역으로 들어가는 운동을 함에 따라 도선을 통과하는 자기 선속이 증가하므로 유도 전류가 흐른다.

B. 도선이 자기장 영역에서 빠져나오는 운동을 함에 따라 도선을 통과하는 자기 선속이 감소하므로 유도 전류가 흐른다.

바로알기 C. 도선을 통과하는 자기 선속의 변화가 없으므로 유도 전류가 흐르지 않는다.

13 꼼꼼 문제 분석

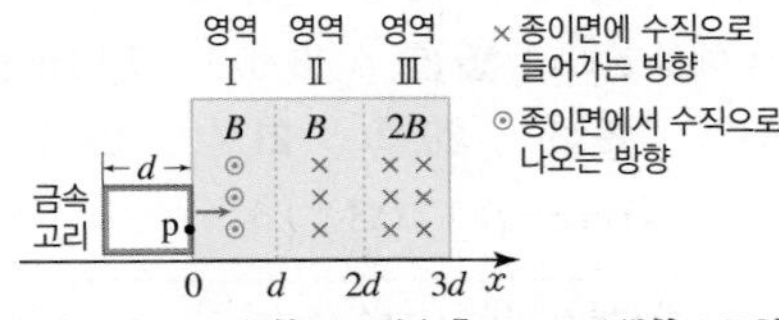

- 점 p가 $x=0$을 지날 때: ⊙ 방향 자기 선속 증가 → 시계 방향 유도 전류
- 점 p가 $x=d$를 지날 때: ⊙ 방향 자기 선속 감소, × 방향 자기 선속 증가 → 시계 반대 방향 유도 전류
- 점 p가 $x=2d$를 지날 때: × 방향 자기 선속 증가 → 시계 반대 방향 유도 전류
- 점 p가 $x=3d$를 지날 때: × 방향 자기 선속 감소 → 시계 방향 유도 전류

금속 고리에는 자기 선속의 변화를 방해하는 방향으로 유도 전류가 흐른다. 점 p의 위치에 따라 고리를 통과하는 단위 시간당 자기장의 변화를 나타내면 다음과 같다.

점 p의 위치	자기장 변화	전체 자기장 변화
$x=0$을 지날 때	⊙ 방향 B만큼 증가	⊙ 방향 B만큼 증가
$x=d$를 지날 때	⊙ 방향 B만큼 감소, × 방향 B만큼 증가	× 방향 $2B$만큼 증가
$x=2d$를 지날 때	× 방향 B만큼 감소, × 방향 $2B$만큼 증가	× 방향 B만큼 증가
$x=3d$를 지날 때	× 방향 $2B$만큼 감소	× 방향 $2B$만큼 감소

따라서 점 p가 $x=0$을 지날 때 시계 방향으로 유도 전류가 흐르며, 이때의 유도 전류의 세기를 I_0이라고 하면 $x=d$를 지날 때는 $-2I_0$, $x=2d$를 지날 때는 $-I_0$, $x=3d$를 지날 때는 $2I_0$의 유도 전류가 흐른다.

14 (나)에서 도선에 유도 전류가 시계 반대 방향으로 흐르므로 막대의 P쪽이 S극이고, 막대는 자기화되어 있는 상태가 유지되고 있으므로 강자성체이다. (가)에서 막대는 P쪽이 S극이 되어야 하므로 전원 장치의 a는 (+)극이고, b는 (−)극이다.

모범 답안 막대는 강자성체이고, 단자 a는 (+)극이다.

채점 기준	배점
자성의 종류와 단자의 극을 모두 옳게 쓴 경우	100 %
두 가지 중 한 가지만 옳게 쓴 경우	50 %

15 꼼꼼 문제 분석

유도 전류의 방향
빛
코일의 위쪽이 N극이 됨
LED는 순방향 전압이 걸릴 때 빛이 나옴
A
B
LED
빛
전구

ㄱ. 자석의 S극이 코일에서 멀어지므로 코일에는 위쪽이 N극이 되도록, 즉 LED의 A에서 B쪽으로 유도 전류가 흐르도록 유도 기전력이 발생한다. 이때 LED에서 빛이 나오려면 LED에는 순방향 전압이 걸려야 한다. 따라서 A는 p형 반도체이다.
ㄴ. A가 p형 반도체이므로 B는 n형 반도체이다. n형 반도체는 주로 전자가 전류를 흐르게 한다.
ㄷ. 자석을 아래로 움직이면 유도 기전력의 방향이 바뀌면서 역방향 전압이 걸리므로 LED에서 빛이 나오지 않는다.

16 원형 도선에 시계 방향으로 유도 전류가 흐르기 위해서는 원형 도선이 있는 곳에서 xy 평면에 들어가는 자기 선속이 감소하거나, xy 평면에서 나오는 자기 선속이 증가해야 한다.
ㄱ. 직선 도선에 흐르는 $+x$ 방향의 전류가 증가하면 원형 도선을 통과하는 xy 평면에서 나오는 자기 선속이 증가한다.
바로알기 ㄴ. 직선 도선을 $-y$ 방향으로 운동시키면 원형 도선을 통과하는 xy 평면에서 나오는 방향의 자기 선속이 감소한다. 따라서 원형 도선에 시계 반대 방향으로 유도 전류가 흐른다.
ㄷ. 원형 도선을 $+x$ 방향으로 운동시키면 원형 도선을 통과하는 자기 선속이 변하지 않는다.

17 꼼꼼 문제 분석

자석의 N극이 멀어지므로 오른쪽이 S극이 된다.
자석의 S극이 멀어지므로 코일 왼쪽이 N극이 된다.
P
Q
N
S
G
a
b

자석이 회전하면 P의 오른쪽에서는 N극이 멀어지므로 P의 오른쪽이 S극이 되도록 a 방향으로 유도 전류가 흐르고, Q의 왼쪽에서는 S극이 멀어지므로 Q의 왼쪽이 N극이 되도록 a 방향으로 유도 전류가 흐른다.

18 꼼꼼 문제 분석

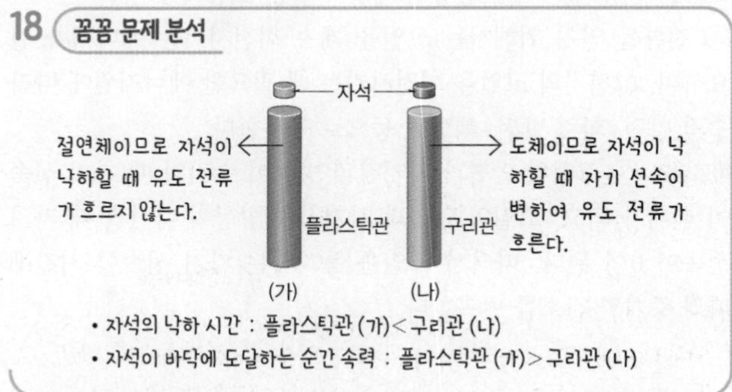

ㄴ. (가)의 플라스틱관에는 유도 전류가 흐르지 않으므로 자석의 운동이 방해를 받지 않기 때문에 자석이 바닥에 도달하는 순간의 속력은 (가)에서가 (나)에서보다 빠르다.
바로알기 ㄱ. 자석이 떨어질 때 자석이 통과하는 부분의 자기 선속이 변하므로 도체인 (나)의 구리관에는 유도 전류가 흐른다.
ㄷ. 자석이 (나)의 구리관을 통과할 때 유도 전류가 흐르는데, 유도 전류가 자석의 운동을 방해하는 방향으로 흐르므로 자석이 바닥에 도달하는 데 걸리는 시간은 (나)에서가 (가)에서보다 길다.

19 꼼꼼 문제 분석

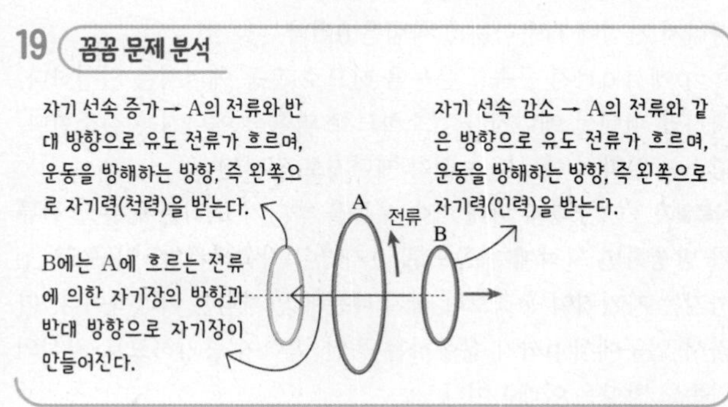

자기 선속 증가 → A의 전류와 반대 방향으로 유도 전류가 흐르며, 운동을 방해하는 방향, 즉 왼쪽으로 자기력(척력)을 받는다.
자기 선속 감소 → A의 전류와 같은 방향으로 유도 전류가 흐르며, 운동을 방해하는 방향, 즉 왼쪽으로 자기력(인력)을 받는다.
A
전류
B
B에는 A에 흐르는 전류에 의한 자기장의 방향과 반대 방향으로 자기장이 만들어진다.

ㄱ. A를 통과하기 직전 B에는 A에 의한 자기 선속이 증가하므로 유도 전류가 흐른다. 이때 B는 B의 운동을 방해하는 방향, 즉 왼쪽으로 자기력을 받는다.
ㄷ. 유도 전류의 세기는 자기 선속의 변화율에 비례한다. B의 속력이 클수록 자기 선속의 변화율이 크므로 B에 유도되는 전류의 최댓값이 커진다.
바로알기 ㄴ. A를 통과한 직후에는 B를 통과하는 자기 선속이 감소하므로 B에는 이를 방해하기 위한 방향으로 유도 전류가 흐른다. 즉, A가 만드는 자기장과 같은 방향으로 유도 자기장이 발생해야 하므로 B에 흐르는 유도 전류의 방향은 A에 흐르는 전류의 방향과 같다.

20 ① 발전기에서는 회전하는 코일의 운동 에너지가 전기 에너지로 전환된다.
② 코일을 통과하는 자기 선속이 변할 때 패러데이 전자기 유도 법칙에 의해 코일에 전류가 유도된다.
④ 코일을 통과하는 자기 선속이 증가할 때와 감소할 때 코일에 흐르는 전류의 세기와 방향이 계속 변하는 교류가 발생한다.
⑤ 전류를 얻기 위해서는 코일을 계속 회전시키는 에너지가 필요하며, 발전기의 코일을 회전시키는 데 필요한 에너지원에 따라 수력 발전, 화력 발전, 핵발전 등으로 구분한다.
바로알기 ③ 코일의 단면과 자기장의 방향이 수직일 때 자기 선속이 최대가 되고, 코일의 단면과 자기장의 방향이 나란할 때 자기 선속이 0이 된다. 따라서 코일을 통과하는 자기 선속이 시간에 따라 증가와 감소를 반복한다.

21 꼼꼼 문제 분석

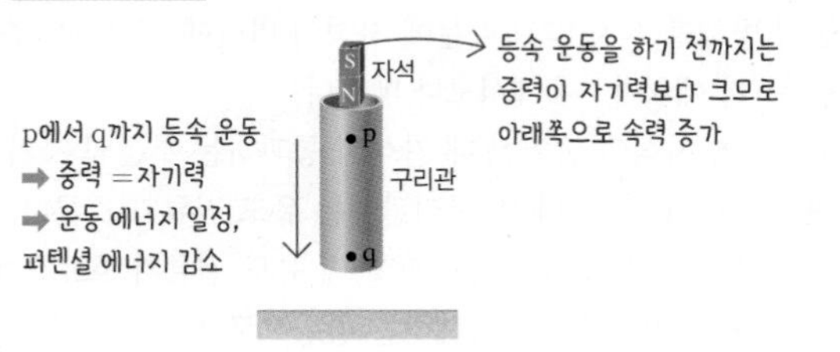

ㄴ. p에서 q까지 자석은 등속도 운동을 하므로 가속도가 0이다. 따라서 자석에 작용하는 알짜힘은 0이다.
ㄷ. p에서 q까지 등속도 운동을 하므로 운동 에너지는 일정하다. 하지만 퍼텐셜 에너지가 감소하므로 역학적 에너지는 감소한다. 감소한 역학적 에너지는 전기 에너지로 전환된다.
바로알기 ㄱ. 중력에 의해 가속 운동을 하다가 구리관에 유도 전류가 발생하면 자석에 위쪽으로 자기력이 작용하지만, 입구에서 p까지는 자기력이 중력보다 작기 때문에 알짜힘은 아래쪽이다. 따라서 입구에서 p까지 운동하는 동안 속력이 증가하므로 자석의 가속도 방향은 아래쪽이다.

22 ㄱ. 코일 A는 교류 전원에 연결되어 있으므로 A에는 교류, 즉 주기적으로 변하는 전류가 흐른다.
ㄷ. B에 유도되는 전류의 세기는 B를 통과하는 자기 선속의 시간적 변화율에 비례한다. B를 통과하는 자기 선속의 시간적 변화율은 A에 흐르는 전류의 시간적 변화율에 비례하므로 A에 흐르는 전류의 세기가 커지면 전류의 시간적 변화율이 커져 B에 유도되는 전류의 세기가 커진다.
바로알기 ㄴ. A에 교류가 흐르면 A를 통과하는 자기장이 주기적으로 변하고, 이 자기장이 B의 내부를 통과하므로 B를 통과하는 자기장의 세기와 방향은 주기적으로 변한다.

23 ㄴ. 코일이 아래로 움직여 자석에 가까이 가는 동안 코일의 운동을 방해하는 자기력이 나타난다. 즉, 코일과 자석 사이에는 서로 미는 자기력이 작용한다.
ㄷ. 마이크는 진동판이 진동하면 전자기 유도에 의해 코일에 유도 전류가 발생하는 과정을 통해 소리를 전기 신호로 변환한다.
바로알기 ㄱ. 코일에 흐르는 유도 전류의 방향을 고려하면 이 순간 코일은 아래쪽이 N극이 되도록 유도 자기장을 만들어 자석과 서로 미는 자기력을 작용한다. 따라서 자석의 윗면은 N극이다.

24 ㄴ, ㄷ. 금속 탐지기나 인덕션 레인지는 내부 코일에 흐르는 교류에 의한 자기장의 변화가 금속에 유도 전류를 발생시키는 원리를 이용하여 작동한다.
바로알기 ㄱ. 전기 기타는 줄 아래쪽에 있는 자석에 의해 자기화된 기타줄이 진동하여 코일에 유도 전류가 발생하는 원리를 이용한다.

실력 UP 문제

228쪽

01 ② 02 ③ 03 ③ 04 ⑤

01 ㄷ. 자석이 코일에 가까워질 때는 코일을 통과하는 자기 선속이 증가하고, 코일에서 멀어질 때는 코일을 통과하는 자기 선속이 감소한다. 따라서 자석이 코일에 가까워질 때와 멀어질 때 코일에 유도되는 전류의 방향은 서로 반대이다.
바로알기 ㄱ. 자석이 코일 근처에서 움직이는 동안 코일에는 유도 전류가 흐르며, 자석의 운동을 방해하는 자기력이 작용한다. 따라서 자석의 진폭은 감소한다.
ㄴ. 자석의 진폭이 감소하면서 자석의 최대 속력도 감소하게 된다. 따라서 코일을 통과하는 자기 선속의 변화율도 감소하므로 유도 전류의 최댓값도 감소하게 된다.

02 꼼꼼 문제 분석

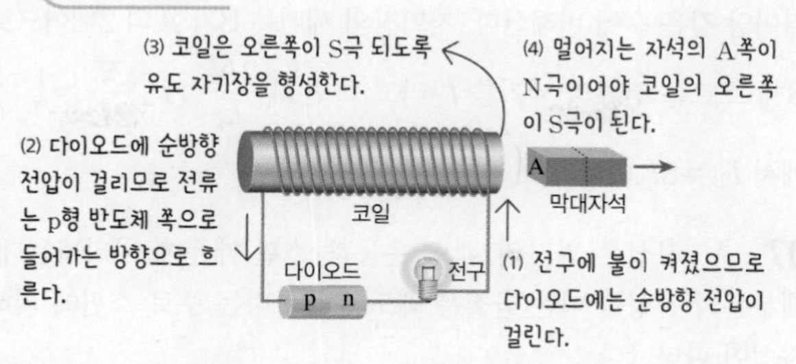

(3) 코일은 오른쪽이 S극 되도록 유도 자기장을 형성한다.
(4) 멀어지는 자석의 A쪽이 N극이어야 코일의 오른쪽이 S극이 된다.
(2) 다이오드에 순방향 전압이 걸리므로 전류는 p형 반도체 쪽으로 들어가는 방향으로 흐른다.
코일
막대자석
다이오드
p n
전구
(1) 전구에 불이 켜졌으므로 다이오드에는 순방향 전압이 걸린다.

ㄱ. 코일은 오른쪽이 S극이 되어 자석의 운동을 방해하도록 유도 자기장을 형성해야 하므로 자석의 A쪽은 N극이다.

ㄷ. 자석을 코일에 가까워지도록 하면 코일의 오른쪽이 N극이 되도록 유도 기전력이 발생한다. 이때 다이오드에는 역방향 전압이 걸리므로 전류가 흐르지 않아 전구에 불이 켜지지 않는다.

바로알기 ㄴ. 코일에 유도 전류가 흐르는 동안 코일과 자석 사이에는 자석의 운동을 방해하는 자기력, 즉 서로 당기는 자기력이 작용한다.

03 스위치가 b에 연결되어 있을 때가 a에 연결되어 있을 때보다 닫힌 회로의 면적이 2배이다. 또한 $3t_0$일 때가 t_0일 때보다 자기장 세기의 변화율이 $\frac{1}{2}$배이다. 닫힌 회로를 통과하는 자기 선속의 변화율은 자기장 세기의 변화율과 닫힌 회로의 면적의 곱과 같으므로 유도 전류의 세기는 t_0일 때와 $3t_0$일 때가 같다.

04 꼼꼼 문제 분석

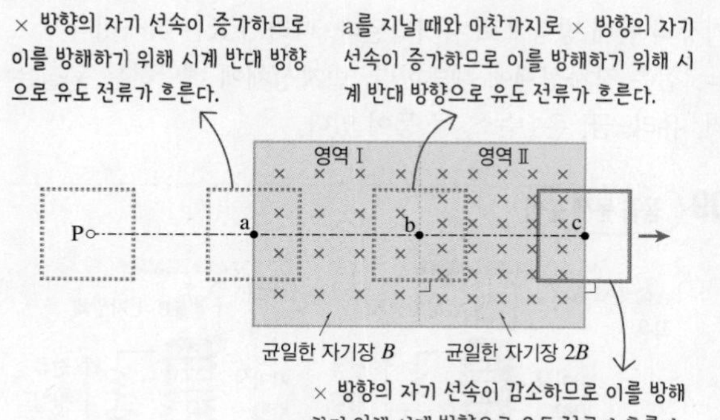

× 방향의 자기 선속이 증가하므로 이를 방해하기 위해 시계 반대 방향으로 유도 전류가 흐른다.
a를 지날 때와 마찬가지로 × 방향의 자기 선속이 증가하므로 이를 방해하기 위해 시계 반대 방향으로 유도 전류가 흐른다.
영역 Ⅰ
영역 Ⅱ
P
a
b
c
균일한 자기장 B
균일한 자기장 2B
× 방향의 자기 선속이 감소하므로 이를 방해하기 위해 시계 방향으로 유도 전류가 흐른다.

ㄱ. P가 a를 지날 때와 b를 지날 때 모두 도선을 통과하는 종이면에 수직으로 들어가는 방향의 자기 선속이 증가하므로 유도 전류는 시계 반대 방향으로 흐른다.

ㄴ. 자기장의 세기는 영역 Ⅱ에서가 영역 Ⅰ에서의 2배이므로 P가 c를 지날 때가 a를 지날 때보다 자기 선속의 변화율이 2배이다. 유도 전류의 세기는 자기 선속의 변화율에 비례한다.

ㄷ. 도선에 유도 전류가 흐르는 동안 도선은 도선의 운동을 방해하는 방향으로 자기력을 받는다. 즉, 도선이 b를 지날 때와 c를 지날 때 도선이 받는 자기력의 방향은 왼쪽으로 같다.

중단원 핵심 정리 229~230쪽

❶ N극 ❷ 오른손 ❸ 직선 ❹ 원의 반지름 ❺ 단위 길이당 코일의 감은 수 ❻ 전류 ❼ 자기력 ❽ 자기화 ❾ 스핀 ❿ 자기장 ⓫ 강자성체 ⓬ 반자성체 ⓭ 전자석 ⓮ 액체 자석 ⓯ 초전도체 ⓰ 유도 전류 ⓱ 렌츠 ⓲ 유도 기전력 ⓳ 많을수록 ⓴ 유도 전류

중단원 마무리 문제 231~235쪽

01 ③	02 ③	03 ⑤	04 ①	05 ②	06 ⑤
07 ①	08 ②	09 ⑤	10 ④	11 ③	12 ⑤
13 ②	14 ⑤	15 ④	16 ⑤	17 ③	18 ⑤
19 ④	20 해설 참조	21 해설 참조			

01 꼼꼼 문제 분석

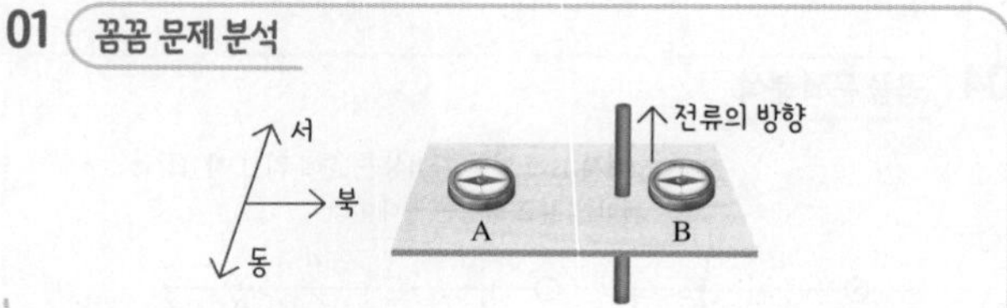

전류의 방향
서
북
동
A
B

전류가 흐르지 않을 때 두 나침반 자침의 N극이 가리키는 오른쪽 방향이 북쪽이다. 도선에 아래에서 위쪽으로 전류가 흐르면 전류에 의한 자기장에 의해 A의 N극은 동쪽으로 회전하고, B의 N극은 서쪽으로 회전한다. 이때 B가 A보다 도선에 가까이 있으므로 B의 자침의 회전각이 더 크다.

02 꼼꼼 문제 분석

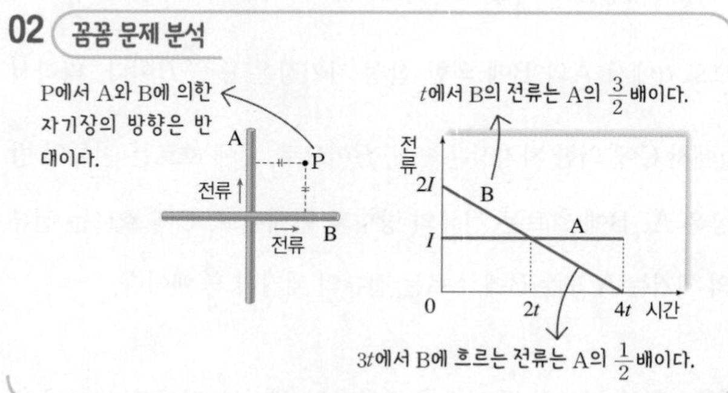

P에서 A와 B에 의한 자기장의 방향은 반대이다.
t에서 B의 전류는 A의 $\frac{3}{2}$배이다.
A
P
전류
전류
B
전류
2I
I
0
2t
4t 시간
3t에서 B에 흐르는 전류는 A의 $\frac{1}{2}$배이다.

A에 흐르는 전류의 세기가 I로 일정할 때 t인 순간과 $3t$인 순간 B에 흐르는 전류의 세기는 각각 $\frac{3}{2}I$, $\frac{1}{2}I$이다. 자기장의 세기는 도선에 흐르는 전류에 비례하므로, P에서 A에 의한 자기장을 B라고 하면 t인 순간 P에서 자기장은 $B-\frac{3}{2}B=-\frac{1}{2}B=-B_0$이고, $3t$인 순간 P에서 자기장은 $B-\frac{1}{2}B=\frac{1}{2}B$이다. 따라서 $3t$인 순간 P에서 자기장의 세기는 B_0이다.

03 꼼꼼 문제 분석

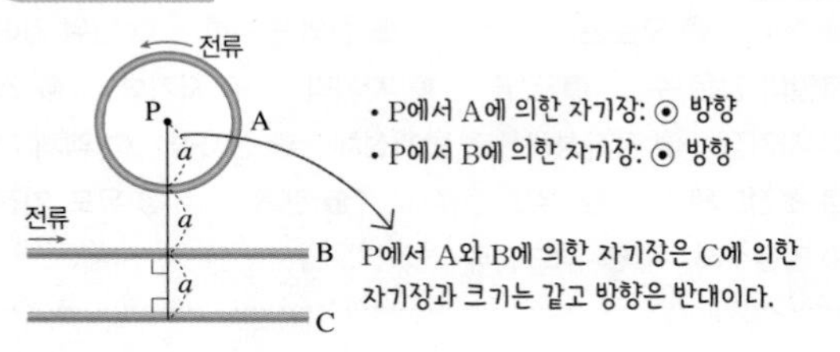

ㄱ. A에 흐르는 전류가 시계 반대 방향이므로 P에서 A에 의한 자기장의 방향은 종이면에서 수직으로 나오는 방향이다.

ㄴ. P에서 C에 의한 자기장은 종이면에 수직으로 들어가는 방향이어야 하므로 C에 흐르는 전류의 방향은 B에 흐르는 전류의 방향의 반대인 왼쪽이다.

ㄷ. P에서 C에 의한 자기장은 A와 B에 의한 자기장의 세기와 같아야 하므로 전류의 세기는 C에서가 B에서보다 크다.

04 꼼꼼 문제 분석

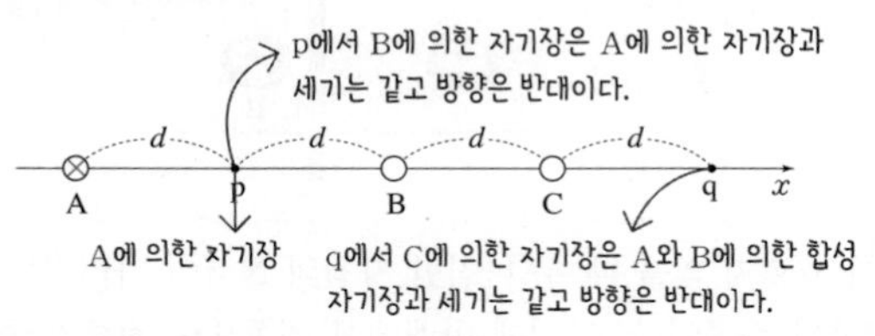

p에서 B에 의한 자기장은 A에 의한 자기장과 세기는 같고 방향은 반대이다.
d
A
p
B
C
q
x
A에 의한 자기장
q에서 C에 의한 자기장은 A와 B에 의한 합성 자기장과 세기는 같고 방향은 반대이다.

ㄱ. p에서 A, B에 의한 자기장이 0이므로 B에 흐르는 전류는 세기가 A에 흐르는 전류와 같고 방향도 같다.

바로알기 ㄴ, ㄷ. p에서 A에 의한 자기장이 $+B$이면, q에서 A에 의한 자기장은 $+\frac{1}{4}B$이고 q에서 B에 의한 자기장은 $+\frac{1}{2}B$이므로 q에서 A와 B에 의한 합성 자기장은 $+\frac{3}{4}B$이다. 따라서 q에서 C에 의한 자기장은 $-\frac{3}{4}B$이므로, C에 흐르는 전류의 방향은 A, B에 흐르는 전류의 방향과 반대이고, C에 흐르는 전류의 세기는 A 또는 B에 흐르는 전류의 세기의 $\frac{3}{4}$배이다.

05 원형 전류의 중심에서 자기장의 세기는 전류의 세기에 비례하고, 원의 반지름에 반비례한다. O에서 P에 의한 자기장을 B_P, Q에 의한 자기장을 $+B$라고 하면, (가)의 O에서 합성 자기장은 B_P+B이고, (나)의 O에서 합성 자기장은 $B_P+B-\frac{2}{3}B$ $=B_P+\frac{1}{3}B$이므로 $B_P+\frac{1}{3}B=2(B_P+B)$에서 $B_P=-\frac{5}{3}B$이다. 따라서 P에 흐르는 전류의 방향은 시계 반대 방향이고, 반지름은 P가 Q의 $\frac{1}{2}$배이므로 P에 흐르는 전류의 세기는 $\frac{5}{6}I$이다.

06 솔레노이드 내부에서 자기장의 세기는 전류의 세기와 단위 길이당 감은 수에 비례한다. 자기장의 세기는 B가 A의 2배이므로 B에 흐르는 전류의 세기를 I_B라고 하면 $I_0\frac{2N}{L} : I_B\frac{N}{2L}=1 : 2$에서 $I_B=8I_0$이다.

07 ㄱ. 자성은 전자의 궤도 운동과 스핀 때문에 나타나는데, 대부분의 자성을 띠는 물질은 궤도 운동보다는 주로 스핀에 의해 자성이 나타난다.

바로알기 ㄴ. 스핀이 서로 반대인 전자들이 완전히 짝을 이루면 원자 자석이 없으므로 반자성이 나타난다.

ㄷ. 반자성을 갖는 물질을 외부 자기장에 놓으면 외부 자기장의 반대 방향으로 자기화된다. 그러나 외부 자기장을 제거하면 자기화된 상태가 바로 사라진다.

08 꼼꼼 문제 분석

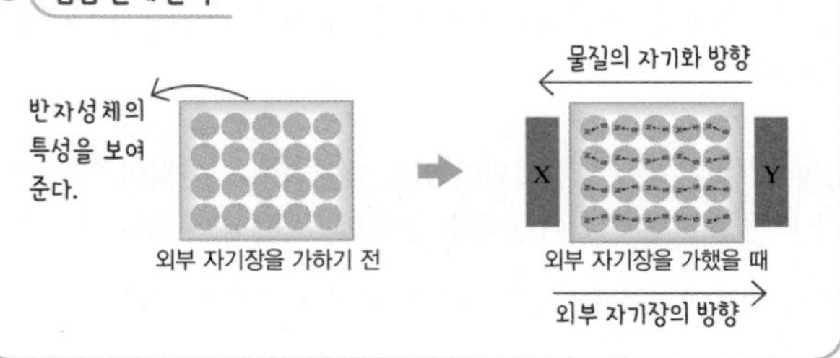

ㄷ. 반자성체는 외부 자기장을 제거하면 원자 자석이 없는 상태, 즉 외부 자기장을 가하기 전과 같은 상태가 된다.

바로알기 ㄱ. 외부 자기장을 가하기 전 원자 자석이 없으므로 이 물질은 반자성체이다. 반자성체는 외부 자기장을 가하면 외부 자기장의 반대 방향으로 자기화된다. 따라서 X는 N극이다.

ㄴ. 철은 강자성체에 해당한다. 반자성체에 해당하는 물질은 구리, 유리, 금, 은, 수소, 물 등이 있다.

09 꼼꼼 문제 분석

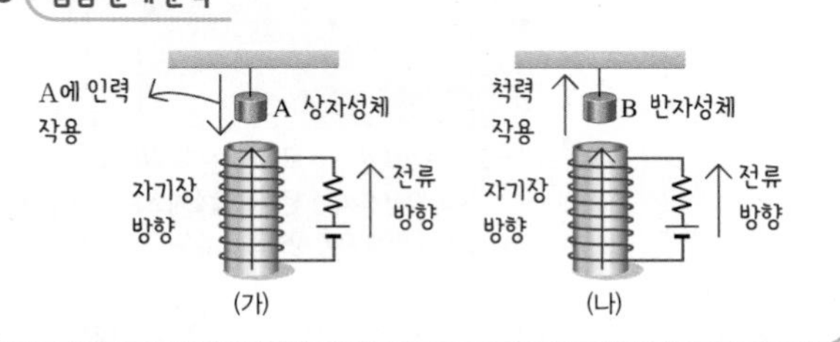

ㄱ. 전류의 방향으로 오른손 네 손가락을 감아쥐면 엄지손가락이 가리키는 방향은 위쪽이다.

ㄴ. 상자성체는 솔레노이드에 의한 자기장의 방향으로 자기화되어 솔레노이드로부터 인력, 즉 아래쪽으로 자기력을 받고, 반자성체는 솔레노이드에 의한 자기장의 반대 방향으로 자기화되어 솔레노이드로부터 척력, 즉 위쪽으로 자기력을 받는다. 실이 물체를 당기는 힘은 물체의 무게와 자기력의 합력과 같다. 따라서 (가)에서가 (나)에서보다 크다.

ㄷ. 상자성체나 반자성체는 외부 자기장을 제거하면 자기화된 상태가 바로 사라진다.

10 ㄴ. 자석으로부터 떼어 놓은 철 클립들이 서로 달라붙어 있으므로 철 클립은 자기화된 상태가 계속 유지되는 강자성체이다.
ㄷ. 철 클립은 자기화된 상태가 유지되고 있으므로 상자성체인 알루미늄 클립에 가까이 하면 알루미늄 클립이 철 클립의 자기화된 방향과 같은 방향으로 자기화되면서 서로 당기는 자기력을 작용한다.
바로알기 ㄱ. 알루미늄 클립은 처음에 자석에 붙어 있었고, 자석에서 떼어 놓았을 때 자기화된 상태가 사라졌으므로 상자성체이다. 반자성체를 자석에 가까이 하면 서로 미는 자기력을 작용하므로 자석에 붙지 않는다.

11 ㄱ. 자석에 가까이 했을 때 서로 미는 자기력이 작용하므로 A는 외부 자기장과 반대 방향으로 자기화되는 반자성체이다.
ㄷ. 반자성체는 외부 자기장을 제거하면 자기화된 상태가 바로 사라진다.
바로알기 ㄴ. 반자성체는 자기화된 상태를 유지할 수 없으므로 자기 정보를 저장하는 물질로 이용할 수 없다. 자기 정보는 강자성체를 이용하여 저장한다.

12 꼼꼼 문제 분석

(2) 바늘은 강자성체이므로 자석의 자기장 방향으로 자기화된다. 따라서 a가 접촉한 자석의 극은 S극이다.

(1) a 부분이 북쪽을 가리키므로 a는 N극으로 자기화되어 있고, 바늘은 강자성체이다.

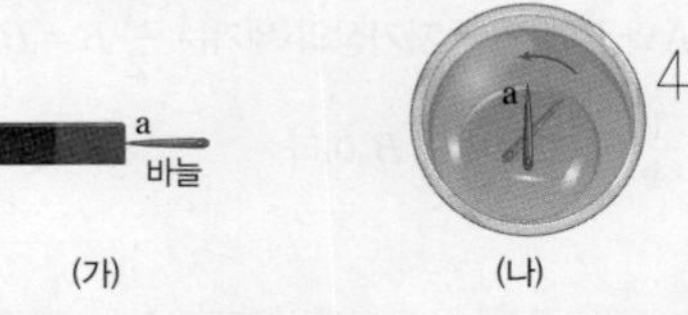

ㄱ, ㄴ. (나)에서 a 부분이 북쪽을 가리키므로 (가)에서 a 부분은 N극이 되도록 자기화되어 자석에 붙어야 한다. 따라서 바늘이 접촉한 자석의 극은 S극이다.
ㄷ. (나)에서 바늘은 (가)의 자기화된 상태가 계속 유지되고 있으므로 강자성체이다.

13 꼼꼼 문제 분석

자기 선속 변화를 방해하기 위해 고리 아래쪽에 N극 형성되도록 시계 방향의 유도 전류 발생

고리 아래쪽에 S극이 형성되도록 고리에 시계 반대 방향의 유도 전류 발생

S A N B N S N S S N

ㄴ. A와 B 모두 운동을 방해 받는 방향, 즉 위쪽으로 자기력을 받는다.
바로알기 ㄱ. 전자기 유도에 의해 A는 아래쪽에 N극이 형성되고, B는 아래쪽에 S극이 형성되므로 A, B에 흐르는 유도 전류의 방향은 서로 반대이다.
ㄷ. 유도 전류가 흐르는 동안 운동 에너지가 전기 에너지로 전환되므로 A와 B의 역학적 에너지는 감소한다.

14 꼼꼼 문제 분석

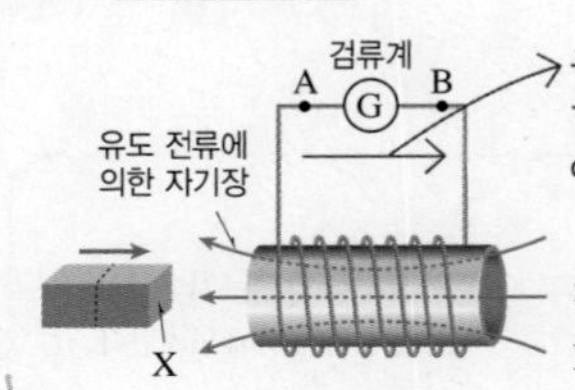

유도 자기장의 방향을 오른손 엄지손가락으로 가리키면 나머지 네 손가락이 감아쥐는 방향이 유도 전류의 방향이다.

접근하는 자석에 의해 솔레노이드의 왼쪽이 N극이 되므로 자석의 X는 N극이다.

ㄱ. 코일은 자기 선속의 변화를 방해하는 방향으로 유도 자기장을 만든다. 즉, 자석이 가까워지면서 오른쪽 방향의 자기 선속이 증가하기 때문에 왼쪽으로 유도 자기장을 만든 것이다. 따라서 자석에 의한 자기장은 오른쪽 방향이어야 하므로 X는 N극이다.
ㄴ. 유도 자기장의 방향을 오른손 엄지손가락으로 가리키면 나머지 네 손가락이 감아쥐는 방향이 유도 전류의 방향이다. 즉, 유도 전류의 방향은 A→ Ⓖ → B이다.
ㄷ. 자석과 솔레노이드 사이에는 솔레노이드를 통과하는 자기 선속의 변화를 방해하는 방향, 즉 서로 미는 자기력이 작용한다.

15 꼼꼼 문제 분석

유도 전류가 a → R → b로 흐를 때는 종이면에서 나오는 자기장이 감소하는 경우이다.

유도되는 전류가 (+)값이므로 a → R → b 방향으로 흐른다. ➡ 자기장이 일정하게 감소함을 의미

균일한 자기장 영역
a R b
(가)

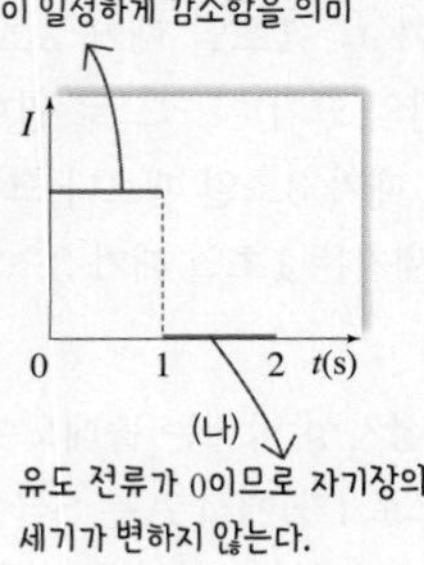

(나)

유도 전류가 0이므로 자기장의 세기가 변하지 않는다.

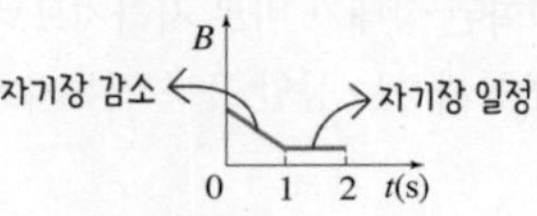

유도 전류가 a → R → b 방향으로 일정하게 흐른다는 것은 도선에 시계 반대 방향으로 유도 전류가 흐른다는 것을 의미하므로 종이면에서 수직으로 나오는 자기장이 일정하게 감소해야 한다. 유도 전류가 흐르지 않을 때는 도선을 통과하는 자기장이 변하지 않아야 한다. 따라서 적절한 그래프는 ④번이다.

16 ①, ② 도체 막대가 움직이는 동안 ㄷ자형 도선과 도체 막대로 이루어진 사각형을 통과하는 자기 선속이 증가한다. 따라서 이를 방해하기 위해 시계 반대 방향으로 유도 전류가 흐르며, 자기 선속이 일정하게 변하므로 유도 전류의 세기도 일정하다.
③ 유도 전류가 흐르는 동안 도체 막대는 운동 방향과 반대 방향으로 자기력을 받는다.
④ v가 클수록 자기 선속의 변화율이 크므로 유도 전류의 세기도 커진다.
바로알기 ⑤ 전류는 저항에 반비례하므로 R가 커지면 유도 전류의 세기는 감소한다.

17 꼼꼼 문제 분석

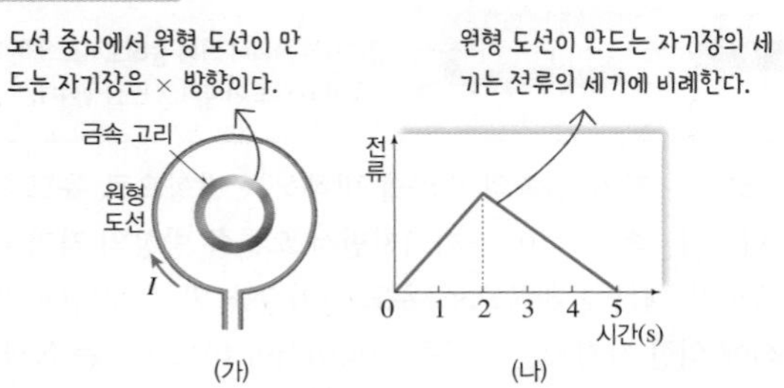

도선 중심에서 원형 도선이 만드는 자기장은 × 방향이다.
원형 도선이 만드는 자기장의 세기는 전류의 세기에 비례한다.
금속 고리
원형 도선
I
전류
0 1 2 3 4 5
시간(s)
(가)
(나)

× 방향의 자기 선속이 증가하면 금속 고리에는 ⊙ 방향의 유도 자기장이 형성되고, × 방향의 자기 선속이 감소하면 금속 고리에는 × 방향의 유도 자기장이 형성된다.

ㄱ. 전류에 의한 자기장의 세기는 전류의 세기에 비례한다. 도선에 흐르는 전류의 세기는 1초일 때가 4초일 때보다 $\frac{3}{2}$배 크다.
ㄷ. 4초일 때 전류의 세기가 감소하므로 원형 도선이 만드는 수직으로 들어가는 방향의 자기장이 감소한다. 따라서 이를 방해하기 위해 금속 고리에는 시계 방향, 즉 원형 도선에 흐르는 전류의 방향과 같은 방향으로 유도 전류가 흐른다.
바로알기 ㄴ. 1초일 때가 3초일 때보다 전류의 변화율(그래프의 기울기의 크기)이 크므로 원형 도선이 만드는 자기장의 변화율도 1초일 때가 3초일 때보다 크다. 따라서 금속 고리에 유도되는 전류의 세기는 1초일 때가 3초일 때보다 크다.

18 상자성 막대는 솔레노이드에 의한 자기장의 방향으로 자기화되므로 (가)에서 A는 S극이 된다. 상자성 막대가 외부 자기장에서 분리되면 자기화된 상태가 바로 사라지므로 (나)에서 상자성 막대가 금속 고리를 통과하는 동안 유도 전류가 발생하지 않는다.

19 꼼꼼 문제 분석

코일 왼쪽에 N극이 유도되도록 유도 전류가 발생
LED a b N (가)
LED 유도 전류 방향 a b S (나)

ㄴ. LED는 순방향 전압이 걸렸을 때 불이 켜진다. (가)에서 코일의 왼쪽이 N극이 되었을 때 LED에 불이 켜졌다. (나)에서도 코일의 왼쪽이 N극이 되므로 (가)에서와 같이 LED에 불이 켜진다.
ㄷ. 유도 전류가 흐를 때 자석의 운동을 방해하는 자기력이 나타난다. 따라서 (가)에서 자석은 왼쪽으로 척력을 받고, (나)에서 자석은 오른쪽으로 척력을 받는다.
바로알기 ㄱ. (가)에서 자석의 N극이 접근하므로 코일에는 왼쪽이 N극이 되도록 유도 자기장이 형성된다. 따라서 유도 전류의 방향은 b → LED → a이다.

20 꼼꼼 문제 분석

P에서 A와 B에 의한 자기장이 0이므로 P에서 A에 의한 자기장과 B에 의한 자기장은 서로 크기가 같고 방향이 반대이어야 한다. 따라서 A와 B에 흐르는 전류의 방향은 같고 전류의 세기는 B가 A의 2배이다.

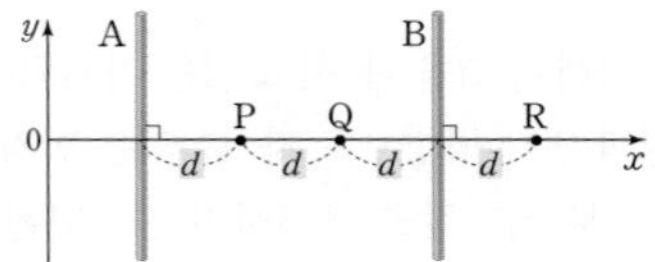

y
A
B
0
P
Q
R
d
d
d
d
x

A와 B에 흐르는 전류의 방향을 위쪽이라고 가정하고 P에서 A에 의한 자기장을 B라고 하면 Q에서 A와 B에 의한 자기장은 $\frac{1}{2}B-2B=-\frac{3}{2}B=-B_0$이다. 따라서 R에서 A와 B에 의한 자기장은 $\frac{1}{4}B+2B=\frac{9}{4}B=\frac{3}{2}B_0$이다.

모범 답안 A와 B에 흐르는 전류의 방향은 같고, B에 흐르는 전류의 세기는 A에 흐르는 전류의 2배이다. P에서 A에 의한 자기장의 세기를 B라고 하면, Q에서 A와 B에 의한 자기장의 세기는 $\frac{3}{2}B=B_0$이므로 R에서 자기장의 세기는 $\frac{1}{4}B+2B=\frac{3}{2}B_0$이다.

채점 기준	배점
자기장의 세기를 풀이 과정과 함께 옳게 구한 경우	100 %
자기장의 세기만 옳게 쓴 경우	30 %

21 꼼꼼 문제 분석

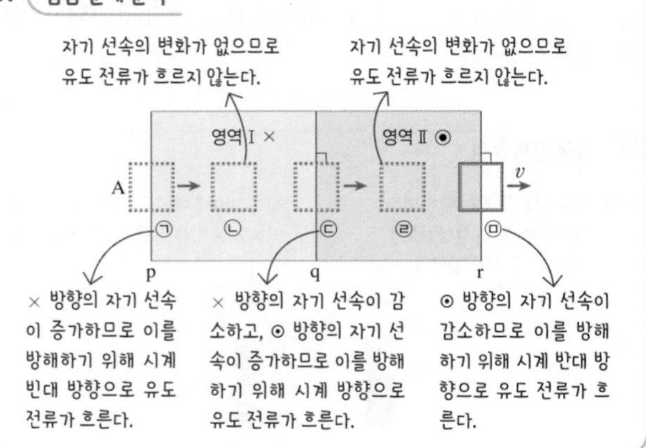

자기 선속의 변화가 없으므로 유도 전류가 흐르지 않는다.
자기 선속의 변화가 없으므로 유도 전류가 흐르지 않는다.
영역 I ×
영역 II ⊙
A
v
㉠
㉡
㉢
㉣
㉤
p
q
r
× 방향의 자기 선속이 증가하므로 이를 방해하기 위해 시계 반대 방향으로 유도 전류가 흐른다.
× 방향의 자기 선속이 감소하고, ⊙ 방향의 자기 선속이 증가하므로 이를 방해하기 위해 시계 방향으로 유도 전류가 흐른다.
⊙ 방향의 자기 선속이 감소하므로 이를 방해하기 위해 시계 반대 방향으로 유도 전류가 흐른다.

도선에 흐르는 유도 전류는 도선을 통과하는 자기 선속의 변화를 방해하는 방향으로 흐르며, 유도 전류의 세기는 자기 선속의 변화율에 비례한다. ㉡, ㉣에서는 도선을 통과하는 자기 선속이 변하지 않는다. ㉢에서는 × 방향의 자기 선속이 감소하고, ⊙ 방향의 자기 선속이 증가하므로 자기 선속의 변화율이 ㉠이나 ㉤의 2배이다.

모범 답안 (1) ㉠ 흐름, 시계 반대 방향, ㉡ 흐르지 않음, ㉢ 흐름, 시계 방향, ㉣ 흐르지 않음, ㉤ 흐름, 시계 반대 방향
(2) $2I$, ㉢에서는 종이면에 수직으로 들어가는 자기 선속이 감소하고 수직으로 나오는 자기 선속이 증가하므로, ㉢에서 자기 선속의 변화율이 ㉠에서 자기 선속 변화율의 2배이다.

채점 기준		배점
(1)	유도 전류의 흐름 여부와 유도 전류의 방향을 옳게 쓴 경우	50 %
	유도 전류의 흐름 여부만 옳게 쓴 경우	20 %
(2)	유도 전류의 세기와 까닭을 옳게 서술한 경우	50 %
	유도 전류의 세기만 옳게 쓴 경우	20 %

수능 실전 문제 237~241쪽

01 ④ 02 ② 03 ⑤ 04 ① 05 ④ 06 ⑤
07 ⑤ 08 ② 09 ② 10 ③ 11 ③ 12 ③
13 ④ 14 ⑤ 15 ③ 16 ② 17 ② 18 ④
19 ② 20 ⑤

01 꼼꼼 문제 분석

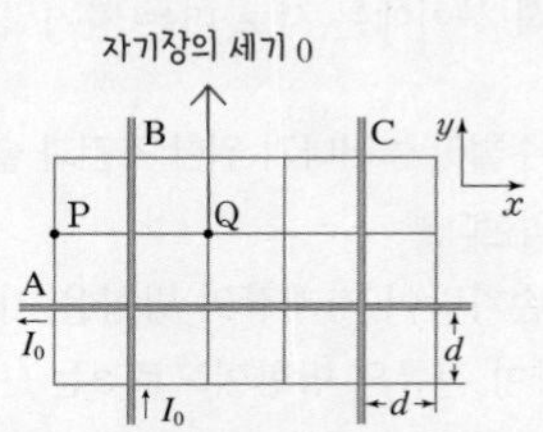

Q에서 A에 의한 자기장은 × 방향이고 B에 의한 자기장도 × 방향이다.
→ Q에서 C에 의한 자기장은 ⊙ 방향이어야 한다.
→ C에 흐르는 전류는 $+y$ 방향이다.

선택지 분석

~~ㄱ.~~ C에 흐르는 전류의 세기는 $2I_0$이다. $4I_0$
ㄴ. C에 흐르는 전류의 방향은 $+y$ 방향이다.
ㄷ. P에서 자기장의 방향은 xy 평면에서 수직으로 나오는 방향이다.

전략적 풀이 ❶ 직선 전류에 의한 합성 자기장이 0이 되기 위한 조건을 파악한다.

ㄴ. Q에서 A와 B에 의한 자기장의 방향이 xy 평면에 수직으로 들어가는 방향이므로 C에 의한 자기장의 방향은 수직으로 나오는 방향이어야 한다. 따라서 C에 흐르는 전류의 방향은 $+y$ 방향이다.

ㄷ. P에서 A와 B에 의한 자기장은 0이므로 P에서 자기장의 방향은 C에 의한 자기장의 방향과 같다.

❷ 직선 전류에 의한 자기장의 세기는 전류의 세기 및 거리와 어떤 관계가 있는지 이해한다.

ㄱ. Q에서 A에 의한 자기장을 B라고 하면, Q에서 A와 B에 의한 자기장은 $2B$이므로 Q에서 C에 의한 자기장은 $-2B$가 되어야 한다. C에서 Q까지의 거리는 A, B에서 Q까지 거리의 2배이므로 C에 흐르는 전류의 세기는 $4I_0$이다.

02 꼼꼼 문제 분석

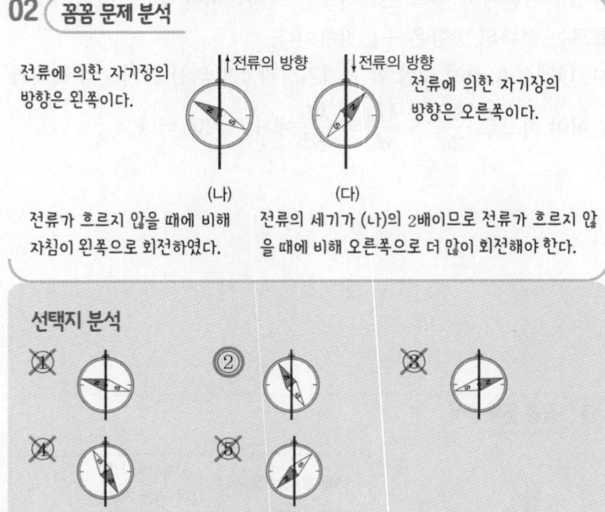

전류에 의한 자기장의 방향은 왼쪽이다.
전류의 방향
전류의 방향
전류에 의한 자기장의 방향은 오른쪽이다.
(나)
(다)
전류가 흐르지 않을 때에 비해 자침이 왼쪽으로 회전하였다.
전류의 세기가 (나)의 2배이므로 전류가 흐르지 않을 때에 비해 오른쪽으로 더 많이 회전해야 한다.
선택지 분석
①
②
③
④
⑤

전략적 풀이 ❶ 직선 전류에 의한 자기장과 지구 자기장의 합성을 이해한다.

(나)와 (다)에서 자침이 가리키는 방향은 전류에 의한 자기장과 지구 자기장이 합성된 결과이다. 직선 전류에 의한 자기장의 세기는 전류의 세기에 비례하는데 (나)에 비해 (다)에서 전류의 세기가 더 크므로 자기장의 세기도 더 커서 자침이 더 많이 회전해야 한다. 따라서 도선에 전류가 흐르지 않을 때 자침이 가리키는 방향, 즉 지구 자기장의 방향은 ②번이다.

03 꼼꼼 문제 분석

O에서 a에 의한 자기장의 방향은 × 방향이고, b에 의한 자기장의 방향도 × 방향이다.

c에 흐르는 전류가 증가함에 따라 O에서 합성 자기장이 0이 되는 때가 있으므로 O에서 c에 의한 자기장은 ⊙ 방향이다.

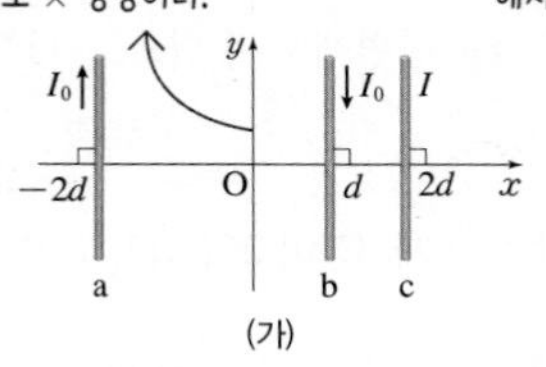

(가)

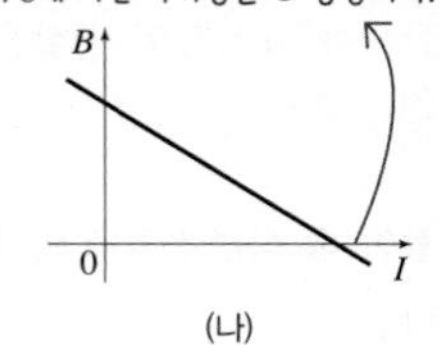

(나)

선택지 분석

㉠ $I=0$일 때, B의 방향은 xy 평면에 수직으로 들어가는 방향이다.
㉡ $B=0$일 때, I의 방향은 $+x$ 방향이다.
㉢ $B=0$일 때, I의 세기는 $3I_0$이다.

전략적 풀이 ❶ O에서 a, b에 의한 자기장의 방향과 세기를 파악한다.

ㄱ. c에 흐르는 전류가 0일 때 O에서 a, b에 의한 자기장은 모두 xy 평면에 수직으로 들어가는 방향이므로 합성 자기장은 xy 평면에 수직으로 들어가는 방향이다.

❷ O에서 c에 의한 자기장의 방향과 세기에 따라 c에 흐르는 전류의 방향과 세기를 파악한다.

ㄴ. O에서 a, b, c에 의한 자기장이 0이 되려면 c에 의한 자기장은 xy 평면에서 수직으로 나오는 방향이어야 한다. 따라서 c에 흐르는 전류의 방향은 $+y$ 방향이다.

ㄷ. O에서 a, b에 의한 합성 자기장과 c에 의한 자기장의 세기가 같아야 하므로 $\frac{kI_0}{2d}+\frac{kI_0}{d}=\frac{kI}{2d}$에서 $I=3I_0$이다.

04 꼼꼼 문제 분석

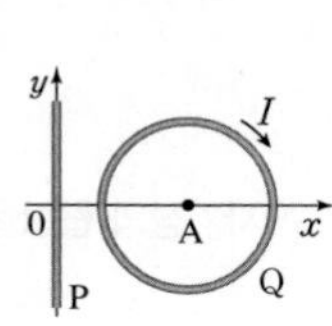

P에 흐르는 전류		A에서의 P와 Q에 의한 자기장	
세기	방향	세기	방향
I_0	㉠	0	없음 (1)
I_0	$+y$	B_0	㉡ (2)
$2I_0$	$-y$	㉢	㉣ (3)

Q에 의한 자기장: × 방향
(1) A에서 자기장의 세기가 0이려면 P에 의한 자기장은 ⊙ 방향이어야 한다. → ㉠은 $-y$ 방향이다.
(2) P에 흐르는 전류가 $+y$ 방향일 때 P와 Q에 의한 자기장 모두 ⊗ 방향이다. → ㉡은 × 방향이다.
(3) A에서 P에 의한 자기장은 ⊙ 방향이다.

선택지 분석

㉠ ㉠은 $-y$이다.
~~ㄴ~~. ㉡과 ㉣은 같다. 서로 반대이다.
~~ㄷ~~. ㉢은 B_0보다 크다. 작다.

전략적 풀이 ❶ A에서 합성 자기장이 0이 되는 조건을 이해한다.

ㄱ. A에서 Q에 의한 자기장의 방향이 xy 평면에 수직으로 들어가는 방향이므로 A에서 합성 자기장의 세기가 0이 되려면 P에 흐르는 전류는 $-y$ 방향이다. 이때 A에서 Q에 흐르는 세기 I인 전류에 의한 자기장의 세기를 B라고 하면 A에서 P에 흐르는 세기 I_0인 전류에 의한 자기장의 세기도 B이다.

❷ P에 흐르는 전류의 변화에 따라 A에서 합성 자기장의 세기와 방향이 어떻게 달라지는지 파악한다.

ㄴ. 수직으로 들어가는 방향의 자기장을 (+)로 하면 (2)에서 $B+B=B_0$이다. (3)에서 P에 $-y$ 방향이고 세기가 $2I_0$인 전류가 흐를 때 A에서 P에 의한 자기장은 $-2B$이므로 합성 자기장은 $-2B+B=-B$이다. 따라서 (2)와 (3)에서 합성 자기장의 방향은 서로 반대이다.

ㄷ. $B_0=2B$이므로 (3)에서 합성 자기장의 세기 B는 B_0보다 작다.

05 꼼꼼 문제 분석

자석이 솔레노이드로부터 인력을 받아야 용수철이 늘어난다. → 솔레노이드의 오른쪽이 S극이다. → a는 (+)극이다.

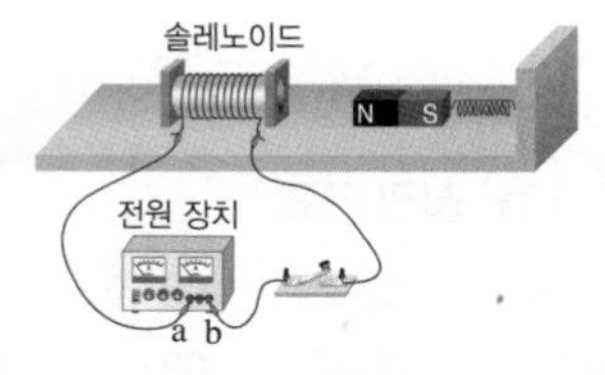

선택지 분석

~~ㄱ~~. 전원 장치의 단자 a는 (−)극이다. (+)극
㉡ 솔레노이드의 오른쪽에는 S극이 형성된다.
㉢ 전원 장치의 단자를 바꾸어 연결하고 실험하면 솔레노이드와 자석 사이에는 서로 미는 자기력이 나타난다.

전략적 풀이 ❶ 용수철이 늘어나기 위한 조건과 솔레노이드에 의한 자기장의 방향을 파악한다.

ㄱ. 오른손 엄지손가락이 자기장의 방향을 가리킬 때 네 손가락을 감아쥐는 방향이 전류의 방향이므로 a는 (+)극이다.

ㄴ. 용수철에 인력이 작용해야 하므로 솔레노이드의 오른쪽에 S극이 형성된다.

ㄷ. 단자를 바꾸어 연결하면 솔레노이드의 오른쪽이 N극이 되므로 솔레노이드와 자석 사이에는 척력이 작용한다.

06 꼼꼼 문제 분석

전류는 전지의 (+)극에서 나와 (−)극으로 들어간다. → p에서 자기장의 방향은 오른쪽이다.

쇠못은 철로 되어 있으므로 강자성체이다. 자기화되지 않은 쇠못에 금속 가루가 달라붙었으므로 금속 가루는 자기화된 상태이다.

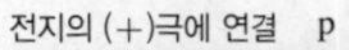
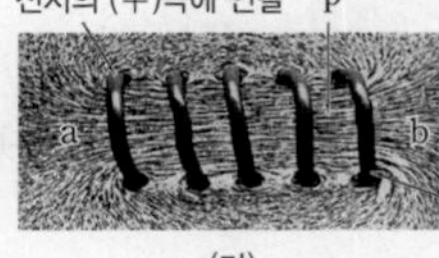
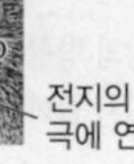

(가)

(나)

선택지 분석

ㄱ (가)의 p점에서 자기장의 방향은 a → b 방향이다.
ㄴ 이 금속 가루는 강자성체이다.
ㄷ 쇠못은 강자성체이다.

전략적 풀이 ❶ 솔레노이드에 의한 자기장의 방향을 파악한다.

ㄱ. 오른손 네 손가락을 전류의 방향으로 감아쥘 때 엄지손가락이 가리키는 방향이 솔레노이드 내부에서 자기장의 방향이다.

❷ 강자성체의 성질과 강자성체에 해당하는 대표적인 물질의 예를 알아둔다.

ㄴ. 솔레노이드에 전류가 흐르지 않을 때도 금속 가루가 자성을 유지하므로 금속 가루는 강자성체이다.

ㄷ. 쇠못은 철로 되어 있으며 철은 강자성체에 해당한다.

07 꼼꼼 문제 분석

강한 자기장을 이용하여 인체 내부를 진단한다.

전기 신호를 소리로 전환하기 위해 전류가 자기장에서 받는 자기력을 이용한다.

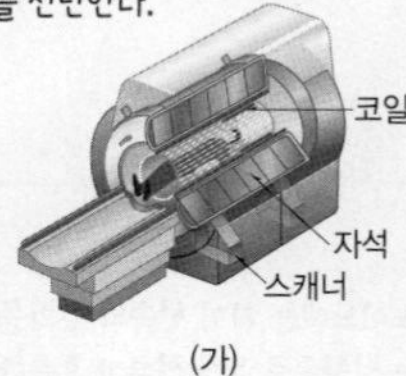

(가)

(나)

선택지 분석

ㄱ (가)는 초전도체를 이용하여 강한 자기장을 만든다.
ㄴ (나)에는 자석이 들어 있다.
ㄷ (나)에 직류가 흐르면 소리가 발생하지 않는다.

전략적 풀이 ❶ 전류에 의한 자기장을 이용하는 장치의 기본 원리를 이해한다.

ㄱ. 자기 공명 영상 장치는 초전도체에 큰 전류를 흘려서 강한 자기장을 만들고 이를 이용하여 질병을 진단한다. 초전도체는 저항이 없으므로 큰 전류가 흘러도 열이 발생하지 않는다.

ㄴ. 스피커는 자석 주위의 코일에 전류가 흐를 때 코일이 자석으로부터 힘을 받아 진동하면서 소리를 발생시킨다.

❷ 소리가 발생하는 원리를 이해한다.

ㄷ. 스피커에 직류가 흐르면 코일이 한쪽 방향으로만 힘을 받아 진동하지 않으므로 소리가 발생하지 않는다.

08 꼼꼼 문제 분석

실이 A를 당기는 힘의 크기가 A의 무게보다 작으므로 A는 자석으로부터 미는 자기력을 받는다. 따라서 A는 반자성체이다.

A가 반자성체이므로 B는 상자성체이다.

상자성체와 반자성체는 외부 자기장을 제거하면 자기화된 상태가 사라진다.

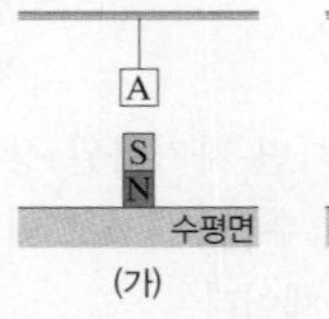

(가)

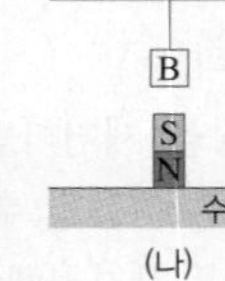

(나)

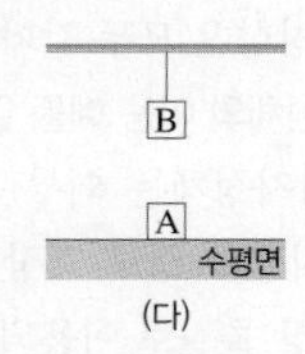

(다)

선택지 분석

~~ㄱ~~. A는 상자성체이다. 반자성체
ㄴ B는 외부 자기장과 같은 방향으로 자기화된다.
~~ㄷ~~. (다)에서 실이 B를 당기는 힘의 크기는 B의 무게보다 크다. 무게와 같다.

전략적 풀이 ❶ A, B가 어떤 자성체인지 파악한다.

ㄱ. 실이 A를 당기는 힘의 크기가 A의 무게보다 작다는 것은 A가 자석의 자기장과 반대 방향으로 자기화되어 척력을 받는다는 것을 의미한다. 따라서 A는 반자성체이다.

ㄴ. A가 반자성체이므로 B는 상자성체이다. 상자성체는 외부 자기장과 같은 방향으로 자기화된다.

❷ 외부 자기장을 제거했을 때 자성체의 성질을 이해한다.

ㄷ. (다)에서 A와 B 모두 자기화된 상태가 사라지므로 서로 자기력을 작용하지 않는다. 따라서 B는 힘의 평형 상태에 있으므로 실이 B를 당기는 힘의 크기는 B의 무게와 같다.

09 꼼꼼 문제 분석

원자 자석이 없으므로 반자성체이다.

자기 구역이 있으므로 강자성체이다.

자기 구역이 없으므로 상자성체이다.

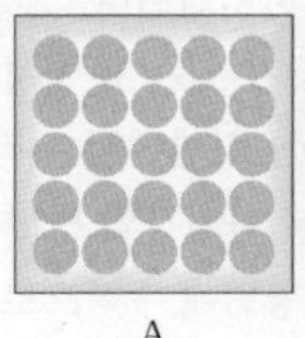
A

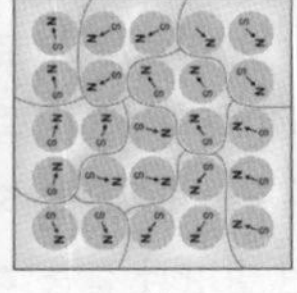
B

C

선택지 분석

~~ㄱ~~. 외부 자기장을 가하면 A는 외부 자기장의 방향으로 자기화된다. 반대 방향

ⓛ. B에서 하나의 자기 구역 내에 있는 원자 자석들은 모두 같은 방향으로 정렬되어 있다.

~~ㄷ~~. C는 하드디스크의 정보 저장 물질로 이용된다. B

전략적 풀이 ❶ A, B, C가 어떤 자성체인지 파악한다.

ㄱ. A는 반자성체, B는 강자성체, C는 상자성체이다. 반자성체는 외부 자기장의 반대 방향으로 자기화되는 성질이 있다.

ㄴ. 강자성체에서 하나의 자기 구역에 있는 원자 자석들이 자기화된 방향은 모두 같다.

❷ 자성체의 이용 예를 알아둔다.

ㄷ. 상자성체는 외부 자기장을 제거하면 자기화된 상태가 바로 사라지므로 정보 저장 물질로 이용될 수 없다. 하드디스크의 정보 저장 물질로 이용되는 것은 강자성체이다.

10 꼼꼼 문제 분석

A, B에 흐르는 전류의 세기가 같으므로 A, B에 흐르는 전류의 방향이 같으면 P가 있는 지점에서 합성 자기장이 0이 되어 P가 자기화되지 않는다.

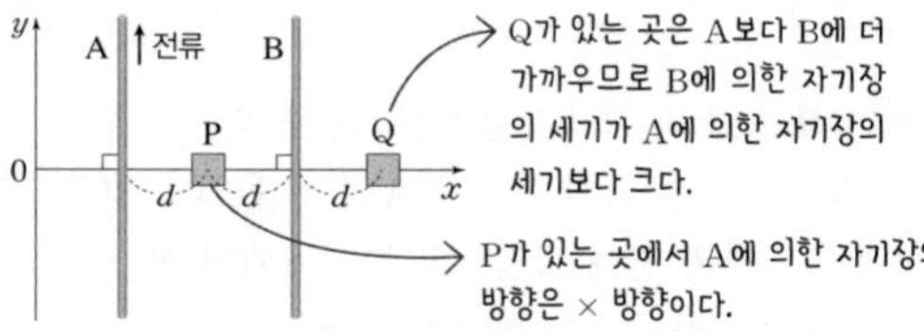

선택지 분석

ⓖ. B에 흐르는 전류의 방향은 $-y$ 방향이다.

ⓛ. P는 xy 평면에 수직으로 들어가는 방향으로 자기화된다.

~~ㄷ~~. Q는 P와 반대 방향으로 자기화된다. 같은

전략적 풀이 ❶ P가 자기화되기 위한 조건을 이해한다.

ㄱ. A, B에 흐르는 전류의 방향이 같으면 P가 있는 곳에서 합성 자기장이 0이 되어 P가 자기화되지 않는다. 따라서 B에 흐르는 전류의 방향은 $-y$ 방향이다.

❷ 자성체의 종류에 따라 자기화되는 방향을 파악한다.

ㄴ. P가 있는 곳에서 A, B에 의한 자기장의 방향이 모두 수직으로 들어가는 방향이고, P는 강자성체이므로 외부 자기장의 방향, 즉 xy 평면에 수직으로 들어가는 방향으로 자기화된다.

ㄷ. Q는 A보다 B에 더 가까이 있으므로 Q가 있는 곳에서 자기장의 방향은 B에 의한 자기장의 방향, 즉 xy 평면에서 수직으로 나오는 방향이다. Q는 반자성체이므로 외부 자기장의 방향과 반대 방향, 즉 P가 자기화된 방향과 같은 xy 평면에 수직으로 들어가는 방향으로 자기화된다.

11 꼼꼼 문제 분석

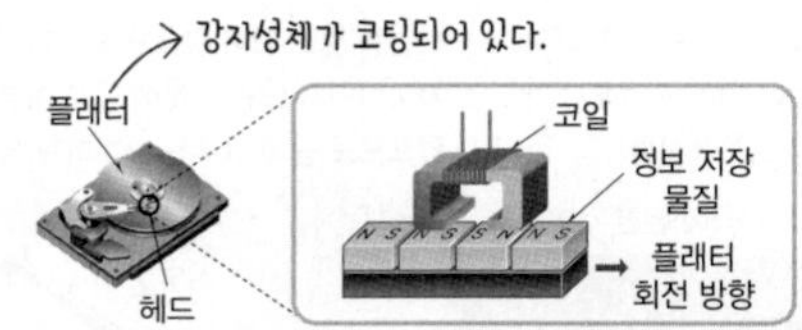

코일에 흐르는 전류에 의한 자기장의 방향으로 정보 저장 물질이 자기화된다. 저장된 정보는 전원을 꺼도 사라지지 않아야 한다.

선택지 분석

ⓖ. 플래터의 정보 저장 물질은 강자성체이다.

ⓛ. 코일에 흐르는 전류의 방향이 바뀌면 정보 저장 물질의 자기화 방향이 바뀐다.

~~ㄷ~~. 하드디스크에 연결된 전원을 끄면 저장된 정보가 사라진다. 사라지지 않는다.

전략적 풀이 ❶ 자기 정보의 기록에 이용되는 물질을 안다.

ㄱ. 정보 저장 물질은 기록된 후 기록 상태가 그대로 유지되어야 하므로 강자성체를 이용한다.

❷ 자기 정보의 기록 원리를 이해한다.

ㄴ. 전류의 방향이 바뀌면 코일에 의한 자기장의 방향이 바뀌므로 강자성체의 자기화 방향도 바뀐다.

ㄷ. 강자성체는 외부 자기장을 제거해도 자기화된 상태가 그대로 유지되므로 전원을 꺼도 저장된 정보가 사라지지 않는다.

12 꼼꼼 문제 분석

강자성체는 솔레노이드에 의한 자기장의 방향으로 자기화된다.

솔레노이드에는 자기 선속의 변화를 방해하는 방향으로 유도 전류가 흐른다.

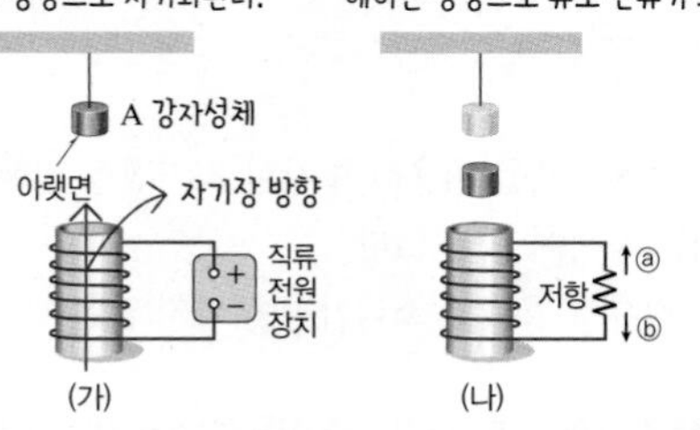

선택지 분석

ⓖ. (가)에서 A의 아랫면은 S극으로 자기화된다.

ⓛ. (나)에서 저항에 흐르는 전류의 방향은 ⓑ이다.

~~ㄷ~~. (가)와 (나)에서 솔레노이드가 A에 작용하는 자기력의 방향은 서로 같다. 반대이다.

전략적 풀이 ❶ 강자성체의 자기화 방향을 파악한다.

ㄱ. (가)에서 솔레노이드에 의한 자기장의 방향은 위쪽이고 강자성체는 외부 자기장의 방향으로 자기화되므로 A의 아랫면은 S극으로 자기화된다.

❷ 전자기 유도가 일어날 때 유도 전류의 방향과 자기력의 방향을 이해한다.

ㄴ. (나)에서 강자성체의 자기화된 상태가 그대로 유지되므로 코일에 S극이 접근한다. 따라서 이를 방해하기 위해 유도 전류는 ⓑ 방향으로 흐른다.

ㄷ. (가)에서는 A가 아래쪽으로 자기력을 받고, (나)에서는 A가 위쪽으로 자기력을 받는다.

13 꼼꼼 문제 분석

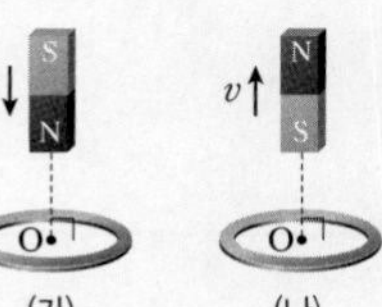

(가)에서가 (나)에서보다 자석의 속력이 크므로 자기 선속의 변화율도 크다.

(가)에서는 N극이 접근하므로 도선의 위쪽이 N극이 되고, (나)에서는 S극이 멀어지므로 도선의 위쪽이 N극이 된다.

선택지 분석

~~ㄱ.~~ ㉠은 시계 방향이다. 시계 반대 방향

ⓛ ㉡은 I_0보다 작다.

ⓒ ㉢은 위쪽이다.

전략적 풀이 ❶ 자석의 운동 방향에 따라 도선에 발생하는 유도 전류의 방향을 파악한다.

ㄱ. (나)에서 S극이 멀어지므로 도선의 위쪽에 N극이 형성되어야 한다. 따라서 유도 전류의 방향은 시계 반대 방향이다.

❷ 자석의 속력에 따른 유도 전류의 세기를 비교하고 자석의 운동 방향에 따른 자기력의 방향을 파악한다.

ㄴ. (나)에서가 (가)에서보다 자석의 속력이 느리므로 도선을 통과하는 자기 선속의 변화율도 작다. 따라서 유도 전류의 세기는 (나)에서가 (가)에서보다 작다.

ㄷ. (가)에서 자석이 도선을 향하여 아래쪽으로 접근하므로 이를 방해하기 위해 도선은 자석에 위쪽으로 자기력을 작용한다.

14 꼼꼼 문제 분석

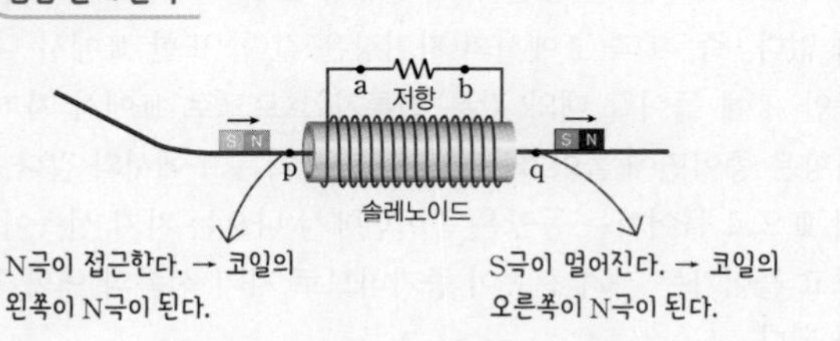

선택지 분석

ⓖ 자석이 p를 지날 때, 유도 전류의 방향은 a → 저항 → b이다.

ⓛ 자석의 속력은 p에서가 q에서보다 크다.

ⓒ 자석이 q를 지날 때, 솔레노이드 내부에서 유도 전류에 의한 자기장의 방향은 p → q이다.

전략적 풀이 ❶ 솔레노이드에 대한 자석의 상대적인 운동에 따라 솔레노이드에 흐르는 유도 전류의 방향을 파악한다.

ㄱ. 자석이 p를 지날 때 N극이 접근하므로 솔레노이드의 왼쪽에 N극이 형성되어야 한다. 따라서 유도 전류는 a → 저항 → b 방향으로 흐른다.

ㄷ. 자석이 q를 지날 때 S극이 멀어지므로 솔레노이드의 오른쪽이 N극이 되어야 한다. 따라서 솔레노이드 내부에서 유도 자기장은 p → q 방향으로 형성된다.

❷ 전자기 유도에서 에너지 전환 관계를 이해한다.

ㄴ. 자석이 솔레노이드를 통과하는 동안 자석의 운동 에너지가 전기 에너지로 전환되면서 유도 전류가 발생한다. 따라서 운동 에너지가 감소하므로 속력은 p에서가 q에서보다 크다.

15 꼼꼼 문제 분석

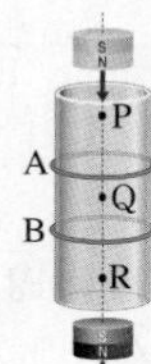

P에서 거리는 B가 A보다 멀다.

자석이 P를 지날 때는 A의 위쪽이 N극이 되고, Q를 지날 때는 A의 아래쪽이 N극이 된다.

자석이 Q를 지날 때 A와 B는 자석의 운동을 방해하는 자기력을 작용한다.

자석이 낙하하는 동안 자석의 운동 에너지가 전기 에너지로 전환된다.

선택지 분석

① 자석이 P를 지나는 순간, 유도 전류의 세기는 A에서가 B에서보다 크다.

② A에서 유도 전류의 방향은 자석이 P를 지날 때와 Q를 지날 때가 서로 반대이다.

~~③~~ 자석이 Q를 지나는 순간, A와 B가 자석에 작용하는 자기력의 방향은 서로 반대이다. 같다.

④ 자석의 역학적 에너지는 Q에서가 R에서보다 크다.

⑤ 자석이 R를 지나는 순간, 자석의 가속도의 크기는 중력 가속도의 크기보다 작다.

전략적 풀이 ❶ 운동하는 자석의 도선에 대한 위치에 따라 도선에 흐르는 유도 전류의 방향과 세기를 이해한다.

① 자석이 P를 지날 때 A가 B보다 자석에 가까우므로 자기 선속의 변화율은 A에서가 B에서보다 크다. 따라서 유도 전류의 세기는 A에서가 B에서보다 크다.

② 자석이 P를 지날 때와 Q를 지날 때 A에 생기는 유도 자기장의 방향은 각각 위쪽과 아래쪽이다. 유도 자기장의 방향이 서로 반대이므로 유도 전류의 방향도 반대이다.

❷ 렌츠 법칙에 따라 자석이 받는 자기력의 방향을 파악한다.

③ 도선은 자석의 운동을 방해하는 자기력을 작용하므로 자석이 Q를 지날 때 A는 위쪽으로 인력을 작용하고, B는 위쪽으로 척력을 작용한다.

⑤ 자석이 R를 지날 때 위쪽으로 자기력을 받으므로 알짜힘의 크기는 중력의 크기보다 작다. 따라서 운동 제2법칙에 따라 가속도의 크기는 중력 가속도의 크기보다 작다.

❸ 전자기 유도 현상에서 에너지 전환 관계를 이해한다.

④ A와 B에 유도 전류가 흐르는 동안 운동 에너지가 전기 에너지로 전환되므로 낙하하는 자석의 역학적 에너지는 계속 감소한다. 따라서 역학적 에너지는 Q에서가 R에서보다 크다.

16 꼼꼼 문제 분석

시계 방향으로 유도 전류가 흐르기 위해서는 ⊙ 방향의 자기장이 증가해야 한다.

자기장 영역 / 시계 방향 / 원형 도선

(가)

⊙ 방향 자기장 증가 / ⊙ 방향 자기장 감소 / 자기장 / B / 0 / $-B$ / t_1 / t_2 / t_3 / t_4 / 시간 / × 방향 자기장 증가 / × 방향 자기장 감소

(나)

선택지 분석

~~ㄱ~~. t_2일 때 자기장의 방향은 종이면에 수직으로 들어가는(→ 나오는) 방향이다.

~~ㄴ~~. 유도 전류의 방향은 t_2일 때와 t_3일 때가 서로 반대이다(→ 같다).

ⓒ 유도 전류의 세기는 t_4일 때가 t_3일 때보다 크다.

전략적 풀이 ❶ 유도 전류의 방향과 자기 선속의 변화 사이의 관계를 이해한다.

ㄱ. t_1일 때 자기장이 증가하는데 원형 도선에 시계 방향으로 유도 전류가 흐르므로 자기장의 방향은 종이면에서 수직으로 나오는 방향이다. 따라서 t_2일 때는 종이면에서 수직으로 나오는 방향의 자기장이 감소한다.

ㄴ. t_2일 때는 종이면에서 수직으로 나오는 방향의 자기장이 감소하므로 유도 전류의 방향은 시계 반대 방향이고, t_3일 때는 종이면에 수직으로 들어가는 방향의 자기장이 증가하므로 유도 전류의 방향은 시계 반대 방향이다. 따라서 유도 전류의 방향은 t_2일 때와 t_3일 때가 서로 같다.

❷ 자기장의 변화율과 유도 전류의 세기와의 관계를 이해한다.

ㄷ. 그래프에서 기울기의 크기, 즉 자기장의 변화율의 크기는 t_4일 때가 t_3일 때보다 크므로 유도 전류의 세기도 t_4일 때가 t_3일 때보다 크다.

17 꼼꼼 문제 분석

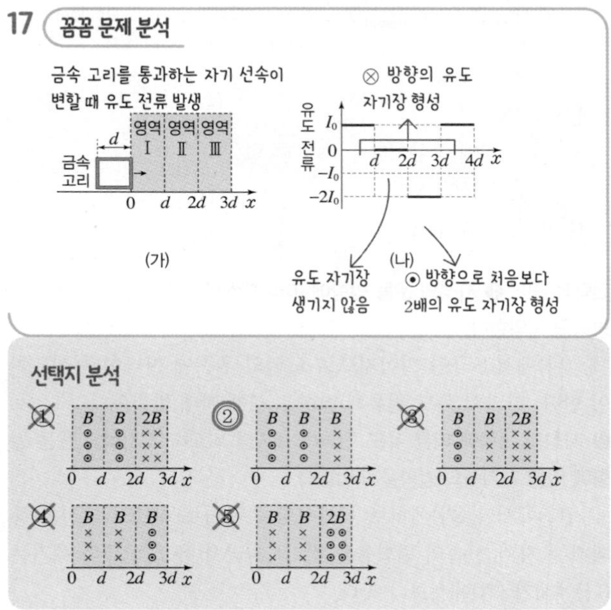

전략적 풀이 ❶ 금속 고리에 발생하는 유도 전류의 방향과 세기를 통해 각 영역에서의 자기장의 방향과 세기를 추론한다.

도선이 Ⅰ에 들어가는 동안 시계 방향으로 유도 전류가 흐르므로 Ⅰ에서 자기장의 방향은 종이면에서 나오는 방향이다. 도선이 Ⅰ에서 Ⅱ로 들어가는 동안 유도 전류가 0이므로 자기 선속의 변화가 없다. 즉, Ⅰ과 Ⅱ에서의 자기장은 같다. 또한 Ⅲ에서 나오는 동안 Ⅰ에 들어갈 때와 같은 전류가 흐르므로 Ⅲ에서 자기장의 방향은 종이면에 들어가는 방향이고 세기는 Ⅰ에서와 같다. Ⅱ에서 Ⅲ으로 들어가는 동안은 종이면에서 나오는 자기 선속이 감소하고 들어가는 자기 선속이 증가하므로 자기 선속의 변화가 2배가 된다.

18 꼼꼼 문제 분석

무선 충전기에 교류가 흐르면 자기장이 변하여 휴대 전화 내부 코일에 유도 전류가 흐르면서 충전된다.

마그네틱 선에 저장된 자기 정보가 판독기를 지나면 판독기에 유도 전류가 흘러 정보를 읽는다.

(가)

(나)

선택지 분석

ㄱ. (가)와 (나) 모두 전자기 유도를 이용한다.
~~ㄴ~~. (가)가 작동할 때 휴대 전화를 통과하는 자기장은 균일하다. 균일하지 않다.
ㄷ. (나)의 마그네틱 선 내부에는 자기화된 물질이 들어 있다.

전략적 풀이 ❶ 무선 충전기 작동 원리와 마그네틱 카드 판독의 원리를 이해한다.

ㄱ. 무선 충전기와 마그네틱 카드 판독기 모두 코일을 통과하는 자기장이 변하면 코일에 유도 전류가 발생하는 전자기 유도를 이용한다.

ㄴ. 자기장이 균일하면 코일을 통과하는 자기 선속이 변하지 않아 유도 전류가 흐르지 않는다. 무선 충전기에 교류가 흐르면 휴대 전화 내부 코일을 통과하는 자기장이 주기적으로 변하면서 유도 전류가 흐르게 된다.

❷ 마그네틱 카드에 저장된 정보의 형태를 이해한다.

ㄷ. 마그네틱 선 내부에는 강자성체인 물질이 자기화되면서 정보를 저장한다. 자기화된 정보가 카드 판독기 내부 코일을 통과하면 코일에 유도 전류가 흐르면서 정보를 읽는다.

19 꼼꼼 문제 분석

(1) 자석이 b를 지날 때 LED에는 순방향 전압이 걸려야 한다. 즉, 유도 전류가 p형 반도체 쪽으로 흘러야 한다.

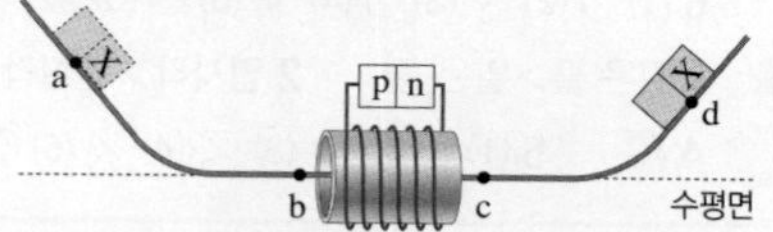

(2) p형 반도체 쪽으로 유도 전류가 흐르기 위해서는 솔레노이드의 왼쪽이 N극이 되도록 유도 자기장이 형성되어야 한다.

선택지 분석

~~ㄱ~~. X는 S극이다. N
ㄴ. d에서 내려온 자석이 c를 지날 때 LED에서 빛이 방출된다.
~~ㄷ~~. 자석이 c에서 d로 올라가는 동안 자석의 역학적 에너지는 감소한다. 일정하다.

전략적 풀이 ❶ LED에서 빛이 방출되는 조건을 이해한다.

ㄱ. 자석의 X가 b를 지날 때 LED에는 순방향 전압이 걸려야 한다. 즉, 솔레노이드의 왼쪽이 N극이 되도록 유도 전류가 흘러야 한다. 이때 솔레노이드는 자석의 운동을 방해하는 자기력을 자석에 작용해야 하므로 X는 N극이다.

ㄴ. 자석이 d에서 내려와 c를 지날 때는 솔레노이드의 오른쪽이 S극이 되도록 유도 자기장을 형성하므로 자석이 a에서 내려와 b를 지날 때와 같은 방향으로 유도 전류가 흐른다. 따라서 LED에는 순방향 전압이 걸려 빛이 방출된다.

❷ 유도 전류의 발생 유무에 따른 역학적 에너지 보존을 이해한다.

ㄷ. 자석이 c에서 d로 올라가는 동안에는 솔레노이드의 오른쪽이 N극이 되도록 유도 기전력이 발생한다. 이때 LED에는 역방향 전압이 걸리므로 유도 전류가 흐르지 않아 불이 켜지지 않는다. 유도 전류가 흐르지 않으면 자석의 운동을 방해하는 자기력이 작용하지 않으므로 자석의 역학적 에너지는 보존된다.

20 꼼꼼 문제 분석

강자성체와 상자성체 모두 자기장 방향으로 자기화된다.

자기화된 상태가 유지되어야 유도 전류를 발생시킬 수 있다.

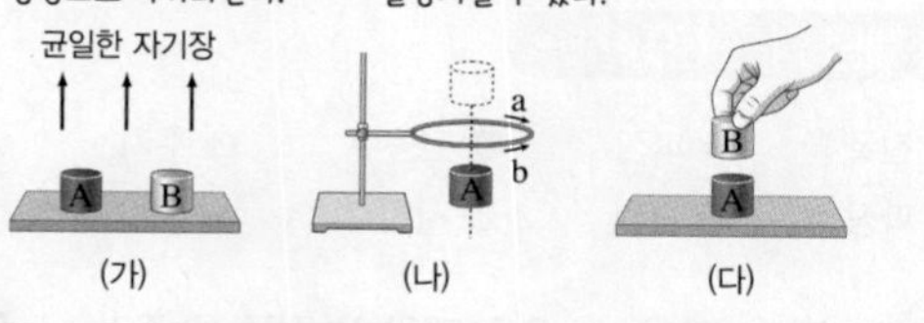

(가) (나) (다)

선택지 분석

~~ㄱ~~. (나)에서 유도 전류는 a 방향으로 흐른다. b
ㄴ. (나)에서 A 대신 B를 통과시키면 도선에 유도 전류가 흐르지 않는다.
ㄷ. (다)에서 A와 B 사이에는 서로 당기는 자기력이 작용한다.

전략적 풀이 ❶ 강자성체와 상자성체의 특징을 파악한다.

강자성체와 상자성체 모두 외부 자기장의 방향으로 자기화되므로 (가)에서 A, B 모두 윗면이 N극이 된다. 상자성체는 외부 자기장을 제거하면 자기화된 상태가 바로 사라지므로 (나)에서 유도 전류를 발생시킨 A는 강자성체, B는 상자성체이다.

❷ 유도 전류의 발생 원리를 파악한다.

ㄱ. (나)에서 N극이 멀어지므로 도선에는 b 방향으로 유도 전류가 흐른다.

ㄴ. B는 상자성체이다. (나)에서 B를 통과시키면 B는 자성을 띠지 않으므로 유도 전류가 발생하지 않는다.

ㄷ. (다)에서 B는 A에 의해 A가 만드는 자기장 방향으로 자기화되면서 서로 인력을 작용한다.

III 파동과 정보 통신

1 파동의 성질과 이용

1 파동의 진행과 굴절

248쪽

완자쌤 비법 특강

Q1 굴절
Q2 위, 아래

Q1 빛의 속력이 공기의 온도에 따라 변하므로 온도가 변하는 공기층을 지날 때 빛이 연속적으로 굴절되면서 신기루가 생긴다.

Q2 낮에는 지면에 가까운 쪽이 상층에 비해 빨리 가열되어 온도가 높고, 밤에는 지면에 가까운 쪽이 상층에 비해 빨리 냉각되어 온도가 낮다. 공기의 온도가 높을수록 소리의 진행 속력이 빠르며, 파동은 속력이 더 느린 쪽으로 굴절하므로 소리가 낮에는 온도가 낮은 위쪽으로, 밤에는 아래쪽으로 굴절한다.

개념 확인 문제 249쪽

❶ 진폭 ❷ 파장 ❸ 진동수 ❹ 주기 ❺ 파장 ❻ 파장 ❼ 속력 ❽ 사인값 ❾ 굴절률

1 (1) × (2) ○ (3) ○ **2** A: 파장, B: 진폭, C: 주기 **3** (1) × (2) ○ (3) ○ (4) × **4** ㄴ, ㄷ **5** (1) ○ (2) × (3) ○ **6** 파동의 굴절

1 (1) 파동이 진행할 때 매질은 제자리에서 진동만 할 뿐 이동하지 않는다.
(2) 파동의 진행 방향과 매질의 진동 방향이 수직인 파동은 횡파, 파동의 진행 방향과 매질의 진동 방향이 나란한 파동은 종파이다.
(3) 횡파의 예로는 전자기파, 지진파의 S파 등이 있고, 종파의 예로는 음파, 지진파의 P파 등이 있다.

2 꼼꼼 문제 분석

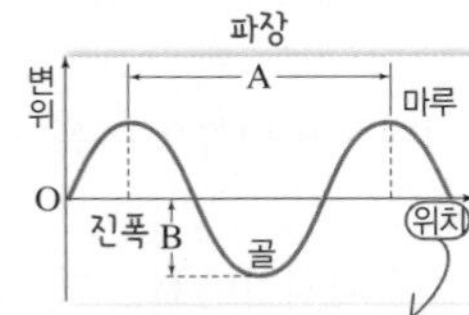

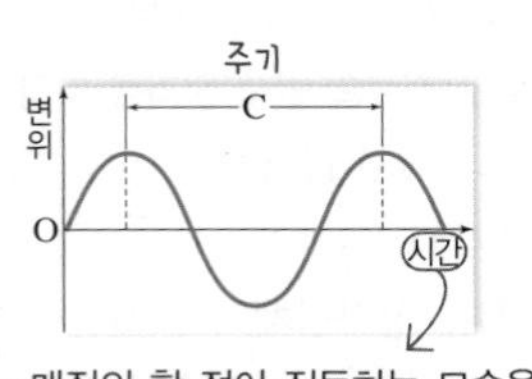

• 어느 순간 파동의 모습을 위치에 따라 나타낸 그래프로, 진폭과 파장을 알 수 있다.
• 매질의 한 점이 진동하는 모습을 시간에 따라 나타낸 그래프로, 진폭, 주기, 진동수를 알 수 있다.

A는 이웃한 마루 사이의 거리이므로 파장에 해당하고, B는 진동 중심에서 골까지의 거리이므로 진폭에 해당한다. 또, C는 매질의 한 점이 1회 진동하는 데 걸리는 시간이므로 주기에 해당한다.

3 (1) 매질이 달라질 때 소리의 속력은 고체 > 액체 > 기체 순으로 빠르다.
(2) 공기의 온도가 높을수록 공기 입자의 운동이 활발해져 소리가 더 빠르게 전달되므로, 소리의 속력은 공기의 온도가 높을수록 빠르다.
(3) 파동의 속력은 매질의 성질에 따라 달라지므로, 파동이 서로 다른 매질의 경계면에서 굴절할 때 속력이 달라진다.
(4) 물결파의 속력은 물의 깊이가 깊을수록 빠르므로, 물결파가 깊은 곳에서 얕은 곳으로 진행할 때 속력이 느려진다.

4 매질 1에 대한 매질 2의 굴절률은 입사각과 굴절각의 사인값의 비와 같고, 두 매질에서의 속력의 비 또는 파장의 비와 같으므로, $\frac{\sin i}{\sin r}=\frac{v_1}{v_2}=\frac{\lambda_1}{\lambda_2}=\frac{n_2}{n_1}=n_{12}$가 성립한다.

5 (1), (3) 공기와 물의 경계면에서 입사각 > 굴절각이므로 공기에서의 속력이 물에서의 속력보다 빠르다.
(2) 파동의 진동수는 매질의 종류에 관계없이 일정하므로, 공기에서의 빛의 진동수와 물에서의 빛의 진동수가 같다.

6 파동이 한 매질에서 다른 매질로 진행할 때, 두 매질의 경계면에서 파동의 진행 방향이 바뀌는 파동의 굴절에 의한 현상이다.

대표 자료 분석 250쪽

자료 ❶ **1** 10 cm **2** 20 cm **3** 4초 **4** 5 cm/s **5** (1) ○ (2) × (3) ○ (4) × (5) ○ (6) ○

자료 ❷ **1** 깊은 물 > 얕은 물 **2** 입사각 > 굴절각 **3** 60° **4** $\sqrt{3}$ **5** (1) ○ (2) × (3) × (4) × (5) ○ (6) ×

1-1 꼼꼼 문제 분석

변위-위치 그래프에서 파장과 진폭을 구할 수 있고, 변위-시간 그래프에서 진폭, 주기, 진동수를 구할 수 있다.

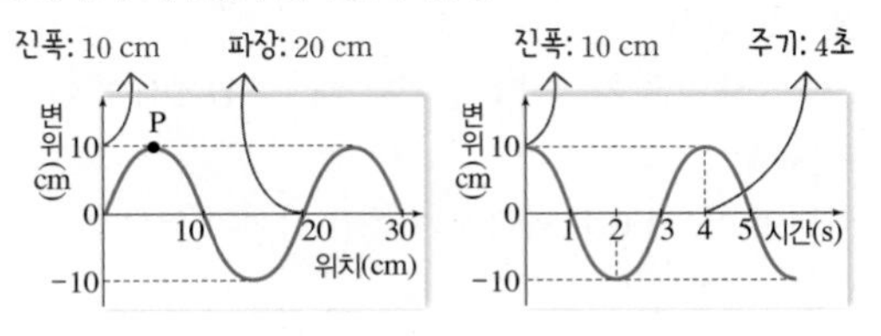

진폭은 진동 중심에서 마루 또는 골까지의 거리이므로 10 cm이다.

1-2 변위-위치의 그래프에서 파장은 마루에서 이웃한 마루까지의 거리 또는 골에서 이웃한 골까지의 거리이므로 20 cm이다.

1-3 변위-시간의 그래프에서 주기는 매질의 한 점이 1회 진동하는 데 걸리는 시간이므로 4초이다.

1-4 파동의 속력$=\frac{\text{파장}}{\text{주기}}=\frac{20\text{ cm}}{4\text{ s}}=5\text{ cm/s}$이다.

1-5 (1) 진동수는 주기의 역수이므로 $\frac{1}{4\text{ s}}=0.25\text{ Hz}$이다.
(2) 진동수가 0.25 Hz이므로, P점은 1초 동안 0.25회 진동한다.
(3) 주기가 4 s이므로, P점이 1회 진동하는 데 4초가 걸린다.
(4) 1초는 주기의 $\frac{1}{4}$에 해당하므로, 1초 후 P점의 변위는 0이다.
(5) 파장이 20 cm이므로 한 주기 동안 20 cm만큼 진행한다.
(6) 속력이 5 cm/s이므로 1초 동안 5 cm만큼 진행한다.

2-1 물의 깊이가 얕아지는 경계에서 물결파의 진행 방향이 변하면서 파장이 짧아진다. 물결파의 진동수는 일정하며, 속력=진동수×파장에서 진동수가 일정할 때 속력은 파장에 비례한다. 물결파의 파장이 깊은 물에서가 얕은 물에서보다 길므로, 물결파의 속력은 깊은 물에서가 얕은 물에서보다 빠르다.

2-2 파동의 진행 방향이 법선과 이루는 각을 비교해 보면 입사각이 굴절각보다 큰 것을 알 수 있다.

2-3 입사각은 입사파의 진행 방향과 법선이 이루는 각, 또는 입사파의 파면과 경계면이 이루는 각이다. 입사파의 파면과 경계면이 이루는 각이 60°이므로, 입사각은 60°이다.

2-4 깊은 물에 대한 얕은 물의 굴절률은 깊은 물과 얕은 물에서의 파장의 비와 같으므로, $\frac{\text{깊은 물에서의 파장}}{\text{얕은 물에서의 파장}}=\frac{3\text{ cm}}{\sqrt{3}\text{ cm}}=\sqrt{3}$이다.

2-5 (1) 이 물결파의 깊은 물에 대한 얕은 물의 굴절률이 $\sqrt{3}$이므로, $\frac{\sin 60°}{\sin r}=\sqrt{3}$에서 굴절각 $r=30°$이다.
(2) 얕은 물에서도 물결파의 진동수는 2 Hz로 일정하므로, 속력=진동수×파장$=2\text{ Hz}\times\sqrt{3}\text{ cm}=2\sqrt{3}\text{ cm/s}$이다.
(3) 물결파의 파장은 깊은 물에서가 얕은 물에서보다 길다.
(4) 물의 깊이가 달라져도 물결파의 진동수는 일정하므로, 물의 깊이가 얕아져도 물결파의 주기는 일정하다.

(5) 깊은 물에 대한 얕은 물의 굴절률은 깊은 물과 얕은 물에서의 속력의 비, 또는 파장의 비와 같으므로 $\frac{\text{깊은 물에서의 속력}}{\text{얕은 물에서의 속력}}=\frac{\text{깊은 물에서의 파장}}{\text{얕은 물에서의 파장}}$이다. 깊은 물에서 물결파의 속력과 파장이 더 크므로, 깊은 물에 대한 얕은 물의 굴절률은 1보다 크다.
(6) 입사각의 크기와 관계없이 깊은 물에 대한 얕은 물의 굴절률은 일정하다.

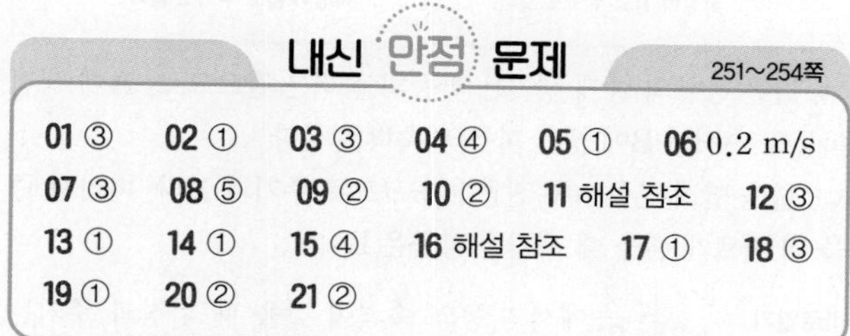

내신 만점 문제 251~254쪽

01 ③	02 ①	03 ③	04 ④	05 ①	06 0.2 m/s
07 ③	08 ⑤	09 ②	10 ②	11 해설 참조	12 ③
13 ①	14 ①	15 ④	16 해설 참조	17 ①	18 ③
19 ①	20 ②	21 ②			

01 ㄷ. 파동의 주기가 0.8초이므로 파장은 파동이 0.8초 동안 진행한 거리인 0.4 m이다. 따라서 파동의 속력$=\frac{\text{파장}}{\text{주기}}=\frac{0.4\text{ m}}{0.8\text{ s}}=0.5\text{ m/s}$이다.

바로알기 ㄱ. 파동의 진행 방향과 매질의 진동 방향이 수직이므로 이 파동은 횡파이다.
ㄴ. 진동수는 주기의 역수이므로 $\frac{1}{0.8\text{ s}}=1.25\text{ Hz}$이다.

02 꼼꼼 문제 분석

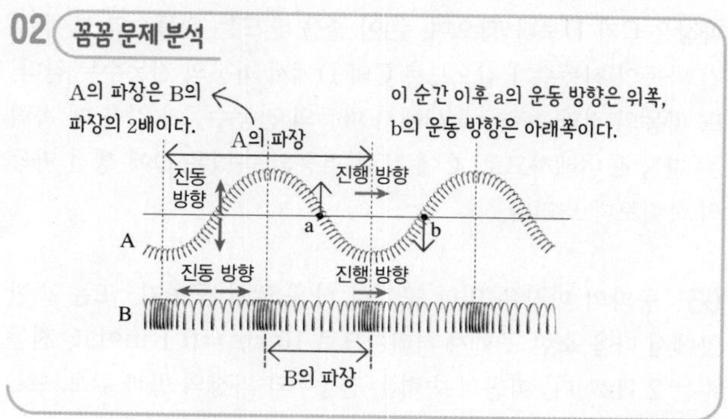

ㄱ. A 파동을 진행하는 방향으로 약간 이동시켜 그려보면 a의 운동 방향은 위쪽, b의 운동 방향은 아래쪽이다. (반파장 차가 나는 두 곳의 운동 방향은 서로 반대이다.)

바로알기 ㄴ. A와 같은 횡파의 파장은 이웃한 마루(골)와 마루(골) 사이의 거리이고, B와 같은 종파의 파장은 이웃한 밀한 지점 사이의 거리 또는 이웃한 소한 지점 사이의 거리이다. 따라서 A의 파장은 B의 파장의 2배이다.
ㄷ. 빛은 매질이 없어도 진행하며, 전기장과 자기장의 진동 방향이 전자기파의 진행 방향에 수직이므로 횡파이다. B는 용수철의 진동 방향과 파동의 진행 방향이 나란한 파동이므로 종파이다.

03 파동의 전파 속력 $v=f\lambda$이므로 340 m/s=680 Hz$\times\lambda$에서 파장 λ=0.5 m이다.

04 꼼꼼 문제 분석

종류가 같은 줄 A, B에서 파동의 속력은 같다. $v=\frac{\lambda}{T}$에서 파동의 속력이 같을 때 파장과 주기는 비례한다.

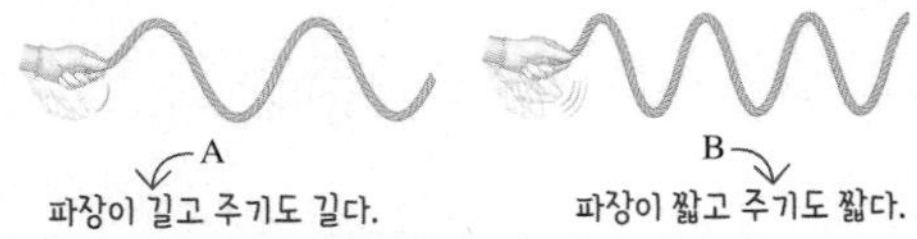

A
B
파장이 길고 주기도 길다.
파장이 짧고 주기도 짧다.

ㄱ. 같은 종류의 줄에 생기는 파동의 속력은 같으므로, A에 생긴 파동의 속력과 B에 생긴 파동의 속력은 같다.
ㄷ. 줄을 빨리 흔들수록 진동수가 크므로 주기가 짧다. 따라서 줄을 더 빠르게 흔들 때 생기는 파동은 B이다.

바로알기 ㄴ. $v=\frac{\lambda}{T}$에서 파동의 속력이 같을 때 파장과 주기는 비례하므로, A에 생긴 파동의 주기는 B에 생긴 파동의 주기보다 길다.

05 꼼꼼 문제 분석

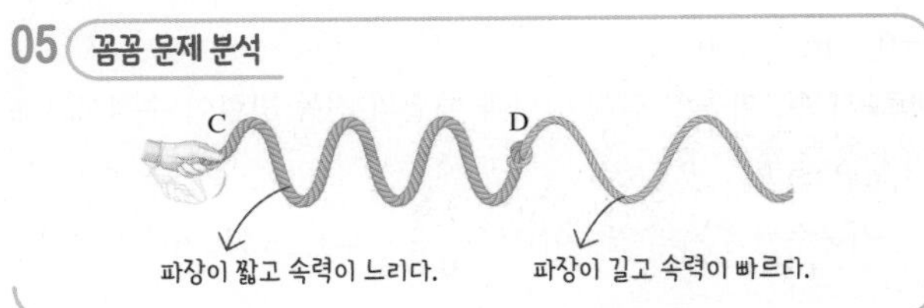

C
D
파장이 짧고 속력이 느리다.
파장이 길고 속력이 빠르다.

파장은 C가 D보다 짧으며, 손이 줄을 흔드는 진동수와 줄에 생긴 파동의 진동수가 같으므로 C와 D에서 파동의 진동수는 같다. 또 파동의 전파 속력 $v=f\lambda$에서 파동의 진동수 f가 같을 때 속력은 파장에 비례하므로, C에 생긴 파동의 속력은 D에 생긴 파동의 속력보다 느리다.

06 종파의 파장은 밀한 곳에서 다음 밀한 곳까지, 또는 소한 곳에서 다음 소한 곳까지 거리이므로 10 cm=0.1 m이고, 진동수는 2 Hz이다. 파동의 속력은 진동수와 파장의 곱과 같으므로, 속력=진동수×파장=2 Hz×0.1 m=0.2 m/s이다.

07 꼼꼼 문제 분석

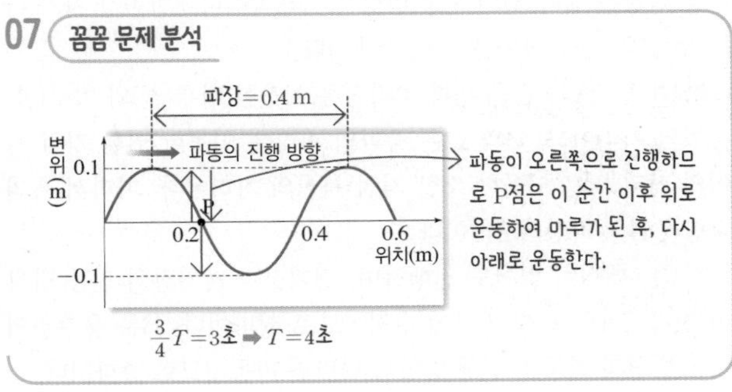

파장=0.4 m
변위(m)
0.1
−0.1
파동의 진행 방향
P
0.2
0.4
0.6
위치(m)
파동이 오른쪽으로 진행하므로 P점은 이 순간 이후 위로 운동하여 마루가 된 후, 다시 아래로 운동한다.
$\frac{3}{4}T$=3초 ➡ T=4초

ㄱ. 파장은 마루에서 이웃한 마루까지의 거리이므로 0.4 m이다.
ㄷ. 파장 λ가 0.4 m, 주기 T가 4초이므로, 파동의 속력 $v=\frac{\lambda}{T}$=0.1 m/s이다.

바로알기 ㄴ. 파동이 오른쪽으로 진행하므로 P점은 위로 운동한다. 따라서 P점의 변위는 1초 때 0.1 m, 2초 때 0, 3초 때 −0.1 m가 된다. 즉, 3초는 주기의 $\frac{3}{4}$에 해당하는 시간이므로 $\frac{3}{4}T$=3초에서 T=4초이다.

08 (가)에서 A, B에 생긴 파동의 파장의 비는 1 : 2이고, (나)에서 A, B에 생긴 파동의 주기의 비는 2 : 3이다. 파동의 속력은 파장을 주기로 나눈 값이므로, A, B에 생긴 파동의 속력의 비는 $\frac{1}{2}:\frac{2}{3}=3:4$이다.

09 ㄴ. 파장이 8 cm, 주기가 0.8초이므로, 파동의 속력$=\frac{파장}{주기}=\frac{8\text{ cm}}{0.8\text{ s}}$=10 cm/s이다. 또는 파동의 마루가 P에서 P′까지 2 cm 이동하는 데 걸린 시간이 0.2초이므로, 속력$=\frac{거리}{시간}=\frac{2\text{ cm}}{0.2\text{ s}}$=10 cm/s로 구할 수 있다.

바로알기 ㄱ. 파동의 마루가 P에서 P′까지 진행할 때 $\frac{1}{4}$파장이 이동한 것이다. 이때 걸린 시간이 0.2초이므로, 한 파장이 이동하는 데 걸리는 시간, 즉 주기는 0.8초이다.
ㄷ. 횡파의 진행 방향과 매질의 진동 방향은 수직이므로, P점의 매질의 운동 방향은 위아래 방향이다. 따라서 파동의 마루가 P에서 P′까지 진행할 때 P점의 매질은 마루의 위치에서 아래쪽 방향인 진동 중심 쪽으로 운동한다.

10 매질 1에 대한 매질 2의 굴절률은 두 매질에서의 파장의 비(매질 1과 매질 2에서 파장의 비)와 같으므로 $\frac{\lambda_1}{\lambda_2}$이다. 또한, $\frac{\sin i}{\sin r}=\frac{\lambda_1}{\lambda_2}$에서 $\lambda_1>\lambda_2$이므로 $i>r$이다. 따라서 이 파동이 매질 1에서 매질 2로 비스듬히 입사하는 경우 굴절각이 입사각보다 작다.

11 모범 답안 진공에 대한 매질 A의 굴절률은 진공에서 매질 A로 빛이 입사할 때 입사각과 굴절각의 사인값의 비와 같으므로 $\frac{\sin 45^\circ}{\sin 30^\circ}=\sqrt{2}$이다.

채점 기준	배점
굴절률을 풀이 과정과 함께 옳게 구한 경우	100 %
굴절률만 옳게 쓴 경우	50 %

12 ㄱ. 빛의 진동수는 매질이 달라져도 일정하므로 매질 A에서 빛의 진동수는 진공에서와 같다.

ㄴ. 진공에 대한 매질 A의 굴절률 $n=\dfrac{\sin45°}{\sin30°}=\dfrac{c}{v}=\sqrt{2}$이므로 $v=\dfrac{c}{\sqrt{2}}$이다. 따라서 매질 A에서 빛의 속력은 진공에서보다 $\dfrac{1}{\sqrt{2}}$배로 느려진다.

바로알기 ㄷ. 진공과 매질 A에서 빛의 파장이 각각 λ_1, λ_2이면 진공에 대한 매질 A의 굴절률 $n=\dfrac{\sin45°}{\sin30°}=\dfrac{\lambda_1}{\lambda_2}=\sqrt{2}$이므로 $\lambda_2=\dfrac{1}{\sqrt{2}}\lambda_1$이다. 따라서 빛의 파장은 매질 A에서가 진공에서보다 $\dfrac{1}{\sqrt{2}}$배로 짧다.

13 ㄱ. $\dfrac{\sin60°}{\sin30°}=\dfrac{v_{공기}}{v_1}$에서 $v_1=\dfrac{v_{공기}}{\sqrt{3}}$이고, $\dfrac{\sin30°}{\sin45°}=\dfrac{v_1}{v_2}$에서 $v_1=\dfrac{v_2}{\sqrt{2}}$이다. 따라서 $v_1 < v_2 < v_{공기}$이므로 빛의 속력은 매질 1< 매질 2<공기 순으로 빠르다.

바로알기 ㄴ. 굴절률은 빛의 속력이 가장 느린 매질 1에서 가장 크고, 빛의 속력이 가장 빠른 공기에서 가장 작다.

ㄷ. 빛이 매질 2에서 공기로 나올 때 굴절각을 θ라고 하면 $n_2\sin45°=n_{공기}\sin\theta$가 성립하므로 $\dfrac{n_2}{n_{공기}}=\dfrac{\sin\theta}{\sin45°}$이다. $\dfrac{n_2}{n_{공기}}=\dfrac{n_1}{n_{공기}}\times\dfrac{n_2}{n_1}=\dfrac{\sin60°}{\sin30°}\times\dfrac{\sin30°}{\sin45°}=\dfrac{\sin60°}{\sin45°}$이므로 빛이 매질 2에서 공기로 나올 때 굴절각 $\theta=60°$이다.

14 꼼꼼 문제 분석

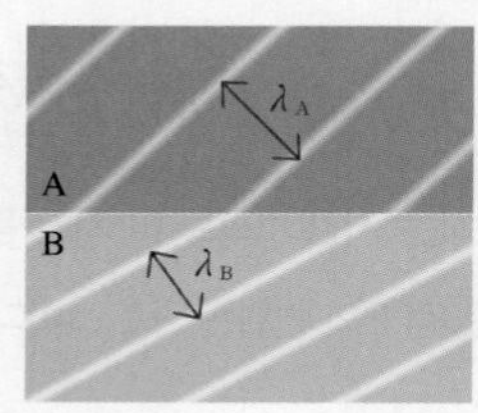

- 파장: $\lambda_A > \lambda_B$
- 파동의 속력: $v=f\lambda$에서 진동수 f가 일정할 때 속력 v와 파장 λ는 비례하므로 $v_A > v_B$이다.
- 물의 깊이: 깊이가 깊을수록 물결파의 속력이 빠르므로 A가 B보다 깊다.

② 물결파의 파장은 파면과 파면 사이의 거리로 알 수 있으므로, 파장은 A에서가 B에서보다 길다.

③ 파동의 전파 속력 $v=f\lambda$에서 진동수가 같을 때 속력은 파장에 비례하므로, 물결파의 속력은 파장이 긴 A에서가 파장이 짧은 B에서보다 빠르다.

④ 파동의 진행 방향을 파면에 수직이 되게 그려 보면, 입사각의 크기가 굴절각의 크기보다 큰 것을 알 수 있다.

⑤ 물의 깊이가 달라져도 물결파의 진동수가 일정하므로, 진동수의 역수인 주기도 변하지 않는다.

바로알기 ① 물의 깊이가 깊을수록 속력이 빠르므로, 물의 깊이는 A가 B보다 깊다.

15 꼼꼼 문제 분석

파동의 진행 방향과 파면은 수직이다. 따라서 파면과 매질의 경계면이 이루는 각이 입사각 또는 굴절각과 같다.

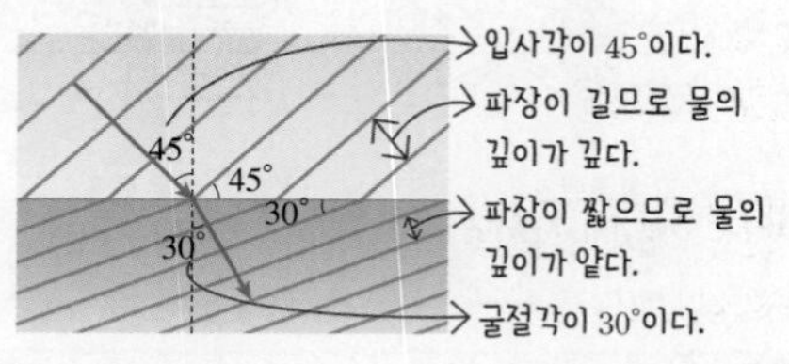

굴절 법칙에 의해 $\dfrac{\sin i}{\sin r}=\dfrac{v_1}{v_2}$의 식이 성립하므로 깊은 물과 얕은 물에서 물결파의 속력의 비는 입사각과 굴절각의 사인값의 비와 같다. 따라서 $\dfrac{\sin45°}{\sin30°}=\dfrac{v_1}{v_2}=\sqrt{2}$이다.

16 유리판을 넣어 물의 깊이가 얕아진 곳에서는 물결파의 속력이 느려진다. 파동의 전파 속력 $v=f\lambda$에서 물결파의 진동수가 일정할 때 속력과 파장은 비례하므로 물의 깊이가 얕아진 곳에서는 파장도 짧아진다.

모범 답안

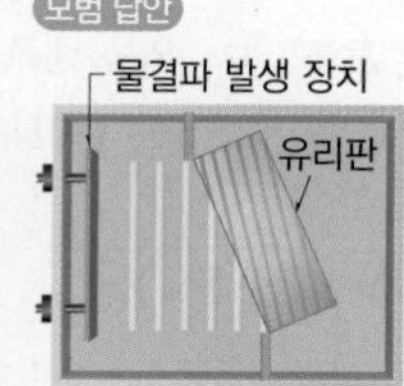

채점 기준	배점
물결파의 모습을 모범 답안과 같이 옳게 그린 경우	100 %
물결파의 파장은 옳게 그렸으나 진행 방향이 옳지 않은 경우	50 %

17 꼼꼼 문제 분석

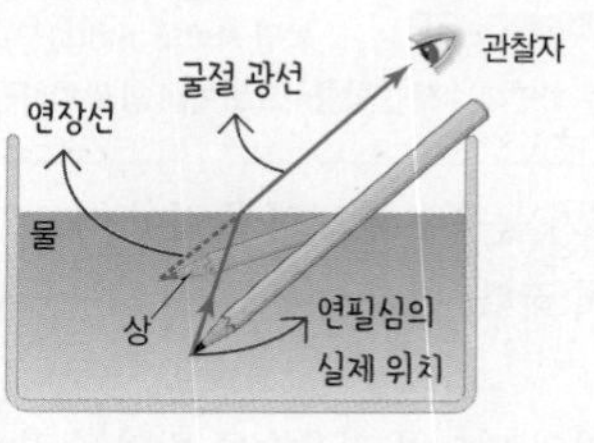

ㄱ. 공기의 굴절률이 물의 굴절률보다 작으므로, 빛이 물속에서 공기로 나올 때 속력이 빨라진다.

바로알기 ㄴ. 물에 일부분 잠긴 연필이 꺾여 보이는 것은 물에 잠긴 부분에서 반사된 빛이 물과 공기의 경계면에서 굴절하기 때문이다. 따라서 연필심에서 반사하는 빛은 굴절하여 눈에 들어온다.

ㄷ. 연필심에서 반사하는 빛이 굴절하여 눈에 들어올 때 물 밖에서 연필을 관찰하는 사람은 굴절 광선의 연장선상에 연필이 있는 것으로 인식하므로 연필이 잠긴 부분은 실제 위치보다 위쪽에 떠 보이게 된다. 따라서 연필심의 실제 깊이는 눈에 보이는 것보다 아래쪽에 있다.

18 꼼꼼 문제 분석

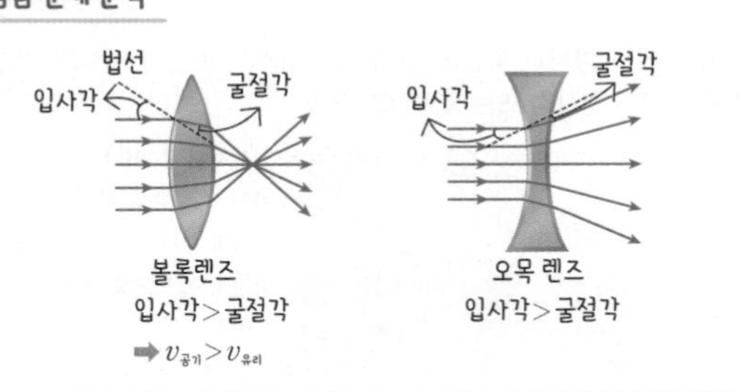

➡ $v_{공기}>v_{유리}$

ㄱ. 공기와 렌즈의 경계면에 법선을 그어 입사각과 굴절각의 크기를 비교하면 입사각이 굴절각보다 크다. 법선과 이루는 각이 작을수록 빛의 속력이 느리므로, 빛의 속력은 유리에서가 공기에서보다 느리다.

ㄴ. 관찰자는 굴절 광선의 연장선상에 물체가 있는 것으로 인식하므로, 볼록 렌즈를 책에 가까이 대고 보면 굴절 광선의 연장선상에 글자가 확대되어 크게 보인다.

바로알기 ㄷ. 오목 렌즈의 경우에도 빛이 공기에서 유리로 입사할 때 입사각이 굴절각보다 크다.

19 꼼꼼 문제 분석

더운 여름날 아스팔트 도로에 물웅덩이가 있는 것처럼 보이는 까닭은 가열된 공기층을 지나는 빛의 속력이 달라져서 연속적으로 굴절하기 때문이다.

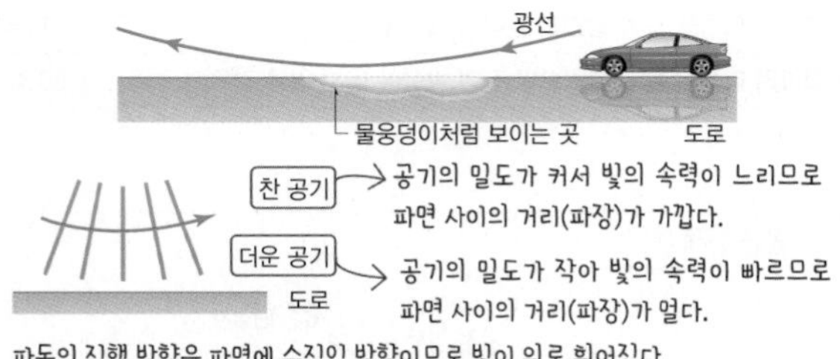

광선
물웅덩이처럼 보이는 곳
도로
찬 공기
공기의 밀도가 커서 빛의 속력이 느리므로 파면 사이의 거리(파장)가 가깝다.
더운 공기
공기의 밀도가 작아 빛의 속력이 빠르므로 파면 사이의 거리(파장)가 멀다.
도로

파동의 진행 방향은 파면에 수직인 방향이므로 빛이 위로 휘어진다.

ㄱ. 공기의 온도가 높을수록 빛의 속력이 빠르고, 빛의 속력이 빠를수록 굴절률이 작다. 따라서 온도가 높은 공기일수록 굴절률이 작다.

바로알기 ㄴ. 공기의 밀도가 작을수록 빛의 속력은 빠르다.

ㄷ. 도로면에 가까울수록 공기의 온도가 높아서 밀도가 작으므로 빛의 속력은 빠르다.

20 ①, ⑤ 신기루나 아지랑이가 나타나는 현상은 빛이 밀도가 불균일한 공기를 지나며 굴절하기 때문이다.

③ 물이 담긴 컵 속의 빨대가 꺾여 보이는 현상은 빛이 물에서 공기로 나올 때 굴절하기 때문이다.

④ 소리가 낮보다 밤에 더 멀리까지 퍼지는 현상은 공기의 온도에 따라 소리의 속력이 달라 굴절하기 때문이다.

바로알기 ② 호수의 물에 주변 경치가 비쳐 보이는 것은 빛의 반사에 의한 현상이다.

21 빛이나 소리가 연속적으로 굴절할 때는 빛이나 소리의 속력이 느려지는 쪽으로 굴절한다.

ㄷ. 지면에 가까울수록 소리의 속력은 느리므로, 공기의 온도는 지면에 가까울수록 낮다.

바로알기 ㄱ, ㄴ. 지면에 가까울수록 공기의 온도가 낮아 소리의 속력이 느려지므로, 소리가 지면을 향해 굴절하는 현상은 밤에 나타난다.

실력 UP 문제 255쪽

01 -1 m **02** ② **03** ⑤ **04** ③ **05** ③

01 꼼꼼 문제 분석

위치가 7 m인 곳이 마루가 되며, 위치가 5 m인 곳은 골이 된다.

파동이 오른쪽으로 진행하는 동안 P의 위치에 있던 마루는 오른쪽으로 진행하지만, P점의 매질은 아래 방향으로 이동한다. P의 위치에 있던 마루가 2초 동안 오른쪽으로 진행한 거리를 구하면, 거리=속력×시간=1 m/s×2 s=2 m이므로 위치가 7 m인 곳이 마루가 되고, 위치가 5 m인 곳은 골이 된다. 즉, 2초 동안 P점의 매질은 아래로 운동하여 골이 되므로, 2초 후 점 P의 변위는 -1 m이다.

다른 풀이 파동의 파장 $\lambda=4$ m, 속력 $v=1$ m/s이므로, 주기 $T=\frac{\lambda}{v}=\frac{4\text{ m}}{1\text{ m/s}}=4$초이다. 2초는 $\frac{T}{2}$에 해당하는 시간이므로, 이 시간 동안 파동의 마루는 골이 된다. 따라서 2초 후 점 P의 변위는 -1 m이다.

02 꼼꼼 문제 분석

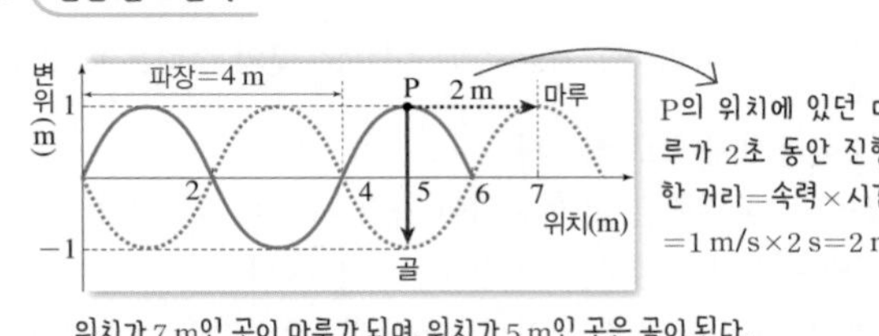

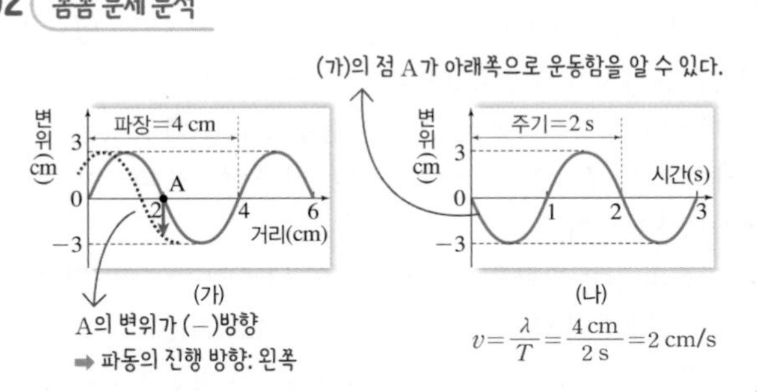

(가)의 점 A가 아래쪽으로 운동함을 알 수 있다.

ㄴ. (가)에서 파장 $\lambda=4$ cm이고, (나)에서 주기 $T=2$초인 것을 알 수 있으므로, 이 파동의 속력 $v=\frac{\lambda}{T}=\frac{4\text{ cm}}{2\text{ s}}=2$ cm/s이다.

바로알기 ㄱ. (나)의 그래프에서 0~1초 동안 A의 변위가 (−)방향이다. (가)의 그래프에서 파동이 왼쪽 방향으로 진행할 때 A의 변위가 (−)방향이 되므로, 파동의 진행 방향은 왼쪽이다.

ㄷ. 이 파동의 주기 $T=2$초이므로, 1초는 $\frac{T}{2}$에 해당하는 시간이다. 주기 T 동안 매질은 한 번 진동하지만, $\frac{T}{2}$ 동안에는 평형점 → 마루 → 평형점으로 운동한다. 따라서 $x=4$ cm인 지점의 1초 후의 변위는 0이다.

다른 풀이 (나)에서 변위=0인 지점이 1초 후에 다시 변위가 0이 되는 것을 알 수 있다. $x=4$ cm인 지점의 변위가 0이므로, 이 지점의 1초 후 변위는 0이 된다.

03 꼼꼼 문제 분석

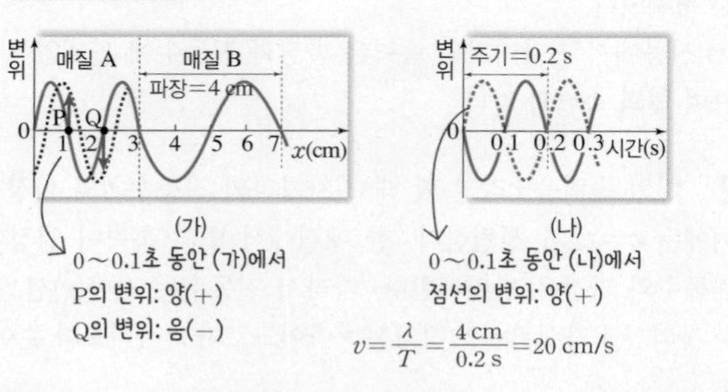

$v=\frac{\lambda}{T}=\frac{4\text{ cm}}{0.2\text{ s}}=20$ cm/s

ㄴ. 한 파동의 진동수는 매질의 종류에 관계없이 일정하므로, 매질 A와 매질 B에서 진행하는 파동의 진동수는 일정하다. 주기는 진동수의 역수이므로, A와 B에서 파동의 주기도 같다.

ㄷ. 매질 B에서 진행하는 파동의 파장 $\lambda=4$ cm이다. (나)에서 이 파동의 주기 $T=0.2$초인 것을 알 수 있으므로, 이 파동의 속력 $v=\frac{\lambda}{T}=\frac{4\text{ cm}}{0.2\text{ s}}=20$ cm/s이다.

바로알기 ㄱ. A에서 파동이 $+x$ 방향으로 진행할 때 (가) 순간 이후 P는 위 방향으로 운동하므로 0.1초 동안 P의 변위는 양(+)의 값이고, Q는 아래 방향으로 운동하므로 0.1초 동안 Q의 변위는 음(−)의 값이다. 따라서 (나)에서 점선은 P의 변위를 시간에 따라 나타낸 것이다.

04 꼼꼼 문제 분석

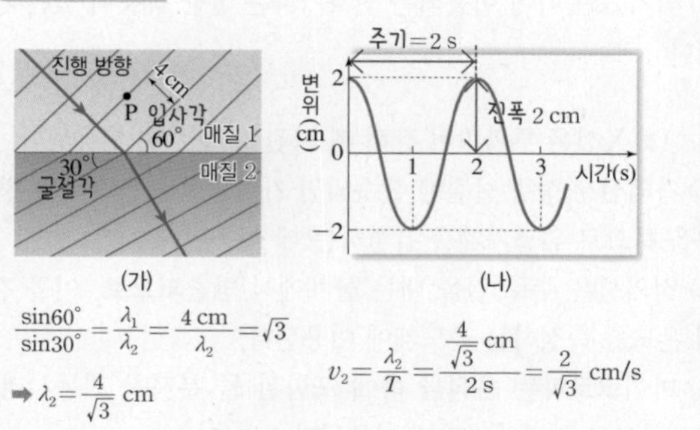

$\frac{\sin60^\circ}{\sin30^\circ}=\frac{\lambda_1}{\lambda_2}=\frac{4\text{ cm}}{\lambda_2}=\sqrt{3}$ ➡ $\lambda_2=\frac{4}{\sqrt{3}}$ cm

$v_2=\frac{\lambda_2}{T}=\frac{\frac{4}{\sqrt{3}}\text{ cm}}{2\text{ s}}=\frac{2}{\sqrt{3}}$ cm/s

ㄱ. 진폭은 진동 중심에서 마루 또는 골까지 거리이므로 2 cm이다.

ㄷ. 입사파의 파면과 경계면 사이의 각은 입사각, 굴절파의 파면과 경계면 사이의 각은 굴절각이므로, 입사각은 60°이고 굴절각은 30°이다.

$\frac{\sin60^\circ}{\sin30^\circ}=\frac{\lambda_1}{\lambda_2}=\frac{4\text{ cm}}{\lambda_2}=\sqrt{3}$이므로 매질 2에서 물결파의 파장 $\lambda_2=\frac{4}{\sqrt{3}}$ cm이다. 따라서 매질 2에서 물결파의 속력 $v_2=\frac{\lambda_2}{T}$ $=\frac{\frac{4}{\sqrt{3}}\text{ cm}}{2\text{ s}}=\frac{2}{\sqrt{3}}$ cm/s이다.

바로알기 ㄴ. 매질 1과 2에서 물결파의 주기가 같으므로, 매질 2에서 물결파의 주기는 2초이다.

05 꼼꼼 문제 분석

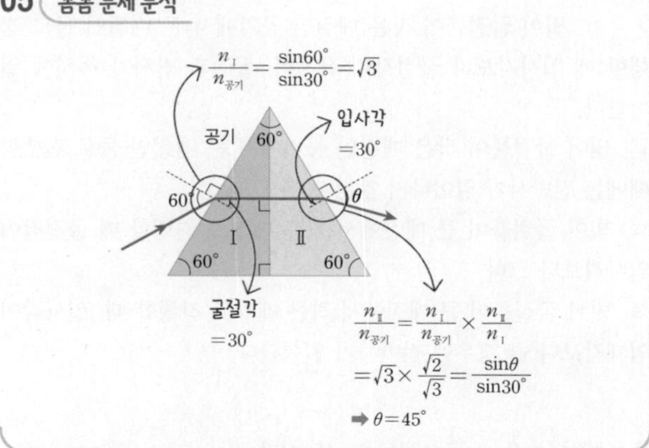

ㄱ. 단색광이 공기에서 매질 Ⅰ로 진행할 때 입사각은 60°, 굴절각은 30°이다. 굴절 법칙에 의해 $n_{공기}\sin60^\circ=n_{Ⅰ}\sin30^\circ$이므로, 공기에 대한 매질 Ⅰ의 굴절률 $\frac{n_{Ⅰ}}{n_{공기}}=\frac{\sin60^\circ}{\sin30^\circ}=\sqrt{3}$이다.

ㄴ. 빛이 매질 Ⅱ에서 공기로 입사할 때 $n_{Ⅱ}\sin30^\circ=n_{공기}\sin\theta$가 성립하므로 $\frac{n_{Ⅱ}}{n_{공기}}=\frac{\sin\theta}{\sin30^\circ}$이다. 매질 Ⅰ에 대한 매질 Ⅱ의 굴절률 $\frac{n_{Ⅱ}}{n_{Ⅰ}}=\frac{\sqrt{2}}{\sqrt{3}}$이므로, $\frac{n_{Ⅱ}}{n_{공기}}=\frac{n_{Ⅰ}}{n_{공기}}\times\frac{n_{Ⅱ}}{n_{Ⅰ}}=\sqrt{3}\times\frac{\sqrt{2}}{\sqrt{3}}=\frac{\sin\theta}{\sin30^\circ}$이다. 따라서 $\sin\theta=\frac{\sqrt{2}}{2}$이므로 $\theta=45^\circ$이다.

바로알기 ㄷ. 공기에 대한 매질 Ⅰ과 Ⅱ의 굴절률은 각각 $\frac{\sin60^\circ}{\sin30^\circ}=\sqrt{3}$, $\frac{\sin45^\circ}{\sin30^\circ}=\sqrt{2}$이다. 굴절률이 큰 매질일수록 빛의 파장이 짧으므로, 빛의 파장은 Ⅰ에서가 Ⅱ에서보다 짧다.

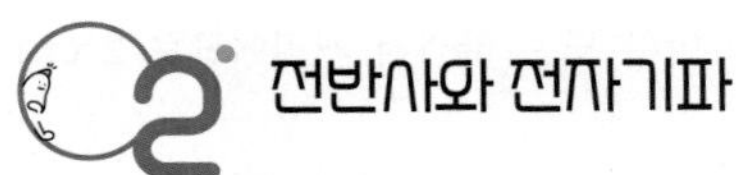

개념 확인 문제

259쪽

❶ 전반사 ❷ 느린 ❸ 빠른 ❹ 큰 ❺ 임계각 ❻ $\frac{1}{n}$ ❼ 광섬유 ❽ 클래딩 ❾ > ❿ 전반사 ⓫ 광통신

1 (1) × (2) ○ (3) × **2** ㄱ, ㄹ **3** 45° **4** (1) × (2) ○ (3) ○ **5** ㉠ 작은, ㉡ 큰, ㉢ 전반사 **6** (1) ㉢ (2) ㉠ (3) ㉡

1 일반적으로 빛이 다른 매질의 경계면을 통과할 때 일부는 굴절하고 일부는 반사하는데, 빛이 굴절하지 않고 전부 반사하는 현상을 전반사라고 한다.
(1) 전반사는 굴절률이 큰 매질에서 작은 매질로 빛이 입사할 때 일어날 수 있다.
(2) 굴절각이 90°가 될 때의 입사각을 임계각이라고 한다.
(3) 입사각이 임계각보다 커야 전반사가 일어날 수 있다.

2 ㄱ. 빛이 굴절률이 작은 매질인 공기에서 큰 매질인 물로 진행할 때 입사각보다 굴절각이 작으며, 굴절과 반사가 동시에 일어난다.
ㄴ. 빛이 굴절률이 작은 매질인 공기에서 큰 매질인 물로 진행할 때에는 전반사가 일어나지 않는다.
ㄷ. 빛이 굴절률이 큰 매질에서 작은 매질로 진행할 때 굴절각이 입사각보다 크다.
ㄹ. 빛이 굴절률이 큰 매질에서 작은 매질로 진행할 때, 입사각이 임계각보다 클 경우에 전반사가 일어난다.

3 $\sin i_c = \frac{1}{n} = \frac{1}{\sqrt{2}}$에서 $i_c = 45°$이다.

4 (1) 굴절각은 90°이다.
(2) 반사 법칙에 따라 반사각은 입사각과 같은 30°이다.
(3) 입사각 45°는 임계각보다 크므로 전반사가 일어난다.

5 광섬유는 굴절률이 작은 클래딩이 굴절률이 큰 코어 부분을 감싸고 있는 구조이다. 광섬유의 코어에 입사한 빛은 코어와 클래딩의 경계면에서 전반사하며 코어를 따라 진행한다.

6 (1) 송신기는 신호를 보내는 장치로, 전기 신호를 빛 신호로 변환시킨다.
(2) 광섬유는 빛의 전반사에 의해 빛 신호를 전송한다.
(3) 수신기는 정보를 수신하는 장치로, 빛 신호가 광센서에서 전기 신호로 변환된다.

개념 확인 문제

263쪽

❶ 전자기파 ❷ 빛 ❸ 적외선 ❹ 자외선 ❺ 적외선 ❻ 자외선 ❼ 마이크로파 ❽ 라디오파 ❾ X선 ❿ 감마(γ)선

1 (1) ○ (2) × (3) ○ (4) × **2** 감마(γ)선-X선-자외선-가시광선-적외선-마이크로파-라디오파 **3** 가시광선 **4** (1) × (2) × (3) ○ **5** (1) 적외선 (2) 전파(라디오파) (3) 자외선 **6** (1) ㉠ (2) ㉣ (3) ㉡ (4) ㉢ (5) ㉤

1 (1), (3) 전자기파는 매질 없이도 전기장과 자기장이 진동하며 진행하는 파동이다.
(2) 전자기파는 전기장과 자기장의 진동 방향과 진행 방향이 수직인 횡파이다.
(4) 진공에서 전자기파의 속력은 파장과 진동수에 관계없이 일정하며 빛의 속력과 같다.

2 빛의 속력을 c라고 할 때 전자기파의 진동수 f와 파장 λ 사이에는 $c=f\lambda$가 성립한다. 한 매질에서 빛의 속력이 일정할 때 진동수와 파장은 반비례한다. 따라서 진동수는 감마(γ)선>X선>자외선>가시광선>적외선>마이크로파>라디오파 순이다.

3 전자기파 중 사람이 맨눈으로 감지할 수 있는 것은 가시광선이다.

4 (1) 적외선은 햇빛의 스펙트럼에서 빨간색 바깥쪽에 나타나는 전자기파이다.
(2) 물체에 흡수되어 온도를 높이는 열작용을 하는 전자기파는 적외선이다.
(3) 자외선에 오래 노출되면 피부가 그을려 탈 수 있다.

5 (1) 열화상 카메라는 물체에서 방출되는 적외선을 감지하여 온도에 따라 각각 다른 색을 보여주므로, 열화상 카메라에 이용되는 전자기파는 적외선이다.
(2) 라디오의 방송에 이용되는 전자기파는 라디오파로, 보통 라디오파를 전파라고 한다.
(3) 식기 소독기에 이용되는 전자기파는 살균 작용이 있는 자외선이다.

6 (1) X선은 투과력이 강해 뼈 사진을 찍는 데 이용된다.
(2) 자외선은 형광 물질에 흡수되면 가시광선을 방출하는 형광 작용을 하므로 위조지폐를 감별하는 데 이용된다.
(3) 적외선은 주로 열을 내는 물체에서 방출되므로, 이를 감지하여 온도를 측정하는 온도계에 이용된다.
(4) 마이크로파는 음식물 속에 포함된 물 분자를 진동시켜 열을 발생하므로 전자레인지에 이용된다.

(5) 감마(γ)선은 투과력이 매우 강하고 큰 에너지를 가지고 있어 암세포를 파괴하여 암을 치료할 수 있다.

대표 자료 분석 264~265쪽

자료 ❶ 1 (1) 임계각 (2) $\frac{1}{n_1}$ (3) $\frac{n_2}{n_1}$ 2 유리>물>공기
3 (1) ○ (2) × (3) ○ (4) × (5) ○

자료 ❷ 1 (1) 작 (2) 크 (3) 없 2 (1) 크다 (2) 느리다 (3) 없다
3 (1) ○ (2) × (3) ○ (4) ○ (5) ×

자료 ❸ 1 (1) 수직 (2) 자기장 (3) $+z$ (4) 길 2 (1) 횡파 (2) 반비례 (3) 클수록 3 (1) × (2) ○ (3) ×

자료 ❹ 1 A: 자외선, B: 적외선 2 자외선 3 X선
4 (1) × (2) × (3) ○ (4) × (5) ○

1-1 (1) 굴절각이 90°일 때의 입사각을 임계각이라고 한다.
(2) 빛이 굴절률이 n_1인 유리에서 굴절률이 1인 공기로 진행할 때, 입사각이 임계각 θ_1일 경우 굴절각이 90°이므로 임계각 θ_1은 굴절 법칙에 따라 $\frac{\sin\theta_1}{\sin 90^\circ}=\frac{n_{공기}}{n_{유리}}=\frac{1}{n_1}$에서 $\sin\theta_1=\frac{1}{n_1}$이다.
(3) 빛이 굴절률이 n_1인 유리에서 굴절률이 n_2인 물로 진행할 때의 임계각이 θ이면 $\frac{\sin\theta}{\sin 90^\circ}=\frac{n_{물}}{n_{유리}}=\frac{n_2}{n_1}$이므로 $\sin\theta=\frac{n_2}{n_1}$이다.

1-2 빛이 굴절률이 큰 매질에서 작은 매질로 진행할 때 전반사가 일어날 수 있으므로, 굴절률은 (가)에서 유리>공기, (나)에서 물>공기이다. 또 굴절률이 클수록 임계각이 작으므로, $\theta_1<\theta_2$이면 굴절률은 유리가 물보다 크다.

1-3 (1) 입사각이 임계각보다 클 때 전반사가 일어나므로, (가)에서 입사각이 θ_1보다 클 때 전반사가 일어난다.
(2) 전반사는 빛이 굴절률이 큰 매질에서 작은 매질로 진행할 때 일어날 수 있으므로, (나)에서 빛이 굴절률이 작은 공기에서 굴절률이 큰 물로 진행할 때는 전반사가 일어날 수 없다.
(3) 전반사의 임계각이 θ이면 $\sin\theta=\frac{n_2}{n_1}$ $(n_1>n_2)$이다. 따라서 두 매질의 굴절률 n_1, n_2의 차가 클수록 임계각 θ의 크기는 작다.
(4) 전반사는 빛의 속력이 느린 매질에서 빠른 매질로 진행할 때 일어날 수 있다.
(5) 반사 법칙에 따라 입사각과 반사각의 크기가 같다. (가)에서 입사각이 θ_1이므로 반사각도 θ_1이다.

2-1 (1) 입사각>임계각일 때 전반사가 일어나므로, A와 C 사이의 임계각은 θ보다 작다.
(2) A와 B의 경계면에서 전반사가 일어나지 않으므로 $\theta<$ 임계각이다. 임계각이 작을수록 두 매질의 굴절률 차가 크므로, 굴절률 차는 A와 C 사이가 A와 B 사이보다 크다. 따라서 굴절률은 C<B<A이므로, 굴절률은 B가 C보다 크다.
(3) 코어의 굴절률이 클래딩의 굴절률보다 커야 하므로, B를 코어로 사용한 광섬유에 굴절률이 더 큰 A를 클래딩으로 사용할 수 없다.

2-2 (1) 코어로 입사한 빛이 전반사하며 광섬유를 따라 진행하려면, 코어의 굴절률이 클래딩의 굴절률보다 커야 한다.
(2) 굴절률은 코어가 클래딩보다 크고 굴절률이 클수록 빛의 속력이 느리므로, 빛의 속력은 코어에서가 클래딩에서보다 느리다.
(3) 광섬유는 끊어지면 쉽게 다시 연결하여 사용할 수 없다.

2-3 (1) P가 A에서 B로 입사할 때 입사각이 굴절각보다 작다. 법선과 이루는 각이 작을수록 빛의 속력이 느리므로, P의 속력은 A에서가 B에서보다 느리다.
(2) P가 A에서 B로 입사할 때 입사각이 굴절각보다 작다. 법선과 이루는 각이 작을수록 빛의 파장이 짧으므로, P의 파장은 A에서가 B에서보다 짧다.
(3) P가 A에서 C로 입사할 때 전반사가 일어나므로, 굴절률은 A가 C보다 크다. 코어의 굴절률이 클래딩의 굴절률보다 커야 하므로, A를 코어로 사용해야 한다.
(4) 빛은 외부 전자기파의 영향을 받지 않으므로, 광통신은 외부 전자기파에 의한 간섭이 없고 도청이 어렵다.
(5) 구리 도선을 따라 전류가 흐를 때는 열이 발생하여 에너지 손실이 생기지만, 광섬유를 따라 빛이 전반사하며 진행할 때는 빛의 세기가 거의 약해지지 않는다. 따라서 광섬유를 이용한 광통신은 구리 도선을 이용한 통신보다 에너지 손실이 적다.

3-1 (1), (2) 전자기파는 전기장과 자기장의 진동 방향이 전자기파의 진행 방향과 수직인 파동이다. 따라서 ㉠은 자기장이다.
(3) 전자기파는 진행 방향이 전기장과 자기장의 진동 방향에 각각 수직이며, 전기장의 방향에서 자기장의 방향으로 오른나사를 돌릴 때 오른나사의 진행 방향이 전자기파의 진행 방향이므로 $+z$ 방향이다.
(4) ㉡은 전자기파의 파장으로, 파장이 길수록 전자기파의 에너지가 작다.

3-2 (1) 전자기파는 전기장과 자기장의 진동 방향이 진행 방향과 수직인 횡파이다.
(2) 빛의 속력을 c라고 할 때 전자기파의 진동수 f와 파장 λ 사이에는 $c=f\lambda$가 성립한다. 한 매질에서 빛의 속력이 일정할 때 진동수와 파장은 반비례한다.
(3) 전자기파의 에너지는 진동수가 클수록 크다.

3-3 (1) 전자기파는 매질이 없어도 전파되는 파동이며, 전기장과 자기장의 진동으로 전파된다.
(2) 진공에서 전자기파의 속력은 파장에 관계없이 빛의 속력과 같다.
(3) 전자기파의 속력은 진공에서는 빛의 속력과 같지만, 진공이 아닌 매질에서는 온도나 밀도 등의 매질의 상태에 따라 속력이 변한다.

4-1 가시광선보다 파장이 짧은 A는 자외선이고, 가시광선보다 파장이 긴 B는 적외선이다.

4-2 미생물을 파괴할 수 있는 살균 기능과 형광 물질에 흡수되면 가시광선을 방출하는 형광 작용은 자외선이 가지는 성질이다.

4-3 투과력이 강해 물체의 내부나 인체 내부의 모습을 알아보는 데 이용되는 전자기파는 X선이다.

4-4 (1) 체온 측정을 위한 열화상 카메라에 사용되는 전자기파는 B(적외선)이다.
(2) 살균 작용이 있어 식기 소독기에 사용되는 전자기파는 A(자외선)이다.
(3) 가시광선은 파장에 따라 다른 색으로 보인다. 파장이 가장 긴 가시광선은 빨간색으로 보이고, 파장이 가장 짧은 가시광선은 보라색으로 보인다.
(4) 전자기파 중 진동수가 가장 큰 것은 감마(γ)선이며, 전파는 진동수가 가장 작다.
(5) 감마(γ)선은 전자기파 중에서 에너지가 가장 커서 암세포를 파괴하는 데 이용된다.

내신 만점 문제 266~268쪽

01 ④	02 ④	03 해설 참조	04 $\sqrt{3}$	05 ④	06 ①
07 ③	08 ⑤	09 ③	10 ④	11 해설 참조	12 ⑤
13 ②	14 회절	15 ①	16 ②		

01 ㄱ. 전반사는 빛의 속력이 느린 매질(굴절률이 큰 매질)에서 빛의 속력이 빠른 매질(굴절률이 작은 매질)로 빛이 진행할 때 일어날 수 있다.
ㄷ. 빛이 매질에서 굴절률이 1인 공기로 진행할 때, 전반사의 임계각 i_c와 매질의 굴절률 n은 $\sin i_c = \frac{1}{n}$의 관계가 있으므로 굴절률이 클수록 임계각이 작다.

바로알기 ㄴ. 임계각은 굴절각이 90°일 때의 입사각이다.

02 꼼꼼 문제 분석

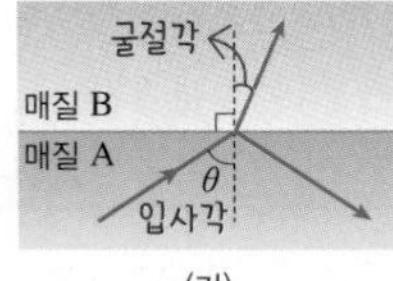

(가)
입사각>굴절각
➡ 빛의 파장: 매질 A>매질 B
➡ 굴절률: 매질 A<매질 B

매질 C
매질 A
θ

(나)
전반사가 일어남
➡ 입사각>임계각
➡ θ>임계각
➡ 굴절률: 매질 C<매질 A

① (가)에서 입사각이 굴절각보다 크다. 법선과 이루는 각이 클수록 빛의 파장이 길므로, 단색광의 파장은 A에서가 B에서보다 길다.
② 빛이 굴절할 때 법선과 이루는 각이 큰 매질일수록 굴절률이 작으므로 (가)에서 굴절률은 A가 B보다 작다. 굴절률이 작은 매질에서 큰 매질로 빛이 입사할 때 전반사가 일어나지 않으므로, (가)에서 입사각의 크기를 증가시켜도 전반사가 일어나지 않는다.
③ 전반사는 입사각이 임계각보다 클 때 일어나므로, (나)에서 입사각 θ는 임계각보다 크다. 즉, 임계각은 θ보다 작다.
⑤ 굴절률이 작을수록 빛의 속력이 빠르다. 굴절률의 크기는 C<A<B이므로, 빛의 속력은 C에서 가장 빠르다.
바로알기 ④ 굴절률은 (가)에서 A<B이고 (나)에서 C<A이므로, 굴절률은 B가 C보다 크다.

03 빛이 한 매질에서 다른 매질로 진행할 때 보통은 경계면에서 굴절과 반사가 동시에 일어난다. 그러나 빛이 굴절률이 큰(속력이 느린) 매질에서 굴절률이 작은(속력이 빠른) 매질로 진행할 때, 입사각이 임계각보다 클 경우에는 굴절하지 않고 전부 반사하는 현상이 일어나는데, 이를 전반사라고 한다.

모범 답안 전반사는 빛이 서로 다른 매질의 경계면에서 굴절하지 않고 전부 반사하는 현상으로, 굴절률이 큰(속력이 느린) 매질에서 굴절률이 작은(속력이 빠른) 매질로 진행할 때, 입사각이 임계각보다 클 경우에 일어난다.

채점 기준	배점
전반사의 정의와 전반사의 조건을 모두 옳게 서술한 경우	100 %
전반사의 정의를 옳게 서술하고, 전반사의 조건 두 가지 중 한 가지만 옳게 서술한 경우	50 %
전반사의 정의와 전반사의 조건 중 한 가지만 옳게 서술한 경우	30 %

04 빛이 굴절률이 n_A인 A에서 굴절률이 n_B인 B로 진행할 때의 임계각의 사인값 $\sin i_c = \frac{n_B}{n_A}$이다. 따라서 $\sin 60° = \frac{n_B}{n_A} = \frac{n_B}{2}$에서 B의 굴절률 $n_B = \sqrt{3}$이다.

05 ㄴ. 현재 조건에서 60°가 임계각이므로, 입사각 60°에서 전반사가 일어나려면 임계각의 크기가 작아지도록 굴절률이 다른 매질로 바꾸어야 한다. 빛이 굴절률이 n_A인 A에서 굴절률이 n_B인 B로 진행할 때의 관계식 $\sin i_c = \frac{n_B}{n_A}$에서 n_B가 작을수록 임계각은 작아진다. 따라서 B를 굴절률이 더 작은 물질로 바꾸면 임계각의 크기가 작아져 입사각 60°에서 전반사가 일어난다.
ㄷ. 현재 60°가 임계각이므로 입사각을 60°보다 크게 하면 전반사가 일어난다.

바로알기 ㄱ. $\sin i_c = \frac{n_B}{n_A}$에서 n_A가 클수록 임계각은 작아지므로, A를 굴절률이 큰 물질로 바꾸면 임계각의 크기가 작아져 입사각 60°에서 전반사가 일어난다.

06 ㄴ. 전반사는 굴절률이 큰 매질에서 작은 매질로 빛이 입사할 때 일어난다. P가 A와 B의 경계면에서 전반사하므로, 굴절률은 B<A이다. 굴절률은 B가 C보다 크므로, 굴절률의 크기는 C<B<A이다. 굴절률이 클수록 빛의 속력이 느리므로, 매질에서의 P의 속력은 A<B<C 순이다.

바로알기 ㄱ. 전반사할 때 입사광과 반사광의 세기가 같으므로, P는 A와 B의 경계면에서 전반사할 때 세기가 감소하지 않는다.
ㄷ. C의 굴절률이 전반사가 일어나는 B의 굴절률보다 작으므로, P가 A에서 C로 입사할 때 굴절하지 않고 전반사한다.

07 ㄱ. 두 매질의 굴절률 차가 클수록 임계각이 작다. 굴절각을 r, 원의 반지름을 R라고 할 때 공기에 대한 매질의 굴절률은 $\frac{\sin i}{\sin r} = \frac{\frac{\overline{PQ}}{R}}{\frac{\overline{RS}}{R}} = \frac{\overline{PQ}}{\overline{RS}}$이다. $\frac{\overline{PQ}}{\overline{RS}}$값이 A가 B보다 작으므로, 굴절률은 A가 B보다 작다. 따라서 임계각은 P가 A에서 공기로 입사할 때가 B에서 공기로 입사할 때보다 크다.
ㄴ. 반원형 모양의 매질을 사용하면 점 S에서 빛이 매질과 공기의 경계면에 수직으로 입사하므로 빛의 진행 방향이 꺾이지 않는다.

바로알기 ㄷ. 전반사는 굴절률이 큰 매질에서 작은 매질로 빛이 입사할 때 일어날 수 있다. 굴절률은 A가 B보다 작으므로, 빛이 A에서 B로 진행할 때 전반사가 일어나지 않는다.

08 꼼꼼 문제 분석

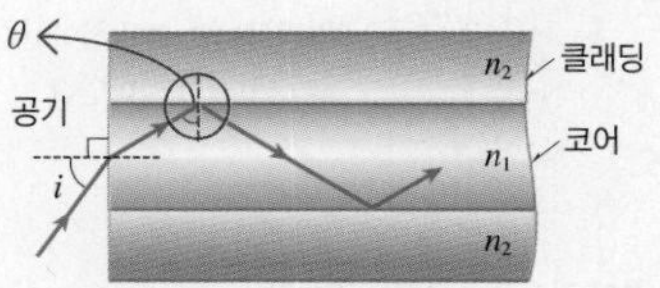

공기에서 코어로 입사하는 빛의 입사각은 i, 굴절각은 $(90° - \theta)$이다. 입사각 i가 커지면 굴절각$(90° - \theta)$도 커지지만, θ는 작아진다.

ㄴ. 전반사는 굴절률이 큰 매질에서 작은 매질을 향하여 빛이 진행할 때 일어날 수 있으므로, 코어와 클래딩의 굴절률의 관계는 $n_1 > n_2$이다.
ㄷ. 코어에서 클래딩을 향해 빛이 진행할 때 전반사의 임계각 θ_c의 사인값 $\sin\theta_c = \frac{n_2}{n_1}$에서 n_2가 작을수록 임계각은 작아진다. 따라서 코어와 클래딩의 경계면에 더 작은 각으로 입사해도 전반사가 일어날 수 있다. 이는 공기와 코어의 경계면에 입사하는 빛의 굴절각이 더 커질 수 있다는 것을 의미하며 입사각 i도 더 커질 수 있다는 것을 의미한다. 따라서 i의 최댓값 i_m은 커진다.

바로알기 ㄱ. 전반사는 빛의 속력이 느린 매질에서 빠른 매질을 향하여 빛이 진행할 때 일어날 수 있으므로, 빛의 속력은 코어에서가 클래딩에서보다 느리다.

09 꼼꼼 문제 분석

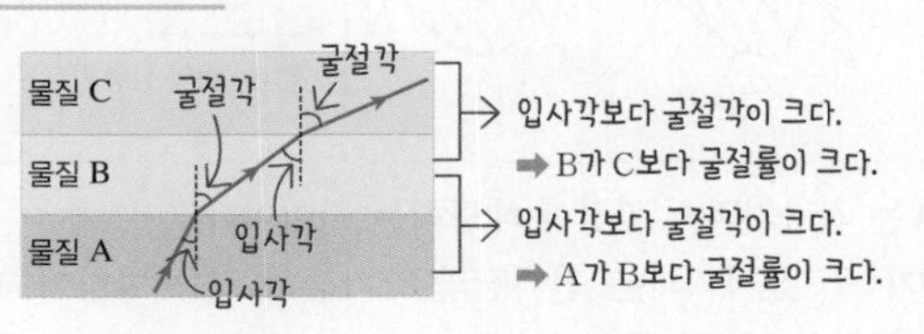

ㄱ. θ의 각으로 코어와 클래딩의 경계면에 입사한 빛이 전반사하므로, θ는 임계각보다 크다.
ㄴ. A에서 B로 진행하는 빛의 입사각보다 굴절각이 크므로, A의 굴절률이 B의 굴절률보다 크다. 또 B에서 C로 진행하는 빛의 입사각보다 굴절각이 크므로, B의 굴절률이 C의 굴절률보다 크다. 따라서 A, B, C의 굴절률의 크기는 A>B>C이다.

바로알기 ㄷ. 코어의 굴절률이 클래딩보다 커야 하므로, 클래딩을 B로 만들었다면 코어는 B보다 굴절률이 큰 A로 만들어야 한다.

10 ①, ②, ③ 광통신은 광섬유에서의 빛의 전반사를 이용하여 에너지의 손실이 거의 없이 많은 양의 정보를 동시에 교환하는 것이 가능하다. 그러나 빛의 전반사를 이용하더라도 코어 내에서 빛이 일부 흡수되어 세기가 약해지므로, 중간에 광 증폭기를 사용하여 빛 신호를 증폭한다.
⑤ 광섬유의 구조상 광섬유가 끊어졌을 때 연결하기 어렵다.

바로알기 ④ 광섬유 속으로 진행하는 빛은 외부 전자기파의 영향을 받지 않으므로 혼선이나 잡음이 없으며, 도청이 불가능하다.

11 모범 답안 • 대용량의 정보를 동시에 주고받을 수 있다. • 에너지 손실이 적으므로 증폭기 설치 구간 사이의 거리가 길다. • 외부 전자기파의 영향을 받지 않아 혼선이나 잡음이 없고 도청이 어렵다. 등

채점 기준	배점
광통신의 장점을 세 가지 모두 옳게 서술한 경우	100 %
광통신의 장점을 두 가지만 옳게 서술한 경우	60 %
광통신의 장점을 한 가지만 옳게 서술한 경우	30 %

12 ① 전자기파는 전기장과 자기장의 진동으로 전파되는 파동으로 매질이 없어도 전파될 수 있다.
② 눈으로 볼 수 있는 영역의 전자기파를 가시광선이라고 한다.
③ 진공에서의 속력이 가장 빠르며, 매질에서의 속력은 진공에서의 속력보다 느리다.
④ 전자기파는 진동수가 클수록(파장이 짧을수록) 직진성이 강하다.
바로알기 ⑤ 진공에서 전자기파의 속력은 파장에 관계없이 3×10^8 m/s로 일정하다.

13 꼼꼼 문제 분석

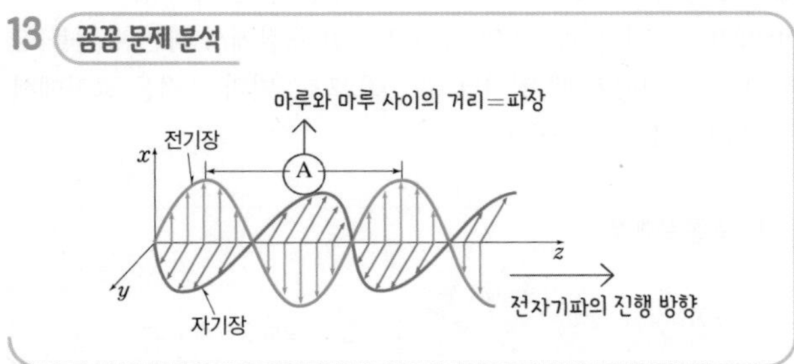
마루와 마루 사이의 거리=파장
전기장
A
자기장
전자기파의 진행 방향

ㄷ. A는 전자기파의 파장에 해당하는 길이이다.
바로알기 ㄱ. 전자기파는 전기장과 자기장의 진동 방향이 파동의 진행 방향과 수직인 횡파이다.
ㄴ. 전자기파는 전기장의 크기가 최대일 때 자기장의 크기도 최대이다.

14 파동이 장애물 뒤로 넓게 퍼져 나가는 현상을 회절이라고 하며, 회절은 파동의 파장이 길수록 잘 일어난다.

15 전자기파의 파장은 감마(γ)선＜X선＜자외선＜가시광선＜적외선＜마이크로파＜라디오파 순으로 길므로, A는 감마(γ)선, B는 마이크로파, C는 라디오파이다.
ㄱ. A는 감마(γ)선으로 투과력이 가장 강하고 암 치료에 이용된다.
바로알기 ㄴ. B는 마이크로로파로 전자레인지, 통신 등에 이용된다. 전자 제품을 작동시키는 리모컨에 이용되는 것은 적외선이다.
ㄷ. C는 라디오파로 라디오나 텔레비전 방송 등에 이용된다. 물체에서 방출되며 열작용을 하는 것은 적외선이다.

16 체온계는 귀의 고막에서 나오는 적외선을 분석해 체온을 측정하며, 전자레인지는 마이크로파를 이용해 음식물에 포함된 물 분자를 진동시켜 열이 발생하게 하며, 식기 소독기는 자외선의 살균 기능을 이용하여 식기를 소독한다.
ㄴ. 진공에서 전자기파의 속력은 종류에 관계없이 모두 같다.
바로알기 ㄱ. (가)는 적외선을, (나)는 마이크로파를, (다)는 자외선을 이용한 예이다. 파장은 (가)의 적외선이 (다)의 자외선보다 길다.
ㄷ. (다)의 전자기파는 자외선이다.

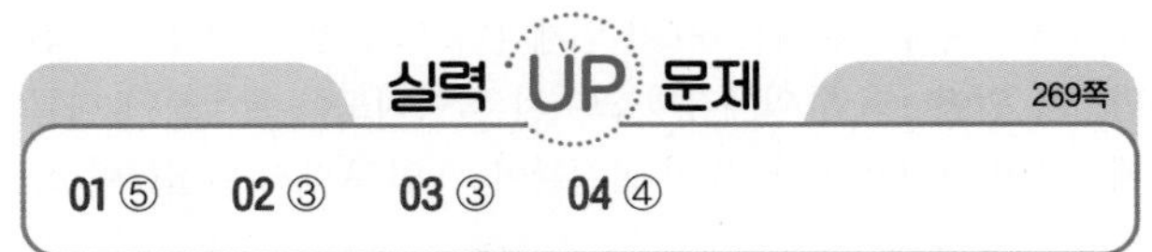

실력 UP 문제

269쪽

01 ⑤ 02 ③ 03 ③ 04 ④

01 꼼꼼 문제 분석

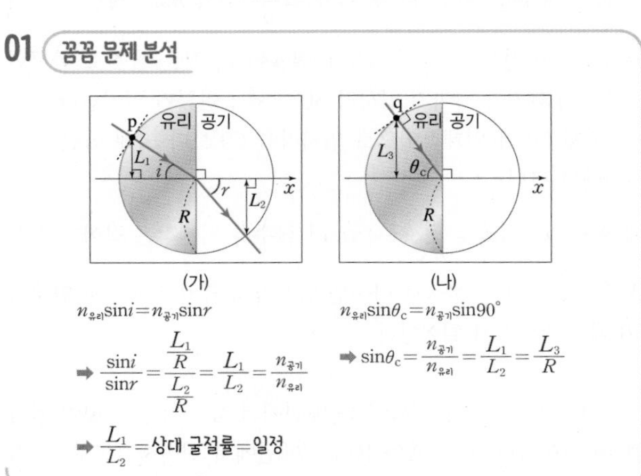
p
유리 공기
L_1
i
r
L_2
x
R
(가)
q
유리 공기
L_3
θ_c
x
R
(나)
$n_{유리}\sin i=n_{공기}\sin r$
$\Rightarrow \frac{\sin i}{\sin r}=\frac{\frac{L_1}{R}}{\frac{L_2}{R}}=\frac{L_1}{L_2}=\frac{n_{공기}}{n_{유리}}$
$\Rightarrow \frac{L_1}{L_2}$=상대 굴절률=일정
$n_{유리}\sin\theta_c=n_{공기}\sin 90°$
$\Rightarrow \sin\theta_c=\frac{n_{공기}}{n_{유리}}=\frac{L_1}{L_2}=\frac{L_3}{R}$

ㄴ. 입사각이 임계각보다 클 때 전반사하므로 (나)에서 입사각이 θ_c보다 크면 전반사한다.
ㄷ. (가)에서 굴절 법칙 $n_{유리}\sin i=n_{공기}\sin r$이므로 $\frac{\sin i}{\sin r}=\frac{n_{공기}}{n_{유리}}=\frac{L_1}{L_2}$이다.
(나)에서 굴절 법칙 $n_{유리}\sin\theta_c=n_{공기}\sin 90°$이므로 $\sin\theta_c=\frac{n_{공기}}{n_{유리}}=\frac{L_1}{L_2}=\frac{L_3}{R}$이다.
바로알기 ㄱ. (가)에서 입사각을 i, 굴절각을 r라고 할 때 $\frac{\sin i}{\sin r}=\frac{\frac{L_1}{R}}{\frac{L_2}{R}}=\frac{L_1}{L_2}$이므로, $\frac{L_1}{L_2}$은 유리에 대한 공기의 상대 굴절률이다. 두 물질의 상대 굴절률은 일정하므로 입사각을 증가시켜도 $\frac{L_1}{L_2}$은 일정하다.

02 꼼꼼 문제 분석

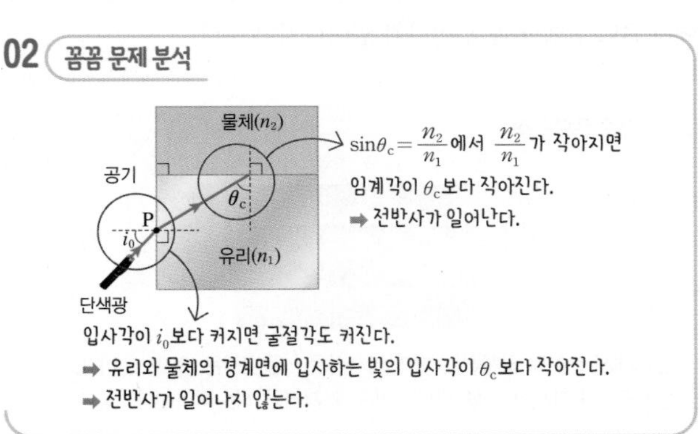
물체(n_2)
공기
P
i_0
θ_c
유리(n_1)
단색광
$\sin\theta_c=\frac{n_2}{n_1}$에서 $\frac{n_2}{n_1}$가 작아지면 임계각이 θ_c보다 작아진다.
⇒ 전반사가 일어난다.
입사각이 i_0보다 커지면 굴절각도 커진다.
⇒ 유리와 물체의 경계면에 입사하는 빛의 입사각이 θ_c보다 작아진다.
⇒ 전반사가 일어나지 않는다.

ㄱ. P에서 굴절각은 $(90^\circ-\theta_c)$이다. 따라서 굴절 법칙 $1\times\sin i_0=n_1\sin(90^\circ-\theta_c)=n_1\cos\theta_c$에서 $\cos\theta_c=\dfrac{\sin i_0}{n_1}$이고, 유리와 물체의 경계면에서 $n_1\sin\theta_c=n_2\sin90^\circ$이므로 $\sin\theta_c=\dfrac{n_2}{n_1}$이다. 따라서 $\sin^2\theta_c+\cos^2\theta_c=\left(\dfrac{n_2}{n_1}\right)^2+\left(\dfrac{\sin i_0}{n_1}\right)^2=1$에서 $\sin i_0=\sqrt{n_1^{\,2}-n_2^{\,2}}$이다.

ㄷ. $n_1\sin\theta_c=n_2\sin90^\circ$에서 $\sin\theta_c=\dfrac{n_2}{n_1}$이다. 이때 $\dfrac{n_2}{n_1}$가 작아지면 유리와 물체 사이의 임계각은 θ_c보다 작아진다. 따라서 P에 i_0의 각으로 입사한 단색광이 유리와 물체의 경계면에서 θ_c의 각으로 입사할 때, $\dfrac{n_2}{n_1}$가 작아지면 임계각이 θ_c보다 작아지므로 전반사한다.

바로알기 ㄴ. P점에서 입사각이 i_0일 때 굴절각은 $(90^\circ-\theta_c)$이다. 입사각이 i_0보다 커지면 굴절각도 $(90^\circ-\theta_c)$보다 커지므로, 유리와 물체의 경계면에서 입사각은 θ_c보다 작아진다. 입사각이 임계각 θ_c보다 작아지면 전반사가 일어나지 않는다. 따라서 단색광을 P에 i_0보다 큰 각으로 입사시키면 유리와 물체의 경계면에서 전반사하지 않는다.

03 꼼꼼 문제 분석

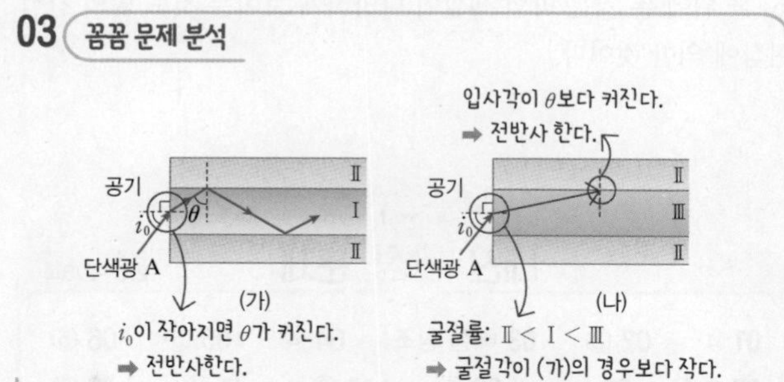

ㄱ. 전반사는 입사각이 임계각보다 클 때 일어난다. (가)에서 Ⅰ과 Ⅱ 사이에 전반사가 일어나므로, 임계각은 입사각 θ보다 작다.

ㄷ. 두 매질의 굴절률 차가 클수록 굴절하는 정도가 커진다. 굴절률은 Ⅲ이 Ⅰ보다 크므로 (가)와 (나)에서 A를 각각 Ⅰ과 Ⅲ으로 같은 입사각 i_0으로 입사시켰을 때, 굴절각은 (가)에서보다 (나)에서가 더 작다. 따라서 (나)의 Ⅲ에서 Ⅱ로 입사하는 A의 입사각은 θ보다 크다. 이때 A는 Ⅰ과 Ⅱ의 경계면보다 임계각이 작은 Ⅲ과 Ⅱ의 경계면에 더 큰 입사각으로 입사하는 것이므로, A는 Ⅲ과 Ⅱ의 경계에서 전반사한다.

바로알기 ㄴ. (가)에서 매질 Ⅰ로 입사하는 A의 입사각이 i_0보다 작아지면 굴절각도 작아지게 되고, 매질 Ⅰ에서 Ⅱ로 입사하는 A의 입사각은 커진다. 커진 입사각이 임계각보다 크므로, A는 Ⅰ과 Ⅱ의 경계에서 전반사한다.

04 꼼꼼 문제 분석

코일을 통과하는 자기장이 변한다.
⇒ 전자기 유도가 일어난다.
⇒ 코일에 유도 전류가 흐른다.
전기장, 원형 코일, 자기장, 파장 L, x, y, z

속력=진동수×파장 ⇒ 진동수$=\dfrac{속력}{파장}=\dfrac{c}{L}$

ㄱ. 전자기파는 자기장과 전기장의 진동으로 전달되므로, 코일면을 수직으로 통과하는 자기장이 변하게 된다. 이때 코일에 전자기 유도가 일어나 코일에 유도 전류가 발생한다.

ㄴ. 파동의 속력은 진동수와 파장의 곱이므로, 전자기파의 진동수$=\dfrac{속력}{파장}=\dfrac{c}{L}$이다.

바로알기 ㄷ. 파동이 다른 매질을 통과할 때 속력이 변하지만 진동수는 일정하다. 속력=진동수×파장에서 진동수가 일정할 때 속력과 파장은 비례한다. 따라서 이 전자기파가 다른 매질로 진행할 때 속력에 비례해서 파장 L도 변한다.

3 파동의 간섭

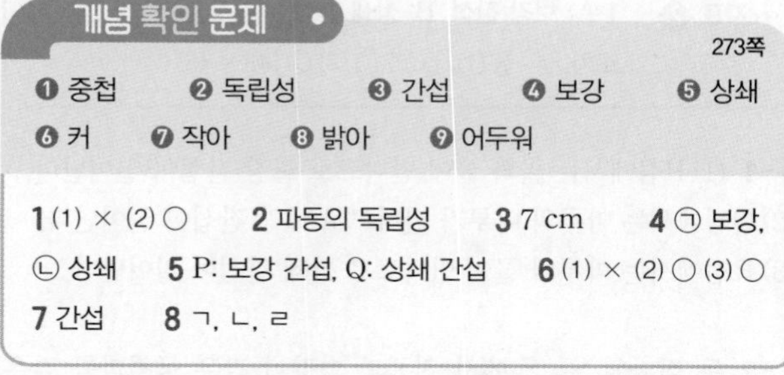

개념 확인 문제 273쪽

❶ 중첩 ❷ 독립성 ❸ 간섭 ❹ 보강 ❺ 상쇄 ❻ 커 ❼ 작아 ❽ 밝아 ❾ 어두워

1 (1) × (2) ○ **2** 파동의 독립성 **3** 7 cm **4** ㉠ 보강, ㉡ 상쇄 **5** P: 보강 간섭, Q: 상쇄 간섭 **6** (1) × (2) ○ (3) ○ **7** 간섭 **8** ㄱ, ㄴ, ㄹ

1 (1) 두 파동의 마루와 골이 만나면 합성파의 진폭이 작아진다.
(2) 중첩 원리에 의해 두 파동이 겹쳐질 때 합성파의 각 지점의 변위는 그 점을 지나는 두 파동의 변위를 더한 것과 같다.

2 두 파동이 만나 중첩된 후 각각의 파동이 다른 파동에 영향을 주지 않고 원래 파동의 모양을 그대로 유지하면서 독립적으로 진행하는 성질을 파동의 독립성이라고 한다.

3 중첩 원리에 의해 최대 진폭은 4 cm+3 cm=7 cm이다.

4 진폭이 같은 파동이 ㉠보강 간섭을 하면 합성파의 진폭은 2배가 되고, ㉡상쇄 간섭을 하면 합성파의 진폭은 0이 된다.

5 P점은 가장 밝은 곳으로, 마루와 마루가 만나 보강 간섭이 일어난 것이다. Q점은 밝기 변화가 거의 없는 곳으로, 마루와 골이 만나 상쇄 간섭이 일어난 것이다.

6 (1) 진동수가 같은 두 소리가 반대 위상으로 만나면 상쇄 간섭을 하므로 공기의 진폭이 작아져 작게 진동한다.
(2) 진동수가 같은 두 소리가 같은 위상으로 만나면 보강 간섭이 일어나므로 소리가 커진다.
(3) 진동수와 위상이 같은 두 소리의 경로차가 반파장의 홀수 배일 때 한 파동의 마루와 다른 파동의 골이 만나므로 상쇄 간섭을 한다.

7 비눗방울 막의 윗면과 아랫면에서 반사하는 가시광선 영역의 빛이 간섭을 일으켜 여러 가지 색의 무늬가 나타난다.

8 ㄱ, ㄴ, ㄹ. 소음 제거 헤드폰, 무반사 코팅, 홀로그램은 모두 파동의 간섭 원리를 이용한 것이다.
ㄷ. 광통신은 빛의 전반사를 이용한 것이다.

대표 자료 분석

274쪽

자료 ❶	**1** (1) 보강 (2) 보강 (3) 상쇄 **2** ㉠ 보강, ㉡ 상쇄 **3** (1) ○ (2) × (3) × (4) ○ (5) ○
자료 ❷	**1** A: 보강 간섭, B: 상쇄 간섭 **2** ㉠ 간섭, ㉡ 경로차 **3** (1) ○ (2) ○ (3) ○ (4) × (5) ○

1-1 (1) P점에서는 골과 골이 만나므로 보강 간섭이 일어난다.
(2) Q점에서는 마루와 마루가 만나므로 보강 간섭이 일어난다.
(3) R점에서는 마루와 골이 만나므로 상쇄 간섭이 일어난다.

1-2 두 점파원 S_1, S_2에서 진폭과 파장이 같은 물결파를 같은 위상으로 발생시키면 밝고 어두운 무늬가 교대로 나타나는 부분과 밝기가 일정한 부분이 나타난다. 이때 밝고 어두운 무늬가 교대로 나타나는 부분은 ㉠보강 간섭이 일어난 곳이고, 밝기가 일정한 부분은 ㉡상쇄 간섭이 일어난 곳이다.

1-3 (1) 실선과 실선이 만나는 지점은 마루와 마루가 만나 중첩되는 곳이므로 보강 간섭이 일어나는 곳이다.
(2) 점선과 점선이 만나는 지점은 골과 골이 만나 중첩되는 곳이므로 보강 간섭이 일어나는 곳이다.
(3) P에서는 두 파동의 골과 골이 만난다.
(4) Q에서 두 파원 S_1, S_2까지의 거리가 같으므로, 두 파동의 경로차가 0이다.
(5) R에서 두 파원 S_1, S_2까지의 거리의 차는 $\left|3\lambda-\frac{3}{2}\lambda\right|=\frac{3}{2}\lambda=\frac{\lambda}{2}\times 3$이므로, 경로차는 반파장$\left(\frac{\lambda}{2}\right)$의 홀수 배이다.

2-1 (가)의 A에서는 두 파동이 같은 위상으로 만나므로 보강 간섭이 일어나고, B에서는 두 파동이 반대 위상으로 만나므로 상쇄 간섭이 일어난다.

2-2 비눗방울 막의 윗면과 아랫면에서 반사하는 두 빛이 ㉠간섭을 일으킬 때, 두 빛의 ㉡경로차에 따라 다른 색깔의 빛이 보인다.

2-3 (1) 소음 제거 헤드폰은 주위의 소음과 반대 위상의 파동을 만들어 이 파동과 소음이 상쇄 간섭을 일으키게 하는 것이므로, (가)의 B와 같은 원리를 이용한 것이다.
(2) A에서는 두 파동이 같은 위상으로 만나 보강 간섭이 일어나므로 소리가 크게 들린다.
(3) (나)에서 비눗방울을 바라보는 각도에 따라 비눗방울 막의 윗면과 아랫면에서 반사하는 빛의 경로차가 달라져 보강 간섭을 하는 빛의 파장이 달라지므로 보이는 색깔이 달라진다.
(4) (나)의 얇은 막의 윗면과 아랫면에서 반사하는 빛 중 보강 간섭을 하는 파장의 빛이 보인다.
(5) 물 위에 뜬 기름 막의 색깔이 다양하게 보이는 것도 빛의 간섭 현상에 의한 것이다.

내신 만점 문제

275~278쪽

01 ④	02 ③	03 해설 참조	04 ④	05 ⑤	06 ⑤
07 ③	08 ①	09 ⑤	10 ③	11 ③	12 ⑤
13 ⑤	14 ①	15 ④	16 ③	17 ③	18 ③

01 ㄱ. 중첩 원리에 의해 두 파동이 서로 만나 중첩된 합성파의 변위는 각 파동의 변위의 합과 같다.
ㄴ. 파동이 반대 위상으로 중첩될 때 한 파동의 마루와 다른 파동의 골이 중첩되므로 합성파의 진폭은 작아진다.
바로알기 ㄷ. 한 파동의 마루와 다른 파동의 골이 중첩되는 경우 상쇄 간섭이 일어난다.

02 여러 파동이 만나더라도 파동의 독립성 때문에 서로 영향을 주지 않고 각 파동의 특성이 그대로 유지된 채로 각자 진행하기 때문에, 여러 악기가 동시에 연주되어도 각각의 소리를 구분할 수 있고 여러 방송국에서 나온 여러 전파들 중에서 특정한 방송국의 전파를 선택하여 들을 수 있다.

03 꼼꼼 문제 분석

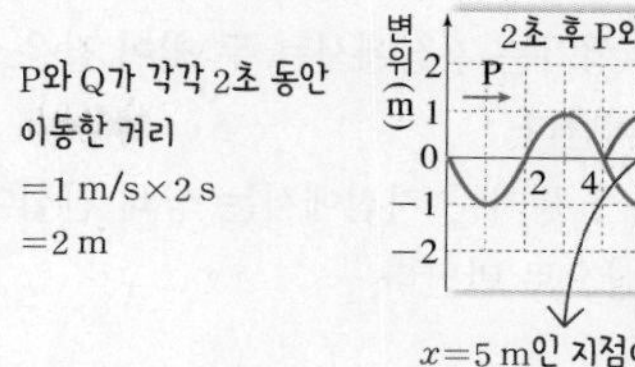

모범 답안 속력이 1 m/s인 P, Q가 2초 동안 진행한 거리는 2 m이다. P와 Q가 2 m 진행했을 때 x=5 m인 지점에서 P와 Q의 변위는 각각 −1 m, 1 m이므로 중첩된 파동의 변위는 −1 m+1 m=0이다.

채점 기준	배점
중첩된 파동의 변위를 풀이 과정과 함께 옳게 구한 경우	100 %
중첩된 파동의 변위만 옳게 쓴 경우	30 %

04 꼼꼼 문제 분석

두 파동이 만나 겹쳐지면 합성파의 변위는 각 파동의 변위를 합한 것과 같고, 중첩 후 두 파동은 겹쳐지기 전의 파동의 모양을 유지하며 독립적으로 진행한다.

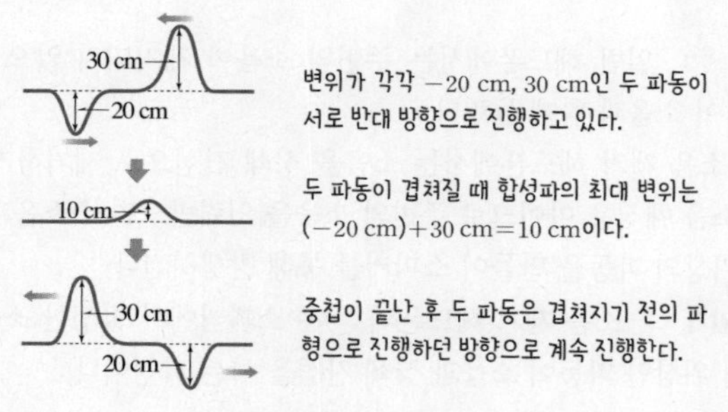

30 cm
20 cm
변위가 각각 −20 cm, 30 cm인 두 파동이 서로 반대 방향으로 진행하고 있다.
10 cm
두 파동이 겹쳐질 때 합성파의 최대 변위는 (−20 cm)+30 cm=10 cm이다.
30 cm
20 cm
중첩이 끝난 후 두 파동은 겹쳐지기 전의 파형으로 진행하던 방향으로 계속 진행한다.

파동의 독립성에 의해 두 파동은 중첩된 후 각각 원래의 파형을 그대로 유지한다. 따라서 ④와 같은 모습으로 멀어진다.

05 x=0인 지점에서 A와 B의 마루(골)까지의 거리가 같으므로, 속력이 같은 A와 B는 x=0인 지점에서 같은 위상으로 만나 보강 간섭을 한다. 파동 A, B의 속력이 1 cm/s이므로 x=0인 지점에 도달하기까지 1초가 걸린다. 따라서 1초 후부터 중첩되어 진폭이 변하기 시작하고, 2초 때 두 파동의 마루와 마루가 중첩되므로 변위는 2 cm가 된다. 따라서 ⑤가 적절한 그래프이다.

06 ㄴ. (나)에서 위치가 25 cm인 지점의 변위가 2 cm이므로, 위치가 25 cm인 지점은 A의 마루와 B의 마루의 마루가 만나 보강 간섭이 일어나는 지점이다. 따라서 (나) 순간 이후로 위치가 25 cm인 지점의 진폭은 2 cm이다.

ㄷ. (가)에서 (나)까지 두 파동은 2초 동안 10 cm를 이동하였으므로, 4초 동안에는 20 cm를 이동한다. 4초 후 위치가 20 cm인 지점에서 파동 A, B의 변위는 모두 0이므로, 중첩된 파동의 변위는 0이다. 따라서 t=4초일 때 위치가 20 cm인 지점의 변위는 0이다.

바로알기 ㄱ. (나)에서 위치가 25 cm인 지점에서 A의 마루와 B의 마루의 마루가 만나므로, 두 파동은 2초 동안 10 cm를 진행한다. 따라서 두 파동의 속력은 $\frac{10\text{ cm}}{2\text{ s}}$=5 cm/s이다.

07 ㄷ. C에서는 밝고 어두운 무늬가 교대로 나타나므로 수면이 크게 진동한다. 보강 간섭이 일어날 때 수면이 크게 진동하므로, C에서는 두 물결파가 같은 위상으로 만난다.

바로알기 ㄱ, ㄴ. A, B는 무늬의 밝기가 변하지 않는 마디선 위에 있는 점들이다. 상쇄 간섭이 일어날 때 수면이 진동하지 않으므로 무늬의 밝기가 변하지 않는다. 따라서 A, B에서 수면의 높이는 변하지 않으며, 상쇄 간섭이 일어난다.

08 꼼꼼 문제 분석

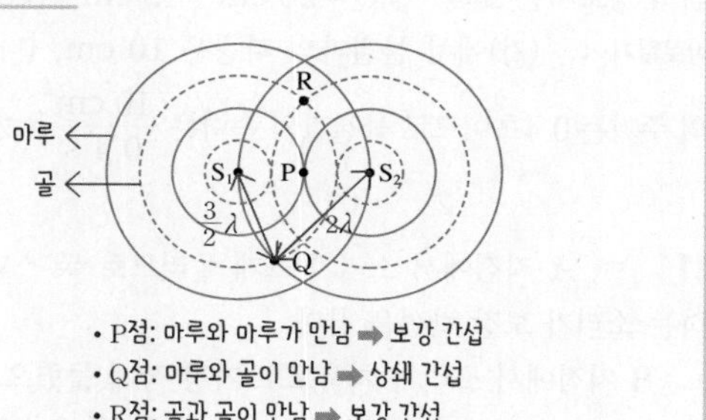

ㄱ. P점에서는 두 파동의 마루와 마루가 만나 보강 간섭이 일어나고 Q점에서는 마루와 골이 만나 상쇄 간섭이 일어나므로, P점의 진폭이 Q점의 진폭보다 크다.

바로알기 ㄴ. Q점은 S_1로부터 한 파장 반의 거리에 있고, S_2로부터 두 파장의 거리에 있으므로, Q점에서 두 파동의 경로차는 반 파장이다.

ㄷ. R점에서는 두 파동의 골과 골, 즉 같은 위상으로 만나므로 보강 간섭이 일어난다.

09 꼼꼼 문제 분석

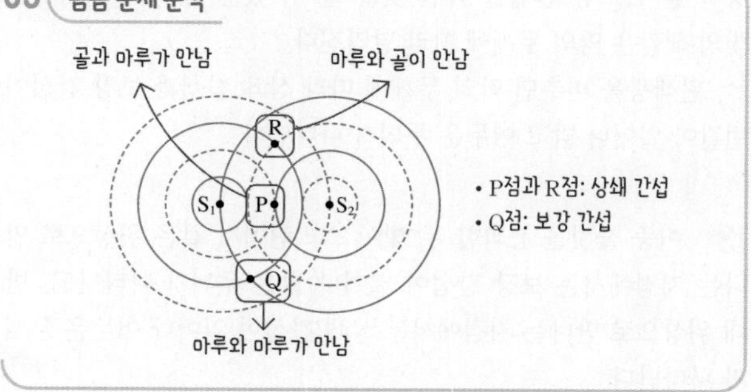

S_1의 위상이 S_2와 반대가 되도록 파동을 발생시킨다면, S_1에서 발생하는 파동의 마루와 골의 위치가 처음과 반대가 된다. Q점에서는 두 파동의 마루와 마루가 만나 보강 간섭이 일어나고, P, R점에서는 두 파동의 마루와 골이 만나 상쇄 간섭이 일어난다.

10 꼼꼼 문제 분석

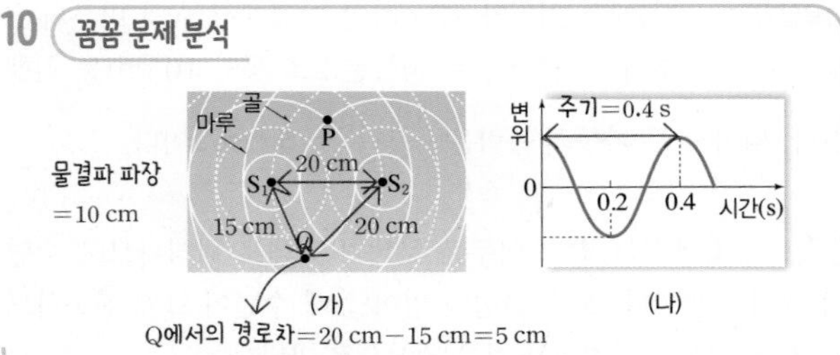

ㄱ. (나)는 수면이 크게 진동하는 지점의 변위를 나타내므로 보강 간섭을 하는 지점의 변위를 나타낸다. P에서 두 물결파의 마루와 마루가 만나는 보강 간섭이 일어나므로, (나)는 P의 변위를 나타낸 것이다.

ㄷ. $\overline{S_1Q}=15$ cm, $\overline{S_2Q}=20$ cm이다. 따라서 Q에서 S_1, S_2로부터의 경로차는 $\overline{S_2Q}-\overline{S_1Q}=20\text{ cm}-15\text{ cm}=5\text{ cm}$이다.

바로알기 ㄴ. (가)에서 물결파의 파장은 10 cm, (나)에서 물결파의 주기는 0.4초이므로 물결파의 속력은 $\dfrac{10\text{ cm}}{0.4\text{ s}}=25\text{ cm/s}$이다.

11 ㄱ. A 지점에서 소리가 크게 들리므로 두 스피커에서 발생하는 소리가 보강 간섭을 한다.

ㄴ. B 지점에서 소리가 처음으로 가장 작게 들렸으므로, 두 스피커에서 발생한 소리가 상쇄 간섭을 한다. 따라서 B 지점에서는 두 스피커에서 발생한 소리가 반대 위상으로 만난다.

바로알기 ㄷ. 소리의 진동수가 커질수록 파장은 짧아지며, 파장이 짧아질수록 간섭이 일어나는 간격이 작아진다. 따라서 소리의 진동수가 커질수록 첫 번째 상쇄 간섭이 일어나는 B 지점은 A에 가까워진다.

12 ㄱ. 검게 보이는 윗부분에서는 막의 두 면에서 반사하는 모든 색깔의 빛이 상쇄 간섭을 한다.

ㄴ. 비누 막의 윗면에서 반사한 빛과 아랫면에서 반사한 빛의 위상이 같아 보강 간섭을 하면 빛을 볼 수 있는데, 이때 나타나는 빛의 색깔은 막의 두께에 따라 달라진다.

ㄷ. 단색광을 비추면 막의 두께에 따라 상쇄 간섭과 보강 간섭이 번갈아 일어나 밝고 어두운 무늬가 나타난다.

13 이중 슬릿을 통과한 두 빛이 스크린에서 같은 위상으로 만나는 지점에서는 보강 간섭이 일어나 밝은 무늬가 나타나고, 반대 위상으로 만나는 지점에서는 상쇄 간섭이 일어나 어두운 무늬가 나타난다.

ㄱ. 이중 슬릿을 통과한 두 빛이 스크린에서 만날 때 간섭 현상을 일으킨다.

ㄴ. 스크린에 밝은 무늬가 생기는 지점에서는 두 빛이 같은 위상으로 만나 보강 간섭이 일어난다.

ㄷ. 스크린에 어두운 무늬가 생기는 지점에서는 상쇄 간섭이 일어나므로 두 빛이 반대 위상으로 만난다.

14 ② 빛이 분광기의 좁은 틈을 통과하여 퍼질 때, 관측 각도에 따라 빛의 경로차가 달라져 각 지점별로 특정 파장의 빛이 보강 간섭한 결과를 스펙트럼으로 관찰한다.

③ 공연장을 설계할 때 벽이나 천장에 반사하는 소리가 상쇄 간섭하지 않도록 설계한다.

④ 비눗방울 표면이 무지갯빛을 띠는 현상은 비누 막에 의해 빛이 간섭하여 나타나는 것이다.

⑤ 모르포 나비는 날개 표면의 얇은 층에서 파란색 빛이 보강 간섭을 하여 파란색으로 보인다.

바로알기 ① 무지개는 공기 중에 떠 있는 물방울에 햇빛이 입사할 때, 빛의 파장에 따라 굴절하는 정도가 달라져 여러 색으로 나누어져 보이는 것이다.

15 ㄱ. 일반 헤드폰에서는 주변의 소음이 제거되지 않으므로 음악이 소음과 함께 들린다.

ㄴ. 소음 제거 헤드폰에서는 소음을 상쇄 간섭으로 제거하기 위해 소음 채집용 마이크로 주변의 소음을 입력받으면서 소음과 반대 위상의 파동을 만들어 스피커를 통해 발생시킨다.

바로알기 ㄷ. 소음 제거 헤드폰의 ㉠은 스피커에서 발생한 소음과 반대 위상인 파동이 소음과 상쇄 간섭을 하는 과정이다.

16 ㄷ. 초음파 발생기에서 발생하는 초음파가 신장 결석이 있는 위치에서 보강 간섭을 해야 결석을 깨뜨려 제거할 수 있다. 따라서 (다)는 초음파의 보강 간섭을 이용한다.

바로알기 ㄱ. 태양 전지의 코팅막은 반사 방지막으로, 코팅막의 아랫면과 윗면에서 반사하는 빛의 세기를 감소시키기 위한 것이다. 반사광의 세기를 감소시키면 투과하는 빛의 세기가 그만큼 증가하여 더 많은 전기 에너지를 얻을 수 있다. 따라서 (가)는 반사되는 빛의 세기를 감소시키기 위한 것이다.

ㄴ. 자동차 소음기의 구조는 배기음(소음)이 지나는 통로가 2개로 나뉘어져 한 통로가 다른 통로보다 반파장만큼 길게 되어 있다. 따라서 소음기를 통과한 두 소음이 반대 위상으로 만나 상쇄 간섭을 하므로 소음이 줄어든다. 따라서 (나)에서는 소음과 반대 위상의 소리를 발생시키지 않는다.

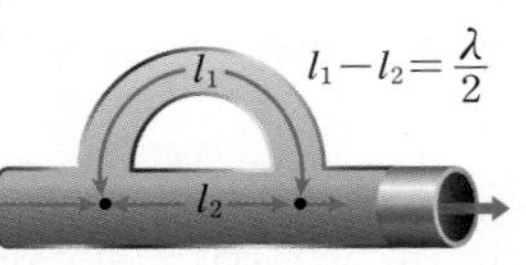

17 ㄱ. 무반사 코팅은 렌즈에 얇은 막을 코팅함으로써 얇은 막이 윗면과 아랫면에서 반사하는 빛이 상쇄 간섭을 하도록 하여 반사광을 없앤다.

ㄴ. 무반사 코팅을 한 렌즈는 렌즈 표면에서 반사광이 나타나지 않는 (가)이다.

바로알기 ㄷ. 렌즈에서 빛이 투과하는 정도는 반사하는 빛의 세기가 작을수록 크다. 무반사 코팅을 한 (가)가 (나)보다 반사하는 빛의 세기가 작으므로 빛이 투과하는 정도는 (가)에서가 더 크다.

18 ㄱ, ㄴ. 숫자 부분에 재료로 사용된 잉크의 표면과 아래에서 반사하는 빛이 간섭을 일으킬 때, 보는 각도에 따라 보강 간섭을 하는 빛의 파장이 달라져 다른 색깔이 나타난다.

바로알기 ㄷ. (다)에서는 잉크의 표면과 아래에서 반사하는 초록색 빛이 같은 위상으로 만나 보강 간섭을 일으키므로 초록색 빛을 볼 수 있다. 따라서 (다)에서는 초록색 빛이 보강 간섭을 한다.

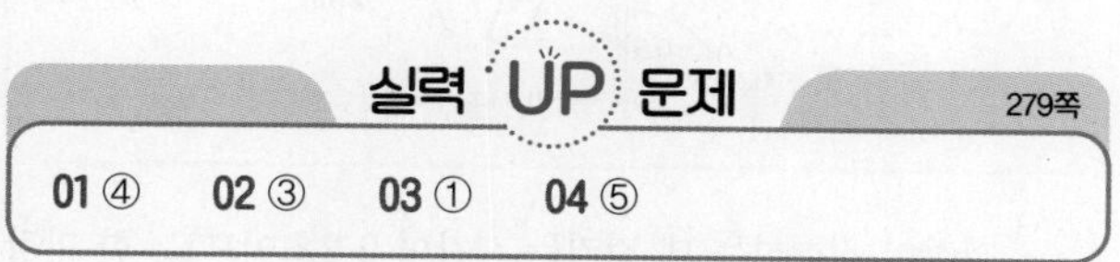

실력 UP 문제
279쪽
01 ④ 02 ③ 03 ① 04 ⑤

01 꼼꼼 문제 분석

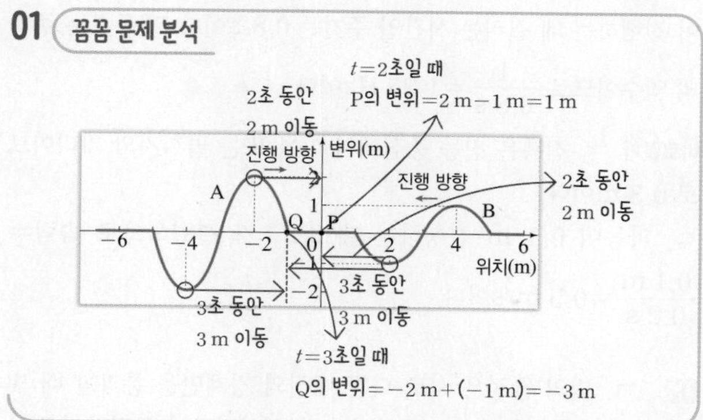

ㄱ. 두 파동 A, B의 속력이 1 m/s이므로 2초 동안 이동한 거리는 각각 2 m이다. 따라서 $t=2$초일 때 P에서 만나는 A와 B의 변위는 각각 2 m, −1 m이므로 중첩된 파동의 변위는 2 m−1 m=1 m이다. 즉, $t=2$초일 때 P의 변위는 1 m이다.

ㄴ. 두 파동 A, B가 3초 동안 이동한 거리는 각각 3 m이다. 따라서 $t=3$초일 때 Q에서 만나는 A와 B의 변위는 각각 −2 m, −1 m이므로 중첩된 파동의 변위는 −2 m+(−1 m)=−3 m이다. 즉, $t=3$초일 때 Q의 변위는 −3 m이다.

바로알기 ㄷ. P에서 A의 마루와 B의 골까지의 거리가 같고, A의 골과 B의 마루까지의 거리가 같다. 따라서 P에서 두 파동 A와 B는 반대 위상으로 만나므로 상쇄 간섭이 일어난다. 즉, P의 최대 변위의 크기는 2 m−1 m=1 m이다.

02 꼼꼼 문제 분석

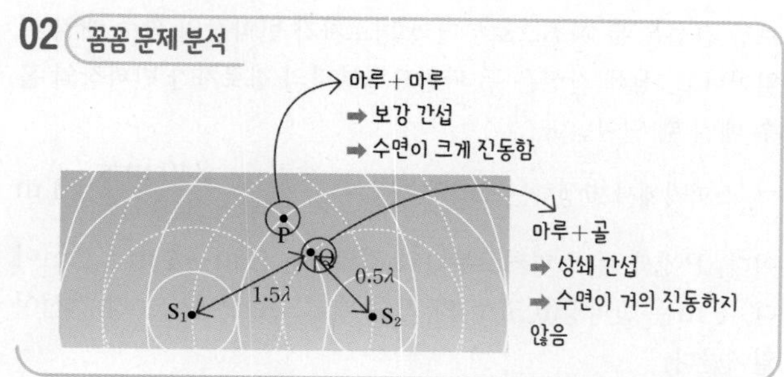

ㄱ. P에서는 두 물결파의 마루와 마루가 만나므로 보강 간섭이 일어나 수면이 크게 진동하고, Q에서는 두 물결파의 마루와 골이 만나므로 상쇄 간섭이 일어나 수면이 거의 진동하지 않는다. 따라서 물결파의 진폭은 P에서가 Q에서보다 크다.

ㄷ. 두 물결파의 진동수만 2배로 하면 파장은 $\frac{1}{2}$배가 된다. 파장이 $\frac{1}{2}$배가 되면 그림에서 점선으로 나타낸 부분은 모두 마루가 된다. 따라서 Q에서 보강 간섭이 일어난다.

바로알기 ㄴ. $t=0$일 때 P에서 두 물결파의 마루와 마루가 만나는 순간이므로 수면의 높이가 가장 높고, $t=\frac{T}{2}$일 때 P에서 두 물결파의 골과 골이 만나므로 수면의 높이가 가장 낮다. 따라서 P에서 수면의 높이는 $t=\frac{T}{2}$일 때가 $t=0$일 때보다 낮다.

다른 풀이 ㄷ. 물결파의 파장을 λ라고 할 때 Q에서의 경로차는 $1.5\lambda-\lambda=0.5\lambda=\frac{1}{2}\lambda$이므로, 경로차가 반파장의 홀수 배가 되어 상쇄 간섭이 일어나는 지점이다. 물결파의 진동수만 2배로 하면 파장은 $\frac{1}{2}$배가 된다. 새로운 파장을 $\lambda'\left(=\frac{\lambda}{2}\right)$라 할 때 Q에서의 경로차는 $\frac{1}{2}\lambda=\lambda'=\frac{\lambda'}{2}\times2$로 새로운 반파장의 짝수 배가 된다. 따라서 두 물결파의 진동수만 2배로 하면 Q에서 보강 간섭이 일어난다.

03 꼼꼼 문제 분석

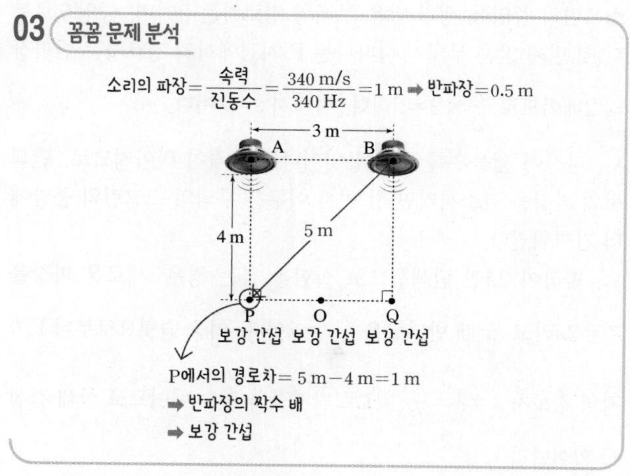

보강 간섭은 두 파원으로부터의 경로차가 반파장의 짝수 배일 때 일어나고, 상쇄 간섭은 두 파원으로부터의 경로차가 반파장의 홀수 배일 때 일어난다.

ㄱ. 스피커에서 발생하는 소리의 파장$=\dfrac{\text{속력}}{\text{진동수}}=\dfrac{340\ \text{m/s}}{340\ \text{Hz}}=1\ \text{m}$이다. P에서 두 스피커로부터의 경로차는 $5\ \text{m}-4\ \text{m}=1\ \text{m}$이다. 1 m는 반파장(0.5 m)의 짝수 배이므로 P에서 보강 간섭이 일어난다.

바로알기 ㄴ. 두 스피커로부터의 경로차에 따라 보강 간섭과 상쇄 간섭이 교대로 일어나며, 경로차는 O를 중심으로 좌우 대칭을 이룬다. P, O, Q에서 각각 보강 간섭이 일어나므로, P와 O 사이에 상쇄 간섭이 일어나는 지점이 있고, O와 Q 사이에도 상쇄 간섭이 일어나는 지점이 있다. 따라서 $\overline{\text{PQ}}$에서 상쇄 간섭을 하는 지점은 짝수 개이다.

ㄷ. A와 B에서 발생하는 소리의 위상이 같을 때 Q에서 보강 간섭이 일어나므로, Q에서 두 소리가 같은 위상으로 만난다. 만약 B에서 발생하는 소리의 위상만을 반대로 하면 Q에서 두 소리가 반대 위상으로 만나므로 상쇄 간섭이 일어난다.

04 꼼꼼 문제 분석

보강 간섭: 경로차=반파장의 짝수 배
상쇄 간섭: 경로차=반파장의 홀수 배

밝은 무늬(보강 간섭): 경로차$=\lambda$
어두운 무늬(상쇄 간섭): 경로차$=\frac{\lambda}{2}$
밝은 무늬(보강 간섭): 경로차$=0$
어두운 무늬(상쇄 간섭): 경로차$=\frac{\lambda}{2}$
밝은 무늬(보강 간섭): 경로차$=\lambda$

단색광, A, B, P, s, 단일 슬릿, 이중 슬릿, 스크린

ㄱ. 스크린에 생기는 밝은 무늬는 보강 간섭에 의한 무늬이며, 이중 슬릿으로부터의 경로차가 반파장의 짝수 배인 지점에 생긴다. 스크린의 중앙에 생긴 밝은 무늬의 경로차는 0이며, 중앙으로부터 첫 번째 밝은 무늬가 나타나는 P 지점에서의 경로차는 반파장의 2배이므로 $\frac{\lambda}{2}\times2=\lambda$이다. 따라서 $s=\lambda$이다.

ㄴ. 파장이 짧을수록 간섭이 일어나는 간격이 작아지므로, 단색광의 파장을 감소시키면 첫 번째 어두운 무늬의 스크린의 중앙에 더 가까워진다.

ㄷ. 파장이 2λ인 단색광으로 실험을 하는 경우, 새로운 파장을 $\lambda'=2\lambda$라고 할 때 반파장은 $\frac{\lambda'}{2}=\lambda$이다. 이중 슬릿으로부터 P까지의 경로차 $s=\lambda=\frac{\lambda'}{2}\times1$로 반파장의 홀수 배이므로 상쇄 간섭이 일어난다.

중단원 핵심 정리 280~281쪽

❶ 파장 ❷ 진동수 ❸ 주기 ❹ 진동수 ❺ 일정 ❻ 사인값 ❼ 코어 ❽ 클래딩 ❾ 자외선 ❿ 적외선 ⓫ 크게 ⓬ 작게 ⓭ 상쇄

중단원 마무리 문제 282~285쪽

01 ②	**02** ④	**03** 2	**04** ③	**05** ⑤	**06** ①
07 ⑤	**08** ①	**09** 30°	**10** ④	**11** ③	**12** ①
13 ②	**14** ①	**15** ①	**16** ⑤	**17** ⑤	**18** ⑤
19 해설 참조	**20** 해설 참조	**21** 해설 참조			

01 꼼꼼 문제 분석

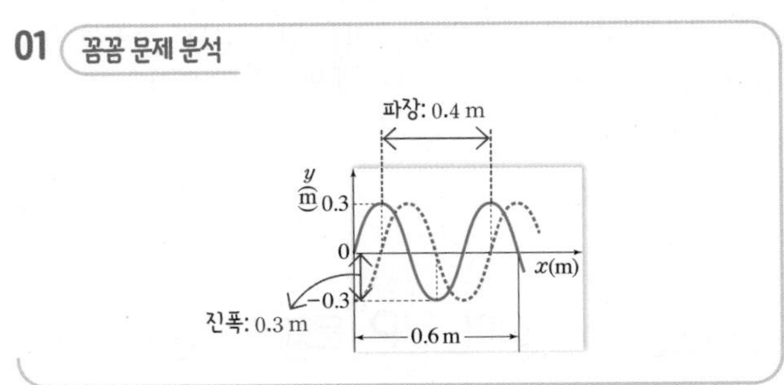

ㄴ. $\frac{1}{4}$파장이 진행하는 데 걸리는 시간이 0.2초이므로, 한 파장이 진행하는 데 걸리는 시간인 주기는 0.8초이다. 진동수는 주기의 역수이므로 $\dfrac{1}{0.8\ \text{s}}=1.25\ \text{Hz}$이다.

바로알기 ㄱ. 진폭은 진동 중심에서 마루 또는 골까지의 거리이므로 0.3 m이다.

ㄷ. 파동이 0.1 m 진행하는 데 0.2초가 걸렸으므로 속력$=\dfrac{0.1\ \text{m}}{0.2\ \text{s}}=0.5\ \text{m/s}$이다.

02 ㄱ. 빛의 굴절은 서로 다른 매질의 경계면을 통과할 때 빛의 속력이 달라지기 때문에 일어난다. 입사각보다 굴절각이 작은 경우는 빛이 속력이 빠른 매질에서 느린 매질로 진행하는 경우이다. 따라서 매질 1보다 매질 2에서 빛의 진행 속력이 느리다.

ㄴ. $\dfrac{\sin i}{\sin r}=\dfrac{v_1}{v_2}=\dfrac{\lambda_1}{\lambda_2}$이므로 법선과 이루는 각이 큰 매질에서 빛의 파장이 길다. 입사각이 굴절각보다 크므로, 빛의 파장은 매질 1에서가 매질 2에서보다 길다.

바로알기 ㄷ. $n_1\sin i=n_2\sin r$에서 $i>r$이면 $n_1<n_2$이다.

03 입사각은 입사 광선과 법선이 이루는 각이므로 45°이고, 굴절각은 굴절 광선과 법선이 이루는 각이므로 30°이다. 굴절 법칙(스넬 법칙)에 의해 $n_1\sin i=n_2\sin r$이 성립하므로, $\sqrt{2}\sin45°=n_2\sin30°$에서 매질 B의 굴절률은 $n_2=2$이다.

04 물질의 굴절률 n은 그 물질에서의 빛의 속력 v에 대한 진공에서의 빛의 속력 c의 비와 같다. 따라서 $n=\frac{c}{v}=\frac{3.0\times10^8\ \mathrm{m/s}}{v}=1.5$에서 물질에서의 빛의 속력 $v=2\times10^8\ \mathrm{m/s}$이다.

05 꼼꼼 문제 분석

파면과 파면 사이의 거리 ➡ 파장
파장이 길다. ➡ 물의 깊이가 깊다. ➡ 속력이 빠르다.
P
4 cm
6 cm
경계면
파장이 짧다. ➡ 물의 깊이가 얕다. ➡ 속력이 느리다.

물결파의 속력은 물의 깊이가 깊을수록 더 빠르다. 파동의 속력 $v=f\lambda$에서 진동수가 일정하므로 속력과 파장은 비례한다. 이때 파장은 이웃한 두 파면 사이의 거리에 해당하므로, 파면 사이의 거리가 더 넓은 쪽이 깊은 물이다.

⑤ 깊은 물에 대한 얕은 물의 굴절률은 깊은 물과 얕은 물에서의 파장 비와 같다. 즉, 굴절률$=\frac{\text{깊은 물에서의 파장}}{\text{얕은 물에서의 파장}}=\frac{6\ \mathrm{cm}}{4\ \mathrm{cm}}=1.5$이다.

바로알기 ① P점을 한 파면이 통과한 후 다음 파면이 통과하는 데 걸리는 시간은 주기에 해당하므로, 물결파의 주기는 0.5초이다. 진동수는 주기의 역수이므로 2 Hz이다.

② 물결파가 진행할 때 물의 깊이가 달라져도 진동수와 주기가 일정하므로, 얕은 물에서 물결파의 주기도 0.5초이다.

③ 깊은 물에서의 물결파의 파장 $\lambda=6$ cm, 진동수 $f=2$ Hz이므로, 물결파의 속력 $v=f\lambda=2\ \mathrm{Hz}\times6\ \mathrm{cm}=12\ \mathrm{cm/s}$이다.

④ 얕은 물에서의 물결파의 파장 $\lambda=4$ cm, 진동수 $f=2$ Hz이므로, 물결파의 속력 $v=f\lambda=2\ \mathrm{Hz}\times4\ \mathrm{cm}=8\ \mathrm{cm/s}$이다.

06 꼼꼼 문제 분석

신기루는 빛이 밀도가 균일하지 않은 공기층을 통과하면서 속력이 변하여 연속적으로 굴절하여 나타나는 현상이다.

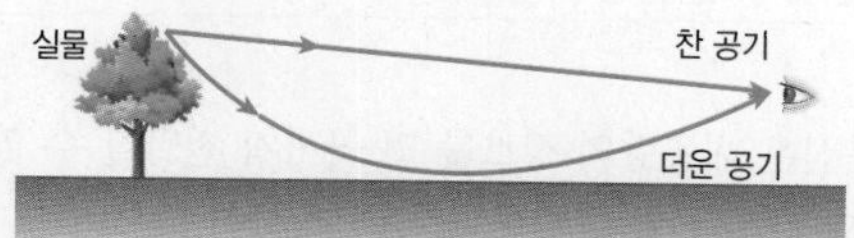

지면 가까이의 공기 온도가 높아짐 ➡ 지면 쪽 공기의 밀도가 작아짐 ➡ 지면 쪽 빛의 속력이 빨라짐 ➡ 빛이 굴절함

ㄱ. 같은 매질이라도 온도, 밀도와 같은 특성이 달라지면 빛의 속력이 달라져서 빛의 굴절이 일어난다. 신기루는 공기층의 밀도 차에 의한 빛의 굴절로 발생하는 현상이다.

바로알기 ㄴ. 더운 공기는 밀도가 작아서 빛의 속력이 빠르며, 찬 공기는 밀도가 커서 빛의 속력이 느리다.

ㄷ. 지표 근처의 공기가 차갑고, 위쪽의 공기가 더울 때에도 빛의 굴절이 일어나 물체가 공중에 떠 보이는 신기루가 발생한다.

07 ㄱ. (가)는 낮과 밤에 각각 지표면으로부터의 높이에 따라 공기의 온도가 연속적으로 변하고, 그에 따라 소리의 속력이 변하여 굴절하는 현상이며, (나)는 해안선이 바다 쪽으로 돌출한 부분과 오목한 부분의 물의 깊이가 연속적으로 변함에 따라 물결파의 속력이 변하여 굴절하는 현상이다.

ㄴ. (가)에서는 공기의 온도가 높을수록 공기의 밀도가 작아 소리의 속력이 빠르다.

ㄷ. (나)에서는 해안선에 가까울수록 물의 깊이가 얕아서 물결파의 속력이 느리다.

08 꼼꼼 문제 분석

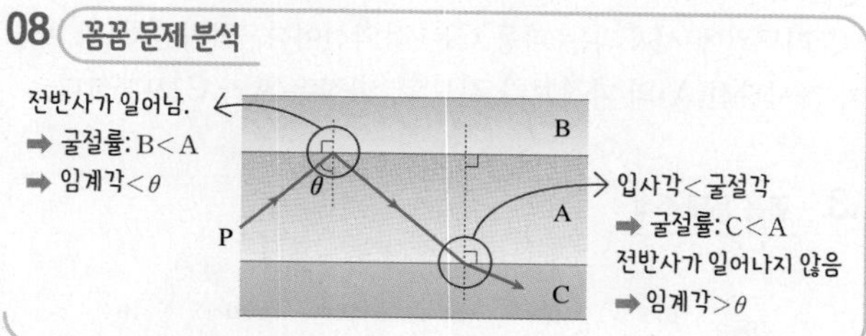

ㄱ. 전반사는 굴절률이 큰 매질에서 작은 매질로 빛이 입사할 때 일어날 수 있다. P가 A에서 B로 입사할 때 전반사가 일어날 수 있으므로, 굴절률은 $B<A$이다. 또 빛이 굴절할 때 법선과 이루는 각이 작은 쪽 매질의 굴절률이 크다. 빛이 A에서 C로 입사할 때 입사각$<$굴절각이므로 굴절률은 $C<A$이다. 따라서 굴절률은 A가 가장 크다.

바로알기 ㄴ. 굴절률이 A가 C보다 크므로, P가 굴절률이 작은 C에서 굴절률이 큰 A로 진행할 때 전반사하지 않는다.

ㄷ. 전반사는 입사각이 임계각보다 클 때 일어난다. P가 A와 B의 경계면에서 전반사하므로 A와 B 사이의 임계각은 θ보다 작고, A와 C의 경계면에서 전반사하지 않으므로 A와 C 사이의 임계각은 θ보다 크다. 따라서 임계각은 P가 A에서 B로 입사할 때가 A에서 C로 입사할 때보다 작다.

09 입사각을 i, 굴절각을 r, 원의 반지름을 R라 할 때 공기에 대한 A의 굴절률은 $\frac{\sin i}{\sin r}=\frac{\frac{\overline{\mathrm{PQ}}}{R}}{\frac{\overline{\mathrm{RS}}}{R}}=\frac{\overline{\mathrm{PQ}}}{\overline{\mathrm{RS}}}=\frac{3}{1.5}=2$이다. A에서 공기로 빛이 입사할 때 임계각을 θ_c라 하면 $\sin\theta_c=\frac{1}{2}$이므로 $\theta_c=30°$이다.

10 ㄱ. 광섬유에서 코어의 굴절률이 클래딩의 굴절률보다 크고 굴절률이 클수록 빛의 속력이 느리므로, 빛의 속력은 코어에서가 클래딩에서보다 느리다.

ㄷ. 전반사는 입사각이 임계각보다 클 때 일어난다. (나)에서 입사각 θ_2는 (가)에서의 임계각 θ_1보다 크므로 $\theta_1<\theta_2$이다.

바로알기 ㄴ. 전반사는 빛이 굴절률이 큰 매질에서 작은 매질로 진행할 때 일어날 수 있으므로, 굴절률은 B가 A보다 크다. 따라서 광섬유의 코어로 굴절률이 큰 B를 사용해야 한다.

11 ㄱ, ㄴ. 광섬유에서는 빛의 전반사가 일어나 에너지 손실이 적으므로, 대용량의 정보를 먼 곳까지 전달할 수 있다.

바로알기 ㄷ. 광통신은 송신기에서 전기 신호가 빛 신호로 바뀌어 광섬유를 통해 전달되고 수신기에서 빛 신호가 전기 신호로 바뀌므로, 전기 신호 → 빛 신호 → 전기 신호의 변환을 거친다.

12 ㄱ. A는 가시광선으로 전자기파의 한 종류이므로 매질이 없어도 전파된다.

바로알기 ㄴ. B는 소리이므로 공기 또는 다른 매질의 진동으로 전파된다.

ㄷ. 리모컨에 사용되는 파동 C는 적외선이다. 적외선(C)의 파장이 가시광선(A)의 파장보다 길므로, 파장은 A가 C보다 짧다.

13 꼼꼼 문제 분석

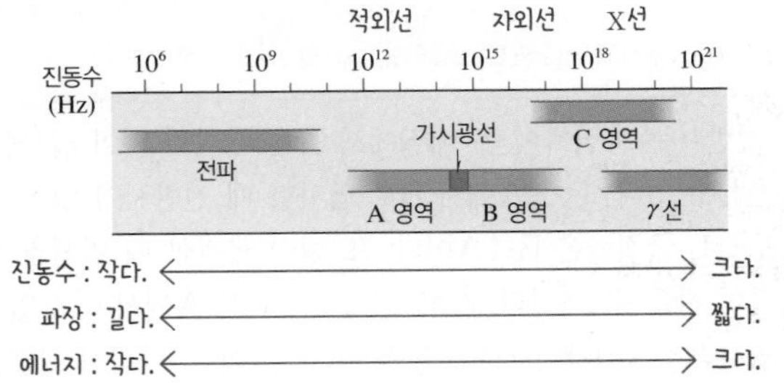

적외선 자외선 X선

진동수 (Hz) 10^6 10^9 10^{12} 10^{15} 10^{18} 10^{21}

전파 / 가시광선 / A 영역 / B 영역 / C 영역 / γ선

진동수 : 작다. ⟷ 크다.

파장 : 길다. ⟷ 짧다.

에너지 : 작다. ⟷ 크다.

A 영역은 적외선, B 영역은 자외선, C 영역은 X선에 해당한다.

ㄴ. 위조지폐 감별에 이용되는 전자기파는 자외선으로 B 영역에 해당한다.

바로알기 ㄱ. A 영역은 적외선에 해당한다.

ㄷ. 전자레인지에 사용되는 전자기파는 마이크로파로 전파에 속한다. C 영역은 X선으로 의료 장비에 이용된다.

14 ㄱ. (가)는 X선으로 투과력이 강하므로 공항에서 수하물 검색에도 이용된다.

바로알기 ㄴ. 진공에서 전자기파의 속력은 파장에 관계없이 일정하므로, 진공에서의 속력은 (나)와 (다)가 같다.

ㄷ. (가)는 X선, (나)는 가시광선, (다)는 마이크로파이다. 파장의 길이는 X선 < 가시광선 < 마이크로파이므로, 파장은 (다)가 가장 길다.

15 중첩 원리에 의해 파동 A, B가 점 P를 지날 때 겹쳐진 파동의 모습은 두 파동을 합한 모습이므로 최대 진폭은 3 cm이다.

16 ㄱ. Q에서 중첩된 소리의 세기가 최소가 되는 상쇄 간섭이 일어나므로, O에서 $-x$ 방향으로 Q와 같은 거리만큼 떨어진 P에서도 상쇄 간섭이 일어난다.

ㄴ. O에서 중첩된 소리의 세기가 최대가 되는 보강 간섭이 일어나므로, O에서는 두 소리가 같은 위상으로 중첩된다.

ㄷ. 소리의 진동수를 증가시키면 소리의 파장이 짧아진다. 파장이 짧아지면 간섭이 일어나는 간격이 작아지므로 O에 더 가까운 지점에서 상쇄 간섭이 일어난다. 따라서 소리의 진동수를 증가시키면 O와 Q 사이에 소리의 세기가 최소인 점이 생긴다.

17 ㄴ. B는 두 파원으로부터의 거리가 같으므로 두 물결파가 같은 위상으로 만나는 보강 간섭이 일어난다. 보강 간섭이 일어나는 곳의 수면은 크게 진동하므로, 밝고 어두운 무늬가 교대로 나타난다. 즉, B에서는 밝기가 크게 변한다.

ㄷ. C는 S_1, S_2로부터의 거리가 각각 2.5 cm, 2 cm인 지점이므로, C에 도달하는 두 물결파의 경로차는 2.5 cm − 2 cm = 0.5 cm이다.

바로알기 ㄱ. A에서는 두 파동의 골과 골이 만나므로, 두 파동이 같은 위상으로 만난다. 따라서 A에서는 보강 간섭이 일어난다.

18 ㄱ. (가)는 두 파동이 같은 위상으로 만나 진폭이 커지는 보강 간섭이다.

ㄴ. 악기에서 발생한 소리가 울림통에서 보강 간섭을 하면 더 큰 소리가 나므로, 악기의 울림통은 (가)의 원리를 이용한다.

ㄷ. 소음 제거 기술은 소음과 반대인 소리를 발생시켜서 소음과 상쇄 간섭을 하도록 하여 소음을 줄이는 기술이다. 따라서 소음 제거 기술은 (나)의 원리를 이용한다.

19 매질에 따라 빛의 속력이 다르기 때문에 진행 방향이 꺾여 빛이 굴절한다.

모범 답안 빛의 굴절은 매질에 따라 빛의 속력이 다르기 때문에 나타나는 현상이다. 매질의 굴절률은 매질에서의 빛의 속력에 대한 진공에서의 빛의 속력의 비로, 매질에서의 빛의 속력이 느릴수록 굴절률이 크다.

채점 기준	배점
굴절 현상이 일어나는 까닭과 매질에서의 빛의 속력과 굴절률의 관계를 모두 옳게 서술한 경우	100 %
굴절 현상이 일어나는 까닭과 매질에서의 빛의 속력과 굴절률의 관계 중 한 가지만 옳게 서술한 경우	50 %

20 광통신은 대용량의 정보를 먼 곳까지 전달할 수 있고, 외부 전자기파의 간섭을 받지 않아 잡음과 혼선이 없으며 도청이 어렵다. 또 빛에너지의 손실이 매우 작아 광 증폭기를 설치하는 구간 사이의 거리가 길다는 장점이 있다.

모범 답안 광통신의 원리: 광섬유에서의 빛의 전반사를 이용하는 통신이다.

장점: • 대용량의 정보 전송이 쉽다.

• 잡음과 혼선이 없고 도청이 불가능하다.

• 빛에너지의 손실이 적어 증폭기를 설치하는 구간 사이의 거리가 길다. 등

채점 기준	배점
광통신의 원리와 장점을 모두 옳게 서술한 경우	100 %
광통신의 원리와 장점 중 한 가지만 옳게 서술한 경우	50 %

21 비행기 외부의 큰 소음이 비행기 내부로 들리는 것을 줄이기 위해, 마이크로 외부 소음을 입력 받아 비행기 내부에 외부 소음과 같은 소리를 내는 스피커를 설치하고 발생하는 소리에 시차를 두어 소음의 파동과 위상이 반대가 되도록 조작하여 두 소리가 상쇄 간섭을 하게 한다.

모범 답안 마이크로 외부 소음을 입력 받아 스피커를 통해 소음과 반대 위상인 파동을 발생시키면 소음과 상쇄 간섭을 하여 소음을 줄인다.

채점 기준	배점
소음 제거 원리와 함께 마이크와 스피커의 역할을 옳게 서술한 경우	100 %
소음 제거 원리만 옳게 서술한 경우	50 %

수능 실전 문제

287~291쪽

01 ③ 02 ④ 03 ④ 04 ② 05 ① 06 ③
07 ③ 08 ⑤ 09 ③ 10 ③ 11 ① 12 ②
13 ④ 14 ④ 15 ③ 16 ⑤ 17 ② 18 ②
19 ③ 20 ④

01 꼼꼼 문제 분석

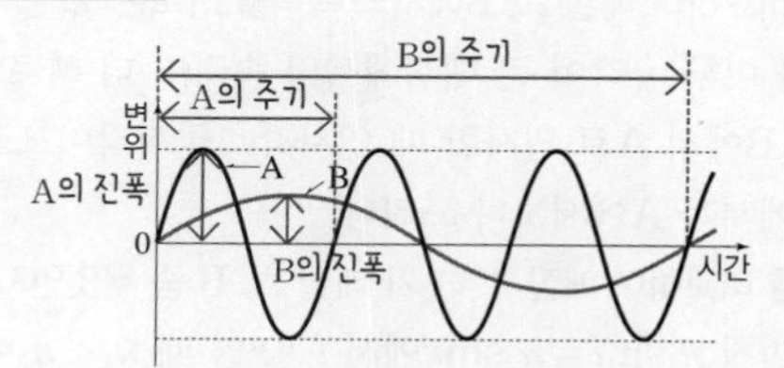

선택지 분석

ㄱ. 진폭은 A가 B보다 크다.
ㄴ. 파장은 A가 B의 3배이다. $\frac{1}{3}$
ㄷ. 진동수는 A가 B의 3배이다.

전략적 풀이 ❶ 최대 변위의 크기가 진폭임을 알고, A, B의 최대 변위의 크기를 비교한다.

ㄱ. 최대 변위의 크기는 A가 B보다 크므로, 진폭은 A가 B보다 크다.

❷ 변위-시간 그래프에서 A, B 주기의 비를 구하고, 파동의 속력의 식에서 A, B의 파장을 비교한다.

ㄴ. 파동의 속력$\left(v=\frac{\lambda}{T}\right)$은 파장을 주기로 나눈 값이다. A, B의 속력이 같을 때, 파장은 주기에 비례한다. 주기는 A가 B의 $\frac{1}{3}$배이므로, 파장도 A가 B의 $\frac{1}{3}$배이다.

❸ 진동수는 주기의 역수임을 알고, A와 B의 진동수를 비교한다.

ㄷ. 주기는 A가 B의 $\frac{1}{3}$배이므로, 진동수는 A가 B의 3배이다.

02 꼼꼼 문제 분석

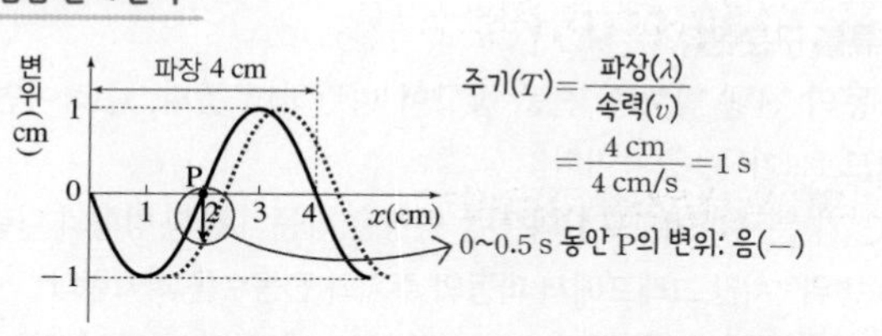

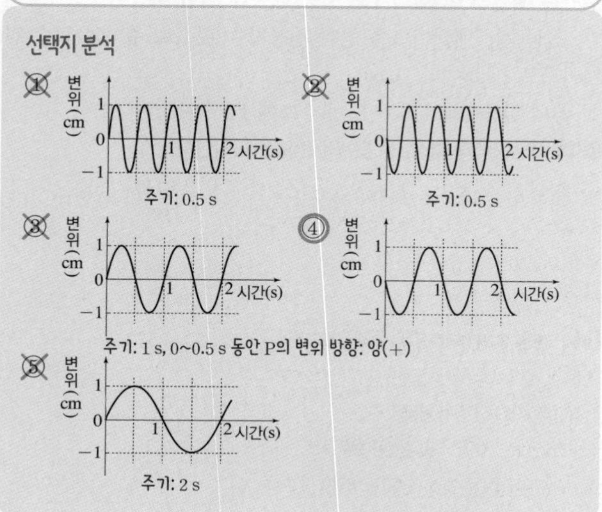

전략적 풀이 ❶ 변위-위치 그래프에서 파장을 구한 후, 문제에서 주어진 속력으로부터 파동의 주기를 구한다.

파동의 속력$(v)=\frac{\text{파장}(\lambda)}{\text{주기}(T)}$에서 주기 $T=\frac{\lambda}{v}=\frac{4\text{ cm}}{4\text{ cm/s}}=1\text{ s}$이다.

❷ 파동의 진행 방향으로 파동을 약간 이동시켜 그려 $\frac{T}{2}$ 동안 P의 변위의 방향을 파악한 후, P의 변위를 시간에 따라 나타낸 그래프를 찾는다.

$+x$ 방향으로 파동을 약간 이동시켜 그려보면 P의 운동 방향은 아래 방향이다. 따라서 주기가 1초이고, 0~0.5초 동안 P의 변위가 음(−)인 ④가 적절한 그래프이다.

03 꼼꼼 문제 분석

종파의 변위-시간 그래프는 용수철상의 한 점이 앞뒤로 진동하는 모습을 시간에 따라 나타낸 것으로, 횡파의 변위-시간 그래프와 같이 분석할 수 있다.

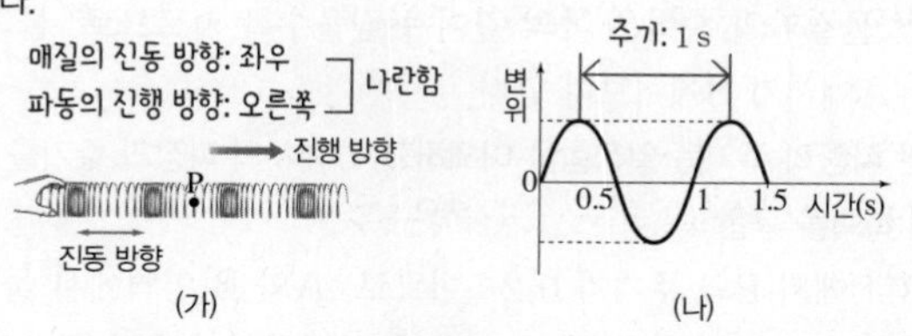

선택지 분석

ㄱ. 파장은 0.2 m이다.
ㄴ. P의 진동 방향은 파동의 진행 방향과 나란하다.
ㄷ. P는 1초에 2회 진동한다. 1회

전략적 풀이 ❶ 파동의 진행 방향과 진동 방향의 관계에 따라 파동의 종류를 구분한다.

파동의 진행 방향과 진동 방향이 나란하면 종파, 수직이면 횡파이므로 (가)는 종파이다.

ㄴ. (가)는 종파이므로 P의 진동 방향은 파동의 진행 방향과 나란하다.

❷ 변위-시간 그래프에서 파동의 주기와 진동수를 파악한다.

주기는 매질의 한 점이 1회 진동하는 데 걸린 시간이므로 1초이다. 진동수는 매질이 1초 동안 진동하는 횟수로 주기와 역수 관계이므로 1 Hz이다.

ㄷ. P의 진동수는 1 Hz이므로 1초에 1회 진동한다.

❸ 파동의 속력과 파장, 진동수의 관계를 파악한다.

ㄱ. 파동의 속력 $v=f\lambda$에서 파장 $\lambda=\frac{v}{f}=\frac{0.2\text{ m/s}}{1\text{ Hz}}=0.2\text{ m}$이다.

04 꼼꼼 문제 분석

파장: A<B ➡ 속력: A<B ➡ 깊이: A<B

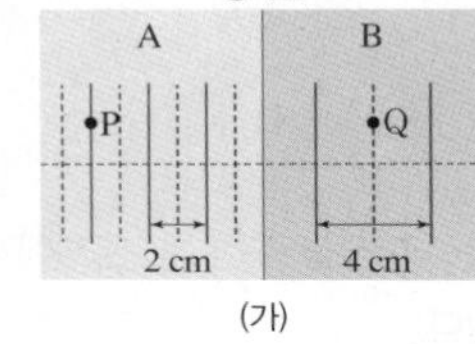

(가)

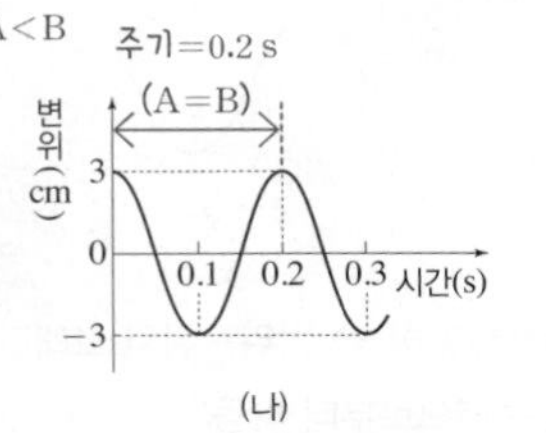

(나)

선택지 분석

ㄱ. 물의 깊이는 A에서가 B에서보다 깊다. 얕다.

ㄴ. B에서 속력은 20 cm/s이다.

ㄷ. 0.3초 때 Q의 변위는 −3 cm이다. +3 cm

전략적 풀이 ❶ 진동수가 일정한 물결파의 파장과 속력의 관계를 이해하고 A와 B에서 물결파의 속력을 비교한 후, A와 B에서 물의 깊이를 비교한다.

ㄱ. 물결파의 진동수 f는 일정하므로, 파동의 속력의 식 $v=f\lambda$에서 물결파의 속력 v는 파장 λ에 비례한다. 파장은 A에서가 B에서보다 짧으므로, 물결파의 속력은 A에서가 B에서보다 느리다. 한편, 물결파의 속력은 물의 깊이가 깊을수록 빠르므로, 물의 깊이는 A에서가 B에서보다 얕다.

❷ 한 파동의 주기는 일정함을 이해하고, B에서의 파장과 주기를 파악하여 속력을 구한다.

ㄴ. (나)에서 P의 주기가 0.2초이므로, A와 B 영역에서 물결파의 주기는 0.2초로 일정하다. (가)의 B 영역에서의 파장이 4 cm이므로, 파동의 속력 $v=\frac{\lambda}{T}=\frac{4\text{ cm}}{0.2\text{ s}}=20\text{ cm/s}$이다.

❸ (나)에서 0.3초 때 P의 변위를 파악하여 Q의 변위를 구한다.

ㄷ. (가)에서 P는 마루, Q는 골이다. (나)에서 0.3초 때 P가 골이 되므로 Q는 마루가 된다. 따라서 0.3초 때 Q의 변위는 +3 cm이다.

05 꼼꼼 문제 분석

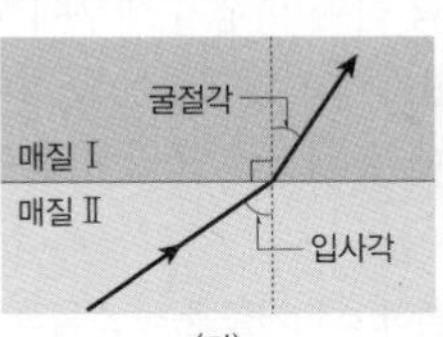

(가)

입사각>굴절각
➡ 파장: 매질 Ⅱ>매질 Ⅰ
➡ 굴절률: 매질 Ⅱ<매질 Ⅰ

입사각 굴절각 매질 A 매질 B

(나)

입사각<굴절각
➡ 속력: 매질 B<매질 A
➡ 굴절률: 매질 B>매질 A

선택지 분석

ㄱ. (가)에서 파동의 파장은 Ⅱ에서가 Ⅰ에서보다 길다.

ㄴ. (나)에서 파동의 속력은 B에서가 A에서보다 빠르다. 느리다.

ㄷ. Ⅰ은 A이다. B

전략적 풀이 ❶ (가)에서 파동이 매질 Ⅱ에서 매질 Ⅰ로 입사할 때 입사각과 굴절각의 크기를 비교하여 매질 Ⅰ, Ⅱ에서의 파장을 비교한다.

ㄱ. 법선과 이루는 각이 큰 매질에서의 파장이 더 길다. (가)에서 파동이 매질 Ⅱ에서 매질 Ⅰ로 입사할 때 입사각>굴절각이므로, 파동의 파장은 Ⅱ에서가 Ⅰ에서보다 길다.

❷ (나)에서 파동이 매질 B에서 매질 A로 입사할 때 입사각과 굴절각의 크기를 비교하여 매질 A, B에서의 속력을 비교한다.

ㄴ. 법선과 이루는 각이 큰 매질에서의 속력이 더 빠르다. (나)에서 파동이 B에서 A로 입사할 때 입사각<굴절각이므로, 파동의 속력은 B에서가 A에서보다 느리다.

❸ 굴절률을 비교하여 매질 Ⅰ, Ⅱ가 매질 A, B 중 무엇인지 파악한다.

ㄷ. 굴절 법칙 $n_1\sin i=n_2\sin r$에서 $i>r$일 때 $n_1<n_2$이므로, 법선과 이루는 각이 작은 매질의 굴절률이 더 크다. (가)에서 입사각>굴절각이므로, 매질 Ⅱ는 굴절률이 작은 매질이고, 매질 Ⅰ은 굴절률이 큰 매질이다. (나)에서 입사각<굴절각이므로, 매질 B는 굴절률이 큰 매질이고, 매질 A는 굴절률이 작은 매질이다. 따라서 Ⅰ은 B이다.

06 꼼꼼 문제 분석

입사각<굴절각 ➡ 속력: 매질 Ⅰ<공기

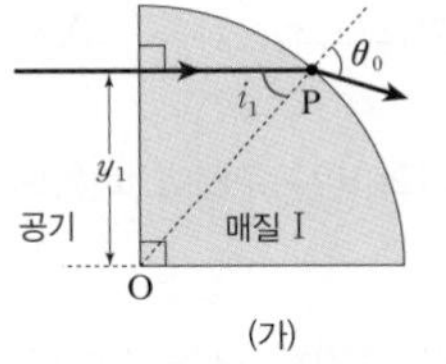

(가)

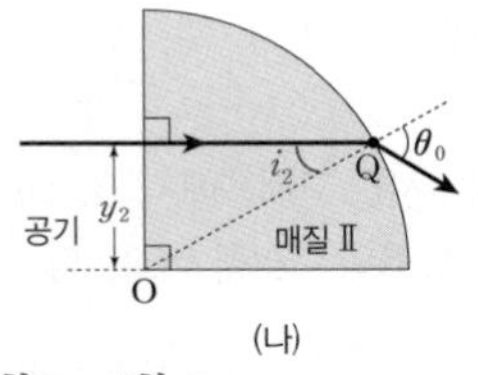

(나)

굴절되는 정도: P<Q ➡ 굴절률: 매질 Ⅰ<매질 Ⅱ

선택지 분석

ㄱ. 빛의 속력은 Ⅰ에서가 공기에서보다 느리다.

ㄴ. 입사각은 P에서가 Q에서보다 크다.

ㄷ. 굴절률은 Ⅰ이 Ⅱ보다 크다. 작다.

전략적 풀이 ❶ (가)에서 빛이 매질 Ⅰ에서 공기로 진행할 때 입사각과 굴절각의 크기를 비교하여 매질 Ⅰ과 공기에서의 속력을 비교한다.

ㄱ. (가)에서 빛이 매질 Ⅰ에서 공기로 진행할 때 입사각이 굴절각보다 작다. 법선과 이루는 각이 작은 매질에서의 빛의 속력이 더 느리므로, 빛의 속력은 Ⅰ에서가 공기에서보다 느리다.

❷ y_1, y_2를 비교하여 P와 Q에서 입사각의 크기를 비교한다.

ㄴ. P와 Q에서 입사각을 각각 i_1, i_2라고 할 때 $\sin i_1 = \frac{y_1}{\overline{OP}}$이고, $\sin i_2 = \frac{y_2}{\overline{OQ}}$이다. $\overline{OP} = \overline{OQ}$이고 $y_1 > y_2$이므로, 입사각은 P에서가 Q에서보다 크다.

❸ P와 Q에서 굴절되는 정도를 비교하여 Ⅰ과 Ⅱ의 굴절률을 비교한다.

ㄷ. 굴절각은 P에서와 Q에서가 같지만 입사각은 P에서가 Q에서보다 크므로, 굴절되는 정도는 P에서가 Q에서보다 작다. 굴절되는 정도가 작을수록 굴절률이 작으므로, 굴절률은 Ⅰ이 Ⅱ보다 작다.

07 꼼꼼 문제 분석

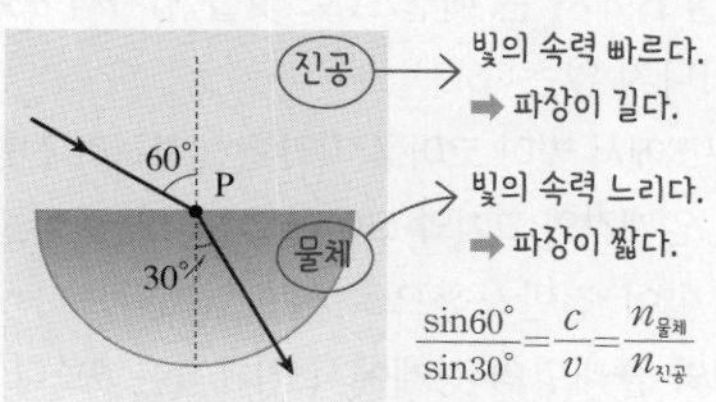

선택지 분석

㉠ 물체에서 빛의 속력은 $\frac{c}{\sqrt{3}}$이다.

㉡ 빛의 파장은 물체에서가 진공에서보다 짧다.

~~ㄷ~~. 물체의 굴절률은 2이다. $\sqrt{3}$

전략적 풀이 ❶ 굴절 법칙을 이용하여 식을 세우고 물체에서의 빛의 속력을 구한 후 파장의 변화를 파악한다.

ㄱ. $\frac{\sin i}{\sin r} = \frac{c}{v}$에서 $\frac{\sin 60°}{\sin 30°} = \frac{c}{v}$이므로, 물체에서 빛의 속력 $v = \frac{c}{\sqrt{3}}$이다.

❷ 빛의 속력은 굴절률이 큰 매질을 통과할 때 느려짐을 이해한다.

ㄴ. 진동수가 일정할 때 빛의 파장은 속력에 비례하므로, 파장은 물체에서가 진공에서보다 $\frac{1}{\sqrt{3}}$배로 짧아진다.

❸ 굴절 법칙을 이용하여 식을 세우고 물체의 굴절률을 구한다.

ㄷ. $\frac{\sin i}{\sin r} = \frac{n_{물체}}{n_{진공}}$에서 $\frac{\sin 60°}{\sin 30°} = \frac{n_{물체}}{1}$이므로, 물체의 굴절률은 $n_{물체} = \sqrt{3}$이다.

08 꼼꼼 문제 분석

(가)

(나)

(가) 지표면 가까이에 있는 더운 공기의 밀도는 상층의 공기보다 작아서 빛의 속력은 빠르다. 이 경우에 물체에서 나오는 빛은 두 개의 경로를 통해서 눈에 들어오는데, 그 중에서 굴절에 의한 빛은 마치 지표면에서 반사된 것과 같은 물체의 모습을 만든다. 이 때문에 중간에 반사면이 있는 것처럼 보이며, 이것은 마치 물과 같이 보인다.

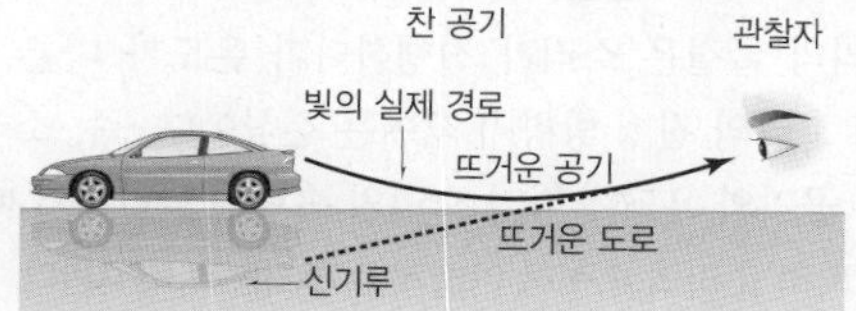

(나) 물의 온도가 낮은 수면 가까이에 있는 찬 공기의 밀도가 상층의 따뜻한 공기보다 큰 경우에 빛의 굴절로 인해 물체가 공중에 떠올라 보이는 신기루가 나타난다.

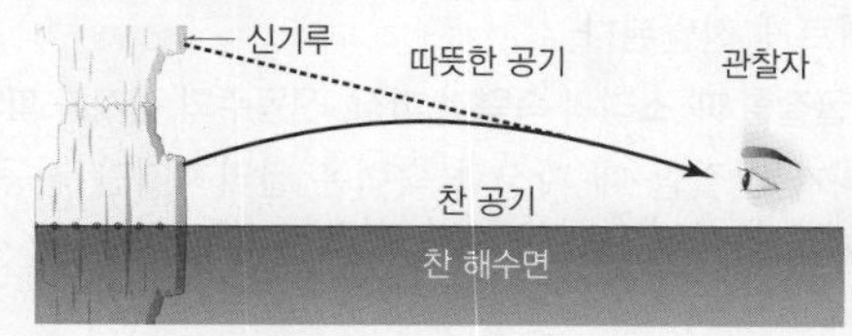

선택지 분석

㉠ (가), (나)는 모두 빛이 굴절하여 생긴 현상이다.

㉡ (가)는 지면에 가까울수록 공기의 굴절률이 작다.

㉢ (나)에서 빛의 경로는 맑은 날 밤에 먼 곳의 소리가 잘 들릴 때 소리가 진행하는 경로와 같다.

전략적 풀이 ❶ 지표면으로부터의 높이에 따라 밀도가 다르기 때문에 대기 중에서 나타나는 빛의 굴절 현상이 신기루임을 이해한다.

ㄱ. 먼 곳에서 오는 빛이 밀도가 다른 공기층을 통과할 때 연속적으로 굴절하여 관찰자의 눈에 들어오기 때문에 생기는 현상이다.

❷ 신기루가 보이는 위치에 따라 빛의 굴절 방향을 파악하여 지표면으로부터 높이에 따라 빛의 속력 변화를 분석한 후, 빛의 속력과 공기의 굴절률의 관계를 이해한다.

ㄴ. (가)는 신기루가 아래쪽에 보이므로, 먼 곳에서 지면을 향하는 빛이 위로 굴절하여 관찰자의 눈으로 들어온다. 빛은 속력이 느린 매질을 향하는 방향으로 굴절하므로, 지면에 가까울수록 빛의 속력이 빠르며 빛의 속력이 빠를수록 공기의 굴절률은 작다.

❸ 낮과 밤에 일어나는 소리의 굴절 현상을 이해한 후 (나)와 비교한다.

ㄷ. (나)에서 빛이 아래로 굴절하므로, 맑은 날 밤에 먼 곳에서 위로 향하는 소리가 아래로 굴절하여 지면에서 잘 들릴 때 소리가 진행하는 경로와 같다.

09

선택지 분석

철수: 소리가 굴절되는 것은 공기의 온도에 따라 소리의 속력이 달라지기 때문이야.

영희: 소리는 찬 공기에서보다 따뜻한 공기에서 더 빠르게 전달돼.

~~민수~~: 소리는 굴절되는 과정에서 진동수가 달라져. 일정해.

전략적 풀이 ❶ 소리가 굴절되는 까닭을 파악한다.

철수: 소리의 굴절은 소리가 진행하다가 온도가 다른 공기층을 만났을 때 소리의 진행 방향이 꺾이는 현상이다. 즉, 소리가 굴절되는 것은 공기의 온도에 따라 소리의 속력이 달라지기 때문이다.

❷ 온도에 따라 소리의 속력이 어떻게 달라지는지 파악한다.

영희: 소리(음파)는 공기 분자의 진동에 의해 에너지가 전달되는 현상이다. 온도가 높으면 공기 분자의 진동 속도가 커지므로 소리가 더 빠르게 전달된다.

❸ 소리가 굴절할 때 소리의 속력과 파장, 진동수의 관계를 파악한다.

민수: 소리가 굴절할 때 파장과 속력은 달라지지만 진동수는 일정하다.

10 꼼꼼 문제 분석

입사각	매질 A	매질 B
34°	×	×
38°	○	×
42°	○	○
46°	○	○

(○: 전반사가 일어남, ×: 전반사가 일어나지 않음)

전반사의 조건: 입사각 > 임계각
➡ 공기와 A 사이의 임계각 < 38°
➡ 공기와 B 사이의 임계각 < 42°
➡ 굴절률: A > B

선택지 분석

ㄱ. 공기와 매질 사이의 임계각은 A일 때가 B일 때보다 작다.

~~ㄴ~~. B의 임계각은 42°보다 크다. 작다.

ㄷ. A와 B로 광섬유를 만든다면 A를 코어로 사용해야 한다.

전략적 풀이 ❶ 전반사의 조건을 파악하여 A, B의 임계각을 비교한다.

ㄱ. 전반사는 입사각이 임계각보다 클 때 일어나므로, A의 경우는 임계각이 38°보다 작고 B의 경우는 42°보다 작다. 따라서 공기와 매질 사이의 임계각은 A일 때가 B일 때보다 작다.

ㄴ. 공기와 B 사이의 임계각은 42°보다 작다.

❷ 임계각과 굴절률의 관계로부터 A, B의 굴절률의 크기를 비교하고, 광섬유에서 코어와 클래딩의 굴절률의 조건으로부터 A, B 중 어떤 것을 코어로 사용해야 하는지 파악한다.

ㄷ. 두 물질의 굴절률 차가 클수록 임계각이 작다. 공기와 매질 사이의 임계각은 A일 때가 B일 때보다 작으므로, 굴절률은 B가 A보다 작다. 광섬유에서 코어의 굴절률이 클래딩의 굴절률보다 커야 하므로, A를 코어로 사용해야 한다.

11 꼼꼼 문제 분석

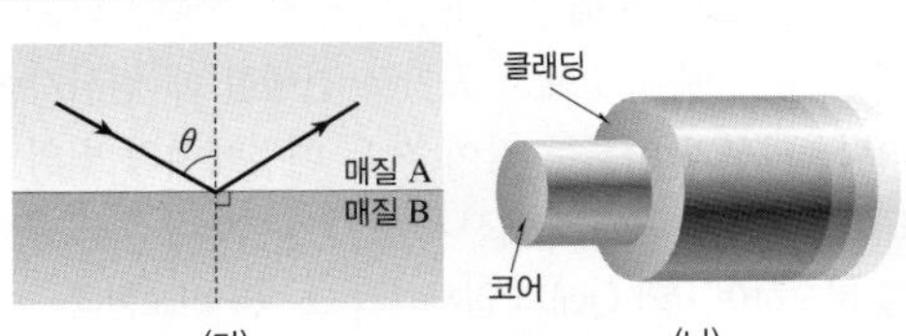
θ
매질 A
매질 B
클래딩
코어
(가)
(나)

전반사가 일어났으므로 매질 A의 굴절률은 매질 B의 굴절률보다 크다.

선택지 분석

ㄱ. (가)의 매질 B에서 매질 A로 빛을 입사각 θ로 입사시키면 전반사가 일어나지 않는다.

~~ㄴ~~. (나)의 코어와 클래딩의 경계에서 임계각은 θ보다 크다. 작다.

~~ㄷ~~. (나)에서 클래딩은 A로, 코어는 B로 만든다. (A → B, B → A)

전략적 풀이 ❶ 전반사의 조건에서 두 매질의 굴절률의 관계를 이해하고, 매질 A와 매질 B의 굴절률을 비교한다.

ㄱ. 매질 A와 B의 경계면에 입사각 θ로 입사한 빛이 전반사하므로, 매질 A의 굴절률은 매질 B의 굴절률보다 크다. 따라서 굴절률이 작은 매질 B에서 큰 매질 A로 빛을 입사각 θ로 입사시키면 전반사가 일어나지 않는다.

❷ 광섬유의 구조에서 빛이 코어를 따라 전반사하며 진행하기 위한 조건을 이해하고, 임계각의 크기와 코어와 클래딩의 굴절률을 파악한다.

ㄴ. (가)에서 빛이 전반사하므로 θ는 임계각보다 크다. 따라서 (나)에서 코어와 클래딩의 경계에서 임계각은 θ보다 작다.

ㄷ. (나)에서 클래딩은 굴절률이 작은 B로, 코어는 굴절률이 큰 A로 만든다.

12 꼼꼼 문제 분석

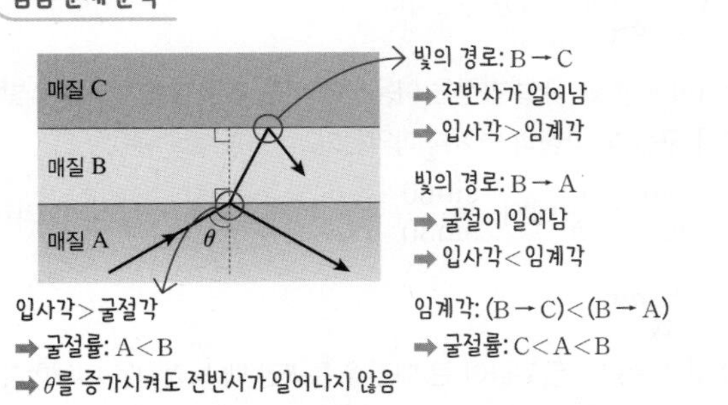
매질 C
매질 B
매질 A
θ
빛의 경로: B → C
➡ 전반사가 일어남
➡ 입사각 > 임계각
빛의 경로: B → A
➡ 굴절이 일어남
➡ 입사각 < 임계각
입사각 > 굴절각
➡ 굴절률: A < B
➡ θ를 증가시켜도 전반사가 일어나지 않음
임계각: (B → C) < (B → A)
➡ 굴절률: C < A < B

선택지 분석

~~ㄱ~~. 입사각 θ를 증가시키면 A와 B의 경계면에서 전반사가 일어날 수 있다. 없다.

ㄴ. 굴절률은 A가 C보다 크다.

~~ㄷ~~. B와 C사이의 임계각은 θ보다 크다. 작다.

전략적 풀이 ❶ A와 B의 경계면에서 입사각과 굴절각의 크기를 비교하여 A와 B의 굴절률의 크기를 비교한 후, 전반사가 일어나는 조건인지 파악한다.

ㄱ. 빛이 굴절할 때 법선과 이루는 각이 작은 쪽 매질의 굴절률이 크다. 빛이 A에서 B로 입사할 때 입사각 > 굴절각이므로 굴절률은 A < B이다. 전반사는 굴절률이 큰 매질에서 작은 매질로 빛이 입사할 때 일어날 수 있으므로, 입사각 θ의 크기와 관계없이 A와 B의 경계면에서 전반사가 일어날 수 없다.

❷ 빛이 B에서 C로 진행할 때의 입사각과 B에서 A로 진행할 때의 입사각이 같은 조건에서 전반사의 여부에 따라 A, B, C의 굴절률의 크기를 비교한다.

ㄴ. A와 B의 경계면에서의 굴절각을 r라고 하면, 단색광은 B와 C의 경계면에 입사각 r로 입사하며 전반사하므로, 입사각 r는 B와 C 사이의 임계각보다 크다. 빛이 B에서 A로 입사각 r로 입사할 때의 경로는 빛이 A에서 B로 입사각 θ로 입사할 때의 경로와 같으므로 굴절한다. 즉, 빛이 B에서 A로 입사각 r로 입사할 때 전반사하지 않으므로, 입사각 r는 B와 A 사이의 임계각보다 작다. 따라서 임계각은 B와 C 사이에서가 B와 A 사이에서보다 작다. 두 매질의 굴절률 차가 클수록 임계각의 크기가 작으므로, 굴절률의 차는 B와 C 사이에서가 B와 A 사이에서보다 크다. 즉, 굴절률은 C < A < B이므로, 굴절률은 A가 C보다 크다.

❸ 전반사의 조건으로부터 B와 C 사이의 입사각과 임계각의 크기를 비교한다.

ㄷ. B와 C 사이의 입사각은 임계각보다 크고, B와 C 사이의 입사각은 θ보다 작으므로, B와 C 사이의 임계각은 θ보다 작다.

13 꼼꼼 문제 분석

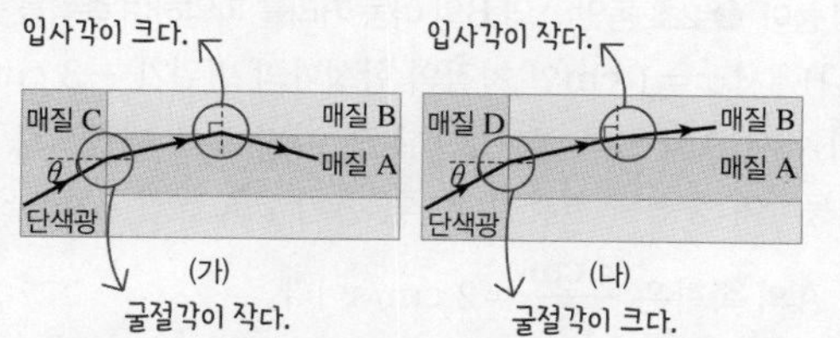

매질 C, D에서 광섬유의 코어(매질 A)로 빛이 입사할 때, 굴절각 r는 매질 C 또는 매질 D와 A의 경계면에 법선을 그어 찾는다. 또 코어(매질 A)에서 클래딩(매질 B)으로 빛이 입사할 때는 매질 A와 B의 경계면의 법선에 대해 입사각을 찾아야 한다.

선택지 분석

ㄱ. 굴절률은 A가 B보다 크다. (○)
ㄴ. 단색광의 속력은 C에서가 D에서보다 빠르다. (○)
ㄷ. (나)에서 θ를 증가시키면 A와 B의 경계면에서 전반사가 일어난다. (×) 일어나지 않는다.

전략적 풀이 ❶ 매질 A와 B의 경계면에서 일어나는 전반사의 조건으로부터 두 매질의 굴절률을 파악한다.

ㄱ. (가)에서 매질 A에서 매질 B로 입사한 빛이 전반사하므로, 굴절률은 A가 B보다 크다.

❷ (가)와 (나)에서 같은 입사각 θ에 대해 굴절각의 크기를 비교하여, C와 D에서의 단색광의 속력을 비교한다.

ㄴ. (가)와 (나)에서 같은 입사각 θ에 대해 굴절각은 (가)의 경우가 더 작다. $\frac{\sin\theta}{\sin r}=\frac{n_2}{n_1}$에서 굴절각 r가 작을수록 입사하는 매질의 굴절률 n_1이 더 작으므로, (가)의 매질 C의 굴절률이 (나)의 매질 D의 굴절률보다 작다. 굴절률이 작을수록 빛의 속력은 빠르므로, 단색광의 속력은 C에서가 D에서보다 빠르다.

❸ (나)에서 θ를 증가시킬 때 A와 B의 경계면에서의 입사각은 어떻게 변하는지 파악한다.

ㄷ. (나)에서 입사각 θ를 증가시키면 굴절각이 커지며, 매질 A와 B의 경계면에서 입사각은 작아지므로 전반사가 일어나지 않는다.

14 꼼꼼 문제 분석

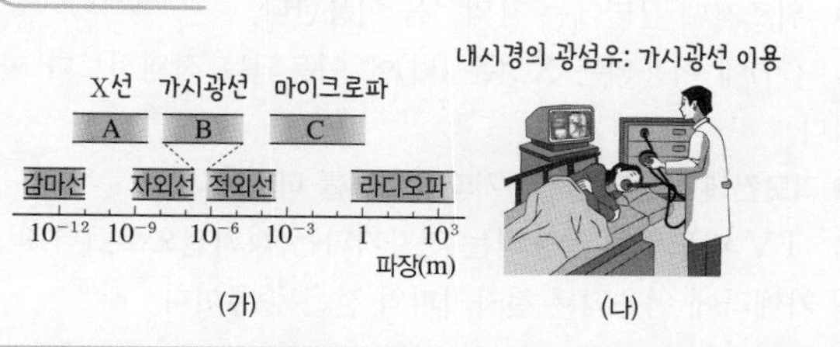

선택지 분석

ㄱ. 내시경의 광섬유를 따라 진행하는 전자기파는 A이다. (×) B
ㄴ. B는 가시광선이다. (○)
ㄷ. 레이더에 사용되는 전자기파는 C에 속한다. (○)

전략적 풀이 ❶ 전자기파를 파장에 따라 분류한 전자기파 스펙트럼에서 A, B, C의 종류를 파악한다.

ㄴ. A는 X선, B는 가시광선, C는 마이크로파이다.

❷ 내시경을 이용해 인체 내부를 관찰하거나 사진을 찍을 때 어떤 전자기파를 이용하는지 파악한다.

ㄱ. 내시경을 이용하여 인체 내부의 모습을 관찰하기 위해서는 내시경의 광섬유 다발을 통해 장기 내부에 빛을 비추고 반사되는 빛의 영상을 내시경과 연결된 화면으로 보아야 한다. 따라서 내시경의 광섬유를 따라 전반사되는 전자기파는 가시광선이므로 B이다.

❸ 레이더에 사용되는 전자기파의 종류를 파악한다.

ㄷ. 선박과 항공기 운항을 추적하거나 기상 관측에 필요한 레이더에 사용되는 전자기파는 마이크로파이므로 C이다.

15 꼼꼼 문제 분석

(가) 공항 수하물 검색

에너지가 커서 물질을 통과하는 X선을 이용하여 물체의 특성을 파악할 수 있다.

(나) 열화상 카메라

물체에서 방출하는 적외선을 감지하여 시각적으로 보여주는 카메라이다.

선택지 분석

~~ㄱ~~. (가)에 이용되는 전자기파로 위조지폐를 감별한다. 자외선

~~ㄴ~~. (가)에 이용되는 전자기파는 (나)에 이용되는 전자기파보다 파장이 길다. 짧다.

ⓒ (나)에서 열화상 카메라에 이용되는 전자기파는 텔레비전 리모컨에 이용되는 전자기파와 같은 종류이다.

전략적 풀이 ❶ 수하물 검색, 열화상 카메라에 이용되는 전자기파와 전자기파의 특성을 파악한다.

수하물 검색에 이용되는 전자기파는 X선, 열화상 카메라에 이용되는 전자기파는 적외선이다. X선은 적외선보다 파장이 짧다.

ㄱ. 위조지폐 감별에는 자외선을 이용한다.

ㄴ. (가)에 이용되는 X선은 (나)에 이용되는 적외선보다 파장이 짧다.

❷ 리모컨에 사용되는 전자기파의 종류를 파악한다.

ㄷ. TV 리모컨에 이용되는 전자기파는 적외선으로, (나)의 열화상 카메라에 이용되는 전자기파와 같은 종류이다.

16 꼼꼼 문제 분석

자외선의 성질 ➡ A: 자외선

A: 미생물을 파괴할 수 있는 살균 효과가 있다.

B: 음식물 속에 포함된 물 분자를 진동시켜 열을 발생하게 한다. 마이크로파의 성질 ➡ B: 마이크로파

C: 핵반응 과정에서 방출되며 투과력이 매우 강하다.

감마(γ)선의 성질 ➡ C: 감마(γ)선

선택지 분석

~~ㄱ~~. A는 적외선이다. 자외선

ⓛ B는 A보다 파장이 길다.

ⓒ C는 암 치료에 이용된다.

전략적 풀이 ❶ 각 특징에 해당하는 전자기파 A, B, C의 종류를 파악한다.

A는 자외선, B는 마이크로파, C는 감마(γ)선이다.

ㄱ. 미생물을 파괴할 수 있는 살균 효과가 있는 전자기파 A는 자외선이다.

❷ 파장의 크기 순서대로 나열한 전자기파 스펙트럼을 근거로 A, B, C의 파장을 비교한다.

ㄴ. 전자기파의 파장은 감마(γ)선<X선<자외선<가시광선<적외선<마이크로파 순으로 길다. 따라서 마이크로파 B의 파장은 자외선 A의 파장보다 길다.

❸ 방사성 동위 원소들이 핵반응할 때 방출되며 투과력이 강한 전자기파의 종류를 파악한다.

ㄷ. 핵반응 과정에서 방출되며 투과력이 강한 전자기파 C는 감마(γ)선으로 암 치료에 이용된다.

17 꼼꼼 문제 분석

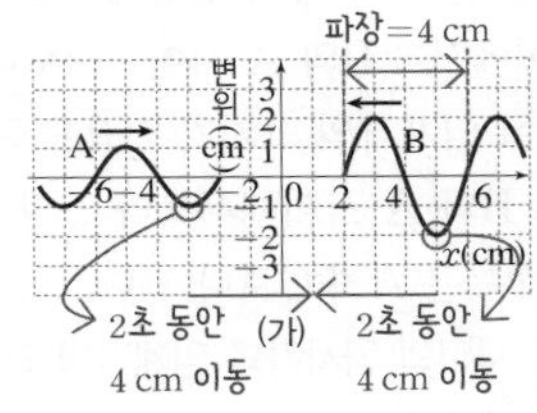

(가)

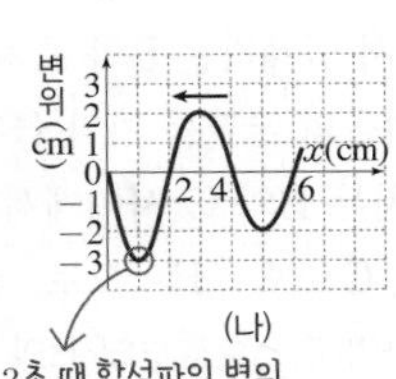

(나)

2초 때 합성파의 변위
=A의 변위+B의 변위
=−1 cm+(−2 cm)=−3 cm

선택지 분석

~~ㄱ~~. A의 속력은 4 cm/s이다. 2 cm/s

~~ㄴ~~. B의 진동수는 1 Hz이다. 0.5 Hz

ⓒ t=4초일 때 x=5 cm에서 중첩된 파동의 변위는 −3 cm이다.

전략적 풀이 ❶ 2초 동안 A와 B의 이동 거리를 파악하여 속력을 구한다.

ㄱ. (나)에서 x=1 cm인 지점의 합성파의 변위가 −3 cm인 것은 (가)에서 A와 B의 골이 2초 동안 각각 진행 방향으로 4 cm를 이동하여 중첩된 결과이다. 즉, A가 2초 동안 4 cm 이동하므로, A의 속력은 $\frac{4\text{ cm}}{2\text{ s}}$=2 cm/s이다.

❷ 파동의 속력을 나타내는 식에 B의 파장과 속력을 대입하여 B의 진동수를 구한다.

ㄴ. (가)에서 B의 파장은 4 cm, 속력은 2 cm/s이므로 B의 진동수 $f=\frac{v}{\lambda}=\frac{2\text{ cm/s}}{4\text{ cm}}$=0.5 Hz이다.

❸ 4초일 때 x=5 cm에서 A와 B의 변위를 각각 파악한 후, 중첩 원리를 이용해 합성파의 변위를 구한다.

ㄷ. 4초일 때 x=5 cm에서 A와 B의 변위는 각각 −1 cm, −2 cm이므로 합성파의 변위는 −3 cm이다.

18 꼼꼼 문제 분석

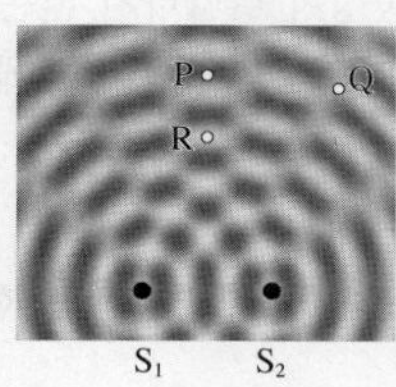

• P, R점 : 밝기가 시간에 따라 변한다.
➡ 보강 간섭이 일어난다.
• Q점 : 밝기의 변화가 거의 없다.
➡ 상쇄 간섭이 일어난다.

선택지 분석

~~ㄱ~~. S_1, S_2로부터의 경로차는 P에서가 R에서보다 크다. (P와 R에서 0으로 같다.)
ⓛ. 수면의 진폭은 R에서가 Q에서보다 크다.
~~ㄷ~~. 이 순간으로부터 $\frac{T}{2}$가 지나면 Q에서 보강 간섭이 일어난다. 일어나지 않는다.

전략적 풀이 ❶ 물결파의 간섭 현상에서 밝고 어두운 무늬와 밝기의 변화가 없는 무늬가 나타나는 곳에서 일어나는 간섭의 종류를 이해하고 경로차를 파악한다.

ㄱ. P와 R는 두 파원 S_1, S_2까지의 거리가 각각 같은 점들이므로 경로차는 모두 0이다. 따라서 S_1, S_2로부터의 경로차는 P에서와 R에서가 같다.

ㄴ. R는 밝기가 시간에 따라 변하는 점이므로 보강 간섭이 일어나 수면의 진폭이 큰 점이며, Q는 밝기의 변화가 없는 점이므로 상쇄 간섭이 일어나 수면의 진폭이 거의 0인 점이다. 따라서 수면의 진폭은 R에서가 Q에서보다 크다.

❷ 물결파의 간섭무늬에서 밝기가 일정한 부분을 파악한다.

ㄷ. 상쇄 간섭이 일어나 밝기의 변화가 없는 점들을 연결한 선을 마디선이라고 하며, 마디선 위에 Q가 있으므로 이 순간으로부터 $\frac{T}{2}$가 지나더라도 Q에서 항상 상쇄 간섭이 일어난다.

19 꼼꼼 문제 분석

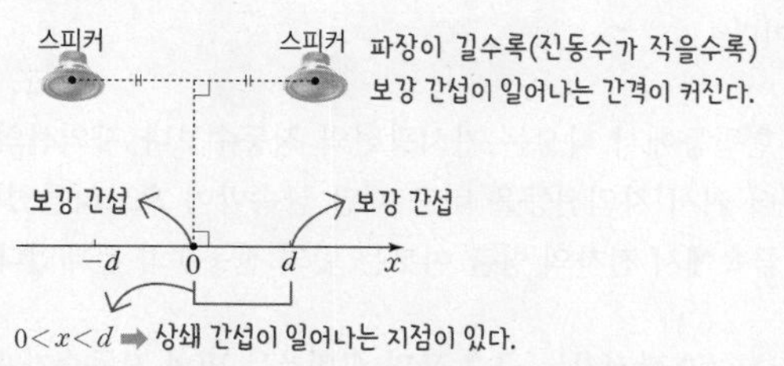

선택지 분석

ⓖ. $0<x<d$에서 상쇄 간섭이 일어나는 지점이 있다.
ⓛ. 진동수가 f보다 작아지는 경우에 $x>d$인 지점에서 첫 번째 보강 간섭이 일어난다.
~~ㄷ~~. 보강 간섭된 소리의 진동수는 스피커에서 발생한 소리의 진동수보다 크다. 진동수와 같다.

전략적 풀이 ❶ 두 스피커에서 나오는 소리가 같은 위상으로 만날 때 보강 간섭이 일어나고, 반대 위상으로 만날 때 상쇄 간섭이 일어남을 파악한다.

ㄱ. $x=0$으로부터의 거리가 증가함에 따라 보강 간섭과 상쇄 간섭이 교대로 나타난다. $x=0$과 $x=d$에서 보강 간섭이 일어나므로, $0<x<d$에서 상쇄 간섭이 일어나는 지점이 있다.

❷ 중첩되는 두 파동의 진동수(또는 파장)의 변화에 따라서 간섭이 일어나는 간격이 어떻게 달라지는지 파악한다.

ㄴ. 소리의 속력=진동수×파장이므로 속력이 일정할 때 진동수가 작아지면 파장이 길어진다. 파장이 길어지면 보강 간섭이 일어나는 지점 사이의 간격이 커진다. 따라서 진동수가 f일 때 $x=d$에서 첫 번째 보강 간섭이 일어난다면, 진동수가 f보다 작아지는 경우에 $x>d$인 지점에서 첫 번째 보강 간섭이 일어난다.

❸ 파동의 진동수는 파원에 의해 결정됨을 이해한다.

ㄷ. 파동의 진동수는 일정하므로, 진동수가 같은 두 파동이 중첩하는 경우에도 진동수는 변하지 않는다. 따라서 보강 간섭된 소리의 진동수는 스피커에서 발생한 소리의 진동수와 같다.

20 꼼꼼 문제 분석

철수: 렌즈에서 반사하는 빛이 상쇄 간섭을 해.
영희: 반사하는 빛의 세기가 증가하고 투과하는 빛의 세기가 감소하게 돼. (반사하는 빛의 세기: 감소, 투과하는 빛의 세기: 증가)
민수: 렌즈에 무반사 코팅을 하면 시야가 선명해져.

선택지 분석

~~①~~ 철수　~~②~~ 영희　~~③~~ 철수, 영희
④ 철수, 민수　~~⑤~~ 영희, 민수

전략적 풀이 ❶ 무반사 코팅 렌즈에서 일어나는 빛의 간섭 현상을 이해한다.

• 철수: 렌즈에 코팅하는 막의 윗면에서 반사된 빛과 아랫면에서 반사된 빛이 상쇄 간섭을 하도록 막의 두께를 조절하여 코팅한다.

• 영희: 무반사 코팅 렌즈에서 반사되는 빛이 상쇄 간섭을 하면 반사하는 빛의 세기가 감소하고, 반사하는 빛의 세기가 감소하는 만큼 투과하는 빛의 세기가 증가한다.

❷ 무반사 코팅 렌즈를 사용할 때 시야가 더 선명해지는 원인을 파악한다.

• 민수: 렌즈에 무반사 코팅을 하면 렌즈를 투과하여 눈으로 들어오는 빛의 세기가 증가하므로 시야가 선명해진다.

2 빛과 물질의 이중성

1 빛의 이중성

개념 확인 문제

298쪽

❶ 광전 ❷ 진동수 ❸ 진동수 ❹ 세기 ❺ 광양자
❻ hf ❼ 이중성 ❽ 파동성 ❾ 입자성 ❿ 광전 효과

1 (1) ○ (2) ○ (3) × (4) × **2** 빛의 진동수 **3** 광양자설, 아인슈타인 **4** 한계 진동수(문턱 진동수) **5** (1) ○ (2) ○ (3) × **6** (1) ㄴ, ㄹ (2) ㅁ (3) ㄱ, ㄷ **7** 전하 결합 소자(CCD) **8** ㉠ 광전 효과, ㉡ 전기

1 (1) 뉴턴은 빛이 물체의 그림자를 만들 때의 직진성을 근거로 빛의 입자설을 주장하였고, 각각의 색에 대응되는 서로 다른 크기의 빛 입자가 존재한다고 하였다.
(2) 하위헌스는 빛이 교차할 때 서로 방해를 받지 않고 투과한다는 까닭으로 빛의 파동설을 주장하였다. 만약 빛이 입자라면 입자끼리의 충돌로 인해 반드시 빛이 흐트러질 것이기 때문이라고 생각하였기 때문이다. 또한 빛의 반사와 굴절 현상은 파면의 개념을 이용하면 설명이 가능하다고 주장하였다.
(3) 영은 빛의 간섭 실험에 나타난 이중 슬릿에 의한 간섭무늬를 빛의 파동설로 설명하였다.
(4) 빛의 파동설에 의하면 빛에너지는 빛의 세기와 관계된다. 광전 효과에서는 금속에서 전자의 방출 여부가 빛의 세기와 무관하고 빛의 진동수에만 관계되므로 빛의 파동설로 설명할 수 없다.

2 광전 효과 실험에서 광전자의 방출 여부는 빛의 진동수에 관계된다. 따라서 전자가 방출되게 하기 위해 증가시켜야 하는 빛과 관련된 물리량은 빛의 진동수이다.

3 아인슈타인은 파동설로는 설명할 수 없는 광전 효과의 실험 결과를 해석하기 위해 광양자설을 제안하였다.

4 광전 효과 실험에서 금속 표면에 빛을 비출 때 전자를 방출시키기 위해 필요한 빛의 최소 진동수를 한계 진동수(문턱 진동수)라고 한다.

5 (1) 간섭과 회절 현상은 빛의 파동성으로 설명할 수 있고 광전 효과는 빛의 입자성으로 설명할 수 있다. 따라서 빛은 파동성과 입자성 두 가지 성질을 모두 가지고 있다.
(2) 빛의 진행 과정에서는 파동의 성질인 간섭과 회절 현상이 나타나고, 다른 입자와 충돌할 때는 입자의 성질이 나타난다.
(3) 빛의 파동성을 관찰하는 실험에서는 입자성이 나타나지 않고, 입자성을 관찰하는 실험에서는 파동성이 나타나지 않는다. 즉, 빛의 입자성과 파동성을 모두 가지지만, 두 성질은 동시에 나타나지 않는다.

6 (1) 회절과 간섭은 빛의 파동성으로만 설명할 수 있는 현상이다.
(2) 광전 효과는 빛의 입자성으로만 설명할 수 있는 현상이다.
(3) 반사와 굴절은 빛의 파동성과 입자성으로 모두 설명할 수 있는 현상이다.

7 디지털카메라에서 렌즈를 통과한 빛이 전하 결합 소자(CCD)에서 전기 신호로 바뀌며 영상 정보가 기록된다.

8 CCD에는 수많은 광 다이오드가 배열되어 있어서 빛이 닿으면 광전 효과에 의해 빛에너지가 전기 에너지로 변환되는 영상 정보를 기록하는 장치이다.

대표 자료 분석

299쪽

자료 ❶ **1** 광전 효과 **2** 빛의 진동수 **3** (1) ○ (2) × (3) × (4) ○ (5) ○

자료 ❷ **1** 광전 효과 **2** 빛의 세기 **3** (1) ○ (2) ○ (3) × (4) ○ (5) × (6) ×

1-1 (가)에서 (−)대전체를 검전기의 아연판에 접촉시키면, 대전체의 (−)전하가 검전기의 금속에 고루 퍼지게 된다. 따라서 검전기의 금속박은 (−)전하를 띤다. (−)전하를 띤 금속박이 (다)에서 오므라드는 것은 전자가 방출되었기 때문이며, 이는 빛을 금속판에 비추었을 때 전자가 방출되는 광전 효과가 일어났기 때문이다.

1-2 형광등에서 나오는 가시광선의 진동수보다 자외선의 진동수가 더 커서 자외선등을 비출 때만 금속박이 오므라들었다. 따라서 금속에서 전자의 방출 여부는 빛의 진동수와 관계있다.

1-3 (1), (2) 광전자는 금속 표면에 비추는 빛의 진동수가 특정한 값 이상일 때만 방출되므로, 광전자의 방출 여부는 금속판에 비춘 빛의 진동수와 관계있다.
(3) 금속판에 진동수가 큰 자외선등을 비출 때 빛의 세기를 감소시키더라도 전자가 튀어나온다.
(4) 광전자의 방출 여부는 빛의 진동수에 관계되므로, 형광등에서 나오는 진동수가 작은 가시광선을 비출 때 빛의 세기를 증가시켜도 전자가 튀어나오지 않는다.

(5) 광전 효과에서 광전자의 방출 여부가 빛의 진동수에만 관계되는 것은 진동수가 클수록 빛에너지가 크기 때문이다. 이는 빛을 진동수에 비례하는 광자(광양자)라고 하는 입자의 흐름이라는 광양자설로 설명할 수 있으므로, 광전 효과는 빛의 입자성으로 설명할 수 있다.

2-1 반도체에 빛을 비출 때 전자가 발생하는 현상은 광전 효과에 의한 것이다.

2-2 화소에 비춘 빛의 세기는 광자의 수에 비례하고 광자 1개가 충돌할 때 전자 1개가 방출되므로, 빛의 세기가 셀수록 방출되는 광전자의 수도 증가하여 전극 아래에 저장되는 전자의 개수도 증가한다.

2-3 (1), (2) CCD의 각 화소는 빛에너지를 전기 에너지로 전환시키는 수백만 개 이상의 광 다이오드로 배열되어 있다.
(3) CCD는 광전 효과를 이용한 것이므로 빛의 입자성을 이용한다.
(4) CCD에서 발생하는 전자의 양은 빛의 세기에 비례하므로, 빛의 세기를 측정하기 위해 광전 효과에 의해 생성된 전자를 전하량 측정 장치로 이동시켜 각 화소에 도달한 빛의 세기를 알아낸다.
(5) CCD는 빛의 세기만을 측정할 수 있으므로, CCD 위에 색 필터를 별도로 배열하여 빛의 색을 구분한다.
(6) CCD의 면적이 같을 때 화소의 크기는 작을수록 단위 면적당 화소수가 커서 고화질의 영상을 얻을 수 있다.

내신 만점 문제 300~302쪽

01 ④ **02** ① **03** 해설 참조 **04** 해설 참조 **05** ④
06 ④ **07** ⑤ **08** ① **09** ③ **10** ① **11** ⑤ **12** ③
13 ③ **14** ④ **15** ③ **16** 해설 참조 **17** 해설 참조

01 ㄱ. 뉴턴은 빛의 직진성과 반사가 빛이 물체에서 방출되는 미세한 입자이기 때문에 생기는 현상이라 주장하였다.
ㄷ. 맥스웰은 빛도 전자기파의 일종이라 주장하며 전자기파의 속력이 빛의 속력과 같다는 것을 입증함으로써 빛의 파동성을 확립하였다.
바로알기 ㄴ. 푸코는 뉴턴의 입자설에 의한 예측과 달리 물속에서 빛의 속력이 진공 중에서보다 느리다는 것을 측정하며 빛의 파동설을 주장하였다.

02 ㄱ. 금속 표면에 한계 진동수 이상의 빛을 비추어야 광전자가 방출된다.
바로알기 ㄴ. 금속판에서 방출되는 광전자의 최대 운동 에너지는 빛의 진동수가 클수록 크며, 빛의 세기와는 관계없다.
ㄷ. 금속판에서 단위 시간당 방출되는 광전자의 수는 빛의 세기에 비례한다.

03 (가) 빛의 파동설에 의하면 빛에너지는 빛의 세기에 의해 결정되므로, 빛의 세기가 강한 빛이 금속으로부터 전자를 쉽게 방출시켜야 한다. 그러나 실제 결과는 빛을 강한 세기로 비추어도 광전자가 방출되지 않으므로 빛의 파동설로 설명할 수 없다.
(나) 빛의 파동설에 의하면 진동수가 특정 진동수보다 큰 빛을 비출 때 빛의 세기가 약하면 광전자가 방출하기 위한 시간이 오래 걸려야 한다. 왜냐하면 빛을 흡수한 전자가 금속을 탈출하기 위해 필요한 에너지를 얻으려면 에너지가 축적되는 데 오래 걸리기 때문이다. 그러나 실제 결과는 빛의 세기가 약해도 광전자가 즉시 방출되므로 빛의 파동설로 설명할 수 없다.

모범 답안 (가) 빛의 파동설에 의하면 빛의 세기가 충분히 세다면 빛의 진동수가 작더라도 광전 효과가 일어나 광전자가 방출되어야 한다. (나) 빛의 파동설에 의하면 빛의 진동수가 크더라도 빛의 세기가 약하면 광전자가 방출되는 데 시간이 걸려야 하기 때문에 광전자가 즉시 방출될 수 없다.

채점 기준	배점
빛의 파동설로 설명할 수 없는 까닭을 (가), (나)에 대해 모두 옳게 서술한 경우	100 %
(가), (나) 중 한 가지에 대해서만 옳게 서술한 경우	50 %

04 일함수는 금속 표면에서 전자 1개를 튀어나오게 하기 위해 전자에게 주어야 할 최소한의 에너지로, 금속의 종류에 따라 다르다. 일함수가 큰 금속일수록 비추어 주는 빛의 에너지가 커야 광전 효과가 나타나므로, 금속 표면에서 전자를 방출시킬 수 있는 빛의 최소 진동수인 한계 진동수가 커진다.

모범 답안 일함수가 큰 금속일수록 비추어 주는 빛에너지가 커야 광전자가 방출되므로, 금속의 일함수가 클수록 광전자를 방출시킬 수 있는 빛의 최소 진동수인 한계 진동수가 크다.

채점 기준	배점
일함수가 클수록 빛의 한계 진동수도 크다고 쓰고, 그 까닭을 옳게 서술한 경우	100 %
일함수가 클수록 빛의 한계 진동수가 크다라고만 서술한 경우	80 %

05 꼼꼼 문제 분석

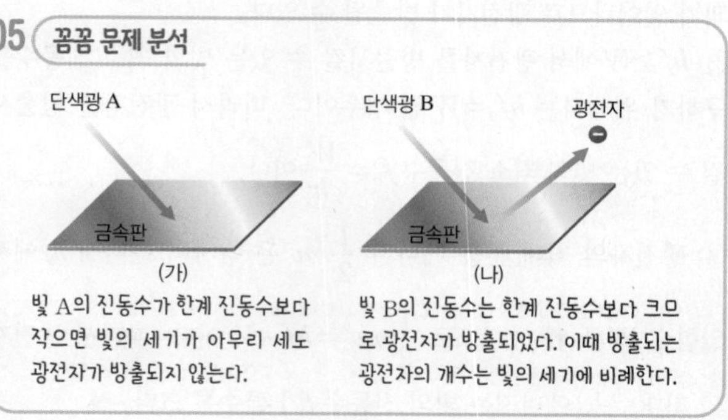

(가) 빛 A의 진동수가 한계 진동수보다 작으면 빛의 세기가 아무리 세도 광전자가 방출되지 않는다.
(나) 빛 B의 진동수는 한계 진동수보다 크므로 광전자가 방출되었다. 이때 방출되는 광전자의 개수는 빛의 세기에 비례한다.

ㄱ. 빛 A를 비추었을 때는 광전 효과가 일어나지 않아 광전자가 방출되지 않으므로 빛 A의 진동수는 금속판의 한계 진동수보다 작다. 빛 B를 비추었을 때는 광전자가 방출되는 광전 효과가 일어나므로 빛 B의 진동수는 금속판의 한계 진동수보다 크다. 따라서 빛의 진동수는 A가 B보다 작다.

ㄷ. 빛의 진동수가 금속판의 한계 진동수보다 클 때 방출되는 광전자의 개수는 빛의 세기에 비례하고, 빛의 진동수에는 무관하다. 따라서 (나)에서 빛 B의 진동수를 증가시켜도 방출되는 광전자의 개수는 증가하지 않는다.

바로알기 ㄴ. (가)에서 빛 A의 진동수가 금속판의 한계 진동수보다 작으면 빛의 세기가 아무리 세도 광전자가 방출되지 않는다. 따라서 (가)에서는 빛 A의 세기를 증가시켜도 금속판에서 광전자가 방출되지 않는다.

06 일함수가 W인 금속에 광자 1개의 에너지가 $2W$인 빛을 비추었을 때 광전자의 최대 운동 에너지＝광자의 에너지－일함수＝$2W-W=E$이다. 따라서 일함수가 W인 금속에 광자 1개의 에너지가 $4W$인 빛을 비추면 방출되는 광전자의 최대 운동 에너지는 $4W-W=3W=3E$이다.

07 꼼꼼 문제 분석

광전 효과가 일어날 조건: $hf \geq W$

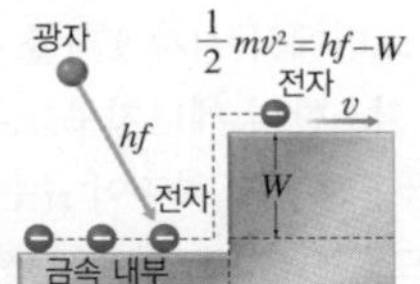

광전 효과가 일어나면 $hf-W$의 최대 운동 에너지를 갖는 광전자가 금속 표면에서 튀어나온다.

① 광양자설에 의하면 금속에 빛을 비출 때 광자와 전자가 일대일 충돌을 하며 광자의 에너지가 금속의 일함수 이상일 때 광전자가 방출된다. 따라서 광전자가 방출되는 현상은 빛의 입자성으로 설명할 수 있다.

② 광자 1개의 에너지 hf가 전자를 금속으로부터 떼어 내는 데 필요한 최소한의 에너지인 금속의 일함수 W보다 클 때 광전 효과가 일어나므로 광전자가 방출될 수 있다.

③ $hf \geq W$에서 광전자를 방출시킬 수 있는 빛의 최소 진동수를 구하기 위해서는 $hf_0=W$인 경우이다. 따라서 광전자를 방출시킬 수 있는 빛의 최소 진동수 $f_0=\dfrac{W}{h}$이다.

④ 광전자의 최대 운동 에너지 $\dfrac{1}{2}mv^2$은 광자의 에너지 hf에서 일함수 W를 뺀 값이므로 $\dfrac{1}{2}mv^2=hf-W$이다. 따라서 광전자의 최대 운동 에너지는 빛의 진동수 f가 클수록 크다.

바로알기 ⑤ 광전자의 최대 운동 에너지는 $\dfrac{1}{2}mv^2=hf-W$이므로 금속의 일함수 W가 작을수록 크다.

08 꼼꼼 문제 분석

진동수가 작다. ⟷ 진동수가 크다.

금속	광전자 검출 여부		
	파란색 빛	보라색 빛	자외선
A	○	○	○
B	×	○	○
Ⓒ	×	×	○

(○: 검출됨, ×: 검출되지 않음)

진동수가 큰 자외선을 비출 때만 광전자가 검출되므로 한계 진동수가 가장 크다.
빛에너지가 가장 큰 자외선을 비출 때만 광전자를 방출하므로 일함수가 가장 크다.

ㄱ. 빛의 진동수는 파란색 빛＜보라색 빛＜자외선 순이다. 따라서 진동수가 큰 자외선에서만 광전자가 방출되는 금속 C의 경우 빛의 한계 진동수가 가장 크다.

바로알기 ㄴ. 금속으로부터 전자를 떼어 내는 데 필요한 최소한의 에너지인 일함수가 클수록 금속에 비추는 빛(광자)의 에너지가 커야 광전자가 방출된다. 진동수가 큰 자외선에서만 광전자가 방출되는 금속 C의 일함수가 가장 크다.

ㄷ. 광전자의 최대 운동 에너지 $\dfrac{1}{2}mv^2$은 금속에 비추어 준 빛에너지 hf에서 금속의 일함수 W를 뺀 값이므로, 같은 진동수의 빛을 비출 때 일함수가 클수록 방출되는 광전자의 최대 운동 에너지는 작아진다. 따라서 자외선을 사용할 때 방출되는 광전자의 최대 운동 에너지가 가장 작은 금속은 일함수가 가장 큰 금속 C이다.

09 꼼꼼 문제 분석

빛의 세기가 셀수록 크다.

금속의 일함수가 일정하므로 금속판에 비추는 빛의 진동수가 클수록 튀어나오는 광전자의 최대 운동 에너지가 크다.

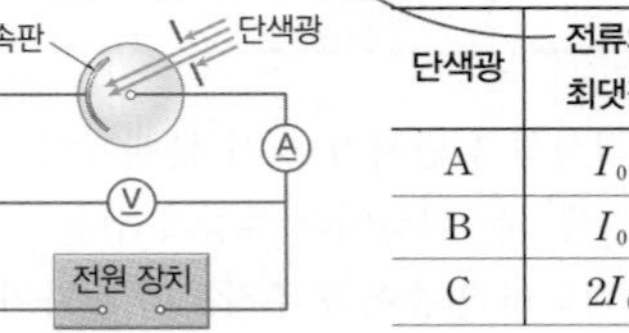

단색광	전류의 최댓값	광전자의 최대 운동 에너지
A	I_0	$2E_0$
B	I_0	E_0
C	$2I_0$	E_0

ㄱ. 진동수가 큰 빛일수록 광자 1개의 에너지가 크므로, 광전자로부터 에너지를 얻어 방출되는 광전자의 최대 운동 에너지가 크다. 따라서 단색광의 진동수는 A가 C보다 크다.

ㄴ. 빛의 세기는 광자의 수에 비례하고 광자 1개가 금속에 충돌할 때 전자 1개가 방출되므로, 빛의 세기가 셀수록 방출되는 광전자의 수도 많아져서 회로에 흐르는 전류의 세기도 크다. 따라서 단색광의 세기는 B가 C보다 약하다.

바로알기 ㄷ. 회로에 흐르는 전류의 세기가 같을 때 빛의 세기도 같다. 방출되는 광전자의 개수는 빛의 세기에 비례하므로, 단위 시간당 방출되는 광전자의 개수는 A를 비출 때와 B를 비출 때가 같다.

10 꼼꼼 문제 분석

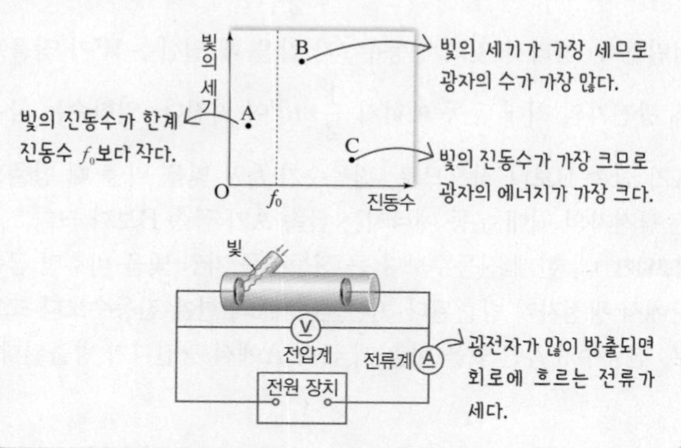

ㄱ. 빛 A의 진동수는 한계 진동수 f_0보다 작으므로 A를 비추었을 때 광전자가 발생하지 않는다.

바로알기 ㄴ. 광전자의 최대 운동 에너지는 빛의 진동수가 클수록 크다. 따라서 빛의 진동수가 가장 큰 빛 C를 비추었을 때 광전자의 최대 운동 에너지가 가장 크다.

ㄷ. 빛의 세기는 광자의 수에 비례하므로, 빛의 세기가 가장 센 B를 비추었을 때 광전자가 많이 방출되어 회로에 흐르는 전류의 세기가 가장 크다.

11 꼼꼼 문제 분석

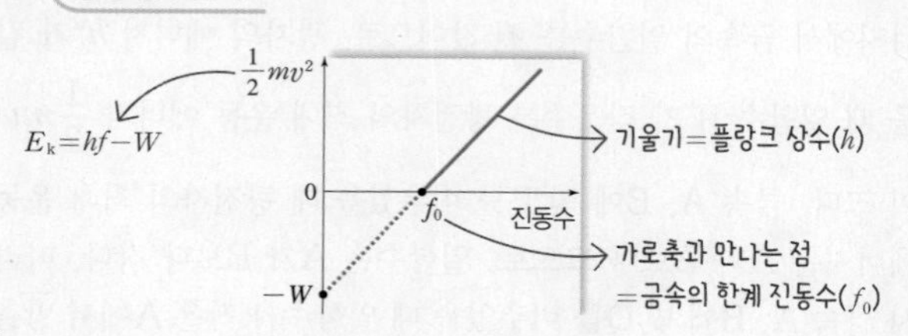

ㄱ. 그래프에서 빛의 진동수가 f_0 이상일 때 광전자의 운동 에너지가 양(+)의 값을 가지므로, f_0는 금속에서 광전자를 방출시키기 위한 최소 진동수이다. 따라서 f_0는 금속의 한계 진동수이다.

ㄴ. 광전 효과 실험에서 방출되는 광전자의 최대 운동 에너지 $\frac{1}{2}mv^2$은 광자의 에너지 hf에서 금속의 일함수 W를 뺀 값이므로 $\frac{1}{2}mv^2=hf-W$의 관계식이 성립한다. 이 관계를 $\frac{1}{2}mv^2$을 세로축으로 하고 f를 가로축으로 하여 그래프로 나타내면, 그래프의 기울기는 플랑크 상수 h가 된다.

ㄷ. 금속의 한계 진동수가 f_0이므로, 빛에너지가 hf_0 이상일 때 광전자가 방출된다. 즉, 금속의 일함수 $W=hf_0$이고, 금속에 $2f_0$인 빛을 비추면 광전자의 최대 운동 에너지는 $\frac{1}{2}mv^2=hf-W=2hf_0-hf_0=hf_0$이다.

12

ㄷ. 빛은 어떤 경우에 파동의 성질을 나타내고, 또 다른 경우에 입자의 성질을 나타낸다. 이처럼 빛이 파동성과 입자성을 모두 나타내는 현상을 빛의 이중성이라고 한다.

바로알기 ㄱ. 회절, 간섭은 빛의 파동성으로 설명할 수 있으므로 빛의 파동적인 성질을 나타내는 현상이다.

ㄴ. 광전 효과, 콤프턴 효과는 빛의 입자성으로 설명할 수 있으므로 빛의 입자적인 성질을 나타내는 현상이다.

13 꼼꼼 문제 분석

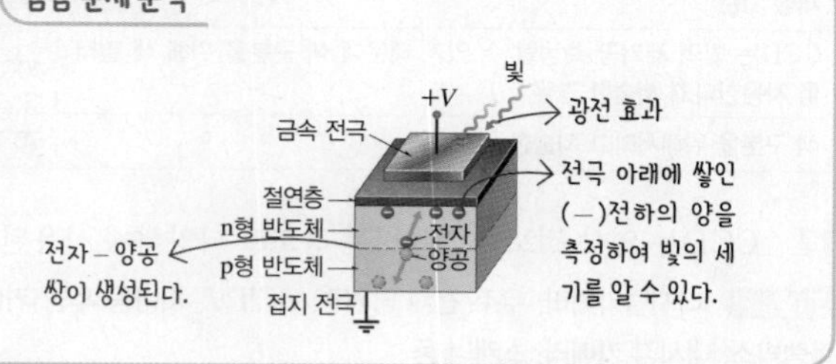

ㄱ. CCD는 p형 반도체와 n형 반도체가 접합된 광 다이오드로 이루어져 있다.

ㄴ. 광자 1개의 에너지가 반도체의 띠 간격보다 클 때 원자가 띠의 전자가 전도띠로 전이하여 원자가 띠에 양공이, 전도띠에 전자가 생긴다.

바로알기 ㄷ. 광전 효과로 방출되는 전자의 개수는 광자의 수에 비례하며 광자의 수는 빛의 세기에 비례하므로, 전극 아래쪽에 쌓인 전하의 양을 측정하면 각 화소에 입사하는 빛의 세기를 알 수 있다.

14

④ CCD에 빛이 도달할 때 광전 효과에 의해 빛의 세기가 셀수록 방출되는 광전자의 수도 증가한다. 따라서 CCD의 광 다이오드에서 발생하는 광전자의 개수는 빛의 세기에 비례한다.

바로알기 ① CCD는 광전 효과를 이용하므로 빛의 입자성으로 설명할 수 있다.

② CCD는 반도체로 만든 광 다이오드로 이루어져 있으므로 반도체에서 일어나는 광전 효과를 이용한다.

③ CCD의 광 다이오드에 빛이 도달할 때 발생하는 전하의 양으로 빛의 세기만을 측정할 수 있으므로, 색 필터가 없으면 빛의 색을 구별할 수 없다.

⑤ CCD의 단위 면적당 화소수가 클수록 같은 면적에 배열된 광 다이오드의 개수가 많다. 광 다이오드에서 발생하는 전하의 양으로 각 위치에 비춰진 빛의 세기에 대한 정보를 얻을 수 있으므로, 단위 면적당 화소수가 클수록 세밀한 상을 얻을 수 있다.

15 ㄱ. CCD의 화소는 광 다이오드로 이루어져 있으므로, 광 다이오드가 많을수록 화소수가 크다.

ㄴ. 광 다이오드에 빛이 닿으면 광전 효과가 일어나 전자가 방출되므로 전기 신호가 발생한다.

바로알기 ㄷ. 빛의 간섭 현상과 관련 있는 빛의 성질은 빛의 파동성이다. 하지만 CCD는 광전 효과를 이용하므로 빛의 입자성으로 설명할 수 있다.

16 CCD에 배열된 광 다이오드에 빛이 닿을 때 발생하는 전하의 양으로 빛의 세기만을 측정할 수 있으므로, CCD로는 빛의 색을 구분할 수 없다. 따라서 CCD 위에 색 필터를 별도로 설치하여 색을 구분한다.

모범 답안 CCD는 빛의 세기만을 측정할 수 있기 때문에 색을 구분하기 위해 색 필터를 배치한다.

채점 기준	배점
CCD는 빛의 세기만 측정할 수 있기 때문에 색 구분을 위해 색 필터를 사용한다고 서술한 경우	100 %
색 구분을 위해서라고 서술한 경우	70 %

17 CCD는 영상 정보를 기록하는 용도로 다양하게 사용된다.

모범 답안 디지털카메라, 우주 천체 망원경, CCTV, 차량용 후방 카메라, 블랙박스, 내시경 카메라, 스캐너 등

채점 기준	배점
세 가지 모두 옳게 쓴 경우	100 %
두 가지만 옳게 쓴 경우	60 %
한 가지만 옳게 쓴 경우	30 %

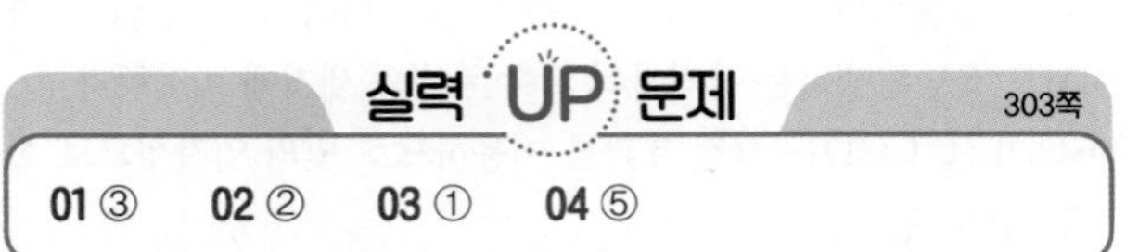

01 꼼꼼 문제 분석

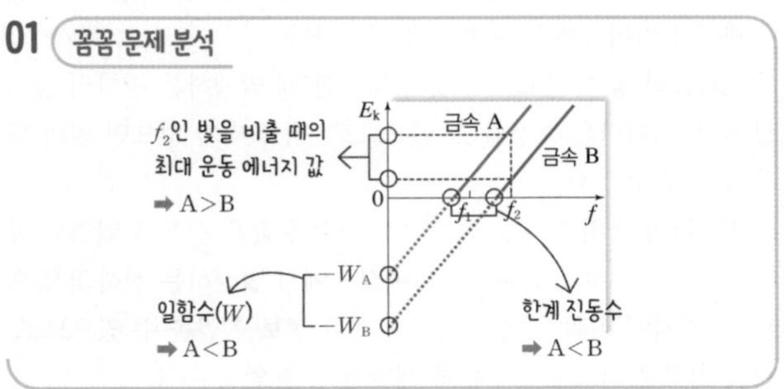

ㄱ. 금속판에서 광전자를 방출시키기 위한 빛의 최소 진동수인 한계 진동수는 금속 A가 금속 B보다 작다. 한계 진동수가 작을수록 금속의 일함수가 작으므로, 일함수는 금속 A가 금속 B보다 작다.

ㄷ. 광전자의 최대 운동 에너지 $\frac{1}{2}mv^2$은 광자의 에너지 hf에서 금속의 일함수 W를 뺀 값이므로 $\frac{1}{2}mv^2=hf-W$의 관계식이 성립한다. 따라서 빛의 진동수 f가 같을 때 일함수 W가 작을수록 광전자의 최대 운동 에너지 $\frac{1}{2}mv^2$이 커진다. 일함수는 금속 A가 금속 B보다 작으므로, 진동수가 f_2인 빛을 비출 때 방출되는 광전자의 최대 운동 에너지는 금속 A가 금속 B보다 크다.

바로알기 ㄴ. 한계 진동수보다 큰 진동수를 가진 빛을 비추면 금속판에서 광전자가 방출된다. f_1은 금속 A의 한계 진동수보다 크므로, 진동수가 f_1인 빛을 비출 때 금속 A에서 광전자가 방출된다.

02 꼼꼼 문제 분석

빛	진동수	광전자의 최대 운동 에너지	
		A	B
P	f	$2E_0$	E_0
Q	$2f$	$5E_0$	㉠

광전자의 최대 운동 에너지 $\frac{1}{2}mv^2(=hf-W)$: A>B

➡ 일함수(W): A<B

➡ 한계 진동수: A<B

ㄴ. 광전자의 최대 운동 에너지$\left(\frac{1}{2}mv^2=hf-W\right)$는 광자의 에너지에서 금속의 일함수를 뺀 값이므로, 광자의 에너지 hf가 같을 때 일함수 W가 작을수록 광전자의 최대 운동 에너지 $\frac{1}{2}mv^2$이 크다. 금속 A, B에 빛 P를 비추었을 때 광전자의 최대 운동 에너지는 A가 B보다 크므로, 일함수는 A가 B보다 작다. 따라서 금속 A, B에 빛 Q를 비추었을 때 일함수가 작은 A에서 방출되는 광전자의 에너지가 $5E_0$이라면, 일함수가 큰 B에서 방출되는 광전자의 에너지 ㉠은 $5E_0$보다 작다

바로알기 ㄱ. 금속의 일함수가 작을수록 금속 표면에서 광전자를 방출시킬 수 있는 빛의 한계 진동수가 작다. 따라서 금속 A의 일함수는 금속 B의 일함수보다 작으므로 금속의 한계 진동수는 A가 B보다 작다.

ㄷ. 빛 P와 빛 Q를 금속 A에 함께 비추었을 때 빛 P에 의해서 방출되는 광전자의 최대 운동 에너지는 $2E_0$이고, 빛 Q에 의해 방출되는 광전자의 최대 운동 에너지는 $5E_0$이다. 이때 광전자의 최대 운동 에너지 값은 $5E_0$이므로, 빛 P와 빛 Q를 금속 A에 함께 비추었을 때 방출되는 광전자의 최대 운동 에너지는 $5E_0$이다.

03 꼼꼼 문제 분석

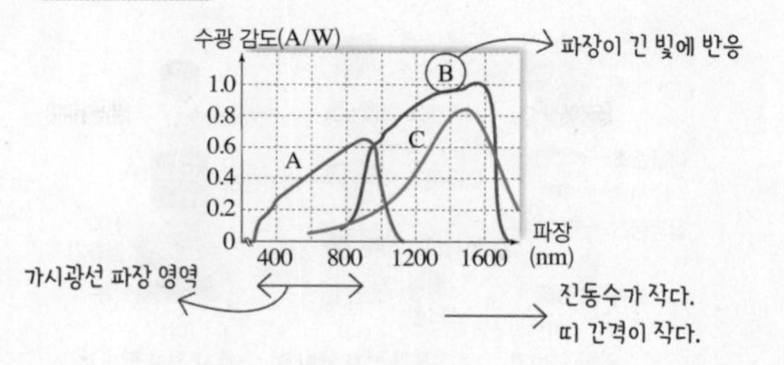

ㄱ. 광 다이오드에 빛을 비출 때 광자 1개의 에너지가 반도체의 띠 간격보다 크면 원자가 띠의 전자가 전도띠로 전이하면서 전자-양공 쌍이 생성된다. 이때 양공은 p형 반도체로, 전자는 n형 반도체로 이동한다.

바로알기 ㄴ. 수광 감도란 입사하는 특정한 파장 영역의 빛에 대해 반응하는 정도를 나타낸다. (나)에서 파장 범위가 380 nm~750 nm인 가시광선 영역에서 수광 감도가 가장 큰 것은 A이므로, 가시광선 영역의 빛을 감지하는 데 A가 가장 적절하다.

ㄷ. 수광 감도가 큰 빛의 파장대는 A가 C보다 짧으므로, 수광 감도가 큰 빛의 진동수는 A가 C보다 크다. 이는 A의 띠 간격이 C의 띠 간격보다 커서, A에 비추어 주는 빛의 진동수가 C에 비추어 주는 빛의 진동수보다 더 커야 광전 효과가 일어난다는 것을 의미한다. 따라서 띠 간격은 A가 C보다 크다.

04 꼼꼼 문제 분석

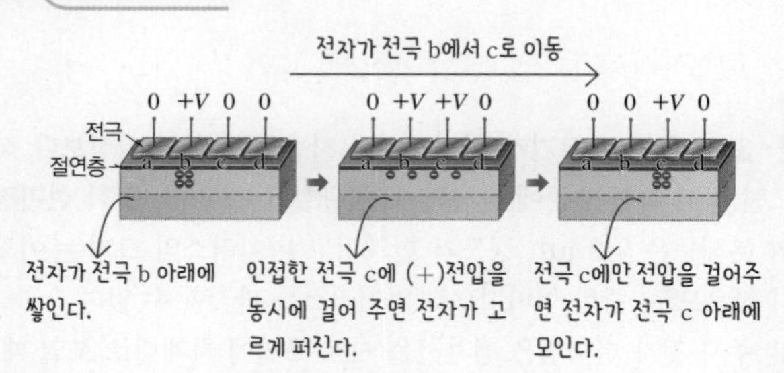

ㄱ. 화소에서 생성된 (−)전하를 띠는 전자는 (+)전압이 걸려 있는 전극 b 아래쪽에 쌓인다.

ㄴ. 전자가 쌓인 전극 b의 오른쪽 전극 c에 (+)전압을 걸면 전자가 두 전극에 고루 퍼지며, 전극 b의 전압을 0으로 하면 전자는 모두 전극 c 아래로 이동한다. 이와 같이 전극의 전압을 순차적으로 변화시키는 방식에 의해 전자는 전하량 측정 장치까지 이동한다.

ㄷ. 각 화소에서 발생하여 전극을 따라 이동한 전자는 전송단을 따라 전하량 측정 장치로 이동한다. 전하량 측정 장치에서 전하의 양에 비례하는 전압이 출력되는데, 출력된 이 전기 신호는 각 화소에 입사된 빛의 세기에 대한 정보를 담고 있다.

2 물질의 이중성

개념 확인 문제

307쪽

❶ 파동성 ❷ 드브로이파 ❸ 운동량 ❹ 회절 ❺ 이중성 ❻ 파동성 ❼ 자기렌즈 ❽ 투과 ❾ 주사

1 (1) ○ (2) ○ (3) × (4) ○ **2** 파동성 **3** 물질의 이중성
4 (1) ○ (2) × (3) ○ (4) ○ **5** ㉠ 파동, ㉡ 짧을 **6** 자기렌즈

1 (1) 1924년에 드브로이는 빛이 파동과 입자의 성질을 모두 갖고 있듯이 전자도 입자의 성질과 함께 파동의 성질을 가질 것이라고 주장하였다.
(2) 물질 입자가 파동성을 나타낼 때 물질의 파동을 물질파 또는 드브로이파라고 한다.
(3) 드브로이에 의하면 질량 m인 입자가 속력 v로 운동할 때 입자의 파동성과 관련되는 파동의 파장 $\lambda=\frac{h}{mv}$이므로, 물질파 파장은 입자의 운동량에 반비례한다.
(4) 데이비슨·거머 실험에서 전자가 파동처럼 회절하며 특정한 각도에서 보강 간섭을 일으키는 것을 발견하여 물질파의 존재를 확인하였다.

2 톰슨은 파장이 같은 전자선과 X선을 알루미늄 박막에 입사시켰다. 그 결과로 같은 형태의 원형 회절 무늬 사진을 얻어 전자가 파동성을 가진다는 것을 확인하였다.

3 전자와 같은 물질 입자가 빛과 마찬가지로 입자와 파동의 두 가지 성질을 모두 가지는 것을 물질의 이중성이라고 한다.

4 (1) 전자 현미경은 전자의 파동성과 관련된 물질파를 이용하는 현미경이다.
(2) 가시광선의 파장이 약 10^{-7} m인데 비해 전자의 물질파 파장은 약 10^{-10} m 정도이므로, 전자 현미경에서 사용하는 전자의 물질파 파장은 가시광선의 파장보다 훨씬 더 짧다.
(3) 현미경에서 사용하는 파동의 파장이 짧을수록 분해능이 우수하므로, 전자 현미경의 분해능은 광학 현미경보다 우수하다.
(4) 전자 현미경에서 자기렌즈는 코일로 만든 원통형의 전자석으로, 전자가 자기장에 의해 진행 경로가 휘어지는 성질을 이용하여 전자선을 굴절시켜 한 점에 모아준다.

5 전자 현미경은 전자의 파동성을 이용하여 만든 현미경으로, 물질파의 파장이 짧을수록 회절이 잘 일어나지 않아 분해능이 우수하여 더 작은 물체를 관찰할 수 있다.

6 전자 현미경에서는 자기렌즈로 전자선을 굴절시켜 확대된 상을 만들어 관찰한다. 자기렌즈는 코일로 만든 원통형의 전자석으로, 전자가 자기장에 의해 진행 경로가 휘어지는 성질을 이용한다.

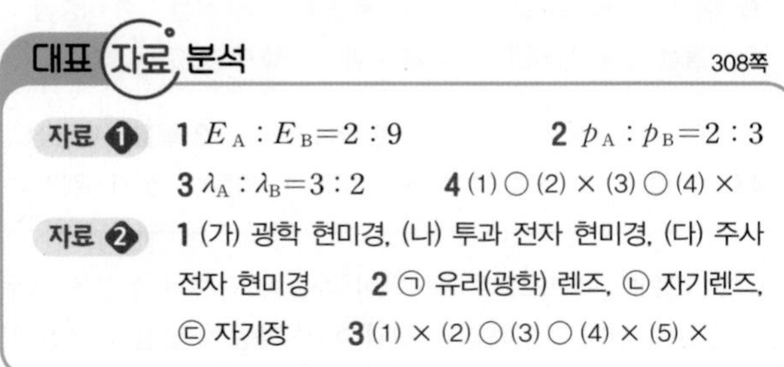

대표 자료 분석 308쪽

자료 ❶ **1** $E_A : E_B = 2 : 9$ **2** $p_A : p_B = 2 : 3$ **3** $\lambda_A : \lambda_B = 3 : 2$ **4** (1) ○ (2) × (3) ○ (4) ×

자료 ❷ **1** (가) 광학 현미경, (나) 투과 전자 현미경, (다) 주사 전자 현미경 **2** ㉠ 유리(광학) 렌즈, ㉡ 자기렌즈, ㉢ 자기장 **3** (1) × (2) ○ (3) ○ (4) × (5) ×

1-1 꼼꼼 문제 분석

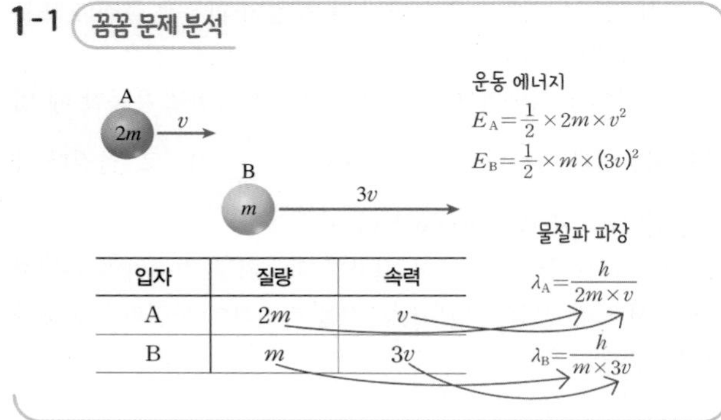

입자	질량	속력
A	2m	v
B	m	3v

운동 에너지 $E = \frac{1}{2}mv^2$이므로 $E_A = \frac{1}{2} \times 2m \times v^2 = mv^2$, $E_B = \frac{1}{2} \times m \times (3v)^2 = \frac{9}{2}mv^2$이다.

따라서 $E_A : E_B = 1 : \frac{9}{2} = 2 : 9$이다.

1-2 운동량은 질량과 속도의 곱과 같으므로 $p_A = 2mv$, $p_B = 3mv$이다. 따라서 $p_A : p_B = 2 : 3$이다.

1-3 물질파 파장은 질량과 속력을 곱한 운동량에 반비례하므로 $\lambda_A = \frac{h}{2mv}$, $\lambda_B = \frac{h}{3mv}$이다. 따라서 $\lambda_A : \lambda_B = 3 : 2$이다.

1-4 (1) 전자와 같은 물질 입자가 파동성을 나타낼 때 이 파동을 물질파 또는 드브로이파라고 한다.

(2) 물질파 파장의 식 $\lambda = \frac{h}{mv}$에서 전자의 물질파 파장 λ와 속력 v는 반비례 관계이다.

(3) 물질파 파장은 질량과 속력을 곱한 운동량에 반비례하므로 입자의 운동량의 크기가 클수록 물질파 파장이 짧아진다.

(4) 일상생활에서 물질파를 발견할 수 없는 까닭은 물질파 파장 식에서 플랑크 상수 h의 값이 매우 작고, 물체의 질량이 크기 때문에 파장이 매우 짧아 파동성을 관찰하기 어렵기 때문이다.

2-1 꼼꼼 문제 분석

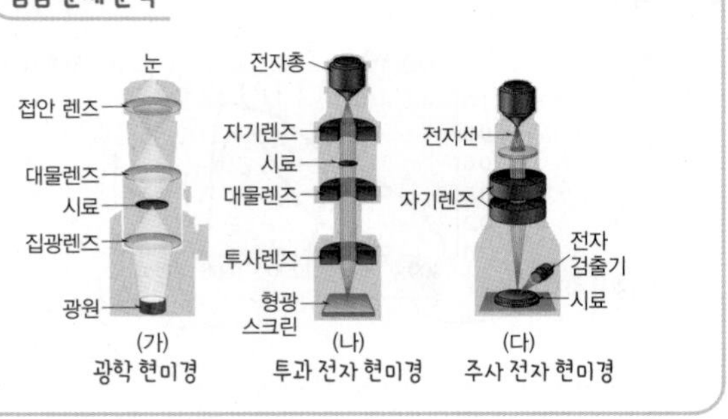

(가) 접안 렌즈, 대물렌즈와 같은 유리 렌즈를 이용하는 현미경은 빛을 이용하는 광학 현미경이다.

(나) 전자선을 얇은 시료에 투과시킨 후 형광 스크린에 형성된 시료의 단면 구조를 볼 수 있는 전자 현미경은 투과 전자 현미경(TEM)이다.

(다) 가속된 전자선을 시표 표면에 쪼일 때 튀어나온 전자를 검출하여 시료의 표면 구조를 볼 수 있는 전자 현미경은 주사 전자 현미경(SEM)이다.

2-2 광학 현미경은 가시광선을 사용하기 때문에 빛이 유리에서 속력이 느려지는 것을 이용해 유리(광학) 렌즈로 빛을 굴절시켜 초점에 모은다. 전자 현미경은 전자를 사용하기 때문에 자기렌즈로 전자선을 모은다. 이때 코일로 만든 원통 모양의 전자석인 자기렌즈에서는 전자가 자기장에 의해 자기력을 받아 전자의 진행 경로가 휘어지며 초점에 모인다.

2-3 (1) 물체의 크기가 현미경에서 사용하는 빛의 파장보다 작으면 빛의 회절 때문에 물체의 상을 관찰할 수 없다. 광학 현미경의 분해능은 0.2 μm 정도가 한계이고 바이러스의 크기는 이보다 작으므로, 광학 현미경으로 바이러스를 관찰할 수 없다.

(2) 주사 전자 현미경은 전자선을 시료 표면에 차례대로 쪼일 때, 시료에서 튀어나온 전자를 검출기로 수집하여 컴퓨터의 모니터에 형성된 시료의 3차원적 입체상을 관찰할 수 있다.

(3) 투과 전자 현미경은 전자선을 얇은 시료에 투과시킨 후, 형광 스크린에 형성된 시료의 2차원적 단면 구조의 상을 관찰하므로 세포의 내부 구조를 볼 수 있다.

(4) 투과 전자 현미경의 분해능이 주사 전자 현미경보다 우수하다.

(5) 전자의 속력을 줄이면 $\lambda = \frac{h}{mv}$에 의해 물질파 파장이 길어진다. 이때 물질파 파장이 길어질수록 회절이 크게 일어나 분해능이 나빠진다. 따라서 전자의 속력을 줄이면 물질파 파장$\left(\lambda = \frac{h}{mv}\right)$이 길어지므로 전자 현미경의 분해능은 나빠진다.

내신 만점 문제 309~311쪽

01 ④ 02 ② 03 ④ 04 ③ 05 ④ 06 ④
07 ③ 08 해설 참조 09 ① 10 ③ 11 ⑤ 12 ②
13 해설 참조

01 물질 입자의 파동성과 관련되는 물질파 파장 $\lambda=\frac{h}{mv}$에 의해 입자 A의 파장 $\lambda_A=\frac{h}{m\times 2v}$이고 입자 B의 파장 $\lambda_B=\frac{h}{2m\times 3v}$이므로, $\lambda_A : \lambda_B = 3:1$이다.

02 물질파 파장 $\lambda=\frac{h}{mv}$이므로, 입자의 운동 에너지 $E_k=\frac{1}{2}mv^2=\frac{(mv)^2}{2m}=\frac{1}{2m}\left(\frac{h}{\lambda}\right)^2$에서 $\lambda \propto \frac{1}{\sqrt{E_k}}$의 관계임을 알 수 있다. 따라서 $\lambda_A : \lambda_B = \frac{1}{\sqrt{E}} : \frac{1}{\sqrt{2E}} = \sqrt{2}:1$이다.

03 질량이 m이고 속도가 v인 입자의 물질파 파장 $\lambda=\frac{h}{mv}$이므로, 물질파 파장 λ는 운동량 mv에 반비례한다.

④ 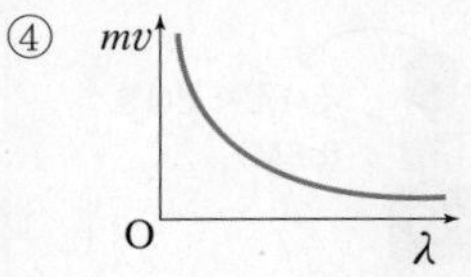

04 ㄱ. 물질파 파장 $\lambda=\frac{h}{mv}$에서 파장 λ가 같을 때 질량 m이 클수록 속력은 느리다. 따라서 양성자의 질량이 전자의 질량보다 1840배 정도 크므로, 양성자의 속력은 전자의 속력보다 느리다.
ㄷ. 운동 에너지 $E_k=\frac{1}{2}mv^2=\frac{(mv)^2}{2m}=\frac{1}{2m}\left(\frac{h}{\lambda}\right)^2$에서 물질파 파장 λ가 같을 때 운동 에너지 E_k는 질량 m에 반비례한다. 따라서 질량이 큰 양성자의 운동 에너지는 전자보다 작다.
바로알기 ㄴ. 물질파 파장 $\lambda=\frac{h}{mv}$에서 파장 λ가 같을 때 운동량 mv도 같으므로, 운동량은 양성자와 전자가 같다.

05 꼼꼼 문제 분석

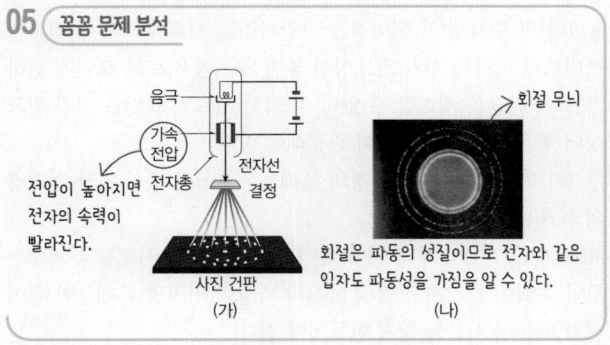

음극
가속 전압
전압이 높아지면 전자의 속력이 빨라진다.
전자총
전자선
결정
사진 건판
(가)

회절 무늬
회절은 파동의 성질이므로 전자와 같은 입자도 파동성을 가짐을 알 수 있다.
(나)

ㄱ. 가속 전압을 높이면 전자의 속력이 빨라지므로, 전자총에서 나오는 전자의 운동량이 커진다.
ㄴ. 가속 전압을 높이면 전자의 속력이 빨라진다. $\lambda=\frac{h}{mv}$의 식에 의해 전자의 물질파 파장과 속력이 반비례하므로 가속 전압을 높이면 전자의 물질파 파장이 짧아진다.
바로알기 ㄷ. 가속 전압을 높이면 전자의 물질파 파장이 짧아지고, 파장이 짧아지면 회절 현상이 일어나는 정도가 작으므로 무늬 사이의 간격이 줄어든다.

06 꼼꼼 문제 분석

X선을 고체 결정에 쪼였을 때 나타나는 회절 무늬
(가)

전자선을 얇은 금속박에 쪼였을 때 나타나는 회절 무늬

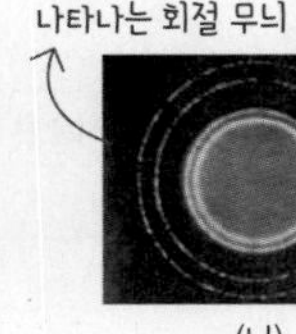

(나)

X선과 전자선은 회절 현상을 보이므로 파동의 성질을 가지고 있다.

ㄴ. 전자선을 얇은 금속박에 쪼였을 때 나타나는 무늬는 같은 파장의 X선을 고체 결정에 쪼였을 때 나타나는 회절 무늬와 같은 형태이다. 따라서 전자선도 X선처럼 회절 현상을 일으킨다는 것을 알 수 있다.
ㄷ. 전자선이 X선의 경우와 같이 회절 현상을 보이므로 전자의 파동성을 확인할 수 있다.
바로알기 ㄱ. X선의 회절 무늬는 파동의 성질을 보여준다.

07 ① 드브로이는 자연의 대칭성을 근거로 전자와 같은 물질 입자도 빛처럼 파동의 성질을 가질 것이라고 주장하였는데 이와 같은 파동을 물질파라고 한다.
② 드브로이가 물질파를 제안한 후 미국의 과학자 데이비슨과 거머가 전자선을 니켈 결정에 입사시켰을 때 회절 현상이 나타나는 것을 관찰하였다. 이 실험에서 구한 전자의 파장이 드브로이가 제안한 물질파 파장과 같았으므로 전자가 파동성을 가짐을 알게 되었다.
④ 전자뿐만 아니라 양성자, 중성자 등과 같은 입자들도 빛과 마찬가지로 파동성을 갖는다. 따라서 물질 입자가 파동과 입자의 두 가지 성질을 모두 가지고 있는 것을 물질의 이중성이라고 한다.
⑤ 물질이 입자성과 파동성을 모두 가지고 있지만, 입자의 조건에 따라 한쪽의 성질이 더 강하게 나타난다. 파장이 짧을수록 입자성을 잘 나타내고 파장이 길수록 파동성을 잘 나타내게 되므로, 한 가지 현상에서 물질 입자의 입자성과 파동성을 동시에 관측하기 어렵다.

바로알기 ③ 물질의 파동성은 물질파 파장이 길수록 잘 나타난다. 물질파 파장 $\lambda=\frac{h}{mv}$에서 파장 λ와 운동량 mv는 반비례 관계이므로, 운동량이 클수록 파장이 짧아진다. 따라서 물질의 파동성은 물질의 운동량이 클수록 잘 나타나지 않는다.

08 야구공은 플랑크 상수(h)에 비해 질량이 매우 커서 운동량(mv)이 크기 때문에 물질파의 파장이 매우 짧다. 따라서 회절의 특성이 거의 나타나지 않기 때문에 파동성을 관찰하기 어렵다. 반면에 전자는 질량이 매우 작아 운동량이 작기 때문에 물질파 파장이 커서 파동성을 관찰할 수 있다.

모범 답안 야구공, 야구공은 플랑크 상수에 비해 질량이 매우 커서 물질파의 파장이 매우 짧다. 따라서 야구공은 파동성을 관찰하기 어렵다.

채점 기준	배점
파동성을 관찰할 수 없는 까닭을 서술한 경우	100 %
야구공이라고만 서술한 경우	50 %

09 꼼꼼 문제 분석

파장이 길다.

회절 무늬가 겹침

(가) 두 점의 상은 구별 불가능

(나) 두 점의 상이 구별될 수 있는 최소한의 조건

(다) 두 점의 상은 구별 가능

빛의 파장이 길수록 회절이 잘 일어나서 회절 무늬가 겹치게 되므로 상을 구별하기 어렵다.

파동이 장애물이나 좁은 틈을 지나면서 넓게 퍼지는 현상을 회절이라고 하며, 파동의 파장이 길수록 회절하는 정도가 커져서 파동이 더 넓게 퍼진다. 인접한 두 광원의 파동이 같은 슬릿을 지나면서 각각 회절하여 스크린에 상을 맺을 때, 빛의 파장이 길수록 회절하는 정도가 커서 각각의 회절 무늬가 많이 겹치면 두 점의 상이 하나로 보이기 때문에 구별하는 것이 불가능하다.

10 꼼꼼 문제 분석

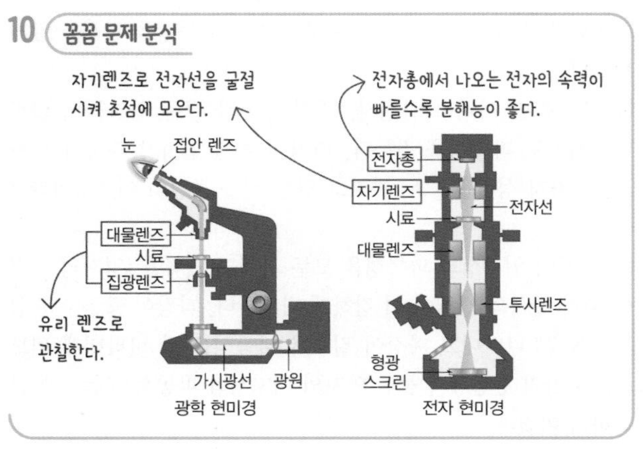

ㄱ. 광학 현미경에서는 유리 렌즈를 사용하여 빛을 굴절시키고, 전자 현미경에서는 자기렌즈를 사용하여 전자선을 굴절시킨다.
ㄷ. 파동의 파장이 짧을수록 분해능이 좋아진다. 전자 현미경에서 사용하는 물질파 파장$\left(\lambda=\frac{h}{mv}\right)$을 짧게 하려면 전자의 속력이 빨라야한다. 따라서 전자 현미경의 분해능은 전자의 속력이 빠를수록 좋다.

바로알기 ㄴ. 전자기파는 X선과 같은 빛의 파동을 의미한다. 따라서 전자 현미경은 전자기파가 아닌 전자의 물질파를 이용한다.

11 ㄱ. 전자 현미경은 전자의 물질파를 사용하므로, ㉠은 물질의 파동성을 이용한다.
ㄴ. 전자 현미경의 자기렌즈는 코일로 만든 전자석의 자기장을 이용하여 전자선의 진행 경로를 휘게 한다.
ㄷ. 전자 현미경에서 물질파의 파장이 짧을수록 구별할 수 있는 두 점 사이의 거리가 작으므로 분해능이 우수하다.

12 꼼꼼 문제 분석

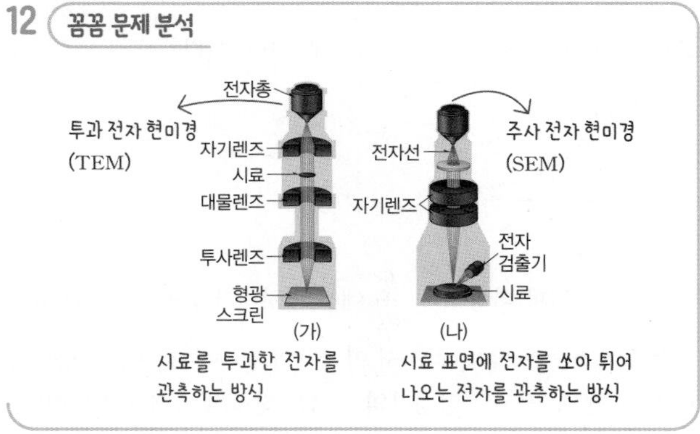

① (가)는 시료를 투과한 전자가 형광 물질이 발라진 스크린에 부딪혀 빛을 내면 이를 관찰할 수 있는 투과 전자 현미경을 나타낸 것이다.
③ (나)는 가속된 전자가 시료의 표면에 부딪힐 때 시료로부터 방출되는 2차 전자를 검출기로 검출하여 얻는 신호를 컴퓨터로 보내서 영상을 관찰하는 주사 전자 현미경으로, 시료의 입체상과 함께 시료의 표면 구조를 볼 수 있다.
④ (나)의 주사 전자 현미경은 관찰하려는 시료의 표면에 전자를 쪼이므로 시료의 전기 전도성이 좋지 않으면 시료의 표면에 전하가 모여 관찰을 계속할 수 없다. 따라서 시료의 표면을 전기 전도성이 좋은 물질로 코팅하여 관찰해야 한다.
⑤ (가)의 투과 전자 현미경의 분해능은 (나)의 주사 전자 현미경의 분해능보다 좋다.

바로알기 ② (가)의 투과 전자 현미경에서 전자가 시료를 투과하는 동안 속력이 느려져 전자의 물질파 파장이 커지면 분해능이 떨어지기 때문에 시료를 얇게 만들어야 한다.

13 시료의 크기보다 사용하는 파동의 파장이 짧을수록 회절 현상이 작게 일어나 분해능이 좋아진다. 전자의 물질파 파장은 가시광선의 수천분의 일 정도이므로 전자 현미경에서는 광학 현미경으로 볼 수 없는 바이러스나 세포 구조를 관찰할 수 있다.

모범 답안 전자 현미경에서 사용하는 전자의 물질파 파장이 광학 현미경에서 사용하는 가시광선의 파장보다 짧기 때문에, 전자 현미경의 분해능이 광학 현미경보다 우수하다.

채점 기준	배점
전자의 물질파 파장과 가시광선의 파장을 비교하여 서술한 경우	100 %
파장이 짧다고만 서술한 경우	70 %

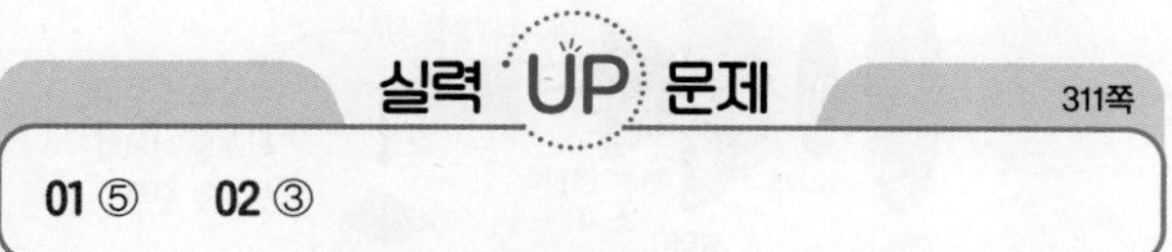

01 물질파 파장 $\lambda=\frac{h}{mv}$이므로, 입자의 운동 에너지

$E_k=\frac{1}{2}mv^2=\frac{(mv)^2}{2m}=\frac{1}{2m}\left(\frac{h}{\lambda}\right)^2$에서 $m=\frac{1}{2E_k}\left(\frac{h}{\lambda}\right)^2$이다.

따라서 $m_A : m_B=\frac{1}{2\times2E}\left(\frac{h}{\lambda}\right)^2 : \frac{1}{2\times E}\left(\frac{h}{4\lambda}\right)^2=\frac{1}{4E}\left(\frac{h}{\lambda}\right)^2$

$=\frac{1}{32E}\left(\frac{h}{\lambda}\right)^2=\frac{1}{4} : \frac{1}{32}=8 : 1$이다.

02 꼼꼼 문제 분석

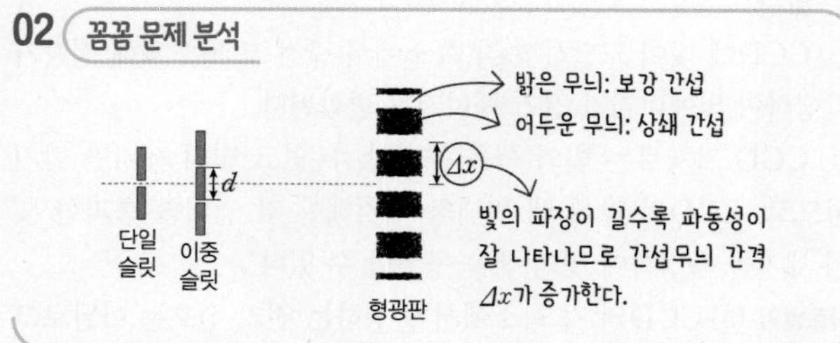

ㄱ. 형광판에 생기는 간섭무늬는 형광판에 도달하는 전자의 양이 많은 부분과 적은 부분이 번갈아 생기며 나타나는 무늬이다. 간섭 현상은 파동성의 증거이므로, 형광판에 나타난 간섭무늬는 전자의 파동적 성질 때문에 나타나는 것이다.

ㄷ. 전자의 속력 v가 증가하면 $\lambda=\frac{h}{mv}$에 의해 물질파 파장이 감소한다. 물질파 파장이 감소하면 파동성이 나타나는 정도가 작아지므로, 형광판에서 보강 간섭이나 상쇄 간섭이 일어나는 간격이 짧아진다. 따라서 전자의 속력 v가 증가하면 무늬 간격 Δx는 감소한다.

바로알기 ㄴ. 전압 V를 높일수록 전자의 운동 에너지 $\frac{1}{2}mv^2$이 증가하므로 전자의 속력 v가 증가한다. 운동량 mv는 전자의 속력 v가 증가할수록 증가한다. 따라서 전압 V를 증가시키면 전자의 운동량이 증가한다.

중단원 핵심 정리 312쪽

❶ 광전 효과 ❷ 진동수 ❸ hf ❹ 빛의 세기 ❺ 이중성 ❻ 회절 ❼ 파장 ❽ 물질파 ❾ 자기렌즈

중단원 마무리 문제 313~315쪽

01 ③ 02 ② 03 ④ 04 ① 05 ④ 06 ⑤
07 ④ 08 ③ 09 ④ 10 ③ 11 ① 12 해설 참조
13 해설 참조 14 해설 참조 15 해설 참조

01 ㄷ. 빛의 세기는 광자의 수에 비례하고 광자 1개가 충돌할 때 전자 1개가 방출되므로, 빛의 세기가 셀수록 방출되는 광전자의 수도 증가한다. 따라서 (나)는 개수이다.

바로알기 ㄱ. 금속마다 일함수가 다르므로, 금속마다 광전자를 방출시키기 위한 빛의 최소 진동수가 다르다. 따라서 ㉠의 특정한 값은 금속마다 다르다.

ㄴ. 광전 효과 실험에서 금속에 비추는 빛의 진동수가 특정한 값 이상일 때 광전자가 방출된다. 또한, 진동수가 큰 빛을 비추면 금속에서 방출되는 전자의 운동 에너지가 증가한다. 따라서 (가)는 진동수이다.

02 ㄴ. 빛의 속력($c=f\lambda$)이 일정할 때 진동수(f)와 파장(λ)은 반비례한다. 광자의 에너지는 진동수에 비례하므로, 광자의 에너지는 파장에 반비례한다. 따라서 빛의 파장이 짧을수록 광자의 에너지는 크다.

바로알기 ㄱ. 광양자설에 의하면 광전 효과는 광자와 전자의 일대일 충돌로 일어나며, 광자의 에너지가 금속의 일함수 이상일 때 광전자가 방출된다. 따라서 광전 효과는 빛의 입자성으로 설명된다.

ㄷ. 방출된 전자의 운동 에너지(E_k)는 충돌한 광자의 에너지(hf)에서 일함수(W)를 뺀 값이므로, $E_k=hf-W$라 할 수 있다. 따라서 방출된 전자의 운동 에너지는 충돌한 광자의 에너지보다 작다.

03 꼼꼼 문제 분석

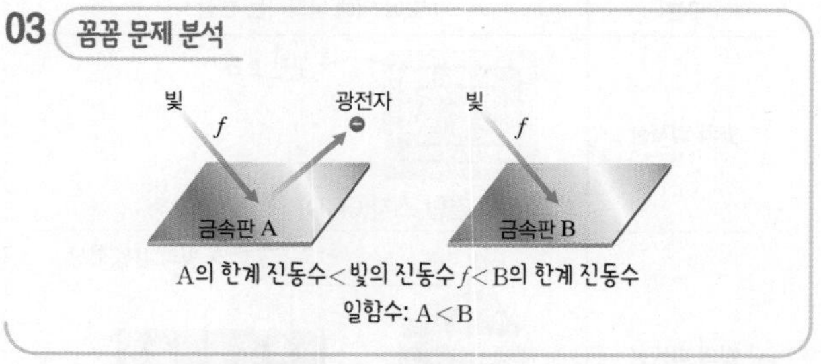

ㄱ. 금속판에서 방출된 광전자의 최대 운동 에너지는 빛의 진동수가 클수록 크다. 따라서 A에 진동수가 $2f$인 빛을 비추면 방출되는 광전자의 최대 운동 에너지가 커진다.

ㄴ. B에서 광전자가 방출되지 않았으므로, 빛의 진동수 f는 한계 진동수보다 작다. 빛의 진동수가 한계 진동수보다 작으면 빛의 세기가 아무리 강해도 광전자가 방출되지 않는다. 따라서 B에 진동수가 f인 빛의 세기를 증가시켜 비추어도 광전자가 방출되지 않는다.

바로알기 ㄷ. 빛의 진동수 f는 A의 한계 진동수보다 크고 B의 한계 진동수보다 작다. 즉 한계 진동수는 A가 B보다 작다. 한계 진동수가 작을수록 일함수가 작으므로, 일함수는 A가 B보다 작다.

04 꼼꼼 문제 분석

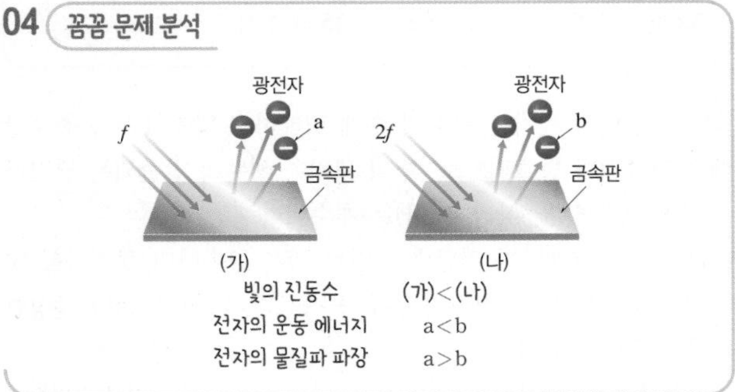

ㄱ. 방출되는 광전자가 가지는 최대 운동 에너지는 빛의 진동수가 클수록 크다. 이때 a와 b는 진동수가 f, $2f$인 단색광을 금속판에 각각 비추었을 때 방출되는 광전자 중 속력이 최대인 광전자이다. 따라서 운동 에너지는 a가 b보다 작다.

바로알기 ㄴ. 광전자의 운동 에너지$\left(E_{\mathrm{k}}=\dfrac{1}{2}mv^2\right)$는 a가 b보다 작으므로, 속력은 a가 b보다 작다. 이때 전자의 물질파 파장$\left(\lambda=\dfrac{h}{mv}\right)$은 속력에 반비례한다. 따라서 물질파 파장은 속력이 작은 광전자 a가 속력이 큰 광전자 b보다 크다.

ㄷ. 진동수가 f, $2f$인 빛을 함께 비출 때 방출되는 광전자의 최대 운동 에너지는 $2f$인 빛을 비출 때와 같다. 따라서 진동수가 f, $2f$인 빛을 함께 비출 때 방출되는 광전자의 최대 운동 에너지는 b와 같다.

05 꼼꼼 문제 분석

구분	빛에 의해 나타나는 현상
빛의 입자성	→ 광전 효과 (가) 전하 결합 소자(CCD)
빛의 파동성	→ 빛의 간섭 현상 (나) 비누막의 무늬 (다) 이중 슬릿 무늬

ㄱ. (가)의 CCD는 광 다이오드에 빛이 도달할 때 빛의 입자성으로 전자가 방출되는 광전 효과를 이용한다.

ㄷ. (나)와 (다)는 빛의 간섭 현상에 의해 나타난다. 빛의 간섭 현상은 빛의 파동성으로 설명할 수 있으므로, (나)와 (다)는 빛의 파동성에 의해 나타나는 현상이다.

바로알기 ㄴ. 광전 효과로 방출되는 광전자의 개수는 빛의 세기에 비례하므로, (가)의 각 화소에서 발생하는 전기 신호의 세기는 빛의 세기에 비례한다.

06 꼼꼼 문제 분석

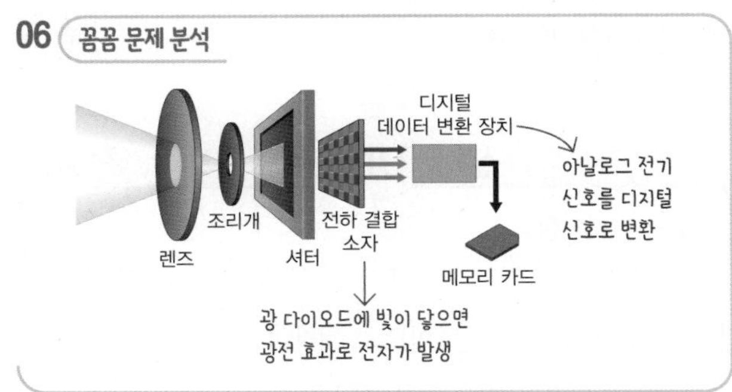

① CCD는 p형 반도체와 n형 반도체를 접합시켜 만든 수백만 개 이상의 광 다이오드로 구성되어 있다.

② CCD의 단위 면적당 화소수가 클수록 같은 면적에 배열된 광 다이오드 수가 많으며, 광 다이오드 수가 많을수록 각 위치에 비춰진 빛의 세기에 대한 정보의 양이 많으므로 선명한 상을 얻을 수 있다.

③ CCD에 빛이 도달하면 각 화소에서 광전 효과에 의해 전자가 발생하여 빛에너지가 전기 에너지로 변환된다.

④ CCD 자체로는 빛의 색을 구별할 수 없고 빛의 세기만 감지하므로, CCD의 앞에 색 필터를 배치해야 각 필터를 통과한 빛의 세기를 측정하여 빛의 색을 구별할 수 있다.

바로알기 ⑤ CCD의 각 화소에서 발생하는 전기 신호는 아날로그 신호이다.

07 ㄱ, ㄴ, ㄷ. CCD는 광전 효과를 이용해 빛에너지를 전기 에너지로 변환시키는 장치로 우주 천체 망원경, CCTV, 내시경 카메라 등에 이용된다.

바로알기 ㄹ. LED는 발광 다이오드로 전기 에너지를 빛에너지로 변환시키는 반도체 소자이다.

08 ㄱ. 물질파 파장 $\lambda=\dfrac{h}{mv}$이므로 입자의 속력과 물질파 파장은 반비례 관계이다. 따라서 입자의 속력이 빠를수록 물질파 파장이 짧아진다.

ㄷ. 전자를 얇은 금속박에 통과시킬 때 나타나는 회절 현상으로부터 물질 입자가 파동의 성질을 가지고 있다는 것을 확인할 수 있다.

바로알기 ㄴ. 야구공은 전자와 같은 입자와 달리 질량이 매우 크다. 따라서 투수가 던진 야구공의 운동량의 크기가 크고, 플랑크 상수 h의 값이 매우 작기 때문에 물질파 파장이 매우 짧아 파동성을 관찰하기 어렵다.

09 입자의 운동 에너지 $E_k=\frac{1}{2}mv^2=\frac{(mv)^2}{2m}$에서 $mv=\sqrt{2mE_k}$이므로, 물질파 파장 $\lambda=\frac{h}{mv}=\frac{h}{\sqrt{2mE_k}}$이다. 따라서 A, B의 물질파 파장의 비는 $\lambda_A : \lambda_B=\frac{h}{\sqrt{2m_0E_0}} : \frac{h}{\sqrt{2\cdot 2m_0\cdot 2E_0}}=\frac{h}{\sqrt{2m_0E_0}} : \frac{h}{2\sqrt{2m_0E_0}}=1 : \frac{1}{2}=2 : 1$이다.

10 꼼꼼 문제 분석

파동의 회절에 의한 간섭무늬가 나타나므로 전자를 파동으로 볼 수 있다.

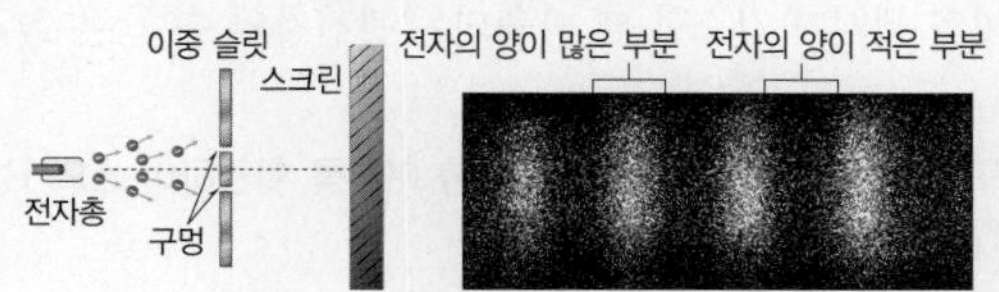

전자의 속력이 감소하면 전자의 물질파 파장이 길어져서 스크린 무늬 사이의 간격이 넓어진다.

ㄱ. 빛의 파동성의 증거인 간섭무늬와 같으므로, 전자가 파동성을 가져 나타나는 현상인 것을 알 수 있다.

ㄴ. 물질파 파장 $\lambda=\frac{h}{mv}$에 의해 전자의 속력과 물질파 파장은 반비례 관계이다. 따라서 전자의 속력이 증가하면 전자의 물질파 파장이 짧아진다.

바로알기 ㄷ. 전자의 속력이 감소하면 전자의 물질파 파장이 길어진다. 전자의 물질파 파장이 길수록 스크린에서 보강 간섭이나 상쇄 간섭이 일어나는 간격이 넓어지므로 스크린 무늬 사이의 간격이 넓어진다. 따라서 전자의 속력이 감소하면 스크린 무늬 사이의 간격이 넓어진다.

11 꼼꼼 문제 분석

주사 전자 현미경 (SEM) → A, 투과 전자 현미경 (TEM) → B

종류	A	B
원리	시료 표면을 따라 전자선을 스캔한다.	전자선을 시료에 투과시킨다.
가속 전압	10 kV~30 kV	100 kV~300 kV
시료	시료 표면을 금속으로 코팅한다.	시료가 얇아야 한다.

A: 3차원 상을 얻을 수 있다. B: 2차원 상을 얻을 수 있다.

ㄴ. A는 시료 표면을 따라 전자선을 스캔(주사)하므로 주사 전자 현미경이며, 튀어나온 전자를 검출하여 시료의 3차원 상을 얻을 수 있다.

바로알기 ㄱ. 가속 전압이 클수록 전자의 속력은 커진다. 가속 전압은 10 kV~30 kV인 A가 100 kV~300 kV인 B보다 작으므로, 전자의 속력은 A에서가 B에서보다 작다. $\lambda=\frac{h}{mv}$에서 전자의 속력이 작을수록 물질파 파장이 길므로, 사용하는 전자선의 물질파 파장은 A가 B보다 길다.

ㄷ. A는 시료의 표면에 전자를 쪼여서 상을 관찰하므로 시료 표면의 전기 전도성을 좋게 하기 위해 금속으로 얇게 코팅한다. 따라서 A에서 사용하는 시료 표면의 전기 전도성이 좋아야 한다.

12 아인슈타인은 광전 효과를 설명하기 위해 '빛은 광자(광양자)라고 하는 불연속적인 에너지 입자의 흐름이며, 진동수 f인 광자 1개가 가지는 에너지는 $E=hf$(h : 플랑크 상수)로 주어진다.'라는 광양자설을 발표하였다.

모범 답안 빛은 진동수에 비례하는 불연속적인 에너지를 가지는 광자(광양자)의 흐름이다.

채점 기준	배점
빛이 진동수에 비례하는 불연속적인 에너지를 가진 입자의 흐름이라고 서술한 경우	100 %
빛이 입자의 흐름이라고만 서술한 경우	70 %

13 광양자설에 의하면 진동수 f인 광자 1개가 가지는 에너지는 $E=hf$로 진동수에 비례한다. 따라서 진동수가 큰 빛일수록 광자 1개의 에너지가 크므로, 광자로부터 에너지를 얻어 방출되는 광전자의 최대 운동 에너지가 크다.

모범 답안 빛의 진동수, 광자의 에너지는 빛의 진동수에 비례하므로 광자로부터 에너지를 얻어 방출되는 광전자의 최대 운동 에너지는 빛의 진동수가 클수록 크다.

채점 기준	배점
광전자의 최대 운동 에너지를 결정하는 요인을 쓰고, 광자의 에너지는 진동수가 클수록 크다고 서술한 경우	100 %
광전자의 최대 운동 에너지를 결정하는 요인이 빛의 진동수라고만 서술한 경우	50 %

14 물질파 파장은 드브로이 파장이라고도 하며, 드브로이가 주장한 물질 입자가 나타내는 파동의 파장이다. 또한 질량이 m인 입자가 속력 v로 운동할 때 물질파 파장은 $\lambda=\frac{h}{mv}$이다. 따라서 물질파 파장과 입자의 속력은 반비례 관계이다.

모범 답안 물질파 파장은 물질 입자가 나타내는 파동의 파장이다. 이를 식으로 나타내면 $\lambda=\frac{h}{mv}$이므로 물질파 파장과 입자의 속력은 반비례 관계이다.

채점 기준	배점
물질파 파장의 개념과 식을 쓰고, 속력에 반비례 한다고 서술한 경우	100 %
물질파 파장을 물질 입자가 나타내는 파동의 파장이라고만 서술한 경우	50 %

15 꼼꼼 문제 분석

파장이 짧을수록 회절 무늬가 겹치지 않아 두 점의 상을 잘 구별할 수 있다.

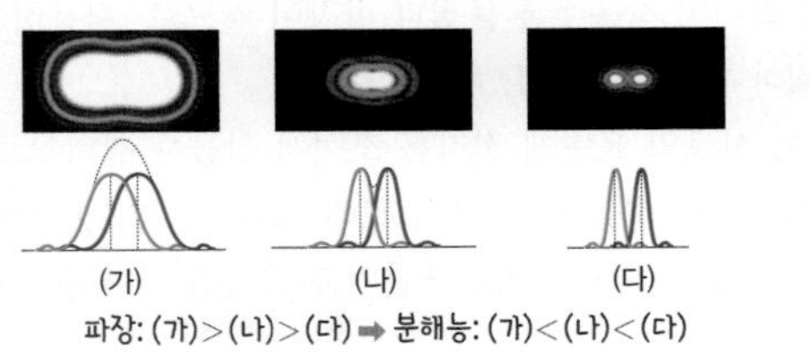

파장: (가)>(나)>(다) ➡ 분해능: (가)<(나)<(다)

파동이 장애물이나 좁은 틈을 지나면서 넓게 퍼지는 현상을 회절이라고 한다. 인접한 두 광원의 파동이 슬릿을 지나면서 각각 회절하여 스크린에 상을 맺을 때, 빛의 파장이 길수록 회절하는 정도가 크다. 각각의 회절 무늬가 많이 겹치면 두 점의 상이 하나로 보이기 때문에 상을 구별하는 것이 불가능하다. 따라서 빛의 파장이 짧을수록 회절이 적게 일어나므로, 두 점을 구분하여 볼 수 있는 분해능이 좋아진다.

모범 답안 회절, 분해능은 사용하는 빛의 파장이 짧을수록 좋아진다.

채점 기준	배점
파동의 성질과 함께 분해능과 빛의 파장의 관계를 모두 옳게 서술한 경우	100 %
둘 중 한 가지만 옳게 서술한 경우	50 %

수능 실전 문제 317~318쪽

01 ① **02** ③ **03** ③ **04** ④ **05** ④ **06** ② **07** ② **08** ③

01 꼼꼼 문제 분석

A: 광전 효과가 일어나지 않음
➡ A의 진동수<한계 진동수
➡ ㉠=0

광원		광전자 수
A	1개	0
	2개	㉠
B	1개	㉡
	2개	N_0

B: 광전 효과가 일어남
➡ B의 진동수≥한계 진동수
➡ 방출되는 광전자의 개수는 빛의 세기와 비례한다.
➡ ㉡<N_0

선택지 분석

ㄱ ㉠은 0이다.
ㄴ. ㉡은 N_0보다 크다. 작다.
ㄷ. 진동수는 A가 B보다 크다. 작다.

전략적 풀이 ❶ A를 1개 비추었을 때의 결과로부터 A의 진동수와 금속의 한계 진동수를 비교하여 ㉠을 파악한다.

ㄱ. 광원 A를 1개 비추었을 때 방출되는 광전자의 수가 0이므로, 광원 A의 진동수는 한계(문턱) 진동수보다 작다. 빛의 진동수가 한계(문턱) 진동수보다 작으면 빛의 세기를 증가시켜도 광전자가 방출되지 않으므로, 광원 A를 2개 비추더라도 ㉠은 0이다.

❷ 한계 진동수 이상의 빛을 비출 때 광전자의 개수와 빛의 세기와의 관계로부터 ㉡을 파악한다.

ㄴ. 빛의 진동수가 한계(문턱) 진동수보다 클 때 단위 시간당 방출되는 광전자의 수는 빛의 세기에 비례한다. 광원 B를 2개 비추었을 때 방출되는 광전자의 수가 N_0이므로, 광원 B를 1개 비추어 빛의 세기가 감소할 때 방출되는 광전자의 수 ㉡은 N_0보다 작다.

❸ A 또는 B를 비출 때 광전자의 방출 여부를 확인하여 A와 B의 진동수를 비교한다.

ㄷ. 금속판에 A를 비추었을 때 광전자가 방출되지 않으므로 A의 진동수는 한계 진동수보다 작고, 금속판에 B를 비추었을 때 광전자가 방출되므로 B의 진동수는 한계 진동수보다 크다. 따라서 A의 진동수<한계 진동수≤B의 진동수이므로 진동수는 A가 B보다 작다.

02 꼼꼼 문제 분석

에너지
E_5 $n=5$
E_4 $n=4$
E_3 $n=3$
E_2 $n=2$
A B C

(가)

A B C 광전자 금속판

(나)

에너지 준위 차이: C<A<B
➡ 빛의 진동수: C<A<B
➡ 빛의 파장: C>A>B

A에서 광전 효과가 일어나지 않고 B에서 광전 효과가 일어난다.
➡ 빛의 진동수: A<한계 진동수≤B

진동수: C<A<한계 진동수≤B ➡ C에서 광전 효과가 일어나지 않는다.

선택지 분석

ㄱ. 파장은 A가 B보다 짧다. 길다.
ㄴ. 광전관에 비추는 A의 세기를 증가시키면 광전자가 방출된다. 방출되지 않는다.
ㄷ C를 광전관에 비추면 광전자가 방출되지 않는다.

전략적 풀이 ❶ A 또는 B를 비출 때 광전자의 방출 여부로부터 A와 B의 진동수를 비교한 후, A와 B의 파장을 비교한다.

ㄱ. 광전관에 A를 비추었을 때는 광전자가 방출되지 않았으므로 A의 진동수는 한계 진동수보다 작다. B를 비추었을 때는 광전자가 방출되었으므로 B의 진동수는 한계 진동수보다 크다. 따라서 진동수는 A가 B보다 작고 파장은 진동수에 반비례하므로, 파장은 A가 B보다 길다.

❷ A의 진동수가 한계 진동수보다 작음을 알고 A의 세기를 증가시킬 때의 결과를 파악한다.

ㄴ. 빛의 진동수가 한계(문턱) 진동수보다 작으면 빛의 세기를 증가시켜도 광전자가 방출되지 않는다. 따라서 광전관에 비추는 A의 세기를 증가시키더라도 광전자가 방출되지 않는다.

❸ 에너지 준위차로부터 C의 진동수를 A의 진동수와 비교한 후, C를 비추었을 때의 결과를 파악한다.

ㄷ. 전자가 전이할 때 방출되는 빛의 진동수는 에너지 준위 차이에 비례하므로, 빛의 진동수는 에너지 준위 차이가 작은 C가 에너지 준위 차이가 큰 A보다 작다. 광전관에 A를 비추었을 때는 광전자가 방출되지 않았으므로, A의 진동수는 한계 진동수보다 작다. 따라서 A보다 진동수가 작은 C를 광전관에 비추면 광전자가 방출되지 않는다.

03 꼼꼼 문제 분석

단위 시간당 방출되는 광전자 수에 비례한다. (세기)

진동수가 클수록 커진다. (E_k)

단색광	세기	E_k
A	I_0	$5W$
B	$2I_0$	$4W$
C	I_0	$2W$

선택지 분석

ㄱ. 단위 시간당 방출되는 광전자의 개수는 B일 때가 A일 때보다 많다.

ㄴ. 단색광의 파장은 A가 B보다 짧다.

~~ㄷ~~. 단색광의 진동수는 A가 C의 3배이다. 2배

전략적 풀이 ❶ 금속에서 방출되는 광전자의 수에 영향을 주는 빛의 특성을 파악하고 단색광의 세기를 비교한다.

ㄱ. 금속에서 단위 시간당 방출되는 광전자의 수는 빛의 세기에 비례한다. 단색광 A의 세기는 I_0, B의 세기는 $2I_0$이므로, 단위 시간당 방출되는 광전자 수는 B일 때가 A일 때의 2배이다.

❷ 빛의 파장은 진동수와 반비례함을 알고, 광전자의 최대 운동 에너지로부터 단색광의 진동수를 비교하여 파장을 알아낸다.

ㄴ. 빛의 파장은 진동수에 반비례한다. 한편, 빛의 진동수가 클수록 방출되는 광전자의 최대 운동 에너지는 커지므로, 단색광 A를 비추었을 때 광전자의 최대 운동 에너지가 $5W$, B를 비추었을 때 광전자의 최대 운동 에너지가 $4W$라면, 단색광 A의 진동수는 단색광 B의 진동수보다 크다. 따라서 단색광의 파장은 A가 B보다 짧다.

❸ 방출되는 광전자의 최대 운동 에너지를 결정하는 식을 파악하고, 주어진 금속의 일함수와 광전자의 최대 운동 에너지로부터 단색광의 진동수를 비교한다.

ㄷ. 방출되는 광전자의 최대 운동 에너지 = 빛에너지 − 일함수 $= hf - W$이다. 단색광 A를 비추었을 때 광전자의 최대 운동 에너지가 $5W$이므로, $5W = hf_A - W$에서 $hf_A = 6W$이다. 단색광 C를 비추었을 때 광전자의 최대 운동 에너지가 $2W$이므로, $2W = hf_C - W$에서 $hf_C = 3W$이다. 따라서 단색광 A의 진동수 f_A는 단색광 C의 진동수 f_C의 2배이다.

04 꼼꼼 문제 분석

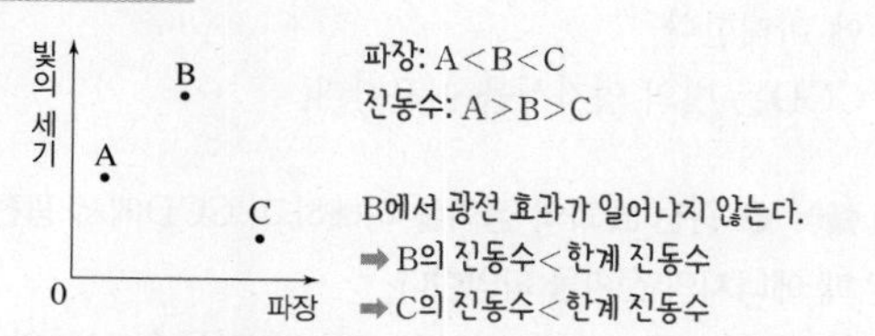

선택지 분석

ㄱ. 빛의 진동수는 A가 B보다 크다.

ㄴ. C를 비추면 금속판에서 광전자가 방출되지 않는다.

~~ㄷ~~. A와 B를 동시에 비추면 A만 비추었을 때보다 광전자의 최대 운동 에너지가 커진다. 같다

전략적 풀이 ❶ 빛의 속력이 일정할 때 진동수와 파장의 관계로부터 A와 B의 진동수를 비교한다.

ㄱ. 빛의 속력이 일정할 때 빛의 진동수는 파장에 반비례하므로, 빛의 진동수는 파장이 짧은 A가 파장이 긴 B보다 크다.

❷ 그래프로부터 B와 C의 진동수를 비교하고, B를 비추었을 때의 결과로부터 C의 결과를 파악한다.

ㄴ. 광전자는 빛의 세기와는 관계없이 금속판에 한계 진동수 이상을 빛을 비출 때만 방출된다. 그래프에서 B는 C보다 파장이 짧고 진동수는 파장에 반비례하므로, 빛의 진동수는 B가 C보다 크다. 이때, B를 비추었을 때는 광전자가 방출되지 않았으므로, 진동수가 B보다 작은 C를 비출 때도 금속판에서 광전자가 방출되지 않는다.

❸ A와 B를 동시에 비출 때도 광전자의 최대 운동 에너지는 진동수가 가장 큰 A에 의해 결정된다는 것을 이해한다.

ㄷ. 빛의 진동수는 A가 B보다 크다. 이때, B를 비추면 광전자가 방출되지 않으므로, A와 B를 동시에 비추었을 때의 광전자의 최대 운동 에너지는 진동수가 가장 큰 A에 의해 결정된다. 따라서 A와 B를 동시에 비추면 A만 비추었을 때 광전자의 최대 운동 에너지와 같다.

05 꼼꼼 문제 분석

디지털카메라의 렌즈를 통해 들어온 빛이 CCD의 광 다이오드에 닿아 전자가 발생하고, 화소에서 전하의 양을 전기 신호로 변환시켜 각 위치에 비추어진 빛의 세기에 대한 영상 정보를 기록한다.

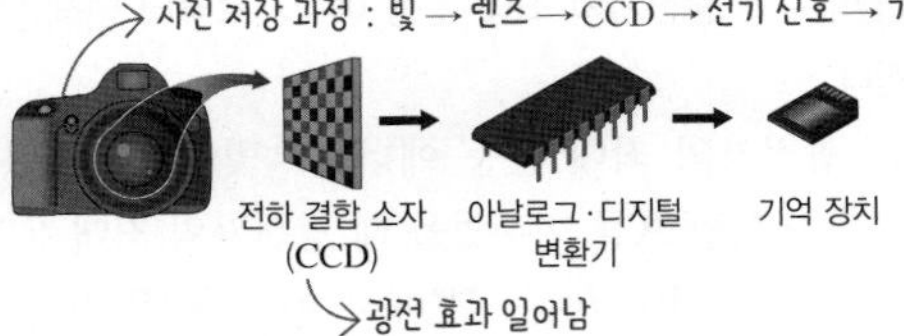

선택지 분석

~~ㄱ~~. CCD에서 광전 효과가 일어나 전기 에너지를 빛에너지로 변환시킨다. (전기 → 빛, 빛에너지 → 전기)

ⓛ CCD의 각 화소에 발생하는 전하량은 입사하는 광자 수에 비례한다.

ⓒ CCD는 빛의 입자성을 이용한다.

전략적 풀이 ❶ 광전 효과의 정의를 이해하고, CCD에서 광전 효과가 일어날 때 에너지의 전환을 파악한다.

ㄱ. 광전 효과는 금속 또는 반도체에 한계 진동수 이상의 빛을 비출 때 전자가 방출되는 현상이므로, CCD에서 광전 효과가 일어날 때 빛에너지가 전기 에너지로 변환된다.

❷ CCD의 각 화소에서 발생하는 전하의 양에 영향을 주는 빛의 특성을 이해하고, 전하의 양에 따라 달라지는 신호를 파악한다.

ㄴ. CCD의 각 화소에 발생하는 전하량은 비추어 준 빛의 세기, 즉 입사하는 광자 수에 비례한다.

❸ CCD에서 이용되는 빛의 성질을 파악한다.

ㄷ. 광전 효과는 빛의 입자성의 증거이다. 이때, CCD는 광전 효과를 이용하므로 빛의 입자성으로 설명할 수 있다.

06 꼼꼼 문제 분석

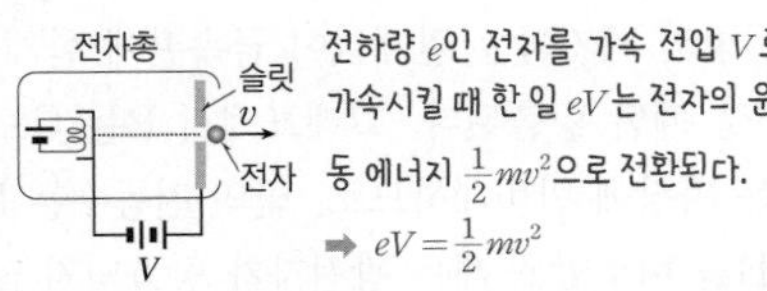

선택지 분석

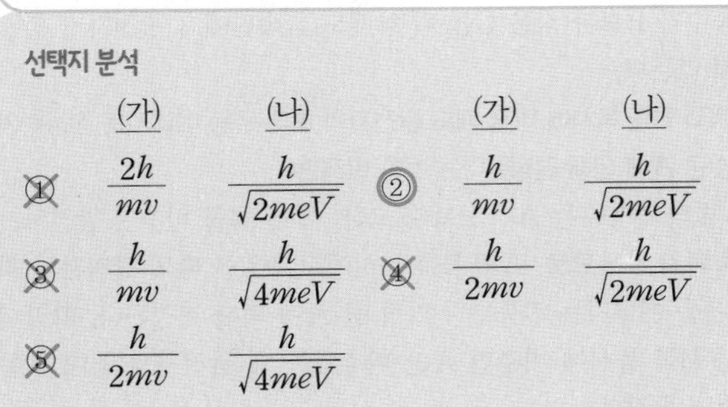

	(가)	(나)		(가)	(나)
~~①~~	$\frac{2h}{mv}$	$\frac{h}{\sqrt{2meV}}$	②	$\frac{h}{mv}$	$\frac{h}{\sqrt{2meV}}$
~~③~~	$\frac{h}{mv}$	$\frac{h}{\sqrt{4meV}}$	~~④~~	$\frac{h}{2mv}$	$\frac{h}{\sqrt{2meV}}$
~~⑤~~	$\frac{h}{2mv}$	$\frac{h}{\sqrt{4meV}}$			

전략적 풀이 ❶ 입자의 운동량과 관계있는 물질파 파장의 식을 파악한다.

질량이 m인 입자가 속력 v로 운동할 때 운동량의 크기는 mv이고, 입자의 물질파 파장은 $\lambda=\frac{h}{mv}$이다. 따라서 (가)에 들어갈 것은 $\frac{h}{mv}$이다.

❷ 입자의 운동 에너지의 식을 물질파 파장의 식으로 변환시켜, 가속 전압과 파장의 관계를 파악한다.

$eV=\frac{1}{2}mv^2=\frac{(mv)^2}{2m}=\frac{1}{2m}\left(\frac{h}{\lambda}\right)^2$에서 $\left(\frac{h}{\lambda}\right)^2=2meV$이므로, 전압 V로 가속된 전자의 물질파 파장은 $\lambda=\frac{h}{\sqrt{2meV}}$이다.

따라서 (나)에 들어갈 것은 $\frac{h}{\sqrt{2meV}}$이다.

07 꼼꼼 문제 분석

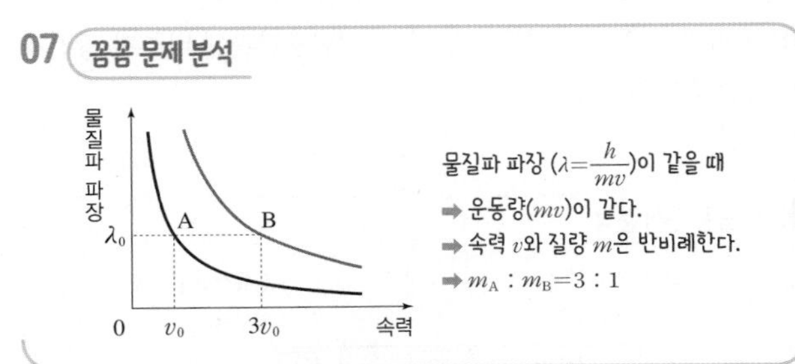

물질파 파장
A
B
λ_0
0
v_0
$3v_0$
속력
물질파 파장 $(\lambda=\frac{h}{mv})$이 같을 때
➡ 운동량(mv)이 같다.
➡ 속력 v와 질량 m은 반비례한다.
➡ $m_A : m_B=3 : 1$

선택지 분석

~~ㄱ~~. A, B의 운동량 크기가 같을 때, 물질파 파장은 A가 B보다 짧다. (A와 B가 같다.)

ⓛ $m_A : m_B=3 : 1$ 이다.

~~ㄷ~~. A의 속력이 $3v_0$일 때 물질파 파장은 $3\lambda_0$이다. ($\frac{1}{3}\lambda_0$)

전략적 풀이 ❶ 물질파 파장과 운동량의 관계로부터 A와 B의 파장을 비교한다.

ㄱ. 물질파 파장 $\lambda=\frac{h}{mv}$이고, h는 플랑크 상수이므로 운동량 mv가 같으면 물질파 파장 λ도 같다. 따라서 A, B의 운동량 크기가 같을 때, 물질파 파장은 A와 B가 같다.

❷ A와 B의 물질파 파장이 같을 때 속력의 비로부터 질량의 비를 파악한다.

ㄴ. 물질파 파장$\left(\lambda=\frac{h}{mv}\right)$이 같으면 운동량$(mv)$이 같다. 운동량$(mv)$이 같으면 입자의 질량$(m)$과 속력$(v)$은 반비례한다. 그래프에서 A와 B의 물질파 파장이 λ_0으로 같을 때 속력의 비가 $v_0 : 3v_0=1 : 3$이므로 질량의 비는 $3 : 1$이다. 따라서 $m_A : m_B=3 : 1$이다.

❸ A의 물질파 파장과 속력의 관계로부터, A의 속력이 달라질 때의 물질파 파장을 구한다.

ㄷ. 물질파 파장 $\lambda=\frac{h}{mv}$에서, 질량(m)이 같을 때 파장(λ)과 속력(v)은 반비례한다. A의 속력이 v_0일 때 물질파 파장이 λ_0이므로, 속력이 3배인 $3v_0$이 되면 물질파 파장은 $\frac{1}{3}$배인 $\frac{1}{3}\lambda_0$가 된다. 따라서 A의 속력이 $3v_0$일 때 물질파 파장은 $\frac{1}{3}\lambda_0$이다.

08 꼼꼼 문제 분석

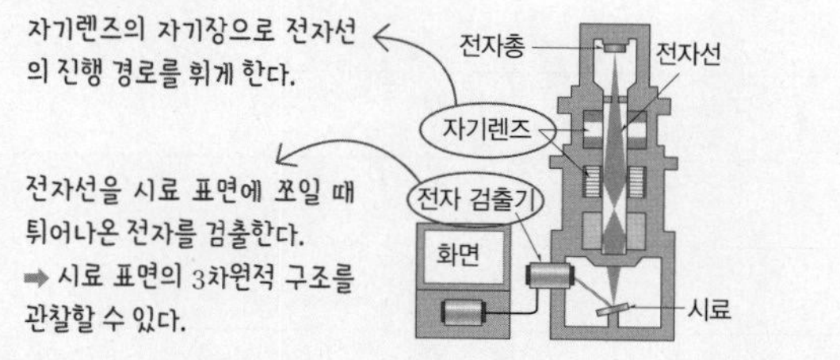
자기렌즈의 자기장으로 전자선의 진행 경로를 휘게 한다.
전자선을 시료 표면에 쪼일 때 튀어나온 전자를 검출한다.
➡ 시료 표면의 3차원적 구조를 관찰할 수 있다.
전자총
전자선
자기렌즈
전자 검출기
화면
시료

선택지 분석

~~ㄱ~~. 시료의 2차원적 단면 구조를 관찰할 때 이용된다. (→ 3차원적 구조)

~~ㄴ~~. 운동 에너지가 $2E_0$인 전자의 물질파 파장은 $\frac{1}{2}\lambda_0$이다. (→ $\frac{1}{\sqrt{2}}\lambda_0$)

ⓒ. 자기장으로 전자의 진행 경로를 휘게 하여 초점을 맞춘다.

전략적 풀이 ❶ 주사 전자 현미경(SEM)과 투과 전자 현미경(TEM)에서 볼 수 있는 상의 차이를 이해한다.

ㄱ. 주사 전자 현미경에서는 시료의 표면에 전자선을 쪼인 후 튀어나온 전자를 검출하여 시료 표면의 3차원적 구조를 관찰한다.

❷ 물질파 파장과 운동 에너지와의 관계식으로부터, 운동 에너지가 달라질 때의 물질파 파장을 구한다.

물질파 파장 $\lambda=\frac{h}{mv}$이므로, 입자의 운동 에너지 $E_k=\frac{1}{2}mv^2=\frac{(mv)^2}{2m}=\frac{1}{2m}\left(\frac{h}{\lambda}\right)^2$에서 $\lambda\propto\frac{1}{\sqrt{E_k}}$이다. 전자의 운동 에너지가 E_0일 때 물질파 파장이 λ_0이므로, 운동 에너지가 $2E_0$인 전자의 물질파 파장은 $\frac{1}{\sqrt{2}}\lambda_0$이다.

❸ 자기장에서 전하를 띤 입자의 진행 경로가 휘어짐을 알고, 전자 현미경의 자기렌즈의 역할을 파악한다.

ㄷ. 전자 현미경의 자기렌즈는 코일로 만든 전자석의 자기장을 이용하여 음(−)전하를 띤 전자선의 진행 경로를 휘게 하여 초점을 맞춘다.

Memo

완자 시·리·즈 친절한 개념 설명으로 완벽한 자율학습이 가능하여 공부의 자신감을 갖게 합니다.

대표전화 1544-0554
주소 경기도 과천시 과천대로2길 54(갈현동, 그라운드브이)